2019年国家出版基金资助项目
"十三五"国家重点图书出版规划项目

先进集成电路工艺技术丛书

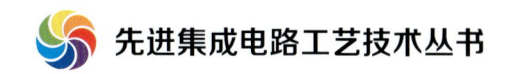

PHOTOLITHOGRAPHY
PROCESS NEAR
THE DIFFRACTION LIMIT

衍射极限附近的光刻工艺（第2版）

伍 强　胡华勇　何伟明　岳力挽
张 强　杨东旭　黄 怡　李艳丽　编著

清华大学出版社
北京

内 容 简 介

为了应对我国在集成电路领域,尤其是光刻技术方面严重落后于发达国家的局面,摆脱光刻制造设备、材料和光学邻近效应修正软件主要依赖进口的困境,作为从事光刻工艺研发20多年的资深研发人员,作者肩负着协助光刻设备、材料和软件等产业链共同研发和发展的责任,将20多年的学习成果和研发经验汇编成书,希望建立联系我国集成电路芯片的研发和制造,设备、材料和软件的研发,以及大专院校、科研院所的科学技术研究、人才培养的一座桥梁。

本书以光刻工艺为主线,将光刻设备、光刻材料、光刻成像的理论计算、光刻工艺中各种建模思想和推导、芯片制造的技术发展要求以及对光刻工艺各项参数的要求紧密、有机地联系在一起,给读者一个整体的图景。本书可供光刻技术领域科研院所的研究人员、大专院校的教师和学生、集成电路工厂的工程技术人员等参考。

版权所有,侵权必究。举报: 010-62782989, beiqinquan@tup.tsinghua.edu.cn。

图书在版编目(CIP)数据

衍射极限附近的光刻工艺 / 伍强等编著. -- 2版. -- 北京:清华大学出版社,2024.11. -- (先进集成电路工艺技术丛书). -- ISBN 978-7-302-67611-9

Ⅰ. TN305.7

中国国家版本馆 CIP 数据核字第 2024TU6090 号

责任编辑:文 怡
封面设计:王昭红
责任校对:李建庄
责任印制:沈 露

出版发行:清华大学出版社
    网 址: https://www.tup.com.cn, https://www.wqxuetang.com
    地 址: 北京清华大学学研大厦 A 座 邮 编: 100084
    社 总 机: 010-83470000 邮 购: 010-62786544
    投稿与读者服务: 010-62776969, c-service@tup.tsinghua.edu.cn
    质量反馈: 010-62772015, zhiliang@tup.tsinghua.edu.cn
    课件下载: https://www.tup.com.cn,010-83470236
印 装 者:三河市龙大印装有限公司
经 销:全国新华书店
开 本:185mm×260mm 印 张:43.5 字 数:1117千字
版 次:2020年2月第1版 2024年11月第2版 印 次:2024年11月第1次印刷
印 数:1~4000
定 价:368.00元

产品编号:104577-01

第2版说明

非常感谢读者们的宝贵意见,第2版修正了第1版的错误,同时,增加了以下内容。

第1章增加了我国在成像镜头上新发现的历史证据(东汉放大镜),以及我国在光学检测设备上的新进展。

第4章增加了极紫外光刻胶的线宽粗糙度分析与仿真。

第8章增加了基于光学散射探测的线宽测量(OCD)的理论与实践。

第9章增加了掩模版AIMS空间像检测有关模拟光刻机成像的进一步说明。

第11章增加了极紫外光刻工艺的仿真举例,包括阴影效应、掩模版三维散射效应、水平-垂直线宽偏置(H-V Bias)等极紫外光刻特征效应;增加了光源-掩模版联合优化(SMO)部分对典型图形的仿真与详细说明,修正了第1版论述中光源形状的不准确性。

第19章增加了最新极紫外光刻机的性能参数。

增加了第20章,概括了光刻工艺自250nm技术节点到今天的5nm/3nm技术节点的典型工艺参数与性能规律。

第21章(原第20章)更新了部分信息。

作 者

2024年9月

前言

FOREWORD

半导体集成电路技术已成为我国信息技术发展的重要环节。虽然近年来我国集成电路产业发展势头迅猛,但还缺乏关键技术,尤其是关键设备,如光刻机、光学检测设备、涂胶-显影机、扫描电子显微镜和套刻测量显微镜、缺陷检测设备、高端193nm浸没式光刻胶、抗反射层、高端显影液等。此外,光刻计算软件和自动化设计软件等主要依赖进口。由于外国供应商对我国技术出口的限制和各种控制,我国的光刻工艺工程人员很难从工作中比较系统地了解设备和材料的设计原理与构造,需要长时间地积累、分析和总结。同时,我国的设备、材料和软件研发厂商也对现代光刻工艺的苛刻要求体会不深。

作者基于在国内外多家集成电路公司技术研发的工作经历及经验,并结合自己多年来分析总结的各种理论和实践知识,编写了本书。希望通过本书建立起联系工业界芯片制造中的光刻工艺研发和国产光刻设备、材料、计算软件的研发,以及大专院校、科研院所科学技术研究的一座桥梁,以此抛砖引玉,促进国内各单位的相互了解、紧密合作,同时促进跨领域科技人才的培养,以期我国能够早日在光刻整体技术上赶上发达国家,摆脱关键技术长期依赖进口的局面,化解高新技术发展被"卡脖子"的巨大风险,为我国信息科技的可持续、健康发展出一份力。

本书聚焦光刻工艺的研发,同时以工艺研发为视角,详细介绍和分析了重要的设备,如光刻机、涂胶-显影机、光掩模电子束曝光机、线宽测量扫描电镜、套刻测量显微镜、缺陷检测设备、其他测量设备,以及极紫外曝光机。同时,对光刻材料,如光刻胶、抗反射层做了深入分析。此外,还对光刻仿真软件、光学邻近效应修正软件算法做了详细推导和分析。在总结过去国际光刻技术研发和技术发展历程的同时,提出了光刻工艺研发和工艺评价的行之有效的改进标准,包括对各种工艺窗口参数的分析和最佳范围的设定,还提出了独到的工艺设计和评价方法。本书可供大专院校微电子、集成电路等相关专业的教师和学生,以及科研院所、集成电路工厂的光刻工艺研发、制造的工程技术人员和国产光刻设备、材料、软件的研发人员阅读。

本书共21章,其中:

第1章介绍国际和国内光刻技术发展的历史,包括我国1958年开始的第一次成功尝试和现代发展。

第2章简要介绍光刻工艺的各方面,包括工艺建立方法、光刻设备、光刻胶材料,希望读者对复杂的光刻工艺有全面的了解。

第3章详细论述衍射极限和光学分辨率,以及照明方式和成像原理中的傅里叶变换,希望读者建立光刻工艺极限的明确概念。

第4章详细介绍光刻胶的发展、原理、组分及其合成方法,光刻胶的性能极限,光-物质相互作用的辐射化学描述方法,其中对193nm浸没式光刻胶和极紫外光刻胶做了详细的分析和论述。

第 5 章详细介绍光刻抗反射层的原理、组分和在光刻工艺中的作用,包括含硅的抗反射层和极紫外光刻的底部增感层。

第 6 章详细介绍光刻机的投影物镜原理和装置、工件台原理和装置、部分相干照明原理和装置、偏振装置、工程材料、重要传感器的原理和功能,以及测控和各种光刻机生产应用的附加功能及其对光刻工艺的作用。还包括 193nm 浸没式投影物镜的结构和性能分析,极紫外光刻机的投影物镜和光源介绍,193nm 浸没式光刻机使用的浸没头的原理和构造分析,以及光刻机的日常维护和匹配等。还对照相机镜头和光刻机镜头之间的联系,以及像差表征和消除的理论方法做了详细论述。

第 7 章详细介绍涂胶-显影一体机(轨道机)的结构和功能。尤其是对 193nm 浸没式光刻机特有的显影方法和光刻工艺的重要耗材,如过滤器的原理和性能要求做了详细介绍。

第 8 章详细介绍测量设备的原理和使用方法,包括扫描电子显微镜、套刻测量显微镜、光学散射探测的原理和方法。还对扫描电镜使用的电子成像光学做了特别介绍。

第 9 章详细介绍光掩模,包括掩模版制作前的版图数据处理,极紫外的反射式光掩模结构,掩模版电子束曝光机的结构和性能等。其中分析和讨论了先进的可变截面电子束曝光机的原理和构造、多电子束直写电子束曝光机的原理和构造,以及各种对电子束曝光的设备工艺补偿方法。

第 10 章介绍光刻工艺参数,如曝光能量宽裕度、焦深和掩模版误差因子;概述了线宽均匀性以及光刻胶形貌的分类和改进。

第 11 章系统介绍光刻工艺用到的各种仿真方法,包括衬底反射率、对准记号的强度、部分相干照明下的空间像、掩模版三维散射、光源掩模版协同优化、光刻胶曝光显影模型、逆光刻方法等,并深入分析工艺仿真的核心算法。

第 12 章系统介绍光学邻近效应在光刻工艺上的表象和理论基础以及光学邻近效应模型的核心快速算法,包括传输交叉系数及其本征化或者奇异化的公式推导、矢量的引入、掩模版三维散射的引入等,还举例说明了光学邻近效应的建模、修正和薄弱点的检测。

第 13 章专门介绍 193nm 浸没式光刻的设备、材料和工艺方法,还提出了高效的光刻工艺研发流程。

第 14 章系统介绍光刻工艺缺陷产生的原因,包括涂胶、显影和 193nm 浸没式光刻工艺特有的缺陷分类,分析这些原因并给出解决方法。

第 15 章详细介绍光刻线宽均匀性的分类和控制方法,改进图形粗糙度的工艺方法。

第 16 章详细介绍导致光刻套刻偏差的各种原因和改进方法,深入分析先进的光刻工艺中的间接对准和套刻,提出了适合生产线的对准和套刻测量方案。

第 17 章详细分析光刻图形边缘粗糙度,介绍历史上为改善图形边缘粗糙度所做出的努力,包括光刻胶的配方调整、光刻工艺的协助和刻蚀工艺的协助等。

第 18 章详细介绍达到衍射极限后采用多重曝光的图形形成方法,包括在多重曝光情况下对准和套刻的最优方法,以及线宽均匀性的控制方法。

第 19 章详细介绍下一代光刻技术的历史发展和当前的进展,深入分析和讨论了极紫外光刻技术的发展历程,以及导向自组装、纳米压印和多电子束直写技术。

第 20 章详细介绍了光刻工艺的工艺窗口标准的发展与未来趋势。

第 21 章总结了光刻技术的方方面面,并对未来的技术发展提出展望。

文后的专业词汇索引列举了光刻工艺使用的中文专业词汇及其英文翻译。

本书由伍强、胡华勇、何伟明、岳力挽、张强、杨东旭、黄怡和李艳丽编写。其中第4章由胡华勇、杨东旭和伍强编写；第5章由胡华勇和伍强编写；第7章由伍强和何伟明编写；第8章由伍强和黄怡编写；第13章由岳力挽和伍强编写；第14章由何伟明和伍强编写；第17章由张强和伍强编写；第1~3、6、9~12、15、16、18~21章由伍强编写；附录A和附录B由岳力挽编写；思考题参考答案由李艳丽和伍强编写。

在本书的撰写过程中，北京华卓精机科技股份有限公司朱煜教授团队的张鸣老师在光刻机工件台描述上给予了重要帮助，长春国科精密光学有限公司杨怀江教授团队的隋永新等老师在投影物镜及照明系统描述上给予了重要帮助，这些帮助提高了本书的专业水平，在此表示衷心感谢。同时，本书在出版制作过程中获得了清华大学出版社文怡编辑及其团队的大力支持，没有他们的辛勤工作，就不会有本书的圆满出版，在此表示由衷的感谢。在本书的出版过程中还得到了我国集成电路行业中诸多朋友和同志的大力支持，在此也向他们一并致谢。

限于作者的水平，本书定会有不正确和疏漏之处，请各位读者不吝指正。

作　者

2024年9月

作者简介

伍 强，复旦大学研究员、博士生导师。1993年于复旦大学获物理学学士学位，1999年于耶鲁大学获物理学博士学位。毕业后就职于IBM公司，担任半导体集成电路光刻工艺研发工程师，在研发65nm逻辑光刻工艺时，在世界上首次通过建模精确地测量了光刻工艺的重要参数：等效光酸扩散长度。2004年回国，先后担任光刻工艺研发主管、光刻设备应用部主管，就职于上海华虹NEC电子有限公司、荷兰阿斯麦（ASML）光刻设备制造（中国）有限公司、中芯国际集成电路制造（上海）有限公司、中芯国际集成电路新技术研发（上海）有限公司、上海集成电路研发中心和复旦大学。先后研发或带领团队研发 $0.18\mu m$、$0.13\mu m$、90nm、65nm、40nm、28nm、20nm、14nm、10nm、7nm 等逻辑光刻工艺技术和 $0.11\mu m$ 动态随机存储器（DRAM）光刻工艺技术，带领设备应用部团队将193nm浸没式光刻机成功引入中国。截至2023年12月，个人共获得112项专利授权，其中40项美国专利，发表光刻技术论文83篇。担任国家"02"重大专项光刻机工程指挥部专家，入选"2018年度上海市优秀技术带头人"计划。2007—2009年担任ISTC（国际半导体技术大会）光刻分会主席，2010—2024年担任CSTIC（中国国际半导体技术大会）光刻分会副主席。

胡华勇，2004年于南昌大学获化学学士学位，2007年于南开大学获高分子化学与物理硕士学位，2017年取得上海市高级工程师职称。2007—2017年，任职于中芯国际集成电路制造有限公司技术研发中心，历任光刻工艺研发工程师、副经理，参与中芯国际90nm～28nm节点逻辑器件的光刻工艺研发，带领团队研发制定多种存储器件的光刻工艺解决方案，涉及NAND、NOR、RRAM、PCRAM、MRAM、3DNAND等项目。2017年至今，任江苏汉拓光学材料有限公司副总工程师，从事封装至IC应用的先进光刻胶的研发和市场推广。在IC先进光刻领域，已发表CSTIC论文4篇，SPIE论文3篇；已授权或在审核专利80多项，包括10项美国专利。

何伟明，2004年于上海大学获工学硕士学位。2004年至今，先后任职于中芯国际、华力等国内一流半导体公司，参与先进光刻工艺研发和产品线维护，历经90nm、65nm、55nm等逻辑工艺以及38～24nm NAND、45nm NOR、40nm RRAM、MRAM等存储器产品的光刻工艺研发，在光刻缺陷整体解决方案、显影工艺优化、光刻胶评估等方面积累了丰富的一线经验，并在SPIE和CISTIC发表多篇研究论文。

岳力挽，2007 年于南京大学获高分子化学与物理硕士学位。2007 年加入上海华虹宏力半导体有限公司，负责 $0.13\mu m$ embedded Flash 产品的光刻工艺研发与维护。参与 $0.13\mu m$ embedded Flash 产品从研发到量产的转移开发，获张江高科技园区 2010 年度职工科技创新奖。2012 年加入中芯国际集成电路制造（上海）有限公司技术研发中心，负责 28nm、20nm 逻辑芯片后端金属层光刻工艺研发。2016 年加入中芯国际集成电路新技术研发公司，担任 14nm 逻辑芯片后段金属层、通孔层光刻工艺研发副经理，带领团队进行 14nm 后段光刻工艺研发。发表论文 3 篇，申请专利 15 项。

张　强，2009 年于南京理工大学获应用物理学士学位；2012 年于中国科学技术大学国家同步辐射实验室获硕士学位。从事真空紫外光光电离解离研究，在国内外期刊上发表多篇论文，内容包括对硝基甲苯的光电离解离机理，以及氢团簇的形成条件和光电离解离机理。2012—2018 年，在中芯国际集成电路（上海）有限公司研发部任光刻工艺研发工程师，负责 28nm、14nm 逻辑技术关键光刻工艺的研发，在 CSTIC 单独或合作发表数篇会议论文，同时在国内外均有专利申请。2018 年至今，在企业从事知识产权相关工作。

杨东旭，2011 年于四川大学获学士学位，2016 年于英国伯明翰大学获博士学位。博士期间主要从事新一代电子束和极紫外光刻材料的研究，并在英国公司 Irresistible Materials Ltd. 负责新型小分子碳纳米材料在光刻方面的应用。2016 年入职中芯国际集成电路制造（上海）有限公司技术研发中心，从事先进光刻工艺研发工作。2018 年就职于电子科技大学电子科学与工程学院，从事包括光刻胶在内的纳米材料方向研究。在国际知名期刊发表论文 66 篇；申请光刻材料与工艺相关国内外发明专利 28 项；撰写英文专著各 1 部。

黄　怡，2006 年于上海交通大学获材料学硕士学位。同年加入中芯国际集成电路制造（上海）有限公司技术研发中心刻蚀部门，参与并负责 90nm、65nm、45nm、40nm、28nm 前中段关键工艺与后段铜连接刻蚀工艺的研发。2012 年转入技术研发中心新成立的测量与测量方法开发部门，先后担任主任工程师与技术专家，参与管理团队并负责 28nm、14nm 测量技术的研发与评估，以及测量方法的开发与验证。已获授权和受理半导体制造领域专利数十项，合著多篇国际会议文章。现从事测量设备与技术应用的相关工作。

李艳丽,复旦大学微电子学院青年研究员、硕士生导师。2010 年于山东大学获学士学位,2015 年于复旦大学获博士学位。博士期间主要从事硅纳米晶体和硅纳米线的制备以及研究其发光特性的工作,在国内外期刊发表多篇论文。2015—2021 年,先后在中芯国际研发部、上海集成电路研发中心,负责 28nm、14nm 和 5nm 基于 EUV 的光刻工艺技术研发工作。2021 年 6 月加入复旦大学微电子学院,主要研究方向是"集成电路先进光刻工艺及光刻相关设备、光刻材料、光刻相关算法软件"。自 2019 年起,在中国国际半导体技术大会(CSTIC)、固态和集成电路技术国际会议(ICSICT)、国际先进光刻技术研讨会(IWAPS)、国际专用集成电路会议(ASICON)以及其他期刊以一作或通讯作者发表 EUV、DUV 相关光刻技术论文 20 余篇,凭借极紫外光刻胶随机效应模型获得 2020 年 CSTIC 优秀年轻工程师二等奖,还获得 2022 年 ICSICT"杰出青年学者论文奖"。申报专利 54 项,授权 16 项(其中申报一作 16 项,授权 6 项),专利涉及深紫外、极紫外工艺、材料以及相关设备。

目录

CONTENTS

第 1 章　光刻技术引论 ... 1
  1.1　集成电路简史 ... 1
  1.2　我国集成电路的发展简史(1958 年至 20 世纪 90 年代) ... 2
  1.3　我国成像镜头的发展简史和数码相机的最新成果 ... 4
  1.4　光刻机的发展简史和我国光刻机的发展简史 ... 7
  1.5　我国光刻胶的发展简史和最新进展 ... 10
  1.6　光刻工艺使用的其他设备的发展和我国的发展 ... 11
  1.7　光刻工艺的仿真计算发展 ... 15
  1.8　极紫外光刻的发展和导向自组装的发展 ... 17
  参考文献 ... 18

第 2 章　光刻工艺概览 ... 20
  2.1　光刻的整体技术要点 ... 20
  2.2　光刻工艺的流程 ... 23
  2.3　光刻工艺使用的设备 ... 30
    2.3.1　光刻机 ... 30
    2.3.2　涂胶-显影一体机 ... 35
  2.4　光刻工艺使用的材料：光刻胶、抗反射层、填隙材料 ... 37
  2.5　光刻工艺的一整套建立方法，包括确定各种膜厚、照明条件、工艺窗口等 ... 38
  参考文献 ... 40
  思考题 ... 41

第 3 章　光学成像原理及分辨率 ... 42
  3.1　光学成像原理 ... 42
  3.2　分辨率的定义：瑞利判据、全宽半高定义 ... 43
  3.3　部分相干光的成像理论：照明条件中的部分相干性 ... 47
  3.4　光学照明系统的结构和功能：科勒照明方式 ... 50
  3.5　光学成像的傅里叶变换 ... 51

参考文献 · · · · · · 52
思考题 · · · · · · 52

第 4 章 光刻胶 · · · · · · 53

4.1 光刻材料综述 · · · · · · 53
- 4.1.1 光刻胶 · · · · · · 53
- 4.1.2 溶剂 · · · · · · 56
- 4.1.3 光刻胶的生产流程 · · · · · · 56
- 4.1.4 抗反射层 · · · · · · 56
- 4.1.5 显影液和清洗液 · · · · · · 57
- 4.1.6 剥离剂和清除剂 · · · · · · 59

4.2 负性光刻胶(光刻胶树脂、负性光刻胶类型、交联化学原理) · · · · · · 59
- 4.2.1 负性光刻胶原理 · · · · · · 60
- 4.2.2 负性光刻胶类型 · · · · · · 61

4.3 非化学放大型正性光刻胶——紫外 436nm、365nm 光刻胶 · · · · · · 63
- 4.3.1 非化学放大型正性光刻胶——重氮萘醌-酚醛树脂光刻胶 · · · · · · 63
- 4.3.2 重氮萘醌-酚醛树脂类型光刻胶体系的主要组成成分 · · · · · · 66

4.4 化学放大型的正性光刻胶——深紫外(DUV)248nm、193nm 光刻胶 · · · · · · 69
- 4.4.1 对更短波长深紫外光刻胶的需求 · · · · · · 69
- 4.4.2 化学放大的原理 · · · · · · 70
- 4.4.3 基于聚羟基苯乙烯及其衍生物的 248nm 光刻胶 · · · · · · 71
- 4.4.4 以聚甲基丙烯酸酯为主的 193nm 光刻胶 · · · · · · 76
- 4.4.5 193nm 浸没式光刻胶 · · · · · · 80
- 4.4.6 正性负显影(NTD)光刻胶 · · · · · · 88

4.5 极紫外(EUV)光刻胶 · · · · · · 92
- 4.5.1 基于断链作用的非化学放大光刻胶 · · · · · · 92
- 4.5.2 聚合物型化学放大光刻胶 · · · · · · 93
- 4.5.3 正性极紫外(EUV)化学放大光刻胶 · · · · · · 93
- 4.5.4 负性有机小分子型光刻胶 · · · · · · 95
- 4.5.5 正性有机小分子型光刻胶 · · · · · · 97
- 4.5.6 基于无机物的新型光刻胶 · · · · · · 99

4.6 光刻胶的分辨率-线边粗糙度-曝光灵敏度(RLS)极限 · · · · · · 100

4.7 辐射化学与光化学概述 · · · · · · 103
- 4.7.1 辐射作用 · · · · · · 103
- 4.7.2 激发态复合物 · · · · · · 104
- 4.7.3 能量转移 · · · · · · 104
- 4.7.4 光谱增感 · · · · · · 105
- 4.7.5 光化学与辐射化学 · · · · · · 106
- 4.7.6 辐射化学量子产率 · · · · · · 106
- 4.7.7 辐射曝光敏感度 · · · · · · 106

- 4.7.8 辐射与光刻胶材料相互作用机理 107
- 4.8 描述光刻胶物理特性的基本参数 107
  - 4.8.1 迪尔参数（Dill parameters） 107
  - 4.8.2 光酸扩散长度和系数 108
  - 4.8.3 光刻胶显影液中溶解率对比度 109
- 参考文献 110
- 思考题 113

第5章 抗反射层 115

- 5.1 抗反射层和反射率控制 117
- 5.2 抗反射层种类 121
  - 5.2.1 顶部抗反射层 122
  - 5.2.2 底部抗反射层 123
- 5.3 有机、无机底部抗反射层对比 125
- 5.4 底部抗反射层与光刻胶相互作用 125
- 5.5 含硅的抗反射层（SiARC） 125
- 5.6 用于极紫外光刻的底部增感层 126
- 参考文献 126
- 思考题 127

第6章 光刻机 128

- 6.1 引言 128
- 6.2 成像镜头的发展和像差消除原理 131
  - 6.2.1 单片凸透镜的像差分析（三阶塞得（Seidel）像差） 131
  - 6.2.2 3片3组柯克镜头的成像和像差分析 132
  - 6.2.3 4片3组天塞镜头的成像和像差分析 133
  - 6.2.4 6片4组双高斯镜头的成像和像差分析 135
- 6.3 像差的种类和表征 137
  - 6.3.1 球差、彗差、像散、场曲、畸变、轴向色差和横向色差 137
  - 6.3.2 镜头像差的分摊原理：6片4组镜头像差分析 141
- 6.4 齐明点（Aplanatic Point）和零像差设计 142
- 6.5 大数值孔径光刻机镜头的介绍 143
  - 6.5.1 蔡司0.93NA、193nm深紫外投影物镜的成像和像差分析、结构分析 143
  - 6.5.2 蔡司1.35NA、193nm水浸没式折反深紫外投影物镜的成像和像差分析、结构分析 149
  - 6.5.3 蔡司0.33NA、6片6组13.5nm极紫外（EUV）全反射式投影物镜的成像和像差分析、结构分析 152
  - 6.5.4 更大数值孔径极紫外投影物镜的展望 156
  - 6.5.5 我国光刻投影物镜的简要发展历程和最新发展 159
- 6.6 光刻机的移动平台介绍 159

6.6.1 移动平台系统及移动平台的功能、结构和主要元件 ····· 160
6.6.2 移动平台三维空间位置的校准 ····· 164
6.6.3 阿斯麦双工件台光栅尺测控系统介绍 ····· 166
6.6.4 我国在光刻机双工件台移动平台研制的最新成果 ····· 171
6.6.5 光刻机中硅片的对准和调平（阿斯麦双工件台方法、尼康串列工件台方法） ····· 171
6.6.6 掩模台的对准 ····· 181
6.6.7 硅片台的高精度对准补偿 ····· 182
6.6.8 浸没式光刻机硅片台的温度补偿和硅片吸附的局部受力导致的套刻偏差补偿 ····· 188
6.6.9 掩模版受热的 k_{18} 畸变系数的补偿 ····· 188
6.6.10 镜头受热的焦距和像散补偿方法 ····· 190
6.6.11 光刻机的产能计算方法介绍 ····· 190
6.6.12 光刻机中的部分传感器（空间像传感器、光瞳像差传感器、光强探测传感器、干涉仪等） ····· 192
6.7 光刻机的照明系统结构和功能 ····· 195
6.7.1 固定光圈的照明系统、带可变照明方式的照明系统（阿斯麦公司的可变焦互补型锥镜） ····· 195
6.7.2 照明光的非相干化、均匀化及稳定性 ····· 198
6.7.3 偏振照明系统 ····· 203
6.7.4 自定义照明系统（阿斯麦公司的 Flexray） ····· 208
6.8 光刻机的使用和维护 ····· 210
6.8.1 光刻机的定期检查项目（焦距校准、套刻校准、照明系统校准、光束准直） ····· 210
6.8.2 多台光刻机的套刻匹配（标准） ····· 211
6.8.3 多台光刻机的照明匹配 ····· 211
6.8.4 多台光刻机的焦距匹配 ····· 211
6.8.5 阿斯麦公司的光刻机的基线（Baseline）维持功能 ····· 214
6.9 光刻机的延伸功能 ····· 215
6.9.1 曝光均匀性的补偿 ····· 215
6.9.2 套刻分布的补偿 ····· 216
6.9.3 阿斯麦光刻机基于气压传感器（AGILE）的精确调平测量 ····· 218
6.9.4 硅片边缘对焦调平的特殊处理 ····· 220
6.9.5 硅片边缘曝光的特殊处理 ····· 221
6.10 193nm 浸没式光刻机的特点 ····· 223
6.10.1 防水贴 ····· 223
6.10.2 浸没头（水罩） ····· 223
6.11 13.5nm 极紫外（EUV）光刻机的一些特点 ····· 224
6.11.1 激光激发的等离子体光源 ····· 224
6.11.2 照明系统和自定义照明系统 ····· 227

　　　　6.11.3　全反射式的掩模版和投影物镜 228
　　　　6.11.4　高数值孔径的投影物镜设计：X 方向和 Y 方向放大率不同的
　　　　　　　　物镜（Anamorphic） 228
　参考文献 229
　思考题 231

第7章　涂胶-烘焙-显影一体机：轨道机　234

　7.1　轨道机的主要组成部分（涂胶机、热板、显影机）和功能 238
　　　　7.1.1　涂胶子系统 238
　　　　7.1.2　热板子系统 239
　　　　7.1.3　显影子系统 240
　7.2　光刻胶的容器类型（玻璃瓶和 Nowpak 塑料瓶）、输送管道和输送泵 242
　7.3　显影后冲洗设备（含氮气喷头的先进缺陷去除 ADR 冲洗设备） 243
　7.4　光刻设备使用的过滤器 244
　参考文献 245
　思考题 245

第8章　光刻工艺的测量设备　247

　8.1　线宽扫描电子显微镜的原理和基本结构（电子光学系统的基本参数） 249
　8.2　线宽扫描电子显微镜的测量程序和测量方法 255
　8.3　线宽扫描电子显微镜的校准和调整 260
　8.4　套刻显微镜的原理和测量方法 262
　8.5　套刻显微镜的测量程序和测量方法 268
　8.6　套刻显微镜设备引入的误差及其消除方法 269
　8.7　基于衍射的套刻（DBO）探测原理 269
　8.8　套刻记号的设计 273
　8.9　光学线宽（OCD）测量原理及应用 273
　8.10　缺陷检测设备原理 277
　参考文献 280
　思考题 281

第9章　光掩模　283

　9.1　光掩模的种类 283
　9.2　光掩模的制作 291
　　　　9.2.1　掩模版的数据处理 291
　　　　9.2.2　掩模版的曝光-刻蚀 293
　　　　9.2.3　掩模版线宽、套刻、缺陷的检测 298
　　　　9.2.4　掩模版的修补 302
　9.3　光掩模制作过程中的问题 303
　　　　9.3.1　掩模版电子束曝光的邻近效应及补偿方法 303

9.3.2 电子束曝光的其他问题(雾化、光刻胶过热等) ······ 306
9.4 光掩模线宽均匀性在不同技术节点的参考要求 ······ 306
　　9.4.1 各技术节点对掩模版线宽均匀性的要求 ······ 306
　　9.4.2 线宽均匀性测量使用的图形类型 ······ 308
9.5 光掩模制作和检测设备的其他资料 ······ 308
　　9.5.1 电子束各种扫描方式及其优、缺点 ······ 308
　　9.5.2 电子束曝光机采用的电子枪 ······ 310
　　9.5.3 多电子束的介绍和最新进展 ······ 311
参考文献 ······ 315
思考题 ······ 317

第 10 章　光刻工艺参数和工艺窗口 ······ 319

10.1 曝光能量宽裕度、归一化图像光强对数斜率 ······ 320
10.2 对焦深度 ······ 322
10.3 掩模版误差因子 ······ 327
10.4 线宽均匀性(包括图形边缘粗糙度) ······ 331
10.5 光刻胶形貌 ······ 339
参考文献 ······ 341
思考题 ······ 341

第 11 章　光刻工艺的仿真 ······ 343

11.1 反射率仿真算法 ······ 344
11.2 对准记号对比度的算法 ······ 347
　　11.2.1 阿斯麦公司的 Athena 系统仿真算法和尼康公司的 FIA 系统仿真算法 ······ 348
　　11.2.2 两种算法和实验的比较 ······ 350
11.3 光刻空间像的仿真参数 ······ 351
11.4 一维阿贝仿真算法 ······ 352
11.5 二维阿贝仿真算法 ······ 359
11.6 基于传输交叉系数的空间像算法 ······ 361
11.7 矢量的考虑 ······ 362
11.8 偏振的计算 ······ 363
11.9 像差的计算 ······ 363
11.10 琼斯矩阵 ······ 364
11.11 时域有限差分的算法 ······ 365
　　11.11.1 掩模三维散射造成的掩模函数的修正 ······ 366
　　11.11.2 麦克斯韦方程组 ······ 367
　　11.11.3 Yee 元胞 ······ 367
　　11.11.4 麦克斯韦方程组的离散化 ······ 368
　　11.11.5 二阶吸收边界条件 ······ 370

		11.11.6	完全匹配层边界条件 …………………………………………	372
		11.11.7	金属介电常数避免发散的方法 ………………………………	375
		11.11.8	掩模版三维散射的效应：一维线条/沟槽 ………………………	376
		11.11.9	掩模版三维散射的效应：二维线端/通孔 ………………………	379
		11.11.10	时域有限差分在极紫外光刻仿真里的应用 ……………………	386
	11.12	严格的耦合波分析方法 ……………………………………………………	387
		11.12.1	严格的耦合波分析方法推导过程 ……………………………	387
		11.12.2	严格的耦合波分析方法在极紫外光刻的仿真应用 ……………	391
	11.13	光源掩模协同优化 …………………………………………………………	393
		11.13.1	不同光瞳照明条件对掩模版图形的影响 ………………………	393
		11.13.2	一个交叉互联图形的光源掩模协同优化举例 …………………	402
	11.14	光刻胶曝光显影模型 ………………………………………………………	409
		11.14.1	一般光刻胶光化学反应的阈值模型 …………………………	409
		11.14.2	改进型整合参数模型 ………………………………………	410
		11.14.3	光刻胶光酸等效扩散长度在不同技术节点上的列表 …………	411
		11.14.4	负显影光刻胶的模型特点 ……………………………………	412
		11.14.5	负显影光刻胶的物理模型 ……………………………………	415
	11.15	逆光刻仿真算法 ……………………………………………………………	418
		11.15.1	逆光刻的思想 ……………………………………………	418
		11.15.2	逆光刻的主要算法 …………………………………………	419
		11.15.3	逆光刻面临的主要挑战 ……………………………………	421
	11.16	其他仿真算法 ………………………………………………………………	421
	参考文献	……………………………………………………………………………………	423
	思考题	………………………………………………………………………………………	425

第12章 光学邻近效应修正 ………………………………………………………… 427

12.1	光学邻近效应 ………………………………………………………………	427
	12.1.1 调制传递函数 ………………………………………………	428
	12.1.2 禁止周期 ……………………………………………………	429
	12.1.3 光学邻近效应的图示分析（一维线条/沟槽） …………………	430
	12.1.4 照明离轴角和光酸扩散长度对邻近效应的影响 ………………	432
	12.1.5 光学邻近效应在线端-线端和线端-横线结构的表现 …………	434
12.2	光学邻近效应的进一步探讨：密集图形和孤立图形 ……………………	440
12.3	相干长度的理论和仿真计算结果 ………………………………………	446
12.4	基于规则的简单光学邻近效应修正方法 ………………………………	454
12.5	基于模型的光学邻近效应修正中空间像计算的化简 …………………	455
	12.5.1 传输交叉系数的考布本征值分解 ………………………………	457
	12.5.2 传输交叉系数的 Yamazoe 奇异值分解 …………………………	459
	12.5.3 包含矢量信息的传输交叉系数 ………………………………	460
	12.5.4 掩模版多边形图形的基于边的分解 ……………………………	462

12.5.5 掩模三维效应计算的区域分解法 463
12.6 基于模型的光学邻近效应修正：建模 469
12.6.1 模型的数学表达式和重要参数 469
12.6.2 建模采用的图形类型 470
12.6.3 类似 20nm 逻辑电路的前段线条层 OPC 建模举例 470
12.6.4 类似 20nm 逻辑电路的中后段通孔层 OPC 建模的特点 471
12.6.5 类似 20nm 逻辑电路的后段沟槽层 OPC 建模的特点 475
12.7 基于模型的光学邻近效应修正：修正程序 476
12.8 光学邻近效应中的亚分辨辅助图形的添加 477
12.8.1 基于规则的添加 478
12.8.2 基于模型的添加 479
12.9 基于模型的光学邻近效应修正：薄弱点分析和去除 481
参考文献 482
思考题 483

第13章 浸没式光刻 485

13.1 浸没式光刻工艺产生的背景 485
13.2 浸没式光刻机使用的投影物镜的特点 486
13.3 浸没式光刻工艺的分辨率提高 487
13.4 浸没式光刻工艺的工艺窗口提升 488
13.5 浸没式光刻工艺的新型光刻机的架构改进 489
13.5.1 双工件台 489
13.5.2 平面光栅板测控的硅片台 490
13.5.3 紫外光源调平系统 490
13.5.4 像素式自定义照明系统（灵活照明系统） 492
13.6 浸没式光刻工艺的光刻胶 492
13.6.1 最初的顶部隔水涂层 493
13.6.2 自分凝隔水层的光刻胶 493
13.6.3 含有光可分解碱的光刻胶 494
13.7 浸没式光刻工艺的光刻材料膜层结构 494
13.8 浸没式光刻工艺特有的缺陷 496
13.9 浸没式轨道机的架构 498
13.10 浸没式光刻的辅助工艺技术 499
13.10.1 多重成像技术的使用 499
13.10.2 负显影技术 499
13.11 浸没式光刻工艺的建立 502
13.11.1 光刻工艺研发的一般流程 502
13.11.2 目标设计规则的研究和确认 502
13.11.3 基于设计规则，通过仿真进行初始光源、掩模版类型的选取 504
13.11.4 光刻材料的选取 504

参考文献 …… 505
思考题 …… 506

第14章　光刻工艺的缺陷 …… 507

14.1　旋涂工艺缺陷 …… 508
- 14.1.1　表面疏水化处理工艺相关缺陷 …… 509
- 14.1.2　光刻胶旋涂缺陷 …… 511
- 14.1.3　洗边工艺相关缺陷 …… 513

14.2　显影工艺缺陷 …… 515
- 14.2.1　材料特性对显影缺陷的影响 …… 515
- 14.2.2　显影模块硬件特点对显影缺陷的影响 …… 517
- 14.2.3　显影清洗工艺特性与缺陷的关系 …… 520

14.3　其他类型缺陷（前层和环境等影响） …… 523
- 14.3.1　化学放大光刻胶的"中毒"现象 …… 523
- 14.3.2　非化学放大光刻胶的"中毒"现象 …… 524

14.4　浸没式光刻工艺缺陷 …… 526
- 14.4.1　浸没式光刻机最早的专利结构图 …… 526
- 14.4.2　浸没式光刻遇到的常见缺陷分类分析 …… 526
- 14.4.3　去除浸没式光刻缺陷的方法 …… 530

参考文献 …… 530
思考题 …… 531

第15章　光刻工艺的线宽控制及改进 …… 532

15.1　光刻线宽均匀性的定义 …… 532

15.2　光刻线宽均匀性的计算方法 …… 534
- 15.2.1　硅片范围的线宽均匀性 …… 534
- 15.2.2　曝光场内的线宽均匀性 …… 535

15.3　光刻线宽均匀性的改进方法 …… 536
- 15.3.1　批次-批次之间均匀性的改进 …… 536
- 15.3.2　批次内部线宽均匀性的改进 …… 537
- 15.3.3　硅片内部线宽均匀性的改进 …… 538
- 15.3.4　曝光场内部线宽均匀性的改进 …… 541
- 15.3.5　局域线宽均匀性的改进 …… 541

15.4　线宽粗糙度以及改进方法介绍 …… 543
- 15.4.1　提高空间像对比度 …… 543
- 15.4.2　提高光刻胶的光化学反应充分度 …… 543
- 15.4.3　锚点的掩模版偏置选取 …… 544
- 15.4.4　曝光后烘焙的充分度 …… 544
- 15.4.5　选择抗刻蚀能力强的（坚硬的）光刻胶 …… 544

参考文献 …… 544
思考题 …… 545

第 16 章　光刻工艺的套刻控制及改进 · · · · · · 546

- 16.1　套刻控制的原理和参数 · · · · · · 546
- 16.2　套刻记号的设计和放置 · · · · · · 552
  - 16.2.1　套刻记号的种类(历史、现在) · · · · · · 552
  - 16.2.2　套刻记号的放置方式(切割道、芯片内) · · · · · · 553
- 16.3　影响套刻精度的因素 · · · · · · 554
  - 16.3.1　设备的漂移 · · · · · · 554
  - 16.3.2　套刻记号的设计和放置 · · · · · · 554
  - 16.3.3　衬底的影响 · · · · · · 555
  - 16.3.4　化学机械平坦化研磨料残留对套刻的影响 · · · · · · 556
  - 16.3.5　刻蚀、热过程工艺可能对套刻记号产生的变形 · · · · · · 556
  - 16.3.6　掩模版图形放置误差对套刻的影响 · · · · · · 557
  - 16.3.7　上、下层掩模版线宽误差对套刻的挤压 · · · · · · 557
  - 16.3.8　掩模版受热可能导致的套刻偏差 · · · · · · 557
  - 16.3.9　高阶套刻偏差的补偿——套刻测绘 · · · · · · 558
  - 16.3.10　套刻误差来源分解举例 · · · · · · 559
- 16.4　套刻/对准树状关系 · · · · · · 560
  - 16.4.1　间接对准的误差来源和改进方式 · · · · · · 561
  - 16.4.2　光刻机指定硅片工件台(对双工件台光刻机)和掩模版曝光机连续出片 · · · · · · 562
  - 16.4.3　套刻前馈和反馈 · · · · · · 562
  - 16.4.4　混合套刻测量和反馈 · · · · · · 562
- 参考文献 · · · · · · 563
- 思考题 · · · · · · 563

第 17 章　线边粗糙度和线宽粗糙度 · · · · · · 564

- 17.1　线边粗糙度和线宽粗糙度概论 · · · · · · 565
- 17.2　线边粗糙度和线宽粗糙度数据分析方法 · · · · · · 568
- 17.3　影响线边粗糙度和线宽粗糙度的因素 · · · · · · 569
- 17.4　线边粗糙度和线宽粗糙度的改善方法 · · · · · · 576
- 17.5　小结 · · · · · · 581
- 参考文献 · · · · · · 581
- 思考题 · · · · · · 582

第 18 章　多重图形技术 · · · · · · 583

- 18.1　背景 · · · · · · 583
- 18.2　光刻-刻蚀、光刻-刻蚀方法 · · · · · · 585
- 18.3　图形的拆分方法——涂色法 · · · · · · 586
  - 18.3.1　三角矛盾 · · · · · · 586

	18.3.2	应用范围	587
18.4	自对准多重图形技术		587
	18.4.1	自对准多重图形技术的优点和缺点	588
	18.4.2	自对准多重图形技术的应用范围	588
18.5	套刻的策略和原理		589
18.6	线宽均匀性的计算和分配		590
参考文献			592
思考题			593

第 19 章　下一代光刻技术　594

19.1	极紫外光刻技术的发展简史		594
19.2	极紫外光刻与 193nm 浸没式光刻的异同点		598
	19.2.1	光刻设备的异同点	598
	19.2.2	光刻胶材料的异同点	599
	19.2.3	掩模版的异同点	599
	19.2.4	光刻工艺的异同点	599
	19.2.5	光学邻近效应的异同点	600
19.3	极紫外技术的进展		601
	19.3.1	光源的进展	601
	19.3.2	光刻胶的现状	602
	19.3.3	掩模版保护膜的进展	606
	19.3.4	锡滴的供应和循环系统的进展	607
19.4	导向自组装技术介绍		607
	19.4.1	原理介绍	607
	19.4.2	类型：物理限制型外延和化学表面编码型外延	608
	19.4.3	缺陷的来源和改进	612
	19.4.4	图形设计流程介绍	612
19.5	纳米压印技术介绍		614
19.6	电子束直写技术介绍		617
参考文献			620
思考题			622

第 20 章　光刻工艺的工艺窗口标准的发展与未来趋势　623

20.1	光刻新技术的发展		623
20.2	极紫外技术的局限性		623
20.3	光刻工艺窗口主要参数的发展和趋势		625
	20.3.1	曝光能量宽裕度	626
	20.3.2	掩模版误差因子	627
	20.3.3	焦深	628
	20.3.4	套刻精度	629

20.3.5 线边粗糙度/线宽粗糙度 ········· 629
20.4 化学放大型光刻胶的等效光酸扩散长度 ········· 630
参考文献 ········· 631
思考题 ········· 632

第 21 章 光刻技术发展展望 ········· 633

21.1 光刻技术继续发展的几点展望 ········· 633
21.2 光刻技术的发展将促进我国相关技术的发展 ········· 634

附录 A 典型光刻工艺测试图形 ········· 636

附录 B 光刻工艺建立过程中测试掩模版的绘制 ········· 639

思考题参考答案 ········· 645

专业词汇索引 ········· 658

第1章

光刻技术引论

1.1 集成电路简史

集成电路产业在20世纪后半叶高速发展。1947年,美国贝尔实验室的威廉·肖克利(William Shockley)等发明了晶体管。1958年(一说1960年),仙童(Fairchild)半导体公司的罗伯特·诺伊斯(Robert Noyce)与德州仪器公司的杰克·基尔比(Jack Kilby)间隔数月分别发明了集成电路[1],揭开了世界微电子学的新篇章。而仅仅比美国晚了7年(一说5年),1965年9月,我国自主研制的第一块采用PN结隔离的双极型集成电路在中国科学院上海微系统与信息技术研究所(前身是中国科学院上海冶金研究所)诞生(图1-1),从此我国进入集成电路时代[2]。

图1-1 我国在1965年研制的第一块集成电路(图片源自《梅州日报》)[2]

说到光刻,就不得不提及印刷技术。印刷技术最早产生于中国汉代晚期(25—200年),800多年后,宋朝的毕昇对印刷技术进行了革命性的改良,将固定的雕版印刷改造成活字印刷,此后印刷技术便高速发展[3],现在又发展出了激光照排技术。现代意义上的"光刻"(Photolithography)始于1798年阿罗约·塞内菲德勒(Alois Senefedler)的尝试。当他试图将自己的著作在德国慕尼黑出版时发现,如果使用油性铅笔将插图画在多孔的石灰石上,并且将没有画到的地方用水湿润,由于油性墨水与水的互相排斥,墨水只会被粘到用铅笔画过的地方。这种技术称为"石印"(Lithography)。"石印"是现代多重套印的先导。而光刻工艺是将预制的电路图样按照一定的比例复制到硅片上。早期的光刻工艺是将掩模版靠近涂有光刻胶的硅片,然后用短波长的紫外光将掩模版的图案直接投影到硅片上,也就是1∶1的投影印制。但是,这样的做法存在以下两个问题:一是光线经过掩模版会发生衍射和散射,成像质量的好坏取决于硅片离开掩模版的距离;二是如果带有光刻胶的硅片不小心碰到掩模版,不仅会破坏光刻胶表面,还会沾污掩模版,而且这种沾污带来的缺陷如果不去除,将会一直在硅片上造成缺陷。所以,后来的光刻机都采用通过镜头成像投影的方式,只要将硅片放置于镜头的焦平面上,就可以获得清晰的掩模版由成像而成的投影图案,而且重复性取决于调焦的机械精度,排除了掩模版碰到带有光刻胶的硅片表面的风险。

1.2 我国集成电路的发展简史(1958年至20世纪90年代)

我国的集成电路产业诞生于20世纪60年代,当时主要是为国产计算机配套,以开发逻辑电路为主要产品。1965—1978年,我国初步建立了集成电路工业基础及相关设备、仪器、材料的配套条件。当时的国产光刻机主要是接触-接近式,如上海的**劳动牌**JKG系列,可以容纳2.5~5英寸①的硅片,分辨率达到2μm,如图1-2所示。系统采用超高压汞灯,波长范围为300~436nm。掩模版和硅片的对准采用可见光(545nm)光学显微镜。制造厂家为当时的公安部上海八三二厂,即现在的上海学泽光学机械有限公司。

早在1958—1959年,我国相继研制出中国第一台小型电子管计算机(103机),运行速度为1500次/秒,字长为31位,内存容量为1024字节;中国第一台大型电子管计算机(104机,见图1-3),速度上升到1万次/秒。这两种计算机一般称为中国第一代计算机。1965年,我国自行研制成功运算速度为5万次/秒的晶体管电子计算机(109机),一般称为中国第二代计算机。

图1-2 上海劳动牌JKG-3型接触-接近式光刻机(图片源自上海学泽光学机械有限公司官网)[4]

图1-3 我国生产的104机照片(图片源自赛迪网)[6]

在拥有国产的半导体和集成电路重要装备后,我国在计算机领域也跟上国际先进水平向前发展。20世纪70年代初,在上海试制成功中国第一台集成电路通用数字电子计算机,运算速度达到11万次/秒,一般称为中国第三代计算机。中国能够制造运算速度为10万次/秒以

---

① 1英寸(in)=2.54厘米(cm)。

上的电子计算机,标志着计算机工业的长足发展。图1-4展示的是1974年定型的DJS-130型计算机,运算速度达到50万次/秒。1973年,在北京试制成功中国第一台运算速度达到100万次/秒的集成电路电子计算机。1977年夏天,第一台百万次级集成电路计算机151-3研制成功,次年,200万次/秒的集成电路大型通用计算机151-4在连续运行169h后,顺利装上"远望一号"科学测量船,这几乎是中国计算机界在1966—1976年这十年间的最高成就。进入20世纪80年代,151计算机又在我国首次向南太平洋发射运载火箭、首次潜艇水下发射导弹,以及第一颗试验型广播通信卫星的发射和定位三大重点试验中大显身手。在这个时期(1958年至20世纪70年代初),我国光刻技术形成了一整套国产工艺技术体系,包括使用的设备、材料和工艺等,具体参见上海无线电十七厂编写的《光刻》一书[5]。《光刻》一书中详细论述了硅片的清洁、光刻胶的涂覆、前烘、曝光、显影、显影后烘焙、刻蚀(腐蚀)、去胶等关键步骤。此书还对光刻工艺出现的缺陷问题,如小岛、浮胶(Peeling)、针孔做了详细分析和论述。最后,此书还对更先进的投影式光刻和电子束光刻做了介绍。

图1-4 DJS-130型通用数字电子计算机(国产DJS100系列机首先于1974年定型生产的机型,图片源自新浪微博)[7]

进入20世纪80年代,国际上开始使用投影式曝光方式,我国在这方面的发展并不快。20世纪70年代末80年代初,我国开始引进国外成熟的半导体设备、材料和工艺,开始了以加工-生产为主的经济模式。先有无锡国营江南无线电器材厂(后来发展成为中国华晶电子集团公司)引进日本成套技术生产彩色电视机专用集成电路。后来又有了无锡华晶的代号为"908"的"908工程",其目标是建立一条6in、$0.8\sim1.2\mu m$、月产1.2万片的生产线[8]。20世纪90年代末,我国和日本NEC公司合资兴建了上海华虹NEC电子有限公司("909工程"),引进了当时先进的波长为248nm深紫外投影式光刻机尼康S203/204B。这种光刻机采用一枚数值孔径为0.68的物镜,每小时可以完成60~80片8in硅片的曝光,光刻线宽达到$0.13\sim0.15\mu m$。2000年,中芯国际集成电路有限公司成立,由此迈出了我国快速追赶集成电路世界先进水平的步伐。2015年11月,我国引进了阿斯麦(ASML)光刻设备有限公司制造的具备14nm逻辑集成电路量产能力的NXT1970ci型号光刻机,采用193nm曝光波长、水浸没式(Water immersion)成像,具备38nm线宽的成像能力、2nm的套刻精度,每小时能够完成250多片12in硅片的曝光。

光刻机是半导体机械中技术密集程度最高、精度要求最高、最昂贵的设备。它包括大质量钢结构-混凝土基础(十几吨)、精密气垫振动隔离(简称"隔振")平台、精密测量系统、精密移动平台及其精密测控系统(硅片台和掩模台)、光源(深紫外准分子激光或者汞灯)、光学系统(科勒照明系统、投影成像系统)、硅片-掩模对准系统、超精密温控(±(0.005~0.01)℃)、颗粒污染过滤系统和硅片输送系统。对于浸没式光刻机还有超纯水制作系统。目前,我国在高精密移动平台系统和投影物镜方面都有所进展。投影物镜在曲率半径(单位:mm)上要求精确到小数点后面的第 6 位,也就是纳米级。在厚度加工和工装上也要求精确到微米级以下。而光源的波长稳定性也要求达到 0.1pm 量级。现在国际上占据领先地位的光刻机镜头由享有盛誉的德国卡尔·蔡司(Carl Zeiss)公司制造。蔡司公司早在 19 世纪就开始从事镜头制造,其曾经在 19 世纪末 20 世纪初制造出了大名鼎鼎的双高斯构型的"小 B"(Little Biota)镜头和冠以"鹰眼"美誉的 4 片 3 组的天塞(Tessar)镜头。这些镜头的成像分辨率在 5~10μm 级别,而光刻机镜头却要达到 50~100nm 级别,分辨率和精密度相比照相机提高了 100 倍。

1.3 我国成像镜头的发展简史和数码相机的最新成果

我国对光学成像的研究起步很早,墨子(公元前 468—公元前 376 年)所著的《墨经》中的《经下》就有连续八段文字记载了成像[9]。其中有:①小孔成倒像的描述。②凹面镜成像的描述,即"鉴洼"(古人将反射镜称作"鉴")。原文指出:"鉴洼,景一小而易,一大而正,说在中之外、内。"其意思是,当物体处于中间区域内,就会成正立放大的像,在中间区域外,就会成倒立(易)的缩小的像。③凸面镜成像的描述,即"鉴团"。原文指出:"鉴团,景一。"其意思是凸面镜的成像是单一类型的,也就是只有正立的像。西汉淮南王刘安(公元前 179—公元前 122 年)所著的《淮南万毕术》中提到"削冰为圆,举以向日,以艾承其影,则火生"。其意思是,将冰削制成为圆形透明物体,可以将太阳成像,用艾绒放在成像处,就能获得火。这应该是我国首次采用凸透镜成像的信史记载,也是远早于西方的。我国出土的东汉时期干阵江甘泉二号汉墓广陵王刘荆墓金圈嵌水晶石放大镜,如图 1-5(a)所示,直径为 1.3cm,可以放大物体 5 倍,被收录于《中国眼镜历史与收藏》(赵孟江,四川美术出版社,2004 年),如图 1-5(b)所示。

图 1-5 (a) 东汉时期干阵江甘泉二号汉墓广陵王刘荆墓金圈嵌水晶石放大镜;(b)《中国眼镜历史与收藏》封面

到了五代十国时期,谭峭(生卒年月不详,人物记载于《泉州府志》)在他的《化书》中记载了四种镜:"小人常有四镜:一名圭,一名珠,一名砥,一名盂。圭视者大,珠视者小,砥视者正,盂视者倒。"不过不知道这四种镜到底是透镜还是反射镜。到了宋代,沈括(1031—1095 年)的《梦溪笔谈》中也再次讨论了凹面镜和凸面镜的成像。到了明代,李时珍(1518—1593 年)的《本草纲目》中还记载了晶体分光,如原文"嘉州峨眉山出菩萨石,色莹白明澈,若太山狼牙石、上饶水精之类,日中照之有五色,如佛顶圆光,因以名之"。还有凸透镜聚焦取火,如原文"凡灸艾火者,宜用阳燧火珠,承日取太阳真火。"到了明清时期,方以智(1611—1671年)所著的《物理小识》(1664年,即康熙三年,其中"物理"名为万物之理,并非现在内含局限的Physics,"物理"一词先传入日本,再传回中国)中系统地介绍了光学的现象,包括光的折射、色散、针孔成像、凹面镜聚焦成像、凸透镜成像、海市蜃楼等。据说,明清时期还有一位大师孙云球(1630?—1662年),他制作了大量光学仪器并汇编成《镜史》。里面包括近视镜、老花镜(昏眼镜)、望远镜(远镜)、复合显微镜。其中关于望远镜,还特意提到了焦距调节的原理,如原文"筒筒相套者,取其可伸可缩也。物形弥近,筒须伸长;物形弥远,筒须收短;逐分伸缩,象显即止。若收至一二里,与二三十里略同,惟一里以内,收放颇多"。此外,还有远、近视眼对望远镜的调节跟常人不同的地方,如原文"衰目人后镜略伸,短视人后镜略缩"。此后的发展,我国逐步落后于西方。直至今天,我国仍然处于追赶西方的进程中。

到了现代,相比德国,我国的镜头制作起步于照相机的制作,据说郑崇兰在1947—1948年制作了200台国产维纳斯-仙乐(Venus Selo)照相机,如图1-6所示,不过镜头的来历不详。

图1-6 郑崇兰和他的维纳斯-仙乐照相机(图片源自新华网)[10]

中华人民共和国成立以后,我国于1956—1959年先后研发了"七一"(幸福1型)照相机和大来牌照相机,如图1-7和图1-8所示,但是没有自主的镜头。1958年3月17日,由上海钟表工业公司照相机试制小组和多个文具、电镀厂家联合组建的上海照相机厂成立。于是上海牌照相机都以"58"字头开始,如58-Ⅰ、58-Ⅱ、58-Ⅲ、58-Ⅳ等。其中58-Ⅰ照相机和58-Ⅱ照相机是35mm可更换镜头旁轴照相机,采用相同的50mm焦距、最大光圈F3.5、3片3组的柯克(Cook)对称结构镜头,而58-Ⅳ照相机(1958—1961年,海鸥4型照相机的前身)是5.6cm×5.6cm中画幅照相机,采用了75mm焦距、最大光圈F3.5、3片3组的柯克结构镜头。58-Ⅲ照相机是可折叠的平视取景,采用与58-Ⅳ照相机相同的3片3组柯克结构镜头的中画幅照相机。到了1966年,上海照相机三厂开发出海鸥DF型35mm单镜头反光照相机,它采用了58mm焦距6片4组的双高斯结构镜头,最大光圈可以达到F2。

至此,我国已经初步建立了照相机和照相机镜头的工业体系。进入20世纪80年代,世界上半导体线宽开始由2~3μm向亚微米演进,这时传统的接触-接近式曝光机已经无法满足持续缩小的线宽,于是开始出现了投影式光刻机。最开始是g-线(汞灯的436nm谱线),后来是i-线(汞灯的365nm谱线),分辨率也从原先的2~3μm达到0.5μm和0.35μm。

图 1-7　大来精机厂组装仿苏联卓儿基照相机的场景（图片源自网络）[11]

图 1-8　大来牌双镜头反光照相机（图片源自东北网）[12]

中国科学院上海光学精密机械研究所（简称"上海光机所"）从"六五"计划（1981—1985 年）以来，先后研制成功 g-线、h-线和 i-线 1∶1 扫描式光刻机，分辨率达到 3μm，获得 1986 年上海市科技进步一等奖和 1993 年中国科学院科技进步二等奖。这个单位还研制成功深紫外（248nm、308nm）光刻物镜，其中 248nm 物镜分辨率达到 0.8μm。

中国科学院光电技术研究所（简称"光电所"）于 1993 年成功研制出我国首台 g-线光刻机——"1.5～2μm 实用型分步重复投影光刻机"；在"八五"（1991—1995 年）期间，成功研发了"0.8μm 分步重复投影光刻机"，并完成了中国科学院"八五"重大应用项目"0.7μm i-线投影光刻曝光系统"的研究，以及"九五"重大项目"0.35μm 分步重复投影光刻关键技术"的研究[13]。不过，我国在投影式光刻机的国际发展大潮中与世界先进水平的差距还是很大的。而且，我国对于光刻机镜头的近亲——照相机镜头的研究，在 20 世纪八九十年代开始放慢了脚步，国产相机两家大厂——上海照相机厂（海鸥牌）和江西光学仪器总厂（凤凰牌）（前身是上海照相机二厂）先后与日本相关企业合资，主要是为了利用日本的钢片快门、一些镜头制作技术以及一些专用集成电路制造技术，但是没能在电动机驱动的自动对焦和具备微型单片机全方位控制的技术领域中取得进展；20 世纪末，在国外自动对焦的全画幅相机和 21 世纪第二个十年国外大面积画幅数码相机的冲击下，照相机业务大大收缩，并相继转为民营。

目前，国产相机和镜头制造商海鸥、凤凰已经风光不再，海鸥虽然重启了数码相机的开发，也有 CK20 和 CF100 等产品，但是多为小画幅 1/2.3in 和 1/1.7in，线度相当于 35mm 全画幅（36mm×24mm）的 1/4 和 1/3。而更大画幅的光电传感器阵列 CMOS、CCD 则由日本几大厂商垄断，如 35mm 全画幅的传感器。不过，自主品牌的移动电话（手机）制造商小米公司在 2016 年推出了第一款可更换镜头的无反光镜的微型单电相机——小蚁 M1，采用 M4/3 画幅，几何尺寸约为全画幅 36mm×24mm 的一半，标配为 12～40mm 焦距、F3.5～5.6 光圈的变焦镜头,如图1-9(a)所示。近几年,上海华力微电子有限公司开始研发全画幅光电阵列传感器。中国科学院长春光学精密机械与物理研究所旗下企业长春长光辰芯光电技术有限公司在2015年11月16日于第十七届中国国际高新技术成果交易会(高交会)上展示了一种1.5亿像素的名为GMAX3005的CMOS图像传感器,成像速度超过100帧/秒,达到世界领先水平[14],如图1-9(b)所示。希望我国能够打破国外厂商的垄断,使光学镜头和数字成像产业迈向卓越。

(a)

(b)

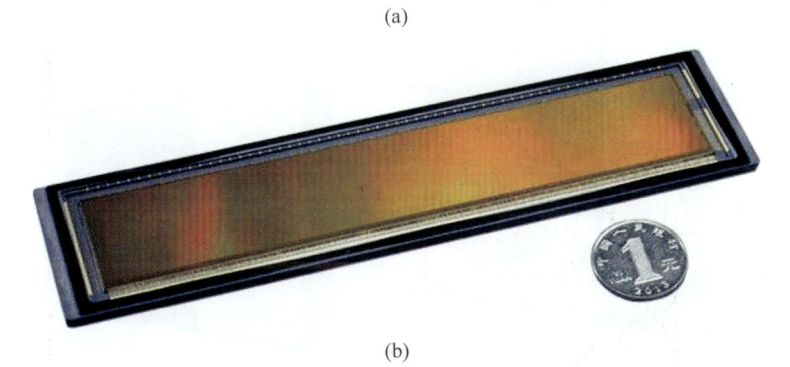

图1-9 小蚁M1相机和GMAX3005的CMOS图像传感器(图片源自蜂鸟网)

1.4 光刻机的发展简史和我国光刻机的发展简史

国外光刻机由早期使用汞灯的设备作为光源,到20世纪90年代,进入0.25μm线宽节点后使用248nm氟化氪(KrF)准分子激光作为光源,分辨率也因此达到0.25μm和0.18μm。248nm光刻机用到了大数值孔径(Numerical Aperture,NA)的镜头,数值孔径从开始的0.6(美国SVG,Micrascan系列),进入0.68(尼康,Nikon S203/204系列)、0.7(阿斯麦,PAS5500/700系列),再到后来的0.8(阿斯麦,XT800系列)、0.82(尼康,S206/207系列),以及终极的0.93(阿斯麦,XT1000系列,如XT1060K)。而镜头也由最初的手工调整发展为自动测量并且修正像差、畸变的自动调整。

为了继续提高分辨率,工业界在21世纪初又发展了使用193nm氟化氩(ArF)准分子激光光源的光刻机。数值孔径也由最初的0.6(美国SVG,Micrascan系列,1999年)发展到最终的0.93(阿斯麦,XT1400系列,如XT1460K和NXT1470)。0.93NA的光刻机可以制作

65nm/55nm 线宽的芯片。但是,到了 45nm/40nm 线宽节点,工业界面临一个选择——是否需要继续缩短曝光波长？早在 21 世纪初,美国英特尔(Intel)公司曾倡议采用以氟气体(F_2)分子为激光媒介的准分子激光器作为光源,因为波长是 157nm。但是,由于小于 193nm 的紫外光会被空气大量吸收,需要真空的环境来维持光的传播；另外,能够透射 157nm 紫外光的光学玻璃材料只有氟化钙(CaF_2)晶体,而此材料与熔融石英不同,有潮解性,且具有较高的本征双折射(Birefringence)。后来,由于 193nm 水浸没式光刻设备的研制成功,将等效曝光波长延伸到 134nm 左右(水的折射率在 193.368nm 约为 1.436),大大优于 157nm,又不需要真空,最终于 2003 年 5 月 23 日 157nm 光刻技术被放弃[15]。水浸没式光刻机以阿斯麦公司的 1.35NA 的光刻机为最好,它的最新型号 NXT2050i 可以每小时完成 295 片直径 300mm 硅片的曝光,分辨率为线宽 38nm、周期 76nm,交叉匹配产品上套刻精度为(cross-matching On-Product-Overlay,cross-matching OPO)为 2.5nm(3 倍标准偏差)。这里的交叉匹配是指 193nm 浸没式与 13.5nm 极紫外(Extreme Ultra-Violet,EUV)光刻机的匹配。由于套刻与光刻机平台架构有关,包括镜头的设计、工件台的设计、测控方法与所处的环境等,交叉匹配的精度比匹配同类型光刻机的难度要大一些。尼康公司也推出了类似的产品,其分辨率为 38nm 线宽,76nm 周期,设备匹配套刻精度(Mix-and-Match Overlay,MMO)为 2.3nm(3 倍标准偏差)。图 1-10 展示了阿斯麦公司和尼康公司的 193nm 浸没式光刻机外景图。根据我们的经验,OPO 规格要比 MMO 严格不少,是可以期待的在芯片产品上的套刻性能。

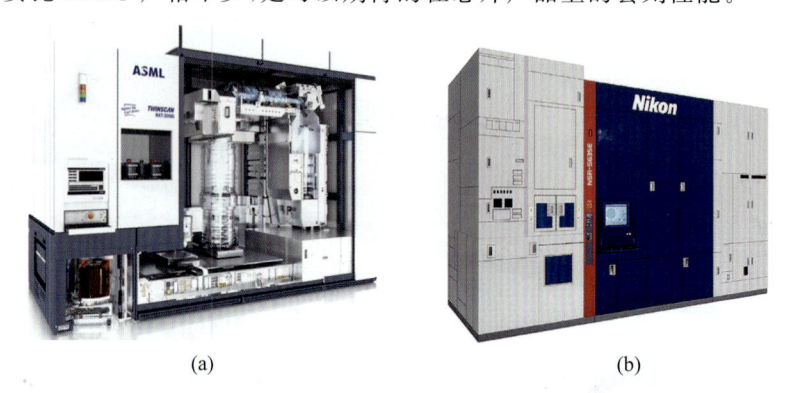

图 1-10 (a) 阿斯麦公司的 NXT2050i 型 193nm 浸没式光刻机(2020 年)；(b) 尼康公司的 S635E 型 193nm 浸没式光刻机(2018 年)(图片源自各自公司官网)

为了继续提高光刻的分辨率,在 193nm 浸没式光刻之后,工业界采用了自 20 世纪八九十年代开始研发,并且在 21 世纪第二个十年开始走向成熟的极紫外光刻机。极紫外光刻机采用 13.5nm 曝光波长、全反射式投影成像系统,在高真空环境中成像。现在运用于工业生产的新型光刻机是阿斯麦公司的 NXE3600D 型号。其像方数值孔径为 0.33,分辨率为 13nm 半周期,设备匹配套刻精度估计为 1.3nm(上代设备 NXE3400C 为 1.5nm),交叉匹配产品上套刻精度估计为 2.1nm。产能为 160 片 12 英寸硅片/小时,其外观如图 1-11 所示。

进入 21 世纪,我国在上海微电子装备有限公司开始了 193nm 准分子激光光源光刻机的研制,在从 2002 年开始的"十五"计划中,线宽 90nm 的光刻机被列为重点攻关项目。整体做好后,由于各种原因还没有能够应用到工业化量产中,不过,这次努力积累的经验和技术,为今后的发展打下了基础。

进入 21 世纪的第二个十年,我国的光刻机在科技部"02 重大专项"的支持下再次起步,迈向 1.35NA、193nm、浸没式这一深紫外光刻机的高峰,力争尽早完成首台机器的研发和制作。

图 1-11　阿斯麦公司的 **NXE3600D** 型极紫外光刻机（2021 年）（图片源自该公司官网）

同时，位于上海市的上海微电子装备（集团）股份有限公司还从 i-线（365nm）和 248nm 这一需求量很大的市场区间开始，先后制造出接近国外同类产品的中低端光刻机。图 1-12 展示了 2016 年 6 月 28 日由上海微电子装备（集团）股份有限公司生产的我国首台 i-线光刻机的发运仪式和其生产的 193nm SSA600/20 步进扫描投影光刻机。不过，由于在成像镜头、高速高精度移动平台上的技术还需要积累，将来的发展道路还很长。

(a)

(b)

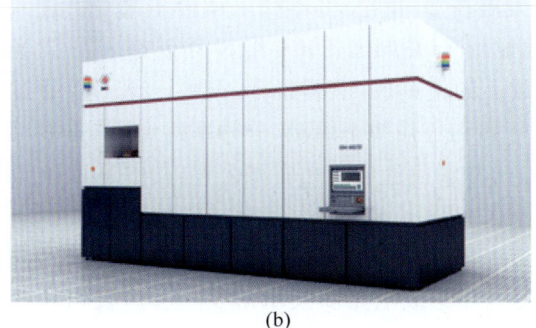

图 1-12　上海微电子装备（集团）股份有限公司推出的首台 i-线光刻机发运仪式（图（a））和其生产的 **193nm SSA600/20** 步进扫描投影光刻机（图（b））（图片源自上海微电子装备（集团）股份有限公司官网）

进入准分子激光光源的光刻机,由于线宽的逐步缩小,对镜头的要求(包括模型、加工、工装和校准等)也不断提高。而一般通过总波前像差衡量镜头最终性能。如早期的 248nm 光刻机的镜头像差(单位:根均方,root mean squared,rms)为 25~60 毫波长(mili-λ,即波长的 1/1000),或者相当于 6~15nm 波前总像差;到了 193nm 浸没式光刻机,这样的像差达到了空前的 5 毫波长,或者 1nm 以下。

进入 21 世纪的第二个十年,由中国科学院长春光学精密机械与物理研究所开始了国产 193nm 物镜的研发[16]。到 2016 年 9 月,其中一枚 0.75NA 的投影物镜基本成像性能达到了国外同类产品的水平。现在他们开始了 193nm、1.35NA 镜头的研制工作,希望能够早日完成国产化。

除了投影物镜,光刻机的另一个重要子系统是工件台。2016 年,清华大学朱煜教授等率先研发出国产双工件台 α 样机,为实现国产 193nm 浸没式光刻机的研制奠定了良好的基础。

光刻机的另外一个重要组成部分是准分子激光。北京科益虹源光电技术有限公司已经推出了 248nm 氟化氪准分子激光成品。另外,其在 193nm 氟化氩准分子激光的研制上也取得了重要进展。

1.5 我国光刻胶的发展简史和最新进展

光刻有了光刻机还需要光刻胶。国产光刻胶从 20 世纪 60 年代初开始起步[17],最早由北京化学试剂研究所和北京化工厂开发的是聚乙烯醇肉桂酸酯[Poly(vinyl cinnamate)]负性光刻胶。同期,世界上有美国柯达(Kodak)公司生产的同类型产品 KPR 和日本东京应用化学(Tokyo Ohka Kogyo,TOK)公司生产的同类型产品 TPR。由于聚乙烯醇肉桂酸酯和其他含有肉桂酰官能团的感光树脂的感光波长为 230~340nm,不太适合一般光刻用光源的波长范围,于是需要添加增感剂(Sensitizer),将其吸收波长延伸至 450nm 左右。其中一种增感剂称为 5-硝基苊(5-Nitroacenaphthene),可以使聚乙烯醇肉桂酸酯在光刻机波长的吸收效率提高 450 倍左右。

我国还制作过 701 型正性光刻胶,它的主要成分是酚醛树脂(Novolak)和邻叠氮醌,又称为二氮萘醌(Diazonaphthoquinone,DNQ)。美国希伯来(Shipley)公司的 AZ1350 产品也属于同类型产品。它的感光波长为 300~460nm,可使用一般光源,如高压汞灯。由于曝光后感光的官能团邻叠氮醌会产生溶于水的羧基,可以使用稀碱性水溶液来显影。这种光刻胶也是著名的 i-线光刻胶,工作波长为 365nm。

不过,我国光刻胶的发展在 20 世纪 70 年代末就慢下来了。进入 21 世纪以来,在高端的深紫外光刻胶领域,冉瑞成博士夫妇于 2004 年 8 月创办了华飞光刻胶公司,开发国产的 248nm 深紫外带有化学放大的光刻胶,其样品于 2010—2012 年通过中芯国际集成电路制造(上海)有限公司的安辉、舒强和伍强博士检测,分辨率达到国外同类型产品水平(130nm)。现在冉博士的团队加入了徐州博康信息化学品有限公司,其中还有孙友松博士,他们一起参与了国家 193nm 光刻胶研发重大专项。江苏南大光电材料股份有限公司、北京科华微电子材料有限公司也参与了专项。其中南大光电材料股份有限公司的毛智彪博士和许从应博士等于 2017 年 11 月 23 日在中芯国际集成电路新技术研发(上海)公司和 8 厂的光刻团队成员岳力挽、杨晓松和伍强的协助测试下,成功展示了国内首支 193nm 水浸没式光刻胶,其分辨率基本达到 32nm/28nm 逻辑后段金属层光刻的要求,为我国高端光刻胶实现了零的突破。国产高端 193nm 水浸没式光刻胶在将来大规模投产,将打破国外制造商在这一行业的长期垄断。

2010年,孙逊运博士领导的星泰克公司在山东潍坊成立,生产各种g-线和i-线光刻胶,还有深紫外248nm和193nm光刻胶[18]。在高校,邓海教授带领团队从2016年开始在复旦大学微电子学院起步,在193nm浸没式光刻胶、导向自组装(Directed Self-Assembly,DSA)等方面展开光刻胶制备、测试等积极研究,已经取得了可喜的成效;在极紫外方面,中国科学院化学研究所的杨国强研究员也对极紫外光刻胶的配方和成像做了大量研究。

1.6 光刻工艺使用的其他设备的发展和我国的发展

有了光刻胶,还要介绍光刻工艺中的涂胶/匀胶、烘焙和显影。早在20世纪60年代,涂胶、烘焙和显影还是分立的设备。图1-13展示了一种分立的涂胶机,即中国科学院微电子研究所制造的KW-4A型匀胶机,这种简单的设备有匀胶转速和厚度控制转速以及它们的持续时间两个定时程序。到了6in,涂胶、烘焙和显影开始合并在一台称为轨道式一体机的设备上,如美国硅谷集团(SVG)的SVG88型号。现在市场上主流的涂胶-烘焙-显影轨道式一体机是由日本东京电子(Tokyo Electron Limited,TEL)公司和日本迪恩士(Dai-Nippon Screen,DNS)公司生产的。图1-14展示的是东京电子公司生产的与193nm浸没式光刻机配套使用的最新型轨道式一体机。

图1-13 中国科学院微电子研究所的KW-4A型匀胶机(图片源自中科院官网)

图1-14 日本东京电子公司的Lithius Pro Z型涂胶-烘焙-显影轨道式一体机(图片源自该公司官网)

我国在21世纪初重新开始进行半导体集成电路设备的研发,2002年,由中国科学院沈阳自动化研究所创建的沈阳芯源微电子设备有限公司成立,该公司在涂胶-烘焙-显影轨道式一体机上也有进展,其最新型产品是12in设备,开始在国内集成电路生产企业进行评估。图1-15展示的是他们的最新产品,用以支持28nm工艺节点及以上工艺制程的轨道式一体机KS-FT200/300。

光刻技术还包括测量和掩模制作。

因为随着线宽不断减小,电子显微镜早已成为检测光刻线宽和线宽均匀性的必要设备。国外主流扫描电镜主要由日本的日立高新技术(Hitachi High Technologies)公司和美国应用材料(Applied Materials)公司主导。图1-16和图1-17分别展示了日立高新技术公司和美国应用材料公司的最新测量线宽的扫描式电子显微镜。

我国的扫描电子显微镜起步于1958年。1965年,中国科学院科学仪器厂设计研制我国第一台DX-2型透射式电子显微镜。10年后,该厂自行研制成功DX-3型扫描式电子显微镜,主要指标达到了当时的国际先进水平,于1978年获全国科学大会一等奖。1988年,中国科学

图 1-15　沈阳芯源微电子设备有限公司的 KS-FT200/300 涂胶-烘焙-显影轨道式一体机（图片源自该公司官网）

院北京科学仪器厂研制成功了六硼化镧（LaB6）阴极电子枪，使 KYKY-1000B 扫描电子显微镜的分辨能力由 6nm 提高到 4nm。进入 21 世纪，我国最新的扫描电子显微镜产品是由北京中科科仪股份有限公司（前身为创建于 1958 年的北京电子光学技术研究所）研制的 KYKY-EM8000F 场发射（Field Emission，FE）扫描电子显微镜，如图 1-16 所示。到了 2018 年，北京东方晶源微电子科技有限公司展示了他们研发的一体化电子束检测设备 SEpA-i 型[19]。2021 年，他们又推出了线宽扫描电子显微镜，即电子束关键尺寸量测设备（CD-SEM）SEpA-c 型，分别如图 1-19（a）、(b)所示。2020 年，上海精测半导体技术有限公司也推出了电子束缺陷检测设备 eView，如图 1-20 所示。

图 1-16　日本日立高新技术公司生产的 CG6300 型扫描电子显微镜（图片源自该公司官网）

图 1-17　美国应用材料公司的 Verity 5i 型扫描电子显微镜（图片源自该公司官网）

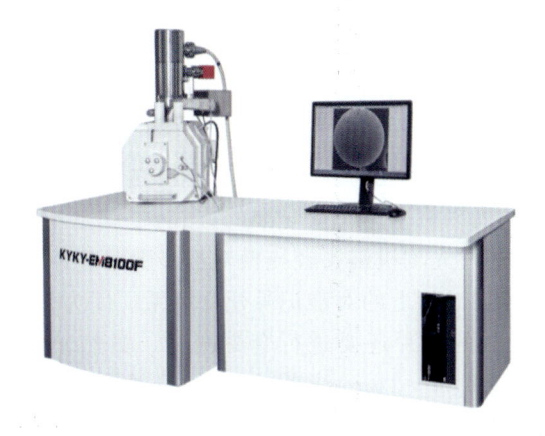

图 1-18　北京中科科仪股份有限公司的 EM8100F 型扫描电子显微镜（图片源自该公司官网）

图 1-19　东方晶源微电子科技有限公司的(a)电子束检测设备 SEpA-i 型；(b)电子束关键尺寸量测设备（CD-SEM）SEpA-c 型（图片源自各自公司官网）

图 1-20　上海精测半导体技术有限公司研发的电子束 eView 全自动硅片缺陷复查设备[20]

在检测方面由于光学显微镜分辨率有限，只能达到 0.2μm 左右的线宽，并不能用来检测很小的线宽，如 200nm 以下。但是，由于光学显微镜使用方便，容易获取较强的信号，一般用来作为层与层之间的套准测量,又称为套刻测量。比如,早期的接近-接触式光刻机上的显微镜就是用来将掩模版与下层硅片上的图形进行套准。由于这样的光刻机的关键部件就是精密移动平台和光学系统,因此国外把这类型的光刻机称为"对准机"。

当今,光学显微镜不仅用来对曝光前硅片进行层与层之间对准,而且用来对曝光后的硅片进行套刻测量。因为现在的光刻机采用间接对准的方式,也就是不通过光刻机镜头将掩模版和硅片直接成像对准,而是通过光刻机镜头经掩模对准步骤跟硅片台上的记号建立联系,再通过显微镜将硅片台上的记号跟硅片上的对准记号建立联系。因为光刻机的稳定性在一定范围内会有所变化,所以曝光完成的硅片还要进行套刻测量。虽然光学显微镜的分辨率只有约0.2μm,但是要通过它确认较粗(1~2μm)线条的位置,只要光线足够强就可以了。光学显微镜的信噪比对应的位置判断能力一般为 0.5~1nm。现在套刻测量设备主要由美国科天(KLA-Tencor)公司主导,如最新的 Archer 500LCM 型,如图 1-21 所示。它不仅可以通过直接成像获取套刻信息(又称为基于成像的套刻测量(Image Based Overlay,IBO)),而且可以通过激光散射探测的方式来根据模型计算出套刻测量(又称为基于衍射的套刻偏差(Diffraction Based Overlay,DBO))。其最新的基于成像的设备还有 Archer 700 型,用于 7nm 及以下逻辑和其他先进存储器的套刻测量。

图 1-21　美国科天公司生产的 Archer 500LCM 型套刻测量显微镜(图片源自该公司官网)

半导体集成电路设备中还有一项十分重要的设备,就是用于掩模版制作的电子束曝光机,其通过聚焦电子束的扫描曝光,将集成电路版图复制到涂覆有电子束光刻胶的掩模版上,并且通过显影和刻蚀,形成透射型或者反射型(极紫外)掩模版,用在各种光刻机上。现在工业界主流的电子束掩模版曝光机是采用可变截面电子束(Variable Shaped Beam,VSB)的设备,其分辨率约为 2nm(4 倍率),由日本 Nuflare 公司生产。我国在这方面还没有国产化的设备。关于掩模版制作和掩模版曝光机,将会在第 9 章具体讨论。

此外,还有基于明场紫外光成像的各种缺陷检测设备。我国还没有类似的设备。有关缺陷检测设备将在 8.10 节和 9.2.3 节具体讨论。

除了以成像为原理的缺陷检测以外,还有一种基于散射探测的方法与设备,即基于椭偏仪的测量方法。这种测量方法可以测量薄膜的厚度,也可测量微小的结构。不过需要事先了解待测物体的结构,并且通过建立光学散射的模型,然后测量光学散射光强随角度的变化或者随波长的变化,通过结构参数的拟合来计算待测物体结构的数值,这种方法又称为光学线宽(Optical Critical Dimension,OCD)测量方法。国外设备厂商有美国的 Onto Innovation 公司,如其提供给环栅(Gate All Around,GAA)、三维与非门(NAND)、动态随机存储器(Dynamic Random Access Memory,DRAM)测量用的 Atlas V 设备;以色列的 Nova Ltd 公司,如其光学线宽检测仪 T600 MMSR,如图 1-22(a)与(b)所示。

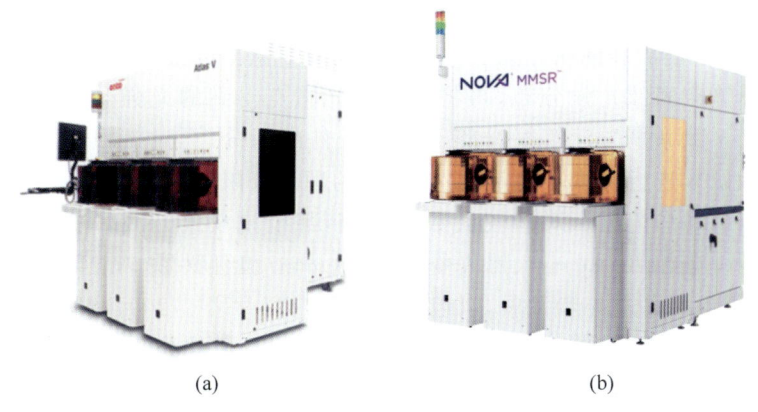

(a) (b)

图 1-22 (a) Onto Innovation 公司的光学线宽检测仪 Atlas V 外观图;(b) Nova Ltd 公司的光学线宽检测仪 T600 MMSR 外观图(图片分别源自各公司的官网)

近年来,我国的光学散射探测设备也有长足发展,如睿励科学仪器(上海)有限公司生产的 TFX3000 光学线宽测量仪,上海精测半导体 EPROFILE 300FD 光学线宽测量仪,如图 1-23(a)与(b)所示。

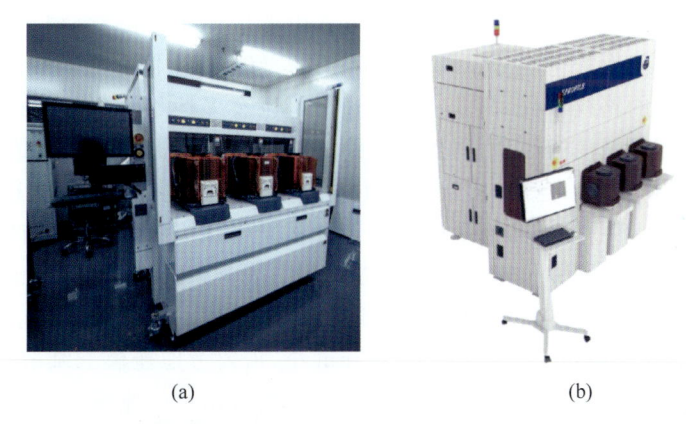

(a) (b)

图 1-23 (a) 睿励科学仪器(上海)有限公司生产的 TFX3000 光学线宽测量仪外观图[20];(b) 上海精测半导体 EPROFILE 300FD 光学线宽测量仪外观图[21]

1.7 光刻工艺的仿真计算发展

进入 0.18μm 时代,光刻遇到了线宽比波长要小的情况,也就是说,需要通过斜入射照明才能继续保持对持续缩小周期的分辨率。应运而生的光学邻近效应(Optical Proximity Correction,OPC)修正开始成为必不可少的光刻工艺的组成部分。也就是说,即便有最好的设备(硬件)和材料(光刻胶、抗反射层等),也需要有运算软件计算出斜入射照明(又称为离轴照明)和光的衍射导致的光学邻近效应(Optical Proximity Effect),然后通过在掩模版上加上一定的线宽偏置来补偿,又称为光学邻近效应修正。这对半导体光刻技术的发展又提出了前所未有的挑战。

首先,光刻曝光线宽的情况遵循部分相干照明理论,而部分相干理论在1953年由霍普金斯(H. H. Hopkins)归纳成在照明光瞳上所有点相干成像形成光强分布的线性叠加[22],又称为相干系统的线性叠加(Sum of Coherent Systems,SoCS)。由此产生的计算可以简化成一个传输交叉系数(Transmission Cross Coefficient,TCC)和掩模图形的卷积。而传输交叉系数包括光瞳大小(数值孔径)和照明光瞳上斜入射角度的信息。也就是说,本来需要对每一个照明光瞳上的点计算空间像光强分布,再将不同的光瞳点得到的光强分布相加,现在可以通过计算传输交叉系数来事先计算好光瞳和照明条件的部分,再对掩模版函数进行卷积,便于对大量掩模版图形进行计算。但是,霍普金斯的理论仅限于小数值孔径(如 NA<0.6)或者光的偏振可以忽略的情况。对于较大数值孔径,甚至浸没式光刻(NA>1)来说,需要新的发展。2003年,亚当(K. Adam)、黑夫曼(S. Hafeman)和纽罗瑟(A. Neureuther)等发文指出,霍普金斯的理论可以进一步发展,以包含矢量的内容[23-24]。2004年,阿兰·罗森布鲁特(Alan E. Rosenbluth)博士也发文,提出了另外一种从阿贝成像公式出发的近似计算带有矢量的传输系数方法[25]。

由于传输交叉系数计算不是十分方便,黄华杰(Alfred K. Wong)等考虑到传输交叉系数矩阵的对称性而将其按照本征函数展开,也就是空间像的计算变成每一个传输交叉系数的本征矩阵跟掩模版图样卷积的和,即线性化[24]。

应运而生的光学邻近效应修正就可以完全应用以上基于传输交叉系数的算法。但是,如果要进行这样的计算,在对掩模版的描述上现在应用的是以多边形为最小单位的方法,也称为 GDS II(Graphic Data System II)方式。这种方式由卡尔玛(Calma)公司于1978年发明[27],而多边形的方法与空间像的空间分布函数很不一样。好在对空间分布函数的面积卷积积分可以化作对多边形边缘的路线积分,而且一个多边形可以有多种路线积分方式。通过运用同一路线积分方向相反互相抵消的原理,得到的最终的路径积分与围绕这个多边形的一次路线积分相同,其结果也是相同的。这样,多边形的不同边缘可以通过与仿真区域边缘形成梯形而预先计算好,仿真区域内部的任意多边形的空间像分布通过拼接而累加预先计算好的边缘梯形的路径积分就可以获得。这种预先计算好的方式与查表类似,几乎不需要消耗计算时间[28]。由此,整个芯片区域的快速仿真成为可能。这种算法到了28nm技术节点之后,由于线宽45nm在掩模版上等于180nm,已经比波长193nm小,需要考虑掩模三维散射效应,而随着区域分解方法(Domain Decomposition Method,DDM)的推出[27],掩模三维的散射可以近似归结为边缘的散射,也就是可以合并到原先边缘的算法中。

我国在这方面的发展比较缓慢,华中科技大学、浙江大学、北京理工大学、中国科学院微电子所、香港大学和作者原先所在的中芯国际集成电路新技术研发(上海)有限公司与现在所在的复旦大学,都在各自编写或应用一些仿真算法,复旦大学(包括国家集成电路创新中心)的 CF Litho、CF Litho-EUV 两款空间像仿真软件在最近实现了商业化。其另外两款更复杂的光源掩模协调优化(Source Mask co-Optimization,SMO)软件 CFSMO、CFSMO EUV 也即将实现商业化。东方晶源微电子技术(北京)有限公司正在开发自主的光学邻近效应修正软件,也在研发光源掩模协同优化 SMO 软件。

光刻过程的仿真还包括光刻胶的光化学反应过程。1986年,由克里斯·马克(Chris

A. Mack)等推出的整合参数模型(Lump Parameter Model, LPM)[30]以及改进版模型[31]中描述了光的吸收以光刻胶在吸收了一定剂量的光后,在显影液中的溶解率发生变化的规律。其优点是可以描述光刻胶在不同厚度地方的显影情况。

随着负显影在14nm技术节点(2014—2016年)的推出,光刻胶的响应与正显影有了很大区别。例如,在密集区域,负显影和正显影没有太大的区别,只是负显影采用较长的光酸扩散长度。但是到了半密集和孤立的沟槽或者接触孔,由于负显影的空间像是明场,对于需要经过曝光留下的光刻胶(相对于正显影,需要经过曝光去除的部分)接受的超过曝光阈值的光照是相应正显影的10~30倍,其光酸的扩散不一定还是均匀扩散,可能存在饱和。此外,由于负显影是通过光化学反应来改变光刻胶在溶剂中的溶解性能,在曝光后难免存在没有经过化学反应的区域。于是在显影后,负显影光刻胶可能会被溶剂带走一部分质量,造成光刻胶表现出一定的"坍缩"。所以,负显影光刻胶的光刻仿真需要能够描述以上两种情况,否则会出现较大的线宽误差(10~20nm)。在11.14节将讨论负显影的光学邻近效应模型。

还有一种仿真是对极紫外的光刻仿真。极紫外由于使用了多层高反射膜,膜层的高度可以达到40层的交替硅(4.2nm)和钼(2.8nm),约为280nm,而顶部的吸收层/保护层钌(Ru)也有60nm/2.5nm厚。考虑到极紫外的线宽可以达到16nm,即在掩模版上64nm,而对于低数值孔径的极紫外光刻,像方的数值孔径为0.33,即掩模版上4.7°,加上入射的6°,共1.3°~10.7°的范围,而由吸收层/保护层和高反层(按照其厚度的50%计算)组成的厚度为202.5nm,允许±9.0°的入射和反射角度。有一部分光会被挡在多层结构中无法被反射出来,这样会导致掩模版出来的反射光被不同的图形削弱不同的量。对于最小的线宽,如16nm沟槽,可能需要考虑适当加上线宽偏置,如3~4nm,这样会有±11.17°的光被允许反射出来。仿真计算在国际上一般使用严格耦合波分析(Rigorous Coupled Wave Analysis, RCWA)方法,这种方法不需要在垂直方向划分格点,可以避免时域有限差分(Finite-Difference Time-Domain, FDTD)方法由于需要使用十分密集的格点(高反层的钼厚度只有2.8nm,而硅厚度只有4.2nm,格点如果采用1.4nm,钼和硅的厚度都在整数格点上)的计算量。如果采用周期性边界条件,那么时域有限差分方法对于斜入射,只有为数不多的角度符合周期性边界条件。如果不采用周期性边界条件,那么意味着需要对较多(如7个)周期进行计算,大大增加了计算负担。具体时域有限差分的极紫外计算将在第11章讨论。不过,由于严格的耦合波计算精度依赖于傅里叶级数展开的阶数设定,与时域有限差分很容易达到稳态不同,其精度对于不同大小的仿真区域是不同的。所以一般需要通过时域有限差分计算校准。当然,所有的数值计算都是有误差的,其结果都需要硅片曝光结果来确认。

另外,随着导向自组装(Directed Self Assembly, DSA)方法的开始,光刻仿真也进入这个领域。其中既有基于自洽平均场理论(Self-Consistent Mean Field Theory, SCMFT)的空间像仿真计算,也有基于分子动力学的仿真计算。这其中涉及高分子长链的微观和等效模型,与前述的光刻仿真不一样[32]。

1.8 极紫外光刻的发展和导向自组装的发展

作为光刻技术的最高端,最高分辨率的光刻技术——极紫外光刻和导向自组装技术经过了较为漫长的发展期,已经开始进入收获期。

极紫外光刻技术在空间分辨率上的优势,开始在7nm逻辑技术节点显示出比多次曝光的优越性。对于 7nm 的前段工艺,由于其有源区的周期为 27～30nm,若采用 193nm 浸没式光刻,则需要进行 4 倍频,如自对准四重图形技术(Self-Aligned Quadraple Patterning,SAQP)。7nm 后段的金属层周期为 36～40nm,若采用 193nm 浸没式光刻技术,则需要进行 2～3 倍频,即 2～3 次光刻-刻蚀循环。而若采用极紫外光刻,则至少后段层次的光刻工艺可以采用一次曝光的方式,这可以大大降低光刻图形工艺的复杂性并降低生产控制的难度。极紫外的主要技术难题是光源的能量输出还难以满足与 193nm 浸没式光刻机一样的产能要求,光刻胶对极紫外光的能量吸收效率有限,一方面阻碍了光刻机产能的提升,另一方面对于同样的曝光能量,由于极紫外光的波长 13.5nm 只有 193nm 的 1/14,吸收光子个数远小于深紫外光,而导致造成较大的图形边缘粗糙度与局域曝光能量分布的涨落。此外,由于高真空的系统和复杂的系统,如激光激发的等离子体光源导致设备可靠性较低,2017 年的利用率为 60%～70%;相比之下,193nm 浸没式光刻机的利用率大于 92%,一般在 95% 左右。所以,极紫外光刻比较适合逻辑电路中对图形边缘粗糙度要求不高的中后段光刻,如剪切掩模版图形、沟槽、通孔等。

采用嵌段共聚物(Block copolymer)的导向自组装,以其较简单的工艺和较低的成本吸引了工业界较多的注意力。其较低的线宽粗糙度(低于极紫外和 193nm 浸没式光刻)使它可能结合 193nm 浸没式光刻,作为未来逻辑电路前段工艺的候选者。不过,由于其较高的缺陷率和图形放置位置偏差,即线边粗糙度,当前还不能真正被量产使用。

总之,现代光刻技术是一门由历史上的摄影成像和化学溶解率差异发展而来,融入了光学透镜制作、高分子化学、精密材料、精密机械、精密电子、精密计算机自动化测控以及科学计算的跨学科技术,每一项分技术都在向极限挑战。随着半导体集成电路的继续发展,光刻技术也会继续向前发展。

在现代光刻技术的各个方面,我国已经起步,并且已经取得了可喜的进展,我们衷心希望能有越来越多的有志者加入光刻技术研发,把我国在这一核心工业技术领域推向成功。

参考文献

[1] Kilby J S. The integrated circuit's early history. Proc. IEEE 88,2000:109-111.
[2] 新中国第一块集成电路有梅州人参与. 梅州日报. http://mz.southcn.com/content/2015-06/23/content_126861918.htm.
[3] 沈括(宋). 梦溪笔谈. 新版. 卷十八-技艺. 长沙:岳麓书社,2002.
[4] JKG-3 光刻机. 上海学泽光学机械有限公司官网. http://www.xueze.com/pic/picshow-5-61658-018000363/?lang=0.
[5] 《半导体器件平面工艺》编写组. 光刻. 上海:上海人民出版社,上海无线电十七厂,1971.
[6] 国产 104 机研制成功的照片. 赛迪网. http://www.ccidnet.com/news/newszhuanti/2009/60/pc/.
[7] DJS-130 型通用数字电子计算机. http://blog.sina.cn/dpool/blog/s/blog_5760589a0100i5yi.html?vt=4.
[8] 中国数字图书馆:中国芯的腾飞_大事记_"908 工程". http://amuseum.cdstm.cn/AMuseum/ic/index_06_02_01.html.
[9] 沙振舜,韩丛耀. 中国影像史. 卷一:古代. 北京:中国摄影出版社,2015.
[10] 国货当自强 追忆那些年经典的国产相机. 搜狐网. http://www.sohu.com/a/206981140_100065182.
[11] 大来精机厂组装仿苏联卓儿基相机的场景. 360 个人图书馆. http://www.360doc.com/content/15/0810/20/3429059_490812827.shtml.
[12] 大来牌双镜头反光照相机. 共和国第一款相机亮相哈尔滨 市民可免费参观(图). 东北网. http://heilongjiang.dbw.cn/system/2009/03/17/051812952.shtml.

[13] 姚汉民,胡松,邢廷文. 光刻投影曝光微纳加工技术. 北京：北京工业大学出版社,2006.
[14] 我国研发出世界最高分辨率 CMOS 图像传感器. 中科院网站. http：//www. cas. cn/cm/201511/t20151119_4469888. shtml.
[15] Mark LaPedus. Intel drops 157-nm tools from lithography roadmap. EE times. http：//www. eetimes. com/document. asp? doc_id=1175202,2003.
[16] 许伟才. 投影光刻物镜的光学设计与像质补偿. 中科院研究生院博士学位论文,2011.
[17] 中国科学院化学研究所光致抗蚀剂组. 光致抗蚀剂-光刻胶. 北京：科学出版社 1977.
[18] 潍坊星泰克微电子有限公司官网. http：//www. suntific. com. cn/.
[19] 东方晶源公司官网. http：//www. dfjy-jx. com/.
[20] 睿励科学仪器(上海)有限公司与上海精测半导体公司官网. http：//www. rsicsh. com/，http：//www. pmish-tech. com/.
[21] 上海精测公司官网. http：//www. pmish-tech. com/newsinfo/1007640. html.
[22] Hopkins H H. On the diffraction theory of optical images. Proc. Royal Soc. Series A 217,1953,1131：408-432.
[23] Adam K，Hafeman S，Neureuther A. Improved modeling performance with an adapted vectorial formulation of the Hopkins imaging equation. Proc. SPIE 5040,2003,78.
[24] Hafeman S,et al. Simulation of imaging and stray light effects in immersion lithography. Proc. SPIE 5040,2003,700.
[25] Rosenbluth A E,et al. Fast calculation of images for high numerical aperture lithography. Proc. SPIE 5377,2004,615.
[26] Alfred Wong(黄华杰),et al. 传输交叉系数矩阵按照本征函数展开. US6233139B1,2001.
[27] Calma 公司介绍. 维基百科. https://en. wikipedia. org/wiki/Calma.
[28] Nikolas Cobb. Fast optical and process proximity correction algorithms for integrated circuit manufacturing. UC Berkeley 博士学位论文,1998.
[29] Konstatinos Adam. Domain decomposition method for the electromagnetic simulation of scattering from three-dimensional structures with application in lithography. UC Berkeley 博士学位论文,2001.
[30] Mack C A,et al. Lump Parameter Model of the Photolithography Process. Kodak Microelectronics Seminar,Proceedings,1986,228.
[31] Byers J,Smith M,Mack C A. 3D Lumped parameter model for lithographic simulation. Proc. SPIE 4691,2002,125.
[32] Glenn H. Frederickson. The equilibrium theory of inhomogeneous polymers. Oxford university press,2006.

第2章

光刻工艺概览

2.1 光刻的整体技术要点

光刻是通过使用光将一定的二维图形信息记录在基板上的方法。光刻工艺是所有将预先设计的图样按照一定的比例通过光的技术方法,包括选用和优化一系列设备、材料和软件计算方法,复制到衬底上的工艺方法的总称。设备主要包括光刻机、涂胶-显影机、线宽/套刻测量机、膜厚测量机以及缺陷检测机等,材料包括光刻胶、抗反射层、浸没式光刻机中的防水层等,软件计算方法包括为了减少光衍射影响的光学邻近效应修正计算方法、光学图形仿真计算方法、多层膜系的反射率计算方法、对准信号强度的仿真计算方法等。光刻使用了较多的设备,而这些设备对光刻工艺的精密控制往往涉及很多物理参数,如各种平台的位置、速度和转动速度,光化学反应的曝光剂量和聚合物材料的活化能(Activation energy),照明光瞳上的光强分布,各种膜系的厚度,膜系涂覆的烘焙温度,显影和冲洗的反应时间,冲洗喷淋的程序,涂胶、曝光、显影之间的衔接时间等。

相比其他图形形成方法[如扫描探针式光刻(Scan probe lithography)、扫描电子束光刻(Scanning electron beam lithography,Scanning e-beam lithography)]来说,采用光的好处是可以将掩模版上大量细小的图形信息同时且重复精确地记录下来,这得益于光波长的短小和可以使用足够大的光能量。无论是早期的接触-接近式曝光方式,还是现代的投影式曝光方式,曝光的波长越小,可以制作的图形线宽尺寸就越小。

所以,对于光刻这一相对较为复杂的技术,设定好的光刻工艺的技术要点在于:

(1) 通过采用优化的波长(通常是最短的波长)和部分相干的照明方式,选择合适分辨能力的光刻胶,以及合适的掩模版类型和级别,实现被要求的各种图形中的最小线宽尺寸。

(2) 通过对光刻机、涂胶机和显影机硬件及相关参数的设定,实现最佳的线宽均匀性,包括硅片范围的均匀性、曝光场内的均匀性和不同空间周期的均匀性。

(3) 通过对光刻机硬件性能和版图图形密度的优化,实现层与层之间的最佳套刻精度。

(4) 通过对光刻工艺的流程优化以及设备内部非曝光时间的压缩,实现现有设备最大的生产能力。

(5) 通过平衡工艺性能和设备、材料成本之间的关系,实现最优性价比。

这里所说的光刻主要是指缩小投影光刻,也就是将事先制作好的含有较大尺寸电路的掩模版(通常掩模版的比例为硅片上的 4 倍,早期光刻采用过 5 倍的比例),通过成像投影,缩小一定比例翻拍到硅片(或者其他衬底材料,如碳化硅、白宝石、三五族半导体等)基板上[1]。其他光刻如前面提到的扫描探针式光刻和扫描电子束光刻需要通过将一个微小的探针或者集聚的能量点反复扫描来描绘二维的电路图形不在我们的讨论范围,因为这样的光刻并没有利用光的同时性优点,速度极慢[2]。

早期的光刻并没有采用投影式光刻,而是通过 1∶1 的叠对复制的办法,将包含不透明电路图形的透明掩模版靠近涂有光刻胶的衬底,然后通过大面积均匀紫外光曝光将图形复制到衬底上,如图 2-1 所示。随着集成电路技术的发展,对缩小线宽有了越来越高的要求,虽然这种接触-接近式曝光方法有着简单和低成本的优势,但是分辨率与掩模版离开硅片的距离有关,掩模版越接近硅片,分辨率越高。例如,当掩模版距离硅片约 3μm,光刻胶厚度为 1μm 时,分辨率约为 1.1μm。而硅片自身的高低起伏在 1μm 以上,再靠近硅片,掩模版就有可能会接触光刻胶表面而导致沾污。所以,这种分辨率的限制(约为 2μm,在第 6 章有详细计算),以及掩模版靠近硅片可能产生的缺陷对规模逐渐增大的集成电路是很不利的。于是,工业界开始逐渐地采用通过镜头投影的方法,将掩模版上的电路图样投射到涂有光刻胶的衬底上。

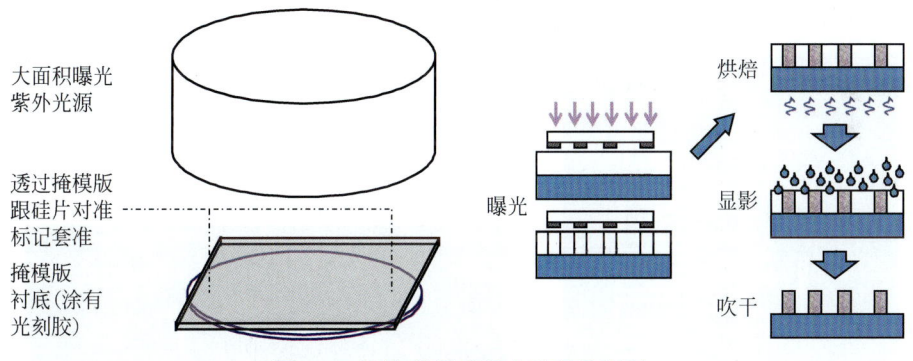

图 2-1 接触-接近式曝光原理示意图

一旦采用了透镜投影的方式,就不存在掩模版和衬底接触的问题,而转化为镜头的制作难度。在接触-接近式曝光设备中不存在像差、畸变,而在带有投影物镜的系统中确实存在像差、畸变,需要控制在一个很小的范围内。

不仅如此,随着分辨率逐渐提高,投影成像的对焦深度越来越浅,也就需要越来越精密地控制对焦精度,完全不亚于接近式曝光方法中调节掩模版和硅片之间的距离,只是没有掩模版接触光刻胶的危险。

对于光刻胶,需要对紫外光有较高的灵敏度,因为获取大功率的紫外光是昂贵的,而且能够透过紫外光的光学材料随着紫外波长的越来越短变得越来越有限,到了深紫外,如 250nm 以下,只剩下熔融石英和氟化钙晶体,因为氟化钙有潮解性,且具有较高的本征双折射,所以现在大量的 193nm 光刻机的投影镜头采用全石英制造。而熔融石英在长期照射紫外光后会发生密度逐渐永久性变大的问题。这种不均匀或者均匀的密度变化会导致各种像差,如球差(Spherical aberration)、像散(Astigmatism)等。所以光刻胶对光的灵敏度还关系到光刻机镜头的使用寿命。光刻胶的灵敏度与树脂聚合物中掺杂的光敏成分有关,光敏成分掺杂得越多,原则上光刻胶的灵敏度就越高。对于通过碱溶液显影的光刻胶来说，光敏剂一般是亲水性的，而光刻胶主干树脂是疏水性的，掺杂太多的光敏剂会导致混合不均匀，从而使成像变形。线宽分布不均匀，还会导致亲水部分析出，造成缺陷。所以，如何设计光刻胶，在提高灵敏度的同时不增加缺陷率，是需要优化的。

近年来，光刻胶发展出了负显影方法以进一步缩小曝光的线宽。负显影方法和早期负性光刻胶的原理是差不多的，也就是曝光超过阈值的光刻胶会在显影过程中被留下。在光刻以及各种成像过程中存在"明场"和"暗场"的区别。明场指的是整个曝光场整体上是明亮的，即曝光照度超过阈值，甚至超过很多；而较小面积曝光场的照度是低于光刻胶反应阈值，比如对于前段的栅极层，或者摄影中明亮白天的风景。暗场是指曝光场中大多数面积是较暗的，低于光刻胶反应阈值；而较小面积图形的照度是明亮的，是高于光刻胶反应阈值的。图 2-2 展示了明场和暗场的照片。在明场，光刻胶（在摄影中是胶卷）的曝光是充分的；在暗场，光刻胶的曝光是不足的。在明场中光刻胶需要面对大面积超过阈值的曝光，需要降低灵敏度，否则很多区域会饱和（通俗的说法是"一片白"）；在暗场，摄影中也称为"暗调"，光刻胶需要有较高的灵敏度，以展现较暗物体的细节和层次。对于光刻来说也就产生了高灵敏度光刻胶和低灵敏度光刻胶两种。对于化学放大型光刻胶（Chemical Amplified Resist，CAR），高灵敏度光刻胶一般采用低活化能树脂，其不需要曝光后烘焙（Post-Exposure Bake，PEB）就可以获得对比度很好的图像；而低灵敏度光刻胶通常使用高活化能树脂，即需要通过较高的曝光后烘焙温度或者时长来完成光刻工艺。

(a) 明场照片；(b) 暗场照片

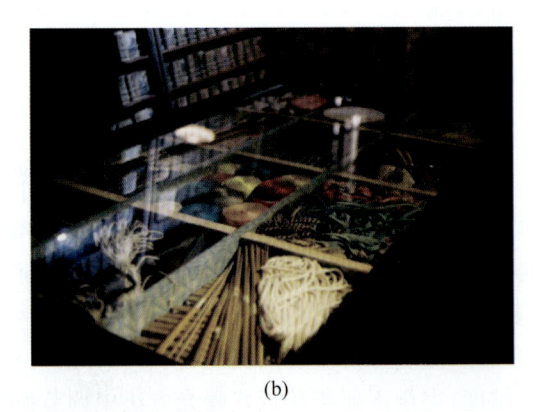

图 2-2 明场和暗场的照片

在光刻胶的选择上需要考虑待曝光图形是明场还是暗场。如果选错光刻胶类型，就会得到很差的光刻工艺结果。当然，工业界中人们开发出两种情况下表现都还可以的光刻胶，如日本信越（Shinetsu）公司的 X193 型 193nm 浸没式光刻胶，虽然这种光刻胶可以用于 28nm 工艺的线条（明场）和沟槽（暗场），但它的性能与专门为明场或者暗场优化的光刻胶相比还是差一点，具体表现在线宽需要做得大一些。

有了图像后，必须能够对光刻产生的图像进行有效的测量和表征，这就用到了显微镜。一种是线宽测量显微镜,如光学显微镜,分辨率大约能够到 200nm 线对;还有扫描电子显微镜(Scanning Electron Microscope,SEM),分辨率能够达到几纳米;另一种是套刻测量显微镜,主要是光学显微镜;还有一种显微镜是缺陷检查显微镜。这里既有采用紫外光的光学显微镜,也有采用电子束的扫描电子显微镜和透射电子显微镜(Transmission Electron Microscope,TEM)。

再者就是掩模版制作,掩模版一般采用电子束曝光的方式制作。对于现在流行的缩小投影式光刻方式,一般采用 4∶1 的缩小比例,掩模版的线宽为硅片上的 4 倍。

2.2 光刻工艺的流程

光刻工艺的 8 步流程如图 2-3 所示。

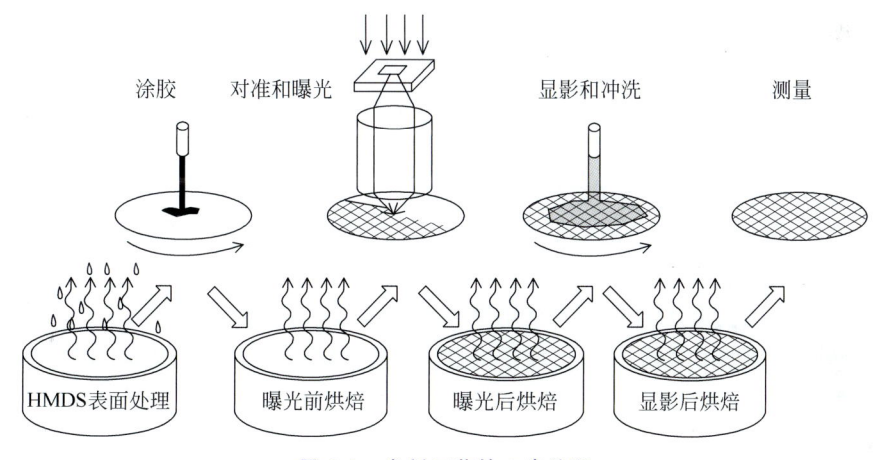

图 2-3 光刻工艺的 8 步流程

1. 气体硅片表面预处理

在光刻前,硅片会经历一次湿法清洗和去离子水冲洗,为的是去除沾污物。在清洗完毕后,硅片表面需要经过疏水化处理,用来增强硅片表面同光刻胶(通常是疏水性的)黏附性,又称为增黏处理。疏水化处理使用六甲基二硅胺烷(Hexa Methyl Di Silazane,HMDS)蒸气,分子式为 $(CH_3)_3SiNHSi(CH_3)_3$。这种气体预处理与木材、塑料在油漆前使用底漆喷涂相似。六甲基二硅胺烷的作用是将硅片表面的亲水性氢氧根 OH(羟基)通过化学反应置换为疏水性的 $O\,Si(CH_3)_3$,以达到预处理目的。

气体预处理的温度控制在 100~250℃,时间一般为 30s。气体预处理的装置是连接在光刻胶处理的轨道机上,其基本结构如图 2-4 所示。

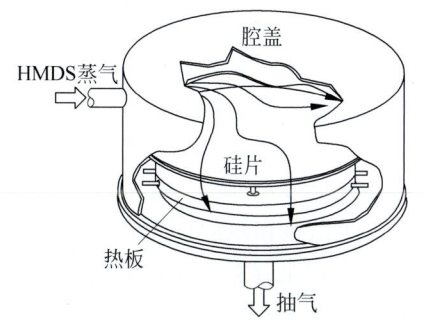

图 2-4 气体(HMDS)硅片表面预处理示意图[3]

2. 旋涂(spin coat)光刻胶,抗反射层

在气体预处理后,采用旋转涂胶方法,把光刻胶涂敷在硅片表面。光刻胶(几毫升)先被管路输送到硅片中央(直径几厘米的一滴),然后硅片会被旋转,并且逐渐加速,直到稳定在一定的转速(转速高低决定了胶的厚度,厚度反比于转速的平方根)。当硅片停下时,其表面已经基

本干燥,厚度也稳定在预先设定的尺寸。涂胶厚度的均匀性在 45nm 或更加先进的技术节点上,应该在 ±20Å 之内。光刻胶的主要成分通常有有机树脂、抗刻蚀基团、化学溶剂、光敏感化合物(PAC)、光致产酸剂(Photo Acid Generator,PAG),以及极性控制基团等。PAC 与 PAG 分别存在于不同类型的光刻胶中。

在涂胶确定厚度的旋转前还有一步——匀胶转动,通常会通过较高的角加速度在短时间内获得高转速来尽快地将硅片中央的光刻胶转到硅片大部分面积上。这样的转速也称为匀胶转速。匀胶转动通常有较高的角加速度(如 $10000r/s^2$)和高的转速(如 $2000 \sim 2500 r/min$),持续 $2\sim3s$。匀胶转动既不能太慢,也不能太快。匀胶转动太慢会导致光刻胶边缘覆盖性不好,硅片中央厚度较厚;匀胶转动太快会导致硅片局部产生气泡,即硅片远离硅片中央的部分来不及被光刻胶浸润,导致微小空气气泡来不及被快速甩出的光刻胶赶跑而被覆盖,形成微小气泡。由于光刻胶有一定的黏性,这样被覆盖的空气气泡会保留很长时间,以至于在曝光前烘焙[又称为软烘(Soft Bake,SB),还称为涂胶后烘焙(Post Apply Bake,PAB)]后被固定在光刻胶中。在后续的刻蚀工艺中气泡存在的位置会导致过度刻蚀(Over Etch,OE),形成缺陷。

为了尽量避免涂胶中出现气泡,涂胶前,先喷涂一次溶剂,如 70% 丙二醇单甲醚(Propylene Glycol Mono-methyl Ether,PGME)和 30% 丙二醇甲醚乙酸酯(Propylene Glycol Methyl Ether Acetate,PGMEA)混合物(俗称 OK73),使得衬底表面预先浸润,再喷涂光刻胶,这样就可以尽量避免出现气泡。不过,这要求溶剂非常干净,不含颗粒物和杂质。这样的工艺还可以节省光刻胶的喷涂量,以直径 300mm 的硅片为例,一次喷涂量可以从约 4mL 下降到 $0.8\sim1mL$,大大提高了光刻胶的利用率和经济效益。

有关光刻胶的详细内容将在第 4 章中介绍,这里只讨论基本的流体动力学方面的内容。涂胶工艺流程分为以下三个步骤:

(1) 光刻胶的输送;

(2) 加速旋转硅片匀胶;

(3) 匀速旋转直到厚度稳定在预设值。最终形成的光刻胶厚度由光刻胶的黏度和最终旋转速度决定。光刻胶的黏度可以通过增减化学溶剂来调整。旋涂流体力学曾经被研究过,参见文献[4]。

对光刻胶厚度均匀性的高要求可以通过对以下参数的全程控制来实现:

(1) 光刻胶的温度;

(2) 环境温度;

(3) 硅片温度;

(4) 涂胶模块的排气流量和压力。

如何降低涂胶相关的缺陷是另一个挑战。实践结果显示,采用以下流程可以大幅度降低缺陷的产生。

(1) 光刻胶必须洁净并且不含颗粒性物质。涂胶前必须使用过滤过程,而且过滤器上的滤孔大小必须满足技术节点的要求。如 28nm 技术节点一般采用 5nm 孔径(Pore Size)或者更小的过滤器,14nm 技术节点一般采用 $2\sim3nm$ 孔径的过滤器。

(2) 光刻胶必须不含被混入的空气,因为气泡会导致成像缺陷。气泡与颗粒的表现类似,所以光刻胶在灌装时需要对管道进行排泡。

(3) 涂胶碗的设计必须从结构上防止被甩出去的光刻胶的回溅。

(4) 输送光刻胶的泵运系统必须设计成在每次输送完光刻胶后能够稍稍回吸。回吸的作用是将喷口多余的光刻胶吸回管路,以避免多余的光刻胶滴在硅片上或者多余的光刻胶干涸后在下一次输送时产生颗粒性缺陷。回吸动作应该可以精确控制,以避免多余的空气混入管道。

(5) 硅片边缘去胶(Edge Bead Removal,EBR)使用的溶剂需要控制好。在硅片旋涂过程中,光刻胶由于受到离心力作用会流向硅片边缘和由硅片边缘流到硅片背面。在硅片边缘由于表面张力会形成一圈圆珠形光刻胶残留(图 2-5),这种残留称为边缘胶滴(Edge bead)。如果不去掉胶滴,这一圈胶滴干了后会剥离形成颗粒,并掉在硅片上、硅片输送工具上以及硅片处理设备中,造成缺陷。不仅如此,硅片背面的光刻胶残留会粘在所有硅片处理设备的硅片台上,造成硅片吸附不良,在光刻机上还会引起曝光离焦、套刻随机误差增大等问题。光刻胶涂胶设备中通常装有边缘去胶装置[5],通过在硅片边缘附近的喷嘴喷出溶剂(上、下各一个喷嘴,喷嘴距离硅片边缘位置可调)和硅片的旋转来达到清除距离硅片边缘一定距离的光刻胶的功能。图 2-5(c)没有画出如横断面图中的边缘胶滴,仅仅说明边缘去胶完成后涂覆光刻胶的直径将小于硅片的直径,一般从硅片边缘往里缩进 0.3~2mm。

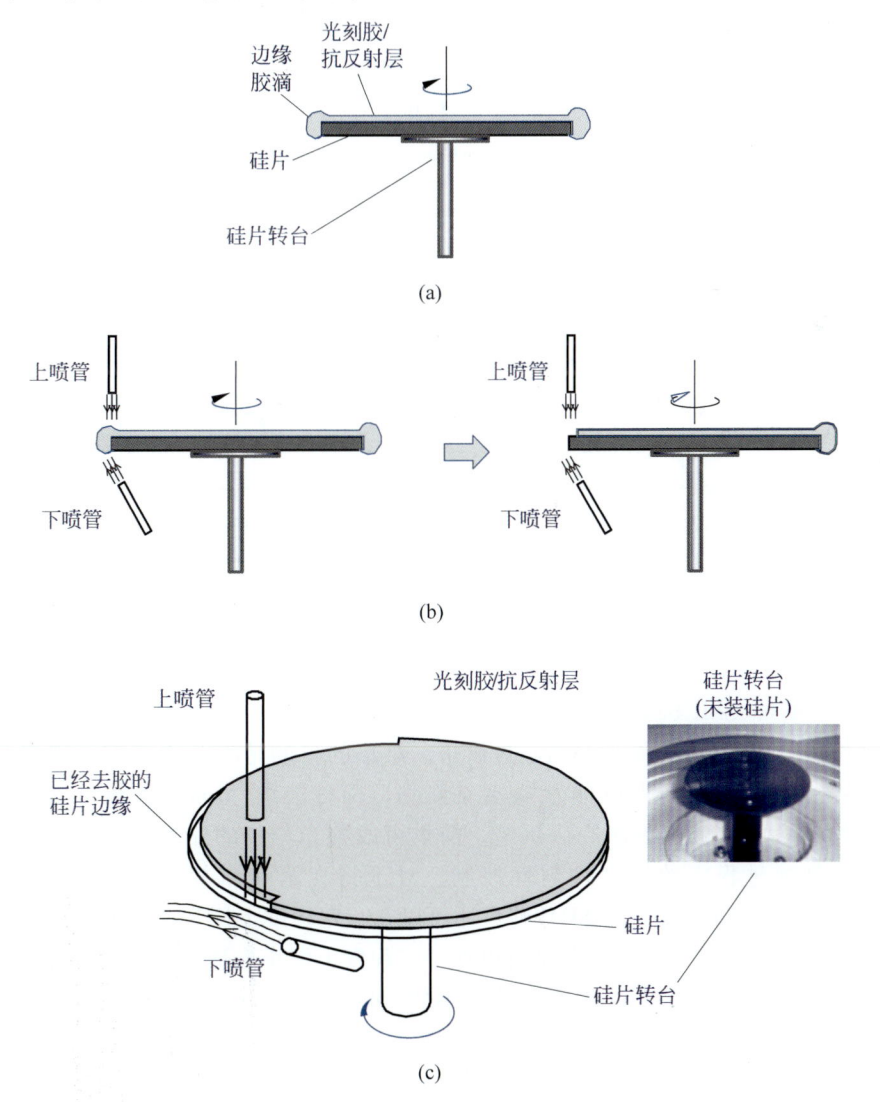

图 2-5 边缘胶滴的形成和去除:(a)(横断面图)光刻胶旋涂之后边缘由于表面分子力的吸引形成边缘胶滴;(b)(横断面图)通过边缘冲洗去除边缘胶滴;(c)(立体图)通过边缘冲洗去除边缘胶滴

(6) 经过计算发现,90%~99%的光刻胶被旋出了硅片,被浪费掉。人们通过研究,在硅片旋涂光刻胶前使用丙二醇甲醚乙酸酯[分子式为 $CH_3COOCH(CH_3)CH_2OCH_3$]化学溶剂对硅片进行预处理。这种方法称为节省光刻胶用量(Reducing Resist Consumption,RRC)方法。如果这种方法使用不当,就会产生缺陷。缺陷与在 RRC 同光刻胶界面上的化学冲击和空气中的氨对 RRC 溶剂的污染有关。

(7) 保持显影机或者显影模块的排风压力,防止显影过程中硅片旋转时显影液微小液滴的回溅。回溅的显影液会造成局部过度显影,导致厚度缺陷。

由于光刻胶的黏度会随着温度的变化而改变,可以通过改变硅片或者光刻胶的温度来获得不同的厚度。如果在硅片不同区域设定不同的温度,就可以在一片硅片上取得不同的光刻胶厚度,以用来通过线宽随光刻胶厚度的规律(摆线)确定光刻胶的最佳厚度,从而节省硅片和机器时间、材料(图 2-6[6])。具体做法是,在涂胶之前首先将硅片放在热板上烘焙到 70~80℃,然后在未完全冷却之前将其放在涂胶机上涂胶。由于硅片边缘的冷却速度快于硅片中间,于是在硅片上形成了由中间到边缘的温度梯度。如果在这时开始进行旋涂光刻胶,就会形成中间薄边缘厚的光刻胶厚度分布。有关摆线详细内容将在 10.4 节中讨论,也可参考 5.1 节。对于抗反射层,旋涂的方法和原理也是一样的。

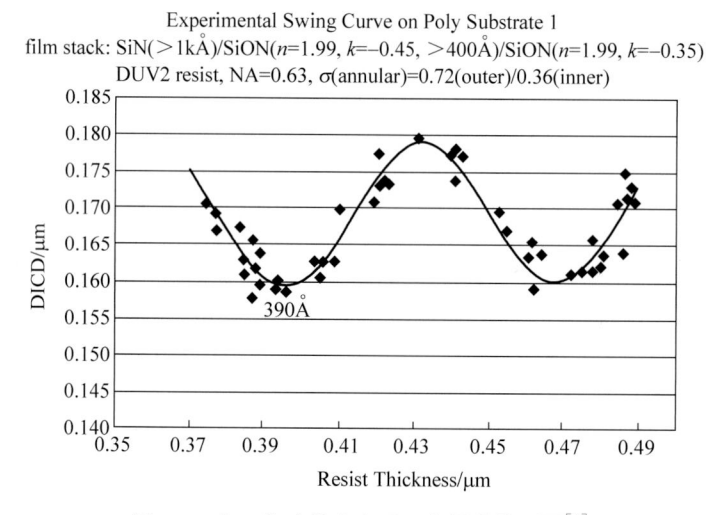

图 2-6 在一片硅片上实现一条摆线的测量[6]

3. 曝光前烘焙(Soft bake, Post apply bake)

光刻胶被旋涂在硅片表面后必须经过烘焙。烘焙的目的是将几乎所有的溶剂"驱赶"走。因为这种烘焙在曝光前进行所以称为"曝光前烘焙"(简称前烘,又称为软烘)。因为这种烘焙是在涂胶后烘焙,所以又称为涂胶后烘焙。前烘可改善光刻胶的黏附性,提高光刻胶的均匀性,并加强在刻蚀过程中的线宽均匀性控制。对于将在第 4 章提到的化学放大型光刻胶(Chemically Amplified Resist, CAR),前烘还可以在一定程度上用来改变光酸的扩散长度,以调整工艺窗口的参数,如大剂量的前烘可以在一定程度上缩小光酸的扩散,提高光刻的曝光对比度;不过在绝大多数情况下这种影响是很小的,可以忽略。对于 193nm 光刻胶,典型的前烘温度为 90~110℃,时间约为 60s。前烘后硅片会被从烘焙用的热板移到一块冷板上,以使其回到室温,为曝光步骤做准备。

4. 对准和曝光(Alignment and exposure)

前烘后的步骤是对准和曝光。在投影式曝光方式中,掩模版被移动到硅片上预先定义的大致位置或者相对硅片已有图形的恰当位置,然后由镜头将其图形通过光刻转移到硅片上。对接近式或者接触式曝光,掩模版上的图形将由紫外光源直接曝光到硅片上。对第一层图形,硅片上可以没有图形,光刻机将掩模版相对移动到硅片上预先定义的(芯片区域的划分方式)大致位置(根据硅片在光刻机平台上的横向安放精度,一般在 10~30μm)。对第二层及以后层的图形,光刻机需要对准前层曝光所留下的对准记号所在的位置来将本层掩模版套印在前层的已有图形上。这种套刻精度通常为最小图形尺寸的 25%~30%,如 90nm 技术中,套刻精度通常为 22~28nm(3 倍标准偏差)。一旦对准精度满足要求,便开始了曝光,如图 2-7 所示[3]。光能量激活光刻胶中的光敏感成分,启动光化学反应。衡量光刻工艺好坏的主要指标一般为关键尺寸(Critical Dimension,CD)的分辨率和线宽均匀性、套刻精度、产生颗粒和缺陷个数等。

工艺小结:
- 将掩模版上图形转移到涂胶的硅片上
- 激活光刻胶中的光敏成分
- 质量指标:线宽分辨率,套准精度,颗粒和缺陷

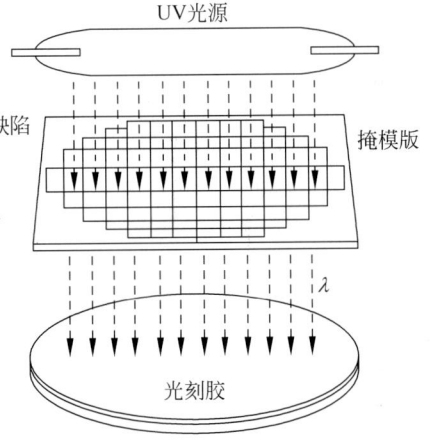

图 2-7 对准和曝光示意图[3]

5. 曝光后烘焙(Post Exposure Bake)

曝光完成后,光刻胶需要经过再一次烘焙。因为这次烘焙在曝光后进行,所以称为"曝光后烘焙"(简称后烘)。后烘的目的是通过加热的方式使得光化学反应得以充分完成。曝光过程中产生的光敏感成分会在加热的作用下发生扩散,并且同光刻胶产生化学反应,将原先几乎不溶解于显影液的光刻胶材料改变成溶解于显影液的材料。在光刻胶薄膜中形成溶解于和不溶解于显影液的图形。因为这个图形与掩模版上的图形是一致的,但是没有被显示出来,所以它又称为"潜像"(Latent image)。

对于化学放大型光刻胶,在后烘过程中,光酸起到催化光刻胶树脂的去保护反应(Deprotection reaction),又称为脱保护反应。这是一个催化反应,可以将原先光学剂量本身能够激活的化学反应放大 10~30 倍,大大节省了曝光所需的光的剂量。同时,适当的光酸扩散还可以增加对焦深度(Depth of Focus,DoF),使得在一定垂直的范围内曝光而产生的光化学反应得以均匀化。不仅如此,在光刻胶垂直范围内的光酸扩散还使得垂直的光刻胶形貌在一定程度上得以均匀化,如可以减轻甚至消除驻波产生的波纹。不过,扩散-催化反应是相辅相成的,没有扩散,就没有催化,而催化反应的这些好处是以损伤图像对比度为代价的。所以,后烘的时间不能太长,以刚好充分完成光化学反应和获得一定的好处为限。对化学放大型光刻胶,过高的烘焙温度或者过长的烘焙时间会导致光酸的过度扩散,损害原先的像对比度,进而缩小工艺窗口并损害线宽均匀性,以及线边粗糙度和线宽粗糙度。这些将在后续的章节中进行详细的讨论。真正将潜像显示出来需要通过显影和冲洗。

6. 显影和冲洗

在后烘完成后，硅片会进入显影（Develop）步骤。因为光化学反应后的光刻胶呈酸性，所以显影液采用强碱溶液。一般使用质量比为 2.38% 的四甲基氢氧化铵（TMAH）水溶液（或者 0.26mol/L），分子式为 $(CH_3)_4NOH$，有剧毒。对于正性光刻胶，光刻胶薄膜经过显影过程后，曝过光的区域被显影液洗去，掩模版的图形便在硅片上的光刻胶薄膜上以有无光刻胶的凹凸形状显示出来。对于负性光刻胶，情况正好相反，不过显影液一般使用溶剂，如乙酸叔丁酯（TBA）。显影工艺一般分为以下步骤。

（1）预润湿（Pre-wet）。通过在硅片表面先喷上一点去离子水（De-Ionized Water，DI Water），以提高后面显影液在硅片表面的附着性能。

（2）显影喷淋（Developer dispense）。将显影液输送到硅片表面。为了使得硅片表面所有地方尽量接触到相同的显影液剂量，显影喷淋便发展了几种方式，如使用 E2 喷嘴、LD 喷嘴、GP 喷嘴等，7.1 节将详细介绍。

（3）显影液表面停留（Puddle）。显影液喷淋后需要在硅片表面停留一段时间，一般为几十秒到 1~2 分钟，目的是让显影液与光刻胶进行充分反应。

在浸没式光刻工艺中，一般不使用表面停留的方法，而是采用边喷淋、边旋转的方式，以尽量快速充分地完成显影，并且将残留物带走。因为到了几十纳米的限度，被曝光去除的光刻胶残留的尺寸很小，比表面积都很大，其表面有很强的附着力，如果不尽快地把这些残留带走，它们会再次黏附在硅片的其他地方，形成残留缺陷。

（4）显影液去除并且清洗（Rinse）。在显影完后，显影液和显影下来的光刻胶溶解物和部分显影的光刻胶残留将被甩出，而去离子水将被喷淋在硅片表面，以清除残留的显影液和残留的光刻胶残留碎片。

对于 193nm 浸没式光刻，在去离子水喷淋和硅片旋转的同时，还可以在硅片中心区域加入氮气的吹喷。由于硅片在中心部分，半径很小，离心力很小，不足以将表面有很强附着力的光刻胶残留甩出，故需要添加氮气吹喷，以"推动"硅片中心处的去离子水和光刻胶残留悬浮液尽快地离开硅片。这种方法称为"先进的缺陷减少的冲洗"（Advanced Defect Reduction Rinse，ADR Rinse），将在第 14 章具体讨论。

（5）旋转甩干（Spin dry）。硅片被旋转到高转速以将表面的去离子水甩干。

7. 显影后烘焙，坚膜烘焙

在显影后，由于硅片接触到水分，光刻胶会吸收一些水分，这对后续的工艺，如湿法刻蚀不利，于是需要通过坚膜烘焙（Hard bake）将过多的水分"驱赶"出光刻胶。由于现在刻蚀大多采用等离子体刻蚀（又称"干法刻蚀"），在很多工艺中已省去坚膜烘焙。

8. 测量

在曝光完成后，需要对光刻所形成的关键尺寸以及套刻精度进行测量（Metrology）。关键尺寸的测量通常使用扫描电子显微镜，而套刻精度的测量由光学显微镜和电荷耦合器件（Charge Coupled Device，CCD）成像探测器阵列核或者互补式金属-氧化物-半导体图像传感器（CMOS Image Sensor，CIS）阵列完成。使用扫描电子显微镜的原因是半导体工艺中的线宽尺寸一般小于可见光波长（如 400~700nm），而电子显微镜的电子等效波长由对电子的加速电压决定。根据量子力学原理，电子的德布罗意（De Broglie）波长为

$$\lambda = \frac{h}{mv} \tag{2.1}$$

式中：h 为普朗克常量，$h=6.626\times10^{-34}$ J·s；m 为电子在真空中的质量，$m=9.1\times10^{-31}$ kg；v 为电子的速率。

如果加速电压为 V，在非相对论情况下，也就是电子的动能远小于其静止质量，相当于 511keV，则电子的德布罗意波长为

$$\lambda = \frac{h}{\sqrt{2mqV}} \tag{2.2}$$

式中：q 为电子的电荷，$q=1.609\times10^{-19}$ C。

式(2.2)代入数值，可得

$$\lambda = \frac{1.22\text{nm}}{\sqrt{V}} \tag{2.3}$$

如果加速电压为 300V，则电子的波长为 0.07nm。而一般线宽测量电子显微镜的数值孔径为 0.04~0.05，如果取数值孔径平均值 0.045，其理论最小分辨长度为

$$\Delta x = 0.5 \times \frac{0.07}{0.045} \approx 0.7(\text{nm}) \tag{2.4}$$

这样的分辨率足以进行线宽测量。在实际工作中，电子显微镜的分辨率是由电子束在材料中的多次散射以及电子透镜的像差决定的，如色球差(Spherochromatic aberration)，实际分辨长度为 2~3nm，测量线度的误差为 1~3nm。虽然套刻精度也已经达到纳米级别，但是，由于测量套刻只需要具备确定较粗线条中间位置的能力，因此测量套刻精度可以使用光学显微镜。

图 2-8(a)显示了扫描电子显微镜所拍摄的尺寸测量截图，图中白色的双线和相对的箭头用来标示目标尺寸。扫描电子显微镜的像对比度是由经过电子轰击所产生的二次电子发射和被收集形成的。可以看出，在线条的边缘可以收集到较多的二次电子。原则上，收集到的电子越多，测量得也就越准确。可是，由于电子束对光刻胶的冲击不可忽略[8]，经过电子束照射，光刻胶会缩小(compaction)，尤其以 193nm 的胶更为严重。研究发现，电子束曝光造成的光刻胶缩小与光刻胶的材料有很大关系。这种在电子显微镜下面的缩小一般表现在厚度和线宽的缩小。在光刻胶厚度缩小方面，为了排除可能存在的光学膜厚测量仪和断面扫描电子显微镜(Cross section SEM)之间标定原理的不同以及偏差，需要验证光刻胶的厚度和线宽在几乎接近零的电子束曝光剂量(650V，12pA，小于 1s 的曝光剂量)下的测量值同光学方法的差别。研究发现[8]，这种差别对于 i-线、248nm 以及 193nm 的光刻胶都是很小的，分别为 0.1%(i-线)、0.1%~0.5%[248nm 环境稳定型化学放大正性光刻胶(Environmentally Stable Chemical Amplification Positiveresist，ESCAP)]、1.3%(248nm 乙缩醛类型化学放大型光刻胶(Acetal type chemically amplified photoresist))和 1%(193nm 化学放大型光刻胶)。但是，当更加大的剂量，如大于 1kV，或者大于 10s 的剂量被使用时，这种缩小可达 5%~10%。所以建立一个可测量性与小破坏性的平衡变得十分重要。

图 2-8(b)显示了典型的套刻测量示意图。其中线条直径一般为 1~3μm，外框边长一般为 20~30μm，内框边长一般为 10~15μm。在图中，内框和外框显示不同的色彩或者对比度是由于不同层次薄膜厚度的不同所产生的反射光的色彩以及对比度的差异。套刻测量是通过确定内框中间点和外框中间点的空间差异来实现的。实践证明，只要提供足够的信号强度，即便是光学显微镜，也能够轻松实现 1nm 左右的测量精度。

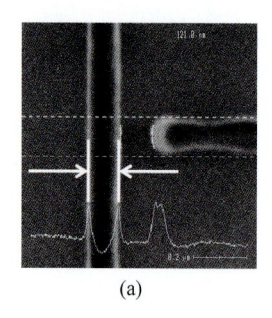

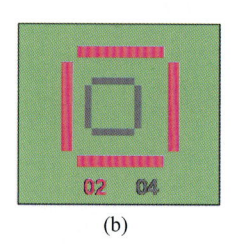

图 2-8　用扫描电子显微镜（CD-SEM）拍摄的尺寸测量截图和套刻测量示意图
（套刻偏差被夸大了，实际值远没有这样大）

2.3　光刻工艺使用的设备

2.3.1　光刻机

光刻机分为硅片输运分系统（Wafer handler sub-system）、硅片台分系统（Wafer stage sub-system）、掩模版输运和掩模台分系统（reticle handler and reticle stage sub-system）、系统测量与校正分系统（Calibration and metrology sub-system）、成像分系统（Imaging sub-system）、光源分系统（Light source sub-system），以及电气（Electric）、厂区通信（Fab communication）、纯水（Purified water）、污染和温度控制（Contamination and temperature control）分系统等。

1. 硅片输运分系统

硅片输运分系统的主要功能是将轨道机传递来的硅片按照一定的角度和位置放在预对准平台（Pre-alignment stage）内进行预对准（有的光刻机甚至开始对硅片进行温度调整，如阿斯麦公司的193nm浸没式光刻机），预对准完成后，由机械手将硅片按照预定的位置放在硅片台上。这时，硅片在硅片台上相对对准系统的位置精度一般小于10μm。硅片完成曝光后，再由硅片输运分系统将其输送到光刻机和轨道机的接口处，等待轨道机的机械手将其取走进入下一步操作，如曝光后烘焙、曝光后冲洗（对于193nm浸没式光刻工艺）。

2. 硅片台分系统

硅片台分系统的主要功能是协助镜头完成对硅片的精确对准（从i-线光刻机的60～100nm到193nm浸没式光刻机的小于3nm），并且对硅片位置偏离目标的偏差量，如套刻偏差（Overlay deviation）、高低偏差分布（Leveling map）进行曝光前修正。高级的光刻机还能在曝光前对镜头重要像差（如三阶畸变）进行一次快速测量［如阿斯麦公司的光刻机通过掩模台上的基准图形和硅片台上的透射图像传感器（Transmission Image Sensor，TIS）来对镜头的二阶、三阶畸变进行测量］并且校正。在对准后，通过精确扫描和步进实现整片硅片准确曝光。硅片台的精确移动依靠激光干涉仪，可以达到几纳米的精确度。也有的硅片台使用编码器（Encoder）来控制精确移动，如阿斯麦公司的193nm的NXT系列浸没式光刻机系列，它的单平台套刻精度可以达到2nm或者2nm以下。这是由于激光干涉仪中激光束需要穿过较长的空间区域（约300mm），在10nm精度以下的测量中容易受到空气密度的涨落以及平台高速运动对空气的扰动的影响而变得不准。硅片台一般通过气垫、直线电动机和反向移动平衡质量装置来实现平稳且快速运动。不过，有些光刻机由于无法使用气垫［如极紫外光刻机的硅片台在高真空(对氧气约为 10^{-9} Torr①中运动],此时可以使用磁悬浮,并且使用静电吸附的方式来吸附硅片。还有的非极紫外光刻机也采用磁悬浮,如阿斯麦公司的 NXT 系列,是因为磁悬浮装置比气悬浮装置要轻,以此获得较大的加速度。硅片台除使用真空吸附将硅片抓住以外,还可以通过硅片背面的(分区)加热器将硅片的温度稳定在一定的精度和分布范围内。

3. 掩模版输运和掩模台分系统

掩模版输运和掩模台分系统的主要功能是对掩模版进行预对准,对表面缺陷、沾污进行扫描检测(通常为大于 1μm 的缺陷)和报警,以及将掩模版输送到掩模版移动平台上,然后通过掩模对准步骤将掩模版与硅片台上的掩模版位置测量传感器(如阿斯麦公司的透射图像传感器)对准,并且完成曝光成像。对于扫描式光刻机,掩模台还需要按照一定的缩小比例(如 4∶1)与硅片台沿着相反或相同的方向(取决于物镜的成像是倒像还是正像)进行同步扫描成像。

4. 系统测量与校正分系统

系统测量与校正分系统主要对系统的对准、平台位置和移动精度、镜头的像差和畸变、像差和畸变随镜头被曝光加热后的偏差、照明光在曝光缝及光瞳的分布均匀性和位置准确性、光源中激光的波长、带宽以及光束的几何位置等进行测量和校正。

硅片台是具有 6 个自由度的刚体,具有 X、Y、Z、R_X、R_Y、R_Z 这 6 个参数,对于采用干涉仪的光刻机来说,对平台移动精度的测量与校正需要使用多束激光和平台侧面的平面镜。XYZ 中的每一个方向需要至少两束激光,如沿 X 方向的两束激光不但可以测量 X 方向的位移,还可以测量围绕 Z 轴的转动 R_Z。

同理,如果在如图 2-9 所示的 X 方向上再加入一束激光,还可以测量围绕 Y 轴的倾角 R_Y,如图 2-10 所示。

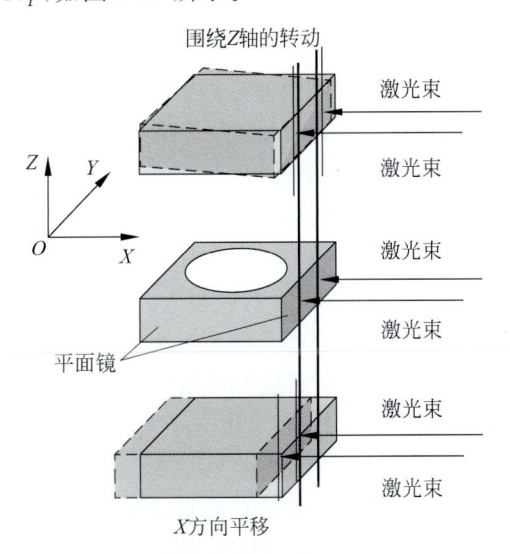

图 2-9 光刻机中硅片台的控制原理示意图(沿 X 方向的两束激光可以同时测量 X 方向的位移和围绕 Z 轴的转动)

图 2-10 光刻机中硅片台的控制原理示意图(在 X 方向上再加入一束激光,可以测量围绕 Y 轴的倾角)

---

① 1Torr=1.33×10^2Pa。

同样，在 Y 方向上使用至少两束激光也可以测量 Y 和 R_X，所以，在 X 和 Y 方向共需要至少 5 束激光就可以得到除了 Z 方向之外的 X、Y、R_X、R_Y、R_Z，再加上一束测量 Z 方向的激光束，硅片台的 6 个位置分量便可以全部测量到。当然，具体的光刻机会使用更多的激光束，以进行更加精确的测量。

硅片台校准工作的目标是在硅片台运动的范围内保证以下的精度：

(1) 在平移(X,Y)时没有转动(R_Z)或者倾斜(R_X,R_Y)；

(2) 在含有倾斜(R_X、R_Y)时，对准传感器(Alignment Sensor)在硅片表面任何位置的对准位置不变(没有阿贝误差或正弦误差)；

(3) 在含有倾斜(R_X,R_Y)时，调平传感器(Leveling Sensor)在硅片表面任何位置的对准位置不变(没有阿贝误差或正弦误差)；

(4) 对反射镜的平整度(Mirror Flatness)校准，保证水平移动时，在一个方向移动时没有另外一个方向的移动；

(5) 若是双平台的光刻机，则需要对两个平台之间的移动精度做匹配，也就是每个平台在测量位置获得的 XYZ 数据与在曝光位置获得的 XYZ 数据保持一致；

(6) 在平台上测量传感器本身位置和倾斜角的校准(如透射图像传感器)，还有两个平台上各自的光强传感器[在阿斯麦光刻机上的微孔传感器(Spot Sensor,SS)]之间的校准。

对于镜头的像差，高级别的光刻机一般有自带的测量像差的传感器。这种传感器一般是通过扫描测量空间像在掩模台平面上某些特定图形的表现来计算像差的，如前面提到的透射图像传感器。还有的传感器将光瞳上的光强分布和相位通过光刻机光瞳下面(离硅片较近的镜头部分)的镜头部分投影到平台上的成像的剪切干涉型传感器上，对阿斯麦光刻机来说，称为光刻机上集成镜头干涉仪(Integrated Lens Interferometer at Scanner, ILIAS)传感器，以直接测量在光瞳处的像差(可以获得泽尼克 $Z_5 \sim Z_{49}$ 等系数，但是无法获得畸变的像差。原因是畸变不仅与光瞳的波相差有关，而且与所处的像平面的位置有关。测量畸变需要使用透射图像传感器)。有关 ILIAS 传感器的原理可参考 6.6.12 节。测得像差后，再通过镜头模型(Lens Model)将测得的像差函数经过解算得出镜头内部可移动的镜片(分为 Z 方向可移动和 X-Y 方向可移动)的最佳调整位置，以最大限度地优化镜头的剩余像差。

测量系统还负责硅片曝光前的对准(Alignment)和调平(Leveling)。在老的光刻机上，采用通过镜头的对准(Through The Lens Alignment, TTL Alignment)方式，如图 2-11 所示[9]。在这种结构中镜头中间有一块很小的分束板，用来将对准使用的可见光送入镜头，并把硅片上的记号照亮，而硅片上的记号的反射光经过镜头(此镜头需要能够对曝光的紫外光和对准使用的可见光——通常为红绿光进行对焦)，经过萨瓦尔(Savart)板调制通过掩模版上的对准记号进行位置偏差测量。采用这种对准方式，镜头中间部分被挡住一块，通常相当于不到 0.05 的光瞳半径。也就是说，任何照明其实都是环形照明。

对准系统后期采用离轴对准方式(Off-axis Alignment, OA)，也就是对准光线不再通过镜头，而是由一个固定在测量支架上(Metrology Frame, MF)，实际位置与镜头固定在一起的显微镜负责。这台显微镜负责测量硅片上众多对准记号和硅片台上的记号(阿斯麦公司称为 TIS 记号，尼康公司称为 Fiducial 记号)之间的位置关系。然后由硅片台上的透射图像传感器采用实际曝光的光源，通过投影物镜直接将掩模对准记号成像的方式，建立掩模版上对准记号和硅片台上 TIS 记号之间的关系(尼康公司将 Fiducial 记号的图像通过镜头成像到镜头上方的掩模版上，并且通过掩模版投影到其上方的图像传感器来做掩模版和硅片台记号的对准)，

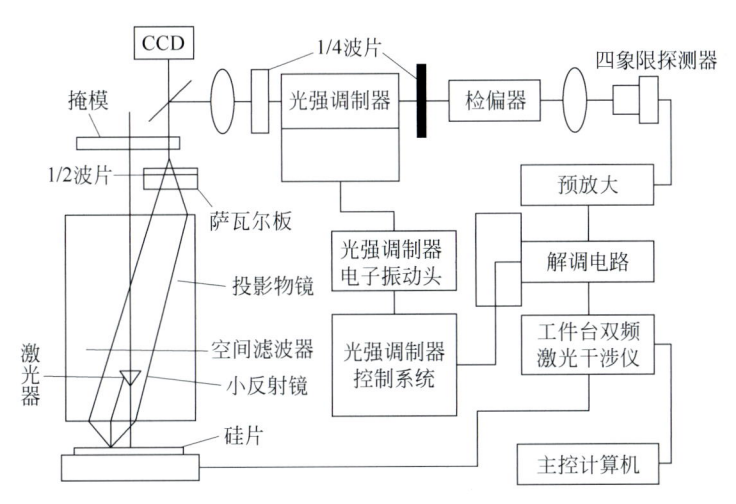

图 2-11　通过镜头直接将掩模版和硅片进行对准的光刻机部分结构示意图[9]

这样就确定了硅片上的对准记号与掩模版上对准记号的位置。离轴对准的好处是镜头设计可以不需要让两种波长都存在同样的焦距，而且镜头中间也不再有遮挡。还有一个好处是掩模版的对准和硅片对准可以分开进行，加上阿斯麦公司的双工件台的设计，使得比较费时的硅片对准可以跟另外一片硅片的掩模对准、三阶畸变补偿和曝光同时进行，大大提高了光刻机的生产能力。尼康公司的光刻机，离轴硅片对准还可以采用多个对准显微镜（如尼康 S630 系列采用5 个平行的显微镜探头）同时进行硅片记号扫描对准，这样即便没有采用阿斯麦公司的双工件台设计，也可以大大节省硅片对准所需要的时间，从而提高光刻机的生产效率。

除了对准系统，还有调平系统。调平是指对硅片上每一个需要曝光的曝光场进行高低预测量，使得在曝光时无须进行自动对焦，可以直接调用硅片表面高低数据，加快曝光速度。调平一般采用掠入射的光线，实际上不是光线，而是将一片光栅的图像经过硅片表面反射后投影到检测光栅上，并且经过偏振调制以提高信噪比。对于 193nm 浸没式光刻机来说，调平的精度在 ±(5～10)nm；对于 193nm 干法光刻机来说，调平的精度在 ±(10～30)nm。不过，调平的精度也与硅片上的高低起伏以及反射率分布的均匀性有关。

5. 成像分系统

成像分系统由投影物镜以及光强控制子系统组成。投影物镜负责将掩模版散射的光收集并且成像于硅片上。镜头中含有 Z 方向可移动和 XY 方向可移动镜片。Z 方向可移动镜片用来修正轴对称像差，如球面像差（Spherical Aberration，SA），又称为 Z_9（第 9 项泽尼克系数）及更加高阶的球差。XY 方向可移动镜片用来修正非轴对称像差，如彗形（Coma）像差，又称为 Z_7、Z_8（第 7、8 项泽尼克系数）。有关像差的分类将在第 6 章讨论。对于光刻工艺，一般 248nm 的光刻机的均方根（Root-Mean-Square，RMS）像差要求在 25～60 毫米波长范围内，而 193nm 光刻机的要求为 5～10 毫米波长范围。对于 193nm 浸没式光刻机的要求为 5 毫米波长，对于极紫外光刻机（波长为 13.5nm），像差将被要求控制在 15 毫米波长以内。5 个毫米波长（193nm 波长）意味着在光瞳平面上，任何偏离相位平面的幅度必须在 1nm 之内，这给镜头加工提出了极高的要求。而且，不仅如此，每台 193nm 光刻机的镜头都是由 20～30 片的镜片（或者反射镜）构成的，因此分到每一个镜片上的分摊加工偏差要求就更高了。

6. 光源分系统

前面讲过，光源分系统包括光源和照明子系统，光源一般有汞（Mercury）灯、准分子

(Excimer)激光、激光激励的放电灯(如极紫外的二氧化碳激光激励的锡灯)等类型。照明子系统的任务是将光源发出光的发射角度整合成科勒照明形式,并且使得部分相干性可以由使用者做一定范围的调节。如阿斯麦公司的 193nm NXT1950i 浸没式光刻机的部分相干性对传统照明(Conventional illumination)条件可以做到 0.12~0.98 可调。不仅如此,对于使用激光作为光源的系统,还要消除激光的较长空间相干性(Spatial coherence),以去除空间相关性造成的散射光之间的干涉[又称为散斑(Speckle)]和在光瞳平面不同点之间的剩余相干性,以提高最终的照明均匀性和光学邻近效应的一致性。好在准分子激光的腔体中会产生较多的横模,且模数较多,其造成的相干性比一般的激光器(如气体激光器)要低很多。一般可以采用两组微透镜阵列组成的空间积分器[又称为科勒积分器[10](见图 6-88(a)或者称为均匀化装置]来将原本断面光强呈高斯分布的激光束改变成为平顶分布的照明的同时,再添加微小振动,或者添加散射片叠加振动,使得尽量多的横模叠加在一起,以起到打乱相干性的效果。同时,由于一般采用扫描式光刻机,一定宽度的曝光缝(如 193nm 浸没式为 5.5mm,其他干法光刻机为 10~10.5mm),加上较长的曝光时间(几毫秒到几十毫秒),相对脉冲重复周期偏长,可以包含几十到几百个脉冲,使得曝光时间内可以进一步容纳更多的横模,以对散斑进行平均[11],使其几乎不影响线宽粗糙度或者局域线宽均匀性。

在 193nm 浸没式光刻机中由于采用较大数值孔径,为了实现它带来的分辨率和对比度的提升,还需要引入偏振照明的装置。在照明系统中,需要通过使用起偏器和偏振态转换器来实现多种偏振态。一般是通过使用 1/2 相位延迟波片,又称为 1/2 波片(Half wave phase retarder plate 或者 Half wave plate)与偏振片结合将已有的偏振态旋转成任意的偏振状态,有关偏振可参考 6.7.3 节。

7. 污染和温度控制分系统

污染和温度控制分系统(Contamination and temperature control sub-system)主要是控制镜头内部的沾污和温度。由于镜头的洁净度和温度都是由气体净化系统控制的,气体净化系统中的气体起到热交换的作用。镜头在曝光时会被紫外激光不时地加热,而镜头的冷却是由在镜头外壳上包裹的水管造成的。外壳与镜片之间的热交换靠镜头内的洁净气体完成。一般,这种热平衡需要几小时才能达到。而镜头加热(Lens heating)会影响线宽、套刻焦距、像差、畸变等。对于 193nm 光刻机,这种镜头被加热会造成焦距偏移(可达 100 多纳米),如果照明在 XY 方向不对称,还会产生像散(造成 X 方向的图形和 Y 方向的图形拥有不同的焦距)、彗差,以及套刻非线性(如曝光场内二阶 D_2、三阶 D_3 畸变)偏移(可达 3~7nm)等。

在生产中人们不可能等待几小时以求得镜头达到热平衡。再者,这种镜头被加热会随着硅片曝光的硅片数量改变,有的会慢慢地达到某种稳定状态(镜头的冷却作用抵消了镜头的加热作用的平衡点)。为此,工业界使用镜头加热模型去模拟镜头被加热时所产生的对光刻机参数的影响。而且,镜头被加热的现象会随着照明条件的不同而具有不同的特征。这是因为不同照明条件的光在光瞳的分布不同,会对镜头的不同区域进行加热,因而产生不同的镜头加热效应。例如,采用偶极照明方式带来的相对于 X 轴和 Y 轴不同的非对称加热,需要根据镜头模型有针对性地采用补偿的方法来最大限度地减小镜头由此而产生的像差和畸变。阿斯麦光刻机能够针对不同的产品曝光层次建立不同的校准子程序(Sub-recipe)来精确地补偿镜头加热所产生的光刻机工艺参数的变化。补偿一般可以使用镜头内部可移动的镜片或者可变形的镜片,或者通过使用镜片中埋有的电阻丝通电加热来实现。此外,还可以采用照射红外光的方式,比如当采用 X 方向上的偶极照明时,可以通过在 Y 方向相应的位置上照射红外光来补偿。

针对偶极照明产生的像散，还可以通过对敏感镜片在 X 和 Y 方向采用气压迫使镜片产生不对称的弯曲（Bending）来消除。

2.3.2 涂胶-显影一体机

涂胶-显影一体机（以下称"一体机"）分为涂胶（Coaters）分系统、显影（Developers）分系统、冷热板（Chill/Hot plates）烘焙分系统、硅片传输-暂存（Wafer transport/buffering）分系统、供/排液（Chemical supply/drain）分系统、通信（Communication）分系统。

1. 涂胶分系统

涂胶分系统通常包含若干旋涂光刻胶的槽，一般又分为光刻胶和抗反射层涂胶槽，涂胶槽中央有真空硅片吸附平台和平台电动机，此电动机的旋转角速度和角加速度可以通过计算机系统通过用户界面（如 Windows 界面）编程设定，电动机的每段工作时间的转速也可以设定。工程人员可以通过一条条指令要求电动机做一定的程序转动，以获得一定的涂胶厚度和成膜质量。另外，光刻胶、抗反射层的喷头的运行位置和逗留时间也可以编程，所以现代的涂胶-显影一体机是完全自动化的。此外，涂胶槽的排风也可以通过排风气压进行设定，以保持一定的排风能力，避免缺陷。

2. 显影分系统

显影分系统一般包含若干显影槽，对于使用同样显影液（Developer）和清洗液（Rinse）的显影槽可以通用；对于使用不同显影液的显影槽，如果使用负性显影液（Negative Tone Developing, NTD）的显影槽，就不能与采用常规正性显影液（Positive Tone Developing, PTD）的显影槽通用。与涂胶一样，显影过程的显影液喷淋头的位置、喷淋液体剂量、时间、真空硅片吸附平台和平台电动机的每时刻的转速以及转速的加速度等参数都可以通过用户界面编程设定。

对于光刻来说，重要的是显影的方式。早期的显影槽采用整体浸泡的方式，将一盒硅片（采用石英制成的空心支架（又称为舟）来装载一组硅片）整体没入显影液中，当达到一定时间后取出。这种做法的优点是显影液对于所有硅片都能够充分地接触和反应。缺点是被显影冲洗下来的光刻胶残渣可能会重新沉积在相邻的硅片上造成缺陷；而显影槽中的显影液需要定期更换，以保持同样的反应速率和时间，造成显影液的浪费。现代的显影都是单硅片工艺，且采用喷淋的方式，这样硅片可以时时刻刻接收到新鲜的显影液，而且显影残留物可以一次性地被排出，不会沾污硅片表面。不过，为了达到好的均匀性，显影喷头的构造就格外重要了，既不能浪费显影液，又要保证硅片上各处接收到的显影剂量是基本相同的。"基本相同"是因为显影是一个准自终止（Quasi-self-terminating）过程。一般来说，对于光刻胶，曝过光的部分和没有曝过光的部分在显影液中的溶解速率可以达到 4 个数量级的差异，如图 2-12 所示。当然，在曝光阈值附近的光刻胶还是存在一定的范围，也就是过渡区域，显影剂量的均匀性直接影响过渡区域的表现，可以表现为粗糙度和线宽的变化。

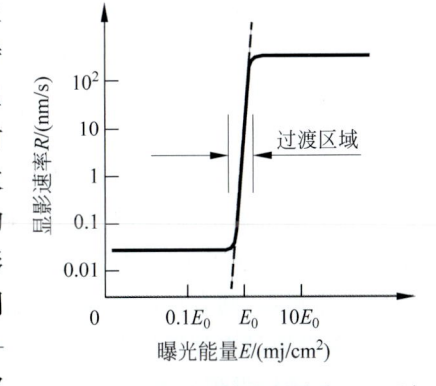

图 2-12 193nm 正性光刻胶在 2.38% 的四甲基氢氧化铵（TMAH）水溶液中的显影速率 R 和曝光能量 E 的之间的关系（E_0 表示阈值能量）

显影液喷头的设计很重要，先后经历过集中显影喷头的设计，从早先的 H 型显影喷头到

E2/E3 型显影喷头,再到线性驱动(Linear Drive,LD)显影喷头,最后到 193nm 浸没式光刻中的可同时节省显影液的 GP 显影喷头。具体的显影液喷头的设计将在第 7 章论述。

3. 冷热板烘焙分系统

冷热板的温度控制对光刻的线宽均匀性影响还是很大的。一般来说,对于曝光后烘焙温度比较高的光刻胶,即高活化能光刻胶(High activation energy photoresist,俗称"高温胶"),每变化 1℃,线宽可能变化 2~3nm,也就是说,对于先进工艺,热板的温度控制必须要达到 0.1℃ 以下才能够避免对线宽均匀性的明显影响,温度均匀性和温度值通常都控制在 ±0.05℃ 范围或者更低。为了达到这样的精度,热板一般包含由计算机控制的分区电加热元件,用于调节整块热板中的温度分布。

4. 硅片传输-暂存分系统

硅片传输一般采用机械手,而机械手设计为上、下两层,便于每次打开涂胶、显影和冷热板腔体时,能够以"一进一出"的形式在取走操作好的硅片后紧接着送入待操作的硅片,以缩短设备空机等待时间,提高设备利用效率。另外,由于光刻机的成本远高于涂胶-显影一体机(如 20:1~40:1)。为了尽量利用光刻机的产能,一体机的产能一般要高于光刻机。例如,光刻机每小时完成的曝光量是 250 片,则与其匹配的一体机的产能一般为 300 片/小时。所以,当一体机的操作速度快于光刻机的时候,硅片需要有一个地方暂存。这个暂存的地点(暂存库)选在一体机和光刻机之间的位置。当光刻机的瞬间产能高于一体机时,这个暂存库也可以被光刻机使用。

5. 供/排液分系统

涂胶-显影一体机还有供/排液系统,供液系统包括光刻胶、抗反射层、溶剂、显影液、清洗液[如去离子水、负显影采用的乙酸正丁酯(n-Butyl Acetate,nBA)溶剂等]。典型的一体机,如东京电子公司的 Lithius Pro-Z 设备,可以安装 8 种光刻胶和 8 种抗反射层。由于化学品的成分不同,排液系统也不能相同,这是为了避免形成排液管阻塞。

6. 通信分系统

通信分系统的作用是与工厂的生产控制系统(Manufacturing Control System,MCS)相联系的,待处理硅片批次采用的操作程序名称由 MCS 主机通知给一体机,让一体机在自身的系统中调出执行,而一体机操作完毕后的信号也会反馈到 MCS 主机上。通信分系统还包括与光刻机的通信,如硅片的处理完毕、发送和接收等。硅片放入暂存库也是按照批次的先后次序安排的。光刻机首先获得的仅是硅片批次的数目(也从 MCS 系统获得)和约定的先后次序,然后才到一体机输出端口获取硅片。当完成了规定的数目后,就进入下一个批次的操作。如果前后两个批次属于不同的产品或者层次,光刻机还要调用新的操作程序和新的掩模版。若此系统发生错误,则有可能是硅片的批次搞混了,进而造成事故。不过,只要及时查出光刻的错误,就可以通过去胶来返工。例如,通过线宽扫描电子显微镜发现错误图案而无法对准或者通过套刻显微镜发现同类问题而无法对准时还可以通过去胶返工来挽回。但是,有些线宽较大的层次,如后段顶层金属,工厂可能为了节省成本或者提高产出速度而选择不做测量,那么一旦进入刻蚀工艺流程,就可能造成永久性地破坏,需要报废。而后段一旦报废,损失比前段报废要大,因为"跑完"的流程已经很长了。

设备的通信接口一般遵循 SECS(Semi Equipment Communication Standard)/GEM(Generic Model for Communications and Control of Manufacturing Equipment)通信标准(可参见 https://en.wikipedia.org/wiki/SECS/GEM)。

现代集成电路制造设备都具有双重控制功能。在生产时，系统一般被切换到在线控制（On-line control），也就是由工厂机房的生产管理自动化系统控制着硅片的流动和加工。在技术研发时，经常需要对自动加工的程序进行调试和对加工配方（Recipe）进行优化，这需要对设置进行手动操作。当设备上还存在没有加工完的批次时，如果在操作界面上人为地将控制权切换到"本地"（Local），虽然好一点的系统会在切换的那一刻停止接收新的批次并转而完成在设备上现有的批次，等到完成了在线的生产指令后再将设备交给工程师做实验；但是由于有时设备与生产管理系统的通信存在等待时间，如果切换，通信可能出错。所以，为了避免故障，需要向工厂先行借下机器（系统中先停止下货），等待机器完成所有批次的加工后再切换到本地，由工程人员进行手动操作。

2.4 光刻工艺使用的材料：光刻胶、抗反射层、填隙材料

光刻的本质就是通过使用光刻胶来记录投影过来的掩模版信息。早期光刻采用成本低廉的接触-接近式曝光方式，其中通过掩模版（挡光版）直接靠近光刻胶来投影。20 世纪 80 年代投影光刻技术出现之后，掩模版的信息是通过一个物镜成像投影到硅片上的光刻胶层的。由于在光刻胶表面附近不再是一个挡光版，而是一个由强弱光形成的图形，像是由光线组成的掩模。所以，这种掩模又称为光掩模（Photomask），而光掩模也称为掩模版。光刻胶分为普通光刻胶和带有化学放大的光刻胶[12-14]。普通光刻胶靠直接吸收光能来完成光化学反应，如交联反应；而化学放大光刻胶通过吸收少量的光，再经过化学放大的作用完成所需的光化学反应，如极性转换反应。

光刻胶分为正性光刻胶（简称正胶，Positive Tone Photoresist）和负性光刻胶（简称负胶，Negative Tone Photoresist）。正胶在工作时曝过光的区域溶解于显影液，而负胶在工作时没有曝过光的区域溶解于显影液。

正胶具有分辨率高的优点，这对于分辨率要求高和明场成像，如栅极的线条的曝光情况有着明显的优势。对于采用正胶时掩模版是暗场的层次，如沟槽和接触孔等层次，如果采用负胶，掩模版就变成明场，这时采用负胶就能够充分利用明场光刻胶接受光线充足的优势。但是负胶的分辨率有限，对于分辨率要求高的场合并不适合。

到了 14nm，工业界出现了正胶负显影的工艺[15]。尽管日本富士胶片（Fujifilm）公司认为这种负显影工艺是采用溶剂来显影去除未曝过光的区域，仍然属于正胶，应该具备正胶所拥有的分辨率高的优点，但是在实际应用中发现，实际上这种光刻胶更类似于负胶，在第 4 章会详细讨论。打个比方，正胶由于是用显影将曝过光的区域去除，像是在"拆大楼"；光刻曝光仅需要削弱光刻胶结构，像爆炸拆除，用炸药在关键位置爆破即可。一块光刻胶，只要形成了几个"大洞"，显影过程加上冲洗就可以将其去除。而负胶，或者负显影正胶像是"盖大楼"，仅生成几块砖、几片瓦是不够的，也就是说，仅仅通过光化学反应形成孤立的若干块不溶于显影液的区域是不够的，需要这些区域能够连接起来，形成一个牢固的框架。这就是负显影需要更多的光化学反应的原因。如果不能通过照明光获取，就得通过化学催化-扩散获得。不过，后者要损失分辨率。有关负显影光刻胶的原理参见 11.14.4 节和 11.14.5 节。

注意：如果没有特别说明，本书主要讨论正性光刻胶。

化学放大型光刻胶的产生源于对提高分辨率和灵敏度（减低照明光强、提高生产速度和延长光刻机镜头的使用寿命）的要求。为了提高分辨率，必须将原本像梯形的光刻胶断面形貌由

梯形变成矩形,如图 2-13 所示。梯形的形貌是由于光刻胶大量吸收照明光,当光到达光刻胶底部时光强已经变得十分弱,因此造成底部线条线宽偏大的情况。这样就限制了分辨率的提高。要使得光刻胶吸收光线减少且不提高照射光强,采用化学放大就是一种有效的解决方法。化学放大的倍数一般为 10~30,所以曝光能量可以下降一个数量级。对于典型的 i-线光刻胶,曝光能量密度一般为 200~300mj/cm²,而对于典型的 248nm 和 193nm 化学放大型光刻胶,曝光能量密度只有 20~40mj/cm²。

图 2-13 没有化学放大的光刻胶显影后断面形貌和化学放大的光刻胶显影后断面形貌

除了光刻胶就是抗反射层。抗反射层的使用最早(1980 年前后)是用来除去衬底反射导致的线宽变化,以及光刻胶断面上沿着垂直方向上的驻波效应[16-17]。最早的抗反射层源于光刻胶,并在其中添加了吸收光的染料。现代的抗反射层还要考虑折射率实部、虚部的平衡,以进一步从波动光学上消除衬底反射光。在浸没式光刻出现后,一层抗反射层,大约能够将衬底反射率控制在 1%~2%,已经无法满足 40nm 以下光刻的需求,一般来说,衬底反射率通常需要控制在 0.3%以下(单一入射角)。在这种情况下,两层抗反射层便应运而生。通过优化这两层抗反射层的折射率(包括折射率实部和虚部,也就是吸收)和厚度,可以得到的反射率在0.3%以下。其实抗反射层还要拥有一定的厚度,用于填平衬底可能的高低起伏,以保证各处的光刻胶都能够处在一个焦平面内。

对于填隙材料,主要用于存在较大深宽比的衬底,如使用金属栅的 28nm 工艺,以及采用鳍形晶体管的 14nm、10nm、7nm 工艺等。一般来说,对于金属栅,填隙的宽度要求在 5~20nm,填隙材料需要拥有极好的流动性。一旦光刻完成,希望能够干净地被取出,如通过湿法取出,而不影响栅极的氧化物。再如,一旦采用等离子体氧化去胶,可能会存在高能离子轰击栅氧化物的问题。对于填隙材料的要求,就是要"进得去,出得来"。

在 248nm 光刻中曾经出现过一种以二氧化硅为主的 DUO 248 填除材料[美国霍尼韦尔(Honeywell)公司生产],填隙能力在 20nm 左右,并且可以采用 CLK888 溶剂去除。由于这种材料无法与普通的抗反射层材料共用一个废液排放管道(会造成管道堵塞),需要额外专设排放管道,使用不方便。后续的填隙材料均使用碳基材料,又称为旋涂碳基材料(Spin-on Carbon,SOC),就没有这个问题。在 14nm 工艺上,填隙材料被要求能够填满宽 5~20nm、深50~100nm 的沟壑。

2.5 光刻工艺的一整套建立方法,包括确定各种膜厚、照明条件、工艺窗口等

1. 抗反射层厚度的决定因素

膜厚分为抗反射层的膜厚和光刻胶的膜厚。抗反射层的膜厚一般由以下几个因素决定。

(1) 刻蚀工艺能够接受的最大厚度。因为刻蚀需要光刻胶作为阻挡层,而通过等离子体刻蚀去除抗反射层一般需要消耗同样厚度的光刻胶。

（2）衬底高低起伏的最大峰-谷值。衬底高低起伏会影响光刻工艺的对焦深度，需要用抗反射层尽量填平。

（3）对应最为关键图形反射率最小值的厚度。由于光刻胶和抗反射层界面上的反射会影响光刻成像的对比度，而这个反射率会随着抗反射层的厚度呈现周期性的变化。一般来说，抗反射层的厚度选取需要对应光反射率在最小的情况。而不同的图形，其衍射光（主要是±1级）的入射角也不同，对应的最佳抗反射层的厚度也不同。所以，抗反射层的厚度需要针对最关键的图形进行优化。

（4）刻蚀需要缩小线宽的最小底部抗反射层/填隙层厚度。光刻的线宽一般受光衍射影响，无法做到设计的尺寸。比如，在28nm接触孔层，接触孔的设计线宽约为30nm；而193nm浸没式正性正显影光刻能够达到的最小线宽为65~70nm，需要通过刻蚀工艺将其缩小，而缩小的方法主要是采用侧墙钝化（Passivation）的方法，也就是通过刻蚀产生的聚合物在已刻蚀图形的侧墙上的不断堆积来限制继续刻蚀的速率和线宽。而聚合物的堆积需要时间，也需要抗反射层具有一定的厚度和抗刻蚀能力。

（5）由于光刻胶的厚度受限于需要具备一定的对焦深度，所以一般来说一份光刻胶厚度的减少可以换取一份对焦深度的增加（1∶1关系）。而抗反射层的出现使得光刻胶在刻蚀衬底的同时还需要打开抗反射层。由于光刻胶和抗反射层在等离子体刻蚀过程中的选择比（Selection ratio）约为1∶1（光刻胶∶抗反射层），也就是说，去除一份抗反射层需要至少一份光刻胶，所以对于刻蚀工艺来说抗反射层不能太厚。随着科技的进步，各种高刻蚀速率的抗反射层被研发出来（抗刻蚀的主要因素是聚合物中碳的含量和各种苯环、脂环等的环的含量），这样光刻胶在刻蚀工艺中打开抗反射层过程中的厚度损失就可以变小。

2. 光刻胶厚度的决定因素

（1）光刻工艺需要具备一定的对焦深度（如前述）：光刻胶不能太厚。

（2）光刻胶不倒胶所允许的最大厚度：如果太厚，光刻胶因为较高的高宽比可能在带碱性的显影液以及冲洗液（一般为去离子水）中被较大的表面张力加上硅片的较高速旋转所拉倒。当然，降低显影液和冲洗液中的表面张力，如添加表面活性剂（Surfactant）可以使光刻胶变得更厚，这需要增加一些成本。

（3）刻蚀需要的最小厚度。

（4）光刻胶上表面反射随光刻胶厚度变化的极大值或者极小值所处的厚度。

（5）光刻胶有时也需要厚一些。这是由于光刻胶存在对光的吸收，即便是带有化学放大的光刻胶也对光存在一定的吸收。对于不使用抗反射层的工艺（如较多的离子注入层）、线宽较大的层次[如湿法刻蚀的双栅（Dual Gate，DG）、三栅（Tri-Gate，TG）层次]，较薄的光刻胶可能导致驻波效应变得显著，较厚的光刻胶可以降低衬底的反射，以减少驻波效应。

对于一个成熟的光刻工艺，以上各因素都是基本一致的，也就是说，光刻胶、抗反射层开发出来后，其折射率、膜厚、刻蚀阻挡能力、倒胶抑制能力、填隙能力都需要优化。用户基本可以根据简单反射率和光刻胶上表面反射随其厚度的波动的仿真结果来确定光刻胶和抗反射层的厚度。

3. 照明条件和工艺窗口

照明条件的确定将在第10章和第11章具体论述，这里只做简单介绍。在先进的光刻工艺中一般使用离轴照明条件，这是因为需要曝光的最小周期往往小于λ/NA，其中λ为波长，NA为数值孔径。比如，对于193nm光刻，如果采用干法光刻工艺，NA最大为0.93，λ/NA=207.5nm；而干法193nm光刻机一般用于制作65nm和55nm逻辑工艺以及66nm动态随机存储器(Dynamic Random Access Memory, DRAM)工艺,前者的最小周期约为 180nm 和 155nm,后者的周期约为 132nm,可见,都明显小于 207.5nm。所以,离轴照明是必选。

离轴照明有环形照明(Annular)、45°方向上的四极照明(Quasar)、交叉四极照明(Cross Quadrupole,C-Quad)和偶极照明[(Dipole),又称为二极照明],如图 2-14 所示。对于分辨率要求不太高,而且各个方向上的图形都允许存在的设计规则,一般可以先采用环形照明,但环形照明的极限分辨率不如交叉四极照明,更不如偶极照明。对于需要较大对焦深度的情形,可以选择四极照明(一般仍指 45°方向上的四极照明),不过四极照明的极限分辨率是图 2-14(a)、(b)、(c)照明条件中最差的。所以,对于 65nm 和 55nm 逻辑工艺,一般选择环形照明或者四极照明;如果对分辨率有较高要求,那么可以考虑交叉四极照明。对于存储器,如动态随机存储器的 132nm 周期,无论采用图 2-14(a)、(b)、(c)照明条件中的哪一种都无法满足要求,故只有选择图 2-14(d)所示的照明条件。幸好对于动态随机存储器,每层只出现单一方向的密集线条,采用相应的偶极照明条件是最合适的。

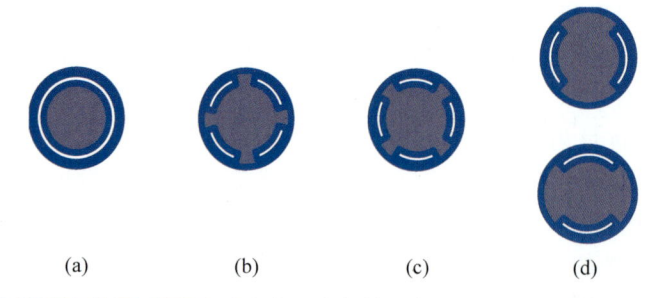

图 2-14 不同照明条件下,照明光瞳上光强分布的示意图:(a)环形照明;(b) 45°方向上的四极照明;(c) 交叉四极照明;(d) 偶极照明(上为 X 方向,下为 Y 方向)

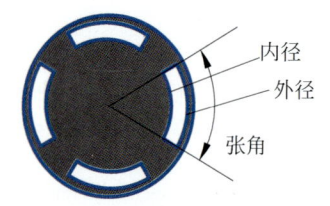

图 2-15 照明光瞳上光强分布的示意图

注:照明条件中的内径、外径和张角(对于环形照明之外的偶极、四极甚至多极等照明条件而言),图中采用交叉四极照明来举例。

确定类型之后,就需要确定照明条件的具体参数。如图 2-15 所示,一般需要确定内径、外径和张角(如果不是环形照明)。内径和外径的平均值由极限分辨周期决定,而外径和内径的差决定了对焦深度的大小、相干性的影响、像差对工艺的影响和照明对镜头的损伤。原则上,半径的平均值越大,可分辨的周期就越小,直到 $\lambda/(2NA)$ 为止。而内外径的差越小,对焦深度就越大。一般来说,内外径的差不能小于 0.16,否则照明条件的相干性就会暴露出来,导致图形边缘的光强变得波动,包括线端的边缘无法保持平直,增加光学邻近效应补偿的负担。还有,内外径的差变小,还会加剧镜头像差对工艺的影响并加速镜头的不可逆损坏(坍缩,Compaction)。此外,平均半径越大,半密集的图形(Semi-dense 是指 1.25~2 倍最小周期之间的周期)的对比度会变小,甚至无法曝出来,这称为**禁止周期**(Forbidden pitch)。为了照顾到禁止周期,环形的半径平均值不能太大。经验表明,半径的平均值一般为 0.65~0.80。照明参数需要通过空间像仿真和硅片曝光数据来确定,具体将在第 10 章和第 11 章讨论。

参考文献

[1] Bruning J H. Optical Lithography ... 40 years and holding. Proc. SPIE 6520,652004,2007.

[2] Lin B J. Marching of the microlithography horses: Electron, ion, and photon: Past, present, and future. Proc. SPIE 6520, 652002, 2007.
[3] Quirk M, Serda J. Semiconductor Manufacturing Technology. Pearson Education Asian Ltd, 2004.
[4] Levinson E H J. Principles of Lithography. 3rd Edition. SPIE Press, 2010.
[5] 韦亚一. 超大规模集成电路先进光刻理论与应用. 北京: 科学出版社, 2016.
[6] Gu Y, Zhu C, Sturtevant J L. Single wafer process to generate reliable swing. Proc. SPIE 5038, 2003: 832.
[7] Gu Y, Wang A, Chou D. Dielectric anti-reflection layer optimization: correlation and simulation data. Proc. SPIE 5375, 2004: 1164.
[8] Gu Y, Chou D, Sturtevant J L. Resist compacting under SEM E-Beam. Proc. SPIE 5038, 2003: 823.
[9] 姚汉民, 胡松, 邢廷文. 光学投影曝光微纳加工技术. 北京: 北京工业大学出版社, 2006.
[10] Wrangler J, Liegel J. Design principles for an illumination system using an excimer laser as a light source. Proc. SPIE 1138, 1989: 129.
[11] Noordman O, Tychkov A, Baselmans J, et al. Speckle in optical lithography and the influence on line width roughness. Proc. SPIE 7274, 72741R, 2009.
[12] Ito H, Willson C G, Fréchet J M J. New UV resists with negative or positive tone. 1982 Symposium on VLSI Technology, Oiso, Japan, 1982.
[13] Ito H, Willson C G. Chemical amplification in the design of dry development resist materials. Polym. Eng. Sci., 1983, 23: 1012.
[14] Ito H. Rise of chemical amplification resists from laboratory curiosity to paradigm enabling Moore's law. Proc. SPIE 6923, 692302, 2008.
[15] Tarutani S, Tsubaki H, Kanna S. Development of materials and processes for double patterning toward 32-nm node 193-nm immersion lithography process. Proc. SPIE6923, 69230F, 2008.
[16] Chen M, Trutnar Jr. W R, Watts M P C, et al. Multilayer photoresist process utilizing an absorbant dye. 美国专利 4362809, 1981.
[17] Brewer T, Carlson R, Arnold J. Reduction of the standing-wave effect in positive photoresist. Journal of Applied Photographic Engineering, 1981, 7(6): 184-186.

思考题

1. 光刻的基本流程由哪些步骤组成?
2. 光刻的技术要点有哪些?
3. 光刻的明场和暗场指的是什么? 对于光刻胶的灵敏度有什么要求?
4. 光刻机可以分为哪几个分系统?
5. 什么是通过镜头(TTL)的硅片-掩模版的对准? 什么是离轴对准(OA)?
6. 涂胶-显影一体机可以分为哪几个分系统?
7. 正性光刻胶和负性光刻胶的区别在哪里?
8. 什么是正性光刻胶的负显影工艺?
9. 什么是化学放大型光刻胶?
10. 光刻胶的厚度怎样确定?
11. 光刻工艺的照明条件有哪几类?
12. 偶极照明的特点是什么?
13. 确定照明条件一般有哪些几何参数?

第3章

光学成像原理及分辨率

3.1 光学成像原理

光学成像有多种类型,最早的是通过小孔成像。小孔成像利用了光沿着直线传播的性质,如图3-1所示。小孔成像的优点是设备简单,没有像差、没有畸变、没有色差和色彩还原问题,即各种颜色按照同样的光路,没有衰减地通过小孔,在屏上成像;成像无须镜头,成本低。小孔成像的缺点也是显而易见的,光线一般很暗淡,如果用于摄影,感光时间会很长;仅能在白天使用,并且要采用灵敏度较高的胶卷;若小孔的直径为1mm,小孔到屏的距离为10cm,则系统的光圈为F100,在白天,若采用ISO100的胶卷,则需要曝光时间1s;若拍摄远处的景物,则在屏上至少会有1mm左右的弥散圆,对于35mm片幅,图像仅仅为35×24像素;若精度提高10倍,小孔直径等于0.1mm,图像为350×240像素,则需要曝光时间100s。无论是1s还是100s,手持拍摄就成为问题,需要采用三脚架,非常不方便。

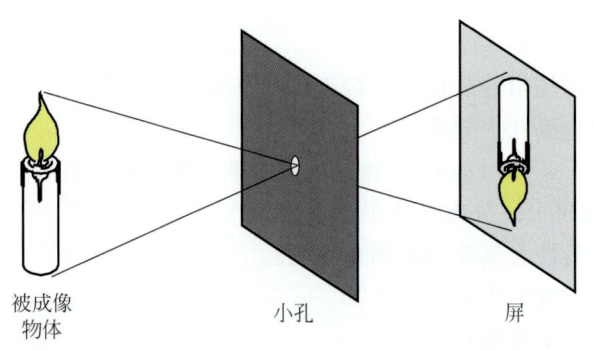

图3-1 小孔成像示意图(图中正在燃烧的蜡烛通过小孔在屏上成倒立的实像)

增加成像孔径,采用会聚透镜成像就是必需的了。图3-2显示了通过透镜的成像示意图。透镜的功能仿佛是无数个叠加的小孔,不仅直线传播的光线参与成像,而且更加大角度射出的光线可以被透镜收集,并会聚到屏上,形成更加明亮的像。如果使用一只焦距为58mm并含有 6 片 4 组的标准摄影镜头,当光圈开到 F5.6(F 数定义为焦距除以镜头的通光直径)时,视场中央的分辨率约为 40 线对/毫米(国家零级或一级镜头),也就是对于 35mm 画幅,即 36mm×24mm 像场。如果用 5 个像素代表一个空间周期,假设整个像场的平均分辨率为 30 线对/毫米,那么可以拥有 5400×3600=1944 万≈2000 万像素的照片,而曝光时间为 1/500s。若通过小孔达到同样的分辨率,则小孔直径为 0.017mm;若焦距为 58mm,则曝光时间为 742s。相当于采用镜头曝光的 $3.7×10^5$ 倍。当然,镜头曝光的缺点是存在(哪怕是剩余的)像差、色差和畸变,还有不同的颜色可能存在不同的镜头透过率,从而造成色彩还原问题。

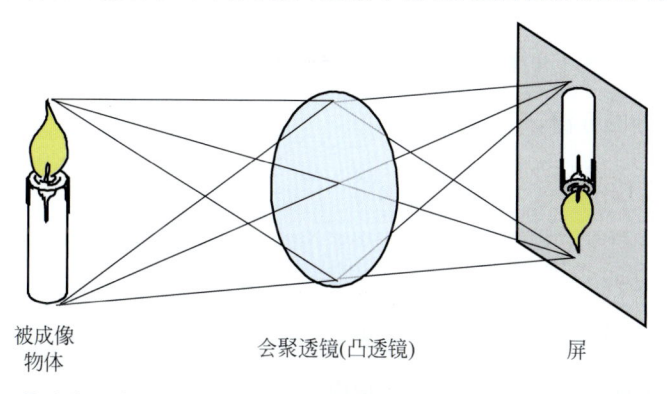

图 3-2 透镜成像示意图(图中正在燃烧的蜡烛通过会聚透镜在屏上成倒立的实像)

镜头设计和制作水平在不断提高,第 6 章会详细介绍成像镜头的历史和发展,这种像差、色差和畸变能够被控制在不易甚至是无法察觉的衍射极限范围内。

3.2　分辨率的定义:瑞利判据、全宽半高定义

虽然会聚透镜能够将物体上每一点发出的较大角度的光线都聚焦在屏上的一点内,从而完成物体的成像,但是光的波动性会导致衍射现象。即便镜头是完美的,理论上可以将光线会聚到一个没有大小的几何点,这个几何点也不可能是无限小的,它存在一个最小的半径。在物理光学上,可以将平面波写成如下形式:假设考虑在 XZ 平面中传播的平面波(图 3-3),光振幅仅为 x 和 z 的函数,即

$$A(x,z) = A_0 e^{j(k_x^n x + k_z^n z - \omega t)} \tag{3.1}$$

式中:A_0 为振幅绝对值的系数;k_x^n、k_z^n 为沿着 x 和 z 方向的波矢量的绝对值;ω 为角频率。

现在考虑将一组会聚的平面波累加起来计算在焦点处的光振幅和光强的分布情况。如图 3-4 所示,这组平面波的最大入射角在 $\pm\theta_{MAX}$ 之间。在数学上可以将会聚点(也就是 z 等于 0 的平面上,焦点位置附近)的光振幅写成

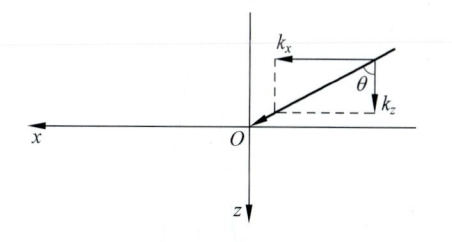

图 3-3 在 XZ 平面中传播的平面波示意图

$$A_{焦点}(x, z=0) = A_0 \sum_{-\theta_{MAX}}^{\theta_{MAX}} e^{j(k\sin\theta x - \omega t)} \tag{3.2}$$

式中:$k_x = \boldsymbol{k}\sin\theta$。

为了便于计算,将对角度的求和通过 $k_x = \boldsymbol{k}\sin\theta$ 变为对波矢量 $\boldsymbol{k}$ 沿着 X 的分量 k_x 进行,

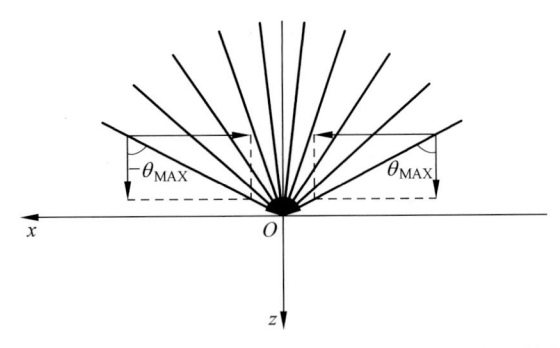

图 3-4 在 XZ 平面中传播的一组会聚的平面波示意图(其最大的入射角在 $\pm\theta_{MAX}$ 之间)

然后采用求和变积分的方法,于是得到

$$A_{焦点}(x,z=0) = A_0 \sum_{-k_{MAX}}^{k_{MAX}} e^{j(k_x x - \omega t)} = A_0 \int_{-\frac{2\pi}{\lambda}\sin\theta_{MAX}}^{\frac{2\pi}{\lambda}\sin\theta_{MAX}} e^{j(k_x^n x - \omega t)} dk_x \quad (3.3)$$

求积分,于是获得

$$A_{焦点}(x,z=0) = A_0 \int_{-\frac{2\pi}{\lambda}\sin\theta_{MAX}}^{\frac{2\pi}{\lambda}\sin\theta_{MAX}} e^{j(k_x^n x - \omega t)} dk_x = A_0 e^{-j\omega} \frac{e^{j\left(\frac{2\pi}{\lambda}\sin\theta_{MAX} x\right)} - e^{-j\left(\frac{2\pi}{\lambda}\sin\theta_{MAX} x\right)}}{jx} \quad (3.4)$$

令 $\sin\theta_{MAX} = NA$,注意到式(3.4)可以进一步由

$$\sin x = \frac{e^{jx} - e^{-jx}}{2j} \quad (3.5)$$

化简为正弦函数,忽略时间部分,取振幅的绝对值,得到

$$|A_{焦点}(x,z=0)| = 2A_0 \frac{\sin\left(\frac{2\pi}{\lambda}NAx\right)}{x} \quad (3.6)$$

于是,光强 $I(x,z=0)$ 为

$$I_{焦点}(x,z=0) = |A_{焦点}(x,z=0)|^2 = 4A_0^2 \frac{\sin\left(\frac{2\pi}{\lambda}NAx\right)^2}{x^2} \quad (3.7)$$

这个函数的形式如图 3-5 所示,当 x 很小时,函数收敛到一个常数,式(3.7)可写为

$$I_{焦点}(x=0,z=0) = |A_{焦点}(x=0,z=0)|^2 = 16A_0^2 \frac{\pi^2 NA^2}{\lambda^2} \quad (3.8)$$

而当 $x = 0.5\lambda/NA$ 时,式(3.7)中的正弦函数的宗量等于 π,于是式(3.7)等于零。也就是从 $x=0$ 开始的"第一极小值"。可以看出,由于光带有波动性,真正的焦点附近的光强不是无穷大,焦点也不是无穷小。而这个第一极小的位置,即

$$x = 0.5 \frac{\lambda}{NA} \quad (3.9)$$

被称为一维的瑞利(Rayleigh)极限。

瑞利认为,当两个这样的光点接近到 $x = 0.5\frac{\lambda}{NA}$ 时,它们不可被分辨,如图 3-6 所示。其

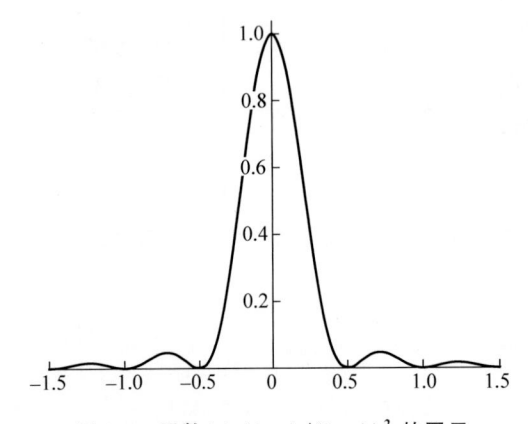

图 3-5 函数 $(\sin(2\pi x)/(2\pi x))^2$ 的图示

实,两个光点之间的中点位置的光强还是比其各自的峰值要低,实际光强为 81% 左右。如果光点再靠近,达到 $x=0.5\times0.887\dfrac{\lambda}{\mathrm{NA}}$ 时,也就是两个光点各自的全宽半高(Full Width at Half Maximum,FWHM)点重合,如图 3-7 所示,那么两个光点连线的中点位置的光强等于 1.0,但是各自的峰值仍然要高一些。

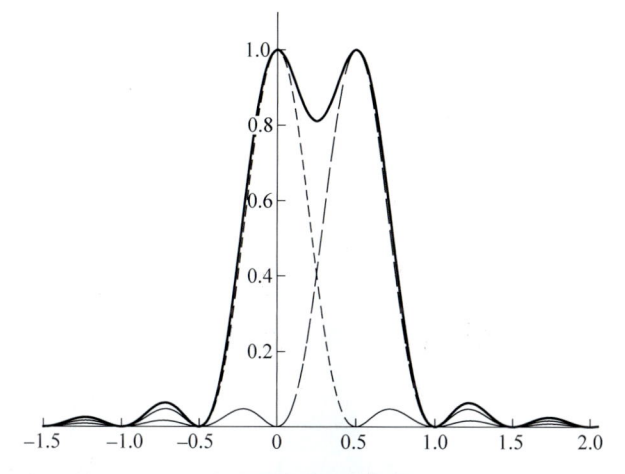

图 3-6　一维瑞利极限图示:两个光点靠近到瑞利极限位置的光强叠加(其中每个光点光强分布曲线使用虚线,合并的光强分布曲线使用实线)

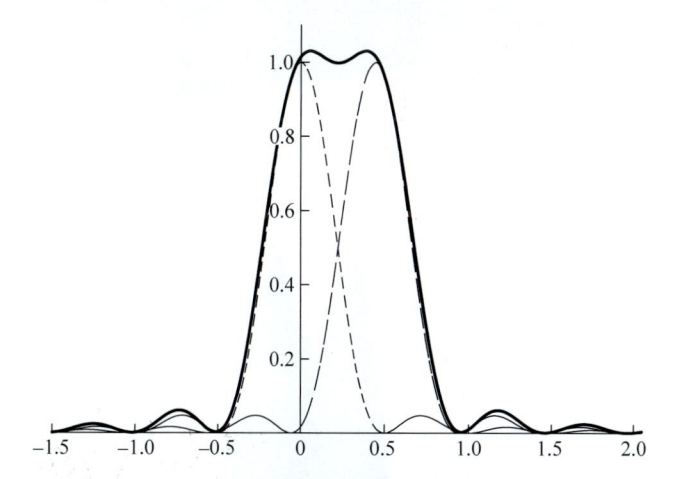

图 3-7　一维瑞利极限图示:两个光点光强分布中的全宽半高位置的光强重叠后的总光强分布(其中每个光点光强分布曲线使用虚线,合并的光强分布曲线使用实线)

一般来说,使用瑞利判据(Rayleigh criterion),也就是认为当两个一维的光点接近 $x=0.5\dfrac{\lambda}{\mathrm{NA}}$ 时,它们不可被分辨。

对于二维的情况,与一维类似,对于一个在二维空间会聚于一点的围绕着 Z 轴(垂直轴)旋转对称的光线束,经过推导,可以证明:二维的空间像 $I(x,y)$ 可以写成

$$I_{\text{焦点}}(x,y,z=0)=|A_{\text{焦点}}(x,y,z=0)|^2=I_0\left[\dfrac{2\mathrm{J}_1\left(\dfrac{2\pi}{\lambda}\mathrm{NA}\sqrt{x^2+y^2}\right)}{\dfrac{2\pi}{\lambda}\mathrm{NA}\sqrt{x^2+y^2}}\right]^2 \qquad(3.10)$$

如图 3-8 所示,其中 J_1 为第一类一阶贝塞尔函数,其宗量等于 1.22π 时函数值为 0。所以当 $\sqrt{x^2+y^2}$ 等于 $0.61\dfrac{\lambda}{NA}$ 时,光强从光点中间开始遇到第一极小值($=0$)。注意这与一维的情况有所不同,一维的值 $x=0.5\dfrac{\lambda}{NA}$。对应于一维的瑞利极限,在二维情况下,两个光点之间的距离 $x=0.61\dfrac{\lambda}{NA}$ 时,瑞利判据认为它们不可分辨。这种情况如图 3-9 所示。其实两个光点连线的中点光强还有 73.4% 左右。

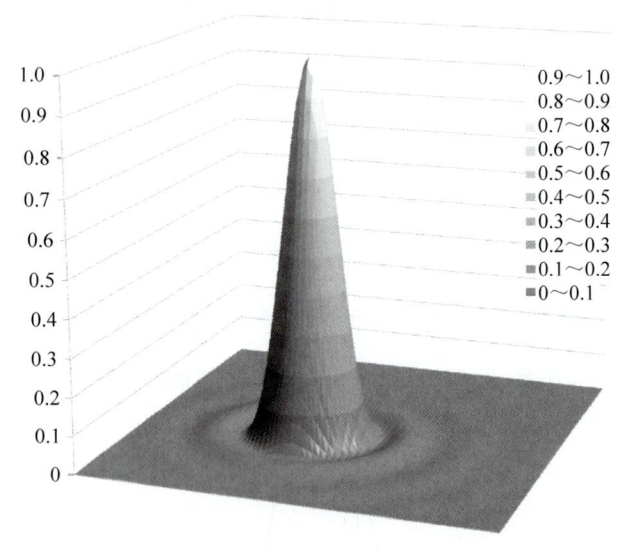

图 3-8　函数 $(2J_1(x)/x)^2$ 的图示

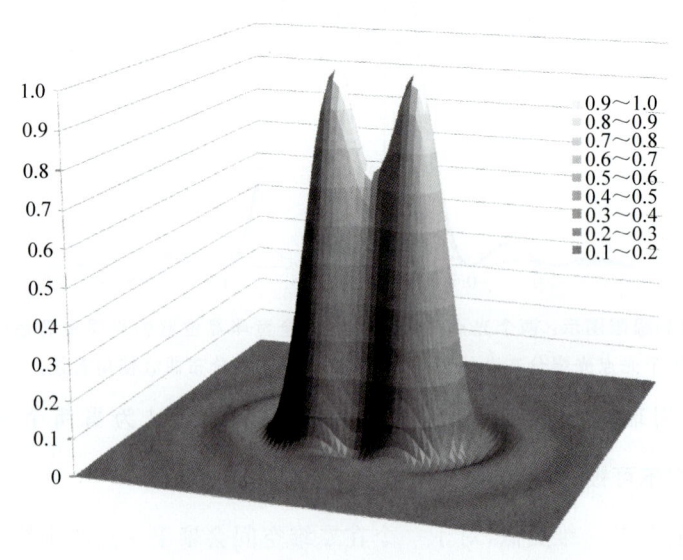

图 3-9　二维瑞利极限图示:两个光点靠近到瑞利极限位置的光强叠加结果

同样,看一下全宽半高的位置。当两个光点之间的距离 $x=0.61\times0.846\dfrac{\lambda}{NA}$ 时,也就是两个光点各自的全宽半高点重合,如图 3-10 所示,两个光点连线的中点位置的光强等于 1.0,但是各自的峰值仍然要高一些。同样情况,使用瑞利判据,也就是认为当两个二维的光点接近

到 $x=0.61\dfrac{\lambda}{\text{NA}}$ 时,它们不可被分辨。

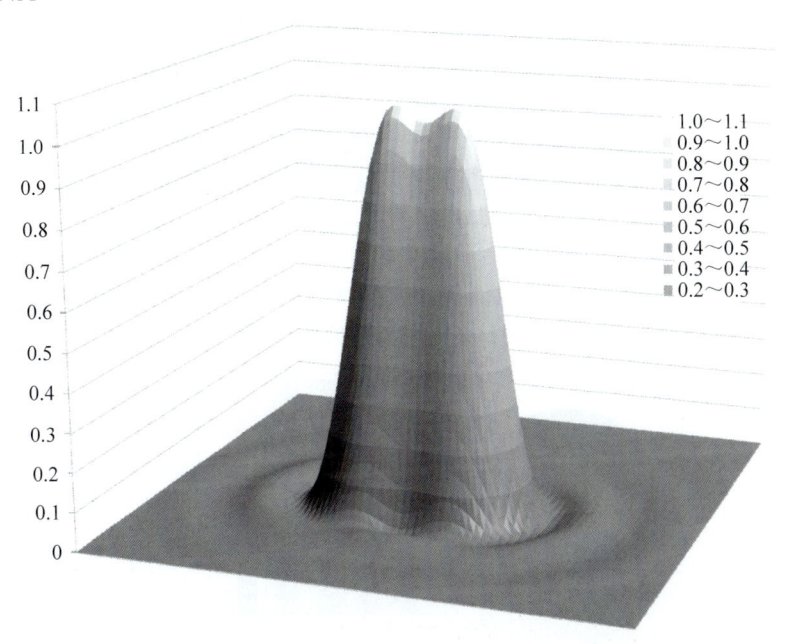

图 3-10　二维瑞利极限图示:两个光点光强分布中的全宽半高位置的光强重叠后的总光强分布

二维的瑞利判据在光刻工艺中用得不多。在集成电路版图中一维的情况比较常见,即便是二维的接触孔(Contact Hole,CT)、通孔(Via),由于其在掩模版上仍然以正方形形式出现,所以在成像计算中仍然采用直角坐标来计算在二维的光强。

从上面的计算中还可以得到全宽半高与瑞利极限距离之间的关系。在一维情况下,FWHM=0.887×最小可分辨距离;在二维情况下,FWHM=0.846×最小可分辨距离。全宽半高可以用来估计最小可聚焦点的直径。

3.3　部分相干光的成像理论:照明条件中的部分相干性

前面讨论了光学系统的成像分辨能力,那是对于单个点光源、线光源或者两个点光源、线光源的情况。对于较大面积的成像,需要考虑照明光源的情况。照明光源存在相干性。如果采用相干光照明,由于像平面各点存在相位联系,相邻图形之间会形成额外的干涉,造成掩模版图像的畸变,或者本来均匀的掩模版空白区域变得光强不均匀,也称为散斑(Speckle)。典型的散斑图像如图 3-11 所示。这种照明不均匀可能导致局部线宽的均匀性(Local CD Uniformity,LCDU)变差。

不仅如此,相干光照明在某一特定空间周期可以达到增强对比度的作用,但是对于其他图形将造成不利影响,如分辨率不足、边缘产生过多的波动等。

图 3-12(a)展示了一种经常遇到的图形,即采用暗场正显影工艺的线端-线端图形。X 方向上的空间周期是 90nm,Y 方向上的空间周期是 500nm。图 3-12(b)上图展示了采用近乎相干的照明条件的空间像仿真图形,图 3-12(b)下图展示了采用一般部分相干的照明条件的空间像仿真图形。可以看出,在近乎相干的照明条件下,线端的边缘有较大的波动;而采用一般部分相干的照明条件,这种情况有很大的改善。

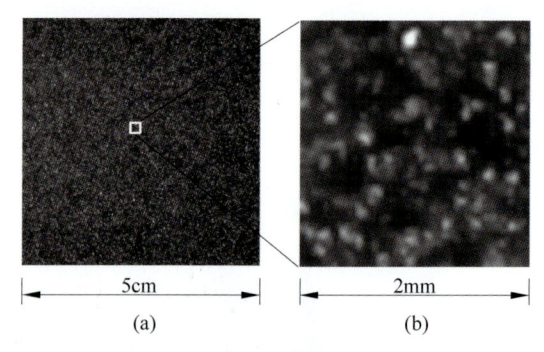

图 3-11 激光照明在平整、均匀的背景上形成的散斑示意图：(a) 5cm×5cm 区域上的光强分布；(b) 图(a)中一小块放大 25 倍后的光强分布

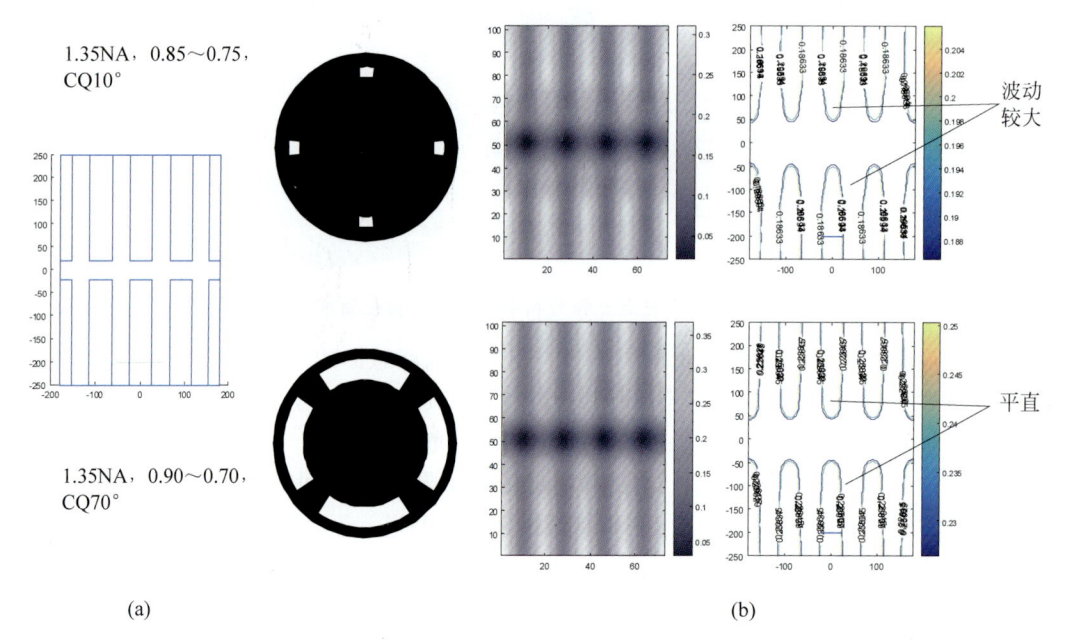

图 3-12 对于一个在 X 和 Y 方向上具有周期性的单元的空间像仿真计算结果：(a) 掩模版图案；(b) 上左、中、右图：采用相干度很高的 1.35NA，0.85~0.75 交叉四极(C-Quad10°)的照明光瞳、空间像光强分布(5nm/格点)、图形轮廓图(单位：nm)；(b) 下左、中、右图：采用部分相干的 1.35NA，0.90~0.70 交叉四极(C-Quad70°)的照明光瞳、空间像光强分布、图形轮廓图

一般需要采用部分相干照明光源。在设备上，需要在照明光瞳上建立完全非相干的光源。现在的光刻机一般工作在深紫外，而且由于需要较高的曝光速度，一般采用准分子激光(Excimer laser)作为光源。但是，激光是相干性很好的光源，即便是准分子激光，由于投影物镜抑制色差的需要，频谱被压缩到很窄的带宽，如 193nm 浸没式光刻使用照明用激光的 0.35pm 在 95% 的频谱能量(E95)，或者 0.2pm 全宽半高，相干性变得很好，相干长度可达几十毫米。所以，为了消除相干性，需要通过多次反射或者振动，使得在一定的时间内掩模版上的各点的照明之间没有固定的相位联系。

在光刻工艺中一般采用单波长、发光面上各点互不相干、发光光强均匀的扩展光源。由范西特-泽尼克(Van Cittert-Zernike)定理[1]，如图 3-13 所示，在掩模版平面上，两点 p 和 q 之间的复相干度 $j_{12}(p,q)$(取值 0~1，完全相干时取值 1，完全不相干时取值 0)为

$$j_{12} = \frac{\mathrm{e}^{\mathrm{i}\phi}\iint_s I(\xi,\eta)\mathrm{e}^{-\mathrm{i}k(p\xi+q\eta)}\mathrm{d}\xi\mathrm{d}\eta}{\iint_s I(\xi,\eta)\mathrm{d}\xi\mathrm{d}\eta} \tag{3.11}$$

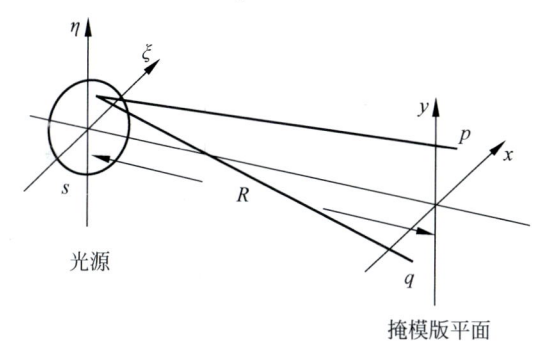

图 3-13　单波长扩展光源对距离 R 处的掩模版平面上两点 p 和 q 的照明示意图

式中

$$p = \frac{x_1 - x_2}{R}, \quad q = \frac{y_1 - y_2}{R}$$

$$\phi = \frac{2\pi}{\lambda}\frac{(x_1^2 + y_1^2) - (x_2^2 + y_2^2)}{2R} \tag{3.12}$$

若光源是圆形，则式(3.11)积分的结果是

$$j_{12} = \left(\frac{2\mathrm{J}_1(\nu)}{\nu}\right)\mathrm{e}^{\mathrm{i}\phi} \tag{3.13}$$

式中

$$\nu = \frac{2\pi}{\lambda}\frac{a}{R}\sqrt{(x_1 - x_2)^2 - (y_1 - y_2)^2} \tag{3.14}$$

而 J_1 是一阶第一类贝塞尔函数(Bessel function)，其宗量 ν 约为 1.22π(约 3.83)时等于 0。而 a/R 是光源半径对入射光瞳的张角，也可以看成照明数值孔径(Illumination Numerical Aperture，INA)。所以，j_{12} 从宗量 $\nu=0$ 开始，ν 逐渐增加，当约等于 3.83 时 j_{12} 遇到第一个零点。这时，有

$$\sqrt{(x_1 - x_2)^2 - (y_1 - y_2)^2} = 0.61\frac{\lambda}{\mathrm{INA}} \tag{3.15}$$

也就是说，两点之间本来可以不相干，不过由于衍射，在衍射极限之内它们变得相干。这说明，由于光的衍射，即便是完全不相干的光源，经过一定距离的传输，也可以产生相干的照明，只要相对于光源的大小和掩模版平面两点之间的距离，光源离开像平面的距离很大就可以。换句话讲，如果考查掩模版平面上非常靠近的两点，那么，对于整个光源大小来说都可以提供相干的照明。或者，在照明光源上取非常靠近的两点，即便理论上它们不相干，在经过足够远距离的传输后，它们共同对像平面上任意两点的照明可以看成是相干的，即它们的效果是一样的。所以，对于光刻工艺来讲，一般采用部分相干照明，也就是光源上不同的点对于掩模版平面上的图形的照明有些是相互加强的，有些是相互抵消的。好的工艺不是看相干还是不相干，而是看最后哪种照明条件能够最大限度地将掩模版图形以最高质量投影在硅片上。

3.4 光学照明系统的结构和功能：科勒照明方式

下面介绍光学照明系统中最为常用的照明方式：科勒(Köhler)照明。科勒照明的前身是临界照明(Critical illumination)，也就是通过透镜将照明光源的像投射到样品下，用于照亮可以透光的样品。但是，灯丝的螺旋形像会叠加在样品上，若要对样品摄影，则无法确定这样的花纹是来自样品还是来自照明系统，如图 3-14 所示。而科勒照明由于掩模版平面是光源的频谱面，光源即使有光强不均匀的分布，由于每个光源上的点都均匀地通过透镜投射到整个掩模版平面，所以照明是很均匀的。

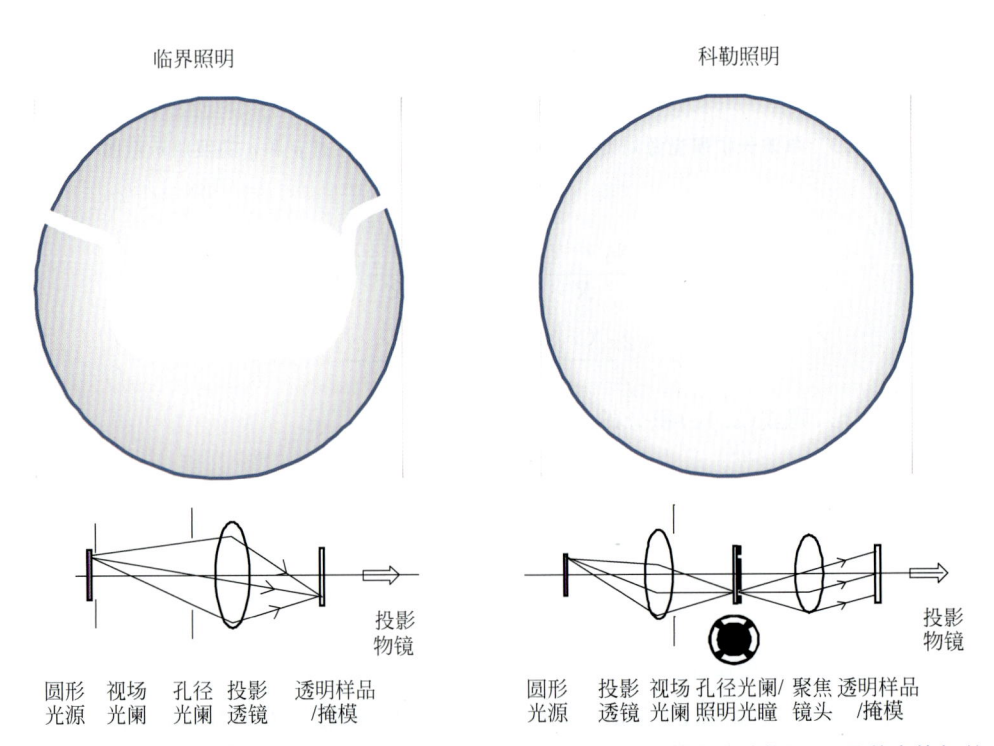

图 3-14 临界照明和科勒照明：(a)临界照明亮度分布示意图和代表性光路结构图，可见其中的灯丝（光源）；(b)科勒照明亮度分布示意图和代表性光路结构图

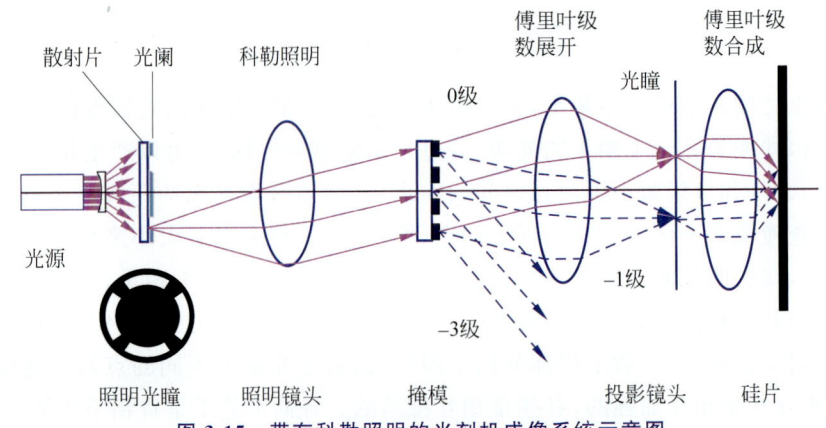

图 3-15 带有科勒照明的光刻机成像系统示意图

由于科勒照明的优点,带摄影接口的中高端显微镜以及光刻机都采用它。如图 3-15 所示是带有科勒照明的光刻机成像系统示意图。其中投影物镜采用双远心结构。而照明部分的数值孔径与成像投影物镜在掩模版一方的数值孔径一致。在 4∶1 缩小的光刻机上,掩模版一方(物方)的数值孔径是像方的 1/4。例如,在 193nm 浸没式光刻机上,主流浸没式光刻机的像方数值孔径为 1.35,如荷兰阿斯麦公司的 NXT 系列。因此在掩模版一方,数值孔径为 0.3375,照明的数值孔径也为 0.3375,大约相当于摄影行业的 F1.5。

3.5 光学成像的傅里叶变换

前面讨论了照明方式,现在简要讨论成像的理论。在第 11 章和第 12 章还会详细讨论。

由图 3-15 可知,掩模版的图案通过光瞳前的镜片(实际上是很复杂的组合透镜,具体可以参考 6.5 节)投射到光瞳上,实际上是做了一次傅里叶(Fourier)变换。如果是周期性的掩模图案,则做了一次傅里叶级数展开。然后再通过光瞳后的镜片做一次傅里叶反变换,或者对于周期性的图案,傅里叶级数合成,在硅片上形成掩模版图像。当然,这里的傅里叶变换是针对掩模版电场振幅函数 $A(x)$ 进行的,我们以沿着 X 轴呈周期变化的一维图形为例。先考虑照明光瞳上的某一点(ξ,η),以及掩模版图形为一维的情况,二维以及考虑垂直方向 Z 的情况请参见第 11 章。

$$A(x) = c_0 \hat{e}_0 + \sum_{\substack{n=-m_\mathrm{N} \\ n \neq 0}}^{m_\mathrm{P}} c_n \hat{e}_n \mathrm{e}^{\mathrm{j}\frac{2\pi n x}{p}} \tag{3.16}$$

展开系数(光瞳上的频谱)为

$$c_{\pm n} = \frac{1}{p} \int_{-p/2}^{p/2} M(x') \mathrm{e}^{\mp \mathrm{j}\left(\frac{2\pi n x'}{p}\right)} \mathrm{d}x' \tag{3.17}$$

式中:p 为掩模版结构上的重复周期;m_P 和 $-m_\mathrm{N}$ 分别为最大和最小能够被镜头光瞳收入的衍射级;c_0 和 $c_{\pm n}$ 为光振幅衍射系数;$M(x)$ 为掩模图样函数。

其实,任何图形都可以看成具备某个周期的周期性函数。但是,如果仿真周期较大,数值计算会消耗较多计算资源,尤其是到了 28nm 及以下技术节点,掩模版三维散射不可忽略,而较为精确的计算方法是时域有限差分,它所消耗的时间跟仿真的区域面积正相关。一般来说,由于相干长度已讨论过,也就在 0.61×波长/数值孔径[式(3.15)],在浸没式光刻的硅片平面,数值孔径为 1.35,波长为 193nm,相干长度为 87.2~100nm,超过这个长度的 2 倍,照明条件中的相干性的影响一般可以忽略。其他因素,如显影速率、化学杂散光(Chemical flare)的影响虽然可以达到 2μm,但是根据我们的实际工作经验,实际上仿真区域达到 400nm×400nm,也就是±X 和 Y 各 2 个相干长度,如果用来确定光刻照明条件就够了。当然,为了做精确的光学邻近效应修正,将仿真区域扩大到 2μm 还是有必要的。

有了振幅函数,如式(3.16)所示,可以看成是对频谱[式(3.17)]的傅里叶反变换,可以通过求其模的平方,即其与其复共轭像点乘(因为电场是矢量,这里考虑了偏振)来求得对于照明光瞳某一点(ξ,η)的光强,即

$$I(x) = \boldsymbol{A}^*(x) \cdot \boldsymbol{A}(x) = |\boldsymbol{A}(x)|^2 \tag{3.18}$$

然后对所有照明光瞳 s 上的所有点求和,求得总光强,即

$$I_{总}(x) = \sum_{s(\xi,\eta)} \boldsymbol{A}^*(x) \cdot \boldsymbol{A}(x) \tag{3.19}$$

这种求光强的方法称为阿贝（Abbe）方法。

参考文献

[1] 马科斯·玻恩,埃米尔·沃尔夫.光学原理.杨葭荪,译.7版.北京：电子工业出版社,2009.

思考题

1. 在瑞利分辨率极限的公式中,数值孔径的定义是什么？
2. 激光的散斑是什么导致的？
3. 范西特-泽尼克（van Cittert-Zernike）定理对于发光面上各点互不相干,发光光强均匀的圆形光源的表达式是什么？
4. 科勒照明与临界照明有什么区别？
5. 简要介绍光学成像中的阿贝方法。

第4章

光 刻 胶

4.1 光刻材料综述

近年来,光刻化学品飞速发展,主要有光刻胶、抗反射层、溶剂、显影液、清洗液等。光刻技术起源于 1798 年塞尼菲尔德(Senefelder)发明的平版印刷技术,那时集成电路和电路板还没有出现。1826 年,法国人尼埃普斯(Niepce)发明了光刻技术。从此,光刻化学品迅速发展起来,从最早的天然分离到后来的人工合成,整个电子产业都离不开这些化学品。本章将对光刻材料的类型、性能和发展进行介绍和讨论。

4.1.1 光刻胶

光刻胶可以分为正性光刻胶和负性光刻胶。正性光刻胶在给予一定量的曝光之后,在显影液中的溶解率会显著升高。而负性光刻胶正好相反,在经过曝光之后,变得很难溶解于显影液。

从使用的曝光光源的角度对光刻胶进行分类,有紫外型光刻胶(一般称为光刻胶)、极紫外型光刻胶、X 射线型光刻胶、电子束型光刻胶、离子束型光刻胶等。紫外型光刻胶按照光源波长不同又可分为近紫外(350~450nm)型光刻胶、中紫外(300~350nm)型光刻胶、深紫外(250~190nm)型光刻胶及真空紫外(157nm)型光刻胶。极紫外(Extreme Ultra Violet,EUV)型光刻胶实际上是由软 X 射线质子产生的二次电子进行曝光的,波长为 13.5nm 或者更短,因此极紫外光刻在技术上有时不被认为是光刻技术的拓展。上述分类方式也反映了半导体产业对高分辨率的需求。现代光刻胶的发展紧跟光源的发展步伐,从 436nm 的汞灯 g-线可见光,到 365nm 的汞灯 i-线中紫外光,再到 248nm 的氟化氪(Krypton Fluoride,KrF)及 193nm 的氟化氩(Argon Fluoride,ArF)深紫外光,进而深紫外光刻推进到浸没式 193nm 光刻及多次曝光技术将紫外光刻推向极致,其后将迎来在 EUV 时代实现更小的尺寸分辨。

光刻胶主要由成膜树脂、溶剂、感光剂或光引发剂或光致产酸剂、添加剂组成。光刻胶涂于基板上成膜后,其主要成分在相应光源下曝光,发生光化学变化,使得其在显影液中的溶解性发生变化。若是负性光刻胶,则曝光区变得难溶;若是正性光刻胶,则曝光区从不溶变为可溶,主要通过曝光区的树脂的极性改变实现。

成膜树脂的主要功能是产生在特定的显影液中曝光区与非曝光区的树脂溶解性能的差异,从而在硅片上形成图形。在1960—1970年间的i-线及h-线接触式光刻时代,环化橡胶光刻胶主导着整个半导体产业;在1970—1996年间的g-线、h-线及i-线光刻时代,重氮萘醌(Diazo Naphtho Quinone,DNQ)/酚醛树脂(Novolac)光刻胶占主导地位。到了1997年,集成电路产业发展至250nm技术节点,其对分辨率的要求越来越高,i-线已不能满足要求,于是深紫外(Deep Ultra-Violet,DUV)248nm氟化氪(KrF)准分子激光(Excimer laser)光源迅速崛起,而与此相对应的聚羟基苯乙烯(Poly-HydrOxySTyrene,PHOST)光刻胶开始大量生产。在i-线以后,光刻技术对光刻胶的透光性也有着较高要求。对于248nm光源,酚醛树脂因其不透明性而逐渐被淘汰,而聚羟基苯乙烯在248nm光源下是透明的,基于聚羟基苯乙烯的光刻胶越来越受到人们的关注。

在早期248nm光刻技术时代,DNQ/Novolac型光刻胶向PHOST型光刻胶的转变使得光刻工艺的产能大大下降,促发了高灵敏度的化学放大技术的崛起(详见4.4节)。到了193nm氟化氩时代,光刻在2003年的90nm技术节点得以实施,而PHOST在此波长下的透明度已不够理想,逐步被脂肪族和脂环族聚合物取代,这类光刻胶的成像机理同样是基于化学放大技术的。由于丙烯酸酯类脂肪族聚合物刻蚀速度过快,于是添加了较为耐刻蚀的脂肪环,如金刚烷(Adamantane)作为支链。此后,涵盖90~65nm技术节点的干法ArF光刻及45nm技术节点及以下的浸没式193nm光刻技术的光刻胶均是基于脂肪族和脂环族聚合物的。

对于157nm光源,它由氟气(F_2)基态原子产生,在此波长下,丙烯酸酯和降冰片烯类聚合物也不再透明,而含氟聚合物和硅烷醇聚合物是主要的两类在此波长下具有一定透明性的聚合物,因而成了157nm光刻胶的主要成分。与193nm及248nm光刻胶类似,157nm光刻胶在其成像机理上也同样展现了其化学放大性。由于浸没式193nm光刻的成功,157nm光刻工艺并没有真正实现工业化,于2011年被放弃(详见1.4节),所以后续的章节不再对157nm光刻胶作更多的讨论。

极紫外即将在7nm或者5nm技术节点导入大规模的集成电路制造工艺。从目前的进度来看,由于极紫外光源的功率及光刻胶灵敏度而带来的边缘粗糙度问题,大量的光刻胶开发工作集中在具有灵敏度增强的聚苯乙烯类的有机化学放大型光刻胶和含金属类光刻胶。

光刻胶中的感光剂或光引发剂或光致产酸剂在光刻胶中是起到光化学反应的关键材料,它们用于改变光刻胶在显影液或者溶剂中的溶解率。有的通过改变光刻胶树脂的极性,如羧酸循环,曝光后在树脂上生成一个羧酸根,以使其溶解于碱性的显影液中。或者通过引发树脂交联,使得树脂不再溶解于显影液(如很多负性光刻胶)。对于化学放大的光刻胶,光致产酸剂[如鎓盐(Onium salt)]可以在曝光后生成光酸,而光酸可以以催化剂的身份参与光刻胶树脂的去保护反应(有关化学放大型光刻胶详见4.4节),将不溶于显影液的基团从树脂上剥离,并且装上溶于显影液的基团,如羟基,使得树脂溶于显影液。

光刻胶中还有其他的添加剂,如碱、光可分解碱(Photo-Decomposable Base,PDB)以及193nm浸没式光刻胶中的可上浮的隔水层(Embedded Barrier Layer,EBL)等,目的都是使光刻胶在应对不同的光对比度情况下和在浸没式光刻光酸可能被浸没式水通过浸析(Leaching)而抽走的情况下,仍然可以尽量完美地将空间像的信息反映出来。此外,还有如匀染剂(Leveling agent)、表面活性剂、抗氧化剂、稳定剂等相关化合物,都是用来提高光刻胶的性能和稳定性的。如今,典型的光刻胶成分中,50%~90%是溶剂,10%~40%是树脂,感光剂或光致产酸剂占1%~8%,表面活性剂、匀染剂及其他添加剂占不到1%。

以上介绍了现代的多组分光刻胶。如果光刻胶中无须添加其他感光剂,那么这种光刻胶称为单组分光刻胶。有些树脂本身是具有感光性的,它们自己就属于单组分光刻胶,如Bitumen of Judea 或者 Syrian Asphalt,这是一种天然形成的沥青,在没有曝光前可以溶解于薰衣草油(Lavender oil),但在经过长时间光照后会变得不溶解。法国发明家尼埃普斯(Nicéphore Niépce)在1826—1827年用它制作了被认为是世界上第一张照片,如图4-1所示[1]。

图4-1 法国人尼埃普斯在1826—1827年用沥青制作了被认为是世界上第一张照片(a)被手工增强的图像;(b)在锡版上的原始图像(引自维基百科[1])

图4-1所示的照片名为Windows at Le Gras,意思是在Le Gras窗外的景色。据说曝光至少长达8h,也可能是几天,因为阳光是从各个角度照下来的。除了天然沥青,还有其他材料,如图4-2中展示的另外一张单组分感光材料拍摄的照片。照片大约摄于1838年,由法国化学家路易·达盖尔(Louis Daguerre)采用直接在镀有银和碘化银(先镀银,再用碘蒸气在银表面形成一层碘化银)的铜板上曝光长达十多分钟来实现曝光。在曝光的过程中,碘化银根据曝光的强弱还原成不同密度的金属银;然后用汞蒸气与表面的金属银结合成合金,显示白色;

图4-2 最早的照片之一 Boulevard du Temple Daguerre(引自维基百科[2])

再用加热的氯化钠水溶液去除未曝光的碘化银(称为定影);最后形成表面有银汞合金和背景银的图案。银汞合金显示白色,而背景银显示黑色。这张照片虽然曝光时间还是偏长,比如繁忙的坦普大街上不见了熙熙攘攘的人群和马车(因为曝光时间太长),但在照片上还是见到了两个人:一个人在给另一个人擦皮鞋,这可能是因为擦皮鞋比较费时,用了10min。这个银版摄影比起沥青来说变得更加快捷,也使得照相离实用更近了一大步。

值得强调的是,单组分光刻胶由单纯的感光性材料组成,主要是多功能聚合物。当前单组分光刻胶已不为人所用,用的都是多组分光刻胶,其树脂成分也是聚合物,但它对光不敏感,完全靠与光敏感添加剂一起来实现光刻的图像记录。

光刻胶有许多参数,如分辨率、对比度、灵敏度、刻蚀阻抗、存储稳定性、热稳定性、吸光性、黏附性、溶解性等,其中对比度与灵敏度是两种评价光刻胶性能的主要参数。下面将详细讨论光刻胶的四个主要成分。

4.1.2 溶剂

光刻胶溶剂主要依据对光刻胶树脂、感光剂、添加剂的溶解性及光刻胶的成膜性能来选择。在 19 世纪初期,从自然界提取的亚麻子油和松子油用于 Judea bitumen 光刻胶,19 世纪中期至 20 世纪初,水用作重铬酸盐类光刻胶的溶剂,再后来,人工合成的有机溶剂得以发展应用。如今,光刻胶溶剂的选择主要由沸点、蒸发速率和毒性所决定,安全和环保的要求不断提高。有一些性能优异的有机溶剂,如二甲苯、环己酮、氯苯等,在早些年应用广泛,但由于其毒性较大,现已被淘汰。目前常用的光刻胶溶剂有丙二醇甲醚(Propylene Glycol Monomethyl Ether,PGME)和丙二醇甲醚乙酸酯(Propylene Glycol Monomethyl Ether Acetate,PGMEA)等。

4.1.3 光刻胶的生产流程

大规模商业化的光刻胶的生产流程:首先清洗反应容器,然后倒入溶剂,接着加入树脂、感光剂和添加剂。待各种物质溶解后,提取少许混合溶液进行分析,以保证光刻胶成分符合用户要求。对满足要求的溶液进行过滤、装瓶、贴标签,然后送货给客户。不符合标准的溶液需要重新生产,调整成分、配比,分析测试,反复循环直至达标。

4.1.4 抗反射层

随着图形分辨率进入亚微米级,衬底的反射率对线宽及工艺窗口的负面影响日趋明显。例如,对于 248nm 深紫外光刻(如 140~200nm 线宽),衬底的反射(如硅衬底和光刻胶界面)可以达到照明光的 50% 左右,如果光刻工艺的能量宽裕度(Exposure Latitude,EL)在 ±10% 线宽的变化范围内为 25%,也就是 25% 的能量变化可以影响 20% 的线宽,那么 50% 的衬底反射可以导致 40% 的线宽变化,也就是 56~80nm。这大大地超出了原本 ±10% 的线宽工艺窗口。人们开始研究并制备能够消除衬底反射率的材料——抗反射层。抗反射层一般分为无机抗反射层和有机抗反射层两种类型。

大部分抗反射层都是具有高效吸光性或含有吸光性成分的有机聚合物,可用于光刻胶与衬底之间,称为底部抗反射层(Bottom Anti-Reflection Coating,BARC),也可用于光刻胶表面,称为顶部抗反射层(Top Anti-Reflection Coating,TARC)。

底部抗反射层是为了消除光刻胶底部和衬底界面上的反射光。它通过同时采取干涉相消(也就是通过使用合适的抗反射层厚度,使得光刻胶-抗反射层界面和抗反射层-衬底界面的反射光相位像差约为180°)和部分吸收的方法来抑制光刻胶底部的反射光。1978年,美国RCA公司就提出在光刻胶与衬底之间添加能够吸收照明光线的填隙材料[3],1982年,美国惠普公司也提出了类似的方法[4];1995年,美国国际商业机器(International Business Machines,IBM)公司将底部抗反射层进一步完善[5](参见2.4节)。

底部抗反射层一般采用能够热交联的聚合物,在曝光前旋涂完后,经过热板加热烘焙交联,形成一层不再溶解于溶剂与显影液的材料,以便进行后续的光刻胶旋涂。底部抗反射层一般需要在光刻显影完成后,通过干法等离子体刻蚀工艺使用已经显影完成的光刻胶做掩模并按照光刻胶的图形打开,以便后续的刻蚀工艺[如硅的刻蚀、多晶硅的刻蚀、二氧化硅的刻蚀、低介电常数材料(Low dielectric constant material,Low-k material)的刻蚀、金属材料的刻蚀等]可以进行。打开底部抗反射层需要消耗光刻胶的厚度,需要采用更加厚的光刻胶,这一般会损失光刻的对比度,也就是能量宽裕度、对焦深度等工艺窗口参数。所以,工业界又产生了可以溶解于显影液的底部抗反射层[美国布鲁尔科学(Brewer Science)公司在1990年提出可以感光并且可以与上面的光刻胶一起显影的底部抗反射层[6-7]以及可以快速被刻蚀消耗的底部抗反射层[8],使得底部抗反射层在光刻工艺中越来越重要。

顶部抗反射层主要由基于聚氟化烷基醚(Poly fluoroalkyl ether)和聚四氟乙烯(Polytetrafluoroethylene,PTFE)合成的材料构成,能够有效减小光刻胶底部反射导致的反射光和光刻胶顶部的反射光干涉而形成的顶部总反射光随着光刻胶厚度的变化,即摆线效应(Swing curve effect)。摆线效应会影响在光刻胶内部光的多少(由总照射光扣除从上表面出射的总光强)。如果硅片上存在光刻胶厚度的变化分布,如衬底图形密度不均一导致的不平整,形成局部光刻胶厚度不均匀,这种能量的分布变化会导致线宽的分布变化。这也是线宽不均匀的来源之一。

早期生产的顶部抗反射层是预先溶于不影响光刻胶层的有机溶剂中的,不溶于水,因此要在显影之前去除。原则上讲,氟氯碳化合物(Chlorofluorocarbons,CFCs)同时满足这两个要求,因为它们对光刻胶无负面影响。

无机抗反射层由化学或物理的方法沉积而成,与有机抗反射层不同,无机抗反射层可能要留在器件上。典型的无机抗反射层包括氮氧化硅、无定形碳、硅化钛、氮化钛等。

4.1.5 显影液和清洗液

光刻胶显影液的发展经历了不同的阶段。早期依据光刻胶类型可分为正性显影液(Positive Tone Developer,PTD)和负性显影液(Negative Tone Developer,NTD)两大类。

在早期的交联型负胶光刻工艺中,负性显影液主要是能够溶解光刻胶的有机溶剂,如乙酸叔丁酯(Tert-Butyl Acetate,TBA),其结构式如图4-3所示。因为负胶曝光区是交联的,不溶于溶剂,因而留在衬底上,非曝光区能够溶于显影液而被去除。实际上,负性光刻胶的显影过程是非曝光区的选择性溶解过程。从化学的角度讲,曝光引起的化学交联作用对高分子结构的改变并不足以完全抑制曝光区光刻胶与溶剂之间的相互作用。这样一来,曝光区就会发生溶胀(Swelling)作用,从而影响光刻胶对衬底的黏着力。减小溶胀作用的方法有多种,例如增加曝光剂量,以增大交联度,从而限制溶胀作用;也可以选用活性较低的显影液,减小与光刻胶之间的相互作用,但是低活性的显影液很容易显影不充分而造成缺陷。常用的负性光刻胶显影液有二甲苯、环己酮、乙酸溶纤剂、庚酮等。负性光刻胶显影后,需要用清洗液将多余的显影液和未溶解的光刻胶从图案上去除。如前所述,负性光刻胶显影后吸附了溶剂而处于溶胀状态,在清洗的过程中容易遭到破坏。大部分清洗剂是非水溶性的,主要是因为水是强极性溶剂,与硅片表面有较强的亲和力,引起光刻胶黏着力损失,破坏图案。在早期,乙酸正丁酯(n-Butyl Acetate,NBA)常用作负性光刻胶显影后的清洗剂,其结构式如图 4-3 所示。有的用低脂肪醇类和显影液的混合物作为清洗液,主要用于酯类和烃类负性光刻胶[9]。

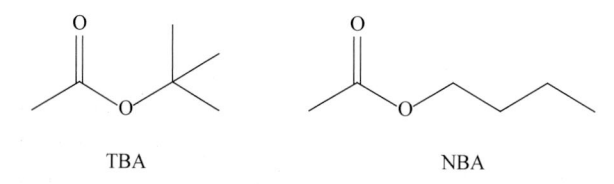

图 4-3 常用的负性显影液乙酸叔丁酯(TBA)和清洗剂乙酸正丁酯(NBA)分子结构示意图

正性光刻胶显影液一般是碱性的水相(Aqueous)溶液[现在多数使用四甲基氢氧化铵(TetraMethyl-Ammonium Hydroxide,TMAH)],可溶解曝光区的光刻胶,非曝光区不可溶而保留下来。主要的区别在于正性光刻胶中的感光分子或聚合物主分子链形成的羧基(COOH)官能团,在显影液中形成铵盐而溶解。这会造成显影液 pH 值下降,随着显影的进行,pH 值会持续下降;另外,显影液从空气中吸收二氧化碳也会消耗显影液中的碱。而对于加入缓冲剂(如二甘醇醚,Diethylene glycol ether)的显影液,pH 值则不会发生明显变化。但目前主流的正性光刻胶显影过程中使用的显影液是单一的 2.38%(质量分数)左右的 TMAH 水溶液。显影液的浓度还可以采用 mol/L 为单位。

如前所述,负性光刻胶无论是在曝光区还是非曝光区,均与显影液有一定的相互作用力,在显影的过程中会发生溶胀而造成图案变形。正性光刻胶则不存在这一问题,因为正性光刻胶非曝光区与显影液几乎没有相互作用。然而,正性光刻胶的缺点是曝光区容易伴随副反应,尤其是含有酚醛树脂(含苯酚官能团)、重氮萘醌(DNQ)感光剂的光刻胶易发生偶联反应。显影过程中的偶联反应类似于偶氮染料的合成,在一定的 pH 值下,酚醛树脂的酚羟基与感光剂能够迅速引发氮偶联反应,形成偶氮键。一般会在显影液中加入重氮醌类化合物以抑制偶联反应的发生,它们能在中性或碱性条件下稳定存在,显影过程中在一定的 pH 值条件下会发生偶联反应而减少酚类树脂的损失。

正性光刻胶显影后用去离子水清洗,主要是为了去除多余的显影液以及曝光区产生的水溶性物质。这是由于水中可能含有的钙离子会形成难溶性沉淀,从而增大产生颗粒的风险。尽管长期的研究发现,水的纯度并不会明显影响到正性光刻胶清洗的质量,去离子水已成为现代光刻流程中正性光刻胶的惯用清洗液。

在正性光刻胶的清洗过程中,由于去离子水具有较大的表面张力,在 28nm 逻辑器件以下的光刻工艺过程中,有公司开始加入表面活性剂(Surfactant)清洗液来降低表面张力,一是可以增强清洗能力、减少显影缺陷,二是可以降低小尺寸光刻胶图形所受到的毛细管作用,增加图形抗倒塌(Anti-collapse)的工艺窗口,而这在极紫外光刻胶的显影过程中变得尤为重要。

早期,负性光刻胶在有机显影溶剂中的溶胀作用及其环保安全隐患导致其在先进制造工艺中慢慢淡出了人们的视线,目前仍然有特殊工艺需要用到 248nm 负性光刻胶,通过光刻胶分子结构的改变,使其非曝光场能够在 TMAH 显影液中溶解,即兼容于正性光刻胶显影流程。

随着在 20nm 工艺节点以下的 193nm 光刻工艺中提出对非常小的孔洞或者沟槽的分辨

要求,正性光刻胶光刻工艺中又开始引入有机显影液,配合图形反转的光掩模以获得在半密集和孤立图形的光学上对光更高的利用率和对比度,被定义为正性光刻胶的负显影,参见 4.4.6 节。目前主流的负显影有机溶剂是乙酸叔丁酯(Tert-Butyl Acetate,TBA)。

另一个影响正性光刻胶显影过程的因素是温度。对于同一支光刻胶,同样时间内,低温、中温或高于 26℃ 的温度均会引起变化。温度高于 26℃ 时,图案会遭到破坏,而低温则会导致显影不充分或出现颗粒。

显影液还可以根据其所含成分是有机物化合物还是无机化合物来进行分类。早期,主要用无机显影液,如氢氧化钾;现在都倾向用有机显影液,因为无机显影液含有金属离子,可能影响生产出的半导体器件的电性能。另外,有机显影液和无机显影液既可以添加缓冲剂和表面活性剂,也可以不添加缓冲剂和表面活性剂。

4.1.6 剥离剂和清除剂

在光刻和刻蚀工艺后期及离子注入工艺阶段,需要将残存于硅片表面的光刻胶剥离并清除掉。前段工艺涉及半导体器件的关键部件,如浅沟道隔离(Shallow Trench Isolation,STI)、栅极(Gate)、源极(Source)和漏极(Drain),用到的工艺流程有光刻(Photolithography)、刻蚀(Etch)、离子注入(Ion implantation)、扩散(Diffusion)等。后段则主要用光刻和刻蚀技术设计连接活性区与金属层的通孔(Via)及金属层间的接触孔(Contact)。光刻胶的剥离及清除方法主要有溶剂剥离(湿法)和等离子体剥离(干法)。

目前工艺所用的剥离剂主要有硫酸与过氧化氢混合液(Sulfuric acid and hydrogen Peroxide Mixture,SPM,又称为 Piranha 溶液)及氨水与过氧化氢混合液(Ammonium hydroxide and hydrogen Peroxide Mixture,APM,又称为 base Piranha 溶液)。这类混合液几乎可以去除每一种光刻胶,但对于离子注入工艺使用的光刻胶,后烘焙、等离子体改性或干法刻蚀后的光刻胶毫无办法。

光刻胶层还能由氧气等离子体氧化为水和二氧化碳来去除,称为干法剥离。含氧气体低压下经过射频区(RF field)产生氧原子、电子及其他活性分子或原子,这些活性粒子进入光刻胶层,将其分解为水和二氧化碳等易挥发物质,进而排出反应室。衬底上残存的有机或无机杂质可用氢氟酸溶液或其他手段去除。干法剥离的优点是不用考虑光刻胶的类型以及前面的工艺,无论多顽固的光刻胶都可由等离子轻易去除,温度通常维持在 150℃ 以下。

剥离剂与光刻胶接触的方法有多种,可以将剥离剂喷涂于光刻胶上,也可将光刻胶与衬底浸没于剥离剂溶液中,并维持一定时间,可以通过可见光检测衬底判断剥离是否完成,必要时可借助显微镜。剥离完成后,需用去离子水或表面活性剂稀释液洗涤硅片,以去除残余的剥离剂。

现在的光刻胶剥离剂有许多优点,对人体无害,成分可溶于水,易于清洗,且剥离剂性能稳定,可长期重复利用,其主要成分能够轻易被蒸馏出来而循环利用。

4.2 负性光刻胶(光刻胶树脂、负性光刻胶类型、交联化学原理)

早期的光刻胶材料,如 bitumen of Judea、重铬明胶及其他重铬酸盐胶都是负性光刻(以下简称"负胶")胶,人们发现它们时尚不清楚其作用机理,直到 20 世纪 20 年代,人们才弄明白凝胶及其他天然胶都是大分子,硫化橡胶是交联的结果,并意识到重铬明胶曝光后发生了交联反应而硬化，本来可溶的物质变得不溶。在1960—1970年间的i-线及h-线接触式光刻时代，负性光刻胶因为较高的化学稳定性和较好的成像能力，在正胶出现之前广泛应用于集成电路板和微电子器件的制造领域，而其中又以环化橡胶光刻胶为主。也正由于负胶化学稳定性好，其剥离和清除难度要高于其他光刻胶。下面对负胶做简要介绍[9]。

4.2.1 负性光刻胶原理

负胶树脂不一定要具有感光性，但感光分子吸收光能而发生反应后，树脂必须变得不可溶。负胶树脂还必须具备曝光前可溶于溶剂体系、可润湿和黏附衬底表面、优良的成膜性能、曝光后的隔水性等条件。

曝光后不溶于显影液是一个很关键的性质，这一变化可以非辐射作用引发（如Wax-lampblack-soap，光刻胶的亲水-疏水作用），也可以辐射作用引发。虽然重铬型光刻胶（Dichromated resist）是一个例外，但它与现代光刻胶有着共同点，其树脂都是有机聚合物，都含有不饱和双键（同一分子中两个碳原子共用两对电子）。受光或受热后，双键打开，一个电子对被邻近的不饱和碳原子共用，产生新的碳碳键，导致两个大分子的交联，大量交联反应的发生便会使得聚合物的物理性质发生变化，硬化，化学稳定性增强，黏附力提高。

绝大部分现代光刻胶的树脂都是由高分子聚合物构成，下面对聚合物的物理性质、化学性质做简要的描述。

聚合物是由大量原子或原子团构成的，具有重复结构单元的线型或支化的大分子，分为线型聚合物、支化型聚合物、交联或网状聚合物，如图4-4(a)~(c)所示。线型聚合物含有一个骨架结构，多种官能团接枝于骨架上。在形成的光刻胶膜内，线型聚合物之间排列松散，其分子间的作用力远低于分子内共价键，受热后分子链间作用力断开，流动性增强，导致聚合物呈液态。这样的聚合物又称为热塑性聚合物。支化型聚合物也有上述行为。若聚合物主链上含有不饱和官能团，在聚合物熔融之前发生聚合反应，则产生如图4-4(c)所示的三维网状结构的交联聚合物。网状聚合物虽是由线型聚合物进一步聚合而来的，但二者性质大相径庭，网状聚合物有较好的耐热性和化学稳定性，由于交联后分子链的运动受限，交联的聚合物不会融化，若温度过高，则分子链内的共价键就会断裂而生成低分子量的聚合物。若在高温条件下持续加热，则会发生碳化作用甚至彻底分解。这类聚合物又称为热固性聚合物。负性光刻胶曝光后性质便与热固性聚合物类似，只不过引发交联反应的是光化学能而不是热能，曝光后烘焙所提供的热能则是促进聚合反应的主要能源。

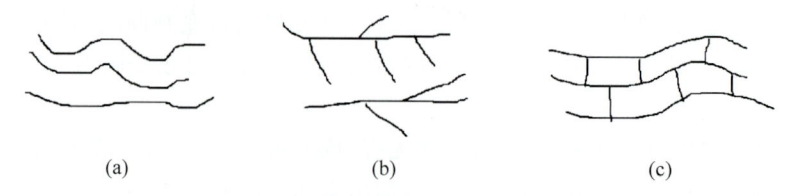

图4-4 聚合物结构：(a) 线型聚合物；(b) 支化型聚合物；(c) 交联聚合物

如前所述，负胶曝光后由于发生交联反应而不再溶于显影液，在非曝光区则保持原有的线型聚合物或支化聚合物的溶解能力，因而可被显影液洗掉。这样一来，负性图案便会由于显影液对曝光区和非曝光区的选择性溶解而显现出来。

负胶树脂除了具备交联能力之外，还对硅片表面有一定的黏附力和润湿作用。当聚合物分子与衬底表面间的作用力大于分子间的作用力时，聚合物便体现出较好的润湿作用；若分子间作用力大于分子与衬底表面的作用力,则润湿作用较差。而黏附力正是衬底表面与聚合物分子间作用力的表现。

4.2.2 负性光刻胶类型

图 4-5 给出了三种主要的生成负胶图案的反应类型,即高分子量线型聚合物的交联反应、光引发的官能团极性变化和多功能单体的聚合反应。下面选取几个典型的负性光刻胶进一步描述。

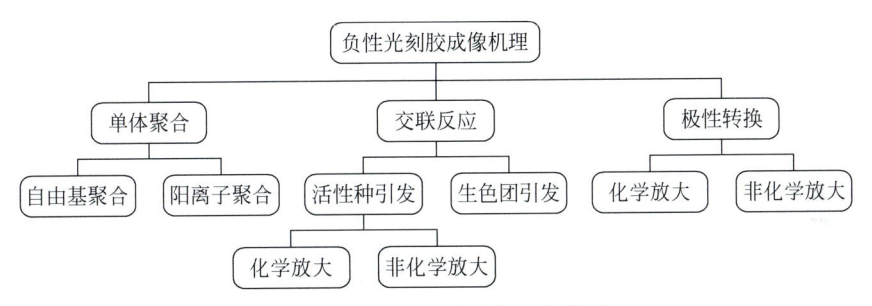

图 4-5 负性光刻胶成像反应类型

1. 基于酸催化频哪醇(Pinacol)重排反应的化学放大负光刻胶

频哪醇-频哪酮重排反应是邻二醇在酸催化条件下重排生成酮或醛的反应,在负胶光刻技术领域早有应用,涉及光刻胶聚合物的极性官能团向非极性官能团的转变,如图 4-6 所示。

图 4-6 邻二醇的频哪醇重排反应

2. 基于酸催化分子内脱水反应的化学放大负性光刻胶

叔醇在酸催化条件下脱水可生成烯烃,这一反应也可用于负胶聚合物极性转换的设计。例如,聚[4-(2-羟基-2-丙基)苯乙烯],在酸催化条件下先脱水生产稳定的苄基叔碳离子,进而脱去 β 质子生成烯烃结构,如图 4-7 所示。这一分子内脱水反应将亲水性的醇转变为亲油性的烯烃,因而不溶于极性醇类显影液,产生负性图案。另外,由于脱水反应产生的 α-甲基苯乙烯结构也可在酸催化条件下发生线型或环状二聚作用,引发交联反应,使得聚合物溶解性大大减弱。如果用苯基替换聚[4-(2-羟基-2-丙基)苯乙烯]中的一个甲基,分子内脱水后生成 1,1-二苯基乙烯结构,这一结构很难再进行二聚,这种聚合物既可用于负胶,又可用于正性光刻胶[简称(正胶)],用于负胶时选择极性醇溶剂作为显影液,用于正胶时选择非极性溶剂(如二甲苯)作为显影液。

3. 基于酸催化缩合反应的化学放大负性光刻胶

酸催化缩合反应的机理早已在水溶性碱溶液显影的负胶体系有所应用。通常情况下,其

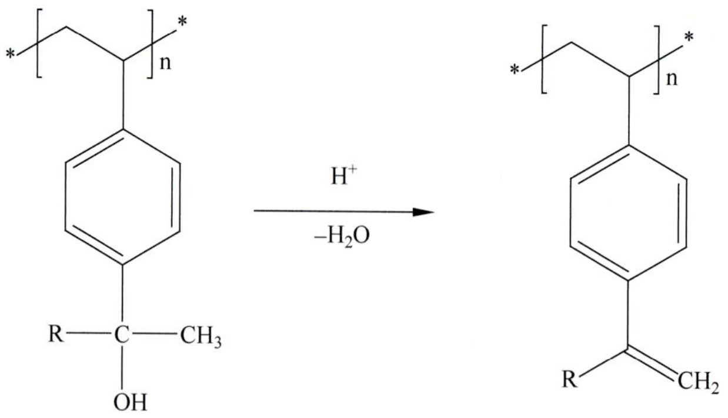

图 4-7　分子内脱水反应

光刻胶由带有交联反应位点的树脂（酚类树脂居多）、光致产酸剂、对酸敏感的亲电试剂（交联剂）三部分组成。最早，酚醛树脂/重氮萘醌（DNQ）作为光刻胶树脂，N-甲氧基甲基化三聚氰胺作为交联剂，在近紫外光照射下，DNQ 光解产生茚酸，与三聚氰胺反应生成 N-碳正离子与甲醇，N-碳正离子能够与酚醛树脂富含电子的苯环上发生亲电取代反应，并生成质子，由于三聚氰胺是多官能度的，所以会产生网状结构的交联聚合物，每个三聚氰胺分子上可连接三个高分子链。显影时，交联的曝光区不溶，非曝光区溶解，从而产生负性图案。

随着酸催化缩合反应原理的进一步拓展，以聚羟基苯乙烯为树脂、氯甲基三嗪为光致产酸剂的工艺逐渐成熟，交联剂有很多种类，使用较多的是苄基醋酸酯衍生物、苄醇衍生物等。在酸催化作用下，交联剂产生苄基碳正离子，与苯环发生亲电取代反应，进而引发交联反应。

交联剂可以作为添加剂（图 4-8）与树脂、光致产酸剂一起添加，属三组分体系；也可与树脂形成共聚物（图 4-9），与光致产酸剂一起添加，属二组分体系。例如，4-乙烯苄基醋酸酯作为交联剂，先与叔丁氧羰基苯乙烯共聚，再通过冰乙酸回流去掉叔丁氧羰基(t-ButylOxyCarbonyl-, t-BOC)官能团，生成既有亲电子基团又有交联反应位点的共聚物，再由醚键质子化生成碳正离子，这一步是交联反应速率的决定性步骤。C-烷基化与 O-烷基化是交联反应的关键途径，能显著降低酚羟基官能团的溶剂性。这类酸催化缩合反应光刻胶由于其优越的性能，已广泛应用于深紫外（DUV-248nm）、电子束（e-beam）、X 射线光刻技术领域。

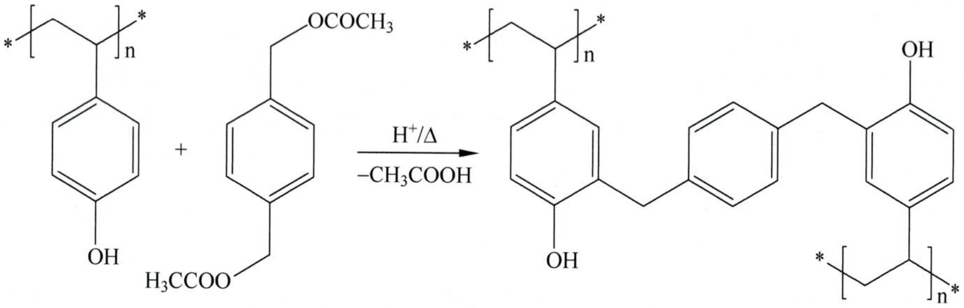

图 4-8　酸催化缩聚反应（三组分体系）

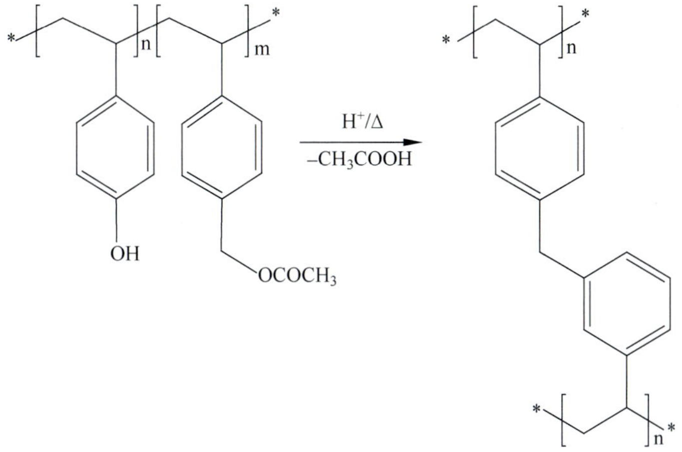

图 4-9 酸催化缩聚反应（二组分体系）

4.3 非化学放大型正性光刻胶——紫外 436nm、365nm 光刻胶

如 4.1.1 节所述，正性光刻胶相对于负性光刻胶最大的区别在于其曝光场在发生光化学反应之后在显影液中是可溶解的。不同于负性光刻胶，正性光刻胶在显影液中不会发生溶胀，从而带来更佳的分辨度。另外，正性光刻胶主要采用水性显影液（TMAH），从而避免了低燃点的有机溶剂的使用，显著简化了设备在材料方面的选择和成本控制。正性光刻胶主要分为非化学放大型（主要应用于 g-线、h-线及 i-线紫外光刻工艺）和化学放大型[主要应用在深紫外光刻工艺，包含氟化氪（KrF）准分子 248nm 波长及以下]两大类。根据光化学反应机理，可分为主链断裂（解聚合）型和功能基团极性转变型两类，后者为业界主流。基于功能基团极性变化的非化学放大型正胶，又以重氮萘醌（DNQ）/酚醛树脂（Novolac）正性光刻胶占主导地位。基于功能基团极性变化的化学放大型正胶，具体机理为树脂主链上特定官能团的酸解脱保护产生极性的变化，随着光刻使用的波长不同而不同，氟化氪准分子 248nm 光刻胶主要基于聚羟基苯乙烯体系，而氟化氩准分子 193nm 波长（包含浸没式）光刻胶主要基于聚甲基丙烯酸酯类树脂。下面会进一步阐述以上提到的不同曝光光源条件下的业界主流光刻胶体系。极紫外并未商业化，其方向和机理都还没有完全成熟，具体将在 4.5 节讨论。

4.3.1 非化学放大型正性光刻胶——重氮萘醌-酚醛树脂光刻胶

重氮萘醌-酚醛树脂（DNQ-Novolac）光刻胶主要应用于 g-线、h-线及 i-线近中紫外（Near and Mid-UV）光刻工艺。在 1970—1996 年间的 g-线、h-线及 i-线光刻时代，重氮萘醌-酚醛树脂光刻胶占主导地位，主要应用的技术节点从 5μm 发展至 0.25μm，不但用于芯片的制造，还用于掩模版的生产，在 10kV 条件下灵敏度约达到 20μC/cm^2。随着先进技术节点光刻的使用，近中紫外光刻所占的比重不断降低，但即使在目前先进的集成电路制造中，仍然使用在一些设计规则比较宽（如半周期 500nm 以上）的光刻工艺中。由于其优良的抗刻蚀性能，重氮萘醌-酚醛树脂光刻胶主要应用于后段、离子注入等工艺的图形化。

重氮萘醌-酚醛树脂光刻胶的起源可追溯至 1917 年，古斯塔夫·科格尔（Gustav Kögel）和纽恩豪斯（H. Neuenhaus）(1882—1945 年)用于制作建筑设计图纸的重氮盐印相法（Ozalid process)。科格尔是一名德国修道士,曾于贝隆(Büron)修道院图书馆负责整理牛皮文书,经常逐字逐句地抄写原稿,过程非常艰辛而且乏味,他期望能够有一种更高效的方法来代替手工抄写。经过多次试验之后,他发现,将德国威斯巴登(Wiesbaden)的卡勒(Kalle AG)公司合成的重氮醌涂于纸上,在阳光下照射后,能够呈现一定的图案。于是,他与卡勒公司的化学家合作,共同研究重氮化学,不久便发明了制作图纸的工艺:先用重氮醌、萘酚处理纸张,再经由正性的线条画进行曝光,曝光区的重氮醌发生分解,然后用氨水处理纸张,非曝光区未分解的重氮醌与萘酚发生反应,产生蓝色含氮化合物,从而产生正性图案。另外,重氮醌优异的热稳定性可大大延长图纸的寿命。由于重氮醌与萘酚的这种偶联反应较慢,重氮醌很快被其他反应活性高的重氮盐替代并一直沿用至今[9]。

重氮萘醌-酚醛树脂光刻胶在半导体领域的应用随着20世纪70年代投影光刻技术的引入迅速扩展,并于1972年开始逐渐取代环化橡胶-叠氮化物负性光刻胶。这一变革具有划时代的意义,因为重氮萘醌-酚醛树脂光刻胶具有许多优势,如高对比度、非溶胀性等。重氮萘醌-酚醛树脂光刻胶还有其他一些特性,如优异的抗刻蚀性能,能用无害的水性显影液显影等。特别是引入Hg g-线光源时,环化橡胶-叠氮化物负性光刻胶成像能力不佳,而重氮萘醌却能很好地成像,这促使集成电路产业光刻胶从环化橡胶-叠氮化物向重氮萘醌-酚醛树脂大规模转变。

顾名思义,重氮萘醌-酚醛树脂光刻胶的主要成分就是重氮萘醌和酚醛树脂。其中,重氮萘醌是感光化合物(Photo-Active Compound, PAC),同时也是酚醛树脂的溶解抑制剂。光化学活性较高的主要是5-位取代或4-位取代的重氮萘醌磺酸基衍生物,如图4-10所示。

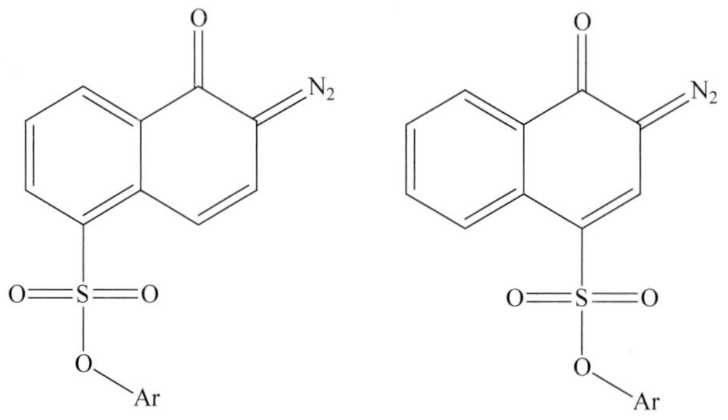

图 4-10 重氮萘醌-5-磺酸酯和重氮萘醌-4-磺酸酯

1944年,卡勒公司的奥斯卡·苏斯(Oskar Süss)首次系统研究了重氮萘醌的光化学反应,并提出了重氮萘醌的光解机理(图4-11)。首先,重氮醌脱去一分子N_2生成碳烯(Carbene),分子内发生沃夫重排(Wolff rearrangement)形成烯酮(Ketene),进而与酚醛树脂中的水反应生成茚酸(Indene acid),这是一个疏水基(重氮醌)向亲水基(茚酸)的转变过程。

对于重氮萘醌光刻胶体系,树脂必须具备以下性质:可溶于一定的溶剂;旋涂而成的膜与衬底有较好的黏附性,且均匀、完整,表面不能有孔;为满足高分辨率的要求,树脂要与重氮萘醌感光化合物有较好的相容性,且曝光后的固体膜要易溶于显影液;成像后,树脂聚合物要有一定的强度,以免在像转移工艺阶段图像遭到破坏;树脂要能用一定的手段去除,以完成图像的转移。淡红色的酚醛树脂(苯酚与甲醛的缩聚产物)是重氮萘醌光刻胶体系最常用的树脂,它与大部分金属表面的黏附性较好,且成膜性能优异。酚醛树脂结构如图4-12所示。

图 4-11　重氮萘醌的光解机理

图 4-12　酚醛树脂结构

如上所述，由于曝光区的重氮萘醌磺酸酯光解产生茚酸，所以曝光区在水性显影液中的溶解度要高于非曝光区（如图 4-13 和图 4-14、文献[9]中的图 7.5 和图 7.6 所示），二者溶剂速率的差异随重氮萘醌含量的增大而增大，好的显影能力能够产生高对比度、高分辨率的图像。

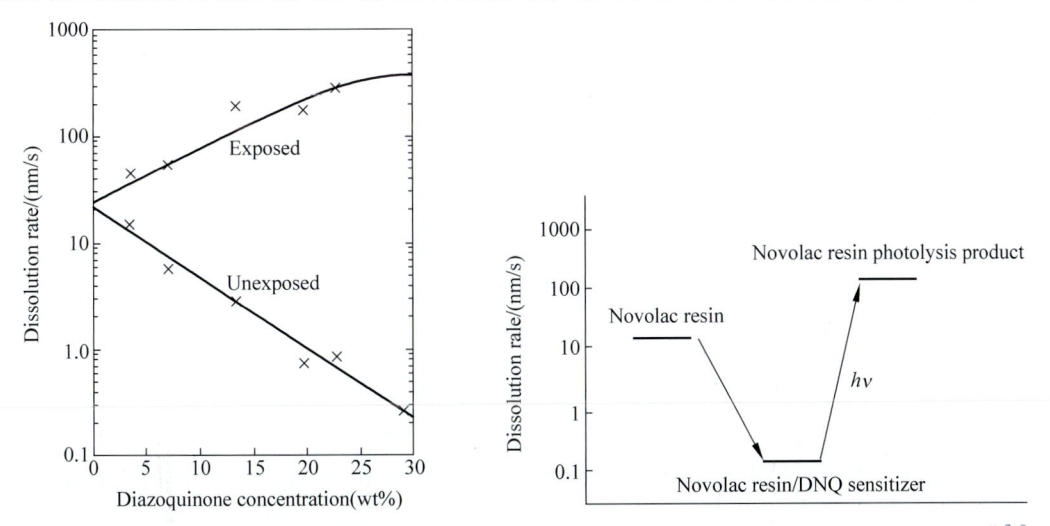

图 4-13　显影速率在曝光前后随着重氮萘醌含量的变化[9]

图 4-14　重氮萘醌-酚醛树脂光刻胶的三能级图示[9]

重氮萘醌-酚醛树脂光刻胶成像的化学机理一直是一个活跃的研究领域，到目前为止，学术界的意见已基本达成一致，即成像的化学机理是基于曝光区和非曝光区光刻胶溶解速率的差异。通过激光干涉量测法、石英微天平等技术手段检测发现重氮萘醌磺酸酯是酚醛树脂的阻溶剂。早期的推测是在水基溶液中非曝光区的重氮萘醌磺酸酯与酚醛树脂耦合生成含氮染料而不溶，已证实这一理论是错误的。正确的机理是曝光区的重氮萘醌磺酸酯光解产生茚酸，加速酚醛树脂的溶解。因此,光刻胶的这种疏水-亲水性转换机理已被人们接受。里泽(Reiser)等在2000—2002年的研究认为重氮萘醌-酚醛树脂光刻胶体系的溶解速率在曝光前后的差异主要来自该体系酸度的变化。在曝光前,DNQ中的磺酸基与酚醛树脂中的羟基形成一定强度的氢键,并因此传递形成了酚醛树脂的链状结构,黏度迅速增加,同时酸度下降,导致在TMAH条件下溶解速率显著下降。曝光及烘焙之后,重氮萘醌磺酸酯光解产生茚酸,体系中的氢键结构被打断,同时因为茚酸的生成带来了酸度的明显增加,溶解速率随之进一步增加[10-11]。

4.3.2 重氮萘醌-酚醛树脂类型光刻胶体系的主要组成成分

1. 重氮萘醌-光敏感官能团(DNQ,PAC)

重氮萘醌-5-磺酸酯、重氮萘醌-4-磺酸酯的合成最早由伊尔肖夫(Ershov)等提出,以萘的衍生物为起始原料,先引入磺酸基官能团,然后用亚硝酸钠、硫酸铜重氮化,再与亚硫酰氯反应生成磺酰氯(过程如图4-15所示)。接下来,磺酰氯官能团在碱催化作用下与相应的化合物酯化,所用化合物大多是多羟基酚,也有用单羟基酚、脂肪醇的。

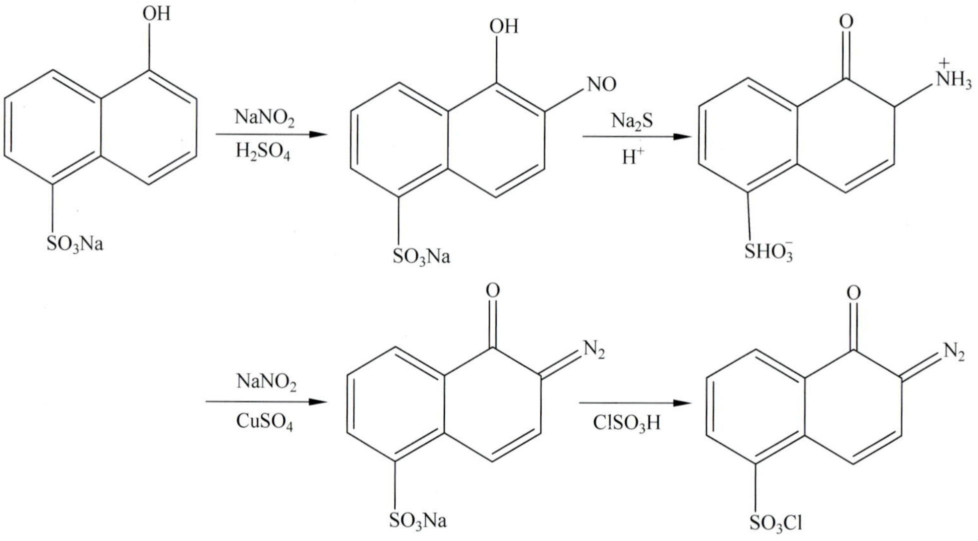

图 4-15 重氮萘醌-5-磺酸酯的合成

重氮萘醌之所以能用作光刻胶的感光组分,是因为其有着许多优良的物理性质。

(1) 其在汞灯光源下的吸收光谱与发射光谱有较好的重叠。

(2) 透明性好,可使得光源能轻易到达光刻胶与衬底界面,光刻胶底部的光化学反应更彻底。

(3) 与酚醛树脂相容性好,光解产物与酚醛树脂溶解性好。

(4) 分解温度为120~130℃,能够承受前烘、后烘的工艺温度。

(5) 重氮萘醌的光化学性质:吸光性。

图4-16为2,1,5-重氮萘醌磺酸酯和2,1,4-重氮萘醌磺酸酯的吸收光谱及中压汞灯的发生光谱,两种化合物的吸收光谱覆盖了整个近紫外光谱带[9]。前两个紫外吸收谱带归因于n-π*(S_0-S_1)和π-π*(S_1-S_2)电子跃迁。重氮萘醌的吸光性质取决于苯环上取代基的特性及位置,例如,重氮萘醌-5-磺酸酯的特征吸收峰在350nm和400nm处,而重氮萘醌-4-磺酸酯特

征吸收峰蓝移至 310nm 和 390nm 处。从光刻的角度讲,重氮萘醌-5-磺酸酯更适合用 Hg g-线光源,而重氮萘醌-4-磺酸酯有更高的紫外光吸收率,更适合用 Hg i-线光源。

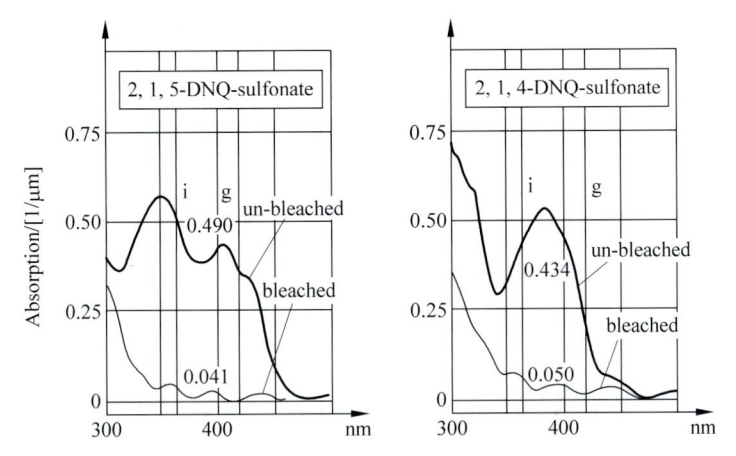

2, 3, 4-trihydroxybenzophenone backbone, degree of esterification ca.88%, 18% w/w photosensitizer in novolac, Film thickness 1μm, bleaching: broadband exposure(1200mj/cm^2)on quartz substrates.

图 4-16 重氮萘醌-5-磺酸酯和重氮萘醌-4-磺酸酯在曝光(漂白了)后和曝光前的吸收光谱变化[9]

从图 4-16 中还可看出,重氮萘醌曝光后,主吸收峰强度急剧下降,这是由于重氮萘醌的光解产物茚酸吸光性很差,这一现象称为荧光淬灭。正因为 DNQ 在曝光时具有荧光淬灭的效应,光线就可以更有效地投射到光刻胶的底部,即便如此,这对厚的光刻胶仍然也是一个挑战,我们常常会看到倾斜的光刻胶图形形貌。

2. 酚醛树脂(Novolak)

酚醛树脂是线型聚合物,常由苯酚衍生物间甲酚合成,苯环上间位的甲基可促进酚与甲醛的聚合反应,由间甲酚合成的酚醛树脂往往要比由苯酚合成的酚醛树脂性能好一些。酚醛树脂合成后,其链端的分子活性大大下降,不会再与多余的酚发生反应。

商业化生产的酚醛树脂往往是由间甲酚和邻甲酚的混合物合成,不同的比例有不同的应用,聚合反应可在金属离子或酸的催化作用下进行(见图 4-17),由于半导体材料对金属污染物的要求很高,一般采用酸催化。典型的合成步骤:向将间甲酚和邻甲酚的混合物加入反应釜,加热至 95℃,加入草酸作催化剂,再加入一定量福尔马林(35%～40%的甲醛水溶液),加热至 160℃,真空条件下反应几小时。反应完成后,除去多余的水及未反应的甲醛,多余的草酸分解生产二氧化碳,反应釜中只剩熔融态酚醛树脂,冷却并粉碎。

图 4-17 酚醛树脂的合成

在反应过程中,甲酚与甲醛的缩聚反应很难控制,容易生成一定量低分子量聚合物,不过总体来讲,这些低分子量聚合物在大部分旋涂溶剂中是可溶的,黏附力及成膜性良好。

由于酚醛树脂多方面优良的性质使得它应用于几乎所有的重氮萘醌磺酸酯正胶体系,然而,随着技术的进步及线宽的缩小,离子注入、等离子体刻蚀等新的像转移工艺相继出现,对光刻胶树脂的要求也大有不同,需要研发新型树脂以满足技术要求。

总体来讲,酚醛树脂主要有两个缺点:第一,每一批酚醛树脂的合成都无法完全相同,以至于某一特定的化学组分及分子量分布很难重现,一方面是因为起始原料甲酚的组分不尽相同,另一方面是因为甲酚与甲醛的缩聚反应很难控制,这会导致不同批次生产的光刻胶性能有差异;第二,酚醛树脂的玻璃转化温度(Glass transition temperature,T_g)较低,导致在等离子体刻蚀或离子注入等工艺阶段容易发生图像畸变。

为改善酚醛树脂的物理性质,人们做出了许多努力,例如,德国卡勒公司的专利文章中提到在碱性介质中合成的酚醛树脂;Christenesen 的专利将聚乙烯醚类加入酚醛树脂增强其黏性和塑性,主要用低烷基聚乙烯醚,如甲基、乙基、丁基、异丁基等,加入酚醛树脂中,涂层流动性及与金属表面的黏附性大大改善,同时也提高了酚醛树脂在中碱性溶液中的稳定性;美国希伯来(Shipley)公司和德国卡勒公司还有几篇专利文章中提到酚醛树脂与苯乙烯、甲基苯乙烯或苯乙烯-马来酸酐共聚,得到的酚醛树脂能够在碱性溶液中稳定存在。

里泽(A. Reiser)等总结了影响酚醛树脂性能的四大因素:

(1) 分子量;

(2) 分子量分布的分散性;

(3) 起始原料甲酚的化学组成;

(4) 亚甲基的相对位置。

光刻胶中所用酚醛树脂的数均分子量一般为 1000~3000,相当于每个分子链上有 8~25 个重复单元。尽管实验表明窄分子量分布的酚醛树脂能够明显改善光刻工艺,但实际中很难做到,光刻胶中酚醛树脂分子量的分散性一般很高。

重氮萘醌-酚醛树脂光刻胶之所以能取代叠氮-橡胶光刻胶,是因为重氮萘醌-酚醛树脂光刻胶在显影阶段不会溶胀,成像分辨率高,而且酚醛树脂耐等离子体,这是半导体器件的一个重要性质。然而,酚醛树脂的热学性能和力学性能并不理想,黏流温度在 120℃左右,其黏流温度由异构体组成和分子量决定,所以在常用的工艺过程中使用的烘焙温度一般低于 120℃,尤其是曝光及显影后的烘焙。

3. 重氮萘醌-酚醛树脂光刻胶溶剂

重氮萘醌-酚醛树脂光刻胶常用的溶剂有丙二醇-甲醚醋酸酯、乙二醇-甲醚或乙二醇-乙醚、乳酸乙酯等。对于疏水性树脂,常用的是醋酸纤维素(乙二醇-乙醚醋酸酯)。酯类溶剂主要是丁基醋酸酯,常用作稀释剂,还有芳香烃类溶剂,如二甲苯。

4. 添加剂

重氮萘醌-酚醛树脂光刻胶的一个主要问题是不稳定,需要加入一定的添加剂以稳定其中的重氮化合物,常用的添加剂有染料、树脂稳定剂。所加稳定剂通常是还原剂或抗氧化剂,如硫脲、还原糖、有机酸等,也有的用含稳定性天然油(如蓖麻子油中的甲基紫罗兰 BB)的油溶性染料。由于染料对曝光过程有一定程度的影响,所以用得不多。邻苯二甲酸酯常用作酚醛树脂的增塑剂。还有其他类型的添加剂,如包衣剂和匀染剂(Coating and leveling agents),用于改善光刻胶膜的表面均匀性,常用的是全氟辛基磺酸酯(Perfluorooctyl sulfonate)。

4.4 化学放大型的正性光刻胶——深紫外(DUV)248nm、193nm 光刻胶

4.4.1 对更短波长深紫外光刻胶的需求

在 20 世纪 90 年代初期,技术节点发展至线宽小于或等于 0.25μm,重氮萘醌-酚醛树脂已不能满足如此高的分辨率要求,人们开始寻求适用于深紫外光源的光刻胶。有早期的报道称,聚甲基丙烯酸甲酯(PolyMethyl MethAcrylate,PMMA)在 254nm 光源下能够成像,据此,研究人员基于丙烯酸酯和乙烯基酮做了许多尝试,日本东京应用化学公司是第一家将深紫外光刻胶(基于聚甲基异丙烯基酮)商业化的供应商,品牌名为 ODUR 10XXX。其他较成功的深紫外光刻胶有基于 1,3-二酰基-2-叠氮化合物的光刻胶、基于邻硝基苄酯(Ortho nitrobenzyl ester)的光刻胶等。

这些早期的深紫外光刻胶对于柏金·埃尔默(Perkin Elmer)500 Micrascan 型光刻机(第一台量产的深紫外光刻机)灵敏度并不够高,这种光刻机的照明系统中装的高压汞灯产生的深紫外光源(240~260nm 或 UV-2model)的能量不到近紫外光源(350~450nm 或 UV-4model)的 10%,这意味着深紫外光刻胶的灵敏度需要比重氮萘醌-酚醛树脂光刻胶的灵敏度高一个数量级,这一现状便成为推动深紫外 248nm"化学放大"光刻胶的发展的动力之一。不过,随着基于准分子激光的氟化氪(KrF)光源的面世,曝光能量有了改善。

聚羟基苯乙烯体系成为 KrF 光刻技术的主导光刻胶,它有着许多优势,包括透明性(见图 4-18)、高灵敏度、抗刻蚀性等,广泛应用于 250nm、180nm、130nm 等技术节点。然而,随着技术节点发展至 90nm 时代,对分辨率的要求使得光刻技术应用了更加短的波长光源,如基于氟化氩(ArF)193nm 准分子激光的照明光源。当然,随着光刻机和光刻胶技术的发展,90nm 技术节点的部分产品也可以使用 248nm 的光刻胶和光刻工艺。

寻找适用于 193nm 光刻技术的光刻胶是一项艰难的任务。一方面,可选的材料很少,193nm 光源是由强 π-π^* 电子跃迁产生的,在 365nm 和 248nm 光源下性能优异的芳香族聚合物,在 193nm 下是不透明的(见图 4-18);另一方面,聚合物刻蚀速率随碳氢比线性变化,这一点使得芳香族聚合物是最佳选择,这一矛盾成为限制着 193nm 光刻技术发展的关键。

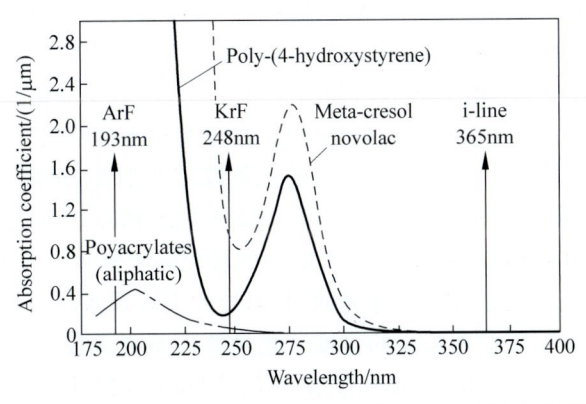

图 4-18 不同的树脂材料在 ArF 193nm、KrF 248nm、i-线 365nm 波长条件下的光学吸收系数[12]

193nm 光刻胶除了需要在 193nm 光源下有较高的透明性和抗刻蚀性之外(至少能与重氮萘醌-酚醛树脂光刻胶可比),还必须具有高灵敏度、较长的工艺时间宽裕度、较快的光解速率、

与硅片有较好的黏附性、能与2.38%四甲基氢氧化铵的标准显影液相容,这些严格的要求均与193nm光刻工艺息息相关。高灵敏度是为了保护曝光镜头免受高强度193nm光源的损坏,工艺时间宽裕度越长意味着对环境中的碱性污染物灵敏度越低,与硅片黏附性好则不易倒胶,线宽越小,底部与硅片的接触面积越小,越容易产生倒胶现象。

化学放大理论在193nm光刻胶成像机理的应用,使得248nm光刻时代所形成的理论基础可直接应用于193nm光刻胶的设计,不过193nm光刻胶对亲水-疏水性的控制要比248nm光刻胶难得多。

4.4.2 化学放大的原理

光刻胶灵敏度是一个十分重要的参数,决定着硅片的产量及半导体器件制造的成本。光刻技术发展至今,经典的重氮萘醌-酚醛树脂光刻胶已不能满足深紫外(248nm、193nm等)、真空紫外(Vacuum UltraViolet,VUV,157nm等)、极紫外(EUV,13.5nm等)和X射线等曝光光源对灵敏度的要求。因为当前的KrF和ArF等深紫外曝光机及下一代EUV、电子束、离子束、X射线曝光机,曝光剂量都比较低,对于量子产率仅有0.2~0.3的重氮萘醌-酚醛树脂光刻胶,只有大大提高其灵敏度,才能产生高对比度的图像。不仅如此,传统的非化学放大型光刻胶通过吸收光的能量来直接进行溶解率变化反应,这样,当光线从光刻胶顶部向光刻胶底部传播时,会逐渐被吸收。这导致在光刻胶底部的光强不足,会形成如图4-19所示的梯形形貌。这种形貌会限制分辨率的进一步提升。

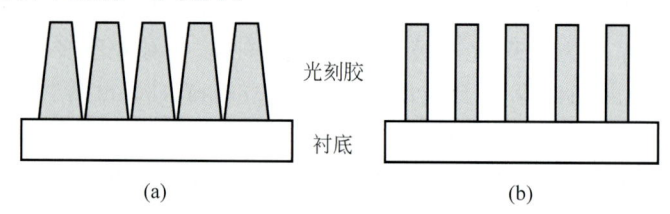

图4-19 (a) 典型非化学放大型光刻胶(如大多数365nm i-线光刻胶)的断面形貌示意图;(b) 化学放大的光刻胶的典型断面形貌

为了解决这两个问题,美国国际商业机器(International Business Machines,IBM)公司的伊藤浩(Ito Hiroshi)和格兰特·威尔逊(Grant Wilson)在20世纪80年代初引入了化学放大光刻胶(Chemically Amplified Resist,CAR)概念[13-15],其目的是改善光刻胶的分辨率和灵敏度。化学放大型光刻胶就是在光引发下能产生一种催化剂,促使反应迅速进行或者引发链反应,改变基质性质从而产生图像的光刻胶(如图4-20所示)。这种催化剂源于一种叫作光致产酸剂(Photo-Acid Generator,PAG)的有机化合物,在深紫外光的照射下会产生酸分子,而此光酸分子会在一定的温度下(绝大多数化学放大的光刻胶需要加热,由曝光后烘焙实现)催化光刻胶中被曝光部分的去保护(Deprotection)反应,如图4-20所示。而之前的非化学放大型光刻胶,如重氮萘醌-酚醛树脂光刻胶,每一个官能团的转化需要至少一个光子。当然,这种催化不能永远进行下去,否则会侵蚀没有被曝光的图形,导致失真或者图形消失。所以在光刻胶中需要加入适当的碱(Base),以控制反应的程度。化学放大型光刻胶官能团的转化取决于光产生的催化剂在被碱淬灭(Quenching)前所引发的化学反应的数量,是一种可控的链式反应。美国的格兰特·威尔逊曾断言,化学放大型光刻胶的灵敏度要比普通光刻胶高两个数量级。

下面介绍化学放大光刻胶的组成。化学放大的光刻胶通常含有聚合物主干(Backbone polymer)、光致产酸剂(Photo-Acid Generator,PAG)、刻蚀阻挡基团(Etching barrier)、酸根

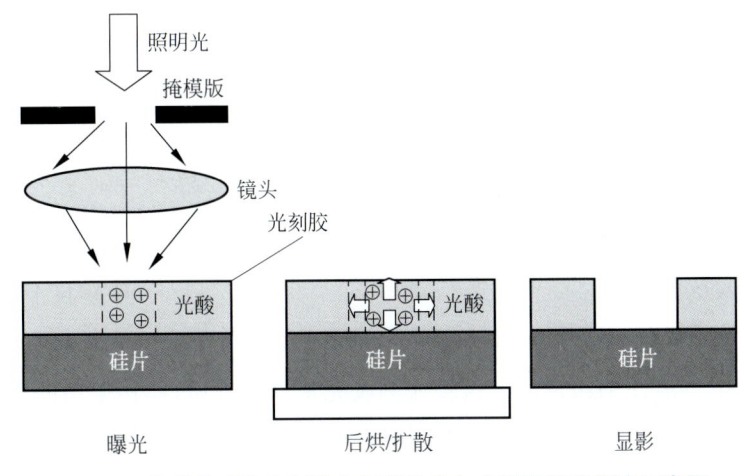

图 4-20 化学放大的光刻胶在深紫外光加上酸的催化反应示意图

(Acidic group)、保护基团(Protecting group)、溶剂(Solvent)等。一种早期的化学放大光刻胶酸催化反应结构式如图 4-21 所示。

图 4-21 一种化学放大的光刻胶在深紫外光(248nm)加上酸的催化反应结构式。经过曝光和酸催化后，光刻胶释放出二氧化碳和异丁烯，形成溶解于碱性显影液的聚 4-羟基苯乙烯

如图 4-21 所示的结构式实际上是将聚(叔丁氧羰基氧苯乙烯)(PBOCST)与六氟锑酸三苯基硫(光致产酸剂)(图 4-21 中未显示)结合使用 IBM 公司早期 248nm 的化学放大的光刻胶，称为 APEX。由于化学放大的光刻胶的酸催化反应，它对光的吸收变得很小，深紫外光可以投射到光刻胶底部，断面形貌也因此变得接近垂直，如图 4-19(b)所示。不过，由于光刻胶曝光显影依赖光酸的催化反应，如果工厂的空气中含有碱性(Basic)成分，如氨气、氨水(Ammonia)、胺(Amine)类有机化合物，对光刻胶顶部的渗透中和了一部分光酸，导致顶部局部线宽变大，严重时会导致线条黏连[16]。APEX 光刻胶取得了成功，其首次商业化生产便是用作正胶大规模应用于 DUV 光刻领域，是 IBM 公司生产的 1Mb 动态随机存取存储器(DRAM)，关键尺寸为 $0.9\mu m$。

4.4.3 基于聚羟基苯乙烯及其衍生物的 248nm 光刻胶

如 4.4.1 节所述，由于聚羟基苯乙烯体系在 248nm 波长条件下的透明性、高灵敏度、抗刻蚀性等优势，使之成为 KrF 光刻技术的主导光刻胶。在该体系中，依据其聚合物链上的酸致脱保护基团(Acid Labile Unit, ALU)，主要涉及 4-叔丁基氧基羰基(t-BOC)类、乙缩醛(Acetal)类和酯类(如丙烯酸叔丁酯，TBA)三类(见图 4-22)。

图 4-23 中展示的光刻胶主要是由 4-叔丁基氧基羰基(Butyloxy Carbonyl, t-BOC)保护的

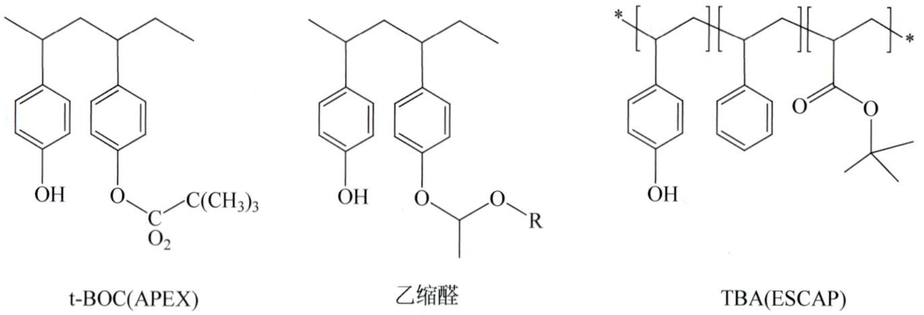

图 4-22 聚羟基苯乙烯体系中以酸致脱保护基团分类的三种主要 248nm 化学放大光刻胶

聚苯乙烯(Poly-Styrene,PS)组成的。这种光刻胶先从聚合开始,起初采用的聚合手段是烷基锂(Alkyllithium),但是在聚合过程中会破坏 t-BOC。后来采用 CH_2Cl_2、BF_3OEt_2 或者 PF_5 作为引发剂。但是,即便在 $-78℃$ 也会导致显著的酸致脱(Acid labile)4-叔丁基氧基羰基断链。直到采用亲电(Electrophilic)的液态二氧化硫溶液作为溶剂才有效地在聚合过程中保护了怕酸的 4-叔丁基氧基羰基[15]。

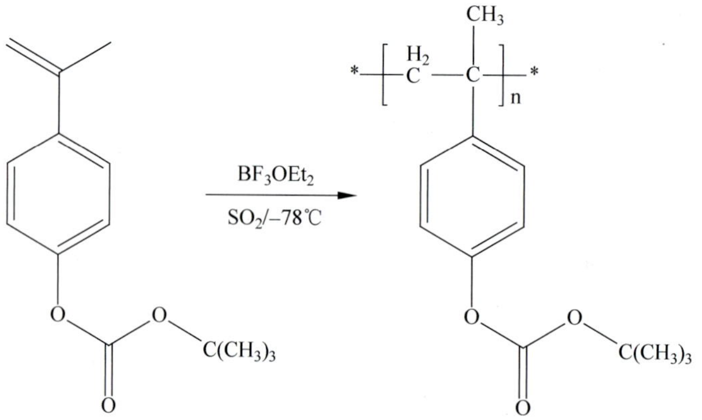

图 4-23 4-叔丁基氧基羰基-a-甲基苯乙烯在采用 BF_3OEt_2 作为引发剂的阳离子聚合时,通过采用亲电的液态二氧化硫溶液成功地保护了 4-叔丁基氧基羰基

化学放大的 t-BOC 型光刻胶(图 4-24)是基于亲酯的均聚物(Lipophilic homopolymer),IBM 公司最早在 1Mb DRAM 中采用了 DUV 曝光的全 t-BOC 保护的化学放大光刻胶,但采用的是苯甲醚作为显影液以负显影的方式形成光刻胶图形(见图 4-25)。

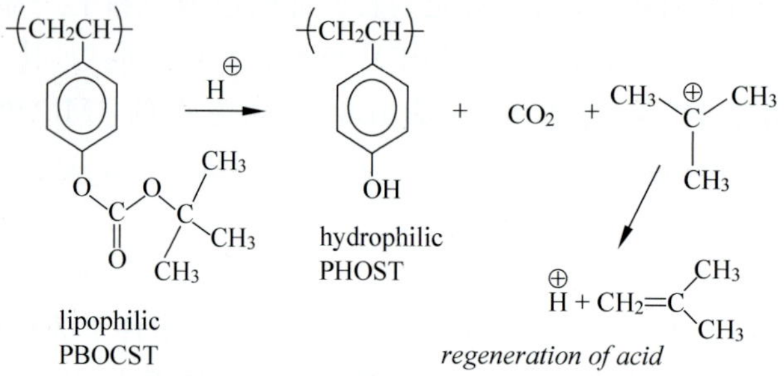

图 4-24 t-BOC 取代的聚羟基苯乙烯在深紫外光曝光和酸催化后,光刻胶释放出二氧化碳和异丁烯,形成溶解于碱性显影液的聚 4-羟基苯乙烯,其中释放的酸根进一步催化 t-BOC 基团的脱保护反应,实现化学放大效应[17]

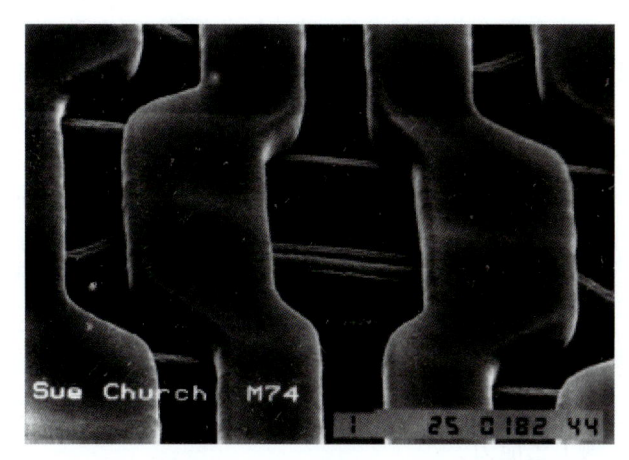

图 4-25　t-BOC 类 DUV 化学放大光刻胶采用苯甲醚作为显影液的负显影工艺在 1Mb DRAM 制造中形成的光刻胶图形[17]

在使用碱性显影液 TMAH 的正显影工艺流程中,高度亲酯的薄膜在接触碱性显影液时容易出现裂纹,导致很差的衬底黏附性。不仅如此,这种薄膜还会发生显影不良,且会导致曝过光的区域因为放出二氧化碳和异丁烯(Isobutene)而严重地缩小体积。不过,人们很快意识到聚合物只需要部分被保护就可以实现在曝光前不溶于碱性的显影液。基于部分保护的聚羟基苯乙烯造就了第一代正性 DUV APEX 光刻胶,它们具有更好的黏附性,在 TMAH 正性显影过程中具有更好的图形化能力,而其中又以 t-BOC 部分取代为主(见图 4-21)。

IBM 公司在大规模使用 PBOCST 光刻胶时发现存在严重的图形表面受曝光后到显影的延时(Post Exposure Delay,PED)影响的问题,导致图形尺寸随曝光后的延时而变化,甚至造成光刻胶表面形成不溶于显影液的薄层(见图 4-26)。这种情况又称为光刻胶中毒(Photoresist poisoning)。这是因为光刻胶曝光后接触空气,会受空气中碱性气体的影响,而光刻胶中的去保护反应是靠酸催化的去保护反应来完成的,在曝光后、显影前,如果这样的光酸被空气中的碱性成分中和掉(哪怕一点点),就会造成化学放大的问题,最终造成光刻胶灵敏度的大幅度变化。有研究人员组装了一个密闭体系,放入 N-甲基吡咯烷酮(NMP),使空气中的碱性分子达到饱和,然后放入几种不同的光刻胶聚合物,一段时间后,用闪烁计数法测量几种聚合物对 NMP 的吸收量,发现 PBOCST 吸收量最大。实验结果还表明,聚合物对 NMP 的吸收能力受聚合物溶解参数、玻璃转

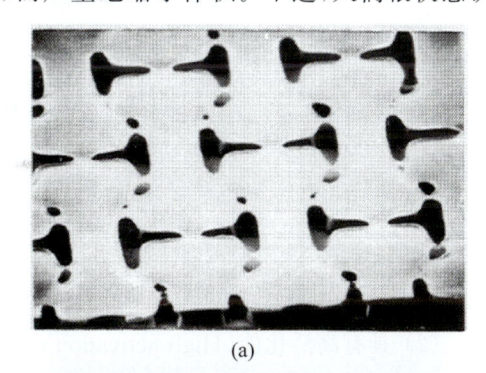

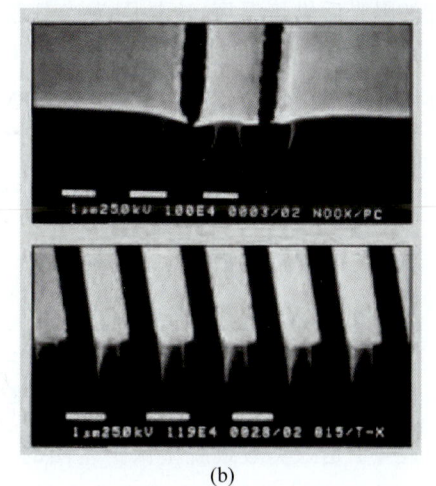

图 4-26　正性化学放大光刻胶在涂胶后,尤其是曝光后到显影的时延会有严重的顶部形成 T 形不溶于显影液的问题(图(a)引自文献[16],图(b)引自文献[15])

化温度的影响，因此通过改变聚合物溶解参数、玻璃转化温度，可有效调节其对环境的灵敏度。IBM 公司的研究发现，空气中只要含有十亿分之十（10ppb）的碱性分子就会导致光刻胶顶部打不开[15-16]，这促使半导体行业对空气的洁净度有了更高要求。洁净室、曝光机等关键地方都开始装备空气化学分子过滤（Chemical filtration）装置。

为了消除上述化学放大光刻胶的曝光-显影步骤之间的时延问题，工业界除了采取安装化学成分过滤器以过滤降低光刻工艺环境中的碱性物质（主要为胺类）之外，还要控制曝光后到曝光后烘焙的时延。在材料方面的改善进一步优化了其性能，包括在化学放大型光刻胶的表面涂覆保护层来隔绝空气中的碱性物质，后来渐渐演变为广泛应用在 248nm 光刻工艺中的顶部抗反射层（参考第 5 章）；在光刻胶中添加少量的碱性添加剂也可以减轻 PED 的影响，同时还能有效地延长光刻胶的保存期限，后来其主要功能演变为控制减少光刻胶曝光后生成的酸扩散过程，从而增强光刻工艺能力。

对光刻胶中聚合物链上酸致脱保护基团的研究带来了目前最为广泛商业化的两类 248nm 正性化学放大光刻胶。

（1）具有低活化能（Low activation energy, Low E_a）的酸致脱保护基团，曝光后在室温条件下就能快速发生脱保护反应，使碱性物质侵蚀光刻胶之前先完成去保护反应，以乙缩醛（Acetal）类型光刻胶为主[日本和光和信越公司（Wako 和 Shinetsu, 1995 年）]，如图 4-27 所示。

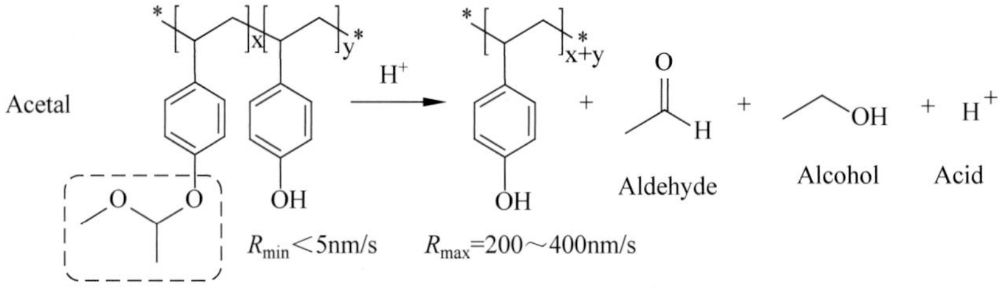

图 4-27　具有低活化能的酸致脱保护基团乙缩醛类型 248nm 光刻胶的结构式及其酸催化反应式[9]

（2）具有高活化能（High activation energy, High E_a）的酸致脱保护基团，采用接近玻璃转化温度的曝光后烘焙温度，这是因为光刻胶在接近玻璃转化温度（Glass Transition Temperature，T_g）时内部的自由体积会缩小，可以减少碱性物质向光刻胶体系扩散，以酯类保护基团为主，称为环境稳定型化学放大型正性光刻胶（IBM 和 Shipley 公司，1995 年），如图 4-28 所示。[18-19]

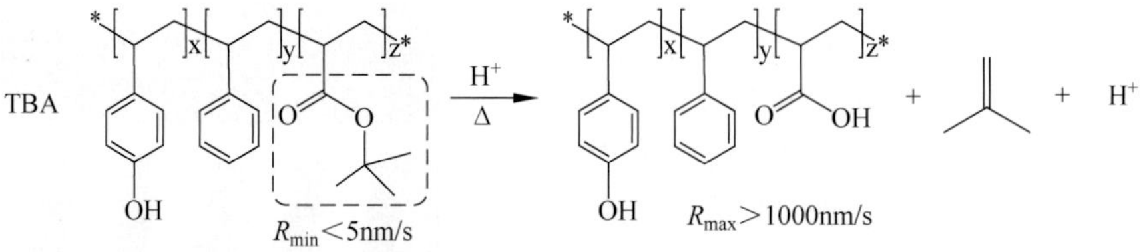

图 4-28　叔丁基丙烯酸酯（TBA）取代的环境稳定（Environmentally Stable Chemical Amplification Positive Resist）的 248nm 光刻胶的结构式及其酸催化反应式

表 4-1 是三类酸致脱型保护基团的 248nm 化学放大型正性光刻胶的特征及优、缺点。目前主流的 248nm 化学放大型正性光刻胶已经不局限于严格单一取代类型的酸致脱保护基团，往往是多种取代基团的共聚物来调节光刻工艺的性能，但是仍然可以大致分为高活化能胶（俗称高温胶）（High E_a，主要是 ESCAP 类型）和低活化能胶（俗称低温胶）（Low E_a，主要是 Acetal 类型），这两类光刻胶因脱保护的温度不同会有较为明显的性能差异（见图 4-29）。低温胶在室温

下就会发生脱保护反应：其一，因为曝光过程中酸的扩散和酸致脱保护就基本完成了，所以能更好地保持光学上的对比度，具有较高的曝光能量宽裕度。其二，后续的曝光后烘焙过程对线宽的影响很小，可以减少曝光后烘焙温度及曝光后烘焙热板温度均一性对线宽均匀性的影响。但是，没有曝光后烘焙额外带来的酸扩散过程，导致存在较难解决的驻波效应。不过驻波效应可以通过配合抗反射涂层来改善。其三，副产物的升华发生在曝光过程中，对曝光机的镜头有一定的污染，这是必须要考虑的。其四，因脱保护温度低，材料更不稳定，保质期相对更短，且曝光后的光刻胶也容易受环境或后续工艺流程的影响，不能用在二氧化硅的氟化氢（Hydrogen Fluoride，HF）湿法刻蚀工艺中，而高温胶是可以的。高温胶需要在一定的高温条件下发生脱保护反应，一般在125～135℃的曝光后烘焙模块中发生，所以不存在低温胶对镜头的污染问题，而且因为

表 4-1 三类酸致脱保护基团的 248nm 化学放大型正性光刻胶的特征及优、缺点

酸致脱保护基团 （Acid Labile Unit，ALU）	部分羧基类 （APEX，1988 年）	酯类 （ESCAP，1995 年）	乙缩醛类 （Acetal，1995 年）
代表性基团	4-叔丁基氧基羰基（t-BOC）	丙烯酸叔丁酯（TBA）	乙缩醛（Acetal）
脱保护活化能	30kcal/mol （Medium E_a）	36kcal/mol （High E_a）	22kcal/mol （Low E_a）
脱保护温度	80～100℃	120～140℃	室温
优点	保质期长 对 PEB 敏感性弱 对 SB 敏感性弱	PED 稳定 保质期很长（12 个月） 对 SB 温度敏感性弱 高显影对比度 升华物少 抗蚀刻性能好	PED 稳定 对 PEB 温度敏感性弱 曝光能量宽裕度高 受衬底影响小
缺点	PED 严重	对 PEB 温度敏感 曝光能量宽裕度低 受衬底影响大	对 SB 温度敏感 保质期短（约 6 个月） 升华物多 膜厚收缩 抗蚀刻性能偏弱
适合图形		有源区、栅等明场线条	通孔和沟槽等暗场图形

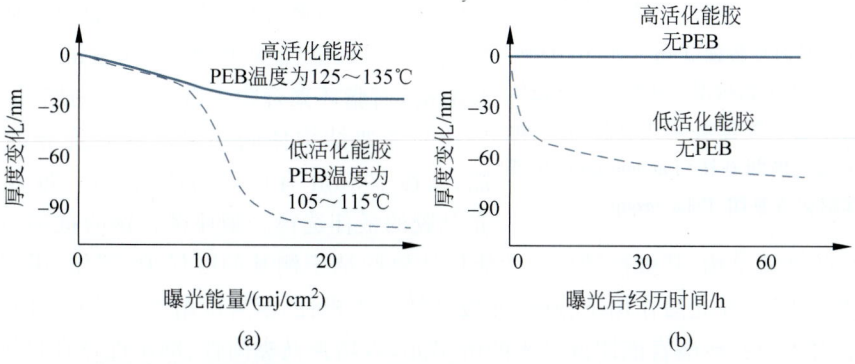

图 4-29 (a) 显示了典型的高温胶（High E_a，PEB 温度为 125～135℃）和低温胶（Low E_a，PEB 温度为 105～115℃）在特定 PEB 温度下其膜厚随着曝光剂量的增加而降低，这是由于酸致脱保护反应导致了大量酸致脱基团（Acid Labile Unit，ALU）的升华，低温胶的厚度损失比高温胶更严重；(b) 显示了在一定曝光剂量条件下（如 15mj/cm²），不经过曝光后烘焙，而是在室温条件下光刻胶厚度随时间的变化：高温胶的厚度不随时间而变化，因为 PAG 虽然产生光酸，但无法在室温条件下催化脱保护反应，而低温胶在室温条件下即可发生酸致脱保护反应，导致厚度降低

高温时发生脱保护反应,所以增加了酸扩散的长度,优点是可以改善驻波效应,缺点是额外的酸扩散会降低图像的光学对比度,降低曝光能量宽裕度。此外,高温胶的曝光后烘焙温度及其均一性对关键尺寸(CD)的大小及均一性具有较大的影响。高温胶的另一个较为明显的优势是不容易受环境和后续工艺的影响,其抗干法刻蚀的能力、抗酸性刻蚀的能力以及抵抗离子注入的能力都会比低温胶更强。

4.4.4 以聚甲基丙烯酸酯为主的193nm光刻胶

进入193nm光刻时代,由于原先的聚4-羟基苯乙烯中的苯环对193nm波长的光的强烈吸收,无法用于193nm光刻,而人们发现聚甲基丙烯酸酯(Poly-Meth Acrylates,PMA)在193nm波长的透明度很高,所以原先在248nm考虑过的材料又回归了。不过,由于聚甲基丙烯酸酯的抗刻蚀能力很差,尽管光刻的性能很好,不做改变也很难被用作光刻胶。1992年,人们发现带有双环或者三环的脂肪环类聚甲基丙烯酸酯拥有与苯环类似的抗刻蚀能力[20]。图4-30展示了聚甲基丙烯酸酯的结构式。图4-31展示了一系列基于双环(如降冰片烯)或者三环(如金刚烷)且拥有酸不稳定(Acid labile)基团的聚甲基丙烯酸酯类193nm光刻胶结构图和酸催化反应式。可以看出,在193nm,与248nm不同,脂环在去保护反应后会从主链上脱落。如果这样的"碎片"离开光刻胶,就会显著减小光刻胶厚度,失去原有的刻蚀阻挡能力。这是由于在光刻工艺中空间像的对比度不可能是100%,一般后段金属层大约在40%,前段栅氧层大约在60%。这就意味着,对于正性光刻胶,被掩模版遮挡的地方也会存在曝光,只是曝光没有达到光刻胶整体被显影液去掉的阈值。但是,这部分显影后留下来的光刻胶存在部分去保护。

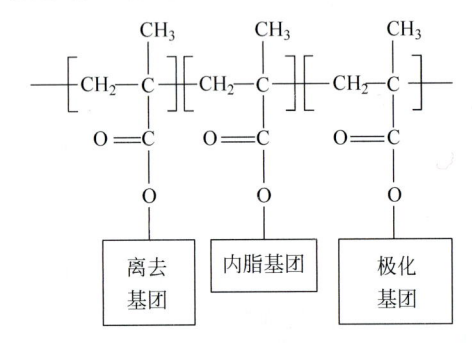

图4-30 聚甲基丙烯酸酯(Poly-MethAcrylates,PMA)类的结构图。从左到右支链依次为酸致脱基团-离去基团(Leaving group)、内酯基团(Lactone unit)和增加极化性基团(Polar group)

由于聚甲基丙烯酸酯类193nm光刻胶抵挡刻蚀的能力有限,IBM公司在2003年报告了一种用在聚合物长链上(包括降冰片烯)的光刻胶——环烯烃(Cyclic olefin),这里是聚冰片烯[21],如图4-32所示。脂环聚合物光刻胶设计思路与常规193nm光刻胶聚合物大相径庭,常规193nm光刻胶聚合物(如丙烯酸酯类聚合物、接有脂环的丙烯酸酯类聚合物、脂环-丙烯酸酯共聚物等)其主链是柔性的丙烯酸酯链,而脂环聚合物主链由一系列脂环构成,这种独特的骨架结构使脂环聚合既有优异的抗刻蚀性能,又在193nm有良好的透明性,一度成为193nm光刻胶的最佳选择。脂环聚合物的抗刻蚀能力主要源自其独特的骨架结构,其极性转变的功能仍然要归结于侧基的脱保护,例如,用叔丁基保护羧酸官能团形成酯,在光酸作用下分解,非极性转变为极性,溶解度增大。另外,还可在脂环聚合物主链上引入一些羧酸官能团或马来酸酐单元,以增强其黏附性、润湿性及在显影液中的溶解性等。

实验发现,带有羧酸悬挂基团的光刻胶存在严重的吸水膨胀的问题[见图4-32(a)]。这种膨胀可以导致线条倾倒(Line collapse)、图形剥离(Pattern peeling),造成图形缺陷。经过将羧酸更换成六氟代异丙醇[见图4-32(b)]后,就解决了吸水膨胀的问题。对于抗刻蚀能力,主要是由聚合物长链(聚降冰片烯)贡献的。实验发现,刻蚀阻挡能力与聚4-羟基苯乙烯相比可以

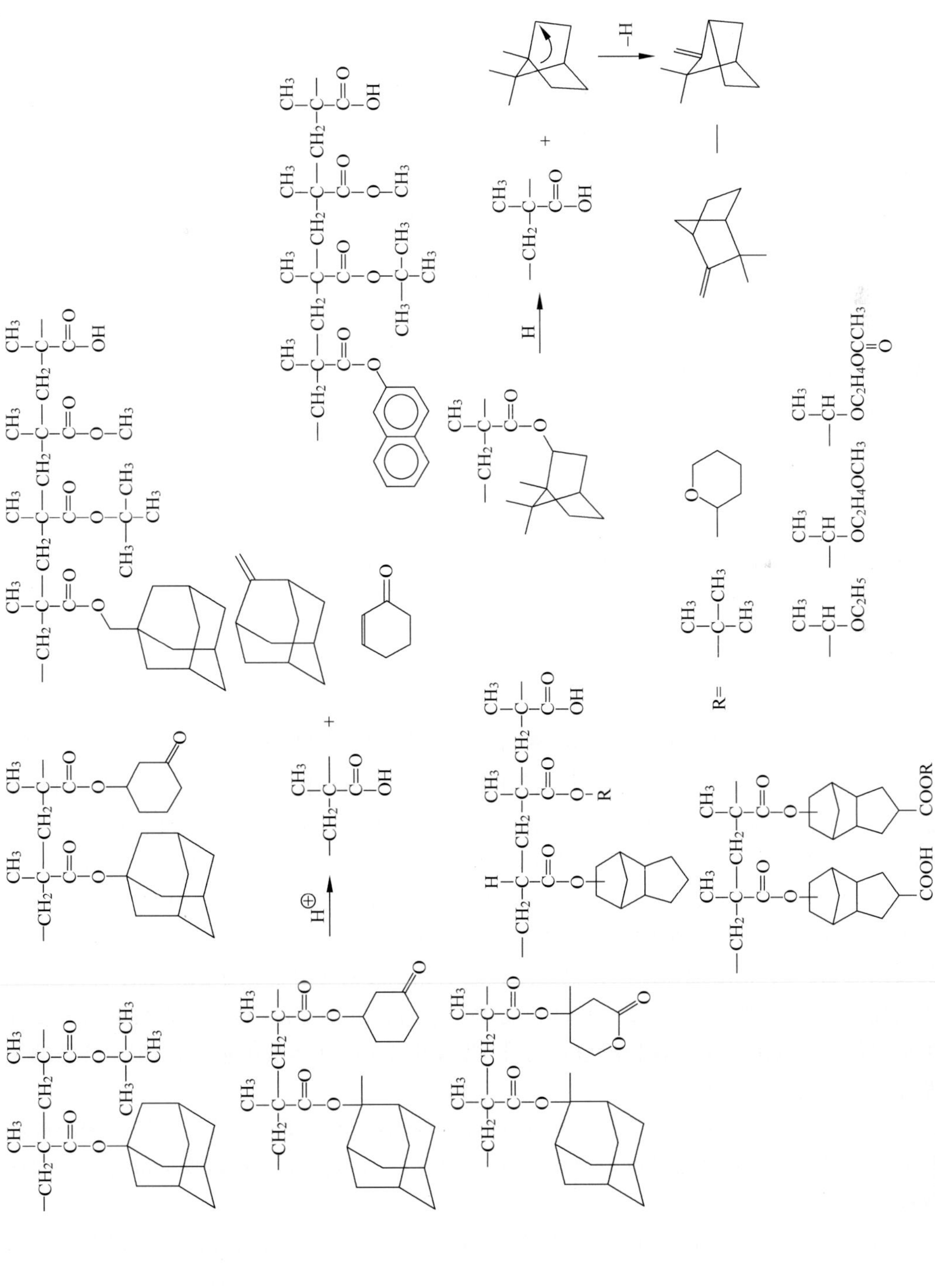

图 4-31　基于双环(如降冰片烯)或者三环(如金刚烷)且拥有酸不稳定(Acid labile)基团的聚甲基丙烯酸酯类 193nm 光刻胶结构图和酸催化反应式[17]

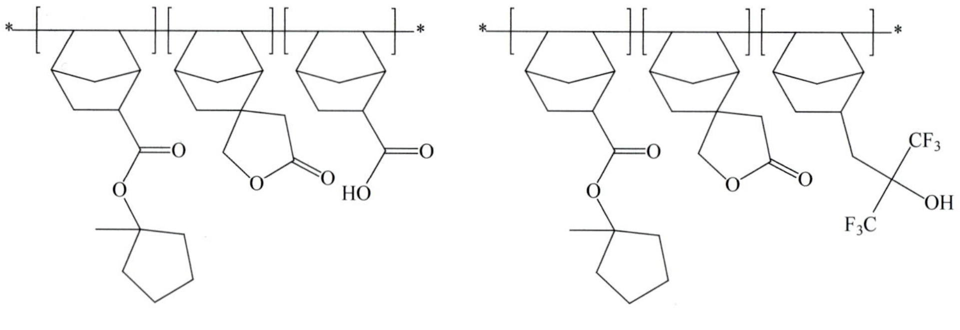

(a) (b)

图 4-32 (a) 带有保护基团、内酯和羧酸的聚降冰片烯；(b) 带有保护基团、内酯和六氟代异丙醇(HexaFluoroAlcohol，HFA)的聚冰片烯[21]

达到 82%～86%，与典型的 248nm 光刻胶叔丁基氧基羰基保护的聚 4-羟基苯乙烯(87%左右)相当。前面讨论过，193nm 光刻胶有聚甲基丙烯酸酯类和聚降冰片烯类的，此外，还有乙烯基醚顺丁烯二酸酐(马来酸酐)(Vinyl Ether-Maleic Anhydride，VEMA)、环烯烃马来酸酐(Cyclic Olefin-Maleic Anhydride，COMA)、环烯烃(Cyclic olefin)等，如图 4-33 所示。

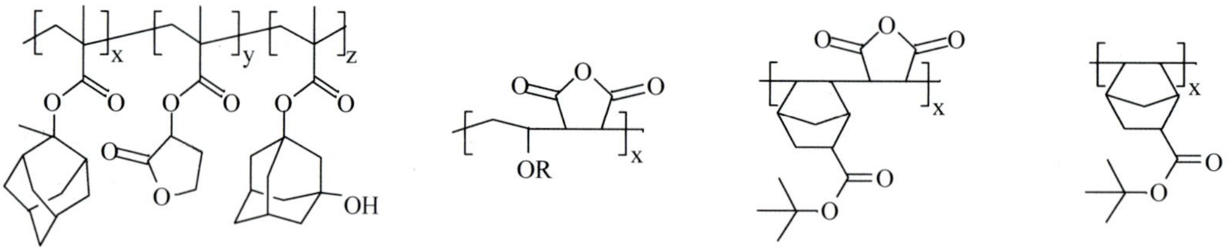

聚甲基丙烯酸酯　　乙烯基醚顺丁烯二酸酐(马来酸酐)　　环烯烃马来酸酐　　环烯烃

图 4-33 193nm 光刻胶体系中主要采用的聚合物树脂结构

内酯(Lactore)基团在光刻胶中起到什么作用呢？首先内酯相比酯的碱性要强一些；而且在使用脂环的 193nm 光刻胶中，由于脂环的疏水性，加入内酯可以起到增加材料极性的作用。

IBM 公司的伊藤·浩(Ito Hiroshi)在 2008 年发现[22]，当 193nm 光刻胶采用较大的去保护基团，如乙基环辛烷基(Ethyl Cyclo Octyl，ECO)或者甲基金刚烷基(Methyl Adamantyl，MAd)时(如图 4-34 所示)，内酯的存在会阻挡去保护的碎片离开光刻胶，使得光刻胶在显影后变薄的效果减弱。同时，增加内酯的比例还可以减弱光刻胶对曝光后烘焙的灵敏度，这大概也是因为内酯偏碱性，会吸住光酸，使得扩散长度增加有限。也就是说，高的曝光后烘焙温度并不能形成更加多的光酸催化去保护反应。另外，内酯可以在碱性溶液中被水解，但不会影响光刻胶整体在显影液中的溶解。

由于内酯会阻挡去保护的碎片离开光刻胶，太多的内酯会导致光刻胶在显影液中溶解缓慢使得光刻胶吸水而膨胀。而且由于内酯的碱性，过多的内酯会导致光刻胶灵敏度下降而增加曝光能量。

日本富士化学的野崎(Nozaki)等[23]也在他们的 193nm 光刻胶体系研发中提到，内酯基团的比例对调配光刻胶的亲疏水性具有很重要的作用，最终会影响光刻胶性能。过低的内酯比例会导致光刻图形的脱胶，甚至光刻胶膜的开裂，逐步增加内酯比例至 50%左右，光刻图形的黏附性及分辨能力表现最佳，进一步增加其比例，由于整体亲水性的增加，会带来疏水性光

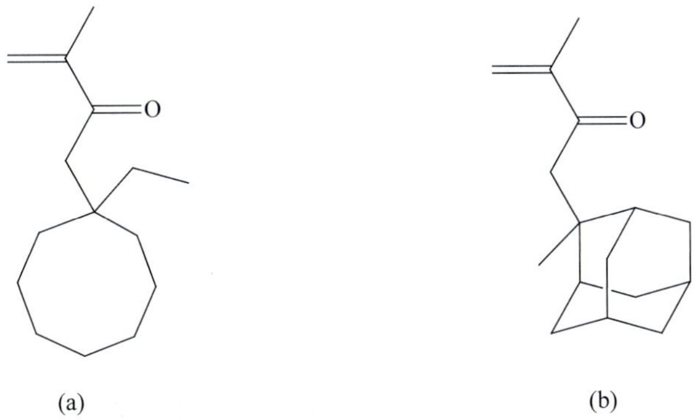

图 4-34 (a) 乙基环辛烷基甲基丙烯酸酯(ECOMA)结构式；(b) 甲基金刚烷甲基丙烯酸酯(MAdMA)结构式

致产酸剂(PAG)的分离团聚，甚至非曝光区光刻胶在四甲基氢氧化铵(TMAH)显影液中的溶解。不同的内酯结构对于光刻胶性能及成本优化提供了更多的选择。

前面讨论了 248nm 和 193nm 化学放大的光刻胶的基本配方。要使这样的光刻胶工作，还需要加入光酸，这离不开光致产酸剂(Photo-Acid Generator，PAG)。

在已有的光致产酸剂中，光固化树脂中常用的鎓盐金属卤化物(Onion salt metal halide)由于可能会对半导体器件造成金属污染而没有被使用。另外，由于小的酸分子的高挥发性，在早期的负性凝结型光刻胶使用的能够释放卤化氢的材料也不在考虑之列。最常用的光致产酸剂是各种离子型(Ionic，如鎓盐，即一些含氧、氮或硫在水溶液中能解离成为有机阳离子的有机物)或者非离子型(Non-ionic)的磺酸(Sulfonic acid)。因此，全氟辛烷磺酸盐(Per Fluoro Octane Sulfonate，PFOS)和其他的全氟烷基磺酸盐(Per Fluoro Alkyl Sulfonates，PFAS)曾经被广泛使用，PFOS 的结构式如图 4-35 所示。一种 PFAS 光致产酸剂三苯基九氟叔丁基磺酸硫(Triphenylsulfonium nonafluorobutyl sulfonate，TPSPFBuS)的结构式如图 4-36 所示。

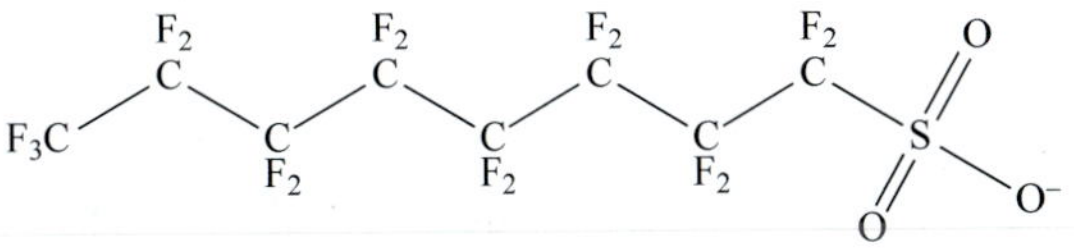

图 4-35 全氟辛烷磺酸盐的分子结构式

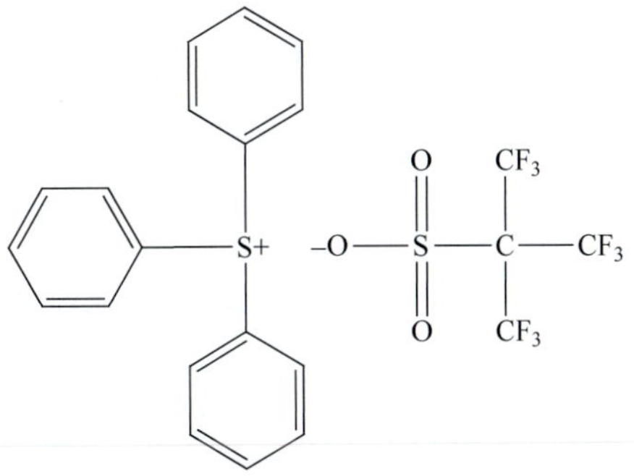

图 4-36 属于全氟烷基磺酸盐的三苯基九氟叔丁基磺酸硫的分子结构式

但是，近年来由于这两种分子的毒性，全氟辛烷磺酸盐及其衍生物已被美国环境保护局及其他一些国家的环保部门认定为有毒物质，可在哺乳动物体内长期积累，严重危害人和动物的身体健康。取而代之的是能够产生有机强酸的三氟甲基磺酸三苯基硫，且三芳香基硫盐热稳定性较好，分解温度高达 350℃。IBM 公司的瓦拉纳西(Pushkara Rao Varanasi)团队在 2010 年开始合成不含此类物质的光致产酸剂[24]。不过要成为一种有效的光致产酸剂，需要产生的光酸的酸度达到一定的要求，否则光酸催化反应会进行得很慢。早期的不含氟的芳香族磺酸盐由于苯环的离域电子(De-localized electrons)的高离域能量导致很难形成布朗斯特酸(Bronsted acids)(J. N. Bronsted,代表能够给出质子的物质,是广义上的酸)。芳杂环(Heteroaromatic ring)结构由于较为容易合成和具有弱化的离域电子而引起了人们的兴趣。在芳杂环中,有呋喃(Furan)、吡咯(Pyrrole)和噻吩(Thiophene)等,如图 4-37 所示。

图 4-37　属于芳杂环的呋喃、吡咯和噻吩的分子结构式

呋喃在化学上不稳定,吡咯本身带有碱性,它们都不能作为光致产酸剂,而噻吩可以。开始时,由于噻吩并不具备很强的抽电子的性能,造成酸度不够。于是硝基 NO_2 被引入,实现了足够的酸度,这样的光致产酸剂叫作三苯基 1-氯-2 硝基噻吩 4-磺酸硫(Triphenylsulfonium 1-chloro-2-nitro-thiophen-4-sulfonate,TPSTN),如图 4-38 所示。图 4-39 展示了类似的光致产酸剂的结构式:三苯基 7-硝基苯并噻吩磺酸硫(Triphenylsulfonium 7-nitro-benzo[b]thiophenesulfonate,TPSTBNO)。

图 4-38　三苯基 1-氯-2 硝基噻吩 4-磺酸硫的分子结构式

图 4-39　三苯基 7-硝基苯并噻吩磺酸硫的分子结构式

实验证明,这两种光致产酸剂在 250℃ 以下稳定性很好(否则无须曝光就可以产生酸,损伤图形对比度),它们的热分解温度都在 250℃ 以上。

4.4.5　193nm 浸没式光刻胶

进入了 45nm 工艺节点,特征周期到达了 140nm,193nm 干法光刻已经无法获得所需的对比度。工业界开始使用水浸没式光刻方法。由于水的折射率在 193nm 波长处约为 1.436,可以增加 43.6% 分辨率,这使得工业界能够在一次曝光将技术节点从 65nm/55nm 推到 32nm/28nm,最小图形分辨周期从 180/160nm 推到 100nm/90nm,甚至接近其理论分辨极限的 71.5nm。在 193nm 浸没式光刻胶体系中,主要的变化有以下四方面。

(1) 引入涂覆式或自生成式的表面隔水涂层来隔绝水对光刻胶体系的影响。

(2) 隔水涂层树脂体系中引入含六氟丙醇(Hexa Fluoro Alcohol,HFA)功能基取代基团来提供光刻胶的表面疏水性及 TMAH 可溶性。

(3) 大分子疏水性 PAG 以降低光酸扩散长度,同时减少其向水体系的扩散。

(4) 添加光可分解碱,以便在靠近衍射极限的周期最后一步降低光酸扩散长度,增加光酸分布的对比度。

1. 193nm 浸没式光刻胶的表面隔水涂层

193nm 浸没式光刻工艺显著的特点是在镜头和光刻胶中间引入了水。水的存在引入了新的问题,最基本的问题是光刻胶中产生的光酸由于对水的亲和,会被水浸析出来,导致光刻失效。所以,如果 193nm 光刻胶延伸到浸没式光刻,就需要一层表面隔水保护膜。这层保护膜需要具备以下特性。

(1) 作为阻挡层,能有效地阻止光刻胶中的成分溶解到水中,同时阻止水渗透到光刻胶中。

(2) 其溶剂不能溶解光刻胶,以防止表面涂层与光刻胶在界面处混合(只针对显影液可溶性表面隔水涂层)。

(3) 不溶于水,但在标准的四甲基氢氧化铵(TMAH)显影液中有较大的溶解度,一般要求溶解速率大于 1000nm/s,且在显影后光刻胶表面与水有较低的接触角,以减少斑点(Blob)显影缺陷的产生。

(4) 涂层表面与水的后退接触角(Receding contact angle)必须大于 70°,这是为了保证曝光时硅片台可以在含水的曝光头下以较高的速度移动(一般为 600~800mm/s,对应阿斯麦 NXT 系列光刻机产能 175~250 片/小时),不留水滴。

(5) 表面隔水涂层的光学折射率和厚度的要求满足减少界面反射和光学信息损失的需求。

193nm 浸没式光刻技术依次经历了溶剂可溶表面隔水涂层、显影液可溶性表面隔水涂层和光刻胶自生成表面隔水涂层三种表面隔水涂层的方法,如表 4-2 和图 4-40 所示。表面隔水涂层涂覆在光刻胶表面,以防止在光刻胶中的成分浸析到水中。被曝光后,表面隔水涂层使用溶剂或显影液溶解去除。表面隔水涂层的使用可使 193nm 干法光刻胶直接导入浸没光刻工艺中。193nm 干法光刻胶在生产中被广泛使用,但是,它们通常在水中具有很高水平的物质浸析。在 193nm 浸没式光刻胶发展的早期,当低浸析和高性能不可调和时,表面隔水涂层是一个切实可行的解决方案。它们与 193nm 干法光刻胶共同工作,满足了低浸析的要求,并在显影后被去除,对下游工艺(如刻蚀)不带来影响。因此,该显影液可溶性表面隔水涂层比较容易融入生产线。相比之下,溶剂可溶表面隔水涂层从未大批量生产应用,因为它们是由含氟聚合物组成,需要额外的有毒溶剂去除。此外,溶剂可溶表面隔水涂层需要专用模块涂覆及去除。具有自生成表面隔水涂层的光刻胶一直是首选的方法,它不需要额外涂覆表面隔水涂层,消除了涂层烘焙,简化了工艺,减少了表面隔水涂层的应用步骤,降低了使用成本,并减少了一个缺陷的来源。如果没有表面隔水涂层,传统的干法 193nm 光刻胶是不适用于浸没式光刻工艺的,因为其成分容易浸析至水中,会接触并污染镜头表面。制备具有自生成表面隔水涂层的光刻胶,必须同时拥有显影液可溶性表面隔水涂层的性能。本节重点介绍显影液可溶性表面隔水涂层及具有自生成表面隔水涂层的光刻胶。

表 4-2 193nm 浸没式光刻技术依次经历了三种表面隔水涂层

表面隔水涂层种类	溶剂可溶表面隔水涂层(未大规模商用)	显影液可溶性表面隔水涂层	光刻胶自生成表面隔水涂层
优点	易于材料性能调整以满足隔水性能	无须额外溶剂去除,易于导入现有 TMAH 水性显影工艺,较易调整材料性能兼顾隔水性和显影可溶性	兼具显影液可溶性表面隔水涂层的优点,且无须额外配置材料涂覆与烘焙模块,减少工艺步骤,增加设备产能,降低成本
缺点	需要有毒溶剂去除	需要额外配置材料涂覆与烘焙模块	对材料性能要求更为苛刻,以同时满足更高的隔水性和显影可溶性要求

在与水接触的光刻胶中的小分子[如光致产酸剂(PAG)、碱性淬灭剂(Base quencher)等]

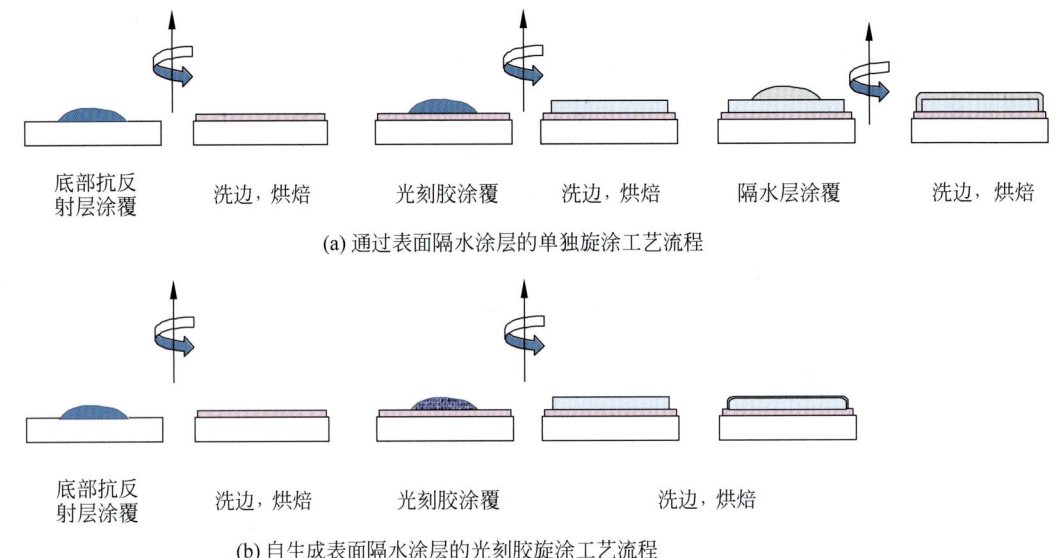

(a) 通过表面隔水涂层的单独旋涂工艺流程

底部抗反射层涂覆　　洗边，烘焙　　光刻胶涂覆　　洗边，烘焙　　隔水层涂覆　　洗边，烘焙

(b) 自生成表面隔水涂层的光刻胶旋涂工艺流程

底部抗反射层涂覆　　洗边，烘焙　　光刻胶涂覆　　洗边，烘焙

图 4-40　表面隔水涂层形成的两种方法

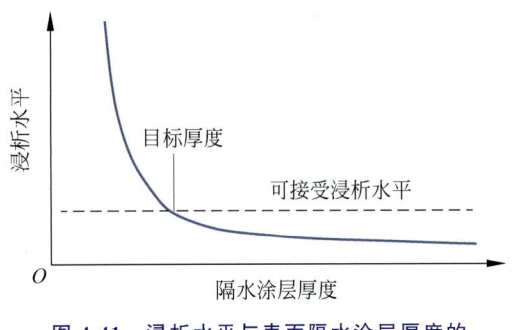

图 4-41　浸析水平与表面隔水涂层厚度的非线性关系

容易浸析到水中，降低光刻胶的性能，同时也会污染到与水直接接触的镜头。浸析速率并不是线性的，当刚开始接触时，光刻胶中的小分子（如光致产酸剂）很快就浸析到水中，放射性标签研究发现浸析在几秒后达到了一个极限值或趋于稳定。图 4-41 显示了浸析水平与表面隔水涂层厚度的非线性关系，对某一特定的隔水层材料，满足一定的厚度要求才能达到可接受的浸析水平。

由于在曝光过程中水与曝光场（Shot）的光刻胶接触的时间非常短，为了避免光刻胶的性能损失，以及污染到与水直接接触的镜头，表面隔水涂层必须保证较低的动态浸析性。动态浸析性考量的是光刻胶中的小分子物质浸析到水中的速率，所以动态浸析速率比饱和浸析水平更为重要。对动态浸析速率的容忍度是曝光镜头设计和水流设计的一个重要考虑方面。表 4-3 显示了不同的浸没式曝光设备厂商提供的对动态浸析（Leaching）速率的要求[25-26]。这也就是对表面隔水涂层抗浸析能力的基本要求。

表 4-3　不同曝光设备厂商建议的动态浸析速率的规格要求

厂商	荷兰阿斯麦公司（ASML）	日本佳能公司（Canon）	日本尼康公司（Nikon）
光致产酸剂(PAG)浸析	$1.6\times10^{-12}\,mol/cm^2/s$	$1.0\times10^{-12}\,mol/cm^2/s$	$5\times10^{-12}\,mol/cm^2/s$
铵类(Amine)浸析	—	—	$2\times10^{-12}\,mol/cm^2/s$

表面隔水涂层的疏水性同样是一个重要的考量方面。疏水性由水在该表面的接触角来表征，又包含静态接触角 θ_s 和动态接触角，后者又分为前进角 θ_a 和后退角 θ_r，由于实际曝光过程中硅片是动态移动的（如图 4-42 和图 4-43 所示），后两项受水的黏度、光刻胶（或表面隔水涂层）表面的疏水性、镜头的高度以及硅片的移动速度影响。

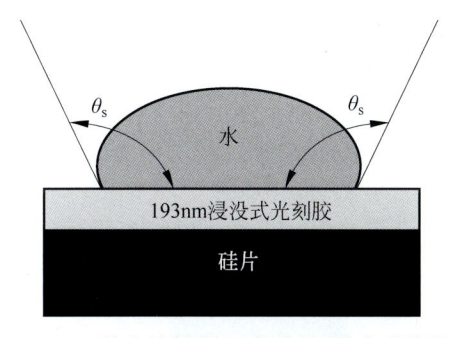

图 4-42 静态接触角 θ_s 的定义,其中硅片是水平放置的,表面涂覆有光刻胶或表面隔水涂层材料

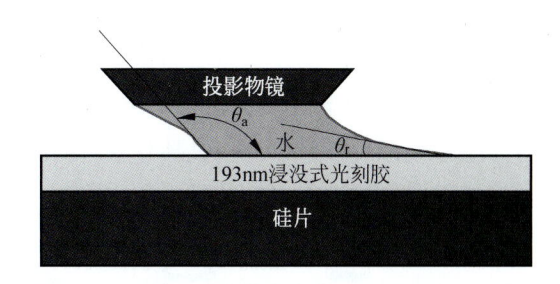

图 4-43 受限在一定镜头高度 h 下的水在硅片表面的动态接触角的定义,其中前进角 θ_a 大于静态接触角 θ_s 大于后退角 θ_r [其中硅片(带着光刻胶)相对物镜向右移动]

由此看出,当增加硅片的移动速度时,后退角会减小,而前进角会变大。太小的后退角会导致水的泄漏,留在硅片表面形成典型的水迹缺陷(Water mark),并且随着硅片移动速度的增加会变得更严重,这就需要考量在一定硅片移动速度条件下对表面隔水涂层的疏水性要求。当然水的泄漏不仅仅与后退角有关,一般随着硅片移动速度的增加,后退角到一定值后就不再有明显变化,但惯性不稳定性的增加会导致水突然泄漏出来。这需要除考虑表面疏水性外,还应综合考虑镜头的高度、气帘的结构设计等有关浸没式光刻机的结构设计,参见 6.10 节。前进角太大容易导致气泡被卷入水中,黏附于硅片表面或者浮动在水中,通过对曝光光线的折射导致缺陷的形成,这也是需要考虑的。业界目前常用的表面隔水涂层要求后退角约为 70°,前进角约为 95°,而且其发展方向是变得越来越疏水,这是为了适应光刻机扫描速度的提升以提高光刻机的产能。

表面隔水涂层所使用的溶剂必须不能溶解光刻胶;否则,在表面隔水涂层的涂覆过程中,溶剂会溶解光刻胶的表面,减损光刻胶的厚度,甚至形成一层中间层。大部分 193nm 光刻胶使用 PGMEA 或 PGME 作为溶剂,而表面隔水涂层一般使用醇类的溶剂。

评估表面隔水涂层与光刻胶的化学相容性的方法之一是测量非曝光直接显影后对光刻胶厚度的影响,如暗损失(Dark loss)。在衬底上先涂覆光刻胶并量测其厚度,再涂覆表面隔水涂层,不经过曝光,直接烘焙和显影后,测量其剩余光刻胶的厚度。两者之间的差值即为暗损失,以此来评估表面隔水涂层对光刻胶厚度的化学影响。在实际的工艺开发过程中,由于表面隔水涂层材料和光刻胶可能来自不同的供应商,他们各自无法准确地了解对方使用的溶剂,所以有可能存在相容性的问题,需要考量评估。

显影液可溶性表面隔水涂层经过曝光,曝光后烘焙后进入显影模块(TMAH 水溶液),会先被显影液直接去除掉,再对光刻胶进行显影。表面隔水涂层的溶解速率一般为 100~1000nm/s。溶解速率取决于其材料对显影液的溶解响应速度,并对缺陷的形成具有很大的影响。当表面隔水涂层更疏水时,具有更大的接触角和低浸析性能,在曝光过程中不容易产生水迹缺陷;但在显影过程中一般较难润湿并溶解在显影液中,容易团聚沉积在硅片上形成斑点(Blob)缺陷。在显影过程中表面仍然维持较高的疏水性,导致显影液不能有效地对光刻胶显影,容易造成局部显影不充分。所以理想的表面隔水涂层既具有高的接触角,又具有高的溶解速率。

为了满足这个要求,一个容易想到且简易的办法是聚合物混合[27-28],以一定的配比混合亲水性的聚合物添加剂和疏水的氟化聚合物。在经过涂覆和PAB后,疏水的氟化聚合物由于具有较低的表面能,上浮到涂层的表面形成疏水的表面。而疏水表面下面的主体材料富含酸,从而保证了在显影液中的高溶解速率。图4-44显示了这一概念的示意图,其所形成的表面隔水涂层既具有较高的疏水性,也具有较高的溶解速率[27]。

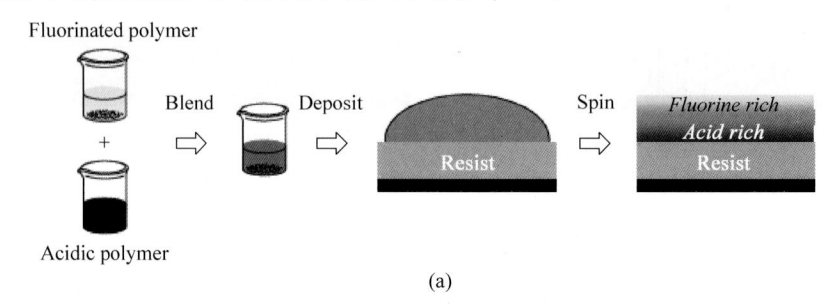

Polymer	Adv.CA/(°)	Rec.CA/(°)	Tilt Angle/(°)	Dissolution Rate/(nm/s)
Fluorinated polymer B	92.1	72.9	18.0	10.4
Sulfonic acid polymer B	83.4	42.1	37.9	570
Graded topcoat B(50:50 blend)	91.8	70.2	19.1	160

图 4-44　聚合物混合的示意图及其实验性能举例[27]

在193nm浸没式曝光中,表面隔水涂层在水和光刻胶中间,光可以在水与表面隔水涂层的界面以及表面隔水涂层和光刻胶界面反射。表面隔水涂层的厚度以及折射率必须最大限度地减少界面的反射(参见5.2节),以便让更多的光到达光刻胶层,所以它不仅作为浸析的保护层,同时也作为一个顶部抗反射涂料(Top Anti-Reflective Coating,TARC)帮助改善光刻工艺的性能。此外,更低的吸收系数($<0.1/\mu m^2$)也是其光学要求之一,以减少光学信息的损失。通常,厚度为30～100nm。193nm波长下光刻胶一般具有1.7的折射率,水的折射率为1.436。理想的表面隔水涂层的折射率计算为1.56左右(即1.7和1.436的几何平均值),厚度一般为31nm($\lambda/4$)。对于高入射角(高NA),最佳厚度的计算更为复杂,需要考虑所有的入射角度(从0到最大值)通过对摆线效应和反射率的光学模拟来分析表面隔水涂层的厚度的贡献。光学模拟结果表明,较高的NA需要较厚的表面隔水涂层以得到相应的第一个反射极小。

对于自生成表面隔水涂层或自分凝表面隔水层(Self-segregating top coating),需要满足与涂覆型表面隔水涂层相同的光刻工艺需求,而且作为第三代表面隔水涂层,已经成为193nm浸没式光刻胶体系的必选项。如图4-44所示,自生成表面隔水涂层的光刻胶在旋涂到硅片表面后因为内含具有强疏水性且易发生相分离的低表面能的添加物(Embedded Barrier Layer,EBL),在旋涂过程中就发生相分离自动聚集到光刻胶表面,形成隔水涂层[27-29]。

在后续的软烘焙过程中,EBL添加物的相分离过程更为完整,帮助减少隔水涂层与光刻胶本体树脂间的中间过渡层,进一步增强表面的隔水能力且降低PAG与碱向水体系的渗透。伴随着193nm浸没式光刻机的曝光平台移动速度的提高(扫描速度从早期的500mm/s提高到800mm/s),对表面隔水涂层的疏水性能提出了更高的要求,尤其是对后退角的要求,需要能够大于70°,甚至是75°,以避免更高速的扫描速度导致水滴的破裂遗留在硅片上,从而减少水迹缺陷的产生。

2. 表面隔水涂层中含六氟异丙醇功能基取代基团的引入

表面隔水材料的选择伴随它所需承载的功能不断优化发展。早期的有机溶剂可溶性表面隔水材料多采用特氟龙类全氟聚合物。其后,对隔水涂层树脂材料的选择无论是涂覆式还是自生成式都提出了新的工艺要求,即高 193nm 波长透光率、强表面疏水性、高 TMAH 溶解性(尤其是非曝光区)。涂覆式隔水涂层材料可以是多功能团的共聚物或者树脂的共混;而自生成式隔水涂层为了满足额外的低表面能及与光刻胶树脂相分离的要求,一般添加质量分数为 1%～5% 的共聚物树脂添加物。为了满足以上需求,材料的选择主要集中在基于含硅树脂及氟取代类树脂,主要原因是这两类聚合物在 193nm 波长条件下具有较好的透光性及很强的表面疏水性,而且由于它们都具有较低的表面能,易于从光刻胶中相分离至表面。其实对这两类材料的研究起始于对 157nm 光刻胶材料的研究,因为其优异的透光性及疏水性,尤其是六氟异丙醇(HxaFluoroAlcohol,HFA)兼具与苯酚类相似的 TMAH 显影液溶解性能,使 HFA 在 157nm 光刻工艺开发终止之后在 193nm 浸没式光刻隔水涂层材料的应用中脱颖而出[17,30]。

含氟取代的显影液可溶性表面隔水涂层早期通常共聚含有氟取代的疏水基团来控制水接触角,通过共聚含有羧酸或碱性可反应的基团,如内酯或酸酐,或者共混其树脂来提供显影可溶性,如图 4-45 所示。但是,由于后者作为亲水性树脂材料的加入必然影响到表面隔水涂层整体的疏水性,涂层隔水性与碱性可溶性的调配对于该类材料组合一直是一个较难的挑战。

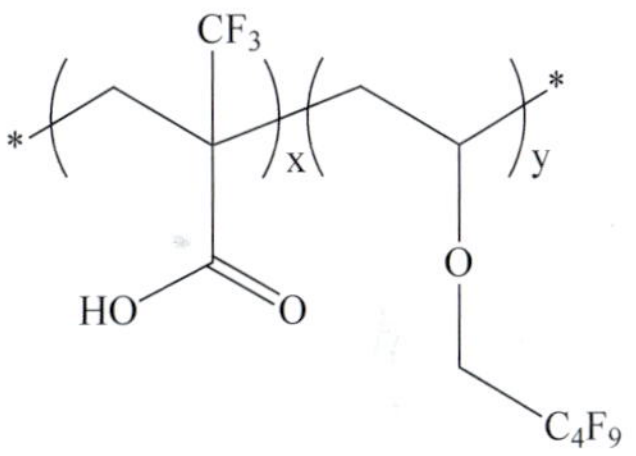

如前所述,兼具疏水性与碱性可溶性的氟醇类官能团尤其是 HFA 基团的引入,使得研究人员可以更加容易地调配涂层的性能以满足浸没式光刻的需求。IBM 公司的伊藤·浩首次将 HFA 官能团引入到降冰片烯的侧端达到了与苯酚类似的四甲基氢氧化铵显影液溶解性[17],在后续的 193nm 聚甲基丙烯酸类光刻胶体系中也引入 HFA 以代替丙烯酸官能团,如图 4-46 所示[31],并被广泛应用在表面隔水涂层材料中[32]。有研究表明,单体中 HFA 所连接的脂肪烃结构会影响其聚合物的隔水性与 TMAH 溶解性能,脂肪烃的结构更大,带来的隔水性更强,同时也会降低其 TMAH 溶解性能。

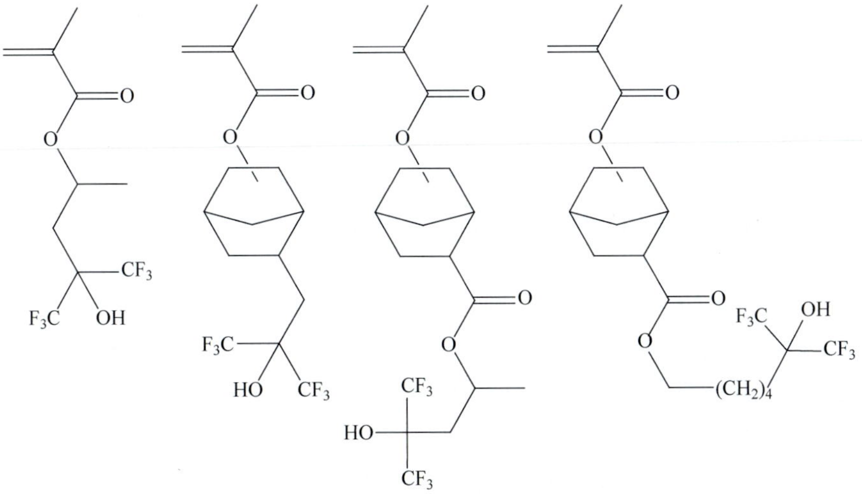

图 4-45 具有丙烯酸官能团的含氟共聚物[30]

图 4-46 193nm 聚甲基丙烯酸类光刻胶体系中也引入 HFA 以代替丙烯酸官能团[31]

自生成隔水涂层的材料添加物一般为含有 HFA 功能基团的共聚物[30]，为了调节其性能，通过共聚加入羧酸或内酯基团来调节其在非曝光场的四甲基氢氧化铵溶解性能，通过共聚加入酸致脱保护基团来调节其在曝光场的溶解性，通过选择合适的 HFA 取代基团或者共聚具有更强疏水性的多氟或全氟取代单体来调节其隔水性能。

3. 大分子疏水性光致产酸剂(Bulky PAG)的应用

在 193 浸没式光刻中，为了降低 PAG 向水体系的扩散，人们通过增加 PAG 的烷烃取代基团的体积或者 PAG 中的氟取代基团来增强其疏水性[33]。当然，以此为方向的 PAG 修饰不仅仅是如图 4-47 所示的在硫盐部分采用烷烃取代基团来增加其体积，在磺酸基部分采用氟取代基团来提高 PAG 的疏水性，具有不同的基团的 PAG 被广泛地应用在 193nm 光刻胶体系中。

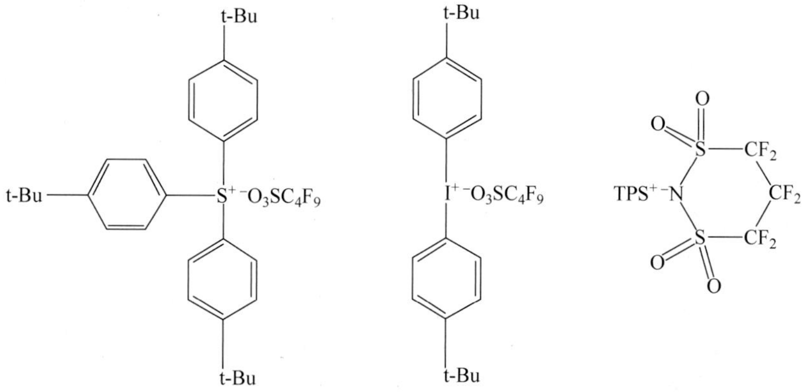

图 4-47 一些应用在浸没式光刻胶中的 PAG，通过增加 PAG 的烷烃取代基团的体积或者 PAG 中的氟取代基团[33]

其中一种新的概念是除了满足上述的要求之外，在取代基的修饰过程中，通过引入与树脂体系更为相似的结构以获得相似的极性来进一步优化 PAG 在光刻胶体系中的均匀分散以及扩散的均匀性。日本东京应用化学公司(TOK)在其专利中也描述了一种金刚烷基取代磺酸基的 PAG，如图 4-48 所示。在其专利中，不同的金刚烷基结构或者内酯结构的取代基被应用在 PAG 的磺酸基或正离子一端的苯环上[33]。

4. 光可分解碱

在 193nm 浸没式光刻中，大家对分辨率的要求已经到了 140~80nm 的周期，伴随而来的线宽粗糙度(LineWidth Roughness, LWR)的问题促使光酸扩散长度的不断降低，以减少对比度的损失。除了树脂体系的改变，如采用更低活化能的脱保护基团来降低 PEB 温度之外，人们通过增加 PAG 的体积，采用与树脂体系相容性更好的取代基，来缩短光酸扩散长度；另一种方法是增加体系中碱的含量。有研究发现，高的碱含量可以带来更低的线宽粗糙度，而更低的碱含量可以得到更大的工艺窗口[34]。前者是因为非曝光区域具有较高的碱含量降低了光酸的扩散长度；后者是因为曝光区域具有较低的碱含量间接地增加了光敏性，从而带来工艺窗口的提高。为了兼具两者的优点，在 193nm 光刻胶体系中，尤其是浸没式光刻胶体系中开始普遍采用光可分解碱[34-36]。

最初在光刻胶体系中 PDB 的应用是在 20 世纪 90 年代为了解决 248nm 光刻胶的 PED 导致的 T 形顶(T-top)问题而开始的，当时发现，在体系中添加 PDB，如 TPSOH(Triphenylsulfonium hydroxide)，可以有效地改善 PED 问题，同时还可以增加对比度，降低驻波效应[34]。台积电公

图 4-48 一些具有金刚烷基取代或内酯取代的 PAG[33]

司的 C. W. Wang 等在 2010 年介绍了他们在 193nm 浸没式光刻胶体系中对 PDB 的研究[35]。PDB 对光刻胶曝光后的对比度改善如图 4-49 所示,在加入了 PDB 的体系中,曝光区域的 PDB 分解带来光酸的有效浓度提高,即增加了曝光区域的光敏性;而非曝光区域的 PDB 维持其碱性的特质和浓度来阻止光酸的扩散,从而在相同光学对比度的前提下,有效提升了光刻胶体系中实际有效光酸的对比度,改善了光刻工艺相关的能力,例如工艺窗口和线宽粗糙度等。

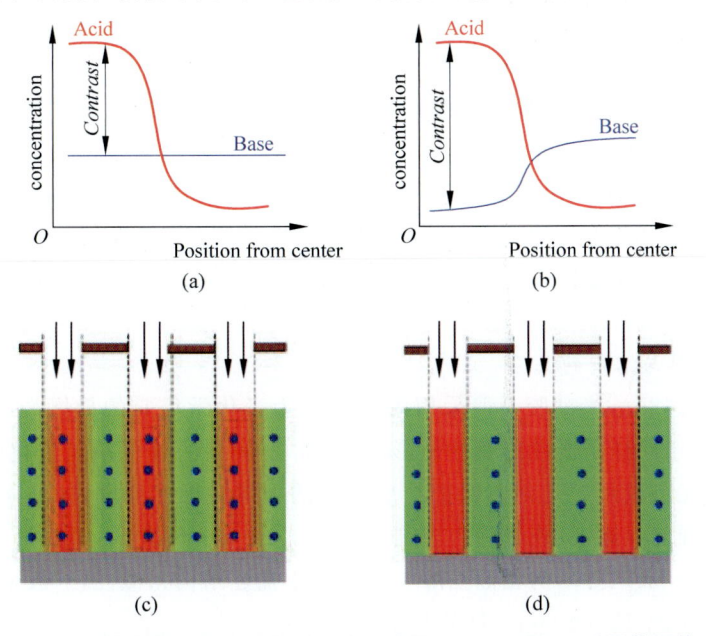

图 4-49 光刻胶在曝光后光酸的对比度示意图:图(a)、图(c)采用普通的碱,图(b)、图(d)采用光可分解碱[35]

最早的 PDB 是三苯基氢氧化硫盐,而在 193nm 光刻胶体系中的 PDB 多采用具有弱酸性的羧酸作为阴离子搭配的三苯基硫盐结构,如图 4-50 和图 4-51 所示。在曝光区域,PDB 分解产生的羧酸是非常弱的酸,不能像磺酸类的 PAG 一样提供酸来催化树脂的脱保护反应;而在非曝光区,PDB 作为一种弱酸盐可有效中和强酸达到碱的目的。对 PDB 中作为阴离子的羧酸的取代以及作为阳离子苯基硫的取代,如同 PAG 一样,具有非常多样的组合。

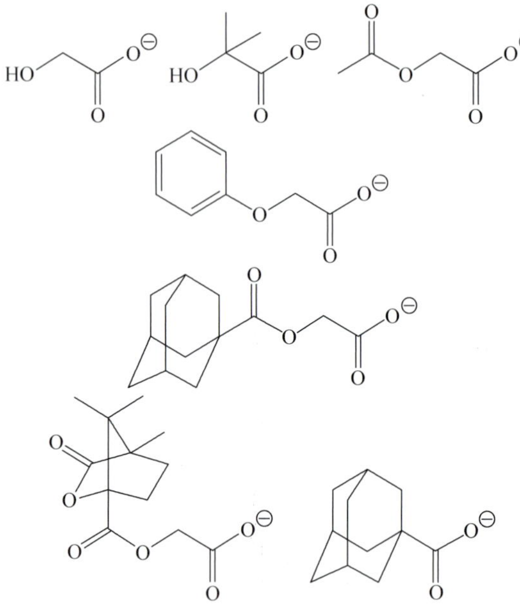

图 4-50 一些光可分解碱中采用的具有弱酸性的羧酸作为阴离子[33]

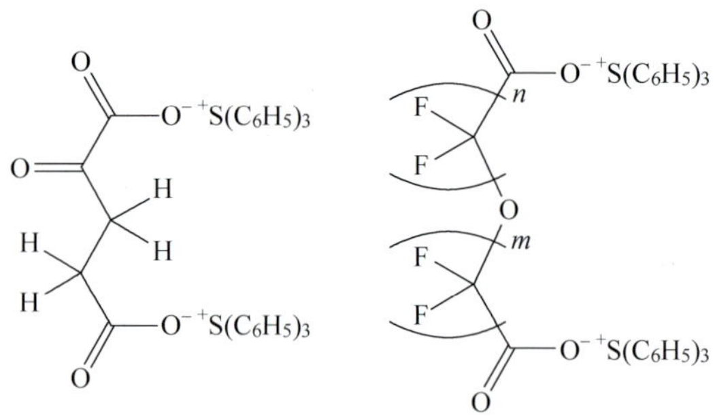

图 4-51 一类采用双羧酸阴离子的光可分解碱[36]

4.4.6 正性负显影(NTD)光刻胶

1. 正性负显影光刻胶的优势

虽然化学放大的正显影光刻胶取得了很大成功,但是在沟槽和通孔层次上,随着集成电路工艺技术的不断发展,线宽变得越来越小,其对光刻胶的灵敏度要求越来越高。越来越少透过掩模版的光导致正显影光刻胶的表现越来越难以为继。负显影采用明场掩模版,除了密集的周期外,对于半密集和孤立的周期,负显影方法可以提供充足的曝光,使得光刻胶重新获得较大的工艺窗口。但是,负显影也在材料和原理上遇到了之前正显影没有遇到的困难。下面逐一讨论。

2. 显影溶解率与溶剂的关系

对于正显影,193nm 光刻胶一般采用丙烯酸作为光化学反应的最终产物,丙烯酸具有酸性和极性,可溶解于同样是极性的碱性显影液中,如 2.38% 的四甲基氢氧化胺(TMAH)。但是,对于负显影,光刻胶经过光刻去保护之后形成的丙烯酸极性变强,如图 4-52 所示。所以,只要采用极性不强的显影液(或者称为溶剂)就可以区分有无曝光的区域,形成负显影图像。

对于溶解率,一般认为结构相似互溶。为了便于描述结构相似性,一般采用汉森溶解性参数(Hansen Solubility Parameters,HSP),定义如下:

$$\delta_{\text{total}}^2 = \delta_D^2 + \delta_P^2 + \delta_H^2 \tag{4.1}$$

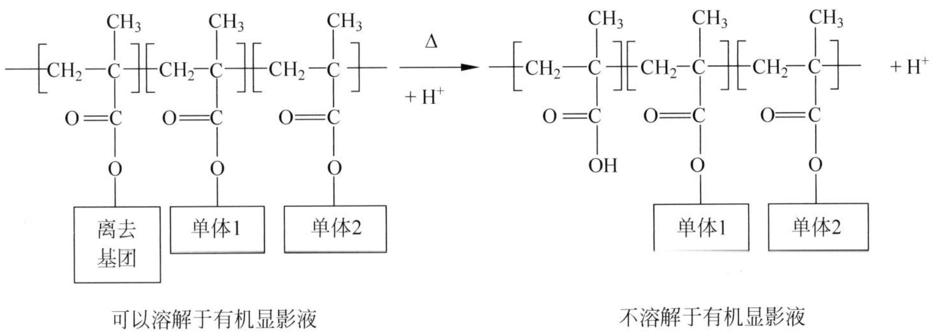

可以溶解于有机显影液 　　　　　　　　　不溶解于有机显影液

图 4-52　负显影中光刻胶的极性在曝光前后的变化示意图

式中：δ_{total}、δ_D、δ_P 和 δ_H 分别为汉森溶解性参数、扩散能力参数、偶极-偶极相互作用参数和氢键相互作用参数。

两种材料(用下标标为 1 和 2)在汉森参数上的相似性可以表示为 R_a，如下：

$$R_a^2 = 4(\delta_{D1} - \delta_{D2})^2 + (\delta_{P1} - \delta_{P2})^2 + (\delta_{H1} - \delta_{H2})^2 \tag{4.2}$$

在实际工作中可以以这 3 个自由度画一个球体，并且定义球体的半径为某个 R_0，当 $R_a < R_0$ 时，两种材料可以互相溶解；反之，不能互相溶解[37]。表 4-4 列举了 4 种负显影光刻胶样品[在于内酯的不同，离去基团都是甲基环戊基甲基丙烯酸酯(Methyl Cyclo Pentyl MethAcrylate，MCPMA)]。其中 R_{MAX} 为未曝光时在溶剂型显影液中的溶解速率。可以看到，当 R_a 比较小，也就是光刻胶和溶剂的汉森参数比较相似时，溶解率要比 R_a 较大时高。

表 4-4　美国陶氏化学(Dow Chemical)公司针对 4 种 193nm 负显影光刻胶的汉森参数与在两种有机显影液(OSD1000 和乙酸正丁酯，nBA)中最大溶解速率的关系[37]

Sample	δ_D	δ_P	δ_H	R_a to OSD^{TM}.1000Dev.	R_{MAX}/(Å/s) in OSD^{TM}.1000Dev.	R_a to n-butyl acetate(nBA)	R_{MAX}/(Å/s) in nBA
MCPMA/Lactone Ⅰ	18.7	9.82	8.55	6.31	637	6.28	65.5
MCPMA/Lactone Ⅱ	17.7	9.95	8.15	7.02	977	6.90	200.8
MCPMA/Lactone Ⅲ	17.6	8.85	9.4	8.07	469	8.06	46.5
MCPMA/Lactone Ⅳ	17.25	10.75	11.25	8.91	294	9.23	80.5

对于式(4.2)，日本富士胶片(Fujifilm)公司有稍微不同的表述[38]：定义"溶剂参数"(Solvent Parameter，SP)和"相对溶剂参数"(ΔSP)在这里就是显影液参数，如下式所示：

$$\langle \Delta SP^2 \rangle = \sqrt{(\delta_{P聚合物} - \delta_{P显影液})^2 + (\delta_{H聚合物} - \delta_{H显影液})^2 + (\delta_{D聚合物} - \delta_{D显影液})^2} \tag{4.3}$$

其实，式(4.3)的定义与式(4.2)是相似的。

3. 溶解率差值

一种光刻胶的好坏取决于曝光前后在显影液中的溶解速率差值，差值越大，光刻胶的显影对比度就越大。对于负显影，在没有曝光时，光刻胶在溶剂型显影液中的溶解率是最大的，也就定义为 R_{MAX}，那么在曝光后的显影液溶解率可以定义为最小的溶解率，如 R_{MIN}。光刻胶改进的一个目标就是增大 R_{MAX} 和 R_{MIN} 的差别。一般认为，当光刻胶的聚合物分子量变小时，R_{MAX} 和 R_{MIN} 都会变大，但是它们之间的差别会变小，也就是溶解率对比度会变小。所以，为了保持较大的 R_{MAX} 和 R_{MIN} 差别，需要维持一定的分子量，尤其是曝光后的分子量。

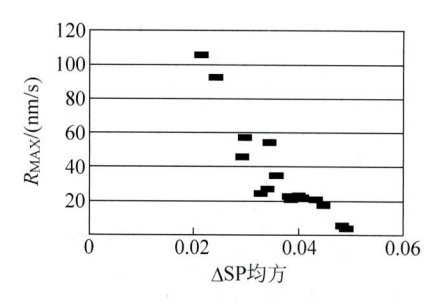

图 4-53 日本富士胶片公司实验中发现聚合物的最大溶解率与"相对溶剂参数"成强相关[38]

当然,从工艺角度出发,较大的分子量会导致分子平均直径的增大,会使得线边粗糙度(Line Edge Roughness,LER)和线宽粗糙度(Line Width Roughness,LWR)变差。所以,最后的结果一定是平衡各种要求的结果。总的来说,负显影的 R_{MAX} 和 R_{MIN} 差值要比正显影的小,如图 4-54 所示。正显影的 R_{MAX} 和 R_{MIN} 差别可以达到 4～5 个数量级,而负显影的 R_{MAX} 和 R_{MIN} 差别在 3～4 个数量级,比正显影小一个数量级。所以,负显影要达到较高的对比度一般需要靠明场较高的图像光强分布梯度(Image intensity gradient)来实现。

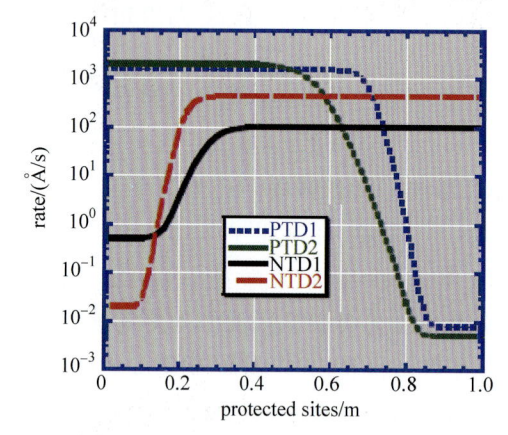

	PTD1	PTD2	NTD1	NTD2
$R_{MAX}/(\text{Å/s})$	1533	2000	104	450
$R_{MIN}/(\text{Å/s})$	0.01	0.01	0.50	0.02
mth	0.70	0.55	0.22	0.28
n	18.5	14.1	10.2	14.5
contrast	1.9E+05	4.0E+05	2.1E+02	2.3E+04

图 4-54 正显影光刻胶和负显影光刻胶的溶解速率在曝光前后的比较[39,图3]

4. 显影后厚度损失

对于负显影正性光刻胶,由于丙烯酸长链上悬挂的酸致脱保护基(离去基团),在曝光和曝光后及烘焙后会被从聚合物长链上切断,如果不用内酯将其尽量限制在聚合物中[22],光刻胶在曝光后会有显著的厚度损失。美国陶氏化学公司的迈克尔·雷利(M. Reily)等认为,在早期的负显影光刻胶平台,单单离去基团自身的因素就可能导致负显影光刻胶在显影后损失 20% 的厚度,加上负显影的最小显影液溶解速率 R_{MIN} 并不小,最后负显影导致的曝光显影厚度损失在总涂覆厚度的 30% 左右。当采用较小分子量的离去基团时,这样的损失可以降低到 15% 左右[39],如图 4-55 所示。

5. 对焦深度和显影对比度的关系

日本富士胶片公司认为,在最大显影液溶解速率 R_{MAX} 和最小显影液溶解速率 R_{MIN} 相似的情况下,提高显影对比度有利于提高图像的对焦深度。显影对比度定义如下:

$$\gamma = \frac{\text{d}\ln R}{\text{d}\ln E} \tag{4.4}$$

图 4-56 展示了 γ 值定义的图示。一般来说,正显影的显影液溶解速率随着曝光能量增加的对比度要高于负显影。当对比度比较小时,增大显影速率对比度有利于在离焦时改善图像对比度,对焦深度也会相应增加。图 4-57 展示了通孔光刻对焦深度(Depth of Focus,DoF)工艺窗口与显影对比度高低的关系。

6. 负显影光刻胶曝光后对衬底的黏附性变化

正显影光刻胶在曝光前是相对疏水的,而在曝光后虽然曝光部分变得亲水,但是它们会被

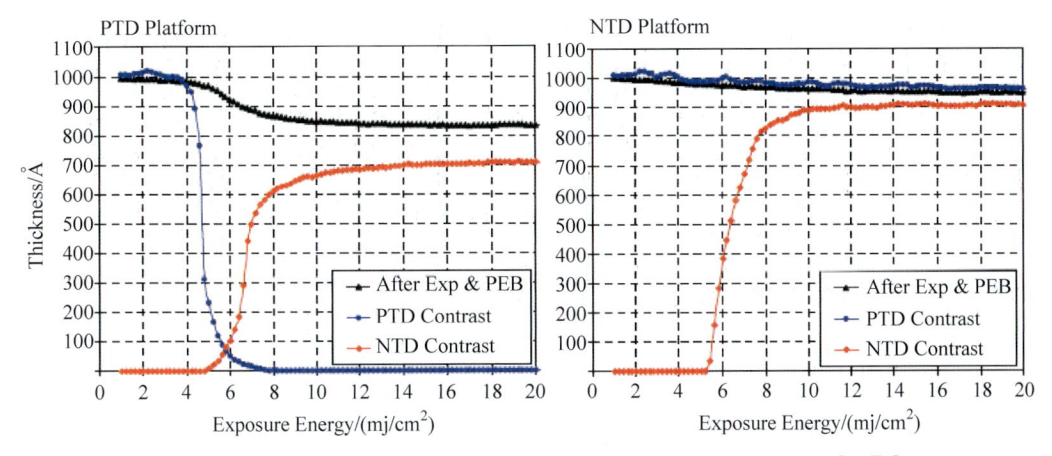

图 4-55　正显影光刻胶和负显影光刻胶在曝光前后厚度变化的比较[39,图4]

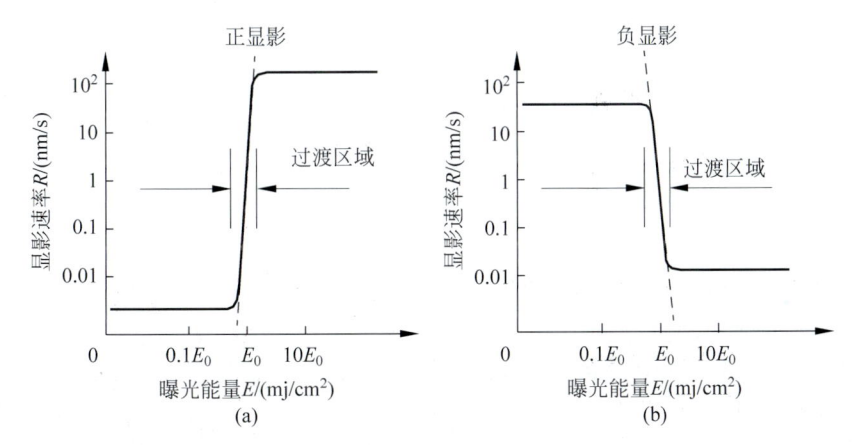

图 4-56　正显影和负显影的显影速率随曝光能量变化示意图

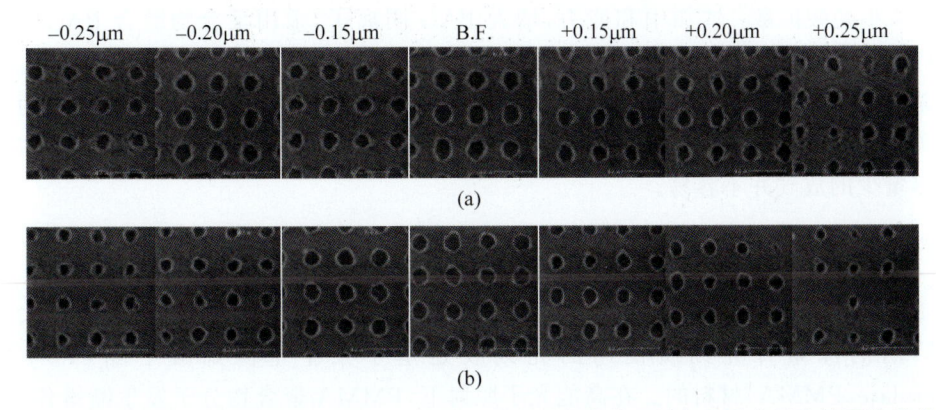

图 4-57　90nm 密集通孔图形的光刻在（a）使用 γ 值相对较高的正性负显影光刻胶的图像随着焦距的变化；（b）使用 γ 值相对较低的正性负显影光刻胶的图像随着焦距的变化[38]

显影液去除，而未曝光部分还是保持疏水，其与衬底的黏附性在曝光前后的变化不大。"未曝光"实际上是指曝光剂量没有达到光刻胶光化学反应的阈值。实际上光刻胶内部也存在部分曝光的情况。但是，对于负显影，由于采用明场，曝过光的地方可能已经接收到了相对比正显影多很多的曝光量，被曝光的光刻胶部分已经变得亲水。而工艺上又需要留下这部分光刻胶，形成图形。如果衬底还是保持疏水性，那么曝光后光刻胶图形可能不再对衬底有良好的黏附性而导致图形倒塌。

一般在使用负显影的光刻工艺中同时采用底部抗反射层。如果在底部抗反射层中添加酸致脱基团,使得在酸存在的情况下抗反射层的表面可以通过接收从光刻胶中扩散出来的氢离子(H^+)催化反应生成羧基(COOH)或羟基(OH),形成较为亲水的表面,匹配光刻胶在曝光后的极性变化,以提高光刻胶与衬底的黏附性,增强抗图形倒塌性能。

4.5 极紫外(EUV)光刻胶

由于提高分辨率的方法之一是缩短曝光用的波长,在水浸没式193nm之后,人们在之前研究软X射线技术的基础上想到了波长在几纳米到十几纳米的极紫外(EUV)波段。由于波长远远短于193nm,其分辨率可以继续领跑以摩尔法则(Moore's law)为标志的半导体集成电路线宽缩小进程。光学系统方面的进步也对光刻胶提出了更高的要求。一般来说,极紫外光刻胶的配方设计要求如下。

(1) 高的玻璃转化温度(T_g):温度稳定性要求。
(2) 短的光酸扩散长度:分辨率要求。
(3) 高的光学灵敏度:曝光机利用效率要求。

总的来说,就是要提高对极紫外光子的吸收效率和分辨率。一般来说,可以采用以下方法:

(1) 增加对极紫外光的吸收效率/增加二次电子的产生数量:增加电子陷阱密度/强度,增加EUV吸收,增加电离点,增加电离效率。
(2) 增加二次电子对光酸的转换效率(酸的生成效率,如采用强酸性光致产酸剂):提高化学放大效率。
(3) 较小的分子量(Molecular Weight,MW):满足较高分辨率。
(4) 减小光酸扩散:增加中和能力,增大PAG阴离子,采用聚合物键合PAG(Polymer bound PAG),缩小光刻胶内部空隙等。

极紫外光刻胶需要具有另外一个性能,就是尽量少的放气(Outgassing),这是因为放气会损害昂贵的光学零部件。但是,由于曝光过程处于高真空(氧气分压在10^{-9}Torr左右)状态,要做到尽量少的放气并不容易。

4.5.1 基于断链作用的非化学放大光刻胶

在1982年,伊藤(Ito)、威尔逊(Willson)与弗雷谢(Fréchet)提出并发展化学放大光刻胶之前,早期的深紫外光刻所使用的光刻胶是基于聚甲基丙烯酸甲酯(Poly-Methyl MethAcrylate,PMMA)材料的。在高能光子照射下,PMMA聚合物分子发生断键作用,导致分子量的改变,从而改变曝光区的溶解度。在大多数情况下,这种类型的材料是作为正性光刻胶使用的,即曝光区的溶解度升高。由于其灵敏度不足,此类型的DUV光刻胶很快就被迅速崛起的化学放大光刻胶全面取代。

近年来,随着极紫外光刻技术的开发,各类非化学放大类型的光刻胶(non-CAR)再次进入了人们的视野,其中最主要的原因在于non-CAR在降低LER方面的优势[40]。从一定程度上来说,这种优势又主要来源于non-CAR的低灵敏度,因为更高的曝光剂量意味着更低的散粒噪声(Shot noise)[41]。当光刻工艺的线宽发展达到20nm以下时,线边粗糙度的控制将成为最大的挑战之一。因此,采用灵敏度较低,但拥有高分辨率和低LER的非化学放大类型材料,就成为将来先进技术节点光刻胶的一种选择。典型的基于断链作用的非化学放大光刻胶系统是PMMA,这种类型的光刻胶被应用于初期的深紫外光刻技术,如今这种光刻胶主要用于光掩模的制作上。在高能光子(如极紫外光子)的照射下,PMMA分子吸收光子,形成激发态的阳离子,同时产生发射二次电子,然后激发态的阳离子发生一系列的侧链和主链的断裂。在早期的研究工作中,研究人员对PMMA材料在X射线和电子束光刻下的性能做了研究,并利用在PMMA分子上引入重金属的方式增加了其灵敏度[42-43]。研究还发现,这类光刻胶的灵敏度不仅取决于聚合物材料的分子类型,还与其分子量以及分子量分布有密切的关系,而且降低分子量分布的分散性也有助于提高其灵敏度。有研究团队还发现,引入氟原子后的聚甲基丙烯酸酯在X射线下的灵敏度得到了显著提高,这主要归因于含氟原子的侧链增强了对电子的吸收能力,从而促进了断链作用[44]。但是,这类材料具有较低的玻璃化温度。类似地,对主链α碳位置上的取代也有增强灵敏度的作用。

另一种被广泛使用的正性光刻胶是日本瑞翁(Zeon)公司开发的ZEP光刻胶[45]。根据这个公司公开的资料,其商用的型号ZEP520A光刻胶的主要成分是由α-氯丙烯酸甲酯和α-甲基苯乙烯组成的1∶1的共聚物。苯乙烯类成分的引入有效地提高了其抗刻蚀能力,并提高了材料的T_g。相比PMMA,ZEP光刻胶在灵敏度方面更是具有显著的增强。Toshio等展示了ZEP光刻胶在25kV电子束下灵敏度达到了大约$200\mu C/cm^2$[45]。

除了用作正性光刻胶以外,还可以通过调节聚甲基丙烯酸酯分子的侧链实现光照下的交联反应,达到负性光刻胶的作用[46]。

4.5.2 聚合物型化学放大光刻胶

当引入能量达到电离能以上的13.5nm极紫外光刻时,有很多新的化学反应机理可以用于极紫外光刻胶的设计。然而,过去由于极紫外光源的强度问题一直没有得到彻底解决,所以具有高灵敏度的化学放大型光刻胶(Chemical Amplified Photoresist, CAR)仍是目前的首选材料。最先被广泛应用于极紫外的光刻胶是已经发展成熟并应用于248nm深紫外光刻的环境稳定型化学放大型正性光刻胶[47]。这种光刻胶材料是基于对羟基苯乙烯/苯乙烯/丙烯酸叔丁酯的共聚物[Poly(p-Hydroxy Styrene, PHS)]/styrene/t-butyl acrylate)(见图4-22和图4-28),具有较高的灵敏度以及不错的分辨率[30nm[半周期(Half Pitch, HP)]]。尽管ESCAP光刻胶对于EUV光刻的初期发展有着很大贡献,但随着EUV技术的日趋成熟,对于更高性能的新型EUV光刻胶的研发需求也越来越大。有研究组发现,除了光致产酸剂(Photo Acid Generator, PAG)之外,CAR成分中主体聚合物部分对于整个EUV光刻胶的灵敏度也有重要的影响[48]。对于CAR分辨率的提高,一个最重要的要求就是减小光酸的扩散。常见的减小光酸扩散的方法有提高聚合物材料的T_g,增加聚合物的亲水性,引入大尺寸、强极性的酸根阴离子,将PAG阴离子与聚合物分子链以共价键连接,加入光可分解碱,等等[49]。经过科研人员多年的不懈努力,目前基于化学放大类型的EUV光刻胶取得了较大突破,达到了13nm(半周期)的分辨率,并具有较宽的工艺窗口,如图4-58所示[50]。

4.5.3 正性极紫外(EUV)化学放大光刻胶

如前所述,最早成功应用于极紫外光刻的是ESCAP类型光刻胶。这种原本应用于248nm的光刻胶经过减薄、增加光致产酸剂含量等优化处理之后,成功地在极紫外光刻下形

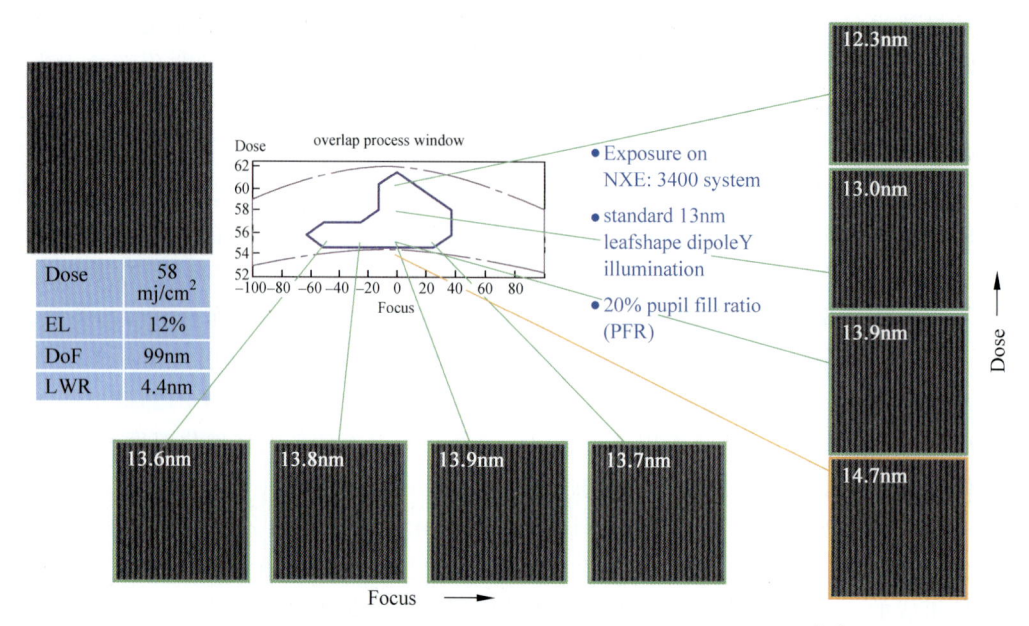

图 4-58　EUV CAR 光刻胶在 ASM-L NXE3400 光刻机下的图形[50]

成了 30nm(半周期)线图形,其曝光能量灵敏度达到 15～20mj/cm²。此外,还有很多新的光刻胶类型相继被开发出来。在这些新型光刻胶中,比较有潜力的是分子玻璃(Molecular Glass,MG)类型的光刻胶。相对于聚对羟基苯乙烯类型的大分子,分子玻璃(MG)材料的分子尺寸可达到 1nm 以下,因此有更大的潜力形成更精细的图形。另外,MG 光刻胶也存在一些问题,例如这类材料的 T_g 通常比较低,因此可能导致光酸的扩散过大。此外,由于是小分子,难以形成溶解性的对比,影响了其整体性能。一些具有代表性的 MG 类型光刻胶的性能会在后面章节中介绍。

在 EUV 光刻材料持续的研究探索中,不仅有很多新的光刻胶类型相继被开发出来,也涌现出很多新颖的材料改进方法,例如聚合物键合型光致产酸剂(Polymer Bound PAG,PBP)以及增感材料(Sensitizer)的引入等。采用聚合物键合型光致产酸剂的光刻胶是一种新型的化学放大型光刻胶系统。这类光刻胶中光致产酸剂成分不是简单地混合在聚合物成分中,而是与聚合物分子链以共价键的形式连接起来。一个很好的例子是萨克雷(J. W. Thackeray)等研究的一种将 PAG 的阴离子与聚合物大分子连接的光刻胶[51],这种新型光刻胶达到了 25nm (半周期)的高分辨率。在后来的进一步改进优化过程中更是达到了 15nm(半周期)的分辨率,同时还具有较高的灵敏度(20mj/cm²)[52]。另外有研究表明,PBP 光刻胶在显影过程中材料膨胀(Swelling)的现象更少,而且具有更低的光酸扩散程度,因而表现出更低的线边粗糙度[53]。

在 CAR 系统中,尤其是对于 PBP 类型的光刻胶系统,选择恰当的离去基团(Leaving Group,LG)是非常重要的。根据去保护反应的活化能(Activation energy,E_a)大小,LG 可以分为低活化能类型[曝光后烘焙(Post Exposure Bake,PEB)温度低于 100℃]和高活化能类型 (PEB 温度高于 100℃)。据研究,低活化能的材料通常比高活化能的材料具有更好的光刻表现,因为其离去基团的去除仅需要较小的光酸扩散便可以完成,致使其灵敏度、曝光能量宽裕度以及最终的分辨率都有所提高。然而,离去基团的稳定性对于光刻胶存放时间的影响也是需要考虑的,通常需要保证至少 6 个月的保存期。

增感材料的引入,作为一种增加光刻胶灵敏度的方法,被广泛应用在多种传统的光刻材料中。日本大阪大学的研究团队开发出了一种使用多次曝光来增加灵敏度的材料——"光敏化化学放大光刻胶"(Photo-Sensitized Chemically Amplified Resist,PSCAR)。研究人员通过加入一种可以在少量光酸催化下有效改变吸收特性的光敏材料,并在 EUV 图形曝光之后引入 DUV 光源进行整片曝光,使得之前 EUV 定义区域内光酸浓度大幅增加,从而达到增加灵敏度的目的。这个研究团队宣布将此方法应用到已有的光刻胶平台后,在没有牺牲其他参数的情况下,灵敏度得到了 7% 的增强[54-55]。大部分有机材料对于 EUV 光的吸收系数较低,导致基于有机物的增感材料效率较低,因此越来越多的研究团队开始把目光放在对 EUV 具有更高吸收率的金属材料上。目前,通过金属元素的引入来增强 EUV 光吸收的方法主要有两种:一种是将含金属的增感剂加入到传统的基于有机材料的化学放大光刻胶中;另一种是直接使用含金属的材料作为全新的光刻胶平台[56]。

4.5.4 负性有机小分子型光刻胶

负性光刻胶通常通过分子极性的改变或者分子间的交联来降低在显影液中的溶解度。前面提到过,采用明场照明的方式可以显著地提高特定图形的曝光质量。因此,负性光刻胶和负性显影光刻胶受到了越来越多的关注。本节集中讨论负性有机分子玻璃类型光刻胶。相比尺寸较大的聚合物分子,这类小分子除了具有更小的尺寸,通常还具有更低的分散性,可以形成更加均匀和致密的薄膜。因此,这类分子具有更大的潜力形成小尺寸、低线边粗糙度的图形。对于负性分子玻璃光刻胶,这些特点还有助于减小显影后图形的膨胀。然而,多数研究发现,虽然这类光刻胶通常对提高分辨率有很好的效果,但受到散粒噪声、光酸扩散以及图形倒塌等因素的影响,它们对线边粗糙度的减小作用有限。另外,要实现各项光刻性能,要求分子玻璃材料能够形成稳定的非晶薄膜,并具有足够高的玻璃转化温度 T_g 以承受后续的烘焙,这对材料的设计也提出了很大的挑战。以下介绍几种具有代表性的新型负性有机小分子型光刻胶。

1. 富勒烯光刻胶

富勒烯(Fullerene)是在 20 世纪 90 年代开始被作为一种光刻胶材料研究的[57]。由于富勒烯具有独特的球形富碳构造和极小的分子尺寸(直径小于 1nm),富勒烯及衍生物被认为有潜力作为一种高分辨率和高抗刻蚀能力的光刻胶材料。在最初的研究中,C_{60} 和 C_{70} 分子被通过蒸镀的方式沉积在衬底上。在紫外光照射下,富勒烯分子可以发生氧化或分子间交联(根据不同的环境条件和曝光剂量),从而在显影后形成光刻图形[57]。另外,在电子束轰击下,富勒烯分子还可以发生裂解,并形成类似无定型碳的结构,因此又能作为一种负性电子束光刻胶材料[58]。

由于富勒烯分子在一般有机溶剂中的溶解度非常小,因此其薄膜难以通过常用的旋涂方式来涂覆。为了解决这一问题,一系列的富勒烯衍生物被合成出来,通过引入不同的侧链,成功解决了此类光刻胶溶解性差的问题[59]。有研究小组在此基础上进一步将一系列功能化的富勒烯衍生物与交联剂和光致产酸剂以适当比例混合,开发出了独特的基于富勒烯衍生物的化学放大光刻胶,并成功地将这种光刻胶应用于电子束和极紫外光刻,如图 4-59 所示[60-61]。使用瑞士保罗·谢尔研究所(Paul Scherrer Institute,PSI)的极紫外干涉光刻设备,这种光刻胶达到了 18nm(半周期)的分辨率。该研究组在此基础上还开发出了另一系列的小分子化学放大光刻胶,称为 xMT[62]。相比富勒烯衍生物,这类小分子光刻胶成功地保留了其高分辨率、高灵敏度等优点,并且更加易于合成。图 4-60 展示了这种光刻胶在极紫外曝光下形成的 16nm(半周期)的图形。

图 4-59 (a) 一系列具有苯酚功能团的富勒烯衍生物;(b) 酚醛树脂交联剂;(c) PAG[61]

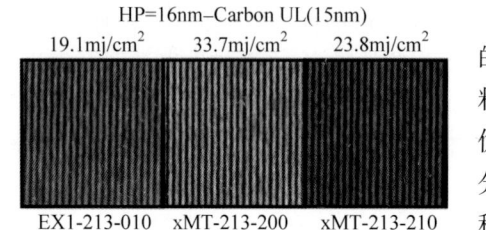

图 4-60 EUV 曝光三种 xMT 系列光刻胶图形,16nm(半周期)[50]

另一种富勒烯光刻胶是以含羟萘基和含羟苯基的富勒烯衍生物作为一种新型极紫外正性光刻胶材料[63]。经过对保护基团和 PAG 类型及含量的持续优化,最终这种材料达到了低于 24nm(半周期)的分辨率,其曝光剂量仅为 $17.5mj/cm^2$ [64]。基于这种材料,这个研究组又开发了一种负性光刻胶。这种光刻胶使用了与正性胶同样类型的富勒烯衍生物,但是去除了其保护基团,并加入了含有羟甲基的小分子交联剂[64]。这种光刻胶有着一般负性光刻胶不具备的可在水基的碱性溶液中显影的特点。使用叔丁基氢氧化铵溶液(TBAH)作为显影液,这种光刻胶达到了 35nm(半周期)的分辨率,并且没有呈现明显的膨胀现象[64]。

2. 杯芳烃光刻胶

杯芳烃(Calixarene)是一种环状结构的低聚物,可以由苯酚和甲醛聚合形成,如图 4-61 所示,它们的分子尺寸通常为 1~2nm。环状分子的上下两边相对容易被功能化。这类材料具有较高的熔点,通常在 300℃ 以上。杯芳烃的光刻特性最先被应用在电子束光刻中。Fujita 等对 Hexaacetate p-methyl calix[6]arene 进行了 50kV 电子束曝光[65]。随后又研究利用 30kV 电子束得到了 10nm 的孤立线图形,但是曝光剂量非常大[66]。

类似于前面提到的富勒烯衍生物,通过在杯芳烃分子上增加功能化的侧链,并加入交联剂、光致产酸剂等成分,也可以使其实现化学放大的功能,从而大幅提高其灵敏度,使其能够作为极紫外光刻胶使用,比较成功的例子是 Phenyl calix[4]resorcinarene 类型的分子[67]。在这种材料中加入六甲醚化密胺(Hexa Methoxy Methyl-Melamine,HMMM)交联剂和光致产酸剂之后,其在极紫外下灵敏度达到了 $30mj/cm^2$ 以下[67]。

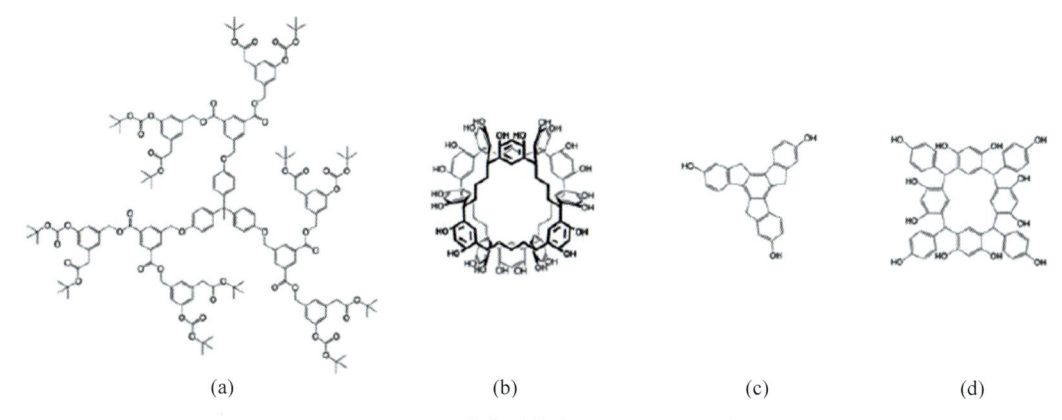

图 4-61　四种典型的有机小分子光刻胶

(a) 放射状分子；(b) 梯状分子；(c) 稠环类分子；(d) 杯状分子

杯芳烃材料也可以用作正性光刻胶材料。当选择合适的侧链基团，加上保护基团，并在材料中加入光致产酸剂时，该材料可以在碱性显影液中表现出正性的特点。杯芳烃的正性光刻胶也成功应用于极紫外光刻中，这部分将在 4.5.5 节中详细介绍。

3. 环氧化物类光刻胶

环氧化物之间的交联反应机理很早就被人们所熟知。将此反应应用于小分子的光刻胶材料，可以得到具有高交联密度的图形，以取得高分辨率。由于不需要像正性光刻胶一样精确地调节保护基团的比例，这种分子的合成也相对简单。当这些小分子互相交联之后，可以用甲基异丁酮(Methyl Iso Butyl Ketone, MIBK)或乙酸正丁酯(n-Butyl Acetate, nBA)等有机溶剂进行显影，形成负性光刻胶图形。由于环氧基团之间的交联反应没有副产物产生，在曝光和曝光后的烘焙过程中材料释放的气体物质也大大减小。相比传统的带有离去基团的光刻胶材料，其显影后膜厚的变化得到了很好的控制。另外，相比大分子的负性光刻胶，该类小分子(未曝光部分)更容易被显影液去除，因此避免了显影时间过长引起的膨胀。在分子交联之后，材料的 T_g 会升高，从而降低了扩散作用，有助于提高分辨率。这类材料交联之后往往会形成机械强度较高的结构，所以还对图形倒塌有一定的抵抗作用，这对于形成 20nm 以下的精细图形是非常重要的[49]。

有研究团队合成并测试了一系列具有不同官能团数量的小分子环氧化物在极紫外光刻下的表现[68]。电子束光刻测试的结果显示，官能团数量少的小分子材料具有更高的分辨率，这是因为它们形成的交联结构更加致密，显影后不易出现膨胀或者桥接的现象。通过调节光致产酸剂和碱性淬灭剂的种类和比例对其中的 4-EP 材料进行优化，该研究组得到了表现较为优异的极紫外光刻胶。

4.5.5　正性有机小分子型光刻胶

由于传统的正性聚合物光刻胶在近几十年的发展与成熟，很多研究单位也将新型的小分子型光刻胶的研发重点放在类似的正性光刻胶上。本节集中讨论正性有机分子玻璃类型光刻胶。前面已经介绍过，相比尺寸较大的聚合物分子，小分子型光刻胶具有更大的潜力形成小尺寸、低线边粗糙度的图形。但是，这类光刻胶材料由于缺乏像聚合物那样的分子链纠缠作用，其分子间作用力较小，从而使得其成膜质量和与衬底之间黏附性通常较差。对于正性小分子型光刻胶，由于几乎不存在分子链的断裂与链之间的交联作用，研究的重点大多放在化学放大类型材料上。相比聚合物，小分子型光刻胶还具有分子结构可控、纯度更高的特点，因此更有利于深入探究其光刻反应机理，控制反应的程度。

1. 放射状分子光刻胶

放射状星型结构的分子作为最早被选为小分子型光刻胶的材料之一（见图 4-61），最先于 1992 年被提出，并开发出了一系列的材料[69]。这个研究组研发了几种基于 1,3,5 三(二苯基氨基)苯[1,3,5-Tris(DiphenylAmino)Benzene,TDAB]的衍生物。通过添加和修改苯环上的取代基团，有效地调节了材料的 T_g 并控制了其在高温下的结晶现象[70]。1996 年，第一篇关于分子玻璃分子作为正性光刻胶的文章被发表[71]。典型的放射状星型分子光刻胶结构如图 4-61 所示，由一个抗刻蚀能力较强的核心结构和一些带有亲水性的官能团的支链组成。对于正性光刻胶分子，这些官能团通常还连接着保护基团。在高能电子束照射下，保护基团分离，使得分子中的亲水性基团暴露出来，从而实现正性光刻胶的功能。通过对支链结构的优化以及光致产酸剂的引入，具有化学放大功能的光刻胶也被开发出来，这种材料可以达到极高的灵敏度以及 25nm 的分辨率[72]。近几年，还有一系列新的放射状分子光刻胶被开发出来。

2. 稠环类分子光刻胶

由于稠环类分子具有较高的抗刻蚀能力而适宜作为小分子光刻胶的核心结构（见图 4-61）。稠环类分子光刻胶的代表是蒽(Anthracene)和富勒烯的衍生物。类似于聚合物型化学放大光刻胶，稠环类分子同样通过在支链上引入亲水性的官能团以及保护基团来实现正性化学放大胶的功能。蒽衍生物和光致产酸剂混合的化学放大光刻胶在极紫外下实现了 30nm 以下的分辨率[73]。研究人员还针对这种材料进行了极限分辨率的模拟，得到了不错的结果。前面介绍的含羟萘基(Naphthyl hydroxyl)和含羟苯基(Hydroxyphenyl)的富勒烯衍生物光刻胶也属于稠环类分子光刻胶的范畴，经过对保护基团和光致产酸剂类型及含量的持续优化，这种材料达到了低于 24nm(半周期)的分辨率，其曝光剂量也降低至 20mj/cm^2 以下[74]。

3. 环状分子光刻胶

环状分子具有和聚合物类似的重复单元，但其结构比线型的聚合物分子更加固定。环状分子家族中最具代表性的是杯芳烃（见图 4-61）。1999 年，杯芳烃第一次被应用到正性光刻胶材料中[75]。该光刻胶的主要成分是杯芳烃和重氮萘醌(Diazo Naphtho Quinone,DNQ)两种分子，利用 DNQ 抑制溶解以及在照射下的极性转换作用，实现正性光刻胶的功能。此外，由于这种材料相对传统 i-线光具有较低的吸收率，可以同时作 i-线(365nm)和 248nm 的光刻胶使用。如前所述，杯芳烃可以通过对其环状分子的上下边功能化，实现化学放大的功能。近期，美国陶氏化学公司(Dow Chemical)对应用于极紫外的正性小分子型光刻胶进行了讨论，认为诸如杯芳烃衍生物的这类分子玻璃类型的光刻胶的研发已经发展到在物理性质上可以与聚合物型光刻胶接近，而光刻性能有显著提高的程度。因此它们将来有望作为传统聚合物型光刻胶的替代材料之一。

4. 梯状分子光刻胶

梯状分子光刻胶是另一类具有独特结构的小分子玻璃材料，其最具代表性的分子称为"斗式提升机"(Noria)衍生物。Noria 在拉丁文中是水车的意思，形象地反映了该类分子的结构特点（见图 4-61）[49]。一种简单的梯状分子光刻胶主要由羧基功能化的 Noria 分子构成，并以一定比例加上 t-BOC 保护基团。这种材料通常具有高于 120℃ 的 T_g，以及很好的成膜质量。通过优化保护基团的比例，这种光刻胶在深紫外光刻下达到了 70nm 的分辨率[76]。类似其他类型的分子玻璃光刻胶，通过对 Noria 分子功能化以及添加合适的保护基团，可以实现化学放大型的正性光刻胶功能。随着更多的研究组对这类材料在极紫外应用方面的研发，一系列具有优秀光刻性能的 Noria 衍生物被开发出来。近来,有研究团队报道了一种以 Noria 衍生物为主要成分的极紫外正性化学放大光刻胶,达到了 22nm 的分辨率[77]。

4.5.6 基于无机物的新型光刻胶

利用无机物作为电子束光刻材料可以追溯到 20 世纪 80 年代,麦考利(Macaulay)等利用金属卤化物得到了小于 10nm 的高分辨率的图形[78]。然而这类光刻材料需要极高的曝光剂量,极大地限制了其实际应用。使基于无机物的光刻材料真正得到发展的标志是氢硅倍半环氧乙烷(Hydrogen Silses Quioxane,HSQ)被证明可以作为一种高分辨率以及相对高灵敏度的光刻材料,它甚至达到了 5nm 的极限分辨率[49]。除了高分辨率,这种材料还使人们把越来越多的关注点放在发展类似的无机物光刻胶上,尤其是随着极紫外技术的日渐成熟,基于无机物的光刻胶材料具有的高分辨率(不存在传统光刻胶中的光酸扩散问题)、高极紫外光吸收率(改善灵敏度以及散粒噪声问题)以及更高的抗刻蚀能力(更易于图形转移)等优势,使这类光刻材料成为下一代极紫外光刻胶的理想材料。

对于 HSQ 旋涂成膜、曝光以及显影机理的研究,为后来发展新型高性能的金属-氧化物型的无机物光刻胶做出了很大的贡献。HSQ 在旋涂成膜后,在膜与空气界面将发生反应,因此 HSQ 对于旋涂与曝光、曝光与显影之间的延迟(Post Exposure Delay,PED)后通常非常敏感。在电子束曝光作用下,HSQ 将发生交联(见图 4-62),并由碱性溶液显影。研究发现,在显影液中加入金属盐类可以增强其对比度[79]。

$$M-L+H_2O \xrightarrow{h\nu} M-OH \dashrightarrow M-O-M$$

图 4-62 一种基本的金属-氧化物类型光刻胶交联过程

随着极紫外技术的发展,研发适用于极紫外光刻的无机物光刻胶受到了越来越多的重视。HSQ 虽然也可以作为一种高分辨率的极紫外光刻胶,但它的低灵敏度完全不能被产业界接受。为了提高无机物类型光刻胶在极紫外下的灵敏度,一些新材料被开发出来。其主要的设计思路是通过引入重(金属)原子以增强材料对于极紫外光子的吸收,并且选择合适的配合基(Ligand),调节其在辐射作用下的分解、交联、缩合等反应,从而达到大幅提高这类光刻胶灵敏度的效果。

目前,有潜力作为高性能光刻胶的新型材料主要有两类:一类是类似 HSQ 的金属-氧化物材料;另一类是基于有机金属或金属团簇材料。第一类材料的代表就是著名的 Inpria 公司推出的金属-氧化物光刻胶。Inpria 早期推出的材料是基于铪(Hf)的氧化物 $HfSO_X$,这种材料经过大量的极紫外曝光测试与优化,达到了 8nm 的极限分辨率以及中等的灵敏度(160~200mj/cm^2),见图 4-63[80],其在阿斯麦公司的量产设备 NXE3300B 也达到了 13nm(半周期)的分辨率[81]。除了高分辨率外,$HfSO_X$ 还具有抗刻蚀能力极强的特点,这使得该材料可以直接作为衬底刻蚀的硬掩模(Hard Mask,HM),从而简化工艺流程并提高图形转移精度。但是,这种材料对环境中的水分非常敏感。最近,Inpria 公司又开发出了新的基于锡的金属-氧化物光刻胶来取代铪的氧化物材料,该材料不仅解决了环境稳定性的问题,也使得灵敏度再次提高到了 20mj/cm^2 的水平[82]。

第二类基于有机金属或金属团簇材料也是许多团队重点研究的方向。这类材料通常选用一些重金属,如 Cr、Fe、Co、Ni、Cu、Zn、Pd 等,加上稳定的有机配体。得益于重金属原子对 EUV 光子的高吸收率,以及合适的配体结构在光子或电子作用下的分解反应,使得这类材料可以达到很高的灵敏度[49]。目前对这一类光刻胶材料研究的重点在于如何找到合适的金属-配体组合,使得材料能在环境中稳定存在,能在有机溶剂中有良好的溶解度并能通过旋涂成膜,实现高效的光分解反应,有效地控制反应后生成的挥发产物。美国康奈尔大学(Cornell

HP=12nm　　　　　　　　HP=8nm

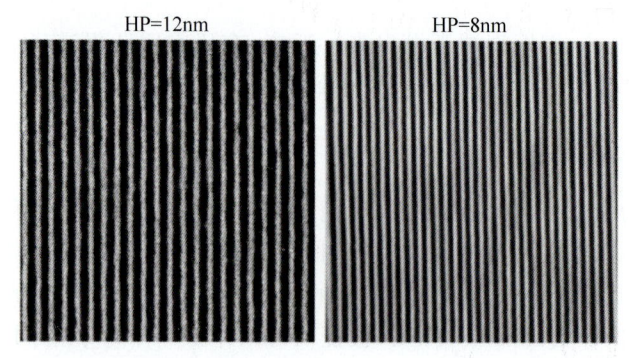

图 4-63　Inpria 公司 JB 系列无机光刻胶在极紫外 13.5nm 光刻下形成的 12nm（半周期）图形（左）以及 Inpria 公司 IB 系列光刻胶在极紫外光刻下形成的 8nm（半周期）图形（右）[80]

University)的一支研究团队长期致力于金属纳米颗粒型光刻胶的研究。该团队主要研究和开发以 Hf 以及 Zr 氧化物为主体材料的 EUV 光刻胶。通过选择适合的配合基以及显影液，这种光刻胶达到了 5mj/cm² 左右的灵敏度。但是，这种类型的光刻胶也具有较大的线边粗糙度(通常大于 5nm)[83]。在近期的研究中，这个团队通过在材料中加入 PAG 或者光致产碱剂(Photo Base Generator, PBG)，并进一步优化材料纯度和显影液种类，不仅使得光刻胶的灵敏度提高到 2mj/cm² 以下，而且分辨率和 LER 也得到了逐步提高[83]。

不过，含有金属的光刻胶在等离子体刻蚀过程中有污染衬底的风险，真正在生产线上使用还需要经过检测。目前，以欧洲微电子研究中心(IMEC)为代表的研究单位正在积极地对无机类光刻胶，特别是金属-氧化物材料光刻胶做一系列的评估工作，以验证其在工业级光刻中的可行性。

4.6　光刻胶的分辨率-线边粗糙度-曝光灵敏度(RLS)极限

光刻胶的分辨率不是可以无限提高的，其所有的工艺窗口或者性能取决于能够吸收多少光，并且尽量完整地将空间像中的信息保存下来。所以，即便是化学放大型的光刻胶，其性能也是存在极限的。那么，这个极限是什么呢？原先在使用 248nm 深紫外化学放大型光刻胶时并没有遇到这个极限。但是到了 193nm，尤其是 193nm 浸没式光刻工艺的大量使用，光刻胶的有限工艺窗口开始显露。人们发现，如果需要增加曝光灵敏度，就会损失成像对比度，或者增加线边粗糙度/线宽粗糙度。如果需要改善线边粗糙度/线宽粗糙度，就会增加曝光能量，或者降低成像对比度。所以，对于光刻胶工业界定义过一个守恒量，叫作 Z 因子，如下[84]：

$$Z = HP^3 \times LER^2 \times E \tag{4.5}$$

式中：HP 为半周期；LER 为线边粗糙度；E 为曝光能量密度。

式(4.5)等号右边的第一项代表能够分辨的最小单位体积(nm³)，即一种分辨率(Resolution, R)的表征，第二项是线边粗糙度(Line edge roughness, L)的平方(nm²)；第三项是曝光能量密度(mj/cm²)，又称为能量敏感度(Sensitivity, S)。所以 Z 因子的量纲是 mj·nm³。例如，一支光刻胶能够分辨半周期为 13nm，其线边粗糙度为 3nm，曝光能量为 30mj/cm²，Z 因子为 0.59×10^{-8} mj·nm³。如图 4-58 中的光刻胶的 Z 因子为 1.22×10^{-8} mj·nm³ [半周期为 13nm，能量密度为 58mj/cm²，线边粗糙度(线宽粗糙度/$2^{0.5}$)=3.1nm]。

对于一种光刻胶，Z 因子是守恒的。比如，增加 E，因为 Z 是守恒的，所以将获得较低的 LER 或较小的 HP。同样，如果需要获得较小的 LER，可以采用较大的曝光能量，或者将分辨率降低一些，如增大线宽和周期。所以，对于一种光刻胶，如果需要提高总体性能，需要降低 Z

因子。比如,光刻胶原先采用的光酸具有较长的扩散长度,为了提高分辨率,最简单的方法是增加碱性淬灭剂。不过这样的代价就是提高了曝光能量。如果降低淬灭剂的剂量,曝光能量是降低了,但是分辨率因为光酸的较大扩散而变差了。如果通过更换光致产酸剂(PAG),比如换为具有较大不容易扩散的阴离子(Anion)的类型,光酸的扩散就可以降下来。这样曝光就需要更多的光酸分子,更多的光酸分子意味着获得更多的空间像的信息。潜在地,能够降低线边粗糙度和提高分辨率。但是,如果不做处理,曝光能量就上去了。这是因为化学放大的光刻胶依赖酸来切断酸致脱基团完成催化去保护反应,光酸的扩散减少会导致曝光能量的升高。所以,通过提高光酸的酸度,既提高了氢离子的水解浓度,也可以起到提高去保护反应速度的作用。在193nm浸没式光刻胶中,光酸的扩散长度一般为5~10nm。考查5nm的扩散长度,如果光刻胶的分子直径为1.5nm,在光酸的直线(假设)扩散中平均会遇到3个分子,假如遇到每个分子被俘获的概率为100%,而催化反应重新释放氢离子H^+沿着原方向扩散的概率为1/6,那么经过3个分子的概率为1/216。也就是这个氢离子如果能够在某个方向上扩散5nm,其已历经216个聚合物分子。每个光酸的催化量一般为15~30,所以在大多数氢离子与聚合物分子相遇时是不触发去保护反应的,只是被散射了。

极紫外光刻工艺面临的主要问题是:虽然线宽分辨率随着曝光机的到来,相比水浸没式193nm工艺有了本质的飞跃,如分辨率半周期从193nm浸没式的38nm进步到了13nm,但是其线宽粗糙度(LWR)或线边粗糙度(LER)并没有显著改善。也就是说,线宽粗糙度和线边粗糙度将是影响线宽均匀性的主要因素。这个问题的根源之一是极紫外的散粒噪声(Shot noise)。

4.5节曾提到,好的光刻胶关键是有较高的对极紫外光子的吸收效率和转换为光酸的效率。一般来说,采用量子效率来表征光刻胶的总体转换效率。量子效率定义为

$$量子效率 = \frac{产生的光酸分子个数}{吸收的光子个数} \tag{4.6}$$

一般来说,化学放大极紫外光刻胶的量子效率为2~6[85-86]如图4-64所示。

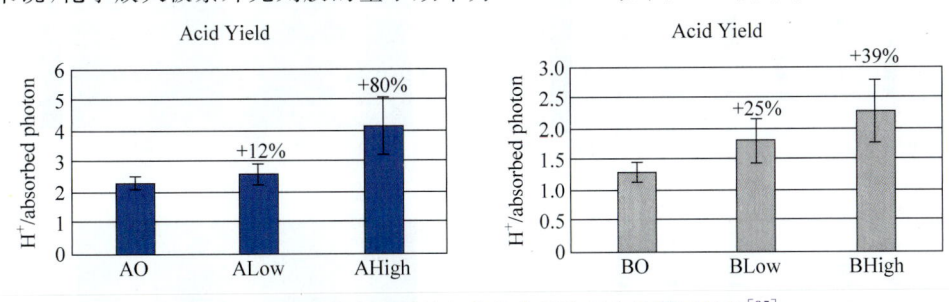

图 4-64 两种带有增感的极紫外光刻胶平台的量子效率[85]

我们来看一下光强的具体大小。假设光刻胶折射率的虚部为0.02,其对193nm的透入深度为

$$\Delta x = \frac{\lambda}{4\pi k} = \frac{193}{4 \times 3.14 \times 0.02} = 768 (\text{nm}) \tag{4.7}$$

也就是说,厚5nm的光刻胶对光的吸收大致为0.0065。对于30mj/cm²的照明光,按照每个光子6.4eV的能量(193nm),在尺寸为5nm×5nm的光子数为

$$N_{193nm} = \frac{30\text{mj/cm}^2}{1.602 \times 10^{-19} \times 6.4} \times (5 \times 10^{-7})^2 = 7315 \tag{4.8}$$

按照前面计算的193nm光刻胶的吸收率为0.0065,则被吸收的光子数为47。但是,对于极紫

外,同样的能量,对于92eV的极紫外光子,式(4.8)中的数量就要大大减少,如

$$N_{13.5\mathrm{nm}} = \frac{30\mathrm{mj/cm}^2}{1.602\times10^{-19}\times 92}\times(5\times10^{-7})^2 = 509 \qquad (4.9)$$

如何有效地利用这些光子是完成成像的关键。如果极紫外的吸收率与193nm相同,那么对于散粒噪声以及散粒噪声导致的线宽和线边均匀性问题,极紫外要比193nm浸没式严重$(92/6.4)^{1/2}=3.8$倍。如对于193nm,在以5nm为边长的立方体积中总共有47个光子被吸收,其光子数量的涨落是其根号值,即±6.86个光子,大约为$\pm14.6\%$。而对于极紫外,假设有与193nm相同的吸收率,即0.0065,509个光子在以5nm为边长的立方体积中总共被吸收了3.3个光子,其涨落为±1.8个光子,约为$\pm54.5\%$,非常大。所以,在2018年的美国国际光学工程学会(Society of Photo-optical Instrumentation Engineers,SPIE)年会上,极紫外光刻工艺导致的散粒噪声成为重要议题[87-88]。2018年又被称为随机学之年(Year of Stochastics)。图4-65展示了经过曝光校准的CF Litho-EUV光刻工艺仿真软件模拟的周期为27nm的等间距线条在0.33NA,偶极照明条件下的图像[89]。其中图4-65(e)为照明条件在光瞳上的分布,图4-65(c)、(d)分别显示空间像轮廓与空间像经过光酸扩散后的光强分布;图4-65(a)、(b)分别显示空间像轮廓与空间像经过光酸扩散后的带有随机效应的光强分布。光刻胶厚度为30nm,折射率实部使用1.0,曝光能量密度为$54.0\mathrm{mj/cm}^2$。其中曝光能量宽裕度(EL)为15.3%,线宽粗糙度(LWR)为3.73nm。

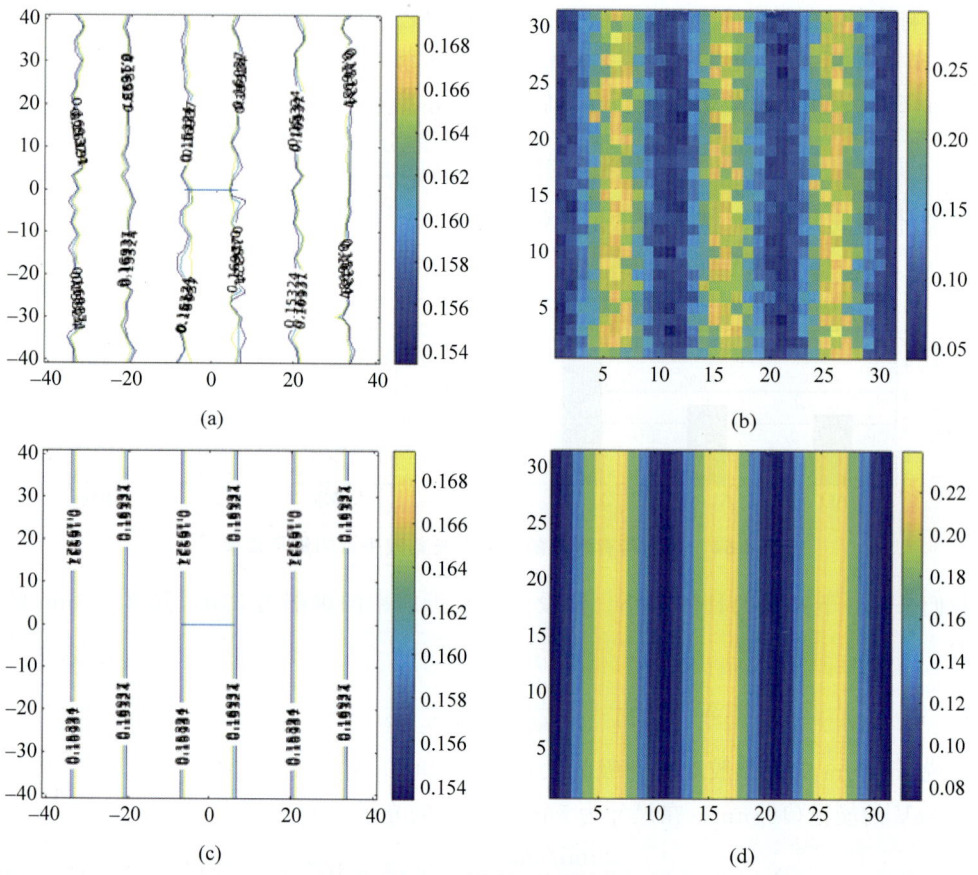

图4-65 采用RCWA方法对27nm周期密集线条进行的空间像仿真结果:(a)引入吸收光子随机涨落的光刻胶潜像轮廓;(b)引入吸收光子随机涨落的光刻胶潜像(脱保护分子密度分布);(c)无涨落的光刻胶潜像轮廓;(d)无涨落的光刻胶潜像(脱保护分子密度分布);(e)照明条件

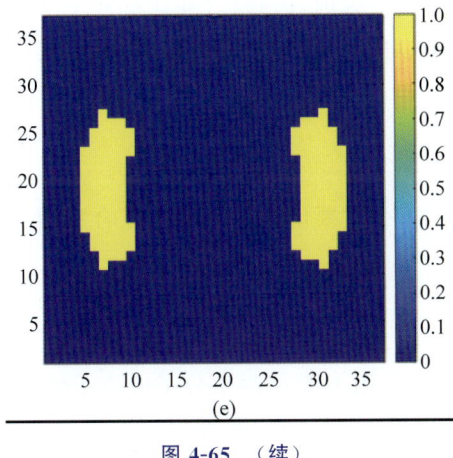

图 4-65 （续）

总之，对于所有光刻胶，包括极紫外光刻胶，提高对于极紫外光的吸收和对吸收的光能量的利用是降低 Z 因子与随机效应的主要方法。

4.7 辐射化学与光化学概述

4.7.1 辐射作用

光刻胶曝光后，曝光区与非曝光区的性质差异实际上是光化学、光物理作用的结果，下面将对光这一光化学、光物理过程的基本原理进行简要介绍。

首先，需要了解一些基本术语。光刻胶中的感光成分曝光后，因吸收能量而受激发，激发态是多种多样的，体现在多重性（电子的自旋状态）、分子轨道性质（π、n、σ 及其他轨道）、相对基态的能量等方面。例如，单重态（S_1）、三重态（T_1）分别代表激发态分子相对基态（S_0）的两个不同能级。

1s 轨道的一对基态电子构型可表示为 $1s^2$，受激发后，其中一个电子跃迁至 2s 轨道，其构型表示为 $1s^1 2s^1$，这两个电子不再成对，因为它们处于不同的轨道。根据洪特规则（Hund's rule）的最大多重度原理，自旋方向相同的电子，其能量低于自旋方向相反的电子，如图 4-66 所示。

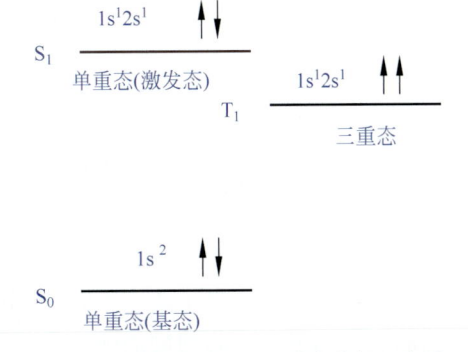

图 4-66 分子单重态和三重态能级示意图（箭头表示电子自旋的方向）

自旋方向不同的电子，角动量也不同，对于成对电子（自旋方向相反），两个自旋角动量相互抵消，形成零净自旋，这种电子能态称为单重态（Singlet）。当两个电子自旋方向相同时，总角动量等于两个电子角动量之和，称为激发的三重态（Triplet）。三重态的能量要低于单重态。

光刻胶中分子的激发单重态是直接吸收光子或其他激发态分子能量转移导致的，获得的能量可以以荧光的形式发射出去，也可以无辐射跃迁至基态。相同多重度之间的无辐射跃迁（单重态向单重态跃迁、三重态向三重态跃迁）称为内转换，不同多重度之间的跃迁称为隙间窜越。当分子中存在共轭结构时，隙间窜越无法实现，称为自旋禁戒跃迁。因此，激发单重态

(S_1)发射荧光的比率实际上是荧光发射、内转换(跃迁至S_0)、隙间窜越(跃迁至T_1)三种作用竞争的结果。另外,激发三重态可发生缓慢发光现象,称为磷光(Phosphorescence),或者发生隙间窜越现象,跃迁至基态。

4.7.2 激发态复合物

光刻胶曝光过程中产生的一个重要形式是激发态复合物,包括激基缔合物(Excimers)和激基复合物(Exciplexes)。

1. 激基缔合物

激基缔合物又称受激二聚物,由两个同种分子或原子构成,分子在基态时没有相互作用,受激发后有较弱的相互作用,其作用力源自两个分子或原子轨道的正叠加,例如光刻胶感光化合物中的芳环分子与杂环分子。1954年,福斯特(Th. Förster)和卡斯珀(K. Kasper)首次发现了嵌二萘(芘)(Pyrene)浓溶液(10^{-3} mol/L)的荧光现象,从而证实了激基缔合物的存在[90]。

图4-66为激基缔合物的形成能级示意图。激基缔合物就是在分子的基态时相互之间无法形成能量较低的束缚态,而当其中一个分子被激发到激发态后,它和另外一个分子(未激发)之间可能形成短暂的束缚态。短暂的意思是由于处于较高的能量状态,形成的束缚态可能很快就会退激,于是分子之间回复到分离状态。图4-67中的短暂束缚态与基态之间的势能差$h\nu'$小于激发态孤立分子与基态孤立分子的势能差$h\nu$,因而产生红移现象。激基缔合物的发射光谱能量是连续变化的,不存在振动精细结构。

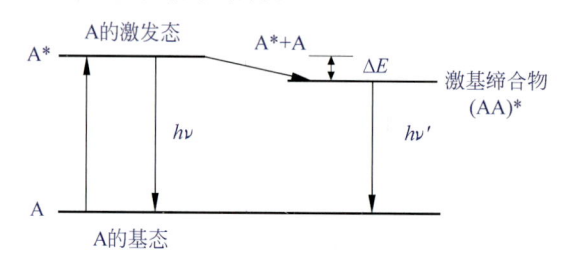

图4-67 激基缔合物的形成能级示意图

2. 激基复合物

激基复合物是由两个结构相似的不同种分子或原子受激发形成的,例如光刻胶感光剂蒽和四氮烯,两个分子亲电子能力不同,一个作电子供体,另一个作电子受体,成键过程伴随着部分电荷转移,激基复合物的键能强于激基缔合物,能够发射红移荧光或磷光。

由于激基复合物的形成伴随着电子从一个分子向另一个分子的转移,从而产生自由离子对,并最终形成孤立的自由离子。图4-68为苯甲酮(光刻胶常用感光剂)和叔胺(光刻胶常用淬灭剂)形成激基复合物的过程。

4.7.3 能量转移

光刻胶曝光过程伴随着分子间能量的转移,既可发生于不同能级的分子间,也可发生于同等能级分子间,携带激发能的分子称为供体(Donor,D),接受激发能的分子称为受体(Acceptor,A),可用以下反应式描述:

$$D^* + A \rightarrow D + A^* \tag{4.10}$$

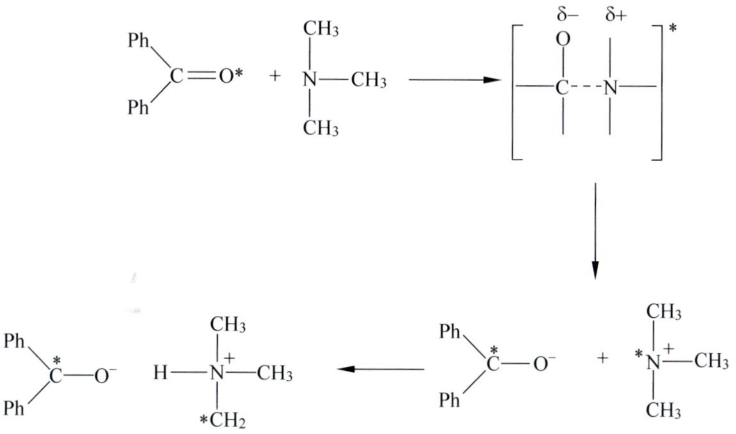

图 4-68 苯甲酮和叔胺形成激基复合物的过程(其中包括典型的电子转移情况)[9]

只有当 D^* 的激发能大于或等于 A^* 的激发能,即

$$E_{D^*} \geqslant E_{A^*} \tag{4.11}$$

时,此过程才能发生。

4.7.4 光谱增感

光谱增感(Spectral sensitizing)是为了有效利用不能被反应物吸收的光,假如光刻胶能够吸收的光谱带很窄,则会造成光能的浪费。以聚乙烯基肉桂酸为例,其吸收波光谱吸收峰在 250nm 左右,而 i-线照明光谱峰值位于 360nm 左右,这便是聚乙烯基肉桂酸光刻胶[Poly(vinyl cinnamate)photoresist]敏感度低的主要原因。于是需要添加增感剂(Sensitizer),如 5-硝基苊(5-Nitroacenaphthene),将其吸收波长延伸至 450nm 左右,可以使聚乙烯醇肉桂酸酯在光刻机波长的吸收效率提高 450 倍左右。

基于能量迁移理论基础,将能够吸收特定波长光的发色团,如苯乙酮(Acetophenone)引入聚合物体系,使得该波长的光能量转移至反应物,如下式所示:

$$S_0(\text{reactant}) + T^*(\text{sensitizer}) \rightarrow T^*(\text{reactant}) + S_0(\text{sensitizer}) \tag{4.12}$$

这一过程称为光谱增感,是增强反应物感光性的有效手段。在实际应用中,光谱增强常常是将吸收范围往长波长的方向拓展,以降低激发能。对于这样的感光剂,其激发的单重态能量(S_1)需要低于反应物的激发单重态,而其激发的三重态能量(T_1)高于反应物的激发三重态时,才能得以实现,也就是需要找到一种物质,其激发单重态的能量很靠近其激发三重态的能量。

为了提高能量增感的效率,感光剂需要满足以下要求[91]:

(1) S_1 向 T_1 跃迁的概率高,且量子产率高。
(2) S_1 和 T_1 的能量差较小。
(3) 三重态寿命足够长,以增大能量在感光剂与反应物之间的转移概率。
(4) 能够吸收反应物所不能吸收的光谱带。
(5) 在反应介质中可溶。

芳香酮基本能满足以上五个条件,因此长被用作增感剂。

除了三重态之间的光谱增感,还有电子迁移增感,如光刻胶体系叠氮化物的光解用芳香烃增感,可用下式描述:

$$A^* + D \leftrightarrow D^+ + A^- \tag{4.13}$$

$$D^+ \rightarrow 分解 \tag{4.14}$$

对于极紫外光刻胶,可以通过在光刻胶和衬底之间引入旋涂的增感层,以便多一次机会拦截极紫外光子,用于产生更多二次电子,来提高光刻胶对其的吸收[85]。

4.7.5 光化学与辐射化学

总的来说,常规光化学研究的是 193～700nm 波长光源下引起的化合价变化或外层电子激发,在 193nm 以下,能量较高,会发生一些高能变化,如光致电离。低于 90～100nm 波长,属于辐射化学的范畴,如 α、β、γ、X 射线(包括波长 7～13.5nm 的极紫外辐射)等。

在光化学范围内,用于曝光的能量子被光刻胶分子中特定的发色团吸收,并产生相应的激发态分子,便会导致分子链断裂甚至电离,形成化学反应。

如果使用更加高能量的辐射,如使用高能带电粒子(如电子、离子)和高能电离辐射(如 X 射线、极紫外光子)等用于光刻胶成像,其主要特点是单位量子的能量远高于光刻胶材料的化学键能量。用高能粒子和辐射(电子、离子、X 射线等)对光刻胶曝光时,在曝光点附近会产生连锁式的反应,并产生各种各样的活性粒子,情况要比光化学反应复杂,如光子(用 $h\nu$ 表示)可以将分子 M 电离成一个离子 M^+ 和一个电子 e^-,如式(4.15)所示。

$$M \xrightarrow{h\nu} M^+ + e^- \tag{4.15}$$

产生的离子能与二次电子再结合产生更高的激发态分子:

$$M^+ + e^- \rightarrow M^{**} \tag{4.16}$$

这些高激发态分子可以发射辐射[如式(4.17)所示],裂解产生离子[如式(4.18)所示]或自由基[如式(4.19)所示],衰变为低激发态分子[如式(4.20)所示],或最终转变为基态分子[如式(4.17)中的 M]:

$$M^{**} \rightarrow M + h\nu' \tag{4.17}$$

$$M^{**} \rightarrow M^+ + e^- \tag{4.18}$$

$$M^{**} \rightarrow R_1^* + R_2^* \tag{4.19}$$

$$M^{**} \rightarrow M^* \tag{4.20}$$

大多数情况下,辐射化学的最终产物与光化学产物类似,二次电子由于失去了能量,会依附其他分子形成分子离子,或依附于光刻胶中的残余溶剂形成溶剂化电子。

4.7.6 辐射化学量子产率

由于高能粒子或辐射的能量不是被特定发色团吸收的,辐射化学反应的量子产率可以明确定义,可用 G 值来衡量,即每 100eV 的能量作用于体系时所产生的产物摩尔数,产物在体系中单位体积的摩尔浓度 $[P]$ 与曝光剂量 D 有如下关系:

$$[P] = G(P) \times \frac{D}{100} eV \tag{4.21}$$

实际情况中,G 值的确定需要测量产物浓度曝光剂量。

对于极紫外光刻胶,也可以采用 4.6 节和式(4.6)描述的量子效率参数来确定量子产率。

4.7.7 辐射曝光敏感度

由于不同种电离辐射的化学效应本质上是相似的,光刻胶对不同种电离辐射的敏感度也是相近的。也就是说,对电子束辐射敏感的光刻胶,对 X 射线、离子束、极紫外光子也同样敏感。光刻胶在这类辐射源下的广谱灵敏性,即其能量高于光刻胶任何组分的键能、电离能,因此暴露在这类辐射源下的光刻胶几乎所有的化学键都会断裂。高能辐射的这一性质对化学官能团的选择是不利的,所幸高能束在与光刻胶相互作用时并非依赖光刻胶的分子结构,而是依赖原子的俘获截面,产生大量低能量的二次电子和俄歇电子,这些低能电子进一步引发分子水平的化学变化,这便与常规的曝光相似了。因此,光刻胶对高能束的化学灵敏度与高能束的自身性质无关,只与高能束产生二次电子的效率有关,而产生二次电子的效率依赖光刻胶组分原子的俘获截面。确切地说,若没有二次电子,就没有极紫外、X 射线、电子束和离子束光刻技术。

4.7.8 辐射与光刻胶材料相互作用机理

光刻胶曝光机理取决于光刻胶原子、分子与曝光源的相互作用。对于高能束曝光,如电子束、离子束、X 射线、极紫外光子等,光刻胶曝光后发生电离作用,发生主链断裂或交联反应,从而发生溶剂度的变化;对于低能束曝光,如紫外、深紫外、真空紫外等,光源被光刻胶组分中的发色团吸收,并产生不同于非曝光区的光解产物。

不同光刻技术领域的光刻胶曝光机理有着明显的区别。具体地说,用于深紫外 248nm 光刻的芳香族聚合物化学放大型光刻胶曝光机理主要有以下两类。

(1) 光致产酸剂直接吸收光并产生光酸。
(2) 芳香聚合物吸收光,敏化光致产酸剂,并促使其分解产生光酸。

深紫外 193nm 光刻和真空紫外 157nm 光刻的聚合物不参与光致产酸剂的增感,其他方面与 248nm 技术相似。基于芳香族聚合物的化学放大型光刻胶与相应的非化学放大型光刻胶之间的区别也在于此。主链断裂光刻胶不存在感光剂,因此不涉及增感过程。

相比之下,极紫外 13.5nm 化学放大型光刻胶的曝光机理与深紫外 248nm 及 193nm 光刻胶大有不同,就能量而言,极紫外光量子的能量(92eV)分别是 248nm 和 193nm 光量子能量的 18 倍和 14 倍。

极紫外曝光机理是半导体界当前最活跃的研究领域,该过程究竟是如何发生的呢?界内普遍认为,当 EUV 光子作用于光刻胶聚合物或其他组分时,主要发生的是光电效应。假设光刻胶组分原子 H、C、F 等轨道平均电离电位约为 10eV,则在光刻胶内部初次激发产生的一次电子(光电子)能量为 78~86eV[86],这些光电子从激发位点迅速逃逸,并发生非弹性散射,失去能量,从而产生大量二次电子。这部分低能电子的热平衡化距离(Thermalization distance)为 1~10nm,这决定了后续反应的范围,进而决定光刻胶的分辨率。还有一少部分高能二次电子,会继续离子化光刻胶分子,进一步产生低能电子(Low-Energy Electrons,LEE),这些低能电子也可进一步产生激发态原子、分子、自由基和离子等,并在飞秒级的时间内诱发非热学反应。也就是说,光刻胶内诱导化学反应发生的活性粒子大都是由低能二次电子产生的。

4.8 描述光刻胶物理特性的基本参数

4.8.1 迪尔参数(Dill parameters)

描述光刻胶的参数主要有迪尔(Dill)参数 A、B、C,显影溶解率对比度(Dissolution

Contrast)参数 γ,光酸扩散系数 D 或者扩散长度 a。

光刻胶的吸收系数可以写成

$$\alpha = Am + B \tag{4.22}$$

式中:A 为可漂白的吸收系数;m 为可被漂白的物质的含量,通常指光敏感化合物(Photo-Active Compound,PAC)。当曝光完成后,$m=0$,光刻胶的吸收就仅仅是 B 了,所以 B 又称为固定的吸收系数。A 和 B 又分别称为迪尔的第一参数和第二参数。迪尔的第三参数 C 由以下方程定义:

$$\frac{\mathrm{d}m}{\mathrm{d}t} = -CIm \tag{4.23}$$

其实,C 是与吸收效率有关的系数。对深紫外光刻胶,m 对应光致产酸剂的浓度。注意 m 是空间和时间的函数,其随着时间的变化可以由式(4.23)解出,如

$$m(x,t) = m_0(x)[1 - \mathrm{e}^{-CIt}] \tag{4.24}$$

4.8.2 光酸扩散长度和系数

光敏剂、光酸的扩散系数 D 和扩散长度 a 有如下关系:

$$a = \sqrt{2Dt} \tag{4.25}$$

其数值在不同的技术节点由表 4-5 列出。可以看出,光酸的扩散长度随着技术节点线宽的不断缩小而相应地变小。表 4-5 是根据作者多年来的经验并结合光刻工艺仿真和实验结果比较得出的。

表 4-5 不同技术节点使用的深紫外和极紫外光刻胶的等效光酸扩散长度

逻辑技术节点/nm	光刻胶类型	光酸扩散长度/nm
180	248nm	40~70
130	248nm	20~40
90	193nm	25~30
65	193nm	17~25
45/40	193nm 浸没式	10~15
32/28	193nm 浸没式	5~10
20/14	193nm 浸没式	5
20/14	193nm 浸没式,负显影	10
10/7	193nm 浸没式	5
10/7	193nm 浸没式,负显影	5~10
7/5	13.5nm 极紫外	<5

对于 5nm 及以下工艺使用的极紫外光刻胶,有化学放大型与负性交联型两种类型。对于化学放大型光刻胶,根据我们的研究,其等效光酸的扩散长度为 3~4nm,对于含有金属氧化物的交联型光刻胶,其交联也可以看成一种放大,其等效扩散长度为 2.5~3nm。我们把研究固化到了全物理参数的光刻工艺仿真软件 CF Litho 与 CF Litho-EUV 中,并且开始商业化。

实际上,等效光酸扩散长度也不是越短越好。过短不仅会导致曝光量增加,还会使 LWR 增加。图 4-69 展示了我们使用 CF Litho-EUV 软件的计算结果(与曝光结果一致):LWR 随着等效光酸扩散长度变化的仿真[92]。虽然文献里没有透露具体的扩散长度值(只有归一化的相对值),对于 0.33NA 的极紫外光刻,可用于制造 7nm、5nm、3nm 等技术节点的逻辑芯片,LWR 为 3~4nm。图中的"非偏置"(unbiased)是指刨除线宽扫描电子显微镜测量部分贡献的

LWR，比测量获得的原始数据偏小一点。对于化学放大型光刻胶，最小的 LWR 为 2nm（3 倍标准偏差，非偏置）。图 4-69 模拟采用的是一支典型的用于 5nm 逻辑技术节点的光刻胶。

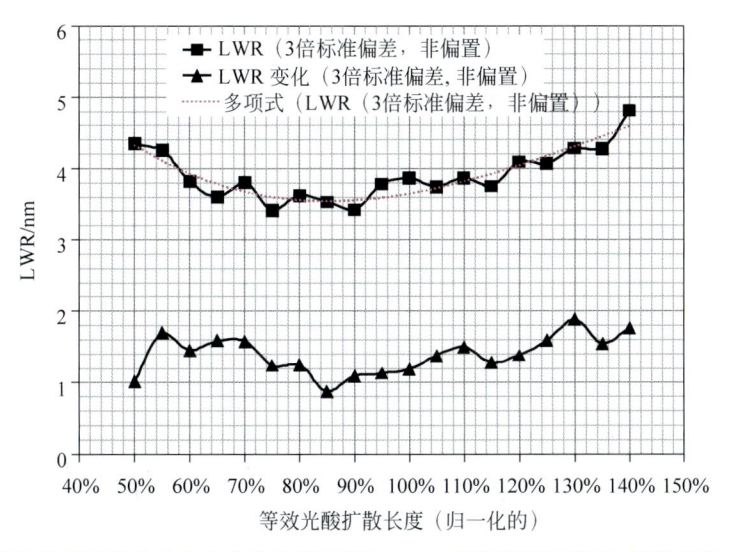

图 4-69　LWR 随等效光酸扩散长度变化的仿真（图形：27nm 周期等间距线条，照明条件：0.33NA，偶极）

4.8.3　光刻胶显影液中溶解率对比度

对于正性光刻胶，一般会得到显影溶解速率随照明光强的变化，如图 4-70 所示。

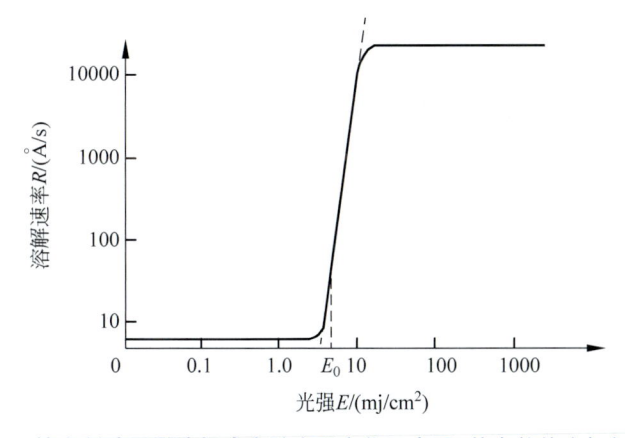

图 4-70　正性光刻胶显影溶解速率随光强变化示意图（其中数值坐标仅作参考）

显影溶解率对比度（Dissolution Contrast）参数可以写为

$$\gamma = \frac{\mathrm{d}\ln R}{\mathrm{d}\ln E} \tag{4.26}$$

式中：R 为显影速率；E 为曝光能量。

图 4-68 中的 E_0 为完全显影对应的能量（Dose to Clear），也就是把一定厚度的光刻胶对一个给定的烘焙和显影程序完全溶解和清洗干净所需的曝光能量。这个能量通常比曝光能量要低一些。在光刻工艺仿真上，由于当今的深紫外化学放大的光刻胶的对比度都很高，可以将图 4-68 中的曲线近似为阶跃函数，也就是光刻仿真中的阈值模型（Threshold Model）的由来，当然，还需要对空间像做一阶高斯扩散，或者卷积（Convolution），如式（11.18）、式（11.30），然

后再取阈值。有关将光刻胶的显影过程融入光刻工艺仿真和光刻胶显影过程的描述可参见 11.14 节。

参考文献

[1] Windows at Le Gras. https://en.wikimedia.org/wiki/Nicéphore_Niépce.

[2] Boulevard du Temple by Daguerre. https://commons.wikimedia.org/wiki/File：Boulevard du Temple by Daguerre.jpg.

[3] DiPiazza J J. Nonreflecting photoresist process. US4102683, 1978.

[4] Chen M, Trutna Jr. W R, Watts M P C, et al. Multilayer photoresist process using an absorbant dye. US4362809, 1982.

[5] Dichiara R R, Fahey J T, Jones P E, et al. Mid and deep-UV antireflection coatings and methods for use thereof. US5401614, 1995.

[6] Arnold J W, Brewer T L, Punyakumleard S. Anti-reflective coating. US4910122, 1990.

[7] Washburn C, Guerrero A, Mercado R, et al. Process Development for Developer-Soluble Bottom Anti-Reflective Coatings (BARCs). Interface 2006, 2006.

[8] Neef C J, Krishnamurthy V, Nagatkina M, et al. New BARC Materials for the 65-nm Node in 193-nm Lithography. Proc. SPIE 5376, 2004：684.

[9] Uzodinma Okoroanyanwu. Chemistry and Lithography. SPIE Press, 2011.

[10] Reiser A, Huang J P, He X, et al. The molecular mechanism of novolak-diazonaphthoquinone resists. European Polymer Journal, 2002, 38(4)：619-629, 2002.

[11] Reiser A, Yan Z L, Han K, et al. Novolak-diazonaphthoquinone resists：The central role of phenolic strings. J. Vac. Sci. Technol. B, 2000, 18(3)：1288.

[12] Dammel R. Diazonaphthoquinone-based resists. SPIE Short Course No. SC104, 2003.

[13] Ito H, Wilson C G, Fréchet J M J. New UV resist with negative or positive tone. Digest of technical papers of 1982 symposium on VLSI technology, 1982：86-87.

[14] Ito H, Wilson C G. Chemical amplification in the design of dry developing resist materials. Technical papers of SPE Regional Technical Conference on Photopolymers, 1982：331-353.

[15] Ito H. Chemical amplification resist：history and development within IBM. IBM J. RES. DEVELOP, 2000, 44：119.

[16] MacDonald S A, Clecak N J, Wendt H R, el al. Airborne chemical contamination of a chemically amplified resist. Proc. SPIE 1466, 1991：2.

[17] Ito H. Rise of chemical amplification resists from laboratory curiosity to paradigm enabling Moore's law. Proc. SPIE 6923, 2008：1.

[18] Ito H, Breyta G, Hofer D, el al. Environmentally Stable Chemical Amplification Positive Resist：Principle, Chemistry, Contamination Resistance, and Lithographic Feasibility. J. Photopolym. Sci. Technol. 1994, 7：433.

[19] Conley W, Breyta G, Brunsvold B, et al. Lithographic performance of an environmentally stable chemically amplified photoresist (ESCAP). Proc. SPIE 2724, 1996：34.

[20] Kaimoto Y, Nozaki K, Takechi S, et al. Alicyclic polymer for ArF and KrF excimer resist based on chemical amplification. Proc. SPIE 1672, 1992：66.

[21] Li W. Rational design in cyclic olefin resists for sub-100-nm lithography. Proc. SPIE 5039, 2003：61.

[22] Ito H, Truong H D, Brock P J. Lactones in 193nm resists：What do they do？. Proc. SPIE 6923, 2008：46.

[23] Nozaki K, Photopolym J. Sci. Technol. , 2010, 23：6.

[24] Liu S, Glodde M, Varanasi P R. Design, synthesis, and characterization of fluorine-free PAGs for 193-nm

lithography. Proc. SPIE 7639,76390D,2010.

[25] Wei Y Y, Brainard R. Advanced process for 193-nm Immersion lithography. Bellingham: SPIE Press,2009.

[26] Sanders D,Sundberg L,Ito H,et al. New materials for surface energy control of 193nm photoresists. Presentation at 4th Immersion Symposium,Keystone,Colorado,2007.

[27] Sanders D P,Sundberg L K,Brock P J,et al. Self-segregating materials for immersion lithography. Proc. SPIE 6923,692309,2008.

[28] Steven Wu,Deyan Wang,et al. Non-topcoat Resist Design for Immersion Process at 32-nm Node. Proc. of SPIE 6923,692307,2008.

[29] Deyan Wang (Rohm and Haas Electronic Materials). Compositions and processes for immersion lithography. US7968268B2,2011.

[30] Daniel P. Sanders. Advances in Patterning Materials for 193nm Immersion Lithography. Chem. Rev, 2010,110: 321-360.

[31] Varanasi P R,Kwong R W,Khojasteh M,et al. 193nm single layer photoresists: defeating tradeoffs with a new class of fluoropolymers. Proc. SPIE 5753,2005: 131.

[32] Sanders D P,Sundberg L K,Sooriyakumaran R,et al. Fluoro-alcohol materials with tailored interfacial properties for immersion lithography. Proc. SPIE 6519,651904,2007.

[33] Nagamine T,Takaki D,Shinomiya M. Resist composition, method for forming resist pattern, photo-reactive quencher and compound. US9671690,2017.

[34] Funato S,Kawasaki N,Kinoshita Y,et al. Application of photodecomposable base concept to two-component deep-UV chemically amplified resists. Proc. of SPIE 2724,1996: 186.

[35] Wang C W,Chang C Y,Ku Y. Photobase generator and photo decomposable quencher for high-resolution photoresist applications. Proc. of SPIE 7639,76390W,2010.

[36] Ayothi R,Hinsberg W D,Swanson S A,et al. Photo decomposable base and photoresist compositions. US8614047,2013.

[37] Lee S H,Park J K,Cardolaccia T,et al. Understanding dissolution behavior of 193-nm photoresists in organic solvent developers. Proc. SPIE 8325,83250Q,2012: 26.

[38] Tarutani S,Kamimura S,Enomoto Y,et al. Resist material for negative tone development process. Proc. SPIE 7639,763904,2010.

[39] Reilly M,Andes C,Cardolaccia T,et al. Evolution of Negative Tone Development Photoresists for ArF Lithography. Proc. SPIE 8325,832507,2012.

[40] Gronheid R,Solak H H,Ekinci Y,et al. Characterization of extreme ultraviolet resists with interference lithography. Microelectron. Eng. 83,2006: 1103.

[41] Mack C A,Thackeray J W,Biafore J J,et al. Stochastic exposure kinetics of extreme ultraviolet photoresists: simulation study. J. Micro. Nanolithogr. MEMS. MOEMS,2011,10: 033019.

[42] Thompson L F,Feit E D,Bowden M J,et al. Polymeric resists for x-ray lithography. J. Electrochem. Soc,1974,121: 1500.

[43] Bowden M J. Factors affecting the sensitivity of positive electron resists. J. Polym. Sci. Polym. Symp, 1975,49: 221.

[44] Yoshiaki M,Takashi O,Tatsuo T,et al. Deep-UV photolithography. Jpn. J. Appl. Phys,1978,17: 541.

[45] Toshio N,Masaya N,Ryuzo I,et al. Quantum wire fabrication by e-beam lithography using high-resolution and high-sensitivity e-beam resist ZEP-520. Jpn. J. Appl. Phys,1992,31: 4508.

[46] Dong L,Hill D J T,O'Donnell J H,et al. Effects of various ester groups in g-radiation degradation of syndiotactic poly(methacrylate)s. J. Appl. Polym. Sci. 1996,59: 589.

[47] Narasimhan A,Grzeskowiak S,Srivats B,et al. Studying secondary electron behavior in EUV resists using experimentation and modeling. Proc. SPIE 9422,942208,2015.

[48] Fedynyshyn T H, Goodman R B, Roberts J. Polymer matrix effects on acid generation. Proc. SPIE 6923, 692319, 2008.

[49] Robinson A P G, Lawson(Ed.) R. Materials and Processes for Next Generation Lithography. Elsevier Press, 2016.

[50] Yildirim O, Buitrago E, Hoefnagels E, et al. Improvements in resist performance towards EUV HVM. Proc. SPIE 10143, 101430Q, 2017.

[51] Thackeray J W, Nassar R A, Brainard R, et al. Chemically amplified resists resolving 25nm 1∶1 line∶ _space features with EUV lithography. Proc. SPIE 6517, 651719, 2007.

[52] Thackeray J, Cameron J, Jain V, et al. Understanding EUV resist mottling leading to better resolution and linewidth roughness. Proc. SPIE 9048, 904807, 2014.

[53] Tamaoki H, Tarutani S, Tsubaki H, et al. Characterizing polymer bound PAG-type EUV resist. Proc. SPIE 7972, 79720A, 2011.

[54] Buitrago E, Nagahara S, Yildirim O, et al. Sensitivity enhancement of chemically amplified resists and performance study using EUV interference lithography. Proc. SPIE 9776, 97760Z, 2015.

[55] Nagai T, Nakagawa H, Naruoka T, et al. Novel high sensitivity EUV photoresist for sub-7nm node. Proc. SPIE 9779, 977908, 2016.

[56] Simone D D, Sayan S, Dei S, et al. Novel metal containing resists for EUV lithography extendibility. Proc. SPIE 9776, 977606, 2015.

[57] Rao A M, Zhou P, Wang K A, et al. Photoinduced polymerization of solid C60 films. Science 259, 1993: 955.

[58] Tada T, Kanayama T. Nanolithography using fullerene films as an electron beam resist. J. Photopolym. Sci. Tec. 10, 1997: 647.

[59] Tada T, Kanayama T, Robinson A P G, et al. Functionalization of fullerene for electron beam nanolithography resist. J. Photopolym. Sci. Tec. 11, 1998: 581.

[60] Gibbons F P, Zaid H M, Manickam M, et al. A chemically amplified fullerene-derivative molecular electron-beam resist. Small 3, 2007: 2076.

[61] Yang D X, Frommhold A, Xue X, et al. Chemically amplified phenolic fullerene electron beam resist. J. Mater. Chem. C 2, 2014: 1505.

[62] Yang D X, McClelland A, Roth J, et al. Performance of A High Resolution Chemically Amplified Electron Beam Resist at Various Beam Energies. Microelectron. Eng. 155, 2016: 97.

[63] Oizumi H, Tanaka K, Kawakami K, et al. Development of new positive-tone molecular resists based on fullerene derivatives for extreme ultraviolet lithography. Jpn. J. Appl. Phys. 49, 2010: 06GF04.

[64] Oizumi H, Matsunaga K, Kaneyama K, et al. Performance of EUV molecular resists based on fullerene derivatives. Proc. SPIE 7972, 797209, 2011.

[65] Fujita J, Ohnishi Y, Ochiai Y, et al. Ultrahigh resolution of calixarene resist in electron beam lithography. Appl. Phys. Lett. 68, 1996: 1297.

[66] Fujita J, Ohnishi Y, Ochiai Y, et al. Nanometer-scale resolution of calixarene negative resist in electron beam lithography. J. Vac. Sci. Technol. B 14, 1996: 4272.

[67] Oizumi H, Kumise T, Itani T. Development of new negative-tone molecular resists based on calixarene for EUV lithography. J. Photopolym. Sci. Tec. 21, 2008: 443.

[68] Lawson R A, Tolbert L M, Younkin T R, et al. Negative-tone molecular resists based on cationic polymerization. Proc. SPIE 7273, 72733E, 2009.

[69] Ishikawa W, Inada H, Nakano H, et al. Starburst molecules for amorphous molecular materials: synthesis and morphology of 1, 3, 5-tris (diphenylamino) benzene and its methyl-substituted derivatives. Mol. Cryst. Liq. Cryst. 211, 1992: 431.

[70] Ishilzawa W, Noguchi K, Kuwabaru Y, et al. Novel amorphous molecular materials: the starburst

molecule 1,3,5-Tris[N-(4 diphenylaminophenyl)phenylamino]benzene. Adv. Mater. 5,1993：559.

[71] Yoshiiwa M,Kageyama H,Shirota Y,et al. Novel class of low molecular-weight organic resists for nanometer lithography. Appl. Phys. Lett. 69,1996：2605.

[72] Dai J,Chang S W,Hamad A,et al. Molecular glass resists for high resolution patterning. Chem. Mater. 18,2006：3404.

[73] Vannuffel C,Djian D,Tedesco S,et al. Exposure of molecular glass resist by e-beam and EUVL. Proc. SPIE 6519,651949,2007.

[74] Drygiannakis D,Patsis G P,Tsikrikas N,et al. Stochastic simulation studies of molecular resists for the 32nm technology node. Microelectron. Eng. 85,2008：949.

[75] Nakayama T,Ueda M. A new positive-type photoresist based on mono-substituted hydroquinone calix [8] arene and diazonaphthoquinone. J. Mater. Chem. 9,1999：697.

[76] Kudo H,Watanabe D,Nishikubo T,et al. A novel noria (Water-Wheel-like cyclic oligomer) derivative as a chemically amplified electron-beam resist material. J. Mater. Chem. 18,2008：3588.

[77] Maruyama K,Shimizu M,Hirai Y,et al. Development of EUV resist for 22nm half pitch and beyond. Proc. SPIE 7636,76360T,2010.

[78] Macaulay J M,Allen R M,Brown L M,et al. Nanofabrication using inorganic resists. Microelectron. Eng. 9,1989：557.

[79] Yang J K,Berggren K K. Using high-contrast salty development of hydrogen silsesquioxane for sub-10-nm half-pitch lithography. J. Vac. Sci. Technol. B 25,2007：2025.

[80] Ekinci Y,Vockenhuber M,Hojeij M,et al. Evaluation of EUV resist performance with interference lithography towards 11nm half-pitch and beyond. Proc. SPIE 8679,867910,2013.

[81] Peeters R,Lok S,van Alphen E,et al. ASML's NXE platform performance and volume introduction. Proc. SPIE 8679,86791F,2013.

[82] Simone D,Vesters Y,Shehzad A,et al. Exploring the readiness of EUV photo materials for patterning advanced technology nodes. Proc. SPIE 10143,101430R,2017.

[83] Ober C K,Xu H,Kosma V,et al. EUV Photolithography：Resist Progress and Challenges. Proc. SPIE 10583,1058306,2018.

[84] Wallow T,Higgins C,Brainard R,et al. Evaluation of EUV resist materials for use at the 32nm half-pitch node. Proc. SPIE 6921,69211F,2008.

[85] Vesters Y,Jiang J,Yamamoto H,et al. Sensitizers in EUV Chemically Amplified Resist：Mechanism of sensitivity improvement. Proc. SPIE 10583,1058307,2018.

[86] Torok J,et al. Secondary Electrons in EUV Lithography. J. Photopolym. Sci. Technol. 26,2013：625.

[87] De Bisschop P,Hendrickx E. Stochastic effects in EUV lithography. Proc. SPIE 10583,105831K,2018.

[88] Alessandro Vaglio Pret,Trey Graves,David Blankenship,et al. Comparative stochastic process variation bands for N7,N5,and N3 at EUV. Proc. SPIE 10583,105830K,2018.

[89] Wu Q,Li Y L,Yang Y S,et al. A Study of Image Contrast,Stochastic Defectivity,and Optical Proximity Effect in EUV Photolithographic Process under Typical 5nm Logic Design Rules. Proc. CSTIC 2020,IEEE Xplore.

[90] Förster T,Kasper K. Ein konzentrationsumschlag der fluoreszenz des pyrens. Z. Phys. Chem. N. F.,1954,1,275.

[91] Reiser A. Photoactive Polymers：The Science and Technology of Resists. John Wiley & Sons,Hoboken,NJ,1989：86-88.

[92] Wu Q,Li Y,Zhao Y. The Evolution of Photolithography Technology,Process Standards,and Future Outlook. Proc. CSTIC 2020,IEEE Xplore.

思考题

1. 光刻胶的主要成分有哪些？

2. 重氮萘醌-酚醛树脂类型光刻胶体系的光化学能级图是怎样的？
3. 非化学放大型光刻胶的局限性是什么？
4. 化学放大型光刻胶的原理是什么？
5. 化学放大型光刻胶中毒的原因是什么？一般采取怎样的措施来解决？
6. 对于248nm波长，化学放大型光刻胶根据树脂的活化能主要有哪两种类型？
7. 对于乙缩醛（Acetal）类型的光刻胶，其优点和缺点各是什么？适合什么图形？
8. 对于环境稳定型化学放大型正性光刻胶（ESCAP），其优点和缺点各是什么？适合什么图形？
9. 193nm化学放大型光刻胶的主要成分是什么？
10. 193nm化学放大型光刻胶的树脂有哪几种常用的类型？
11. 金刚烷在193nm光刻胶中起到什么作用？
12. 内酯在193nm光刻胶中起到什么作用？
13. 六氟丙醇在193nm浸没式光刻胶中起什么作用？
14. 光致产酸剂的作用是什么？对其有一定酸度和热稳定性要求的原因是什么？
15. 水浸没式光刻胶应用中的隔水涂层一般由什么材料制作？对其物理性质有哪些要求？
16. 什么是浸析？光刻机对浸析的要求是什么？
17. 什么是后退接触角？
18. 自生成表面隔水涂层的光刻胶的原理是什么？
19. 采用大分子疏水性光致产酸剂的目的是什么？
20. 光可分解碱（PDB）的作用是什么？
21. 光可分解碱的成分是什么？
22. 正性负显影（NTD）光刻胶的优点是什么？
23. 显影对比度与对焦深度有怎样的关系？
24. 负显影光刻胶曝光后使衬底的黏附性发生怎样变化？衬底薄膜，如底部抗反射层材料需要做怎样的调整？
25. 极紫外光刻胶主要有哪几种类型？
26. 极紫外光刻胶能够达到的分辨率是多少？给出半周期。
27. 含有金属的极紫外光刻胶的原理是什么？相比化学放大型光刻胶有什么优势？
28. 什么是光刻胶的 Z 因子？极紫外光刻胶的 Z 因子大致是多少？
29. 极紫外光刻胶的散粒噪声相比193nm光刻胶较大的根源是什么？
30. 什么是光谱增感？
31. 什么是量子产率？极紫外光刻胶的量子产率一般是多少？
32. 极紫外曝光机理与深紫外有什么不同？
33. 迪尔参数 A、B、C 的定义是什么？
34. 光酸的扩散长度在各逻辑技术节点是多少？是否越短越好？

第 5 章

抗 反 射 层

光源透过掩模版到达光刻胶要经过曝光介质(真空、空气、浸没式光刻机所用液体等)与光刻胶上表面的界面及光刻胶下表面与衬底的界面,在界面处会发生反射现象。由于光刻胶吸收光的总能量等于入射光与衬底表面反射光的能量之和,反射光的存在会影响光刻胶曝光后的线宽、形貌,对集成电路光刻工艺会产生很大影响。

随着图形分辨率进入亚微米级,衬底的反射率对线宽及工艺窗口的负面影响日趋明显。例如,对于 248nm 深紫外光刻,140~200nm 线宽,衬底的反射如图 5-1(a)所示,硅衬底和光刻胶界面可以达到照明光的 50%左右,如果光刻工艺的能量宽裕度(Exposure Latitude,EL)在 ±10%线宽的变化范围内为 25%,即 25%的能量变化可以造成 20%的线宽变化,那么 50%的衬底反射可以导致 40%的线宽变化,即 56~80nm,这大大超出了原本±10%的线宽工艺窗口。所以,对所有需要制作图形的层次,如有源区、栅、通孔、金属线均需要采用抗反射层;对

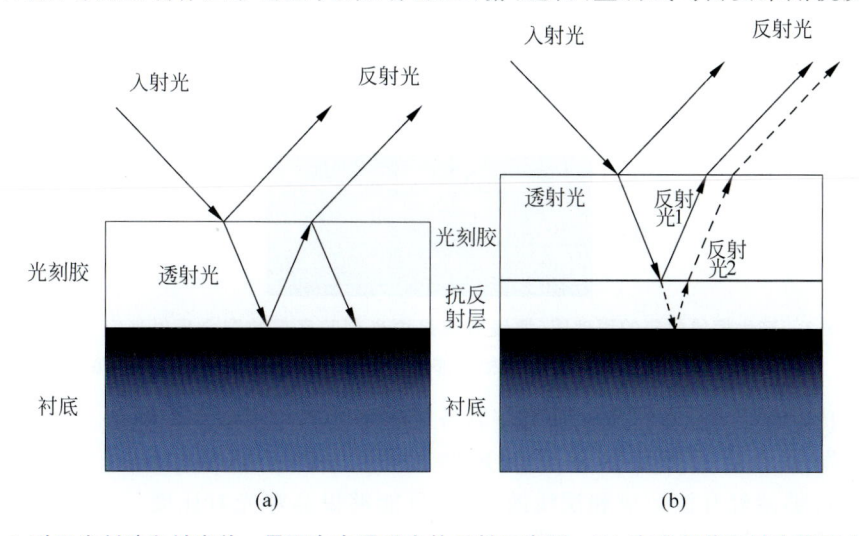

图 5-1 (a) 对于光刻胶和衬底单一界面存在照明光的反射示意图;(b) 在光刻胶和衬底界面之间添加一层介质薄膜(抗反射层),可以产生互相平行的两束反射光("反射光 1"和"反射光 2")示意图

于无须制作图形的层次,如离子注入层,当线宽达到 200nm 以下时一般也需要采用抗反射层,原因是能够做出较为准确的注入层边界。如图 5-1(b)所示,抗反射层可以通过产生在光刻胶和抗反射层之间界面的"反射光 1"和抗反射层和衬底之间界面的"反射光 2",并且使得它们之间发生相消干涉(相位相差 180°或者 1/2 波长),以最大限度地抑制反射光。

衬底反射对光刻工艺的影响不只在能量方面,由于入射光和反射光还会发生干涉,这种干涉导致的直接结果主要有两种:驻波效应(Standing wave effect,曝光剂量在光刻胶厚度方向上的变化),如图 5-2 所示;摆线效应(Swing curve effect,相同曝光剂量下,光刻胶整体吸收的能量随光刻胶涂覆厚度的变化),如图 5-3 所示。驻波效应和摆线效应都会对线宽控制产生负面作用,并可以显著降低对焦深度和能量宽裕度。如今的光刻分辨率小于光源波长,对线宽的控制非常严格,这些问题的存在会严重影响工艺窗口。

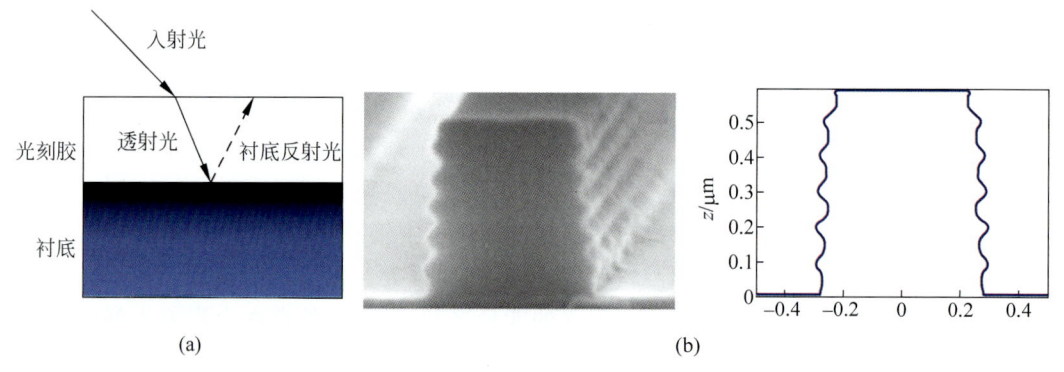

图 5-2　由于光刻胶衬底界面的反射光和透射光干涉导致光刻胶垂直形貌产生光驻波现象:(a)光刻胶和衬底界面的反射光示意图;(b)驻波的显微镜图和剖面仿真图[1]

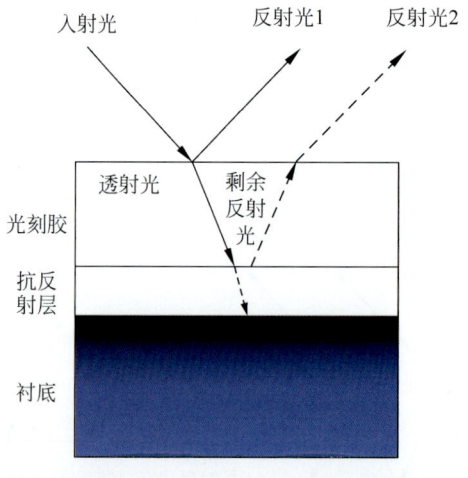

图 5-3　产生摆线效应的原理图(摆线效应是由光刻胶底部的剩余反射光穿过光刻胶与光刻胶上表面的反射光互相干涉形成出射能量随光刻胶厚度变化的效应)

为了解决这些问题,人们开始研究并制备能够消除衬底反射率的材料。经过近 40 年的发展,人们发明了能够吸收底部反射光的材料——抗反射层(Anti-Reflection Coating,ARC),不仅能够减轻驻波效应和摆线效应,而且能够提高曝光对比度。一般抗反射层分为无机抗反射层和有机抗反射层两种类型。

5.1 抗反射层和反射率控制

自 180nm 技术节点后发展起来的光学邻近效应修正(Optical Proximity Correction,OPC)大大加速了抗反射层的应用,因为当初的 OPC 修正程序没有考虑底部反射率。另外,在抗反射层提出之前,光刻胶显影时底部与衬底黏附力不足,经常会发生倒胶现象,通过设计高黏附性的抗反射层便可有效解决这一问题。

用于衬底与光刻胶之间的抗反射层称为底部抗反射层(Bottom Anti-Reflection Coating,BARC),如图 5-1(b)所示。用于光刻胶上表面的抗反射层称为顶部抗反射层(Top Anti-Reflection Coating,TARC)。抗反射层通过产生两束互相平行的且相对相位差接近 180°的光来互相抵消反射总能量。实践表明,抗反射层的存在可以大大削弱光刻胶和衬底之间的反射,使得光刻胶内部接收到的光仅来自照明。但抗反射层也不是完美的,在涂覆有抗反射层的衬底上,仍然存在剩余的反射光,这些反射光会影响光刻胶的成像,形成微弱的摆线效应,也可以参见 10.4 节。光刻胶线宽摆幅的影响可由 Brunner 方程给出[2]:

$$S = \sqrt[4]{R_b R_t}\, e^{-\alpha d} \tag{5.1}$$

式中: R_b 为抗反射层底部的反射率; R_t 为抗反射层顶部的反射率; α 为光刻胶吸光率,可以表示为 $\lambda/(4\pi k)$,其中 λ 为曝光用波长, k 为光刻胶复数折射率的虚部; d 为光刻胶厚度。

通常情况下可以通过反射率公式计算得出精确的结果,即摆幅和相位随着垂直方向,也即光刻胶的厚度方向上的变化。具体的反射率计算详细理论参见 11.1 节。

图 5-4(a)描述了常见的膜系结构,即硅衬底加上一层底部抗反射层和一层光刻胶。图 5-4(b)展示了光刻胶底部界面的中反射率随着抗反射层的厚度变化。可以看到,反射率曲线存在两个极小值,又称为第一极小值和第二极小值,分别对应抗反射层的两个厚度值 37nm 和 98.3nm,其反射率极小值分别为 1.5% 和 1.1%。需要说明的是,仿真中采用了波长 193nm、数值孔径 1.35 和部分相干因子 0.9~0.7 的环形照明条件。也就是说,照明光是斜入射的,斜入射角为

$$\theta = \arcsin\left(\frac{(0.7 \sim 0.9) \times 1.35}{1.436}\right) = 41° \sim 57.8° \tag{5.2}$$

其中用到了浸没式光刻的介质——水的 1.436 折射率。所以,取决于衬底反射率控制的要求和对衬底的刻蚀要求。由于衬底不一定是平整的,如后段金属层,或者前段对应鳍形晶体管的高低起伏,采用第二极小值对应的抗反射层厚度是比较稳妥的,但代价是需要通过等离子体刻蚀工艺将其打开。如果光刻胶厚度为 90nm,抗反射层的厚度为 98.3nm,而光刻胶和抗反射层同为差别不大的碳氢化合物,其对等离子刻蚀的阻挡能力相当。当使用光刻胶作为掩模打开抗反射层时,光刻胶也消耗完。而通常采用存有图形的抗反射层作为掩模刻蚀衬底薄膜的效果不佳。所以,这时需要采用其他方法,如含硅的双层抗反射层(连同光刻胶一共 3 层光刻薄膜,其英文是 tri-layer):先将光刻胶图形传递到较薄的含硅抗反射层(含硅的抗反射层厚度通常为 25~40nm),再通过此较硬的薄膜来刻蚀下面的第二层抗反射层,厚度为 100~200nm,用于填平较大的衬底起伏。含硅的薄膜在以氧气为主的等离子体刻蚀工艺中几乎无法被消耗,因为硅遇到氧气生成二氧化硅,无法随着刻蚀气体挥发,也就无法被去除。而碳氢(还可以有氧、氟、硫、氮等成分)化合物遇到氧气都会变成气体在刻蚀腔中被去除。

下面来看看摆线效应。图 5-5(a)和(b)分别对应在抗反射层厚度为 98.3nm 和 37nm 时,

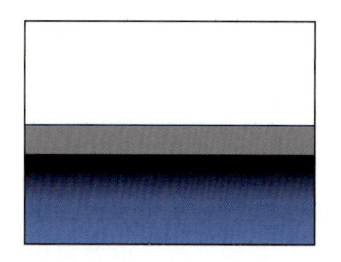

光刻胶
$n=1.7$,$k=0.02$

抗反射层
$n=1.82$,$k=0.34$

硅衬底
$n=0.88314$,$k=2.7778$

(a)

(b)

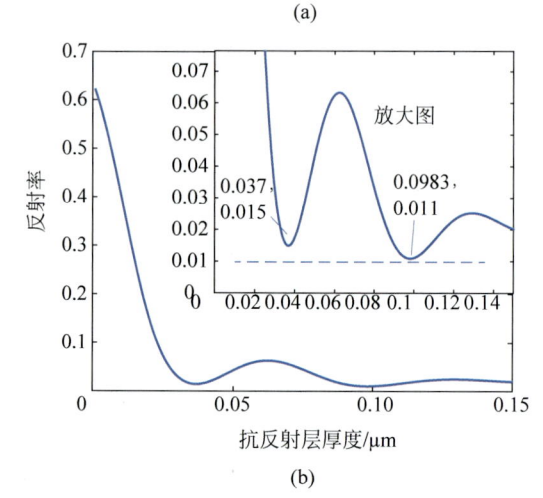

图 5-4　单层抗反射层光学结构示意图：(a) 折射率 n 和 k；(b) 光刻胶和抗反射层界面的反射率随着抗反射层厚度的变化

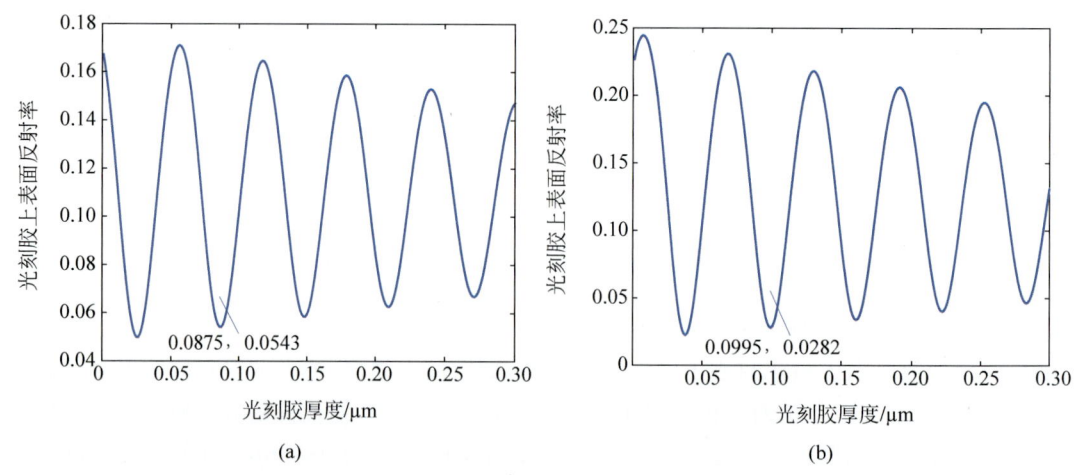

(a)　　　　　　　　　　　(b)

图 5-5　单层抗反射层的摆线(Swing curve)情况-光刻胶上表面反射率仿真结果：(a) 抗反射层厚度为 $0.0983\mu m$；(b) 抗反射层厚度为 $0.037\mu m$

由于衬底的剩余反射(1.1%和1.5%)导致的光刻胶上表面光的反射随着光刻胶厚度的变化。由于从光刻胶上表面的反射对应从光刻胶中逸出的总能量，因此除去一部分能量遗留在衬底中，其余的能量就会留在光刻胶中参与曝光。可以看到，摆幅随着光刻胶厚度的增加而逐步减小。这是因为光刻胶即便采用了化学放大型，仍然存在一定的吸收，我们仿真采用的是具有代表性的193nm水浸没式光刻胶，波长为193nm时 $k=0.02$。由于在整片硅片范围存在一定的高低起伏，摆线效应的摆幅会影响硅片范围的线宽均匀性，所以一般来说，光刻胶的厚度确定需要对应摆线的极小值位置。这样，如果硅片表面的高低起伏导致硅片上局部光刻胶厚度发生变化，光刻胶上表面的反射率也会在小范围内变化，尽量减小对线宽的影响。图5-5(a)显示对应抗反射层厚度为98.3nm的一个反射率极小位置的光刻胶厚度为87.5nm，图5-5(b)显示对应抗反射层厚度为37nm的一个反射率极小位置的光刻胶厚度为99.5nm。第一种情况光刻胶厚度都比抗反射层厚度小，考虑到之后的刻蚀工艺，一般不可行。第二种情况是可行的。

BARC可以用于高反射率衬底(如硅、铝)的反射率控制(在反射率曲线的第一极小值、第二极小值位置，底部反射率对BARC厚度的变化率最低)，也可用于减小摆线效应、反射切口效应(Reflective notching)和驻波效应，还可以用作保形层和平坦化层。可通过BARC表面性质，使其与许多材料具有良好的相容性。

用于评价抗反射层性能的参数有光学参数(n、k)、等离子体刻蚀率、涂覆性质(平坦化或保形)、反射率、厚度、与光刻胶的相容性等。

大部分抗反射层是具有高吸光性(k为0.2～0.4)的有机聚合物或含有吸光性染料的有机聚合物。有的抗反射层可用显影液去除[3]，若抗反射层在显影液中的溶解度高于光刻胶，则会产生底部内切；若抗反射层不溶于显影液，则可以在去胶残留(Descum)阶段或干法刻蚀阶段去除。采用干法刻蚀去反射层十分有效，但也有一定的缺点：一方面需要抗反射层比较容易去除，所以工业界就开发了刻蚀速率较快的抗反射材料[4]，这样可以节省光刻胶的厚度。提高刻蚀速率对于平坦化的衬底是有好处的。另一方面，如果衬底起伏巨大，如鳍形晶体管的鳍和栅，在剪切层光刻一般可以采用三层光刻薄膜(Tri-layer)方法：采用平坦化底层抗反射层(又称为旋涂碳层，Spin-On Carbon，SOC)将待剪切一维图形填平，如图5-6(a)～(f)所示；涂

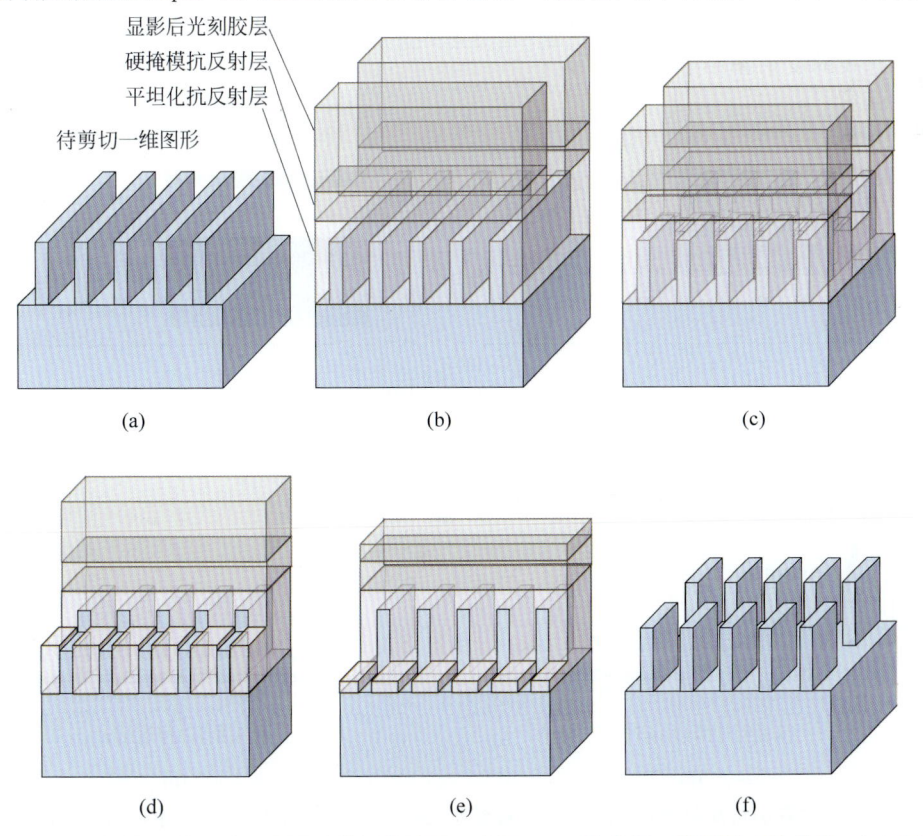

图5-6 采用平坦化抗反射层对一维图形剪切的流程示意图：(a)待剪切一维图形立体构造；(b)三层光刻薄膜(Tri-layer)涂覆和光刻，硬掩模抗反射层刻蚀完成；(c)一维图形刻蚀开始；(d)一维图形刻蚀过程中(剖面图)；(e)一维图形刻蚀完成(剖面图)；(f)剩余抗反射层和光刻胶去除，刻蚀完成

覆硬掩模抗反射层,如含硅的抗反射层(Silicon containing BARC,Si-ARC),再在上面涂覆光刻胶;采用光刻工艺,在光刻胶层中通过曝光显影形成剪切掩模版图形;通过等离子体刻蚀将剪切图形传递到硬掩模层;通过硬掩模层(和剩余光刻胶层)将图形传递到含有平坦化抗反射层材料和一维图形的衬底。注意:此时平坦化抗反射层的刻蚀速率必须比待剪切一维图形材料慢,如图5-6(d)所示,刻蚀过程中剩余的平坦化抗反射层的高度始终比一维图形高[5]。如果此时平坦化抗反射层的刻蚀速率快于待剪切一维图形,那么剪切还没有完成,衬底就会因为平坦化抗反射层消耗殆尽而受到刻蚀损伤。

采用三层光刻薄膜的原因是衬底的高低起伏通常较大,如100nm或者100nm以上,若仅采用单层平坦化抗反射膜(厚度为150~200nm),则会导致光刻胶的厚度受限于对焦深度而不够(通常水浸没式光刻胶的厚度为70~110nm)用于完成整个刻蚀步骤。而三层中的中间一层通常是含硅的,便于采用氧气等离子体通过含硅层来刻蚀平坦化抗反射层。

采用三层光刻薄膜的原因还有反射率。由于浸没式光刻用到的数值孔径可达1.35,普遍采用离轴入射照明光,离轴角θ在光瞳上可达0.9,也就是在光刻胶中可达

$$\theta = \arcsin\left(\frac{0.9 \times 1.35}{1.7}\right) = 45.6°\quad(5.3)$$

图5-7(a)展示了如图5-1所示的单层抗反射层针对不同的入射角(光瞳)的反射率随着抗反射层厚度变化的函数。可见,随着照明光入射角0.0~0.9的变化(光瞳最大半径为1.0),反射率曲线也跟着发生变化,其最小值从对应入射角为0.0(垂直照明)的约5.5%到对应入射角为0.9的1%。这对光刻工艺控制衬底反射率是十分不利的。一般工艺,如32/28nm工艺,要求单层抗反射膜的反射率小于2%。

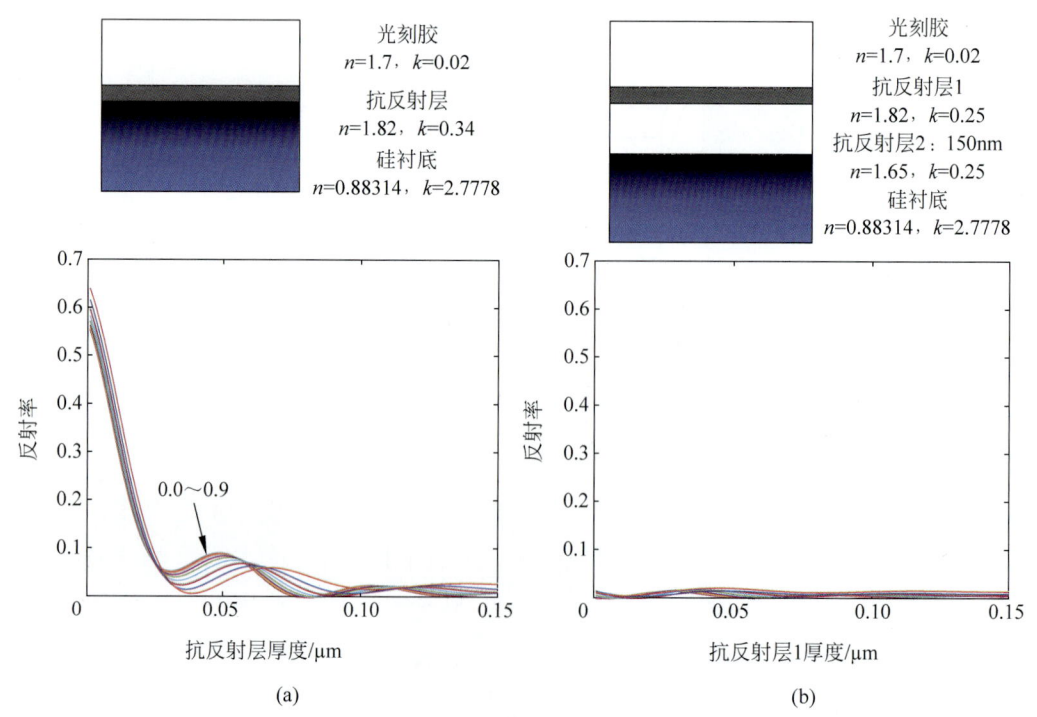

图 5-7　单层和双层抗反射层反射率随入射角变化(光瞳上 0.0~0.9)仿真结果:(a) 单层抗反射层;(b) 双层抗反射层,仿真采用 X/Y 偏振

采用三层光刻薄膜后,也就是采用了双层抗反射层,如图5-7(b)所示,情况有了大的改观。当选择适合的抗反射层1的厚度后,所有角度的总反射率都可以控制在2%以下(对于单

个角度,反射率可以控制在 0.4% 以下)。图 5-8 展示了采用美国应用材料公司生产的无机抗反射层薄膜的结果与图 5-5 中一样的单层抗反射层的结果对比[6]。可见,在无机抗反射层厚度为 20～25nm 的地方,可以将所有角度入射照明光的反射率控制在 2% 以下(对于单个角度,反射率可以控制在 0.4% 以下)。

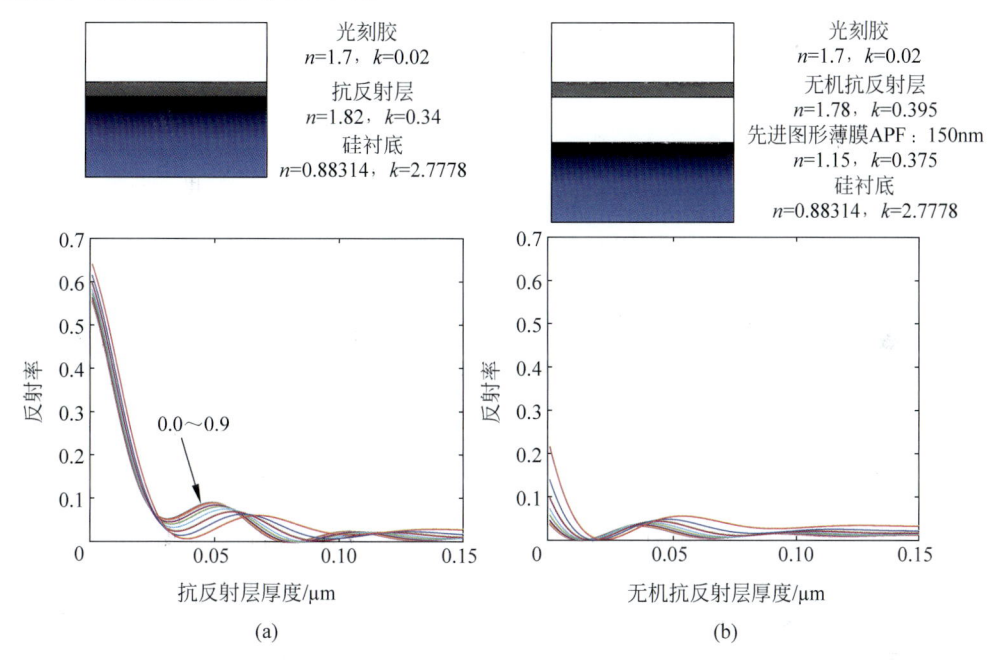

图 5-8 单层和双层无机抗反射层反射率随入射角变化(光瞳上 **0.0～0.9**)仿真结果：(**a**) 单层抗反射层；(**b**) 双层无机抗反射层,仿真采用 *X/Y* 偏振

5.2 抗反射层种类

大部分抗反射层是具有一定吸光性或含有吸光性成分的有机聚合物,可用于光刻胶与衬底之间,称为底部抗反射层,也可用于光刻胶表面,称为顶部抗反射层。

底部抗反射层是为了消除光刻胶底部和衬底界面上的反射光。它通过同时采取干涉相消(也就是通过使用合适的抗反射层厚度,使得光刻胶-抗反射层界面和抗反射层-衬底界面的反射光相位相差约 180°)和部分吸收的方法来抑制光刻胶底部的反射光。早在 1978 年,美国 RCA 公司就提出在光刻胶与衬底之间添加能够吸收照明光线的填隙材料[7],到了 1982 年,美国惠普公司也提出了类似的方法[8]。1995 年,IBM 公司将底部抗反射层进一步完善了[9],参见 2.4 节。

底部抗反射层一般采用能够热交联的聚合物,在曝光前旋涂完后,经过热板加热烘焙交联,形成一层不再溶解于溶剂和显影液的材料,以便后续的光刻胶旋涂。底部抗反射层一般在光刻显影完成后需要通过干法等离子体刻蚀工艺用已经显影完成的光刻胶做掩模按照光刻胶的图形打开,以便后续的刻蚀工艺,如硅的刻蚀、多晶硅的刻蚀、二氧化硅的刻蚀、低介电常数材料(Low dielectric material 或 Low-k material)和金属材料的刻蚀等。所以打开底部抗反射层需要消耗光刻胶的厚度,需要采用更加厚的光刻胶,这一般会损失光刻的对比度,也就是能量宽裕度,以及对焦深度等工艺窗口参数。所以工业界又产生了可以溶解于显影液的底部抗反射层:美国布鲁尔科学公司(Brewer Science)在 1990 年提出可以感光,并且可以与上面的光刻胶一起显影的底部抗反射层[3,10],以及可以快速被刻蚀消耗的底部抗反射层[4]。底部抗反射层在光刻工艺中的重要性越来越高。

随着光刻线宽的不断缩小和对线宽控制要求的不断提高,无机抗反射层由喷镀的方法沉积而成,与有机抗反射层不同,无机抗反射层可能留在器件上。典型的无机抗反射层包括氮氧化硅(SiON)、无定形碳(Armophous Carbon,CA)、硅化钛、氮化钛等。

5.2.1 顶部抗反射层

1990 年,Tanaka 等首次提出顶部抗反射层的概念。TARC 一般由全氟化物组成,如全氟辛酸(Per Fluoro Octanoic Acid,PFOA)、全氟辛磺酸(Per Fluoro Octane Sulphonate,PFOS),有些 TARC 由聚氟化烷基醚(Poly alkyl ether)、聚四氟乙烯(Poly Tetra Fluoro Ethylene,PTFE)等组成。顶部抗反射层主要用于有效减小光刻胶底部反射导致的反射光和光刻胶顶部的反射光干涉而形成顶部总反射光随着光刻胶厚度的变化的摆线效应(见 5.1 节)。摆线效应会影响光刻胶内部光的多少(由总照射光扣除从上表面出射的总光强)。如果硅片上存在光刻胶厚度的变化分布,如衬底图形密度不均一而导致的不平整,形成局部光刻胶厚度不均匀,这种厚度的分布变化会导致线宽的分布变化。这也是线宽均匀性的来源之一。

早期生产的顶部抗反射层源自溶剂成膜,所选溶剂不能与光刻胶有相互作用,且要在显影之前去除,一般选用氟氯化碳(Chloro Fluoro Carbon,CFC)类化合物。第一代 248nm 和 193nm TARC 用的是 PFOS 化合物,由于 PFOS 毒性高且可降解性差,如今已放弃使用。

顶部抗反射层除了基于其抗反射的功能能够改善线宽均匀性和改进工艺窗口,还有其他用途,如缺陷控制。因为其可以溶解于显影液,所以它可以将曝光过程中掉落的颗粒在显影过程中带走。20 世纪 90 年代出现了首批商业化的水基 TARC,可用常规显影液(0.26mol/L 四甲基氢氧化铵)或水去除,并与第一批化学放大型光刻胶搭配使用,用于 248nm(KrF)光刻技术。涂完光刻胶到曝光这段时间对线宽的控制十分重要,空气中的任何碱性分子(氨气、N-甲基吡咯烷酮等)均会对光刻胶形貌产生不良影响,在光刻胶上表面涂上一层 TARC,可有效阻断空气中碱性分子与光刻胶的接触,从而避免这种影响。

顶部反射光和光刻胶底部的反射光或者剩余反射光发生干涉会导致摆线效应,摆线效应会导致线宽受到光刻胶厚度在硅片上分布的影响。由于干涉涉及两束光,如果去掉一束光,就不会出现干涉,也不会出现摆线效应。顶部抗反射层就是这样的一种结构。图 5-9 展示了通过调整顶部抗反射层的厚度,使得顶部抗反射层顶部的"反射光 1"及其底部的"反射光 1'"相位相反,再通过调整其折射率,使得上述两束光的振幅相同。根据反射率公式和干涉原理,理想的顶部抗反射层的厚度为

$$d = \frac{m\lambda}{4n_{\text{TARC}}}, \quad m = 1, 2, 3, \cdots \quad (5.4)$$

折射率为

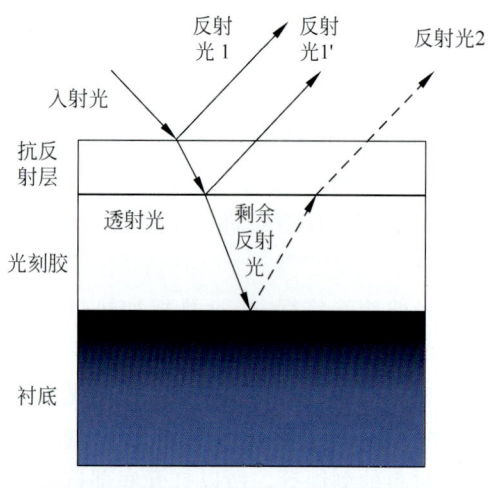

图 5-9 顶部抗反射层抑制顶部反射干涉原理示意图

$$n_{\text{TARC}} = \sqrt{n_{\text{光刻胶}} \, n_{\text{空气或水}}} \tag{5.5}$$

式中：$n_{\text{空气或水}}$取决于像空间的介质材料。一般来说，像空间的介质有空气、水（193nm 浸没式光刻）、真空（极紫外，跟空气差不多）。

5.2.2 底部抗反射层

底部抗反射层的原理与顶部抗反射层相同，如图 5-1(b)所示，即通过增加一层介质（抗反射层）来消除光刻胶和衬底界面上的反射光。这层抗反射层的厚度和折射率理想值的确定与顶部抗反射层相同。可以利用式(5.4)和式(5.5)。只不过是将其中的材料更换，如下：

$$d = \frac{m\lambda}{4n_{\text{BARC}}}, \quad m = 1, 2, 3, \cdots \tag{5.6}$$

$$n_{\text{BARC}} = \sqrt{n_{\text{光刻胶}} \, n_{\text{衬底}}} \tag{5.7}$$

需要说明的是，实际上由于所有材料或多或少地存在吸收，即折射率存在虚部（$k \neq 0$），式(5.4)～式(5.7)都不是完全准确的，只能够大致估算，实际的厚度和折射率需要通过仿真计算获得，如图 5-4～图 5-8 所示。具体公式参见 11.1 节。根据其中的反射率和反射率递推（多层膜）公式来确定 d 和 n 值。

底部抗反射层主要有有机 BARC 和无机 BARC 两种类型。

1. 有机底部抗反射层

有机 BARC 的设计路径主要有两类：一是将染料通过化学手段接于聚合物主链上；二是将染料单体与 BARC 聚合物物理混合。BARC 还含有一定量的交联位点，以发生热交联反应，烘焙后的 BARC 还要有一定的可溶性，因此，在设计的时候要控制交联位点的数量。另外，对于 248nm 和 193nm BARC，还要在聚合物主链上引入容易刻蚀单体，以提高 BARC 的刻蚀速率。物理混合的方法存在一个缺点，在烘焙阶段染料会发生升华，因此，要选用分子量较大的染料，否则就要使用接枝的方法。

芳香族化合物在 193nm 下会发生 π—π*（π 能级到 π 能级的激发态）跃迁，对 193nm 波长有很大的吸收，故拥有优异的消光系数，是设计 BARC 的最佳发色团，很容易满足 BARC 反射率曲线上的第一极小值和第二极小值条件；不过，芳香族化合物在 248nm 波长下吸收峰较弱，第一极小值反射率较难实现，而在 365nm 波长下吸收更弱，几乎难以实现第一极小值反射率。

用于设计 193nm 和 248nm 有机 BARC 的芳香族化合物主要基于两类，如图 5-10[11]：多苯环结构的蒽[见图 5-10(a)]和单苯环结构的苯[见图 5-10(b)]。图 5-10(c)和图 5-10(d)分别展示了 248nm 和 193nm 有机 BARC 基本结构，图 5-10(e)为较常用的单体染料及相应的最大吸收波长。

还有一种 BARC 设计思路，将 BARC 设计成可溶于显影液的材料，这样一来，BARC 可在光刻胶显影阶段去除，这类 BARC 主要应用于注入层，因为等离子体刻蚀工艺在注入层可能会将 BARC 材料打入衬底中，对器件造成损害，且成本较高，用显影液代替离子刻蚀去除 BARC 可有效避免器件损坏。显影时，要在恰当的时机终止，否则会造成底部站脚或底部内切[3]。这类 BARC 在设计时一般要有一定的光敏感性（Photo Sensitive BARC，PS BARC），在曝光区可溶，在非曝光区不溶，与光刻胶相匹配，才可产生垂直的 BARC 墙[12]。不过，这相当于要求制作一支可以在软烘步骤至少部分交联的光刻胶，而且此光刻胶还需要与涂覆在其之上的光刻胶在光学邻近效应上匹配，这在设计上、合成上有较大的难度。

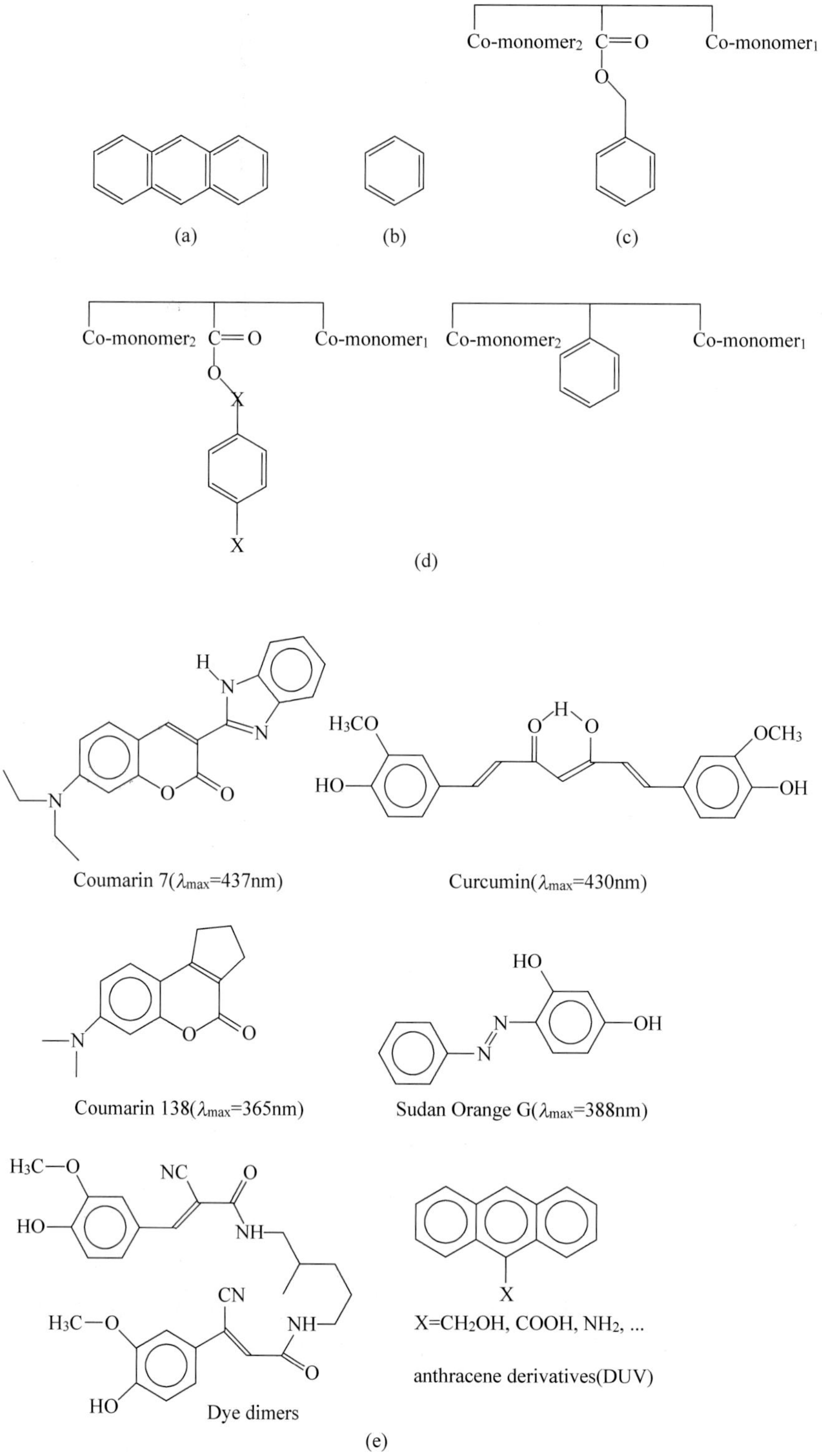

图 5-10 组成底部抗反射层的一些材料结构图[11]

2. 无机底部抗反射层

无机 BARC 是一层用物理或化学方法沉积的无机薄膜，与有机 BARC 相反，无机 BARC

可能最终留在器件里，或者在刻蚀阶段去除。典型的无机 BARC 包括氮氧化硅、无定形碳[6]、氮化钛等，要根据反射衬底的性质选择无机 BARC。以氮氧化硅为例，其在 248nm 和 193nm 波长下吸光性较好，$n≈1.8～2.0$，$k≥0.4$，一般选用其反射率曲线的第一极小值。

无机 BARC 通常通过化学气相沉积(Chemical Vapor Deposition,CVD)的方法沉积而成，可通过调整薄膜的组分和厚度来调节其折射率 n/k 值。

5.3　有机、无机底部抗反射层对比

与无机抗反射层相比，有机抗反射层的最大优点是旋涂工艺简单，设备成本低廉，刻蚀后易去除；缺点是材料质地均匀性较差，刻蚀后的线宽偏差较大，这对抗反射层刻蚀工艺的优化不利。在硬掩模普遍使用的今天，即便是底部抗反射层内部都掺入了硅，这样也可以起到硬掩模的作用。一般来说，对于前段有源区线条和栅极线条，人们还是倾向于使用无定型碳，或者美国应用材料公司的先进图形薄膜(Advanced Patterning Film,APF)来主导干法刻蚀，用于刻出更加平滑和均匀的线条。

5.4　底部抗反射层与光刻胶相互作用

一般来说，抗反射层与光刻胶之间的相互作用在于表面张力匹配和酸碱平衡。表面张力系数的匹配主要体现在正显影和负显影工艺上。正显影工艺中曝过光的区域被洗去，没有曝光的区域留下，所以抗反射层只要保持其原有的疏水性，黏结没有曝光的光刻胶就可以了。但是，对于在 14nm 逻辑工艺开始大量引入的负显影工艺，由于曝光前后光刻胶的表面张力变化显著，曝过光的区域变得亲水，而且根据负显影的原理，曝过光的区域需要留下来。这样，如果底部抗反射层还是保留其疏水性，就会产生光刻胶剥离。解决的方法之一是在抗反射层中添加酸致脱基团，使得酸存在的情况下，抗反射层的表面可以通过接收从光刻胶中扩散出来的氢离子(H^+)催化反应生成羧基(COOH)或羟基(OH)，形成较为亲水的表面，以匹配光刻胶在曝光后的极性变化，提高光刻胶与衬底的黏附性，增强抗图形倒塌性能。

另一种较为常见的情况是酸碱平衡。若抗反射层的酸度不够，或者其中含有较多氮分子(TiN、$Si_xO_yN_z$ 等)，则会导致光刻胶中的光酸渗透到抗反射层中，使得光刻胶底部因缺少光酸而形成站脚。从光学的角度出发，我们可以减弱站脚现象。其原理主要是 BARC 和光刻胶界面处的反射光发生了相位变化而产生了站脚。一般来说，在反射率极小值对应的抗反射层厚度处让抗反射层变薄，随着反射光的逐渐增加，反射光的相位也会逐渐靠近入射光的相位，形成相干相长，造成光刻胶底部光强增加，这对减小站脚可以起到一定的作用。相反，如果加厚抗反射层，则会增加站脚。具体值需要通过仿真计算获得，并且需要在硅片上验证。

5.5　含硅的抗反射层(SiARC)

在底部抗反射层中添加硅的原理是为了协调日益缩小的光刻工艺对焦深度(14nm 节点，60nm)和进入鳍形晶体管技术节点以来，不断增加的衬底高低起伏(50～100nm)和高深宽比沟壑的挑战。含硅的抗反射层(硅质量分数一般为 30%～40%)可以用氧气等离子体以极高的选择比(如 30.0)来刻蚀很厚的(150～200nm)平坦化型底部抗反射层，又称为旋涂碳层

(Spin On Carbon,SOC),而光刻胶由于对焦深度日益缩小厚度变得只有60～90nm,只需要将图像传递到厚度仅有30～40nm 的含硅底部抗反射层中。SOC 材料一般是丙烯酸酯类型,包括大量芳香族分子,其碳质量分数大于80%,用于增强刻蚀阻挡能力[5]。

含硅的底部抗反射层一般包括发色团(起到 BARC 的作用)、交联剂、含硅的成分。对光刻来说,其性价比高。但是其去除比较麻烦,一般使用单独的湿法槽,或者采用全干法去除,如 CF_4 气体。一般含硅的抗反射层的三层光刻薄膜去除可以先用溶剂将剩余的光刻胶去除,再使用 CF_4 气体将含硅层去除,最后使用氧气等离子体将 SOC 去除。

5.6 用于极紫外光刻的底部增感层

由于极紫外的波长比193nm 短得多,同样的能量会导致少了十几倍的光子吸收,光子个数急剧减少的结果是散粒噪声的明显增大(参见4.6节)。如何增加对极紫外光子的吸收是提高极紫外光刻胶性能,尤其是线宽粗糙度/线边粗糙度的唯一途径。通过添加底部增感层(Bottom sensitizer layer,或者叫作 Under Layer,UL),2009年美国布鲁尔科学公司(Brewer Science,Inc)和英特尔公司(Intel Corporation)合作报告了通过研究添加有交联剂的丙烯酸酯类和聚羟基苯乙烯类聚合物的增感层(通过增加对极紫外光子的吸收)对极紫外光刻工艺的影响,获得了改善的线宽粗糙度-线边粗糙度的结果。而且,通过添加光致产酸剂,还可以提高吸收光的灵敏度[13]。2014年,美国 AZ 公司通过设计一个电子缓冲器(Buffer)来降低底部增感层对极紫外光子吸收后电子的能量涨落,减小能量涨落导致的散粒噪声,如图5-11所示。他们发现,通过这样的方法,极紫外光刻胶的灵敏度可以改进30%,散粒噪声可以改进13.4%[14]。

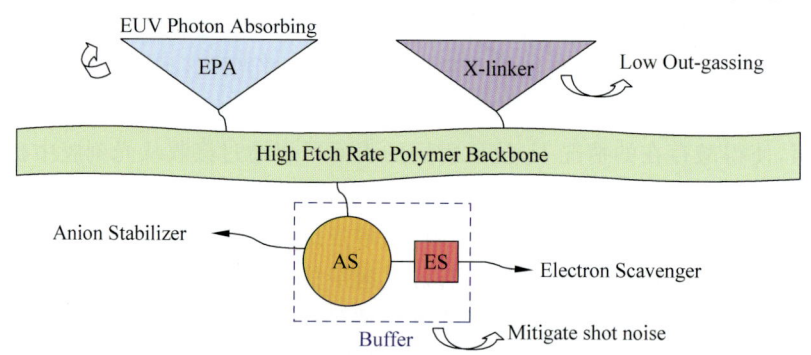

图 5-11 美国 AZ 公司设计的极紫外光刻胶的底部增感层概念图[14]

参考文献

[1] Stefan Partel,Markus Mayer,Kristian Motzek. In-situ measurement and characterization of photoresist during development. SPIE newsroom,2012.

[2] Brunner T A. Optimization of optical properties of resist processes. Proc. SPIE 1466,1991:297.

[3] Washburn C,Guerrero A,Mercado R,et al. Process Development for Developer-Soluble Bottom Anti-Reflective Coatings (BARCs). Interface 2006,2006.

[4] Neef C J,Krishnamurthy V,Nagatkina M,et al. New BARC Materials for the 65-nm Node in 193-nm Lithography. Proc. SPIE 5376,2004:684.

[5] Makoto Nakajima,Takahiro Sakaguchi,Keisuke Hashimoto,et al. Design and Development of Next

Generation Bottom Anti-Reflective Coatings for 45nm Process with Hyper NA Lithography. Proc. SPIE 6153,61532L,2006.

[6] Marc J. van der Reijden,Maaike Op de Beeck,Erik Sleeckx,et al. High and Hyper NA Immersion Lithography using Advanced Patterning Film APF^{TM}. IEEE SEMI Adv. Semiconduct. Manufact. Conf. 39,2006.

[7] DiPiazza J J. Nonreflecting photoresist process. US4102683,1978.

[8] Chen M,Trutna Jr. W R,Watts M P C,et al. Multilayer photoresist process using an absorbant dye. US4362809,1982.

[9] Dichiara R R,Fahey J T,Jones P E,et al. Mid and deep-UV antireflection coatings and methods for use thereof. US5401614,1995.

[10] Arnold J W,Brewer T L,Punyakumleard S. Anti-reflective coating. US4910122,1990.

[11] Uzodinma Okoroanyanwu. Chemistry and Lithography. SPIE Press,2011.

[12] Joyce Lowes,Victor Pham,Jim Meador,et al. Advantages of BARC and photoresist matching for 193-nm photosensitive BARC applications. Proc. SPIE 7639,76390K,2010.

[13] Hao Xu,James M. Blackwell,Todd R. Younkin,et al. Underlayer designs to enhance the performance of EUV resists. Proc. SPIE 7273,72731J,2009.

[14] Jin Li,Ide Yasuaki,Shigemasa Nakasugi,et al. A Chemical Underlayer Approach to Mitigate Shot Noise in EUV Contact Hole Patterning. Proc. SPIE 9051,905117,2014.

思考题

1. 抗反射层有哪几种类型?
2. 顶部抗反射层主要用来解决什么问题?
3. 有机抗反射层的主要成分是什么?
4. 抗反射层通过怎样的原理来减小在各界面的反射率?
5. 无机抗反射层有哪些?
6. 抗反射层的厚度是怎样确定的?
7. 抗反射层的折射率需要满足怎样的要求?
8. 光刻工艺中,通过什么方法将显影后光刻胶中的图形转移到抗反射层中?
9. 极紫外的底部增感层的作用是什么?

第6章

光 刻 机

6.1 引言

在光刻之前,人们使用各种坚硬的材料制作用来分离材料的工具,如刀、斧、剑、凿等。其中重要的因素是存在一个由厚到薄的刃口。基于力学的斜面原理(如图 6-1 所示),可以通过使用相对较小的沿着刃口方向的作用力,在刃口两侧的斜面上给待分离材料施加几倍甚至几十倍的分离压力,促使材料被分为两半。这种原理几千年来被人类用于材料的切割,或者在光洁的表面留下痕迹,如篆刻。

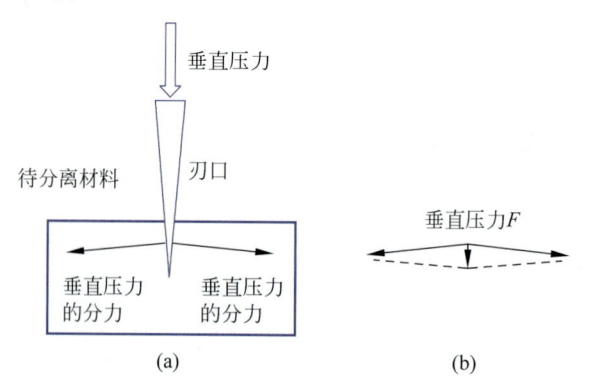

图 6-1 刀刃作用在物体的静力分析:(a)示意图;(b)力的分解示意图

我们知道,刮胡刀的刀刃,刃口的宽度在 0.1μm 左右,而原子力显微镜的针尖可以达到纳米级别。可以说,如果需要刻出极细小的图案,使用传统的刀刃也可以实现。那么,为什么要使用光刻呢? 有人说是因为光的波长短,可以达到 0.2μm。不过,这与最锋利的刀刃比起来并没有多少优势。使用光刻的原因是可以通过制作掩模来同时转印成千上万的细小线条或者由此组成的图形,也就是速度和效率。

早期的光刻机采用接近式甚至接触式曝光复制,也就是掩模跟涂上光刻胶的硅片叠在一起,或者靠得很近(在 2~3μm 范围),通过整片掩模被均匀地曝光来实现掩模到硅片的

1∶1复制。这种光刻机结构简单，体积很小，操作和安装都很方便。接近式曝光可以实现任意线宽的曝光，只要掩模版不太厚，分辨率就可以达到很高。图 6-2 展示了接近式曝光工艺的简要流程（采用正性光刻胶）。

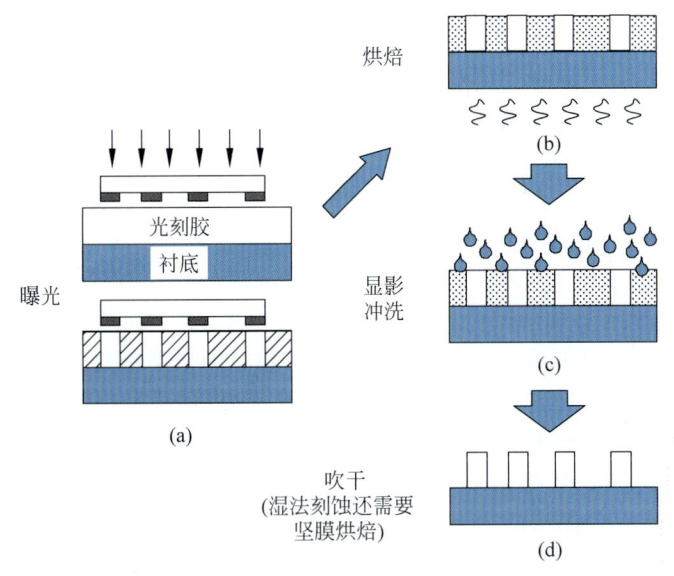

图 6-2　接近式-接触式曝光的光刻流程：(a) 掩模接近、接触，曝光；(b) 曝光后烘焙；(c) 显影-冲洗；(d) 光刻图形完成

这种光刻机一般只需要一个精密四自由度调整平台加上一个测量套刻和掩模靠近硅片两用显微镜就可以。我国的劳动牌光刻机就应用了类似的原理，它采用接近式曝光的方法。图 6-3 展示了劳动牌 JKG-3 型光刻机的外形。

但是，这种方法的缺点也很明显。接触式光刻机虽然可以达到任意分辨率的光刻，但是由于掩模与硅片的接触，每次用完后都要对掩模进行缺陷检测和清洗，大大降低了效率，缩短了掩模寿命。这种接触也会给硅片上的光刻胶带来颗粒或者缺陷，导致成品率不高。那么，接近式光刻机呢？我们知道，一般硅片的平整度为 1~2μm，如果要使掩模版在整片硅片上悬空而碰不到硅片，掩模的高度需要在 2~3μm 高度放置。接近式曝光的分辨率与波长、掩模版到硅片之间的距离、光刻胶的厚度之间的关系如下：

图 6-3　劳动牌 JKG-3 型接近-接触式光刻机[1]

$$\text{CD} = k\sqrt{\lambda\left(g + \frac{d}{2}\right)} \tag{6.1}$$

式中：k 为光刻胶参数，通常为 1~2；CD 为最小能够分辨出的线宽；λ 为波长；g 为掩模版到光刻胶表面的空隙，$g=0$ 对应接触式曝光；d 为光刻胶厚度。

当 $d=1\mu m, g=3\mu m, \lambda=365nm, k=1$ 时，可以得到的最小分辨率为 1.13μm。当 $d=$

$0.1\mu m$,$g=3\mu m$,$\lambda=193nm$,$k=1$时,可以得到的最小分辨率为$0.77\mu m$。所以,为了避免掩模版与光刻胶表面接触,这种接近式光刻机的最小可制造线宽为$0.7\mu m$左右。想要做出更细小的线宽,就不能使用这种方法。

于是,投影式曝光机应运而生。它通过镜头将掩模的图形缩小成像到硅片上。这样掩模就可以远离硅片,长时间无沾污使用。但是,我们知道有照相机和显微镜两种类型的光学成像系统。前者可以将图像记录或者翻拍到相当大的面积上,如全画幅相机的$36mm\times 24mm$,中画幅相机的$56mm\times 56mm$,甚至更加大的6in、8in、10in等大画幅面积。但是,有一个问题:一般相机镜头的最小可分辨线宽为$5\sim 10\mu m$,相比集成电路的线宽太大了,而且在画幅的边缘明显存在一些畸变和成像质量下降的情况,虽然这些畸变对于摄影师或照片的欣赏者都可以容忍,但是对于集成电路来说畸变不可以超出线宽的$1/4\sim 1/3$。而显微镜虽然可以分辨出很小的线宽(很多显微镜物镜都能够达到衍射极限),但是显微镜的镜头直径一般很小,只有几毫米到10mm,视场也因此只有$20\sim 30\mu m$。如果将现有的显微镜物镜放大,几何像差也会同比例被放大,原先衍射极限的表现也会完全丧失。而要将$30\mu m$的视场变成照相机的约30mm,镜头的直径要变成原来1000倍,约10m,也是不可能的。

最早的投影式光刻机是美国柏金-埃尔默(Perkin-Elmer)公司的大卫·马克勒(David A. Markle)和艾贝·奥夫纳(Abe Offner)提出的[2-3]全片硅片扫描式光刻机。图6-4显示了这种光刻机的光学成像构造,它采用两片同轴的球面反射镜,通过对称光路设计,硅片上图像经过3次反射,与掩模图形围绕光轴呈中心对称分布,使得掩模和硅片的成像在一个环形的区域上。他们证明了在掩模和硅片平面上的这个环形区域(图6-4中显示的由两条虚线围成的环形区域)如果选择得好,就可以消除像差;但是如果偏离这个环形区域,像差就会很快增加。这台设备(1974年6月报告)的性能参数:光圈F1.5,相当于$NA=0.33$,像场直径3in,分辨率$2\mu m$,对焦深度$5.5\mu m$,环形曝光缝宽度1mm,照明均匀性$\pm 10\%$,畸变$\pm 1\mu m$,对准/套刻$\pm 1\mu m$,最快曝光时间6s。

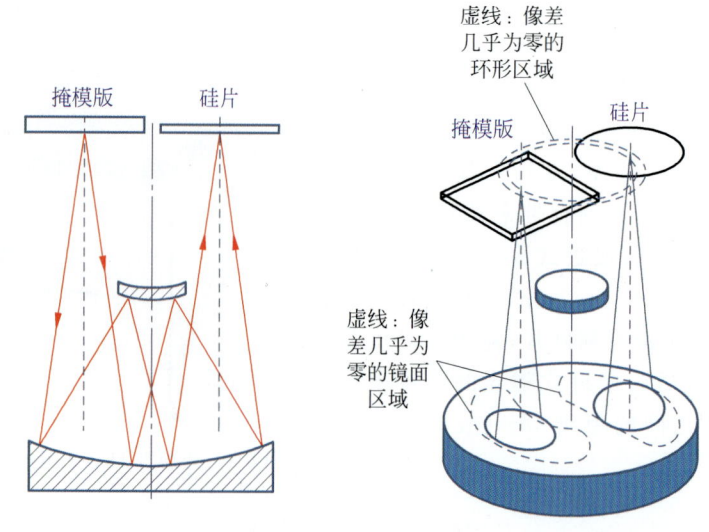

图6-4 美国柏金-埃尔默扫描式光刻机光学系统示意图(右图是立体图)

反射镜的好处是可以使对准波长与成像的紫外波长拥有同样的光路,对准变得容易和精确。而且,反射镜没有色差,对于汞灯的光源不需要窄带滤波器。

这样的设备好处是显然的,缺点也是无法克服的,如像差很难通过有限的几个球面反射面来进一步消除。另外，由于采用反射光学，很难进一步提高数值孔径，进而提高分辨率。一般反射式成像系统的数值孔径很难超过 0.5，因为至少一半光路会被挡住。

美国康宁(Corning)公司的约翰·布鲁宁(John H. Bruning)在 2007 年的美国 SPIE 光刻年会上做了一篇关于 40 年光刻机发展的报告：从阴影式曝光到投影式曝光的发展历程[4]。这其中很大一部分得益于大数值孔径投影物镜技术的发展。下面介绍镜头成像的原理，从照相机的镜头发展说起。这里先从现象和实验结果入手来了解镜头设计和像差，再介绍背后的理论知识。

6.2 成像镜头的发展和像差消除原理

6.2.1 单片凸透镜的像差分析（三阶塞得(Seidel)像差）

由于单片球面镜片具有各种难以消除的像差，如球面像差(Z_9)、彗差(Z_7、Z_8)、场曲(Field Curvature)等，还有各种高阶像差，如果制作能够在相当大的视场中做到衍射极限的投影镜头，就需要使用很多片镜片来平衡各种像差和色差。

图 6-5 显示了一个单透镜经过前后曲面的曲率半径优化计算后的成像性能。本章中的计算采用商业化的 Zemax 软件。在图 6-5 中，镜头后面放置光阑，目的是消除部分彗差。我们采用了 36mm×24mm 的全画幅，可以看见剩余像差有轴上的球差、画幅边缘的球差、彗差和色差以及约 0.6mm 场曲，0.1％的最大畸变（这很不错）。轴上聚焦点（散点）的均方根半径在 25.8μm 左右，而像场边缘，如图 6-5 中的焦平面(x,y)坐标为(-18mm，-12mm)或者(18mm，12mm)的散点要差很多，达到 152μm。这里已经采用了镜后光阑，用来平衡彗差，而这个单透镜的口径（又称为光圈）仅为 F10。20 世纪 90 年代，市场上推出了很多一次性或者简易胶卷照相机。口径一般为 F10 左右，而且由于剩余场曲约为 0.6mm，无法消除，就采用弯曲的像场，见图 6-6。这样的相机白天可以较好地成像。不过，这样的成像质量是在光圈为 F10，或者 NA=0.05 的情况下达到的，而即便是这样，也没能达到衍射极限。可见，要达到 NA 接近 1 是多么遥远，其约 25μm 的分辨率是无法与接近式曝光机的 2μm 左右相比的。

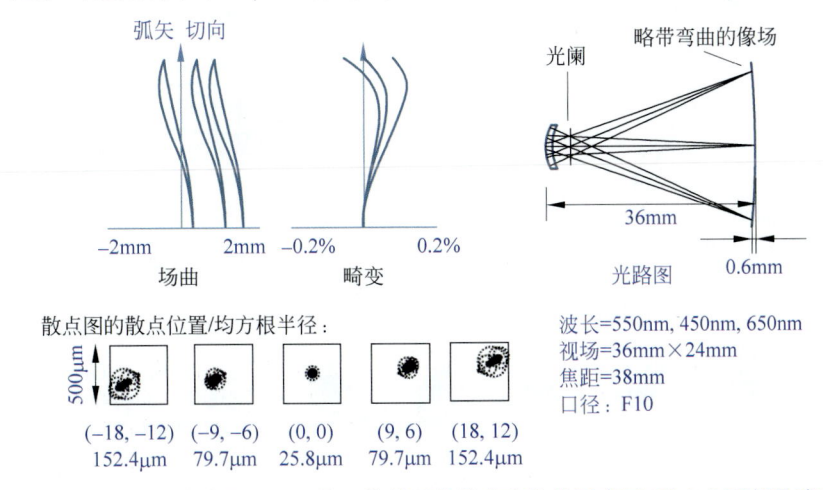

图 6-5 一个经过初步优化 38mm 焦距的单透镜的成像性能示意图（所有曲面都是球面，本章中所有镜头仿真采用 Zemax 软件）

(a)   (b)

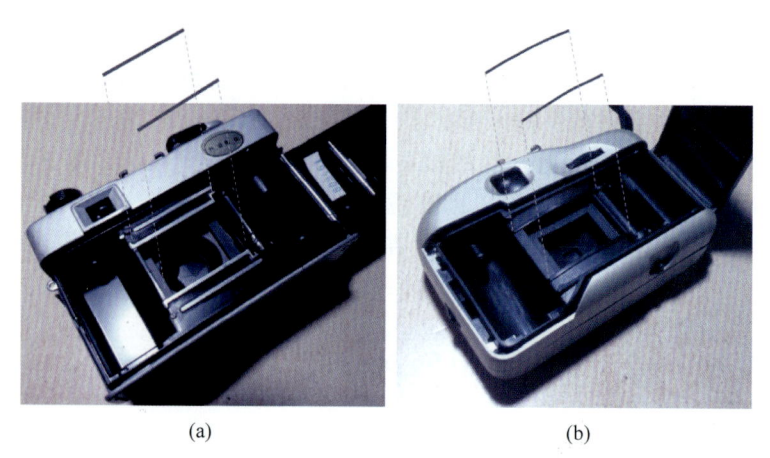

图 6-6　胶卷相机的焦平面：(a) 非简易相机的焦平面轨道是直的；(b) 简易/一次性相机的焦平面轨道是朝向胶卷/后背方向略微凸起的

6.2.2　3片3组柯克镜头的成像和像差分析

1893年，英国约克郡的泰勒·柯克(T. Cooke & Sons of York)公司的丹尼斯·泰勒(Dennis Taylor)设计制造了三片式柯克镜头。这个镜头采用对称结构，由两片冕牌玻璃的正透镜(凸透镜)和中间一片重火石玻璃的负透镜组成。这种布局可以消除色差和场曲，以及彗差和像散。消除场曲的原理是只要所有折射面的曲率乘以折射率的倒数和(6.3节会介绍)等于零，就可以实现平坦的像场。图 6-7 展示了一个 3 片 3 组柯克镜头的优化计算举例。可以看到，比起图 6-5 中的单片镜片，光圈最大可以开到 F4，提高了约 2.5 倍，像场也不再需要人为地弯曲，而全视场散点均方根半径也达到约 23μm(F4)。但是，对于专业摄影来说，23μm 的散点均方根半径还是比较大的。所以，一般情况下不采用"全开光圈"(也就是将镜头的孔径开到设计的最大化，比如对于柯克镜头，全开光圈就是 F4。相机制造商一般会再放大一点光圈，

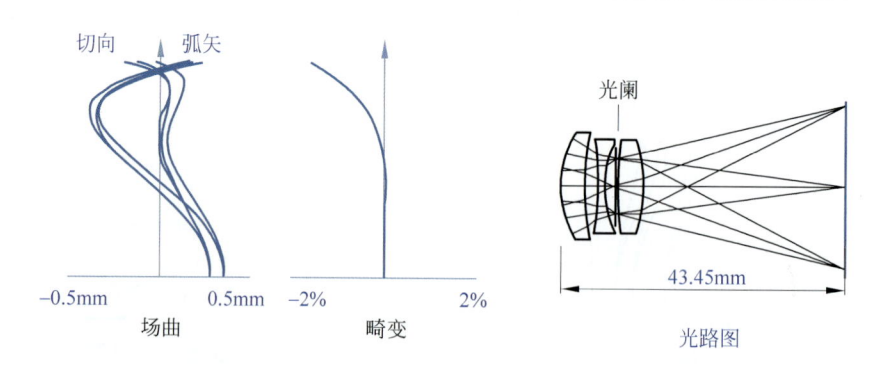

切向　弧矢

−0.5mm　0.5mm　　−2%　　2%　　　　　43.45mm
场曲　　　　　畸变　　　　　　　　光路图

散点图的散点位置/均方根半径：

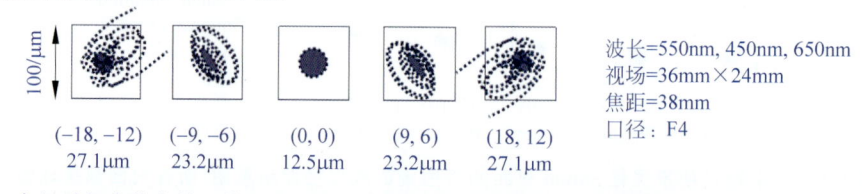

(−18, −12)　(−9, −6)　(0, 0)　(9, 6)　(18, 12)
27.1μm　23.2μm　12.5μm　23.2μm　27.1μm

波长=550nm, 450nm, 650nm
视场=36mm×24mm
焦距=38mm
口径：F4

图 6-7　一个经过初步优化的 3 片 3 组 38mm 焦距的柯克镜头的成像性能示意图(所有曲面都是球面，由于涉及 3 种颜色光，在散点图和场曲、畸变图中并没有进行区分，仅是为了示意)

比如海鸥 4 系列 120 中画幅相机就开到 F3.5），而采用限制光圈的方法来提高锐度。如图 6-7 中的镜头，当光圈从 F4 收到 F5.6 时，经过计算，散点均方根半径（中央，边缘）=(13.3μm,10.7μm)。这里仅仅是一个举例，其实这个结果还可以进一步做中央和边缘优化，使得中央的聚焦点直径再下降一点以突出中央的分辨率。

柯克镜头的成功表明，对称设计是任何需要平场和大于 F10 口径镜头所必需的。柯克镜头又称为 Anastigmat，意思是基本消除球差、彗差和像散的镜头，我国早年称为"正光镜头"。实际上，对称系统对垂直于光轴的像差有利，但是对轴向像差不一定有利。若光圈大并且还是对称系统，则球差像散校正困难。

6.2.3 4 片 3 组天塞镜头的成像和像差分析

如果继续提高分辨率，必须继续限制散点的直径。在 3 片 3 组的柯克镜头中，剩余像差主要是像场边缘的球面像差和剩余彗差，所以可以通过继续增加镜片的方式来改进。虽然历史上是通过进一步优化镜头的对称性，先由保罗·儒道夫(Paul Rudolph)于 1895 年引入几乎完全对称的双高斯(Double Gauss)构型来解决。保罗·儒道夫于 1902 年引入 4 片 3 组天塞(Tessar，源于希腊文，意思是 4)镜头。下面按照从简单到复杂的顺序来分析。

下面分析 4 片 3 组天塞镜头。图 6-8 中的天塞镜头与图 6-7 中的柯克镜头相似，仅仅在后组镜头上使用了双胶合镜头，改善了像场边缘的球差和彗差，大大提高了整个画幅的成像质量。但在像场边缘的畸变是比较大的(9%在像场边缘)。这是因为取的焦距为 38mm，而像场要求是全画幅。蔡司最早的"鹰眼"是焦距 50mm 的。如果将画幅限制在等比例的情况，即 27mm×18mm，差不多是 APS-C 画幅，畸变将小于 5%。其实，畸变还可以变小一点，不过需要以其他像差的增加为代价。这里的计算只是举个例子，在计算中把散点直径做得好了点。在实际应用中，由于天塞镜头在 F4 的优秀表现，包括蔡司在内的众多镜头厂商将最大光圈开放到 F2.8，这里面也包括我国的 35mm 相机凤凰 205 系列以及海鸥 KJ-1 相机的镜头。

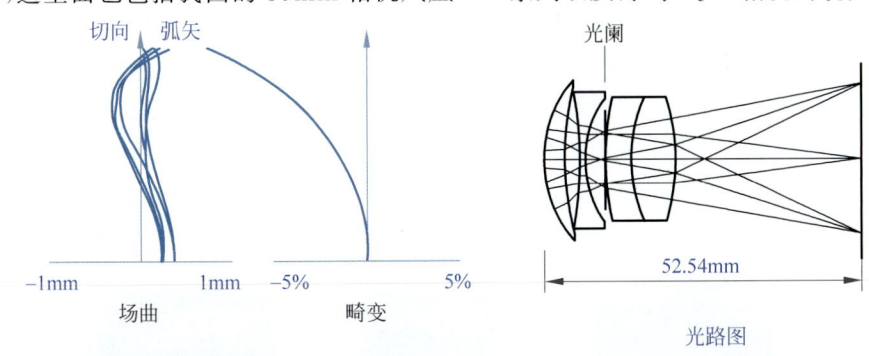

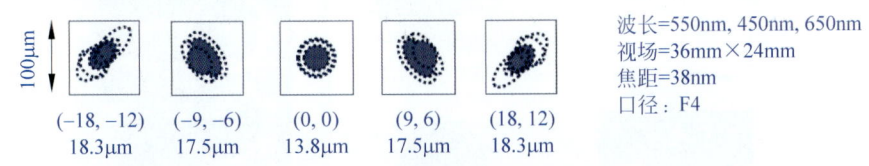

图 6-8 一个经过初步优化的 4 片 3 组 38mm 焦距的天塞镜头的成像性能示意图（所有曲面都是球面，由于涉及 3 种颜色光，在散点图和场曲、畸变图中并没有进行区分，仅仅是为了示意）

图 6-9 展示了国产 75mm 焦距、F3.5 最大光圈的柯克镜头在两种不同相机中的应用。
图 6-10 展示了 6 种天塞镜头：

图 6-9　两个柯克镜头：(a) 国产双镜头反光相机海鸥 **4B1**(前身是海鸥 **4** 型)中的 **75mm** 焦距、**F3.5** 最大光圈的镜头；(b) 国产折叠旁轴相机海鸥 **203** 中的 **75mm** 焦距、**F3.5** 最大光圈的镜头)

图 6-10(a)右下：蔡司的 50mm 焦距、F2.8 最大光圈，被称为"鹰眼"的 35mm 单镜头反光照相机镜头。

图 6-10(a)左上：国产旁轴 35mm 相机凤凰 205D 中使用的 50mm 焦距、F2.8 最大光圈镜头。

图 6-10(a)左下：荣膺第四届全国照相机机械质量测试平视相机一等奖的国产袖珍旁轴 35mm 相机海鸥 KJ-1 的 38mm 焦距、F2.8 镜头。

图 6-10(a)右上：国产长城 5.6cm×5.6cm 中画幅 5.6cm×5.6cm 单镜头反光照相机的 90mm 焦距、F3.5 最大光圈镜头。

图 6-10(b)：国产海鸥 4A-109 5.6cm×5.6cm 中画幅 5.6cm×5.6cm 双镜头反光照相机的 75mm 焦距、F3.5 最大光圈摄影镜头。

图 6-10(b)：国产海鸥 4A-109 5.6cm×5.6cm 中画幅 5.6cm×5.6cm 双镜头反光照相机的 75mm 焦距、F2.8 最大光圈取景镜头。

图 6-10　6 种天塞镜头

此类镜头具有结构简单、成像锐度高、透光度高等优点,是著名的中档摄影镜头。现在众多手机的摄像镜头就是采用 4 片 3 组的天塞镜头。

6.2.4　6 片 4 组双高斯镜头的成像和像差分析

根据经验,如果想进一步消除剩余的球差、彗差等像差,需要更加多的镜片。1985 年,蔡司的保罗·儒道夫发明的普兰那(Planar)镜头就是 6 片 4 组的对称结构的双高斯(Double Gauss)镜头。

由图 6-11 的仿真结果可见,对于 6 片 4 组的双高斯镜头,在光圈 F2.8 的性能基本上等同于天塞镜头在 F4 的性能。在场曲上有小幅改善,但是在畸变上有很大的改善。畸变从图 6-8 中天塞的 9% 改进到 0.16%。图 6-11 中的镜头中第一片和最后一片在曲率半径上没有完全对称,这是由于这个镜头在计算时是假设被成像物体在无穷远的情况。对于一般情况,必须要假设被成像物体放在有限远处,这样光阑前后的镜片就会对称一些。

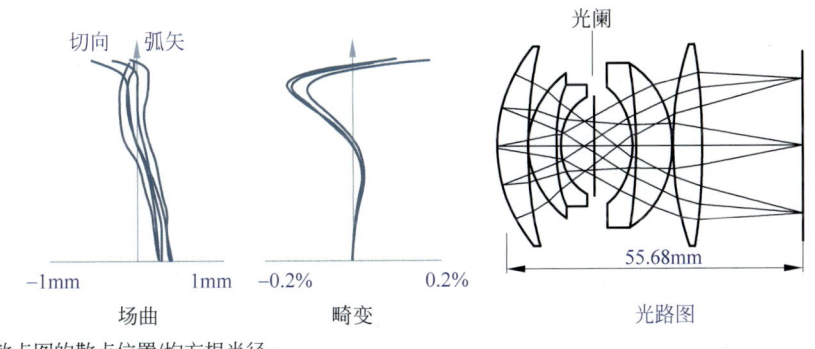

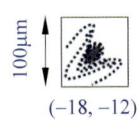

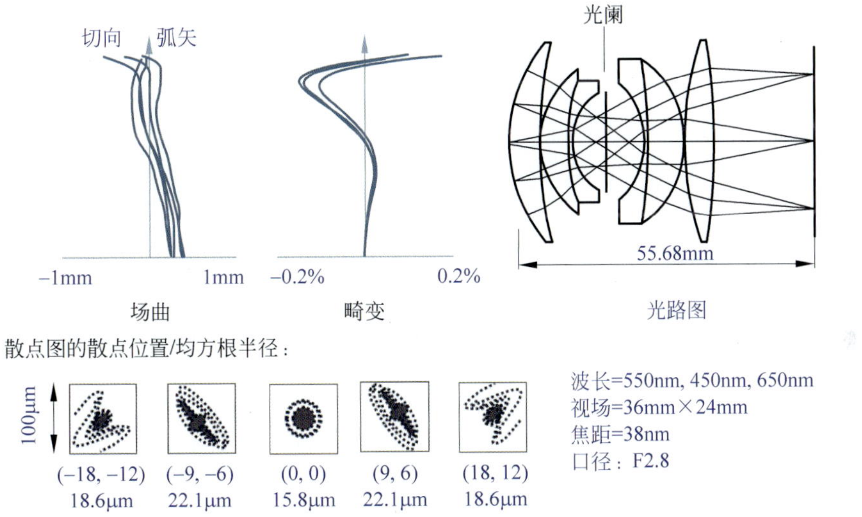

波长=550nm, 450nm, 650nm
视场=36mm×24mm
焦距=38mm
口径:F2.8

图 6-11　一个经过初步优化的 6 片 4 组 38mm 焦距的双高斯镜头的成像性能示意图(所有曲面都是球面,由于涉及 3 种颜色光,在散点图和场曲、畸变图中并没有进行区分,仅仅是为了示意)

双高斯镜头成像质量很高,一般用于人像镜头和需要高保真的场合。表 6-1 和表 6-2 将以上讨论的镜头的成像情况做了比较。可以看到,随着镜片片数的增加,镜头的光圈也可以相应增加,而像差[主要像差又称为塞得(Seidel)像差,将在 6.3 节详述]也相应地减少。图 6-12 展示了采用双高斯镜头的 3 种国产相机和蔡司的小 B(Little Biota)镜头。

表 6-1　4 种镜头在不同光圈下的成像像点均方根半径和场曲、畸变　　　单位:μm

光圈 焦距为 38mm	F2.0 中间	F2.0 半中	F2.0 边缘	F2.8 中间	F2.8 半中	F2.8 边缘	F4 中间	F4 半中	F4 边缘	F5.6 中间	F5.6 半中	F5.6 边缘	F8 中间	F8 半中	F8 边缘	F11 中间	F11 半中	F11 边缘	场曲/mm	畸变/%
单片										51.3	120	217	22.9	70	138				0.8	0.12
柯克				12	23.2	21.7	13.3	12.3	10.7	12.1	6.9	5.4	9.8	5	3.2				0.7	1.6
天塞				10.7	36.7	47.2	13.8	17.5	18.3	14.4	8.4	11.2	12.1	4.8	8.2	9.5	3.4	6.5	0.6	9
双高斯	15.8	22.1	18.6	16.9	10.4	8.7	16.3	8	6.1	13.1	7.3	4.4	10.1	6.9	3.4				0.42	0.16

注:中间,(0,0)mm;半中,(±9,±6)mm;边缘,(±18,±12)mm。

表 6-2　4 种不同的镜头在不同光圈下的塞得像差

单位：mm

光圈		F2.8					F4			
镜头类型	单片	柯克	天塞	双高斯		单片	柯克	天塞	双高斯	
S1 球差	1.15102	0.04223	0.028946	0.024132		0.27636	0.010139	0.00695	0.005794	
S2 彗差	0.27292	0.008858	−0.002955	0.001774		0.093612	0.003038	−0.001013	0.000608	
S3 像散	0.036695	−0.020481	−0.021942	−0.019679		0.017981	−0.010035	−0.010752	−0.009643	
S4 场曲	0.156545	0.156981	0.131735	0.115155		0.076707	0.076921	0.06455	0.056426	
S5 畸变	−0.428779	−0.032019	0.41912	−0.007695		−0.300145	−0.022413	0.293384	−0.005386	
CL 纵向色差	−0.042928	−0.003138	−0.004747	−0.004406		−0.021035	−0.001538	−0.002326	−0.002159	
CT 横向色差	0.017698	0.002309	0.000521	−0.003816		0.012388	0.001616	0.000365	−0.002671	

光圈		F5.6					F8					F11			
镜头类型	单片	柯克	天塞	双高斯		单片	柯克	天塞	双高斯		单片	柯克	天塞	双高斯	
S1 球差	0.071939	0.002639	0.001508	0.001809		0.017272	0.000634	0.000434	0.000362		0.004832	0.000177	0.000122	0.000101	
S2 彗差	0.034115	0.001107	−0.000222	0.000369		0.011701	0.00038	−0.000127	0.000076		0.004501	0.000146	−0.000049	0.000029	
S3 像散	0.009174	−0.00512	−0.0492	−0.005485		0.004495	−0.002509	−0.002688	−0.002411		0.002378	−0.001327	−0.001422	−0.001275	
S4 场曲	0.039136	0.039245	0.032934	0.028789		0.019177	0.01923	0.016137	0.014106		0.010143	0.010171	0.008536	0.007461	
S5 畸变	−0.21439	−0.016009	0.20956	−0.003847		−0.150073	−0.011206	0.146692	−0.002693		−0.109144	−0.00815	0.106685	−0.001959	
CL 纵向色差	−0.010732	−0.000785	−0.001187	−0.001102		−0.005259	−0.000384	−0.000582	−0.00054		−0.002781	−0.000203	−0.000308	−0.000285	
CT 横向色差	0.008849	0.001154	0.000261	−0.001908		0.006194	0.000808	0.000182	−0.001336		0.004505	0.000588	0.000133	−0.000971	

图6-12 4个双高斯镜头[上：国产35mm单镜头反光相机海鸥DF用的58mm焦距、F2最大光圈的镜头；左下：国产35mm旁轴相机华夏843中的40mm焦距、F2最大光圈的镜头；右下：国产35mm旁轴相机凤凰（英文名Phenix）JG-301（建国301型）中的38mm焦距、F1.8最大光圈的镜头；右上角插图是蔡司著名的35mm小B镜头（Little Biota），它也具有58mm焦距、F2最大光圈，是图中海鸥58mm/F2镜头的前身]

需要说明的是，表6-1中列举了像点的均方根半径并没有列出分辨率，如多少线对/毫米。不过，根据定焦距照相镜头国标GB/T-9917.2-2008[6]，在中心像场（≤0.25像场半高度），国家一级镜头的标准是：对于焦距20～60mm的镜头，在采用分辨率在140线对/毫米的全色胶卷（俗称黑白胶卷）、物距：像距＝49：1的情况下，能够连续分辨36线对/毫米，在边缘像场能够连续分辨18～22线对/毫米。这大致相当于像点均方根半径为0.5/36mm和0.5/20mm，或者13.9μm和25μm。表6-1显示，柯克镜头在光圈F5.6可以达到国家一级镜头的标准，天塞镜头在F4就能够达到国家一级镜头标准，双高斯在F2.8就接近国家一级镜头标准，而单片镜头无论在怎样的光圈都很难达到国家一级镜头标准。

由以上的描述可以看到，球差是球面带来的，它随着镜片片数的增加而减小，彗差是镜头不对称导致的，可以采用对称设计并辅以光阑来消除。也就是说，对称度越高，彗差就越小；片数越多，彗差被消除得越好。场曲主要是通过平衡正负曲率和放大率的乘积，使之等于零或者接近零来实现。

6.3 像差的种类和表征

6.3.1 球差、彗差、像散、场曲、畸变、轴向色差和横向色差

一般仅考虑低阶像差，可以方便地称为塞得像差（Seidel Aberration）。旋转对称结构的光学系统可以通过图6-13来描述。

在图6-13中，从出射光瞳到像屏之间的光线的光程误差 W 可以通过 (η', r, ϕ) 来表示，或者，$W = W(\eta', r, \phi)$。如果展开到长度量 η' 和 r 的二阶和四阶，由于对称性，且对于 ϕ 相关，并总是与 r 相乘，这里仅取 $r\cos\phi$。如果只取到四阶，则可以获得以下几项：

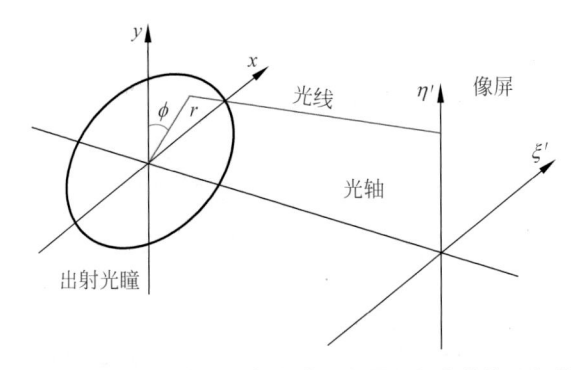

图 6-13　对称结构光学系统的出射光瞳和像屏之间光线的几何位置示意图

$$\begin{aligned}
W = & a_1 r^2 & &\text{离焦} \\
& + a_2 \eta' r \cos\phi & &\text{(平移,放大)} \\
& + a_3 \eta'^2 & &(=0,\text{下面说明}) \\
& + b_1 r^4 & &\text{球差} \\
& + b_2 \eta' r^3 \cos\phi & &\text{彗差} \\
& + b_3 \eta'^2 r^2 \cos^2\phi & &\text{像散} \\
& + b_4 \eta'^2 r^2 & &\text{场曲} \\
& + b_5 \eta'^3 r \cos\phi & &\text{畸变} \\
& + b_6 \eta'^4 + \cdots & &(=0,\text{下面说明})
\end{aligned} \qquad (6.2)$$

式中：$a_1,a_2,a_3,\cdots$ 以及 $b_1,b_2,b_3,\cdots$ 是系数。第一项与光瞳的半径平方成正比，可以视为两个球面的差，也就是离焦。第二项与光瞳上的 y 成正比，可以视为光轴倾斜，在像屏上图像会有平移，并且平移量跟像屏上的 η' 成正比，也就是存在放大率误差。第三项和第九项不存在，因为对于任何光瞳上的点都是某个常数，而光瞳中央的像差为 0，所以这两类像差为 0。第四项是球差，与光瞳半径的 4 次方成正比。第五项是彗差。第六项是像散。第七项是场曲，与第一项的差别是离焦与像屏的半径的平方有关。第八项是畸变，与第二项的差别是放大率与像屏上距离中心的 3 次幂成正比。

这种像差的表述方法与光刻中泽尼克(Zernike)多项式的方法不一样。泽尼克多项式是对光瞳上的波前相位差的描述，其中并不涉及像屏上的坐标，如泽尼克像差中没有畸变和场曲。

此外，还有色差，包括轴向色差(Axial chromatic aberration)和横向色差(Lateral chromatic aberration)。色差的存在是由于所有的透明材料对不同波长的光电场极化的响应是不一样的。这表现在价电子对光的吸收(又称为折射率的虚部，k 值)和深层电子对光的受迫振动响应(又称为折射率的实部，n 值)。由于这里一般只考虑透明的材料，可以认为 k 值近似地等于 0。对于色差，在可见光的镜头设计中需要知道几个重要的参数，如阿贝(Abbe)V 值：

$$V_d = \frac{n_d - 1}{n_F - n_C} \qquad (6.3)$$

式中：V_d 一般用来表征一种光学材料的色散程度；下标 d 表示氦元素的 587.56nm 的发光谱线；下标 F 和 C 分别表示氢元素的 486.13nm 和氢元素的 656.27nm 发光谱线。

可以看出，一种光学材料的色散程度越低，V_d 就越大；否则，V_d 就越小。

在表征像差时还经常用到光线追迹图，如图 6-14 所示。

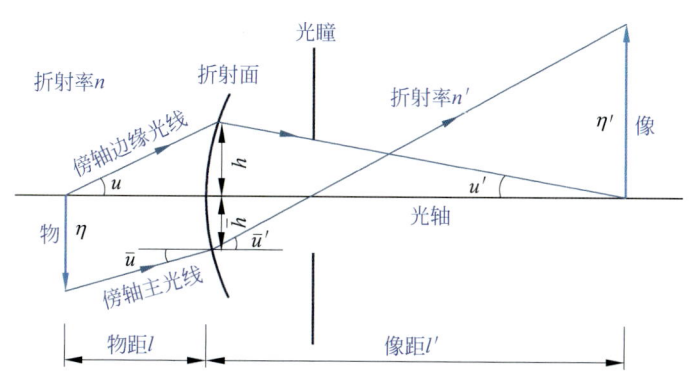

图 6-14 光线追迹常用的光路示意图,这里显示了单个曲面的光线追迹示意图

图中:u 为入射傍轴边缘光线与光轴的夹角;$\bar{u}$ 为入射傍轴主光线与水平面的夹角;h 和 $\bar{h}$ 分别为傍轴边缘光线和傍轴主光线和曲面的焦点离开光轴的距离,又称为线的高度;η 为物的高度;η' 为像的高度;u' 和 $\bar{u'}$ 分别为离开曲面的傍轴边缘光线和傍轴主光线与光轴的夹角。傍轴边缘光线(Paraxial marginal ray)或者傍轴边光线从光轴上和物平面的焦点发出,经过折射面,并且经过光瞳边缘,最后与光轴相交。傍轴主光线(Paraxial chief ray)从物平面中物的高度位置出发,经过折射面,并且经过光瞳的中心,最后与像平面或者像屏相交。有上画线的参数代表傍轴主光线的。这是光线追迹常用的两条光线。

加上横向和轴向色差,经过必要的推导[7],对于每个曲面,可以得到以下波前像差的表达式[式(6.4)],以及 7 种像差系数[式(6.4)不含有色差系数,2 种色差系数在式(6.5)中列出],又称为塞得像差系数:

$$W = \frac{1}{8}S_1(x_r^2+y_r^2)^2 + \frac{1}{2}S_2 y_r(x_r^2+y_r^2)h_r + \frac{1}{2}S_3 y_r^2 h_r^2 + \frac{1}{4}(S_3+S_4)(x_r^2+y_r^2)h_r^2 + \frac{1}{2}S_5 y_r h_r^3 \tag{6.4}$$

式中:x_r、y_r 为相对光瞳坐标,取值 0~1;h_r 为相对物高,$h_r=1$ 对应物场边缘;$S_1 \sim S_5$ 为塞得系数。定义如下式所示:

$$\begin{cases} S_1 = -A^2 h \delta\left(\dfrac{u}{n}\right) & \text{球差} \\[4pt] S_2 = -A\bar{A}h \delta\left(\dfrac{u}{n}\right) & \text{彗差} \\[4pt] S_3 = -\bar{A}^2 h \delta\left(\dfrac{u}{n}\right) & \text{像散} \\[4pt] S_4 = -H^2 c \delta\left(\dfrac{1}{n}\right) & \text{场曲} \\[4pt] S_5 = \dfrac{\bar{A}}{A}(S_3+S_4) & \text{畸变} \\[4pt] C_1 = Ah \delta\left(\dfrac{\delta n}{n}\right) & \text{轴向色差} \\[4pt] C_2 = \bar{A}h \delta\left(\dfrac{\delta n}{n}\right) & \text{横向色差} \end{cases} \tag{6.5}$$

式中:H 为拉格朗日守恒量,$H=nu\eta$;A、$\bar{A}$ 分别为傍轴边光线和傍轴主光线的折射不变量,

$A = n(hc+u)$,$\bar{A} = n(\bar{hc}+\bar{u})$,其中 c 为曲面的曲率,等于曲率半径的倒数;$\delta\left(\dfrac{u}{n}\right) = \left(\dfrac{u'}{n'} - \dfrac{u}{n}\right)$,$\delta\left(\dfrac{1}{n}\right) = \left(\dfrac{1}{n'} - \dfrac{1}{n}\right)$,且对于可见光,一般选用 $\delta n = n_F - n_C$,因此,$\delta\left(\dfrac{\delta n}{n}\right) = \left(\dfrac{\delta n'}{n'} - \dfrac{\delta n}{n}\right)$。

这套公式物理图景很强,各参数的几何含义明确,很容易记住。本书介绍这些理论是为了理解后面将要介绍的十分复杂的光刻机镜头的结构原理。光刻机镜头是现代光刻机中最昂贵的部分和最复杂的部分,很少有光刻的书籍详细分析,本书希望能够做一些探讨,以期抛砖引玉。

下面介绍这些像差与球面曲率的关系。由图 6-14 出发(物在曲面的左边,l 取负值,像在曲面的右边,l' 取正值,u 取正值,u' 取负值),经过简单推导可以证明:

$$n'u' = nu - hc(n'-n) \tag{6.6}$$

图 6-15 中 $OEFGO'$ 是傍轴边缘光线。根据定义,它的光程必须与轴上光线 $OABA'CO'$ 相同。而由于圆弧 AE 和 BG 是分别以圆心 O 和 O' 画的,所以 $OA = OE$,$O'B = O'G$。只需要证明 $EF + FG = AB$ 就可以了。其中 AF 是沿着球面的垂直于光轴的切线。

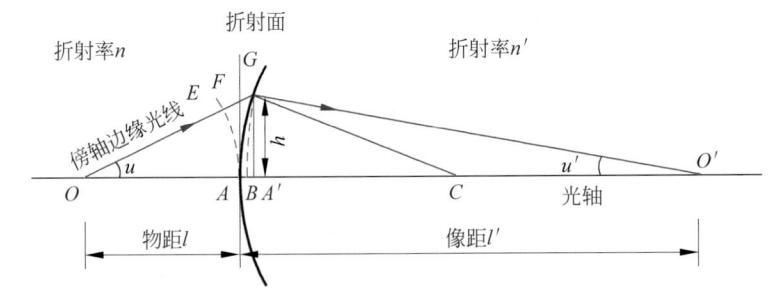

图 6-15 光线追迹常用的光路示意图(傍轴成像公式的推导用)

$$EF = -[\sqrt{l^2+h^2} - l]n \approx -\dfrac{nh^2}{2l} \tag{6.7}$$

$$FG = \dfrac{1}{2}nch^2 \dfrac{1}{\cos u} \approx \dfrac{1}{2}nch^2 \tag{6.8}$$

$$AB = AA' - BA' \approx \dfrac{1}{2}n'ch^2 - (O'G - \sqrt{O'G^2 - h^2})$$

$$\approx \dfrac{1}{2}n'ch^2 - \dfrac{1}{2}n'\dfrac{h^2}{l'} = \dfrac{1}{2}n'h^2\left(c - \dfrac{1}{l'}\right) \tag{6.9}$$

其中采用了以下近似关系:

$$\begin{cases} h \ll l, h \ll l' \\ u \ll 1, u' \ll 1, \quad \cos u \approx 1, \quad \cos u' \approx 1 \\ O'G \approx l' \end{cases} \tag{6.10}$$

应用 $EF + FG = AB$,得到

$$n'\left(hc - \dfrac{h}{l'}\right) = n\left(hc - \dfrac{h}{l}\right) \tag{6.11}$$

注意,$u = -h/l$,$u' = -h/l'$,便得到式(6.6)。所以

$$\delta\left(\dfrac{u}{n}\right) = \dfrac{u'}{n'} - \dfrac{u}{n} = \dfrac{nu - hc(n'-n)}{n'^2} - \dfrac{u}{n} \tag{6.12}$$

可以看出,球差 S_1、彗差 S_2、像散 S_3 都与曲率 c 的 3 次方成正比。而场曲 S_4 则与曲率 c 的 1

次方成正比。轴向色差和横向色差与曲率的 1 次方成正比。式(6.6)两边都除以 h,注意 $u=-h/l$,$u'=-h/l'$,式(6.6)可以写成

$$\frac{n'}{l'} = \frac{n}{l} + c(n'-n) \tag{6.13}$$

这与光学中常见的单镜头公式

$$\frac{1}{u} + \frac{1}{v} = \frac{1}{f} \tag{6.14}$$

类似。实际上,式(6.13)代表单曲面的成像公式。也就是说,焦距应该与曲率 c 成正比。而对于单个镜头,焦距的倒数乘以折射率被定义为放大倍数 K,故放大倍数 K 与曲率 c 成正比。

图 6-16 展示了如果将原先的一片镜片分为两片曲率只有一半的并且紧挨着的相同镜片,放大倍数将与原来相同,但是,球差 S_1、彗差 S_2、像散 S_3 将大约只有原先的 $[(1/2)^3+(1/2)^3]/(1^3)=1/4$。如果分成 3 片来完成,那么球差 S_1、彗差 S_2、像散 S_3 将下降为原先的 1/9,或者差不多一个数量级。当然,像差与镜片的前后的具体曲率有关。这里仅仅是指出大致的物理关系。所以,对于需要放大很多的光学系统,通常将放大任务分给几片镜片来共同完成,这样可以大幅度地降低像差。注意,场曲 S_4 与曲率 c 的一次方成正比,可以通过匹配 $c\delta\left(\dfrac{1}{n}\right)$ 来消除场曲。

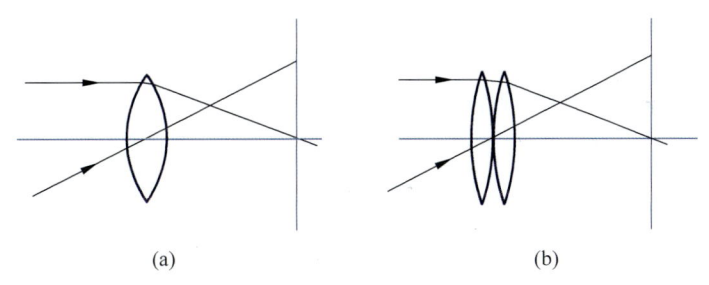

图 6-16 (a) 单个镜片的成像;(b) 与(a)中镜片等效放大倍数,但是分为两个相同的、紧挨着的镜片,曲率只有(a)中单个镜片的一半的镜片组的成像

6.3.2 镜头像差的分摊原理:6 片 4 组镜头像差分析

图 6-11 中的双高斯镜头各曲面的塞得像差列举在图 6-17 中。首先,可以看到此镜头是 6 片 4 组。第一组也是第一片镜片,由曲面 1 和 2 组成。第二组由第二片和第三片镜片胶合而成,它们共享曲面 4。第三组由第四片和第五片镜片胶合而成,它们共享曲面 7。第四组也就是最后一片镜片,由曲面 9 和 10 组成。系统中的第一片和第二片镜片都是凸透镜,第三片和第四片镜片都是凹透镜,而第五片和第六片镜片都是凸透镜。通过多片相同的镜片(原理如图 6-16 所示)来完成较大的折射是为了大幅度地降低球差 S_1、彗差 S_2、像散 S_3。可以看到,此镜头的光圈在 F2.8,远远超过了单片镜片可以承受的折射。由 6.2 节可知,如果想得到较小像差,单片镜片的孔径一般为 F8~F11。此时双高斯镜头的孔径在 F2.8,通过 4 片凸透镜来完成折射也就合情合理。

图 6-17 还显示,中间的两片凹透镜在起到平衡原本不大(都在小数点后第二位)的球差 S_1、彗差 S_2、像散 S_3 的同时,主要还是为了平衡场曲 S_4(在小数点后第一位)。在平衡了像散 S_3 和场曲 S_4 的同时,也就可以抵消一部分畸变。而且,由于使用了色散不同于凸透镜的玻璃,中间两片凹透镜还起到了平衡色差的作用。由图 6-17 可见,第一片凸透镜实际上引入了较大球差,所以,如果想进一步从 F2.8 扩大光圈,可以将第一片分为两片曲率较小的凸透镜,

形成7片5组镜头。一般此类镜头的光圈可以继续扩大到F1.8。照相机厂商生产的50mm标准镜头一般都是这样的。

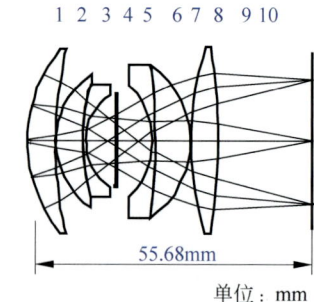

```
塞得像差系数：
曲面    球差 S₁      彗差 S₂      像散 S₃      场曲 S₄      畸变 S₅      轴向色差 C₁   横向色差 C₂
1       0.026840    0.011614    0.005026    0.224831    0.099464    -0.019226    -0.008320
2       0.001371   -0.016666    0.202601   -0.068044   -1.635720    -0.004017     0.048829
3       0.007983    0.004440    0.002469    0.416110    0.232820    -0.023570    -0.013109
4       0.000781   -0.003215    0.013236   -0.001756   -0.047264     0.008434    -0.034721
5      -0.029140   -0.030982   -0.032941   -0.596625   -0.669359     0.034007     0.036157
光阑   -0.000000    0.000000   -0.000000    0.000000    0.000000     0.000000     0.000000
7      -0.048053    0.068229   -0.096876   -0.383702    0.682357     0.020437    -0.029018
8       0.000000   -0.000001    0.004337   -0.004379    0.190652    -0.000004     0.020214
9       0.046096   -0.007677    0.001278    0.352918   -0.058985    -0.014189     0.002363
10     -0.000193    0.005674   -0.166442    0.119917    1.364695     0.001309    -0.038404
11      0.018448   -0.029643    0.047632    0.055885   -0.166337    -0.007588     0.012192
像屏    0.000000    0.000000    0.000000    0.000000    0.000000     0.000000     0.000000
全部    0.024132    0.001774   -0.019679    0.115155   -0.007695    -0.004406    -0.003816
```

图 6-17　一个经过初步优化的 6 片 4 组 38mm 焦距的双高斯镜头的成像性能示意图（所有曲面都是球面）以及各成像曲面的像差

6.4　齐明点(Aplanatic Point)和零像差设计

由以上理论可知，采用多片镜片的设计可以大大减少球差 S_1、彗差 S_2 和像散 S_3，采用对称的设计可以消除彗差 S_2 和像散 S_3，采用负透镜和正透镜组合设计可以消除场曲 S_4，采用不同色散的玻璃的正负透镜组合设计可以消除色差。此外，对于单个镜片，采取不同的形状可以减小球差和彗差，等等。

经过以上讨论可知，即便是图 6-17 显示的双高斯镜头也不是完美的，散点直径也仅有几微米。对于光刻机来说，若像点大小只能够达到几微米，则相比接触接近式光刻机是没有任何优势的，所以需要研究零像差的可能性。下面讲到的齐明点（Aplanatic point）就是在某种特殊的物距和像距上可以获得光轴上球差 S_1、彗差 S_2、像散 S_3 都等于零的情况。

由式(6.5)可知，如果能够使得 $\delta\left(\dfrac{u}{n}\right)=0$，就可以获得球差 S_1、彗差 S_2、像散 S_3 都等于零的情况。

对于图 6-18 中的成像情况，假设 $n > n'$，对于 $\triangle A'OE$，根据正弦定理，可得

$$\frac{\sin u'}{r} = \frac{\sin i'}{A'O} \tag{6.15}$$

对于 $\triangle AOE$，根据正弦定理，可得

$$\frac{\sin u}{r} = \frac{\sin i}{AO} \tag{6.16}$$

注意，这里还没有应用任何物理原理。根据式(6.15)和式(6.16)，可得

$$\frac{\sin u'}{\sin u} = \frac{\sin i' \times AO}{\sin i \times A'O} \quad (6.17)$$

令 $AO = rn'/n$，$A'O = nr/n'$，那么 $\triangle A'OE$ 和 $\triangle EOA$ 相似。也就是说，$i = u'$，$i' = u$，式 (6.17) 就可以化简为

$$\frac{\sin^2 i}{\sin^2 i'} = \frac{\frac{rn'}{n}}{\frac{rn}{n'}} = \frac{n'^2}{n^2} \quad (6.18)$$

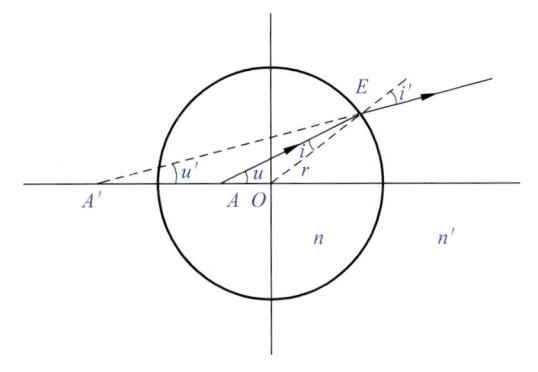

或者

$$n \sin i = n' \sin i' \quad (6.19)$$

图 6-18 齐明点示意图

这其实就是菲涅尔 (Fresnel) 定律，当然成立。所以，不论对于多大的角度 u 和 u'，所有的光线从 A 点发出必然成虚像于 A' 点。而

$$\delta\left(\frac{u}{n}\right) = \frac{u'}{n'} - \frac{u}{n} = \frac{i}{n'} - \frac{i'}{n} = \frac{ni - n'i'}{nn'} = 0$$

所以，这样的成像有着光轴上球差 S_1、彗差 S_2、像散 S_3 都等于零的好处。虽然这样的结构无法成实像，但是它可以将数值孔径缩小。在 A 点，$NA = n \sin u$，但是在 E 点 (A' 点) 处，$NA' = n' \sin u'$，所以经过一次折射，数值孔径减小到原先的 $(n'/n)^2$。假如 $n = 1.5$，$n' = 1.0$（空气或者真空），A 点处 $NA = 1.35$，那么经过一次折射，在 E 点，$NA = 0.6$。而且不引入任何球差 S_1、彗差 S_2 和像散 S_3。当然，这是在轴上的成像结果，离轴的点仍然存在一定程度的像差。对于一般的大数值孔径显微镜物镜，成像质量可以接收的视场大约为 30μm。仅仅利用这个现象来设计光刻机镜头是不够的。

6.5 大数值孔径光刻机镜头的介绍

6.5.1 蔡司 0.93NA、193nm 深紫外投影物镜的成像和像差分析、结构分析

这里介绍一种工作在 0.93NA、193nm 波长的静态（非扫描的曝光场）视场区域为 26mm×10.5mm 的从掩模版到硅片缩小为 25% 的光刻机镜头。这个镜头由德国蔡司公司 (Zeiss AG) 设计，可以应用在荷兰阿斯麦 (ASML, Netherland) 公司的 193nm 干法光刻机中[8]。镜头采用全紫外熔融石英制造，折射率在 193.304nm 约为 1.56028895。镜头系统采用 29 片镜片，其中有 12 个非球面，最大镜片直径为 380mm，其结构示意图如图 6-19 所示。

图 6-19 所示的蔡司镜头与图 6-11 或者图 6-17 中的双高斯照相机镜头相比，有以下相同点。

(1) 镜头都是对称设计，分为前后组正透镜和中间负透镜。在图 6-17 中，前组由曲面 1、2、3、4 组成，后组由曲面 7、8、9、10 组成，中组负透镜由曲面 4、5 和 6、7 组成。在图 6-19 中，由于镜片编号由 11~39 组成，共 29 片镜片，前组正透镜是 14~20，后组正透镜是 29~39，中组负透镜是 21~24。正透镜的功能是会聚成像，而中组负透镜的主要功能是平衡场曲 S_4。

(2) 前组和后组镜头都通过多片镜片分摊曲率来减少球差 S_1、彗差 S_2 和像散 S_3。

这两种镜头的设计也存在以下明显的区别。

(1) 图 6-17 中的镜头无论物空间还是像空间都可以接收大角度入射和出射的光。而

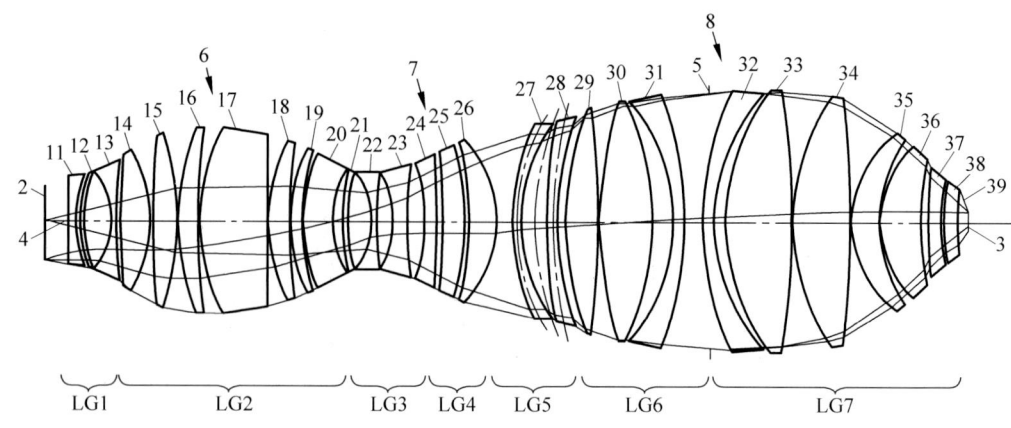

图 6-19 一种工作在 0.93NA、193nm 波长的静态(非扫描的曝光场)视场区域为 26mm×10.5mm 的光刻机镜头,镜片编号由 11~39 组成,共 29 片镜片[8]

图 6-19 中的镜头是双远心设计,无论物空间还是像空间都只能接收平行于光轴的入射光和出射光。这样设计的好处是:当被成像物体或者像平面离焦时,系统的放大率不会变化,这对在生产中消除放大率误差是非常重要的。但是,对于摄影来说,一是没有这样的需要,二是本来就需要通过改变物距来改变像的大小。不仅如此,人们还嫌定焦镜头变焦基本"靠走"不够方便,因此开发出变焦镜头。由于变焦镜头与本书内容关系较少(在荷兰阿斯麦公司的照明系统中出现,在 6.7 节中会有讨论),故不在这里讨论。

(2) 图 6-19 中的光刻机镜头存在 25、26、27、28 这 4 片 2 组镜片,前面没有提到。其实,25 和 26 是 2 片正透镜,而 27 和 28 是 2 片凹面朝向像平面的负透镜,在蔡司的专利中并没有详细讲述 25 和 26 的功能。不过,27 和 28 镜片成组起到的作用是纠正像场离轴像差,如球差 S_1 和彗差 S_2,这一点可以从图 6-7 的柯克镜头变化到图 6-8 的天塞镜头看出。仅在靠近后组的正透镜前增加一片曲面朝向像平面的负透镜就可以改善大部分离轴的像差,如图 6-20 所示。

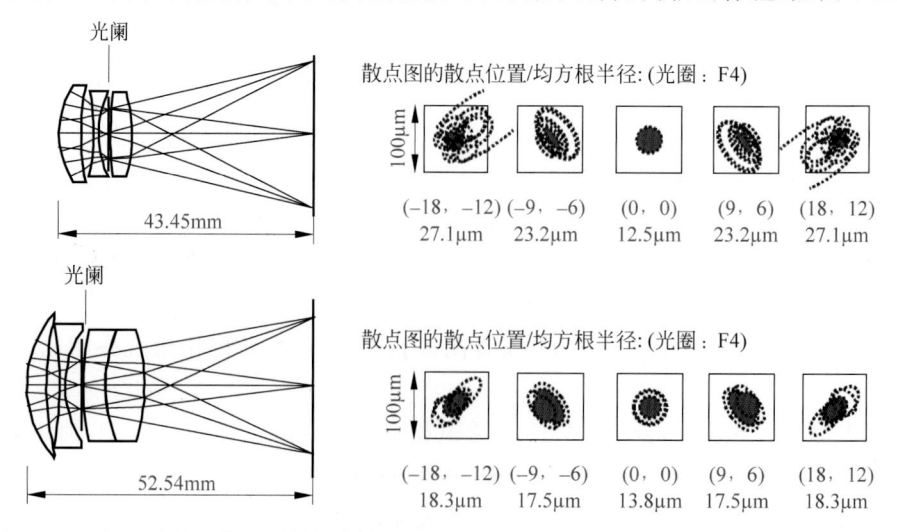

图 6-20 图 6-7 中的 3 片 3 组的柯克镜头和图 6-8 中的 4 片 3 组的天塞镜头的比较,光圈 F4
注:天塞镜头由于在后组中增加了一片凹面朝向像平面的负透镜而大大改善了像场离轴位置(±9mm,±6mm)和(±18mm,±12mm))的球差、彗差等像差。

表 6-3 列举了图 6-19 中蔡司镜头每个曲面的最后像差。此计算是根据美国专利

US7339743B2 中列出的镜头几何数据，并且稍做改变得出。表 6-3 中比较大的项均用阴影标出。

表 6-3 图 6-19 中的蔡司 0.93NA、193nm 光刻机镜头经过一些优化计算得出的每个折射曲面的塞得像差（计算波长使用 193.304nm）；这只是示意图，剩余像差中，畸变还是比较大的；标阴影的格子代表数值比较大

单位：mm

镜片编号	曲面编号	球差 S_1	彗差 S_2	像散 S_3	场曲 S_4	畸变 S_5	轴向色差 C_1	横向色差 C_2
	0	0	0	0	0	0	0	0
11	1	0.069029	0.001945	0.012582	0.000117	0.082641	0	0
	2	−0.18947	−0.307705	−0.499723	−0.393567	−1.450731	0.000001	0.000001
12	3	0.208806	0.344635	0.749447	0.290858	2.843695	−0.000001	−0.000001
	4	−0.236477	−0.324603	−0.445571	−0.290454	−1.010314	0.000001	0.000001
13	5	0.026123	−0.084563	0.273737	−0.504765	0.747858	−0.000001	0.000002
	6	−1.18996	−1.788234	−2.70304	−0.107728	−4.289089	0.000003	0.000004
14	7	1.216275	1.766362	2.565238	0.072688	3.830987	−0.000003	−0.000004
	8	−0.029786	0.062021	−0.129142	0.321682	−0.400912	0.000001	−0.000002
15	9	0.693689	0.817991	1.015051	0.067329	1.439698	−0.000003	−0.000003
	10	−0.031058	0.043038	−0.059638	0.149594	−0.124653	0.000001	0.000001
16	11	0.660224	0.716453	0.777471	0.181927	1.041108	−0.000003	−0.000004
	12	−0.173234	−0.074219	−0.031798	−0.063006	−0.040617	0.000001	0.000001
17	13	0.576801	0.56531	0.554047	0.222026	0.760612	−0.000004	−0.000004
	14	−0.005967	0.01756	−0.051678	−0.003289	0.161764	0.000001	0.000002
18	15	0.22857	0.102007	0.045524	0.2338	0.124658	−0.000003	−0.000001
	16	−0.001537	0.005036	−0.016499	−0.086264	0.336686	0.000001	0.000001
19	17	0.070991	0.000075	0	0.254767	0.000268	−0.000002	0
	18	−0.005244	0.006639	−0.008405	−0.191669	0.253303	0.000001	−0.000002
20	19	0.021707	−0.010698	0.005272	0.250186	−0.125898	0.000001	0.000001
	20	−0.182928	−0.002769	−0.000042	−0.378047	−0.005723	0.000003	0.000001
21	21	0.023383	−0.02835	0.034372	0.190599	−0.272756	−0.000001	0.000002
	22	−1.305111	−1.298796	−1.438204	−0.208112	−1.22938	0.000002	0.000002
22	23	−0.387947	−0.664453	−1.138036	−0.501175	−2.807545	0.000004	0.000006
	24	−0.697979	0.119546	−0.020475	−0.102128	0.020999	0.000003	−0.000001
23	25	0.020444	0.083864	0.34403	−0.399248	−0.226515	0.000001	0.000004
	26	−5.316682	−0.832563	−0.130375	−0.103929	−0.036691	0.000008	0.000001
24	27	0.614442	−0.288748	0.135693	−0.247634	0.052605	−0.000003	0.000001
	28	−9.680114	−1.606075	−0.266472	0.009422	−0.042648	0.000011	0.000002
25	29	6.968635	0.796741	0.091093	−0.083807	0.000833	−0.00001	−0.000001
	30	−6.357398	−1.640519	−0.764381	0.170236	−0.316728	0.000006	−0.000001
26	31	2.787339	−0.056687	0.001153	−0.131568	0.002652	−0.000008	0
	32	0.06284	0.040659	0.026308	0.378953	0.262215	−0.000012	−0.000008
27	33	10.180303	1.61861	0.25735	0.180363	0.069594	−0.000018	−0.000003
	34	−28.835588	−5.969481	−1.235789	−0.265151	−0.310721	0.000025	0.000005
28	35	12.536843	2.205515	0.502408	0.069197	0.142475	−0.000016	−0.000002
	36	−28.873018	−5.015653	−0.87129	−0.152994	−0.177933	0.000026	0.000005
29	37	29.152496	4.905957	0.825604	0.141928	0.162822	−0.000027	−0.000004
	38	−0.130528	0.087409	−0.058535	0.048829	0.0065	0.000003	−0.000002

续表

镜片编号	曲面编号	球差 S_1	彗差 S_2	像散 S_3	场曲 S_4	畸变 S_5	轴向色差 C_1	横向色差 C_2
30	39	6.714373	0.592463	0.052278	0.115757	0.014827	−0.000018	−0.000002
	40	8.449173	3.292645	1.303857	0.154207	0.584184	−0.00002	−0.000008
31	41	−17.190291	−5.990861	−2.08783	−0.240911	−0.811572	0.000026	0.000009
	42	2.257499	0.736443	0.290052	0.12053	0.19588	−0.000001	−0.000006
光阑	0	0	0	0	0	0	0	
32	43	−7.287735	−1.862351	−0.35803	0.146296	−0.080656	−0.000013	0.000001
	44	−11.375788	−0.642013	−0.036233	−0.226894	−0.01485	0.000023	0.000001
33	45	8.612752	0.282355	0.009257	0.197507	0.006778	0.000021	0.000001
	46	4.308938	1.522601	0.576319	0.06448	0.250121	−0.000013	0.000005
34	47	−0.206306	0.075014	−0.027276	0.189846	−0.059112	−0.000006	0.000002
	48	15.226892	4.46603	1.287322	0.056966	0.385039	−0.000018	−0.000005
35	49	−0.606256	0.310506	−0.159032	0.396235	−0.121488	−0.000005	−0.000004
	50	1.460416	1.027645	0.723119	−0.313637	0.288138	−0.000005	−0.000004
36	51	−0.286345	−0.411078	−0.590146	0.40316	−0.268438	0.000002	0.000003
	52	20.197088	5.267936	1.374017	−0.118493	0.327474	−0.000011	−0.000003
37	53	−19.940858	−4.60603	−1.063922	0.003604	−0.244917	0.000009	0.000002
	54	10.824076	3.208751	0.951221	−0.161204	0.234197	−0.000006	−0.000002
38	55	−9.374869	−2.887038	−0.889078	0.200714	−0.211985	0.000009	0.000002
	56	6.719527	1.526941	0.346981	−0.007846	0.077065	−0.000003	0.000001
39	57	−5.418949	−1.221574	−0.275375	0	−0.062077	0.000002	0.000001
	58	4.426101	0.99776	0.224922	0	0.050703	−0.000002	0
像平面	0	0	0	0	0	0	0	
像差总计		−0.000596	−0.00029	0.000285	0.014427	−0.000096	−0.000024	

对于球差 S_1，前组镜头引入的球差并不大，主要是后组球差，而这组球差由镜片 27 和 28 来平衡。对于彗差 S_2，情况与球差差不多，后组的彗差较大，由镜片 27 和 28 来平衡。相对于前组镜头，后组镜头存在较大的球差 S_1 和彗差 S_2 也是可以理解的，毕竟后组的数值孔径是前组的 4 倍。像散 S_3 则比较均衡。场曲 S_4 则是正负透镜的曲率乘以放大倍数的和，也比较平均。畸变 S_5 也比较均衡。这里全部使用了熔融石英（Fused Silica，FS）。光波长控制在 E95=0.35pm，也就是算进 95% 光谱能量的激光波长带宽为 0.35pm。对于高斯线型，这相当于 1.64 倍的 FWHM，也就是说 FWHM=0.213pm。对于洛伦兹（Lorenz）线型，这大约相当于 4.8 倍的 FWHM，也就是说 FWHM=0.073pm。在这里假设激光的输出频谱为高斯线型。当然，如果激光输出接近洛伦兹线型，那么仿真结果只会更好。由于对称设计，横向色差做得比较小，而主要是轴向色差。由式(6.5)可知，光刻机的场曲是由所有折射面的曲率乘以折射率的倒数差的和决定。所以，一旦所有镜片都制作好(曲率固定)，场曲也就不会再变化。从仿真结果来看，物镜可以采用可动镜片调整场曲。此外，由于折射率与照明波长有关，可以通过照明波长来调整光刻机场曲。

蔡司 0.93NA 镜头经过初步优化计算后的成像性能如下。

(1) 散点均方根半径(掩模平面 x/y：4 倍的 26mm×10.5mm=104mm×42mm)[中央、($\pm$13mm, $\pm$5.25mm)、($\pm$26mm, $\pm$10.5mm)、($\pm$39mm, $\pm$15.75mm)、($\pm$52mm, $\pm$21mm)]：57nm，68nm，65nm，70nm，64nm。而衍射极限，爱里斑(Airy Disk)半径：0.61×193nm/0.93=126.6nm。散点光强分布示意如图 6-21 所示。图 6-21 中还放了爱里斑大小作为比

较。可见,此光刻机镜头的像差导致的弥散圆基本在爱里斑中。另外,还有一些剩余的高阶彗差。

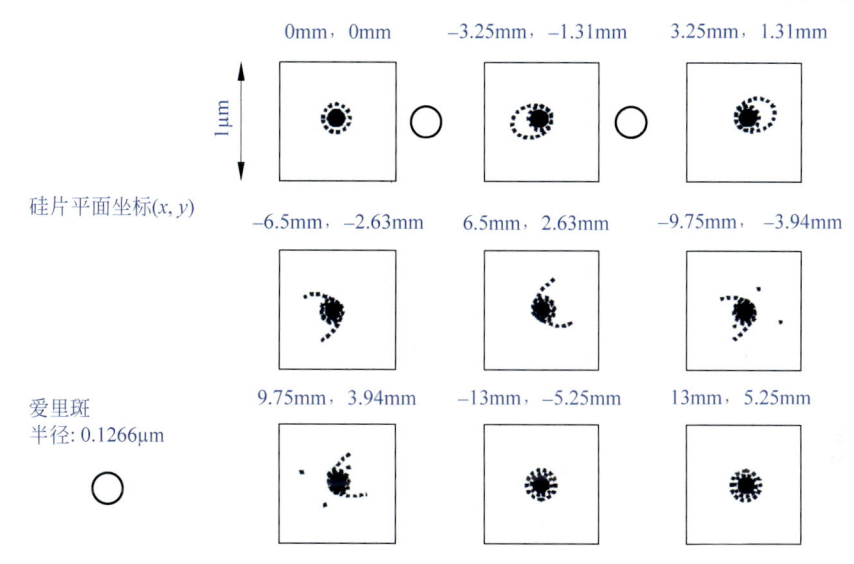

图 6-21 图 6-19 中的蔡司 **0.93NA**、**193nm** 光刻机镜头经过初步优化计算得出的在硅片平面各处的均方根散点图

注：图中的圆圈代表爱里斑的大小。可见,此光刻机镜头的像差导致的弥散圆基本在爱里斑里。另外,还有一些剩余的高阶彗差。

（2）图 6-22 展示了图 6-19 中的蔡司 0.93NA、193nm 光刻机镜头经过初步优化计算得出的在硅片平面 3 处的调制传递函数（Modulation Transfer Function,MTF）。对于大多数像场的点,分辨率极限在 9260 线对/毫米,或者极限分辨空间周期为 108nm。注意,在像场坐标为（±6.5mm,±2.75mm）处的分辨率极限在 8650 线对/毫米,或者极限分辨空间周期为 115.6nm。最小可分辨空间周期的理论极限为

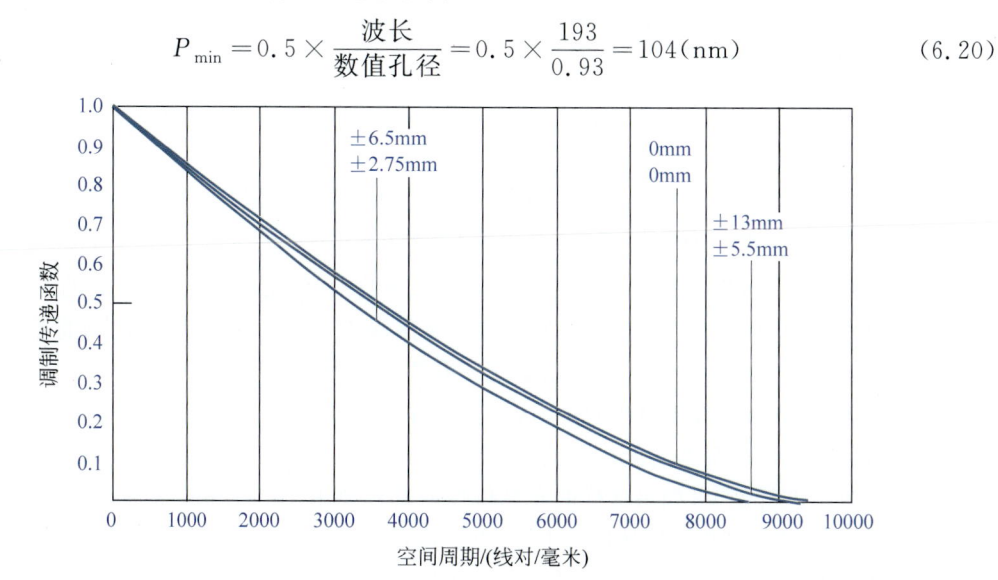

$$P_{\min}=0.5\times\frac{波长}{数值孔径}=0.5\times\frac{193}{0.93}=104(\text{nm}) \tag{6.20}$$

图 6-22 图 6-19 中的蔡司 **0.93NA**、**193nm** 光刻机镜头经过初步优化计算得出的在硅片平面五处的调制传递函数

虽然此镜头没有达到理论极限的 104nm 周期,由于一般使用 0.93NA、193nm 光刻机的最小周期在 140nm(7143 线对/毫米)左右(逻辑光刻工艺)或 132nm(7576 线对/毫米)(存储器),所以尽管镜头没有能够达到理论极限的分辨率,作为初始结果还是可以的。

下面讨论色差。这里使用了 E95＝0.35pm 的光源,E95 定义为包括 95％能量的光源谱线全宽。而全宽半高表示光源中心波长两边光谱能量等于谱线峰值能量一半的光谱全宽。我们使用了 3 个波长(这里假设激光频谱是高斯分布,实际上比高斯分布要窄,介于高斯分布和洛伦兹分布之间):193.30389nm、193.304nm 和 193.30411nm 来仿真。图 6-23 展示了优化后的镜头的像差在中央、(±13mm,±5.25mm)、(±26mm,±10.5mm)、(±39mm,±15.7mm)、(±52mm,±21mm)9 个掩模位置的像差随光瞳位置的分布情况。可以看到,中心波长的像差非常小,最大值在光瞳的边缘,100nm 以内,但是 3 个波长一起看,最大的像差在 300nm 左右,且 193.30389nm 和 193.30411nm 波长的像差围绕纵轴呈对称分布。也就是说,此系统的像差已经达到优化的极限,由色差决定。

------ 波长为193.30389nm
—— 波长为193.304nm
---- 波长为193.30411nm

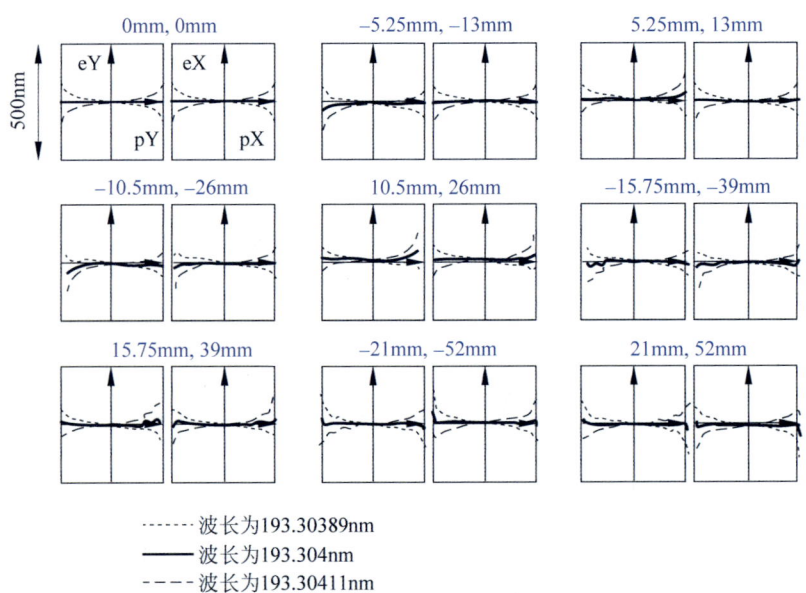

图 6-23　图 6-19 中的蔡司 0.93NA、193nm 光刻机镜头经过初步优化计算得出的在掩模平面 9 处的光瞳像差情况图,每个硅片位置(x,y)的左图为 eY-pY 图,即 Y-Z 子午(Meridian)平面像差(error)随光瞳(pupil)Y 坐标变化的情况图,右图为 eX-pX 图,即 X-Z 弧矢(Sagittal)平面像差随光瞳 X 坐标变化的情况图

(3) 由图 6-24 可知,场曲在单波长为 0.05μm,全波段(使用 E95＝0.35pm 的 193nm 准分子激光光源)小于 0.16μm。而光刻工艺的最小对焦深度为 0.18μm,可以说场曲基本达到要求。由切向与弧矢之间的差异可以看出系统还有很少的像散。

畸变约为±13nm。需要说明的是,这仅仅是作者根据专利发表的数据做的初步优化,为了概略说明各组镜片的基本功能。其实,畸变 13nm 对于光刻工艺的套刻要求(10～15nm)来说是比较大的。也就是说,如果这样的光刻机按照套刻要求 10～15nm 来进行生产,只能单机工作,或者同类型的光刻机匹配使用。不过,由于像点做得比较小,可以通过适当释放对像点几何尺寸的控制,换取对畸变的改进,以进一步改进畸变。

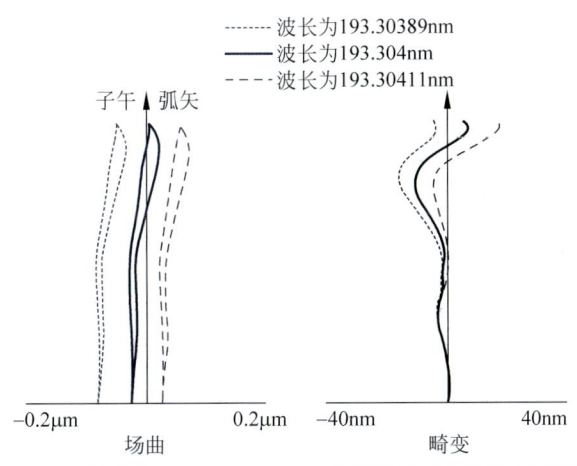

图 6-24 图 6-19 中的蔡司 0.93NA、193nm 光刻机镜头经过初步优化计算得出的场曲和畸变情况（可见剩余像散、场曲和畸变）

6.5.2 蔡司 1.35NA、193nm 水浸没式折反深紫外投影物镜的成像和像差分析、结构分析

前面提到，对于全石英的镜头，色差（轴向色差）成为继续增加镜片的限制。可以看到，照明波长仅仅变化 0.0001nm，焦距就有 50~60nm 的变化。如果继续扩大口径，比如制作浸没式光刻机镜头，数值孔径超过 1.0，由于口径的增加而增加的像差无法再像以前通过增加镜片来消除。如果还是采用全石英镜头，就应通过增加反射镜来实现超大口径，因为反射镜不会引入色差，而且反射镜可以同时拥有正的放大倍数和负的场曲。

带有两片反射镜的投影物镜[9]结构如图 6-25 所示，其数值孔径为 1.35，像场为离轴的长方形，尺寸为 26mm×5.5mm，如图 6-26 所示，总长为 1.311m 左右，工作波长为 193.368nm，采用双远心构型镜头。实际像方远心为 0.8mrad，即在 40nm 离焦的情况下会引入 0.032nm 的套刻偏差和 0.002ppm 放大率偏差，这两个数都很小，工艺上对像方远心的要求一般为 5mrad 左右。

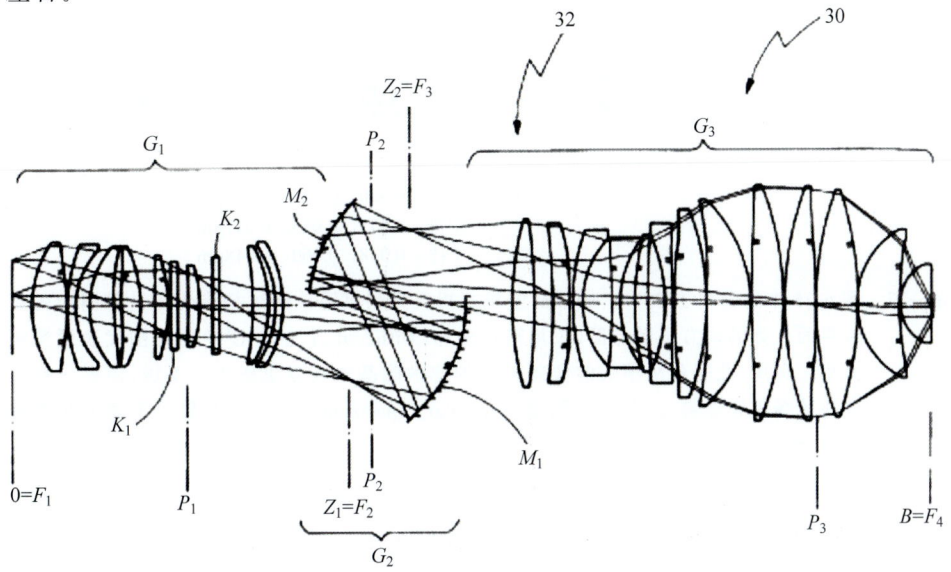

图 6-25 带有两片反射镜的 193nm 浸没式折反投影物镜（引自欧盟专利 EP1998223A2）

可以看到,此镜头具有 F_2 和 F_3 两个中间焦点。同样做了初步优化后,结果如下:在优化中采用全宽半高 0.22pm 的带宽,即采用波长范围为(193.368±0.00011)nm。由于反射镜的存在,像场中央被挡住,此镜头不同于之前的镜头,像场首先缩小了,为 26mm×5.5mm,并且此像场也偏在光轴上方。图 6-27 显示了在像平面上的 9 处散点均方根半径小于爱里斑的半径,说明这个镜头的设计达到分辨率要求。

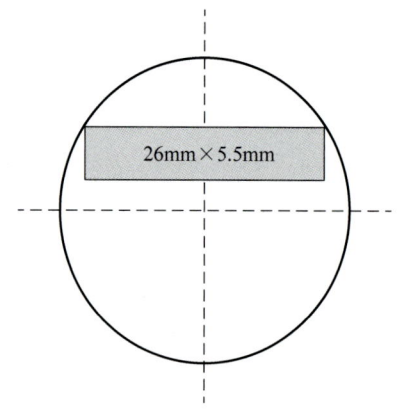

图 6-28 展示了图 6-25 中的镜头的调制传递函数,显示极限分辨率为 13580 线对/毫米,也就是对应 73.6nm 周期。1.35NA、193nm 水浸没式光刻机的极限分辨率规格是 76nm 周期。在 76nm 周期处,对应 13158 线对/毫米,传递函数值为 1%,即如果采用非相干照明,其对比度为 1%。在实际工作中会采用二级照明来大大提升对比度,如达到 30% 以上。这个 MTF 基本反映了镜头需要达到的要求。当然,此镜头需要继续优化。图 6-29 显示了此镜头当前还有一些剩余的场曲和像散。最大的场曲约为 0.2μm(主要是像场边缘的贡献)以及 0.2μm 像散。畸变在 ±1nm 左右。所以此镜头需要进一步优化,再降低场曲和像散。

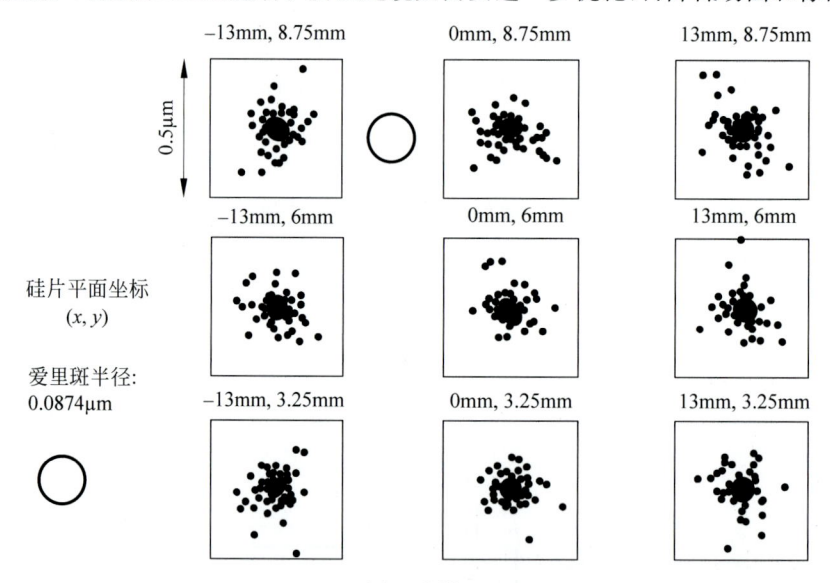

图 6-26 图 6-25 中镜头的离轴像场,像场下缘离开光轴中央约 3.25mm

RMS半径:上排:0.049,0.048,0.053μm
中排:0.047,0.055,0.047μm
下排:0.048,0.060,0.048μm

图 6-27 图 6-25 中的蔡司 1.35NA、193nm 浸没式折反光刻机镜头经过初步优化计算得出的在硅片平面 9 处的均方根散点图(采用随机分布,Dithered 方法)。图中的圆圈代表爱里斑的大小。可见,此光刻机镜头的像差导致的弥散圆基本在爱里斑里。不过,还有一些剩余的高阶彗差和球差,以及二级色谱(Secondary spectrum)(这里没有显示不同波长带宽的散点,全部显示在一起了)

类似前述干法 193nm 投影物镜总结的每片光学曲面的各种塞得像差,表 6-4 也列举了此折反 193nm 浸没式投影物镜的塞得像差。本镜头系统采用 25 片镜片,其中含有 15 个非球面。最大镜片直径为 320mm,可见由于使用了反射面,比起 0.93NA 的镜头(最大镜片直径为 380mm),不

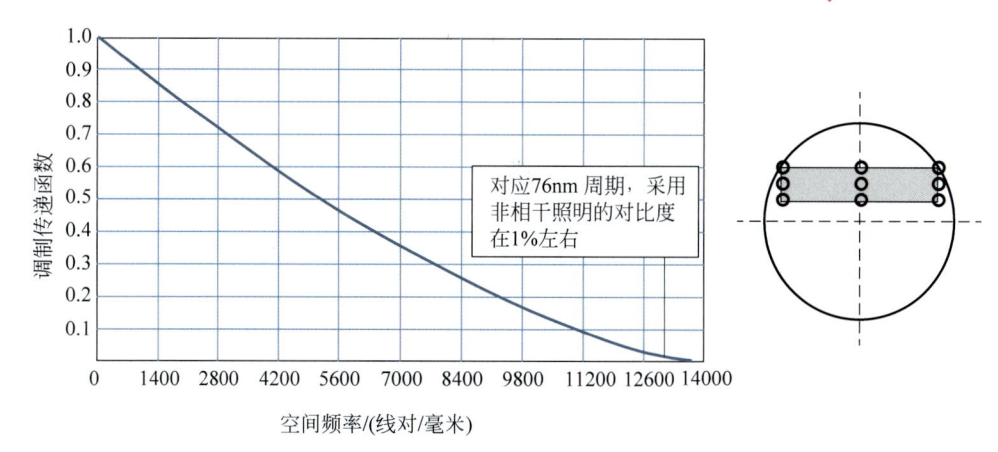

图 6-28　图 6-25 中的蔡司 1.35NA、193nm 浸没式折反光刻机镜头经过初步优化计算得出的在硅片平面 9 处的调制传递函数（注意到它们都重合成为一条线，这个像场相当均匀和一致）

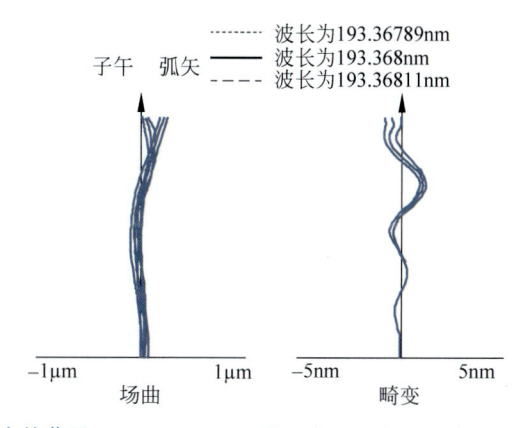

图 6-29　图 6-25 中的蔡司 1.35NA、193nm 浸没式折反光刻机镜头经过初步优化计算得出的场曲和畸变情况（可见还有一些剩余的场曲、像散和畸变）

仅数值孔径大幅增加，镜片数量（0.93NA 物镜含有 29 片镜片）和镜片最大半径也缩小了。

表 6-4　图 6-25 中的蔡司 1.35NA、193nm 光刻机镜头经过初步优化计算得出的每个折射曲面的塞得像差（计算波长使用 193.368nm）。由于大量使用非球面，存在高阶像差的互相补偿，这里的三阶塞得像差只是参考，看看像差的大致分布。这里面的像差中，可见中央的两片反射镜补偿了不少场曲和部分畸变。有阴影的格子代表数值比较大

单位：mm

镜片编号	曲面编号	球差 S_1	彗差 S_2	像散 S_3	场曲 S_4	畸变 S_5	轴向色差 C_1	横向色差 C_2
	0	0	0	0	0	0	0	0
1	1	0.446918	0.421078	0.396732	0.994465	1.31076	−0.000001	−0.000001
	2	−0.208472	0.207867	−1.119651	0.464215	−0.377036	0.000001	−0.000002
2	3	0.542859	−0.130173	0.031214	0.642693	−0.161595	−0.000002	0
	4	−1.833471	−1.034319	−0.583492	−1.44812	−1.146097	0.000003	0.000002
3	5	2.735162	1.01502	0.376676	1.241073	0.60035	−0.000004	−0.000001
	6	−0.668743	0.516222	−0.398487	−0.329978	0.562323	0.000003	−0.000002
4	7	−2.672422	−3.998562	−2.830994	0.406402	−3.683463	−0.000003	0.000002
	8	0.014694	0.058109	0.229806	0.900238	4.469012	−0.000002	−0.000006
5	9	0.005816	−0.049461	0.420666	−0.049134	−3.159877	0.000003	0.000005
	10	1.931413	1.043672	1.329391	0.7696	4.50404	−0.000003	−0.000006

续表

镜片编号	曲面编号	球差 S_1	彗差 S_2	像散 S_3	场曲 S_4	畸变 S_5	轴向色差 C_1	横向色差 C_2
6	11	−0.001852	−0.023497	−0.2981	0	−3.781988	0	0.000005
	12	0.001841	0.023352	0.296271	0	3.758775	0	−0.000005
7	13	−0.018338	−0.092781	−0.469423	−0.229363	−3.535497	0.000001	0.000005
	14	0.852569	1.095608	1.40793	0.872142	2.930044	−0.000004	−0.000005
8	15	−0.065833	−0.24031	−0.877203	0	−3.202046	0.000001	0.000005
	16	0.064353	0.234908	0.857483	0	3.130064	−0.000001	−0.000004
9	17	−0.189508	−0.314238	−0.521062	−0.455599	−1.619478	0.000002	0.000003
	18	0.837919	0.161559	0.03115	1.006341	0.200039	−0.000003	−0.000001
10	19	−0.871079	−0.002195	−0.000006	−1.157357	−0.002917	0.000003	0
	20	0.549839	0.094484	0.016236	0.97169	0.169764	−0.000002	0
反射镜11	21	0.011513	−0.252185	−0.267975	−4.625991	12.242384	0	0
反射镜12	22	0.018498	0.217325	0.151921	−5.013887	−17.242351	0	0
13	23	0.412341	−0.127438	0.039386	0.369547	−0.126385	−0.000002	0.000001
	24	−0.004706	0.045297	−0.435986	0.202247	2.249751	0	−0.000004
14	25	0.006744	−0.053801	0.429202	−0.166854	−2.092909	−0.000001	0.000004
	26	4.713373	4.975808	4.204806	−0.10288	5.379325	0.000002	−0.000003
15	27	0.650989	−0.333773	0.171131	0.585126	−0.387746	0	0
	28	−4.898995	−0.558765	−0.063731	−1.244628	−0.149228	0.000007	0
16	29	1.844578	0.325616	1.057157	−0.171622	−0.476767	−0.000003	0.000004
	30	−27.326394	−2.885765	−0.304747	−1.176762	−0.156453	0.000014	0.000001
17	31	19.158515	−0.217125	0.083914	0.5369	0.013959	−0.000013	0
	32	−5.381631	1.431363	−0.380702	−0.108189	0.130031	0.000009	−0.000002
18	33	0.023003	−0.143005	0.88901	−0.70404	−1.149894	−0.00001	0.000005
	34	−40.224054	−5.86244	−2.271943	0.306116	−0.167528	0.000008	0.000005
19	35	1.804884	−5.715625	−0.435467	0.256367	−0.20933	−0.000015	0.000002
	36	−0.018143	0.099665	−0.547491	0.405961	0.777474	0.000001	−0.000005
20	37	1.298095	−1.021772	0.536399	−0.042454	−0.284411	−0.000007	0.000004
	38	9.88031	3.33327	1.124528	0.829723	0.659296	−0.000019	−0.000006
21	39	−51.97607	−3.709607	−0.192412	0.193046	−0.383844	−0.000003	0.000005
	40	9.258616	3.246968	1.138701	0.38259	0.533512	−0.000015	0.000005
22	41	−0.007911	−0.060024	−0.455448	0.333018	−0.928969	0	0.000005
	42	39.393321	1.398646	1.086851	0.00562	0.490534	−0.000001	−0.000005
光阑	43	0	0	0	0	0	0	0
23	44	−0.769334	−0.825165	−0.885047	0.341602	−0.582883	0.000005	0.000005
	45	16.61717	5.438231	0.901539	0.272825	0.273115	−0.000015	−0.000003
24	46	−0.195849	0.513459	−1.346136	1.356284	−0.026605	−0.000002	0.000005
	47	25.809221	4.371959	0.567727	−0.147823	0.10733	−0.000001	−0.000002
25	48	−2.209912	−2.613641	−3.091128	2.531357	−0.662035	0.000003	0.000004
	49	0.674296	−0.001428	0.000003	0	0	0	0
像平面	50	0	0	0	0	0	0	0
像差总计		0.016122	0.002391	−0.000799	0.002505	−1.205452	−0.000083	0.000001

6.5.3 蔡司 0.33NA、6 片 6 组 13.5nm 极紫外（EUV）全反射式投影物镜的成像和像差分析、结构分析

193nm 水浸没式光刻到了 28nm 技术节点之后，需要采用二次曝光-刻蚀来形成周期比一次能够达到的如 76nm 更加小的图形。工业界在 20 世纪末开始了极紫外的研究，波长为 13.5nm。由于极紫外很容易被几乎所有材料吸收，所以需要制作全反射式的物镜。多层反射

膜的最大反射率为 69% 左右，所以需要通过尽量少的镜片来完成成像。工业界主流的物镜采用 6 片同轴反射镜，实现 NA=0.33，而这已经是很大的数值孔径。早期的研究平台的数值孔径仅 0.1 和 0.25。为了实现衍射极限的成像，由于镜片数量很少，很难同时将场曲和畸变做到位，于是采用了环形像场的方式，如图 6-30 所示。这样，即便整个镜头的像平面存在较大场曲和畸变，在有限的环形范围内较为平坦就可以。

本节根据德国蔡司公司的专利[10]对 6 片 6 组的物镜进行了初步计算和研究。图 6-31 中展示的物镜源自以上专利。我们对其进行了数值孔径的扩大（原先是 0.28～0.30，扩展到 0.33）和几何结构的整体放大（环形像场中央距离光轴的半径由 30mm 增加至 40mm）。此类全反

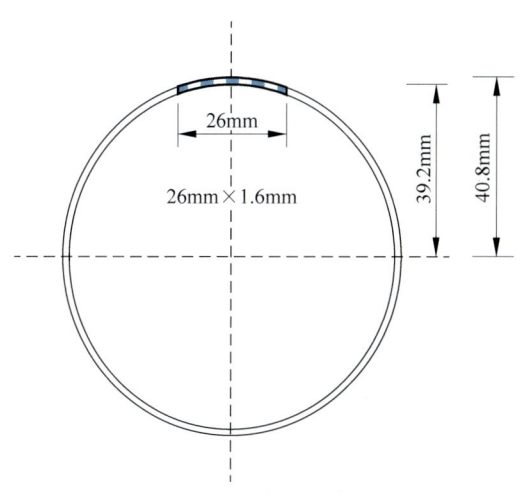

图 6-30　一种环形像场的设计（环的 X 向宽度等于 26mm，环的 Y 向宽度等于 1.6mm，环上的点处在以像场为圆心的圆环上）

射镜的物镜有一个最大的好处是不受光源波长带宽的影响。物镜采用了正-正-负-正-负-正的结构。光瞳的位置与第二片反射镜的位置接近或者重合。这样的镜头设计是为了尽量减小在各反射镜表面上入射光的入射角（光线与表面法线的夹角），这是由于极紫外的多层镀膜（40 对钼-硅交替高反射膜，具体参见 9.1 节）对于太大的入射角其反射率要打折扣。这里的镜头最大入射角发生在第 5 片反射镜，约为 22.5°。镜头组其中两片凸面镜（负反射镜）是用于平衡场曲和畸变，相当于图 6-19 中透镜的"腰"。光瞳和反射镜 2 接近重合。经过初步优化计算的镜头尺寸参数由表 6-5 列出。其中掩模版的照射角约为 5.96°，与阿斯麦光刻机 NXE3300/3400/3600 的 6°差不多。缩小倍率为 1:4。镜头设计中采用了像方远心的要求，目的是硅片存在离焦时尽量减少离焦导致的套刻偏差。实际结果为 5.4mrad，即当硅片存在 40nm 离焦时会存在约 0.22nm 的 Y 向套刻偏差，还有约 0.0055ppm 的放大率偏差。这样的远心结果差不多，一般要求在 5mrad 以内。

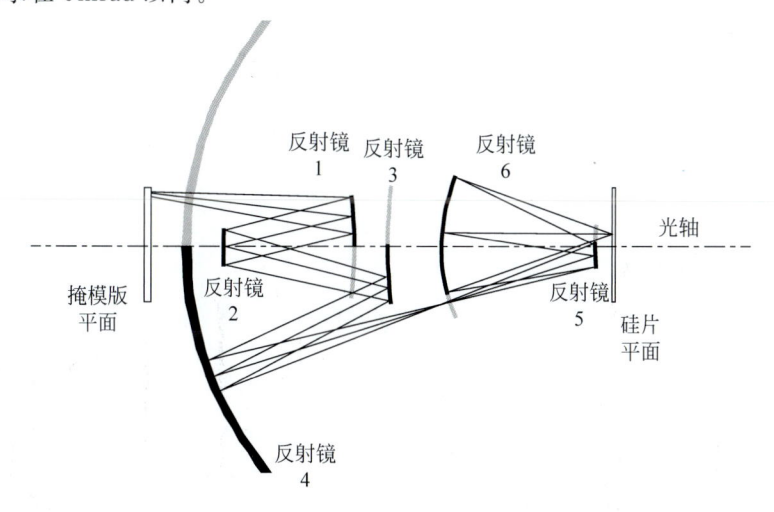

图 6-31　一种使用图 6-30 中的环形像场的 6 片 6 组极紫外投影物镜设计结构示意图（镜头的数值孔径为 0.33，波长为 13.5nm；图中所有的曲面均为围绕光轴呈轴对称，灰色部分表示实际应用上为了不挡住光路是不存在的；这个镜头的结构参数在表 6-5 中展示）

表 6-5 图 6-31 中的 0.33NA、13.5nm 光刻机头的参考结构参数（镜头从硅片平面到掩模版平面沿光轴方向长约为 1417.464mm）

曲面编号	面型	曲率半径/mm	离开下片距离/mm	光学元件类型	半径/mm	圆锥系数	四阶系数	六阶系数	八阶系数	十阶系数	十二阶系数	十四阶系数	十六阶系数
0	掩模版平面	无穷大	618.870192		163.199289								
1	非球面	−1350.406590	−388.000928	反射镜	148.662634	−2.515244	−4.725E-10	−8.431E-18	9.102E-20	−5.727E-24	2.2604E-28	−5.030E-33	4.717E-38
2	光瞳	无穷大	0.000000		55.113749								
3	非球面	4108.610969	261.279284	反射镜	55.001401	−108.109281	5.899E-09	2.061E-13	1.424E-16	1.006E-19	4.2995E-23	−9.313E-27	8.126E-31
4	平面	无穷大	229.206618		113.133482								
5	非球面	1123.943349	−599.353897	反射镜	166.939503	−0.979469	−1.85E-10	−1.644E-15	3.161E-20	−6.389E-25	1.997E-29	−2.164E-34	1.373E-39
6	非球面	1046.238050	1238.633791	反射镜	449.507235	0.017963	−8.085E-13	6.847E-18	−2.055E-23	−8.111E-29	6.425E-35	2.426E-39	−6.538E-45
7	非球面	355.696436	−465.010357	反射镜	61.579010	10.113343	−4.514E-09	−8.333E-13	−6.737E-17	−1.442E-21	−4.0830E-25	5.112E-29	2.345E-33
8	非球面	552.181501	521.838958	反射镜	206.946354	−0.031059	2.386E-11	−2.124E-17	−6.485E-22	−1.899E-27	−1.0490E-31	1.408E-36	−1.483E-41
9	像平面	无穷大	—		40.800304								

图 6-32 展示了在 26mm×1.6mm 的环形像场上的均方根散点图(其中光线采样在光瞳上采用随机分布,Dithered 方法),可见所有散点能量集中分布在爱里斑之内。但还是有不少光线处于爱里斑外,也就是说,此镜头接近衍射极限。可以看出,这个镜头还有一些剩余像差。不过大多数能量集中在爱里斑范围内,黑圆表示能量高度集中。这只是参考,一般可以通过调制传递函数来确定镜头的成像好坏,如图 6-34 所示。

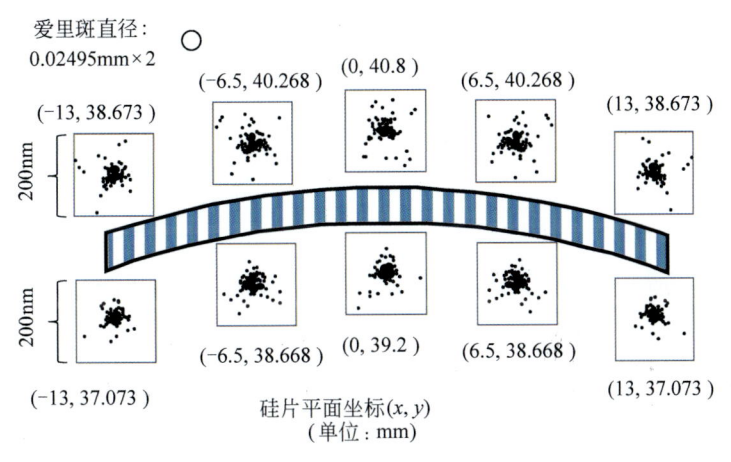

图 6-32 图 6-31 所示镜头的成像均方根散点图

由于采用了环形像场,像场弯曲、像散和畸变的容忍程度大大增加。这个仿真计算中采用了 1.6mm 的 Y 向像场宽度,相当于像总高 40.8mm 的顶部 4% 左右,所以,只需要在这部分考虑就可以。图 6-33 展示了这个初步计算的场曲、像散和畸变。其中畸变在曝光缝位置,即顶部 4% 的像场比较平直。在这个 4% 里的剩余畸变约为 10nm(偏大,规格应该在 1nm 以内)。而场曲在顶部 4% 的像场,子午和弧矢各有平均约 15nm 和 0nm(一般规格为 20nm,不过弧矢场曲随像面半径分布较大,约为 200nm)。像散平均约为 15nm(一般规格为 20nm)。而整个光瞳的均方根像差约为 0.56nm(一般规格为 0.2nm)。所以,下一步镜头模型调试将围绕进一步减少像差、畸变和弧矢场曲来进行。

图 6-34 展示了这个镜头 12 个像场点平均调制传递函数和最差的调制传递函数。其空间周期分辨极限分别为 47410 线对/毫米和 46770 线对/毫米,也就是分别对应 21.09nm 和 21.38nm 周期,这比衍射极限 20.45nm(0.5×13.5nm/0.33)略差。当 2018 年光刻工艺最小分辨要求为 26nm 时,采用非相干($\sigma=1$)照明的调制度约为 10%。当然,在光刻中会采用二极照明,这样对比度会大

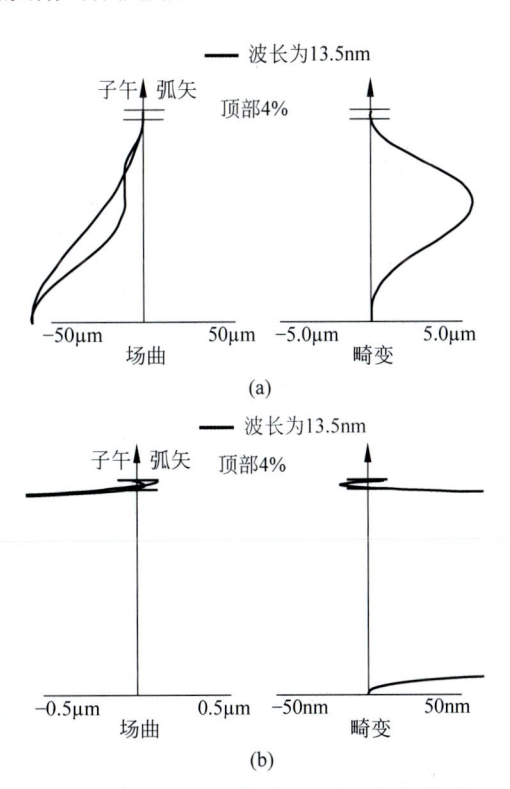

图 6-33 (a) 图 6-31 中所示镜头的场曲、像散和畸变,其中畸变在顶部 4% 的像场比较平直;(b) 图 6-33(a)的横坐标经过放大后的图,剩余畸变约为 10nm,而场曲在顶部 4% 的像场,子午和弧矢各为平均约 15nm 和 0nm,像散平均约为 15nm

大提高。

对应26nm周期，采用非相干照明的对比度在10%左右

曝光缝上12点位置示意图

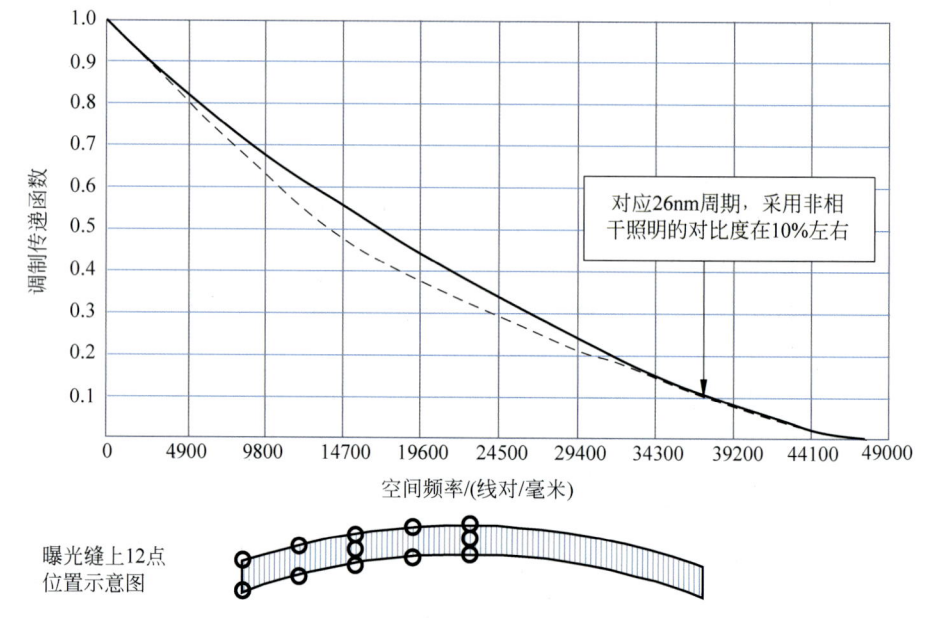

图 6-34 图 6-31 中所示镜头经过初步优化计算得出的曝光缝上 12 个位置中平均的（实线）和最差的（虚线）调制传递函数（由于曝光缝不仅旋转对称，还是左右对称，故取点都位于一侧）

6.5.4 更大数值孔径极紫外投影物镜的展望

0.33NA 的极紫外物镜已经能够分辨 26mm 的空间周期，如果需要分辨更小的周期，需要提升数值孔径。但是，图 6-31 中的 6 片 6 组构型采用斜入射的方式大约可以提升至 NA＝0.4。再大的数值孔径需要采用卡塞格林（Cassegrain）式的构型，如图 6-35 所示，也就是在最后一面反射镜上钻一个孔，使得入射光能够穿过中心的圆孔[11-12]。但是，如果还是选用圆弧形曝光像场，获得的平直像场的大小就会受到第 5 片反射镜（M5）中间的开孔直径的影响。也就是，如果需要较大的像场，第 5 片反射镜的中央开孔就要做得大一些，如图 6-35(b) 所示。但是，这样中央遮挡也就大一些，对照明条件造成限制。如果采用 8 片 8 组镜片，如图 6-35(b) 所示，那么可以实现没有中间遮挡；但是，增加的两片镜片会导致能量衰减到大约 6 片 6 组系统的 $(69\%)^2 = 47.6\%$。从经济角度看，存在中央遮挡的系统可能是需要的。从数值孔径继续增加的角度考虑，存在中央遮挡的卡塞格林式结构将会具有更长的生命周期。

当然，仅仅是 6° 的斜入射角，代表掩模版空间的数值孔径角 $\sin\theta = 0.1045$，由于反射式镜头设计中的遮挡，假设允许入射光的角度在 $\pm 5\sin\theta$ 范围变化，也就是说，照明侧的数值孔径为 0.1045，可以支持像方（硅片空间）的数值孔径为 0.418。若需要的数值孔径为 0.5，则需要加大斜入射角；但会加剧斜入射角造成的掩模版阴影效应，使得线宽和线条位置变化过大。近来蔡司公司推出了变形物镜[13-14]，这种镜头在光轴与主光线（Chief ray）组成的平面，即子午面（Meridian plane）的平行方向上（Y 方向）采用 8：1 的缩小倍率，而在与其垂直的方向（X 方向）上采用正常的 4：1 缩小倍率。这样，沿着 Y 方向的 6° 斜入射角可以支持最大数值孔径为 0.836，足够今后一段时间的应用。这种在 X 和 Y 方向上具有不同的放大率的镜头称为变形镜头（Anamorphic lens）。这种镜头可见于使用普通 4：3 的胶片，如 35mm 胶片，拍摄宽银幕电影的电影摄影机和用来从影像压缩的胶片上还原为宽银幕比例的放映机。

(a)

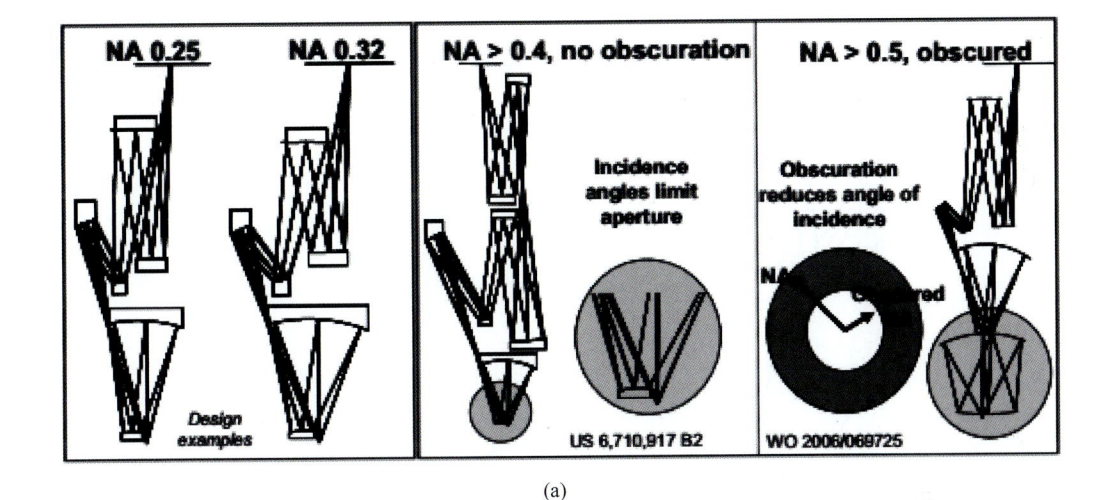

(b)

图 6-35 （a）一组极紫外镜头的结构示意图，最右边显示如果要达到 NA＝0.5，需要采用卡塞格林（Cassegrain）结构[10]；（b）NA＝0.5 的两种物镜构型[12]

图 6-36(a)展示了蔡司公司申请专利的 6 片 6 组全反射式投影物镜结构[13]。其在 Y 方向上的缩小倍率为 8∶1，在 X 方向上的缩小倍率为 4∶1，其数值孔径为 0.5(其专利中还包含了 8 片 8 组反射镜数值孔径为 0.65 的物镜)。由于其在 Y 方向上的缩小倍率为 8∶1，正常大小的掩模版 104mm×132mm 在硅片上的实际成像尺寸为 26mm×16.5mm，也就是正常尺寸的一半，如图 6-36(b)所示。若需要曝光场尺寸做到通常的 26mm×33mm，则需要掩模版尺寸在 Y 方向做大，到 264mm。若掩模版尺寸不变，则需要通过提高光刻机的扫描和步进速度来维持产能不落后于 26mm×33mm 像场的光刻机。这样做至少可以与其他不用极紫外的层次在套刻上进行较好的匹配。若不用变形物镜，则放大率在 Y 和 X 方向上都是 8∶1，一是会影响产率(原先扫描曝光一次的区域现在需要曝光 4 次，即便是掩模版加长 1 倍，也需要曝光 2

次),二是由于掩模版和硅片曝光场与其他不用极紫外的层次不一样,导致套刻匹配困难。

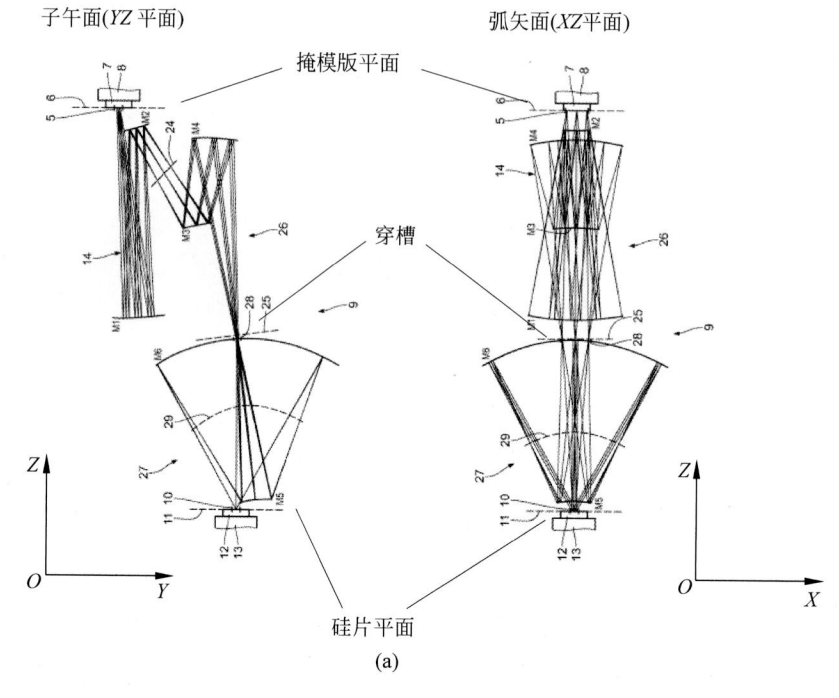

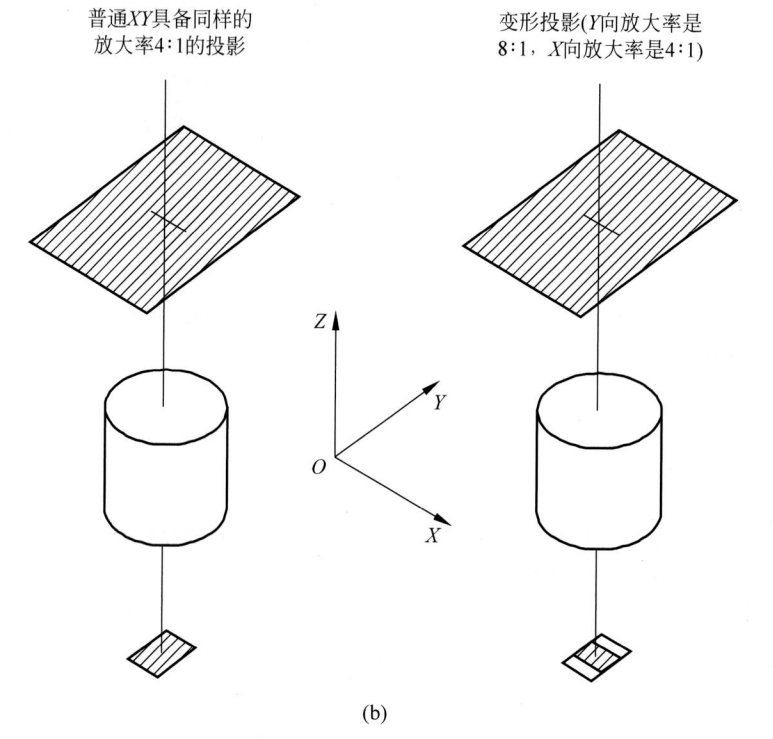

图 6-36 (a) 一种 6 片 6 组极紫外变形投影物镜的结构图[其中由于大数值孔径,在第 6 面物镜 (M6)中央需要开一个长方形的槽,以便光线穿过[13]];(b) 变形物镜的投影面积示意图 (Y 方向只有原先的一半)

当然，制作变形物镜要比制作旋转对称的物镜困难得多，这主要是因为需要加工、检测和工装非旋转对称的非球面曲面；而且只有 6 片物镜，需要进一步补偿柱面镜带来的像散和畸变等。

光刻机的投影物镜在设计计算上已经显得十分复杂，面型涉及非球面，而且即使是球面，其曲率半径的有效数字也会在毫米后再标到第 6 位，也就是精确到纳米级。这样的精度在普通机床上完全无法想象。普通机械加工的机床一般能够达到 0.01mm，车床可以达到 0.005mm 左右。而光刻机投影物镜的机床（如磨床）需要小于 0.005mm，有的需要达到 1μm 量级。然后就是各种抛光的手段，比如水流类型的无硬接触抛光、等离子体（如氩）撞击抛光，以实现 1nm 左右的精度。均方根面型精确度需要达到 0.3~0.4nm，也就是大约 1 个原子层的精度。有了加工和抛光技术，还要有办法检测。一般使用干涉仪检测，如使用波长为 632.8nm 的氦氖激光器和一个标准面进行比较。局部面型还用干涉测量显微镜，如美国 Zygo 公司的各种干涉显微镜物镜可以用来对局部面型进行高空间分辨率的测量。表面粗糙度可以采用白光干涉仪进行评估。非球面镜的加工和检测比起球面镜要难得多。加工完成后，还要进行装校，镜片一般先装在金属座圈内，再把金属座圈安装在镜筒上。座圈承载镜片的法兰的一圈高低差大约为 0.5μm。在 20~30 片物镜镜片中，有些镜片还要做成可以沿轴向或者垂直于轴向移动的，为的是可以手动或者自动调整补偿各种像差；有的镜片还需要安装成可以迫使其在小范围内变形，以补偿剩余像散，或者镜片被紫外光照射非均匀受热膨胀而导致的像散、离焦等问题。这样的补偿通常分为三种：①通过机械的压力，如气压、压电陶瓷压力；②通过镶嵌在镜片内部的电阻加热丝来加热补偿；③通过运用红外光源对镜头进行局部加热。还有的通过这些元件人为地制造某级像差，用于对光刻工艺进行辅助，比较常见的是制造一个球差（泽尼克多项式中的第九项，Z9），用于抵消掩模版三维散射导致的密集图形和半密集图形之间的 20~30nm 焦距的差异。还有在镜头中制造一个沿着 Y 方向的桶形畸变来补偿掩模版受热而产生的不均匀膨胀，以确保套刻精度不受影响。具体的论述参见 6.6.9 节和 6.9.2 节。

即便是全部制造好的镜片，在装校上还需要对个别镜片进一步打磨，以抵消在装配过程中出现的新的剩余像差。镜头组装好之后，还要对其进行温度控制，包括气冷和镜头桶的水冷。

6.5.5　我国光刻投影物镜的简要发展历程和最新发展

我国的光刻机投影物镜正在开始追赶世界先进水平，如第 1 章所述[15]。进入 21 世纪，我国以长春光学精密机械与物理研究所为龙头开始了 193nm 光刻投影物镜的研发。他们准备进行 193nm 的终极镜头——1.35NA 水浸没式投影物镜的研发。长春精密机械与物理研究所还开始了极紫外镜头的研发。

6.6　光刻机的移动平台介绍

一旦有了镜头，还需要承载硅片和掩模的工件台以特定的移动方式同步运动完成曝光。光刻机一次曝光的区域又称为曝光场（Exposure field），尺寸为 26mm×33mm，与全画幅照相机的 24mm×36mm 相似。而硅片尺寸远大于此。现在主流的硅片直径为 300mm。如果用 26mm×33mm 来排，可以容纳约 62 个完整的曝光场，如图 6-37 所示，深色的曝光场为完整的区域。

对这样尺寸的硅片需要一块一块地完成曝光。对光刻机的要求是能够精确地在空间上步进,与前层对准,完成自动对焦和调平,确认能量的准确性。以上工作都由硅片台和掩模台来完成。

光刻机平台的作用是关键的,投影物镜固然复杂和精密,也许是整台光刻机中最为精密的零件。但平台也是同等重要的,因为它需要将硅片保持在镜头的对焦深度范围内,以高速和高精度完成曝光。

硅片台一般分为硅片承载系统、硅片和掩模版测量系统(包括硅片和掩模版的位置和高度)、运动系统、温度控制系统、自检校准系统等。浸没式光刻机硅片台还有水管理系统,包括多余水分的吸排。下面逐一进行讨论。

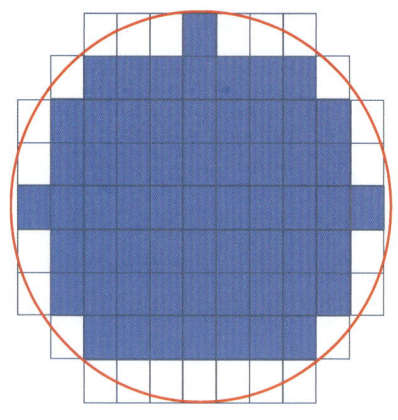

图 6-37 直径 300mm 的硅片上对于 26mm×33mm 的曝光场的一种放置布局

6.6.1 移动平台系统及移动平台的功能、结构和主要元件

移动平台是可以在一定范围内的二维平面和一定悬浮高度上精确地自由移动的装置。早期的光刻机,如阿斯麦和尼康的光刻机,在水平平面内,移动平台一般由互相正交的两个移动平台组成。比如沿着正交的 X 和 Y 轴自由移动的二维移动平台。沿着正交的 X 和 Y 轴自由移动是由直线伺服电动机驱动的,根据指令移动到指定位置。到了浸没式光刻机时代,阿斯麦 NXT1950i 系列光刻机采用自由移动的平台,如采用方形的磁悬浮平台,整体悬浮于较大面积的平整区域。由于一般基于接触性轴承的精密机械系统的定位精度为 0.5～1μm,而且随着不断磨损,位置会逐渐偏离校准的地方,所以如果需要定位精度为 1～10nm 级,必须采用悬浮的手段,如气悬浮或者电磁悬浮。一般情况下,光刻机的移动平台都是悬浮的,由"宏动"(Long Stroke,LS)的直线驱动装置和"微动"(Short Stroke,SS)的与宏动之间采取非接触式悬浮的微动装置组成。

宏动的移动精度约为±1μm,微动精度可以在±1μm 的基础上进一步达到±(1～10)nm。例如,阿斯麦公司的光刻机将微动的驱动装置放在装硅片的工件台上,此工件台一般是方形的装置,平台下部有气浮或者磁浮底座,用于将平台悬浮,以最大限度地减小运动时的摩擦阻力和隔离外界的振动。那么宏动是气浮还是磁浮?气浮需要将压缩空气装置连进工件台中,向下喷气,会导致平台质量大大增加,不利于平台的快速移动。早期的光刻机如阿斯麦公司的 8in 的 PAS5500 系列,12in 的 XT4XX、8XX、11XX、12XX、14XX、17XX、1900 等系列,尼康公司的 S203/204、205、206/207、308、609/610、620、630 等都采用气浮平台。到了阿斯麦公司的 NXT1950i 水浸没式光刻机,开始采用磁浮平台,由于磁浮平台采用二维平面电机,比如底板采用永磁体拼接而成的定子[16-17],兼作平衡质量(Balance Mass,BM),而工件台(动子)采用 4～6 组通电线圈(又称为动圈式),由于没有气浮装置,工件台轻薄了许多。从阿斯麦的 NXT1950i 开始,不再使用激光干涉仪作为位置测控,硅片台原本四周厚实的结构也变得轻薄许多。总的效果是磁浮平台的质量相当于气浮平台的约 1/3。图 6-38 展示了一种动圈式平面电动机结构示意图[17]。其中电动机在由按照一定规律交错南北极排布的磁体(可以是永磁体)组成的平面底板上运动。电动机包含 4 大组绕组,其中每大组绕组又包含略微错开的 2 组绕组(实际是 4～6 大组线圈,每组 3 个绕组),错开的原因是为了避开底板周期性带来的颠簸。一般来说,底板的磁体排布需要尽量接近正弦波,如同在旋转型电动机中一样,这样再在动子

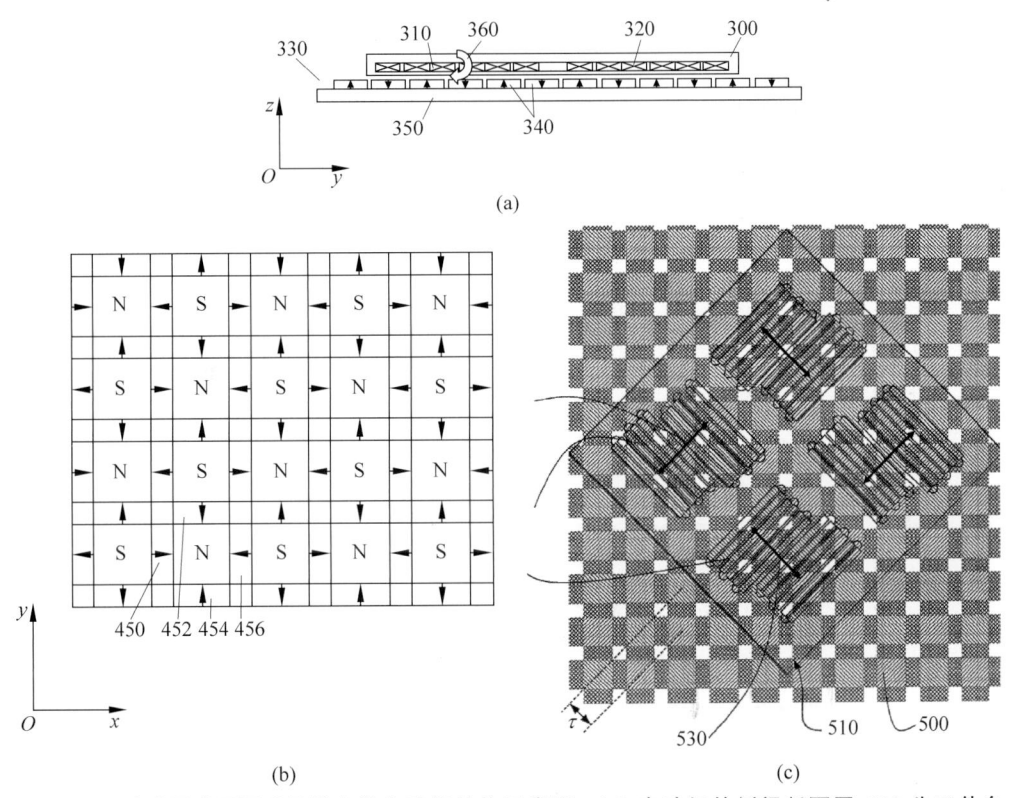

图 6-38 一种动圈式平面磁悬浮直线电动机结构示意图：(a) 电动机的侧视剖面图，300 为工件台，310、320 为动子中的绕组，330 为定子，340 为磁体阵列，350 为底板；(b) 定子的磁体排布图，450、452、454 和 456 为哈尔巴赫磁体（具体原理见图 6-40）；(c) 动子线圈排布示意图和动子叠加在定子的相对位置图[17]

的线圈中通多相交流电，如三相交流电，动子就可以沿着一定的方向在平面内移动。如果磁体的排布偏离正弦波，动子的运动就不会平滑，磁体排布的周期性就会在动子水平运动方向上带来颠簸。其中绕组中的电流产生的水平方向的力用于推动平台在水平方向上移动，垂直方向的力将移动平台悬浮起来。阿斯麦光刻机的磁浮平台采用动圈式。

为了减轻动子的质量，以提高动子运动的速度和加速度，也可以采用动铁（铁芯）的方式，如清华大学朱煜教授团队发明的动铁式二维移动平台[18]，如图 6-39 所示。这里，定子采用多相绕组的电磁铁，动子为二维永磁体阵列。如果在定子中采用多相交流电激发水平移动的二维正弦磁场（对应旋转式电动机的转动磁场），动子就会按照要求在水平方向上移动。

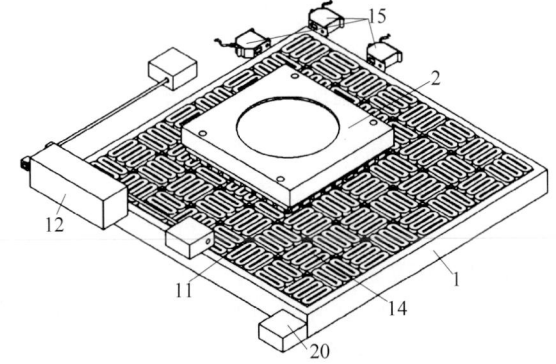

图 6-39 一种动铁式平面磁悬浮直线电动机结构示意图（定子为含有绕组的电磁铁，动子为二维永磁体阵列[18]）

在二维磁铁排布上，一般采用哈尔巴赫（Halbach）排列方式，这种排列可以将磁感应强度集中在磁体阵列的一侧（图 6-40），提高磁铁的利用率。如果采用二维永磁体阵列，一般是先将永磁铁按照一定的交替方式固定排布好，比如采用机械的固定方式，如螺栓、胶剂等，再对磁铁进行磁化[19]。永磁体的磁感应强度很强，掺杂稀土元素的永磁体的磁感应强度一般可以达到1T级别。比起气悬浮,采用磁悬浮保护工作需要做到位,任何铁磁性的工具,如扳手、螺丝刀、手表等都不可以靠近,否则可能造成磁体或者铁磁工具的损坏,还有可能造成使用铁磁工具的工作人员受伤,如手指骨折等。

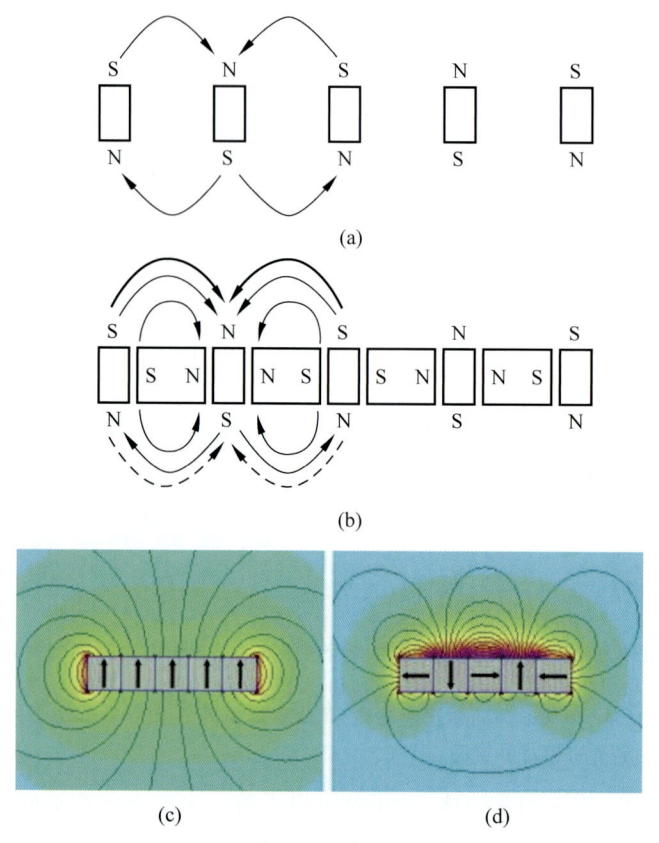

图6-40 一维哈尔巴赫磁体阵列磁场在一侧被加强,另外一侧被抵消的原理示意图:(a)普通定子磁体阵列;(b)哈尔巴赫磁体阵列(粗线为叠加后的磁感应强度,虚线表示叠加后的磁场很弱);(c)同向磁体阵列的磁感应强度分布;(d)哈尔巴赫阵列的磁感应强度分布(感谢清华大学张鸣老师提供)

微动由硅片台和其底座(气悬浮或者磁悬浮)之间的微动来实现。微动一般是由洛伦兹电动机驱动的。洛伦兹力由左手定则确定,如图 6-41 所示,在存在沿着 $-Z$ 方向的均匀磁场的空间中,一根沿着 Y 方向的导线,如果通上沿着同样 Y 方向的电流,会受到沿着 $-X$ 方向的力,这个力叫作洛伦兹力。

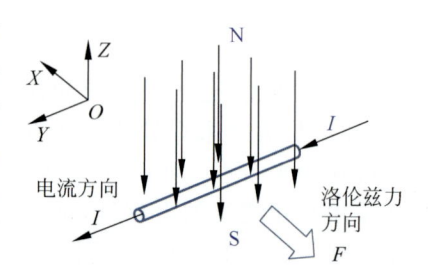

图6-41 通电导线在磁场中受到洛伦兹力的示意图

根据这个原理可以制作两种电机,用于分别控制硅片台微动部分的水平和垂直的空间位置。图 6-42 展示了三种电动机的原理示意图,图 6-42(a)和(b)为两种平面移动和转动的电动机。对于图 6-42(b)中的 4 线圈电动机,平台沿着 X、Y 方向平移可以分别由 s_2 和 s_4 通同方向的电流、s_1 和 s_3 通同方向的电流来实现;围绕 Z 方向的转动,可以由 s_2 和 s_4 通上反方向的电流,或者 s_1 和 s_3 通上反方向的电流来实现。图 6-42(a)中的电动机由 6 根导线组成,可以将受力分摊在更加大的范围,增加系统的平稳性。图 6-42(a)和(b)中的电动机需要中间的含线圈部分的转子悬浮在上下两块磁铁中间,以避免碰擦磁铁表面。图 6-42(c) 展示了一种垂直方向(Z 方向)的电动机,它的下部是一个螺线管,中间有一个压缩空气喷口,用于悬浮类"帽子"状的铁芯,通过调整螺线管中的电流给转子产生向下的静力,用于平衡压缩空气对转子向上的推力,调节转子高低位置。垂直方向采用压缩空气是为了避免静态悬浮导致的螺线管线圈发热。现在还可以采用永磁体来完成同样的悬浮[20]。

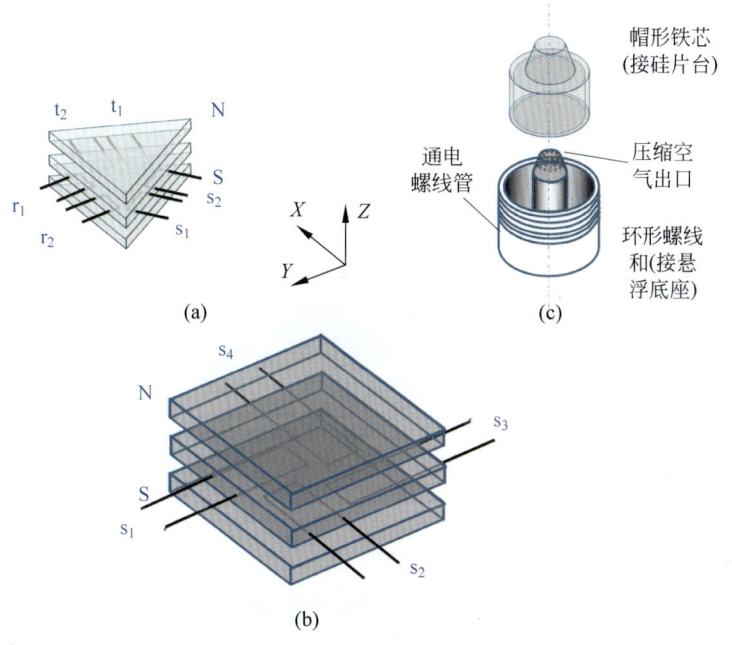

图 6-42 几种洛伦兹电动机结构和原理示意图:(a) 6 线圈平面洛伦兹电机示意图;(b) 4 线圈平面洛伦兹电动机示意图;(c) 基于螺线管的垂直方向洛伦兹电动机示意图

这些洛伦兹电动机将悬浮底座和承接硅片的平台联系起来,大致的示意图在图 6-43 中展示。图 6-43 中采用了呈三角形布置的 6 线圈洛伦兹电动机,而且中央留出三角形的空隙,为的是放置支撑硅片在装入和取出时升降用的 3 顶针装置。

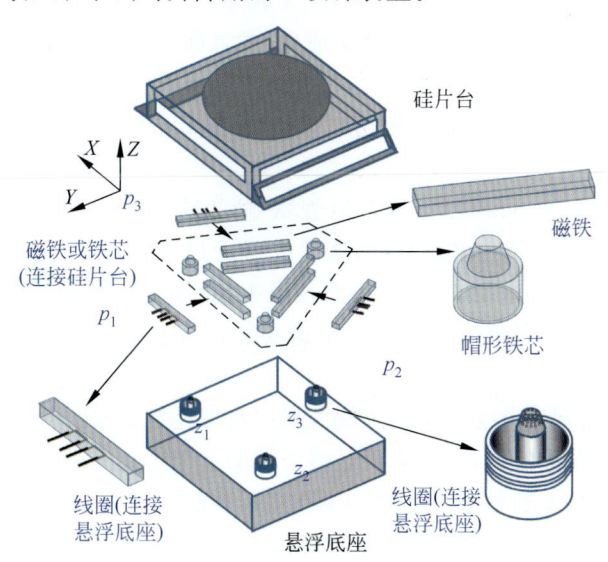

图 6-43 一种硅片台和悬浮底座的连接原理示意图

硅片台四周还有位置测量机构，可以是干涉仪的反射镜，也可以是光栅尺的位置读数头。图 6-44 展示了带有干涉仪的硅片台示意图。一般除了两块 45°角的 Z 轴反射镜之外，整个硅片台是用一整块热膨胀系数极小的微晶玻璃材料制成。这是因为 Z 轴的控制精度要求要低于 X 和 Y 轴：一般水平方向上的控制精度要求为 ±(1~2)nm，垂直方向的控制精度可以为 ±5nm 左右。如阿斯麦光刻机采用肖特(Schott)公司生产的含锂和铝的微晶玻璃 Zerodur®，它在 0℃ 和 50℃ 的热膨胀系数为 $1\sim10\times10^{-8}$/℃[21]。然后在水平方向的四周抛光，如图 6-44 的白色长方形区域，并且镀上金属反射膜。这些反射膜是为了用激光干涉仪测量硅片台的运动位置。

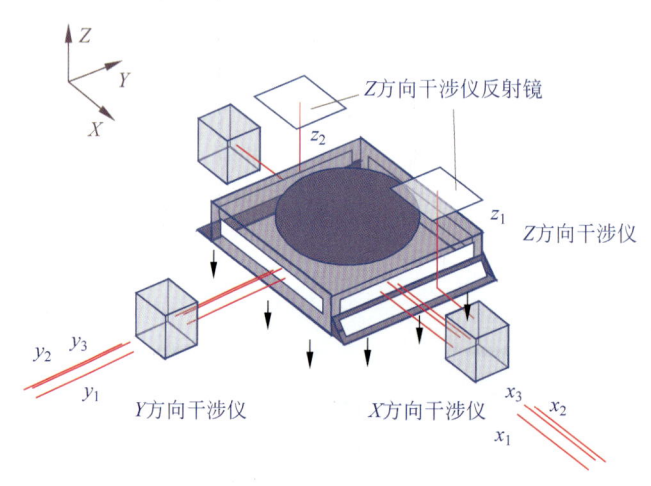

图 6-44　带有 8 个干涉仪的硅片台（微动部分）示意图

注：X 方向有两个 45°角的反射镜，所有的干涉仪发射装置，Z 方向干涉仪反光镜固定在一个装有投影物镜的气浮台上，而硅片台也是相对于外界是悬浮的；为了更加清楚地标示干涉仪激光束编号，X 方向和 Y 方向的激光束的编号在示意图外标示。

6.6.2　移动平台三维空间位置的校准

由于硅片台具有 X 平移、Y 平移、Z 平移、X 倾斜、Y 倾斜和围绕 Z 的转动 6 个自由度。测量这些参数至少需要 6 个独立的长度测量通道，或者称为 6 根激光束。其实，每根激光束是通过测量平台运动的速度，再通过对时间的积分得出平台的位置的，而测量速度则通过测量反射光的多普勒频移来实现。图 6-44 中显示了使用 8 个干涉仪及分别拥有 8 根激光束的测控系统。8 根光束分别是 x_1、x_2、x_3、y_1、y_2、y_3、z_1、z_2。其中，x_2、x_3 可以用于测量沿着 Y 轴的转动或者称为倾斜；y_2、y_3 可以用于测量沿着 X 轴的转动或者称为倾斜；x_1、x_2 和 y_1、y_2 可以用于测量沿着 Z 轴的转动。硅片台的高度 Z 是通过两块成 45°角的反射镜和相对水平干涉仪激光出射位置固定的两块 Z 轴方向干涉仪反射镜（固定在测量支架上）和另外两束水平沿着 X 轴发出的激光束来完成的。这样，6 个运动的自由度可以通过 8 个激光干涉仪来唯一确定。

但是，即便整个硅片台是做成一体的，在抛光的过程中还是难以做到在空间较长的距离（例如大于 300mm）镜面是完全平整的，这就需要对整个镜面上干涉激光束可能历经的位置进行预先校准。其实，即便是设计上互相平行的激光束在实际装配中也不一定平行。例如，激光束安装角度使用精密调整螺丝的精度在长度 30cm 达到 0.02mm，即角度存在 67μrad。在 80cm 的距离这两根激光束会有明显的光程差，如图 6-45 所示，y_1 和 y_2 激光束之间存在夹角 $\Delta\theta$。当移

动平台沿着 Y 轴或者 −Y 轴方向运动时，就会累积一定的长度误差，其误差为

$$\Delta Y = -\Delta y\left(\frac{1}{\cos\theta}-1\right) \approx -\Delta y\left(1+\frac{\theta^2}{2}-1\right) = -\frac{\theta^2}{2}\Delta y \tag{6.21}$$

式中：Δy 为运动的总距离。

如果 $\Delta y=80\mathrm{cm}$，$\theta=67\mu\mathrm{rad}$，那么 $\Delta Y=1.8\mathrm{nm}$。对于精度要求达到 ±1nm 以内的系统来说是需要校准的。光刻机的移动平台一般需要做平移-倾斜、平移-转动相关矩阵（Scan-tilt matrix, scan-rotation matrix）以及镜面平整度（Mirror flatness map）校准。这里主要是需要将同方向的激光束之间的轻微不平行以及硅片台镜面的不平整补偿掉。

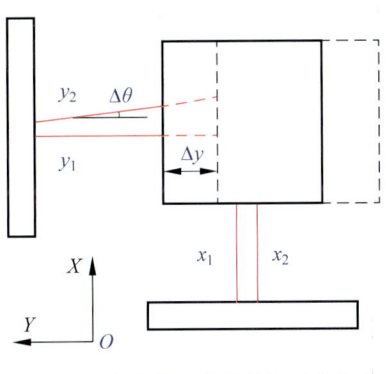

图 6-45 在两根 Y 方向的激光束存在小夹角的情况示意图（俯视图）

图 6-45 显示了 Y 轴方向上 y_1 和 y_2 两束激光不平行且存在 $\Delta\theta$ 的情况。随着硅片台的 −Y 轴方向的运动，两束激光测得的距离差随着平台在 −Y 轴方向的运动距离不断增加，根据式（6.21），与运动的距离成正比，与夹角的平方成正比。就像平台在沿着 −Y 轴方向的运动过程中还叠加了一个匀速绕 Z 轴的反向转动。当然，在 X 轴方向上也有两束激光，即便是 X 轴方向的两束激光不平行，由于平台仅仅向右运动，两束光之间测得的光程差不会随着平台在 −Y 轴方向的大幅度运动而增加很多。所以，如果不是由于平台的真实转动，X 轴方向的两束激光之间是测不出距离差随着 Y 轴方向距离变化的。这样可以得出距离差是 Y 轴方向上的两束激光不平行导致的结论。同理，如果让硅片台沿着 X 轴方向运动，也可以测出 X 轴方向的两束激光之间可能存在的不平行的夹角。

不过，如果这种不平行出现在 y_2 和 y_3，由于没有另外的测量手段，就较难获得是否平台真实地绕 X 轴倾斜（或称转动）。这可能需要结合高度测量装置，如调平装置（Leveling system）测量每一个曝光场的绝对高低来确定，如果存在真实倾斜，那么会被调平装置测出来。这种测量可以通过标准的超平硅片实现，也可以通过硅片台上放置硅片以外的区域上的标准记号区域来实现，如阿斯麦光刻机的透射图像传感器（Transmission Image Sensor, TIS）区域。如果调平装置测不出特别的倾斜，y_2 和 y_3 的光程差就可以归结于两束激光之间的夹角。类似的情况也适用于绕 Y 轴的倾斜（或称转动）。不过，还有两束 Z 轴方向的激光束 z_1 和 z_2，可以用于确定有没有绕着 Y 轴转动。

这种校准需要经过多次，每次比前一次更加逼近最佳。还有就是镜面高低差的校准。由于镜面抛光的精度限制，在 X 轴方向和 Y 轴方向上的镜面不可能完全互相垂直或者完全平整。当然，现代加工技术对镜片能够加工到纳米级的准确度，对于平面反射镜也差不多。而干涉仪的精度可以达到 0.1nm，所以需要对镜面的平整度进行一次校准。比如让硅片台沿着 −Y 轴方向运动，这时 X 轴方向上的激光束在理想情况下应该不会测到光程差的变化。但是，由于镜面的不平整，X 轴方向上的激光束会测得光程差的变化。如果运动过程中不完全沿着 −Y 轴，还有小的沿 X 轴方向的分量的移动，那么至少可以将镜面上的高频波动归结为镜面的不平整，也就是说，对于平台随着沿 −Y 轴方向运动而缓慢变化的 X 轴方向光程差，可以通过拟合缓变函数的方式进行扣除，剩下的就是 X 轴方向镜面的不平整度，如图 6-46 所示。

以上的校准方式是针对 X 轴方向和 Y 轴方向水平面内的，实际上，由于硅片台需要接受不同厚度的硅片，比如直径 300mm 的硅片 775μm 厚度有 ±20mm 的误差范围[22]，并且不同

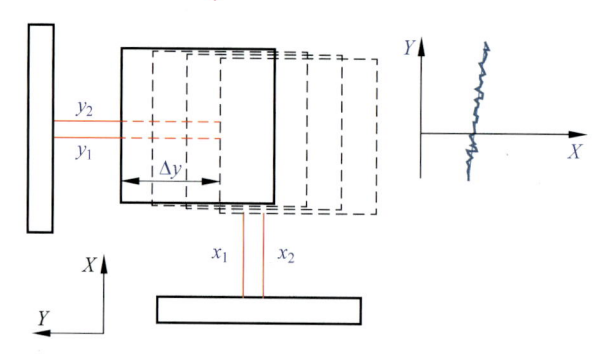

图 6-46　硅片台沿着 Y 轴运动时存在小的沿 X 轴的移动示意图（俯视图）

的衬底对焦平面的高低存在 $\pm 0.1\mu m$ 的变动范围。所以以上的校准需要对大约 $40\mu m$ 范围内不同的高度进行多次校准。

以上讨论的校准仅是将硅片台作为一个整体的位置计算。实际曝光中，需要对硅片的每一个曝光场，如 26mm×33mm 的区域进行计算，也就是说，需要确定硅片上每个不同曝光场的坐标。而倾斜，比如用得最多的是绕着 Y 轴的倾斜，实际上是以曝光缝（一般而言，干法光刻机在硅片上沿 Y 轴方向上的宽度为 10~10.5mm，而 193mm 浸没式光刻机为 5.5mm 左右）的中央为参考点的。也就是说，无论倾斜角度是多少，硅片上处于狭缝中央点的垂直位置是不变的。这等于需要知道硅片的标称厚度（如 300mm 硅片的 $775\mu m$ 厚度），以及硅片吸在硅片台上后在每个空间位置上（精确到 mm）的实际高度（精确到 5~10nm 级），以及硅片放置在硅片台上的每个曝光场的 4 个角的实际水平位置（精确到 1nm 级），如图 6-47 所示。

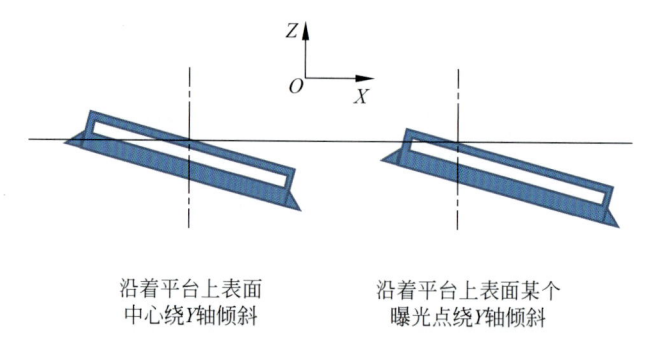

沿着平台上表面中心绕Y轴倾斜　　沿着平台上表面某个曝光点绕Y轴倾斜

图 6-47　硅片台的倾斜实际上以正在曝光的点为参考点的示意图

校准的最后一步需要采用一片标准硅片，上面刻有标准的测试图形，并且动用调平（Leveling）和对准（Alignment）显微镜进行协同校准。还要通过在上述标准片上曝光叠影确认最终的全片硅片上的位置精确度。

6.6.3　阿斯麦双工件台光栅尺测控系统介绍

这种采用干涉仪的移动平台系统有着自身的优点，比如硅片台在任何位置，通过干涉仪测得的长度都是光"跑"过的绝对距离，而且镜面的面积有限，校准的时间可以很短，工作量相对不大。但是，由于硅片台的运动速度越来越大，从之前的 250mm/s 到现在的 800mm/s，在平台的运动过程中空气会被扰动，造成空气密度和折射率沿着平台移动方向上的变动，在较长距离上，如 300mm，会对激光的光程差造成干扰，比如空气的折射率约为 1.0003，如果在 300mm 长度上造成平均 0.01% 的密度变化，也就是折射率存在 0.00000003 的变化，对于 300mm 长度，就等于 9nm 的变化。实际上，这样的变化等效于 2~3nm。所以，如果需要达到 1~

2nm 的精确度,仅靠干涉仪是不够的,还需要能够避免平台运动导致的空气扰动。于是,阿斯麦和尼康公司都采用或者部分采用光栅尺的技术。下面介绍光栅尺的原理。

阿斯麦公司的光栅尺是平面光栅,早期的光栅图形在 X 轴和 Y 轴方向是周期 2.048μm、边长 1.024μm 的方块。而平面光栅悬挂在硅片台上方大约 15mm 处。每个硅片台的四角装有读取光栅信息的读数头(Encoder reader),又称为编码-解码器(Encoder-Decoder)[23]。图 6-48 展示了一种类似于阿斯麦的基于光栅尺的硅片台定位系统。光栅尺的原理:如图 6-48 右上角的插图,在一维光栅情况下,光栅相对垂直照明光以速度 v 做平移时,其平移方向相对于衍射光(如衍射+1 级)存在速度分量 $v\sin\theta$,由于多普勒效应,+1 级衍射光存在 v/p 频移,而 -1 级衍射光存在 $-v/p$ 频移,其中 p 为光栅的空间周期。如果采用多次反射到同一块光栅平面,就可以存在更多的频移。再通过与 0 级衍射干涉可以提取出频移的量。二维光栅则在两个维度衍射的光都存在对应移动速度分量的频移。所以平面光栅也是干涉仪,这里为了与传统的干涉仪做区分,称为平面光栅尺测控系统。这种系统不仅可以测出光栅的水平移动速度,而且可以测出垂直运动速度。

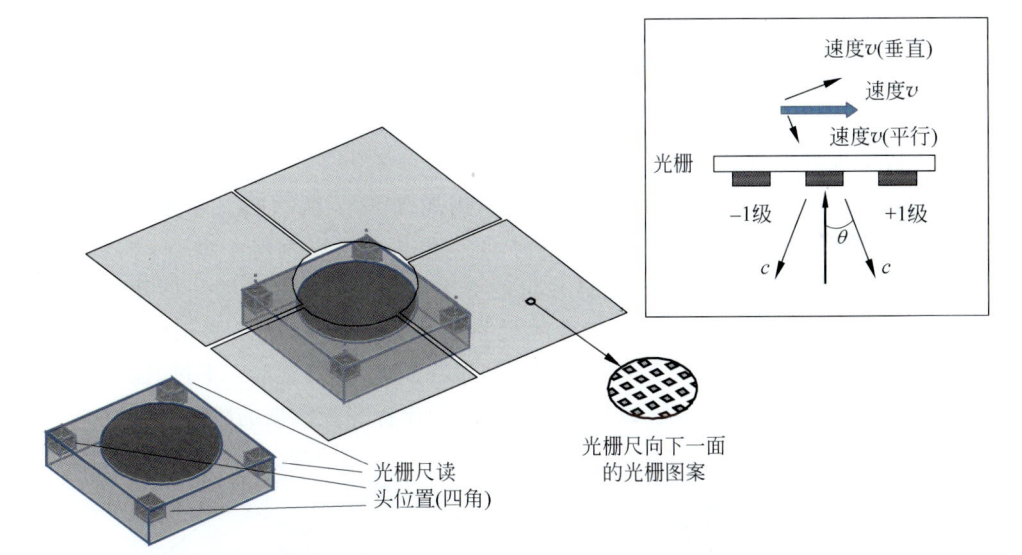

图 6-48 一种基于四面光栅尺的硅片台定位系统示意图(图中光栅尺面朝下,向下一面拥有二维周期性方块状的图案;右上角插图:一维光栅在移动时产生的多普勒频移示意图)

采用四面光栅尺的原因是中央需要开孔给光刻投影物镜和测量系统,如对准和调平系统留出位置。在硅片台的 4 个角上装有光栅尺的读数头(又称读头),每个读数头实际上各拥有两个单轴的读数头,能够通过毫米直径的光斑一次性采样很多光栅图形,各负责读取水平方向和垂直方向的移动。如阿斯麦公司的设计,两个读数头采用相对的倾斜照明方式,如图 6-49(a)所示。当硅片台沿着+X 方向移动时,两个读数头都记录带方向的移动距离(多普勒频移)。如图 6-49(b)所示,当硅片台沿着+Z 方向移动时,读数头 1 记录负向的移动距离,读数头 2 记录正向的移动距离。令读数头 1 的读数为 d_1,读数头 2 的读数为 d_2,则硅片台此位置的 (x,z) 坐标读数为

$$\begin{cases} x = \dfrac{d_1 - d_2}{2\sin\theta} \\ z = -\dfrac{d_2 + d_1}{2\cos\theta} \end{cases} \tag{6.22}$$

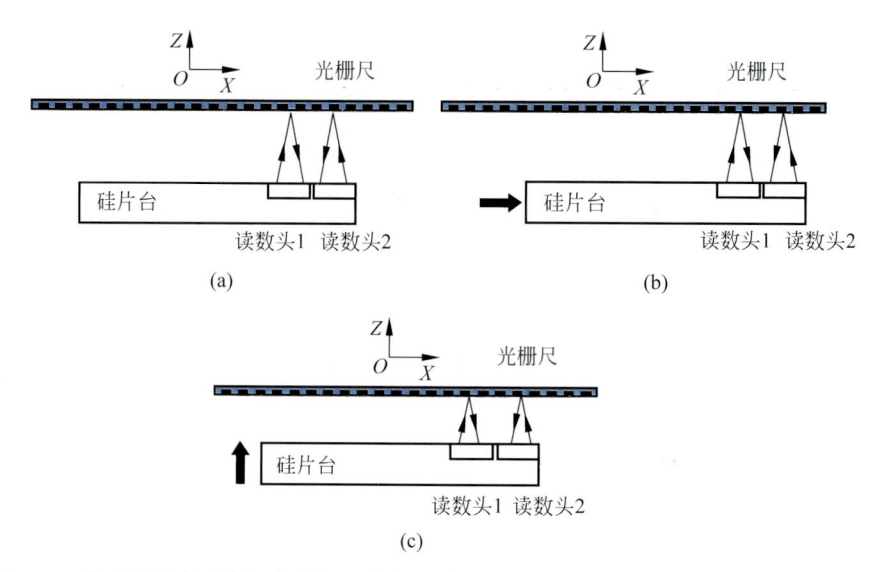

图 6-49　每个测量点采用两个光栅尺读数头的设计示意图(照明光线采用倾斜的入射角，而且两个读数头的入射角以对称方式放置[24])：(a) 硅片台处于初始位置；(b) 硅片台向+X 方向移动；(c) 硅片台向+Z 方向移动

式中：θ 为读数头入射光相对光栅尺平面的入射角。

图 6-49 显示的是一维光栅尺的情况。如果采用如图 6-48 所示的二维光栅尺，每个读数头可以获得三维情况，即(x,y,z)的坐标。这样，4 个角落就可以获得 4 组(x,y)数据和 4 组(z)数据，共 12 个数据点，可以唯一确定硅片台的 6 个自由度的空间位置。即便这样，当某个角落落在了没有光栅尺的位置，如镜头或者测量系统下方，另外 3 个角落仍然具有 9 个数据点，确定硅片台的 6 个自由度并没有问题。这种情况在图 6-50 中显示。不过，需要对从 12 个数据点到 9 个数据点进行平滑过渡，以免造成(x,y,z)坐标测控数据的跳变。

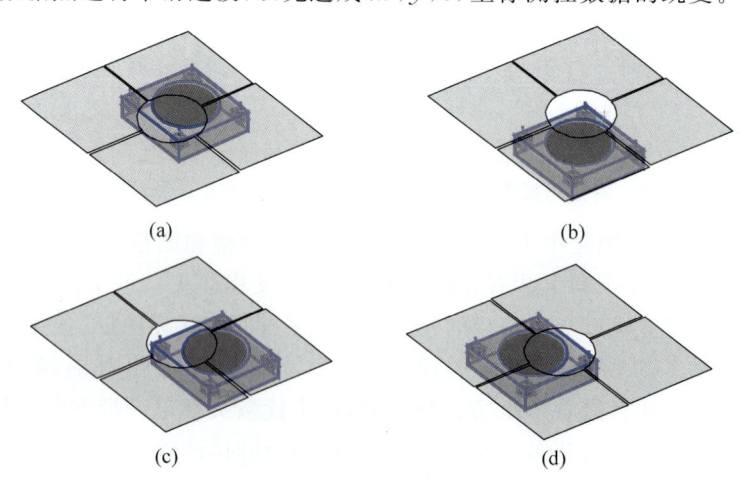

图 6-50　当光刻机需要对处于硅片边缘的区域进行测量或者曝光时，靠近此边缘的区域的光栅尺读数头可能会被移出光栅尺的范围，如(a)、(b)、(c)和(d)4 种情况

对于有双工件台的光刻机，如阿斯麦的 Twinscan™ 系列 NXT19XX、20XX 会在测量位置和曝光位置各放置 4 块光栅尺面板，这样，硅片台从测量位置移动到曝光位置，或者从曝光位置移动到测量位置，需要将位置数据准确中继连接，图 6-51 是一种采用"中继光栅尺"的方案。

曝光位置

测量位置

光栅尺组2

中继光栅尺

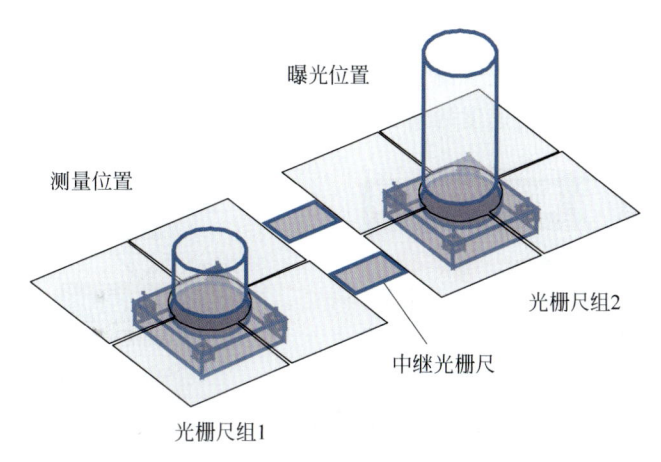

光栅尺组1

图 6-51　一种具有双工件台的光刻机采用中继光栅尺的示意图

由于光栅尺在相当大的面积上，又采用无应力安装，比如采用树脂类胶黏剂，时间久了，难免会发生老化，局部产生微小的裂纹，几十纳米到一两百纳米。这会造成位置测量处的较大误差。不过，由于读数头的照射光斑直径在 1mm 以上，光斑处可以包含成千上万个光栅结构，一条裂痕对测量的影响是被平均化的，一般为 1~10nm。尽管如此，采用光栅尺的系统需要经常做自检。光栅尺最早在阿斯麦干法 193nm 光刻机的掩模台上被引入，因为掩模台只有一个方向需要精确测量位置，就是扫描的 Y 方向。引入后就发生了掩模台沿着 Y 方向靠近中间的位置存在横向（X 方向）跳变。后来通过引入加湿的空气（Extra Clean Humidified Air，XCHA），避免树脂胶黏剂过早地风化产生裂纹，而且还通过对可能产生横向的跳变进行补偿才解决。对于采用 4 面光栅尺的系统，如果有一面光栅尺产生跳变，或者 4 个读数头中的一个由于安装胶水风化产生位置跳变，硅片范围内某一个象限的套刻会发生不同于其他象限的明显畸变，为 6~9nm，从而严重影响硅片的成品率。

位置跳变除了光栅尺之外，如果读数头本身是由胶黏剂固定的，也会发生位置跳变，加上读数头位于经常加速的硅片台，而加速度可以达到几 g（重力加速度），如 $4g(1g=9.8m/s^2)$，很难避免出现胶黏剂裂痕。还有中继光栅尺等。所以，如何设计出一套监控方法，使得既能够保证光栅尺的精度，又能够保证不影响生产，是采用光栅尺代替干涉仪的关键。

这里主要讲述了硅片台的情况，而扫描式光刻机的掩模台也是很重要的，由于它的精度与硅片台相比较低，因此不再另外分析。现在主流光刻机采用 4∶1 的缩小倍率，掩模台的横向精度要求是硅片台的 $\frac{1}{4}$，垂直精度由于纵向放大率等于横向放大率的平方，也就是 16∶1。

除了工件台全部使用光栅尺来避免较长光程带来的测量波动这一干涉仪的缺点以外，尼康公司在 2009 年报告了在其改进版 193nm 浸没式光刻机 S620 上采用了混合的测量方式，即原来的干涉仪加上硅片台上的光栅尺和测量支架上（固定了投影物镜和硅片对准和调平装置）的读数头[25-26]。这种光栅尺与前面介绍的阿斯麦公司的光栅尺不同，阿斯麦公司的光栅尺是在硅片平面上方的测量支架（Metrology Frame，MF）上，读数头位于工件台上，处于光栅尺下方。而尼康公司的光栅尺（一维）安装在工件台上，且光栅尺上表面与工件台上硅片的上表面高度基本一致，读数头放在光栅尺上方的测量支架上，向下俯视光栅尺。这样的结构称为"俯视"系统（Bird's eye system），如图 6-52 所示。由于硅片台仅仅安装 4 面一维的光栅尺，需要一系列光栅尺的读数头。图 6-52 中展示的是安排成十字形状的光栅尺读数头阵列。此方案的问题在于存在众多读数头,它们之间的位置需要保持稳定。这是整个工件台位置测控保持稳定的关键。当然,由于读数头位于测量支架上,本身没有振动,其胶水(如果使用)的老化会比运动状态中,尤其是存在高加速度的情况下要慢很多。

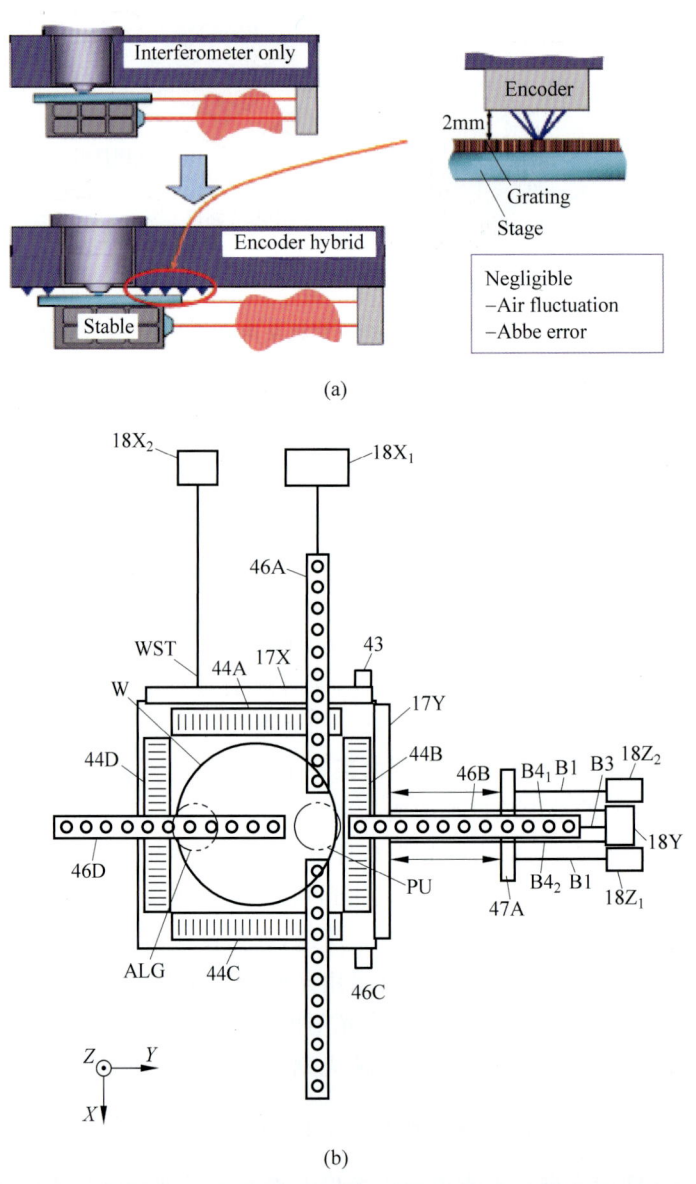

图 6-52 (a) 尼康公司的 193nm 浸没式光刻机 S620 上的"俯视"位置测量系统示意图;
(b) 尼康公司的 193nm 浸没式光刻机光栅尺的俯视图(其中 44A~44D 为光栅尺,46A~46D 为光栅尺读数头阵列)[25-26]

采用光栅尺是因为空气在硅片台的运动时会被扰动,导致干涉仪的测量重复性不好,存在 1~3nm 的漂移。而光栅尺距离读数头很近,从几毫米到 2cm,受到的空气扰动对测量精确度的影响可以忽略,重复性极好,可以达到 1nm 之内。不过,因为光栅尺也是采用光刻工艺制作的,所以光栅图形中每根线条,或者方块图形的位置误差相比需要测量的精确度较大,受到制作时的套刻精确度限制,存在几纳米到几十纳米的误差。当然,每个读数头的毫米级直径的光斑一次可以采样几千个光栅,随机误差可以平均掉不少。不过,光栅尺仍然需要经过校准才能使用。而校准在长程上需要采用干涉仪,在局部也可以采用其他方法,如内差、自相关等。光栅尺的长期稳定性受到材料老化、胶水风化等的限制,需要定期进行校准。如果采用光栅尺和干涉仪的合并系统,就可以获得较好的测量结果。尼康公司采用干涉仪和光栅尺并用的方法原则上可以免去光栅尺的长程校准,因为长程测量依靠干涉仪。

6.6.4 我国在光刻机双工件台移动平台研制的最新成果

我国在国家"02"重大专项的支持下,自2008年开始开展了一系列半导体集成电路设备和材料的研发。在浸没式光刻机领域,清华大学朱煜教授等在2016年率先研发出国产双工件台α样机[27](图6-53),为最终实现国产193nm浸没式光刻机的研制奠定了良好的基础。

图6-53 2016年清华大学朱煜教授的研发团队成功研发光刻机双工件台硅片台α样机,每个工件台采用激光干涉仪来定位[27]

6.6.5 光刻机中硅片的对准和调平(阿斯麦双工件台方法、尼康串列工件台方法)

硅片在曝光前需要经过对准和调平。对准指的是与掩模版作水平方向对准,调平指的是与掩模版作垂直方向的对焦。硅片对准采用数值孔径约为0.3的显微镜系统,其对焦深度为

$$\mathrm{DoF} = \frac{\lambda}{\mathrm{NA}^2} = \frac{0.532}{0.3^2} \approx 5.9(\mu\mathrm{m})$$

也就是说,需要预先将硅片放置到±2.95μm的焦距范围内才有能力进行对准。而调平也需要知道空间坐标。不过,一般调平在沿着曝光缝的方向上只有9~21点,它的空间位置坐标不需要很精确,约为1mm。一般硅片的预对准(Pre-alignment)又称为缺口对准(Notch alignment),达到±(10~15)μm就已经够用。硅片全片的高低差,如直径300mm的硅片在1μm左右,所以,只要知道硅片边缘一圈的高度,硅片内部的差异不会超过±1μm,对于拥有5.9μm对焦深度的对准系统来说足够。例如,阿斯麦公司的光刻机在装入硅片到测量硅片台时已经完成预对准,具备约±15μm的精度,接下来做硅片边缘调平(Global Leveling Circle,GLC);然后将硅片按照边缘调平放置平,再做粗对准,粗对准的目标是在曝光场上每一点的水平位置达到小于±3μm;再做硅片上每个曝光场(也就是每个26mm×33mm的长方形区

域)的精密高度测量,即调平;当获得每个线度在1~3mm区域准确到±(5~10)nm的高度信息后,做一次精对准,也就是使用精对准记号将对准做到±1nm以内(193nm浸没式光刻机)。

现今主流的光刻机中,硅片对准采用离轴对准方式,也就是硅片先与硅片台上的固定记号建立水平空间坐标联系,然后硅片台上的固定记号[又称为基准记号(Fiducial mark)]再与掩模版上的对准记号对准。日系的光刻机,如尼康或者佳能的掩模版对准系统位于掩模版上方,通过照亮硅片台的基准记号,再通过投影物镜将其图像成像到掩模版记号,并且连带掩模版记号的图像投影到阵列传感器上,如电荷耦合器件(Charge Coupled Device,CCD)阵列传感器或者互补性金属氧化物半导体(Complementary Metal-Oxide-Semiconductor,CMOS)阵列传感器上,以确认之间存在的位置偏差并做补偿。阿斯麦公司采用硅片台上设置的透射图像传感器(Transmission Image Sensor,TIS)接收来自掩模版记号的图像投影,叠加上位于硅片台上TIS上方的基准记号(类似可透光格栅的TIS记号)的图像,来确认掩模版记号和TIS记号之间的差异,并与掩模版记号对准。通过这样的间接对准(经过硅片台上基准记号或者TIS记号摆渡),硅片的坐标也就与掩模版的坐标联系上了。测量完毕后,补偿掉偏差,就完成了对准工作。图6-54展示了类似阿斯麦公司的硅片台一片硅片上选取了若干曝光场作为对准记号的选取地、硅片旁硅片台上两个透射图像传感器以及上方的对准显微镜。

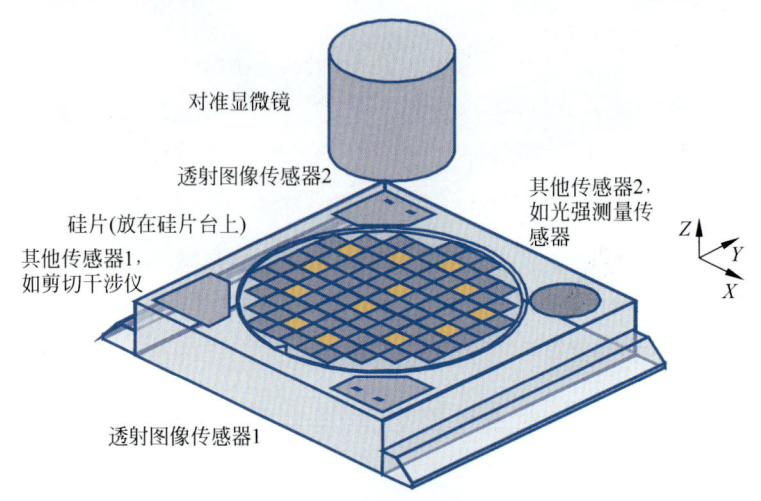

图6-54 离轴硅片的对准示意图:空间上固定的(在装有投影物镜的隔震支架上)对准显微镜通过移动硅片台确定硅片上各对准记号的坐标[可以通过编写曝光程序来选取,一般每个曝光场(如26mm×33mm)选择一个X记号和一个Y记号,或者XY合并的记号]和硅片台上透射图像传感器上对准记号的坐标位置,图中浅色的曝光场代表选中的用于对准的区域

双工件台参考流程(类似阿斯麦公司的XT和NXT系列)如下。
(1) 硅片装入,预对准(假设掩模版已经装入并且完成预对准)。
(2) 硅片放置到一个工件台上,相对硅片台位置误差小于±15μm(X,Y)。
(3) 硅片台调零,通过零点位置传感器(X,Y,Z)。
(4) 硅片台透射图像传感器用对准显微镜对准,获取位置坐标(X,Y)和基准水平高度,即两个TIS的连线。
(5) 硅片粗调平,相对硅片台高度误差±1μm(Z)。
(6) 硅片粗对准,相对硅片台位置偏差小于±3μm(X,Y)。
(7) 硅片精调平,相对硅片台高度误差,每个曝光场内小于±(5~15)nm(Z)。

(8) 硅片精对准,相对硅片台位置偏差小于±1nm(X,Y)。

(9) 工件台交换。

当硅片台处于测量位置时[步骤(1)~(8)],光刻机还进行其他工作,如激光气体注入,波长确认,设定照明条件,设定镜头内部压力、温度和放大率(来源于硅片对准数据的解算和生产管理系统中的自动反馈值)等工作。

(10) 硅片台上能量传感器校准曝光能量(每个批次开始)。

(11) 硅片台调平数值确认(Z),简化的调平系统,仅仅做整体确认,不做重复每个曝光场的调平。

(12) 硅片台透射图像传感器测量掩模台上标准记号位置(XYZ),测量三阶畸变(D_3)和场曲,并且做补偿(每个批次开始)。

(13) 硅片台透射图像传感器测量掩模版上对准记号位置,使其与硅片台对准(X,Y),同时,硅片台透射图像传感器测量掩模版上标准记号高度位置(Z位置),使其与硅片台和硅片高度对准(建立硅片每处高度和掩模版高度的关系,也就是自动对焦)。

(14) 曝光。

(15) 曝光完成后工件台交换,回到步骤(9)。

单工件台参考流程(类似阿斯麦的单工件台 PAS5500 系列、尼康的全系列,除了尼康串列工件台系列)如下:

(1) 硅片装入,预对准。

(2) 硅片放置到工件台上,相对硅片台位置误差小于±15μm。

(3) 硅片粗调平,相对硅片台高度误差为±1μm。

(4) 硅片粗对准,相对硅片台位置偏差小于±3μm。

(5) 硅片精调平(Z)后跟精对准(XY),相对硅片台高度误差,每个曝光场内±15nm(Z)/相对硅片台位置偏差小于±1nm(XY)。

(6) 掩模台和工件台对准(XYZ),三阶畸变校准。

(7) 掩模版和工件台对准(XYZ),自动对焦。

(8) 曝光剂量校准(每个批次开始)。

(9) 曝光。

由此可见,单工件台在做硅片和掩模版调平与对准时,设备曝光系统是闲置的,而双工件台其中一个工件台在进行调平和硅片对准时,另外一个工件台可以进行曝光,这样就大大提高了设备的利用率。大约在 2000 年,阿斯麦双工件台光刻机的产能比尼康的同类型产品超出了约 30%,由此开始在光刻机行业独占鳌头。

当然,双工件台也有缺点,比如套刻精度,因为两个工件台之间如果允许硅片混跑,则需要进行套刻匹配,而匹配的结果总比单工件台差,除非限制奇偶。在阿斯麦公司,这种限制奇偶的功能称为工件台指定(Chuck Dedication,CD)技术,它通过与工厂的生产管理系统联网对每盒硅片所在的硅片槽奇偶位置(如 1~25)进行识别,使得每一片硅片的后续层次曝光的工件台编号(如第1、第 2)与前层曝光用的工件台编号一致。不过,这样也需要存在两套自动工艺补偿反馈(Automatic Process Correction,APC)通道,各补各的。

双工件台还有一个缺点是掩模版需要等装有待曝光硅片的硅片台移动到镜头下时才能够对准。也就是说,在做掩模版对准时,光刻机的曝光系统是闲置的。不过,硅片对准复杂,对准记号可以几十个,而掩模版对准最少 4 对记号,并且可以一次扫描完成,加上多焦平面(如 5 个)的测量，所需时间仅为 2~3s。而硅片对准以扫描一个记号 0.6s 计算，如果需要 24 个记号，整个过程需要 14.4s。对于一台产能在 200 片/小时硅片的光刻机来说，每片硅片整个曝光过程（包括掩模版对准和三阶畸变确认）18s。双工件台在 2000 年的诞生[28]大大提高了光刻机的产能。在包含掩模版对准、自动对焦和能量校准后，双工件台平均每片硅片的非曝光时间仅剩 3~6s。

2005 年，尼康公司开发出了串列（Tandem Stage）工件台的方法[25,29-30]，增加了一个小型的测量台，如图 6-55 所示。测量台（Metrology Stage, MST）上的参考板（Reference plate）53 是用来做掩模版对准的，包含两类光栅记号，含有 X 方向的光栅缝和 Y 方向的光栅缝，类似于阿斯麦光刻机上的透射图像传感器上的格栅式记号。其下可能有类似阿斯麦光刻机的光强传感器，因为如果通过掩模台（RST）上部的掩模版对准传感器（图 6-55（b）的 14a/b）来探测，不如格栅下的传感器接近硅片台（Wafer Stage, WST）的直接测量精度高。其具体工作方式大致如下。

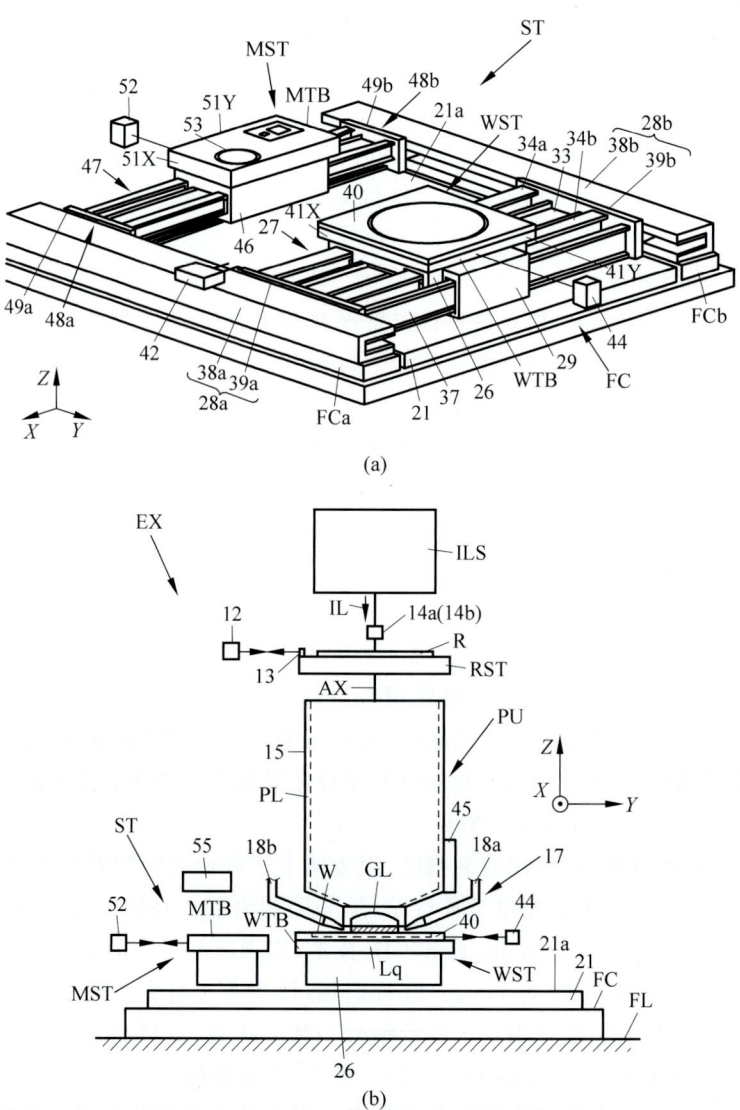

图 6-55　尼康公司 2005 年推出的 193nm 浸没式光刻机用的串列式双工件台构造示意图：上图立体图，下图侧视图，图中 MST 为测量台，WST 为硅片台，RST 为掩模台，53 为用于掩模版对准的参考板，45 为用于硅片对准的显微镜，PL 为投影物镜[30]

单工件台(尼康的串列工件台系列):

(1) 硅片台(WST)移出物镜下方位置,送出曝光完成的硅片,接受新的硅片,完成预对准,相对硅片台位置误差小于±15μm;完成预对准后,也获得了硅片边缘一圈的高度信息,即粗调平所需信息。

同时,测量台(MST)紧跟硅片台移动到物镜下方,此时如果下一个曝光需要使用新的掩模版,则需要更换掩模版。通过参考板上的对准记号进行掩模版对准工作,以确定掩模版相对于测量台干涉仪的位置(X、Y、Z、R_Z、M)和对准显微镜固定在物镜侧壁上,相对于物镜在Y方向上存在一个物镜半径的位置差,如图6-55(a)装置45相对于测量台干涉仪的位置(XY)以及调平装置的焦平面零点(Z)相对于测量台干涉仪的位置。也就是说,在硅片台装卸硅片时,测量台完成掩模版(XYZ)相对于测量系统的位置(XYZ)差($\Delta X \Delta Y \Delta Z$)的确定。此外,还有其他工作,如设定照明条件、校准曝光能量等。

(2) 硅片台移动到对准显微镜下方,进行粗调平(Z),或者称为对焦[粗调平也可以在步骤(1)完成]。

(3) 硅片台进行精对准,获得硅片的位置信息(X、Y、R_Z、M、AR、AM),并且联合生产管理系统中的自动反馈值,计算补值。

(4) 硅片台在精对准进行到一半时开始精调平,如图6-56所示[25]。

(5) 通过装订步骤(1)中获得的($\Delta X \Delta Y \Delta Z$),硅片台移动到投影物镜和掩模版下方,曝光开始。

在串列台架构中,采用一个小型串列的平台,在硅片进行装卸时,这个小型测量台移动到镜头下面,完成掩模版对准、曝光剂量校准、自动对焦等工作,节省了时间。但是,掩模版对准测量的数据量比较少,比如4对对准记号,可以并行测量,因为掩模版对准记号都是在同样的位置的,再测量5个焦平面位置,一共5次扫描,一般通过2~3s就可以完成;而硅片对准记号通常有24~48对,而且不能同时测量(位置不固定,需要对准显微镜一个一个地测量),所以实际扫描次数可以达到十几次,需要最长十几秒。所以,阿斯麦公司的双工件台设计将对准需时较长的硅片对准与曝光平行完成,结构上相比尼康公司的串列工件台(将需时较少的掩模版对准与曝光平行完成)有很大的优势。

为了赶上阿斯麦公司设备的速度,硅片对准采用5个对准显微镜同时对切割道中的对准记号进行一次性扫描式对准。其中中央的显微镜是固定的,如图6-56所示,大约位于硅片的中央切割道,两边各两个显微镜,可以根据实际曝光场的宽度或者切割道的位置进行调节,并且可以锁定所调整的位置。在做对准时,硅片将沿着扫描方向(也称为Y方向)移动,5个对准显微镜完成对一系列对准记号的测量,在硅片沿着Y方向行进到一半时,一维阵列调平传感器开始进行整片硅片的精调平工作,完成后,硅片台直接将硅片送入投影物镜下面开始曝光。

尼康公司由此将较长的硅片对准时间缩短到一次或几次扫描的时间,也就是3~4s。将原先需要十几秒的硅片对准降低到只有3~4s。这样,尼康公司的串列工件台设计与阿斯麦

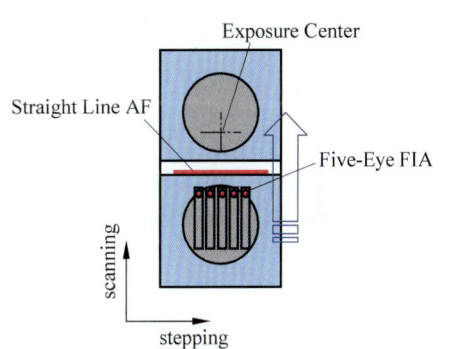

图6-56 尼康公司2009年推出的193nm浸没式光刻机用的串列式双工件台构造中的对准和调平探测器位置示意图[25]

公司的双工件台设计在硅片处理速度上相差不多。

当然,串列台仍然存在着对准显微镜个数很多,之间的漂移可能导致对准误差增大,甚至失效。但是,对套刻有高要求的曝光不需要工件台编号奇偶限制,套刻偏差可以优于双工件台。串列工件台的最大的缺点是限定了对准记号只能存在于沿着 Y 方向的切割道中。而 5 个对准显微镜之间的关系要保持在 ±1nm 之内是不容易的,比起一个单独的显微镜要困难得多。

还有,当光刻技术进入了浸没式之后,在硅片光刻胶和投影物镜最底下一片镜片之间存在一层厚 60～100μm 的水膜。如果存在两个平台,这层水膜需要在两个平台之间移动,那么平台之间不能出现较大的缝隙。阿斯麦公司的 XT 系列光刻机,如 XT1900i、XT1950i 等采用底部吸盘的做法,也就是在硅片台交换时,浸没头会增加吸气气压吸起一片圆盘[称为闷盘(Closing Disk,CD)],用于将浸没式水封住,当平台交换完毕后,再通过调整气压在平台的指定角落将此闷盘放下,并将浸没头移入进行掩模版对准、畸变测量、能量校准或者曝光等工作。到了 NXT 系列,硅片台测量采用光栅板,硅片台悬浮采用磁悬浮,两个硅片台之间采用可升起的连接桥的方法,如同图 6-51 中的中继光栅尺一样,来平稳地连接两个即将交换位置的硅片台。而尼康公司的串列台则采用将串列台和硅片台相互靠近到 300μm 及以下,甚至接触,来让浸没头从一个平台移动到另外一个平台,如从测量台移动到硅片台,如图 6-57 所示。具体介绍可参见文献[25,31]。

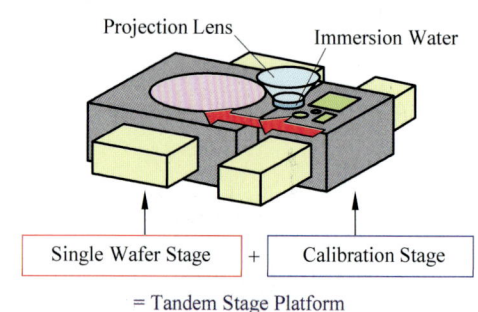

图 6-57 尼康公司 2009 年推出的 193nm 浸没式光刻机用的串列式双工件台构造示意图

硅片的对准一般有直接成像对准和衍射探测对准。直接成像对准采用物方远心结构的显微镜,数值孔径为 0.3 左右,成像光波长在可见光范围,这是为了避免使用靠近曝光波长的光(如蓝光),而将硅片在对准过程中(在曝光前)提前随机曝光。采用红外光做对准光源虽然能够提高对不透明材料的透射率,比如对多晶硅(Polycrystalline silicon,Poly-silicon)的透射率会有较大的提升,但是,由于测量误差与测量波长成正比,较大的波长会导致测量精度成比例地下降。不过,近年来由于工艺中采用不太透明,但是对干法刻蚀形成笔直的形貌有很大好处的硬掩模(如无定型碳),穿透力较好的红外光也开始在小范围被采纳。

采用直接成像对准方式的主要是尼康公司,他们称之为视场成像对准(Field Image Alignment,FIA);而阿斯麦公司采用暗场探测的方式,他们的系统称为雅典娜系统(Advanced Technology using High-order ENhancement of Alignment,Athena)[32],其实是可选择地采用除了零级以外的其他反射光衍射级来成像的方法,如图 6-58 所示。图 6-59 展示了同样的对准记号,在背景上存有杂乱反射光时(如衬底存在较粗糙晶粒的情况下),如果采用直接成像的方法,就会造成信噪比降低,如图 6-59(a)所示;而将零级反射光大部分滤去后,信噪比会大幅提升,如图 6-59(b)所示。

在早期的光刻机中,硅片的对准是采用通过镜头(Through The Lens,TTL)的方式,这源于人们使用接近-接触式光刻机的习惯。也就是可以直接看到硅片上的对准记号与掩模版上的对准记号是否同心,如图 6-60 所示。但是,这需要在投影镜头中央插入照明光源,从而导致镜头制作难度加大,而且,镜头必须能够同时将曝光用紫外波长和对准用可见波长的光清晰地

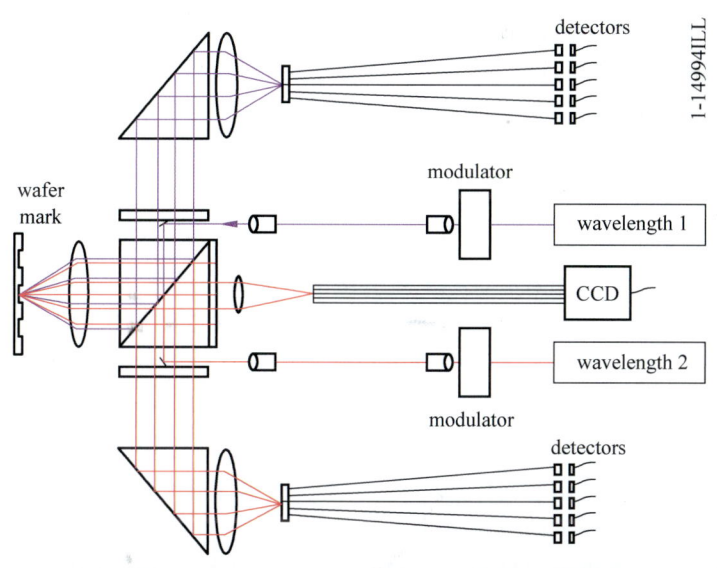

图 6-58 阿斯麦公司的雅典娜对准系统示意图，反射光中的零级（180°的背散射被滤去）[31]

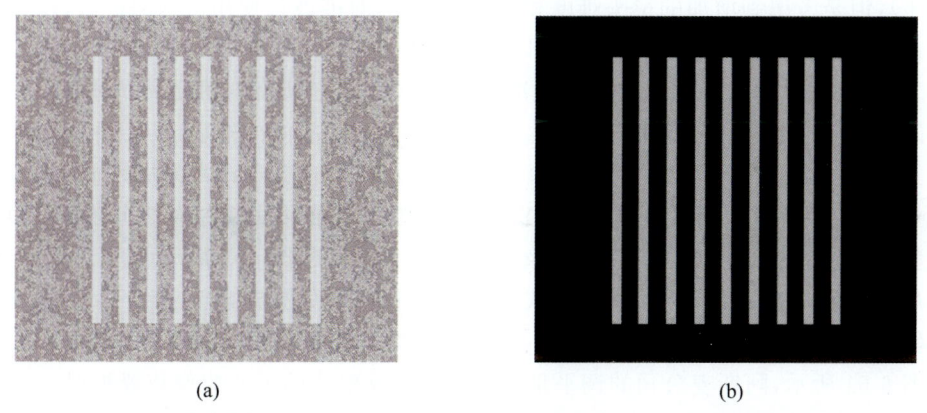

图 6-59 （a）直接成像获得的对准记号图像示意图，可以看到背景处的杂乱反射光可以干扰测量的精度；（b）采用暗场探测后，背景杂乱的反射被减弱了，提高了测量信噪比

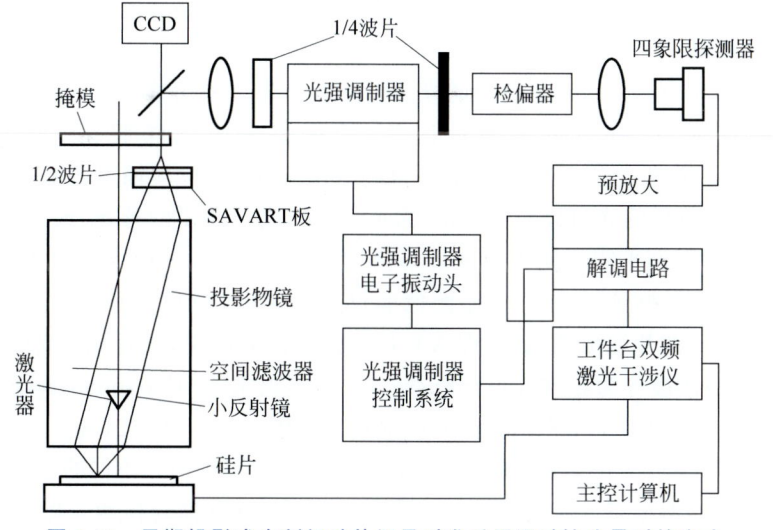

图 6-60 早期投影式光刻机硅片记号对准采用通过镜头叠对的方式

在硅片和掩模版之间成像。这样的要求随着镜头制作精度和难度要求的越来越高,已经变得不能满足要求,或者成本极高,这也限制了对准可使用的光波长。目前 28nm 和 14nm 等高级别的芯片技术大量采用不太透明的硬掩模,芯片表面记号深度随着器件逐渐缩小而变得更浅,以及硅片表面平坦化的要求变高而逐渐变扁平,需要对准波长逐渐向蓝绿光(也就是短波长)发展,限制对准波长将变得越来越不可能。

工业界在 2000 年前后开始采用离轴对准方式。离轴对准方式是在硅片记号和掩模版记号之间建立中间过渡。中间摆渡平台就是阿斯麦公司的透射图像传感器及其表面的类似格栅的 TIS 记号,它可以同时被对准显微镜成像定位,也可以通过对掩模版上的对准记号扫描成像而确定掩模版的三维(XYZ)位置。尼康公司则采用硅片台上的基准记号(Fiducial mark),并且用位于掩模版上方的掩模版对准传感器来完成掩模版和硅片台上基准记号的对准。在尼康公司带有串列式工件台(Tandem stage)的光刻机上,基准记号位于测量台上的参考板上。硅片与这个中间摆渡平台确定空间位置联系,而掩模版也与这个摆渡平台确定空间位置联系,这样掩模版也就与硅片建立了确定的空间位置联系。

虽然这样的做法比掩模版记号和硅片记号直接对准要差一些(因为误差经过一次摆渡平台的传递),但是考虑到增加的镜头难度和成本的下降,对准波长使用范围的扩大,以及对准的精度一直在不断地提高,离轴对准还是可以不断地改进的。

对于阿斯麦公司的光刻机,硅片的对准就是建立硅片上所有对准记号的水平(XY)空间位置与硅片台上透射图像传感器(TIS)及其 TIS 记号位置之间的关系,并且通过透射图像传感器建立与掩模版的位置关系;对于尼康公司使用串列台的浸没式光刻机来说,硅片的对准就是建立硅片上所有对准记号的水平(XY)空间位置与对准显微镜位置之间的坐标关系,并且通过参考板上的基准记号建立对准显微镜与掩模版之间的坐标关系。

硅片的调平一般采用斜入射光的方式。由于调平的精度需要低于 $\pm(5\sim10)$nm 级,一般需要对斜入射的光进行电控偏振调制,如 50kHz,以提高探测信噪比。

如图 6-61 所示,阿斯麦公司的调平是通过使用全反射式的远心成像装置投射一个光栅的图像到硅片表面,光栅的条纹数对应在硅片表面沿着曝光缝的测量点数。硅片表面的反射图像在经过另一个同样的全反射式的成像装置投射到另外一片光栅来检测偏移量。采用全反射式的成像系统是为了使得较宽的调平光源波长范围(600~1050nm)能够准确地不受成像系统中的剩余色差的影响[33]。

到了 NXT1907ci 光刻机,调平使用的光源包括紫外光。采用紫外光的好处是可以增加光刻胶上表面的反射,以减少调平测量误差,又称为表面低洼假象(Apparent Surface Depression,ASD)。阿斯麦公司采用的氘灯(Deuterium lamp),其辐射的波长范围为 200~400nm。但是,这样波长的光可以对 193nm 的光刻胶造成不需要的曝光,或者说是不允许的。不过,阿斯麦公司声明调平需要使用的剂量不会大于 0.1mj/cm^2,而大多数 193nm 光刻胶需要 $10\sim20\text{mj/cm}^2$ 才能被显影[34]。光栅图像的投射角度(入射角)为 60°~80°。经过硅片表面反射的光经过 1/4 波片变成圆偏振,即 XY 偏振循环往复出现,然后经过双折射晶体——沃拉斯顿(Wollaston)棱镜分为正常光(Ordinary,O)和非正常光(Extraordinary,E),它们在空间上被相对移动半个光栅周期,如图 6-61 和图 6-62 所示。图 6-61 中的 124 是 1/4 波片,125 是沃拉斯顿棱镜。这样,经过沃拉斯顿棱镜,光栅的图像变成均匀照明。不同的是一半光与另外一半光具有相互垂直的偏振态。经过另外一片周期一样的光栅(称为检测光栅),对从硅片反射过来的光栅图像进行过滤,如图 6-61 和图 6-63 所示。图 6-61 中的 126 或者 Fig.14D 代表检测光栅。这片检测光栅上对线条进行了横向分割，以产生不同的空间测量分区。再通过一片电控偏振元件，如50kHz，在时间上交替通过两个互相垂直的偏振态，进入带分区的光探测器，如阵列的电荷耦合探测器(Charge Coupled Device,CCD)或者互补型金属-氧化物-半导体光电耦合图像传感器(CMOS Image Sensor,CIS)。检测光栅上每个小分区可以等分地包含两个偏振态的光，如图 6-63(d)所示。硅片高度的零点位置可以设置在两个互相垂直的偏振态形成的光斑正好平均处于检测光栅的小分区内，如图 6-64(a)所示。

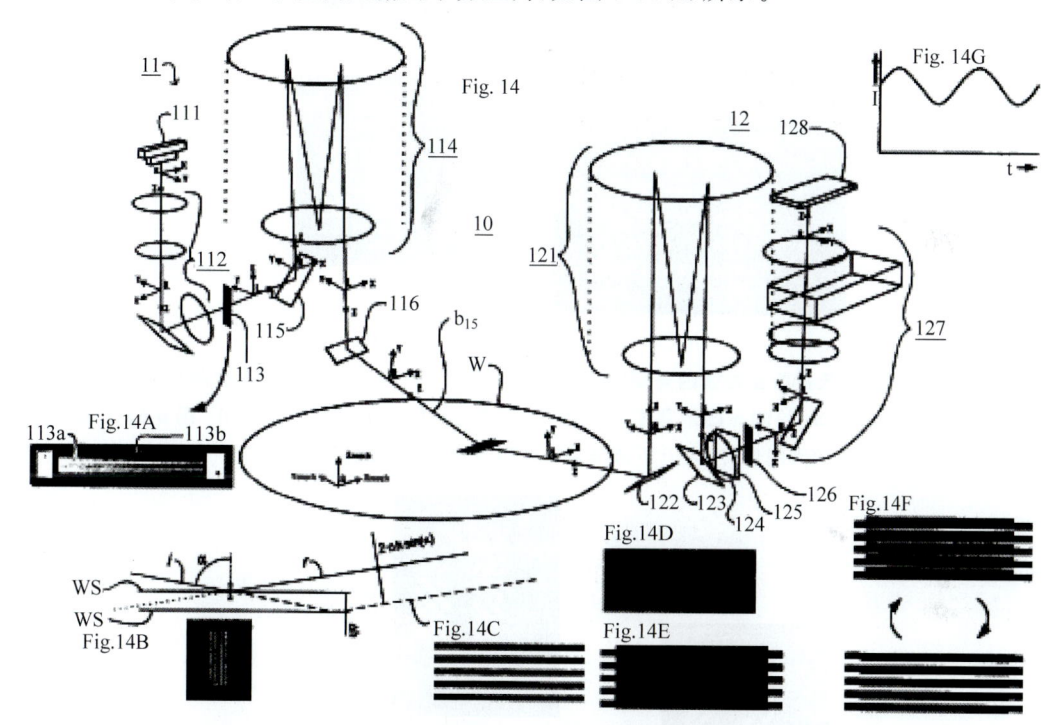

图 6-61　阿斯麦公司光刻机的一种调平设计示意图（立体图）[33]

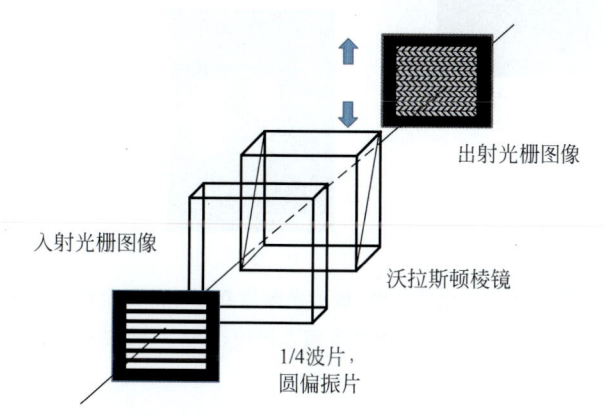

图 6-62　阿斯麦公司光刻机调平信号偏振处理方法，出射光栅图像由原光栅经过偏振调制和拆分，再移动半个光栅周期合并而成，打斜纹"\\\\\\"和"/////"表示两种互相垂直的偏振态

当这样的上下等分图像通过交流（如50kHz）电控偏振元件，阵列探测器在这个分区位置获得的信号就是直流，没有变化。反过来，当硅片某处垂直位置移动了，在对应此处的分区内两个互相垂直的偏振态相对于分区窗口出现了移动，如图 6-64(b)或(c)所示，这样阵列探测器

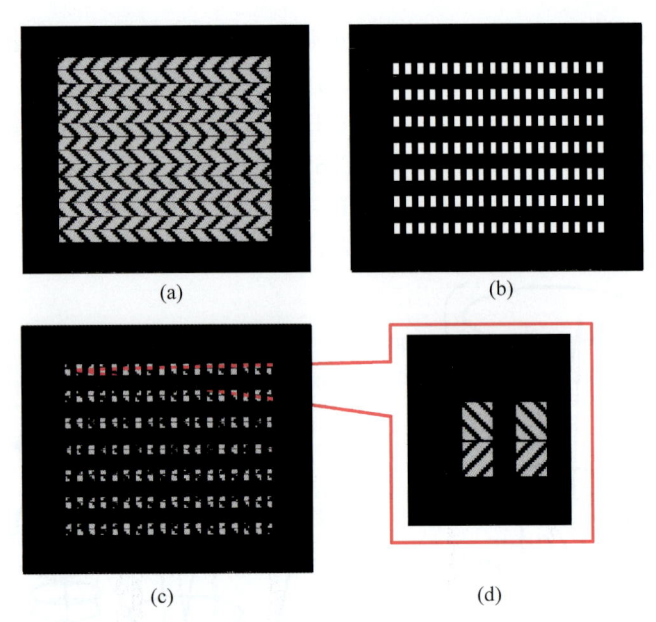

图 6-63 （a）经过沃拉斯顿棱镜的光栅图像示意图，斜纹"\\\\\\"和"/////"表示两种互相垂直的偏振态；（b）检测光栅示意图；（c）经过检测光栅的左上光栅图像；（d）图 6-63（c）图像的左上角放大图像，注意上下两半带有两种互相垂直的偏振

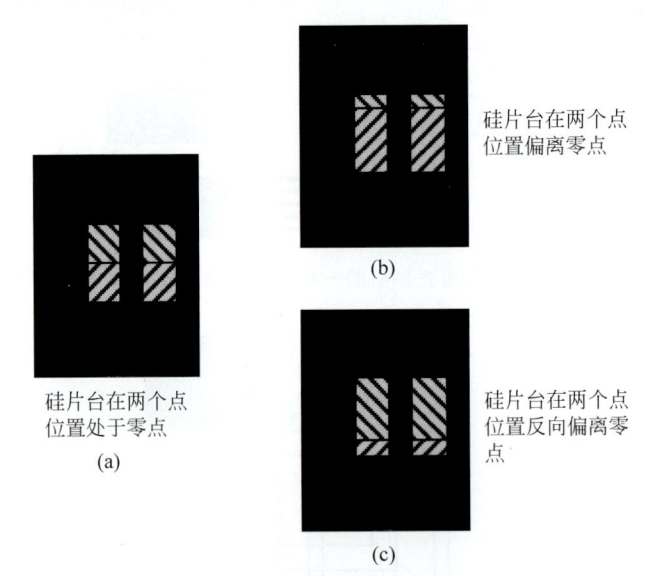

图 6-64 （a）当硅片台高度处于零点位置时，检测光栅看到相等的两个偏振的区域；（b）当硅片台高度偏离零点位置后，两个偏振的区域会向上移动；（c）当硅片台高度偏离零点位置后，两个偏振的区域会向下移动

在此分区位置获得的信号就是带有一定振幅高低调制的 50kHz 的交流信号，如图 6-61 中的"Fig.14G"。所以，通过计算机计算出每个小分区内的振幅，就可以获得整个曝光场内的高低分布。

采用沃拉斯顿棱镜有一个缺点是会产生色差，造成波长相关的垂直探测误差。阿斯麦公司还采用裂像棱镜光栅来取代沃拉斯顿棱镜的方法，如图 6-65（b）所示。

调平的基准面是工件台上的平面。对于阿斯麦公司光刻机，参考面是工件台上两处透射

(a)

(b)

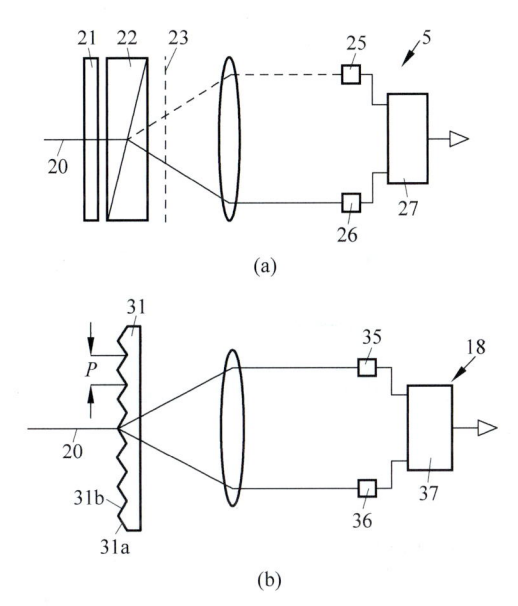

图 6-65　阿斯麦公司光刻机采用裂像棱镜光栅来代替沃拉斯顿棱镜进行位置分光示意图（侧视图）：(a) 沃拉斯顿棱镜 22 分光示意图，含有 1/4 波长的偏振片 21 和检测光栅 23；(b) 裂像棱镜光栅 31 分光示意图，图中无须检测光栅[34]

图像传感器上表面组成的平面。如图 6-54 中的透射图像传感器 1 和透射图像传感器 2 定义的平面，或者如图 6-66 所示的侧视图中的参考面。

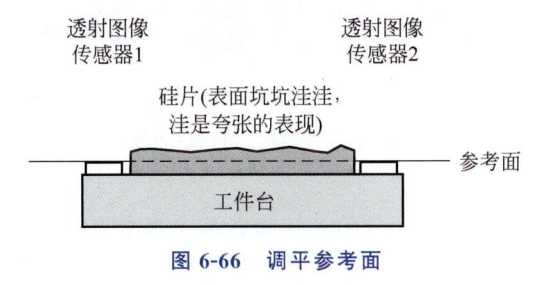

图 6-66　调平参考面

6.6.6　掩模台的对准

在离轴对准系统中，以阿斯麦公司为例，掩模版的对准采用硅片台上的透射空间像探测传感器。这种透射空间像传感器由与掩模版对准记号一样的一些沿着 X 和 Y 方向的槽、紫外转换闪烁体、光探测器等组成（图 6-67），分别对应掩模版上的 X 和 Y 方向的透明记号。若空间像传感器的 X 和 Y 方向的槽正好与掩模版上的透明记号经过投影物镜的像在空间上重合，即在 X、Y 和 Z 方向上都重合，则在光探测器上接收到的光强最大。所以，掩模版对准的目标就是通过扫描空间像传感器的 X、Y 和 Z 的位置来寻找这一光强最大的情况对应的硅片台（或者在尼康公司串列台光刻机中的测量台）的 X、Y 和 Z 坐标。然后，根据硅片上的对准记号与空间像探测传感器之间的位置联系（通过硅片对准获得）解算得到硅片与掩模版之间的位置。

透射空间像探测传感器可以通过扫描直接测出掩模版对准记号的空间像的三维位置，也就是 X、Y、Z 位置。它还可以测出掩模版与硅片台的位置偏差，包括平移、旋转、正交以及镜头的放大率。图 6-67 展示了一种使用透射图像传感器测量掩模版对准记号进行掩模版对准的示意图。

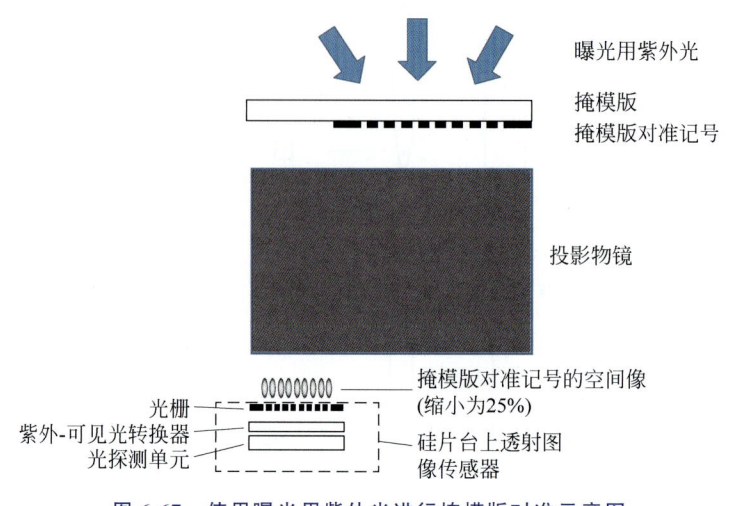

图 6-67　使用曝光用紫外光进行掩模版对准示意图

注：图中仅显示了一个平面自由度的光栅，如 X 方向或 Y 方向。

如果这样的测量是通过掩模台上的标准记号，就可以通过位于掩模台上相对镜头光轴不同距离处的记号测出镜头随半径分布的畸变。这是由于畸变这种像差不仅与光瞳上的波相差有关，而且与像平面上离开光轴中心的位置距离有关。如果这种方法用于测量畸变，那么需要将图 6-67 中的掩模版对准记号换成掩模台对准记号，并且在相对于光轴的不同距离，沿着平行和垂直于曝光缝在掩模台上重复放置这样的记号，测量一组沿着 X 方向和 Y 方向的对准记号线条通过相对传感器中的光栅做垂直于光栅方向（如 X 方向或者 Y 方向）的扫描获得的随扫描位置分布的光强，得出它们相对于光栅由于二阶（如 $D2_x$、$D2_y$）、三阶（如 $D3_x$）沿着 X 方向和 Y 方向的畸变导致的平移。有关各种低阶和高阶畸变的定义可参见 6.9.2 节。

虽然通过测量单个掩模版对准记号的光强随着某个水平方向通过透射图像传感器的变化也可以得出放大率，但是精度的原因，一般通过测量近似位于掩模版两端的掩模版记号的距离 L 和实际成像获得的距离 L' 来确定放大率。放大率实际上是缩小率，定义为

$$M = \frac{L'}{L} \tag{6.23}$$

一般地，现在主流的光刻机的放大率 $M=0.25$。

图 6-68 和图 6-69 展示了以上的测量与计算方法的光路图。在通过使用透射图像传感器做好了掩模版对准后，因为之前硅片对准已经通过固定于测量支架（Metrology Frame）上的对准显微镜建立起了硅片坐标与硅片台上透射图像传感器之间的关系，现在又获得了透射图像传感器和掩模版之间的关系，所以也就建立了硅片和掩模版之间的坐标关系，也就完成了对准。

6.6.7　硅片台的高精度对准补偿

前面提到的对准是一般的标准对准方式，无论是尼康公司的串列台的对准方式，还是阿斯麦公司的双工件台对准方式，都是通过中间过渡将硅片和掩模版通过一系列对准记号将硅片坐标系和掩模版坐标系实现完全对准的。涉及的对准参数一般是线性的，如硅片平移 T_x 和

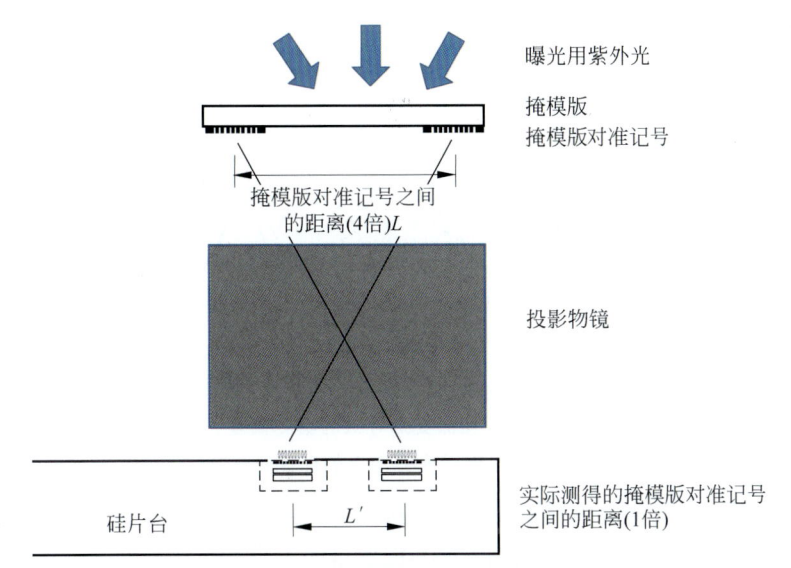

图 6-68 可以通过在硅片台(1 倍)上的透射图像传感器上测得位于某方向(如 X 方向或者 Y 方向)两组掩模版对准记号之间的距离乘以 4 倍,与掩模版实际对准记号之间的偏差,获得在此方向上的放大率

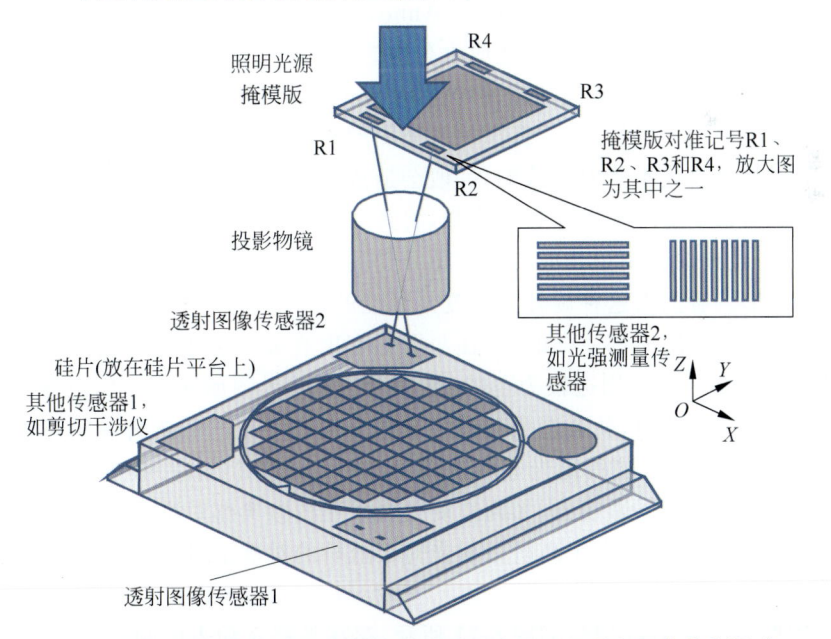

图 6-69 图 6-64 的立体掩模版对准示意图(其中照明光源采用曝光用紫外光源,如 248nm、193nm 等,这里仅显示了 4 对掩模版对准记号 R1、R2、R3 和 R4,在最新的光刻机上,还可以有更多的对准记号,图中显示的硅片台是使用干涉仪测控的)

T_y、转动 WR_z、正交 WAR_z、放大率 WM_x 和 WM_y、相对掩模版的转动 RR_z 和非对称转动 RAR_z、放大率 RM 和非对称的放大率 RAM,这 10 个参数都是线性的。

其实,硅片在经历了刻蚀、高温退火(900~1200℃)、化学机械平坦化后发生非线性形变,导致以上的线性参数无法补偿的套刻偏差,如图 6-70 所示。

首先需要说明,不是所有的刻蚀工艺都会导致图 6-70(a)所示的"放射型"套刻偏差。刻蚀导致的这种套刻偏差为 1~2nm,对于要求不高的工艺,如 40nm 逻辑工艺(套刻规格在 8~

（a） （b） （c）

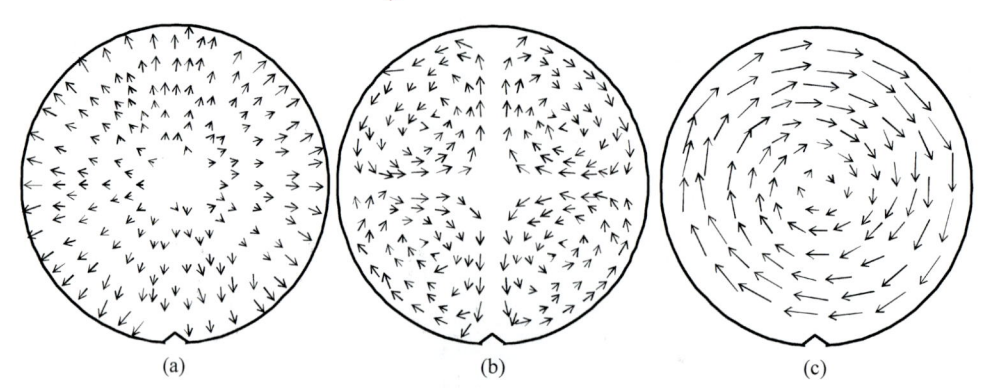

图 6-70 硅片在经历过一系列工艺后呈现出的非线性套刻偏差示意图：(a) 硅片在经过某等离子体刻蚀后呈现出的套刻偏差；(b) 硅片受热变形导致的套刻偏差；(c) 硅片经历过化学机械平坦化后对准记号，或者套刻记号发生沿着抛光方向上的形变导致"旋转型"套刻偏差

10nm 平均值+3 倍标准偏差），这样的偏差可以接受。但是，对于 28nm 或者以下工艺，全部套刻规格也就 6nm 或者更小，1~2nm 套刻偏差是不能忽略的。

图 6-70(b)是有代表性的硅片受热膨胀形成的非线性套刻偏差。这种受热形变可以是暂时的，如硅片在浸没式硅片台上受到浸没式水的蒸发导致的局部冷却，也可以是永久性的形变，如硅片在受到快速退火（Rapid Thermal Annealing，RTA）工艺的冲击，在瞬间受到 900℃以上的热冲击导致的表面应力释放而造成永久性的范性形变。这种永久性的形变会导致套刻偏离 5~10nm，一般还会伴随着硅片翘曲（Wafer warpage），无法完好地吸附在硅片台上。这样的问题要通过减少退火来解决，或者添加填充图形来使得表面应力分布更加均匀，以减少形变的幅度。如果是浸没式水蒸发导致的，一般会造成套刻偏离 1~3nm，可以在硅片台内通过添加分区型加热器来平衡水蒸发导致的冷却，将其弱化至 1nm 以内。

图 6-70(c)是经典的套刻记号或者对准记号受到化学机械平坦化在抛光中单向旋转导致的往一侧偏的变形。看上去这种旋转型形变是线性的，可以通过光刻机硅片台的旋转来解决，但这种形变不是对所有图形都一样的，往往与图形密度有关。由于对准记号或者套刻记号线宽比较大（如 1~3μm），而且周边较为空旷（有 2~4μm 的无图形区域），所以导致这种旋转型形变严重。如果将其补偿掉，就会造成芯片区域错误地产生旋转。此种变形可以通过添加填充图形（Dummy pattern）来使得抛光速率变得更加均匀，来减弱往一侧旋转的效果。也可以采用衍射探测的方式来减弱影响力，如阿斯麦公司采用的雅典娜对准系统，探测对准记号发出的三阶、五阶和七阶衍射光。由于高阶衍射光对于低阶的对准记号形变不敏感，对准精确度会大大提高。下面来证明。

宽为 q、周期为 p 的对准记号如图 6-71 所示，存在平移 δ 和表面倾斜形变（比如由化学机械平坦化工艺形成，用 b 表征），对准记号函数 $M_{总}(x)$ 的振幅 $A_M(x)$ 和相位（即高低凸起）$\phi_M(x)$ 由下式给出：

$$M_{总}(x) = M(x) + \Delta M(x)$$

$$A_M(x) = \begin{cases} 1, & x \in \left[-\frac{q}{2}-\delta, \frac{q}{2}-\delta\right] \\ 0, & \text{其他} \end{cases}$$

$$\phi_M(x) = \begin{cases} \dfrac{b(x+\delta)}{p}, & x \in \left[-\frac{q}{2}-\delta, \frac{q}{2}-\delta\right] \\ 0, & \text{其他} \end{cases} \quad (6.24)$$

如图 6-71 所示，对其做在周期 p 内的傅里叶级数展开，并且考查第 n 阶的分量（n 为奇数），如下：

$$A_n(x) = c_n e^{j\frac{2\pi nx}{p}} + c_{-n} e^{-j\frac{2\pi nx}{p}}$$

$$c_{\pm n} = \frac{1}{p} \int_{-p/2}^{p/2} A_M(x') e^{j\phi_M(x')} e^{\mp j\frac{2\pi nx'}{p}} dx' \quad (6.25)$$

合并指数项，可以将式(6.25)化简成

$$c_{\pm n} = \frac{1}{p} \int_{-q/2-\delta}^{q/2-\delta} e^{j\frac{b(x'+\delta)}{p}} e^{\mp j\frac{2\pi nx'}{p}} dx'$$

$$= \frac{e^{j\frac{b\delta}{p}}}{j(b \mp 2\pi n)} e^{j\frac{(b \mp 2\pi n)x'}{p}} \Big|_{-q/2-\delta}^{q/2-\delta}$$

$$= \frac{e^{\pm j\frac{2\pi n\delta}{p}}}{j(b \mp 2\pi n)} \left[e^{j\frac{q(b \mp 2\pi n)}{2p}} - e^{-j\frac{q(b \mp 2\pi n)}{2p}} \right]$$

$$= \frac{2e^{\pm j\frac{2\pi n\delta}{p}}}{(b \mp 2\pi n)} \sin\left(\frac{q(b \mp 2\pi n)}{2p}\right) \quad (6.26)$$

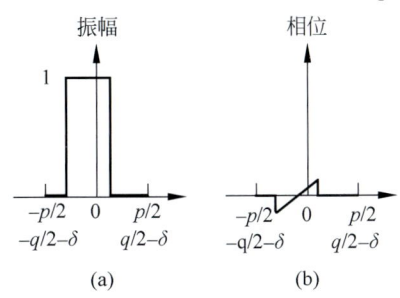

图 6-71 具有简单形变的对准记号示意图

式(6.26)说明，c_{+n} 并不等于 c_{-n}。

若将正、负两项系数平方后相减作为误差信号，则可得

$$|c_{+n}|^2 - |c_{-n}|^2 = \frac{4}{(b-2n\pi)^2} \sin^2\left(\frac{q(b-2n\pi)}{2p}\right) - \frac{4}{(b+2n\pi)^2} \sin^2\left(\frac{q(b+2n\pi)}{2p}\right) \quad (6.27)$$

注意，记号的水平平移 δ 对正、负衍射级的信号强度并没有影响，只有记号表面的倾斜度 b 对误差信号有影响。在实际工作中，通常 $b \approx 0.005$，相对 2π 来说是一个小量。于是，式(6.27)可以化简成

$$|c_{+n}|^2 - |c_{-n}|^2 \approx \frac{1}{\pi^2 n^2} \left[\left(1 + \frac{b}{n\pi}\right) \sin^2\left(\frac{q(b-2n\pi)}{2p}\right) - \left(1 - \frac{b}{n\pi}\right) \sin^2\left(\frac{q(b+2n\pi)}{2p}\right) \right]$$
$$(6.28)$$

注意：当 q 取周期 p 的一半时，无论 n 取什么值，式(6.28)中的两个正弦函数数值都相等，于是，有

$$|c_{+n}|^2 - |c_{-n}|^2 = \frac{2b}{\pi^3 n^3} \sin^2\left(\frac{(b-2n\pi)}{4}\right) \quad (6.29)$$

由式(6.29)可以看出，随着阶数 n 越来越高，畸变导致的信号越来越小，也就是对于高阶的信号，畸变导致的误差信号变小，约成 $1/n^3$ 关系递减。

如果用 c_{+n} 和 c_{-n} 来成像，模拟阿斯麦公司光刻机的对准过程（采用雅典娜对准方式，可以选择 1、3、5、7 阶衍射光分别成像），有

$$A_n(x,z) = c_n e^{j\frac{2\pi nx}{p}} e^{-jkz} + c_{-n} e^{-j\frac{2\pi nx}{p}} e^{-jkz}$$

$$I_n(x,z) = A_n^*(x,z) A_n(x,z)$$

$$= \left[\frac{2}{(b-2n\pi)} \sin\left(\frac{q(b-2n\pi)}{2p}\right) e^{-j\frac{2\pi nx}{p}} e^{-j\frac{2\pi n\delta}{p}} + \frac{2}{(b+2n\pi)} \sin\left(\frac{q(b+2n\pi)}{2p}\right) e^{+j\frac{2\pi nx}{p}} e^{+j\frac{2\pi n\delta}{p}} \right] \times$$

$$\left[\frac{2}{(b-2n\pi)} \sin\left(\frac{q(b-2n\pi)}{2p}\right) e^{+j\frac{2\pi nx}{p}} e^{+j\frac{2\pi n\delta}{p}} + \frac{2}{(b+2n\pi)} \sin\left(\frac{q(b+2n\pi)}{2p}\right) e^{-j\frac{2\pi nx}{p}} e^{-j\frac{2\pi n\delta}{p}} \right]$$

$$= \frac{4}{(2n\pi-b)^2} \sin^2\left(\frac{q(b-2n\pi)}{2p}\right) + \frac{4}{(2n\pi+b)^2} \sin^2\left(\frac{q(b+2n\pi)}{2p}\right) +$$

$$2\frac{4}{(b^2-4n^2\pi^2)}\sin\left(\frac{q(b-2n\pi)}{2p}\right)\sin\left(\frac{q(b+2n\pi)}{2p}\right)\cos\left(\frac{2\pi(x+\delta)}{\frac{p}{2n}}\right)$$

(6.30)

由式(6.30)，记号表面倾斜并没有影响在焦平面处的成像位置，而记号的平移却会导致像也同样地平移(本来就是)。而我们一般需要面对的是记号表面倾斜问题。图 6-72 展示了在一定的部分相干照明条件下，离开焦平面的地方成像对比度会有下降，但是由于±1 级衍射级向不同的方向传播，光强的最大值将与随着较强的衍射级，导致图像的位置在水平方向上偏离在焦平面处的位置。根据偏离量 Δx 可以估算正、负衍射级之间的光强差，如下：

$$\Delta x \propto \alpha (|c_{+1}|^2 - |c_{-1}|^2) \quad (6.31)$$

式中：α 为衍射角。

图 6-72 正负衍射级光强不对称导致在离焦时图像会有水平移动

将式(6.28)代入式(6.31)，得到

$$\Delta x \propto \alpha (|c_{+1}|^2 - |c_{-1}|^2) \propto \frac{\alpha}{n^2} \quad (6.32)$$

如果使用±7 阶衍射级成像，衍射角将是±1 阶的 7 倍，也就是说，α 也正比于 n，可以发现

$$\Delta x \propto \alpha (|c_{+1}|^2 - |c_{-1}|^2) \propto \frac{\alpha}{n^2} \propto \frac{1}{n} \quad (6.33)$$

所以，存在对焦不太精确的情况下，当使用 7 阶对准记号时，对准记号的畸变对测量精度的影响可以降低到使用一阶记号的 1/7。不仅如此，随着阶数越来越高，线宽也越变越窄，如图 6-73 所示，在记号信噪比不强时，位置判断误差也随之降低。

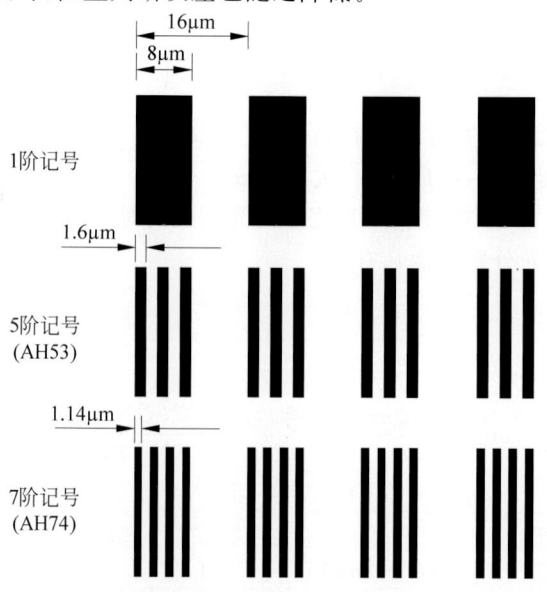

图 6-73 阿斯麦公司的光刻机采用的雅典娜(Athena)硅片对准记号线宽示意图：从上到下依次为标准 1 阶记号、5 阶记号(AH53)、7 阶记号(AH74)

那么对准和套刻误差补偿之间是什么关系？在生产实践中每个批次，如含有 25 片硅片，只有相同的工艺补偿（Process correction），如硅片平移 T_x 和 T_y、转动 WR_z、正交 WAR_z、放大率 WM_x 和 WM_y、相对掩模版的转动 RR_z 和非对称转动 RAR_z、放大率 RM 和非对称的放大率 RAM 10 个线性参数。但是，如果每片硅片不一样怎么办？这种硅片之间的差异是通过对准这一过程来实测实补的。

例如，每片硅片测量 16 对 X 和 Y 方向的对准记号，共 32 个数据点，整个硅片上需要确定曝光场之间（Interfield）的 6 个线性参数，32 个数据点拟合 6 个参数绰绰有余。不过每片硅片的 6 个参数通过对准计算出来的不一样，在曝光时，光刻机会适时调整自身来补偿这部分硅片与到硅片之间的差异。如平移、转动，通过硅片台移动和转动来补偿，放大率通过调整镜头的放大率和硅片台和掩模台的 Y 方向相对扫描速度来补偿，正交通过硅片台在沿着 Y 方向扫描时同时添加 X 方向的移动来补偿。这里通常每个曝光场采用一对 X 和 Y 记号。如果每个曝光场采用更多的记号，那么还可以在对准中计算出掩模版的（或者每个曝光场内的）4 个线性参数并且做补偿。这样，原则上硅片与硅片之间的差异都可以在对准过程中得到补偿。

那么，工艺补偿是什么呢？实际上对准和曝光还不是一回事。例如，单镜头反光照相机，在取景器中看到的与在焦平面上记录的不一定是完全一样的，还受到感光材料、取景器中放大镜的边缘畸变以及成像镜头在焦平面边缘的成像质量差异等因素的影响。光刻机也一样。虽然对准系统与曝光系统是实时校准的，如尼康 193nm 浸没式光刻机通过测量台上的空间像传感器，或者测量台上的记号和掩模版台上方的空间像传感器来关联校准；阿斯麦光刻机通过硅片台上的空间像传感器来关联校准，但是硅片台在扫描曝光时的位置漂移，镜头的剩余畸变、像差，掩模版制作的对准记号和套刻记号，以及芯片图形之间的位置偏差等都会使得曝光后图像的套刻位置与对准时的位置存在一定程度的偏离。所以，在曝光完后需要通过测量套刻来确认对准的结果。图 6-74 展示了两种常用的套刻记号，一般在每个曝光场（如 26mm×33mm 区域）的四角放置 4 个这样的套刻记号。若之间存在差异，如图 6-74 中右侧的记号当层（实心的记号）相对于前层（空心的记号）存在向右的平移，则通过将测量结果反馈到自动补偿系统（Advanced Pross Correction，APC）来对将来的同类型的批次进行前馈（Feed Forward，FF）预补偿。

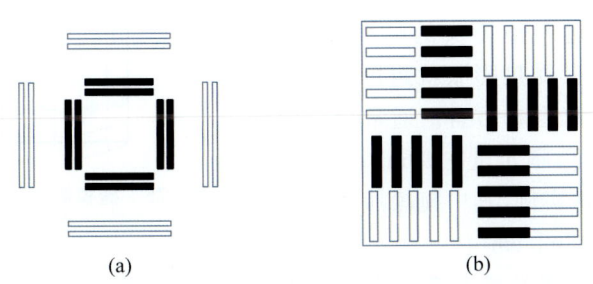

图 6-74 两种套刻记号示意图，不同的颜色代表不同的层次（由于不同的记号来源于不同的膜层，通常颜色深浅会存在不同），右边的套刻记号存在当层（深色）相对于前层有向 $+X$ 方向偏移

对准和套刻不能互相替代。但是，如果硅片出现如图 6-70 中的非线性畸变，上述的线性对准或者套刻测量就只能将线性部分补偿掉，非线性的部分则没办法补偿。

为了补偿非线性的套刻偏差，提高芯片的成品率（Yield），光刻机公司一般有每个曝光场单独做对准（Alignment by shot）的功能。不过，这样会降低光刻机的速度，增加每片硅片的制作成本。其实,更多的是根据套刻分布非线性的表现,做硅片上或者每个曝光场内的整体性高阶晶片对准(High Order Wafer Alignment,HOWA)或者套刻补偿。高阶晶片对准需要测量更多的对准记号,一般会影响光刻机的产能,但可以在对准时消除硅片之间的差异。如果此类高阶非线性套刻分布在每片硅片上都是一样的,那么套刻中的高阶补偿可以对每个产品的每个层次各制作一张格点测绘(Grid Map,GM)补值表[又称为子配方(Sub-recipe)]来装订到光刻机曝光程序中(包括曝光场之间和曝光场内的范围),这几乎不影响产能。但是,只能补偿共性,无法消除硅片之间的差异。

6.6.8 浸没式光刻机硅片台的温度补偿和硅片吸附的局部受力导致的套刻偏差补偿

上述功能针对的是硅片上已有图形存在非线性位置畸变。若确定这样的非线性畸变来源于光刻机,则可以将测得的非线性套刻偏差分布补进机器常数中。这样对所有上机器的产品层次都进行同一的补偿,无须建立格点测绘补值表。例如,在浸没式光刻机中,浸没的水的蒸发导致局部套刻偏差增加 2～3nm,这样的偏差可以通过在硅片台上添加分区的电加热器来大部分消除。前述的机器常数也就是一张加热温度分布表。此外,硅片台的移动可能导致硅片台中冷却水来回流动,而这种流动可以影响硅片台的加速和减速的稳定性。根据经验,一般可以影响套刻 2～3nm。光刻机厂商可以通过平台的移动来补偿。此外,由于硅片通过真空或者电磁力吸附在硅片台上,硅片台不平整会导致硅片在被吸附后有一些(如 1～2nm)水平移动,也就是套刻偏差。由于每个硅片台的制作偏差,这样的套刻偏差可以通过硅片上全点测量(一般可以达 1000～1400 个点)来确定,再通过硅片台在扫描曝光时的 X 方向和 Y 方向的微动以及各种镜头上的调整(如放大率、畸变等)来尽量补偿。

6.6.9 掩模版受热的 k_{18} 畸变系数的补偿

掩模版在受到加热会在 Y 方向上产生桶形变形,这是由于掩模版在光刻机掩模台上是长边被吸住固定的,受热只能够沿着自由端——短边膨胀。表征这个形变的参数为 k_{18},其导致的畸变的函数形式是 x^2y,如图 6-75 所示。

这种形变只能通过调整镜头的畸变来补偿。掩模版的透光率越低,其受热膨胀就越厉害。曝光量越大,掩模版受热膨胀也越厉害。通常会产生掩模版透光率在 10% 以下,曝光量在 30mj/cm² 以上。图 6-76 展示了一个测试实例,其中掩模版透光率为 6%～8%,曝光量约为 45mj/cm²。

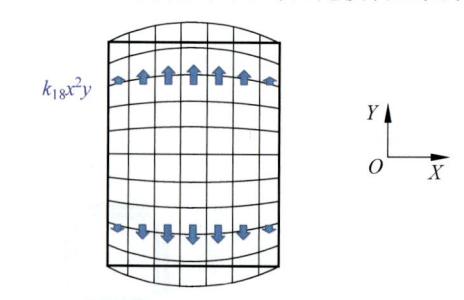

图 6-75 掩模版受热沿着 Y 方向膨胀示意图

显而易见,随着硅片曝光越来越多,掩模版的畸变越来越严重,如果仅仅使用前面讨论过的 10 个线性参数来补偿套刻,其 Y 方向残留量随着硅片的曝光次序编号越来越大,从 3.6nm(3 倍标准偏差)到 7.5nm(3 倍标准偏差)。注意 X 方向的残留量基本保持恒定。这说明了掩模版基本上只在 Y 方向有形变。在添加了 k_{18} 的补偿项后,Y 方向的残留量也就大大缩小了,甚至小于 2nm。在阿斯麦公司光刻机中,这种功能称为 TOP RC 或者 TOP RC2。这项偏差需要通过光刻机在扫描曝光时同步调整镜头的位置或者其中镜片的位置来实现。

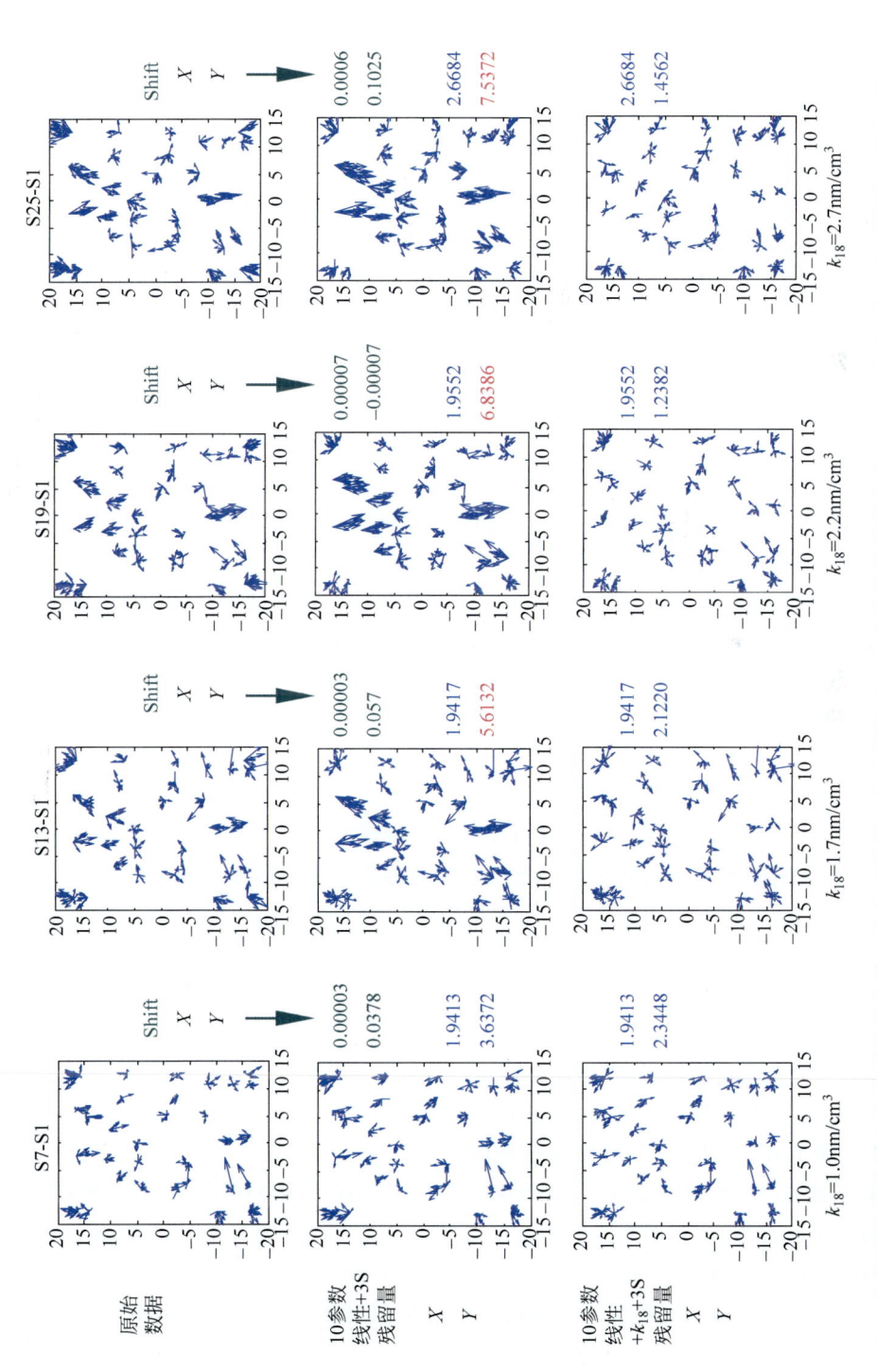

图 6-76　掩模版受热沿着 Y 方向膨胀导致同一批次内不同硅片按照曝光的先后次序存在不同的 k_{18} 畸变实例（实验掩模版透光率在 6%~8%）

6.6.10 镜头受热的焦距和像散补偿方法

镜头受热后会膨胀,跟掩模版受热情况刚好相对。掩模版透光率低会导致掩模版在曝光过程中温度不断升高。当掩模版透光率高的时候,虽然掩模版在曝光过程中温度不会显著升高,但是大量光能量进入镜头会导致镜头的温度逐渐升高。投影物镜一般由 20~30 片镜片组成,如图 6-19 和图 6-25 所示,加热导致的成像变化十分复杂,一般需要通过镜头模型进行热效应仿真分析,并且驱动多片镜片来实现补偿和校准。由于镜头的结构通常为双高斯结构,中央存在一个半径较小的区域,又称为"腰",光能量在腰部位相对集中,而腰附近镜片是用来补偿场曲(Field Curvature,FC)的,也与焦距有关,镜头加热的效应通常表现为焦距变化和场曲变化。若照明方式采用二极(Dipole),则镜片可能在 X 方向和 Y 方向上受热不均,还会产生像散。由于镜头加热通常与照明条件、掩模版数据率、图形大致类型和镜头模型有关,镜头受热对成像的影响可以通过计算得出。阿斯麦公司称镜头热效应校准为 ASCAL(Application Specific CALibration),称通过计算得到的补偿为 cASCAL(computational Application Specific CALibration)。

这样的补偿一般是由光刻机通过测量掩模版的透光率,再根据照明条件和曝光量来计算得出的,也可以通过人工输入的方式进行一定程度的调整,比如老式的 248nm 尼康光刻机可以通过人工输入的方式调整比例系数。

虽然镜头加热对成像的影响可以通过计算补偿基本上消除,但是长时间的加热会导致镜头过早老化直至报废。工艺上尽量避免采用透光率极高的掩模版,如栅极的掩模版的透光率可以大于 90%。在工艺上可以通过添加对工艺没有影响的填充图形,甚至远小于设计规则的填充图形,如亚分辨辅助图形(Sub-Resolution Assist Feature,SRAF)来保护镜头。

6.6.11 光刻机的产能计算方法介绍

光刻机是整个集成电路制造中最昂贵的设备,它的性能直接关系到能否可靠地制造小的线宽。于是,最大限度地发挥光刻机的产能对工厂的理论空间变得至关重要。本节讨论的光刻机产能计算,包括阿斯麦公司的双工件台和尼康公司的串列工件台的产能计算,需要以光刻机工作流程为据,可以参见 6.6.5 节。

提高光刻机的产能主要从以下几方面入手。

(1) 提高光刻机本身的产能。

(2) 提高与光刻机配套的涂胶-显影一体机的产能。

(3) 优化工艺、材料,降低对光刻机的不良影响。

(4) 优化派工方式,以尽量减少更换掩模版。

光刻机本身的产能根据不同的平台(如阿斯麦公司的双工件台和尼康公司的串列工件台,还有老式的单工件台等)会有不同的情况。双工件台虽然下一片硅片的对准和调平可以与上一片硅片的曝光同步进行,但还是存在时间差。如阿斯麦公司的光刻机 NXT1980i 的产能在 275 片/小时(300mm),也就是片与片之间的时间间隔只有区区 13s,除去上下片花费 1~2s,硅片台交换用 2s 对准和调平需要在不到 10s 内完成。若采用太多的对准记号,则会影响产能。假如给予精对准的时间是 7s,而在每个对准记号(同时含有 X 方向和 Y 方向的二维的记号,阿斯麦公司称为 SMASH 记号)上需要 0.25s,则最多的对准记号约为 28 个。一般来说,采用 24 个记号就够用了。如果对准调平在 10s 完成,剩下的就是硅片台交换(从测量位置换到曝光位置)、曝光能量的确认、掩模版对准以及曝光过程需要在这 13s 内完成。一般硅片台交换至少需要 2s,掩模版对准(包括畸变补偿)需要 1~2s,能量确认需要不到 1s,实际上曝光最多只有 9s 左右,而曝光一般需要做 96 次,每个曝光场曝光的时间只有 0.1s 左右。每个曝光过程分为加速、减速和曝光三个过程。若扫描速度为 800mm/s,则经过 33mm+5.5mm×2 的长度需要 0.055s,加速和减速必须在剩余的约 0.045s 完成。除了曝光之外的每片花费的时间称为管理成本(Overhead),阿斯麦公司的光刻机非曝光时间成本大约为硅片台交换+掩模版对准+曝光能量确认=2+1.5+0.5=4(s)(以上计算仅供参考)。

阿斯麦公司的光刻机从之前的干涉仪测控系统升级为平面光栅板的系统,硅片台的自重降低到了原先的 1/3 左右,即由原先气浮的 142.5kg 降低到磁浮的 53kg[23]。之前的加减速需要 0.15~0.2s。现在由于质量减轻到了原先的 1/3,同样移动速度的冲量下降到了原先的 1/3,如果花费同样的电磁力(同样的水冷散热)来加减速,使得加减速可以在大约原先的 1/3 时间内,最少 0.05s 内就可完成,与前面分析的加减速必须在 0.045s 内完成的估计差不多。

对于尼康公司的光刻机,采用串列式硅片台的系统,硅片对准采用 5 个对准显微镜,如果需要测量 24 个对准记号,可以将此对准记号安排在沿着 Y 方向的切割道(Scribelane)中,使得对准系统可以沿着 Y 方向一次性扫描对准完毕。时间与存在多少对准记号基本无关。如果对准的扫描速度为 250mm/s,那么扫过长度 300mm 的时间不到 1s,比阿斯麦公司的系统要快很多。对准之后还有调平,与对准一样也是同步传感器,如图 6-56 所示,大约需要 1s。尼康公司的光刻机不是双工件台,硅片台的上下片需要 1~2s,是与测量台进行掩模版和硅片对准显微镜之间的位置确认以及曝光能量确认同步进行的;而掩模版对准需要 1~2s,对准显微镜位置确认(包括硅片的横向位置和高低)需要至少 1s(移动过去,扫描一下的时间),曝光能量的确认需要不到 1s(用测量台完成,不占时间),所以尼康公司的串列台的非曝光时间成本为上下片+硅片-对准显微镜位置确认+精对准+调平=1.5+1+1+1=4.5(s),比起阿斯麦公司的光刻机略差(以上计算仅供参考)。

当然,它们各自的优点是显而易见的。阿斯麦公司的光刻机只要对准记号数量不超过极限,比尼康公司的光刻机要少用 0.5s,主要瓶颈在于工件台交换。尼康公司的光刻机的系统主要问题在于 5 个硅片对准显微镜之间的位置联系是否稳定。因为需要经常性地根据产品的版图的差异进行调整,其调平放在硅片精对准之后,精对准在没有精确调焦调平的情况下进行,不过硅片台和测量台之间的高低差是事先用调平传感器测过的,或者采用对准显微镜测量不同的焦距下记号的空间像来分别测量硅片台和测量台之间的高低差[31]。但是硅片的厚度存在偏差,SEMI 的标准厚度为(775±20)μm[22],如果不对每片硅片先做精确调平和调焦,那么这样的厚度偏差还是偏大的。对准系统的对焦深度范围(包括±离焦)为

$$\Delta Z = \frac{\lambda}{\text{NA}^2} = \frac{0.65}{0.3^2} = 7.2(\mu m), 即 \pm 3.6(\mu m) \tag{6.34}$$

±20μm 已经大大超出了对准系统的对焦深度范围,需要对每片硅片重新对焦。此外,单片硅片表面范围内各地高低起伏可以高达 1μm,1μm 相比对焦深度的 ±3.6μm 是小的。考虑到整片硅片同时进行对准(由于需要测量到纳米级精确度,这是对对准显微镜自动对焦过程中光轴是否垂直于硅片表面的考验),也就是说 5 个对准显微镜组成的对准系统在不同程度上需要进行自动对焦。这一点在阿斯麦公司的光刻机平台是无须考虑的,因为其对准是逐个对准记号进行的,而且是完成了精调平之后做的,垂直方向上的移动由精密度达到纳米的硅片台来完成,对准显微镜无须做任何调整,能够保持长期稳定。

尼康公司的光刻机的优点是：如果采用扫描速度更高、加减速更快的硅片台，那么其产能可以继续提升。而阿斯麦公司的光刻机还需要考虑对准和调平的时间。提高光刻机的产能需要同步缩短曝光的时间以及硅片对准和调平的时间。

要提高光刻机的产能还需要提高与其配套的涂胶-显影一体机（轨道机）的产能。通常考虑到光刻机的周期性受片和送片，而轨道机的送片和受片不是严格周期性的，为了不影响充分发挥的光刻机产能，轨道机的产能一般大于光刻机的产能 20% 左右。如光刻机的产能在 250 片/小时，则需要轨道机的产能在 300 片/小时左右。

对于光刻的材料（如光刻胶）要尽量使用符合光刻机要求的低放气材料。例如，在 248nm 光刻中，尽量采用 ESCAP，它在曝光时放气量少，不容易污染镜头，可以延长镜头的使用寿命；在 193nm 浸没式光刻中，需要使用符合浸析（Leaching）要求的光刻胶，一般容易浸析到浸没式水层的物质为亲水性物质，如光致产酸剂，或者称为光酸产生剂（Photo Acid Generator, PAG）等。PAG 浸析的速率（如阿斯麦公司推荐）需要小于 $1.6\times10^{-12}\,\text{mol}/(\text{cm}^2\cdot\text{s})$，这是由于浸析出来的大部分物质主要是酸性的光酸产生剂，它们会对镜头以及镜头的防水膜产生腐蚀，缩短镜头和光刻机的使用寿命，以及重要维护之间的使用时间。

提高光刻机本身产能中对光刻机产能的分析和计算是假设掩模版无须更换。在正常生产环境中掩模版是需要经常更换的。掩模版的更换一是为了产品不同层次在同一台光刻机上加工的需要；二是为了避免一种镜头或者掩模的加热模式（固定的照明条件、固定的曝光能量、固定的掩模版衍射图样）长时间进行，以保护镜头和掩模版。有的公司限制同一掩模版最多连续曝光的硅片数目，如 150 片。当然，频繁更换掩模版也不好，因为这样会大大消耗光刻机的时间。对于生产线来说，如何优化派工方式是与效率和利润直接挂钩的。

6.6.12 光刻机中的部分传感器（空间像传感器、光瞳像差传感器、光强探测传感器、干涉仪等）

所有传感器中最为重要的是空间像传感器，它由一个格栅似的透射式光栅和一片光电传感器组成。通过扫描来测量从掩模版平面投射过来的同样周期光栅的图像相对于空间像传感器格栅的位置。图 6-77(a) 展示了阿斯麦公司的传感器示意图[35]，其中 11、12、13 是测量 X 方向位置的记号，15、16、17 是测量 Y 方向位置的记号，14 是捕获用或者曝光能量归一化测量的参考记号。尼康公司没有阿斯麦公司的空间像传感器，但是在其浸没式光刻机串列平台中的测量台（Measurement Stage, MST）上有一个"基准记号"（Fiducial）测量板，如图 6-77(b) 所示。这块板可以被对准显微镜（图 6-55 中的 45）和掩模版对准使用的传感器（图 6-55 中的 14a 和 14b）成像测量，以确定对准显微镜和掩模版位置之间的联系。与阿斯麦公司的光刻机不同的是，在掩模版对准过程中，阿斯麦公司的光刻机通过在格栅记号下面的光电传感器来测量掩模版对准记号的空间像位置，而尼康公司的光刻机是通过掩模版上面的光电传感器，通过掩模版对准记号（也是格栅）来记录硅片台上的基准记号的空间像位置[31]。不过，为了使得掩模版对准的图像更清晰，对准精度更高，采用硅片台上的透射式（格栅下）空间像传感器比较方便。

由于空间像传感器可以测量空间像，如果配合一定的掩模版结构，它还可以测量与焦距偏离有关的像差和畸变、与焦距有关的像差（如球差，日本称为球面收差），还有就是三阶畸变（D3）。

但是，若要系统地测量像差，比如泽尼克各项（如 $Z_5 \sim Z_{37}$）像差系数，则需要光瞳剪切干涉仪，如阿斯麦公司的光刻机上集成镜头干涉仪（Integrated lens interferometer at scanner,

(a)

(b)

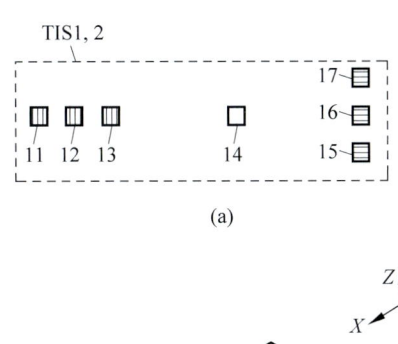

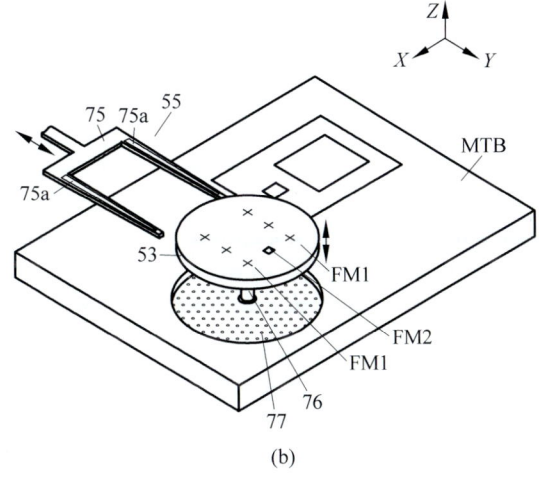

图 6-77 (a) 阿斯麦公司的空间像传感器示意图；(b) 尼康公司的硅片台对准记号

Ilias)，其原理示意如图 6-78 所示。通常在掩模版平面上有一个小孔或者一组光栅，小孔或者光栅发出的光在硅片台（像平面）上通过另外一组光栅对波前通过衍射产生相干的原球面波的 ±1 级衍射副本，副本和 0 级的球面波在空间上相互交叠的区域会产生干涉（自相关干涉），这也称为波前的剪切。互相重叠的衍射波经过一段距离传播将干涉条纹投射到一片阵列传感器上，如电荷耦合传感器，再通过解算得到带有像差的波前。也可以在硅片台上做一大一小两个孔，小的孔（如直径 200μm）用于重新产生一个几乎没有像差的波前，而大的孔（如直径 2μm）仅仅是让通过镜头累积有镜头像差的波前通过。小孔由于光的衍射重构了波前，形成了几乎完美的球面波，可以用作参考波前。由于这两个孔靠得很近，如几十微米，各自的发散波将发生干涉，在远场，如几十毫米处观测干涉条纹，可以确定存在像差的波前的像差分布。不过，一大一小两个孔导致透过的光强不完全一样，干涉的对比度会比较弱，可以通过对大孔的光路增加衰减片改进。

图 6-78 中的三种方式各有优缺点。图 6-78(a)中的设计简单，通过掩模版平面上的一个小孔的衍射，能够一次性地测量整个光瞳的波前，但是由于小孔通光量很小，信号会十分微弱。小孔衍射的公式如下：

$$\alpha = 0.61 \frac{\lambda}{r} \tag{6.35}$$

式中：r 为小孔的半径；α 为 0 级中央到 0 级和 ±1 级中间的第一极小位置的张角（第一衍射暗环相对光轴的张角）；λ 为波长。

对于浸没式光刻机，物方数值孔径为 1.35/4=0.3375，如果需要确保覆盖这个张角，假设采用 $\alpha=2\times0.3375=0.675$，则小孔的半径约为 174nm。

一旦扩大小孔的尺寸，就会导致衍射角度成反比地缩小，如图 6-78(b)所示。这样虽然提高了光强，但是缩小了光瞳的覆盖，无法通过一次曝光完成对整个光瞳范围的波前检测。

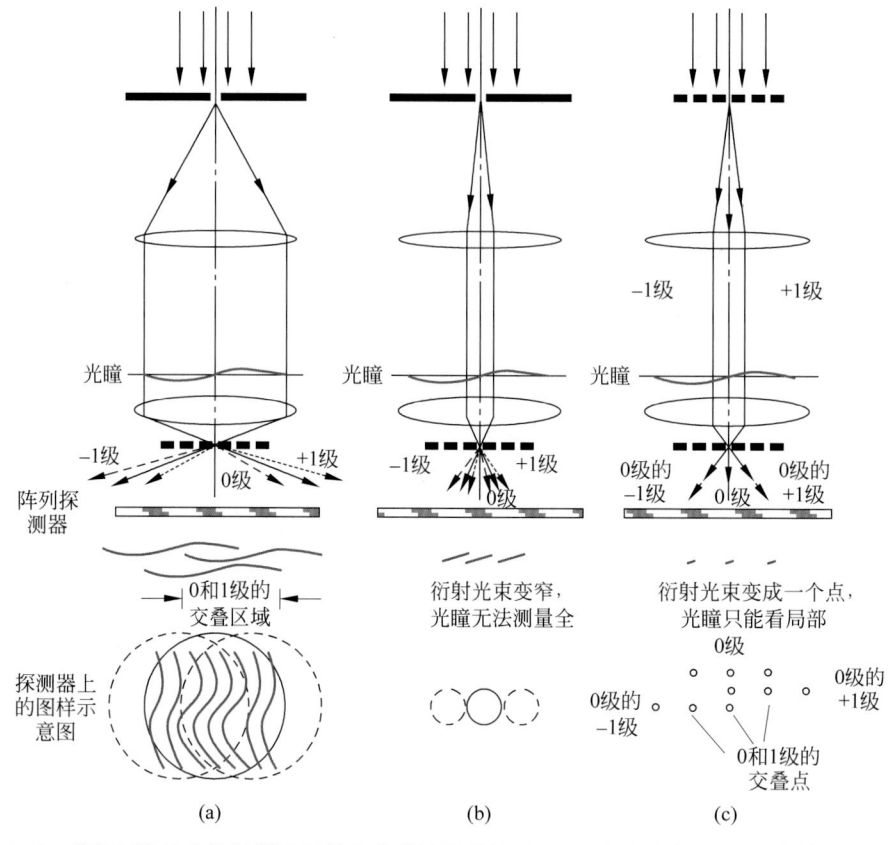

图 6-78　剪切干涉仪在掩模版平面的几种设计及其效果：(a) 小孔设计；(b) 扩大的小孔设计；(c) 等间距的光栅设计。在像平面都采用一片光栅，此光栅可以是一维的，也可以是二维的，光栅的周期和占空比与(c)中相同

第三种方法是在掩模版平面采用一片与像平面的检测光栅相同的光栅，如图 6-78(c)所示。这样做虽然光强大大增加，但是衍射光被局限在非常狭小的衍射级里，对光瞳平面的覆盖降低到极小。第三种方法中，掩模版平面和像平面采用相同的光栅的用意：在像平面的剪切过程中，掩模版平面经过衍射形成的 0 级、±1 级等衍射级会产生±1 级两个副本（其实还有很多衍射级，为了讨论方便，假设每片光栅仅产生±1 级两个副本），而且±1 级之间的衍射角度与原先掩模版平面衍射的衍射角相同，这会造成 0 级和±1 级相互干涉；否则，不能叠加衍射级，无法形成干涉，无从进行剪切探测。

在第三种方法中光栅一般采用等间距，即占空比为 1：1，其衍射级的角度分布谱如图 6-79 所示。其 2 级衍射级的位置对应衍射第一暗斑的位置，所以被抑制。这样的好处是：在像平面的探测器上可以找到只有 0 级和±1 级干涉的位置，而不存在±1 级之间通过±2 级衍射的干扰。但是，在图 6-78(a)中这样的干涉很难避免。

在第二种和第三种方法中，如果采用相干照

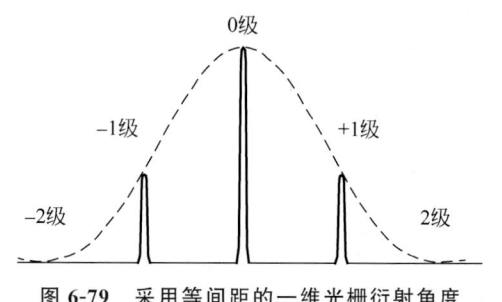

图 6-79　采用等间距的一维光栅衍射角度分布谱示意图

明,即单一角度的平行光照明,由于一次曝光只能够采样很小一部分的光瞳位置,所以需要对入射光角度进行扫描,以覆盖整个光瞳。也可以采用多个角度的非相干照明,用于一次性采集整个光瞳的波前信息。不过,如果需要经常性地对光瞳进行像差检测,需要更换照明条件,就需要花费一定的时间,占用硅片生产曝光时间。

剪切的平移量是多少?假设像平面剪切用光栅的周期为 10μm,则衍射角为波长/周期=0.0193,而光瞳的大小为 1.35(数值孔径),其占光瞳的比例为 1.4%,还是相当小的。

硅片台上的光强探测传感器实际上是用于在曝光前确定曝光剂量的。阿斯麦公司的光强传感器是由硅片台上一个圆孔和圆孔下面的光电传感器(包括前置放大器)组成的[又称为小孔传感器(Spot Sensor,SS)],用于测量曝光缝上照度的分布,并对照度进行反馈控制。

6.7 光刻机的照明系统结构和功能

6.7.1 固定光圈的照明系统、带可变照明方式的照明系统(阿斯麦公司的可变焦互补型锥镜)

光刻机的照明系统一般采用科勒(Köhler)照明方式,具体在第 3 章介绍过,如图 6-80 所示。这样的照明系统便于在掩模版平面上形成均匀的照明,而且不仅是照明强度上均匀,也在照明的部分相干性(Partial coherence)上达到可调化、均匀化,也就是对掩模版平面上任何一点各种倾斜角度的照明都可以通过照明光瞳上的光阑随意精确调整且相同。这对保证光学邻近效应在掩模版平面上保持相同,也就是对线宽均匀性的保证至关重要。

照明光瞳的作用是通过调整光阑的形状来控制在硅片上的光学邻近效应,以改善在采用离轴照明的条件下密集图形、半密集图形和孤立图形之间的线宽差异。早期的光刻机,如尼康、佳能公司的 248nm 光刻机采用 6 个光圈的旋转替换装置,像左轮手枪的弹轮,如图 6-81 所示。而阿斯麦公司的光刻机采用可变倍望远镜+可变互补锥形棱镜组(Axicon)的方式形成可调的、连续变化的照明装置,如图 6-82(a)~(d)所示。

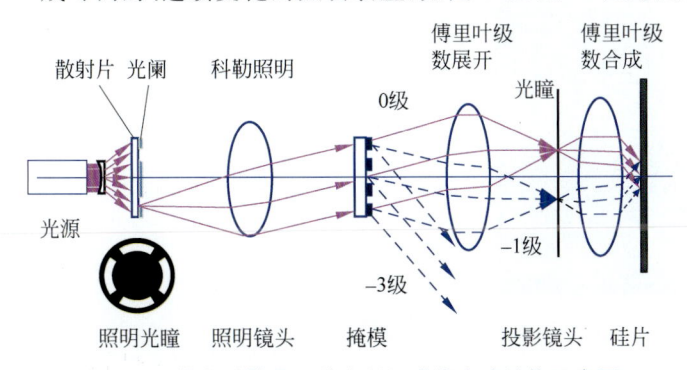

图 6-80 带有科勒照明的光刻机成像光路结构示意图

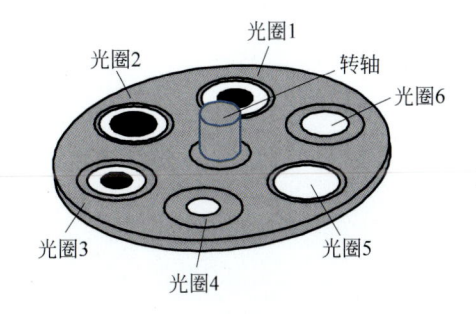

图 6-81 带有 6 种照明条件的旋转式照明光阑装置示意图

激光发出的平行光束先经过一个可变倍望远镜(Zoom telescope)进行扩束,扩束后光束的倍数由望远镜的倍数决定。再经过一个可调距离互补型锥镜(Zoom axicon)。当此棱镜处于贴合状态时,从望远镜经过扩束后的光束将直接无变化地通过互补型锥镜,形成传统照明(Conventional illumination),如图 6-82(a)所示。此时,如果调高可变倍望远镜的倍数,那么传统照明在光瞳上的面积和半径将扩大,也称为部分相干性减少,变得不太相干,如图 6-82(b)所

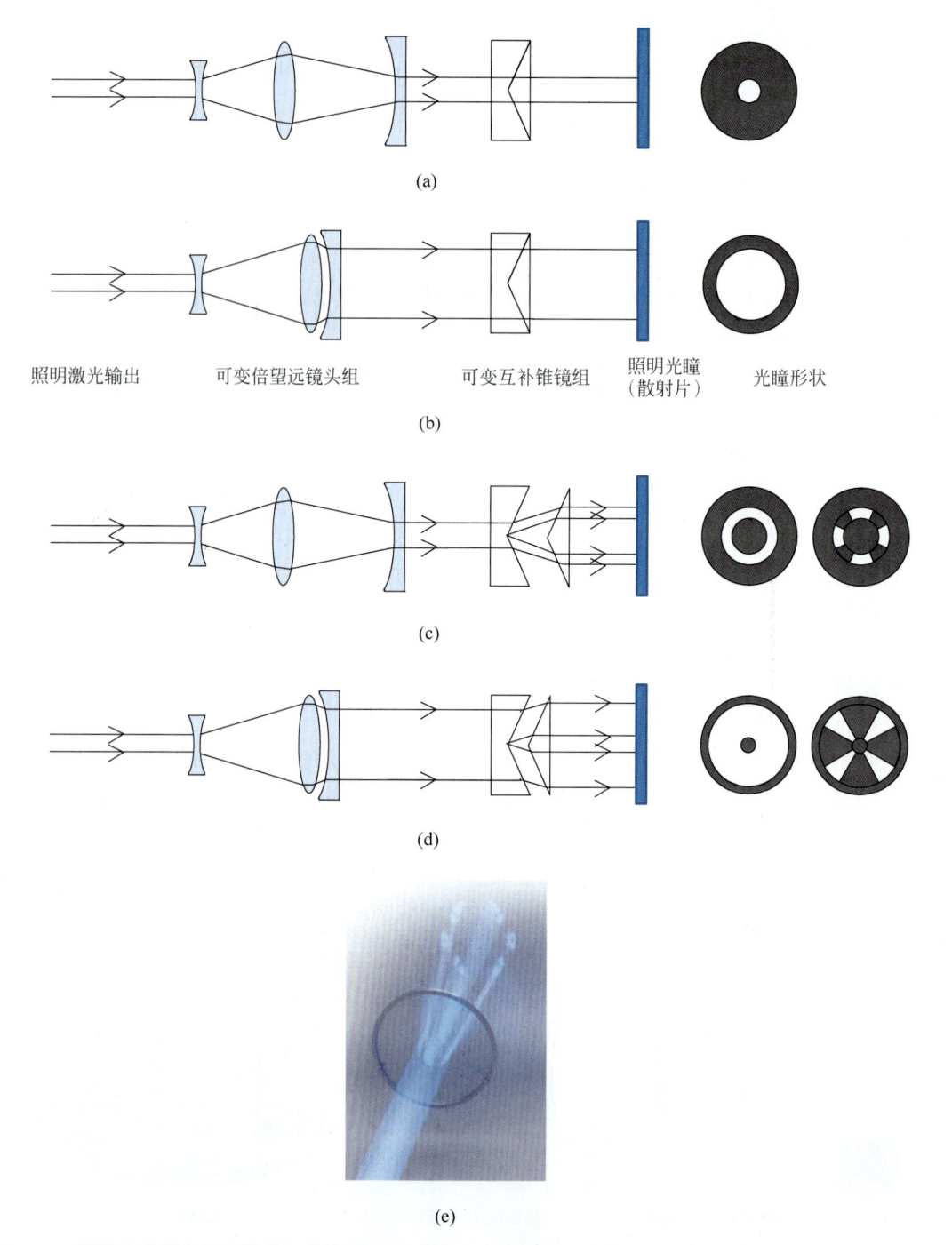

图 6-82 阿斯麦公司的可变锥镜组装置原理图（含有一个可变倍望远镜和一个可变锥镜组）：(a) 可变倍望远镜处于低倍，可变锥镜组处于贴合状态；(b) 可变倍望远镜处于高倍，可变锥镜组处于贴合状态；(c) 可变倍望远镜处于低倍，可变锥镜组处于分开状态；(d) 可变倍望远镜处于高倍，可变锥镜组处于分开状态；(e) 基于衍射投影式光瞳示意图[36]

示。当望远镜的倍数调到最大，照明在照明光瞳上的面积将达到最大，也就是形成非相干照明（Non-coherent illumination）。

若要形成离轴照明（Off-axis illumination），如环形照明（Annular illumination）或者二极

(Dipole)、四极(Quadrupole)照明等，则需要通过调节互补型锥镜中两片的间距。图 6-82(c)展示了图 6-82(a)的情况，加上增加的锥形镜两片之间的距离，可以看出，图 6-82(a)中的"实心的"传统照明变成环形照明，且原先"实心的"传统照明在光瞳上的半径等于环形照明的环宽。可以看出，这个环宽或者实心照明的半径是由可变倍望远镜的倍数决定的，而环形的平均半径是由锥形镜两片之间的距离决定的。在环形照明的基础上，还可以堵住一些扇形面积，而形成二极或者四极照明[图 6-82(c)~(d)中展示的四极照明]。或者，可以通过衍射光学元件(Diffraction Optical Element，DOE)来几乎无损失地实现，如图 6-82(e)所示[36]。

有了这样灵活的可变照明条件，可以对 K_1 因子小于 0.5 的工艺进行精细的线宽随着空间周期变化微调。这对于需要对众多不同工艺进行优化的代工厂来说提供了极大的方便。而日本的同时期光刻机由于只能采用固定的照明条件，对于优化光刻工艺，尤其是逻辑工艺很不方便。

这里举个例子：如果采用尼康公司的 248nm 波长的光刻机，上面 6 个照明条件分别为(如图 6-81 所示)：0.85~0.42 环形；0.85~0.57 环形；0.75~0.375 环形；0.30 传统；0.90 传统；0.60 传统。数值孔径最大为 0.68。如果要做 0.13μm 的栅极工艺，其最小空间周期为 310nm，关键尺寸线宽为 130nm。其 K_1 值为

$$K_1 = \frac{CD \times NA}{\lambda} = \frac{130 \times 0.68}{248} = 0.356 \qquad (6.36)$$

可见，$K_1 < 0.5$，需要离轴照明。对于离轴照明有 0.85~0.42 环形；0.85~0.57 环形；0.75~0.375 环形 3 个选择。离轴度(平均离轴半径)按照大到小排序为 0.85~0.57 环形＞0.85~0.42 环形＞0.75~0.375 环形。也就是说，必须选择一个最合适的用来作为光刻的照明条件。图 6-83(参见图 12-3)展示了线宽随着空间周期变化在照明条件 0.85~0.42 环形和 0.75~0.375 环形下的仿真计算结果。可以看到，即便是对相当靠近的离轴角度(0.85~0.42 环形的 0.635、0.75~0.375 环形的 0.563)，线宽随着周期的变化还是显示出了明显的不同。孤立的线宽相差了近 20nm。如果需要在这近 20nm 的线宽进行微调，只能定制照明光圈，如 0.80~0.40 环形。不过这就需要从 6 个照明条件的位置上换下一个不用的。对于逻辑工艺代工企业，存在很多用户的产品在共线生产，仅仅 6 个照明位置是不够的。

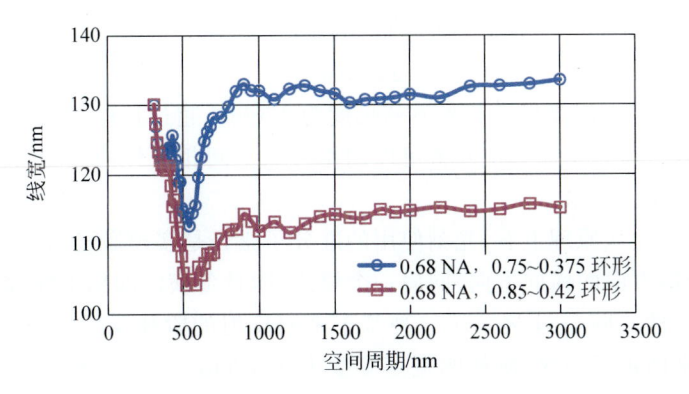

图 6-83 (参见图 12-3)0.13μm 栅极线宽随空间周期变化仿真结果(2 个照明条件分别为 0.68NA，0.75~0.375 和 0.85~0.42 环形；其中使用了不透明区透射率为 6%的透射衰减掩模，折射率为 1.8，厚度为 360nm 的光刻胶，照明波长为 248nm)

6.7.2 照明光的非相干化、均匀化及稳定性

如果照明光采用激光,如 248nm 和 193nm 的准分子激光,就需要做非相干化和均匀化的工作。非相干化的目的是形成一个非相干的科勒照明光源,至少在光瞳上制出 64×64 个非相干子光源。均匀化的目的是将截面光强分布为高斯的激光光束变为光强为"平顶"分布的,即截面上均匀分布的科勒照明光源。

1. 相干性的去除

相干性就是照明光瞳上不同点之间在一个曝光时间内存在固定的相位联系。相干性的去除方法有两种:一是静态地去除光瞳上不同点之间的相位联系;二是在一个曝光时长内动态地去除其相位联系。

例如,光瞳上两点 P_1 和 P_2,其光振幅为 A_1 和 A_2,假设 A_1 和 A_2 的振幅绝对值相同,仅仅是相位不同。如果它们之间存在相位联系,叠加的振幅就要考虑交叉项,其总光强为

$$I = |A_1|^2 + |A_2|^2 + 2|A_1||A_2|\cos\theta$$

式中:θ 为两个光点之间的相位差。

如果 $\theta=0$,而 $|A_1|=|A_2|$,则 $I=4|A_1|^2$;如果 $\theta=180°$,则 $I=0$。如果两点 P_1 和 P_2 不相干,则 $I=2|A_1|^2$。静态地去除相干性其实就等同于设定 $\theta=90°$,即两点 P_1 和 P_2 之间没关联。动态地去除相位联系就是指在一个曝光时长内让 θ 不停地在 0°~180°变化,使得 $2|A_1||A_2|\cos\theta$ 在 $+2|A_1||A_2|$ 和 $-2|A_1||A_2|$ 之间来回快速变化,使其时间平均为 0,则总光强 $I=2|A_1|^2$。这个结果与静态的结果是一样的。

采用科勒照明需要有一个非相干的圆形照明光源,而且从激光输出的光的能量带宽被限制在了很窄的范围,比如,激光拥有(193.368±0.00011)nm 半宽半高(假设高斯线性的 E95=0.35pm,参见 6.5.1 节)。由于存在著名的量子力学的不确定性关系,即

$$\Delta E \cdot \Delta t \approx \frac{h}{2} \tag{6.37}$$

使得这个优异性能会导致光的相干性很强。一般采用延时光路的办法消除相干性。其波列的相干长度[37]为

$$\Delta s = \frac{\lambda^2}{\Delta \lambda} = \frac{193.368^2 \times 10^{-18}}{0.22 \times 10^{-12}} \approx 17.0(\text{cm}) \tag{6.38}$$

也就是说,193nm 准分子激光发出的光波列长度为 17cm。超过这样的长度,波列与波列之间就没有任何相干性。从这个原理出发就可以制作去除空间相干性的装置,使得照明光瞳上的任何两点之间没有相位联系。

对于单模激光(先从原理上看,光刻使用的准分子激光是多模激光),也就是输出的整个横向范围(垂直于传播方向的横向方向)同属一个模式,即具备横向的相干性,需要采取横向错开的方式来去除相干性。图 6-84 展示了一种基于来回反射的阶梯反射镜装置。其中由于光线经过阶梯反射镜来回走了一次,阶梯的宽度至少大于 17cm/2=8.5cm。一个 64 阶梯的反射镜长度大约为 5.4m。其中用到了偏振分束板,而 1/4 波长的分束板的作用是将来回经过的偏振光的偏振态转 90°,以切换透射和反射。这样,原本在空间上相干的平行激光束,通过这样两组棱镜组后在空间的 7×7 分区上每个区域与区域之间是不相干的。但是,这种去相干性的装置太长,还至少需要 2 个反射镜组。当然,这里是举例子说明,实际上分区可以更加致密。不过,当分区多了以后,由于阶梯的间隔深度至少为 8.5cm,一个 64 个阶梯的装置至少需要约

5.4m，比典型的浸没式镜头的长度 1.311m（见图 6-25）要长几倍。

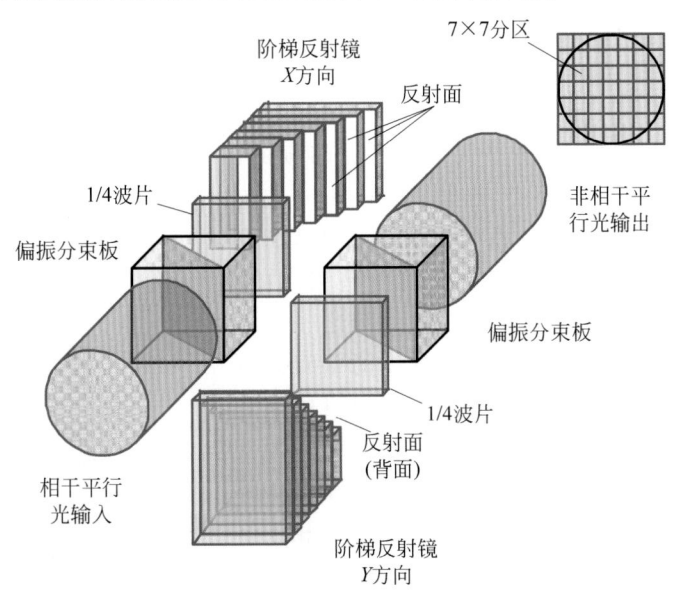

图 6-84　左图：一种采用阶梯状反射镜组将相干光束非相干化的装置，其阶梯光程间隔要大于相干光的相干长度；右图：通过非相干化的光束断面，在 7×7 分区的各个区域之间是非相干的，其中用到了偏振分束板和 1/4 波片

图 6-85 展示了一种基于半反射镜组的非相干化装置，其中反射镜之间的距离略大于相干长度的一半，即反射镜之间没有相位联系。而且，反射镜其中一个表面均有略微的契角，以进一步扰乱相干性。此种方式的好处在于装置的长度可以做得很小，其反射镜的多少与分区无关。不过仍然存在剩余的空间相干性，与阶梯式结构不一样。阶梯式结构区域与区域之间已经不存在相干性，但区域内部仍然是相干的。

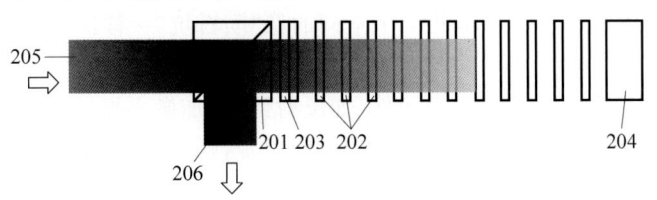

图 6-85　基于部分反射镜组的非相干化装置，反射镜 202 之间距离大于相干长度的一半，201 为偏振分束板，203 为 1/4 波片，204 为全反射镜，205 为入射光束，206 为出射光束[38]

以上装置的尺寸都很大，德国蔡司公司在 1994 年发明了一种体积很小的、建立在倾斜双反射镜结构上的去相干装置[38]，如图 6-86 所示。

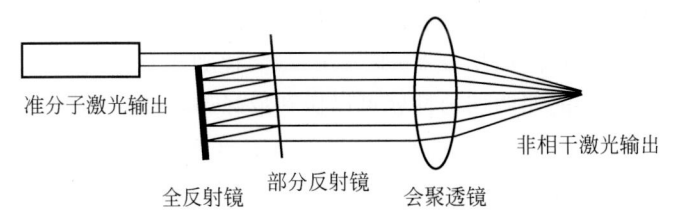

图 6-86　基于倾斜双反射镜结构上的去相干装置光学结构示意图

这里利用两片反射镜之间的来回反射节省了空间。两片反射镜之间的距离大于相干长度

的一半,即 8.5cm,而且这里面没有光的损失且可以保证在横向,即光束展开方向的一个自由度没有相干性,还可以将其在另外一个自由度,即垂直于此横向自由度的方向上做类似的光束展开,这样获得的整个光瞳就类似于图 6-83 和图 6-84 中的情况,不过去相干性的装置尺度大大缩小了。

如前所述,光刻使用的准分子激光一般是多模的,指的是横模。激光输出横截面上,比如 2mm×13mm 的面积上由多个横模叠加而成,如图 6-87 所示。这些横模之间没有固定的相位联系,但一个横模内是相干的。图 6-87 中展示了一个横模的大致尺寸。几分之一毫米到约 1mm(0.8mm×0.2mm)。而且,横模的空间分布是随机的,图 6-87 仅仅是为了说明问题,假设横模都是密堆积的。说到这里,也许会想到,在照明系统中至少需要 64×64 个彼此非相干的光源单元。而如图 6-87 所示的光斑仅仅可以看作具有 2.5×65 个彼此互不相干单元的面光源。所以,至少在 X 方向上可以使用图 6-86 所示的去相干装置。

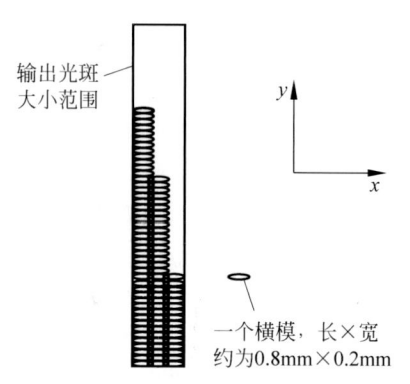

图 6-87 一种 2mm×13mm 大小的准分子激光输出光斑结构示意图(其中横模之间存在交叠,且在空间上分布是随机的;展示示意图仅仅是为了说明问题,所展示的横模密度比实际情况要低得多)

以上的方法是从静态来看激光的输出;从动态来看,即便是在照明光瞳上,图 6-80 中的"散射片"所处的平面位置存在空间两点之前有相位联系,如果这片散射片上存有微米或者几十微米的相位是随机化的,如同"陨石坑"式的不平整[如图 6-88(a)所示],或者在光路的其他地方添加一片这样的散射片[如图 6-88(b)所示],并且施加一些振动,这样,光瞳上的任何两点之间的相位就随着振动而不断变化,对一个曝光周期来说,如 193nm 浸没式光刻机的曝光周期约为 7ms,光瞳上 64 个分区中的每个约 2mm 的区域可能经历过几百个甚至几千个不同的像"陨石坑"一样的凹陷,其相位也就不再固定了[39]。

此外,还可以在光路中的某些光学元件(如反射镜)添加微小振动,如使用压电陶瓷片来驱动,以动态地改变剩余的相干性形成的散斑的空间位置,达到去相干性的目的[15]。

2. 均匀化、稳定性的实现

如图 6-87 所示,即便是消除了空间相干性,由于存在横模,每个横模也都存在光强的涨落,而且光束的横截面光强呈高斯分布,所以需要通过光学系统将其改造成横截面均匀分布且随时间稳定的光束。

科勒照明就是这样一种光路(参见图 3-14),通过将光源的像投射到无穷远来在光瞳上去除与照明光的形状(如灯丝)相关的光强分布。对于准分子激光,如果能够把所有的横模通过类似科勒照明系统的光学系统(如积分器)聚焦在一起,比如光瞳上的每一点都是由所有互不相干的横模贡献的,光瞳上的照明均匀性就可以做到最好,其时间稳定性由所有横模的统计涨落决定[40]。

如图 6-87 中的激光断面上一共有 2.5×65≈162.5(个)横模。由于在曝光中使用的不是单脉冲照明而是多个脉冲照明,如美国西盟(Cymer)公司的 XLR600i 型激光的脉冲重复频率为 6000Hz,而通常硅片台的扫描速度为 600~800mm/s,193nm 浸没式光刻的曝光缝(Exposure slit)沿着扫描方向(Y 方向)的长度为 5.5mm,即每个图形经过扫描缝的曝光经历

(a)

(b)

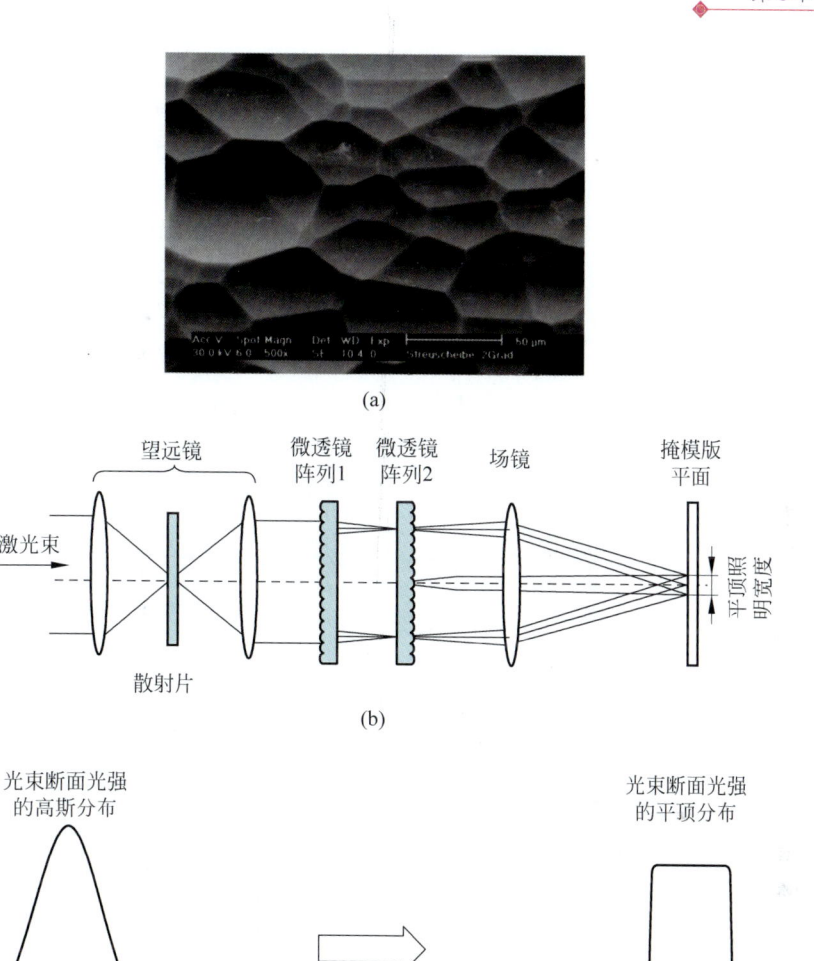

(c)

图 6-88 （a）一片光学相位随机分布散射片的表面情况电镜照片[39]；（b）一种包括一片带有旋转或振动的相位随机化散射片（Diffuser）和微透镜阵列积分器的照明系统结构示意图[40]；（c）光束的光强断面分布由高斯经过（b）中的系统变成"平顶"形状分布

了 41～55 个脉冲。也就是说，对于掩模版上任意一点，每次曝光至少经历过 $162.5 \times 41 = 6662.5$（个）脉冲，其统计涨落导致的能量稳定性为 $1/(6662.5)^{1/2} = 1.2\%$。这里假设可能存在脉冲缺失的情况，实际上脉冲缺失的现象不是普遍的。假设脉冲到脉冲之间的能量偏差 3 倍标准偏差在 ±20% 左右，经过 6662.5 个横模的平均，其稳定性可以达到 ±0.24%。实际上，横模密度越高，其照明稳定性会越好。对于 193nm 浸没式光刻机来说，积分的曝光缝上的照明能量的重复性性能要求一般在 ±0.2% 左右。也可以从工艺角度来看这个要求，一般来说，最差图形的曝光能量宽裕度为 5%，对应 ±10% 线宽的规格，如 10nm 范围（线宽为 50nm），±0.2% 意味着 ±0.4nm，或者 0.8nm 整个变化范围，相对于 10nm 整个范围，小了一个数量级以上，按照通常精度/规格（P/T）=1/10 的要求是合格的。

图 6-88(b)中展示的装置运用了科勒光学积分器（Köhler integrator），即包含有两片微透镜阵列的装置使得原先横断面为高斯分布的激光变成横断面为平直的，称为"平顶"分布的均匀照明。微透镜阵列可以用于增加光的聚焦，减少损耗，同时进一步对光的分布进行均匀化。

为了进一步将照明均匀化,还可以采用二级串联科勒积分器,如图6-89(a)所示[41]。其中20和21为第一微透镜阵列,目的是将入射平行(或者接近平行)的照明光分为小光束阵列。22为等同于场镜的聚光透镜,将小光束阵列变成各个角度的平行光,类似科勒照明,投射到由30和31组成的第二微透镜阵列。32为场镜,将31(光瞳)上的光点图像变成各个角度的平行光,投射到需要照明的平面13上。对于光瞳31上的任何一点的光强来自20前整个光束截面上所有横模的贡献。同样,需要照明的平面13上的任何一点的光强来自31上的所有点的贡献,照明均匀性获得进一步提高。对于在平面13上时间的稳定性,也由所有的横模的统计涨落决定。

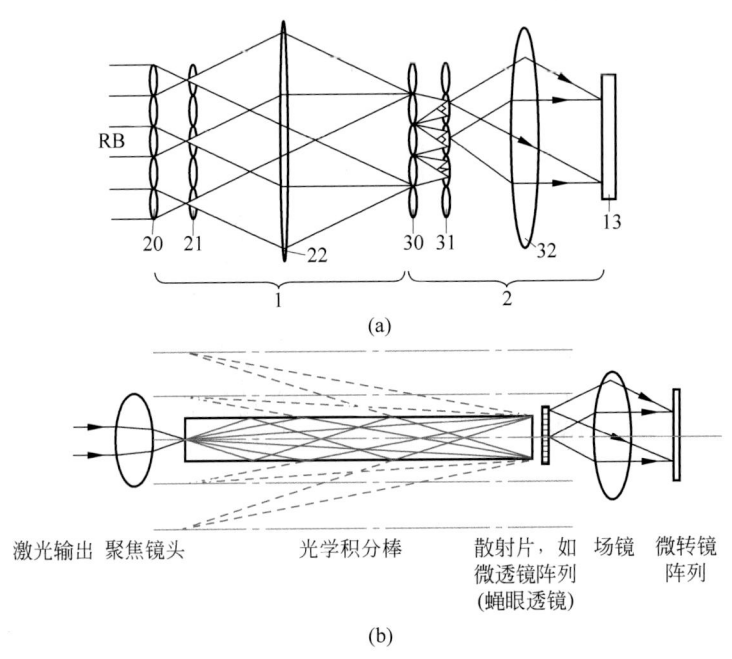

图6-89 (a) 一种通过采用微透镜阵列获得均匀照明的装置示意图[41];(b) 一种通过使用光学积分棒来实现(a)中的功能结构示意图

除了微透镜阵列,工业界还可以使用棒状积分器实现图6-89(a)的功能,如图6-89(b)所示。发散光在积分棒中的多次反射,等效于造就了垂直于光轴的一系列点光源(虚光源),其作用与图6-89(a)中展示的微透镜阵列是相似的。不过光源数量要少一些,这取决于积分棒的长度。积分棒越长,虚光源数量就越多,虽然光线在积分棒的侧壁上反射属全内反射,不损失能量,但是积分棒本身的材料,如熔石英,还是对光线存在吸收的,积分棒越长,对光的吸收也就越大,所以积分棒不可能做得很长。

此外,积分棒还可以用来进一步将光混合,以获得更加均匀的照明,如图6-90(a)所示[42]。图6-90中:1代表激光器;14是如同图6-86中描述的去相干装置;8和9是衍射光学元件(Diffraction Optical Element,DOE),可以用于产生二极、四极和交叉四极照明的光瞳形状;5是棒状光学积分器;4是耦合透镜,就是把从衍射光学部件8出射的带有光瞳形状(如环形、四极等)的光经过聚焦,变成各个角度的平行光,或者接近平行光照射到棒状积分器5。棒状积分器的另外一端光线(经过棒内多次全反射)出口处将重现其入口处的光强分布,只不过光瞳上下有一些互相交叉,如图6-90(b)所示。这种交叉的多少与入射角有关,即与在衍射光学部件8上的位置有关。当然,对于极紫外之前的光刻工艺,所有的照明条件相对于光瞳的横轴

（X 轴）和纵轴（Y 轴）都是对称的，这样的混合对照明条件没有影响（入射角的绝对值都是一样的），反而可以使得照明更加均匀和稳定。如果在耦合平面不是平行光，假设有一点发散角，如图 6-90(c)所示，则出射面会有更多的光瞳上下入射光的互相交叉，而且出射光也是发散的，且位置比较散乱，也就是光瞳上相距一定范围内的区域也存在混合，不仅仅是相对于横轴和纵轴呈对称的点互相混合。这里在出入光学积分器没有考虑光线的折射，是为了比较清楚地显示光在积分棒棱镜内的反射。一般来说，积分棒入射端应该是光瞳的傅里叶变换面，如图 6-90(b)所示。

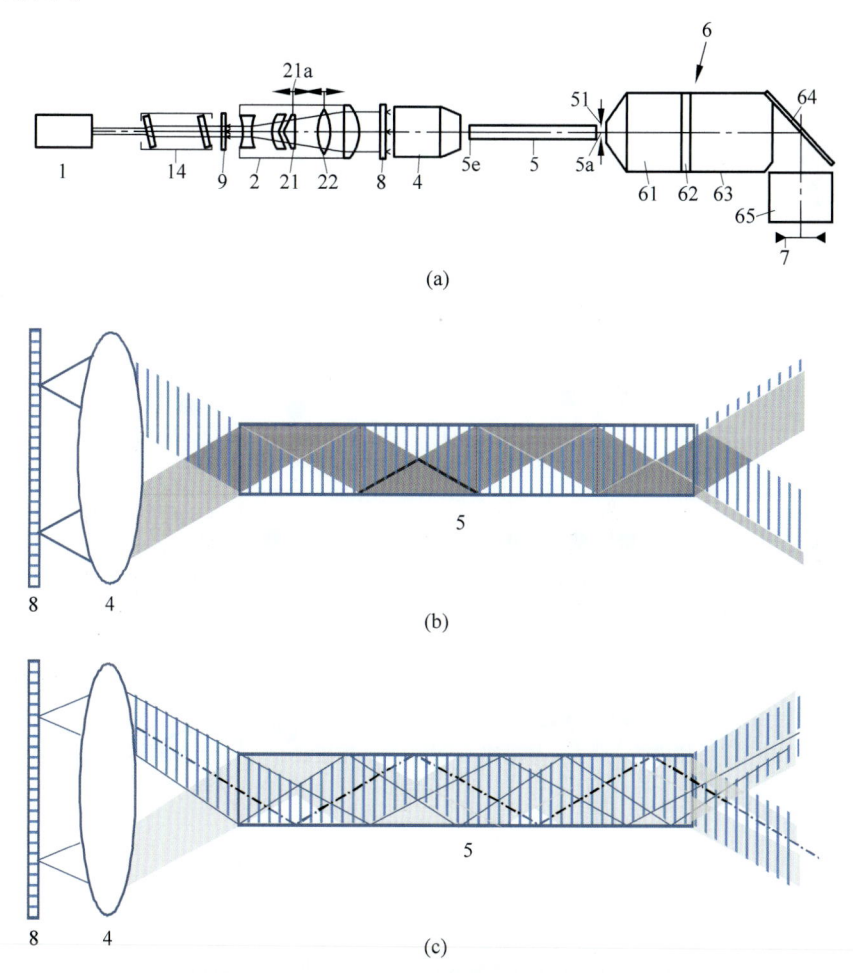

图 6-90 (a) 一种扫描式光刻机使用的照明系统结构示意图[42]；(b) 光学积分棒的耦合示意图，平行光耦合；(c) 光学积分棒的耦合示意图，发散光耦合（为了突出光线在积分棒之中的反射，这里省去了光线在进出棱镜表面的折射）

6.7.3 偏振照明系统

随着光刻机的数值孔径越来越大，在干法 193nm 光刻机做到极致，如阿斯麦公司的 XT1400 系列数值孔径做到了 0.93，对应物镜在硅片位置的张角为 68.4°。必须考虑成像中的矢量叠加。也就是说，如果成像时不考虑选择合适的矢量方向，空间像的对比度将受到明显损失。于是偏振照明也就应运而生了。

图 6-91 展示了带有矢量的衍射光束叠加的情况。对于横电波（Transverse Electric，TE）偏振，电场方向在垂直于光线的传播方向的同时，还垂直于光线和硅片表面法线组成的入射平面。这时，无论两束光之间的夹角如何，它们在焦点上叠加的电场总强度等于它们各自电场强度的和，也就是直接相加。如果在焦点位置它们的相位相反，也就是电场矢量方向相反（暗点），电场叠加的结果等于零，无论它们之间的夹角如何。成像的对比度是由像平面的最亮点和最暗点决定的。如果有办法使得最暗点等于零，如采用交替相移掩模（Alternating Phase Shifting Mask，Alt-PSM），那么无论最亮点如何像平面的对比度都将为 100%。对比度的定义如下：

$$c = \frac{I_{\text{MAX}} - I_{\text{MIN}}}{I_{\text{MAX}} + I_{\text{MIN}}} \tag{6.39}$$

式中：如果最暗点 $I_{\text{MIN}}=0$，则无论 I_{MAX} 等于多少，对比度 c 都等于 100%。采用横电波照明方式，就有机会实现对比度为 100% 的成像结果。

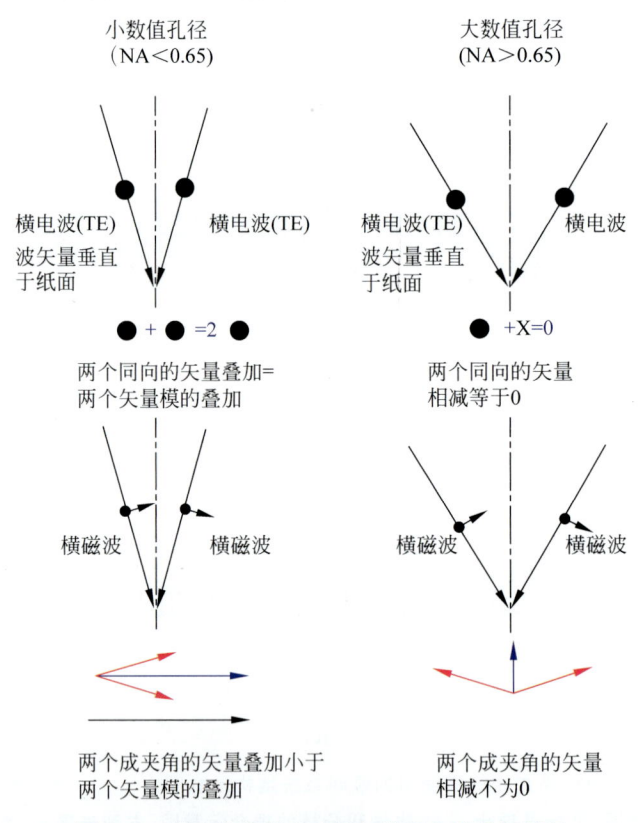

图 6-91 带有偏振的光束叠加遵循矢量叠加原理

现在来看另外一种偏振状态，即横磁波（Transverse Magnetic，TM）偏振。如图 6-91 所示，这种偏振状态的电场矢量平行于光线和硅片表面法线组成的入射平面。可以看出，两束光在焦点位置叠加，这两束光的电矢量不一定在相同的方向上。也就是说，它们的叠加和会随着入射光线传播方向之间的夹角而变化。不过，无论如何，它们叠加的结果既不会完全为 0，也不会等于各自电场强度的和（2 倍于各自的强度）。当它们之间相互夹角为 0 时，矢量叠加的结果与横电波情况相同。但是，现在讨论的衍射极限附近的光刻都是在大数值孔径下的成像，如采用水浸没的光刻工艺和设备，数值孔径可以达到 1.35。所以，在大夹角情况下其叠加结果不可能为 0，这样就会影响对比度。

为了避免对比度的损失，光刻机上面会尽量使系统能够在横电波的照明情况下成像。图 6-92 展示了几种常用的偏振条件。由激光输出的光一般可以做成线偏振的，比如将其方向定为 Y 方向偏振。图 6-93 展示了实现其他如图 6-92 所示偏振态的方法。也就是说，可以采用一片双折射晶体，将其光轴放置为与入射偏振光的电场方向呈 45°角。由于双折射晶体对入射光电场方向沿着其两个互相垂直的光轴上的折射率存在差异，并且与其晶体沿着光线传播方向的厚度成正比，所以通过选定一定的厚度，使得光线在经过其厚度后沿着两个光轴上的电场分量存在 180°的相位差来旋转其电场矢量的偏振方向。如图 6-93 所示，入射光的电场方向是沿着水平方向的，其电场强度为 $E_{总}$，在 1/2 波片的光轴 ξ 和 η 上的分量分别为 E_ξ 和 E_η。如果沿着光轴 ξ 和 η 上的相位差异经过一定的厚度变为 180°，以 E_ξ 为参照，相当于 E_η 相位为 180°，相当于 E_η 变为 $-E_\eta$，于是 $-E_\eta$ 和 E_ξ 叠加后的 $E_{总}$ 相对于原来就转动了 90°，如果原来的偏振方向是 Y 方向，转动后的偏振方向就成了 X 方向；反之亦然。

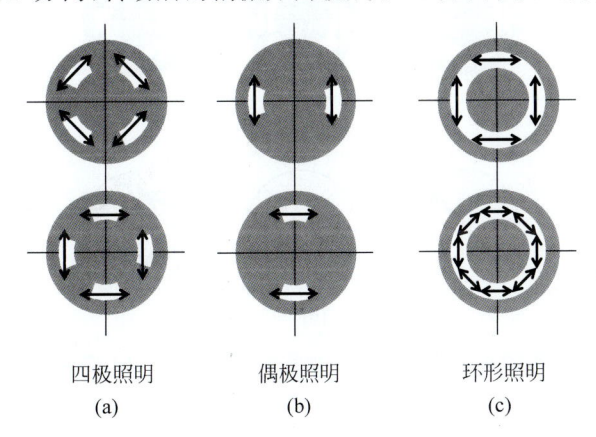

图 6-92 3 种常用的照明条件和适合它们的偏振状态：(a) 转 45°的 XY 偏振和 XY 偏振；(b) 上为 Y 偏振，下为 X 偏振；(c) 上为 XY 偏振，下为方位角偏振（Azimuthal Polarization）

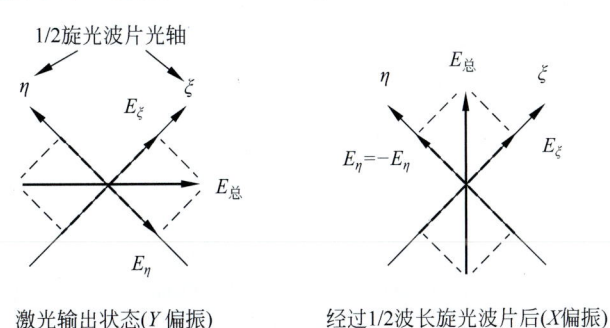

图 6-93 通过使用 1/2 波长的旋光波片，可以将原本线偏振光的偏振方向转 90°，如由 Y 方向偏振转为 X 方向偏振，或者反过来

以上是说明如何将偏振态转 90°。如果调整 1/2 波长的旋光波片，使其中一光轴 ξ 与入射光偏振方向成 22.5°角，则可以将入射光的偏振方向旋转 2 倍的 22.5°（等于 45°），以实现图 6-92 中的方位角偏振，如图 6-94 所示。

根据上述原理，在设备上需要安装转动 90°的、部分光瞳转动 90°的、部分光瞳转动 45°和 90°的旋光波片，如图 6-95 所示。

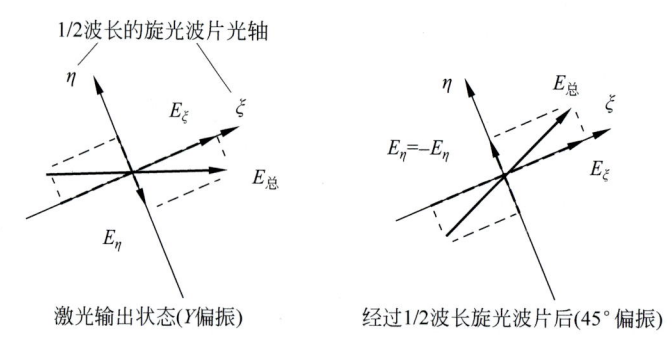

图 6-94 通过使用 1/2 波长的旋光波片，可以将原本线偏振光的偏振方向转任意角度，如由 Y 方向偏振转为 45°偏振，或者反过来

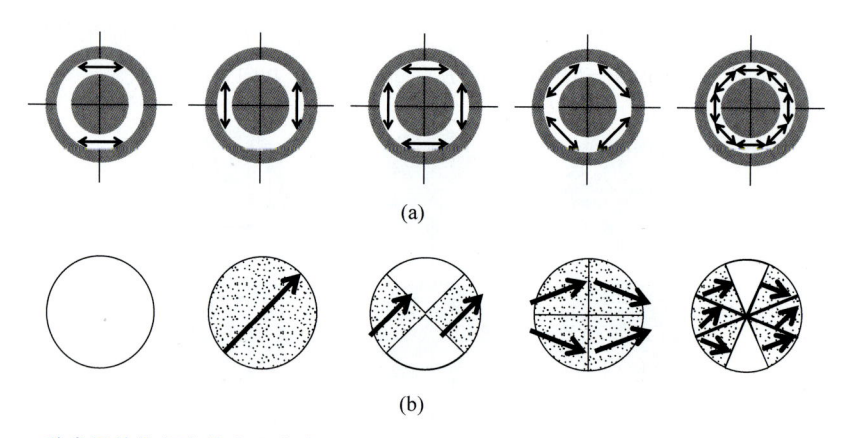

图 6-95 5 种常用的偏振态的实现方式：(a) 5 种常用的偏振态；(b) 在照明光瞳上的实现方式（其中箭头表示 1/2 波长的旋光波片的其中之一光轴方向）

下面举例说明采用偏振照明的好处。图 6-96 展示了采用的接触孔光刻工艺窗口随着空间周期变化的掩模版设计图形。其中较小的图形是亚分辨辅助图形。

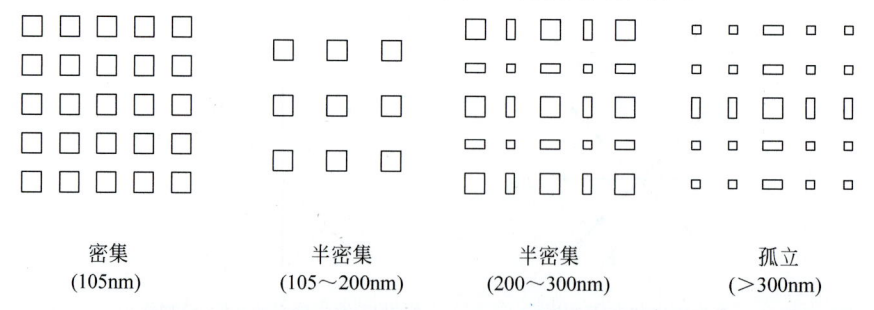

密集 (105nm)　半密集 (105～200nm)　半密集 (200～300nm)　孤立 (>300nm)

图 6-96 典型的接触孔层次随着空间周期变化的掩模版设计图形（包括亚分辨辅助图形）

图 6-97～图 6-100 展示了一组仿真结果。仿真的条件是接触孔，从密集 105nm 周期到孤立 460nm 周期。孔的曝光线宽目标值为 65nm（105～140nm 周期）和 70nm（150～460nm 周期），工艺的锚点在周期 100nm，掩模版线宽为 68nm（方孔）。仿真条件如下。

（1）照明条件：数值孔径为 1.35，环形照明，外环光瞳相对半径为 0.78（范围为 0～1），内环光瞳相对半径为 0.62，采取 XY 偏振或者无偏振，波长为 134nm（水浸没式），照明分割（17×17 光瞳第一象限，对称光瞳）。

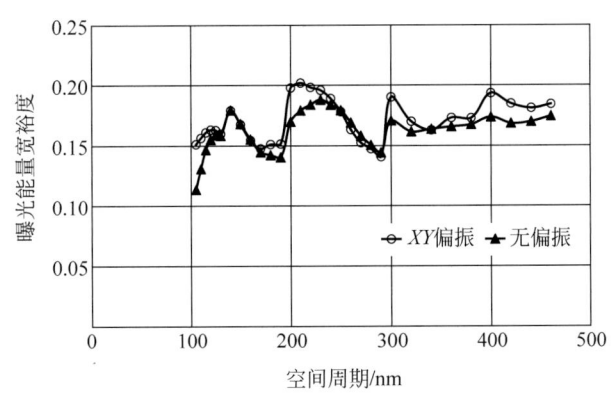

图 6-97　典型的接触孔层次曝光能量宽裕度随着空间周期变化（带有 *XY* 偏振和无偏振的比较）

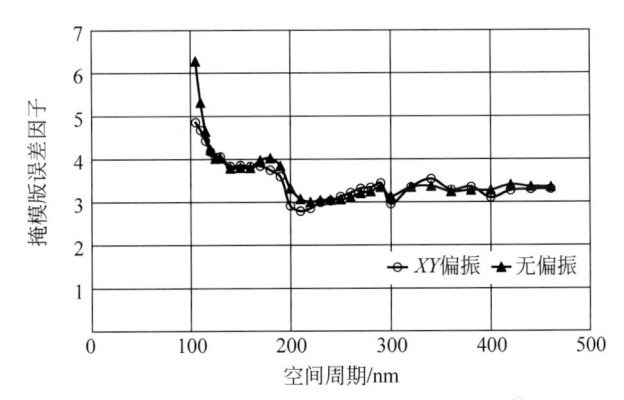

图 6-98　典型的接触孔层次掩模版误差因子随着空间周期变化（带有 *XY* 偏振和无偏振的比较）

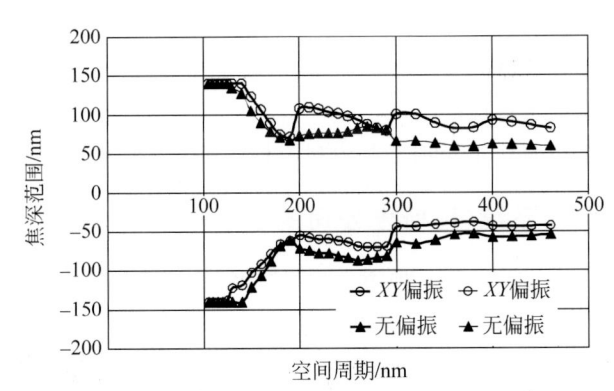

图 6-99　典型的接触孔层次对焦深度随着空间周期变化（带有 *XY* 偏振和无偏振的比较）

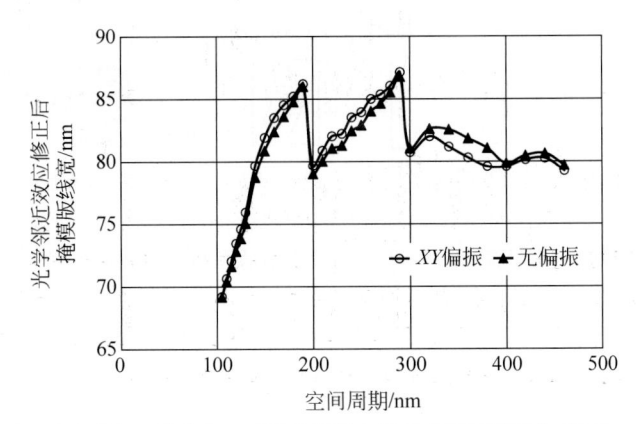

图 6-100　典型的接触孔层次光学邻近效应修正后掩模版线宽随着空间周期变化（带有 *XY* 偏振和无偏振的比较）

(2) 光掩模：6% 透射衰减相移掩模，采用垂直入射时域有限差分算法计算掩模版三维散射，掩模版格点为 1.25nm(1 倍)。

(3) 光刻胶：厚度为 100nm，衬底无反射，光酸等效扩散长度为 5nm(包括碱的作用)，无光可分解碱。折射率实部 $n=1.7$。

(4) 亚分辨辅助图形：线宽为 35nm，开始加入周期等于 200nm，散射条与主图形中心-中心距离为 100nm，在孤立的时候，每个主图形每边最多添加 2 根亚分辨辅助图形。

以上是一组常用的仿真计算条件。由图 6-97～图 6-100 展示的仿真结果可见：

偏振照明(XY)可以大幅提升光刻工艺的能量宽裕度，也就是对比度。曝光能量宽裕度和对比度的关系在第 10 章有详述。这个提升在最小周期附近和 200nm 周期(也就是亚分辨辅助图形开始添加的周期，添加后图形周期与 100nm 周期类似)尤为明显。这是由于，对于密集周期，图像由零级衍射光和 +1 或者 -1 级衍射光干涉形成。它们之间的夹角是十分大的。夹角 θ 的计算如下：

$$\theta = 2\arcsin\left(\frac{\lambda}{2p}\right) = 2\arcsin\frac{134\text{nm}}{2 \times 105\text{nm}} = 79.2° \tag{6.40}$$

此外，掩模版误差因子在偏振的作用下，对于密集周期也有大幅下降，从 6.3 降到低于 5.0。

采用偏振的公共对焦深度为 109nm，没有采用偏振的对焦深度为 113nm，似乎有所下降。这是由于掩模版三维散射效应对于横电波比较显著，而对于横磁波不太显著。但是，横磁波的对比度较低，对于光刻用处不大。好在这种影响并不显著。也就是说，采用偏振照明对于成像对比度的提升和掩模版误差因子的抑制有明显积极作用。在对焦深度上略有损失，但是不严重。

采用偏振照明对于光学邻近效应修正并没有大的影响。图 6-100 显示了光学邻近效应修正后的掩模版线宽，在没有偏振和存在偏振的情况下几乎没有差别，最大的差别在 2nm 范围内，这还可能是仿真计算误差造成的。

综上所述，采用偏振照明对于光刻工艺窗口有巨大提升。

6.7.4　自定义照明系统(阿斯麦公司的 Flexray)

照明条件存在如图 6-92 所示的三种方式在 32/28nm 及以前的逻辑技术是够用的，但是到了 14nm 就显得不够好，所以需要采用更加灵活的照明方式，充分挖掘部分相干照明的潜力。例如，阿斯麦公司最先采用的自定义照明方式(Flexray Illumination)，他们采用 64×64 个微电子机械系统(Micro Electro-Mechanical System，MEMS)转镜阵，共 4096 个反射镜来实现照明光瞳的自由定义功能[36,43]，如图 6-101(c)所示。

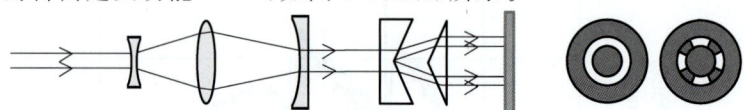

图 6-101　(a) 可变锥镜组光学结构示意图；(b) 由独立微机电反射转镜阵列构成的自定义照明光学结构示意图(为了示意，其中阵列仅仅画了 7 个反射镜，实际上阿斯麦公司的设备含有 64×64 个，为了突出重点，去相干和均匀化装置均没有画出)；(c) 阿斯麦公司的自定义照明反射镜阵列芯片和反射投影形成照明图样示意图[36]

(b)

(c)

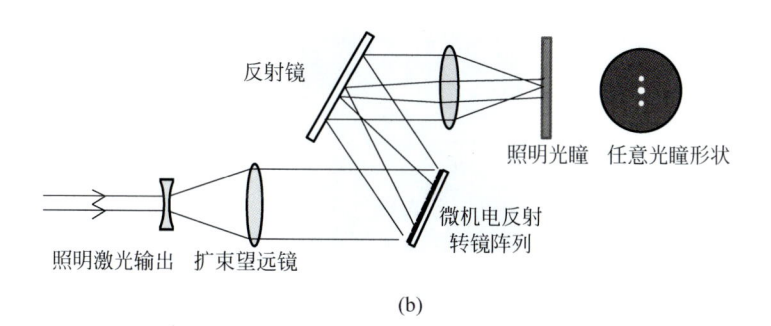

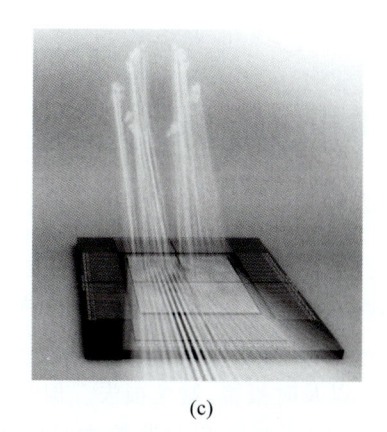

图 6-101 （续）

图 6-101 展示了这种通过采用多反射镜阵列（Multi-Mirror Array, MMA）形成的带有自定义照明条件的光路图，及与传统可变锥镜光路的比较。实际上，这些转镜需要闭环控制。除独立于紫外光路外，还有一套光学成像系统（非紫外光，如红外光）来实时监控和调整各转镜的位置，以维持稳定的照明光瞳光强分布，如图 6-102 所示。自定义照明的情况举例如图 6-103 所示[43]。

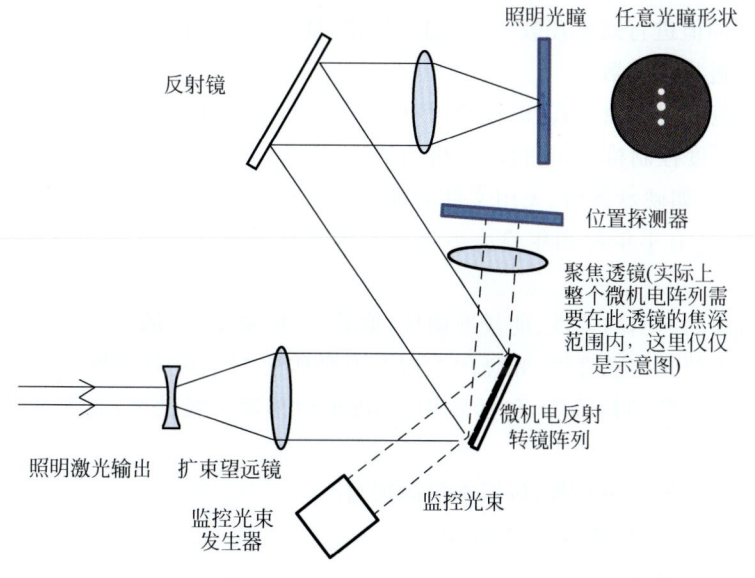

图 6-102 微机电转镜阵列的实时位置闭环控制光路示意图（为了示意，其中阵列仅仅画了 7 个反射镜，实际上含有 64×64 个）

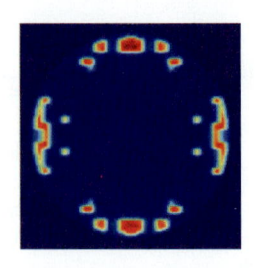

图 6-103　自定义照明系统输出自定义照明条件举例示意图[43]

第 11 章将会详细讨论自定义照明系统对光刻工艺窗口的提升和原理,在此不再深入讨论。

6.8　光刻机的使用和维护

6.8.1　光刻机的定期检查项目(焦距校准、套刻校准、照明系统校准、光束准直)

光刻机是所有集成电路制造设备中最昂贵的设备,其速度、精度、稳定性水平是集人类所有的机械、光学、电子、自动化、软件、控制等技术之大成的体现。为了使光刻机能够精密、稳定、高效地运行,定期检查和校准是不可或缺的。在集成电路工厂内,由于线宽是每个批次都实时监控的,所以一旦出了偏差可以及时报警,避免损失。但是,像平面变化则比较隐蔽,焦平面相关参数的变化不一定会在日常的线宽和套刻监控中显示出来,尽管焦距是在每片硅片曝光前都需要进行精密对准的。还有非线性的套刻偏差也需要进行检查,因为在一般生产管理中每片硅片的套刻记号只有 100～200 个,而且一般仅对线性的 10 个套刻参数(见第 16 章)进行监控,并不能够代表整个设备的套刻情况。所以,一般需要进行如下季度检查。

(1) 像平面各项参数的检查,包括像平面倾斜、像散(X 方向和 Y 方向的焦距不一样)。

(2) 套刻漂移鉴定,采用标准校准硅片进行曝光全点检查(一般可以有几百到 1500 个点),与上次季检的值进行逐差比较,如果超出规格(如 2～3nm 的 3 倍标准偏差)则报警,以便决定是不是补偿进机器常数。

(3) 电气电缆破损腐蚀检查,以杜绝用电安全隐患,如接地线的好坏、触碰开关的好坏等。

(4) 污染和温度控制检查,包括冷水机的清洗、镜头内外气体的流量和压力等。

(5) 其他维护,如硬盘备份、无用文件清理等。

除了季检外,还有半年检和年检。半年检或者年检需要将所有的项目都一一核查过关,例如:

(1) 成像系统的照明均匀性、能量准确性、像差、二阶畸变、杂散光等。

(2) 照明系统的光路准直性、光瞳的左右上下对称性、光瞳的精确度。

(3) 位置测控系统的精确度,包括硅片台、掩模台移动的线性度,放大率,转动,移动的标准偏差等。

(4) 成像系统的像平面参数,包括季检的项目。

(5) 对准系统的光源(如激光)的输出。

(6) 过滤器检查、更换。

(7) 电气电缆破损腐蚀检查,以杜绝用电安全隐患,如接地线的好坏、触碰开关的好坏等。

(8) 污染和温度控制检查,包括冷水机的清洗、镜头内外气体的流量和压力等。

(9) 其他维护,如硬盘备份、无用文件清理等。

此外,还有照明系统的校准,如照明光瞳沿着 X 方向和 Y 方向的光强分布对称性。缺乏对称性的照明光瞳会导致光学邻近效应的表现,如密集-孤立图形的线宽偏差,还会因为照明光束的对称轴不垂直于硅片表面导致套刻随焦距变化。有时,对称性偏离可能是激光光束与光轴不平行导致的,需要调整光束的准直(阿斯麦公司称为最佳波束(Best beam))。如果不平行,虽然在光瞳上可能看不出,但是会影响曝光。

对于极紫外,由于沿 Y 方向存在 $6°$ 的照明光轴倾斜和倾斜带来的沿 Y 方向的不对称阴影效应,照明光瞳可以采用在 Y 方向上不对称分布来削弱这种不对称性带来的影响。这种不对称光源可以通过光源掩模协同优化程序来根据设计规则图形生成。不过,除了极紫外,所有的照明条件都是围绕 X 轴和 Y 轴对称分布的。

6.8.2 多台光刻机的套刻匹配(标准)

一个工厂一般拥有多台光刻机。假如某产品有 20 个 193nm 浸没式光刻机需要处理的层次,而单台 193nm 浸没式光刻机每小时能够处理 250 片硅片曝光(阿斯麦公司的 NXT1970i 型光刻机的指标),扣除停机检查[如季检、年检的时间(4%)]和意外停机的时间(1%~2%),以及返工率(0.5%~2%),一般可用于生产的时间在 92% 以上。加上实际生产配货系统的效率不高情况,如较多的批次存在每个批次中片数较少的情况,单台 193nm 浸没式光刻机 24h 能够处理 4000~4500 片硅片曝光。如果一个工厂年产 5 万片这样的产品,那么所需要的光刻机台数计算如下:

$$台数 \geq \frac{50000 \times 20}{4500 \times 30.5} = 7.3 \tag{6.41}$$

其中,假设工艺流程中含有 20 层 193nm 浸没式光刻层。为了使这 7 台或 8 台光刻机能够最大限度地发挥出产能,需要对其能量、光瞳、套刻、焦距进行匹配。

套刻的匹配通过采用相同的标准硅片,上面已经刻有标准的图案。而这种标准的图案或者由光刻机制造商(如荷兰阿斯麦光刻机公司、日本尼康光刻机公司或者我国的上海微电子装备有限公司等)采用标准光刻机曝光和等离子体刻蚀,以形成永久性图形来完成,或者由每个半导体集成电路工厂自己选择公司内最好的或者最稳定的光刻机来制作。然后,让其他光刻机通过曝光的方式形成光刻胶图形,与已有的刻蚀过的永久性图形做套刻测量,找出偏差,包括线性的和非线性的偏差,进行机器常数的补偿来匹配。

6.8.3 多台光刻机的照明匹配

能量匹配可以通过同样的批次光刻胶和硅片的曝光和测量线宽来解决。

光瞳的匹配较为复杂,需要对光学邻近效应进行测量,如一维线宽随空间周期的变化,二维结构的匹配,如"品"字形结构/砖形结构图形(用于鉴定三叶像差、彗差等非对称像差)、线端-线端、线端-线条等结构。如果结果相差不大,那么可以通过微调光瞳来解决。如阿斯麦公司推出的图形匹配(Pattern Matcher,PM)服务,主要通过调整光学邻近效应(通过调整光瞳的半径位置,在 12.1 节中有详述)来应对密集和孤立图形之间的线宽差异。

6.8.4 多台光刻机的焦距匹配

焦距匹配一般通过标准片的实际曝光来实现。焦距测量可以通过掩模版上的孤立图形在硅片上的光刻胶图像的实际测得焦距来确定。这需要在硅片上曝出一个焦距-能量矩阵(Focus Exposure Matrix,FEM),再根据数据拟合来确定最佳焦距数值。由于通过能量和焦距矩阵的测量比较复杂,速度也慢,日常监控可以通过采用将焦距转换为套刻的方法来解决。这种方法又称为调平确认测试(Leveling Verification Test,LVT),图 6-104 展示了这种方法。图 6-104(a)是常规成像光路,当硅片处于离焦状态时,焦点附近的光强会均匀地弥散,围绕光轴呈对称状态。图 6-104(b)在掩模版图形上叠加了一个棱镜,由于棱镜的折射,原本对称的光路偏转。当然,这样的光路也能够成像,尤其是使用极高精度的光刻机投影物镜,像质并不会因光路的不对称性而产生任何明显的下降。但是,一旦硅片处于离焦状态(无论正离焦,还是负离焦),焦点附近的光强会偏离光轴而弥散开。如图 6-104(b)所示,当硅片台往下降,也就是处于负离焦的位置,图像将往左偏移。这是棱镜的存在使得成像光束往右偏移导致在负离焦的位置上像点往左偏移。反之,当硅片台处于正离焦的情况下,像点的位置将往右偏移。有了这样的转换,只要通过测量硅片上图形,如线条的位置偏差,就可以获得此处的硅片焦距或者镜头的焦距数值。

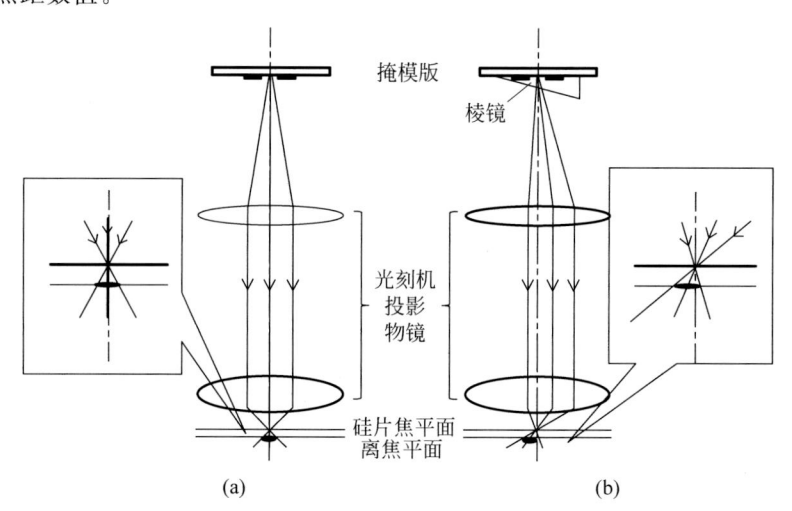

图 6-104 采用在掩模版平面叠加契形棱镜的方法使成像光路相对光轴变得不对称示意图

除棱镜外,还可以通过采用相移掩模的方式使得掩模版上的图形随着离焦而发生横向偏移。例如,可以采用一块具有相位偏差的交替相移掩模版,通过监控线条的横向偏移来监控焦距的偏移[44],如图 6-105 所示。右侧的沟槽存在相移 Δf,结果会导致在焦平面附近右侧的成像球面波的同相位波前在空间上落后于左边的波前,新的波前由虚线表示。如果考查离焦处的平面 $-z$ 和 $+z'$,原先两束球面波的会聚焦点 O 和 O' 变成了 S 和 S'。由此造成图像的横向偏移量 Δx 和 $\Delta x'$。

经过简单推导可得横向偏移量为

$$\Delta x = \mp \frac{\Delta f}{2p} \sqrt{p^2 + 4z^2} \tag{6.42}$$

式中:Δf 为交替相移掩模版左右两个沟槽的相对相移量,或称为相位相对误差;p 为左右两个沟槽的中心-中心的距离,或者周期;z 为离焦量,以硅片台坐标系为参考坐标系;正负号代表相移量+或者-与偏移方向之间的关系。

如果以图 6-105 中的相移量为正,则当焦距处于正离焦时($+z$ 方向),图像往 $-x$ 方向移动。注意,当离焦量远大于周期时,式(6.42)可以写成

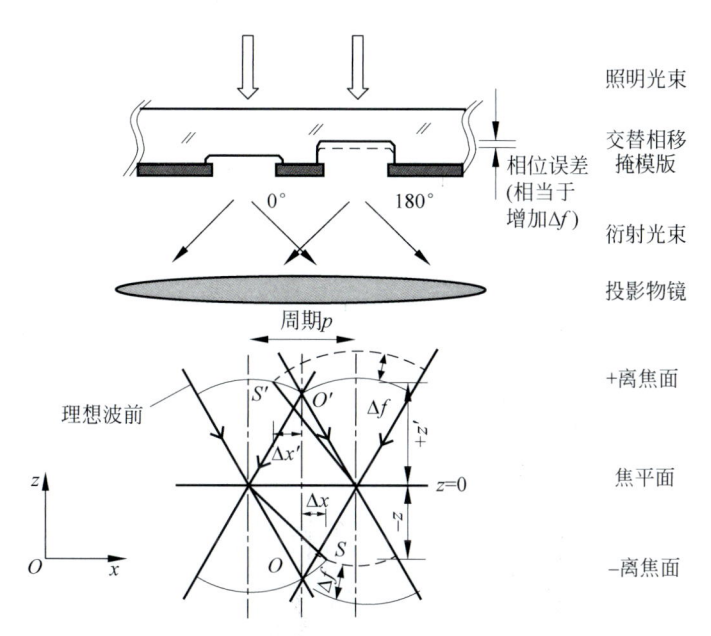

图 6-105　存在相位误差的交替相移掩模版的图像在离焦时会导致图像横向偏移示意图

$$\Delta x = \mp \frac{\Delta f}{p} z \tag{6.43}$$

也就是说,空间平移与掩模版的相位误差成正比。所以,可以通过监控像的平移量来监控系统焦距的偏移。

其实,最常见的焦距监控方法是采用对光刻胶形貌随着焦距变化的测量来监控焦距的。如图 6-106 所示,由于成像光强在焦点位置的分布像上下两个漏斗拼接而成,焦点位置的光强最强,随着焦距的偏离,光强逐渐减弱。相应地,光刻胶的显影后形貌会反映光强的分布。随着焦距从负转向正,光刻胶的垂直形貌(一般通过切断面来获得)会发生从底部内切经过上下对称(无离焦)到顶部变窄的变化。基于这样的变化,可以采用光学线宽测量的方法来无损地确定光刻胶的形貌。

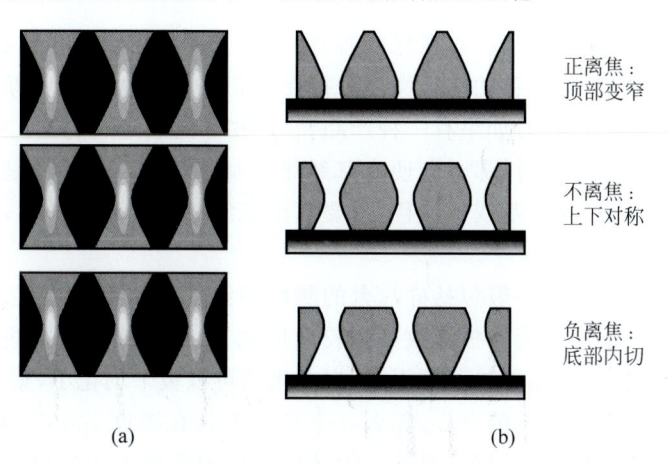

图 6-106　(a) 成像光在焦点位置的能量(光强)分布示意图;(b) 光刻胶的垂直形貌随着焦距的变化,从正离焦的顶部变窄到负离焦的底部内切示意图(其中空间像光强随着焦距的变化和相应的光刻胶形貌随着焦距的变化做了夸张处理,为的是阐明原理)

不过，具体的光刻胶的上下部分不会理想地对称。若需要精确地测量焦距，则需要做校准。

工厂中存在很多相同型号的光刻机，为了更大地发挥产能，经常需要这些光刻机能够互相支援。而支援的唯一缺点是不同的光刻机之间存在一些差异，这些差异可能导致芯片性能或者成品率的损失。比如，不同光刻机之间的焦距可能存在差异，而且随着光刻机各自不同的漂移，这种差异可能会随着时间变化，所以经常需要对光刻机的焦距进行测量和校准。这样的校准需要使用同一片硅片，在硅片上的一个曝光场中做多点测试。这样不仅可以定出每台光刻机的最佳焦距，还可以定出整个焦平面。实际上，由于光刻机投影物镜存在一定的像差，光线通过镜头各部分在曝光缝不同位置上的焦距不完全相同，所以需要对一系列常用的照明条件，如环形照明、四极照明、偶极照明进行焦距的测量和匹配。将偏差计入机器常数。通常，这样的匹配对于193nm浸没式光刻机可以做到±(5～10)nm，这样的校准可以定期做，如每周、每月等。

6.8.5 阿斯麦公司的光刻机的基线(Baseline)维持功能

为了提高定期维护(Periodical Maintenance, PM)的效率，以及使光刻机始终保持在最佳性能，阿斯麦公司开发了自动维护功能——基线(Baseliner)维持功能。一般光刻机的套刻性能的验收仅仅看3天的，称为单机套刻(Single Machine Overlay, SMO)。双工件台的光刻机一般采用单台套刻(Single Chuck Overlay, SCO)。例如，阿斯麦公司的 NXT1970i 光刻机的单台套刻规格为 2.0nm(3倍标准偏差)。对于要求不高的用户来说，如 28nm 工艺，产品的套刻偏差为 6～8nm，如果经历 3 个月，单台套刻漂移了(随机量)3nm，即单台套刻变为 $(2^2+3^2)^{1/2}=3.6(nm)$，如果在校准，即单台套刻为 2.0nm 时，产品套刻为 6nm，叠加上 3nm(随机量)，成为 6.7nm，仍然小于 8nm，问题可能不大，每 3 个月做一次维护可以满足要求。但是，到了 4nm，产品的套刻要求小于 4.5nm，如果机器在校准时产品套刻等于 4nm，那么加上 3nm 随机误差产品的套刻变为 5nm，超过了 4.5nm 的规格。也就是说，对于要求更加严格的产品，以往的 3 个月维护一次的频度不足以满足要求，需要更加频繁地进行维护或重新校准。因为人工停机维护时间长、效率低，所以阿斯麦公司设计了自动维护的功能。他们每隔几天，如 3 天(系统单台套刻保持的最长时间)通过硅片曝光自动校准一次。由于仅有 3 天，系统的漂移量一般不会超过 1nm，这样的调整完全不会被产品所察觉，即完全不会影响产品性能或者成品率。

感觉上，光刻机的单台套刻一直在保持着，就像 3 天的单台套刻一直保持着。但是，假如这种漂移是无法补偿的(如漂移的非线性部分存在 1.5nm 无法补偿的高阶项)，校准仅仅是尽力而为，如补掉线性部分，此时如果有一种产品，它的相邻两层之间的工艺时间很长，如前层与后层之间的时间超过了 1 个月，那么即便有基线维持功能，这 1.5nm 还是会表现在产品的套刻误差中。所以，要真正保证基线不漂移，需要找出基线漂移的真正原因，而不是仅仅通过缩减维护时间来处理。

光刻机的套刻基线漂移一般包括硅片台的测控系统发生非线性漂移，如平面光栅板的局部应力释放、胶水风化开裂，光栅板读数头的胶水风化、应力释放等。这些漂移一般可以通过内差法或者重新校准法去除，但是不可否认，误差虽然可以被平均化小，累积误差还是存在的。如果一天系统要处理两次风化的事件，那么 3 个月下来就有接近 200 次内差需要做。如果风化裂开的位置很接近，就会累积较大误差。干涉仪测控的平台由于反射镜和移动平台通常是做成一体的，反射镜是通过平台成型抛光后再蒸镀的，所以几乎没有应力释放。但是，激光头以及各反射镜和棱镜组是被安装固定的，这些部分的位置漂移也会累积较大误差。最后，由于硅片是被真空吸附或者静电吸附（极紫外光刻机）在硅片台上的，反复的硅片装卸会导致一定程度的硅片台磨损，也就是存在一定的表面高低变化，这种高低变化可能导致 1～3nm 的套刻偏差。当然，这种偏差在一定程度上是可以被弥补的。此外，镜头像差的漂移以及镜头被紫外光长期照射导致的局部坍缩（Compaction），也会产生额外的套刻偏差。

自动基线维护功能还会维护焦距、焦平面和像散，使得这些参数被保持在良好状态。焦平面、像散与镜头有关，需要通过调整镜头来回复良好状态。自动基线使用的硅片需要经常性地剥胶循环使用。

6.9 光刻机的延伸功能

6.9.1 曝光均匀性的补偿

光刻机是用来对掩模版上的图形进行快速复制的设备。为了以最快速度将图形复制在硅片上，采用了具有一定像场大小的步进式光刻机和步进-扫描式光刻机。以图 6-25 为例，在曝光场上不同地方的光线是经过镜头不同地方的。图 6-25 展示了像场中心的光线成像和像场边缘一点的成像光路。由于光线在每个镜面上的入射角不同，通过镜片中央的光线通常拥有较大的透射率。但是，对于芯片来说处于像场边缘的器件和处于像场中央的器件需要有相同的线宽。于是，曝光均匀性的补偿是必需的。对于步进式光刻机，讨论整块曝光场的照明均匀性。对于扫描式光刻机，有曝光缝均匀性（Slit uniformity），也就是像场中央和边缘的照明均匀性；也包含有曝光场内均匀性，或者沿着扫描方向的照明均匀性。补偿照明均匀性有两种方法：一种是采用透射衰减式补偿片来实现；另一种是采用限制曝光缝的宽度来实现。这两种曝光缝的设计见图 6-107。

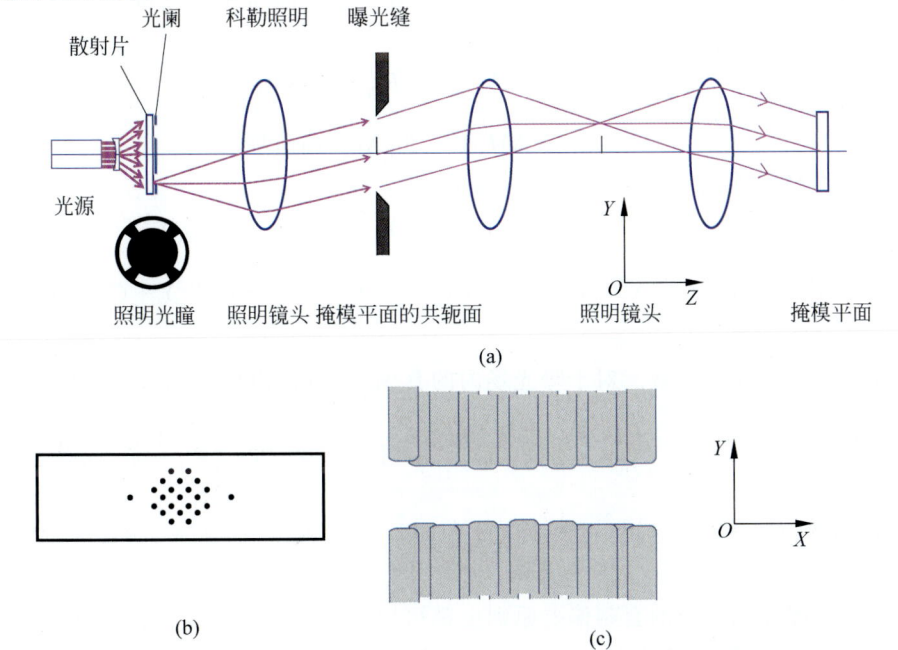

图 6-107　（a）曝光缝和掩模版平面在科勒照明光路中的位置示意图；（b）一种通过涂覆不透光的黑点来调整曝光缝的均匀性的补偿片（黑点的尺寸一般在微米级，这里做了夸张放大，为了便于展示和说明）；（c）一种局部可调宽度的曝光缝原理示意图

补偿片的设计简单实用,但是存在不透明点可能被大功率紫外光长期照射损伤的问题;还有补偿片的补偿在空间上是固定的,它不能随着光刻机的老化(如曝光缝的边缘照度逐渐下降)而不断改变。而局部可调宽度的曝光缝(采用金属补偿片阵列)则没有这个问题[45-47],它可以通过测量照明均匀性的变化而不断对光刻机的曝光缝进行补偿。但是,这种结构由于采用的补偿片阵列是金属制造的,光线会在补偿片阵列和掩模版之间多次反射,造成硅片曝光场外形成"鬼影"(Ghost image)。也就是光线在掩模版的铬(Cr)边界反射到了掩模版的共轭面,即曝光缝所在位置,经过补偿片阵列反射回掩模版。如果这时反射光经过掩模版上透明部分漏出,经过投影物镜成像在硅片上,就会形成额外的成像,俗称"鬼影"。当然,即便采用第一种方案,即透射衰减式补偿片,也可能造成鬼影,因为补偿片本身也会反射。也可以将以上两种方式结合在一起进行补偿。

6.9.2 套刻分布的补偿

光刻机自身有很多结构因素会影响套刻,比如硅片台的平整度、浸没式硅片台的温度分布、硅片台水冷在加速时来回流动带来的机械冲击波等。此外,还有镜头一旦由于各种原因偏离原先的状态带来的畸变和某些非对称像差,如彗差、三叶像差等也会造成套刻偏差。

在硅片加工的流程中,有一些工艺过程,如快速热退火(Rapid Thermal Annealing,RTA)过程、化学机械平坦化(Chemical Mechanical Planarization,CMP)过程,甚至干法刻蚀过程等(如图6-70所示),都会造成硅片上的超越线性的形变。所以,光刻机可以通过自身的一些可变装置来补偿一些硅片上其他工艺过程导致的形变。例如,以每个曝光场为单元,对每个曝光单元作为一个整体通过调整扫描的机械过程补偿平移、转动等,用于最大限度地补偿如图6-70所示的非线性形变。如果遇到畸变,还可以通过调整镜头的畸变来补偿,如掩模版受热沿着扫描方向(Y方向)的膨胀情况。阿斯麦公司推出的格点测绘(Grid Mapping,GM)功能[48]就可以实现以上的补偿功能。我们先来看一下曝光场之间的(Interfield)套刻。式(16.4)中只含有X和Y的线性项:

$$\begin{cases} \Delta X = T_X + \Delta M_X X - R_X Y + \text{高阶项} \\ \Delta Y = T_Y + \Delta M_Y Y + R_Y X + \text{高阶项} \end{cases} \quad (6.44)$$

如果加上非线性高阶项,那么式(6.44)可以写成

$$\begin{cases} \Delta X = T_X + \Delta M_X X - R_X Y + C_{X20} X^2 + C_{X11} XY + C_{X02} Y^2 + C_{X30} X^3 + C_{X21} X^2 Y + C_{X12} XY^2 + C_{X03} Y^3 \\ \Delta Y = T_Y + \Delta M_Y Y + R_Y X + C_{Y20} X^2 + C_{Y11} XY + C_{Y02} Y^2 + C_{Y30} X^3 + C_{Y21} X^2 Y + C_{Y12} XY^2 + C_{Y03} Y^3 \end{cases} \quad (6.45)$$

其中包含了二阶和三阶的系数。对于曝光场内的套刻,也可以由原先的4参数模型扩展到高阶,即

$$\begin{cases} \Delta x = k_1 + k_3 x + k_5 y + k_7 x^2 + k_9 xy + k_{11} y^2 + k_{13} x^3 + k_{15} x^2 y + k_{17} xy^2 + k_{19} y^3 \\ \Delta y = k_2 + k_4 y + k_6 x + k_8 y^2 + k_{10} yx + k_{12} x^2 + k_{14} y^3 + k_{16} y^2 x + k_{18} yx^2 + k_{20} x^3 \end{cases} \quad (6.46)$$

在式(6.45)中的曝光场之间的套刻偏差原则上都可以通过步进来补偿。换句话说,式(6.45)无论多复杂,都反映在曝光场的中心位置相对于硅片坐标系的位置。而式(6.46)就需要通过扫描,或者镜头的畸变调整来补偿,或者扫描+畸变同时调整来补偿。由于镜头的畸变一般为二阶[$D2_X(k_7), D2_Y(k_{12})$]或者三阶[$D3_X(k_{13})$]。图6-108展示了所有式(6.46)中的畸变系

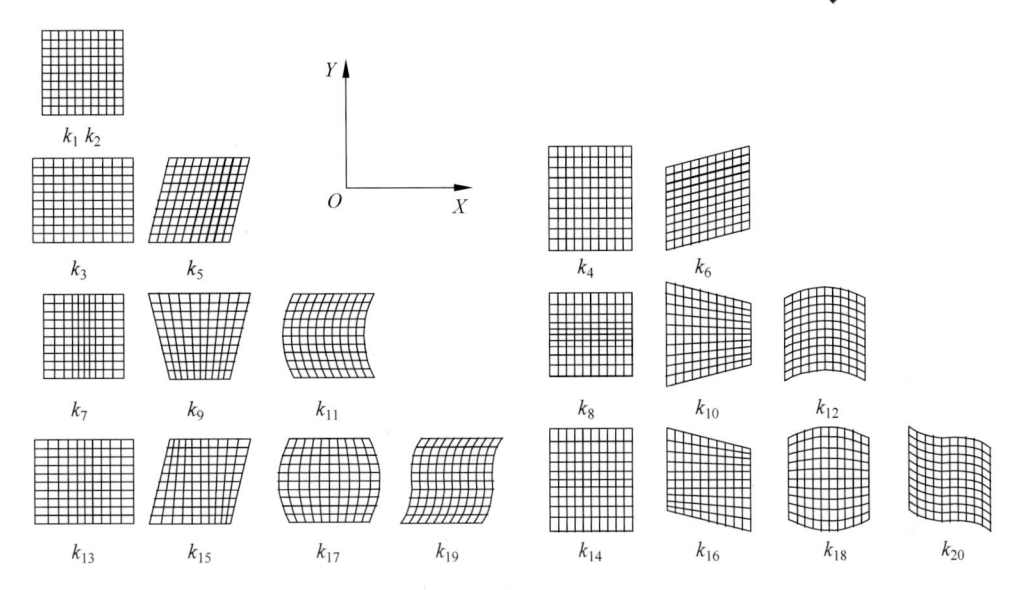

图 6-108 式(6.46)中的畸变系数图示(正负号未规定,只作图示)

数 $k_1 \sim k_{20}$。一般来说,X 方向上的畸变,如二阶、三阶都可以通过镜头来补偿,而 Y 方向的畸变一般通过扫描来补偿。具体如下。

(1) $k_1 \sim k_2$ 是平移,通过硅片台即可以补偿。

(2) $k_3 \sim k_4$ 是 XY 放大率不同(线性项),k_3 通过调整镜头放大率来实现,k_4 通过调整硅片台扫描速度即可以补偿(参见 16.1 节)。

(3) k_5 可以通过在沿着 Y 方向扫描时,叠加一个向 X 方向的线性扫描即可。

(4) k_6 与 k_5 类似,是 k_5 叠加一个转动即可。

(5) k_7 通过调整镜头畸变来实现。

(6) k_8 通过调整 Y 方向扫描来实现。

(7) k_9 无法实现。

(8) k_{10} 类似于 k_6,通过 k_5 叠加一个线性变化的转动即可。

(9) k_{11} 通过沿着 Y 方向的扫描叠加一个变化着的沿着 X 方向的平移来实现。

(10) k_{12} 通过调整镜头畸变来实现。

(11) k_{13} 类似于 k_7,通过调整镜头畸变来实现。

(12) k_{14} 类似于 k_8,通过调整 Y 方向扫描来实现。

(13) k_{15} 无法实现。

(14) k_{16} 类似于 k_{10},通过 Y 方向扫描叠加一个变化着的转动来实现。

(15) k_{17} 无法实现。

(16) k_{18} 原来无法实现,现在阿斯麦光刻设备制造公司可以实现,一般在 NXT1950i 的平台上作为选装配置。这项畸变主要来源于掩模版受热变形。由于掩模版在两侧(沿着 Y 方向的两条边)被夹住,热膨胀导致的形变无法向 X 方向延伸,只好沿着 Y 方向突出。这项偏差需要通过光刻机在扫描曝光的时候同步调整镜头的位置或者其中镜片的位置来实现。

(17) k_{19} 类似于 k_{11},通过沿着 Y 方向的扫描叠加一个变化着的沿着 X 方向的平移来实现。

(18) k_{20} 无法实现。

从上面的分析可见,20 项曝光场内的畸变系数中只有 4 项需要通过调整镜头的畸变来实现,其余都是通过调整硅片台的扫描来实现的。需要说明的是:现在不能实现补偿的某些畸变系数，随着科技的发展，未来可能会实现。这里只是介绍原理，具体情况需要与设备制造商确认。

6.9.3　阿斯麦光刻机基于气压传感器（AGILE）的精确调平测量

由 6.6.5 节和图 6-61 可知，调平是通过光线掠入射到涂覆有光刻胶或者光刻胶加上顶部图层（Top coat）的硅片表面，再通过反射光的位置来判断硅片的位置、倾斜等参数的。入射角（光线与硅片表面垂线之间的夹角）一般为 70°～75°，如图 6-109 所示，在这样的入射角，硅片表面的反射光在 5%（横磁波）～35%（横电波），大部分光还是会穿透到表面以下，直到遇到能够反射光的金属或者非金属。也就是说，光线探测到的不完全是表面。由于大部分光穿透到表面以下，所以真正探测到的水平位置在表面以下。这样的偏差一般可以达到 0.1～0.3μm。这样的偏差固定是没有问题的，但集成电路后段连线层版图上存在电线密度分布变化，由光线掠入射的调平探测方法会存在 ±(0.05～0.15)μm 的变化。这对对焦深度不到 100nm 的 32nm/28nm 工艺，或者对焦深度仅在 60～80nm 的 14nm 光刻工艺来说就太大了。

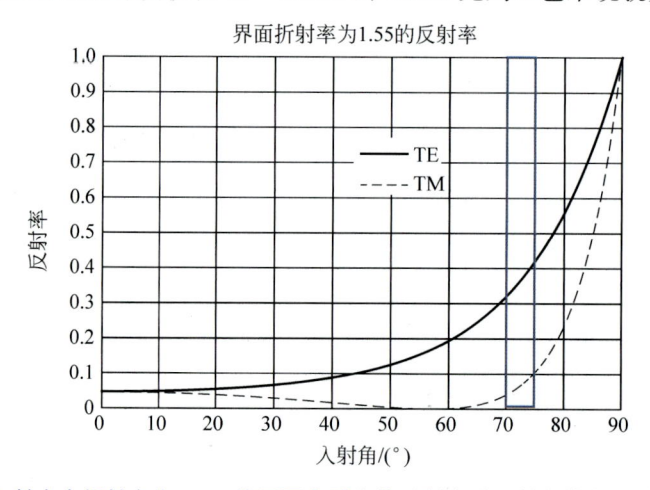

图 6-109　入射光在折射率为 1.55 的平面介质上的反射率随入射角的变化（参见图 10-8）

阿斯麦公司采用了一种通过测量气流在靠近物体表面的压强变化来探测物体表面的装置[49]。

图 6-110 展示了一种通过测量两只相通气流喷嘴中空气压力的装置。当气流喷嘴接近坚硬表面时，从喷嘴出来的气流会受到越来越多的阻碍，使得在喷嘴上游管道中的气压升高。如图 6-110 所示，从气泵出来的气流经过过滤器后分为两路：一路流向参考喷嘴，从喷嘴向着参考表面喷出；另一路流向测量喷嘴，从测量喷嘴向着待测表面喷出。这两条路之间有横管连通，在横管上安装有测量流速的传感器。在横管上游各有一处可调限流装置。如果两路中的气压相同，横管中就不会有气流流过。比如，两路中的气流压力相同，可以是待测表面距离测量喷嘴和参考表面距离参考喷嘴相同，横管中没有气流流过。此时，当待测表面向测量喷嘴靠拢，测量管路中的气流流出受阻，气压升高。这时就会有气流在横管中从测量管路向参考管路流动，传感器便会探测到差分气流。差分气流可以通过校准过的转换公式转换成待测表面与测量喷嘴的距离；反之，当待测表面远离测量喷嘴，气流受阻得到缓解，气压下降，横管中也会有气流，这次是从参考管路流向测量管路。

为了获得较快的响应速度，一般采用电加热导线（Hot Wire, HW）的方法来测量流速。因为气流可以带走通电金属丝产生的热量，使金属丝温度下降，而下降的温度可以使金属丝的电

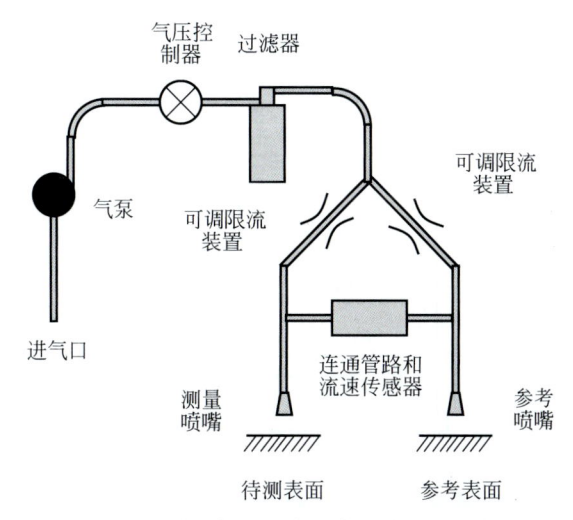

图 6-110 基于气压的表面高度传感器示意图

阻发生变化,再通过电桥将此电阻变化通过放大电路放大输出,获得相应的电信号。而且,下降的温度与流速成正比。这种方法的响应时间为 10~15ms,而通过压力传感器测量压力的变化的相应时间一般为 200~300ms。在两根管路中横管位置的上游各装有一个可调限流装置,是为了精密调整两根管路中的气压平衡。即便待测表面距离测量喷嘴的高度与参考表面距离参考喷嘴的高度不同,也可以通过可调限流装置来获得在横管中的 0 流速。

不过,两根管路之间有一定的距离,而且在硅片运动过程中会产生一定的空气扰动或者气压变化对于空间分开的两个喷嘴空气扰动的影响不一样,会导致两个喷嘴中间通过横管存在额外的空气流量,这会影响距离测量精度。于是,需要将参考气路尽量靠近测量气路,以获得相同的扰动,得以抵消,从距离测量中自动扣除。

图 6-111 展示了一种阿斯麦公司专利的传感器示意图[50]。图中 306 是参考喷嘴,310 是测量喷嘴,302 是固定的参考距离,304 是参考气路的环形缓冲腔(环形平面竖直放置),308 是同样尺寸的给测量气路的缓冲腔。注意,这两个缓冲腔是连通的。也就是说,一旦在测量喷嘴 310 附近发生气压变化,会传导到参考喷嘴 306,即可以大部分消除气压变化导致的距离误差。那么,在测量喷嘴附近的气压变化是否来得及传导到参考喷嘴呢?在常温下空气分子的平均分子量约为 29(氧分子量为 32,占 21%;氮分子量为 28,占 79%)。在 21℃时,根据能均分定理,每个空气分子的平均动能为 $3/2k_BT$,其中 k_B 为玻耳兹曼常数,T 为热力学温度。如式(6.47)所示,根据经典力学,空气分子的平均速度约为 501m/s。由于气体分子的热运动是各向同性的,可以认为往某一方向的均方根平均速率是同数量级的,如 100m/s,而可以近似认为气体分子之间的碰撞是弹性的,也就是不改变速度的绝对值,仅仅改变方向。如果气路的长度为 10cm,气体的压力差传导大约需要 1ms。考虑到系统的反应时间为 10~15ms,可以认为这样的连通器是维持在同样压强。

$$E = \frac{1}{2}mv^2 = \frac{3}{2}k_BT = \frac{3}{2} \times 1.38 \times 10^{-23} \text{J/K} \times (273.15+21)\text{K}$$

$$v = \sqrt{\frac{1.22 \times 10^{-20} \text{J}}{29 \times 1.674 \times 10^{-27} \text{kg}}} = 501 \text{m/s} \tag{6.47}$$

可以通过基于气压变化的高度传感器来精确地测量硅片上表面的高度。实践证明,这样的

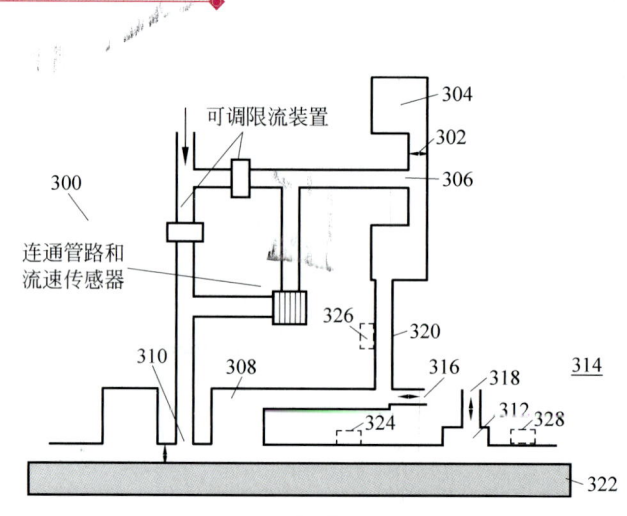

图 6-111 一种改进的不受气压变化影响、基于气压的表面高度传感器示意图[50]

测量精确度为 10nm 级,远好于光学手段的±(0.05～0.15)μm。当然,如果完全依赖气压传感器,调平的时间是很长的。在目前的快速产能要求下,留给调平的时间不到 4s(见 6.6.11 节)。假设采用每个曝光场拥有 17×22 个调平测量点,每个点逗留 15ms(10～15ms 响应时间),则测量完一个曝光场需要 5.6s,测量完整片硅片上 96 个曝光场,需要近 9min,所以调平还需要光学手段(具体参见 6.6.5 节),而通过气压的调平方法可以作为一次性校准使用。

6.9.4 硅片边缘对焦调平的特殊处理

为了最大限度地利用硅片的面积,通常将电路印制到硅片的边缘。除了非常边缘的如 3mm 之外,这个区域一般称为边缘排除区域(Edge Clearance,EC),都是有效的面积。但是,由于硅片制造和抛光的工艺限制,在离开硅片几毫米的地方,硅片的上表面会急剧变薄。例如,在几毫米范围内,随着离开边缘的越来越近,厚度会减小 100～300nm(虽然这点厚度变化相对于 775μm 的硅片平均厚度不大,但是对于对焦深度仅仅为几十到一百多纳米的集成电路来说就很大了),如图 6-112 所示。由于调平是对整个曝光场进行的,原则上,调平测量点在边缘不做调平区域(Focus Edge Clearance,FEC)除外(如 FEC 与 EC 一样,也设定为 3mm,在距离边缘 3mm 范围内的调平测量点会被舍弃,图 6-112 显示的调平测量点都在 FEC 之外),都会被用来制作调平的高度图。由于边缘芯片的无效性,而且其高度会在离开硅片边缘几毫米处急剧下降,即便是设定了边缘不做调平区域,其调平数据点靠近硅片边缘的地方还是会有较大的变化,以致与其相邻的有效芯片的调平会受到影响,造成离焦。

如果光刻机已知在每个曝光场中芯片的大小和分布,那么光刻机就可以判断哪些芯片是有效的,哪些芯片是无效的。一般来说,芯片面积完全落在 FEC 之外是有效的芯片。对于有效的芯片,其调平的测量点可以用作整个曝光场的计算;而对于无效的芯片(非完整芯片,即芯片上有一部分落在 FEC 内),其调平数据点尽管可以在边缘不做调平的区域之外,也不会用作整个曝光场的调平用。这种方法可以最大限度地保护有效芯片的焦距不受边缘无效芯片的影响。

这种设定调平数据的有效区域称为与电路相关的硅片边缘不做调平区域(Circuit Dependent Focus Edge Clearance,CDFEC)。通常,CD-FEC 会在 FEC 的外面(更加远离硅片边缘)。在 FEC 外面的芯片是有效的芯片。经过芯片有效性的识别,有效芯片的焦距准确性会有较大提高。而无效芯片的调平和调焦将以有效芯片的数据做外延。尽管这样的外延会对

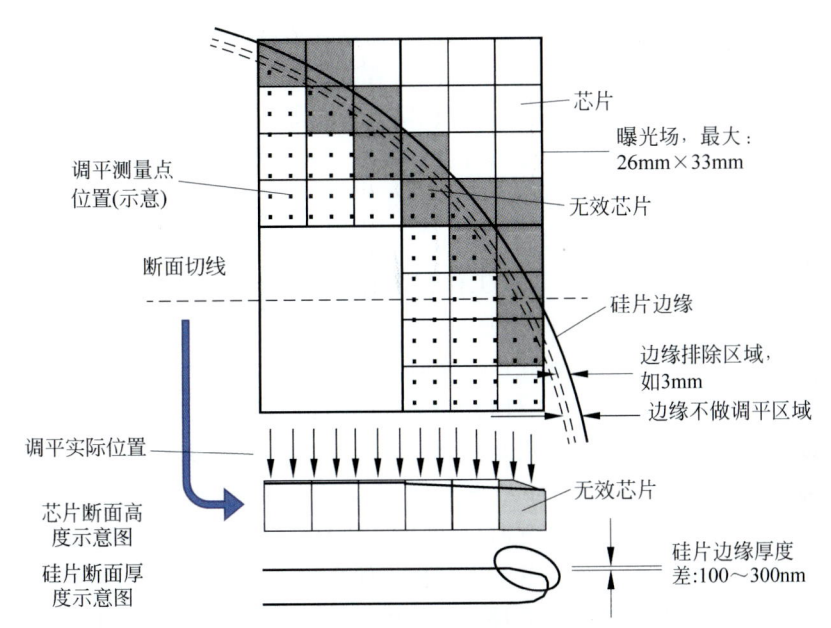

图 6-112　硅片边缘不做调平区域示意图（调平测量点都在 FEC 区域之外，但是调平还是会带来可用的芯片在边缘焦距严重偏离）

无效芯片的焦距造成严重影响，导致严重离焦（如图 6-113 所示），在不产生光刻缺陷（如光刻胶/抗反射层边缘剥离）的情况下是可取的。

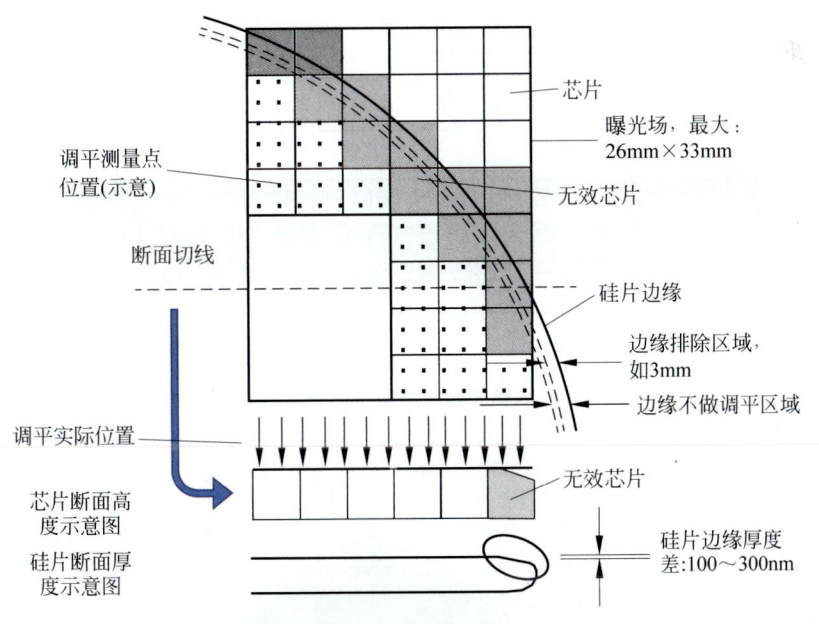

图 6-113　与电路相关的硅片边缘不做调平区域示意图（调平测量点都在 FEC 区域之内有效的芯片区域内，调平可以尽量避免有效芯片的焦距被边缘无效芯片影响）

6.9.5　硅片边缘曝光的特殊处理

硅片边缘的芯片与远离硅片边缘的芯片相比通常存在较大的高度差，比如高度较低，而且存在向硅片边缘倾斜的状况。这里的图形一般会存在负离焦的情况。离焦对于大部分光刻图形(如半密集和孤立图形)来说会导致线宽变小。而硅片边缘的调平(参见 6.9.4 节)是非常不易的。于是,一般采用在硅片边缘曝光场增加(或者减少,取决于是沟槽还是线条)曝光能量的方法来将线宽调整回来。缩小的线条一般采用降低曝光能量的方法,缩小的沟槽或者通孔/通孔一般采用增加曝光能量的方法,但是这样会影响光刻机产能的发挥。

这种方法可以在光刻机曝光程序中设定,圈定硅片边缘曝光场,并且设定一个百分数,即相对远离边缘的芯片曝光能量的增加百分数。

浸没式光刻机硅片边缘与硅片承载工件台之间存在一定的缝隙,如图 6-114 所示。因为硅片的直径(如 300mm 直径的硅片)误差在±0.2mm,所以硅片边缘与工件台的缝隙每边最大可超过 0.2mm。当浸没头移动到硅片边缘时,缝隙的吸水和吸气会产生机械扰动,从而影响工件台的稳定。这种扰动会引发工件台测控系统进行补偿。如果扫描速度很快,会来不及补偿,从而导致抖动。抖动的直接结果是图像变得模糊。如果抖动发生在硅片边缘的固定位置,那么可能会发生沿着某一方向(如 X 方向)的线条存在模糊,而沿着其他方向(如 Y 方向)的线条没有受到影响(这要看抖动的方向)。解决办法是对硅片边缘的曝光场采用降低扫描速度,不过这会导致光刻机产能下降。基于光刻机工件台的设计不是在硅片边缘任何位置都会发生抖动。工件台底部抽气和抽水的管路位于缝隙的某几个位置,如 2 点钟、6 点钟、10 点钟等位置,如图 6-115 所示,只有硅片边缘缝隙靠近这几个位置时才会发生明显抖动。所以降低扫描速度并不是针对所有边缘的曝光场的,只需要针对几个曝光场就可以,对产能的影响不大。

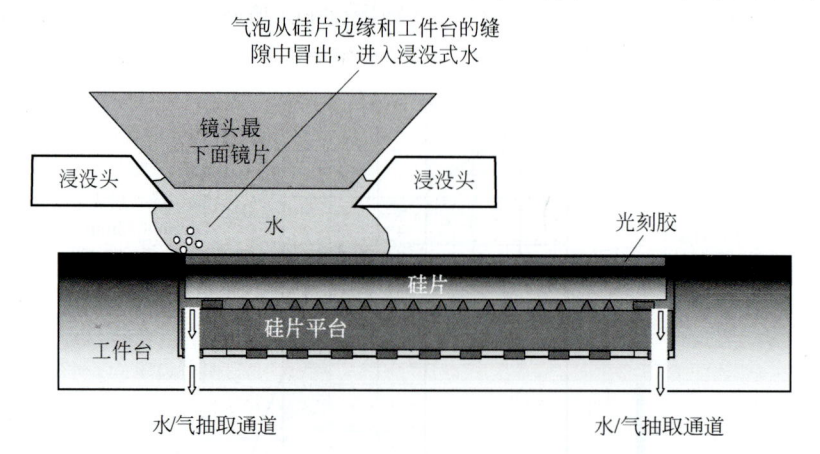

图 6-114 浸没式光刻机的硅片边缘和硅片承载的工件台存在缝隙示意图(参见图 14-39)

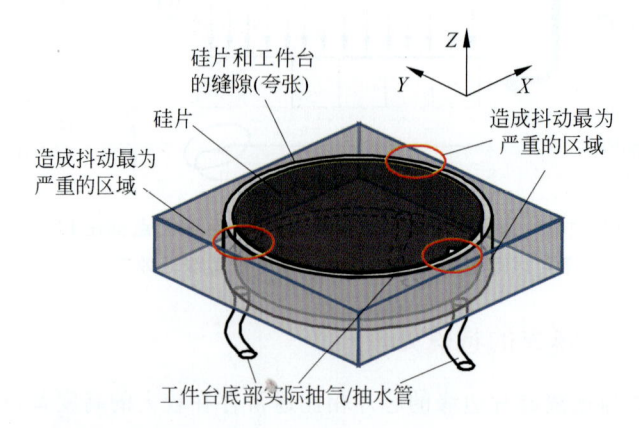

图 6-115 一种浸没式光刻机的硅片边缘和硅片承载的工件台存在缝隙,以及工件台下部抽水/抽气管路设计示意图

6.10 193nm 浸没式光刻机的特点

6.10.1 防水贴

在浸没式光刻中,所有的光传感器,如透射空间像传感器(TIS)、投影物镜(Projection lens)等被水浸过后会冷却而发生形变或者污染。为了保护传感器设计出了防水贴。通常,由于浸没式光刻中的水可能含有一定比例的光酸产生剂,是较强酸性的(光酸产生剂在光刻胶中的比例为 6%~16%),尤其是在曝光后,所以防水贴必须是疏水的,另外不能被酸腐蚀。

在实际工作中可以发现,光传感器上的防水贴会随着时间的推移(如 1 年后)逐渐变薄,这会影响焦距或者焦平面的误差。

6.10.2 浸没头(水罩)

浸没头维持在硅片表面到投影物镜最下面一片镜片之间的超纯水的循环。循环的目的是及时将浸没水吸入的杂质、颗粒和酸性化合物带走,避免污染硅片和对曝光机镜头造成腐蚀。图 6-116 展示了浸没头(水罩)的基本构造。图中显示,浸没头是围绕投影物镜的最后一片(WEt Last Lens Element,WELLE)而呈环状。浸没式水从靠近 WELLE 的一组小孔注入,沿着非扫描方向,即 X 轴流过镜头底部,在镜头的另外一侧被另一组小孔吸回,形成循环。在水循环的外圈还装有一圈气帘,又称为气刀(Air knife),用于防止浸没水溢出需要曝光的区域。在气帘和浸没水循环之间还有一圈吸入口,用于将气和水的混合物吸回。这样安排的目的是尽量使得浸没头的水和气对硅片施加的总压力等于 0,以尽量不影响硅片台的精密运动。

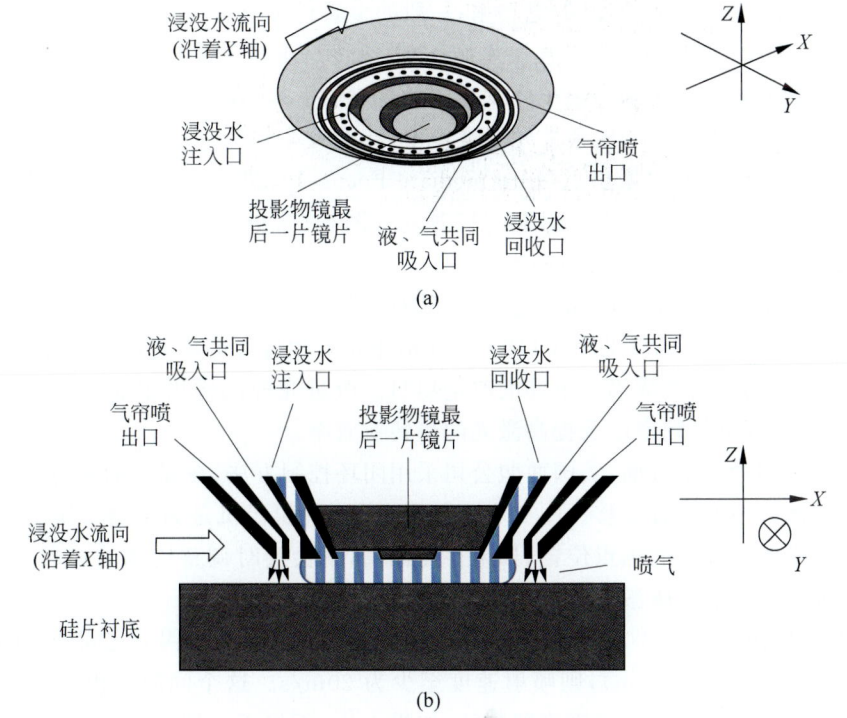

图 6-116 浸没头(水罩)的基本构造示意图:(a) 仰视图;(b) 断面图(图中没有画出投影物镜的最底下一片的密封圈)

制造浸没头需要考虑以下三方面。

（1）尽量不额外给硅片表面施加压力。

（2）能够带走所有光刻胶表面析出的化学物质，不让这些化学物质堵塞浸没头上的吸气和吸水孔、槽。

（3）不让光刻胶表面析出的化学物质重新沉积到硅片表面。

（4）将水牢牢地限制在比曝光场略大的范围内。防止水滴溅出，同时防止气泡混入。

（5）由于浸没头悬浮在硅片表面50～100μm的高度，精细到几微米级的高度控制是需要的。在拆卸清洗和更换维修过程中要防止浸没头碰到涂覆有光刻胶的硅片表面，否则黏度很高的光刻胶聚合物会污染浸没头表面和各种孔洞沟槽，很难清洗干净，甚至报废。

6.11　13.5nm 极紫外（EUV）光刻机的一些特点

6.11.1　激光激发的等离子体光源

13.5nm 的极紫外光相当于大约 92eV 的光子，超越了所有固态物质价电子的电离能，需要物质被激发到等离子态，由较为深层的电子退激辐射形成。历史上曾经存在激光激发的等离子体（Laser Produced Plasma，LPP）和高压放电激发的等离子体（Discharge Produced Plasma，DPP）两种等离子态的激发方式。激光激发方式可以将高能激光束聚焦在几十微米的狭小空间内，故等离子的发光可以很集中，而且在极小（直径范围 20～50μm）空间内可以积累很高的温度，使得转换效率（Conversion Efficiency，CE）可以很高，为 2%～5%。而高压电极放电方式比较难以在很狭小的空间集中很高的能量，主要是由于需要在极狭小的空间（如几十微米见方）内集中 1000～10000W 的电功率，一般的金属材料很难承受这样的电功率而不发生熔化，尽管液态金属，如锡（Sn）可以被快速循环，散热仍是难题。最后，工业界达成一致意见，采用二氧化碳激光激发的锡滴等离子体发光。例如，采用 33kW 的二氧化碳激光能量大约能够产生 125W 的可以被利用的极紫外光能量输出，转换效率约为 3%[51]。可被利用的能量是指被聚焦反射镜聚焦到中间聚焦点（Intermediate Focus，IF）进入光刻机的部分能量。一种激光激发的等离子体光源结构示意图如图 6-117 所示。图 6-118 展示了激光激发等离子体极紫外光源的外观（地上部分）。

极紫外迟迟不能引入生产的原因之一是光源的能量较低，使得使用成本大大提升。2010 年左右，光源的输出约为 5W（见图 6-119），每小时不足 5 片硅片的曝光，经济效益低。从 2010 年开始，提高光源的输出变成第一重要的改进项目。改进光源的输出主要有提高激光的命中率（命中锡滴）、提高重复频率以及提高激光的热转换效率。

在提高激光的命中率方面，美国西盟公司采用闭环控制方法，在锡滴的喷射路径上安装摄像机来测量锡滴的喷射位置偏移。图 6-117 中显示的高速摄像机是为了测量锡滴喷出的位置是否在二氧化碳激光聚焦的焦点位置，如果存在偏离，就会及时调整锡滴的喷射器位置，使得下面的锡滴喷射在二氧化碳激光的聚焦点上。

锡滴的喷射间隔为 10～20μs，即 50～100kHz，若要求相邻锡滴与锡滴之间的间隔在 200μm 以上（锡滴的直径为 20～30μm），则喷射速度至少为 20m/s。这个间隔是由某一锡滴被轰击爆炸形成等离子体不影响后一滴锡滴限制的，如果太近，不仅不会增加光源的发光强度，还会导致相邻两个锡滴之间互相干扰而失去一滴。

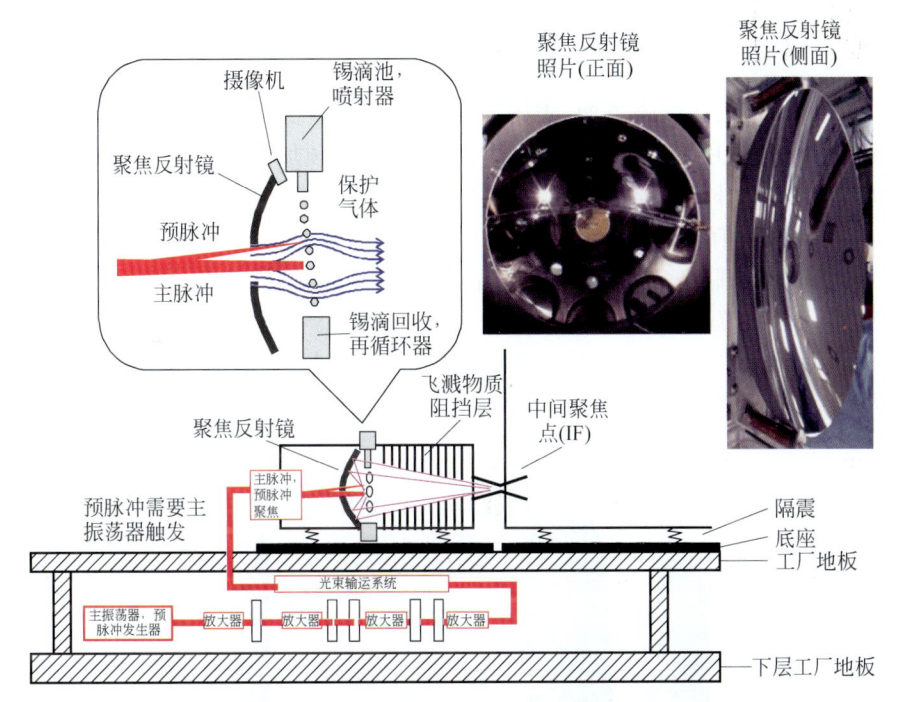

图 6-117　极紫外光刻机的激光激发等离子体光源结构示意图[51]

图 6-118　一种极紫外激光激发等离子体光源外观照片[52]

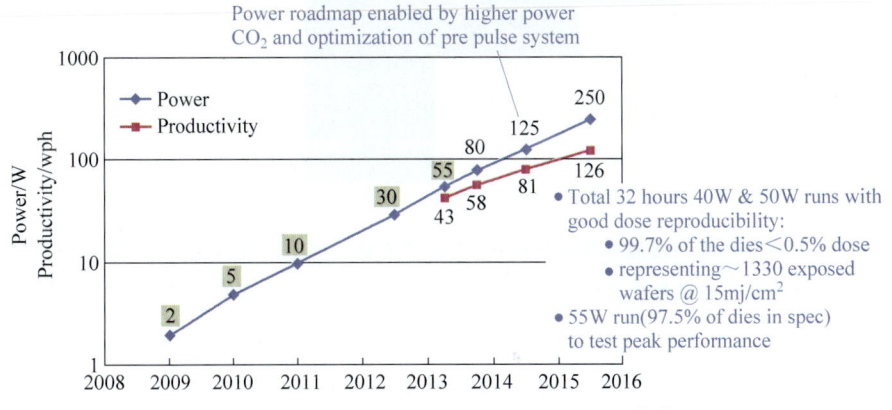

图 6-119　阿斯麦公司的光源发展历程图[51]

喷射速度快、重复频率高，对喷口的要求也就越来越高。如果喷口遇阻，甚至堵塞，设备就要停机。

此外，在提高激光的热效率方面，美国西盟公司采用了预脉冲（Pre-Pulse，PP）技术，即在主脉冲轰击锡滴之前先用较小能量轰击锡滴，使其能够被预加热和扁平化，再通过主脉冲轰击扁平化的锡滴，使其里外均被充分加热，高效形成等离子体，发射极紫外光。二氧化碳激光的波长为 10.6μm，而锡滴的直径为 20～30μm。如图 6-120 所示，锡滴从被预脉冲轰击到扩展到直径大约 200μm 的圆盘经历了 0.3～0.7μs。也就是说，预脉冲到主脉冲之间的时间间隔大约为 0.5μs。由这个圆盘的大小可知，如果不想让圆盘影响下一滴锡滴，其垂直间隔至少为 200μm，安全一些，设定为 300μm，对于重复频率 100kHz，则锡滴向下的喷射速率为 30m/s，这段时间内，锡滴向下移动了 15μm。

(a)

(b)

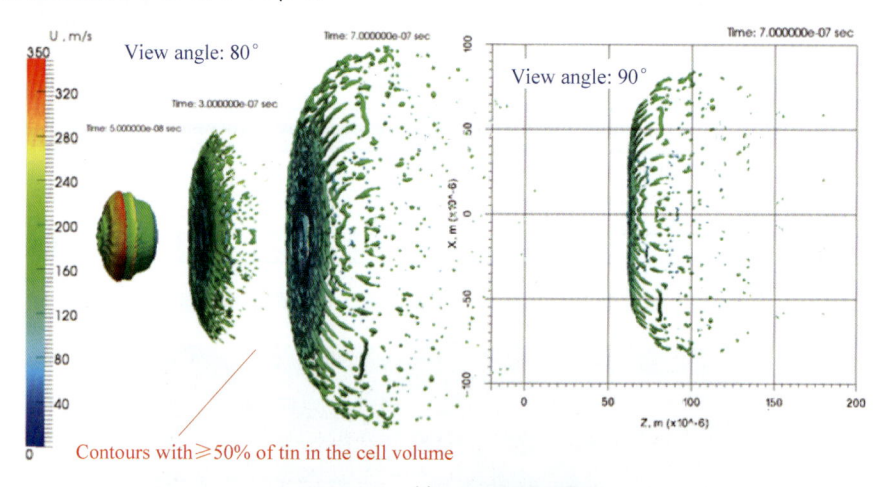

图 6-120 预脉冲使得锡滴被轰击成圆饼形状，提高了主脉冲轰击的热效率：(a) 采用仿真计算的锡滴质量分布随着时间的变化；(b) 实际锡滴在受到预脉冲轰击后的分布图[51]

图 6-119 还展示了极紫外光源能量的提升历史和未来展望。当然，提高极紫外光刻机的产能，不仅靠提高光源的亮度，还要靠光刻胶的研发——提高光刻胶的灵敏度。有关光刻胶的部分在第 4 章和第 19 章进行详细论述，本章不进行展开讨论。

极紫外光刻机最重要的耗材是锡滴,而锡滴是由一子系统(锡槽)负责加热、过滤和喷射的,如图 6-121 所示。喷射的速度一般在 30m/s 以上。这套系统的寿命一般在 720h 左右[53],大约相当于 1 个月的用量。也就是说,每个月需要更换一次锡槽。

另外,反射式聚焦镜也需要定期更换,主要是表面会累积锡膜,而反射镜变坏的衡量标准是反射率下降的速率。目前设计的系统可以做到在 125W 输出功率反射率下降速率为 $0.4\%/\text{Gpulse}$[53]。

6.11.2 照明系统和自定义照明系统

极紫外光能量来之不易,而且所有反射镜的反射率仅 69% 左右(参见 9.1 节),照明系统需要采用尽量少的反射镜片数来完成原先在 193nm 可以使用较多的镜片的工作。所以,极紫外适合一步到位,采用自定义照明(Flexray illumination)系统,而不是采用可变锥镜组(含有一个可变倍望远镜和一个可变锥镜组)。因为那样镜片数目太多,导致总反射率低下。

图 6-122 展示了一种自定义照明系统的结构。其中从中间聚焦点(Intermediate Focus, IF)出来的光类似一个点光源。需要将其变成类似科勒照明系统。说到"类似",是因为其实这个照明不是真正的科勒照明。因为像场是圆周的一部分,所以如果使得曝光缝上每处的成像是一样的,那么需要照明的光束也是围绕圆心旋转对称的,如图 6-123 采用了两套可转动反射镜阵列。这样,仅仅采用 3 面反射镜,就可以将一个类似点光源变成可以形成自定义照明的科勒照明系统。总透过率为 $(68\%)^3 = 31.4\%$。由于在实际系统中掩模版在上方,所以还需要一片反射镜将极紫外光反射到处于设备上方、面向下的掩模版。不仅如此,增加的这片反射镜还可以用于照明光束整形:在掩模版平面,将其限制在包含曝光缝且略大一些的范围。图 6-122 仅

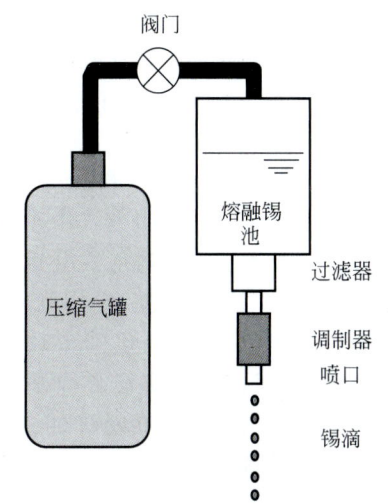

图 6-121 一种锡滴管理子系统(锡槽)结构示意图

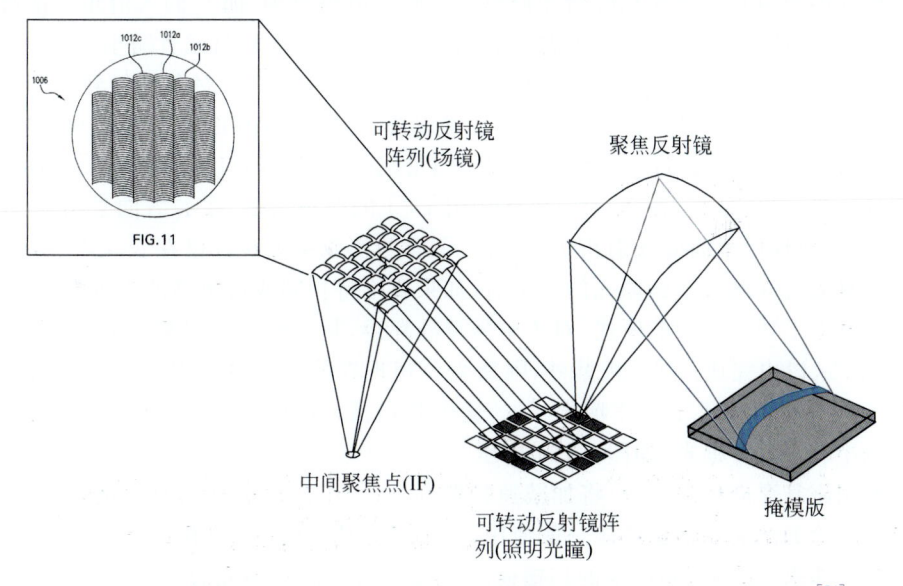

图 6-122 一种极紫外自定义照明系统结构示意图(左上角的场镜是一种示例[54])

是原理示意图。光束整形是为了避免照明光的损失,这对所有的扫描式光刻机都是适用的。这样的系统就有了 4 片反射镜,总透射率为 $(68\%)^4 =$ 21.4%。需要说明的是,场镜由许多与环形曝光缝形状相同的小转镜组成,感兴趣的读者可以参考文献[54],图 6-122 仅仅是示意。

基于反射式的照明方式由于需要给反射光让路,而且极紫外无法采用透射式分束板,照明不可能采取垂直的方式,只能采用一定的倾斜角。加上采用较厚的掩模版,不可避免产生阴影效应。如前所述,由于反射镜片数目有限,像场必须采用旋转对称的环形,这就导致照明也是旋转对称的。如图 6-123 所示,旋转对称的具有主光线 6° 入射的科勒照明,会导致阴影效应随着曝光缝的位置变化。这给光学邻近效应修正带来新的挑战。

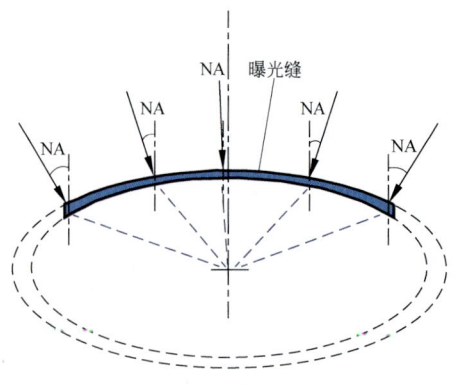

图 6-123 一种极紫外中心旋转对称照明角度示意图

6.11.3 全反射式的掩模版和投影物镜

掩模版与所有反射镜一样必须采用反射式。由于极紫外的分辨极限在 13nm 线宽,26nm 周期或者更小(0.33NA)(参见 6.5.3 节),在掩模版上,线宽为 52nm,而吸收层的高度约为 60nm(参见 9.1 节),又由于全反射式光刻机采用沿着 Y 轴带有 6° 角的入射照明方式,在图像上存在阴影效应。不过,由于采用全反射式镜片,镜片的冷却装置可以容易地安装在镜片背后,而不像透射式光刻机,镜片的冷却只能通过镜头内的气体和镜筒外面的水冷套来完成。全反射式投影物镜在 6.5.3 节有论述。

6.11.4 高数值孔径的投影物镜设计:X 方向和 Y 方向放大率不同的物镜(Anamorphic)

由于更大的数值孔径需要相应增加掩模版一侧入射角范围,而 6° 的入射角只能够支持约 0.4(硅片一侧)的数值孔径,所以再大的数值孔径需要加大斜入射角或者缩小倍率。由于提高缩小倍率会导致掩模版变大或者一次扫描曝光场变小,而增加斜入射角会导致阴影效应变得更大,从而使得线宽因为阴影效应而变得更加难以修正,所以现在的方案是采用在 X 方向和 Y 方向放大率不同的物镜设计。保证在 X 方向上的 26mm 像场宽度,而缩小 Y 方向的像场宽度到原先的一半,也就是说,在 X 方向仍然采用 4:1 的缩小倍率,在 Y 方向采用 8:1 的缩小倍率。这样,在掩模版平面的入射角仍然是 6°,具体投影物镜的设计已在 6.5.4 节有论述。

在一次曝光的区域减小到原先的一半后,如果要维持相同或者更高的光刻机产能,则要在提高扫描速度上下功夫。如前所述,对于磁悬浮硅片台,其质量约为气悬浮的 1/3,其加速、减速可以在 0.05s 以内完成;到了极紫外,阿斯麦公司现在的 NXE3400B 平台的光源能量达到了 250W,每小时可以完成 125 片曝光[55]。这个公司预计,到 2024 年,其高数值孔径光刻机的产能约每小时 185 片曝光,如图 6-124 所示。

如果使用磁悬浮硅片工件台,将加减速控制在 0.05s(参见 6.6.11 节),那么是否可能实现每小时 185 片的产能?计算产能一般使用 96 个曝光场,在高数值孔径下,曝光场数量不会超过 192 个。如果按照 800mm/s 的扫描速度,经过 1.6mm 的曝光缝(如图 6-30 所示),不仅需要扫描 2 倍的 1.6mm,还需要扫过弯曲导致的整个弧形的高度(约 2.1mm),所以根据 6.6.11

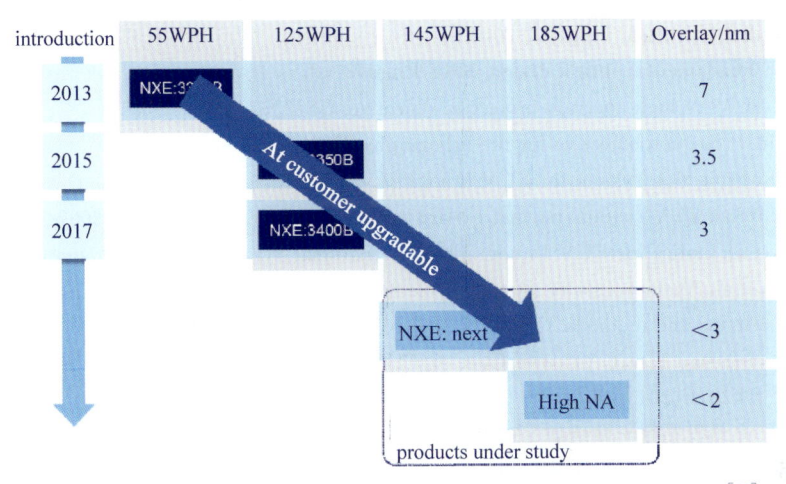

	introduction	55WPH	125WPH	145WPH	185WPH	Overlay/nm
	2013	NXE:3300B				7
	2015		NXE:3350B			3.5
	2017			NXE:3400B		3
				NXE: next		<3
					High NA	<2
				products under study		

图 6-124 阿斯麦光刻设备制造有限公司的极紫外光刻机发展路线图[53]

节,整个沿着 Y 方向的扫描长度是曝光场的长度＋曝光缝的宽度×2＋曝光缝的弧形高度＝16.5＋1.6×2＋2.1＝21.8mm,如图 6-125 所示。如果扫描区域再加上一点余量,如 1mm,总扫描长度为 22.8mm。如果采用 800mm/s 的扫描速度,则需要 0.0285s。如果加减速为 0.05s,则每个缩小一半的曝光场的曝光总时间为 0.0785s。192 个曝光场的总时间为 15.1s。如果非曝光时间为 4s,则每片总需时为 19.1s,1h 可以完成 188.5 片,与阿斯麦公司的预计(185WPH)一致。

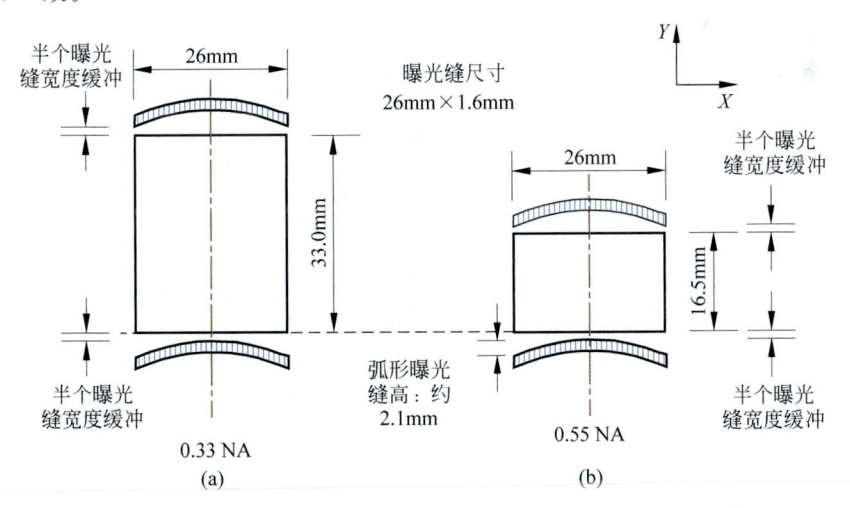

图 6-125 具有弧形曝光缝的扫描情况:(a) 整个曝光场;(b) 半个曝光场

参考文献

[1] JKG-3 光刻机. 上海学泽光学机械有限公司官网. http://www.xueze.com/pic/picshow-5-61658-018000363/? lang＝0.
[2] Markle D A. A new projection printer. Solid State Technology,1974,6:50-53.
[3] Offner A. New concepts in projection mask aligners. Optical Engineering 14,1975:130.
[4] Bruning J H. Optical Lithography…40 years and holding. Proc. SPIE 6520,3,2007.
[5] 国产袖珍旁轴 35 mm 相机海鸥 KJ-1 的 38 mm 焦距、F2.8 镜头荣膺第四届全国照相机机械质量测试平视相机一等奖,上海海鸥数码照相机有限公司网站-品牌历史. www.seagull-digital.com.

[6] 定焦距照相镜头国标. GB/T 9917.2-2008.
[7] Kidger M J. Fundamental optical design. SPIE Press, 2002.
[8] Schuster K H. Very high aperture projection objective. US7339743B2, 2008.
[9] Feldmann H. Projection objective for the lithography. EP1998223A2, 2008.
[10] Hudyma R. Projection system for EUV lithography. US7375798B2, 2008.
[11] Meiling H, et al. EUV system, moving toward production. Proc. SPIE 7271-1, 2009.
[12] Kuertz P, et al. Optics for EUV Lithography. International Symp. on EUV lithography 2009, 2009.
[13] Mann H J, et al. Anamorphically imaging projection lens system and related optical systems, projection exposure systems and methods. US9568832B2, 2017.
[14] Schoot J v, Schenau K v I, Valentin C, et al. EUV lithography scanner for sub 8nm resolution. Proc. SPIE 9422, 94221F, 2015.
[15] 姚汉民,等. 光刻投影曝光微纳加工技术. 北京：北京工业大学出版社, 2006.
[16] Levenson D. ASML "double-dips" with updated litho tool. Solid state Technology, 2009：12.
[17] Marie Cox H H, Mattar T A. Method for positioning an object by an electromagnetic motor, stage apparatus and lithographic apparatus. US8102513B2, 2012.
[18] 朱煜,张鸣,徐登峰,等. 一种动铁式无线缆的六自由度磁浮运动平台. CN 103543613 A, 2014.
[19] Frissen P C M, Jansen G L M, de Fockert G A J. Lithographic apparatus and device manufacturing method. US20160070181A1, 2016.
[20] 成荣,朱煜,张鸣,等. 一种光刻机硅片平台微动工作台. ZL201320224100.3, 2013.
[21] 德国肖特公司网站. www.us.schott.com/advanced optics, schott-zerodur-cte-classes-may-2013-us_website, 2013.
[22] SEMI M1-0302 标准, 2002.
[23] de Jong F, van der Pasch B, Castenmiller T, et al. Enabling the lithography roadmap: an immersion tool based on a Novel Stage Positioning System. Proc. SPIE 7274, 72741S, 2009.
[24] Hans Butler, et al. Stage system calibration method, stage system and lithographic apparatus comprising an encoder measurement system to measure position of stage system. US8446567B2, 2013.
[25] Shibazaki Y, Kohno H, Hamatani M. An innovative platform for high-throughput high-accuracy lithography using a single wafer stage. Proc. SPIE 7274, 72741I, 2009.
[26] Shibazaki Y. Immersion exposure apparatus, immersion exposure method, and device fabricating method. EP2857902B1, 2016.
[27] 朱煜,等. 清华成功研发光刻机双工件台掩模台系统α样机. 清华大学网站. http://news.tsinghua.edu.cn/publish/thunews/9945/2016/20160509154109226689022/20160509154109226689022_.html, 2016.
[28] Mack C A. Milestones in optical lithography tool suppliers. www.lithoguru.com, 2005.
[29] Lineback J R. SPIE Report: Canon, Nikon prep multistage immersion platforms. Solid State Technology, electroiq.com/blog/2005/03/spie-report-canon-nikon-prep-multistage-immersion-platforms/, 2005.
[30] Mizutani T. Exposure apparatus and method for manufacturing device. EP1909310A1, 2008.
[31] Shibazaki Y. Stage apparatus and exposure apparatus. EP1918983A1, 2008.
[32] Bornebroek F, Burghoorn J, Greeneich J S, et al. Overlay Performance in Advanced Processes. Proc. SPIE 4000, 2000：520.
[33] Jasper J C M, et al. Off-axis leveling in lithography projection apparatus. US6674510B1, 2004.
[34] Boef A J D, et al. Level sensor arrangement for lithographic apparatus and device manufacturing method. US8842293B2, 2014.
[35] Venema W J. Lithographic apparatus, device manufacturing method and energy sensor. US7671319B2, 2010.
[36] ASML lmages, Fall Edition 2009.
[37] 马科斯·玻恩,埃米尔·沃耳夫. 光学原理. 7 版. 北京：电子工业出版社, 2009：296.
[38] Klinkhamer J F F. Illumination system. EP1793278A2, 2007. 和 Wangler J. Arrangement for shaping a

laser beam and for reducing the coherence thereof. US5343489,1994.
[39] Voelkel R,Weible K J. Laser Beam Homogenizing:limitations and constraints. SPIE Europe Optical System Design Conference,Glasgow,2008.
[40] Wrangler J,Liegel J. Design principles for an illumination system using an excimer laser as a light source. Proc. SPIE 1138,1989:129.
[41] Claessens B J,Dierichs M M T M,Godfried H P. Homogenizer. US8508716B2,2013.
[42] Wrangler J,Ittner G. Illumination arrangement for a projection microlithographic apparatus. US6285443,2001.
[43] Mulder M,et al. Performance of FlexRay,a fully programmable Illumination system for generation of Freeform Sources on high NA immersion systems. Proc. SPIE 7640,76401P,2010.
[44] Wu Q. Scaling Rules of Phase Error Control for the Manufacturing of Alternating Phase Shifting Masks for 193nm Photolithography and Beyond. Proc. SPIE 5040,303,2003.
[45] McCullough A W. Adjustable slit. US5966202,1999.
[46] Zimmerman R C,et al. System and method for uniformity correction. US7525641B2,2009.
[47] Zimmerman R C. Double EUV illumination uniformity correction system and method. US9134620B2,2015.
[48] Huang C Y,Chue C F,Liu A H,et al. Using Intra-Field High Order Correction to Achieve Overlay Requirement beyond Sub-40nm Node. Proc. SPIE 7272,72720I,2009.
[49] Barada A H. Air gauge sensor. US5966202,1990.
[50] Carter F M,Kochersperger P. High resolution gas gauge proximity sensor. US7021120B2,2006.
[51] Banine V. EUV lithography status,future requirements and challenges. EUVL,Dublin,2013.
[52] Brandt D C. LPP Source System Development for HVM. Proc. SPIE 7636,76361I,2010.
[53] Pirati A,et al. EUV lithography performance for manufacturing:status and_outlook. Proc. SPIE 9776,97760A,2016.
[54] Bowering N R,Fomenkov I V. Euvoptios. US8598549B2,2013.
[55] Roderik van Es,et al. EUV for HVM:towards and industrialized scanner for HVM NXE3400B performance update. Proc. SPIE 10583,105830H,2018.

思考题

1. 3片3组的柯克镜头的主要问题是什么?
2. 4片3组的天塞镜头和3片3组的柯克镜头相比做了哪些改善?
3. 写出彗差、像散、畸变、横向色差的塞得系数表达式?它们靠怎样的镜头结构消除或者削弱?
4. 球差、彗差、像散、场曲、轴向色差和横向色差分别与曲率的几次方成正比?
5. 球差、彗差、像散是否可以通过增加镜片分摊曲率来削弱?
6. 6片4组双高斯镜头中光阑的位置放在第几片和第几片之间?
7. 6片4组双高斯镜头中中央两片镜片在消除像差上的主要功能是什么?
8. 光刻机投影物镜的"腰"镜片在消除像差上的主要功能是什么?
9. 193nm光刻机投影物镜中镜片一般采用什么材料制作?
10. 荷兰阿斯麦光刻机数值孔径为0.93投影物镜中(见图6-19)标记为27和28的两片镜片在消除像差上的主要功能是什么?它与哪种相机镜头类似?
11. 光刻机投影物镜为什么要采用远心设计?
12. 蔡司公司的数值孔径为1.35的193nm浸没式光刻的投影物镜(见图6-25)的曝光缝长、宽各是多少?曝光缝是否在光轴上?

13. 极紫外投影物镜采用全反射式，为什么曝光缝需要做成圆的一部分？主要是向哪部分像差妥协？

14. 蔡司公司的数值孔径为0.33的极紫外投影物镜中调制传递函数在26nm周期的函数值是多少？分辨率极限周期是什么？

15. 光刻机镜片的磨制面型精确度的要求是多少纳米(均方根)？

16. 光刻机镜头在补偿紫外光非均匀照明导致局部加热有哪几种方法？

17. 光刻机移动工件台有哪几种测控方式？

18. 采用干涉仪测控工件台的问题是什么？采用平面光栅测控工件台的问题是什么？

19. 硅片台采用的宏动和微动的空间运动精度各是多少？

20. 采用磁浮平台的好处是什么？

21. 主流的193nm浸没式光刻机磁浮平台一般采用动铁式还是动圈式？

22. 哈尔巴赫磁体阵列的原理是什么？

23. 什么是洛伦兹电动机？

24. 工件台一般采用什么材料制作？其温度系数是多少？

25. 硅片工件台有哪6个自由度？如果采用激光干涉仪测控，至少需要几路干涉仪通道？

26. 怎样校准激光干涉仪测控的平台？

27. 在光栅尺测控的工件台上，为什么需要在4个角上都安装双通道读数头，而工件台一共只有6个自由度？

28. 什么是中继光栅尺？

29. 光栅尺的跳变对套刻有什么影响？其原因是什么？

30. 光栅尺读数头的跳变的原因是什么？

31. 掩模版的表面高低起伏通常为300nm(28nm逻辑工艺)，而硅片上对焦深度的要求为80nm，能否实现对焦深度的要求？

32. 尼康公司的"俯视"系统是怎样将光栅尺和干涉仪组合使用的？其光栅尺装在哪里？光栅尺读数头又装在哪里？这样做的优、缺点各是什么？

33. 阿斯麦双工件台光刻机离轴对准分为哪几个步骤？尼康串列式工件台的光刻机对准分为哪几个步骤？

34. 193nm浸没式光刻机中闷盘的作用是什么？

35. 调平为什么要采用斜入射照明？

36. 阿斯麦光刻机中调频系统里的沃拉斯顿棱镜的作用是什么？

37. 离轴对准(off-axis alignment)系统中掩模版的对准经过投影物镜吗？

38. 阿斯麦公司的硅片对准系统采用高阶(如七阶)衍射光的好处是什么？它对对准记号表面倾斜导致反光偏离光轴有怎样的免疫力？

39. 高阶对准(HOWA)与格点测绘(Grid mapping)功能是否重叠？可以互相取代吗？

40. 对于镜头在曝光过程中被加热，工艺上可以采用怎样的办法来缓解？

41. 对于光刻机的产能计算，什么是工件台的非曝光时间成本？非曝光时间成本对于阿斯麦双工件台光刻机和尼康的串列工件台光刻机各是怎样计算的？

42. 对于匹配光刻机的产能，相比光刻机，轨道机一般需要增加百分之多少的产能？

43. 193nm浸没式光刻机，对于光刻胶中光酸产生剂的浸析的限制是多少？（mol/($cm^2 \cdot s$)）

44. 使用剪切干涉仪,在掩模版平面如果采用等间距光栅,光栅上方可以采用一片散射片(毛玻璃)产生非相干光来提高对光瞳的覆盖吗?

45. 阿斯麦光刻机照明系统中的阿斯麦可变锥镜组的工作原理是什么?

46. 各种偏振态是如何在硬件上实现的?

47. 采用 XY 偏振对光刻工艺的好处表现在哪几方面?

48. 自定义照明系统的结构是怎样的?

49. 光刻机的季检、半年检、年检一般有哪些内容?

50. 光刻机的互相匹配有哪些内容?

51. 光刻机的焦距监控有哪些方法?

52. 阿斯麦光刻机的自动基线维护(Baseliner)功能主要有哪些?

53. 阿斯麦光刻机有哪些延伸功能?

54. 阿斯麦光刻机的延伸功能中套刻分布的高阶补偿有哪些?

55. 阿斯麦光刻机的高阶套刻补偿在曝光场内有哪些常用的参数?其补偿方法各是什么?

56. 阿斯麦光刻机的基于气压传感器(AGILE)的精确调平装置的原理是什么?

57. 硅片边缘的调焦处理怎样做最好?

58. 由于硅片边缘和工件台之间存在缝隙,会对扫描曝光造成扰动,一般需要采用什么措施来弥补?

59. 对 193nm 浸没式光刻机中的浸没头(水罩)一般有哪些要求?

60. 简述激光激发等离子体极紫外光源的预脉冲的功能。

61. 激光激发等离子体极紫外光源中锡滴的喷射速度一般为多少?

62. 极紫外光刻机使用环形曝光缝,其在自定义照明上与 193nm 浸没式光刻机有什么不同?采用两组反射镜阵列的目的是什么?

63. 为什么采用环形曝光缝会延长扫描的长度?

第7章

涂胶-烘焙-显影一体机：轨道机

第 6 章讨论了光刻机，光刻机是所有半导体集成电路设备中最精密、最复杂、最昂贵的。要使得光刻工艺能够顺利完成，涂胶-显影一体式轨道机的重要性也就显露出来了。20 世纪 70 年代，美国加利福尼亚州的柯比尔特（Cobilt）公司开始推出涂胶-显影一体机。80 年代初，该产品出售给了他们在日本的分销商东京电子有限公司（Tokyo Electron Limited，TEL）[1]。另外一家制作一体机的公司是著名的硅谷集团（Silicon Valley Group，SVG）公司，80 年代他们推出了一体机系列，如 SVG8100（2～5in 硅片）、SVG8600（4～6in 硅片）、SVG8800（4～6in 硅片）、SVG90（4～8in 硅片）、ProCell（8～12in 硅片）。开始因为硅片是通过机械手抓取，沿着一个固定的 U 形路径从一个操作站点（如涂胶、烘焙、显影等）到另外一个站点的，像是沿着一个轨道行进，所以又称为**轨道机**（Track）。现代的一体机外观如图 7-1 所示，采用机械手抓取和递送进一个个不同的腔室中，像旅馆的一个个房间，还可以有不同的"楼层"并没有沿着轨道行进的感觉了。各硅片加工模块分布如图 7-2 所示。

图 7-1　日本东京电子有限公司生产的给 193nm 浸没式光刻使用的涂胶-显影一体机外观图（照片源自美国 SEMI 网站）

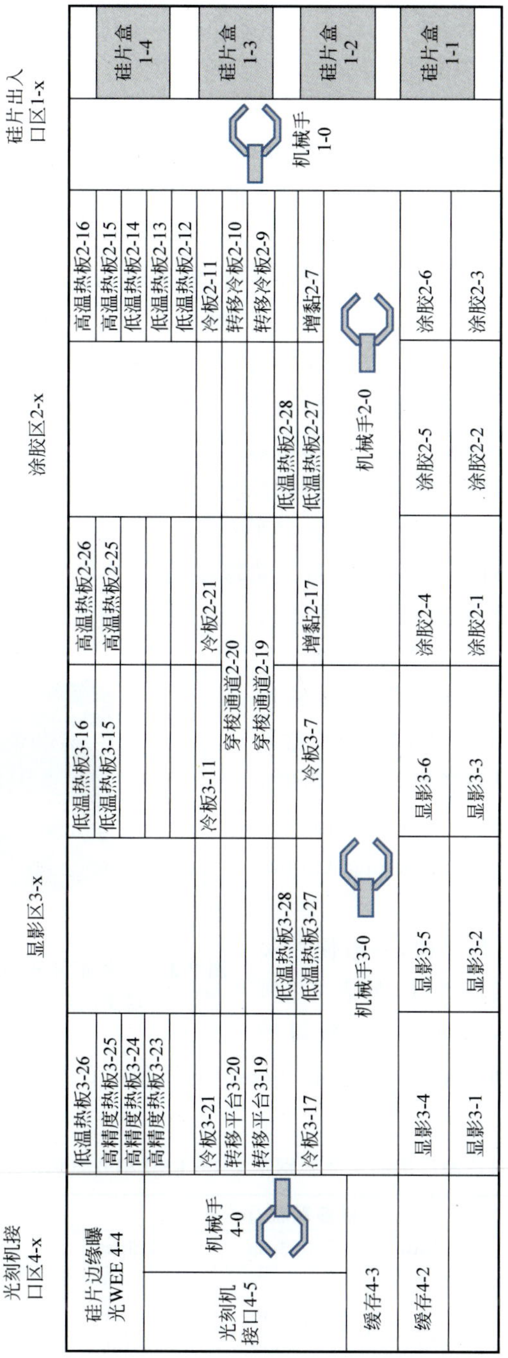

第7章　涂胶-烘焙-显影一体机：轨道机　　235

光刻机接口区4-x		显影区3-x			涂胶区2-x		硅片出入口区1-x
		低温热板3-26	低温热板3-16	高温热板2-26	高温热板2-16		硅片盒1-4
硅片边缘曝光WEE 4-4		高精度热板3-25	低温热板3-15	高温热板2-25	高温热板2-15		
		高精度热板3-24			低温热板2-14		硅片盒1-3
	机械手4-0	高精度热板3-23			低温热板2-13		
		冷板3-21	冷板3-11	冷板2-21	低温热板2-12		硅片盒1-2
光刻机接口4-5		转移平台3-20	穿梭通道3-20	穿梭通道2-20	冷板2-11	机械手1-0	
		转移平台3-19	穿梭通道3-19	穿梭通道2-19	转移冷板2-10		硅片盒1-1
					转移冷板2-9		
		冷板3-17	冷板3-7	增黏2-17	增黏2-7		
		低温热板3-28	低温热板2-28				
		低温热板3-27	低温热板2-27				
		机械手3-0		机械手2-0			
缓存4-3		显影3-5	显影3-6	涂胶2-4	涂胶2-6		
缓存4-2		显影3-4	显影3-3	涂胶2-5	涂胶2-5		
		显影3-2		涂胶2-1	涂胶2-2		
		显影3-1			涂胶2-3		

图 7-2　一种轨道机的各加工单元分布和命名示意图

整个轨道机大致分为如下 4 个区域。

第一区为硅片盒放置和取出-放回区域,图中包含 4 个硅片盒。放置位置分别命名为 1-1～1-4。其中还包括一个机械手,命名为 1-0。

第二区为硅片的涂胶区,其中所有模块,如涂胶槽、各种冷热板、增黏腔,和第二区与第三区之间的穿梭通道,依次命名为 2-1～2-28。其中还包括一个机械手,命名为 2-0。

第三区为硅片的显影区,其中包括显影槽、各种冷热板,转移平台等依次命名为 3-1～3-28。其中还包括一个机械手,命名为 3-0。

第四区为涂胶-显影机与光刻机的接口区,其中包括缓存、接口,硅片边缘曝光单元(Wafer Edge Exposure,WEE)等,依次命名为 4-1～4-5。其中还包括一个机械手,命名为 4-0。其中一些缩略语如下:

  ADH——Adhesion unit   增黏装置,即采用 HMDS 使硅片表面疏水而增黏
  COT——Coater   涂胶机/槽
  DEV——Developer   显影机/槽
  PCH——Precision chilling hot plate 精密冷板
  PHP——Precision hot plate   精密热板
  TCP——Transition chilling plate   转移冷板
  TRS——Transfer stage   转移平台
  WEE——Wafer edge exposure   硅片边缘曝光

硅片盒在 8in 以前(需要在全工厂洁净度为 1 级的环境中使用)常采用开放式的塑料盒加一个简易(不密封)的保护盒,里面可以放置 25 片硅片(除了 SMIF 硅片盒之外)。到了 12in 时,硅片盒采用密封的盒子保存,盒子内只对各操作设备开放,设备内的洁净度一般为 0.1 级。这种盒子称作前表面可开放的统一硅片盒(Front Opening Unified Pod,FOUP),如图 7-3 所示。

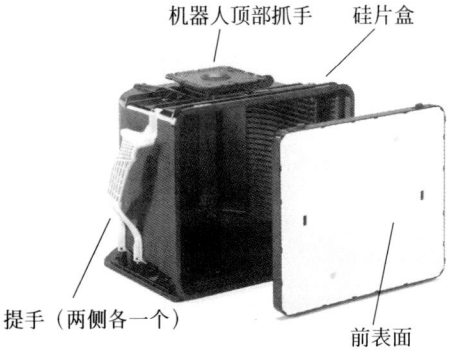

图 7-3 前表面可开放的统一硅片盒照片[引自美国应特格(Entegris)公司网站]

洁净厂房的洁净度定义有多种,一般使用美国联邦标准定义 US FED STD 209E,如表 7-1 所示。这个标准可以被内插或者外延。一般说的 12in 环境为 0.1 级,即在任何 1in^3($1\text{in}^3 = 16.39\text{cm}^3$)的体积中存在 0.1 颗大于或等于 0.5μm 大小的颗粒。

表 7-1 美国联邦标准对洁净厂房的洁净级别定义 US FED STD 209E(引自维基百科网站)

等 级	最多颗粒/in³					等效 ISO 标准
	≥0.1μm	≥0.2μm	≥0.3μm	≥0.5μm	≥5μm	
1	35	7.5	3	1	0.007	ISO 3
10	350	75	30	10	0.07	ISO 4
100	3500	750	300	100	0.7	ISO 5
1000	35000	7500	3000	1000	7	ISO 6
10000	350000	75000	30000	10000	70	ISO 7
100000	$3.5×10^6$	750000	300000	100000	830	ISO 8

浸没式光刻工艺一般要经过底部抗反射层涂覆、洗边[含边缘胶滴去除(Edge Bead

Removed,EBR)]、烘焙、光刻胶涂覆、洗边（含边缘胶滴去除）、烘焙、顶部隔水涂层涂覆、洗边（含边缘胶滴去除）、烘焙、曝光、曝光后冲洗（Post exposure rinse, post rinse）、曝光后烘焙（Post Exposure Bake, PEB）、显影、显影后冲洗和甩干等，如图7-4(a)所示。浸没式光刻时光刻胶一般不允许接触浸没式水，有三个原因：第一，光刻胶容易吸水，胶体膨胀（Swelling），导致曝光缺陷形成（参见13.8节和14.4节）；第二，光刻胶中有光致产酸剂，会被水浸析（Leaching），导致光刻胶局部或者整体失效；第三，酸性物质进入浸没式水后还会污染腐蚀镜头表面。所以，光刻胶必须被底部抗反射层和顶部隔水涂层封住，如图7-4(b)所示。这样的结构需要通过3种材料采用不同的洗边宽度制作：洗边的深度（从硅片边缘往硅片中央计算）为光刻胶大于顶部隔水涂层大于底部抗反射层。无须顶部涂层的光刻胶（TopCoatless PhotoResist, TC-less PR），可以省去顶部涂层步骤。浸没式光刻工艺，在曝光后需要对表面进行冲洗，洗去表面尚存的水滴，避免水滴对光酸的浸析及其引起的图像破坏。

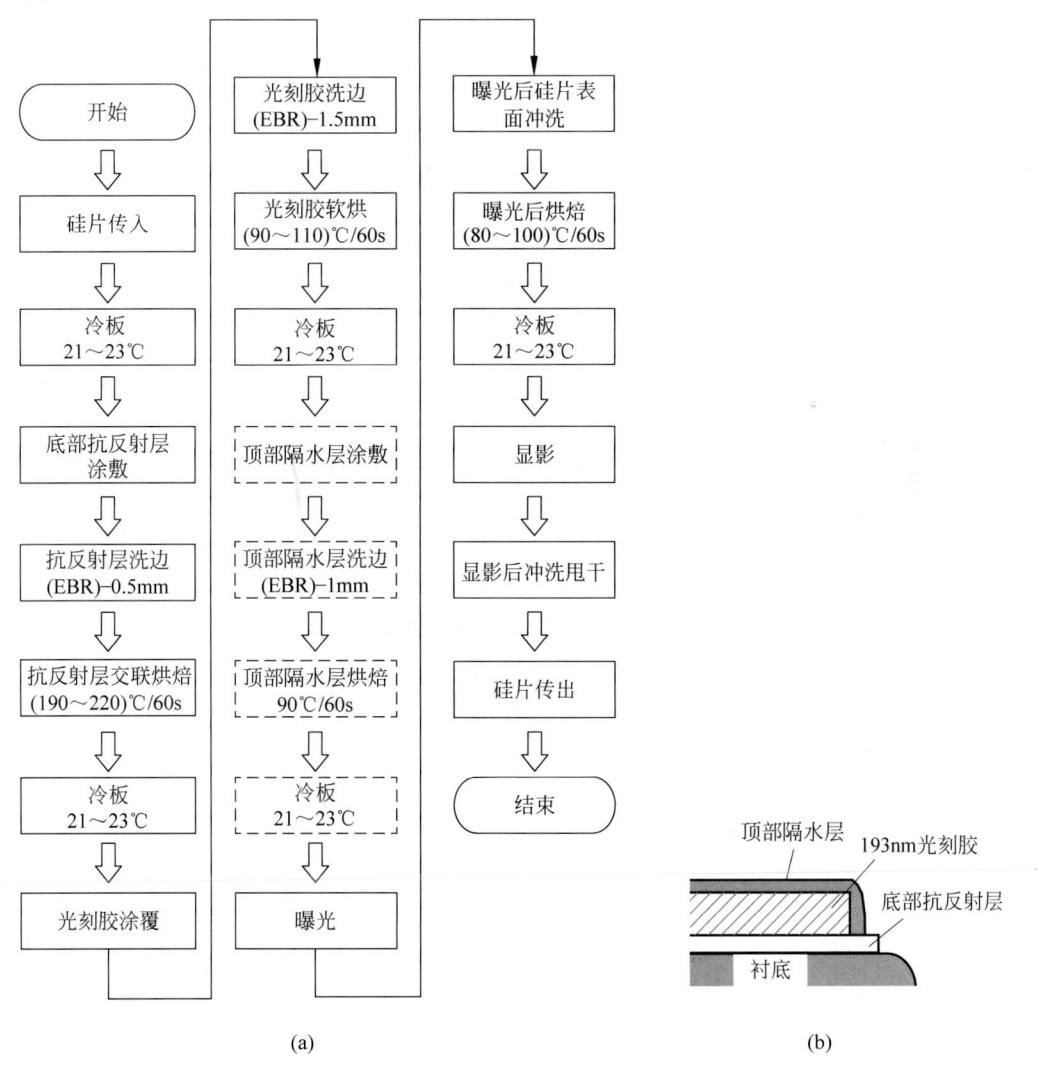

图7-4 （a）193nm浸没式光刻工艺一般需要的流程图；（b）对于抗反射层，光刻胶和顶部隔水涂层的洗边要求示意图（其中虚线的步骤对于无须顶部隔水涂层的光刻胶可以省去）

7.1 轨道机的主要组成部分（涂胶机、热板、显影机）和功能

轨道机的主要分系统是涂胶（匀胶）(Coaters)子系统、显影(Developers)子系统、冷热板烘焙(Chill/Hot plates)子系统、硅片传输-暂存(Wafer transport/buffering)子系统、供/排液(Chemical supply/drain)子系统、通信(Communication)子系统。这里主要介绍涂胶、热板和显影子系统。

7.1.1 涂胶子系统

涂胶子系统主要是由旋转电动机、真空吸附硅片台、光刻胶/抗反射层喷头、边缘去胶喷头和硅片背面去胶喷头，以及排风抽吸系统组成，如图7-5所示。

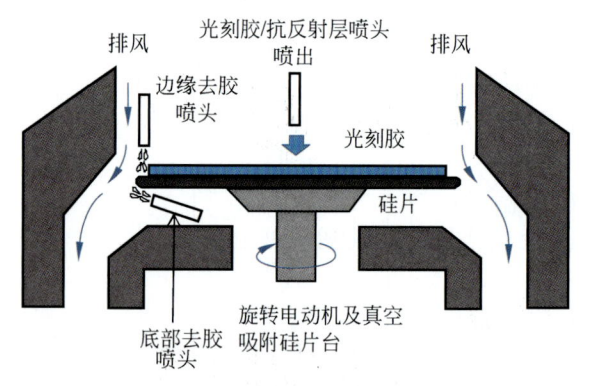

图7-5 涂胶（匀胶）机横断面示意图

旋转电动机由程序控制，可以按照预先设定的速度和加速度完成旋转动作。光刻胶和抗反射层喷头位于硅片中央，可以按照固定的程序喷出一定体积的液体于硅片中央，然后通过硅片台带动硅片作高速旋转将光刻胶或者抗反射层均匀地涂覆在硅片上。边缘去胶喷头用于将旋涂完成后吸附于硅片边缘的多余的光刻胶去除[又称为边缘胶滴去除(Edge Bead Removal, EBR)]。在背面还有一个喷头，会将流淌到硅片背面的残余光刻胶或者抗反射层去除。边缘去胶喷头相对于硅片边缘的位置可以调整，一般从边缘向里面缩进0.5～2.0mm。如果不去除流淌到硅片背面的光刻胶，可能污染其他设备，例如，硅片正面的光刻胶在进入炉管(Furnace)前会被刻蚀过程去掉。排风系统的作用是将高速甩离硅片中央的光刻胶快速地排出系统，避免撞击涂胶槽边缘而回溅，形成缺陷。

对于主流300mm直径硅片涂胶用的转速一般为600～2500r/min。厚度与转速的关系大致如下：

$$t \propto \frac{1}{\sqrt{\omega}} \tag{7.1}$$

也就是说，转速越快，最终形成的光刻胶越薄。600～2500r/min可以对应2倍左右的厚度变化，如果需要进一步改变厚度，则需要调节光刻胶的黏度，黏度的单位为cP(1cP=10^{-3}Pa·s)。在实际工作中是通过增加或者减少溶剂的比例调节光刻胶在某一固定的转速下的厚度的。以前这种工作可以由芯片工厂做，现在由于考虑到缺陷，一般由光刻胶工厂在流水线上做。

涂胶过程一般分为匀胶转动和成膜转动。匀胶转动一般通过运用较高的角加速度（如

$10000r/s^2$)和高的速度(如 2000~2500r/min,持续 2~3s),以最快速度将最先喷涂在硅片中央直径大约几厘米范围的光刻胶或者抗反射层迅速通过离心力扩展到整个硅片上,然后才是成膜转动。根据转速确定最终的膜厚,成膜转动一般要维持 20~30s。排风的程度由排风的压差表征,增加压差可以减少缺陷。

涂胶过程中产生的缺陷由以下原因造成:

(1) 如果衬底表面的高低起伏相对于匀胶转速过大,则会导致光刻胶或者抗反射层无法充分浸润就覆盖,形成气泡缺陷。

(2) 硅片表面没有充分脱水。一般采用六甲基二硅胺脘(hexamethyldisilazane,HMDS),[分子式为$(CH_3)_3 SiNHSi (CH_3)_3$]作为脱水剂,导致无法被相比其疏水的光刻胶或者抗反射层浸润。

(3) 硅片本身带有缺陷,导致涂胶不良。

(4) 涂胶过程中排风不够快,导致甩出的胶滴回溅。

(5) 涂胶程序时间偏长,导致某些光刻胶,或者抗反射层,如含硅的抗反射层中混溶物析出(Precipitation)[3]。

7.1.2 热板子系统

热板就是一块通过电阻丝加热的金属板,它用于对光刻胶或者抗反射层进行旋涂之后的坚膜并完成光化学反应。坚膜的作用最早是为了让光刻胶能够抵御湿法刻蚀的侵蚀,使其达到挡住刻蚀液体而不至于在刻蚀过程中吸收过多的水分失去阻挡作用。湿法刻蚀工艺(Wet etch process)又称为腐蚀工艺,一般有曝光前或者涂胶后烘焙(Post Application Bake,PAB)、曝光后烘焙(Post Exposure Bake,PEB)和显影后烘焙(Post Bake,PB)。显影后烘焙又称为坚膜烘焙,可以起到更好地抵御湿法刻蚀的作用。到了干法刻蚀,就省略了这一步。主要是因为在干法刻蚀中使用真空腔,硅片内残存的显影和冲洗后的水分会被真空吸干,而且光刻胶不会因为含有水分而降低抗刻蚀能力。

热板的结构一般包括金属板(厚度一般为几厘米,如 20mm)和紧挨着金属板下面的带分区的电加热元件,如 7 分区。金属板上面有分布均匀的若干小洞,里面伸出绝缘支撑,用于支撑硅片,包括中央 3 个顶针,用于在机械叉装入和取出硅片时将硅片支起。由于现在的冷热板烘焙一般采用接近式烘焙,也就是热板的上表面与硅片的下表面存在一定的间隙,又称为接近式热板(Proximity Hot Plate,PHP)。东京电子有限公司称其为精密热板(Precision Hot Plate,PHP)。这些绝缘支撑可以架起硅片,使得硅片离开热板金属板表面 0.2~0.635mm[4]。热板的辐射热量通过空气的热传导到达硅片下表面,这是为了避免硅片背面传递颗粒或者其他污染物。另外,背面存在的污染物会导致热接触不均匀,形成局部线宽偏差。其实,对于光刻机,为了避免传递污染,旋涂的涂胶机与硅片背面的接触面积也是最小化的。图 7-6 展示了东京电子有限公司的 12in 精密热板。注意,其中有 13 个小的绝缘体硅片支撑(小白圆点)和周边 6 个稍大、稍高的绝缘体硅片边缘限制圆柱。

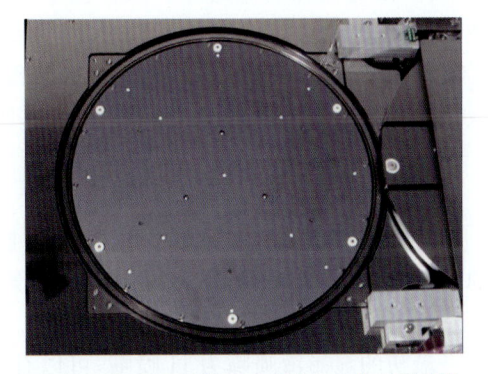

图 7-6 东京电子有限公司的 12 英寸精密热板照片[照片源自 equipmatching 网站]

关于烘焙工艺对光刻工艺的影响,在 20 世纪 90 年代初由克里斯·马克(Chris A. Mack)等基于温差扩散模型对热板的热传导进行了仿真计算[4-5]。温差扩散方程如下:

$$\frac{\partial T}{\partial t} = \frac{k}{\rho c}\frac{\partial^2 T}{\partial z^2} \tag{7.2}$$

式中:T 为温度;t 为时间;z 为垂直方向的坐标;ρ 为密度;c 为比热容;k 为热板上表面到硅片下表面之间的流体,如空气的热传导系数。

如果考虑热板周边的情况,还需要采用二维的模型。2014 年,韩国汉阳大学对扩散方程进行了积分运算,写出了方程的积分形式。[6]

2001 年,克里斯·马克等发现烘焙的时间曲线可以影响光刻胶的曝光能量和工艺窗口[7]。他们发现,对于某些光刻胶,如 APEX-E,光酸(Photo-acid)被碱(Base quencher)中和的激活温度低于光酸催化光刻胶去保护反应的激活温度。如果硅片曝光后加热的上升曲线比较平缓,可能在还没有开始进行催化去保护反应之前就已经损失了不少光酸,导致曝光能量需求提升。当然,对于曝光能量宽裕度较大的图形,如孤立图形,这种影响不会很大;但是对于本来对比度就比较小的密集图形,线宽会有较明显的变化,如图 7-7 所示。

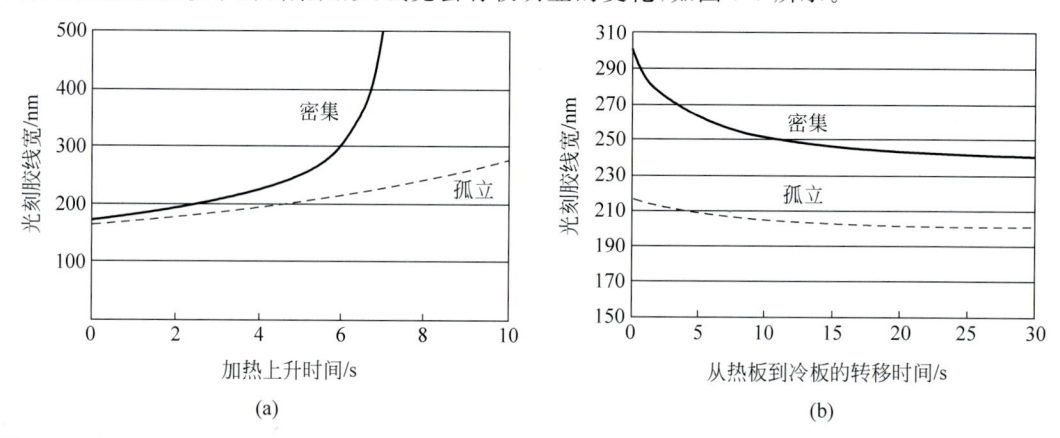

图 7-7 对于 APEX-E 光刻胶,(a) 密集和孤立线宽随着曝光后烘焙的加热上升时间长短的变化;(b) 密集和孤立线宽随着曝光后烘焙从热板到冷板转移时间长短的变化[7]

图 7-7 还显示了从热板到冷板的转移时间变化的情况。对于对比度不太大的密集图形,线宽可能会受转移时间的变化影响而有较大的变化。如果控制不好工艺,则会影响密集-孤立线宽差异的稳定性。从工艺上讲,需要选择适当的照明条件,将密集图形的对比度或者曝光能量宽裕度做大。不过,因为受限于光学成像的分辨率,密集图形的对比度也不是随意做大的。一般来说,栅极的密集线条对比度在 60% 左右(EL 在 18% 以上),金属连线层的在 40% 左右(EL 在 13% 以上)。所以在光刻胶的设计上也需要做些调整。

7.1.3 显影子系统

显影是完成光刻图形的最终一步,显影的好坏直接关系到光刻工艺的质量,衡量显影质量的指标主要是线宽均匀性和缺陷。显影液的温度控制也很重要,一般有专门的冷水机(Chiller)通过冷水循环保持显影液的温度。对显影影响最大的是显影液的喷嘴(Nozzle)设计。

最初的显影液喷嘴为 H 喷嘴,可以有多个喷嘴,其特点是流量比较大,能够在硅片的旋转下将显影液覆盖整片硅片。但是,H 喷嘴的缺点是硅片中央会接受比较多的显影液,造成过度显影。

在 H 喷嘴后出现了 E2 喷嘴[8]，如图 7-8 所示，它由一排水冷的喷嘴组成，在喷淋显影液时可以相对于硅片中央做旋转，使得硅片各处获得均匀的显影液。图 7-8(b) 所示的 E3 喷嘴是 E2 喷嘴的改进版，它在硅片中央喷淋的显影液较少，用于解决硅片中央总是获得较多显影液的问题。

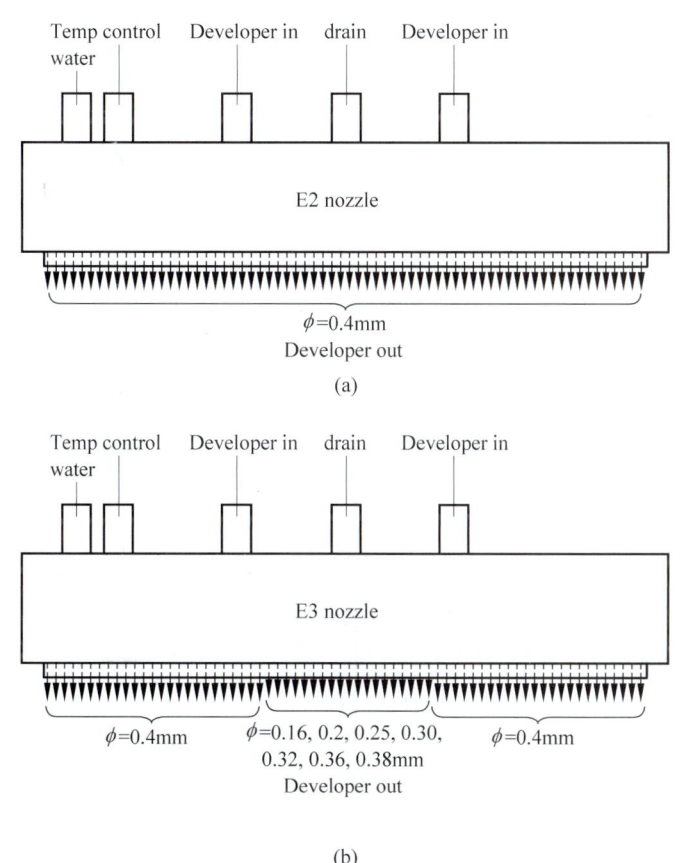

图 7-8　(a) E2 喷嘴示意图；(b) E3 喷嘴示意图

但是，E2/E3 喷嘴也有问题，就是向下垂直喷淋会形成对硅片表面较大的冲击力，尽管相比 H 喷嘴有了很大的改进。于是改进型 LD 喷嘴应运而生，又称为线性扫描喷嘴（Linear Drive，LD），如图 7-9 所示，也可以参考图 14-17。它有两个改进：一是在喷嘴里加入了一根石英棒，减小显影液喷出的速度，减小对硅片表面待处理光刻胶的冲击；二是喷嘴在喷淋的过程中从硅片边缘一边喷一边做垂直于喷嘴长度方向的线性扫描，使得整个硅片获得更加均匀的显影液剂量。

不过，线性扫描喷嘴也有问题。因为拥有众多的喷嘴，所以对于每个喷嘴喷淋的均匀性有很高的要求。喷嘴一旦发生堵塞，就会直接影响显影的均匀性。193nm 浸没式光刻后发展出了 GP 喷嘴和 MGP 喷嘴，它们主要采用中央喷淋和硅片快速旋转相结合的方法。这种做法可以通过调整硅片的转速、加速度和加速的过程控制显影的均匀性。MGP 喷嘴可以采用多次重复的喷淋-硅片旋转周期提高显影的均匀性。比如采用 4～24 次循环（Loop），以保证显影充分及均匀性。

当然，这种喷嘴也有问题，如过度依赖硅片旋转获得均匀的显影会导致硅片表面的线条更加容易倾倒（倒塌）。这对于前段的层次是不利的，因为这样会限制光刻胶的厚度，或者限制光

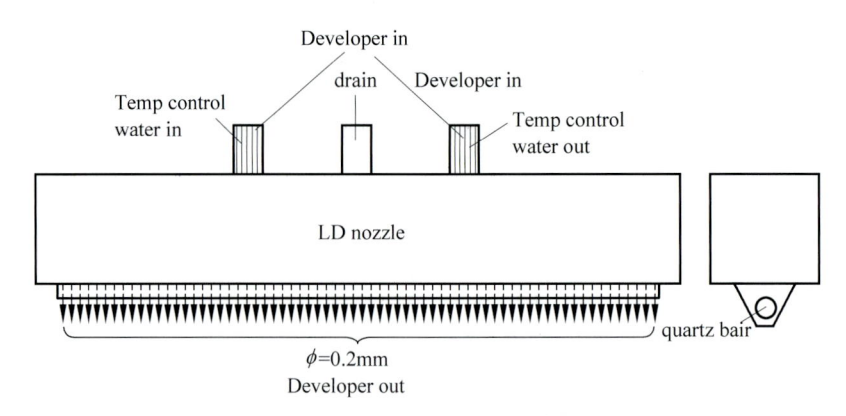

图 7-9　LD 喷嘴示意图，左图横向侧视图，右图纵向侧视图[8]，可见其中的石英棒（Quartz bar）

刻工艺做更加小的线宽。比如：248nm 的光刻，一般光刻胶的高宽比可以做到 3∶1 以上，如 4∶1～5∶1；而 193nm 浸没式光刻胶，高宽比一般为 2∶1～2.5∶1。当然，由于 193nm 光刻胶相对于 248nm 光刻胶不是很耐刻蚀，对于线条来说，线宽做得太小并没有太多帮助。为了避免线条倒塌，可以采用稍大的线宽偏置。还有，193nm 光刻承担了线宽不断缩小的任务。不断追求分辨能力，会降低对焦深度，太厚的光刻胶也会导致对焦深度缩小。所以工业界是通过采用硬掩模，如无定型碳（Amorphous carbon）或者含硅的抗反射层（Silicon containing Anti-Reflection Coating, Si-ARC）承担抗刻蚀阻挡任务，甚至包含底部平坦化层、中间硬掩模层（如无定型碳、含硅的抗反射层等）和顶部的光刻胶层。这样做，就不需要太大的光刻胶厚度。这使得光刻工艺可以拥有较大的对焦深度工艺窗口，使其能够进一步缩小曝光周期，获得更大的经济效益。比如，对于 248nm 光刻，一般最小周期做到 220nm，用于 110nm 动态随机存储器；而对于波长仅仅小 22% 的 193nm 光刻，通过采用水浸没式方法，将最小周期做到 76nm，也见于 38nm 线宽的存储器，周期比 248nm 光刻小 65%。

7.2　光刻胶的容器类型（玻璃瓶和 Nowpak 塑料瓶）、输送管道和输送泵

光刻胶/抗反射层一般采用玻璃瓶或者 Nowpak 塑料瓶。无论采用怎样的包装，都需要通过压入氮气将光刻胶打出来。玻璃瓶需要外接管路接头，而 Nowpak 塑料瓶带有管路接头，并且有钥匙码（Keycode），需要对准才能接上，这样可以避免在更换光刻胶/抗反射层的时候发生错误。

图 7-10 展示了单个驱动泵的光刻胶/抗反射层的输送、过滤（参见 7.4 节）和控制系统的简单示意图。输送泵一般采用步进电动机驱动的，无论管路压力怎样都能够输出固定体积液体的精密泵。流量控制精度一般在 0.01mL。一次喷淋量通常为 0.5～7mL。缓冲溶剂通常有 200 多毫升，这是为了避免在光刻胶瓶中报空后，在更换新的瓶子之前，还能够支持一定数量硅片的曝光。过滤器是控制缺陷和颗粒的核心部件，一般标有孔径大小（Pore size），对于 28nm 光刻工艺，孔径采用 5nm；对于 14nm 工艺，孔径采用 2～3nm。

单个驱动泵的问题就是可能造成过滤器后形成负压，导致微气泡的形成。工业界还有采用双级驱动泵的方法，即在如图 7-10 所示的过滤器和缓冲容器之间再增加一个驱动泵，以减小负压的形成。

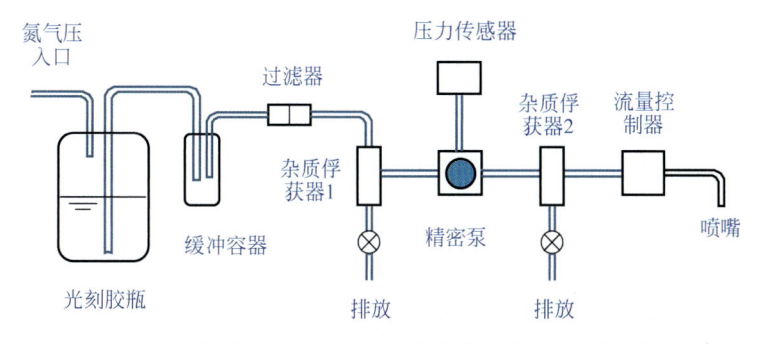

图 7-10　光刻胶/抗反射层单驱动泵的输送、过滤和控制系统示意图

7.3　显影后冲洗设备(含氮气喷头的先进缺陷去除 ADR 冲洗设备)

显影后需要将显影液和光刻胶残留清除出硅片。由于显影液，一般为 0.26mol/L 或者质量分数 2.38% 的聚四甲基氢氧化铵(Tetra-Methyl Ammonia Hydroxide,TMAH)水溶液，本身是碱性的，而光刻胶曝光后是亲水的，甚至是酸性的，如含有羧酸根(COOH)。曝光后的光刻胶是溶于显影液的。但由于光刻胶残留中含有去保护反应的产物，如金刚烷及其衍生物，是相对比较疏水的成分，所以，对于 193nm 浸没式光刻，一旦光刻胶残留因为水流变缓而重新沉积到硅片表面，就很难再被清洗掉。所以，早期的显影后冲洗方法关注的是能否确保足够的冲洗时间。但是，到了 32nm/28nm 及以下技术节点，显影后冲洗不仅要确保足够的冲洗时间，还要确保被显影后光刻胶残留一旦被水流从其附着的图形边缘或者衬底"拔起"而离开硅片表面，在后续随着去离子水漂离硅片表面并被冲出硅片边缘的过程中，没有重新沉积的可能。

在 32nm/28nm 及以下技术节点之后，不仅有清洗用去离子水从硅片中央喷入，还要确保在硅片中央附近离心力尚不足以加速去离子水去除光刻胶残留的地方加入氮气辅助冲击。这种方法称为先进的缺陷减少冲洗方法(Advanced Defect Reduction rinse,ADR rinse)，如图 7-11 所示，具体介绍参见 14.2.2 节。

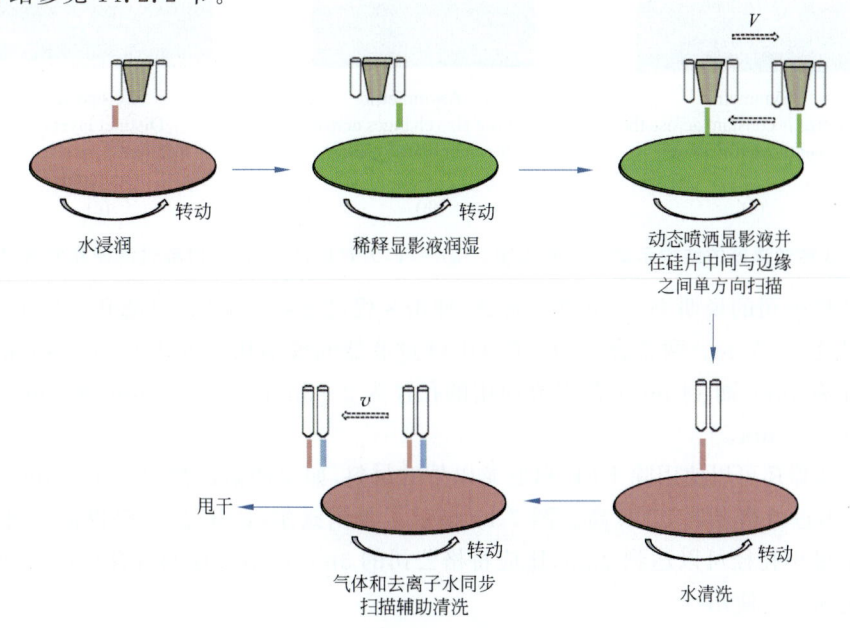

图 7-11　多管新型显影喷头显影工艺流程图(下图中双喷头中右边的喷口是氮气喷口，参见图 14-21)

7.4 光刻设备使用的过滤器

光刻设备使用的过滤器主要是光刻胶、抗反射层、显影液、溶剂过滤器。

光刻胶等材料的过滤器一般采用超高分子量聚乙烯(Ultra-High Molecular Weight PolyEthylene, UHMW-PE, UPE)、尼龙(Nylon)或者其混合体。具有代表性的有美国应特格公司(Entegris, Incorporated)的冲击8代过滤器(Impact 8G Filter)。

过滤器的使用需要考虑其主要性质。聚乙烯纤维过滤器主要用于去除颗粒和凝胶(Gel)类杂质。而尼龙过滤器材料本身带有极性,可用于可吸附杂质,如金属离子的去除。选用过滤器还需要考虑过滤器前后端之间的流速和压差。以往的过滤器孔径为20nm或者更大,一般采用前后端一样的孔径,又称为对称过滤器(Symmetric),如图7-12(a)所示。但是,随着对过滤要求越来越高,当孔径小于10nm时,这样小的孔径会阻碍液体的流动,所以发明出不对称孔径过滤器,如图7-12(b)所示。这样的过滤器既可以满足过滤直径小于10nm的杂质,又可以保证较大的流速。当存在需要过滤可吸附的带电物质,如金属离子的时候,可以使用复合过滤器,如图7-12(c)所示。上面是一层高分子聚乙烯,下面是一层尼龙,这种过滤器又称为二合一过滤器(DUO)[9-10]。

Symmetric
Pore size is constant across the membrane thickness
(a)

Asymmetric
Pore size changes across the membrane thickness
(b)

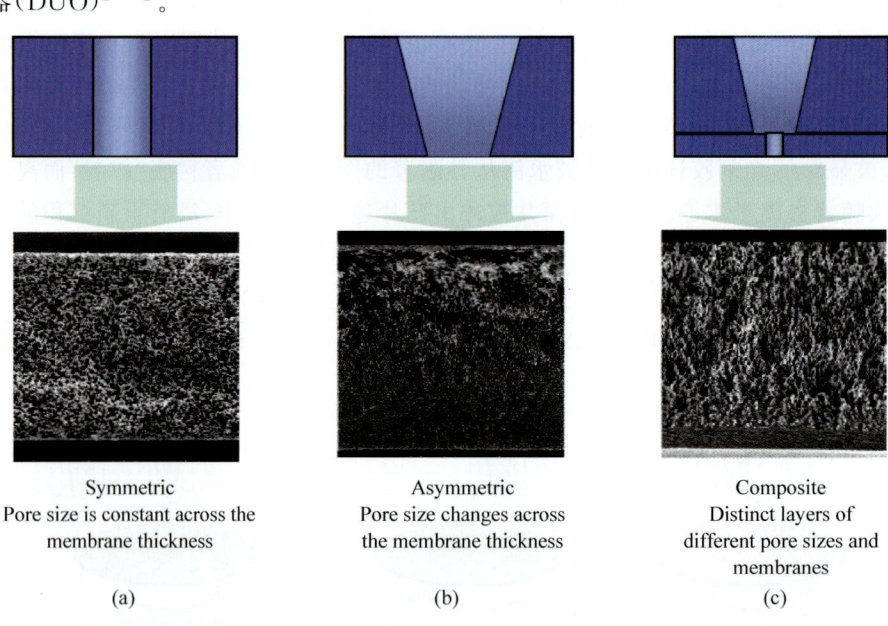

Composite
Distinct layers of different pore sizes and membranes
(c)

图7-12 3种过滤器的结构示意图和断面图:(a)~(c)为对称过滤器、非对称过滤器和复合过滤器[9]

从应特格公司的说明书[11]可以了解到,冲击8代过滤器的UPE过滤孔径最小为3nm,而尼龙的孔径为2~5nm。两者合二为一的DUO过滤器的最小孔径可达3nm。28nm工艺需要使用的孔径为5nm,而14nm工艺需要使用的孔径为2~3nm。到了10nm或7nm技术节点,孔径要求在1~2nm。

其实过滤器还可以使用除UPE和尼龙以外的材料,如聚四氟乙烯(Polytetrafluoroethylene, PTFE)[12],不过价格要比UPE高。图7-13显示了美国颇尔(Pall)公司提供的3种材料的过滤器。其中最小孔径可以达到2nm,比应特格公司的3nm要小。这两种孔径的过滤器都可以给14nm光刻工艺使用。

图 7-13 美国颇尔公司的 3 种过滤器材料的结构示意图及其孔径数值[12]

参考文献

[1] Mack C A. Milestones in optical lithography tool suppliers. www.lithguru.com.
[2] 维基百科. https://en.wikipedia.org/wiki/Jean_L%C3%A9onard_Marie_Poiseuille.
[3] Zhu Z, Lowes J, Berron J, et al. Spin-coating defect theory and experiments. ECS Trans. 60, 2014: 293.
[4] DeWitt D P, Niemöller T C, Mack C A, et al. Thermal design methodology of hot and chill plates for photolithography. Proc. SPIE 2196, 1994: 432.
[5] Mack C A, DeWitt D P, Tsai B K, et al. Modeling of solvent evaporation effects for hot plate baking of photoresist. Proc. SPIE 2195, 1994: 584.
[6] Kim S, Kim D W, Oh H K, et al. Heat Conduction from Hot Plate to Photoresist on Top of Wafer Including Heat Loss to the Environment. Proc. SPIE 7520, 75202I, 2009.
[7] Smith M D, Mack C A, Petersen J S. Modeling Impact of Thermal History During Post Exposure Bake on the Lithographic Performance of Chemically Amplified Resists. Proc. SPIE 4345, 2001: 1013.
[8] Liu Xue-ping, Xu Qiang, Ning Feng, et al. A Summary of the Current Development of Developing Technology in the Field of Integrated Circuit Manufacturing. Proc. 3rd Int. Conf. on Mechatronics, Robotics and Automation, ICMRA, 2015: 1333.
[9] Braggin J, Vitorino N, Montreal V, et al. Characterization of Filter Performance on Contact Hole Defectivity. Proc. SPIE 7972, 79722Y, 2011.
[10] Braggin J, Schollaert W, Hoshiko K, et al. Point-of-use filtration methods to reduce defectivity. Proc. SPIE 7939, 763918, 2010.
[11] 应特格公司官网. https://www.entegris.com/content/dam/product-assets/impact8gfilter/datasheet-impact-8g-series-photochemical-filters-8079.pdf.
[12] Varanasi R, Mesawich M, Connor P, et al. Advanced lithographic filtration and contamination control for 14nm node and beyond semiconductor processes. Proc. SPIE 10146, 101462B, 2017.

思考题

1. 涂胶-显影一体机为什么又称为轨道机?
2. 浸没式光刻的工艺分为哪几步?
3. 在浸没式光刻中,洗边的要求和主要功能是什么?

4. 旋转涂胶过程中边缘胶滴的形成原理是什么？

5. 旋转涂胶过程中通常会出现哪几种缺陷？解决方法是什么？

6. 涂胶过程中的烘焙采用接近式热板的好处是什么？

7. 对于化学放大型光刻胶，为什么烘焙加热温度上升快慢会对密集和孤立的线条有不同的影响？

8. 显影液的喷嘴有哪几种？各有什么优、缺点？

9. 光刻胶的每次喷量的控制精度是多少？

10. 光刻胶输送的泵管系统包含哪几部分？

11. 对于 28nm 和 14nm 光刻工艺，光刻胶使用的过滤器的孔径大小各是多少纳米？

12. 在先进的缺陷减少冲洗方法（ADR rinse）中加入氮气的原因是什么？

13. 光刻胶使用的过滤器的结构是怎样的？什么是非对称过滤器？什么是二合一过滤器？

第8章

光刻工艺的测量设备

光刻工艺的检测手段包括线宽测量。线宽为几微米时,光学显微镜还可以作为测量手段。当线宽进入微米以及亚微米级时,开始普遍使用电子显微镜,这是因为光学显微镜的最小分辨间隔 ΔX 一般在波长附近,由 $\Delta X = 0.5 \dfrac{\lambda}{NA}$ 给出。

对人眼安全的可见光波长一般大于 400nm,数值孔径一般为 0.6~0.8,所以,光学显微镜的极限分辨率在 300nm 左右。电子显微镜的分辨率与电子的德布罗意(De Broglie)波长有关,加速电压为 300~600V 时,电子的波长为零点零几纳米。电子的德布罗意波长为

$$\lambda_V = \frac{h}{p} = \frac{h}{m_e v} = \frac{h}{\sqrt{2m_e eV}} = 1.226\text{nm}/\sqrt{V}$$

如采用加速电压 $V = 600\text{V}$,则德布罗意波长 $\lambda_V = 0.05\text{nm}$。电子显微镜的数值孔径一般为 0.05 或者更小,则最小分辨间隔 $\Delta X = 0.5\text{nm}$。不过由于球差,实际的分辨率会差一点,为 2~3nm。不管怎样,电子显微镜的分辨率还是比光学显微镜高出 2 个数量级,可以满足当光刻线宽进入深亚微米之后的测量要求。

1926 年,德国物理学家汉斯·布施(Hans Busch)发现,一个旋转对称、不均匀的磁场可以作为一个"透镜"将电子束聚集起来。这个原理类似于玻璃透镜将光束聚焦起来。世界上第一台电子显微镜原型机由德国物理学家恩斯特·鲁斯卡(Ernst August Friedrich Ruska,1906—1988 年)在 1933 年发明,采用透射成像,具备 400 倍的放大能力。为此,鲁斯卡获得了 1986 年度诺贝尔物理学奖。图 8-1 展示了这台扫描电子显微镜和鲁斯卡的照片。

我国的电子显微镜发展起步于 1958 年,由中国科学院长春光学精密机械与物理研究所(简称长春光机所)牵头,科学家黄兰友在 1958 年仿制了第一台中型电子显微镜,分辨率为 10nm;1965 年,由上海市电子光学技术研究所研制成功一级大型 DXA3-8 型透射式电子显微镜,分辨率为 0.7nm,通过国家鉴定[1],当时的新闻报道如图 8-2 所示。

1937 年,曼弗雷德·冯·亚丁(Manfred von Ardenne)开始了早期的扫描电子显微镜的制作。世界上第一台商用的扫描电子显微镜出现在 1965 年,由英国剑桥科学仪器公司(Cambridge Scientific Instrument Company)[2]制造。我国第一台扫描电镜 DX-3 型于 1975

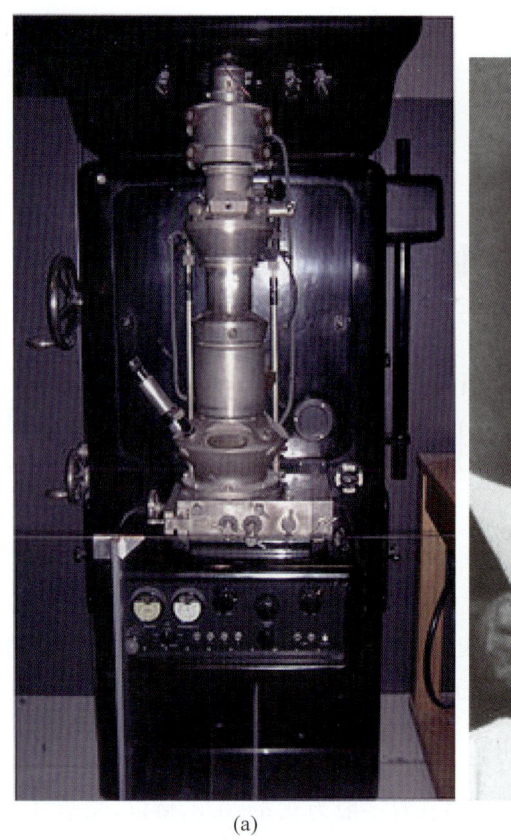

图 8-1　世界第一台电子显微镜(1933 年)和它的发明者恩斯特·鲁斯卡照片
　　　　（左图源自维基百科,右图源自百度百科）

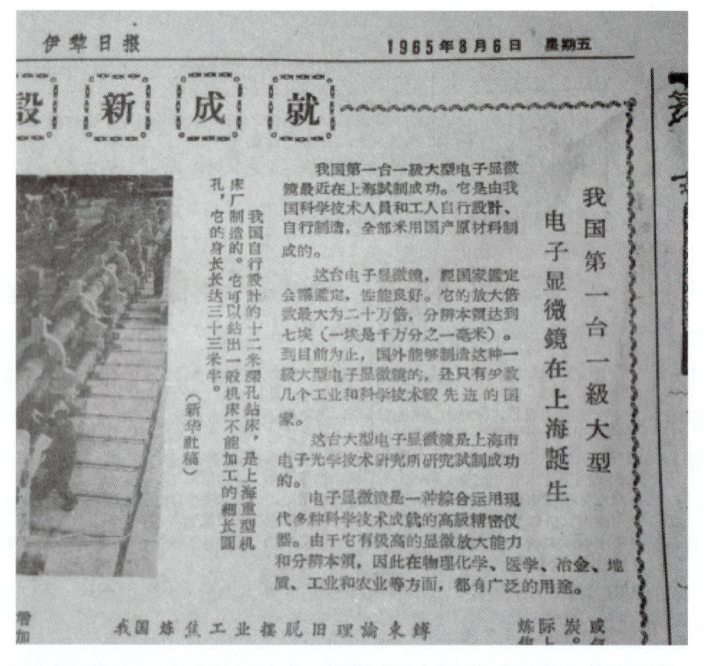

图 8-2　在 1965 年 8 月 6 日《伊犁日报》上刊登的上海研制的我国第一台大型电子显微镜新闻

年由中国科学院科学仪器厂(现北京中科科仪技术发展有限责任公司)自行研制成功,主要指标达到当时国际先进水平,并于1978年获全国科学大会一等奖[3]。

此外,在工艺上人们发现,在光刻显影之后(After Development Inspection,ADI),由于经过电子束照射,光刻胶体积缩小[4-5],导致测量不准确。这种缩小通常为几纳米到10nm,而且与线宽扫描显微镜的加速电压以及曝光时间相关。

下面简单介绍电子光学的基本原理和应用。

8.1 线宽扫描电子显微镜的原理和基本结构 （电子光学系统的基本参数）

线宽扫描电子显微镜由场致发射(简称场发射)电子枪(Field emission electron gun)、电子束流聚焦透镜、聚焦磁透镜、成像透镜以及偏转线圈等组成。电子枪是电子的发射源,一般有热电离发射(Thermoionic emission)型、场致电子发射型(也称场发射型)、场-热电子混合型和肖特基(Schottky)隧穿发射型[6]。电子枪的形状如图8-3所示。

图8-3 从左到右:钨丝发夹型热发射型、六硼化镧热发射型、场发射型、肖特基隧穿发射型电子枪针尖形状示意图

热电离发射型通过将灯丝(如钨丝)加热到1700~2400℃,使得电子具有很高的动能,足以克服晶格的束缚能,离开灯丝,再施以高电压(如1000~20000V)将电子束引出。灯丝通常被弯成发夹(Hair Pin)形状,也就是一个倒V形,发射电子的表面积,也就是V形的顶端,约为100μm×150μm。此种电子枪的缺点是亮度较低,大约为$10^5 A/(cm^2 \cdot sr)$,寿命随着钨材料的不断挥发而缩短,一般为几十小时。改进型六硼化镧(LaB_6)材料亮度大约提高10倍,寿命也延长到几百小时,主要是靠降低功函数实现。功函数的降低可以在较低的温度下发射更多的电子。热电子发射电子枪虽然亮度低、寿命短,但是发射稳定。由于电子发射是通过加热来实现的,电子束的能量分布较宽,可以达到1~3eV。

获得更大的亮度不是以电子枪的寿命为代价,而是通过将针尖做得更加尖锐来实现。针尖处的尺寸为几纳米(<5nm)。在外加电场作用下,电子在这样的地方会遇到很强的电场而离开针尖。实践表明,这样的针尖可以产生$2 \times 10^9 A/(cm^2 \cdot sr)$[7],比热电子发射型电子枪的亮度高3~4个数量级。而且,由于不需要将电子枪加热到"白炽化"的状态,针尖的寿命大大提高,可以达到或者超过1000h。这种发射方式称为场发射。场发射分为冷场发射(Cold Field Emission,CFE)和热场发射(Thermal Field Emission,TFE)。场发射是通过将针尖处的功函数降低使电子能够轻而易举地离开针尖实现的,电子之间的能量分布也较为均匀,可以达到0.2~0.3eV(冷场发射)和0.6~0.8eV(热场发射),比热电子发射好得多。由于针尖附近的电场强度很高,达到大于10V/nm,如果真空度不够高,那么一层薄薄的空气分子会沉积在上面,导致发射效率大大降低[8]。通常,这样的电子枪需要保持在高真空(10^{-7}Pa)环境下,

且场电压不能超过5kV。一种解决空气分子沉积的途径是：冷发射的针尖需要每隔一段时间（如几小时）快速加热（如几秒2000多摄氏度），以赶走空气分子。但是，每做一次，针尖就会变得钝一些，直到失效。不过这样的寿命还是会很长。相比冷场发射针尖，热场发射针尖（如在真空中加热至1800K）可以保持针尖不被空气分子沉积，而且可以在电场的作用下保持针尖的尖锐。不过是以电子能量增加为代价的。

还有一种是肖特基隧穿发射型电子枪，也属于热场发射型电子枪。通过在宽度约为$0.5\mu m$的单晶钨的(100)表面沉积一层功函数材料，如二氧化锆(ZrO_2)，其作用是将功函数从$4\sim 5V$降低至$2\sim 3V$。其亮度比场发射相稍差，不过也可达$2\times 10^8 A/(cm^2 \cdot sr)$[7]。其寿命也可以达到7年或者以上。不过，其针尖在30nm或者更小，分辨率要求不是最高的场合使用。

集成电路工厂中使用的日本日立（Hitachi）系列线宽测量扫描电子显微镜（CD-SEM）一般采用热场发射，如肖特基隧穿发射型电子枪。冷场发射一般应用在极高分辨率的场合，集成电路线宽测量分辨率一般为$2\sim 3nm$。在集成电路工厂，一般每隔一年才更换一次针尖。

下面就电子显微镜的电子光学部分做一些介绍和讨论。电子显微镜通过制作出一个很小的聚焦电子束，通过扫描探测微小结构。如果从电子枪发出的电子束是从较大的面积出射的，则需要经过电子透镜将此较大的面积缩小，最好能够形成直径1nm左右的大小。热电子发射型电子枪的针尖尺寸都在几十微米，如果要形成1nm左右的聚焦电子束，则需要缩小为几万分之一，或者通过小孔限制电子束的大小，这增加了电子光学设计和制作的难度。而热电子发射型电子枪具有$1\sim 3eV$的能量散布，对于低电压的成像应用（如300V），会导致较大的色差（Chromatic aberration）。而且热电子发射型电子枪的亮度低，如果采用热电子发射型电子枪，设备的速度就会很慢。场发射型电子枪的速度比热电子型快100倍以上。而场发射型电子枪针尖尺寸才几纳米，几乎不需要经过复杂的电子透镜缩小，而且其电子能量的分布也仅为$0.3\sim 1eV$，可以允许较低电压的成像应用。综上所述，线宽扫描电子显微镜使用的都是场发射型电子枪。

下面讨论电子透镜。电子在电磁场中的受力为

$$\boldsymbol{F} = -e\boldsymbol{E} - e\boldsymbol{v}\times\boldsymbol{B} \tag{8.1}$$

式中：$\boldsymbol{E}$为电场强度；$\boldsymbol{v}$为电子的运动速度；e为电子的电荷；$\boldsymbol{B}$为磁感应强度。

也就是说，电子在电场中会受到电场力和磁场力。电子所受的电场力的方向与电场的方向在一条直线上，而所受的磁场力与电子的运动方向垂直。

先来看看电子在通过两个不同的均匀电场区域之间的界面的运动情况。如图8-4所示，可以将电子的运动分为沿着X方向和Z方向做矢量分解。因为X方向也是等电势的方向，所以通过均匀电势区域1和均匀电势区域2组成的界面时，电子在X方向上不受力，也就是保持匀速直线运动。但是，在Z方向上就不同了，由于跨越了界面，电子的势能增加了$e(V_2-V_1)$。假设电子的运动不是很快，不需要考虑狭义相对论情况，电子的动能增加为

$$\frac{m}{2}(v_{z2}^2 - v_{z1}^2) = e(V_2 - V_1) \tag{8.2}$$

根据图8-4(a)，考查斯涅尔定律（Snell's law）。

$$\sin\theta_1 = \frac{v_x}{\sqrt{v_x^2 + v_{z1}^2}} = \frac{v_x}{v_1} \tag{8.3a}$$

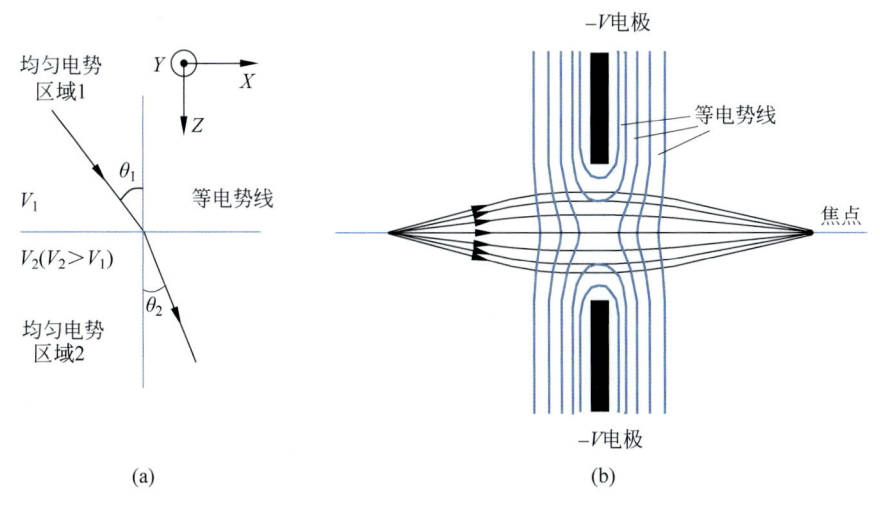

图 8-4 (a) 在均匀电势区域 1 匀速运动的电子在跨越不同电势界面时发生的折射示意图；(b) 一种最简单的静电场电子透镜示意图，电子束在通过非均匀电势区域可以发生聚焦现象

$$\sin\theta_2 = \frac{v_x}{\sqrt{v_x^2 + v_{z2}^2}} = \frac{v_x}{v_2} \tag{8.3b}$$

由式(8.3a)和式(8.3b)得到

$$\frac{\sin\theta_1}{\sin\theta_2} = \frac{v_2}{v_1} \tag{8.4a}$$

也就是电子光学中的斯涅尔定律。这里的等效"折射率"是电子的速度。再将式(8.2)代入式(8.4a)，且当 $e(V_2-V_1)$ 远小于电子的动能时，可以得到式(8.4a)，或者考虑傍轴的近似，得到式(8.4b)

$$\frac{\sin\theta_1}{\sin\theta_2} = \frac{\sqrt{v_x^2 + v_{z1}^2 + \frac{2e(V_2-V_1)}{m}}}{\sqrt{v_x^2 + v_{z1}^2}} \tag{8.4b}$$

$$= \sqrt{1 + \frac{2e(V_2-V_1)}{m(v_x^2 + v_{z1}^2)}} \approx 1 + \frac{e(V_2-V_1)}{mv^2}$$

$$\frac{\theta_1}{\theta_2} \approx 1 + \frac{e(V_2-V_1)}{mv^2} \tag{8.5}$$

可见类似光学的"折射角"在电势增加越大时变得越小。折射角与入射角的差近似与电势差成正比，与电子动能成反比。

电子获得的动能完全由电场加速形成，即

$$\frac{m}{2}v_2^2 = eV_2, \quad \frac{m}{2}v_1^2 = eV_1 \tag{8.6}$$

式(8.4b)也可以写成

$$\frac{\sin\theta_1}{\sin\theta_2} = \frac{\sqrt{v_x^2 + v_{z1}^2 + \frac{2e(V_2-V_1)}{m}}}{\sqrt{v_x^2 + v_{z1}^2}} = \sqrt{\frac{V_2}{V_1}} \tag{8.7}$$

式中：$\sqrt{V}$ 也常称作静电场的等效折射率。

在测量设备中很少将电子加速到需要考虑狭义相对论的情况。不过,如果考虑狭义相对论的情况,也可以获得一些有意思的结论。可以将式(8.1)等号左边的力写成对冲量的时间导数形式,在极坐标下,有

$$\begin{cases} m_0(\ddot{\rho} - \rho\dot{\theta}^2 - \rho\sin\theta\dot{\phi}^2) = -\dfrac{eE_cR_c^2}{\rho^2} \\ m_0(2\rho\dot{\rho}\dot{\theta} + \rho^2\ddot{\theta} - \rho^2\sin\theta\cos\theta\dot{\phi}^2) = -eB_0R_c^2\sin\theta\dot{\phi} \\ m_0\dfrac{\mathrm{d}}{\mathrm{d}t}(\rho^2\sin^2\theta\dot{\phi}) = eB_{0i}R_c^2\sin\theta\dot{\theta} \end{cases} \tag{8.8}$$

电子质量采用狭义相对论的形式:

$$m = \frac{m_0}{\sqrt{1-v^2/c^2}} \tag{8.9}$$

式中:c 为真空中的光速,$c = 299792458 \mathrm{m/s}$;$m_0$ 为电子的静质量,$m_0 = 9.11 \times 10^{-31} \mathrm{kg}$。将式(8.9)代入式(8.1),得到

$$\frac{\mathrm{d}}{\mathrm{d}t}\left(\frac{m_0\boldsymbol{v}}{\sqrt{1-v^2/c^2}}\right) = -e\boldsymbol{E} - e\boldsymbol{v}\times\boldsymbol{B} \tag{8.10}$$

等式两边同时点乘以 $\boldsymbol{v}$,注意到式(8.10)等式右边的"叉乘项"与点乘将为零(矢量互相垂直),得到

$$\boldsymbol{v}\cdot\frac{\mathrm{d}}{\mathrm{d}t}\left(\frac{m_0\boldsymbol{v}}{\sqrt{1-v^2/c^2}}\right) = -e(\boldsymbol{v}\cdot\boldsymbol{E}) \tag{8.11}$$

考虑到

$$\boldsymbol{E} = -\nabla V \tag{8.12}$$

和一些简单的微分计算,得到

$$m_0c^2\frac{\mathrm{d}}{\mathrm{d}t}\left(\frac{1}{\sqrt{1-v^2/c^2}}\right) = e(\boldsymbol{v}\cdot\nabla V) \tag{8.13}$$

式中:v 为电子的速度,也就是电子位置随着时间的变化。如果把它理解成在电子所处位置的电场随着时间的变化,则可以将式(8.13)写成

$$m_0c^2\frac{\mathrm{d}}{\mathrm{d}t}\left(\frac{1}{\sqrt{1-v^2/c^2}}\right) = e\frac{\mathrm{d}V}{\mathrm{d}t} \tag{8.14}$$

或

$$\frac{\mathrm{d}}{\mathrm{d}t}\left(\frac{m_0c^2}{\sqrt{1-v^2/c^2}} - eV\right) = 0 \tag{8.15}$$

这实际上就是说明电子的总能量(包括动能和电势能)是守恒的。

图 8-4(b)展示了一种简单的电子透镜示意图。图 8-4 中展示的电子透镜示意图是一个对称结构,在透镜的左半边电子束被电场会聚且减速,在透镜的右半边电子束被电场加速且会聚。电子具有波粒二相性,如果要完美聚焦,电子束中的所有电子必须同时到达焦点位置。如果不是这样,与光学成像一样,透镜会存在像差。然而,扫描电子显微镜中只考虑电子在轴上的成像,不像示波器和电视机中的显像管,需要考虑电子束在较大面积上的成像。对于电势型透镜,电场需要经过精确计算,使得不同发散角的电子束从一点出发能够经历同样的时间而会

聚到轴上的某一点。更多的理论和推导参见文献[9]。

以上简要介绍了电子透镜,下面看一下磁透镜。由式(8.1)可知,电子的速度 v 可以分成平行于磁场的分量和垂直于磁场的分量,这里不妨假设磁场的方向是沿着 Z 轴的,且在空间上分布均匀。于是,电子的速度可以写成

$$v = v_z e_z + v_{垂直} e_{垂直} \tag{8.16}$$

式中:v_z 为 Z 轴上的速度分量;$v_{垂直}$ 为垂直于 Z 轴上的分量。

由式(8.1)可知,电子所受的力垂直于磁感应强度方向,大小为

$$F = -ev_{垂直} B e_z \tag{8.17}$$

根据向心力等于洛伦兹力,即

$$-ev_{垂直} B = m \frac{v_{垂直}^2}{r} \tag{8.18}$$

可以得到

$$v_{垂直} = \frac{eBr}{m} \tag{8.19}$$

所以,电子在均匀磁场中的运动是沿着磁场的方向匀速向前,并且以磁场方向为对称轴,围绕磁场做螺旋运动,如图8-5所示。根据式(8.19)可以计算出回转时间为

$$T = \frac{2\pi r}{v_{垂直}} = \frac{2\pi}{eB} m \tag{8.20}$$

图 8-5 静磁场中电子的运动示意图

有意思的是,电子在磁场中回转一周的时间与 $v_{垂直}$ 没关系。也就是说,不论 $v_{垂直}$ 是多少,只要 v_z 是一样的,从一点发出的电子束,会在某个地方重新会聚在一点,如图8-6所示。磁透镜与电势型透镜不一样,只要 v_z 是一样的,所有角度的电子束就都会聚焦在一点,基本没有像差。

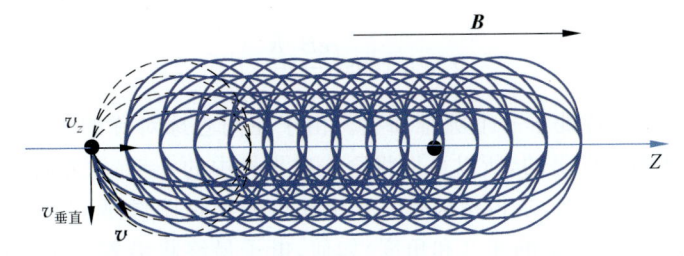

图 8-6 从一点出发,不同出射角(假设角度很小,v_z 基本相同)的电子束在沿 Z 轴的均匀磁场中经过相同的时间重新聚焦一点的示意图,也就是磁透镜的原理图

在实际应用中,电透镜和磁透镜都会被用在电子显微镜中。用得比较多的电磁聚焦透镜是具备同心球对称的电磁透镜,其中电场和磁场都是同心球对称的,如图8-7所示。我国的著名科学家、北京理工大学周立伟率先于1985年推导出了电子运动轨迹的精确解[10-11]。推导从广义的拉格朗日函数和相应的拉格朗日-欧拉方程出发,求得球坐标(ρ, θ, ϕ)下的电子运动方程:

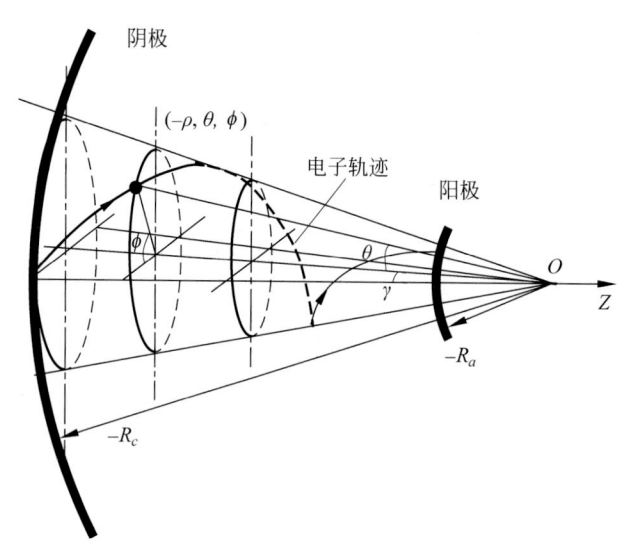

图 8-7 同心球对称电磁场中电子运动的坐标系示意图

$$\begin{cases} m_0(\ddot{\rho} - \rho\dot{\theta}^2 - \rho\sin^2\theta\dot{\phi}^2) = -\dfrac{eE_c R_c^2}{\rho^2} \\ m_0(2\dot{\rho}\dot{\theta} + \rho^2\ddot{\theta} - \rho^2\sin\theta\cos\theta\dot{\phi}^2) = -eB_0 R_c^2 \sin\theta\dot{\phi} \\ m_0\dfrac{\mathrm{d}}{\mathrm{d}t}(\rho^2\sin^2\theta\dot{\phi}) = eB_0 R_c^2 \sin\theta\dot{\theta} \end{cases} \tag{8.21}$$

并且从中证明存在常矢量 $\boldsymbol{N}$，且有

$$\boldsymbol{N} = m_0(\boldsymbol{\rho} \times \dot{\boldsymbol{\rho}}) + eB_0 R_c^2 \dfrac{\boldsymbol{\rho}}{\rho} \tag{8.22}$$

由于式(8.22)中的第一项垂直于$\boldsymbol{\rho}$，于是与第二项构成直角三角形，所以常矢量 $\boldsymbol{N}$ 与电子位置矢量$\boldsymbol{\rho}$之间的夹角为

$$\gamma = \arccos\left(\dfrac{eB_0 R_c^2}{N}\right) \tag{8.23}$$

可以看出，电子的运动轨迹处于一个圆锥面上。由于在同心球对称的坐标系中，常矢量 $\boldsymbol{N}$ 的方向与$\boldsymbol{\rho}$一样也是从圆心发出的，所以可以将原先球坐标中的 $\theta = 0$ 的方向与 $\boldsymbol{N}$ 的方向设为一致，便可简化电子运动方程组，求得精确解。这里获得的物理图像是，在一个同心球对称的电磁场中，无论初始条件(如电子的速度和角度)如何，电子最终将沿着一个圆锥面运动，并且聚焦。如果阳极做成一个格栅，则电子将穿过格栅，继续匀速直线运动。

同心球对称(包括柱对称)电磁透镜(用得多的是磁透镜)被大量使用。有兴趣的读者可以阅读一些有代表性的专利，如文献[12-14]。

由于电透镜需要较高的电压，还存在较大像差，而磁透镜的焦距较容易做得很短，获得很大的放大倍数，且拥有很小的像差，所以电子显微镜的成像物镜一般采用磁透镜。而电子光源还是采用电透镜，这是因为需要对电子束进行加速。磁透镜无法对电子进行加速，因为磁场不做功。

即便采用磁透镜，电子显微镜的数值孔径一般比光学成像系统小得多。半导体集成电路用的测量线宽的扫描电镜的数值孔径一般不会超过 0.05。磁透镜包括螺线管和嵌套在螺线管内部的围绕光轴旋转对称的软磁材料，如纯铁或者低碳钢等，用于加强透镜内部的磁场强度。这种结构称为极靴(Pole piece),如图 8-8 所示。

扫描线宽测量电子显微镜一般使用热场发射的电子枪。图 8-9 展示了一种扫描电子显微镜的结构示意图。电子光路从电子枪出发,沿着光路依次为电子枪、准直线圈、聚焦透镜(Condenser)、像散校准透镜(Astigmator)、偏转电极(Deflector)、成像物镜(Imaging objective)、光阑(Aperture stop)、硅片、可移动硅片台。在硅片上方还有二次电子收集器(Secondary electron collector)。

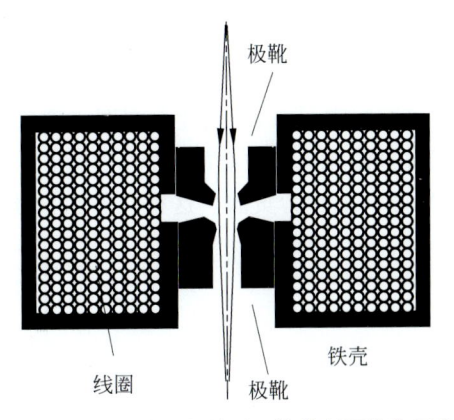

图 8-8 一种带有极靴的磁透镜横断面结构示意图

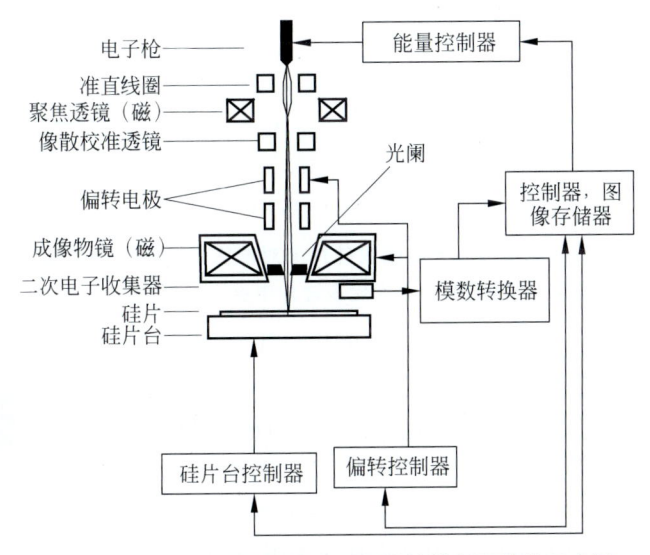

图 8-9 一种线宽测量扫描电子显微镜横断面结构示意图

电子枪中包含电子加速器。比如线宽测量显微镜一般使用 300~800V 加速电压,具体由控制器和能量控制器决定。光阑用来限制电子束的数值孔径,以限制球差和色差的程度及用来调节分辨率和对焦深度。硅片台可以较为精确地移动,空间位置精确度在 0.5μm 左右,由控制器和硅片台控制器控制。偏转电极可以通过调整电压实现电子束在硅片表面快速地在方向 X 方向和 Y 方向上偏转,以扫描成像,由控制器和偏转控制器主导。从样品表面发出的二次电子被二次电子收集器收集并且转换成电信号,由模数转换器转换成数字信号,发送到控制器,解算出图像,由图像存储器保存。

8.2 线宽扫描电子显微镜的测量程序和测量方法

线宽扫描电子显微镜的测量程序一般包括确定测量区域的定位、测量区域对准使用的图形及其位置、测量图形及其位置、测量参数、测量结果的存储(包括测量图像的存储)及其简单计算。

首先,对线宽的测量需要确定待测图形在硅片上的位置,这个位置一般包括曝光场在硅片上的坐标以及每个曝光场内部的坐标,通常曝光场的左下角为该区域的内部(0,0)点。一种线宽扫描显微镜上的对准区域(阴影)和测量区域(标有 M 字样)的分布如图 8-10 所示。两个对准区域的硅片坐标分别为(－4,0)和(4,0)。测量区域的硅片坐标分别为(－4,1)、(0,－3)、(0,0)、(0,3)和(4,1)。硅片分布图一般需要输入曝光场的大小(如 26mm×33mm)以及中央的场(0,0)偏移硅片中心的距离。在图 8-10 中,硅片(0,0)区域偏离硅片中心的距离在 X 方向和 Y 方向上皆为负数。这种文件在日立牌电子显微镜上称为 IDW 文件。

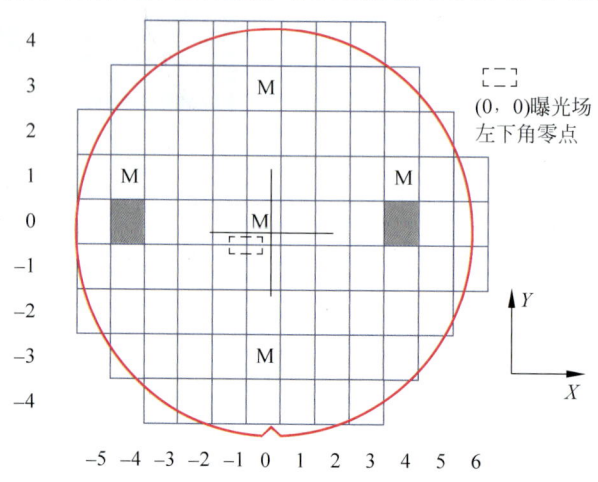

图 8-10 一种线宽扫描电子显微镜硅片上对准区域(阴影)的测量图形所在曝光场示意图(图中十字代表硅片中央)

硅片在使用前需要对准,也就是将硅片坐标与线宽扫描电镜的移动硅片台上的坐标进行重合。这个过程一般通过对单个曝光场中选择某一个比较难以重复出现的图形(如果重复出现,则会给对准系统错误的坐标以及错误的区域周期信息),如区域的左下角,如图 8-11 所示,每个曝光场只有一个。此种图形在图 8-10 中的带阴影的 2 个曝光场中各选一个用于对准。这样就可以获得 2 个 X 和 2 个 Y 4 个数据,对此,可以获得 4 个有关对准的参数,即沿着 X、Y 的平移,X 方向放大率(其实也就是 Y 方向的放大率,一般两者最多相差 0.02ppm,对于直径为 300mm 的硅片,相当于±3nm 偏差)和绕 Z 方向的转动。我们知道,一般直接成像式定位的精度,如果放在视场中央,在一般信噪比和对比度下,可以达到 1～2nm(单个像素在 100～200nm,见 8.4 节),实际上,螺丝杆驱动的移动平台的定位精度一般为 300～500nm,光学对准所达到的精度完全满足螺丝杆驱动平台的要求。

图 8-11 一种线宽扫描电子显微镜硅片上对准选用的图形(某图形区域的左下角)示意图(十字形准线可以随着鼠标移动,用于捕捉图形)

对准选用的图形的位置坐标和对准用设备,如选用光学显微镜或电子显微镜,就构成了在日立牌电子显微镜上被称为 IDP 的文件。由于光学显微镜和电子显微镜的光轴不一定完全重合,对于光学显微镜待测图形已经处于视场中央,对于电子显微镜该图形还没有处于视场中央,一般来说,转换精度为 0.3～0.5μm(丝杆驱动的移动平台精度)。所以,对于精细的待测图形一般还需要进行电镜对准。

测量的图形位置和测量的一系列程序,包括对焦的位置、测量使用的电镜的电子束加速电压(如800V)和电流强度(如5pA)、测量使用的帧数、测量帧数的平均个数、测量的宽度范围和每个测量点采用的扫描线数平均等。

图形一般需要框定并确定,最好是在一定范围内唯一的,这样不容易找错。比如,阵列边缘往里数若干周期的图形。图8-12展示了通孔线宽测量图形的两种选择方式。图8-12(a)显示了位于阵列边缘附近的通孔,图8-12(b)显示了位于阵列内部且远离阵列边缘的通孔。位于阵列边缘附近的通孔系可以通过阵列边缘的识别来唯一确定此通孔(或者图形)的位置。每次或者每个曝光场的测量都可以找到同一个图形。但如果是通孔位于阵列内部,也就是在定位时看不到阵列的边缘,则寻找此类图形可能存在一定的识别偏差。比如,螺丝杆的定位精度为300~500nm。如果通孔的周期为120nm,则可能识别到邻近2~4个周期的其他通孔。由于在掩模版不同区域上存在掩模版图形制作线宽误差,对于工艺监控的测量还需要固定每次测量的图形,这样才能够看出工艺有没有漂移。

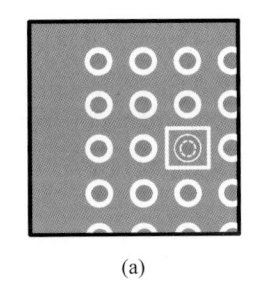

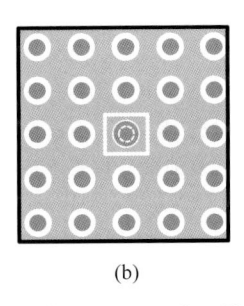

图 8-12 线宽测量图形的选择:(a)位于阵列边缘附近的通孔;(b)位于阵列内部,且远离阵列边缘的通孔(孔中的虚线为测量标志)

一旦经过电子显微镜扫描获得图像,就可以根据图像的强弱分布按照一定的阈值在图像上截获一定的长度。

下面以日本日立公司的线宽扫描显微镜为例,介绍线宽测量的算法和方式。图8-13展示了一幅线宽扫描电子显微镜图像。其中设备测量位置显示为"小十字点"(图8-13中由于十字点太小,显示为"小白点"),每对小十字点之间的距离就是所在位置沟槽的线宽,也是一次扫描。一般来说,每个测量点可以由几次扫描做平均,如采用16根横向扫描线代表一个测量点。而每根扫描线也可以通过相邻的像素做窗口平均来去除噪声,比如奇数个点来平均,也是低通滤波器的一种实际运用。在采用了扫描线平均和窗口平均后,得到了类似图8-13中展示的二次电子强度曲线。图8-13中还有二次电子强度和二次电子强度对空间位置的微分线型。一般来说,存在两种测量算法,分别为阈值(Threshold value)算法和线性近似(Linear approximation)算法。

图8-14(a)展示了阈值测量方法。具体方法是:从一定的图形位置,如测量的中央位置出发向外扫描,确定最大值和最小值,并将最大值定为100%,最小值定为0%。如果测量配方中采用截取信号的50%阈值作为测量线宽的基准,则线宽等于线型左右两侧的50%阈值处的横向坐标值的差值。这种方法适用于在二次电子强度轮廓较为均匀的情况对线宽的截取和测量。

线性近似测量方法可以去掉一些噪声。一般由二次电子强度的微分曲线出发,按照一定的阈值获得微分峰值d_M。如果在阈值上出现多个峰值,那么可以按照一定的搜索方向选择第几个出现的峰值。但是,如果信噪比很低,峰值变化就会很大,采用这种方法较难判断出准确的峰值位置。一般来说,微分峰值d_M最大峰的横向位置对应二次电子强度曲线的半腰,也

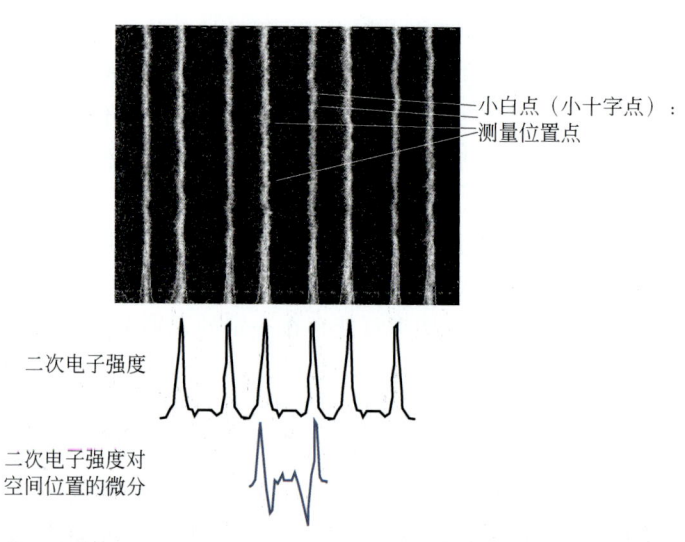

图 8-13 线宽扫描电镜测得的沟槽图像，其二次电子强度和二次电子强度对空间线度的微分（其中的"小白点"为边缘测量点，其二次电子强度和二次电子强度对空间线度的微分代表所有小白点测量的平均值）

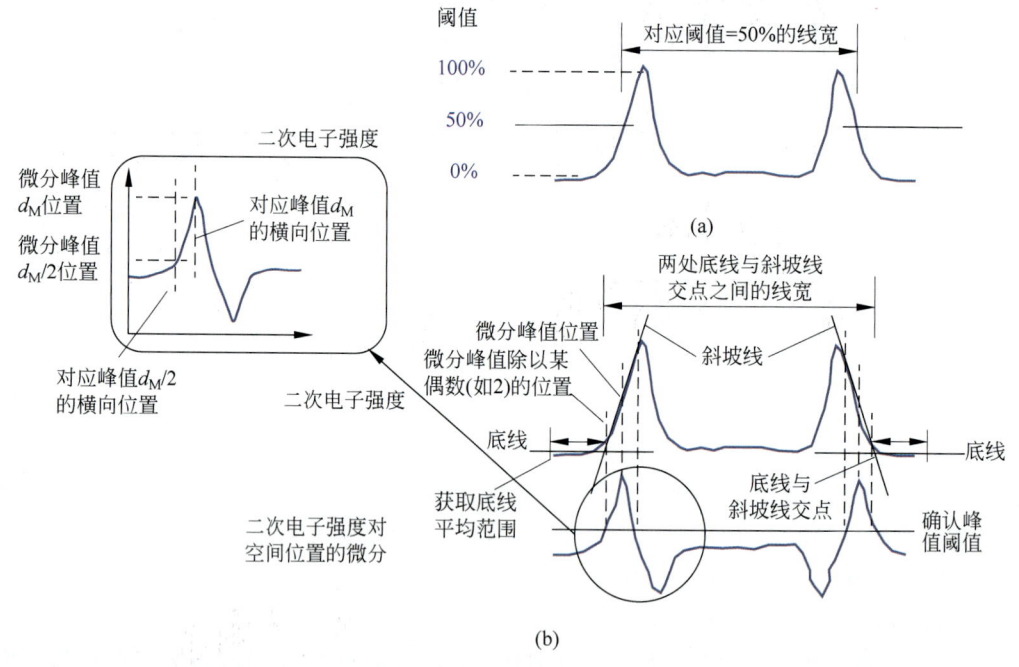

图 8-14 线宽扫描电镜测量长度的两种方法图示：(a) 阈值方法；(b) 线性近似方法

就是图 8-14(a)中阈值在 50% 的地方。如果信噪比太低，这种基于微分算法的寻边方法就会导致判断错误，产生线宽测量偏差。在确定了峰值位置后，再将峰值除以预设的偶数（如 2），获得微分曲线上数值较为靠近底线上的位置，如图 8-14(b)中的插图所示。再从这个位置开始按照远离待测图形中心的方向设立一定的范围，将此范围内的二次电子强度曲线作水平平均线（又称为底线）。再在二次电子强度曲线上找到斜坡，并且用一根斜线去拟合这个斜坡，最后延伸底线直到与这根斜线相交。左右两处交点之间的距离就是按照线性近似方法测量出来的线宽值。此方法一般用于测量线条/沟槽的底部。

由于微分对于噪声较高的信号曲线比较敏感,所以对于信号不太好的二次电子图像或者曲线一般采用阈值的方法。对于需要精确测量光刻胶或者其他结构底部的需求,则需要获取噪声很小的图像和曲线,再通过微分确定峰值位置,然后定义测量位置。

对于一维线条/沟槽,可以通过如图 8-15(a)所示的方式,将移至像场中央的线条/沟槽按照其图像的宽度确定两条边的大致位置,并且设置长方形框设置测量配方(Recipe)。框的宽度为边界搜索范围,框的高度为宽度测量平均的范围。宽度越宽,线宽测量的稳定性就越好。但是,线条/沟槽上的波动性就会被平均。

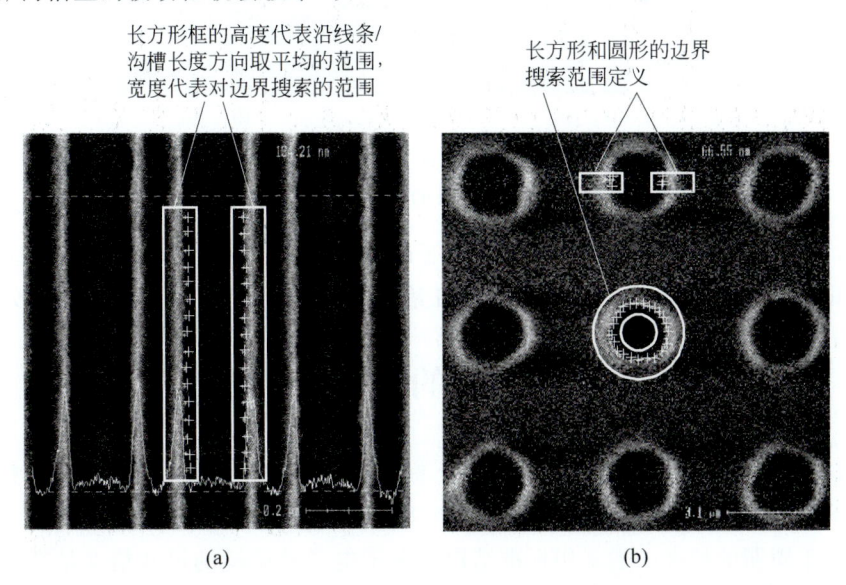

图 8-15 对于(a)线条/沟槽和(b)通孔的两种常用测量方法:一种是通过拉一个长方形的框来确定边界的搜索范围和沿着长度方向测量的平均范围;另一种是特别给通孔使用两个同心圆定义的边界搜索范围和以通孔几何中心为圆点在 0°~360°方向定义的测量平均范围

对于复杂的二维图形,在以上寻边方法基础上还可以通过多点之间的关联实现对复杂图形的测量。例如,针对孔,如图 8-15(b)所示,可以在其直径方向上拉一根测量线(图 8-15(b)中的中上孔),也可以告诉计算机以其圆心为基点,按照 360°各个方向均拉测量线测量线宽(图 8-15(b)中的中间孔),最终结果按照各个角度上测量结果的平均值来确定。对于线端-线端和线端-横线,可以在线端的顶点拉测量线。但是,由于一般线端的图像对比度不是很好(光刻工艺所限制),仅仅在顶点拉测量线会带来很大的测量不确定性,或者称为误差。所以可以设定线端附近多个测量点,平均得到线端的位置。但这还依赖最靠近的两点的测量精度。图 8-16(a)显示了线端-线端的情况,在线端附近做了多点测量。图 8-16(b)采用了常规的长方形框的测量方式。图 8-16(b)中的多点平均测量方式的数据稳定性比图 8-16(a)的好,但是存在系统误差,线端-线端之间的实测距离会偏大。将来,改进后的程序也许可以根据顶点附近的点做弧形拟合确定顶点的位置。

线宽扫描二次电子强度曲线也可以进行建模和仿真。20 世纪 90 年代,美国国家标准及技术协会(National Institute of Standards and Technology,NIST)开发了基于蒙特卡罗(Monte Carlo)算法的二次电子模型,称为 JMONSEL(Java MONte carlo simulator of secondary ELectrons)[15-17]。2007 年,美国国家标准及技术协会的约翰·维拉鲁比亚(John S. Villarrubia)等对模型进行了系统介绍[18]。2016 年,克里斯·麦克(Chris Mack)和本杰

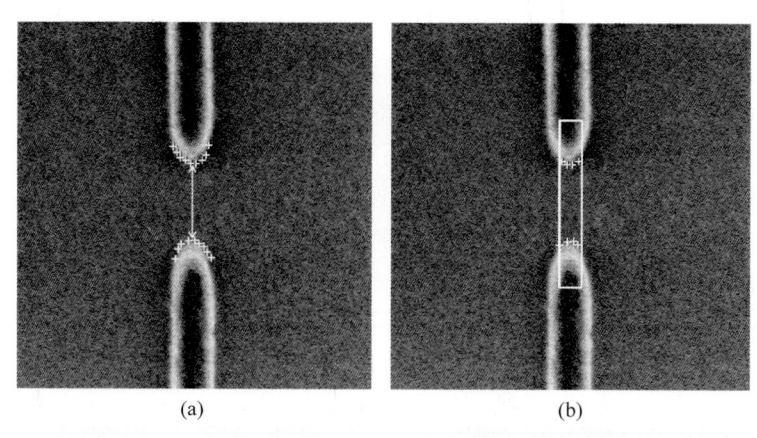

图 8-16 对于线端，可以采取(a)测量多点的方式，取线端-线端最靠近的两点距离作为线端的距离；也可以采用(b)通常的长方形框的测量方式

明·邦戴尔(Benjamin Bunday)对此模型进行了改进，提出了解析的线性扫描模型(Analytical Linescan Model,ALM)[19]，不过这个模型存在诸多参数，对于不同材料需要进行校准。

8.3 线宽扫描电子显微镜的校准和调整

线宽扫描电子显微镜的校准一般包括对于标准图形的周期校准[20]、线宽测量校准[20]、像散(Astigmatism)校准、扫描线性度-投影线性度校准[21-22]等。

首先，对于周期的校准一般采用标准结构。由于电子显微镜的尺寸精度是靠准确稳定的电压信号实现的，校准的目的是确保系统的电压控制，在可能受到的各种影响，包括环境电磁场影响时能够确保测量的准确性。出现偏差，可以及时补偿回来。

其次，线宽测量校准也采用标准结构，可以是标准硅片，用来确认线宽测量的稳定性。比如：当系统的色球差变得较大时，线宽测量将变得不准；当色球差变坏一定程度时，需要停机维护。

再次，像散的校准是经常性校准，这是平面中 X 轴和 Y 轴出现放大率不对称的结果，通过像散校准电磁透镜来完成校准。在精密测量前一般需要进行一次像散校准。像散不仅可以影响 X 方向和 Y 方向上线宽测量的偏差，还可以影响图像的对比和清晰度。

最后介绍投影线性度校准，也就是无论图形出现在视场的中央还是靠近边缘，测得的线宽应该是一样的。

也就是说，可以通过不断移动图像(其实是电子束扫描区域的中央位置)的方法确定视场每处的放大率误差 M_x、M_y，转动 R，正交(Ortho)，如图 8-17 所示。并且建立分布图，以补偿在视场所有地方出现图像的位置。经过补偿，一般认为畸变造成的线宽测量误差可以降至 ±0.1nm 左右。

在线宽扫描电子显微镜中有一个十分重要的测量，即测量线边粗糙度(LER)和线宽粗糙度(LWR)。一般来说，采用 $N=200$ 个测量点，每个测量点采用两根扫描线做平均，此待测线条长 L 至少 2μm，测量点同测量点之间最多离开 10nm。也就是说，将在长 2μm 的线条上平均分布 200 个测量点。这种采样的最大频率是奈奎斯特频率(Nyquist Frequency) $N/2L=100/2000$(nm)的 2 倍，最小频率为 $1/L=1/2000$(nm)。在这样的采样频率下，被采样的线

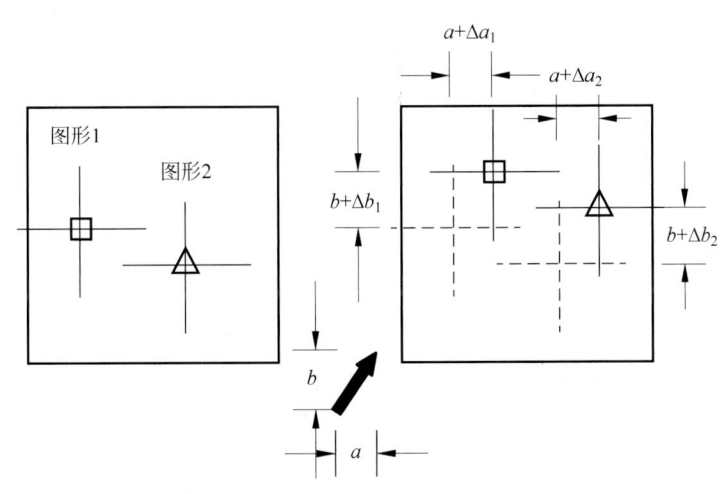

图 8-17 视场线性度校准方法：通过在 X 方向和 Y 方向上固定长度 (a,b) 的平移确定视场在各个位置的畸变

边/线宽粗糙度的最大频率必须小于奈奎斯特频率，否则会出现混叠效应（Aliasing Effect）。如果采样的频率是 1/10nm，即每 10nm 采样一次，被采样的最大频率 f_{MAX} 小于或等于 1/20nm，即奈奎斯特频率，则采样可以唯一确定此信号的频率。如果被采样的频率等于 1 倍或者 2 倍采样频率，如 1/10nm 或者 1/5nm，则在 1/10nm 的采样点仍然符合周期性分布。但是，通过采样无法判断被采样系统的频率，如图 8-18 所示。它可以用 1/20nm 乘以任何正整数。另外，采样的最小频率需要比被采样信号的最小频率 f_{MIN} 还小，也就是说，$1/L < f_{MIN}$，即测量长度 L 必须大于 $1/f_{MIN}$，如其整数倍。综上所述，采样的参数 (N,L) 的选择范围和关系如下：

$$\begin{cases} \dfrac{N}{2L} \geqslant f_{MAX} \\ \dfrac{1}{L} \leqslant f_{MIN} \end{cases}$$

或者

$$\begin{cases} L \leqslant \dfrac{N}{2f_{MAX}} \\ L \geqslant \dfrac{1}{f_{MIN}} \end{cases} \quad (8.24)$$

上面讨论的采样参数为 $N=200, L=2000$nm，可以支持被采样信号的频率范围为 $(1/2000$nm$, 1/20$nm$)$。

更多介绍可参见文献[23]。

线边粗糙度/线宽粗糙度一般分为长程值（又称为 interfield，也称为低频 low frequency）和短程值（又称为 intrafield，也称为高频 high frequency）。长程值一般将 $L=2\mu m$ 的范围分为若干段，每段长是处理器的空间周期，如 28nm 的 117nm（处理器空间周期内测量值取平均）来计算标准偏差。而短程值将对所有 10nm 高的段（对于 $L=2\mu m$，有 200 段）计算标准偏差。所以长程值计算的是处理器空间周期长度以上的变化，而短程值计算的是 10nm 以上的变化。在半导体集成电路工艺中，短程值可以被等离子体刻蚀消除大部分，而长程值则由光刻工艺决定，很难被任何加工工艺去除。所以，衡量光刻工艺的好坏，包括光刻胶的选取，一般采用长程值的线边粗糙度/线宽粗糙度作为参考。线宽粗糙度的详细讨论可以参见第 17 章。

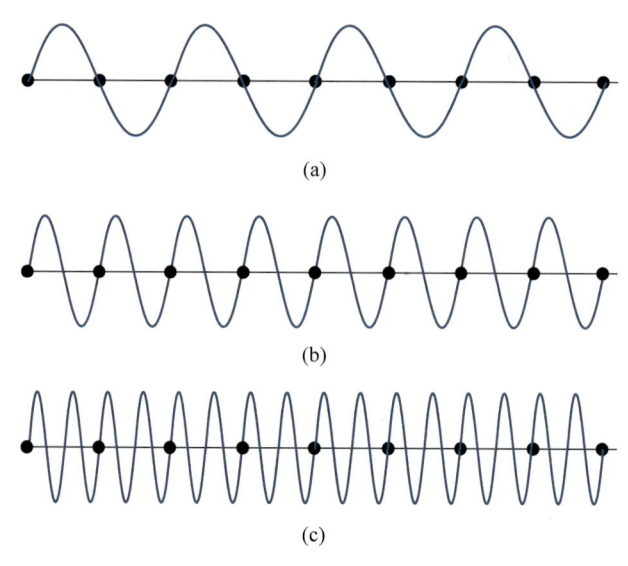

图 8-18 采样频率与被采样信号的频率关系：(a) 采样的最大频率等于 2 倍奈奎斯特频率，也等于被采样信号频率的 2 倍；(b) 采样的最大频率等于被采样的信号频率；(c) 采样的最大频率等于被采样信号频率的 1/2

8.4 套刻显微镜的原理和测量方法

套刻显微镜是不是普通的显微镜？是否需要采用至少物方远心（Telecentric at object side）结构？图 8-19 展示了一种成像光路示意图。图中镜片均为示意，实际镜头的结构含有多片镜片，要复杂一些，具体可以参考第 6 章，其中光刻机使用的投影物镜都是远心镜头。

套刻测量显微镜是否需要远心镜头？远心结构的成像物镜的好处是，无论物距怎样变化，物体像的垂直于光轴方向的长度不会发生变化。如图 8-20(a)、(b) 所示，物体 O 和 O' 在 Z 轴上存在一定的距离 ΔZ，经过双远心和非远心镜头成像后，分别得到像 I 和 I'。在前一种情况，可以看出，像 I 和 I' 虽然存在轴上的位移，而且是放大的，但是它们之间并不存在横向放大率偏差。在后一种情况，像 I 和 I' 不仅含有在 Z 轴上的位置偏差，还存在明显的横向放大率偏差，也就是 I' 大于 I。更严重的是，随着物体的高度增加，这种横向的偏差会增加（横向放大率偏差固定）。测量层与层之间的套刻需要将不同层次上的套刻记号同时成像，也就是说，会遇到图 8-20 的情况。当然，层与层之间的距离一般为 100nm 到几微米。

现在估算不采用双远心镜头会导致多大的偏差。假设显微镜的横向放大率（Lateral magnification）M 为 100 倍，其放大率 M 由下式给出：

$$M = \frac{s'}{s} \qquad (8.25)$$

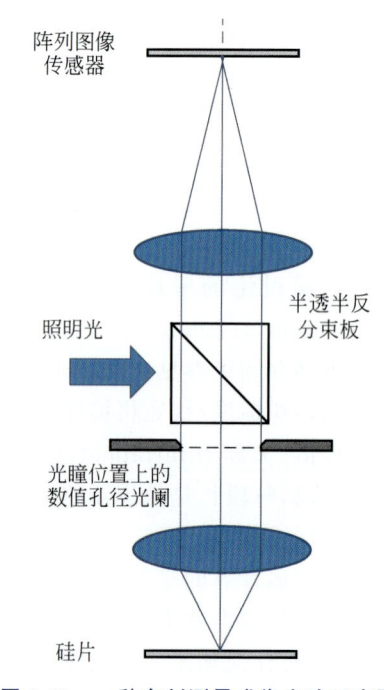

图 8-19 一种套刻测量成像光路示意图

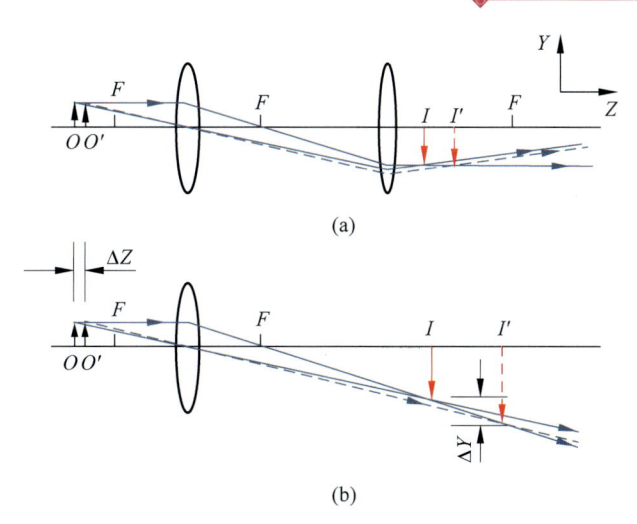

图 8-20　物体 O 和 O' 在(a)物方-像方双远心镜头成像光路示意图，(b)普通非远心镜头成像光路示意图

$$M = \frac{s'}{s} = \frac{l}{f} \qquad (8.26)$$

$$M = \frac{s'}{s} = \frac{l}{f} = \frac{f}{s-f} \qquad (8.27)$$

式(8.26)和式(8.27)可以由图 8-21 中的几何关系得到,光线 BA 是平行于光轴的,所以 AC 之间的距离就是物体的高度,而像 I 的高度由 DB' 给出,由于 $\triangle ACF$ 和 $\triangle B'DF$ 相似(对顶角),所以,式(8.26)得证。同样,可以证明式(8.27)。一般显微镜的标准是筒长为 160mm,如果放大率为 100 倍,则物镜的焦距等于 $160/100 = 1.6 (\text{mm})$。如果使用式(8.27),则可得 $BF = 16\mu m$。为了计算方便,假设采用筒长 160mm 的显微镜。如果采用无限远光学系统,如图 8-19 所示,则筒长由管镜(Tube Cens)的焦距决定。物镜的等效焦距应该差不多。

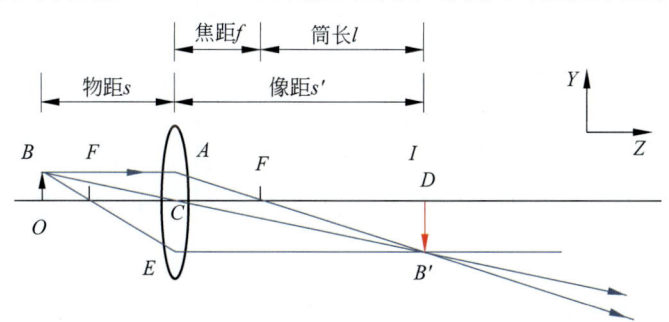

图 8-21　物体 O 和 O' 在普通非远心镜头成像光路示意图

如果要探测的套刻记号如图 8-22 所示,是一种"盒子套盒子"(Box-in-box)的形式,由两个设计上同心,边长分别为 $20\mu m$ 和 $10\mu m$ 的正方形组成。又假设小的方块(内方块)由光刻胶显影后形成,光刻胶厚度为 100nm,而大的方块(外方块)由硅衬底中的二氧化硅组成,深度为 200nm。假设焦距设定在光刻胶底部。根据式(8.27),可以得到内方块和外方块的横向放大率分别为

$$\begin{cases} M_{内方块} = \dfrac{1600}{16 - 0.05} = 100.3 \\ M_{外方块} = \dfrac{1600}{16 + 0.1} = 99.4 \end{cases} \qquad (8.28)$$

(a)　　　　　　　　　　(b)

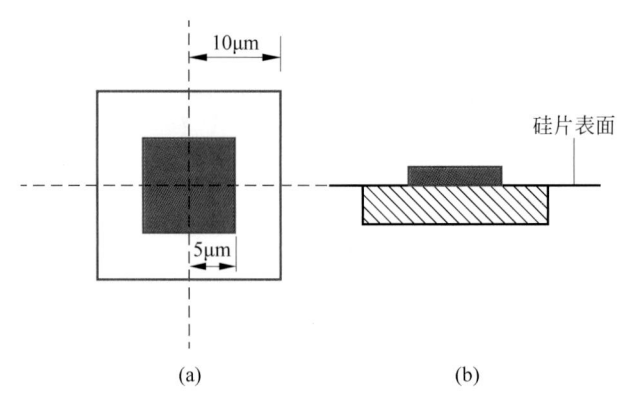

图 8-22　一种被称作"盒子套盒子"的由内正方形和外正方形组成的套刻记号示意图：(a) 俯视图；(b) 侧视图

但是，如果套刻显微镜采用显微镜整体上下移动对焦，而不是移动成像阵列（像平面）对焦，式(8.28)中的放大率还需要投影到相对镜头距离固定的成像阵列上（虽然存在一些离焦），如图 8-23 所示，其实际放大率小不少，这里只考虑了通过镜头中央的光线（主光线）与平行于光轴的光线（其中一根边光线）的平均成像效果，如下式所示：

$$\begin{cases} M_{内方块|原像平面} = 100.0015 \\ M_{外方块|原像平面} = 99.9969 \end{cases} \tag{8.29}$$

这里取了各自图形的高度平均值：内方块为高 50nm，外方块为深 100nm。由于内方块是变大 0.000015 倍，相对于中心，则会显得大 0.075nm/边（用半边长 5μm 乘以 0.000015），而外方块是变小 0.00003 倍，则会显得小 0.30nm/边（用半边长 10μm 乘以 0.00003）。相对于套刻要求，比如对于 28nm 光刻工艺，套刻要求为 6～8nm（3 倍标准偏差），这样的偏差还是可以接受的。

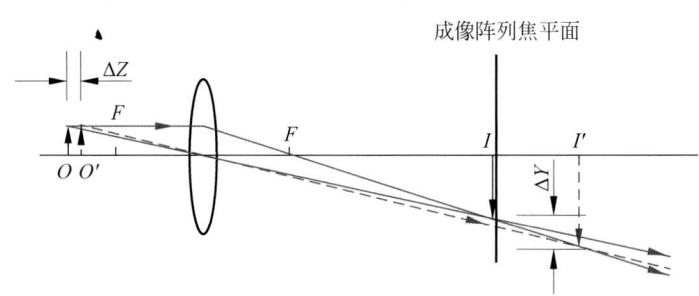

图 8-23　物体 O 和 O' 在普通非远心镜头成像光路示意图（注意在实际设备中，虽然物体存在焦距偏差，但像距仍然在固定的成像阵列焦平面上）

再来看看如果套刻记号没有放在像场中央会怎样。例如，套刻记号放置偏左，偏离像场中央 2μm。外方块（缩小）缺乏远心导致的左右偏差分别为 $12 \times 0.00003 = -0.36(nm)$ 和 $8 \times 0.00003 = -0.24(nm)$，中央偏差为 $-0.06nm$。当然，内方块也偏离同样的 2μm，内方块（变大）缺乏远心导致的左右偏差分别为 $7 \times 0.000015 = 0.105(nm)$ 和 $3 \times 0.000015 = 0.045(nm)$，中央偏差为 0.03nm。这样，虽然内、外方块可能套刻等于 0，由于缺乏远心，系统额外加上了 $-0.09nm$ 套刻测量值，如图 8-24 所示。经过以上计算可以发现，套刻显微镜用不用远心镜头对于测量结果的影响在 $-0.1nm$ 之内。

那么，可不可以单独对两个层次的图形进行对焦，使得每层的放大率不存在式(8.29)所描述的放大倍数的偏差？实际上，美国科天公司的设备就提供了这样的选项。但是，一旦采用内外套刻记号分别对焦，此对焦过程中就不能出现额外的横向偏移，否则会增加套刻测量误差。

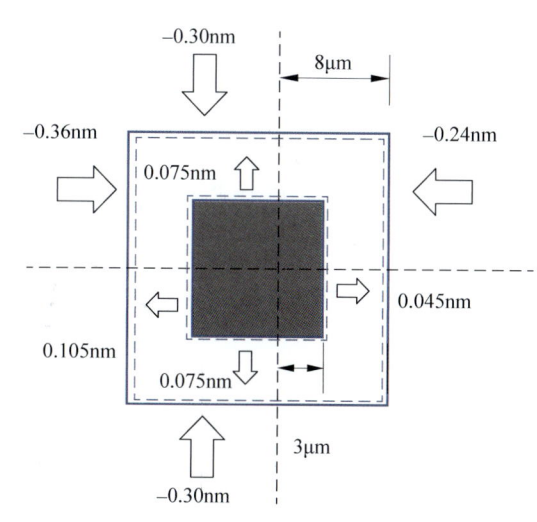

图 8-24　套刻记号的中央跟光轴存在 $-2\mu m$ 偏差后，由于没有使用远心镜头造成的边缘的不对称位移（系统放大倍数为 100 倍，显微镜筒长取 160mm）

也就是说，套刻显微镜的光轴要严格平行于硅片台的垂直运动轴。一旦采用分别对焦测量套刻，其中一个层次的记号就会变得模糊。数值孔径为 0.8 的物镜的对焦深度（包括±离焦）为

$$\Delta z_0 = \frac{\lambda}{4\sin^2\frac{\theta}{2}} \tag{8.30}$$

式中：θ 为物镜的最大张角，对于数值孔径 0.8 来说，$\theta = 53.13°$。

假设波长为绿光 550nm，则对焦深度 $\Delta z_0 = \pm 344$nm。前面谈到的套刻记号平均在垂直方向上距离 =150nm，还基本在范围内。如果还有更加厚的层次，如后段金属连线层，则不一定在范围内。

此外，镜头内部的非轴对称像差，如彗差和畸变也可以影响成像的精确度。另外，如果硅片表面不严格垂直于显微镜的光轴，也可以产生类似远心的问题。这些称为设备引入的误差（Tool Induced Shift，TIS），8.6 节将进一步说明。

下面讨论套刻的测量精确度问题。套刻测量是将上下两层的记号通过成像投影到阵列图像传感器[如电荷耦合探测器（Charge Coupled Device，CCD）或者互补型金属氧化物半导体图像传感器（Complementary Metal Oxide Semiconductor Image Sensor，CMOS Image Sensor，CIS）]上判断两层之间的相对位置偏差的。而这个图像是投影到带有格点的、数字化探测器上的。一般 CCD 或者 CMOS 每个像素在 $10\mu m \times 10\mu m$ 左右。也就是说，套刻显微镜需要具备足够的放大率才能使整个系统具备足够的分辨率。这一点与数码相机不一样。数码相机的像素越多，分辨率似乎越高。实际上，相机的分辨率在镜头中央像场（相对像场线度 50% 的区域）达到 $10\mu m$ 就足够了。根据 GB/T 9917.2—2008《照相镜头　第四部分：定焦距镜头》，定焦距相机镜头只要达到能够分辨 36 线对/毫米，就可以称作国家一级镜头。而 36 线对/毫米，相当于 $27.8\mu m$ 周期。换句话说，全宽半高小于 $27.8\mu m$ 就差不多了，具体可以参见第 3 章。照相机镜头在分辨率上并不高，其难度在于对较大像场进行成像和严格的颜色透射要求，如全画幅相机拥有 36mm×24mm 的大像场。对于套刻测量显微镜，则没有大像场的要求。一般来说，有 50~100μm 边长像场就够用了。但是，显微镜对分辨率有极高的要求，一般来说都需要达到衍射极限，也就是第 3 章说明的瑞利极限。

根据瑞利极限,对于一个采用可见光(400～700nm)波段的套刻显微镜,其数值孔径一般为 0.3～0.8。其最高线对的分辨率为(参见图 3-5)

$$\Delta x = 0.5 \times 0.887 \times \frac{\lambda}{\mathrm{NA}} \tag{8.31}$$

也就是222nm,其最低分辨率为1035nm。表达一个全宽半高(FWHM)为222nm的峰值函数,如图 8-25 所示,需要至少两个像素的距离来表征。所以系统的最小放大率为

$$M_{\min} = \frac{2 \times 11}{0.222} \approx 100 \tag{8.32}$$

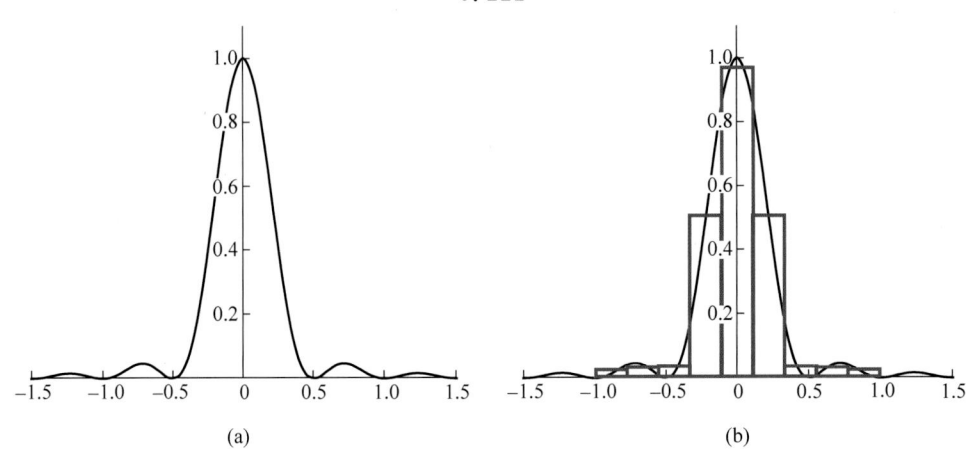

图 8-25 一维衍射极限峰值函数 $\left(\dfrac{\sin 2\pi x}{2\pi x}\right)^2$ 的图示:(a)函数本身;(b)函数叠加上数码像素

早期的套刻显微镜一般拥有 VGA 规格的阵列图像传感器,像素个数为 640×480 或 512×512。像素的边长为 10～12μm。如果放大率为 100 倍,则整个传感器可以容纳(像素边长取 11μm)70.4μm×52.8μm 或者 56.3μm×56.3μm 像场范围。由于套刻记号的最大范围为 30μm×30μm,所以这个放大率是合适的。

下面分析模数转换需要的精度。如果采用 2 个像素表示一个衍射极限的全宽半高尺寸,那么信噪比需要多少才能够进行测量呢?换句话说,每个像素需要多少比特的采样深度才能够满足套刻精度的要求?如全部测量造成的误差(Total Metrology Uncertainty,TMU)是否在 1nm 以内?

先看看采用8bit,也就是需要将噪声控制在1bit之内,而信噪比在最好的时候有 $2^8:1$,也就是256∶1。假设在图 8-25(b)中,不管中间的像素,看看在中间像素两旁的两个像素,理想情况下,中间的像素采样为256,两旁的各为中间的一半,为128。考虑最差情况:假设左边的读数为127,右边的读数为129。通过拟合,形成峰值相对中央位置偏移多少。图 8-26 显示了这样的情形,现在的情况是右边比左边多了2bit,所以,为了达到左右平衡,需要将拟合的峰值向右移动,使得中间的像素给左边多1bit,右边少1bit,这样就平衡了。

像素的宽度为11μm(在硅片上为110nm),相对256移动1bit等于移动了1/256个110nm,也就是0.43nm左右。对于28nm技术节点,套刻要求最严格的在±6nm左右。精度和容忍度的比值为

$$P/T = \frac{6\sigma}{\mathrm{USL} - \mathrm{LSL}} \tag{8.33}$$

式中:σ为测量系统自身的标准偏差(STandard Deviation,STD);USL 为规格上限(Upper

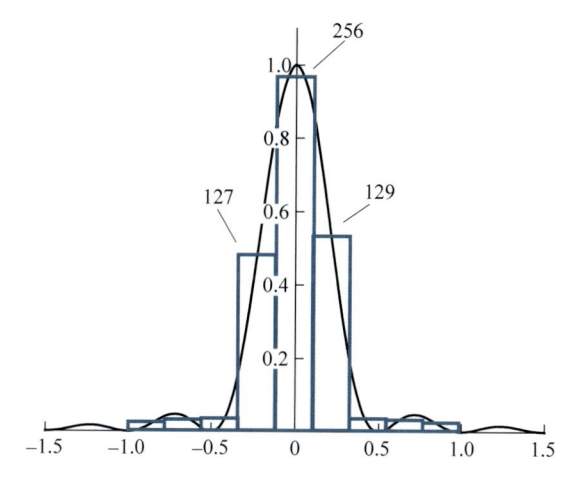

图 8-26　一维衍射极限峰值函数和噪声导致的不对称数码像素（不对称度做了夸张）

Specified Limit）；LSL 为规格下限（Lower Specified Limit）。

一般来说，$P/T=0.1$ 被认为是好的，而 $P/T>0.5$ 被认为是不够的。如果按照 $P/T=0.1$ 的要求，对于前面说的 28nm 的套刻规格 ±6nm 来说，USL－LSL＝12nm，系统的精度就需要达到 1.2nm，即 3 倍标准偏差为 0.6nm，而前面计算的最大精度偏差为 ±0.43nm。那么，这个 8bit 的信噪比显得还是不错的。实际上，影响信噪比的因素有很多，例如套刻记号的实际对比度（实际对比度很可能很差，导致 8bit 的采样深度被较强的背景抵消）、图像传感器中的热噪声（可能大于 ±1bit）、硅片上的衬底反射光、衬底晶粒的大小（实际上在铝工艺中，铝晶粒通常为几微米）等。

在工艺上可以通过增加套刻记号的线条长度和根数提高信噪比。图 8-27 展示了两种图 8-23(a)中的套刻记号，分别为线条套线条记号（Bar-in-bar）和 24μm×24μm 的先进成像测量（Advanced Imaging Metrology，AIM）记号[24]。从总长度（根数乘以每根线条的长度）来说，"线条套线条"记号与 AIM 记号差不多。由于 AIM 记号为密集线条，容易与诸如等离子体刻蚀和化学机械平坦化工艺中的刻蚀和研磨图形密度要求相容，故在先进的集成电路工艺中被广泛使用。例如，在干法等离子体刻蚀（Dry Plasma Etch）工艺中，刻蚀速率会受到图形密度的影响，如果需要挖去较大的面积，刻蚀速率就会下降，称为负载效应（Loading Effect）。刻蚀过程中导致的钝化层，其实就是刻蚀挖去的材料以及刻蚀过程中生成的聚合物等材料没有及时被蒸发掉而附在待刻蚀表面上导致刻蚀阻力增加，导致线宽偏差。又如，在化学机械平坦化（CMP）中，由于不同材料的选择比有所不同，表面单一材料的面积过大会导致研磨速率变慢或者变快，从而使表面平坦化质量变差。线条套线条记号存在较大的空白区域，或者单一材料区域，故对上述等离子体刻蚀工艺或者化学机械平坦化工艺不利。

根据美国科天公司的说明书，AIM 记号的尺寸可以是边长 10～30μm。

增加不容易受到工艺干扰的套刻记号线条数目是设计良好套刻记号的目标。增加根数可以提高对随机噪声的抑制能力，通过改良套刻线条的线宽可以提高其对于刻蚀、化学机械平坦化的耐受力。但是，对于浅层记号，也就是浅层的薄膜比较薄，比如小于 30nm 时，过薄的膜系可能会造成应力释放，导致套刻记号变形，仅仅改变套刻记号的尺寸已经无法改善套刻精度。这时需要薄膜沉积和退火工艺进行优化，从而保证不影响套刻。另外，如果膜系是电介质，也就是透明或者半透明的，这时过薄的薄膜会造成很低的光学对比度，对于套刻也是威胁。

(a)　　　　　　　　　　　　　　(b)

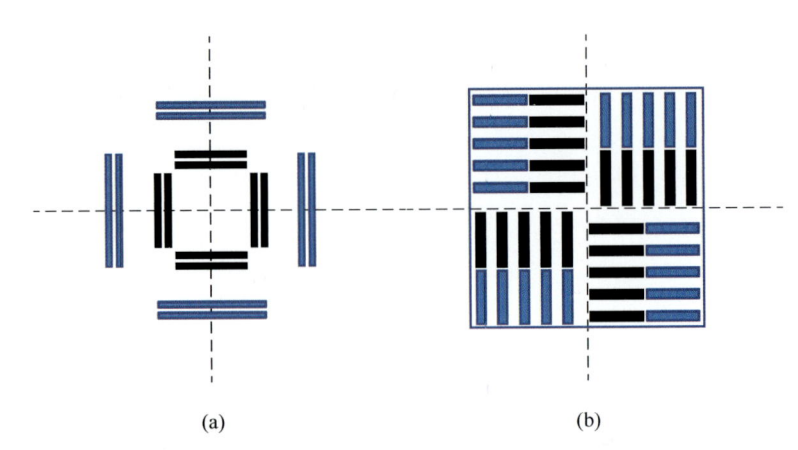

图 8-27　通过增加线条根数提高套刻测量信噪比的方法［(a)：线条套线条记号线条宽度为 1～2μm；(b)：24μm×24μm 的先进成像测量记号,显示线条周期为 2.4μm］

8.5　套刻显微镜的测量程序和测量方法

套刻显微镜与线宽扫描电子显微镜的测量程序类似,也需要先输入硅片分布图,再确定对准用的记号分布。对准后再对如图 8-27 所示的套刻记号进行识别,并进行测量。测量方法是：首先根据事先存储的套刻记号照片比对通过移动平台找到位置处的图形；其次根据相似度判断是否是目标记号,如果是,先将其移动到视场中央,再将测量程序中的测量框叠加到记号的图像上,如图 8-28 所示；然后通过对框内的线条位置取平均来确定线条组的中心位置；最后比较内侧套刻记号(图 8-27 和图 8-28 中深色记号,通常是当前层由光刻胶形成的)和外侧记号(图 8-27 和图 8-28 中浅色记号,通常是当前层由薄膜图形形成的)的中心位置偏差,获得当前点的套刻偏差,通常以 X 方向和 Y 方向的纳米为单位。

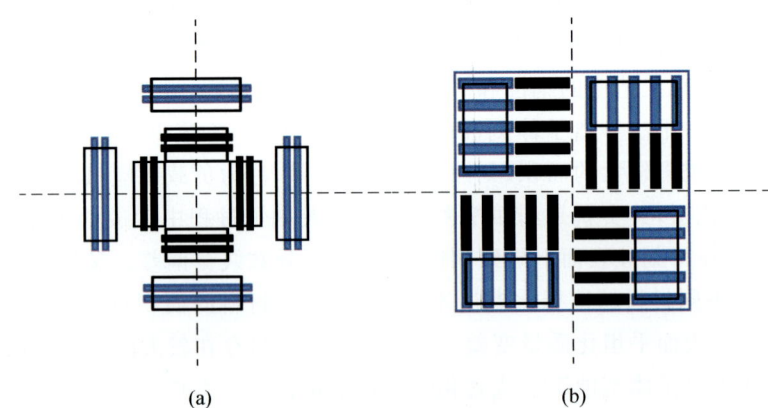

(a)　　　　　　　　　　　　　　(b)

图 8-28　测量套刻记号线条组中心位置的测量框：(a) 线条套线条记号；(b) 24μm×24μm 的先进成像测量记号,为了简洁,只显示了外侧套刻记号的测量框

当然,对于整片硅片的套刻,一个套刻记号是不够的,需要对硅片上很多曝光场中的套刻记号都进行测量。对于光刻机工件台的套刻测定,硅片上需要 1000～1500 个套刻记号。一般而言,对于产品硅片,套刻只要 9～22 个曝光场,每个曝光场内测量 5～9 个点。这样的测量数量还是很多的,对于测量设备,如果每个套刻记号需要 1s,9×22 个点就需要 198s,加上为了消

除设备引入误差(详见 8.6 节)而旋转 180°重复测量、进退硅片及硅片对准,每次测量需要 5～10min。

8.6　套刻显微镜设备引入的误差及其消除方法

设备引入的误差(Tool Induced Shift,TIS)一般是指系统存在部分非远心,以及光轴不完全垂直于待测硅片表面。图 8-29(b)和(c)展示了光轴不垂直于硅片表面的情况,前后两个物(用实线和虚线箭头表示)O 和 O' 原本在 Z 轴的投影是重叠的,经过物镜投影所成的像相对位置不再重叠。图 8-29(b)和(c)的情况对应硅片处于 0°和 180°两种状态。可以看出,如果将图 8-29(b)和(c)的位置平均,两个物 O 和 O' 的计算位置就又重合了。还有显微镜内部的镜片安装误差导致的在整个视场中放大率或者畸变相对光轴不对称,也可以通过前述的硅片旋转 180°解决。

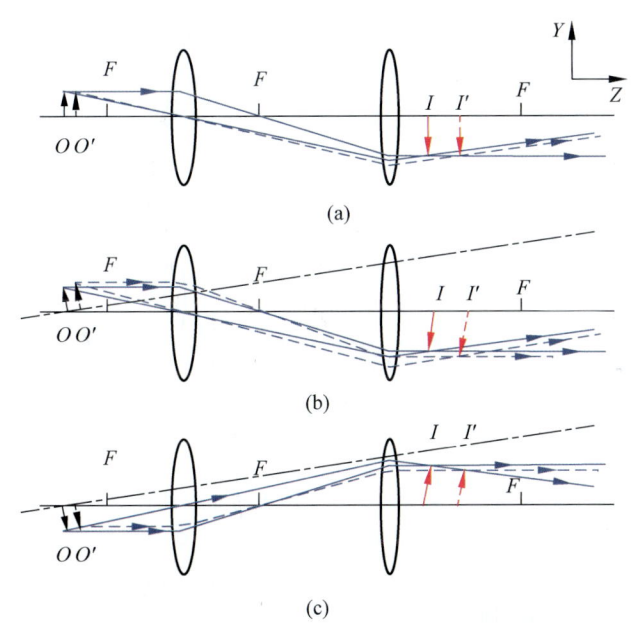

图 8-29　(a) 光轴垂直于硅片表面的双远心成像；(b) 光轴不垂直于硅片表面的双远心成像；(c) 在(b)中的硅片绕其对称轴旋转 180°后的成像情况

8.7　基于衍射的套刻(DBO)探测原理

以上的套刻测量都是通过明场下直接成像获得套刻记号的图像,再通过比较图像的位置来确定层与层之间的套刻偏差。但是,如果记号表面存在畸变、形变、晶粒等干扰,通过直接成像形成的套刻测量,即基于成像的套刻(Image Based Overlay,IBO)测量可能会出现偏差。图 8-30 展示了一种常见的化学机械平坦化工艺导致的表面倾斜及其成像的基本情况。通常,光束与垂直光轴之间的夹角可以达到 0.01rad(0.6°)左右。也就是说,如果套刻对焦存在误差,如 200nm,那么会导致 2nm 的额外套刻偏差,就会出现图 8-31(c)的旋转套刻分布情况。解决这个问题的方法是精确对焦。而且由于上下层记号通常存在 200～300nm 的垂直高度差,需要逐层对焦。由于上层记号由光刻胶形成,没有表面倾斜的问题,一般至少要对下层记号精确对焦。

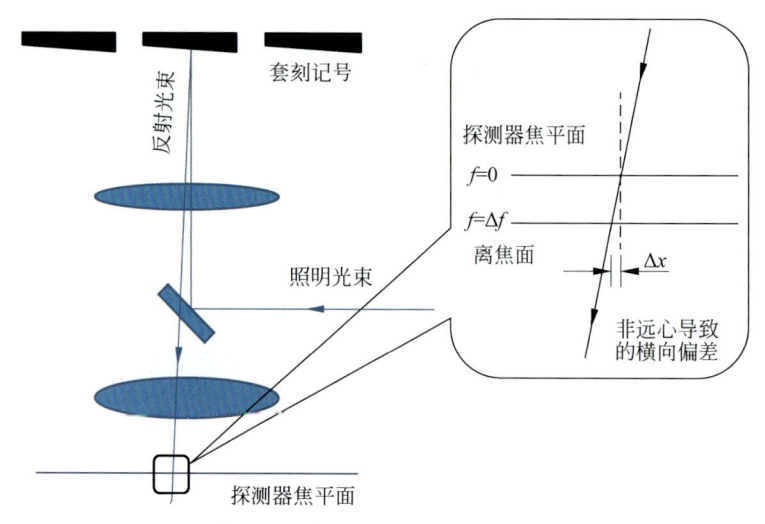

图 8-30 采用基于成像的套刻探测具有表面倾斜的套刻记号会引入倾斜的反射光,而倾斜的反射光在对焦存在误差的情况下会产生额外的横向偏差

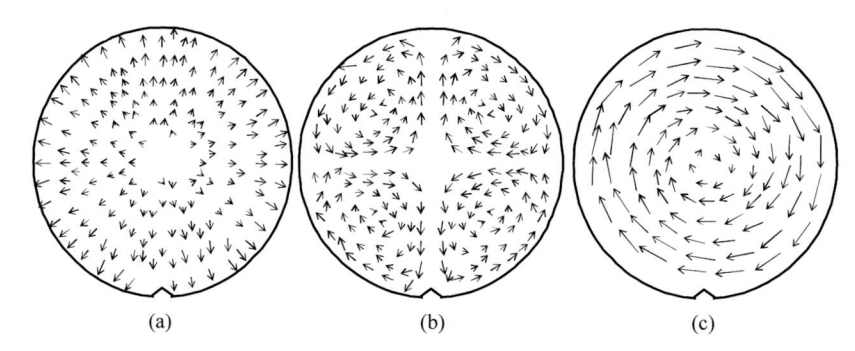

图 8-31 (图 6-70)硅片在经历过一系列工艺后呈现出的非线性套刻偏差示意图:(a)硅片在经过某等离子体刻蚀后呈现出的套刻偏差;(b)硅片受热变形导致的套刻偏差;(c)硅片经历过化学机械平坦化后对准记号,或者套刻记号发生沿着抛光方向上的形变导致"旋转型"套刻偏差

现在工业界比较新的套刻探测方法——基于衍射的套刻(Diffraction Based Overlay,DBO)测量方法是将两层套刻测量记号在垂直方向上叠加,通过测量组合记号左右两侧的衍射信号的强度差确定它们之间的套刻误差。下面分析这样的探测方式与常见的化学机械平坦化工艺形成的记号表面倾斜的相互关系。

假设套刻记号(下层记号,如图 8-32 所示)存在形变(如由化学机械平坦化工艺形成),对准记号函数 $M_{总}(x)$ 的振幅 $A_M(x)$ 和相位(高低凸起) $\phi_M(x)$ 由下式给出:

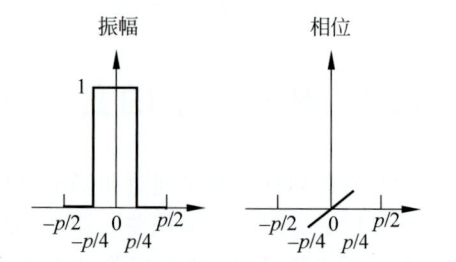

图 8-32 (图 6-71)具有简单形变的套刻记号示意图(记号占空比取为 1/2)

$$M_{总}(x) = M(x) + \Delta M(x)$$

$$A_M(x) = \begin{cases} 1, & x \in \left[-\dfrac{p}{4}, \dfrac{p}{4}\right] \\ 0, & \text{其他} \end{cases}, \quad \phi_M(x) \begin{cases} \dfrac{bx}{p}, & x \in \left[-\dfrac{p}{4}, \dfrac{p}{4}\right] \\ 0, & \text{其他} \end{cases} \tag{8.34}$$

如图 8-32 所示，对其做在周期 p 内的傅里叶级数展开，并且考查第 n 阶的分量（n 为奇数），如下：

$$A_n(x) = c_n \mathrm{e}^{\mathrm{j}\frac{2\pi n x}{p}} + c_{-n} \mathrm{e}^{-\mathrm{j}\frac{2\pi n x}{p}}$$

$$c_{\pm n} = \frac{1}{p} \int_{-p/2}^{p/2} A_M(x') \mathrm{e}^{\mathrm{j}\phi_M(x')} \mathrm{e}^{\mp \mathrm{j}\frac{2\pi n x'}{p}} \mathrm{d}x' \tag{8.35}$$

合并指数项，可以将式(8.35)化简成

$$c_{\mp n} = \frac{1}{p} \int_{-p/4}^{p/4} \mathrm{e}^{\mathrm{j}\frac{bx'}{p}} \mathrm{e}^{\mp \mathrm{j}\frac{2\pi n x'}{p}} \mathrm{d}x' = \frac{1}{\mathrm{j}(b \mp 2\pi n)} \mathrm{e}^{\mathrm{j}\frac{(b \mp 2\pi n)x'}{p}} \Big|_{-p/4}^{p/4}$$

$$= \frac{1}{\mathrm{j}(b \mp 2\pi n)} \left[\mathrm{e}^{\mathrm{j}\frac{b \mp 2\pi n}{4}} - \mathrm{e}^{-\mathrm{j}\frac{b \mp 2\pi n}{4}} \right] = \frac{2}{b \mp 2\pi n} \sin\left(\frac{b \mp 2\pi n}{4}\right) \tag{8.36}$$

式(8.36)说明，c_{+n} 并不等于 c_{-n}。如果将正、负两项系数平方后相减作为误差信号，则有

$$|c_{+n}|^2 - |c_{-n}|^2 = \frac{4}{(b-2\pi n)^2} \sin^2\left(\frac{b-2\pi n}{4}\right) - \frac{4}{(b+2\pi n)^2} \sin^2\left(\frac{b+2\pi n}{4}\right) \tag{8.37}$$

在实际工作中，b 通常为 $0.005 \sim 0.01$，相对 2π 是一个小量。于是，式(8.37)可以化简成

$$|c_{+n}|^2 - |c_{-n}|^2 = \frac{1}{\pi^2 n^2} \left[\left(1 + \frac{b}{n\pi}\right) \sin^2\left(\frac{b-2\pi n}{4}\right) - \left(1 - \frac{b}{n\pi}\right) \sin^2\left(\frac{b+2\pi n}{4}\right) \right]$$

$$\tag{8.38}$$

注意，无论 n 取什么值，式(8.38)中的两个正弦函数数值都相等，于是有

$$|c_{+n}|^2 - |c_{-n}|^2 = \frac{2b}{\pi^3 n^3} \sin^2\left(\frac{b-2\pi n}{4}\right) \tag{8.39}$$

对于不同的阶数 n，其误差信号：

$$|c_{+1}|^2 - |c_{-1}|^2 = \frac{2b}{\pi^3} \cos^2\left(\frac{b}{4}\right) \approx \frac{2b}{\pi^3}\left(1 - \frac{b^2}{32}\right) \approx \frac{2b}{\pi^3}$$

$$|c_{+2}|^2 - |c_{-2}|^2 = \frac{b}{4\pi^3} \sin^2\left(\frac{b}{4}\right) \approx \frac{b}{64\pi^3} b^2 = \frac{b^3}{64\pi^3}$$

$$|c_{+3}|^2 - |c_{-3}|^2 = \frac{2b}{27\pi^3} \cos^2\left(\frac{b}{4}\right) \approx \frac{2b}{27\pi^3}\left(1 - \frac{b^2}{32}\right) \approx \frac{2b}{27\pi^3}$$

$$|c_{+4}|^2 - |c_{-4}|^2 = \frac{b}{32\pi^3} \sin^2\left(\frac{b}{4}\right) \approx \frac{b}{512\pi^3} b^2 = \frac{b^3}{512\pi^3}$$

……

$$\tag{8.40}$$

可见，对于奇数阶，误差信号与畸变一次成正比，且随着阶数增加快速衰减；对于偶数阶，误差信号与畸变三次成正比，且也随着阶数增加快速衰减。可以看出，与基于成像的套刻测量方法不同的是，其误差信号是直接比较 ±1 级衍射级的光强，与焦距没有直接关系，也就是说，无论探测焦距在哪里（当然在一定的范围内），其畸变导致的误差信号（正、负衍射级的光强差）不会变化。不过，可以通过采用高阶的衍射信号削弱误差信号。现在市面上的基于衍射的套刻探测都还是 ±1 阶的。

前面讨论了不对称衍射光强的起源，现在来看具体的基于衍射的套刻记号的结构。

图 8-33 展示了一种这样的套刻记号，下层记号存在化学机械平坦化工艺导致的表面倾斜的情况，而上层记号由光刻胶构成，没有变形。而±1 级衍射光强的误差信号不仅来源于下层记号的表面倾斜，还来源于上、下层记号在横向（图中的 X 方向）存在的相对套刻偏差。而套刻测量就是测出这个横向偏差。可以看到，如果没有下层记号，单单上层记号，尽管它在水平位置存在偏移，但是±1 级衍射光强之间不会存在差异。单单下层记号，由于存在表面倾斜，即使它的横向位置没有偏移，也会产生等效的套刻偏差信号。所以，我们既想让套刻测量对上、下层记号之间的横向偏移敏感，又不想让下层记号表面的倾斜进入套刻信号中。

如果上层记号不透明，如图 8-33 所示，再假设其反射率与下层记号一样，照明光线照到上层记号后就不会透射到下层记号。如果上层记号右边由于套刻偏差露出了一部分下层记号，照明光线经过上、下层记号之间的空间照到下层记号上，再经过下层记号的反射回到上层记号的位置。如果上、下层记号之间的垂直距离等于 1/2 波长的整数倍，也就是，经历过这段距离反射到上层记号的光线与上层记号直接反射的光线同相位，那么±1 级衍射光强应该不存在差异。也就是说，对所有反射光线它们无法分清是从下表面反射的还是从上表面反射的。这时，套刻记号应该显示为 0。如果选择波长，使得上下层记号之间的垂直距离等于 1/4 波长，或者其奇数倍，则下层记号反射回来的光线与上层记号反射的光线反相位，此时对应套刻信号的极大值。

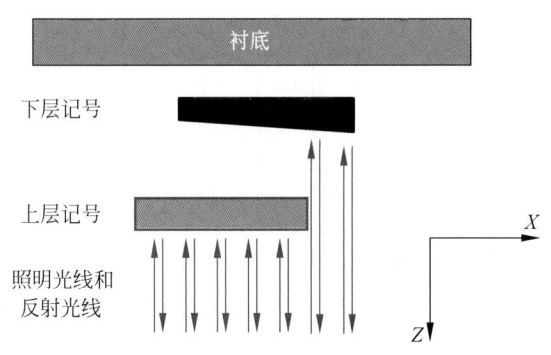

图 8-33 单个基于衍射的套刻记号结构示意图（Z 方向是倒置的，照明光线从 $+Z$ 指向 $-Z$）

然而，上层记号一般由光刻胶、抗反射层等在可见光谱是透明的材料制成，折射率为 1.5 左右，其由横向位置偏差产生的套刻信号比不透明的记号弱。透明的极限就如同空气。如果没有上层记号，不考虑下层记号的表面倾斜，也就没有套刻信号。

对于不透明上层记号的情况，下层记号表面倾斜对套刻记号的干扰强度可以用露出部分（如横向套刻偏差为 6nm）在 Z 方向的倾斜总量（约为 0.005×6nm）和上、下层之间的距离差（如 100nm）的比值来估算。对于 100nm 的距离差，由前述，如果要获得最大的套刻信号，需要使其等于 1/4 波长的奇数倍，如波长等于 400nm，那么倾斜导致的相位差就是 0.06nm$/400$nm$\times 360° = 0.054°$。如果 180°对应 6nm 的套刻偏差，那么叠加在 180°上的 0.054°仅仅代表约 0.002nm 套刻偏差。如果上层记号变得透明，则横向偏差导致的套刻信号将大打折扣，如减弱到 5%；而下层记号表面倾斜导致的套刻信号将大大增加，因为整个下层记号都可以透过上层记号看到。假设下层记号的宽度为 300nm，倾斜带来的光程总相位差就是 3nm，对应 2.7°。本来对应 0.09nm 套刻，因为横向位移导致的套刻信号减弱到 5%，倾斜导致的套刻偏差就是 1.8nm。所以，尽管基于衍射的套刻测量对光学系统对焦不敏感、测量重复性极好，但是对于下层记号表面倾斜无法独立判断和有效消除。所以，IBO 也好，DBO 也好，应根据需要选择最合适的方式。这里 DBO 的说明采用垂直照明的方式，实际上也可以采用斜入射照明的方式，分析方法类似。如果下层记号表面出现倾斜，无论是垂直照明还是斜入射照明，其反射光都会被旋转一个角度，旋转角度是倾斜角的 2 倍。

在具体使用时需要对 DBO 记号进行仿真优化。仿真算法有时域有限差分方法和严格的耦合波分析方法。主要的目标是对于一定的当前层之间的套刻偏差，对某波长的光线获得最大的差分信号和（尽量）对畸变的最小灵敏度，也就是最大的抑制能力。

8.8 套刻记号的设计

套刻记号的设计与光刻机对准记号的设计类似，唯一不同的是，光刻机的对准记号的探测系统采用的数值孔径一般为 0.3 左右，而套刻测量的数值孔径可以高一些，达到 0.6～0.8。在显微镜的图像上也可以看出套刻显微镜能够分辨出较为细小的结构。

套刻记号的设计一般遵从以下四个原则。

（1）能够比较容易地由光刻制作出来，即线宽不能太小，线宽一般为 1～3μm，能够被 0.5μm 及以上光刻工艺轻易地曝光显影出来。

（2）能够比较容易地被套刻测量系统测量出来，也就是具有一定的对比度。

（3）能够与工艺相匹配，不会造成缺陷，即没有过细的线条，或者图形密度与芯片区域相差较大。

（4）能够很好地代表芯片中的器件结构图形，如晶体管上的布线、通孔等，也就是套刻记号的线宽应该基本接近芯片区域的图形结构线宽。

8.9 光学线宽（OCD）测量原理及应用

根据前面讨论到的情况，无论线宽测量电子显微镜还是套刻测量光学显微镜，都是在待测结构可以被光学系统（包括电子光学系统）分辨的情况下完成测量的。那么，是不是光学测量（包括电子光学测量）一定要在目标可分辨的情况下才能实施呢？对于结构小于光学衍射极限的情况是不是无法测量了呢？答案是否定的。

首先，测量有很多种，成像是一种信息量巨大的测量，测量可以不需要通过成像。比如测量一棵大树的树干直径、树高等可以通过使用长度标准，如卷尺完成。当然，也可以通过照相来完成对整棵树的测量。例如，可以通过地球遥感卫星实现对地面大面积范围内的一切进行测量。又如，海平面下光学能见度很低，一般远处物体无法看清和成像。但是，水下声波可以传播很远，所以水下探测一般通过声呐完成，对于无声波辐射的物体，只能通过远处物体的回波（散射）完成探测。所以探测和可以分辨成像不是一个概念。对于尺寸小于光学的分辨率（如几十纳米）的结构（远小于波长，如 250～700nm）是怎样探测的呢？这种探测需要建立一个模型，根据模型中该结构尺寸的变化，通过仿真计算出散射频谱的变化，再与实际结构中的散射频谱做比较，反推出结构的尺寸。当然，这样的情况可能不唯一。其他结构的变化也可能对散射频谱的变化有贡献。通过光学散射探测来测量线宽的方法称为光学线宽测量（Optical Critical Dimension scatterometry，OCD）。

如图 8-34 所示，在硅衬底上刻有密集线条。线条的周期为 100nm，小于光学探测的波长（如 257nm）。此波长搭配 0.8NA 的成像系统空间分辨率为 161nm。也就是说，光学系统无

法分辨。那么,此光栅对于垂直入射的光线所产生的衍射只有原路返回的反射光可以被光学系统探测到。反射光强为

$$I = |(A_{顶部} + A_{底部})|^2$$
$$= \left(\frac{a_0}{P}\right)^2 (CD^2 + (P-CD)^2 +$$
$$2CD(P-CD)\cos\left(2 \times \frac{2\pi h}{\lambda}\right)) \quad (8.41)$$

式中

$$|A_{顶部}| = \frac{a_0}{P}CD, \quad |A_{底部}| = \frac{a_0}{P}(P-CD)$$

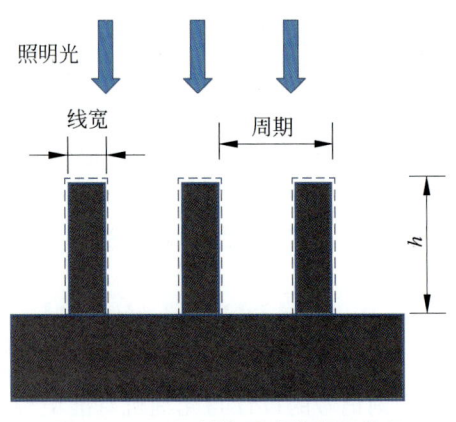

图 8-34 一组刻蚀后硅的密集线条

光强的分布取决于线宽 CD 和线条的高度 h。对于同一个反射光强,可以对应不同的线宽和高度的组合,如图 8-35 所示。所以,仅仅凭光强无法判断唯一的线宽值。但是,如果高度确定,就可以将线宽与光强唯一联系起来。不过,可以通过采用不同的波长 λ 照射此光栅。如式(8.41)所示,如果采用至少两个波长,就可以获得两个方程,两个方程可以求解两个未知数线宽和线条的高度。光对硅线高度有很强的敏感性,例如,对于 500nm 的照射光,当硅线的高度为 125nm,即波长的 1/4,且线宽等于周期的 1/2 时,由图 8-35 可以知道其反射率为 0。对于同样的结构,如果采用 625nm 波长,硅线的高度为 0.2 波长,其反射率约为 0.095。不过式(8.41)没有考虑衍射效率,实际的散射光还与散射效率有关。

以上的例子说明,散射探测的原理与直接成像探测不一样,需要建立模型。一个简单的模型如式(8.41)和图 8-34 所示。根据模型的仿真或者计算获得散射光与模型中某尺寸的关联,然后根据测得的散射光谱来反推模型中尺寸的数值。另外,散射探测一般需要建立一个图形阵列,由于单个图形尺寸相比波长过小,信号是十分微弱的。散射探测中对于某结构的探测需要照明光线能够照到此结构,并产生散射。对于隐藏在不透明金属薄膜下方或者内部的结构,散射探测基本无能为力。如果还需要测量,那么应切断面,做透射电子显微镜(Transmission Electron Microscope,TEM)成像测量。但是,透射电子显微镜一般需要切片,不仅会消耗硅片,而且会拖延硅片的流片,尽量使用光学散射探测。不过,在建立光学散射模型的初期,通常需要 TEM 的结果来验证模型的可靠性,而且对于工艺条件不稳定的研发初期,光散射测量易受不稳定因子的影响从而影响模型的可靠性,因此需要根据工艺的变化情况对模型不断进行修正。当某结构处于某金属薄膜正下方时,还可以采用斜入射照明的方式对此结构做有效照明。

实际工作中,鳍形晶体管中的鳍(Fin)、金属栅(Metal gate)以及源(Source)漏(Drain)都涉及三维的复杂结构,其模型比式(8.41)要复杂得多。不过,无论怎样复杂,其结构都是复合光栅,由一系列同周期的结构叠加而成。2007 年,美国国家标准及技术协会发表了一篇有关光学散射探测技术极限的文章[25]。其中由于涉及复杂结构,散射光模型可以采用时域有限差分方法或者严格的耦合波分析方法来数值求解散射光的电磁场分布。

文中强调,对于时域有限差分方法,如果待测结构很小(如 0.5nm),则需要采用更加小的格点(如 0.1nm 或者 0.05nm)。不过,这样会显著增加运算量。对于一个三维结构,如果算上到达稳态的时间步长,运算量与格点大小的 4 次幂成反比。如果格点在 5nm,那么对于一个 200×200×600 格点的时域有限差分结构运算时间是 0.5h;当格点等于 1nm 的时候,包括时间步长,运算时间将达到 312.5h。

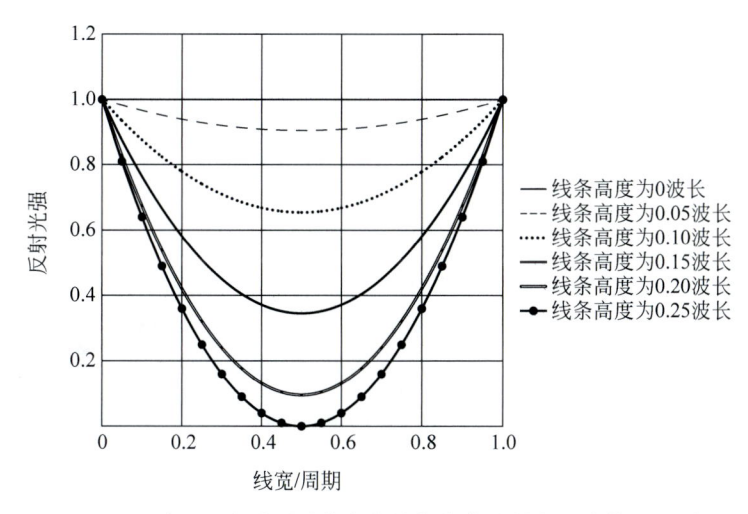

图 8-35　图 8-34 中一组刻蚀后硅的密集线条的背散射光强计算，采用式(8.41)

对于严格的耦合波分析方法，如果待测的结构很小，则意味着需要使用更多的高阶谐波，也会增加运算量。如果待测结构的 3 个维度都很小，则计算量的增加也是三维的。不过，一般来说，严格的耦合波分析方法比时域有限差分方法快得多。但是计算精度一般没有时域有限差分方法的高。时域有限差分方法一般被采用作为参考。严格的耦合波分析方法需要在各种情况下与时域有限差分方法做匹配，才能够在实际工作中使用。

光学散射探测一般采用带偏振的光束照射到样品上，如图 8-36 所示，然后通过检偏器和光谱仪获得样品表面的散射信号。由于一般光学散射探测测量的结构小于波长，为了增加信号强度，测量需要对样品结构的阵列进行，如光斑的尺寸为 30μm，样品的周期为 100nm 时，这个阵列可以达到 300×300 大小。所以，光学散射探测的样品一般为类似光栅的阵列。图 8-36 中的 E_{ip} 和 E_{is} 分别代表平行于入射面和垂直于入射面照明光的电场强度分量，E_{rp} 和 E_{rs} 分别代表平行于入射面和垂直于入射面反射光的电场强度分量，θ_i 和 θ_r 分别代表入射角和反射角。需要说明的是，图 8-36 所示的光路是通过检测反射光的偏振光谱测量样品结构的装置。其实，散射探测也可以通过检测衍射光测量样品的结构。由于大多数场合样品的尺寸远小于波长，衍射光一般不存在，或者很弱。

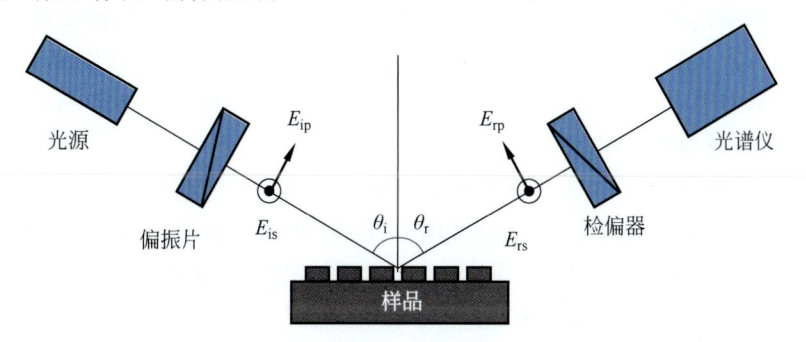

图 8-36　光学散射探测的光路示意图

在散射探测的计算中，一般需要定义如下参数：

$$\rho = \frac{r_p}{r_s} = \frac{E_{rp}/E_{ip}}{E_{rs}/E_{is}} = \tan(\Psi)\exp(i\Delta)$$

$$\alpha = \cos(2\Psi), \quad \beta = \sin(2\Psi)\cos(\Delta) \tag{8.42}$$

如果采用如图 8-36 所示的装置,则 ρ、α、β 都是波长的函数。实验中,我们可以通过测量 ρ、α、β 参数随波长的变化(又称光谱)获取样品结构的信息,如关键尺寸等。如图 8-37 的定义,如果定义起偏器偏振片的起偏方向偏离入射面的角度为 P,检偏器的检偏方向偏离入射面的角度为 A,则反射的光强 I 可以表示为[26]

$$I(P,A) = I_0[1 + \alpha\cos(2A) + \beta\sin(2A)]$$

$$\alpha = \frac{\tan^2\Psi - \tan^2 P}{\tan^2\Psi + \tan^2 P}, \quad \beta = \frac{2\tan\Psi\tan P\cos\Delta}{\tan^2\Psi + \tan^2 P} \tag{8.43}$$

在实际样品微小尺寸的测量中,可以变化检偏器的角度 A 得到不同的光强,通过式(8.43)中的 $I(P,A)$ 表达式获得 α、β 参数。同时,通过样品的断面结构,如透射电子显微镜(TEM)采集的断面照片和材料 n、k 值计算,如采用严格的耦合波分析方法计算得到 r_p 和 r_s,并通过式(8.42)求得 ρ、Ψ、Δ,从而获得 α、β 参数。然后,通过与实验测得的 α、β 参数进行比较,就可以得出待测样品的各种尺寸。通常对每个检偏器角度收集一个光谱。这种方法又称为椭偏光谱测量方法(Spectroscopic Ellipsometry)。

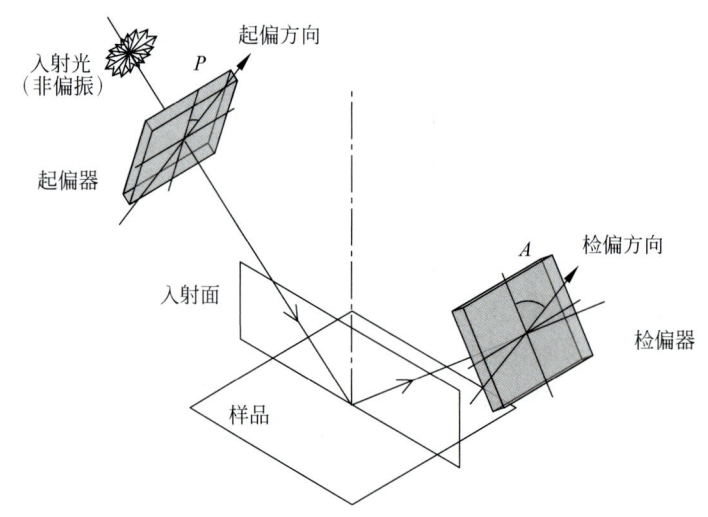

图 8-37 椭偏检测光路示意图

总之,光学散射探测具有光学探测速度快、几乎无损伤,以及一次性测量成千上万个图形结构或者器件,并且直接获得尺寸平均值的优点,它尤其适合在线监控硅片的薄膜和线宽的变化,相比传统的成像测量,可以大大加快测量速度,因此在半导体集成电路制造和研发过程的工艺控制中被越来越多地使用。

以下是一个具体例子[27]。采用椭偏光谱测量方法对一个鳍形晶体管有源区阵列进行测量。如图 8-38(a)~(d)所示,图 8-38(a)与图 8-38(b)分别展示了该结构的透射电子显微镜(TEM)的断面图与断面结构的建模。图 8-38(c)与图 8-38(d)分别展示了 TEM 实际测量结果(Experiment)与椭偏光谱仿真结果(Simulation)。可见无论是 α 还是 β 参数,测量获得的光谱与仿真的光谱除了在 500~600nm 波段附近有点偏差外,符合度较高。其通过光谱拟合测得的结构数据如表 8-1 所示,可见,通过椭偏光谱仿真数据与 TEM 实测数据的符合度还是较高的。以上计算采用基于严格耦合波分析方法的自主研发软件,测量采用国产睿励 TFX3000 光学线宽测量仪(见第 1 章)。

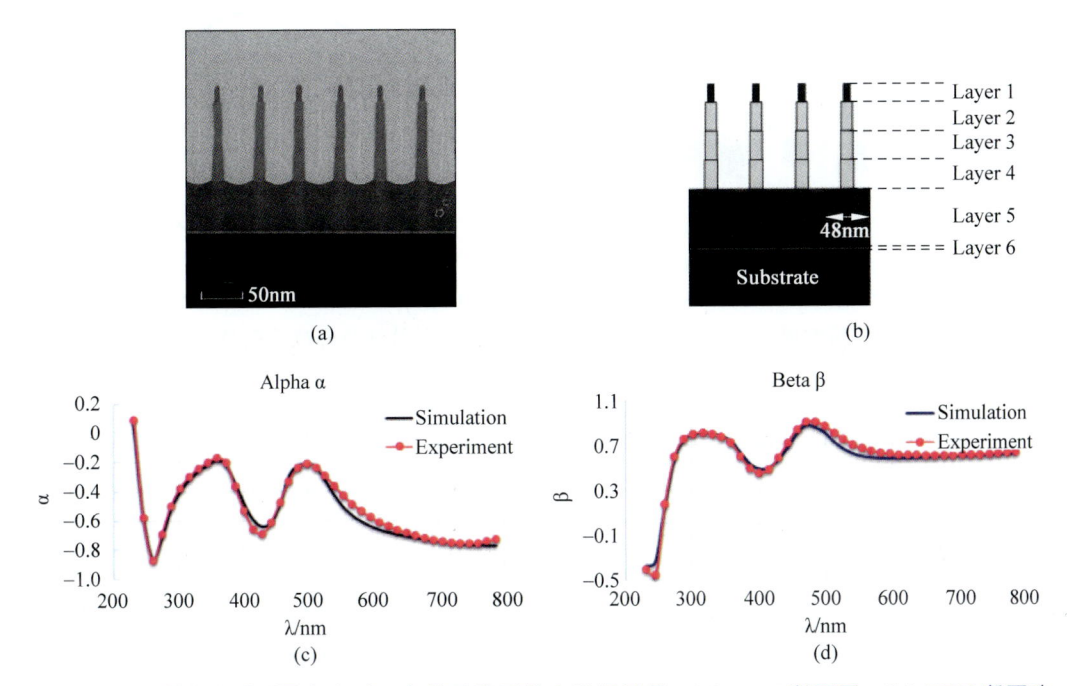

图 8-38 运用椭偏光谱测量方法对一个鳍形阵列线宽进行测量:(a) TEM 断面图;(b) TEM 断面建模;(c) α 光谱;(d) β 光谱

表 8-1 图 8-38 显示的实例中椭偏光谱仿真数据与 TEM 实测数据的比较

结 构 参 数	椭偏光谱仿真值/nm	TEM 实测值/nm
层 1 宽度	6.5	6.8
层 1 高度	15.0	17.3
层 2 宽度	13.7	9.4
层 4 宽度	16.0	16.2
层 2~4 总高度	90.0	93.2
层 5 高度	55.0	60.0

8.10 缺陷检测设备原理

缺陷检测分为直接测量和比较性测量。直接测量需要在无图形的衬底上进行颗粒和缺陷的探测。如美国科天公司的 Surfscan SP3、SP5、SP5^{XP} 系列采用深紫外照明光,测量的缺陷尺寸一般为 20~30nm。图 8-39 展示了这种设备的外观图。图 8-40 是一张被扫描出的硅片上缺陷示意图。

另一种是比较型测量,这种测量需要在有图形的衬底上通过成像与没有缺陷的参考图形进行比较确定缺陷的存在、位置和大小等。缺陷检测分为掩模版的缺陷检测和硅片的缺陷检测。如果掩模版缺陷检测存在相同的图形区域,如一块掩模版可能存在多个相同的芯片区,比如包含 3×4=12 个芯片区,则可以通过芯片与芯片之间的比较(Die to die comparison)确定缺陷的存在。但如果是研发用的测试芯片,则这种比较可能无法实现(因为每个测试芯片可能只有一个),需要采用芯片和设计版图进行比较(Die to database comparison)。两种比较方法也适用于硅片缺陷的检测。

图 8-39　科天公司的 Surfscan SP3-5^{XP} 系列外观（源自该公司官网）

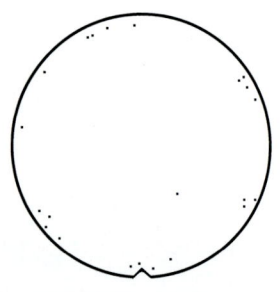

图 8-40　科天公司的 Surfscan 设备扫描出的一种硅片缺陷分布示意图（主要在硅片边缘，非实测图）

对于设计规则较大的版图，如最小线宽在 200～300nm（4 倍率），掩模版缺陷还可以从透射像和反射像观测，而无须版图设计信息。这是因为，对于较大的图形，如不透明的或者透明的形状，其反射光和透射光的总和是基本固定的，与其他图形一样。比如，反射光为 1.0（归一化），透射光接近 0，则两者的总和约为 1。但是，对于（相对于设计规则）明显偏小的缺陷图形［如缺陷尺寸为 30～100nm（4 倍率）］，由于其尺寸明显小于检测波长（如波长等于 257nm），光照射到此类图形后会有较大角度的散射，其反射光或者透射光会明显弱于正常图形。也就是说，如果考虑反射光和透射光的总和会明显小于正常图形的值。当然，如果存在某些反射率高于掩模版上不透明图形材料的外来颗粒，其反射光和透射光的总和还会明显大于 1。此类方法通过将反射图像和透射图像相加就可以发现缺陷。此类掩模版检测方法由美国科天公司提供，被称作同时的透射反射探测（Simultaneous Transmission And Reflection Light，STARlight）方法。其光路图如图 8-41 所示，光束由一个 45°半透半反分束板导入光路中，用来照亮掩模版待测区域，接着通过掩模版的透射光经过成像透镜组在成像单元上成像，而反射光经过原先的半透半反分束板，经过同样的透镜组在另外一片成像单元上成像。

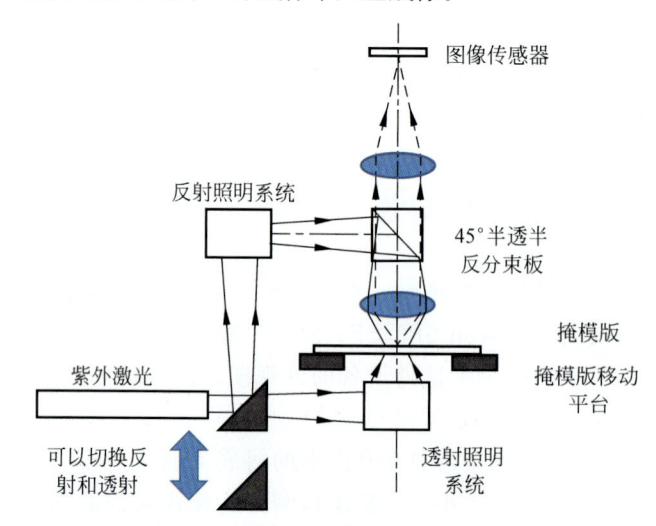

图 8-41　一种具备透射和反射探测的掩模版缺陷扫描设备光路示意图

图 8-42 显示了一种缺陷的扫描结果，在制作过程中出现不透明层没有完全被去掉（存在显影刻蚀残留）或者显影刻蚀过程中掉落的颗粒物，其表面一般比较粗糙，反射率较低（明显低于 1）。图 8-43 是另外一种缺陷，在不透明层图形上出现的针孔（Pin hole），这可能是铬或者硅化钼（MoSi）上的针孔缺陷导致的。由于光透过比其波长小的小孔的强度会明显衰减，这个小

孔处的反射光和透射光的总和也会小于1,可以被检测出来。

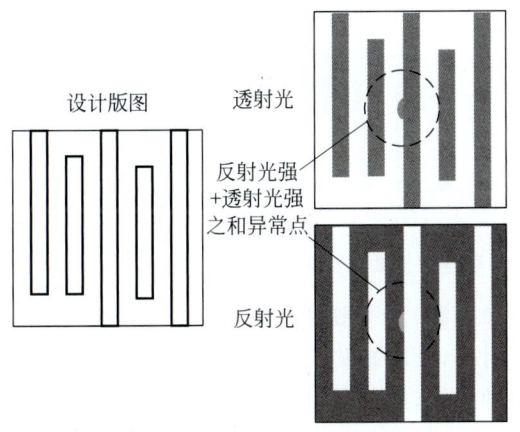

图 8-42　一种掩模版缺陷扫描结果：显影刻蚀残留

但是,对于尺寸与正常图形一样或者更大的缺陷图形,由于其反射光加上透射光的总和与正常图形一样,采用这种方法就无法检测出来了。

硅片上的缺陷扫描与掩模版上的缺陷扫描类似,不过只有反射光,没有透射光。图 8-44 展示了一种反射式硅片上缺陷扫描仪的外观。除了与掩模版检测一样能够看到颗粒或者针孔缺陷外,硅片缺陷扫描还可以看到光学邻近效应修正的缺陷。图 8-45 展示了一幅在阵列最边缘的线条偏细的图像,这是光学邻近效应没有补偿完整而出现的缺陷。

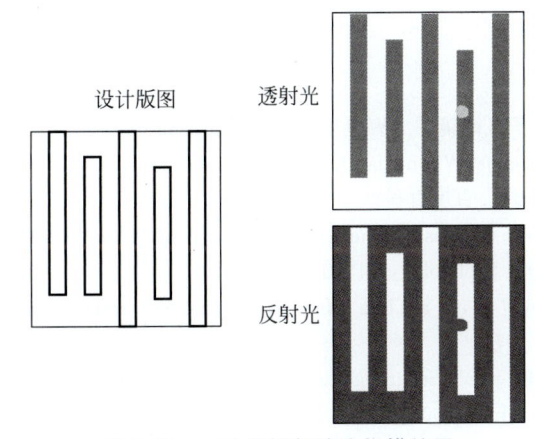

图 8-43　一种掩模版缺陷扫描结果

图 8-44　科天公司的 KLA3900 系列缺陷检测仪外观（源自该公司官网）

(a)　　　　　　　　　(b)

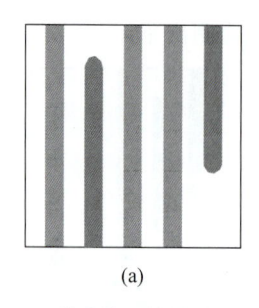

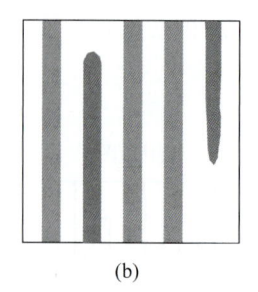

图 8-45　一种硅片上缺陷结果：(a) 正常图形；(b) 带有缺陷的图形

由于缺陷扫描属于成像探测，而一般显微镜平直的像场在 $30\sim50\,\mu m$ 范围内，对全硅片区域进行扫描需要耗费很多时间，所以缺陷扫描一般需要抽取部分芯片区域进行。

以上的缺陷扫描有两种模式，即①通过同一曝光区内，或者同一硅片上拥有同样设计图形的芯片与芯片之间(Die to die)的比较找出可能的缺陷。这是因为有的缺陷如工艺缺陷，颗粒出现在两个芯片上的可能性很低。但是，对于光学邻近效应修正缺陷，掩模版缺陷难以通过以上方法检测，需要②通过芯片与设计版图之间(Die to database)的比较找出可能的缺陷。而在这样的方法中，需要对版图设计图形针对芯片的三维结构进行成像仿真，以尽量贴近显微镜拍摄到的实际图形。这是因为，版图上的图形都是由多边形构成的，而实际硅片上的图形都是经过显微镜成像的，没有版图上多边形的棱角。如果将拍摄的照片直接与版图比较，会出现很多"假"缺陷，以致将为数不多的真缺陷"淹没"，使真缺陷难以被发现。

参考文献

[1] 我国第一台一级大型电子显微镜在上海诞生. 伊犁日报. 1965-08-06.
[2] Scanning electron microscope. Wikipedia, the free encyclopedia.
[3] 扫描电子显微镜：发展历史. 百度百科.
[4] Kudo T, et al. Mechanistic studies on the CD degradation of 193nm resists during SEM inspection. J. photopolymer Science and Technology 14, 2001：407.
[5] Ke C M, Gau T S, Chen P H, et al. The effect of various ArF resist shrinkage amplitude on CD bias. Proc. SPIE 4689, 2002：997.
[6] Goldstein J, Newbury E, et al. Scanning electron microscopy and X-ray microanalysis. 3ed. Springer Science+Business Media, Inc., 2003.
[7] 日本日立高新技术公司(Hitachi High-Technologies)网站. https://www.hitachi-hightech.com/global/products/science/tech/em/sem/cold_fe/index.html.
[8] Kaga H. Thermal field emission electron gun. US5059792, 1990.
[9] 周立伟. 宽束电子光学. 北京：北京理工大学出版社, 1993.
[10] 周立伟, 倪国强. 电磁聚焦同心球系统的精确解. 电子管技术, 1985, 2：50.
[11] 周立伟. 宽电子束聚焦与成像. 北京：北京理工大学出版社, 1994.
[12] Bassett R, Mulvey T. Magnet lenses. US3707628, 1972.
[13] Takashima S, Uchida K. Electromagnetic lenses. US 5065027, 1991.
[14] Walker A R. Magnetic immersion lenses. World Intellectual Property Organization, WO99/53517, 1999.
[15] Lowney J R, Marx E. User's Manual for the Program MONSEL-1：Monte Carlo Simulation of SEM Signals for Linewidth Metrology. NIST Spec. Pub. 400-95, 1994.
[16] Lowney J R. Application of Monte Carlo simulations to critical dimension metrology in a scanning electron microscope. Scanning Microscopy 10, 1996：667-678.

[17] Lowney J R. Monte Carlo simulation of scanning electron microscope signals for lithographic metrology. Scanning 18,1996：301-306.

[18] Villarrubia J S,Ritchie N W M,Lowney J R. Monte Carlo modeling of secondary electron imaging in three dimensions. Proc. SPIE 6518,65180K,2007.

[19] Mack C A,Bunday B D. Improvements to the analytical linescan model for SEM Metrology. Proc. SPIE 9778,97780A,2016.

[20] Tortonese M,Guan Y,Prochazka J. NIST-traceable calibration of CD-SEM magnification using a 100nm pitch standard. Proc. SPIE 5038,2003：711.

[21] Inoue O,Kawasaki T,Matsui M,et al. CD-SEM image-distortion measured by view-shift method. Proc. SPIE 7971,79711Z,2011.

[22] Inoue O,Kawasaki T,Kawada H. Compensation of CD-SEM image-distortion detected by view-shift method. Proc. SPIE 8324,832410,2012.

[23] Bunday B D,Bishop M,McCormack D. Determination of optimal parameters for CD-SEM measurement of line edge roughness. Proc. SPIE 5375,2004：515.

[24] Adel M,Ghinovker M,Golovanevsky B,et al. Optimized overlay metrology marks：Theory and experiment. IEEE trans. Semi. Manufact. 17,2004：166.

[25] Silver R,Germer T,Attota R,et al. Fundamental limits of optical critical dimension metrology：A simulation study. Proc. SPIE 6518,65180U,2007.

[26] Fujiwara H. Spectroscopic Ellipsometry，Principles and Applications，John Wiley & Sons Ltd,2007：94-97.

[27] Ai-Hua Yang,Qiang Wu,Qi Wang,et al. OCD Signal Study of the SAQP Second Mandrel Etch,Proc. ICSICT,2020.

思考题

1. 写出加速电子的德布罗意波长的简单表达式(非相对论情况)，它与加速电压是什么关系？

2. 我国第一台电子显微镜是哪一年诞生的？

3. 电子显微镜中的电子枪有哪几种类型？各自有什么优、缺点？

4. 说明静电透镜的聚焦原理。

5. 如果电子的动能完全由电场加速形成，那么相比光学中的折射率，电子光学中的等效折射率是哪个参数？

6. 在狭义相对论情况下，写出电子的总能量(动能和势能)守恒公式。

7. 磁透镜中电子的回转时间与磁场的磁感应强度有什么关系？

8. 说明磁透镜的聚焦原理。

9. 磁透镜和静电透镜各有什么特点？

10. 说明线宽测量扫描式电子显微镜的结构。

11. 线宽测量的阈值方法和线性近似方法之间有什么异同点？

12. 对于信号不太好的图像，采用阈值方法还是线性近似方法会更加稳定？

13. 线宽测量显微镜的校准主要有哪些内容？

14. 什么是投影线性度校准？

15. 对于线边粗糙度/线宽粗糙度的测量有什么规定？

16. 什么是奈奎斯特频率？

17. 什么是混叠效应（Aliasing effect）？
18. 远心结构镜头对于套刻显微镜有什么好处？
19. 什么是设备引入的漂移？在测量上怎样消除？
20. 精度和容忍度比值（Precision to Tolerance，P/T Ratio）的定义是什么？对设备要求最严格的值是多少？
21. 基于衍射的套刻测量（DBO）方法有什么优点？
22. 套刻记号的设计原则是什么？
23. 说明光学线宽测量（OCD）的原理。
24. 说明基于模型的测量方法。
25. 光学方法的缺陷检测一般有哪两种方法？
26. 说明掩模版缺陷检测的装置结构。
27. Starlight方法的原理是什么？它有什么局限性？

第9章

光 掩 模

9.1 光掩模的种类

光刻工艺之所以能够成功地推动集成电路芯片朝更小、更快、更高效的方向发展,应该得益于成像光学这一重要的技术载体。光学成像自从面世以来,在国民经济各行各业,如天文观测、跟踪、生物显微、缺陷检测、光学测量以及军事领域快速地发展。成像光学的好处在于能够将一整个平面上的信息以光速传递到另外一个平面上。光刻工艺的快速发展使得集成电路芯片变得越来越便宜,现在一部普及型智能手机的计算能力已超过20世纪一台只有超级大国才拥有的用于国防的巨型计算机的能力。而这些都需要一块能够重复使用的模版(Mask),又称为光掩模版(Photomask),就像20世纪学校中普遍使用的油印机的蜡纸以及胶卷摄影中的底片。油印机通过刻写在不透油墨的蜡纸上形成能够透过油墨的字迹和不透过油墨的空白区域,再用油墨从有字迹的地方挤压到白纸上快速印刷。速度由油墨的渗透速度决定,一般可以达到一秒一张或者更快。图9-1展示了这样的油印作品。而胶卷印照片也应用了同样的原理。图9-2展示了一张黑白负片和使用其冲洗出来的照片。光掩模版原理与以上两种印刷技术类似。

在工业生产中使用的掩模版一般是与缩小投影倍率为4∶1的光刻机配套的。现在工业标准的曝光场(1倍率)为26mm×33mm。也就是说,在掩模版平面,经过4倍的放大,曝光场的尺寸为104mm×132mm。而掩模版衬底材料的边长为6in,即152.4mm,厚度为1/4in,即6.35mm,是采用熔融石英(Fused silica)制作的。其温度系数为$0.5×10^{-6}$/K。为了能够采用电子束曝光,表面镀一般有一层铬,用于导电,避免局部过多地累积电荷,影响图像的曝光制作。而且,在电子束曝光后的刻蚀工艺中,这层铬也用来作为硬掩模。

经过几十年的发展,光掩模版也从最初的透明-不透明的铬-玻璃(Chrome-On-Glass,COG)掩模版(仅仅是记录"有"和"无"二元信息的被动模版)发展成为能够增进光刻能力的相移掩模版(Phase-Shifting Mask,PSM)[2]或者更加薄的二元掩模版,如不透明的硅化钼-玻璃

图 9-1 油印机印刷的报纸举例[1]

(a)

(b)

图 9-2 (a) 黑白负片底片举例；(b) 使用负片冲洗出来的照片

掩模版(Opaque MoSi On Glass,OMOG)[3-4],用来减小掩模版三维散射带来的半密集图形的焦距偏移 15～30nm 的效应,以增大光刻工艺在衍射极限附近的工艺窗口,如增加曝光能量宽裕度(Exposure Latitude,EL)和减小掩模版误差因子(Mask Error Factor,MEF)。这 3 种掩模版的断面结构示意如图 9-3 所示。图 9-3(d)展示了一块厚 1/4in,6in×6in 的掩模版照片。其中央最大的图像区域为 104mm×132mm,对应 26mm×33mm 硅片上的曝光场尺寸(缩小倍率 4∶1)。掩模版上面的编号被隐去,不过可见左下和右下角落中的"米"字形阿斯麦公司的预对准标志。阿斯麦公司的掩模版对准标志很小(一般长约为 16.8mm,宽约为 200μm),平行于图形区域的短边外侧,靠近四角,在这张图上看不清。有关掩模版对准方法介绍可参见 6.6.6 节。

铬-玻璃二元掩模版　　　　6%透射衰减相移掩模版　　　不透明的硅化钼-玻璃掩模版
熔融石英基板　　　　　　　熔融石英基板　　　　　　　熔融石英基板

6.35mm

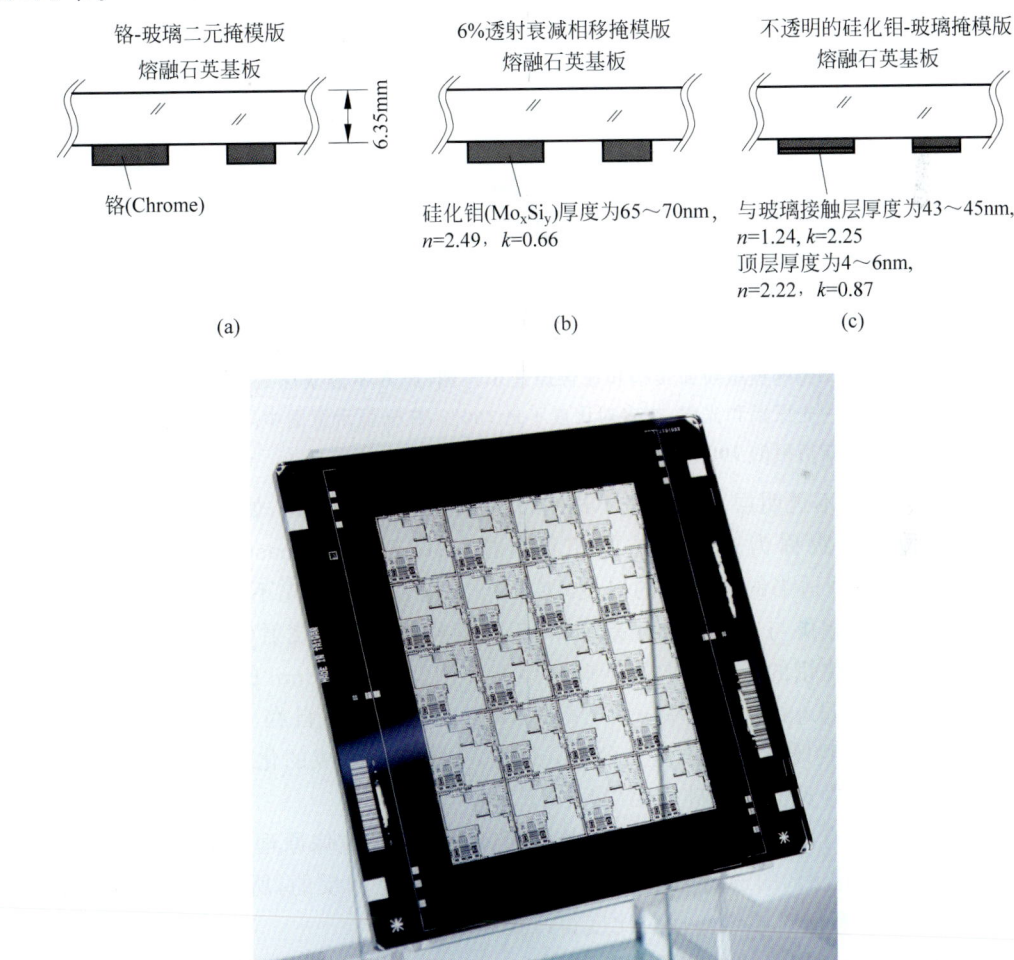

铬(Chrome)　　　　　硅化钼(Mo_xSi_y)厚度为65～70nm,　与玻璃接触层厚度为43～45nm,
　　　　　　　　　　$n=2.49$,$k=0.66$　　　　　　　　$n=1.24$,$k=2.25$
　　　　　　　　　　　　　　　　　　　　　　　　　　　顶层厚度为4～6nm,
　　　　　　　　　　　　　　　　　　　　　　　　　　　$n=2.22$,$k=0.87$

(a)　　　　　　　　　　(b)　　　　　　　　　　(c)

(d)

图 9-3　(a)～(c)为铬-玻璃二元掩模版、6%透射衰减相移掩模版和不透明的硅化钼-玻璃掩模版的断面图,其中熔融石英基板的厚度为 1/4in,而熔融石英基板的厚度与不透明层没有按照比例绘制;(d)一块上述尺寸的掩模版照片,可见中央约为 **104mm×132mm 透明度较大的图像区域**(本图源自维基百科)。上面的编号被隐去,不过可见左下和右下角落中的"米"字形预对准标志

相移掩模版对光刻工艺中的线条有改进工艺窗口的作用。图 9-4 展示了普通的二元(Binary)掩模版的成像示意图,在普通掩模版相邻透光区域之间的不透明区域下方,光的衍射

仍然会有部分光强存在,导致像平面的成像对比度因为光的衍射而下降(掩模版不透明区域在像平面仍然存在一定的光强)。

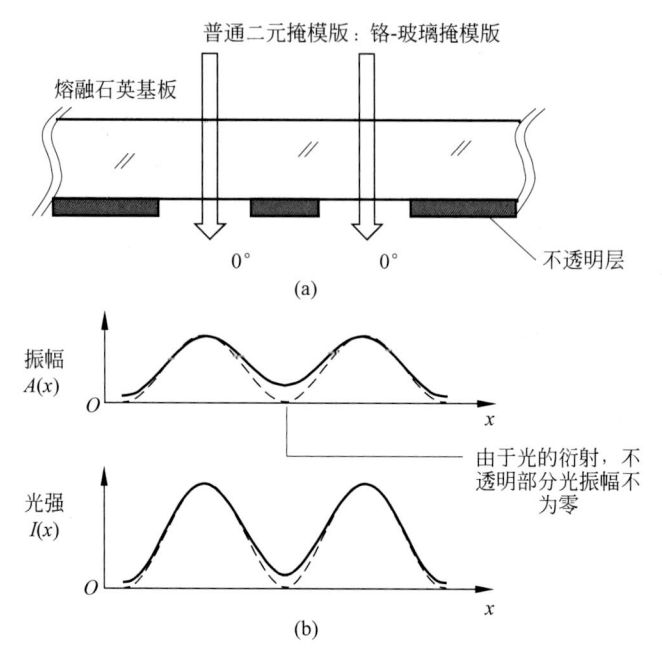

图 9-4 普通二元掩模版断面结构和成像原理示意图(原本不透明区域的像仍然存在一定的光振幅和光强,或者对比度不是100%,在光强示意图中,虚线表示假设不存在衍射的100%对比度空间像轮廓)

图 9-5(a)展示了不透明层不是完全不透明,仅仅是带有透射衰减,如使得透射光衰减到原来的6%。这种掩模版称为透射衰减的相移掩模(Attenuated Phase Shifting Mask, Att-PSM)。这是通过选择适当的硅化钼的厚度,如65~70nm,使得原先不透明层能够透过一小部分光,如6%,但是相位与透光部分相差180°,以抵消从透光区域绕射(衍射)过来的光,从而提高图像对比度。硅化钼的折射率取决于硅和钼的比例。硅在193nm的折射率$n=0.88314$,$k=2.7778$,而钼在193nm的折射率$n=0.7873$,$k=2.3437$。各自在193nm都有强烈的吸收。它们形成的化合物既含有离子键又含有共价键,如果它们形成的化合物中自由电子少了,k值就下降。其中最常见的是二硅化钼($MoSi_2$)。

图 9-5展示了带有6%透射衰减的相移掩模版断面结构和成像原理示意图。相比铬-玻璃普通的二元掩模版,这6%的透射光由于与透明部分的相位是相反的,所以会抵消透明部分的背景光强(由绕射或者衍射导致),使对比度得以提高。

在相移掩模版中还有交替相移掩模版(Alternating Phase Shifting Mask, Alt-PSM)、无铬掩模版(Chromeless phase shifting mask)等。图9-6展示了交替相移掩模版[又称为莱文森(Levenson)相移掩模版]的结构和成像原理示意图[2]。

不过,对于交替相移掩模版,由于相邻透光区域之间存在180°相位差,或者半波长的光程差异,在掩模版相邻透光区域之间的不透明区域下方,由于相位相差180°,振幅相干相消,因而严格等于零。这使得光强,即振幅的平方在这个掩模版不透明的区域也严格等于零。这使得空间像的对比度达到最大,即100%。

可以看到,对于交替相移掩模版,实际上无论是否存在不透明区域,相邻透光区域之间的区

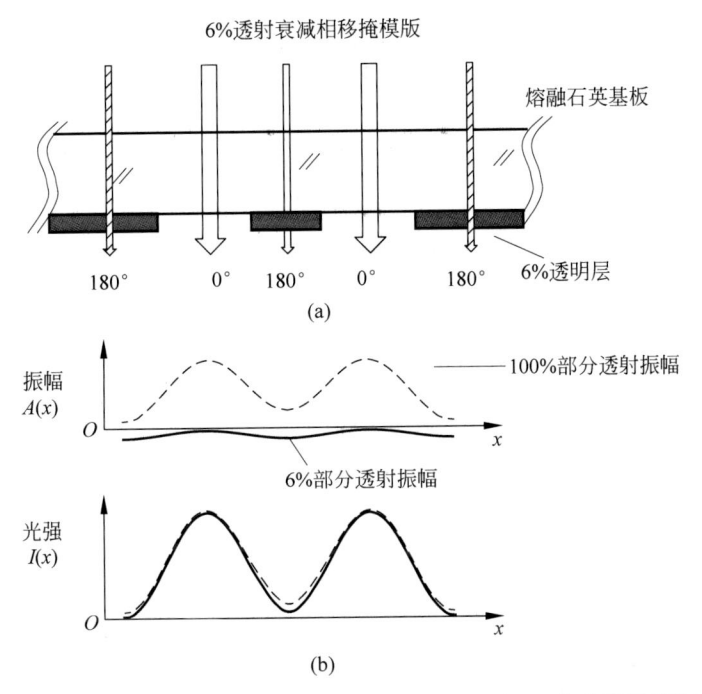

图 9-5　6%透射衰减的相移掩模版断面结构和成像原理示意图（在光强示意图中，虚线表示没有使用 6%相移掩模版，仅采用铬-玻璃二元掩模版时的光强）

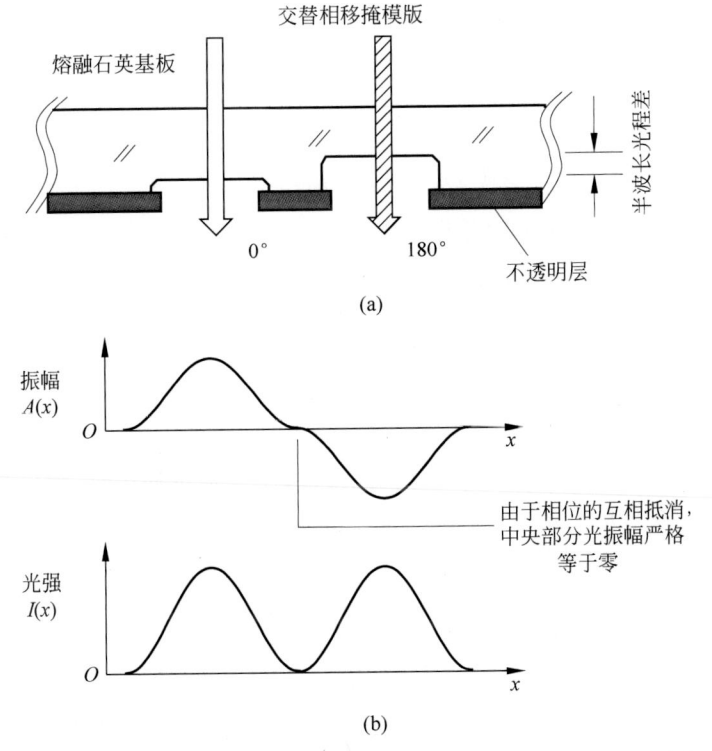

图 9-6　交替相移掩模版断面结构和成像原理示意图（原本不透明区域的像由于相邻的透光区域相位相消而严格等于零，或者对比度等于 100%）

域光强都严格等于零。所以,交替相移掩模版在使用中存在线宽无法通过掩模版上线条的宽度确定的问题,这对逻辑电路来说是很不方便的。此外,对于逻辑电路而言,交替相移掩模版对于每根线条都需要在左右两边存在相位相差180°的透光区域,如图9-7所示,当出现互相垂直的线条时,线条两旁的相位区域就会遇到矛盾,在相邻相位区域还会出现多余的线条(相位区相消的结果)。所以,交替相移掩模版的使用存在很大的局限性。

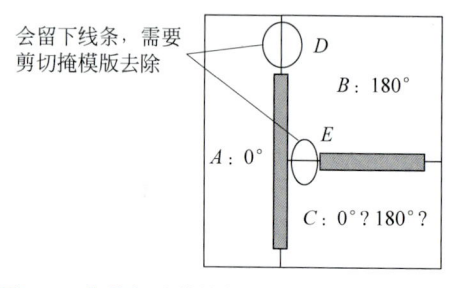

图 9-7 交替相移掩模版在逻辑电路层次使用中可能遇到的问题:相位区域存在矛盾,存在多余的线条

不过,对于图形大多为单走向密集线条而且线宽一般为周期的一半的存储器来说,交替相移掩模版是一个好的选择,因为可以将对比度做到最大,即100%。线宽可以通过曝光能量调节,不存在相位矛盾区域,而且多余的线条(相位突变地方)可以采用剪切掩模版去除,如图9-8所示。

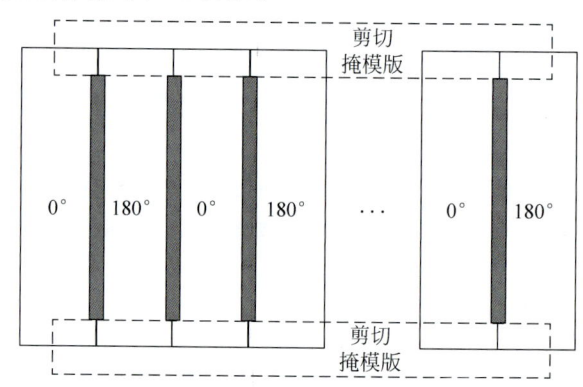

图 9-8 交替相移掩模版在存储器电路层次中的使用示意图(图形为单向密集线条,可以通过采用剪切掩模版去除多余线条)

无铬掩模版(Chromeless mask)是指对比度完全由相位突变区域(相位跳跃180°)定义暗调(Dark tone)的掩模版,其原理基于交替相移掩模版中不透明区域的存在与否都会有线条成像。采用无铬掩模版的光刻称为无铬相位光刻(Chromeless Phase Lithography,CPL),需要对掩模版数据进行转换,其中一种方法可参见阿斯麦公司附属阿斯麦掩模工具公司(ASML Masktools)的专利[5]。

无铬相移掩模版一般只能做明场成像。"不透明"区域是由相位相反的区域形成的。例如,岛(Island)结构,如图9-9所示,当相位相反的区域的线宽足够小时,相位突变区域足够靠近,使得相位相反区域的光线透过率急剧下降,形成低于阈值的曝光,即形成岛状图形。如果要形成孔状结构,那么,可以使用负性光刻胶,或者正性光刻胶和负显影工艺。无铬掩模版与上述交替相移掩模版不一样,它不需要通过剪切掩模版去除不必要的线条。无铬掩模版存在以下不足,导致最终无法被广泛使用。

(1) 在掩模版检测上对比度比有铬掩模版低。

(2) 在光学邻近效应修正上与以往不同,如线宽不是主要由不透明或者半透明的硅化钼的线宽决定,而是由反相区域的宽度决定,而且无法靠单一反相区域的扩大而制作较宽的线条。

(3) 在不同区域和图形的相位精确度(希望都是180°)取决于等离子体刻蚀的刻蚀速率均匀性。等离子体的刻蚀速率与图形密度密切相关,如负载效应。

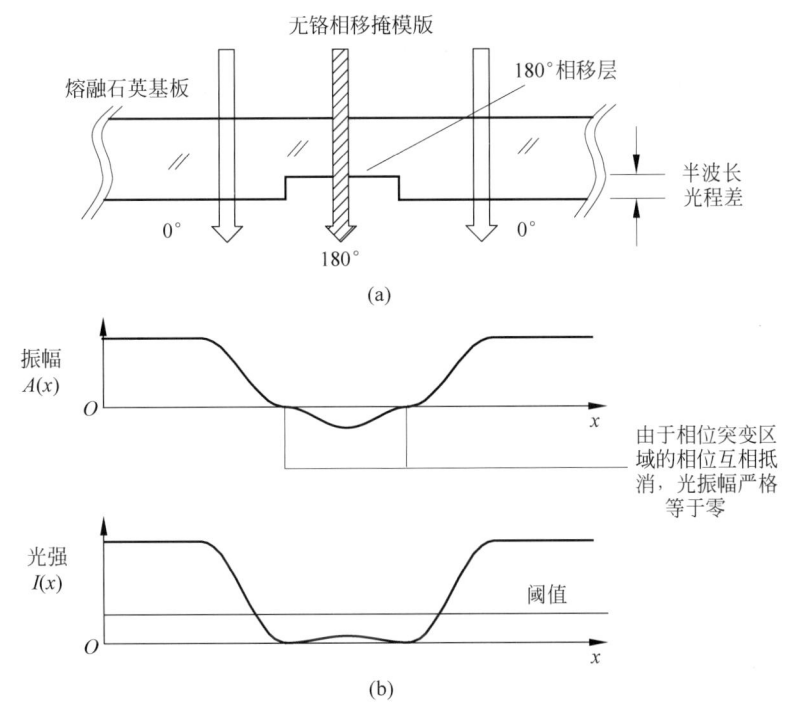

图 9-9　无铬相移掩模版断面结构和成像示意图

极紫外掩模版与前面的不一样，前面讨论的掩模版都是透射的，在极紫外光刻中(Extremely Ultra Violet Lithography，EUVL)，由于波长为 7~13nm，没有任何固体材料是透明的。也就是说，无论透镜还是掩模版都必须做成反射式的。对于极紫外，任何材料的反射率都不高，一般仅为百分之零点几或者更加小。例如，对于波长 13.5nm 的极紫外光，硅的折射率为 $0.999+j0.002$，其反射率为

$$R = \frac{(n-1)^2 + k^2}{(n+1)^2 + k^2} = \frac{(1-0.999)^2 + 0.002^2}{(1+0.999)^2 + 0.002^2} = \frac{0.000005}{3.996005} = 0.000125\% \quad (9.1)$$

要获得较高的反射率，如大于 60%，则必须采用多层膜系。图 9-10 展示了一种典型的极紫外掩模版(波长为 13.5nm)断面图[6]①，其中包括了材料的种类及其厚度和复数折射率。氮化钽

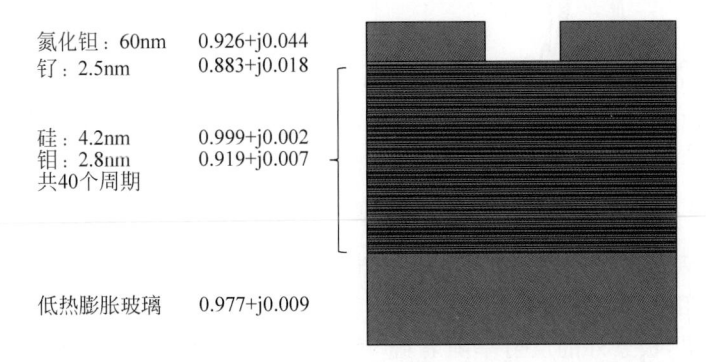

图 9-10　典型的极紫外掩模版断面材料厚度和折射率示意图[其中硅(Si)和钼(Mo)重复 40 个周期]

---

①　文献中的硅和钼的折射率写错了，互相对调了，而且文献中的二氧化硅层一般在实际掩模版中是没有的，只有一层厚 2.5~3.5nm 的钌(Ru)保护层(Capping layer)。

和钌的折射率虚部都比较大,可以看作吸收层,也就是不反光层。而中间 40 个周期的硅-钼为高反射层,反射率约为 69.87%。极紫外掩模版的衬底一般采用低热膨胀玻璃材料(Low Thermal Expansion Material,LTEM),其温度系数为 $\pm 10^{-8}/\mathrm{K}$,即 $\pm 10\mathrm{ppb}/\mathrm{K}$ 以下。

为了保护多层膜系不被飞溅锡滴污染,一般在最顶层的硅层再添加一层钌的保护层。不过,这对于反射率的影响是很小的。多层膜系的反射率:

$$\begin{cases} R_{\perp}(i) = \dfrac{r_{\perp}(i) + R_{\perp}(i+1)\mathrm{e}^{\mathrm{j}\frac{4\pi}{\lambda}\widetilde{N}(i+1)t(i+1)\cos(\beta(i+1))}}{1 + r_{\perp}(i)R_{\perp}(i+1)\mathrm{e}^{\mathrm{j}\frac{4\pi}{\lambda}\widetilde{N}(i+1)t(i+1)\cos(\beta(i+1))}} \\[2ex] R_{/\!/}(i) = \dfrac{r_{/\!/}(i) + R_{/\!/}(i+1)\mathrm{e}^{\mathrm{j}\frac{4\pi}{\lambda}\widetilde{N}(i+1)t(i+1)\cos(\beta(i+1))}}{1 + r_{/\!/}(i)R_{/\!/}(i+1)\mathrm{e}^{\mathrm{j}\frac{4\pi}{\lambda}\widetilde{N}(i+1)t(i+1)\cos(\beta(i+1))}} \end{cases}$$

$$\begin{cases} R_{\perp}(i) = \dfrac{r_{\perp}(i) + r_{\perp}(i+1)\mathrm{e}^{\mathrm{j}\frac{4\pi}{\lambda}\widetilde{N}(i+1)t(i+1)\cos(\beta(i+1))}}{1 + r_{\perp}(i)r_{\perp}(i+1)\mathrm{e}^{\mathrm{j}\frac{4\pi}{\lambda}\widetilde{N}(i+1)t(i+1)\cos(\beta(i+1))}} \\[2ex] R_{/\!/}(i) = \dfrac{r_{/\!/}(i) + r_{/\!/}(i+1)\mathrm{e}^{\mathrm{j}\frac{4\pi}{\lambda}\widetilde{N}(i+1)t(i+1)\cos(\beta(i+1))}}{1 + r_{/\!/}(i)r_{/\!/}(i+1)\mathrm{e}^{\mathrm{j}\frac{4\pi}{\lambda}\widetilde{N}(i+1)t(i+1)\cos(\beta(i+1))}} \end{cases}$$

由图 9-11 可见,反射率峰值在硅厚度等于 4.2nm 和钼的厚度等于 2.8nm 附近,约为 69.87%。实际上硅的最佳厚度为 4.2nm,钼的最佳厚度为 2.708nm,峰值反射率为 72.7%。

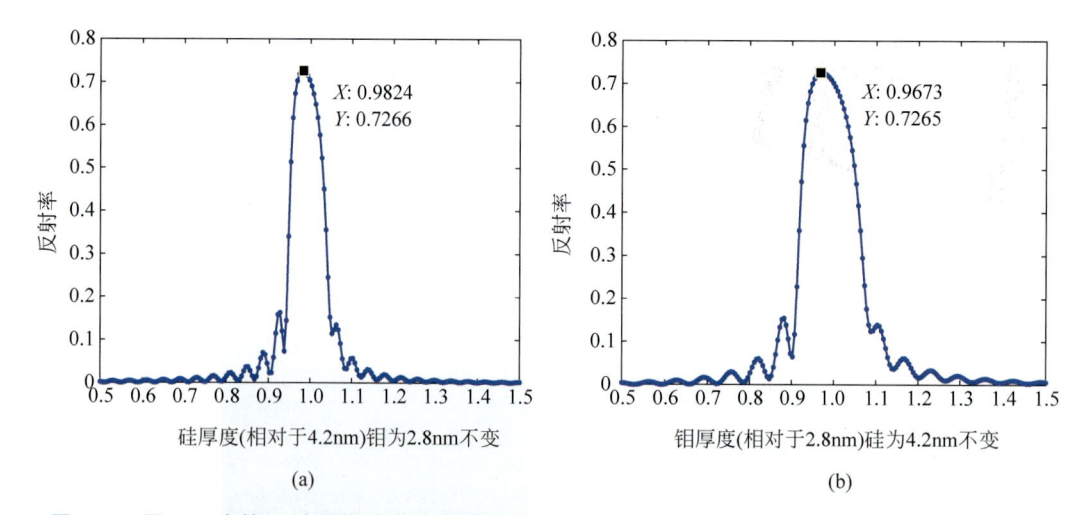

图 9-11　图 9-10 中的 40 个周期硅-钼多层膜的反射率分别随着硅(a)厚度的变化和钼(b)厚度的变化

另外,可以考查是不是需要 40 个周期。图 9-12 展示了多层膜系的 13.5nm 极紫外光反射率随着交替硅-钼周期个数的变化。

从图 9-12 可见,极紫外的反射率随着硅-钼的重复周期增加,开始是快速增加的,到了大约 40 个周期时达到饱和值,为 69.87%,略小于 70%。也就是说,最大反射率为 70%。现在工业界使用的是 40 个周期的硅-钼反射膜。

另外,这些材料(无论金属,还是非金属)的折射率实部都在 1 左右。也就是说,对于极紫外的频率,内层电子无法很好地响应极紫外光的波动,而且即便是价电子或者最外层电子,对

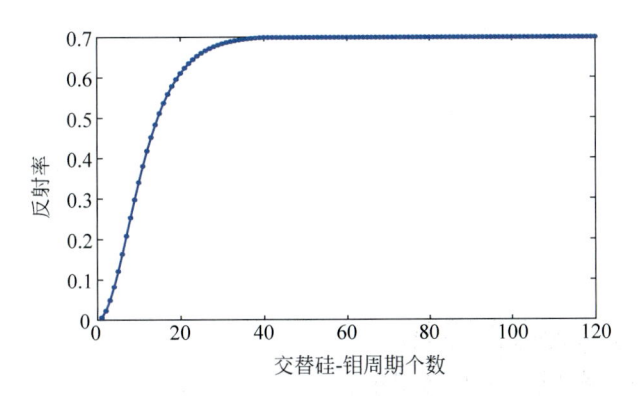

图 9-12 反射率随着硅-钼周期个数变化的计算值(这里采用硅厚度为 4.2nm,钼厚度为 2.8nm,波长为 13.5nm)

于极紫外的吸收相对于其波长也不大。由于波长为 13.5nm,如果折射率虚部 k 值为 0.004 (硅-钼厚度的加权平均值),那么透入深度为

$$\Delta Z(1/e) = \frac{\lambda}{4\pi k} = \frac{13.5}{4 \times 3.14159 \times 0.004} = 268.6 (\text{nm}) \tag{9.2}$$

而 40 对硅-钼反射膜的总厚度等于 $40 \times (4.2+2.8) = 280(\text{nm})$。也就是说,反射率在达到了 40 对膜系后不再显著增长,是由于 13.5nm 的极紫外光在这种膜系中的透射深度为 268.6nm 左右。对于 280nm 或者更深,光线已经无法透入,也就无法贡献反射率。这样的透入深度对于 13.5nm 波长来说不算短,然而相对于宏观尺度是小的,也就是无法用来做透镜(至少毫米厚),但是可以用来做多层高反射膜。

再看看最上面的氮化钽吸收层,其上表面的反射率用式(9.1)计算可得到 0.2%。相比多层膜 68% 左右的反射率,可以看作吸收层。而且,光在氮化钽材料中的透入深度为 24.4nm [利用式(9.2)],对于 60nm 的厚度,基本不会有光线深入到氮化钽的底部,即使有光线能够到达底部,其反射光也很难再出来(需要穿透同样的厚度)。

9.2 光掩模的制作

9.2.1 掩模版的数据处理

光掩模版制作的第一步是设计掩模版函数。最常见的是使用美国卡尔玛(Calma)公司于 1978 年发明的自动设计数据记录方法 GDS Ⅱ(Graphic Data System Ⅱ)格式[7]设计掩模版函数。更早的数据结构称为 GDS,由同一家公司在 1971 年发明。这种格式可以将图形以一定的等级(Hierarchy)格式存储,以节省存储空间。不同区域的同一图形可以指向同一处数据存储位置。除了 GDS Ⅱ 格式以外,还有由国际半导体设备材料产业协会(Semiconductor Equipment and Materials International,SEMI)[8]提出的 OASIS(Open Artwork System Interchange Standard)[9]。GDS Ⅱ 和在 2004 年提出的 OASIS 的差异体现在以下几点[10]。

(1) 坐标。GDS Ⅱ 记录图形为多边形和其所有 XY 坐标,其坐标的值为最多 32 位,也就是 4 字节。而 OASIS 将坐标的数值记录分为一个个单字节,其最高一位会告诉是否需要下一个字节。这样较小的数字仅需要 1 字节,而较大的数字可以使用超过 4 字节。这样有两个好处:大多数小数字坐标可以使用小于 4 字节,而较大数字可以使用的字节没有限制。

(2) 图形。GDS Ⅱ 没有特别将图形分类,只用多边形及其每个顶点的 XY 坐标表示。比如，从某个顶点出发，依次经历所有的顶点，再终止于出发点。而OASIS采用对图形进行分类的方式，如将其分为正方形、长方形、梯形，甚至圆等。如表示正方形仅需要一个XY坐标点和一个边长值即可，即需要3个数字，而不像GDS Ⅱ需要5个坐标共10个数字。另外，OASIS的每个坐标都标示为上一个坐标的相对值。由于相对坐标的数值一般总是比绝对坐标在数值上要小。所以OASIS的文件大小远小于GDS Ⅱ。

（3）层次。GDS Ⅱ的每个多边形都需要标注其所在的层次。而OASIS中每个多边形，如果与编号的上一个属于同一层，就无须标注。GDS Ⅱ的层次数目有256的限制，而OASIS没有限制。

（4）引用。由于存在等级的图形结构，高级别的图形需要引用低级别的图形，OASIS不仅可以像GDS Ⅱ那样直接通过引用低级别图形的名称，还可以通过被引用图形的编号实现。

（5）复制。在OASIS中单个多边形可以按照任意规律进行空间上的复制，而非像GDS Ⅱ那样仅在空间上按照一般的重复周期复制。此外，OASIS可以实现多个多边形在空间上进行复制的功能，而仅仅需要输入复制的中心坐标。这对填充图形（Dummy patterns）的添加很有利，而不会导致数据文件迅速增大。

OASIS尽管有以上列举的好处，但问题也是存在的。例如：没有限制的坐标字长可能导致某些带有32位的限制的版图操作软件出错。缺乏层次数目限制的OASIS文件很难被转换成存在256个层次限制的GDS Ⅱ。圆形图形没法被转换成只含有多边形的GDS Ⅱ。另外，OASIS文档比较容易被嵌入有害的二进制（Binary）程序段，比如一段病毒，尽管OASIS文件本身并不是可执行文件，病毒可以导致某些数字溢出出错。在图形引用时，编辑软件需要知道，引用既可以通过图形、单元的编号，也可以通过它们的名称，而对照表既可以放在文件的开始，也可以放在文件的末尾，还可以放在文件的中央，等等。

掩模版数据处理（Mask Data Preparation，MDP）就是将使用此类设计软件的版图信息转换成为掩模版曝光机能够读取并且用于制作出掩模版的数据。掩模版曝光机通常存在逐行扫描（Raster scanning）、可变截面形状电子束扫描，甚至未来的多电子束（Multiple e-beam）扫描等曝光方式，其转换方式也不尽相同。此外，转换过程中还要对图形进行修改，如包含电子束曝光机由于电子束的邻近效应补偿（Proximity Effect Correction，PEC），如图9-13所示。由于电子在进入硅片表面后具备较高能量，如5×10^4 eV，将会以原图形为中心在相当大的范围内散射形成本底曝光。这种本底曝光会推高硅片局部曝光的总剂量，从而导致局部曝光阈值降低，使得线宽偏离目标值。另外，还要针对可变形状电子束扫描中不同图形的使用所导致的

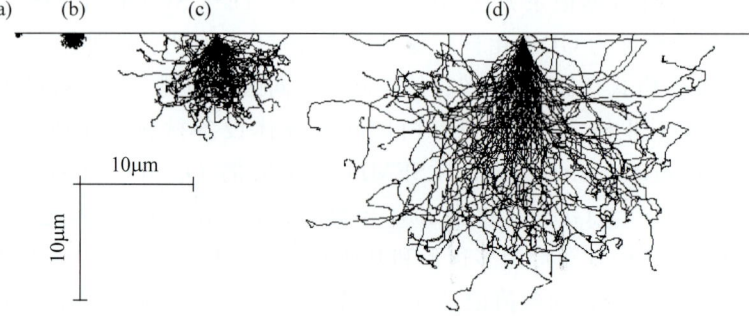

图9-13 电子束曝光的邻近效应：计算机仿真的电子束曝光在衬底中的散射随着电子束能量的增加而大大增加[11]：(a) 电子束能量为5keV；(b) 电子束能量为10keV；(c) 电子束能量为30keV；(d) 电子束能量为50keV

线宽变化修正等。如果从目标设计版图开始计算,还要算上光刻中的光学邻近效应修正步骤(详见第 12 章)。在光学邻近效应修正中还包括对负载效应进行修正。负载效应主要针对刻蚀工艺,在不同的图形密度处线宽不一样。简要的从版图设计、版图数据处理到掩模版制作流程图如图 9-14 所示。

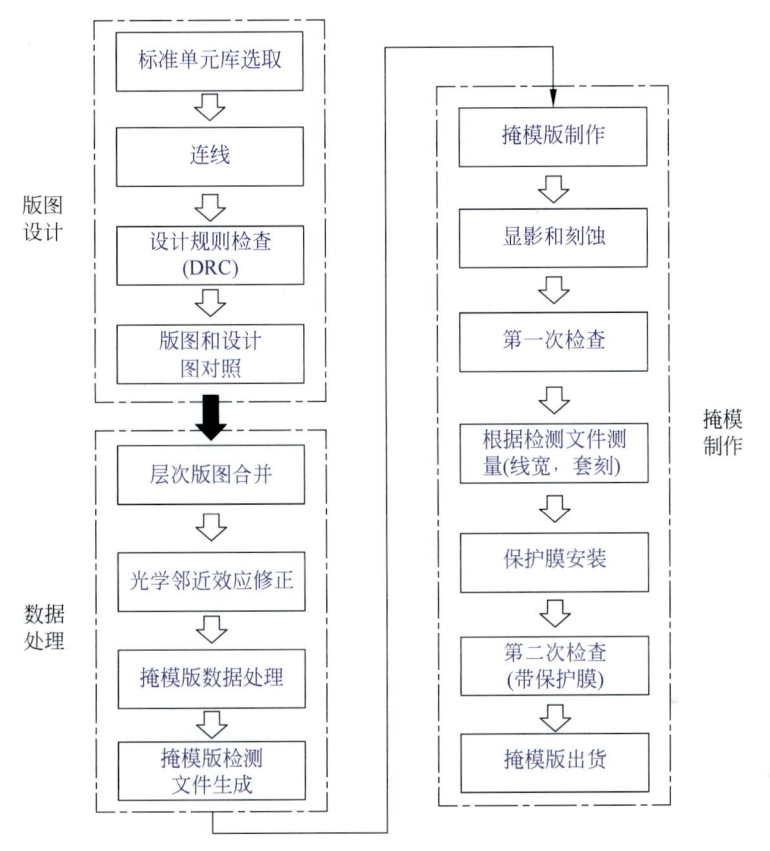

图 9-14 掩模版制作流程图

在数据处理中需要说明的是,光学邻近效应修正的运用会对原先的设计图形增加很多新的多边形顶点,导致数据文件迅速增加,如图 9-15 所示。另外,增加填充图形也会增加图形文件的大小。尤其是对填充图形再进行光学邻近效应修正。一般来说,填充图形的尺寸至少应大于最小设计规则的 2 倍,对于光学成像,大于最小设计规则的 2 倍的图形会处于相干照明条件可以分辨的周期中。这样的情况一般无须光学邻近效应修正就可以保持足够的工艺窗口。这里需要简要说明的是,填充图形一般不需要精确地制作线宽,只要基本正确,并且拥有足够的工艺窗口,如 32nm/28nm 逻辑工艺的曝光能量宽裕度为 13%,对焦深度为 80nm,掩模版误差因子在 4 以内就可以了,而本来就是 2 倍的设计规则线宽,这样的工艺窗口是可以轻松满足要求的。还有,对于光刻显影,十分长的线条可能导致在硅片显影过程中倒线(Line Collapse,LC),如长 30μm 的线条,填充图形一般不建议采用长线。由于填充图形采用 2 倍的设计规则而无须光学邻近效应修正,可以大大缩小版图设计文件。

9.2.2 掩模版的曝光-刻蚀

掩模版曝光一般采用电子束的方式,对于较大空间周期,如 200nm 的图形,在掩模版上就是 800nm 空间周期,可以采用中紫外(365nm)激光[12-13](如美国应用材料(Applied

(a)   (b)

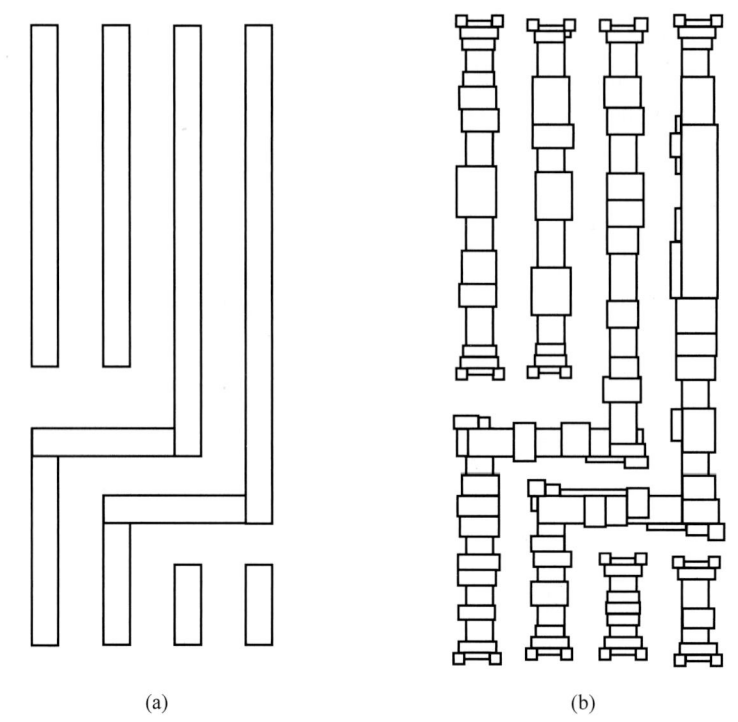

图 9-15 光学邻近效应修正增加图形顶点示意图：(a) 光学邻近效应修正版图截图示意图；(b) 做完光学邻近效应修正后的版图示意图

Materials，AMAT)下属 ETEC 公司的 Alta 3000 系列激光扫描曝光机)或者深紫外(257nm，248nm)激光曝光机(如美国 ETEC 公司的 Alta 4000 系列的 257nm 激光扫描曝光机[14]，瑞典 Micronic Laser System 公司的 Sigma 7300 的 248nm[15]等)激光扫描的方式曝光。激光扫描的优点是速度快，无须复杂的邻近效应修正。但是，分辨率一般在 200nm 周期(1 倍率)以上。

对于空间周期小于 200nm(1 倍率)的工艺，如 65nm 逻辑工艺的 180nm 周期、40nm 逻辑工艺的 120～162nm 周期、28nm 逻辑工艺的 90nm 周期等需要电子束曝光机，这主要是因为电子束的高空间分辨率可以带来更好的线宽均匀性。有关电子束曝光设备这里仅做简要说明，更多说明参见 9.5 节。

电子束的缺点也是显而易见的，其通过一个聚焦的电子束斑完成整片掩模版的曝光，聚焦点越小，分辨率越高，完成一片掩模版曝光的时间也就越长。早期的掩模版曝光采用逐行扫描(Raster scan)，也就是将掩模版图形分为多行，每行采取二元图形(0 和 1)，即电子束开关的形式刻画。这虽然是最简单的掩模版曝光方式，但如果遇到图形密度较低的层次，如通孔，版图上存在大量无图形区域，曝光机仍然要扫描这些无图形区域，浪费了时间。后来出现了矢量扫描(Vector scan)方式，即平台仅仅移动到存在图形的区域，再结合正胶和负胶的使用，可以大大缩短扫描时间。但是，这种做法对于较大的图形仍然需要逐行扫描，对于图形密度较大的设计版图并没有节约太多时间。20 世纪 70 年代末，出现了矢量扫描＋可变截面形状电子束(Variable Shaped Beam，VSB)曝光方法[16-18]，也就是采用上下两片光阑的方法实现不同的形状组合，如图 9-16 所示。

对于带有 45°拐弯的图形，如图 9-17 所示，可以选用不同方向的光阑组合形成长方形和三角形分步完成曝光。

如图 9-16 所示，电子束从热电子枪[如六硼化镧(LaB$_6$)]阴极[19-21]，经过 50kV 加速发射

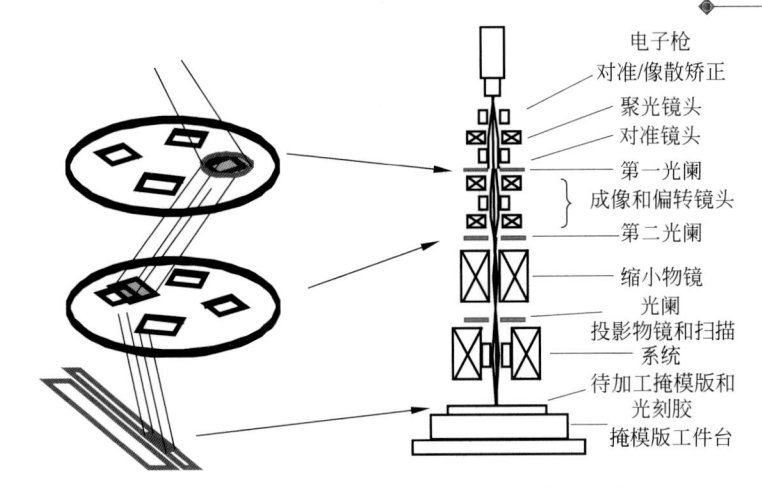

图 9-16 可变截面形状电子束掩模版制作设备内部结构示意图

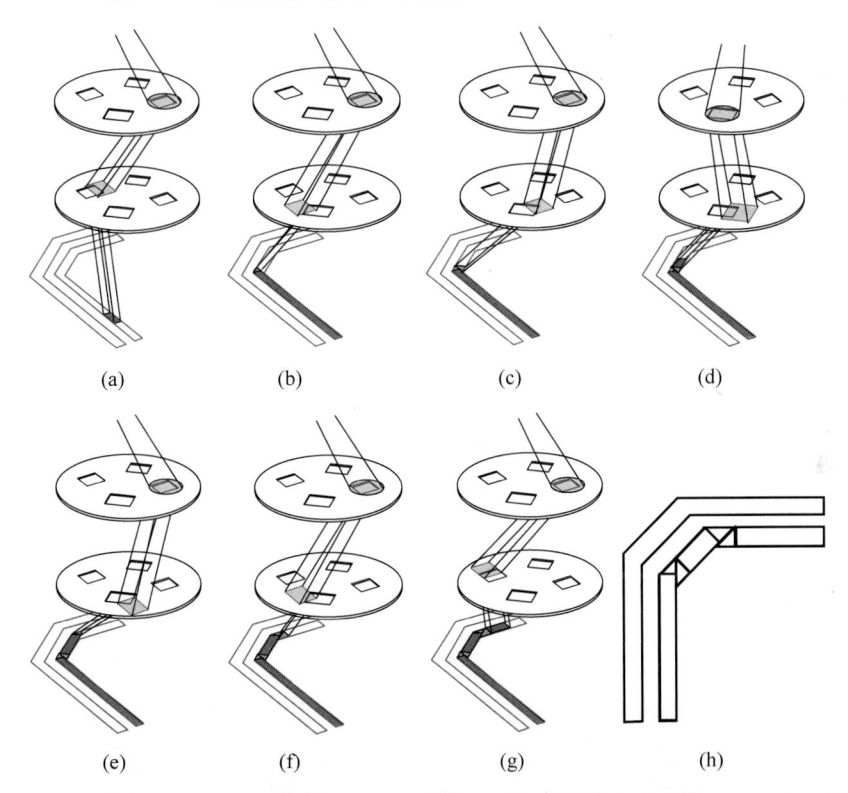

图 9-17 可变截面形状电子束掩模版制作一根带有 45°拐弯的线条示意图：(a)～(g) 形状转换步骤；(h) 待写示例图形的平面图(其中之一)和可变截面形状分割示意图

出来后，经过像散矫正和聚光后照射到第一光阑，透过第一光阑的电子束经过成像和偏转镜头照射到第二光阑，经过第二光阑的截取，形成所需的带有一定截面形状的电子束，再经过缩小物镜和投影物镜将此一定的截面形状缩小成像到涂覆有光刻胶的掩模版基板上。最后一步投影还带有沿着某方向，如 X 方向、Y 方向，甚至 45°方向扫描的功能。

由于采用了可变形状电子束技术，对于较大尺寸的图形可以减少扫描次数，大大提高曝光速度。随着半导体集成电路的线宽变为 28nm 或者更加细小，由于光学邻近效应的大规模使用，掩模版图样变得越来越复杂和细小，即便采用了 VSB 技术的掩模版曝光机，也将变得越来越慢。于是，多电子束曝光机应运而生。

现在多电子束的设备生产厂家主要有奥地利IMS公司(IMS Nanofabrication AG)[22]和日本Nuflare公司[23-24]。多电子束设备的详细构造将在9.5节介绍。

电子束曝光采用的电子束光刻胶分为正性光刻胶(简称正胶)和负性光刻胶(简称负胶)。一般来说,正胶的分辨率要高于负胶。主要原因是负胶在曝光后需要留下来,而正胶在曝光后需要被显影过程洗掉。对于负胶,由于曝过光的地方需要在显影之后被完好地保留,所以负性光化学反应都需要一定的饱和,这种饱和可以通过光引发的交联或者化学放大等光化学反应实现。饱和现象将导致原始的光图像存在一定的失真,因而损失分辨率。而正性光刻胶或者正显影中的光化学反应无须饱和,只要在原先的聚合物体积内通过光化学反应改变大部分材料的显影溶解率,就可以将显影液引入,去除全部体积的材料。所以,正胶的光化学反应可以在接近线性的范围内实施,故分辨率可以做得很高。知名的正性光刻胶有聚甲基丙烯酸甲酯(Poly-Methyl Meth Acrylate,PMMA)、日本瑞翁(Zeon)公司生产的ZEP520光刻胶等。

曝光采用的光刻胶根据使用的曝光波长而有所不同。对于使用i-线(365nm紫外)激光曝光的基板,通常使用各种i-线光刻胶,比如日本东京应用化学公司的IP3600,日本住友商社(Sumitomo)的高分辨PFI88A5,美国希伯来(Shipley)公司[后来称为罗门哈斯(Rohm&Haas),现在是陶氏化学(Dow Chemical)的一部分]的il20、SPR1055等[13]。如果采用的是深紫外波长,如257nm或者248nm,工业界采用的光刻胶如日本富士胶片(Fujifilm)公司的FEP171化学放大型的光刻胶、日本住友化学有限公司(Sumitomo Chemical Co. Ltd.)的PEK130等。

如果采用电子束曝光,尤其是到了2000年之后,可变截面形状电子束曝光的应用,对光刻胶灵敏度的要求大大提高,深紫外化学放大型光刻胶被广泛使用。一般来说,深紫外光刻胶在50kV电子束加速电压的光灵敏度(一般指需要的光剂量可以将远大于分辨尺寸面积的光刻胶反应掉)为$4 \sim 10 \mu C/cm^2$。除了上面列举的深紫外光刻胶,比较著名的深紫外化学放大型光刻胶还有日本东京应化公司的REAP200。相比FEP171,REAP200采用低活化能树脂,形貌更直、分辨率更高,如图9-18所示[25]。FEP171可以用到90nm技术节点,而REAP200可以用到65nm技术节点[25]。

Photo Resist	REAP200	FEP171
PAB/PEB	80℃, 8min/95℃, 15min	130℃, 10min/120℃, 15min
Resolution Profile	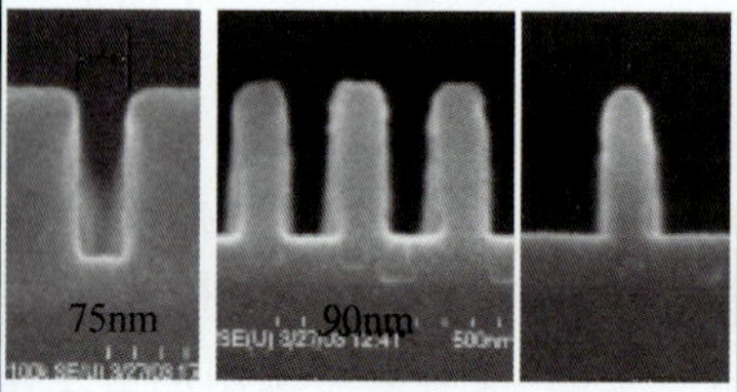 Vertical, 90~75nm	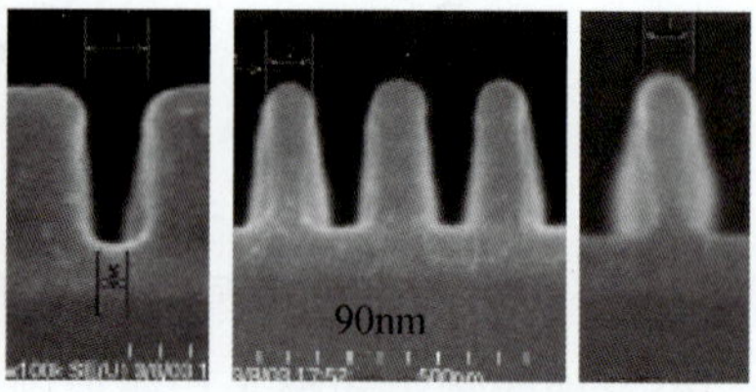 Footing, Retrograde, 120nm
Optimum dose	$10\mu C/cm^2$	$7\mu C/cm^2$
LER(3σ)	3~4nm	5~6nm
PAB/PEB Latitude	0.6[nm/℃]/0.4[nm/℃]	1.4[nm/℃]/0.8[nm/℃]
Etch Bias	10~20nm	30~40nm
Etch Profile	Vertical	Vertical

图9-18 日本东京应化公司的REAP200和日本富士胶片公司的FEP171在50kV电子束光刻工艺上的性能对比[25]

对于栅极等明场层次,如果采用正性光刻胶,那么需要曝光的区域可能占到整片掩模版面积的 90%,甚至更高,这将严重浪费曝光机的产能。负胶可以将曝光时间大大压缩到 10%,甚至更少。图 9-19 展示了两种负性光刻胶的比较[26]。其中,日本东京应化公司的 EN-024M 明显优于住友化学有限公司的 NEB31。尤其在曝光后烘焙的敏感度上,NEB31 太过敏感比前者几乎高一个数量级,这对显影后的线宽均匀性很不利。

Photo Resist	EN-024M	NEB31
PAB/PEB	90℃, 10min/90℃, 10min	100℃, 10min/90℃, 10min
Resolution Profile	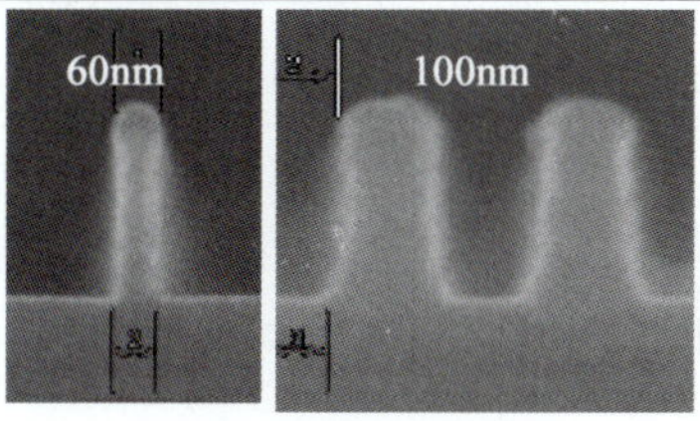 Vertical, 150~60nm	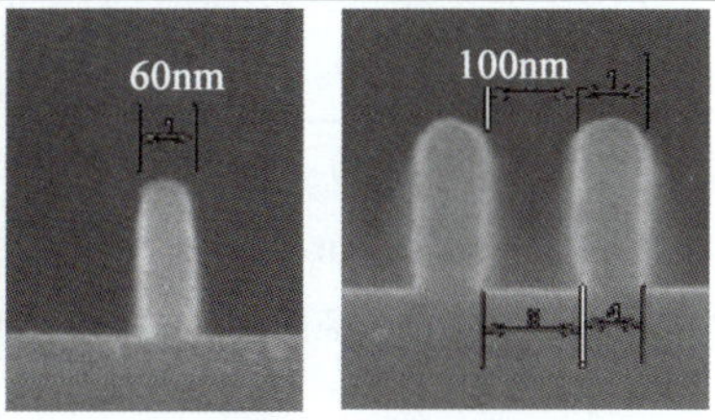 Undercut, 120~90nm
Optimum dose	9.8μC/cm²	16μC/cm²
LER(3σ)	4~6nm	4~6nm
PEB Latitude	0.9[nm/℃]	8.5[nm/℃]
ΔCD/ΔDose	Dark: 0.8, Clear: 1.9	Dark: 1.1, Clear: 2.1
GCDU(50%Loading)	3σ: 5nm	3σ: 7nm(Dimple)
Etch Bias/Profile	20nm/Vertical	15nm/Vertical

图 9-19 日本东京应化公司的负性光刻胶 EN-024M 和日本住友化学有限公司的负性光刻胶 NEB31 在 50kV 电子束光刻工艺上的性能对比[26]

到了 28nm、14nm、10nm、7nm,掩模版工艺仍然在使用化学放大的光刻胶,而对于线宽均匀性的要求也逐步提高。在 4 倍率的线宽情况下,线宽均匀性逐步逼近 1nm(3 倍标准偏差)。

曝完光之后,带有光刻胶的掩模版将经过刻蚀流程。从 20 世纪 70 年代开始,干法刻蚀,也就是等离子体刻蚀开始进入掩模版刻蚀工艺。干法刻蚀的好处是没有底部内切(Undercut)。如图 9-20(a)所示,现代高端掩模版的刻蚀需要从已经显影完毕的电子束光刻胶层将图形传递到铬层(Chrome layer)和铬层下面的硅化钼层。铬层的作用是对电子的吸收,像光学光刻中的抗反射层。铬层同时又是对硅化钼刻蚀的硬掩模(Hard mask)层。以往的湿法刻蚀在图形从光刻胶层传递到铬层的时候会出现严重的底部内切,如图 9-20(b)所示,而等离子体刻蚀后,由于可以调出各向异性的刻蚀速率,能够形成非常直的形貌,如图 9-20(c)所示,提高了线宽形貌在刻蚀传递中的保真度。

在干法刻蚀过程中,需要注意刻蚀速率与图形密度有关联,这称为负载效应。对于透光率比较大的区域,在曝光和显影过程中不透明的图形的线宽会变得偏小;而在刻蚀过程中,由于存在负载效应,大块面积的刻蚀需时较长,线宽会因此变大。尽管如此,这两种工艺还是无法互相抵消,导致一定的线宽偏差。通常这种偏差需要建立表格,在电子束曝光的时候进行补偿。从 28nm 工艺开始,因为前面已经对电子在衬底散射导致的本底曝光的邻近效应进行了邻近效应补偿(Proximity Effect Correction,PEC),对于刻蚀的补偿在掩模版工艺补偿(Mask Process Correction,MPC)中进行[27-28]。掩模制作工艺的补偿方法将在 9.3 节介绍。

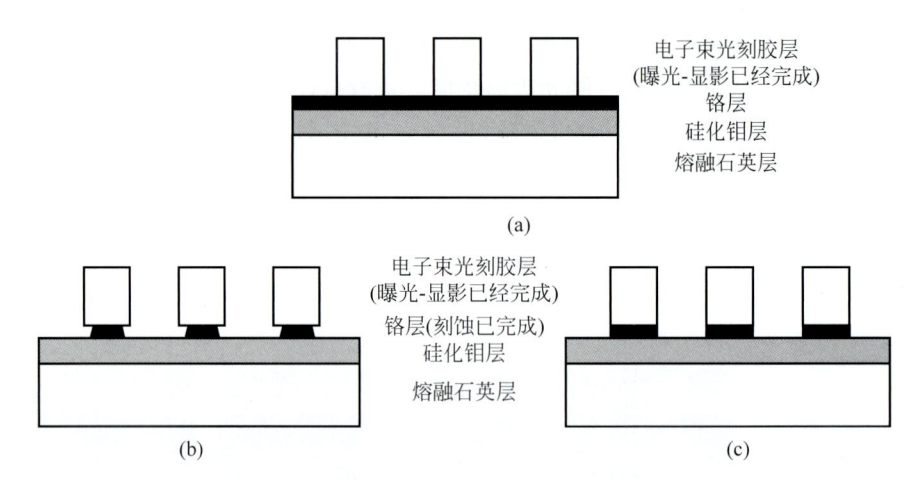

图 9-20　28/14/10/7nm 等工艺高端 193nm 光刻层掩模版构成横断面示意图：(a) 曝光-显影已经完成；(b) 湿法刻蚀已完成；(c) 干法刻蚀已完成

9.2.3　掩模版线宽、套刻、缺陷的检测

掩模版在制作完成后还需要对关键的图形进行测量鉴定。掩模版的鉴定一般包括线宽和线宽均匀性、图形放置误差、层与层之间的套刻偏差和缺陷检测。

掩模版线宽一般使用扫描电子显微镜测量，对于掩模版的垂直形貌也有采用断面分析的，不过，这样要损坏一片掩模版。线宽测量和鉴定的图形一般需要包括对各种影响线宽均匀性的因素最敏感的图形，并且结合版图上最重要的图形，通常这两者有很大的交集。此类图形一般包括：

(1) 密集、半密集和孤立图形的线宽平均值相比目标(Mean-to-target，MTT)值的偏差。

(2) 线宽随周期变化(CD through pitch variation)的偏差。

(3) 密集、半密集和孤立图形在整片掩模版上的线宽分布均匀性(3 倍标准偏差)。

(4) 线性度表征图形，如占空比为 50% 的密集、半密集和孤立线条/沟槽，从小线宽到大线宽。

(5) 二维图形，如线端-线端(Line end-line end)、线端-线条(Line end-line)、方角钝化半径(Corner rounding radius)。

(6) 辅助图形，如亚分辨辅助图形、装饰线(Serif)。

掩模版的线宽规格需要根据使用的技术节点确定。一般来说，掩模版线宽误差导致的硅片上的线宽误差需要控制在 35%～50%。比如，对于 45nm 最小线宽的工艺，全部的线宽偏差(3 倍标准偏差)在 4.5nm(线宽的 10%)，如果偏差是随机的，掩模版的贡献应控制在 4.5nm 的 35%～50% 范围，也就是 2.7～3.2nm；如果偏差是系统的、有规律可循的，掩模版的贡献应控制在 1.6～2.25nm。其实，采用 3 倍标准偏差的标准已经太宽松了。因为根据正态分布 3 倍标准偏差之外的概率是 $erfc(3/2^{0.5})/2 \times 2 = 0.27\%$，即千分之三左右。现在芯片上一般可以集成 10 亿～100 亿个晶体管，如果允许 0.3% 的线宽值在规格之外，而这规格又是与晶体管合格-失效相关联，就会有 300 万～3000 万晶体管失效。所以有人建议采用 6 倍标准偏差管理线宽均匀性。对于正态分布，失效的晶体管占 $erfc(6/2^{0.5})/2 \times 2 = 1.97 \times 10^{-9}$，也就是 2～20 个晶体管失效，比较接近实际情况。当然，集成电路工艺是按照一定的路线图逐步将线宽缩小的。约定俗成地采用 3 倍标准偏差的方法其实已经包含了器件失效的空间。也就是说，实际器件失效的允许偏差比规格宽松一些，或者对于现在的情况，将实际线宽分布3倍标准偏差放大约2倍，应该差不多就是器件的失效规格。

掩模版线宽测量采用的线宽扫描显微镜如2010年前的美国应用材料（Applied Materials）公司的 RETicleSEM，精度可以达到1nm。掩模版线宽测量扫描电镜与硅片的不一样，因为掩模版基板是熔融石英，不导电，容易造成基板带电，影响电子束的成像精度。解决上述问题的方法是降低电子的轰击能量，加快扫描速度等。当今的线宽测量设备有日本爱德万测试（Advantest）公司的 MVM-SEM^{R}E3600 系列，其中 E3630 型可以用于14nm逻辑工艺节点掩模版的生产，还带有三维成像的功能[29]，E3640还可以用于极紫外和纳米压印掩模版的测量。另一家掩模版线宽测量电镜供应商是日本的 Holon 公司的 Z 系列掩模版线宽测量电镜。

掩模版的图形放置偏差（Registration errors）测量一般采用与版图数据库对比的方法，还要使用干涉仪对相当于整块掩模版范围的工件台移动范围进行校准。成像一般采用深紫外照明，如美国科天公司的 LMS IPRO 系列中的 IPRO4 的 266nm[30]、德国蔡司（Zeiss）公司的 PROVE HR 型的 193nm[31]。放置偏差分为全域的位置偏差（整块掩模版的绝对位置偏差）和局域的位置偏差。对于14nm逻辑工艺，掩模版制作的放置偏差能力一般在4nm（4倍率，3倍标准偏差）或者以下，而这要求测量设备的性能远好于这个值。如果定义4nm为容许（Tolerance）的规格，而测量设备的精度（Precision）在一般 P/T 为 0.1 时就要求达到 0.4nm（4倍率，3倍标准偏差）或者以下。一般来说，测量位置精度的最小偏差与测量系统的分辨率成正比，分辨率越高，精度偏差越小。

提高测量分辨率的方法与提高光学系统的分辨率一样，可以通过缩短照明波长实现，也可以通过提高光学系统的数值孔径实现。例如，蔡司公司的 PROVE HR 型设备，采用波长193nm和数值孔径0.6，如图9-21所示。没有采用更大的数值孔径的原因是需要预留较大的工作距离，如 7.5mm 给掩模版保护膜（Pellicle）[31]。这样测量放置偏差时，无须取下掩模版保护膜。因为每拆装一次掩模版保护膜（包括支撑保护膜的框架），需要用诸如质量分数大于95%的浓硫酸和质量分数大于30%的双氧水（按照 H_2SO_4：H_2O_2 以 4∶1 的比例，称为 Piranha 清洗液）对掩模版清洗一次（为了去除可能落下的有机颗粒物），这不仅会对掩模版上的图形造成逐渐的腐蚀，导致成像质量下降，还会在掩模版表面留下些许硫酸，一旦遇到空气中的氨气（NH_3），就会在掩模版表面沉积微小硫酸铵白色晶体。这种情况又称为雾化（Haze），严重时会影响成像质量和线宽。

掩模版的缺陷主要有线宽偏离正常值很多（超过规格50%）和图形缺失［如细小的孤立图形缺失（Pattern missing）、孔洞（Pin-hole）、图形多出（Extrusion，Pin-dot）、掉落颗粒（Fallen particle）等］。检测缺陷一般有如下两种方式。

（1）如果存在相同的图形区域，如一块掩模版可能存在多个相同的芯片区，比如包含3×4=12（个）芯片区，则可以通过芯片与芯片之间的比较（Die to die comparison），找出不同点确定缺陷的存在。

（2）如果是研发用的测试芯片，则方法（1）可能无法实现。因为每个测试芯片可能只有一个。这时需要采用芯片与设计版图比较（Die to database comparison）的方法。

此外，对于设计规则较大的版图，如最小线宽在200～300nm（4倍率），工业界还结合反射照明成像和透射照明成像判断缺陷的类型。比如，美国科天公司采用的透射反射光探测方法。这种方法的原理是：缺陷相比探测波长，如257nm，一般比较小，如30～100nm（4倍率），无论

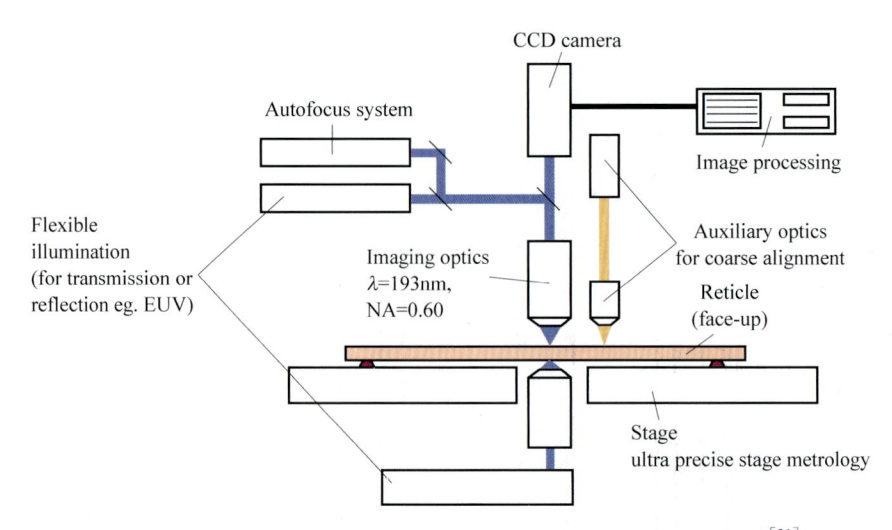

图 9-21 蔡司公司的图形放置偏差测量仪 PROVE HR 结构示意图[31]

是反射式照明还是透射式照明都会有较大的光散射。而通常由于掩模版图形尺寸与波长比较接近,或者比较大,如从最小的 200~300nm(4 倍率的 50~75nm)到更加大的图形,其反射和透射光的总和接近常数,于是,通过将反射光强分布照片和透射光强分布照片相叠加,就可以显现出光强总和偏小的点或者区域,即缺陷的所在。采用这种方法不需要版图就可以将较小的掩模版缺陷找出来。同时具备反射和透射照明成像的设备有美国科天公司的 Terascan 系列[32]。不过,到了 20nm 或者 14nm 技术节点,光刻工艺线宽开始超越衍射极限,开始使用多次曝光的方法,而且随着负显影技术的广泛采用,明场下的硅片上线宽被继续推进到 35nm(1倍率)左右,这使得在偶极照明的情况下,亚分辨辅助图形的线宽也随之推进到 15nm(1 倍率)或者更小。相应地,掩模版上最小的尺寸开始接近或者达到缺陷的尺寸。比如对应硅片上15nm 亚分辨辅助图形的尺寸,在 4 倍率的掩模版上为 60nm。仅通过 STARlight 的方法就显得不足了,一般采用芯片和芯片以及芯片和设计版图进行比较的方法。

如果缺陷尺寸与掩模版图形一样大,或者更大,其反射光和透射光的总和也与正常图形一样,使用这种方法也无法检测。所以,STARlight 方法仅针对某一个尺寸范围内的缺陷检测有效。

进入极紫外光刻时代,除非采用极紫外波长对掩模版进行检测,如果仍然沿用深紫外的波长对掩模版进行检测,比如采用波长 193nm,那么其最小空间分辨周期为(干法,数值孔径<1.0)

$$P_{min} = 0.5 \times \frac{\lambda}{NA} \approx 100(nm) \tag{9.3}$$

在硅片上就是 25nm,或者线宽为 12.5nm。如果采用波长为 257nm,数值孔径为 0.93,则在硅片上的最小分辨周期为 35nm,缺陷线宽为 17.5nm 左右。现在使用的掩模版缺陷检测设备有美国科天公司的 Teron 600 系列,如 Teron 630、Teron 640 等,Teron 630 的极限空间分辨率大约为 35nm。

除了以上的缺陷检测方法,工业界还采用与硅片曝光一样的照明、照明波长和光学系统对掩模版上的缺陷进行"仿真",看能否在硅片上形成不可接受的影响,这种方法称为空间像测量系统(Aerial Image Measurement System,AIMS)。实际上是对掩模版缺陷区域使用与硅片曝光使用的曝光机上一样的照明系统进行照明,然后再通过放大物镜将掩模版待测区域图形成像投影到图像传感器,如 CCD 阵列图像传感器上。但是,到了高数值孔径成像时,如 193nm

水浸没式成像，由于光刻机采用较大的数值孔径，如 1.0～1.35 等，偏振对成像对比度的影响不能忽视。这会导致因原先 AIMS 远场标量成像的对比度远高于实际光刻机的成像对比度，而不能反映掩模版缺陷对光刻成像的影响。所以，蔡司创造了"光刻机模式"（Scanner-mode）以模拟实际光刻机上的成像，原理可能是将光瞳上收集到的衍射谱通过某种方式采集下来，按照光刻机成像的数值孔径和偏振状态进行空间像仿真，看看检测到的缺陷能否对硅片成像造成影响[33]。AIMS 原有模式"AIMS 模式"（AIMS-mode）与"光刻机模式"的原理与思想如图 9-22 所示。

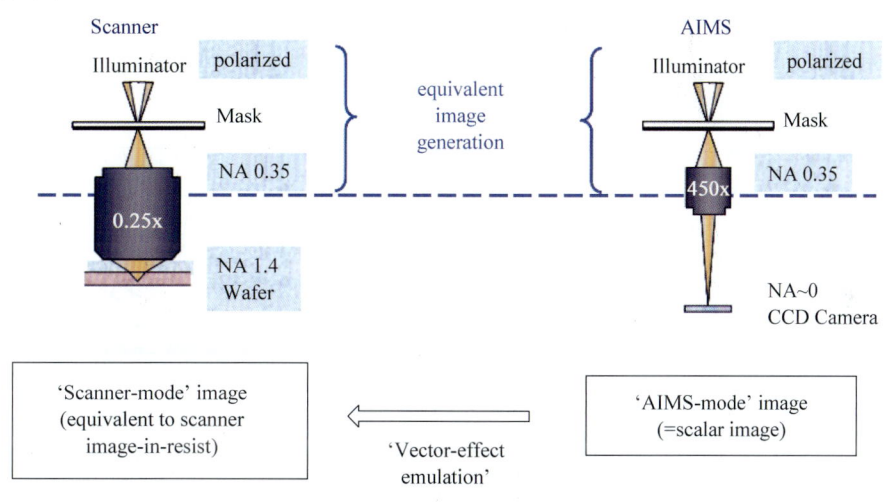

图 9-22 蔡司公司 AIMS 测量原理示意图，以及采用"光刻机模式"的原理示意图

采用这种方法的好处是可以将缺陷检测与实际硅片上的影响完全匹配起来。例如，有的缺陷在其他缺陷检测设备上不容易检测到，如尺寸很小的图形或者线宽的很小偏差，但是用 AIMS 就能够通过对最终线宽的影响检测出来。有的图形虽然很容易被其他缺陷检测设备检测到，但是由于其可能处于较大图形中的缝隙，对该较大图形的线宽可能没有影响，或者较大图形的线宽规格较粗糙，即便有线宽变化，对芯片功能和成品率也不产生影响。

虽然 AIMS 测量有以上的各种好处，但是对于掩模版的检测还是需要采用之前的方法，因为 AIMS 对应的是最终结果，对于掩模版上的一些细小图形的辨别和成因则较难确认。例如，线条在 AIMS 测量的时候某处线宽有变化，这变化是线条本身局部的线宽变化[如图 9-23(b)]，还是线条旁边多了一个小图形（残留）[如图 9-23(a)]，这是无法确定的。

图 9-23 AIMS 缺陷检测的局限性示意图（不同的掩模版缺陷可以对应相同或者相似的空间像轮廓）

对于掩模版的缺陷检测不仅需要确认缺陷对最终线宽的影响，还需要知道缺陷是什么，在哪里，为缺陷修补指明方向。一般先采用深紫外的光学方法做全片检测，对于检测到的缺陷，可以采用扫描电镜或者 AIMS 确认。

除了 AIMS 检测方法外，还可以采用原子力显微镜进行表面缺陷的确认。由于其超高的空间分辨率，因此可以用于确定缺陷的形貌。无论深紫外光还是电镜，对于透明基板（熔融石英)上的缺陷,如凸起、凹陷都不敏感,但是原子力显微镜就可以以极高的分辨率(纳米级)将透明基板上的高低测量出来。

9.2.4 掩模版的修补

掩模版的修补一般有激光溅射(Laser ablation)、聚焦离子束(Focused Ion Beam,FIB)修补、聚焦电子束修补和原子力显微镜纳米级切削。

激光溅射一般采用飞秒激光将多余的物质瞬间蒸发去除,或者沉积材料。这是因为飞秒激光的脉宽小于材料中的电子将能量传递到晶格的时间,约1ps,被去除的材料还没有变成液体就直接蒸发。但是,激光的问题在于聚焦分辨率有限。采用深紫外波长的激光也只有不小于100nm的分辨率。对于精度要求很高的掩模版,这种方法有局限性。

聚焦离子束技术可以实现3~6nm的空间分辨率。但是,一般由于离子,如镓(Ga)原子的原子量比较大,在加速能量为10~50keV时会对衬底造成一定程度的过度溅射损伤。聚焦离子束不仅可以将多余的材料轰击掉,还可以以一定的前驱物(Precursor)完成化学刻蚀反应,如图9-24所示。聚焦离子束开始于20世纪80年代,用得比较多的是采用液体金属,如镓,熔点为29.8℃,早期的工作主要用于X光掩模版的修补,如美国Micrion公司在1994年对不透明的缺陷采用离子铣削(Ion milling)的方法去除,而对于透明的缺陷,采取通过离子沉积金膜的方法[34]。较为现代的工作如美国马里兰大学(University of Maryland)、美国FEI公司和美国半导体科技研发联盟SEMATECH合作的研究各种气体和材料(如二氟化氙、氯气、氨气、一氧化碳、二氧化碳、溴分子、水蒸气和氧气)对采用50kV、70pA的镓离子源,0.2μs停留时间(Dwell time),50nm格点周期掩模版修复工艺的作用[35]。最近,日本MIRAI-Selete和SII Nanotechnology公司采用聚焦镓离子束和二氟化氙和水蒸气来去除极紫外掩模版上多余的氮硼化钽(TaBN)吸收层[36]。离子源可以采用钨针上浸有液态镓,液态镓会自行流到钨针的尖端,在强电场和表面张力的共同作用下,在钨针的尖端液态镓会形成泰勒锥(Taylor cone)[37],其尖端(直径约2nm)镓会以离子射流的形式被喷射出来。除了采用液态金属作为离子源,还可以采用气态源,如日本日立高新技术公司(Hitachi High-Tech Science Corporation)的气体场发射离子源(Gas Field Ion Source,GFIS)[38]。日立公司认为,对于普通掩模版可以采用氮气(N_2),对于极紫外掩模版可以采用氢气(H_2)。离子加速电压为15~30keV,电流为0.1~1pA。掩模版包括6%透射衰减的相移掩模版、不透明硅化钼(Opaque MoSi On Glass,OMOG)掩模版等。

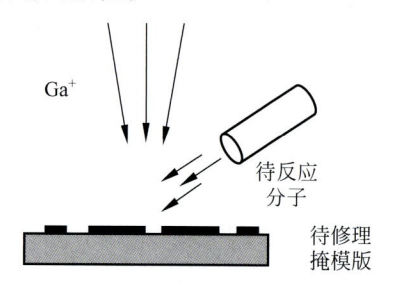

图 9-24 聚焦离子束掩模版修补原理示意图

除了常用的聚焦离子束掩模版修复方法外,还可以采用聚焦电子束方法。由于电子束具备成像精度高(电子质量小,可以使用磁透镜做几乎无色球差的聚焦)和不会对衬底产生明显损伤的优点,故针对很高要求的掩模版可以采用电子束方法。不过,电子束由于电子只有离子的1/2000~1/100000质量,相比离子束,其动能在撞击衬底表面后,留在衬底表面的能量不会太多,故需要较大剂量的束流,这会导致掩模版表面带有过多的电荷(Charging),干扰电子束的位置精度。一般来说,如果将电子的加速电压降到1000V以内,就可以缓解这种表面带有过多电荷的问题。电子束的精度需要通过在设备上进行补偿来保证。2013年,德国蔡司公司推出电子束掩模版修复设备MeRiT HR II,其原理如图9-25所示。通过在电子束聚焦的表面同时注入不同的前驱物,电子束可以激发相应的化学反应,实现在掩模表面沉积或者刻蚀功能[39]。

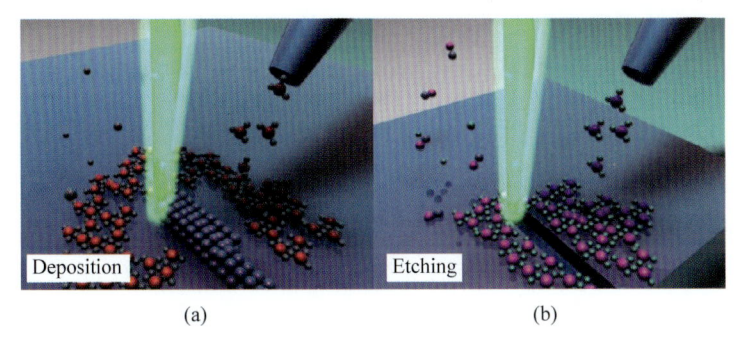

图 9-25 蔡司公司的电子束掩模版图形修复原理示意图(通过采用不同的前驱物,可以实现(a)沉积和(b)刻蚀功能)[39]

除了采用以上三种方法,还可以使用针尖加固的原子力显微镜进行纳米级机加工去除多余的材料[40-41],加工下来的多余材料颗粒可以采用高速气体,如二氧化碳喷流去除。不过采用原子力显微镜来去除多余的材料在尺寸和深度方面受到探针形状的限制。对于线条/沟槽,可以调整针尖的方向,使得垂直的一面与线条/沟槽的走向平行。这样修补的侧墙能够保持垂直。

在掩模版修补完后,一般需要经过原子力显微镜确认 AIMS 成像确认,或者硅片曝光确认,甚至工艺窗口的确认,如图 9-26 所示。

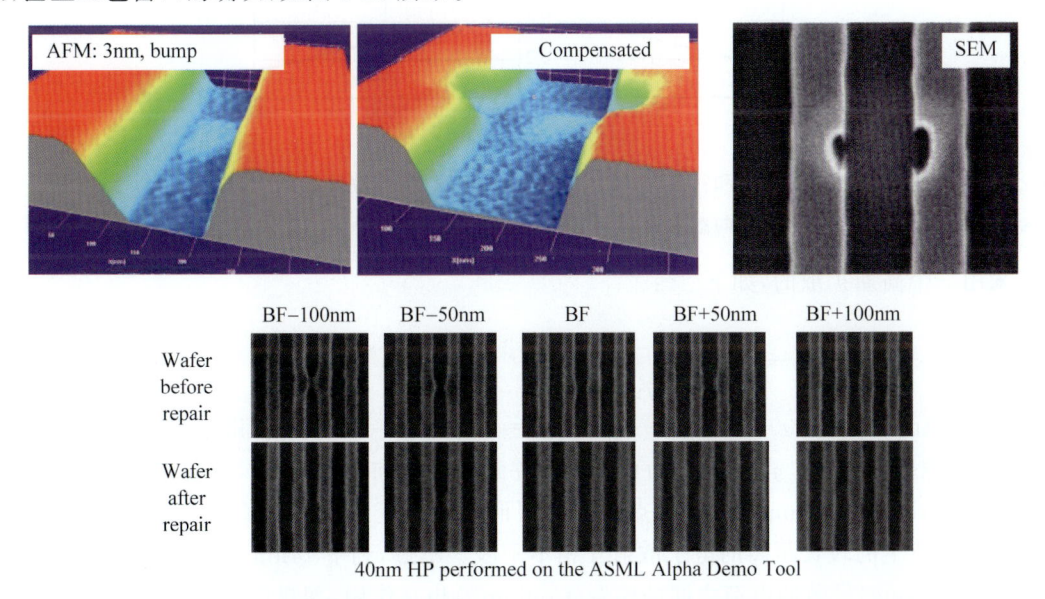

图 9-26 蔡司公司的电子束掩模版图形修复极紫外多层膜缺陷后经过原子力显微镜、扫描电子显微镜和硅片曝光、工艺窗口的确认[39]

9.3 光掩模制作过程中的问题

9.3.1 掩模版电子束曝光的邻近效应及补偿方法

如图 9-13 所示,电子束曝光机需要采用较高能量的电子束(较短的德布罗意波长,较高的空间分辨率),不免射到衬底材料上,且需要较长时间才能够通过不断散射在材料中停下来,其中包括电子束沿着入射方向的前向散射（Forward scattering）和轰击到衬底的背散射（Back scattering），这将导致除了聚焦点之外，在一定半径的其他区域的曝光。一般认为，采用二维高斯函数作为空间像卷积的核函数（Kernel function）能够很准确地描述这种电子扩散情况，例如：

$$k(r) = e^{-\frac{r^2}{a_f^2}} + \eta e^{-\frac{r^2}{a_b^2}} \tag{9.4}$$

式中：a_f、a_b 分别为前向散射和衬底背散射电子形成的高斯扩散长度[42]，通常 $a_f < 200\text{nm}$，$a_b \approx 10\mu\text{m}$（50keV 电子束），如图 9-27 所示；$\eta$ 为邻近效应的强度。在 (r, θ) 极坐标下，式(9.4)也可以归一化为

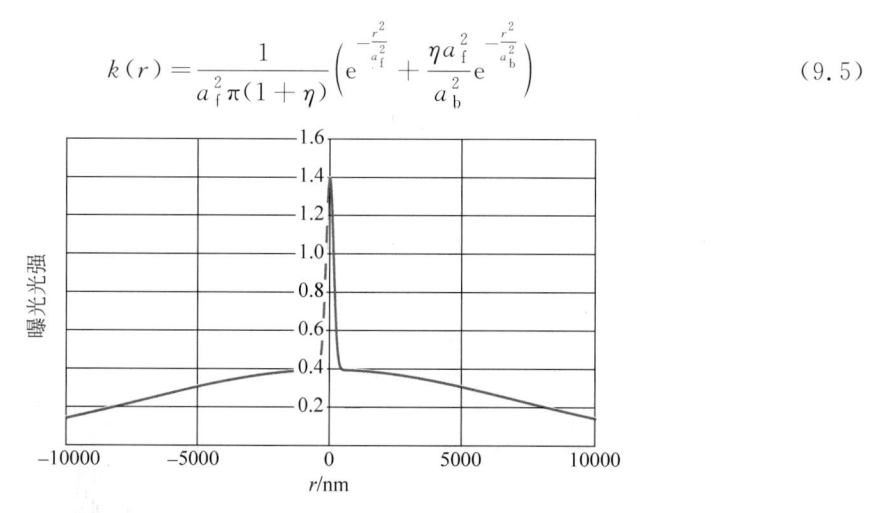

$$k(r) = \frac{1}{a_f^2 \pi (1+\eta)} \left(e^{-\frac{r^2}{a_f^2}} + \frac{\eta a_f^2}{a_b^2} e^{-\frac{r^2}{a_b^2}} \right) \tag{9.5}$$

图 9-27　前向和衬底向散射叠加光强示意图（前向散射的 $a_f = 200\text{nm}$，衬底向散射的 $a_b = 10\mu\text{m}$，$\eta = 0.4$）

也有采用三个高斯扩散的，如下[43]：

$$k(r) = \frac{1}{a^2 \pi (1+\eta_1+\eta_2)} \left(e^{-\frac{r^2}{a^2}} + \frac{\eta_1 \alpha^2}{\beta_1^2} e^{-\frac{r^2}{\beta_1^2}} + \frac{\eta_2 \alpha^2}{\beta_2^2} e^{-\frac{r^2}{\beta_2^2}} \right) \tag{9.6}$$

式中：$a = 14\text{nm}$；$\beta_1 = 700\text{nm}$；$\beta_2 = 9.8\mu\text{m}$；$\eta_1 = 0.28$；$\eta_2 = 0.49$。β_2 和 η_2 是 50keV 电子束系统的典型取值。β_1 和 η_1 一般认为可以被合并到 α 的前向散射项中。这对单点的点扩散函数（Point Spread Function，PSF）、多点组成的图形或者可变形状的电子束也是适用的。这里假设每个点产生的较长距离的电子散射互相不干涉。不过，到了 14nm 及以下节点，衬底的过多带电（Charging）导致的电荷之间的库仑（Coulomb）相互作用，即排斥，变得不可忽略。这对最终将掩模版线宽均匀性做到 ±1nm（4 倍率）是需要考虑并且补偿的。

对于主要由于电子的衬底反射导致的邻近效应，有以下几种补偿方法。第一种方法是采用自洽（Self-consistent）的计算方法。对于任一图形，以一定的影响范围，比如 a_b 的 3 倍距离，即 $3a_b$ 为影响半径，计算周边的图形的电子背散射对此图形的影响，确定该图形的曝光能量调整范围[44]。当然，影响是相互的，所以这意味着有多少个图形，如 N，就需要图形个数的平方 N^2 个补偿需要计算，例如：

$$D_i = P_{ij} D_j \quad (i, j = 1, 2, \cdots, N) \tag{9.7}$$

式中：D_i 为第 i 个图形需要的曝光量（图形内部各点的曝光量是常数）；P_{ij} 为图形 i、j 之间

的背散射导致的关联系数，可以写成

$$P_{ij} = \iint_{s_i,s_j} k(r) \mathrm{d}s_i \mathrm{d}s_j \quad (i,j=1,2,\cdots,N) \tag{9.8}$$

这种方法当图形个数多到一定程度时，会导致计算量激增。

其实，最终在掩模版上形成的曝光能量分布（目标值，即最大限度接近掩模版函数的能量分布）D_0 实际上可以看成曝光能量分布 D 和式(9.5)或者式(9.6)中的核函数 $k(r)$ 的卷积，即

$$D_0(r) = D(r) \otimes k(r) \tag{9.9}$$

最终能量分布 D_0 代表准确的图形分布要求，而曝光能量分布 D 是为了补偿电子背散射导致图形扭曲的曝光能量分布。所以，需要求得一个合适的 D 实现 D_0。需要做的是式(9.9)的逆运算。去卷积的逆运算可以在傅里叶空间进行，即

$$D(r) = F^{-1}\left[\frac{F(D_0(r))}{F(k(r))}\right] \tag{9.10}$$

第二种方法无须做大量的迭代运算[45-46]。这种方法也有问题，掩模版函数是阶跃函数（由 0 和 1 组成），阶跃函数的傅里叶变换可能出现负值，而曝光能量不能是负值。实际上，由于任何光学系统的分辨率不可能无限，所以对计算过程中的高频成分需要事先做过滤，如哈尔（Haar）削减法[47]。

第三种方法是 GHOST 方法，即对衬底反射背景做一次补偿曝光[48-50]，如图 9-28 所示。虽然这种做法相比对每个图形或者格点的曝光能量做补偿，或者对其形状进行修改几乎不需要耗费计算机资源（只需要对掩模版图形进行一次反向，即透明的和不透明的区域对调），但是增加的背景照明会延长电子束曝光时间，影响曝光机的产能。而且，增加的背景曝光会压缩原来的扫描空间像对比度或者调制度，导致光刻胶图形边缘变得粗糙，线宽均匀性变差。

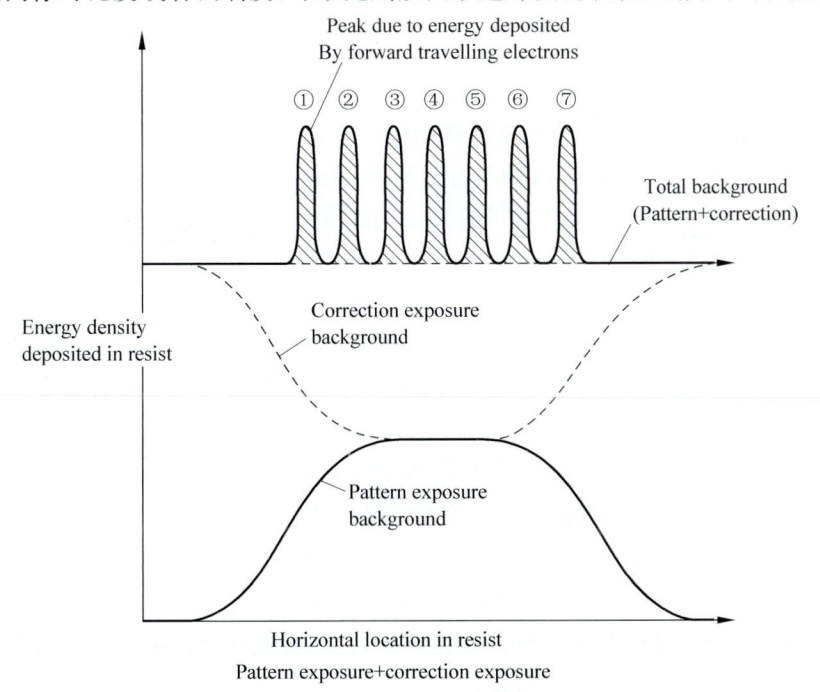

图 9-28　GHOST 掩模版邻近效应补偿方法示意图[47]

此外，对电子束的邻近效应进行补偿需要考虑光刻胶曝光显影产生的变化，以最终提高邻近效应补偿的精度[51]。

2012 年，在多电子束（Multi-beam）曝光机上，美国新思科技（Synopsys）公司和奥地利 IMS 公司采用对图形分区成像的方式平衡较小孤立图形和较大图形之间的邻近效应补偿。较大图形的线宽主要由图形边缘的区域决定，图形中部被划出区域，其曝光能量被降低，从而降低整个由大图形为主要贡献者的背散射曝光[52]。

9.3.2 电子束曝光的其他问题（雾化、光刻胶过热等）

除了对电子在衬底上的背散射造成的邻近效应补偿外，背散射电子在曝光机磁透镜的下缘再次/多次反射到光刻胶中会形成雾化（Fogging）现象，如图 9-29 所示。雾化现象可以影响到几毫米的范围。雾化严重会导致线宽偏离目标值 5~10nm[53]。由于雾化的长程性质，如果对其进行像邻近效应一样的补偿，就会造成巨大的运算量。所以，一般雾化是与邻近效应一起补偿的。

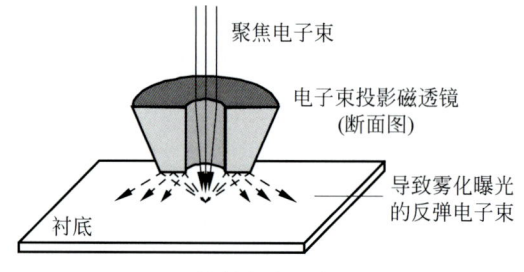

图 9-29 掩模版电子束曝光雾化现象产生的原理示意图

除了雾化，光刻胶在曝光的时候还会因较为强大的电流而过热。光刻胶过热会导致显影速率的变化，从而形成线宽偏差。解决的方法是提高光刻胶的灵敏度，比如采用化学放大的光刻胶。还可以将扫描分为几段（Phase）完成，每次的电子束剂量就可以小一些。

9.4 光掩模线宽均匀性在不同技术节点的参考要求

9.4.1 各技术节点对掩模版线宽均匀性的要求

对于不同的技术节点，一般来说，掩模版的线宽均匀性为整体线宽均匀性的 35%~50%。例如，对于 28nm 技术节点的线条/沟槽线宽为周期 90nm 的一半——45nm。如果规定其线宽均匀性为±4.5nm（±10%），具体取决于掩模版的线宽均匀性是随机的还是系统的。如果存在系统误差，线宽均匀性分配给掩模版的是 1.6~2.25nm。如果误差是随机的，则分配到掩模版的误差为 2.66~3.18nm。在 28nm 以下，比如 20nm、16nm/14nm、10nm、7nm 和 5nm，光刻的周期无法继续缩小，则需要依赖两次，甚至多次曝光和刻蚀获得较小的空间周期和线宽。不过，由于负显影的引入，线宽可以从正显影的极限，比如 45nm 沟槽和 65nm 的通孔继续缩小到 37nm 沟槽和 50nm 通孔。这时，相应地会将±10%的线宽压缩到±3.7nm 和±5nm。根据 2013 年国际半导体技术路线图（International Technology Roadmap for Semiconductors，ITRS）给出的对掩模版线宽均匀性的要求（如图 9-30 所示），28nm 以下的技术节点，如 20nm、16nm/14nm、10nm、7nm 和 5nm，分别为 1.2nm、1.1nm、0.8nm、0.8nm 和 0.6nm（4 倍率，逻辑工艺看"孤立"的指标）。实际上，图 9-29 中 1.2nm 以下的要求被标成红色，意味着掩模版制作工艺上很难实现。根据经验，比较合理的掩模版线宽均匀性要求分别为 1.8nm、1.8nm、1.6nm、1.6nm 和 1.4nm。

实际上，由于实际的周期，如 7nm 的金属周期为 40nm[54]，线宽为 20nm，而一次曝光能够做的最小线宽为 40nm(周期为 80nm,单向走线,运用偶极照明和 OMOG 掩模版),光刻能够做的线宽均匀性为±4nm。但实际线宽的±10%是±2nm,或者就是通过刻蚀和薄膜将线宽均匀性从±4nm 缩小误差到±2nm,或者是从开始就要求光刻在 40nm 线宽的时候实现±2nm 的线宽均匀性。从图 9-30 的路线图中还可以看到,对于 7nm 的技术节点,密集图形的掩模版误差因子要求控制在 4 以内。也就是说,掩模版误差因子为 4,则±1.6nm(4 倍率)的掩模版线宽均匀性会导致硅片曝光产生±1.6nm(1 倍率)的线宽均匀性误差,光掩模版线宽均匀性偏差这一项就接近了±2nm 这样的要求。这说明,在光刻的阶段要求一步实现±2nm 的线宽均匀性规格是不现实的。如果掩模版误差为整个光刻误差的一半左右,则双重曝光中的每道曝光的比较现实的线宽均匀性要求为±3.2nm(约为掩模版线宽均匀性的 2 倍),然后需要通过刻蚀在最终的 20nm 线宽上实现±2nm 的线宽均匀性。

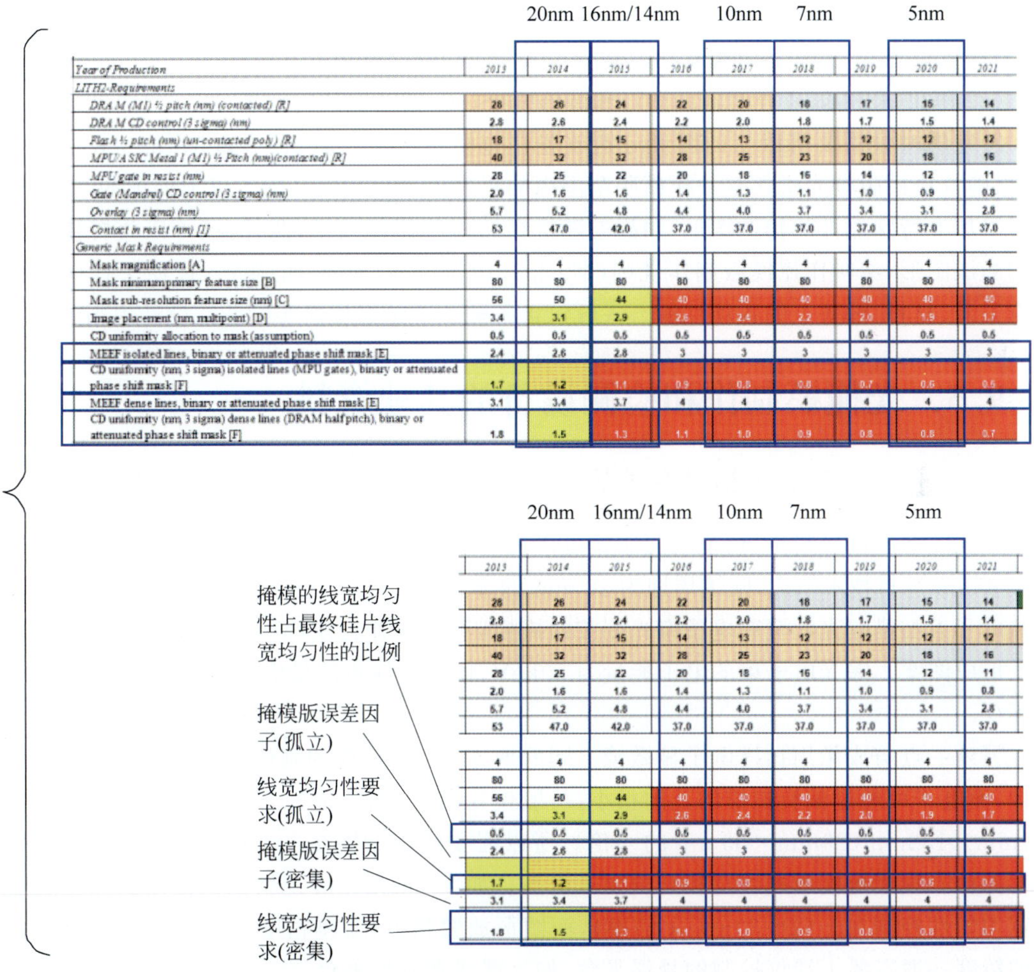

Year of Production	2013	2014	2015	2016	2017	2018	2019	2020	2021
LITH2-Requirements									
DRAM (M1) ½ pitch (nm) (contacted) [R]	28	26	24	22	20	18	17	15	14
DRAM CD control (3 sigma) (nm)	2.8	2.6	2.4	2.2	2.0	1.8	1.7	1.5	1.4
Flash ½ pitch (nm) (un-contacted poly) [R]	18	17	15	14	13	12	12	12	12
MPU/ASIC Metal 1 (M1) ½ Pitch (nm)(contacted) [R]	40	32	32	28	25	23	20	18	16
MPU gate in resist (nm)	28	25	22	20	18	16	14	12	11
Gate (Mandrel) CD control (3 sigma) (nm)	2.0	1.6	1.6	1.4	1.3	1.1	1.0	0.9	0.8
Overlay (3 sigma) (nm)	6.7	6.2	4.8	4.4	4.0	3.7	3.4	3.1	2.8
Contact in resist (nm) [I]	53	47.0	42.0	37.0	37.0	37.0	37.0	37.0	37.0
Generic Mask Requirements									
Mask magnification [A]	4	4	4	4	4	4	4	4	4
Mask minimum primary feature size [B]	80	80	80	80	80	80	80	80	80
Mask sub-resolution feature size (nm) [C]	56	50	44	40	40	40	40	40	40
Image placement (nm, multipoint) [D]	3.4	3.1	2.9	2.6	2.4	2.2	2.0	1.9	1.7
CD uniformity allocation to mask (assumption)	0.5	0.5	0.5	0.5	0.5	0.5	0.5	0.5	0.5
MEEF isolated lines, binary or attenuated phase shift mask [E]	2.4	2.6	2.8	3	3	3	3	3	3
CD uniformity (nm, 3 sigma) isolated lines (MPU gates), binary or attenuated phase shift mask [F]	1.7	1.2	1.1	0.9	0.8	0.8	0.7	0.6	0.5
MEEF dense lines, binary or attenuated phase shift mask [E]	3.1	3.4	3.7	4	4	4	4	4	4
CD uniformity (nm, 3 sigma) dense lines (DRAM half pitch), binary or attenuated phase shift mask [F]	1.8	1.5	1.3	1.1	1.0	0.9	0.8	0.8	0.7

图 9-30 2013 年国际半导体技术路线图给出的,对于 20nm、16nm/14nm、10nm、7nm 和 5nm 技术节点掩模版线宽均匀性建议[55](下图是为上图增加了中文标注)

对于栅极(Gate),由于需要将其掩模版误差因子尽可能地控制在 1.5(最小周期)以内,对于如±1.8nm(4 倍率)的掩模版线宽均匀性,在硅片上就是±0.68nm。

整个半导体集成电路的尺寸规格都是按照一定比例不断缩小的,如果某一项不能够按比例缩小,就意味着会对其他工艺段造成问题,或者由其他工艺段承担。到了 28nm 以下技术节点,掩模版线宽均匀性偏差缩小困难,而光刻已经到了衍射极限,只好由刻蚀和用来做自对准双重图形(SADP)技术或者四重图形(SAQP)技术的薄膜工艺承担部分(有关自对准多重图形方法的具体讨论参见18.4节)。光刻的线宽均匀性除了掩模版制作的贡献外,还有光刻胶的工艺部分,光学邻近效应修正的建模和补偿误差等。所以,到了7nm技术节点,掩模版线宽均匀性的规格必须缩小到±1.6nm(4倍率)。国际半导体技术路线图给出的规格仅仅是一个建议和参考。

9.4.2 线宽均匀性测量使用的图形类型

鉴定线宽均匀性的图形类型有以下3种(类似于9.2.3节中的描述)。

(1) 一维密集、半密集、孤立图形,在整片掩模版上的线宽分布均匀性(3倍标准偏差)。

(2) 二维图形,如线端-线端(Line end-line end)、线端-线条(Line end-line)、方角钝化半径(Corner rounding radius)的线宽均匀性(3倍标准偏差)。

(3) 辅助图形,如亚分辨辅助图形和装饰线(Serif)的线宽均匀性等。

鉴定的时候需要将以上的图形分别放置在掩模版的整块面积上,如5×5=25处或者更多,以确认掩模版曝光机在整片掩模版范围内的重复性和稳定性。除了以上列举的三类图形,还可以加上特殊器件的构造图形,如静态随机存储器的栅极线条,此外,还可以放置掩模版自身的测试图形,又叫作掩模版制作规则(Mask Rule Check, MRC)的图形,以便于检验掩模版制作工艺、材料、设备上的各项性能。一般包含各种小于给定层次实际芯片设计规则的图形。

9.5 光掩模制作和检测设备的其他资料

9.5.1 电子束各种扫描方式及其优、缺点

在9.2.2节已经讨论过,掩模版制作可以使用激光曝光机和深紫外光源,如248nm光源。对于65nm逻辑技术节点,除了周期为200nm的金属线之外,一般使用电子束曝光机,即通过聚焦电子束扫描曝光涂覆有电子束光刻胶的掩模版基板,并且使用等离子体刻蚀在掩模版基板上形成图案。曝光电子束的电子能量为50keV,比扫描线宽测量电子显微镜的300~800eV高不少。

另外一点与成像用扫描电子显微镜不同的地方是:光掩模的制作需要在相当大的面积上成像,而电子束通过偏转扫描的范围很小,一般仅几微米,而主流的4倍大小的掩模版尺寸为104mm×132mm(26mm×33mm的4倍),所以需要使用能够在二维精密移动的夹持掩模版的工件台。现代掩模版的线宽和套刻要求极高。如32nm/28nm逻辑工艺使用的掩模版需要线宽均匀性控制在±(2~3)nm(4倍率),而图形放置精度(套刻精度)需要在±6nm以内,这样的精度一般需要干涉仪控制的悬浮平台,如气浮或者磁浮平台。

但是,因为电子束曝光机需要高真空环境,所以无法使用气浮。而电子束很容易受到环境电磁场的干扰,磁浮平台中的行波电磁场会影响电子束的定位,故磁浮平台也无法使用。最后,还是回到经典的螺丝杆驱动的二维移动平台。但是,由于加工的精度,螺丝杆驱动的移动平台精度很难达到纳米级,一般为几分之一微米。这无法满足无论线宽均匀性,并且套刻精度都需要达到纳米量级。所以,需要通过干涉仪测得工件台偏离目标位置的差值,反馈到电子束控制电路,使得电子束做适量的偏转,以补偿工件台的位置偏差。

逐行扫描(Raster scan)是最早的扫描方式,也称为"栅形扫描",即电子束在有图形的地方打开,在没有图形的地方关闭。这样做的优点是扫描很均匀;缺点是在没有图形的地方设备仍然需要"空扫",浪费机器时间。而由于逐行扫描是横向扫描,假设扫描的方向为 X 轴,而非扫描方向为 Y 轴。对于每个像素(Pixel),Y 方向的格点位置是静止的,而 X 方向的图形边缘格点位置是由沿着 X 轴的扫描和电子束"开"和"停"决定的,而变得模糊,如图 9-31(a)所示。

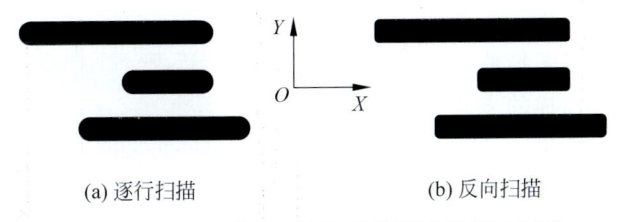

(a) 逐行扫描　　　　　　　　(b) 反向扫描

图 9-31　逐行扫描和反向扫描的图形形状示意图

为了解决这个问题,在逐行扫描的基础上,对扫描的电信号进行了改进,引入了所谓的反向扫描(Retrograde scan),其实,是在扫描到每一个像素位置作停留(电子束打开),再快速移动到相邻的像素位置(电子束关闭),而不是直接匀速扫过去,以消除扫描方向和非扫描方向的区别,如图 9-31(b)所示[56]。

对于逐行扫描,系统的光学分辨率和聚焦电子束点的大小相关——光学分辨率越高,聚焦电子束的点就越小,掩模版上图形的格点也就越小,曝光速度也就越慢。为了解决这个问题,2004 年后还出现了带有形状的电子束逐行扫描(Raster Shaped Beam Scan,RSB Scan)[57],这一方法结合了原先单点逐行扫描的均匀性和多个像素并行扫描的高速度。RSB 扫描使得掩模版上图形格点仅仅与掩模版上图形的线宽、周期以及电子光学成像的分辨率相关,与电子的聚焦点束斑大小无关,从而大大提高了掩模版的制作速度。

采用 RSB 扫描后,一般将最大的电子束斑宽度设为版图中最小的线宽。比如,版图上最小的线宽为 50nm(4 倍率),而设计格点为 1nm(4 倍率),如果用 1nm 作为聚焦电子束的格点,则一个 50nm×50nm 的方块需要 2500 个扫描点,而采用 RSB 方法,仅仅需要一个扫描点,曝光速度空前提高。不过,设计格点仍然是 1nm,也就是说,这个 50nm 的线条可以放置在任意以 1nm 为最小格点的设计网格上。采用灰度扫描的方式,以电子光学的 50nm 束斑宽度实现设计版图上的 1nm,也就是通过调节每个像素点上电子束的曝光时间来调整电子束曝光总剂量。假设需要制作 58nm 线条,如图 9-32 所示,可以采用第一行 100% 剂量曝光,而第二行 16% 灰度曝光。为了简化,设计版图的格点画为电子束束斑宽度的 1/6。

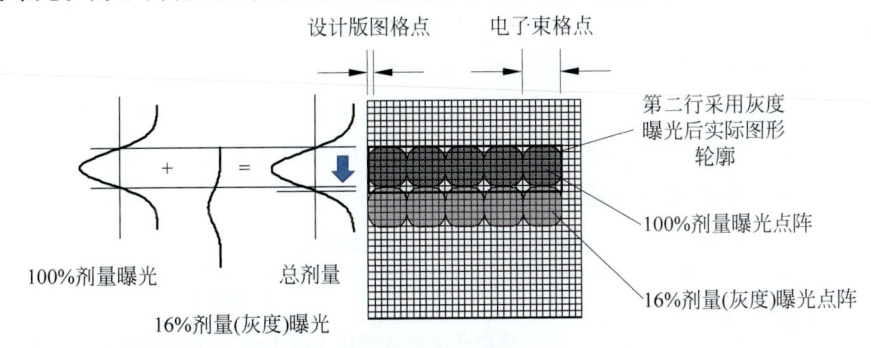

图 9-32　采用灰度曝光可以以较大的电子束格点完成较小的设计版图格点制作的示意图

除了采用灰度以外,还可以采用多重扫描印制(Multi-Phase Printing,MPP)方法实现灰度的曝光。如图 9-33 所示,采用 4 重扫描曝光,每次相当于总剂量的 25%,经过 4 重曝光,可以实现 1/4 电子束斑宽度的格点制作。多重曝光还有一个好处是可以避免电子束光刻胶在短时间内受到较多的电子束剂量而过热。

由于 RSB 曝光方式采用了相对于设计格点很大的电子束斑宽度,大大节省了扫描时间,即便是遇到需要以设计版图格点为单位,非整数倍电子束斑线宽的图形或者图形放置位置,也可以通过灰度曝光或者多重扫描的方式,或者两者结合的方式实现。

再接着就是矢量扫描(Vector scan)和最终的可变截面电子束矢量扫描[16-18]。矢量扫描可以跳过没有图形的区域,缩短掩模版曝光的时间,提高产能。如果掩模版的图形所占面积为整块掩模版的 20%,采用矢量扫描,理论上速度比逐行扫描提高 5 倍。即便是对于数据率(图形密度)为 50% 左右的掩模版,也可以节省一半的曝光时间。

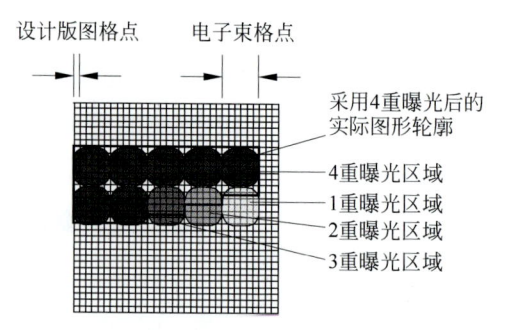

图 9-33 采用多重扫描印制可以以较大的电子束格点完成较小的设计版图格点制作的示意图

但是,对于除可变截面电子束之外的扫描系统,由于使用了较大的电子束斑,并且通过灰度表示比束斑更加细小的图形细节,图形边缘的对比度会变差,在方形转角处会变得圆滑。而采用单电子束就没有这个问题,但是曝光时间会很长。

解决以上问题的方法是采用可变截面电子束扫描,如图 9-16 和图 9-17 所示。电子束截面的形状可以变化,并没有要求等于设计版图中的最小线宽。所以,既满足了速度的要求(比如遇到很大的图形,如 10 倍于最小线宽形状的图形,可以以很大的电子束截面形状扫描,而无须采用最小线宽的电子束斑扫描 10 次),也保持了边缘的锐度。

但是 VSB 也有极限,其速度受到版图分解后形成的图形个数(Shot count)和复杂程度的限制。如果图形太多、太复杂,更换形状很频繁,会导致整个曝光速度受限于形状选择电子束偏转的速度。而电子束偏转是由数模转换电路(Digital-to-Analog Converter,DAC)的速度决定的。现在最快的模数转换器变换输出的回稳时间(Settling time)为几十纳秒。

9.5.2 电子束曝光机采用的电子枪

对于单电子束系统来说,需要的电子束越小越好,这样无须采用较大数值孔径进行缩小,而较大的数值孔径会导致像差急剧增加。热场发射的电子枪的直径只有 50nm,如表 9-1 所示,非常适合单电子束曝光系统。但是,对于可变形状电子束曝光系统来说,需要使用电子束照亮整块面积,如尺寸为 50nm×50nm,如系统的放大倍数为 1/100,则在光阑处的尺寸为 5μm×5μm。热电子发射的电子枪的直径可达 10μm,比需要的光斑尺寸稍大。对于 VSB,热电子发射的六硼化镧阴极比较合适。

表 9-1 热电子发射六硼化镧阴极和热场发射阴极的比较[11]

参　数	阴 极 类 型	
	热电子发射六硼化 3 镧(LaB_6)	热场发射锆/氧/钨(Zr/O/W)
工作真空度/Pa	$\leqslant 10^{-5}$	$\leqslant 10^{-7}$
工作温度/K	1900	1800

续表

参　　数	阴极类型	
	热电子发射六硼化 3 镧（LaB_6）	热场发射锆/氧/钨（Zr/O/W）
能量展宽/eV	2.5	1.5
亮度（在 50keV）/（W/（$cm^2 \cdot sr$））	5×10^5	5×10^7
光源实际直径/μm	10	0.05
电子发射半角/mrad	3	10
最大电子束电流/μA	7	～0.2
对于 5μm 方形断面电子束，最大电流密度/（A/cm^2）	30	1
应用方向	可变形状电子束	单点电子束

9.5.3 多电子束的介绍和最新进展

逐行扫描的多电子束（Raster Multi-Beam，RMB）系统是最早的，如施利伦（Schlieren）方法[17]。采用 8 个固定的光圈将入射较宽的电子束分割为 8 个方形的子电子束；然后在光圈处加上偏转，或者遮挡电极（Blanking electrodes），用来控制通过这 8 个光圈的子电子束的飞行方向是否通过下一个共同的光阑。没有通过下一个共同的光阑的子电子束就被挡住，通过光阑的子电子束就可以用来扫描成像，如图 9-34 所示。

现在，由于掩模版上辅助图形的大量运用，伴随着照明光源掩模版协同优化的使用，以及基于模型的亚分辨辅助图形（Model-Based Sub-Resolution Assist Features，MBSRAF）的应用，掩模版可以变得非常复杂，甚至都看不出设计图形的形状，如图 9-35 所示[58]。每个图形中只有中央一个正方形和四角 4 个 1/4 个正方形（二维周期性边界条件下的一个单元）。原先仅仅 5 个正方形的掩模版，在 VSB 方法下仅需要 5 个扫描。但是现在出现了众多的亚分辨辅助图形，在周期为 396nm 的情况下有 41 个图形，多出了 36 个。也就是说，如果采用 VSB 方法，需要增加几倍的曝光时间。奥地利 IMS 公司对技术节点和掩模版上需要曝光的形状个数的关系做了研究，他们也认为，随着技术节点的不断进步，掩模版上的形状个数会越来越多，如图 9-36 所示[22]。

图 9-34 施利伦多电子束曝光装置原理示意图[17]

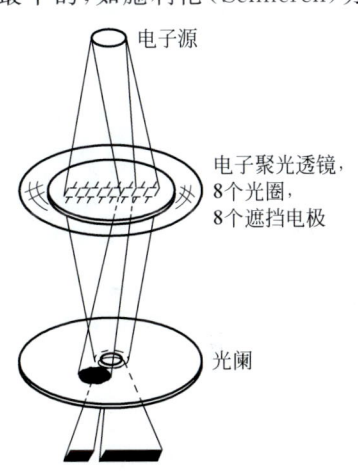

美国 D2S 公司针对采用了光源掩模版协同优化或者逆光刻（Inverse lithography）后日益增加的曝光形状个数，为可变截面电子束曝光设备开发出了叠加形状的技术，即通过叠加不同能量和大小的形状实现在显著减少曝光形状个数的情况下制作出同样的掩模版轮廓的技术，如图 9-37 所示[59]。这需要一个非常准确的电子束曝光和掩模版成像的物理模型。D2S 公司认为，这种方法可以减少 20%～30% 的曝光形状个数。同时，基于一个准确的电子束曝光和掩模版成像物理模型，这种方法不仅可以改善掩模版的制作线宽均匀性，而且可以改善硅片上的线宽均匀性。需要指出的是，这需要掩模版曝光机可以对每个曝光形状快速调节曝光能量。

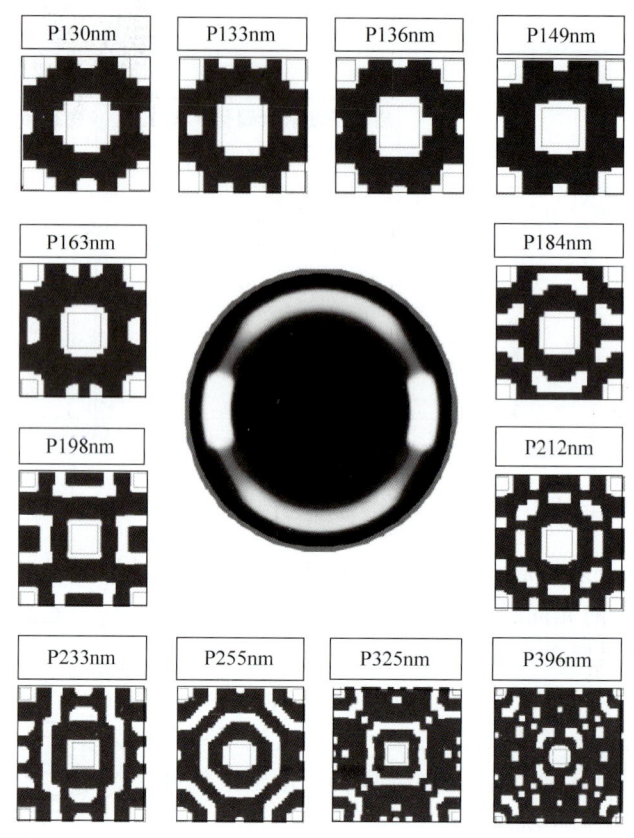

图 9-35 周期性的方孔在不同的空间周期下由于采用了经过光源掩模协同优化的光源（图中央）而变得十分复杂[58]（每张图中央和四角细线绘制的方框是原设计图形）

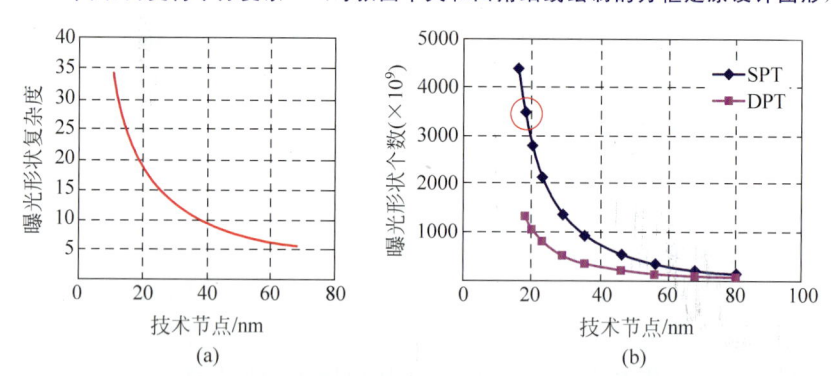

图 9-36 （a）曝光形状的复杂程度随着技术节点发展的变化；（b）典型曝光形状个数在单重图形方法（SPT）和双重图形方法的情况下随着技术节点发展的变化

以上技术仅仅是对现有的可变截面电子束曝光方法的改进。针对如图 9-35 中几倍（如 5～7 倍）增加的图形来说还不足以抵消飞速增加的曝光形状个数带来的制作时间大幅延长。所以采用多电子束直写的方式成为集成电路技术发展的必然。

图 9-38 展示了日本 Nuflare 公司的可变截面形状电子束方法和多电子束方法在电子光路上的比较。VSB 方法主要是在电子枪发出的 50keV 电子束经过聚光透镜（Condensor）照射到第一个和第二个截面形状产生光阑（对应图 9-38 中的 1st shaping aperture 和 2nd shaping aperture）两个光阑之间是两重偏转装置，分为形状选择偏转器（对应图 9-38 中的 shaping

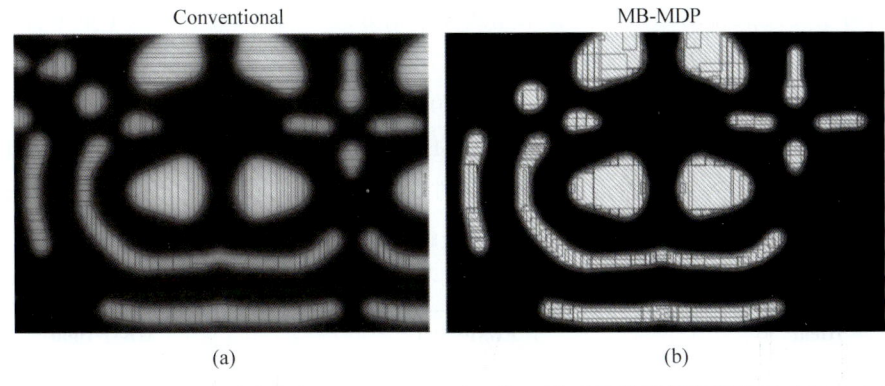

图 9-37 (a) 采用常规的掩模版数据处理；(b) 采用基于模型的掩模版数据处理，图(b)中可见叠加的曝光形状[59]

deflector-selector,如选择图 9-17 中第二光阑上的各种图形)和形状大小调整偏转器(对应图 9-38 中的 shaping deflector-sizer,在形状选择偏转器的基础上对第二光阑和第一光阑之间的细微位置按照需要的形状尺寸进行微调)。完成形状制定后,再经过投影和偏转,完成该形状在硅片上的曝光。对于多电子束光路,电子束从聚光透镜出来照射在形成子电子束的光阑阵列[对应图 9-38 中的 Shaping Aperture Array(SAA)]上再经过一个投影镜头投射到遮挡光阑阵列[对应图 9-38 中的 Blanking Aperture Array(BAA)]上。遮挡光阑阵列可以根据数据流的指令开放和遮挡其中的任意子电子束,再经过偏转和投影物镜将带有掩模版信息的多电子束投影到硅片上。

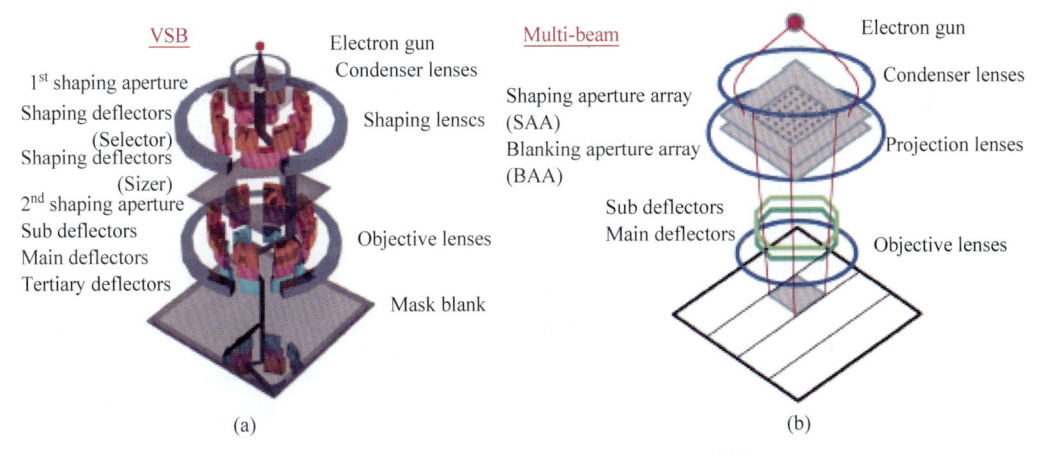

图 9-38 日本 Nuflare 公司两种电子束曝光方式的成像结构比较示意图[24]：(a) 可变电子束截面形状方法；(b) 多电子束方法

对于 VSB 设备,一次电磁扫描的区域约为 $80\,\mu m \times 80\,\mu m$(硅片表面)；而对于多电子束设备,多电子束的整个束宽为 $80\,\mu m$(硅片表面),其中包括 512×512 个子电子束。由于电子束从遮挡光阑到硅片的放大率为 $1/200$[24],在遮挡光阑阵列处的电子束宽为 16mm,子电子束之间的空间排布周期约为 $32\,\mu m$。如果子电子束在硅片上的截面为 $10nm \times 10nm$,那么其在遮挡光阑处的线度为 $2\,\mu m$。

采用多电子束的好处是无论掩模版有多么复杂,其曝光时间是一样的。这样做也有缺点。VSB 方法理论上可以对任意图形进行描绘,包括线宽和放置位置,如任意长方形、45°倾斜的三角形等。但是,对于多电子束系统仍然采用一个个单独的聚焦电子束,由于这些电子束一起偏转，它们对于任意放置的图形只能够采用灰度扫描方式。当然，对于多电子束来说速度不是问题。但是，采用灰度扫描的方式会影响图形边缘的锐度。如表 9-2 和表 9-3 所示[24]，日本 Nuflare 公司采用的多电子束曝光机的束斑为 10nm，大于 VSB 使用的 0.1nm 的尺寸。所以，期待图形的边缘会差于 VSB 曝光机。当然，VSB 曝光机的 0.1nm 的真正实现也依赖整机图形的放置精度，表 9-3 中显示，图形的放置准确性（Image placement accuracy）在 2.1nm 左右。

表 9-2 日本 Nuflare 公司的 VSB 掩模版曝光机（EBM-9500）和多电子束曝光机（MBM-1000）主要参数比较[24]

Item	EBM-9500	MBM-1000
Accel. Voltage	50kV	50kV
Cathode	1200A/cm^2	2A/cm^2
Beam blur	r	$<r$
Beam size	VSB(≤250nm)	10nm
Field size	~80μm(deflection field size)	~80μm(beam array size)
Beam current	500nA@max shot size	500nA with all beam on
Stage	Frictional drive with variable speed	Air bearing stage with constant speed
Data format	VSB12i, OASIS MASK	MBF VSB12i OASIS MASK
Corrections for writing accuracy	PEC/FEC/LEC, GMC, CEC, GMC-TV, TEC	PEC/FEC/LEC, GMC, CEC, GMC-TV, TEC, EV-PEC

表 9-3 日本 Nuflare 公司的 VSB 掩模版曝光机（EBM-8000、9000、9500）和多电子束曝光机（MBM-1000）主要性能参数比较[24]

Specification		EBM-8000	EBM-9000	EBM-9500	MBM-1000
Image placement accuracy[nm3σ]	Global	4.3	3.0	2.1	1.5
CD uniformity[nm3σ]	Global	3.8	3.0	2.1	1.5
	Local	1.3	1.3	1.3	1.0
Main chip(130mm×100mm) write time/h		—	—	—	12@75 μC/cm^2
Beam size/nm		0.1~350	0.1~250	0.1~250	10
Current density/(A/cm^2)		400	800	1200	2

在多电子束曝光机中，将对每个电子束进行邻近效应的修正，即调整其束流大小或者曝光能量，Nuflare 公司的 MBM-1000 型设备对每个电子束的束流调整能力为 10bit，即 1024∶1。

图 9-39 展示了奥地利 IMS 公司的设备。其设计思路与 Nuflare 公司不一样，IMS 公司设备的电子束加速分两步完成：第一步加速到 5keV；经过子电子束形成和遮挡后，再进一步加速到 50keV。然后经过同一个光阑，类似施利伦方法，再投射到硅片上。

综上所述，采用多电子束掩模版曝光机的好处是可以很好应对光源掩模协同优化导致的非常复杂的掩模版图形，其在线宽均匀性和图形放置误差可以优于传统的可变截面形状电子束曝光机。但是，其 10nm 束斑的电子束在图形边缘的精度控制依赖灰度扫描的情况可能会导致图形边缘保真度比不上 VSB 曝光机。日本 Nuflare 公司新的 VSB 设备 EBM9500 和新引入的多电子束设备 MBM-1000 之间的比较如表 9-2 所示[24]。工业界一般认为，多电子束直写掩模版曝光机的引入技术节点是逻辑 3nm。

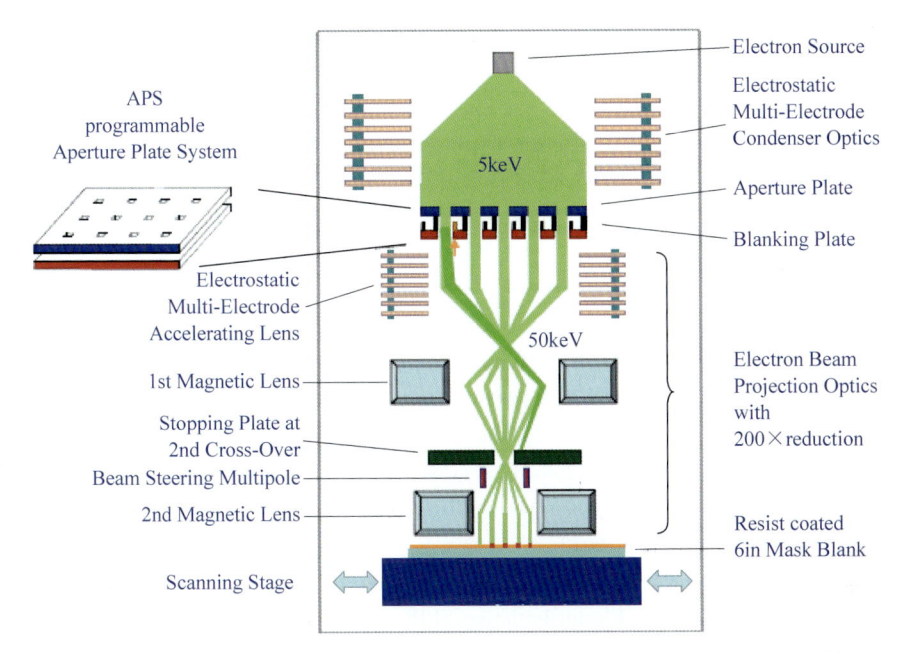

图 9-39　奥地利 IMS 公司的多电子束掩模版曝光机电子光路结构示意图[22]

参考文献

[1] 党和红军如何用报纸发挥作用. 西安日报. 2016-09-16.
[2] Levenson M, Viswanathan N S, Simpson R A. Improving resolution in photolithography with a phase-shifting mask. IEEE Trans. on Electron Devices 29, 1982: 1828.
[3] Faure T, et al. Development and characterization of a thinner binary mask absorber for 22nm node and beyond. Proc. Bacus, 2010.
[4] Faure T, et al. High resolution mask process and substrate for 20nm and early 14nm node lithography. Proc. Bacus, 2011.
[5] Van den Broeke D, et al. Method and apparatus for decomposing semiconductor device patterns into phase and chrome regions for chromeless phase lithography. US6851103B2, 2005.
[6] Haque R R, Levinson Z, Smith B W. 3D mask effects of absorber geometry in EUV lithography systems. Proc. SPIE 9776, 97760F, 2016.
[7] Calma 公司介绍. 维基百科. https://en.wikipedia.org/wiki/Calma.
[8] SEMI. 百度百科. https://baike.baidu.com/item/SEMI/847995?fr—Aladdin.
[9] Open Artwork System Interchange Standard. 维基百科: https://en.wikipedia.org/wiki/Open_Artwork_System_I.
[10] Philippe Morey-Chaisemartin. Design how to going from GDSII to OASIS. EE Times, 2008.
[11] Syed Rizvi. Handbook of photomask manufacturing technology. CRC Press, Taylor and Francis Group, 2005.
[12] Buck P, Buxbaum A, Coleman T, et al. Performance of the ALTA^R 3500 scanned-laser mask lithography system. Proc. SPIE 3412, 1998: 67.
[13] Rathsack B M, Tabery C E, Scheer S A, et al. Optical lithography simulation and photoresist optimization for photomask fabrication. Proc. SPIE 3678, 1999: 1215-1226.
[14] Bohan M J, Hamaker H C, Montgomery W. Implementation and characterization of a DUV raster-scanned mask pattern generation system. Proc. SPIE 4562, 2002: 16.

[15] Åman J, Fosshaug H, Hedqvist T, et al. Properties of a 248-nm DUV laser mask pattern generator for the 90-nm and 65-nm technology nodes. Proc. SPIE 5256, 2003: 684.

[16] Pfeiffer H C. Variable spot shaping for electron-beam lithography. J. Vac. Sci. Technol. 15, 1978: 887.

[17] Pfeiffer H C. Recent advances in electron beam lithography for the high-volume production of VLSI devices. IEEE Trans. On electron devices ED-26, 1979: 663.

[18] Pfeiffer H C, Ryan P M, Weber E V. Method and apparatus for forming a variable size electron beam. US4243866, 1981.

[19] Shusuke Yoshitake, et al. EBM-8000: EB mask writer for product mask fabrication of 22-nm half-pitch generation and beyond. Proc. SPIE 8166, 81661D, 2011.

[20] Hidekazu Takekoshi, et al. EBM-9000: EB mask writer for product mask fabrication of 16nm half-pitch generation and beyond. Proc. SPIE 9235, 92350X, 2014.

[21] Hidekazu Takekoshi, et al. EBM-9000: EB mask writer for product mask fabrication of 16nm half-pitch generation and beyond. Proc. SPIE 9256, 925607, 2014.

[22] Hans Loeschner. MBMW (Multi-Beam Mask Writer) development for the 11nm hp technology node. SEMATECH Symposium Japan, 2012.

[23] Hiroshi Matsumoto, Yasuo Kato, Munehiro Ogasawara, et al. Introduction and recent results of Multi-beam mask writer MBM-1000. Ebeam Initiative, SPIE, 2016.

[24] Hiroshi Matsumoto, Hideo Inoue, Hiroshi Yamashita, et al. Multi-beam mask writer MBM-1000 and its application field. BACUS New Letter 32, 2016.

[25] Ki-Ho Baik, Homer Lem, Robert Dean, et al. Comparative study between REAP 200 and FEP171 CAR with 50kV raster E-beam system for sub-100nm technology. Proc. SPIE 5130, 2003: 180.

[26] Ki-Ho Baik, Robert Dean, Homer Lem, et al. Comparative study of two negative CAR resists EN-024M and NEB 31. Proc. SPIE 5446, 2004: 171.

[27] Chen G, Wang J S, Bai S, et al. Model based short range mask process correction. Proc. SPIE 7028, 70280G, 2008.

[28] Timothy Lin, Tom Donnelly, Steffen Schulze. Model based mask process correction and verification for advanced process nodes. SPIE 7274, 72742A, 2009.

[29] Isao Yonekura, et al. A study of phase defect measurement on EUV mask by multiple detectors CD-SEM. Proc. SPIE 8701, 870110, 2013. Bacus News Letter 29, 2013: 8.

[30] Roeth K D, Laske F, Heiden M, et al. Experimental test results of pattern placement metrology on photomasks with laser illumination source designed to address double patterning lithography challenges. Proc. SPIE 7488, 74881M, 2009.

[31] Klose G, Beyer D, Arnz M, et al. PROVE^{TM} a photomask registration and overlay metrology system for the 45nm node and beyond. Proc. SPIE 7028, 702832, 2008.

[32] Broadbent W H, Wiley J N, Saidin Z K, et al. Results from a new die-to-database reticle inspection platform. Proc. SPIE 5446, 2004: 265.

[33] Bisschop P D, Philipsen V, Birkner R, et al. Using the AIMS 45-193i for hyper-NA imaging applications. Proc. SPIE 6730, 67301G, 2007.

[34] Andrei Stanishevsky, Klaus Edinger, Jon Orloff, et al. Testing new chemistries for mask repair with focused ion beam gas assisted etching. J. Vac. Sci. Technol. B 21, 2003: 3067.

[35] Amano T, Nishiyama Y, Shigemura H, et al. FIB mask repair technology for EUV lithography. International Symposium on EUVL, 2008.

[36] 泰勒锥. 维基百科. https://en.wikipedia.org/wiki/Taylor_cone. https://en.wikipedia.org/wiki/Focused_ion_beam.

[37] Aramaki F, Kozakai T, Matsuda O, et al. Performance of GFIS mask repair system for various mask materials. BACUS Newsletter 31, 2015.

[38] Klaus Edinger. Metrology tools for photo mask repair and mask performance improvement. Frontiers of Characterization and Metrology for Nanoelectronics,2013.

[39] Mark Laurance. Subtractive defect repair via nanomachining. Proc. SPIE 4186,2001：670.

[40] Robinson T,White R,Bozak R,et al. New tools to enable photomask repair to the 32nm node. Proc. SPIE 7488,74880F,2009.

[41] Chang T H P. Proximity effect in electron beam lithography. J. Vac. Sci. Technol. 12,1975：1271.

[42] Thomas Klimpel,Martin Schulz,Rainer Zimmermann,et al. Model based hybrid proximity effect correction scheme combining dose modulation and shape adjustments. J. Vac. Sci. Technol. B29,2011，06F315-1.

[43] Mihir Parikh. Corrections to proximity effects in electron beam lithography. I. Theory. J. Appl. Phys. 50,1979：4371.

[44] Chow D G L,McDonald J F,King D C,et al. An image processing approach to fast,efficient proximity correction for electron beam lithography. J. Vac. Sci. Technol. B 1,1983：1383.

[45] Haslam M E,McDonald J F. Submicron proximity correction by the Fourier precompensation method. SPIE 632,1986：40.

[46] Haslam M E,McDonald J F,King D C,et al. Two-dimensional Haar thinning for data base compaction in Fourier proximity correction for electron beam lithography. J. Vac. Sci. Technol. B3,1985：165.

[47] Owen G,Rissman P. Proximity effect correction for electron beam lithography by equalization of background dose. J. Appl. Phys. 54,1983：3573.

[48] Owen G,Rissman P,Long M F. Application of the GHOST proximity effect correction scheme to round beam and shaped beam electron lithography systems. J. Vac. Sci. Technol. B 3,1985：153.

[49] Hofmann U,Crandall R,Johnson L. Fundamental performance of state-of-the-art proximity effect correction methods. J. Vac. Sci. Technol. B 17,1999：2940.

[50] Takayuki Abe,Hiroshi Matsumoto,Hayato Shibata,et al. Proximity effect correction for mask writing taking resist development processes into account. Jpn. J. Appl. Phys. 48,2009,095004-1.

[51] Klimpel T,Klikovits J,Zimmermann R,et al. Proximity effect correction optimizing image quality and writing time for an electron multi-beam mask writer. Proc. SPIE 8522,852229,2012.

[52] Takayuki Abe,Jun-Ichi Suzuki,Jun Yashima,et al. Global critical dimension correction：I Fogging effect correction. Jpn. J. Appl. Phys. 46,2007：3359.

[53] 维基百科. https://en.wikipedia.org/wiki/7_nanometer.

[54] 2013年国际半导体技术路线图(ITRS).

[55] Baik K H,Chakarian V,Dean B,et al. High productivity mask writer with broad operating range. Proc. SPIE 4409,2001：228.

[56] Rishton S A,Varner J K,Veneklasen L H,et al. Raster shaped beam pattern generation. J. Vac. Sci. Technol. B 17,1999：2927.

[57] Rosenbluth A E,et al. Intensive optimization of masks and sources for 22nm lithography. Proc. SPIE 7274,727409,2009.

[58] Byung Gook Kim,Jin Choi,Jisoong Park,et al. Improving CD uniformity using MB-MDP for 14nm node and beyond. Proc. SPIE 8522,852205,2012.

思考题

1. 光刻工艺中的掩模版有二元掩模版、透射衰减的相移掩模版、交替相移掩模版和无铬相移掩模版,它们各有什么优、缺点？如对比度、线宽的修正难易程度、掩模版检测的难易程度。

2. 最常用的掩模版是什么类型的?
3. 极紫外掩模版的断面层结构是怎样的?
4. 掩模版的曝光一般采用什么方法?在多大线宽和周期尺寸下工业界不再使用激光扫描的掩模版曝光机?
5. 掩模版曝光的电子束扫描一般有哪几种方法?
6. 灰度扫描的原理是什么?为什么说灰度扫描可以完成任意线宽和放置位置的图形制作?
7. 灰度扫描的局限性是什么?
8. 可变形状电子束扫描的优点是什么?局限性是什么?
9. 多电子束曝光方式的局限性是什么?
10. 说明电子束曝光中邻近效应的原理。
11. 一般来说,有哪几种修正邻近效应的方法?各自的优、缺点是什么?
12. 电子束曝光过程中的雾化是什么引起的?
13. 掩模版测量由哪几个步骤组成?
14. 掩模版的缺陷主要有哪几种类型?
15. 掩模版缺陷检测一般采用哪几种方法?
16. 说明同时的透射反射探测(STARlight)缺陷检测的原理。
17. 空间像测量系统(AIMS)有什么优、缺点?
18. 掩模版修补有哪几种方法?
19. 聚焦粒子束修补有哪几种方法?
20. 掩模版修补后,如果要看对硅片曝光的影响,应采用什么设备?
21. 各技术节点对掩模版线宽均匀性的要求一般占到整个硅片线宽均匀性偏差(如±10%线宽值)的百分比是多少?
22. 鉴定掩模版线宽均匀性一般采用哪些图形?

第10章

光刻工艺参数和工艺窗口

光刻工艺是主导着半导体集成电路线宽的重要工艺。现代光刻工艺通过光学成像系统将掩模版上的电路设计图样，使用紫外光投影到涂覆有光刻胶的硅片上，使其感光，并且通过显影工艺和后续的刻蚀工艺将掩模版图样复制到带有电介质或者金属层的硅片上。这样，通过一步步地将氧化物隔离层、栅层、离子注入层、接触孔层、金属连线层和通孔层层层叠加，形成集成电路。光刻工艺的两大参数是线宽和套刻精度。表10-1列举了 $0.25\mu m \sim 7nm$ 的各技术节点关键层次的参考线宽、空间周期值和套刻精度要求。可见，套刻精度一般为节点/线宽的 $1/4 \sim 1/3$。

表 10-1　各逻辑技术节点关键层次的线宽、周期值和套刻精度要求

逻辑技术节点线宽/nm	栅极 线宽/nm	栅极 周期/nm	接触孔 线宽/nm	接触孔 周期/nm	金属 线宽/nm	金属 周期/nm	套刻精度/nm
250	250	600	300	640	300	640	70
180	180	430	230	460	230	460	60
130	130	310	160	340	160	340	45
90	110	245	160	240	130	240	25
65	90	210	130	200	90	180	15
45	70	180	90	180	80	160	12
40	62.5	130	85	130	65	130	10
28	55	118	65	100	45	90	8
16	45	90	45	90	32	64	6
14	42	84	40	84	32	64	4.5
10	33	66	18	66	22	44	3.5
7	27	54	≈30	54	20	40	<3

光刻胶的线宽不仅与曝光能量有关，而且与光刻机的焦距有关。此外，掩模版的线宽变化也会影响硅片上的线宽。一个好的光刻工艺线宽需要对曝光量与光刻机离焦和掩模版上线宽的偏差不敏感。表征以上3个性能的参数分别是曝光能量宽裕度(EL)、对焦深度(DoF)和掩模版误差因子(MEF)或者掩模版误差增强因子(Mask Error Enhancement Factor, MEEF)。

10.1 曝光能量宽裕度、归一化图像光强对数斜率

曝光能量宽裕度是指在线宽允许变化范围内（如线宽的±10%范围），曝光能量允许的最大相对偏差。它是衡量光刻工艺的一项基本参数。图 10-1(a) 显示了光刻图形（线条横截面）随着曝光能量和焦距的变化规律。图 10-1(b) 显示了在一片硅片上曝出不同能量和焦距测试图案的二维分布（横轴为能量变化，纵轴为焦距变化），因为像矩阵一样，所以又称为焦距-能量矩阵。此矩阵用来测量光刻工艺在某个或者某几个图形上的工艺窗口，如能量宽裕度和对焦深度。如果加上掩模版上的特殊测试图形，通过焦距-能量矩阵（Focus-Exposure Matrix，FEM）采集的数据还可以用于测量其他有关工艺和设备的性能参数，如光刻机镜头的各种像差、杂散光（Flare）、掩模版误差因子、光刻胶的光酸扩散长度、光刻胶的灵敏度、掩模版的制造精度等。

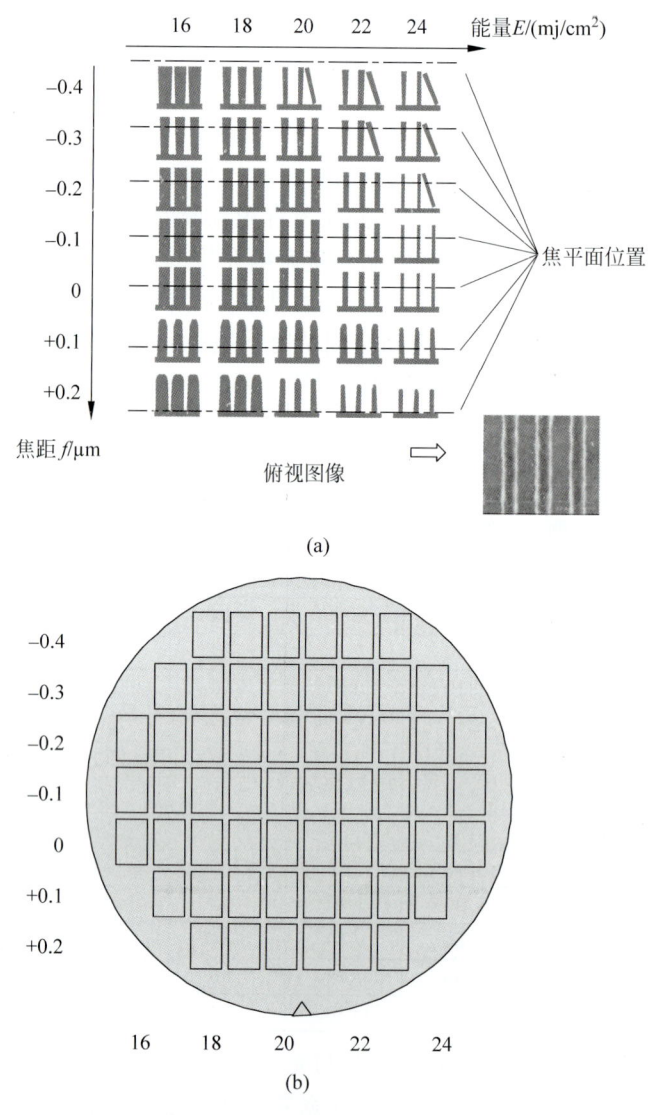

图 10-1 (a) 光刻胶断面形貌随曝光能量和焦距的变化，焦距方向"+"表示硅片向上移动；(b) 焦距-能量矩阵在一片硅片上的分布

在图 10-1(a)中,灰色的图形代表光刻胶(正性光刻胶)经过曝光和显影后的横断面形貌。随着曝光能量的不断增加,线宽变得越来越小。随着焦距的变化,光刻胶垂直方向的形貌也发生变化。先讨论随能量的变化。如果选定焦距为 $-0.1\mu m$,也就是定义(仅仅是定义,实际上要比定义的值更加负一点,下面会讲到)为光刻机将掩模版图样投影的焦平面在光刻胶顶端往下 $0.1\mu m$ 的位置。如果测量线宽随能量的变化,则可以得到这样一条线,如图 10-2 所示。

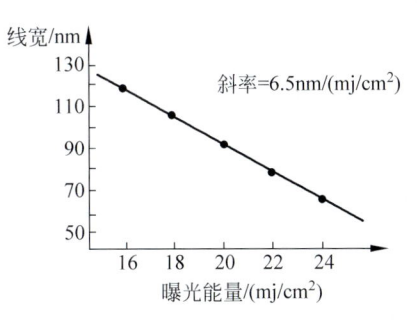

图 10-2 线宽随曝光能量变化

曝光能量宽裕度为

$$EL = \frac{\Delta 线宽(全部允许线宽范围)}{最佳曝光能量} \frac{d 能量}{d 线宽} \times 100\% \tag{10.1}$$

在这个例子中,如果选定线宽全部容许范围(Total linewidth tolerance)为线宽 90nm 的 $\pm 10\%$,即 18nm,而线宽随曝光能量的变化斜率为 $6.5nm/(mj/cm^2)$,最佳曝光能量为 $20mj/cm^2$,则 $EL=18/(6.5\times 20)=13.8\%$。曝光能量宽裕度与光刻机的能力强弱、工艺生产控制的能力、器件对线宽的要求高低,以及光刻胶对空间像的保真能力等因素有关。一般来讲,在 90nm、65nm、45nm、32nm、28nm、20nm、14nm 等节点,栅极层光刻的 $EL=18\%\sim 20\%$,金属连线层对 EL 的要求为 $13\%\sim 15\%$。

曝光能量宽裕度还与像对比度直接相关,不过这里的像不是来源于镜头的空间像,而是经过光刻胶光化学反应的"潜像"(Latent image)。光刻胶对光的吸收以及发生光化学反应需要光敏感成分,如氟化氪(KrF)和氟化氩(ArF)光源的带化学放大的光刻胶中的光酸产生剂在曝光后生成光酸后,光酸的阳离子会在光刻胶薄膜内扩散,催化光化学反应。这种光化学反应所必需的扩散会降低像的对比度。对比度(Contrast)的定义(见图 10-3)为

图 10-3 像对比度定义

$$对比度 = \frac{U_{max} - U_{min}}{U_{max} + U_{min}} \tag{10.2}$$

式中:U 为"潜像"的等效光强(其实是光敏感成分的密度)。

对于密集线条,如果空间周期 $p < \lambda/NA$,那么它的空间像等效光强 $U(x)$ 一定为正弦波或余弦波,可以写成

$$U(x) = \frac{(U_{max}+U_{min})}{2} + \frac{(U_{max}-U_{min})}{2}\cos\left(\frac{2\pi x}{p}\right) = U_0\left[1+对比度\left(\frac{2\pi x}{p}\right)\right] \tag{10.3}$$

根据 EL 的定义,结合式(10.3),如图 10-4 所示,可以将 EL 写成

$$EL = \frac{1}{U_0}\left|\frac{dU(x)}{dx}\right|dCD = 对比度\frac{2\pi}{p}\sin\left(\frac{\pi CD}{p}\right)dCD \tag{10.4}$$

式中:CD(Critical Dimension)为关键尺寸,一般也称为线宽。

对于等间距的线条(Equal line and space),$CD=p/2$,其中 p 为周期。还有更简洁、直观的表达式:

$$EL = 对比度\frac{dCD}{CD}\pi \tag{10.5a}$$

或

$$对比度 = \frac{CD}{dCD}\frac{EL}{\pi} \quad (10.5b)$$

也就是,如果 dCD 使用一般的 10%CD,那么,对比度约等于 3.2 倍的 EL。或者 EL 约等于 31.4%的对比度。

式(10.4)中的斜率

$$\frac{1}{U_0}\left|\frac{dU(x)}{dx}\right| = \frac{d\{\ln[U(x)]\}}{dx} \quad (10.6)$$

又称为像对数斜率(Image Log Slope, ILS),由于与像对比度或者 EL 的直接联系,它也作为衡量光刻工艺窗口的一个重要参数。如果再对其进行归一化,即乘以 CD,可以得到归一化图像光强对数斜率(Normalized Image Log Slope, NILS):

$$NILS = \frac{CD}{U(x)}\frac{dU(x)}{dx} \quad (10.7)$$

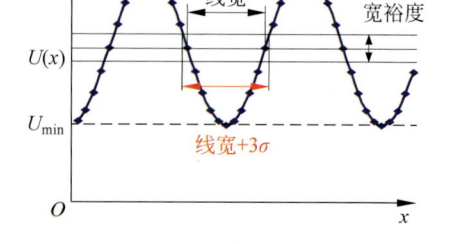

图 10-4 在密集线条光刻中,像对比度和曝光能量宽裕度的关系

$U(x)$ 一般是指镜头投影在光刻胶内的空间像,这里指的是经过光刻胶光-化学反应的"潜像"。对于等间距的密集线条,$CD = p/2$,而且空间周期 $p < \lambda/NA$,NILS 可以写成

$$NILS = \pi \times 对比度 = EL\frac{CD}{dCD} \quad (10.8)$$

例如,对于任何一个等间距的光刻工艺,如果对比度为 50%,则 NILS 为 1.57。对于 90nm、65nm、45nm、32nm、28nm、20nm、14nm 等节点,栅极层光刻的 EL 要求大于 18%,金属连线层的 EL 要求大于 13%。假设线宽等于周期的一半,则对于栅极层和金属层,NILS 分别为 1.8 和 1.3。

10.2 对焦深度

对焦深度(简称焦深)是在线宽允许的变化范围内,焦距的最大可变化范围。如图 10-1 所示,光刻胶随着焦距的变化不仅会发生线宽的变化,而且会发生形貌变化。一般来讲,对透明度比较高的光刻胶,如 193nm 光刻胶和分辨率较高的 248nm 光刻胶,当光刻机硅片台处于负焦距,也就是空间像焦平面靠近光刻胶顶部位置时,光刻胶底部远离焦平面而离焦,导致光斑的横向范围较大,对于密集图形,在一定的阈值下可能导致线宽较大,出现底部内切(Undercut)。当光刻胶截面高宽比大于 2.5 时,容易发生机械不稳定而倾倒。同理,当光刻机硅片台处于焦距正值时,光刻胶顶部远离焦平面而离焦,导致光斑的横向范围较大,顶部的方角会变得圆滑(Top rounding)。这种"顶部变圆"有可能会被转移到刻蚀后的材料形貌中,所以需要避免"内切"和"变圆"。

如果将图 10-1 的线宽数据作图,会得到一张在不同曝光能量下线宽随焦距的变化曲线族,如图 10-5 所示。

如果限定线宽的容许变化范围为 ±9nm(图 10-5 中的虚线),那么可以从图 10-5 上根据对数据的拟合,找出在最佳曝光能量时最大允许的焦距变化,大约为 0.6μm。不仅如此,因为在实际工作中能量和焦距是同时发生变化的,如光刻机的漂移,所以需要得到在能量有漂移情况下的焦距的最大允许变化范围。如图 10-5 所示,可以一定的线宽容许变化范围(如 EL=±5%)为标准(EL=10%),计算所允许的最大焦距变化范围,即 19~21mj/cm²。将 EL 数据与

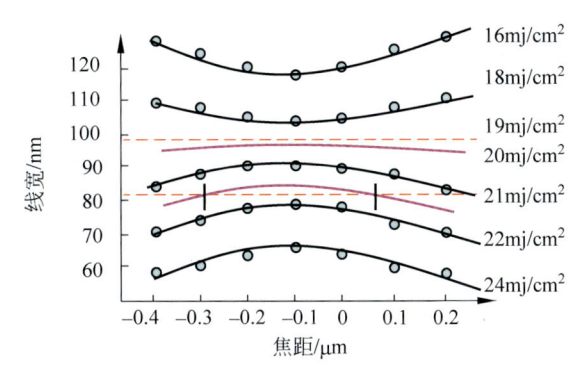

图 10-5　工艺窗口示意图：在曝光能量为 16、18、20、22、24mj/cm² 下线宽随焦距的变化，又称为泊松图（Bossung plot）

焦距允许范围作图，如图 10-6 所示。可以发现，在 90nm 工艺中，在 10%EL 的变化范围下，最大的对焦深度范围在 0.35μm 左右。一般来讲，对焦深度与光刻机有关，如焦距控制精度，包括机器的焦平面的稳定性、镜头的场曲、像散、调平（Leveling）的精度以及硅片台的平整度等。当然，也与硅片本身的平整度、化学机械平坦化（CMP）工艺所造成的平整度降低程度有关。对于不同技术节点，典型的对焦深度的要求由表 10-2 列出。确定对焦深度还要看光刻胶的形貌，确认形貌足够光滑，不会对后续的刻蚀造成刻不开或者线宽离开目标很远、沟槽底部有残留物等影响。

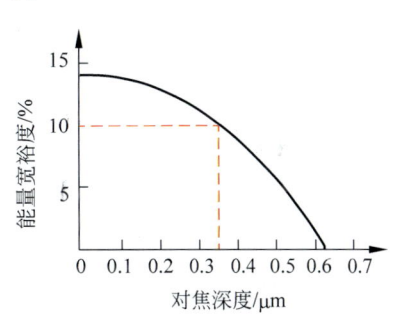

图 10-6　工艺窗口示意图：能量宽裕度随对焦深度的变化

由于对焦深度如此重要，在光刻机上的重要一环——调平就显得十分关键。当今工业界最常用的调平方式是通过测量斜入射的光在硅片表面反射光点的位置确定硅片的垂直位置 Z 和沿水平方向上的倾斜角 R_x、R_y，如图 10-7(a) 和 (b) 所示。

表 10-2　在不同技术节点上的典型的对焦深度要求

对焦深度/μm	逻辑集成电路技术节点/nm									
	250	180	130	90	65	40	28	16/14	10	7
波长/nm	248	248	248	248/193	193	193（浸没式）	193（浸没式）	193（浸没式）	193（浸没式）	193（浸没式）
前段	0.5～0.6	0.45	0.35	0.35	0.25	0.15	0.08	0.06	0.06	0.055
后段	0.6～0.8	0.6	0.45	0.45	0.3	0.2	0.08～0.10	0.06～0.08	0.06～0.075	0.055～0.70

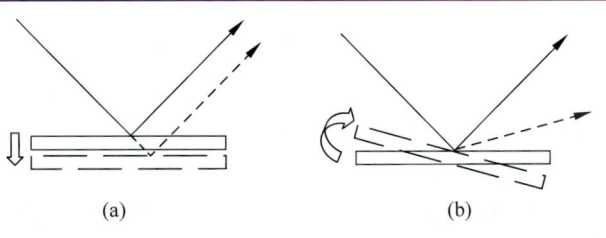

图 10-7　调平探测方法原理的简单示意图：(a) 对垂直方向的偏差的探测；(b) 对 X 方向或者 Y 方向上的倾角的探测

真实的系统要复杂得多，其中包括如何将独立的 Z、R_x、R_y 分离开来，详见 6.6.5 节因为需要同时测量这3个独立的参数,所以一束光是不够的(只有横向偏移两个自由度),需要至少两束光。而且,如果探测在曝光场或者曝光缝(Slit)上的不同点的 Z、R_x、R_y,还需要增加光点的数量。对于一个曝光场,一般可多达9~17个测量点。但是,这种调平方式有局限性。因为是使用斜入射的光,比如15°~20°掠入射角(或者相对垂直硅片表面方向上的70°~75°入射角),对于白光折射率为1.55左右的光刻胶、二氧化硅等表面,平均只有18%~25%的光被反射回来(如图10-8所示)进入探测器,75%~82%的光会穿透透明介质表面。

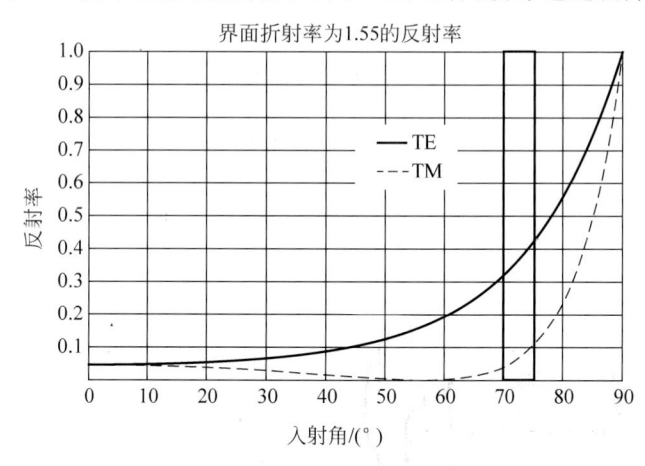

图 10-8 入射光在折射率为 1.55 的平面介质上的反射率随入射角的变化(TE 代表横电波,即偏振方向垂直于入射光平面;TM 代表横磁波,即偏振方向平行于入射光平面)

这部分透射光会继续传播,遇到不透明介质或者反射介质,如硅、多晶硅、金属、高折射率介质(如氮化硅等)才被反射上来。因此,由调平系统(Leveling system)实际探测到的"表面"是在光刻胶上表面下面的某个地方。由于后段(Back-End-Of-the-Line,BEOL)主要有相对比较厚的氧化物层,如各种二氧化硅或者低介电常数材料,前段(Front-End-Of-the-Line,FEOL)与后段之间会存在一定的焦距偏差,一般为 0.05~0.20μm,具体取决于透明介质的厚度和不透明介质的反射率。所以在后段芯片的设计图案需要尽量的均匀,否则会造成调平的误差,以至于引入错误的倾斜补偿,造成离焦(Defocus)。

在阿斯麦公司的浸没式光刻机上会采用两种方法减少后段透明介质对调平的影响。如通过气压传感器探测表面的位置(AGILE)的方法(详见 6.9.3 节)和采用紫外调平光源。前者采用一根通气管道通过直径大约为 1mm 的喷口向光刻胶表面喷气,而在离开喷口不远处的内侧面设置一个气压传感器。当喷口靠近硅片光刻胶表面时,喷出的气体受到的阻碍增加,反馈到喷口中造成喷口内侧的气压增加。而当喷口即将接近硅片光刻胶表面时,气压会急剧增加。于是,通过监控气压的变化可以精确地测得喷口离开硅片表面的距离。但由于这种方法是通过表面扫描的方式,速度比光学方法慢,故只能对同一产品的同一层次做一次,用于补偿光学方法的不精确性,而不能取代光学方法。实践表明,一般光学方法可以达到大约±25nm 的调平精度,而加上 AGILE 后,精度可以达到±15nm 或以下。另一种方法是采用紫外光作为调平光源。对于光刻胶和抗反射层、二氧化硅等材料在紫外光的折射率比 1.5 有较大提高,对于光刻胶和抗反射层,折射率可以达到 1.7~1.8,对二氧化硅,可以达到 1.6~1.7。图 10-9 显示了当折射率提高时硅片光刻胶表面的反射率有所提升。对于横电波(Transverse Electric,TE),在 70°入射角大约提升了 21.6%,在 75°入射角也有大约 16.2%。不通过增加入射角增加反射率的主要原因是,入射角增大后,会降低在 X 方向上的横向分辨率。通常,对于宽

26mm 的曝光狭缝方向上存在 7 个测量点的情况,每个点的宽度不能超过 3.7mm。对于存在 15 个测量点的情况,每个点的宽度不能超过 1.7mm。过大的入射角会导致测量点在 X 方向上被拉长。采用紫外光源,调平精度可以比 ±15nm 有进一步提高,如 ±10nm 左右。

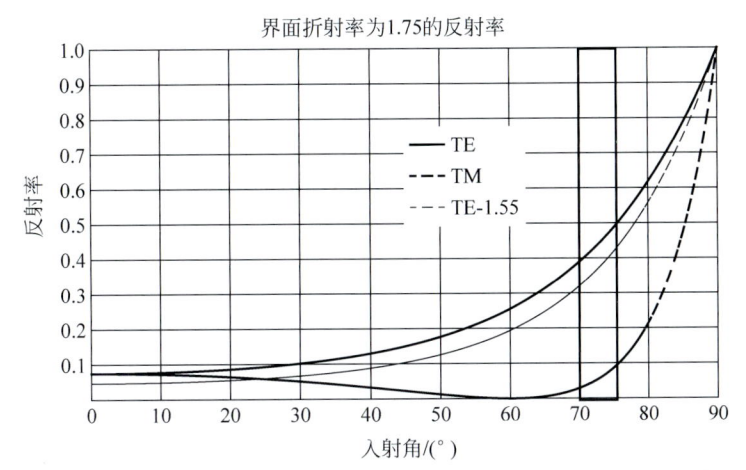

图 10-9　入射光在折射率为 1.75 的平面介质上的反射率随入射角的变化,与折射率为 1.55 的横电波对比

光刻机的调平一般有如下两种模式。

(1) 平面模式(步进式光刻机专有):在曝光场上或者整片硅片上测量若干点的高度,然后根据最小二乘法定出平面。

(2) 动态模式(扫描式光刻机专有):对扫描的狭缝区域内若干点进行动态的高度测量,然后沿着扫描方向在扫描过程中不断地补偿。当然需要知道,调平的反馈是通过硅片台的上下移动和沿非扫描方向(X 方向)的倾斜实现的,它只能够对宏观的空间位置进行补偿(一般在毫米级),不可能对局域的高低起伏进行补偿(如几个微米,或者几十微米方圆内的高低起伏)。这是因为光刻机的焦平面是固定的,现在还没有技术能够对光刻机的焦平面进行任意改变,而且即便是对扫描方向,即 Y 方向,也是硅片台整体的运动。由于曝光缝在 Y 方向的长度约为 5.5mm/10.5mm(193nm 浸没式/193nm 干法,248nm 等),任何 Y 方向上的高度补偿都要与 5.5mm 或者 10.5mm 进行卷积,或者叫作窗口平均。而且在非扫描方向(X 方向)只能够按照一阶倾斜处理(镜头的焦平面和硅片平面都是固定的,无法任意变形)。任何非线性的弯曲(如镜头场曲和硅片翘曲)都是无法补偿的,如图 10-10 所示。所以,对于精度最高的 193nm 浸没式光刻机,动态调平空间分辨率大约在 5.5mm(扫描方向,即 Y 方向)和 26mm(非扫描方向,即 X 方向)。

在动态模式下,有些光刻机还可以对硅片边缘的非完整曝光场(Shot)或者部分芯片区域(最大为 26mm×33mm 的曝光场可以包含很多芯片区域,英文叫作 Die),停止做可能产生很大误差的调平测量,而使用其周边的曝光或者芯片区域调平数据做外延,以避免硅片边缘过多的高度偏差以及膜层的不完整造成测量错误。在阿斯麦光刻机中,这种功能叫作与电路相关的硅片边缘不做调平区域(Circut Dependent Focus Edge Clearance,CDFEC)

图 10-10　光刻机调平的动态模式,只能够对扫描狭缝经过的地方进行高度和沿非扫描方向(X)倾角的补偿

（详见 6.9 节）。

影响对焦深度的因素主要有系统的数值孔径、照明条件（Illumination condition）、图形的线宽、图形的密集度、光刻胶的烘焙温度等。

对数值孔径和照明条件的影响有以下的理解。如图 10-11 所示，根据波动光学，在最佳焦距点 F 所有会聚到焦点的光线都具有同样的相位。但是，在离焦的位置，即 F' 点，经过镜头边缘的光线与经过镜头中央的光线"走过"不同的光程，它们的差为 $FF'-OF'$。当数值孔径变大时，光程差也变大，而在离焦处的焦点光强变小，或者对焦深度变小。在平行光照明条件下，对焦深度（瑞利）为

$$\Delta z_0 = \frac{\lambda}{2n(1-\cos\theta)} \qquad (10.9a)$$

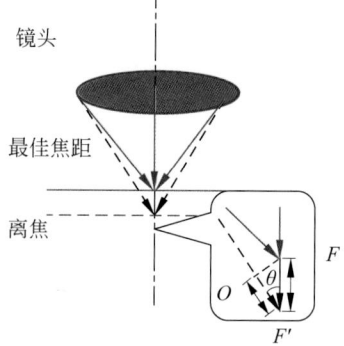

图 10-11 光刻对焦深度与镜头数值孔径的联系示意图

式中：θ 为镜头在像空间的最大张角；n 为像空间的折射率（实部），对应数值孔径 NA。在 NA（$NA = n\sin\theta$）比较小时，式（10.9a）可以近似写成

$$\Delta z_0 = \frac{\lambda}{4n\sin^2\frac{\theta}{2}} \approx \frac{\lambda}{n\sin^2\theta} = \frac{n\lambda}{NA^2} \qquad (10.9b)$$

可以看出，NA 越大，对焦深度越小，对焦深度与数值孔径的平方成反比。

不仅数值孔径会影响对焦深度，照明条件也会影响对焦深度，比如，对密集图形，而且空间周期小于 λ/NA，离轴照明会增加对焦深度。了解离轴照明为什么会增加对焦深度，需要知道离轴照明如何增加分辨率。

图 10-12 展示了垂直照明（傍轴照明）和离轴照明经过掩模版上一维周期性结构的衍射情况。可以发现，垂直照明的情况下，经过一维周期性的结构后，衍射光分布在相对光轴对称的角度位置，即分布在 0 级入射光的两侧。像平面的图像实际上是衍射光的干涉图样，而干涉图样至少需要两束光。对于垂直入射的情况，如果需要成像，镜头的光瞳收入至少一级衍射级（0 级在光轴上，总是能够被镜头的光瞳收入的）。在垂直入射的情况下，由于衍射光分布的对称性，一旦收入了一个衍射级，如 +1 级，就会同时收入其对称的另外一个衍射级，即 −1 级。而 2 级衍射级之间的最大张角，也就是镜头孔径的一半，决定了最小能够分辨的空间周期。张角 θ 与空间周期 p 之间的关系为

$$\sin\theta = \lambda/p \qquad (10.10)$$

如图 10-12 所示，如果采用斜入射，2 级衍射级之间的最大张角就可以超过镜头孔径的一半，而接近镜头的整个孔径。这样就可以获得相对正入射 2 倍的分辨率。同时，由于两束光成像，没有沿着光轴传播的光线，选择适当的入射光角度，就可以使得入射光和衍射光相对光轴有相同的夹角。这样，在离焦的情况下入射光和衍射光"走过"相同的距离，也就是说，对焦深度可以变成无限大。实际应用中不可能存在这样的情况，尽量采用对称的两束光成像（必须采取离轴照明）可以大大增加对焦深度。

以上通过调整照明角度提升对焦深度的方法其实包括图形的密集度对对焦深度的影响，也就是图形的周期。此外，图形的线宽也会影响对焦深度，比如细小图形的对焦深度一般比粗大图形要小。这是由于细小图形的衍射波角度比较大，它们在焦平面的会聚相互之间的夹角

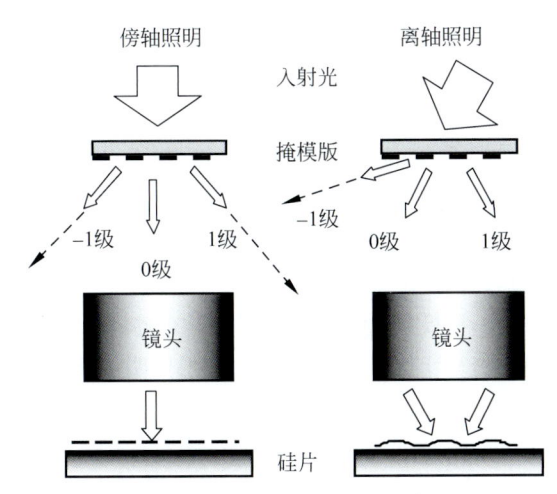

图 10-12　垂直照明（傍轴照明）和离轴照明经过掩模版上一维周期性结构的衍射示意图

比较大，因此对焦深度会比较小。此外，对于化学放大型光刻胶（Chemically Amplified Resist，CAR），光刻胶的烘焙温度也会在一定程度上影响对焦深度。这是因为较高的曝光后烘焙（Post Exposure Bake，PEB）会造成光酸的扩散增加，导致在光刻胶厚度范围内对空间像对比度在垂直方向（Z方向）上的平均，形成增大的对焦深度。不过，这是以降低成像对比度为代价的。

10.3　掩模版误差因子

掩模版误差因子（MEF）或者掩模版误差增强因子（MEEF）定义为在硅片上曝出的线宽对掩模版线宽的偏导数。掩模版误差因子主要是光学系统的衍射造成，并且会因为光刻胶对空间像的有限保真度而变得更加大。影响掩模版误差因子的因素有照明条件、光刻胶性能、光刻机透镜像差、曝光后烘焙温度等。近十几年来，有许多对掩模版误差因子的研究报告[1]。从这些研究可以看到，空间周期越小或者像对比度越小，掩模版误差因子越大。对远大于曝光波长的图形，或者在线性范围，掩模版误差因子通常接近 1。对接近或者小于波长的图形，掩模版误差因子会显著增加。不过，除了以下特殊情况，掩模版误差因子一般不会小于 1。

(1) 使用交替相移掩模版（Alternating Phase Shifting Mask，Alt-PSM）的线条光刻可以产生显著小于 1 的掩模版误差因子。这是因为在空间像场分布中的最小光强主要是邻近相位区所产生的 180°相位突变导致的。改变相位突变处的掩模版上金属线的宽度对线宽影响不大。

(2) 掩模版误差因子在光学邻近效应修正中细小补偿结构附近会显著小于 1。这是因为对主要图形的细小改变，如增加装饰线（Serif）不能被衍射造成分辨率有限的成像系统所感知。

对空间上有延伸的图形，如线、槽和接触孔，掩模版误差因子通常大于或等于 1。因为掩模版误差因子的重要性在于它和线宽及掩模版成本的联系，将它限制在较小的范围变得十分重要。例如，对线宽均匀性要求极高的栅极层，掩模版误差因子通常控制在 1.5 以下。

掩模版误差因子的数据需要通过空间像数值仿真或者硅片曝光测量得到。对数值仿真，如要达到一定的精确度需要依靠设定仿真参数的经验，即使用一个精确的空间像仿真模型。如果采用硅片曝光的方式测量，则需要一块制作精密的掩模版，而这样的要求对于 32nm/28nm 的技术节点及以下已经变得很难。例如，如果要获得金属层的掩模版误差因子，金属层的周期为 90nm,其线宽为 45nm。工艺窗口狭小,约为 ±5nm。对于线宽等于工艺窗口的边缘值,如 40nm 或者 50nm,线条边缘会变得很粗糙,影响线宽测量的精确度。如果采用 5 个掩模版线宽的图形测量掩模版误差因子,如 −2nm、−1nm、0nm、1nm、2nm,由于掩模版的线宽误差在 0.5~0.75nm(1 倍率),这 5 个线宽值中的每个都会叠加上这个误差,使得测量具有较大误差,最大达到 30%。当然,可以事先对掩模版的线宽进行测量,以去除掩模版的线宽误差。不过,也可以通过采用精确的仿真模型计算。在 32nm/28nm 及以下技术节点,掩模版误差因子的测量一般通过准确的仿真模型估算。

其实,对密集线或槽的成像,掩模版误差因子在理论上有解析的近似表达式。在空间周期 $p < \lambda/\mathrm{NA}$,而且当掩模版上线同槽的宽度相等的特殊条件,环形照明条件下,解析表达式可以简化:[2]

$$\mathrm{MEF}(\mathrm{Annular}\ \sigma_{\mathrm{out}}/\sigma_{\mathrm{in}}) = \frac{\int_{\sigma_{\mathrm{in}}}^{\sigma_{\mathrm{out}}} \sigma \mathrm{d}\sigma \frac{1}{\sin\left(\frac{\pi \mathrm{CD}}{p}\right)}\left[\frac{\pi \mathrm{e}^{\frac{2\pi^2 a^2}{p^2}}}{2\phi \cos^2\left(\frac{\lambda}{2np}\right)} \mp \frac{2(1+\alpha)}{\pi(1-\alpha)}\cos\left(\frac{\pi \mathrm{CD}}{p}\right)\right]}{\int_{\sigma_{\mathrm{in}}}^{\sigma_{\mathrm{out}}} \sigma \mathrm{d}\sigma}$$

(10.11a)

式中:"±"适用于沟槽或者线条;σ 为部分相干参数(0<σ<1);α 为透射衰减掩模版(Attenuated Phase Shifting Mask,Att-PSM)中的振幅透射率因子(如对 6% 透射衰减掩模版,α=0.25);n 为光刻胶折射率(通常为 1.7~1.8);a 为在阈值模型情况下的等效光酸扩散长度(根据不同的技术节点,通常从 32~45nm 节点的 5~15nm 到 0.18~0.25μm 节点的 40~70nm);φ 为

$$\phi = \arccos\left(\frac{\frac{\lambda}{p\mathrm{NA}} - \frac{p\mathrm{NA}}{\lambda}}{2\sigma} + \frac{p\mathrm{NA}}{2\lambda}\sigma\right)$$

(10.11b)

对于交替相移掩模版,MEF 具有更加简单的表达式:

$$\mathrm{MEF} = \frac{\frac{\mathrm{e}^{\frac{2\pi^2 a^2}{p^2}}}{\cos^2\left(\frac{\lambda}{2np}\right)} - \cos\left(\frac{\pi \mathrm{CD}}{p}\right)}{\sin\left(\frac{\pi \mathrm{CD}}{p}\right)} \tan\left(\frac{\pi \delta}{2p}\right)$$

(10.12)

式中:空间周期 $p < 3\lambda/(2\mathrm{NA})$;CD 为硅片上的线宽;δ 为掩模版上的线宽。

将式(10.12)作图可以得到如图 10-13 所示的结果。由此可见,MEF 随空间周期的变小而快速变大,随着光酸扩散长度的变长而变大。

如果已知式(10.12)中除光酸扩散长度之外的所有参数,则可以通过实验数据拟合求得光酸的扩散长度[1]。

结果得出,在 40s 的后烘下,某 193nm 光刻胶的光酸扩散长度为 27nm;在 60nm 的后烘下,光刻胶的等效光酸扩散长度变为 33nm。由于数据的精度,光酸扩散长度的测量精度为 ±2nm。这比以往的测量方式的精度提高了 1 个数量级,如图 10-14 所示[3]。

掩模版误差因子还可以用来计算线宽均匀性对掩模版线宽的要求(将在 10.4 节中讲述)以及光学邻近效应修正中的二维图形的间距规则设定。例如,线端缩短的二维图形如图 10-15 所示[4]。

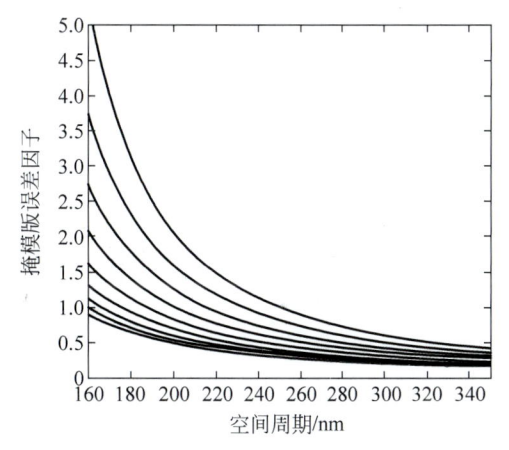

图 10-13 根据式(10.12)作图：掩模版误差因子在不同的光酸扩散长度下随空间周期的变化（其中曲线对应的光酸扩散长度由下而上依次为 1nm、10nm、15nm、20nm、25nm、30nm、35nm 和 45nm）[2]

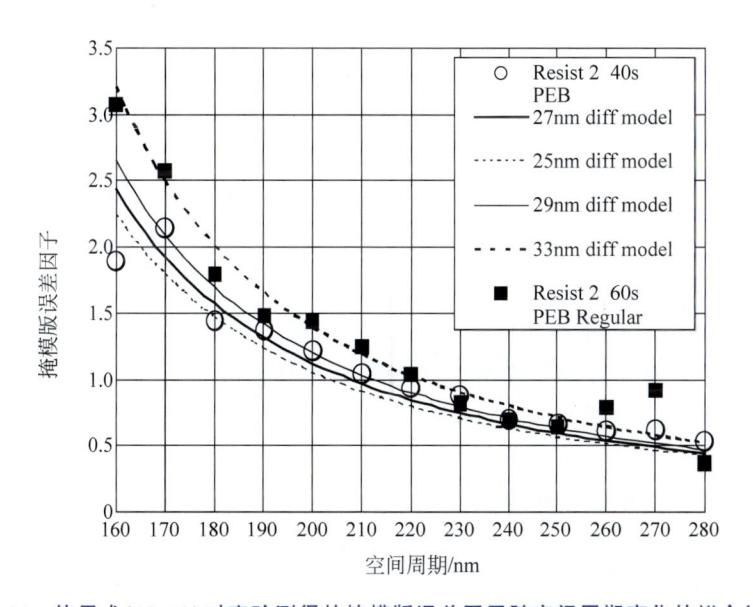

图 10-14 使用式(10.12)对实验测得的掩模版误差因子随空间周期变化的拟合结果[1]

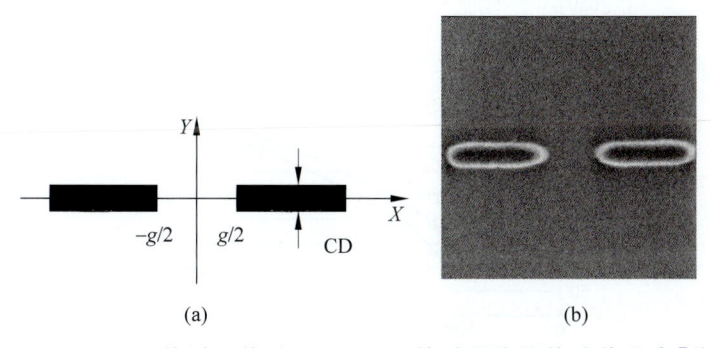

图 10-15 （a）孤立的对顶线端；（b）孤立的对顶线端的硅片图案[线宽为 110nm，对顶距离为 70nm（掩模版尺寸）][4]

通过简单的点扩散函数的计算,以及对光酸扩散进行一定程度的近似,可以得到接近解析的线端光学邻近效应公式:

$$\text{gap}_{\text{wafer}} = \int_{\text{gap[anchor]}}^{\text{gap}} \text{MEF}(\text{gap}_{\text{wafer}}, \text{gap}) \text{dgap} + \text{gap} \tag{10.13}$$

$$\text{MEF} = \frac{\delta \text{gap}_{\text{wafer}}}{\delta \text{gap}} = \frac{\text{PSF}_D\left(\frac{\text{gap}_{\text{wafer}} - \text{gap}}{2}\right)^n + \text{PSF}_D\left(\frac{\text{gap}_{\text{wafer}} + \text{gap}}{2}\right)^n}{\text{PSF}_D\left(\frac{\text{gap}_{\text{wafer}} - \text{gap}}{2}\right)^n - \text{PSF}_D\left(\frac{\text{gap}_{\text{wafer}} + \text{gap}}{2}\right)^n} \tag{10.14}$$

式中:PSF 为点扩散函数;下标 D 代表光酸的扩散;$n=1,2$,分别对应相干、非相干照明条件;而且

$$\text{PSF}_D(x) \approx \sqrt{c} \, \text{sinc}\left[\frac{1.182}{a_e}(x)\right] \tag{10.15}$$

$$a_e = \sqrt{a_I^2 + a^2} \tag{10.16}$$

$$a_I = \frac{1.182\lambda}{2\pi\text{NA}} \tag{10.17}$$

其中:a 为光酸扩散长度。

式(10.14)的推导参见文献[4]。对于部分相干光照明,可以简单地将式(10.14)对 $n=1$ 和 $n=2$ 做平均(事实证明结果还很精确)。这里采用了一些近似是为了让物理含义更加清晰地展示出来。把式(10.14)代入式(10.13),对一个给定的间隙(gap)测得值(gap[anchor]和 gap$_{\text{wafer}}$),便可以通过简单的迭代法循环得到在逐渐缩小的间隙下的 MEF 值和间隙值。直到 MEF 发散,这意味着线端在硅片光刻胶上的像融合在一起,在光刻工艺中这是需要避免的。

图 10-16 显示了以上讨论的简单的、基于点扩散函数的理论同实验结果的比较情况。可以看到,在仅仅只有一个拟合参数光酸扩散函数 a 和每个线宽一个标定点(Anchor point)的前提下,理论同实验的符合程度很好。此结果说明了线端缩短与光酸的扩散长度和线宽有很大关系,与具体的照明条件没有很大关系。还可以算出在 110nm、130nm、150nm 和 80nm 线宽 4 种情况下,在什么掩模版的间隙下硅片上的间隙会发生融合。对于 110nm 和 130nm 线端,在 70nm 间隙时仍然有大于 110nm 的硅片上的间隙,而这是掩模版上最小的间隙尺寸,在这次实验中无法得到融合发生的信息。

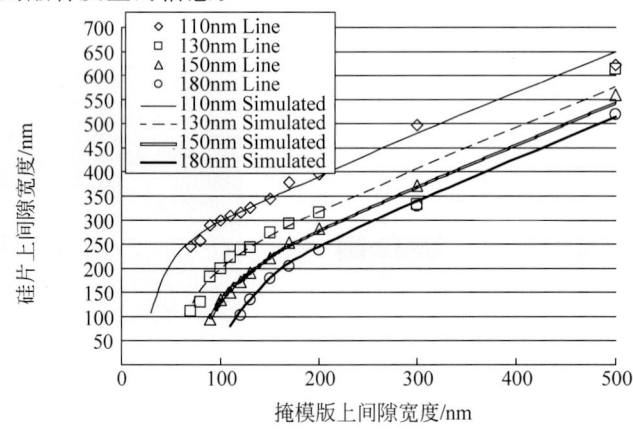

图 10-16 硅片上的间隙随掩模版上的间隙在不同线宽的变化图,线宽由下至上分别为 180nm、150nm、130nm、110nm。光酸扩散长度为 45nm[4]

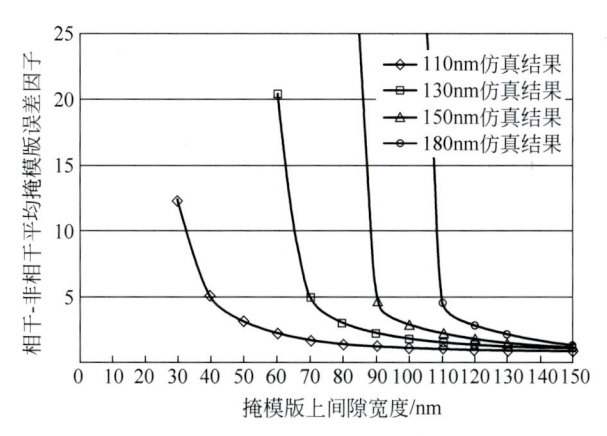

图 10-17 式（10.13）和式（10.14）通过循环迭代法得到的掩模版误差因子随掩模版上间隙宽度的变化图，线宽从右到左分别为 180nm、150nm、130nm、110nm。光酸扩散长度为 45nm。MEF 发散点计算得到：在 150nm 和 180nm 线端分别为 80nm 和 100nm[4]

但是，对于 150nm 和 180nm 的孤立线端，从硅片曝光中发现，分别在 80nm 和 110nm 时线端发生融合。理论计算值分别为 80nm 和 100nm，如图 10-17 所示。迭代的步进长度为 10nm，由此可见，这个算法预言线端融合的位置还是很精确的。

10.4　线宽均匀性（包括图形边缘粗糙度）

这里对线宽均匀性做简单介绍，更加详细的讨论参见第 15 章。

半导体工艺中的线宽均匀性一般分为芯片（Chip）区域内、曝光场（Shot）内、硅片（Wafer）内、批次（Lot）内、批次到批次（Lot-to-Lot）之间。影响线宽均匀性的因素以及影响范围的一般分析在表 10-3 中列出。从表 10-3 中可以发现，光刻机以及工艺窗口造成的问题影响面是比较广的。掩模版制造误差或者光学邻近效应造成的问题一般仅局限在曝光场内；涂胶或者衬底造成的问题一般局限在硅片内，主要反映在曝光场之间的差异。

表 10-3　影响线宽均匀性的主要因素及其影响范围

	影响线宽均匀性的主要因素	区域内	曝光场内	硅片内	批次内	批次到批次之间
掩模版	掩模版线宽误差（Linewidth error）		是			
	掩模版相位误差（Phase error）		是			
空间像工艺窗口	曝光能量宽裕度（EL）		是（扫描式光刻机）	是	是	是
	对焦深度（DoF）	是	是	是	是	是
	掩模版误差因子		是			
光学邻近效应	疏-密线宽差（Isolated-Dense CD Bias）	是	是			
	光学邻近效应模型精确度、修正程序合理性	是	是			
	亚分辨辅助图形的放置合理性、可靠性	是	是			

续表

影响线宽均匀性的主要因素			区域内	曝光场内	硅片内	批次内	批次到批次之间
光刻机的性能	成像方面	曝光能量稳定性		是（扫描式光刻机）	是	是	是
		曝光能量在曝光缝（Exposure slit）上分布的均匀性（扫描式光刻机）		是			
		照明条件设定的精确度、对称性和稳定性	是	是			
		投影物镜的像差以及像差的稳定性，包括像场弯曲、球差、彗差、三叶像差、像散等以及像差在曝光缝上的分布均匀性	是	是			
		照明激光波长以及带宽漂移	是	是			
		杂散光（Flare）			是	是	是
		镜头被曝光加热造成的焦平面、像差随时间漂移（Lens heating）		是			
		照明激光剩余相干性、散斑（Laser speckle）	是				
	调焦、调平方面	调焦、调平控制的精确性和稳定性	是	是	是	是	
	步行、扫描平台控制方面	步进抖动、扫描同步标准偏差（Moving Standard Deviation，MSD）	是	是	是		
		浸没式光刻机特有的硅片边缘曝光场扫描的步进抖动、扫描同步标准偏差			是		
	温度控制方面	镜头温度控制导致的焦距随时间变化	是	是	是	是	是
		硅片台、硅片温度控制（尤其对浸没式光刻工艺）			是	是	
光刻胶、抗反射层的性能		涂胶厚度均匀性			是		
		光刻胶厚度的漂移（反射率摆线效应）		是	是		
		光刻胶化学"杂散光"（Chemical flare）	是				
		光刻胶的溶解速率对比度（Dissolution contrast）		是（扫描式光刻机）	是	是	是
		曝光后烘焙（Post Exposure Bake，PEB）温度均匀性			是		
		曝光前烘焙（Post Apply Bake，PAB或者Soft Bake，SB）温度均匀性			是		
		显影均匀性			是		
		抗反射层厚度漂移	是	是	是		
		抗反射层厚度均匀性			是		
硅片衬底		硅片衬底的薄膜厚度分布均匀性	是	是	是	是	是
		图形分布密度均匀性造成的硅片衬底反射率分布均匀性	是	是			
		图形分布密度均匀性造成的硅片衬底刻蚀速率分布均匀性	是				
		图形分布密度与其他硅片工艺，如化学机械平坦化（CMP）造成的硅片衬底高低起伏	是	是			

互补型金属氧化物半导体器件对线宽均匀性（Linewidth uniformity）的要求一般为线宽

的±10%左右。对于栅极，一般控制精度为±7%。这是由于，在0.18μm节点以下的工艺中，光刻后、刻蚀前都有一步线宽"修剪"（Trim）刻蚀工艺，使得光刻线宽被进一步缩小为器件线宽，或者接近器件线宽，一般为光刻线宽的70%。而因为对器件线宽的控制为±10%，所以光刻线宽也就成为±7%。

改进光刻线宽均匀性的方法有很多，如根据对曝光场内的曝光均匀性的测量结果来对曝光能量分布在光刻机的照明分布上做补偿。这种补偿可以在两个层次上实现，可以在机器常数（Machine constant）中补偿，这对所有的照明条件都适用；也可以在曝光子程序中（跟随着某一个曝光程序）补偿，那样，可以精确地针对某一个对均匀性要求严格的层次，如阿斯麦光刻机中的能量分布测绘（DoseMapper）功能[5]。也可以通过分析造成光刻线宽不均匀的根源制定改善方案，如比较典型的一个问题是：硅片衬底上的工艺结构造成的高低差对栅极线宽均匀性的影响，如文献[6]中论述的栅极层的局部线宽变化（Local CD Variation，LCDV）会由于衬底的高低起伏而变差，这种起伏如图10-18所示。

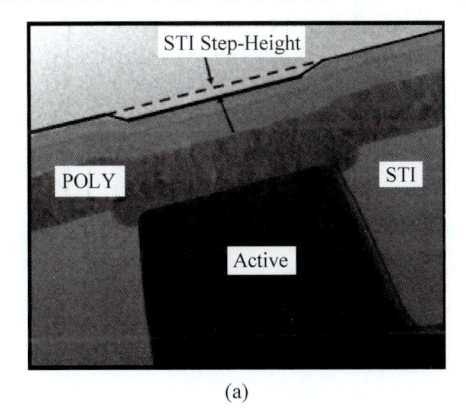

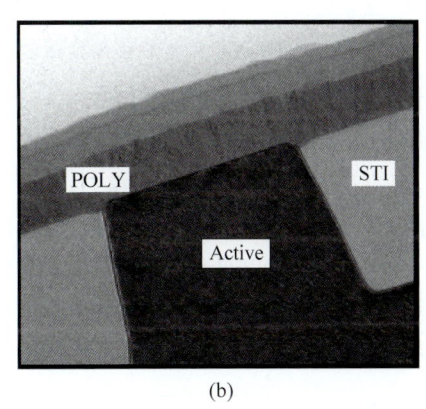

图10-18 （a）光刻前的浅沟道隔离层与注入层之间的高低差断面图；（b）经过均匀刻蚀后的高低差断面图[6]

高低差造成的线宽变化如图10-19和图10-20所示。可以看出，随着高低差的逐渐变小，线宽也逐渐下降到稳定值。

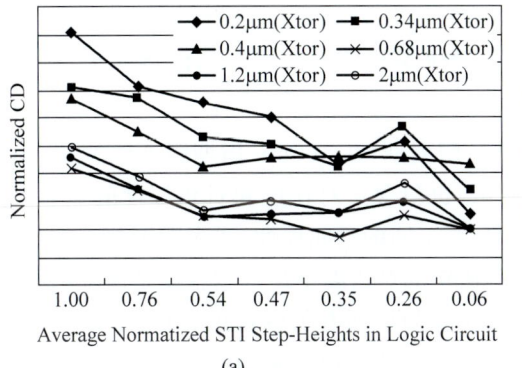

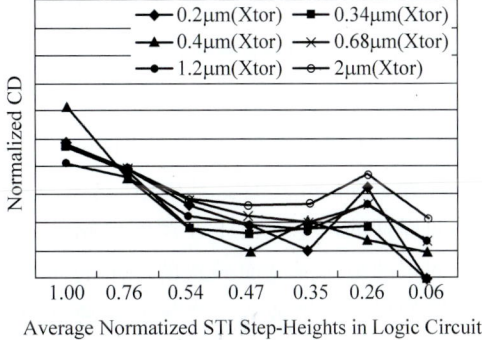

图10-19 孤立栅极线宽随着浅沟道隔离层与注入层之间的高低差的变化实测值：（a）交替相移掩模版的结果；（b）透射衰减相移掩模版的结果

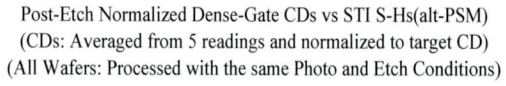

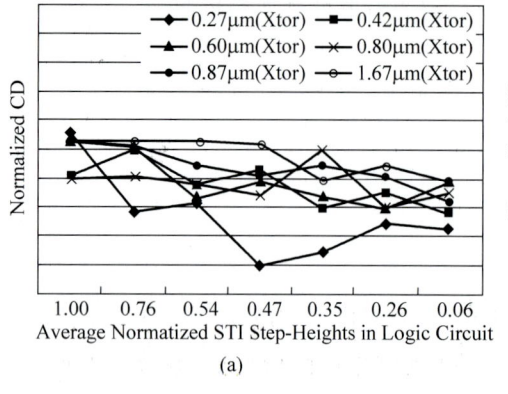

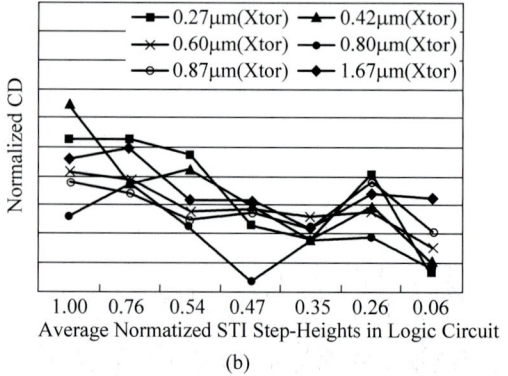

图 10-20　密集栅极线宽随着浅沟道隔离层与注入层之间的高低差的变化实测值：(a) 交替相移掩模版的结果；(b) 透射衰减相移掩模版的结果[6]

芯片区域内或者图形区域内的串宽均匀性改进

影响此范围内的因素很多，主要有以下方法。

(1) 提高工艺窗口，优化工艺窗口。

对于密集图形，可以采用离轴照明同时提高对比度和对焦深度，利用相移掩模版提高对比度；对于孤立图形，可以采用亚分辨辅助图形提高孤立图形的对焦深度；对于半孤立图形，也就是空间周期小于 2 倍的最小空间周期，并且稍大于最小的空间周期，这里的工艺窗口会达到困难的状态（又称为禁止空间周期，简称禁止周期），如图 10-21 所示[7-9]。

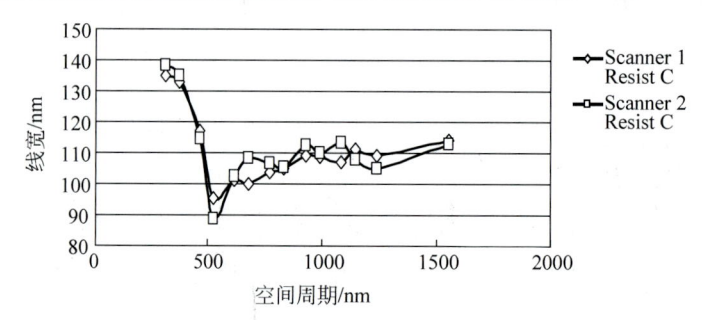

图 10-21　130nm 栅极工艺中，线宽随着空间周期的变化（其中显示了两台 248nm 光刻机的数据，照明条件为 0.68NA/0.75～0.375 环形）[9]

由图 10-21 可以看到，相对于 310nm 的最小空间周期，在 500nm 周期附近线宽从 130nm 左右下降到了 90nm 左右。其中(在这里没有展示)也包含了对比度和对焦深度的显著下降。禁止空间周期的产生是由于在逻辑电路的光刻中，在不同的空间周期，或者图形邻近情况下需要维持固定的最小线宽而导致的严重的非等间距成像的对比度不足。它主要是离轴照明对半密集图形的局限性造成的。离轴照明通常只对最小空间周期有大的帮助，对处于最小空间周期和 2 倍最小空间周期之间的"半密集"图形会产生一定的负面影响（在后续小节详细论述）。为了改善禁止周期内的工艺窗口，应适当缩小离轴照明的离轴角度，以取得平衡的线宽均匀性表现。有关禁止周期和光学邻近效应的详细讨论可以参见 12.1 节。

在 193nm 浸没式光刻中，对 28nm、20nm 及 14nm 技术还可以采用自由定义的照明条件，如阿斯麦光刻机上的"灵活照明"功能（Flexray）和相结合的光源掩模版协同优化（Source-Mask Optimization，SMO）功能更好地平衡最小周期和"禁止周期"的工艺窗口。一般来说，进入离轴照明后，最小周期的成像对比度和半密集周期以及孤立周期的对比度是矛盾的，需要平衡。对此在第11章和第12章会进一步讨论。

(2) 改善光学邻近效应修正的精确度和可靠性。

光学邻近效应修正的基本流程：在建立模型时，首先将一些校准用图形（如图10-21所示）设计在测试掩模版上；其次使用硅片曝光的方式得到在硅片上光刻胶的图形尺寸，再对模型进行校准（定出模型的相关参数），同时计算出修正量；最后根据实际图形与校准图形的相似性以及模型对其进行修正。光学邻近效应修正的精度取决于硅片线宽数据测量精确度、模型拟合精确度、模型参数选取和拟合赋值的物理性以及模型对电路图形修正算法的合理性和可靠性，如边缘分割（Fragmentation）方法、采样点密度的选取、修正步长等。

光刻胶的模型一般包括高斯扩散的阈值模型（Threshold model with Gaussian diffusion）、可变阈值模型（Variable Threshold Resist model，VTR model）[10]。前者假设光刻胶为光开关，当光照强度达到一定阈值时，光刻胶在显影液中的溶解率发生突变。后者的产生是前者与实验数据的偏差造成的。后者认为，光刻胶是一个复杂的系统，它的反应阈值与最大光强和最大光强的梯度（会造成光敏感剂的定向扩散）都有关系，而且可以是非线性关系。后者还可以描述一些刻蚀方面的在密集到孤立图形上的线宽偏差。当然，此种模型并不能完全清楚地展现物理图像。一般来讲，阈值模型加上高斯扩散物理图像很清楚，人们使用它比较多，尤其工艺开发和工艺优化工作。在光学邻近效应修正上，由于需要在很短时间内建立精确到几纳米的模型，所以无法避免加入一些额外的、无法讲清楚物理含义的参数。当然，随着光刻工艺的不断发展，光学邻近效应修正模型会不断发展，吸纳具有物理含义的参数。一般来讲，非物理成分在一个准确的光学邻近效应模型中所占比例不要超过10%，最好在5%以内。

需要说明的是，伴随着负显影（Negative Tone Developing，NTD）工艺的出现，光刻胶形貌还会发生变化，这使得光刻胶模型变得更加复杂。对于传统的正显影模型，尤其是对28nm以及更加先进的逻辑工艺设计规则，阈值模型加上高斯均匀扩散可以很好地描述光学邻近效应。对于负显影模型，阈值模型加上高斯均匀扩散对于工艺窗口还可以较准确地描述，但是对于绝对线宽、负显影沟槽在半密集到孤立的线宽比仿真小10~20nm，尽管工艺窗口（如曝光能量宽裕度和掩模版误差因子，甚至对焦深度与仿真符合得很好。负显影制作沟槽相对正显影利用了明场大剂量的曝光，光刻胶接收到超过阈值的曝光量是同样条件下正显影的10~30倍，导致原先做高斯均匀扩散的光酸在光刻胶中发生某种形式的饱和，而"侵入"非曝光区域，最终使沟槽宽度均匀缩小，具体分析参见11.14.4节和11.14.5节。这一点在正显影的工艺也有体现，比如栅极层的光刻工艺，不过效应小得多，导致阈值模型加上高斯均匀扩散仍然可以得到较好的描述。

为了增加模型的精确度，可以通过增加测量点的次数（如3~5个曝光场的平均）、扩大测量图形的代表性（尽量包括设计规则中较为重要而工艺窗口又比较小的图形），也就是提高校准（Gauge）图形（以图10-22中的图形为例）与电路设计图形在几何形状上的相关和相似性来实现。在模型拟合过程中尽量使用物理参数以及将拟合误差反馈给光刻工程师，并进行分析，排除可能发生的错误。有关光学邻近效应修正的内容将在第12章进行深入介绍。

(3) 优化抗反射层的厚度。

由于光刻胶与衬底的折射率（n和k值）的差异，一部分照明光会从光刻胶和衬底的界面

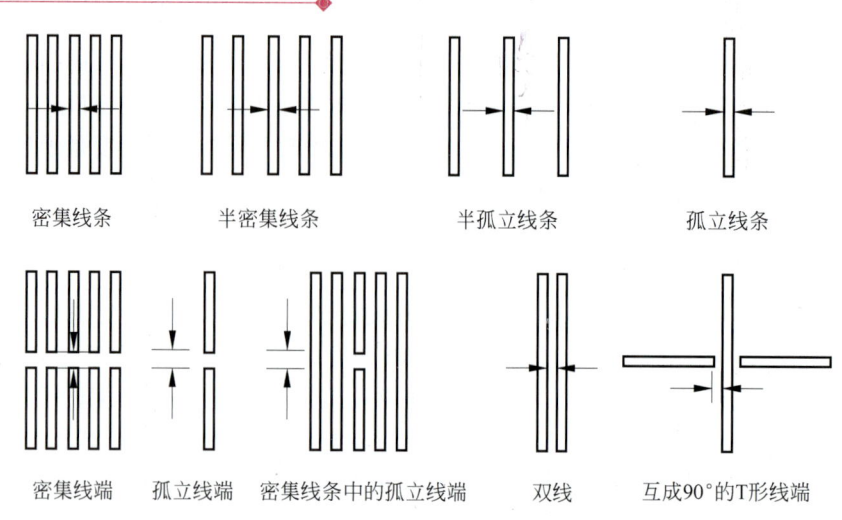

密集线条　　　半密集线条　　　半孤立线条　　　孤立线条

密集线端　　孤立线端　密集线条中的孤立线端　　双线　　互成90°的T形线端

图 10-22　常用的光学邻近效应修正模型建立所用的校准图形以及线宽测量位置

反射回来,造成对入射成像光的干扰。这种干扰严重时甚至会产生驻波效应,如图 10-23(c)所示。图 10-23(c)中显示的是 i-线 365nm 或者 248nm 光刻胶断面图,因为驻波中波峰到波峰之间的距离为 1/2 波长,而光刻胶的折射率 n 一般为 1.6～1.7,根据波峰的个数(约为 10)可以推断光刻胶的厚度为 0.7～1.2μm。而 193nm 的光刻胶厚度通常小于 300nm。

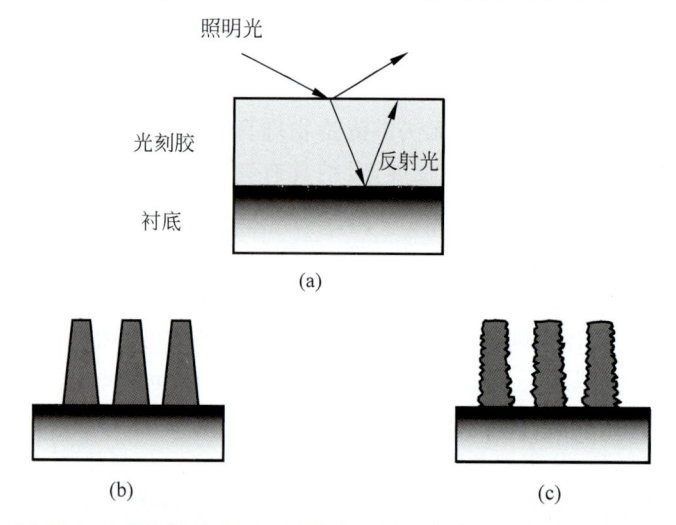

图 10-23　(a)光刻胶与衬底的折射率不匹配导致在界面上产生反射光示意图;(b)底部反射光影响不严重时的显影后断面图;(c)底部反射严重时与入射光产生驻波后的显影后断面图(此示意图适用于 365nm i-线或者 248nm 的氟化氪 KrF 光刻胶)

一般采用底部抗反射层消除光刻胶底部的反射光,如图 10-24(a)所示。如图 10-24(a)所示,加入底部抗反射层后增加了一个界面。可以通过调节抗反射层的厚度来调节抗反射层与衬底之间反射光的相位,以抵消光刻胶和抗反射层之间的反射光,从而起到消除光刻胶底部反射光的作用。对于抗反射层,如果要在 1/4 波长的厚度附近做到严格的抗反射,则需要精确地调节抗反射层的折射率 n。使它介于衬底的 $n_{衬底}$ 和 $n_{光刻胶}$ 之间,如以下公式:

$$n_{抗反射层} = \sqrt{n_{衬底} \times n_{光刻胶}} \tag{10.18}$$

当线宽均匀性要求越来越高时,对于抗反射层的调节要求也越来越高。顾一鸣等报道了详细的研究[11]。一般情况下,抗反射层的折射率只能够做到接近理想值。在抗反射层加入一些吸收紫外光的成分,以减少反射光。光刻胶底部反射率随抗反射层的厚度变化一般会经历几个波峰和波谷,如图10-24(b)所示。图中显示,在第二极小的波动明显比在第一极小的波动小得多,这是因为抗反射层对光的吸收对多次反射的抑制。如果刻蚀允许,抗反射层的厚度可以选在第二极小,因为反射率对抗反射层的厚度不敏感,有利于工艺控制。单层底部抗反射层可以将反射率控制在2%以下。到了65nm以下的节点,如45nm和32nm,单层抗反射层已经不能够满足工艺的要求,于是就产生了双层抗反射层。双层抗反射层可以进一步将反射率减小到0.3%以下。选定合适的抗反射层以及合适的厚度,有利于大幅减少光刻胶底部的反射,提高成像对比度,从而提高线宽均匀性。

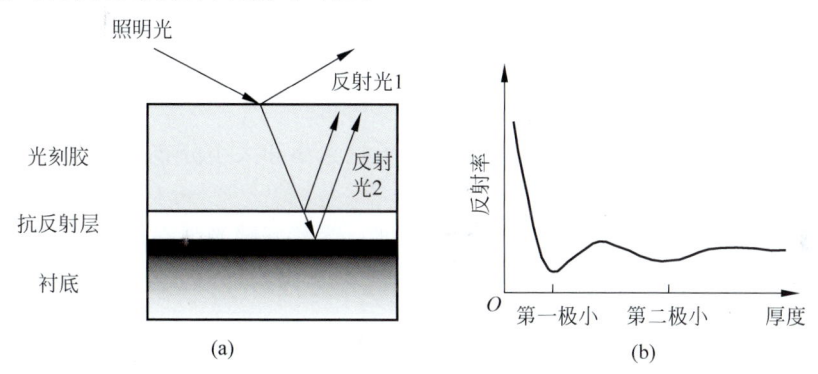

图 10-24 (a) 光刻中使用抗反射层以及在各界面上光的反射示意图;(b) 光刻胶底部总反射率随抗反射层的厚度变化

除了加入抗反射层,增加光敏剂的扩散,也可以有效地减少驻波效应,不过这种方法是以牺牲像对比度为代价的。

(4) 优化光刻胶的厚度,摆线(Swing curve)。

尽管有了底部抗反射层,还是会有一定量的剩余光从光刻胶底部反射上来,这部分光会与光刻胶顶部的反射光发生干涉,如图10-25(a)和(b)所示。

"反射光0"与"反射光1"随着光刻胶的厚度变化,其相位发生周期性变化,因而产生干涉。干涉会使能量重新分配,导致进入光刻胶内部的能量随着光刻胶的厚度发生周期性变化,于是线宽也会随着光刻胶的厚度发生周期性变化,如图10-25(b)所示。

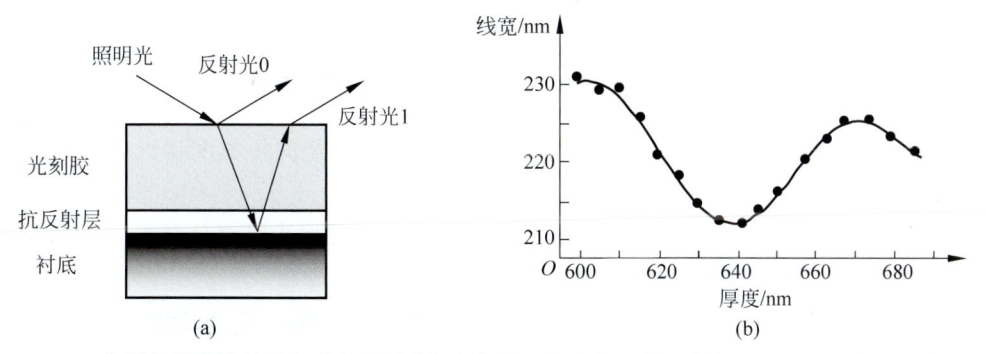

图 10-25 (a) 光刻中使用抗反射层后在光刻胶与空气界面上光的反射示意图;(b) 光刻胶线宽随光刻胶的厚度变化

解决线宽随光刻胶厚度波动问题的方法:优化抗反射层的厚度和折射率(选取合适的抗反射层),选用双层抗反射层[其中一层一般采用无机抗反射层,如氮氧化硅(SiON)],加上顶部抗反射层将光刻胶顶部的反射光去除。但是,增加一层抗反射层(Top Anti-Reflection

Coating，TARC）将使工艺变得更加复杂和昂贵，在工艺窗口还能够接受的情况下一般选取线宽最小时的厚度。这是因为，当光刻胶的厚度发生偏移时，线宽会变得大一些，以至于工艺窗口不会变小。

改善线宽均匀性还有以下方法。

① 改进光刻机的曝光缝照明均匀性、像差、焦距和调平控制、平台同步精度以及光刻机测控平台（Metrology frame）、硅片台、掩模台等的温度控制精度。

② 改进掩模版线宽的均匀性。

③ 改善衬底，减小衬底对光刻的影响（包括增加对焦深度，改进抗反射层）。

10.2节提到增加设计图案分布密度的均匀性有利于提高调平的准确性，事实上增加对了对焦深度。

图形的边缘粗糙度一般受以下因素影响。

① 光刻胶的固有粗糙程度。与光刻胶的分子量大小和大小分布以及光酸产生剂及其浓度涨落相关。

② 光刻胶的显影溶解率随光强增加的对比度。溶解率随光强在阈值能量附近变化越陡峭，部分显影导致的粗糙度越小，如图10-26所示。

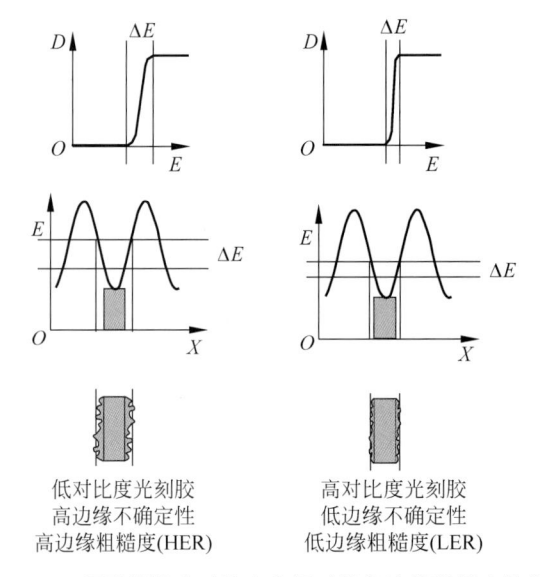

图 10-26 显影溶解率对比度高低对线条边缘粗糙度的影响

③ 光刻胶的灵敏度。光刻胶越是不依赖曝光后烘焙，线宽的粗糙度越大，曝光后烘焙可以去除一些不均匀性。

④ 空间像的对比度[12]或者能量宽裕度。对比度越大，图形边缘部分显影区域越窄，粗糙度就越低。一般使用线宽粗糙度与像对数斜率的关系表示。

对于化学放大型光刻胶（Chemically Amplified Resist，CAR），每个光化学反应生成的光酸分子都会在以生成点为圆心、扩散长度为半径的范围内进行去保护催化反应（Deprotection Reaction）。一般来讲，对于193nm光刻胶，扩散长度为5～30nm，扩散长度越长，在空间像对比度不变的情况下，图形粗糙度会越低。不过，在分辨极限附近，如45nm（半周期）附近，扩散长度的增加会导致空间像对比度下降[13]。而空间像对比度的下降也会导致图形粗糙度的增加。

光刻胶的显影溶解率随光强的变化一般从很低水平到很高水平的阶跃式变化。如果这种阶跃式变化比较陡峭,将会缩小"部分显影"区域,也就是阶跃变化中间的过渡区域,从而降低图形粗糙度。当然,显影溶解率对比度(Dissolution contrast)太大,也会影响对焦深度。对于248nm 和365nm 的光刻胶,稍小的显影对比度可以在一定程度上延伸对焦深度。

光刻胶的灵敏度越高,伴随着越短的光酸扩散长度(空间像的保真程度越高,分辨率越高),因为这种光刻胶一般不太依赖曝光后烘焙,可能导致一定图形粗糙度。如果同时提高光酸产生剂的浓度或者光酸产生剂的量子效率,那么这种情况可以得到改善。

提高光刻像的对比度,可以减少图形粗糙度,如图 10-27 所示。

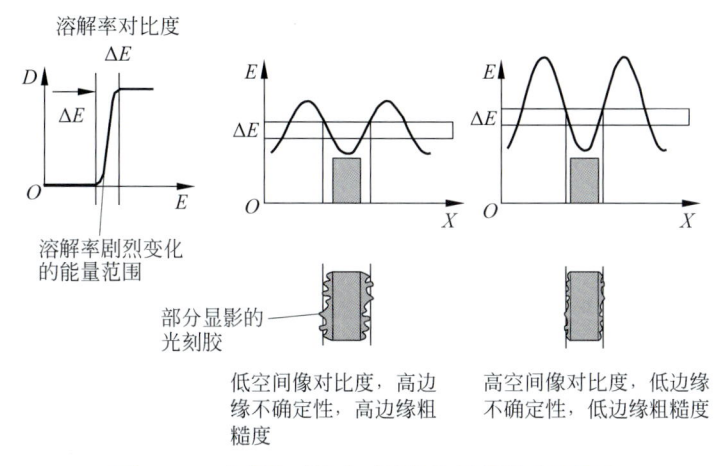

图 10-27　空间像对比度对线条边缘粗糙度的影响

接触孔(Contact)和通孔(Via)的圆度与图形粗糙度类似,它也与光刻胶分子量的大小和大小分布、光酸扩散、光酸浓度、空间像对比度和光刻胶显影对比度相关,此处不再赘述。

10.5　光刻胶形貌

光刻胶形貌包括侧墙倾斜角、驻波、厚度损失、底部站脚、底部内切、T 形顶、顶部变圆、线宽粗糙度、高宽比/图形倾倒、底部残留等,见图 10-28。

底部内切
由于光刻胶和衬底折射率不匹配,抗反射膜(ARC)类型不匹配,或者酸度不匹配

底部站脚
由于光刻胶和衬底酸碱不平衡

顶部变圆
由于光刻胶顶部受到过多的显影

T 形顶
由于光刻胶受到空气中碱性分子对其光酸分子在表面的中和(又称为光刻胶中毒)

侧墙倾斜角
由于光刻胶对光的吸收,使得光刻胶底部接收到的光比顶部少

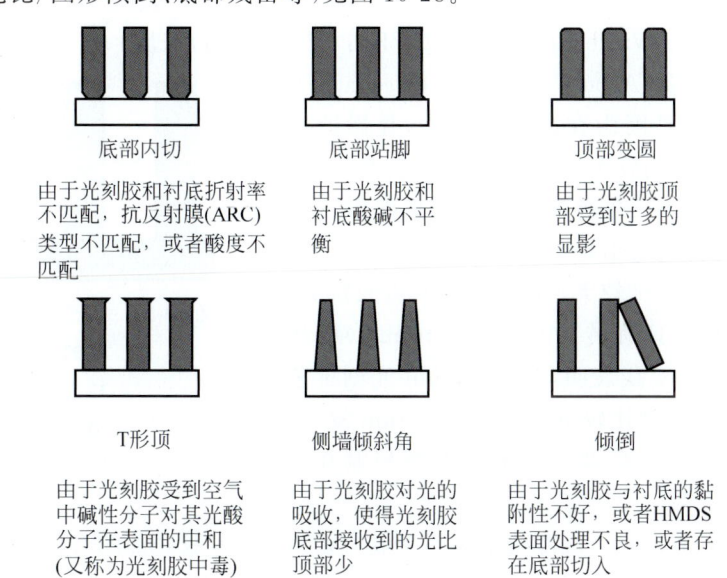

倾倒
由于光刻胶与衬底的黏附性不好,或者HMDS表面处理不良,或者存在底部切入

图 10-28　6 种常见的光刻胶形貌异常情况

侧墙倾斜角(Sidewall angle)：一般是因为进入到光刻胶底部的光比在顶部的光弱（由于光刻胶对光的吸收）。解决方法是通过减小光刻胶对光的吸收，同时提高光刻胶对光的灵敏度。可以通过增加不同种类的光敏感成分，使得其中一种光敏感成分下沉，将底部的沟槽扩大，以增加光酸在光刻胶沟槽或者通孔底部的去保护反应，从而实现较为垂直的侧墙。侧墙倾斜角会对刻蚀产生一定影响，严重时会将侧墙倾斜角度转移到被刻蚀的衬底材料中。

驻波(Standing wave)：10.4节中提到，通过增加抗反射层、适当提高光敏感剂（如通过提高后烘的温度或者时间来增加光酸的扩散）的扩散可以有效地解决驻波效应。

厚度损失(Thickness loss)：光刻胶顶部接收的光最强，而且顶部接触到的显影液也最多，在显影完毕后，光刻胶的厚度会有一定程度的损失。

底部站脚(Footing)：一般是光刻胶与衬底（如底部抗反射层）之间的酸碱不平衡造成的。如果衬底相对偏碱性（如含有氮元素的材料，如氮化硅、氮氧化硅、氮化钛等）或者偏亲水性，那么光酸会被中和或者被吸收到衬底中，造成光刻胶底部去保护反应打折扣。解决该问题的方法是增加衬底的酸性、提高光刻胶以及抗反射层的曝光前烘焙温度，以限制光酸在光刻胶中的扩散和扩散到衬底中。不过，限制扩散也会影响其他性能，如图形的粗糙度、对焦深度等。在使用抗反射层的工艺上，一般可以通过适当减薄抗反射层来减少站脚，如5.4节和11.1节所述。

底部内切(Undercut)：与底部站脚相反，内切是由于光刻胶底部的酸性较高，底部的去保护反应比其他地方的高。解决的思路正好与底部站脚的相反。

T形顶(T-topping)：工厂里面的空气中含有碱性(Base)成分，如氨气、氨水(Ammonia)、胺(Amine)类有机化合物，对光刻胶顶部的渗透中和了一部分光酸，导致顶部局部线宽变大，严重时会导致线条粘连。解决方法是严格控制光刻区的空气中的碱含量，如安装化学过滤器，通常要将碱浓度控制在小于20ppb（十亿分之一）的水平，而且尽量缩短曝光后到后烘显影之间的时间。

顶部变圆(Top rounding)：光刻胶顶部照射到的光的范围（由于离焦在横向）比较大，同时光刻胶顶部最先接触显影液，显影量也会多一些，于是造成顶部沟槽或者通孔开口较大而变圆。

线宽粗糙度(Line Width Roughness，LWR)：前面已经讨论过。

高宽比/图形倾倒(Aspect ratio/Pattern collapse)：之所以被讨论高宽比，是因为在显影过程中，显影液、去离子水等在显影后的光刻胶图形中会产生由表面张力形成的横向的拉力，如图10-29所示。对于密集图形，由于两边的拉力大致相当，问题不是太大。但是，对于密集图形边缘的图形，如果高宽比较大，便会受到单边的拉力。加上显影过程当中较高速旋转(1000～2500r/min)的扰动，图形可能发生倾倒。实践表明，对于248nm光刻工艺，高宽比一般在3:1以上会比较危险；对于193nm浸没式光刻工艺，为了防止倒胶，高宽比一般需要被控制在2:1之内。

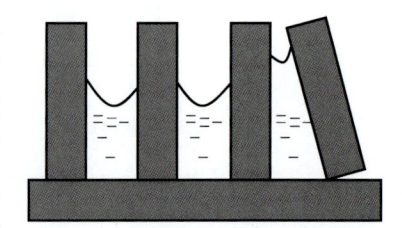

图10-29 由于表面张力的作用，图形的边缘会受到向内的拉力，当高宽比较大时会造成倒胶

底部残留(Scumming)：底部残留原因一般为光到达光刻胶底部的时候已经减弱，导致光刻胶对光的吸收减少，或者光酸生成后扩散向衬底漏掉了一部分而造成的部分显影现象。为

了提高光刻胶的分辨率，需要尽量减少光酸的扩散长度，从而减少了光酸扩散带来的空间显影均匀化。这样，加大了空间的粗糙度。底部残留一般可以通过加强显影和显影后冲洗，通过调整抗反射层的厚度适当增加一点与入射光相位接近的衬底反射（需要依靠衬底反射率仿真计算），适当调整一些掩模版线宽偏置以稍微增加掩模版的光透过率，以及适当增加烘焙温度和时间等方法解决。

参考文献

[1] Wu Q, Halle S, Zhao Z. The effect of the effective resist diffusion length to the photolithography at 65 and 45nm nodes, a study with simple and accurate analytical equations. Proc. SPIE 5377, 2004: 1510.
[2] Wu Q, Jan Z. Methodology in photolithography improvement for the improvement of yield. Semiconductor International 1, 2005(40).
[3] Hoffnagle J A, Hinsberg W D, Houle F A, et al. Characterization of photoresists spatial resolution by interferometric lithography. Proc. SPIE 5038, 2003: 464.
[4] Wu Q, Wu P, Zhu J, et al. A study of process window capabilities for two-dimensional structures under double exposure condition. Proc. SPIE 6520, 65202O, 2007.
[5] Tian P, Qin L, Shu A, et al. Effective poly gate CDU control by applying DoseMapper to 65nm and Sub-65nm technology nodes. Proc. CSTIC 2010, ECS Transactions, 2010, 27 (1): 515-521.
[6] Gu Y, Chang S, Zhang G, et al. Local CD variation in 65nm node with PSM processes STI topography characterization (I). Proc SPIE 6152, 615229, 2006.
[7] Socha R, Dusa M, Capodieci L, et al. Forbidden Pitches for 130nm lithography and below. Proc. SPIE 4000, 2000: 1140.
[8] Shi X, Hsu S, Chen F, et al. Understanding the forbidden pitch phenomenon and assist feature placement. Proc. SPIE 4689, 2002: 985.
[9] Zhu J, Wu P, Jiang Y, et al. The "Dip" in the CD through-pitch curve and its relations to the effective image blur after exposure for low k1 processes. Proc. ISTC, 2006.
[10] Cobb N B. Fast optical and process proximity correction algorithms for integrated circuit manufacturing. Ph. D. Thesis, UC Berkeley, 博士论文, 1998.
[11] Gu Y, Wang A, Chou D. Dielectric antireflection layer optimization: Correlation of simulation and experimental data. Proc. SPIE 5375, 2004: 1164.
[12] Pawloski A R, Acheta A, Lalovic I, et al. Characterization of line edge roughness in photoresist using an image fading technique. Proc. SPIE 5376, 2004: 414.
[13] Brunner T, Fonseca C, Seong N, et al. Impact of resist blur on MEF, OPC, and CD control. Proc. SPIE 5377, 2004: 141.

思考题

1. 光刻工艺中如果是负离焦，光刻胶的形貌是上大下小还是上小下大？
2. 能量宽裕度的定义是什么？对比度的定义是什么？它们之间有怎样的关系？
3. 什么是归一化图像光强对数斜率？
4. 确认对焦深度不仅要看线宽的变化，还要看什么？
5. 沿着 Y 轴扫描曝光的光刻机的调平能力沿着 Y 方向和 X 方向有什么不同？
6. 写出对焦深度的公式，对焦深度与数值孔径大约成什么样的关系？

7. 采用离轴照明对密集图形有什么好处？
8. 什么是掩模版误差因子？
9. 掩模版误差因子对线宽均匀性有怎样的影响？
10. 光酸的等效扩散长度是如何影响掩模版误差因子的？
11. 影响线宽均匀性主要有哪些因素？
12. 采用什么方法改善线宽均匀性？
13. 影响图形粗糙度主要有哪些因素？
14. 表征光刻胶形貌有哪些参数？
15. 如何防止光刻胶图形倒塌？

第11章

光刻工艺的仿真

　　光刻工艺的仿真主要指对光刻工艺的一系列步骤通过采用计算机计算来预知表征工艺好坏的各项参数,包括多层膜系的反射率、硅片对准记号的信号强度、光学成像中的像对比度、曝光能量宽裕度、对焦深度、掩模版误差因子、光学邻近效应的大小、光学成像对图形的保真能力等。此外,随着光刻工艺的不断发展,在以上算法的基础上出现了综合性的仿真,比如光源掩模协同优化(Source Mask co-Optimization,SMO)。这种方法将照明条件和光学邻近效应通过反复迭代,寻找空间像工艺窗口最大的解决方案。2012年之后,美国的睿初(Brion)公司率先成功推出了在14nm工艺上经过鉴定的光源掩模协同优化算法和软件。此后美国的明导国际(Mentor Graphics)公司(现在属于德国西门子公司)也推出了类似的算法和软件。相对于光源掩模协同优化,还有对于给定的光源对掩模进行优化,叫作逆光刻技术(Inverse Lithography Technology,ILT),即对于需要在硅片上出现的设计图样,通过迭代的方法求出最好的掩模版函数[1-2]。

　　我国的光学空间像仿真起步很晚,主要是在学术界和工业界展开,如在中芯国际研发工作中完善的可以用于光刻条件的设定,以及基于阿贝(Abbe)计算方法的二维图形薄弱点的分析,包括掩模三维散射计算的空间像仿真软件[3-4],还有相对于商业软件改进了的光学邻近效应修正的算法。浙江大学、华中科技大学、香港大学在光学邻近效应和逆光刻技术方面也做了大量研究[5-7]。不过,真正的国产化、商业化道路还需要时间,需要集中力量攻坚并在生产中不断改进。

　　多层膜系的反射率仿真算法可以从波恩·沃尔夫的《光学原理》一书中获得,比较简单[8]。只要给出光线的入射角及偏振态,就可以得到需要的对应反射率最小的膜厚。而且,对于金属材料也可以适用。经过实践检验,此算法准确性很好,完全可以胜任28nm技术节点对膜厚控制的高要求。

　　对准记号信号仿真源于多层膜系的仿真计算。由于对准记号的探测系统的数值孔径在0.3或者0.3以下,而且对准记号的空间周期在$0.5\sim 8\mu m$,传统的标量场计算就能够精确地达到要求。工业界认为,只要数值孔径在0.65以下,任何空间像的仿真都不需要使用矢量场的计算。对准系统采用两种方式:一种是直接成像式,如尼康公司的场成像对准(Field Imaging Alignment,FIA)。这种方式的优点是可以通过观测直观地确定对准记号的位置。

不过，当硅片表面的平整度不高，比如在铝工艺流程中物理气相沉积（Physical Vapor Deposition, PVD）工艺沉积的铝薄膜存在较大的颗粒度（0.3~3μm）时，会影响光学成像系统对对准记号边缘的判断。另一种是暗场对准探测。在20世纪90年代，位于美国的硅谷团队公司（Silicon Valley Group, SVG）[前身是珀金·埃尔默（Perkin Elmer）公司]推出的Micrascan型光刻机就包含有暗场对准探测。尼康公司也有类似的对准方式——激光步进对准（Laser Step Alignment, LSA），不过前者的第一代193nm光刻机在市场上并不成功，而后者发现他们的暗场对准精确度不如明场的精确度，最后都没有成功。其实，暗场探测一般需要硅片台进行扫描，而且可以避开背景光的干扰，所以其精度会比同样条件下的明场探测要高。阿斯麦公司在2000年左右推出了暗场探测方法和系统——"雅典娜"（Advanced Technology using High-order ENhancement of Alignment, Athena）系统[9]，它通过将对准记号的衍射光的±1、±3、±5、±7阶分别由独立的光探测通道收集，并且根据可选级数之间的干涉成像确定对准记号的位置。高阶衍射光的成像能够将原本记号的空间频率进一步细分，提高了空间像的对比度和位置确定精度。例如，±3阶光的成像，可以将原本16μm的周期细分成16μm/6μm的周期；±5阶光的成像，细分成16μm/5μm的周期。这种对准方式的能力与衍射光的光强有关。可以通过多层膜方式分别计算对准记号和硅片表面背景的反射率，从而获得对准记号的对比度。第一种较为准确的计算对准记号的仿真算法出现在2001—2002年[10]。其仿真结果与硅片上的结果一致，精度较高，达到1%~2%。

前面讨论了基于多层膜系反射率计算方法的仿真。空间像仿真要比以上复杂得多。光刻工艺是将掩模版的图样通过紫外光以一定的照明条件照明成像记录在涂敷有感光的光刻胶的衬底硅片上。其中涉及光源的波长、光源的形状和部分相干性、光在掩模版上的散射、镜头的像差、光刻胶的感光性质、光刻胶的显影性能等参数。光源的部分相干性由光源本身的剩余相干性和光源的照明条件共同产生。由于现代光刻使用准分子激光照明，其出射光本身就带有一定的时间和空间相干性。实践表明，在经过消除相干性的步骤后，认为光源本身的相干性可以忽略。所有的部分相干性由照明条件唯一确定。光在掩模版上由于掩模的厚度而额外增加的散射效应在40nm及更宽的技术节点可以忽略。这是由于40nm节点的特征线宽为60~80nm，在4倍放大的掩模版上，此线宽为240~320nm，比光刻使用的波长193nm大很多。实践表明，可以忽略掩模版的三维散射。当技术节点到了28nm，这种现象就会产生大的影响，比如，它会至少减少20nm的共同对焦深度，而对于28nm，一般可用的对焦深度（Usable Depth of Focus, UDoF）为80~100nm。对于掩模三维散射，一般采用时域有限差分的方法进行仿真，也可以采用严格的耦合波分析方法。前者采用空间差分方式求解在一定边值条件下电磁场的麦克斯韦方程组，只要参量设定合适，精度还是很高的。后者是将较厚的掩模等效成一系列较薄的掩模组合，然后对每个薄掩模的区域求解麦克斯韦方程组，而层与层之间采用横向电场E和磁场H的连续边界条件的计算方法。后者的运算速度显著快于前者，但是精度受制于算法，在折射率对比度较高的情况下精度不高，这是由于可能存在多次跨层的反射。

11.1 反射率仿真算法

反射率仿真计算主要是因为在做半导体光刻时，衬底的反射可以干扰空间像的形成，如降低空间像的对比度，影响图形的线宽，甚至导致某些细线和狭窄的沟槽变得更加细小或者消失。对0.13μm或者0.13μm以下技术节点，还可以导致不同图形受到不同影响，造成类似光学邻近效应的现象,产生失真,从而增加光刻工艺的难度。

半导体光刻遇到的衬底一般分为以下两种。

(1) 均匀衬底,如平整的硅片表面、多晶硅表面、二氧化硅表面、氮化硅表面以及一些金属氮化物表面(如氮化钛、氮化钽等)。此外,随着硬掩模的使用,如无定型碳(Amorphous Carbon),衬底表面还可以是这些材料。

(2) 非均匀衬底,如呈周期性排列的浅沟道隔离层(Shallow Trench Isolation,STI),呈周期性排列的鳍式场效应晶体管(Fin Field Effect Transistor,FinFET)的鳍等。对于要求较高的层次,一般可以使用底部抗反射层减少甚至几乎消除反射。而对于一般的层次,如离子注入层,可以通过建立一张线宽补偿表格适当地补偿衬底复杂结构反射而造成的线宽偏差。更加精细的补偿,一般需要进行衬底的复杂反射计算,可以采用时域有限差分方法,也可以采用严格的耦合波分析方法。一般来说,时域有限差分方法较为精确,不过需要花费较多的时间。而严格的耦合波分析方法的精度与每层能够包括多少傅里叶衍射级有关,而且若系统存在较大的折射率反差,则意味着存在多次反射,这种算法的误差会明显扩大。

以下的反射率理论是基于均匀的衬底,包括多层薄膜、金属薄膜。光在穿过由介质 i 和介质 $i+1$ 形成的界面上的折射(如图 11-1 所示)由斯涅尔公式给出[8]:

$$\beta(i+1) = \arcsin\left(\frac{\widetilde{N}(i)\sin(\beta(i))}{\widetilde{N}(i+1)}\right) \quad (11.1)$$

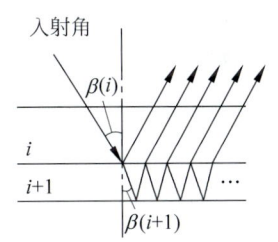

图 11-1 光线在跨越介质 i 和 $i+1$ 的折射和反射示意图(其中 $\beta(i)$ 为从介质 i 到介质 $i+1$ 的入射角,而 $\beta(i+1)$ 为在介质 $i+1$ 中的折射角,也是从介质 $i+1$ 到下一层介质,如 $i+2$ 的入射角)

式中:$\beta(i)$ 和 $\beta(i+1)$ 分别为介质 i 和 $i+1$ 中与垂直轴形成的夹角;$\widetilde{N}(i)$ 为复折射率,且有

$$\widetilde{N}(i) = n(i) + \mathrm{j}k(i) \quad (11.2)$$

式中:$n(i)$ 和 $k(i)$ 分别为折射率的实部和虚部。

式(11.1)是实部折射率斯涅尔公式,如式

$$\beta(i+1) = \arcsin\left(\frac{n(i)\sin(\beta(i))}{n(i)}\right) \quad (11.3)$$

的推广。单层界面的反射光振幅在两个偏振方向,如垂直于纸面的 $r_{\perp}(i)$ 和平行于纸面的 $r_{/\!/}(i)$ 可以分别由以下公式表示:

$$r_{\perp}(i) = \frac{-\sin(\beta(i) - \beta(i+1))}{\sin(\beta(i) + \beta(i+1))} \quad (11.4)$$

$$r_{/\!/}(i) = \frac{\tan(\beta(i) - \beta(i+1))}{\tan(\beta(i) + \beta(i+1))} \quad (11.5)$$

图 11-2 偏振方向和光的传播方向的定义

偏振方向如图 11-2 所示。

已知光跨越单个界面的反射公式,可以求出光在跨越两层界面时的反射公式。如图 11-1 所示,光在经历了 i 和 $i+1$ 介质的底部界面后,会在 i 层的底部产生一组方向平行而能量逐步衰减的反射光线,如果将其振幅加起来,就可以获得总的反射光振幅:

$$R_{\perp}(i) = \frac{r_{\perp}(i) + R_{\perp}(i+1)\mathrm{e}^{\mathrm{j}\frac{4\pi}{\lambda}\widetilde{N}(i+1)t(i+1)\cos(\beta(i+1))}}{1 + r_{\perp}(i)R_{\perp}(i+1)\mathrm{e}^{\mathrm{j}\frac{4\pi}{\lambda}\widetilde{N}(i+1)t(i+1)\cos(\beta(i+1))}} \quad (11.6)$$

$$R_{/\!/}(i) = \frac{r_{/\!/}(i) + R_{/\!/}(i+1)e^{j\frac{4\pi}{\lambda}\widetilde{N}(i+1)t(i+1)\cos(\beta(i+1))}}{1 + r_{/\!/}(i)R_{/\!/}(i+1)e^{j\frac{4\pi}{\lambda}\widetilde{N}(i+1)t(i+1)\cos(\beta(i+1))}} \tag{11.7}$$

式中：$R_\perp(i)$ 为垂直于纸面偏振方向的总光振幅反射率；$R_{/\!/}(i)$ 为平行于纸面偏振方向的总光振幅反射率。

所以，获得一系列递推公式，知道下层的 $R_\perp(i)$ 和 $R_{/\!/}(i)$，就可以获得本层的 $R_\perp(i)$ 和 $R_{/\!/}(i)$。比如，倒数第二层的反射率公式可以写成

$$R_\perp(i) = \frac{r_\perp(i) + r_\perp(i+1)e^{j\frac{4\pi}{\lambda}\widetilde{N}(i+1)t(i+1)\cos(\beta(i+1))}}{1 + r_\perp(i)r_\perp(i+1)e^{j\frac{4\pi}{\lambda}\widetilde{N}(i+1)t(i+1)\cos(\beta(i+1))}} \tag{11.8}$$

$$R_{/\!/}(i) = \frac{r_{/\!/}(i) + r_{/\!/}(i+1)e^{j\frac{4\pi}{\lambda}\widetilde{N}(i+1)t(i+1)\cos(\beta(i+1))}}{1 + r_{/\!/}(i)r_{/\!/}(i+1)e^{j\frac{4\pi}{\lambda}\widetilde{N}(i+1)t(i+1)\cos(\beta(i+1))}} \tag{11.9}$$

如图 11-3 所示，利用式(11.8)和式(11.9)可以将倒数第二层的总反射率等效成为单层的总反射率。以此类推，可以获得多层薄膜中任意一层的等效总反射率。入射光的入射角由光刻工艺中的数值孔径和入射光的部分相干性决定。

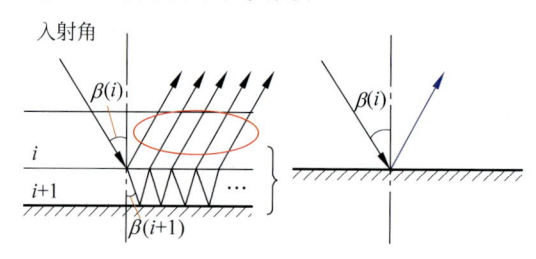

图 11-3 将倒数第二层的总反射率等效成为单层的总反射率示意图

例如，对环形照明，需要将在自定义照明环上一点的偏振矢量，如沿着 Y 方向，按照入射面的位置分解为垂直于入射面和平行于入射面的两个分量，如图 11-4 所示。再运用式(11.6)和式(11.7)分别计算出总的振幅反射率 $R_\perp(i)$ 和 $R_{/\!/}(i)$。接着分别对两个偏振态求出光强反射率 $|R_\perp(i)|^2$ 和 $|R_{/\!/}(i)|^2$，再对环形上的点分别计算出其各自的 $|R_\perp(i)|^2$ 和 $|R_{/\!/}(i)|^2$，将所有计算出的光强反射率进行平均，最终得到对于上述环形照明条件的总反射率。

图 11-5(a)为 193nm 波长的水浸没式光刻的实例。本实例中在硅衬底上生长了 300Å 的硬掩模、50Å 的氧化硅，再通过旋涂覆盖上一层底部抗反射层和一层光刻胶。采用底部抗反射层的原因是最大限度地减少衬底的反射，所以需要对这层薄膜的厚度进行优化。图 11-5(b)显示了采用以上理论的计算结果。需要说明的是，以上理论是计算对于一定入射角的光的反射率，在光刻中，由于掩模上的图形尺寸很小，照射到硅片上的光包含着大量不同入射角的衍射光。可以选择对

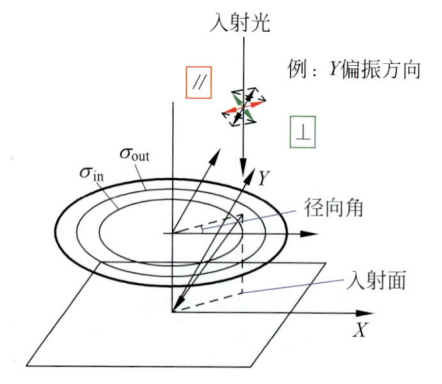

图 11-4 在环形照明条件下，对于入射光的偏振态按照入射面的分解示意图（其中 σ_in 代表环形照明在光瞳处的最小半径，σ_out 代表环形照明在光瞳处的最大半径）

原始照明光线(又称为零级衍射光)做衬底反射的优化,还可以对不同于零级衍射光的入射角的其他衍射光做优化。这是因为,很多对比度比较差的图形,其衍射光通常偏向于垂直入射到硅片上(这个问题会在光学邻近效应部分详细论述)。最终底部抗反射层厚度的选择将是对所有图形权衡的结果。

(a)

(b)

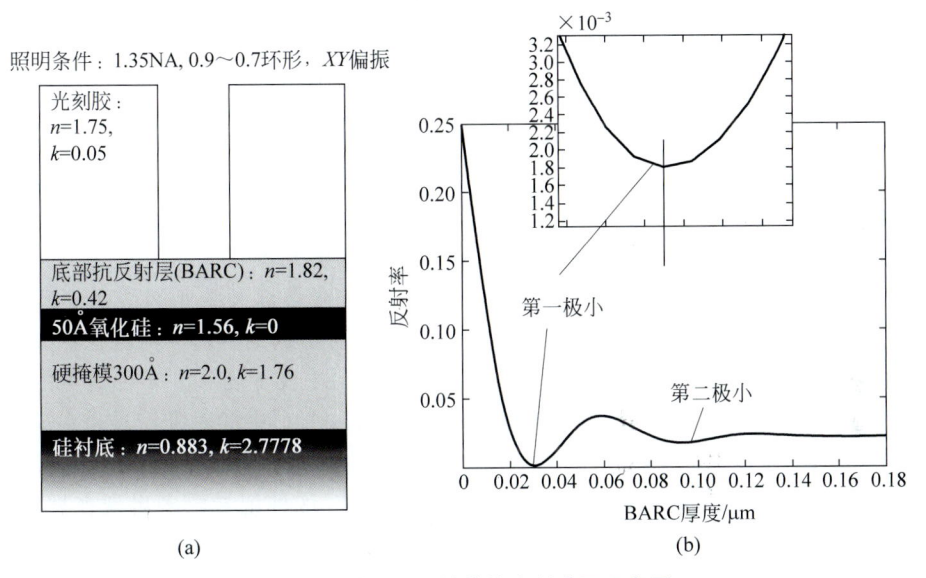

图 11-5　某采用硬掩模的光刻膜层示意图

注：光刻波长 193nm；照明条件,1.35NA,0.90～0.7 环形,XY 偏振；计算方法采用前面讨论的理论；在第一极小处做了放大处理,见右上角插图；第一极小在 $0.031\mu m$ 附近,第二极小附近的反射率随 BARC 厚度变化缓慢。

图 11-5 中显示的结果是对零级衍射光的反射率优化。注意,随着底部抗反射层厚度的逐渐增加,光刻胶底部的总反射率会出现两个极小值(又称为第一极小和第二极小)。在本例中,第一极小出现在 31nm 左右,而第二极小出现在 90～95nm 处。可以看到,第一极小附近反射率波动比较大,而第二极小附近反射率变化比较平缓。这是由于底部抗反射层材料存在对光的吸收,折射率虚部 $k=0.42$ 对于厚度在几十纳米到 100nm 的薄膜来说是比较大的值。

一旦获得总的振幅反射率 $R_\perp(i)$ 和 $R_\parallel(i)$,就可以获得总反射振幅的相位,这对获得衬底反射对空间像的影响与光强反射率同等重要。一般认为,如果在相对于反射率极小值的抗反射层厚度上再减少厚度,那么增加的反射光与入射光趋向于同相位；如果在相对于反射率极小值的抗反射层厚度上再增加厚度,那么增加的反射光与入射光趋向于反相位。如果增加的反射光与入射光趋向于同相位,就会造成光刻胶底部增加曝光,形成内切,或者较少站脚；如果增加的反射光与入射光趋向于反相位,则情况正好相反。所以,调整抗反射层的厚度不仅可以减少反射光,提高空间像的对比度,而且可以修饰光刻胶的形貌。对于负显影光刻胶,修饰光刻胶的形貌原理是一样的,但抗反射层的厚度是减小还是增加与正显影相反。

11.2　对准记号对比度的算法

对准是光刻工艺的一个十分重要的步骤,它与成像同等重要。半导体集成电路由众多电路层叠成,层与层之间的套刻一般要控制在线宽的 1/6～1/4。比如,在 40nm 技术节点套刻精度达到 40/5＝8(nm),在 28/32nm 技术节点套刻精度达到 30/5＝6(nm),以此类推。能够达到这样的精度主要从光刻机下功夫。实现套刻的第一关就是能够清楚地探测到对准记号。对准记号是通过探测由前层光刻留下的记号位置判断的。前层的记号还经历过刻蚀或者化学机械平坦化等工艺过程,可能被一层不透明的薄膜覆盖,不是所有的情况下都可以良好地检测。在还没有出版掩模的情况下,如果能够对前层对准记号的信号强度进行仿真,不仅可以避免掩模报废和重出引入的成本,还可以避免掩模报废重出造成的研发周期拖延。

11.2.1　阿斯麦公司的 Athena 系统仿真算法和尼康公司的 FIA 系统仿真算法

对准系统也使用成像系统,对准记号的信号强度也是多层膜系反射光在记号位置和非记号位置的反差形成的,所以只要计算出反射光的强度就可以算出对准记号的信号强度。对于 Athena 系统,需要对所有波长,如 633nm、532nm 等进行计算。对于 FIA 系统,需要计算 550~750nm 的多个等分波长,再加权平均,以模拟白炽灯的光谱。

如图 11-6 所示,对准记号一般由一组线条组成,由于线条以及线条与线条之间的背景材料不同,或者高低不同,对入射的照明光通过反射和衍射有不同的响应。对准探测就是利用这种反差确定对准记号的位置,从而确定前层的横向位置。图 11-7 列举了 4 种常见的对准记号的类型[10]:第一种是沟槽型记号,如有源区(Active Area,AA)中的对准记号是由硅和二氧化硅[又称为浅沟道隔离,Shallow Trench Isolation(STI)]组成的。由于二氧化硅层厚度一般在 2000Å 以上,对比度通常很好。第二种是金属镶嵌型记号,这种记号较多出现在后段层次,如金属层,无论是使用铝还是铜,因为金属的折射率和二氧化硅等电介质的折射率相差很远(主要在虚部),所以对比度通常是很好的,除非在铝工艺下,下层的记号会被上层的铝覆盖造成信号的完全丢失。第三种是景泰蓝型记号(西方称为大马士革型记号),即两种不同材料的上表面被平坦化,而充填材料是光刻胶或者底部抗反射层,这种记号一般发生在铜后段通孔先(Via First)的工艺中,做好了通孔层的光刻,留下了部分刻蚀的沟槽,在原先部分刻蚀的电介质上继续进行金属线工艺,但是因为电介质在可见光的折射率通常为 1.5 左右,而无论光刻胶还是底部抗反射层在可见光的折射率也是 1.5 左右,所以当光刻胶或者抗反射层旋涂在这种由沟槽形成的对准记号上时,对准记号就"消失"了。第四种是复合型记号,由上下两层结构组成,多出现在复杂的工艺中。

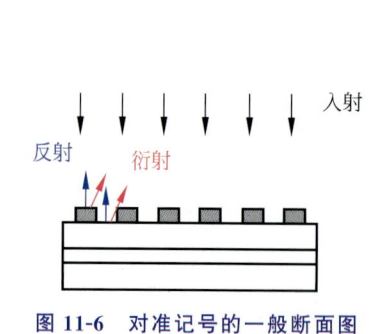

图 11-6　对准记号的一般断面图

注:实心的小方块为对准记号,小方块与小方块之间是背景,对准记号和背景面对入射光的照射都可以有反射和衍射。

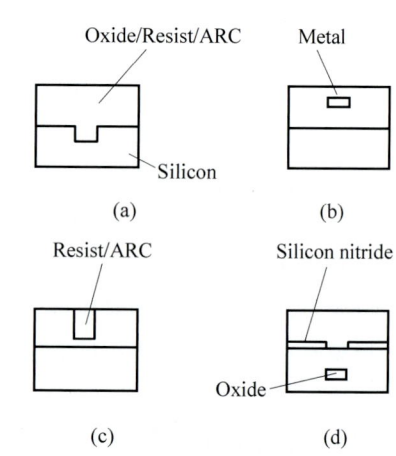

图 11-7　集中常见对准记号的类型[10]:(a) 沟槽型;(b) 金属镶嵌型;(c) 景泰蓝型(大马士革型);(d) 复合型

对准系统使用光学成像探测方法。由于对准系统使用的数值孔径一般小于或等于 0.3，因此与硅片衬底反射率不同，需要在计算的时候考虑矢量或者偏振的影响，而只需要考虑非偏振垂直入射的反射率，因此简化了很多。市场上的光刻机有两种代表性的对准方式，分别为尼康光刻机的明场成像对准系统和阿斯麦公司的暗场扫描成像对准方式。尼康公司的对准系统的数值孔径为 0.3，而阿斯麦公司的 Athena 系统最大衍射角为 $0.633\,\mu m/2.28\,\mu m$（7 阶光）= 0.28，数值孔径为 0.28。

深亚微米技术出现以来，尤其是运用了化学机械平坦化手段后，对于 $8\,\mu m$ 左右的对准记号，这种平坦化手段会造成对准记号的损伤，如非对称侵蚀，造成位置探测错误，严重的还会导致对准失效。于是，必须对现有的较宽的对准记号进行分割（Segmentation），以提高应对化学机械平坦化的能力。而这种分割型对准记号的宽度和间距一般小于探测的光学系统的分辨率，所以需要进行优化，以最大限度地提高信号强度。

图 11-8 描述了一种分割型对准记号。它由背景区域和记号区域组成，背景区域的反射和衍射光强可以按照多层膜的计算方式，而记号区域的反射和衍射光强可以看成一个复合光栅。

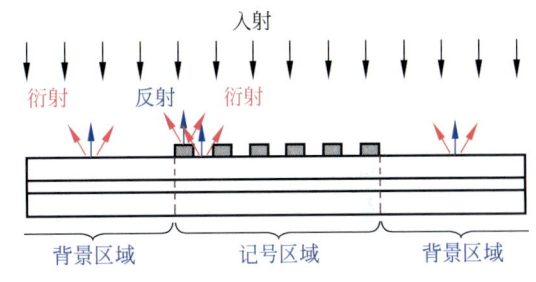

图 11-8 分割型对准记号示意图

复合光栅的衍射振幅叠加公式：

$$\begin{cases} E(\beta_{in},\beta_s) = \sum_j \alpha_j e^{i\delta_j} \left(\dfrac{\sin(W_j \pi \sin(\beta_s - \beta_{in})\lambda)}{W_j \pi \sin(\beta_s - \beta_{in})\lambda}\right)\left(\dfrac{\sin(N_j p \pi \sin(\beta_s - \beta_{in})\lambda)}{\sin(p \pi \sin(\beta_s - \beta_{in})\lambda)}\right) \\ I(\beta_{in},\beta_s) = |E(\beta_{in},\beta_s)|^2, \quad 对准信号强度 I_n = I(0,\beta_n) \end{cases} \quad (11.10)$$

式中：β_{in}、β_s 分别为入射角和散射角；λ 为波长；p 为空间周期；δ_j 为光栅 j 散射光的相位；α_j 为光栅 j 散射光的振幅；E、I 分别为总的散射振幅和散射光强。

散射光就是多层膜系的上表面的反射光。由于入射角一般接近 0，散射角也按照衍射级数 n 划分，所以信号强度 I_n 也按照衍射级数 n 划分。

对于在直接成像系统中的分割记号，如尼康公司的"场成像对准"，只计算 0 级衍射，公式如下：

$$\begin{cases} E_{记号} = \sum_j \alpha_{记号 j} e^{i\delta_{记号 j}}, \quad E_{背景} = \sum_j \alpha_{背景 j} e^{i\delta_{背景 j}} \\ I_{记号} = |E_{记号}|^2, \quad I_{背景} = |E_{背景}|^2 \\ 对准信号强度 I = I_{背景} - I_{记号} \end{cases} \quad (11.11)$$

以下讨论几个仿真计算的例子[11]。第一种情况是阿斯麦公司的标准记号。如 $8\,\mu m$ 线条-$8\,\mu m$ 间隔、$16\,\mu m$ 周期的标准记号，以及一些分割型对准记号（Segmented alignment marks），如 AH32 记号（在前述 $8\,\mu m$ 记号的情况下，将线条中间 $8/3\,\mu m$ 掏空，留下 2 根各 $8\,\mu m/3\,\mu m$、间隔 $8\,\mu m/3\,\mu m$ 的线条）、AH53 记号（在前述 $8\,\mu m$ 记号的情况下，将此线条分成 $8\,\mu m/5\,\mu m$ 的 5 等分，去除第二、四根，留下间隔 $8\,\mu m/5\,\mu m$ 的 3 根 $8\,\mu m/5\,\mu m$ 宽的线条）、AH74 记号（在前述 $8\,\mu m$ 记号的情况下，将此线条分成 $8\,\mu m/7\,\mu m$ 的 7 等分，去除第二、四、六根，留下间隔 $8\,\mu m/7\,\mu m$ 的 4 根 $8\,\mu m/7\,\mu m$ 宽的线条），如图 11-9 所示。

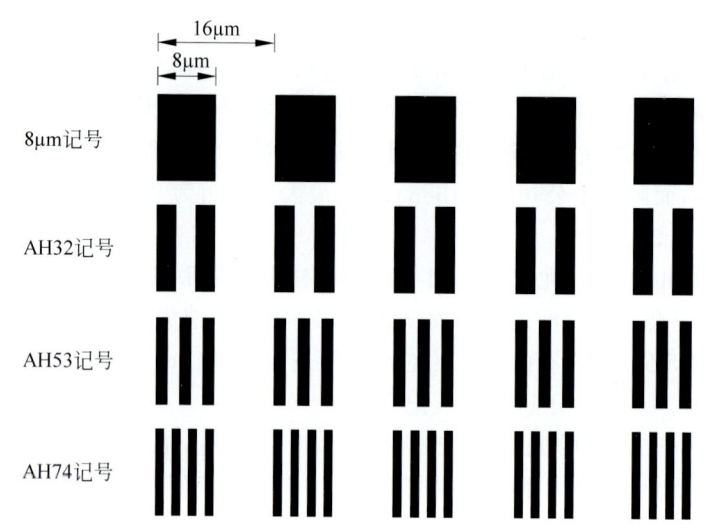

图 11-9　阿斯麦公司的分割型对准记号示意图：**8μm 记号、AH32 记号、AH53 记号、AH74 记号**

注：这里仅示意了记号的宽度,长度一般有几十微米。

11.2.2　两种算法和实验的比较

阿斯麦公司的信号强度[又称为硅片质量（Wafer Quality,WQ）]校准标准：将 8μm 记号刻蚀在硅衬底中,沟槽深度为 633nm 的 1/4,用 633nm 波长测得的一阶衍射光的光强定为 100%。其他的衍射光强按照这个比例确定。图 11-10 中是 8μm 记号、AH32 记号、AH53 记号、AH74 记号等的阿斯麦公司的设计信号强度（测量获得）和使用式（11.10）计算出的结果的对比。可以看出,仿真能够很精确地与阿斯麦公司的测量结果保持一致。

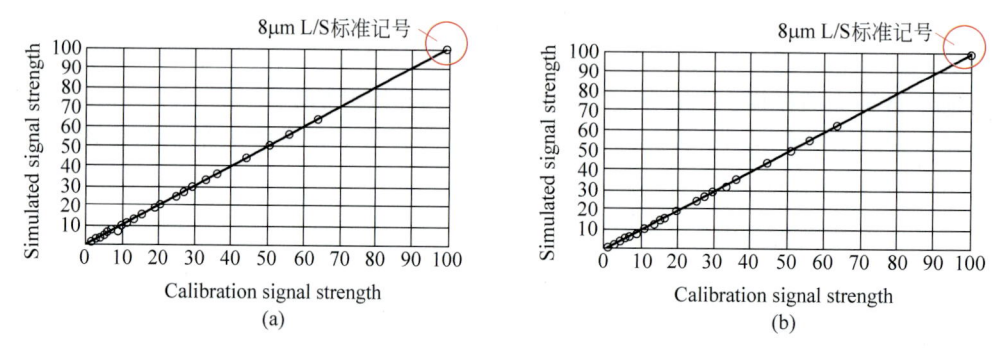

图 11-10　分割型对准记号仿真算例：阿斯麦公司的标准对准记号的仿真与实际强度（Wafer Quality,WQ）的比较[11]：((a) 633nm 的红光；(b) 532nm 的绿光)

图 11-11 给出了对一个 5 阶记号（AH53）衍射谱的仿真结果,结果显示了被显著加强的 5 阶衍射信号。

对于明场探测的对准记号的仿真结果如图 11-12 所示。左边的记号（尼康公司的场成像 FIA 记号）区域的反射率高于背景区域的反射率,像"黑底白字",实际测得的对比度是－3%；而右边的记号具有反转的对比度,记号区域的反射率比背景的反射率要低,像"白底黑字",实际测得的对比度是 9.4%。而根据实际的衬底结构（没有在此描述）得到的仿真结果分别为 －1% 和 8%。可见仿真结果与实际测量结果在±2%范围内还是符合度较高的。

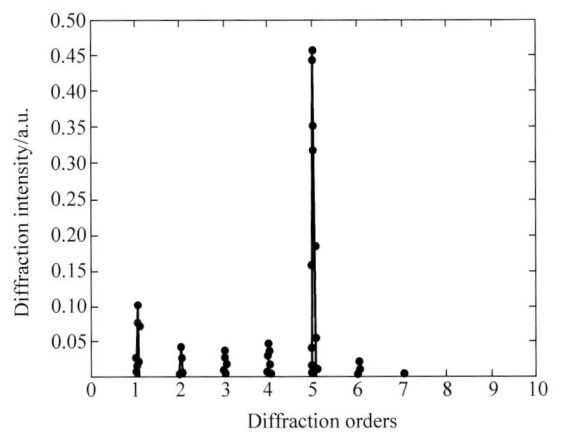

图 11-11 AH53 记号的衍射谱的仿真结果，显现在 5 阶衍射光被显著地加强[11]

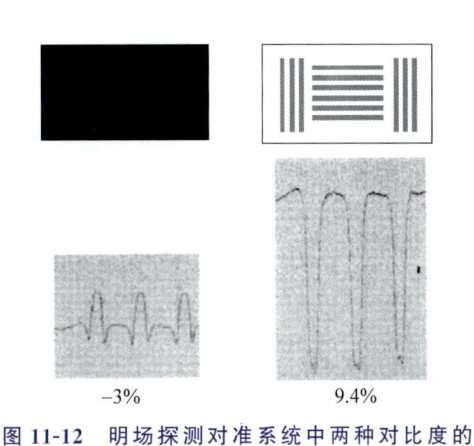

图 11-12 明场探测对准系统中两种对比度的记号和测得的实际对比度[11]

注：左图为对比度反转的实例，右图为正常对比度的实例。

图 11-13 显示的是另外一个明场探测实验，一个被上层硬掩模（多晶硅）遮挡的对准记号的对比度随着多晶硅逐渐变厚而衰减。带有误差记号的数据点来源于实验结果，中间带有小黑点的光滑曲线是仿真结果。可以看出，在厚度 0.1μm 以下，仿真结果能够比较好地与测量结果保持一致。

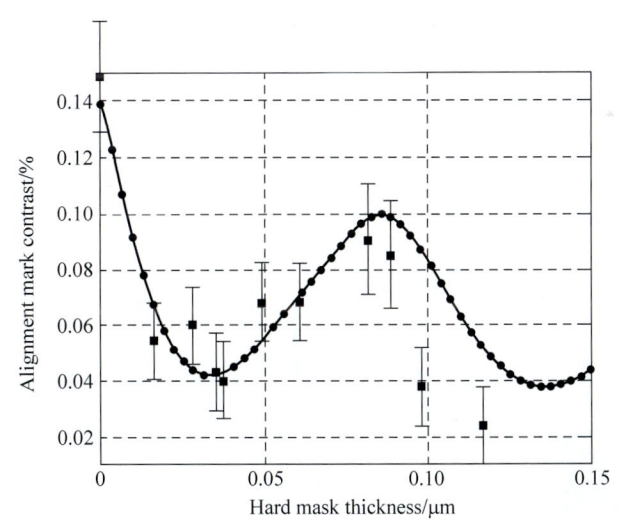

图 11-13 一个被透明度较低的硬掩模遮挡的对准记号的信号强度（或者称为对比度）随着硬掩模厚度的增加的变化[11]

11.3 光刻空间像的仿真参数

11.1 节和 11.2 节讨论了光刻工艺中衬底反射率和对准记号信号强度两个十分重要的仿真计算。现在讨论以下更加复杂的光刻空间像的仿真。光刻是将掩模的图形按照一定的比例通过光学成像复制到涂有感光胶的硅片上，而硅片上的电路最终的好坏在很大程度上取决于光学成像的质量。因为需要将各种各样的图形成像到硅片上，所以在出版掩模之前有必要了解各种图形成像的情况。评价光刻工艺好坏有以下几个参数。

（1）曝光能量宽裕度（EL），类似于对比度，也就是图形的大小与曝光能量的关系。如果图形的大小对曝光能量变化不敏感，能量宽裕度就高，工艺就扎实。

（2）图形的对焦深度（DoF），这个既与光刻机硅片台在垂直方向上的控制能力有关，也与硅片表面的平整度有关。如果光学成像能够具备较大的对焦深度，工艺就容易生产。

（3）掩模版误差因子（MEF），这个参数与曝光能量宽裕度或者对比度有关，也与掩模类型有关，还与同一个空间周期的占空比有关。不同于前两个参数，这个参数不是越小越好，而是越接近1越好。

此外，还有最小线宽随着空间周期逐渐扩大的变化（Critical Dimension Through Pitch，CD Through Pitch）。这个参数与设计规则有关，还与不同的照明条件、光刻胶性能、光刻机的镜头设计和像差情况等有关。一般来说，此参数是越小越好。还有对 X 和 Y 两个方向上设计规则不相同的层次，在两个方向上的以上 3 个参数的平衡。

为了最大限度地获得好的参数，一般可以采用以下几种方法。

（1）照明条件。采用离轴照明，也就是大的部分相干性，可以提高小空间周期的能量宽裕度，降低掩模误差因子，提高对焦深度。采用傍轴照明可以提高孤立图形的对比度。

（2）掩模线宽偏置。采用一定的偏置可以降低掩模误差因子，也可以满足光刻胶充分完成光化学反应的要求。

（3）底部抗反射层的厚度。调整厚度可以修饰光刻胶的垂直形貌。

11.4　一维阿贝仿真算法

光刻机成像的光学结构如图 11-14 所示，包括光源（如激光和光束整理系统）、散射片［如"毛玻璃"（照明光瞳位置）］、光阑、照明系统（科勒照明）、掩模、投影物镜、硅片。

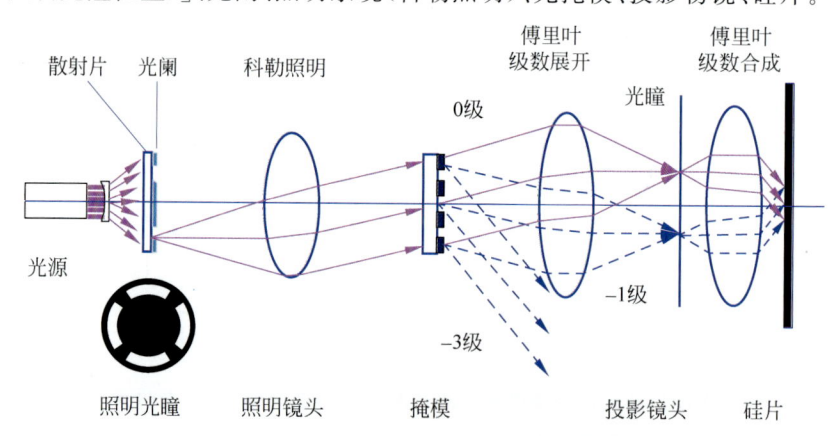

图 11-14　光刻机成像的光学结构示意图

这里需要说明的是，在早期的光刻机上，散射片后面的光阑是一片固定的金属片（如铜片），用来挡住一部分光，比如尼康公司的 NSR-203/204 系列。这种方法会浪费一些光。但是后续的光刻机采用可以变焦扩束的照明系统，如阿斯麦公司的共轴可变焦锥镜（Zoom Zoom Axicon）系统。现在最先进的光刻机，无论阿斯麦公司还是尼康公司均采用微机电转镜阵列完成更加复杂的照明条件。

另外，照明系统采用科勒照明，即在掩模上的照明光都是平行光，只是从不同角度照射过来的。另外，光源输出的光被处理成非相干光，即在散射片任何两点之间没有固定的相位联系。如果光源是激光，则需要通过多次反射，或者高频转镜打乱原本相干性很好的激光，在曝光的时间内实现近似的非相干。而且这种任何两点的非相干不是绝对的，是指超过光学的分辨长度的任何两点间。比如，传递到硅片上，这种分辨长度为

$$\Delta X = \frac{\lambda}{\mathrm{NA}(1+\sigma_{\mathrm{MAX}})} \tag{11.12}$$

式中：λ 为曝光波长；σ_{MAX} 为最大的归一化照明离轴角度（0～1）；NA 为照明系统在硅片像平面处的数值孔径。

如果写成在照明光瞳处的分辨率，则有

$$\Delta X = \frac{\lambda}{\mathrm{NA}_{\mathrm{IL}}(1+\sigma_{\mathrm{MAX}})} \tag{11.13}$$

式中：$\mathrm{NA}_{\mathrm{IL}}$ 为照明系统在照明光瞳处的数值孔径。

其实，根据部分相干光成像理论，一个处在照明光瞳处（图 11-14 散射片位置）的均匀的圆盘照明体，它的相干长度为[8]（注意，为了方便，这里定义复相干度 $|2J_1(\nu)/\nu|$ 峰值位置到第一极小之间的距离为相干长度，与文献[8]中定义的当 $|2J_1(\nu)/\nu| \geqslant 0.88$ 时的相干长度不一样。）

$$\Delta X_{\mathrm{Coherence}} = 0.61\frac{\lambda}{n\sin\alpha} = 0.61\frac{\lambda}{\mathrm{NA}\sigma_{\mathrm{MAX}}} \tag{11.14}$$

式中：α 为光源的最大照射角；n 为像方折射率。

根据 σ_{MAX} 的定义，$n\sin\alpha = \mathrm{NA}\sigma_{\mathrm{MAX}}$，如式（11.14）所示。这个相干长度的计算与式（11.13）中的分辨率计算差不多。式（11.13）对于掩模上一个很小的圆形孔也可以写成 $\Delta X = 0.61\frac{\lambda}{\mathrm{NA}}$。也就是说，如果采用如图 11-14 中描述的科勒照明，对于 193nm 浸没式光刻（NA＝1.35），ΔX＝87.2nm。也就是说，硅片平面上的两点距离小于 87.2nm，不可以被看成非相干的。大于 87.2nm 的两个点是否可以被看成非相干应根据具体照明条件中的 σ_{MAX}。在照明光瞳的位置，由于系统通常的放大率是 4∶1，也就是尺寸在掩模平面比在硅片平面大 3 倍。那么这种相干长度就是 4 倍，即 348.8nm。在最先进的阿斯麦公司的光刻机上，照明系统使用最先进的转镜阵列（Flexray），将照明光瞳分割为 64×64 个面积等分的照明单元，则每个等分的照明单元在硅片平面上的相干长度为前述 87.2nm 的 64 倍，约 5.6μm。而光学邻近效应考虑的最大周期通常为 2～3μm，也就是说，在考虑的最大周期上每个等分的照明单元给予的照明是相干的。所以，计算空间像的时候可以通过对每个照明光瞳上的单元进行相干成像计算，然后再把所有单元计算出的光强分布相加，得到总的空间像光强分布。这又称为霍普金斯（H. H. Hopkins）原理[12]。

先考虑掩模接受垂直照明的情况。图 11-15 中显示了带有周期性光栅结构的掩模在受到垂直照明的情况下照明光线的衍射情况，也就是傅里叶级数展开。光振幅 $\boldsymbol{A}(x)$ 可以写成

$$\boldsymbol{A}(x) = c_0\hat{\boldsymbol{e}}_0 + \sum_{\substack{n=-m_N \\ n\neq 0}}^{m_P} c_n\hat{\boldsymbol{e}}_n\mathrm{e}^{\mathrm{j}\frac{2\pi n x}{p}} \tag{11.15}$$

$$c_{\pm n} = \frac{1}{p}\int_{-p/2}^{p/2} M(x')\mathrm{e}^{\mp\mathrm{j}\left(\frac{2\pi n x'}{p}\right)}\mathrm{d}x'$$

式中：c_0、$c_{\pm n}$ 为光振幅衍射系数；p 为空间周期；$M(x)$ 为掩模图样，或者掩模函数；$\hat{\boldsymbol{e}}_0$、$\hat{\boldsymbol{e}}_n$ 为衍射光的单元波矢量；$\mathrm{e}^{\mathrm{j}\frac{2\pi n x}{p}}$ 为 n 级衍射波在 X 方向的相位（由于衍射的传播方向是斜的）；m_N、m_P 分别为最小和最大的可被投影镜头接收的衍射级数。

例如，图 11-14 中显示的系统可以接收的最小衍射级为 -1，最大衍射级为 0。也就是说，

最后的空间像将由 −1 和 0 级两束光干涉成像。图 11-15 列举了占空比为 0.5 的光栅的衍射系数（又称为衍射效率）。

假设光振幅函数 $A(x)$ 可以写成复变函数的傅里叶变换形式：

$$A(x) = c_0 \hat{e}_0 + \sum_{\substack{n=-m_N \\ n \neq 0}}^{m_P} c_n \hat{e}_n e^{j\frac{2\pi n x}{p}}$$

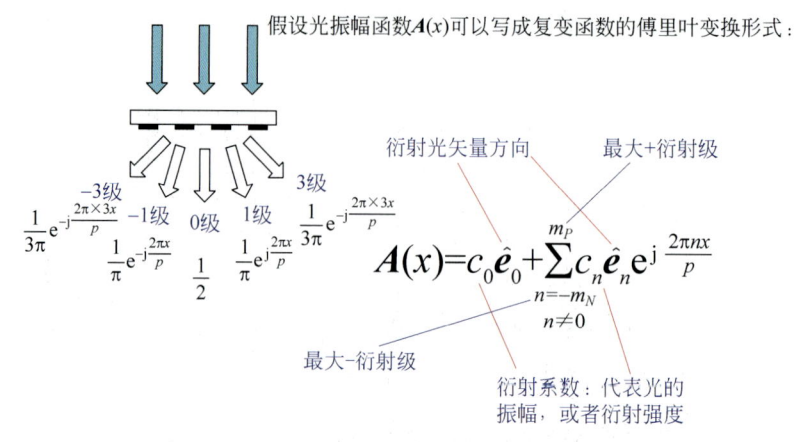

图 11-15 垂直照射的光栅函数的傅里叶级数展开

在计算出光振幅 $A(x)$ 后，可以取其模的平方，获得光强：

$$I(x) = A^*(x) \cdot A(x) = |A(x)|^2 \tag{11.16}$$

由于现在只是考虑照明光瞳上一点的情况，如果将所有的情况加起来，则可以得到

$$I_{\text{总}}(x) = \sum_{\sigma_x, \sigma_y} A^*(x) \cdot A(x) \tag{11.17}$$

这种计算空间像的方法称为阿贝方法。

如果加进光刻胶的最大效果，也就是光酸在一定的温度下会扩散，那么这种扩散在化学放大的光刻胶（Chemically Amplified Resist，CAR）中可以用来催化去保护（Deprotection）反应，起到节省照明光的作用。它可以使得光刻胶剖面的形貌变得垂直，节省光刻机的产能，保护光刻机的镜头和掩模版。但是，因为这种扩散是随机的，所以会导致空间像对比度下降。这种对比度的下降用高斯扩散来表示：

$$I_D(x) = \int_{-\infty}^{+\infty} \frac{1}{a\sqrt{2\pi}} e^{-\frac{(x-x')^2}{2a^2}} dx' [A^*(x') \cdot A(x')] \tag{11.18}$$

式中：a 为扩散长度；I_D 为经过扩散后的空间像光强。

把式(11.15)代入式(11.18)，可以得到

$$\begin{aligned}
I_D(x) &= \int_{-\infty}^{+\infty} \frac{1}{a\sqrt{2\pi}} e^{-\frac{(x-x')^2}{2a^2}} dx' [A^*(x') \cdot A(x')] \\
&= \int_{-\infty}^{+\infty} \frac{1}{a\sqrt{2\pi}} e^{-\frac{(x-x')^2}{2a^2}} dx' \left\{ \left(c_0 \hat{e}_0 + \sum_{\substack{\xi=-m_N \\ \xi \neq 0}}^{m_P} c_\xi \hat{e}_\xi e^{-j\frac{2\pi \xi x'}{p}} \right) \cdot \left(c_0 \hat{e}_0 + \sum_{\substack{\eta=-m_N \\ \eta \neq 0}}^{m_P} c_\eta \hat{e}_\eta e^{j\frac{2\pi \eta x'}{p}} \right) \right\} \\
&= c_0^2 + \sum_{\substack{\xi=-m_N \\ \xi \neq 0}}^{m_P} c_\xi^2 + 2c_0 \sum_{\substack{\xi=-m_N \\ \xi \neq 0}}^{m_P} c_\xi (\hat{e}_0 \cdot \hat{e}_\xi) e^{-\frac{2\pi^2 \xi^2 a^2}{p^2}} \cos\left(\frac{2\pi \xi x}{p}\right) + \\
&\quad 2 \sum_{\substack{\xi > \eta \\ \xi \neq 0}}^{m_P} \sum_{\substack{\eta=-m_N \\ \eta \neq 0}}^{m_P - 1} c_\xi c_\eta (\hat{e}_\xi \cdot \hat{e}_\eta) e^{-\frac{2\pi^2 (\xi-\eta)^2 a^2}{p^2}} \cos\left(\frac{2\pi (\xi-\eta) x}{p}\right)
\end{aligned} \tag{11.19}$$

如果考虑垂直方向上的扩散，则有

$$I_D(x,z) = \int_{-\infty}^{+\infty} \left(\frac{1}{a\sqrt{2\pi}}\right)^2 e^{-\frac{(x-x')^2}{2a^2}} dx' e^{-\frac{(z-z')^2}{2a^2}} dz' [\boldsymbol{A}^*(x',z') \cdot \boldsymbol{A}(x',z')]$$

$$= \int_{-\infty}^{+\infty} \left(\frac{1}{a\sqrt{2\pi}}\right)^2 e^{-\frac{(x-x')^2}{2a^2}} dx' e^{-\frac{(z-z')^2}{2a^2}} dz' \left\{ \left(c_0 \hat{\boldsymbol{e}}_0 e^{-j(k_x x' + k_y y' + k_{z0} z')} + \sum_{\substack{\xi = -m_N \\ \xi \neq 0}}^{m_P} c_\xi \hat{\boldsymbol{e}}_\xi e^{-j\left(k_x x' + \frac{2\pi\xi x'}{p} + k_y y' + k_{z\xi} z'\right)} \right) \cdot \right.$$

$$\left. \left(c_0 \hat{\boldsymbol{e}}_0 e^{j(k_x x' + k_y y' + k_{z0} z')} + \sum_{\substack{\eta = -m_N \\ \eta \neq 0}}^{m_P} c_\eta \hat{\boldsymbol{e}}_\eta e^{j\left(k_x x' + \frac{2\pi\eta x'}{p} + k_y y' + k_{z\eta} z'\right)} \right) \right\}$$

$$= c_0^2 + \sum_{\substack{\xi = -m_N \\ \xi \neq 0}}^{m_P} c_\xi^2 + 2c_0 \sum_{\substack{\xi = -m_N \\ \xi \neq 0}}^{m_P} c_\xi (\hat{\boldsymbol{e}}_0 \cdot \hat{\boldsymbol{e}}_\xi) e^{-\frac{2\pi^2 \xi^2 a^2}{p^2}} e^{-\frac{(k_{z\xi} - k_{z0})^2 a^2}{2}} \cos\left(\frac{2\pi\xi x}{p} + (k_{z\xi} - k_{z0})z\right) +$$

$$2 \sum_{\substack{\xi > \eta \\ \xi \neq 0}}^{m_P} \sum_{\substack{\eta = -m_N \\ \eta \neq 0}}^{m_P - 1} c_\xi c_\eta (\hat{\boldsymbol{e}}_\xi \cdot \hat{\boldsymbol{e}}_\eta) e^{-\frac{2\pi^2 (\xi-\eta)^2 a^2}{p^2}} e^{-\frac{(k_{z\xi} - k_{z\eta})^2 a^2}{2}} \cos\left(\frac{2\pi(\xi-\eta)x}{p} + (k_{z\xi} - k_{z\eta})z\right)$$

(11.20)

如果把照明光瞳的所有贡献都加进来,则有

$$I_{总D}(x,z) = \sum_{\sigma_x, \sigma_y} I_D(x,z) \tag{11.21}$$

这里的公式中已经考虑矢量。

矢量的计算需要了解光波矢的传播方向。如图 11-16 所示,照明光在镜头的聚焦下,将沿着以下方向射向硅片:

$$\hat{\boldsymbol{e}}_0 = \left(-\frac{\sigma_x \mathrm{NA}}{n}, -\frac{\sigma_y \mathrm{NA}}{n}, -\sqrt{1 - \left(\frac{\sigma_x \mathrm{NA}}{n}\right)^2 - \left(\frac{\sigma_y \mathrm{NA}}{n}\right)^2} \right)$$

(11.22)

如果加上 X 方向上的衍射,则式(11.22)可以写成

$$\hat{\boldsymbol{e}}_\xi = \left(-\left(\frac{\sigma_x \mathrm{NA}}{n} + \xi \frac{\lambda}{np}\right), -\frac{\sigma_y \mathrm{NA}}{n}, \right.$$
$$\left. -\sqrt{1 - \left(\frac{\sigma_x \mathrm{NA}}{n} + \xi \frac{\lambda}{np}\right)^2 - \left(\frac{\sigma_y \mathrm{NA}}{n}\right)^2} \right)$$

(11.23)

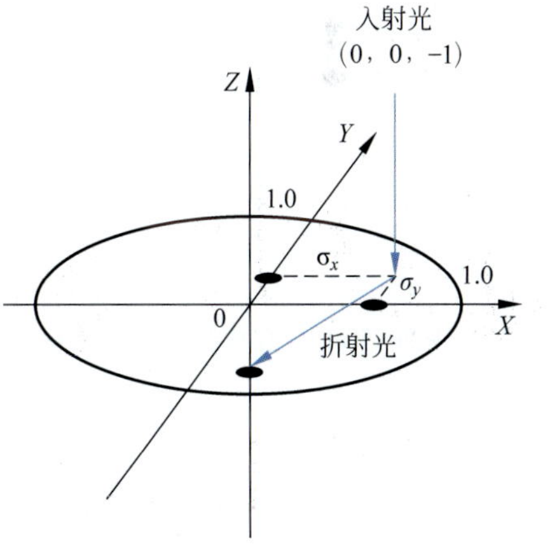

图 11-16 入射光矢量的角度分析

式(11.22)表示照明光线的矢量方向,式(11.23)表示衍射光线的矢量方向,其中 ξ 表示在 X 方向上的衍射级,如+1,+2,…,或者−1,−2,…。由于使用阿贝方法,对于一个具体的照明条件,如环形照明,需要对环带上的每一个角度的入射光计算一次空间像的光强,然后再做平均。由于光电场的矢量性质,需要将每一根光线分成两个相互垂直方向(X 方向和 Y 方向)上的偏振分量,分别进行计算,再按照分量的大小线性加权相加。

如图 11-16 所示,将原本垂直于 Z 轴的波矢量$(0,0,-1)$旋转至 $\hat{\boldsymbol{e}}_0$: $\left(-\frac{\sigma_x \mathrm{NA}}{n}, -\frac{\sigma_y \mathrm{NA}}{n}, \right.$

$$-\sqrt{1-\left(\frac{\sigma_x \mathrm{NA}}{n}\right)^2-\left(\frac{\sigma_y \mathrm{NA}}{n}\right)^2}\right)\text{的矩阵经过计算可以写成}$$

$$R\left((0,0,-1)\text{to}\left(-\frac{\sigma_x \mathrm{NA}}{n},-\frac{\sigma_y \mathrm{NA}}{n},-\sqrt{1-\left(\frac{\sigma_x \mathrm{NA}}{n}\right)^2-\left(\frac{\sigma_y \mathrm{NA}}{n}\right)^2}\right)\right)$$

$$=\begin{bmatrix}\dfrac{\left(\frac{\sigma_x \mathrm{NA}}{n}\right)^2}{\left(\frac{\sigma_x \mathrm{NA}}{n}\right)^2+\left(\frac{\sigma_y \mathrm{NA}}{n}\right)^2}\cdot\sqrt{1-\left(\frac{\sigma_x \mathrm{NA}}{n}\right)^2-\left(\frac{\sigma_y \mathrm{NA}}{n}\right)^2}+\dfrac{\left(\frac{\sigma_y \mathrm{NA}}{n}\right)^2}{\left(\frac{\sigma_x \mathrm{NA}}{n}\right)^2+\left(\frac{\sigma_y \mathrm{NA}}{n}\right)^2} & \dfrac{\frac{\sigma_x \mathrm{NA}}{n}\frac{\sigma_y \mathrm{NA}}{n}}{\left(\frac{\sigma_x \mathrm{NA}}{n}\right)^2+\left(\frac{\sigma_y \mathrm{NA}}{n}\right)^2}\cdot\left(\sqrt{1-\left(\frac{\sigma_x \mathrm{NA}}{n}\right)^2-\left(\frac{\sigma_y \mathrm{NA}}{n}\right)^2}-1\right) & \dfrac{\sigma_x \mathrm{NA}}{n} \\ \dfrac{\frac{\sigma_x \mathrm{NA}}{n}\frac{\sigma_y \mathrm{NA}}{n}}{\left(\frac{\sigma_x \mathrm{NA}}{n}\right)^2+\left(\frac{\sigma_y \mathrm{NA}}{n}\right)^2}\cdot\left(\sqrt{1-\left(\frac{\sigma_x \mathrm{NA}}{n}\right)^2-\left(\frac{\sigma_y \mathrm{NA}}{n}\right)^2}-1\right) & \dfrac{\left(\frac{\sigma_y \mathrm{NA}}{n}\right)^2}{\left(\frac{\sigma_x \mathrm{NA}}{n}\right)^2+\left(\frac{\sigma_y \mathrm{NA}}{n}\right)^2}\cdot\sqrt{1-\left(\frac{\sigma_x \mathrm{NA}}{n}\right)^2-\left(\frac{\sigma_y \mathrm{NA}}{n}\right)^2}+\dfrac{\left(\frac{\sigma_x \mathrm{NA}}{n}\right)^2}{\left(\frac{\sigma_x \mathrm{NA}}{n}\right)^2+\left(\frac{\sigma_y \mathrm{NA}}{n}\right)^2} & \dfrac{\sigma_y \mathrm{NA}}{n} \\ -\dfrac{\sigma_x \mathrm{NA}}{n} & -\dfrac{\sigma_y \mathrm{NA}}{n} & \sqrt{1-\left(\frac{\sigma_x \mathrm{NA}}{n}\right)^2-\left(\frac{\sigma_y \mathrm{NA}}{n}\right)^2}\end{bmatrix}$$

(11.24a)

这个矩阵还可以看成以下 3 个转动的叠加,即

$$R\left((0,0,-1)\text{to}\left(-\frac{\sigma_x \mathrm{NA}}{n},-\frac{\sigma_y \mathrm{NA}}{n},-\sqrt{1-\left(\frac{\sigma_x \mathrm{NA}}{n}\right)^2-\left(\frac{\sigma_y \mathrm{NA}}{n}\right)^2}\right)\right)$$

$$=\begin{bmatrix}\dfrac{\frac{\sigma_x \mathrm{NA}}{n}}{\sqrt{\left(\frac{\sigma_x \mathrm{NA}}{n}\right)^2+\left(\frac{\sigma_y \mathrm{NA}}{n}\right)^2}} & \dfrac{-\frac{\sigma_y \mathrm{NA}}{n}}{\sqrt{\left(\frac{\sigma_x \mathrm{NA}}{n}\right)^2+\left(\frac{\sigma_y \mathrm{NA}}{n}\right)^2}} & 0 \\ \dfrac{\frac{\sigma_y \mathrm{NA}}{n}}{\sqrt{\left(\frac{\sigma_x \mathrm{NA}}{n}\right)^2+\left(\frac{\sigma_y \mathrm{NA}}{n}\right)^2}} & \dfrac{\frac{\sigma_x \mathrm{NA}}{n}}{\sqrt{\left(\frac{\sigma_x \mathrm{NA}}{n}\right)^2+\left(\frac{\sigma_y \mathrm{NA}}{n}\right)^2}} & 0 \\ 0 & 0 & 1\end{bmatrix}\cdot$$

$$\begin{bmatrix} \sqrt{1-\left(\dfrac{\sigma_x \mathrm{NA}}{n}\right)^2-\left(\dfrac{\sigma_y \mathrm{NA}}{n}\right)^2} & 0 & \sqrt{\left(\dfrac{\sigma_x \mathrm{NA}}{n}\right)^2+\left(\dfrac{\sigma_y \mathrm{NA}}{n}\right)^2} \\ 0 & 1 & 0 \\ -\sqrt{\left(\dfrac{\sigma_x \mathrm{NA}}{n}\right)^2+\left(\dfrac{\sigma_y \mathrm{NA}}{n}\right)^2} & 0 & \sqrt{1-\left(\dfrac{\sigma_x \mathrm{NA}}{n}\right)^2-\left(\dfrac{\sigma_y \mathrm{NA}}{n}\right)^2} \end{bmatrix} \cdot$$

$$\begin{bmatrix} \dfrac{\dfrac{\sigma_x \mathrm{NA}}{n}}{\sqrt{\left(\dfrac{\sigma_x \mathrm{NA}}{n}\right)^2+\left(\dfrac{\sigma_y \mathrm{NA}}{n}\right)^2}} & \dfrac{\dfrac{\sigma_y \mathrm{NA}}{n}}{\sqrt{\left(\dfrac{\sigma_x \mathrm{NA}}{n}\right)^2+\left(\dfrac{\sigma_y \mathrm{NA}}{n}\right)^2}} & 0 \\ \dfrac{-\dfrac{\sigma_y \mathrm{NA}}{n}}{\sqrt{\left(\dfrac{\sigma_x \mathrm{NA}}{n}\right)^2+\left(\dfrac{\sigma_y \mathrm{NA}}{n}\right)^2}} & \dfrac{\dfrac{\sigma_x \mathrm{NA}}{n}}{\sqrt{\left(\dfrac{\sigma_x \mathrm{NA}}{n}\right)^2+\left(\dfrac{\sigma_y \mathrm{NA}}{n}\right)^2}} & 0 \\ 0 & 0 & 1 \end{bmatrix} \tag{11.24b}$$

文献[13]中推导的结果与我们的结果是一样的。

电场矢量可以有横电波(TE)和横磁波(TM)两个方向。对于垂直于原波矢量方向上的电矢量,此矩阵同样适用。对于 Y 偏振,电矢量可以写为(0,1,0);对于 X 偏振,电矢量可以写为(1,0,0)。经过转动,如果记入三维的波矢量,对于 Y 偏振,电矢量可写为(0,1,0),实际变成

$$\hat{e}_0 = \left\{ \dfrac{\dfrac{\sigma_x \mathrm{NA}}{n} \dfrac{\sigma_y \mathrm{NA}}{n}}{\left(\dfrac{\sigma_x \mathrm{NA}}{n}\right)^2+\left(\dfrac{\sigma_y \mathrm{NA}}{n}\right)^2} \left(\sqrt{1-\left(\dfrac{\sigma_x \mathrm{NA}}{n}\right)^2-\left(\dfrac{\sigma_y \mathrm{NA}}{n}\right)^2}-1\right), \right.$$

$$\left[\dfrac{\left(\dfrac{\sigma_y \mathrm{NA}}{n}\right)^2}{\left(\dfrac{\sigma_x \mathrm{NA}}{n}\right)^2+\left(\dfrac{\sigma_y \mathrm{NA}}{n}\right)^2} \sqrt{1-\left(\dfrac{\sigma_x \mathrm{NA}}{n}\right)^2-\left(\dfrac{\sigma_y \mathrm{NA}}{n}\right)^2} + \right.$$

$$\left. \left. \dfrac{\left(\dfrac{\sigma_x \mathrm{NA}}{n}\right)^2}{\left(\dfrac{\sigma_x \mathrm{NA}}{n}\right)^2+\left(\dfrac{\sigma_y \mathrm{NA}}{n}\right)^2} \right], -\dfrac{\sigma_y \mathrm{NA}}{n} \right\} \tag{11.25}$$

对于 X 偏振,电矢量可以写为(1,0,0),实际变成

$$\hat{e}_0 = \left\{ \left[\dfrac{\left(\dfrac{\sigma_x \mathrm{NA}}{n}\right)^2}{\left(\dfrac{\sigma_x \mathrm{NA}}{n}\right)^2+\left(\dfrac{\sigma_y \mathrm{NA}}{n}\right)^2} \sqrt{1-\left(\dfrac{\sigma_x \mathrm{NA}}{n}\right)^2-\left(\dfrac{\sigma_y \mathrm{NA}}{n}\right)^2} + \dfrac{\left(\dfrac{\sigma_y \mathrm{NA}}{n}\right)^2}{\left(\dfrac{\sigma_x \mathrm{NA}}{n}\right)^2+\left(\dfrac{\sigma_y \mathrm{NA}}{n}\right)^2} \right], \right.$$

$$\left.\left[\frac{\frac{\sigma_x \mathrm{NA}}{n}\frac{\sigma_y \mathrm{NA}}{n}}{\left(\frac{\sigma_x \mathrm{NA}}{n}\right)^2+\left(\frac{\sigma_y \mathrm{NA}}{n}\right)^2}\left(\sqrt{1-\left(\frac{\sigma_x \mathrm{NA}}{n}\right)^2-\left(\frac{\sigma_y \mathrm{NA}}{n}\right)^2}-1\right)\right], -\frac{\sigma_x \mathrm{NA}}{n}\right\} \quad (11.26)$$

对于 Y 偏振,电矢量 $\hat{e}_\xi = (0,1,0)$,在存在 X 方向上衍射的情况下,实际变成

$$\hat{e}_\xi = \left\{\left[\frac{\left(\frac{\sigma_x \mathrm{NA}}{n}+\xi\frac{\lambda}{np}\right)\frac{\sigma_y \mathrm{NA}}{n}}{\left(\frac{\sigma_x \mathrm{NA}}{n}+\xi\frac{\lambda}{np}\right)^2+\left(\frac{\sigma_y \mathrm{NA}}{n}\right)^2}\left(\sqrt{1-\left(\frac{\sigma_x \mathrm{NA}}{n}+\xi\frac{\lambda}{np}\right)^2-\left(\frac{\sigma_y \mathrm{NA}}{n}\right)^2}-1\right)\right],\right.$$

$$\left[\frac{\left(\frac{\sigma_y \mathrm{NA}}{n}\right)^2}{\left(\frac{\sigma_x \mathrm{NA}}{n}+\xi\frac{\lambda}{np}\right)^2+\left(\frac{\sigma_y \mathrm{NA}}{n}\right)^2}\sqrt{1-\left(\frac{\sigma_x \mathrm{NA}}{n}+\xi\frac{\lambda}{np}\right)^2-\left(\frac{\sigma_y \mathrm{NA}}{n}\right)^2}+\right.$$

$$\left.\left.\frac{\left(\frac{\sigma_x \mathrm{NA}}{n}+\xi\frac{\lambda}{np}\right)^2}{\left(\frac{\sigma_x \mathrm{NA}}{n}+\xi\frac{\lambda}{np}\right)^2+\left(\frac{\sigma_y \mathrm{NA}}{n}\right)^2}\right], -\frac{\sigma_y \mathrm{NA}}{n}\right\}$$

$$(11.27)$$

对于 X 偏振,电矢量 $\hat{e}_\xi = (1,0,0)$,实际变成

$$\hat{e}_\xi = \left\{\left[\frac{\left(\frac{\sigma_x \mathrm{NA}}{n}+\xi\frac{\lambda}{np}\right)^2}{\left(\frac{\sigma_x \mathrm{NA}}{n}+\xi\frac{\lambda}{np}\right)^2+\left(\frac{\sigma_y \mathrm{NA}}{n}\right)^2}\sqrt{1-\left(\frac{\sigma_x \mathrm{NA}}{n}+\xi\frac{\lambda}{np}\right)^2-\left(\frac{\sigma_y \mathrm{NA}}{n}\right)^2}+\right.\right.$$

$$\left.\frac{\left(\frac{\sigma_y \mathrm{NA}}{n}\right)^2}{\left(\frac{\sigma_x \mathrm{NA}}{n}+\xi\frac{\lambda}{np}\right)^2+\left(\frac{\sigma_y \mathrm{NA}}{n}\right)^2}\right],$$

$$\left[\frac{\left(\frac{\sigma_x \mathrm{NA}}{n}+\xi\frac{\lambda}{np}\right)\frac{\sigma_y \mathrm{NA}}{n}}{\left(\frac{\sigma_x \mathrm{NA}}{n}+\xi\frac{\lambda}{np}\right)^2+\left(\frac{\sigma_y \mathrm{NA}}{n}\right)^2}\left(\sqrt{1-\left(\frac{\sigma_x \mathrm{NA}}{n}+\xi\frac{\lambda}{np}\right)^2-\left(\frac{\sigma_y \mathrm{NA}}{n}\right)^2}-1\right)\right],$$

$$\left.-\left(\frac{\sigma_x \mathrm{NA}}{n}+\xi\frac{\lambda}{np}\right)\right\}$$

$$(11.28)$$

11.5 二维阿贝仿真算法

在相干照明条件下,假设平面波在衍射后的振幅函数 $A(x,y,z)$ 可以写成复变函数的傅里叶变换形式:

$$A(x,y,z) = \sum_{n=-G_N}^{G_P} \sum_{m=-H_N}^{H_P} c_{n,m} \hat{e}_{n,m} e^{j\frac{2\pi nx}{p_x}} e^{j\frac{2\pi my}{p_y}} e^{jk_{z_{n,m}}z} \qquad (11.29)$$

$$c_{n,m} = \frac{1}{p_x p_y} \int_{-p_x/2}^{p_x/2} \int_{-p_y/2}^{p_y/2} M(x',y') e^{-j\left(\frac{2\pi nx'}{p_x}\right)} e^{-j\left(\frac{2\pi my'}{p_y}\right)} dx' dy'$$

式中:$c_{n,m}$ 为第 n 级 X、第 m 级 Y 的衍射系数;$M(X,Y)$ 为掩模图样或者掩模函数;G_P、H_P 分别为进入镜头光瞳的 X 方向和 Y 方向最大正向衍射级数;G_N、H_N 分别为进入镜头光瞳的 X 方向和 Y 方向最大负向衍射级数;p_X、p_Y 分别为 X 方向和 Y 方向的图形周期(这里的仿真采用周期性边界条件)。

带有均匀(高斯)扩散的强度函数为

$$I_D(x,y,z) = \int_{-\infty}^{+\infty} dx' \int_{-\infty}^{+\infty} dy' \int_{-\infty}^{+\infty} dz' \left(\frac{1}{a\sqrt{2\pi}}\right)^3 e^{-\frac{(x-x')^2}{2a^2}} e^{-\frac{(y-y')^2}{2a^2}} e^{-\frac{(z-z')^2}{2a^2}} \times$$
$$[A^*(x',y',z') \cdot A(x',y',z')] \qquad (11.30)$$

根据式(11.29),$A^*(x,y,z)A(x,y,z)$ 可以展开成

$$A^*(x,y,z) \cdot A(x,y,z)$$
$$= \left\{ \left[c_{0,0} \hat{e}_{0,0} e^{-j(k_x x' + k_y y' + k_z z')} + \sum_{\substack{m=-H_N \\ m \neq 0}}^{H_P} c_{0,m} \hat{e}_{0,m} e^{-j\left(k_x x' + k_y y' + \frac{2\pi my'}{p_y} + k_{z_{0,m}} z'\right)} + \right. \right.$$

$$\sum_{\substack{n=-G_N \\ n \neq 0}}^{G_P} c_{n,0} \hat{e}_{n,0} e^{-j\left(k_x x' + k_y y' + \frac{2\pi nx'}{p_x} + k_{z_{n,0}} z'\right)} +$$

$$\left. \sum_{\substack{n=-G_N \\ n \neq 0}}^{G_P} \sum_{\substack{m=-H_N \\ m \neq 0}}^{H_P} c_{n,m} \hat{e}_{n,m} e^{-j\left(k_x x' + k_y y' + \frac{2\pi nx'}{p_x} + \frac{2\pi my'}{p_y} + k_{z_{n,m}} z'\right)} \right] \cdot$$

$$\left[c_{0,0} \hat{e}_{0,0} e^{j(k_x x' + k_y y' + k_z z')} + \sum_{\substack{m=-H_N \\ m \neq 0}}^{H_P} c_{0,m} \hat{e}_{0,m} e^{j\left(k_x x' + k_y y' + \frac{2\pi my'}{p_y} + k_{z_{0,m}} z'\right)} + \right.$$

$$\sum_{\substack{n=-G_N \\ n \neq 0}}^{G_P} c_{n,0} \hat{e}_{n,0} e^{j\left(k_x x' + k_y y' + \frac{2\pi nx'}{p_x} + k_{z_{n,0}} z'\right)} +$$

$$\left. \left. \sum_{\substack{n=-G_N \\ n \neq 0}}^{G_P} \sum_{\substack{m=-H_N \\ m \neq 0}}^{H_P} c_{n,m} \hat{e}_{n,m} e^{j\left(k_x x' + k_y y' + \frac{2\pi nx'}{p_x} + \frac{2\pi my'}{p_y} + k_{z_{n,m}} z'\right)} \right] \right\} \qquad (11.31)$$

类似于 11.4 节的推导,对于 Y 偏振,电矢量 $\hat{e}_{\xi,\eta} = (0,1,0)$,实际变成

$$\hat{e}_{\xi,\eta} = \left\{ \frac{\left(\frac{\sigma_x \mathrm{NA}}{n}+\xi\frac{\lambda}{np_x}\right)\left(\frac{\sigma_y \mathrm{NA}}{n}+\eta\frac{\lambda}{np_y}\right)}{\left(\frac{\sigma_x \mathrm{NA}}{n}+\xi\frac{\lambda}{np_x}\right)^2+\left(\frac{\sigma_y \mathrm{NA}}{n}+\eta\frac{\lambda}{np_y}\right)^2}\left(\sqrt{1-\left(\frac{\sigma_x \mathrm{NA}}{n}+\xi\frac{\lambda}{np_x}\right)^2-\left(\frac{\sigma_y \mathrm{NA}}{n}+\eta\frac{\lambda}{np_y}\right)^2}-1\right),\right.$$

$$\left[\frac{\left(\frac{\sigma_y \mathrm{NA}}{n}+\eta\frac{\lambda}{np_y}\right)^2}{\left(\frac{\sigma_x \mathrm{NA}}{n}+\xi\frac{\lambda}{np_x}\right)^2+\left(\frac{\sigma_y \mathrm{NA}}{n}+\eta\frac{\lambda}{np_y}\right)^2}\sqrt{1-\left(\frac{\sigma_x \mathrm{NA}}{n}+\xi\frac{\lambda}{np_x}\right)^2-\left(\frac{\sigma_y \mathrm{NA}}{n}+\eta\frac{\lambda}{np_y}\right)^2}+\right.$$

$$\left.\frac{\left(\frac{\sigma_x \mathrm{NA}}{n}+\xi\frac{\lambda}{np_x}\right)^2}{\left(\frac{\sigma_x \mathrm{NA}}{n}+\xi\frac{\lambda}{np_x}\right)^2+\left(\frac{\sigma_y \mathrm{NA}}{n}+\eta\frac{\lambda}{np_y}\right)^2}\right], \left.\left(\frac{\sigma_y \mathrm{NA}}{n}+\eta\frac{\lambda}{np_y}\right)\right\} \quad (11.32)$$

对于 X 偏振,电矢量 $\hat{e}_{\xi,\eta}=(1,0,0)$,实际变成

$$\hat{e}_{\xi,\eta}$$

$$= \left\{\left[\frac{\left(\frac{\sigma_x \mathrm{NA}}{n}+\xi\frac{\lambda}{np_x}\right)^2}{\left(\frac{\sigma_x \mathrm{NA}}{n}+\xi\frac{\lambda}{np_x}\right)^2+\left(\frac{\sigma_y \mathrm{NA}}{n}+\eta\frac{\lambda}{np_y}\right)^2}\sqrt{1-\left(\frac{\sigma_x \mathrm{NA}}{n}+\xi\frac{\lambda}{np_x}\right)^2-\left(\frac{\sigma_y \mathrm{NA}}{n}+\eta\frac{\lambda}{np_y}\right)^2}+\right.\right.$$

$$\left.\frac{\left(\frac{\sigma_y \mathrm{NA}}{n}+\eta\frac{\lambda}{np_y}\right)^2}{\left(\frac{\sigma_x \mathrm{NA}}{n}+\xi\frac{\lambda}{np_x}\right)^2+\left(\frac{\sigma_y \mathrm{NA}}{n}+\eta\frac{\lambda}{np_y}\right)^2}\right],$$

$$\left[\frac{\left(\frac{\sigma_x \mathrm{NA}}{n}+\xi\frac{\lambda}{np_x}\right)\left(\frac{\sigma_y \mathrm{NA}}{n}+\eta\frac{\lambda}{np_y}\right)}{\left(\frac{\sigma_x \mathrm{NA}}{n}+\xi\frac{\lambda}{np_x}\right)^2+\left(\frac{\sigma_y \mathrm{NA}}{n}+\eta\frac{\lambda}{np_y}\right)^2}\left(\sqrt{1-\left(\frac{\sigma_x \mathrm{NA}}{n}+\xi\frac{\lambda}{np_x}\right)^2-\left(\frac{\sigma_y \mathrm{NA}}{n}+\eta\frac{\lambda}{np_y}\right)^2}-1\right)\right],$$

$$\left.-\left(\frac{\sigma_x \mathrm{NA}}{n}+\xi\frac{\lambda}{np_x}\right)\right\} \quad (11.33)$$

类似于式(11.21),如果把照明光瞳的所有贡献都加进来,则有

$$I_{总\mathrm{D}}(x,y,z) = \sum_{\sigma_x,\sigma_y} I_\mathrm{D}(x,y,z) \quad (11.34)$$

11.6　基于传输交叉系数的空间像算法

前面介绍的空间像计算方法是一种部分相干光的计算方法,是先计算某一个照明角度,即 (σ_x,σ_y) 相对应的光强 I_D,再对所有照明角度进行求和。其中,假设了照明光入射角度的变化等效为在光瞳上的衍射图样的平移,如图 11-17 所示。

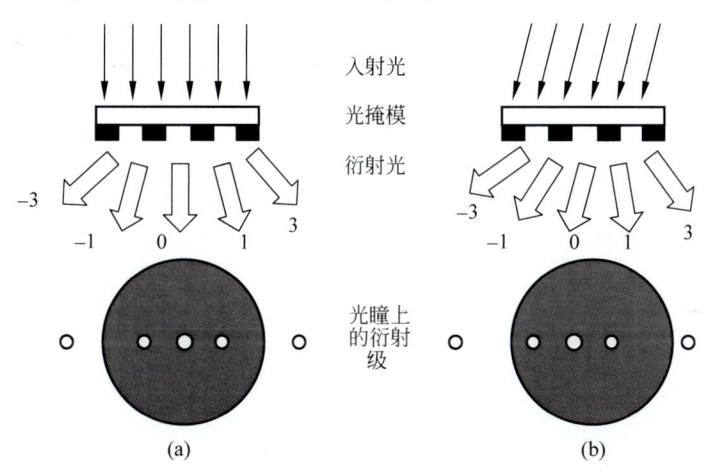

图 11-17　(a) 正入射时,1 个等间距光栅的衍射谱;(b) 斜入射时,1 个等间距光栅的衍射谱

如果将式(11.29)和式(11.34)合并,先忽略光酸的高斯扩散,则得到

$$\begin{aligned}I_{总}(x,y,z) &= \sum_{\sigma_x,\sigma_y} \boldsymbol{A}^*(x,y,z) \cdot \boldsymbol{A}(x,y,z) \\ &= \sum_{\sigma_x,\sigma_y} \sum_{n'=-G_N}^{G_P} \sum_{m'=-H_N}^{H_P} \sum_{n=-G_N}^{G_P} \sum_{m=-H_N}^{H_P} c_{n',m'} c_{n,m} \hat{\boldsymbol{e}}_{n',m'} \cdot \hat{\boldsymbol{e}}_{n,m} e^{j\frac{2\pi(n-n')x}{P_x}} e^{j\frac{2\pi(m-m')y}{P_y}} e^{j(k_{z,n,m}-k_{z,n',m'})z}\end{aligned}$$

(11.35)

其中,对 n'、m'、n、m 的求和具有 G_N、G_P、H_N、H_P 上下限,而它们与 (σ_x,σ_y) 有关。可以看出,所有的求和都在光瞳平面进行。将 $c_{n,m}$ 写成连续函数的形式:

$$c_{n,m} = \widetilde{O}(\mu,\nu) \tag{11.36}$$

式中:$\widetilde{O}(\mu,\nu)$ 为掩模函数 $M(x,y)$ 在光瞳处的傅里叶频谱或者傅里叶变换。

如果把对 n'、m'、n、m 的求和与 G_N、G_P、H_N、H_P 上下限合并写成连续形式,并且将对 (σ_x,σ_y) 的相关性合并写成对光瞳函数 P 的积分,则有

$$\begin{aligned}I_{总}(x,y,z) &= \sum_{\sigma_x,\sigma_y} \boldsymbol{A}^*(x,y,z) \cdot \boldsymbol{A}(x,y,z) \\ &= \sum_{\sigma_x,\sigma_y} \iiiint d\mu'' d\nu'' d\mu' d\nu' \widetilde{O}(\mu'',\nu'') \widetilde{O}(\mu',\nu') P(\mu_0+\mu'',\nu_0+\nu'') \times \\ &\quad P(\mu_0+\mu',\nu_0+\nu') e^{j2\pi\left[\frac{\mu'-\mu''}{P_x}x+\frac{\nu'-\nu''}{P_y}y\right]} \hat{\boldsymbol{e}}_{\mu_0,\nu_0;\mu',\nu'} \cdot \hat{\boldsymbol{e}}_{\mu_0,\nu_0;\mu'',\nu''}\end{aligned}$$

(11.37)

如果在式(11.37)的基础上再将对 (σ_x,σ_y) 的求和变成积分,将本来离散的照明光强分布看成连续的光源函数 $J(\mu,\nu)$,则有

$$I_{\text{总}}(x,y,z) = \sum_{\sigma_x,\sigma_y} \boldsymbol{A}^*(x,y,z) \cdot \boldsymbol{A}(x,y,z)$$

$$= \iint J(\mu,\nu)\,d\mu\,d\nu \iiiint d\mu''d\nu''d\mu'd\nu'\widetilde{O}(\mu'',\nu'')\widetilde{O}(\mu',\nu') \times$$

$$P(\mu+\mu'',\nu+\nu'')P(\mu+\mu',\nu+\nu')e^{j2\pi\left[\frac{\mu'-\mu''}{P_x}x+\frac{\nu'-\nu''}{P_y}y\right]}\hat{\boldsymbol{e}}_{\mu,\nu;\mu',\nu'} \cdot \hat{\boldsymbol{e}}_{\mu,\nu;\mu'',\nu''}$$

(11.38)

令

$$\text{TCC}(\mu',\nu';\mu'',\nu'') = \iint J(\mu,\nu)P(\mu+\mu'',\nu+\nu'')P(\mu+\mu',\nu+\nu') \times$$

$$\hat{\boldsymbol{e}}_{\mu,\nu;\mu',\nu'} \cdot \hat{\boldsymbol{e}}_{\mu,\nu;\mu'',\nu''}\,d\mu\,d\nu \tag{11.39}$$

式中：TCC 为传输交叉系数(Transmission Cross Coefficient)。

式(11.38)又可以写成

$$I_{\text{总}}(x,y,z) = \sum_{\sigma_x,\sigma_y} \boldsymbol{A}^*(x,y,z) \cdot \boldsymbol{A}(x,y,z)$$

$$= \iiiint d\mu''d\nu''d\mu'd\nu'\widetilde{O}(\mu'',\nu'') * \widetilde{O}(\mu',\nu')\text{TCC}(\mu',\nu';\mu'',\nu'')e^{j2\pi\left[\frac{(\mu'-\mu'')x}{P_x}+\frac{(\nu'-\nu'')y}{P_y}\right]}$$

(11.40)

加上等效光酸扩散后，就可以得到

$$I_{\text{总D}}(x,y,z) = \int_{-\infty}^{+\infty}dx'\int_{-\infty}^{+\infty}dy'\int_{-\infty}^{+\infty}dz'\left(\frac{1}{a\sqrt{2\pi}}\right)^3 e^{-\frac{(x-x')^2}{2a^2}} e^{-\frac{(y-y')^2}{2a^2}} e^{-\frac{(z-z')^2}{2a^2}} I_{\text{总}}(x',y',z')$$

(11.41)

以上就是带有高斯扩散的空间像的传输交叉系数形式。可以看出，无论是阿贝形式还是传输交叉系数形式，它们都是等效的，仅仅是积分顺序的先后不同。而传输交叉系数方式可以先将光源的求和做完，从而节省一些时间。

11.7 矢量的考虑

前面讨论的理论计算都用到矢量，这种考虑是在 2000 年前后开始的，当关键层的光刻开始进入 0.7NA 时，比如尼康公司的 S203/204 系列步进-扫描式光刻机采用 0.68NA，人们发现原先使用标量的仿真结果与实际硅片曝光的结果存在差异。前面讲到垂直于入射平面的 TE 波的干涉成像不受入射角的影响，而平行于入射面的 TM 波的干涉成像的对比度就会随着入射角变大而变差。所以在以上的仿真计算中需要采用矢量的点乘算法，如

$$\hat{\boldsymbol{e}}_{n',m'} \cdot \hat{\boldsymbol{e}}_{n,m} \tag{11.42}$$

或者

$$\hat{\boldsymbol{e}}_{\mu_0,\nu_0;\mu',\nu'} \cdot \hat{\boldsymbol{e}}_{\mu_0,\nu_0;\mu'',\nu''} \tag{11.43}$$

代表了不同衍射光之间的干涉成像。由于镜头的聚焦，原本在照明光瞳输入的纯的偏振态，如 X 方向的 $(1,0,0)$ 或者 Y 方向的 $(0,1,0)$ 会变成在 3 个方向都存在分量的形式，具体的分解在 11.5 节中已经讨论过，此处不再赘述。

11.8 偏振的计算

偏振的需求是随着分辨率的提升、数值孔径的提高,平行于入射面的 TM 波的干涉成像的对比度就会随着入射角变大而变差被提出来。理想的情况是采用垂直于入射面的 TE 波来成像。比如,使用的最多的 X-Y 偏振模式,就是将照明光瞳用 45°和 135°两条直线分为 4 个区域,如图 11-18 所示。

单一的 X 偏振是用于沿着 X 方向的线条,单一的 Y 偏振是用于沿着 Y 方向的线条,而 X-Y 偏振模式则是兼顾了 X 方向和 Y 方向的线条,但是对于沿着 45°或者 135°的线条没有用处。经向(Azimuthal)则兼顾了 45°或者 35°角度上的图形要求,"经向"偏振又称为 TE 偏振。图 11-18 中"旋转的 X"或者"旋转的 Y"是针对某些带有旋转的图形设计的。这些兼顾都会以其他图形的对比度损失为代价。不过相比非偏振,对比度在存在"兼顾"的情况下仍然有提升。在仿真计算中,则需要对照明光线所在的光瞳位置选取相对应的偏振初始状态,经过式(11.24a)或者式(11.24b)的矩阵旋转到相应的偏振状态。如果进一步精确地描述偏振状态,还需要考虑光刻机内部镜片和镀膜多次折射(对于 193nm 水浸没式光刻机,镜头内部还存在反射镜,而 13.5nm 的极紫外光刻机所用的成像镜片都是反射式的)造成的偏振状态损失。光刻机能够保存 92%原始的偏振状态就不错了。

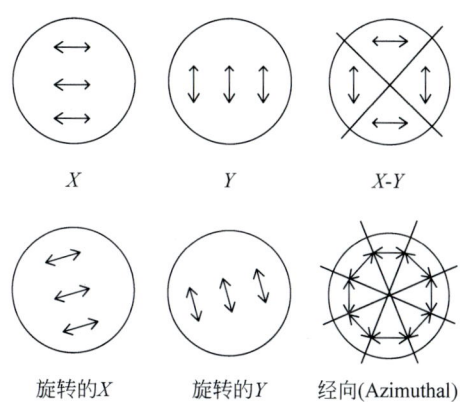

图 11-18 不同的偏振态,从左到右、从上到下分别为 X、Y、X-Y、旋转的 X、旋转的 Y、经向

11.9 像差的计算

由于镜头的设计和制作不可避免地存在各种兼顾或者加工、工装误差,使得镜头或多或少地存在像差。当然,这样的像差并不大,一般体现在相对于一个理想波前的小偏差。例如,在 248nm 光刻机上,一般认为,镜头总均方根(rms)像差在 25 毫波长(mili-λ)内的属于好的镜头[14]。对于 193nm 浸没式光刻机,这样的要求会被提高到 5 毫波长。这些剩余的像差可以等效为在光瞳处的波前相位差,且使用泽尼克多项式(Zenike polynomials)表达。因为像差存在于光瞳的固定区域,所以可以将其添加在光瞳函数 $P(\mu,\nu)$ 中。在复变函数中就是乘以 $e^{i\phi(\mu,\nu)}$。泽尼克多项式 1~37 列于表 11-1 中。

表 11-1 泽尼克多项式 1~37 的描述以及多项式公式

级　数	描　述	多项式公式
1	位置	1
2	X 方向倾斜	$\rho\cos\theta$
3	Y 方向倾斜	$\rho\sin\theta$
4	离焦(Defocus)	$2\rho^2-1$
5	像散(Astigmatism)XY	$\rho^2\cos2\theta$

续表

级数	描述	多项式公式
6	像散(Astigmatism)45°	$\rho^2 \sin2\theta$
7	彗差(Coma)X	$(3\rho^2-2)\rho\cos\theta$
8	彗差(Coma)Y	$(3\rho^2-2)\rho\sin\theta$
9	球差(Spherical)	$6\rho^4-6\rho^2+1$
10	三叶(3-Foil)X	$\rho^3 \cos3\theta$
11	三叶(3-Foil)Y	$\rho^3 \sin3\theta$
12	像散(Astigmatism)XY	$(4\rho^2-3)\rho^2\cos2\theta$
13	像散(Astigmatism)45°	$(4\rho^2-3)\rho^2\sin2\theta$
14	彗差(Coma)X	$(10\rho^4-12\rho^2+3)\rho\cos\theta$
15	彗差(Coma)Y	$(10\rho^4-12\rho^2+3)\rho\sin\theta$
16	球差(Spherical)	$20\rho^6-30\rho^4+12\rho^2-1$
17	四叶(4-Foil)X	$\rho^4 \cos4\theta$
18	四叶(4-Foil)Y	$\rho^4 \sin4\theta$
19	三叶(3-Foil)X	$(5\rho^2-4)\rho^3\cos3\theta$
20	三叶(3-Foil)Y	$(5\rho^2-4)\rho^3\sin3\theta$
21	像散(Astigmatism)XY	$(15\rho^4-20\rho^2+6)\rho^2\cos2\theta$
22	像散(Astigmatism)45°	$(15\rho^4-20\rho^2+6)\rho^2\sin2\theta$
23	彗差(Coma)X	$(35\rho^6-60\rho^4+30\rho^2-4)\rho\cos\theta$
24	彗差(Coma)Y	$(35\rho^6-60\rho^4+30\rho^2-4)\rho\sin\theta$
25	球差(Spherical)	$70\rho^8-140\rho^6+90\rho^4-20\rho^2+1$
26	五叶(5-Foil)X	$\rho^5 \cos5\theta$
27	五叶(5-Foil)Y	$\rho^5 \sin5\theta$
28	四叶(4-Foil)X	$(6\rho^2-5)\rho^4\cos4\theta$
29	四叶(4-Foil)Y	$(6\rho^2-5)\rho^4\sin4\theta$
30	三叶(3-Foil)X	$(21\rho^4-30\rho^2+10)\rho^3\cos3\theta$
31	三叶(3-Foil)Y	$(21\rho^4-30\rho^2+10)\rho^3\sin3\theta$
32	像散(Astigmatism)XY	$(56\rho^6-105\rho^4+60\rho^2-10)\rho^2\cos2\theta$
33	像散(Astigmatism)45°	$(56\rho^6-105\rho^4+60\rho^2-10)\rho^2\sin2\theta$
34	彗差(Coma)X	$(126\rho^8-280\rho^6+210\rho^4-60\rho^2+5)\rho\cos\theta$
35	彗差(Coma)Y	$(126\rho^8-280\rho^6+210\rho^4-60\rho^2+5)\rho\sin\theta$
36	球差(Spherical)	$252\rho^{10}-630\rho^8+560\rho^6-210\rho^4+30\rho^2-1$
37	球差(Spherical)	$924\rho^{10}-2772\rho^{10}+3150\rho^8-1680\rho^6+420\rho^4-420\rho^2+1$

11.10 琼斯矩阵

描述光学系统对入射光偏振态的作用的参数有琼斯矩阵(Jones matrix)。假设可以使用如下琼斯矢量(Jones vector)表示入射光的偏振态：

$$\boldsymbol{E}_{\text{IN}} = \begin{pmatrix} E_{\text{IN},X} e^{j\phi_X} \\ E_{\text{IN},Y} e^{j\phi_Y} \end{pmatrix} \tag{11.44}$$

式中：$j\phi_X$、$j\phi_Y$ 分别为在 X 方向、Y 方向上的相位。

常见的偏振态的琼斯矢量表示见表 11-2。

表 11-2　常见的偏振态的琼斯矢量表示

偏振态	琼斯矢量	偏振态	琼斯矢量
X 方向线偏振	$\begin{bmatrix}1\\0\end{bmatrix}$	135°角方向线偏振	$\dfrac{1}{\sqrt{2}}\begin{bmatrix}1\\-1\end{bmatrix}$
Y 方向线偏振	$\begin{bmatrix}0\\1\end{bmatrix}$	右旋圆偏振	$\dfrac{1}{\sqrt{2}}\begin{bmatrix}1\\-j\end{bmatrix}$
45°角方向线偏振	$\dfrac{1}{\sqrt{2}}\begin{bmatrix}1\\1\end{bmatrix}$	左旋圆偏振	$\dfrac{1}{\sqrt{2}}\begin{bmatrix}1\\j\end{bmatrix}$

那么，出射光的偏振态可以表示为

$$\boldsymbol{E}_{\text{OUT}} = \begin{pmatrix} E_{\text{OUT},X}\,\mathrm{e}^{\mathrm{j}\phi'_X} \\ E_{\text{OUT},Y}\,\mathrm{e}^{\mathrm{j}\phi'_Y} \end{pmatrix} = \begin{pmatrix} J_{XX} & J_{XY} \\ J_{YX} & J_{YY} \end{pmatrix} \begin{pmatrix} E_{\text{IN},X}\,\mathrm{e}^{\mathrm{j}\phi_X} \\ E_{\text{IN},Y}\,\mathrm{e}^{\mathrm{j}\phi_Y} \end{pmatrix} \tag{11.45}$$

而 $\boldsymbol{J}_{ab}$ 就是琼斯矩阵。例如，对于一个沿着 X 方向上的偏振片，它的琼斯矩阵可以表示为

$$\boldsymbol{J} = \begin{pmatrix} 1 & 0 \\ 0 & 0 \end{pmatrix} \tag{11.46}$$

常用光学元件的琼斯矩阵见表 11-3。

表 11-3　常见的偏振元件的琼斯矩阵表示

光学元件	琼斯矩阵	光学元件	琼斯矩阵
X 方向线偏振片	$\begin{bmatrix}1 & 0\\0 & 0\end{bmatrix}$	圆偏振片，左旋	$\dfrac{1}{2}\begin{bmatrix}1 & -j\\j & 1\end{bmatrix}$
Y 方向线偏振片	$\begin{bmatrix}0 & 0\\0 & 1\end{bmatrix}$	圆偏振片，右旋	$\dfrac{1}{2}\begin{bmatrix}1 & j\\-j & 1\end{bmatrix}$
45°角方向线偏振片	$\dfrac{1}{2}\begin{bmatrix}1 & 1\\1 & 1\end{bmatrix}$	1/4 波片，快轴 X 方向	$\mathrm{e}^{\mathrm{j}\frac{\pi}{4}}\begin{bmatrix}1 & 0\\0 & j\end{bmatrix}$
135°角方向线偏振片	$\dfrac{1}{2}\begin{bmatrix}1 & -1\\-1 & 1\end{bmatrix}$	1/4 波片，快轴 Y 方向	$\mathrm{e}^{\mathrm{j}\frac{\pi}{4}}\begin{bmatrix}1 & 0\\0 & -j\end{bmatrix}$

光刻机的对偏振状态的影响，或者说在偏振状态下空间像可以通过使用等效作用在光瞳函数上的琼斯矩阵来进行计算，又称为琼斯光瞳(Jones pupil)。在 28nm 及 28nm 以下的线宽和工艺窗口，以及线宽随着空间周期变化的计算中，由于光刻机偏振态的纯度在 92% 以上，可以近似地认为偏振态的纯度为 100%。计算结果与实际硅片曝光测得的工艺窗口和线宽相差不大，线宽差异为 0.5～1nm，工艺窗口的差异不容易觉察(见 6.7.3 节)。投影物镜琼斯光瞳上的相位差又称为偏振像差，对工艺窗口的影响一般体现在图形位置的偏差(约为 1nm)和焦距偏差(约为 10nm)。这样的影响对于 32nm/28nm 工艺来说不算大。如果需要高精度地计算线宽，如光学邻近效应修正计算，则需要输入琼斯矩阵，可以参见文献[13,15]。

11.11　时域有限差分的算法

当集成电路制造进入 32nm/28nm 技术节点，硅片上的线宽尺寸则达到 50nm 或者 50nm 以下。对于现在工业界标准的 4∶1 缩小曝光方式来说，50nm 尺寸在掩模版上就是 200nm。曝光的光波长还在 193nm，光在通过小于其波长尺寸的结构会有显著的衰减和反射。如果这样的结构在光的传播方向上有一定的长度，那么光将在经过某个很小的长度后终止沿着原先的方向传

播。这种情况在光刻中是需要避免的。可是,光掩模由于材料的限制,所有挡光层都有一定的厚度,如 6%透射率的相移掩模的厚度为 65～70nm。经过优化的二元掩模又称为不透明的硅化钼(Opaque Molybdenum Silicide On Glass,OMOG)掩模,可以做到 43nm 左右。事实证明,对于 200nm 左右的沟槽,193nm 光的透过深度 43nm 左右,当掩模厚度为 65～70nm 时,相对于 43nm,光衰减了 30%～50%。所以,按照之前使用的空间像仿真算法,与实验结果相比会有较大的误差。

11.11.1 掩模三维散射造成的掩模函数的修正

之前的算法也就是将掩模平面考虑成平坦化的,完全不考虑掩模挡光层厚度对光透射的影响,又称为基尔霍夫(Kirchhoff)算法。在这种情况下,掩模振幅函数 $M(x,y)$ 不再仅仅取值 0、1,或者对于 6%相移掩模来说取值 －0.25、1,还会根据照明光线在有一定厚度的掩模上的散射增加一些光振幅和相位的修正。如图 11-19 所示,原先 6%相移掩模在存在掩模三维散射的情况下表现出偏离原先振幅和相位的现象。这一变化在光刻工艺上足够使得对焦深度损失 20%,或者能量损失 20%～30%。

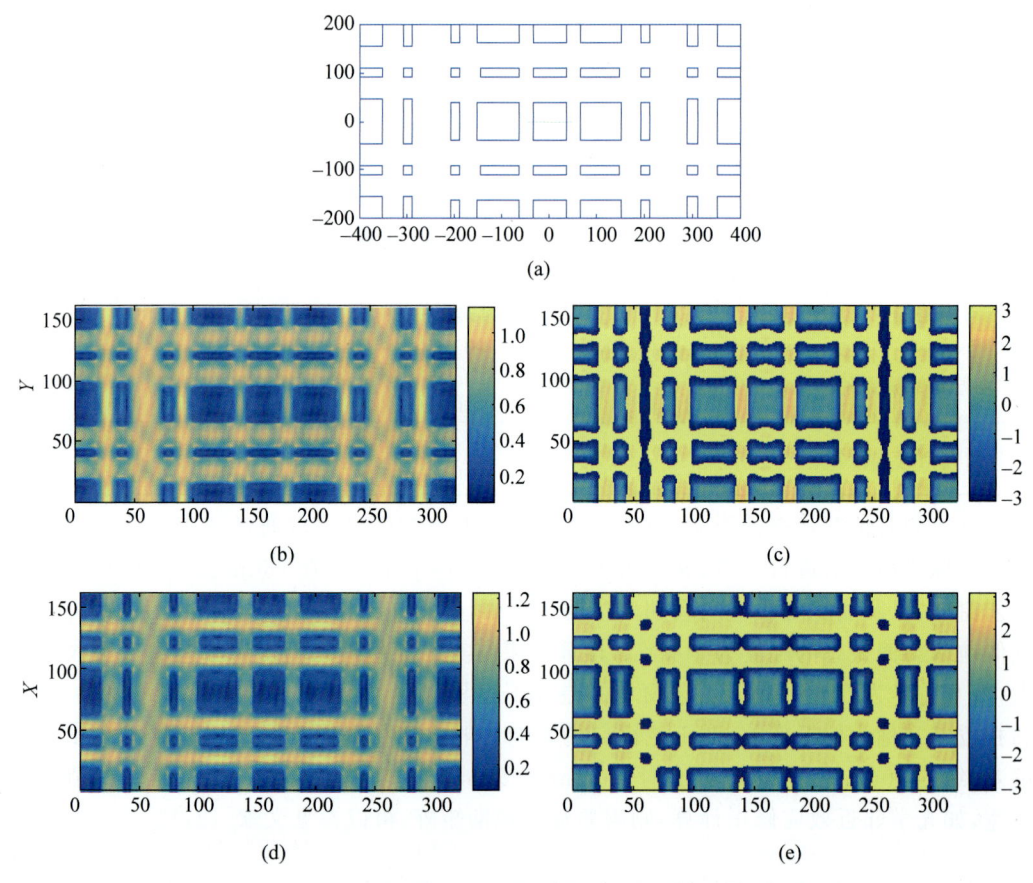

图 11-19 掩模三维散射造成的掩模函数的修正:(a) 理论上的 6%相移掩模版函数,闭合的图形是 6%透明且透射相移为 180°区域,坐标单位 nm;(b) 入射光为 Y 方向偏振的情况下的掩模版透射振幅分布图,注意到图形边缘存在振幅波动的情况,即便是闭合图形内部也存在不均匀的光强分布;(c) 入射光为 Y 方向偏振情况下的掩模版透射相位分布图,同样注意到图形边界存在波动,图形边界出现的锯齿是因为在数值计算上,＋π 和－π 实际上对应的是同样的相位(之间相差 2π);(d)和(e)分别是 X 方向的透射振幅和相位分布图。数据来自于时域有限差分的仿真计算,采用 X-Y 方向上周期性边界条件和 Z 方向上的二阶吸收边界条件;(b)～(e) 坐标单位:**2.5nm/格点**

11.11.2 麦克斯韦方程组

计算这种散射最好的方法是求解电磁场麦克斯韦(Maxwell)方程组。由于这种计算需要针对相对任意的掩模图样和边界情况,一般采取数值解方法。数值求解麦克斯韦方程组可以采用 1966 年 K. S. Yee[16] 提出的时域有限差分方法,也可以采用严格的耦合波分析方法。两种方法各有优缺点。时域有限差分方法的优点是不需要人工参与,只需要输入对应于掩模振幅函数的介电常数分布函数,给定边界条件和足够的时间步长,系统就会自动生成电磁场分布。而且,时域有限差分计算的精度很高。时域有限差分法的缺点是计算强度较大,计算量与掩模面积成正比关系,但是基本不需要考虑多重反射的问题。严格的耦合波分析方法将原本较厚的掩模分割成较薄的掩模,每层掩模使用薄掩模近似,而层与层之间采用电磁场边界条件作为连接,如电场 E 在平行于界面的方向上连续。对层中的掩模函数作傅里叶级数展开,求出稳定解需要的各项傅里叶系数。这种算法速度快,但是对于跨层,或者需要多次来回反射的情况,也就是在介电常数反差较大的情况下精度比较差。

这里讨论时域有限差分方法。虽然主要公式推导参见文献[17],这里再次说明,是为了使本书在光刻仿真的阐述上保持一定的完整性。时域有限差分方法描述掩模三维散射从以下麦克斯韦方程组开始:

$$\begin{cases} \nabla \times \boldsymbol{E} = -\mu \dfrac{\partial \boldsymbol{H}}{\partial t} - \boldsymbol{J}_\mathrm{m} \\ \nabla \times \boldsymbol{H} = \varepsilon \dfrac{\partial \boldsymbol{E}}{\partial t} + \boldsymbol{J} \end{cases} \tag{11.47}$$

式中:E 为电场强度(V/m);H 为磁场强度(A/m);ε 为介电常数(F/m);μ 为磁导系数(H/m);$\boldsymbol{J}$ 为电流密度,$\boldsymbol{J} = \sigma \boldsymbol{E}$,$\sigma$ 为电导率(S/m);$\boldsymbol{J}_\mathrm{m} = \sigma_\mathrm{m} \boldsymbol{H}$,$\sigma_\mathrm{m}$ 为磁导率(Ω/m);$\varepsilon = \varepsilon_\mathrm{r} \varepsilon_0$,$\mu = \mu_\mathrm{r} \mu_0$,且有采用

$$\begin{cases} \varepsilon_0 = 8.85 \times 10^{-12}\,\mathrm{F/m} \\ \mu_0 = 4\pi \times 10^{-7}\,\mathrm{H/m} \end{cases} \tag{11.48}$$

在直角坐标系中的各分量如下:

$$\begin{cases} \dfrac{\partial E_z}{\partial y} - \dfrac{\partial E_y}{\partial z} = -\mu \dfrac{\partial H_x}{\partial t} - \sigma_\mathrm{m} H_x \\ \dfrac{\partial E_x}{\partial z} - \dfrac{\partial E_z}{\partial x} = -\mu \dfrac{\partial H_y}{\partial t} - \sigma_\mathrm{m} H_y \\ \dfrac{\partial E_y}{\partial x} - \dfrac{\partial E_x}{\partial y} = -\mu \dfrac{\partial H_z}{\partial t} - \sigma_\mathrm{m} H_z \end{cases} \tag{11.49a}$$

$$\begin{cases} \dfrac{\partial H_z}{\partial y} - \dfrac{\partial H_y}{\partial z} = \varepsilon \dfrac{\partial E_x}{\partial t} + \sigma E_x \\ \dfrac{\partial H_x}{\partial z} - \dfrac{\partial H_z}{\partial x} = \varepsilon \dfrac{\partial E_y}{\partial t} + \sigma E_y \\ \dfrac{\partial H_y}{\partial x} - \dfrac{\partial H_x}{\partial y} = \varepsilon \dfrac{\partial E_z}{\partial t} + \sigma E_z \end{cases} \tag{11.49b}$$

11.11.3 Yee 元胞

在三维空间中,电场 E 和磁场 H 在电磁波中是交替出现的,采用图 11-20 所示的 Yee 元

胞进行空间取样。

可以看出,对于所有的电场和磁场分量都存在半整数格点位置,比如对于 E_x,在 X 轴存在 1/2 格点。但是,在 Y 轴和 Z 轴都位于整数格点。也就是说,在离散迭代计算过程中,E_x 在 X 方向的循环中少一个格点。以此类推,E_y 和 E_z 分别在 Y 轴和 Z 轴少一个格点。而对于磁场 H_x、H_y、H_z,则分别在 Y 轴和 Z 轴、Z 轴和 X 轴、X 轴和 Y 轴少一个格点。

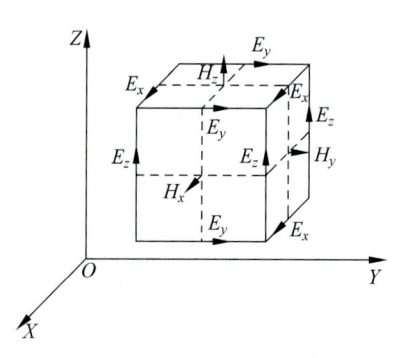

图 11-20 时域有限差分中离散求解麦克斯韦方程组各电场磁场分量的空间格点分布:Yee 元胞

11.11.4 麦克斯韦方程组的离散化

对于 $\boldsymbol{E}$ 和 $\boldsymbol{H}$,各项分量对空间或者时间的导数可以写成差分形式:

$$\begin{cases} \left.\dfrac{\partial E(x,y,z,t)}{\partial x}\right|_{x=i\Delta x} \approx \dfrac{E^n\left(i+\frac{1}{2},j,k\right)-E^n\left(i-\frac{1}{2},j,k\right)}{\Delta x} \\ \left.\dfrac{\partial E(x,y,z,t)}{\partial t}\right|_{t=n\Delta t} \approx \dfrac{E^{n+\frac{1}{2}}(i,j,k)-E^{n-\frac{1}{2}}(i,j,k)}{\Delta t} \end{cases} \quad (11.50)$$

式(11.50)显示了电场 $\boldsymbol{E}$ 对 X 的导数,对 Y 和 Z 方向的导数也是类似的。其中使用了空间差分的步数 i、j、k。由于电场和磁场是交替出现的,如果考查时间步在 $n+(1/2)$ 时的方程组,式(11.49b)中的第 1 式,即

$$\frac{\partial H_z}{\partial y} - \frac{\partial H_y}{\partial z} = \varepsilon \frac{\partial E_x}{\partial t} + \sigma E_x \quad (11.51)$$

可以写成

$$\begin{aligned} &\varepsilon\left(i+\frac{1}{2},j,k\right)\frac{E_x^{n+1}\left(i+\frac{1}{2},j,k\right)-E_x^n\left(i+\frac{1}{2},j,k\right)}{\Delta t} + \\ &\sigma\left(i+\frac{1}{2},j,k\right)\frac{E_x^{n+1}\left(i+\frac{1}{2},j,k\right)+E_x^n\left(i+\frac{1}{2},j,k\right)}{2} \\ &= \frac{H_z^{n+\frac{1}{2}}\left(i+\frac{1}{2},j+\frac{1}{2},k\right)-H_z^{n+\frac{1}{2}}\left(i+\frac{1}{2},j-\frac{1}{2},k\right)}{\Delta y} - \\ &\frac{H_y^{n+\frac{1}{2}}\left(i+\frac{1}{2},j,k+\frac{1}{2}\right)-H_y^{n+\frac{1}{2}}\left(i+\frac{1}{2},j,k-\frac{1}{2}\right)}{\Delta z} \end{aligned} \quad (11.52)$$

其中根据 Yee 元胞,电场的 X 分量 E_x 在 X 方向上占据半个格点位置,而磁场 H_z 在 X 和 Y 方向占据半个格点位置,磁场 H_y 在 X 和 Z 方向占据半个格点位置。因为考查的是时间步长在 $n+(1/2)$ 的情况,所以在式(11.51)右边最后一项中,$E^{n+(1/2)}$ 由 E^{n+1} 和 E^n 的平均值表示。式(11.52)表示了 E_x 和 H_z 和 H_y 的关系。

令

$$\begin{cases} \mathrm{CA}(i,j,k) = \dfrac{1 - \dfrac{\sigma(i,j,k)}{2\varepsilon(i,j,k)}\Delta t}{1 + \dfrac{\sigma(i,j,k)}{2\varepsilon(i,j,k)}\Delta t} \\ \mathrm{CB}(i,j,k) = \dfrac{\dfrac{\Delta t}{\varepsilon(i,j,k)}}{1 + \dfrac{\sigma(i,j,k)}{2\varepsilon(i,j,k)}\Delta t} \end{cases} \quad (11.53)$$

则可以将式(11.52)写成

$$E_x^{n+1}\left(i+\frac{1}{2},j,k\right) = \mathrm{CA}\left(i+\frac{1}{2},j,k\right)E_x^n\left(i+\frac{1}{2},j,k\right) + \mathrm{CB}\left(i+\frac{1}{2},j,k\right) \times$$

$$\left[\dfrac{H_z^{n+\frac{1}{2}}\left(i+\frac{1}{2},j+\frac{1}{2},k\right) - H_z^{n+\frac{1}{2}}\left(i+\frac{1}{2},j-\frac{1}{2},k\right)}{\Delta y} - \right.$$

$$\left. \dfrac{H_y^{n+\frac{1}{2}}\left(i+\frac{1}{2},j,k+\frac{1}{2}\right) - H_y^{n+\frac{1}{2}}\left(i+\frac{1}{2},j,k-\frac{1}{2}\right)}{\Delta z}\right] \quad (11.54)$$

同样,可以得到

$$E_y^{n+1}\left(i,j+\frac{1}{2},k\right) = \mathrm{CA}\left(i,j+\frac{1}{2},k\right)E_y^n\left(i,j+\frac{1}{2},k\right) + \mathrm{CB}\left(i,j+\frac{1}{2},k\right) \times$$

$$\left[\dfrac{H_x^{n+\frac{1}{2}}\left(i,j+\frac{1}{2},k+\frac{1}{2}\right) - H_x^{n+\frac{1}{2}}\left(i,j+\frac{1}{2},k-\frac{1}{2}\right)}{\Delta z} - \right. \quad (11.55)$$

$$\left. \dfrac{H_z^{n+\frac{1}{2}}\left(i+\frac{1}{2},j+\frac{1}{2},k\right) - H_z^{n+\frac{1}{2}}\left(i-\frac{1}{2},j+\frac{1}{2},k\right)}{\Delta x}\right]$$

$$E_z^{n+1}\left(i,j,k+\frac{1}{2}\right) = \mathrm{CA}\left(i,j,k+\frac{1}{2}\right)E_z^n\left(i,j,k+\frac{1}{2}\right) + \mathrm{CB}\left(i,j,k+\frac{1}{2}\right) \times$$

$$\left[\dfrac{H_y^{n+\frac{1}{2}}\left(i+\frac{1}{2},j,k+\frac{1}{2}\right) - H_y^{n+\frac{1}{2}}\left(i-\frac{1}{2},j,k+\frac{1}{2}\right)}{\Delta x} - \right. \quad (11.56)$$

$$\left. \dfrac{H_x^{n+\frac{1}{2}}\left(i,j+\frac{1}{2},k+\frac{1}{2}\right) - H_x^{n+\frac{1}{2}}\left(i,j-\frac{1}{2},k+\frac{1}{2}\right)}{\Delta y}\right]$$

对于磁场,也有相似的方程组,具体如下:

$$H_x^{n+\frac{1}{2}}\left(i,j+\frac{1}{2},k+\frac{1}{2}\right) = \mathrm{CP}\left(i,j+\frac{1}{2},k+\frac{1}{2}\right)H_x^{n-\frac{1}{2}}\left(i,j+\frac{1}{2},k+\frac{1}{2}\right) -$$

$$\mathrm{CQ}\left(i,j+\frac{1}{2},k+\frac{1}{2}\right)\left[\dfrac{E_z^n\left(i,j+1,k+\frac{1}{2}\right) - E_z^n\left(i,j,k+\frac{1}{2}\right)}{\Delta y} - \right.$$

$$\left. \dfrac{E_y^n\left(i,j+\frac{1}{2},k+1\right) - E_y^n\left(i,j+\frac{1}{2},k\right)}{\Delta z}\right] \quad (11.57)$$

$$H_y^{n+\frac{1}{2}}\left(i+\frac{1}{2},j,k+\frac{1}{2}\right) = \text{CP}\left(i+\frac{1}{2},j,k+\frac{1}{2}\right) H_y^{n-\frac{1}{2}}\left(i+\frac{1}{2},j,k+\frac{1}{2}\right) -$$

$$\text{CQ}\left(i+\frac{1}{2},j,k+\frac{1}{2}\right) \left[\frac{E_x^n\left(i+\frac{1}{2},j,k+1\right) - E_x^n\left(i+\frac{1}{2},j,k\right)}{\Delta z} - \right.$$

$$\left. \frac{E_z^n\left(i+1,j,k+\frac{1}{2}\right) - E_z^n\left(i,j,k+\frac{1}{2}\right)}{\Delta x} \right] \tag{11.58}$$

$$H_z^{n+\frac{1}{2}}\left(i+\frac{1}{2},j+\frac{1}{2},k\right) = \text{CP}\left(i+\frac{1}{2},j+\frac{1}{2},k\right) H_z^{n-\frac{1}{2}}\left(i+\frac{1}{2},j+\frac{1}{2},k\right) -$$

$$\text{CQ}\left(i+\frac{1}{2},j+\frac{1}{2},k\right) \left[\frac{E_y^n\left(i+1,j+\frac{1}{2},k\right) - E_y^n\left(i,j+\frac{1}{2},k\right)}{\Delta x} - \right.$$

$$\left. \frac{E_x^n\left(i+\frac{1}{2},j+1,k\right) - E_x^n\left(i+\frac{1}{2},j,k\right)}{\Delta y} \right] \tag{11.59}$$

式中

$$\text{CP}(i,j,k) = \frac{1 - \dfrac{\sigma_\text{m}(i,j,k)}{2\mu(i,j,k)}\Delta t}{1 + \dfrac{\sigma_\text{m}(i,j,k)}{2\mu(i,j,k)}\Delta t}$$

$$\text{CQ}(i,j,k) = \frac{\dfrac{\Delta t}{\mu(i,j,k)}}{1 + \dfrac{\sigma_\text{m}(i,j,k)}{2\mu(i,j,k)}\Delta t} \tag{11.60}$$

在仿真迭代过程中还要保证运算不发散。其中要保证时间步长小于某个值——柯朗(Courant)条件,即

$$c\Delta t \leqslant \frac{1}{\sqrt{\dfrac{1}{(\Delta x)^2} + \dfrac{1}{(\Delta y)^2} + \dfrac{1}{(\Delta z)^2}}} \tag{11.61}$$

至此,便得到了离散的基于时域有限差分方法的麦克斯韦方程组。在做光刻仿真运算时,仿真区域是有限的,而且在光刻仿真运算中在横向的 X 方向和 Y 方向上常用周期性边界条件。在掩模三维散射的仿真运算中,也可以在横向 X 方向和 Y 方向上使用周期性边界条件,在纵向的 Z 方向上采用吸收边界条件;否则,根据经验,式(11.54)～式(11.59)的迭代运算在边界处会产生严重的反射,导致结果失真或者发散。

11.11.5　二阶吸收边界条件

那么采用何种边界条件呢?下面讨论一下。我们知道在边界附近没有激励源,在光刻中,激励源即光源通常设在掩模版上方,所以波动方程为齐次,如

$$\frac{\partial^2 f}{\partial x^2} + \frac{\partial^2 f}{\partial y^2} + \frac{\partial^2 f}{\partial z^2} - \frac{1}{c^2}\frac{\partial^2 f}{\partial t^2} = 0 \tag{11.62}$$

此波动方程的平面波解为

$$f(x,y,z,t) = A e^{j\left(\omega t - k_x x - k_y y - \sqrt{k^2 - k_x^2 - k_y^2}\, z\right)} \tag{11.63}$$

式中：$k^2 = \omega^2/c^2$。

考虑平行于 X-Y 平面的边界，如图 11-21 所示，假设存在一支入射平面波及其反射波，式(11.63)可以写成

$$\begin{aligned} f(x,y,z,t) &= f_-(x,y,z,t) + f_+(x,y,z,t) \\ &= A_- e^{j\left(\omega t - k_x x - k_y y + \sqrt{k^2 - k_x^2 - k_y^2}\, z\right)} + A_+ e^{j\left(\omega t - k_x x - k_y y - \sqrt{k^2 - k_x^2 - k_y^2}\, z\right)} \end{aligned} \tag{11.64}$$

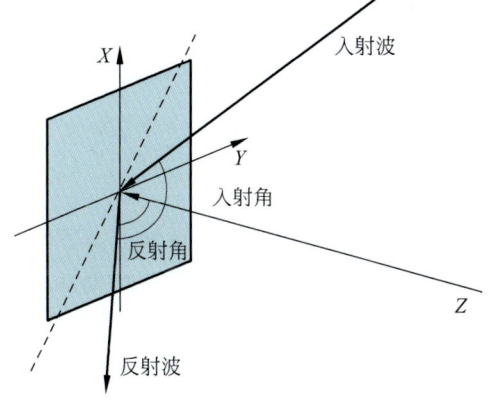

图 11-21 在 X-Y 平面组成的边界上的入射波和反射波

式中：f_- 为右行波（沿着 $-Z$ 方向）；f_+ 为左行波（沿着 $+Z$ 轴方向）。

将式(11.64)代入式(11.62)，保留对 z 的导数，得到

$$\frac{\partial^2 f}{\partial z^2} + (k^2 - k_x^2 - k_y^2) f = 0 \tag{11.65}$$

令

$$L = \frac{\partial^2}{\partial z^2} + (k^2 - k_x^2 - k_y^2) \tag{11.66}$$

且

$$L = L_- L_+ = \left(\frac{\partial}{\partial z} - j\sqrt{k^2 - k_x^2 - k_y^2}\right)\left(\frac{\partial}{\partial z} + j\sqrt{k^2 - k_x^2 - k_y^2}\right) \tag{11.67}$$

可以发现：将 L_- 作用于 f_-，会得到结果 0；将 L_+ 作用于 f_+，也会得到结果 0。所以，L_- 可以看成右行波算子，L_+ 可以看成左行波算子。因为 f_+ 是沿 $+Z$ 轴方向传播的平面波，而 $L_+ f_+ = 0$，那么只要确定没有沿着 $-Z$ 轴方向传播的波就可以了，即

$$L_+ f = \left(\frac{\partial}{\partial z} + j\sqrt{k^2 - k_x^2 - k_y^2}\right) f \Big|_{z=z_0} = 0 \tag{11.68}$$

令

$$jk \to \frac{1}{c}\frac{\partial}{\partial t}, \quad jk_x \to \frac{\partial}{\partial x}, \quad jk_y \to \frac{\partial}{\partial y} \tag{11.69}$$

那么式(11.68)可以写成

$$L_+ f = \left[\frac{\partial}{\partial z} + \sqrt{\frac{1}{c^2}\frac{\partial^2}{\partial t^2} - \left(\frac{\partial^2}{\partial x^2} + \frac{\partial^2}{\partial y^2}\right)}\right] f \Big|_{z=z_0} = 0 \tag{11.70}$$

因为微分算子在根号中无法真正起作用,所以可以将式(11.70)的根号做泰勒展开。根据式(11.70),如果展开到二阶,那么可以得到

$$\left[\frac{1}{c}\frac{\partial^2}{\partial z\partial t}+\frac{1}{c^2}\frac{\partial^2}{\partial t^2}-\frac{1}{2}\left(\frac{\partial^2}{\partial x^2}+\frac{\partial^2}{\partial y^2}\right)\right]f\bigg|_{z=z_0}=0 \tag{11.71}$$

同样,在 $z=0$ 的 X-Y 平面中,也可以得到相似的二阶吸收边界条件:

$$\left[\frac{1}{c}\frac{\partial^2}{\partial z\partial t}-\frac{1}{c^2}\frac{\partial^2}{\partial t^2}+\frac{1}{2}\left(\frac{\partial^2}{\partial x^2}+\frac{\partial^2}{\partial y^2}\right)\right]f\bigg|_{z=0}=0 \tag{11.72}$$

详细的推导参见文献[17]。

实验证明,二阶吸收边界条件在 600 个时间步长的过程中可以杜绝反射。原因是在光掩模的三维散射仿真中,因为采用了照明光线的正入射和周期性边界条件,所以光通过掩模版基本上是沿着接近垂直于 Z 轴的方向传播。

11.11.6 完全匹配层边界条件

一般来说,对于垂直照明的情况,周期性边界条件加上上下两个边界的二阶吸收边界条件就够用了,我们在类似 28nm 设计规则上试验过,精度不比商业化光学邻近效应修正软件差,而且,由于其物理性很强,属于严格的物理模型,在薄弱点的预测上还有普通光学邻近效应软件无法比拟的精度优势。

但是到了极紫外(EUV)光刻,工业界还可以采用时域有限差分方法,由于照明的入射光在 Y-Z 平面内相对光轴,即 Z 轴存在 $6°$ 的倾斜角,原先用于 193nm 浸没式光刻的周期性边界条件就无法使用了,周期性边界条件不是对所有周期都成立。又因为 $6°$ 的垂直入射角对于侧壁来说入射角为 $84°$,角度太大,无法采用二阶吸收边界条件。工业界公认只能采用完全匹配层(Perfectly Matched Layer,PML)吸收边界条件。完全匹配边界条件最早由贝伦格(J. P. Berenger)提出[18-20],它的主要思想是在仿真区域外围设置一种假想的介质层,称为完全匹配层,其平行于边界,即横向的电导率和磁导率与仿真区域的边界上相同,如图 11-22 所示。其垂直于边界的,即纵向的电导率和磁导率满足随着距离边界往外越来越远而按照一定的非线性规律,如呈一次幂或者二次幂地变大,如下式所示:

$$\sigma(\text{离开边界距离})=\sigma_{\text{界面}}+(\sigma_{\max}-\sigma_{\text{界面}})\left(\frac{\text{离开边界距离}}{\text{PML 厚度}}\right)^n \tag{11.73}$$

而且,在完全匹配层内,电导率和磁导率满足阻抗匹配条件,如下式所示:

$$\begin{cases}\dfrac{\sigma_{1x}}{\varepsilon_0}=\dfrac{\sigma_{1mx}}{\mu_0},&\dfrac{\sigma_{2x}}{\varepsilon_0}=\dfrac{\sigma_{2mx}}{\mu_0}\\[2mm]\dfrac{\sigma_{1y}}{\varepsilon_0}=\dfrac{\sigma_{1my}}{\mu_0},&\dfrac{\sigma_{2y}}{\varepsilon_0}=\dfrac{\sigma_{2my}}{\mu_0}\end{cases} \tag{11.74}$$

在这样的情况下,仿真区域和匹配层的边界上反射率等于零。随着逐步深入完全匹配层,电磁场的强度很快衰减,也就是被吸收了。

以下以二维情况为例介绍主要的理论公式。

有了需要的介质层,在网格剖析上,由于在完全匹配层中电磁波衰减很快,之前的 Yee 差分格式不适用,需要采用指数格点剖析方法。以二维为例,对于 TM 波,有

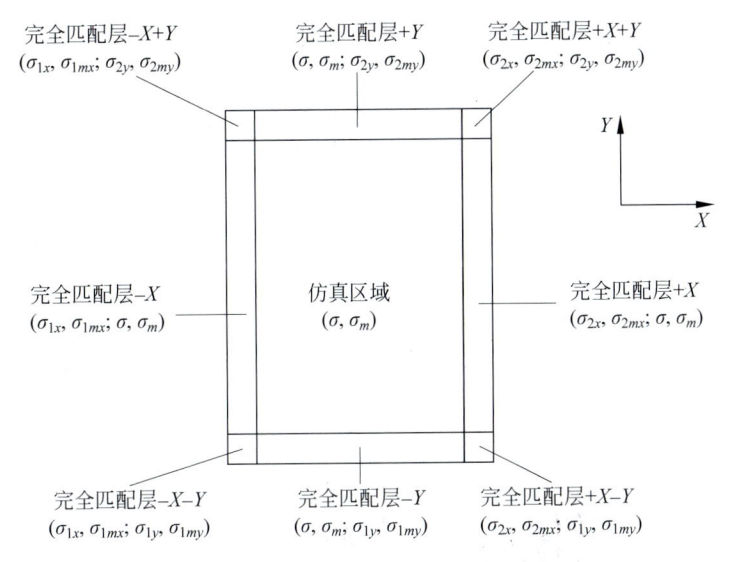

```
                完全匹配层-X+Y         完全匹配层+Y         完全匹配层+X+Y
                (σ₁ₓ, σ₁ₘₓ; σ₂ᵧ, σ₂ₘᵧ)   (σ, σₘ; σ₂ᵧ, σ₂ₘᵧ)    (σ₂ₓ, σ₂ₘₓ; σ₂ᵧ, σ₂ₘᵧ)
```

```
         完全匹配层-X              仿真区域              完全匹配层+X
         (σ₁ₓ, σ₁ₘₓ; σ, σₘ)        (σ, σₘ)              (σ₂ₓ, σ₂ₘₓ; σ, σₘ)
```

```
                完全匹配层-X-Y         完全匹配层-Y         完全匹配层+X-Y
                (σ₁ₓ, σ₁ₘₓ; σ₁ᵧ, σ₁ₘᵧ)   (σ, σₘ; σ₁ᵧ, σ₁ₘᵧ)    (σ₂ₓ, σ₂ₘₓ; σ₁ᵧ, σ₁ₘᵧ)
```

图 11-22 在仿真区域外围的完全匹配层布局及其横向介电常数的匹配

$$\begin{cases} H_x^{n+\frac{1}{2}}\left(i,j+\frac{1}{2}\right) = \exp\left(-\sigma_{\mathrm{my}}\left(j+\frac{1}{2}\right)\frac{\Delta t}{\mu_0}\right) H_x^{n-\frac{1}{2}}\left(i,j+\frac{1}{2}\right) - \\ \qquad \frac{1-\exp\left(-\sigma_{\mathrm{my}}\left(j+\frac{1}{2}\right)\frac{\Delta t}{\mu_0}\right)}{\sigma_{\mathrm{my}}\left(j+\frac{1}{2}\right)}\left[\frac{E_z^n(i,j+1)-E_z^n(i,j)}{\Delta y}\right] \\ H_y^{n+\frac{1}{2}}\left(i+\frac{1}{2},j\right) = \exp\left(-\sigma_{\mathrm{mx}}\left(i+\frac{1}{2}\right)\frac{\Delta t}{\mu_0}\right) H_y^{n-\frac{1}{2}}\left(i+\frac{1}{2},j\right) + \\ \qquad \frac{1-\exp\left(-\sigma_{\mathrm{mx}}\left(i+\frac{1}{2}\right)\frac{\Delta t}{\mu_0}\right)}{\sigma_{\mathrm{mx}}\left(i+\frac{1}{2}\right)}\left[\frac{E_z^n(i+1,j)-E_z^n(i,j)}{\Delta x}\right] \\ E_{zx}^{n+1}(i,j) = \exp\left(-\sigma_x(i)\frac{\Delta t}{\varepsilon_0}\right) E_{zx}^n(i,j) + \\ \qquad \frac{1-\exp\left(-\sigma_x(i)\frac{\Delta t}{\varepsilon_0}\right)}{\sigma_x(i)}\left[\frac{H_y^{n+\frac{1}{2}}\left(i+\frac{1}{2},j\right)-H_y^{n+\frac{1}{2}}\left(i-\frac{1}{2},j\right)}{\Delta x}\right] \\ E_{zy}^{n+1}(i,j) = \exp\left(-\sigma_y(j)\frac{\Delta t}{\varepsilon_0}\right) E_{zy}^n(i,j) - \\ \qquad \frac{1-\exp\left(-\sigma_y(j)\frac{\Delta t}{\varepsilon_0}\right)}{\sigma_y(j)}\left[\frac{H_x^{n+\frac{1}{2}}\left(i,j+\frac{1}{2}\right)-H_x^{n+\frac{1}{2}}\left(i,j-\frac{1}{2}\right)}{\Delta y}\right] \end{cases} \quad (11.75)$$

其中，贝伦格将 E_z 拆分成为 E_{zx} 与 E_{zy} 的和。

同样，对于 TE 波，也有

$$\begin{cases}
E_x^{n+\frac{1}{2}}\left(i,j+\frac{1}{2}\right) = \exp\left(-\sigma_y\left(j+\frac{1}{2}\right)\frac{\Delta t}{\varepsilon_0}\right)E_x^{n-\frac{1}{2}}\left(i,j+\frac{1}{2}\right) + \\
\qquad\qquad \dfrac{1-\exp\left(-\sigma_y\left(j+\frac{1}{2}\right)\dfrac{\Delta t}{\varepsilon_0}\right)}{\sigma_y\left(j+\frac{1}{2}\right)}\left[\dfrac{H_z^n(i,j+1)-H_z^n(i,j)}{\Delta y}\right] \\
E_y^{n+\frac{1}{2}}\left(i+\frac{1}{2},j\right) = \exp\left(-\sigma_x\left(i+\frac{1}{2}\right)\frac{\Delta t}{\varepsilon_0}\right)E_y^{n-\frac{1}{2}}\left(i+\frac{1}{2},j\right) - \\
\qquad\qquad \dfrac{1-\exp\left(-\sigma_x\left(i+\frac{1}{2}\right)\dfrac{\Delta t}{\varepsilon_0}\right)}{\sigma_x\left(i+\frac{1}{2}\right)}\left[\dfrac{H_z^n(i+1,j)-H_z^n(i,j)}{\Delta x}\right] \\
H_{zx}^{n+1}(i,j) = \exp\left(-\sigma_{mx}(i)\frac{\Delta t}{\mu_0}\right)H_{zx}^n(i,j) - \\
\qquad\qquad \dfrac{1-\exp\left(-\sigma_{mx}(i)\dfrac{\Delta t}{\mu_0}\right)}{\sigma_{mx}(i)}\left[\dfrac{E_y^{n+\frac{1}{2}}\left(i+\frac{1}{2},j\right)-E_y^{n+\frac{1}{2}}\left(i-\frac{1}{2},j\right)}{\Delta x}\right] \\
H_{zy}^{n+1}(i,j) = \exp\left(-\sigma_{my}(j)\frac{\Delta t}{\mu_0}\right)H_{zy}^n(i,j) + \\
\qquad\qquad \dfrac{1-\exp\left(-\sigma_{my}(j)\dfrac{\Delta t}{\mu_0}\right)}{\sigma_{my}(j)}\left[\dfrac{E_x^{n+\frac{1}{2}}\left(i,j+\frac{1}{2}\right)-E_x^{n+\frac{1}{2}}\left(i,j-\frac{1}{2}\right)}{\Delta y}\right]
\end{cases} \quad (11.76)$$

同样，贝伦格将 H_z 拆分成 H_{zx} 与 H_{zy} 的和。

我们来看看式(11.75)与非完全匹配层公式[如式(11.57)]之间的关系。先将式(11.57)化为二维的情况，也就是设定 z 不变，如式(11.77)中上半部分，再与式(11.75)比较，如式(11.77)的上和下。一般来说，对于式(11.77)中指数项的总量 $\sigma_m \Delta t/\mu \ll 1$。由于有式(11.74)存在，$\sigma_m \Delta t/\mu = \sigma \Delta t/\varepsilon$。对于极紫外掩模版设计的材料，如氮化钽、钌、钼、硅、二氧化硅，其在 13.5nm 极紫外波段，最大的电导率 $\sigma \approx 1 \times 10^5 \, \Omega/\text{m}$。由柯朗条件，时间步长最大约为 $0.23 \times 10^{-17} \times$ 格点大小(nm)s，对于选取的 1.4nm 格点，时间步长约为 3.2×10^{-18}s，介电常数参考真空中的介电常数，为 8.85×10^{-12} F/m。三者的乘积约为 0.026。所以，可以将式(11.77)下半式中的指数展开，如式(11.78)。这样，在完全匹配层中的电磁场差分方式与常规的 Yee 差分方式在形式和数值上几乎是一样的。

$$H_x^{n+\frac{1}{2}}\left(i,j+\frac{1}{2}\right) = \dfrac{1-\dfrac{\sigma_m\left(i,j+\frac{1}{2}\right)}{2\mu\left(i,j+\frac{1}{2}\right)}\Delta t}{1+\dfrac{\sigma_m\left(i,j+\frac{1}{2}\right)}{2\mu\left(i,j+\frac{1}{2}\right)}\Delta t}H_x^{n-\frac{1}{2}}\left(i,j+\frac{1}{2}\right) - \dfrac{\dfrac{\Delta t}{\mu\left(i,j+\frac{1}{2}\right)}}{1+\dfrac{\sigma_m\left(i,j+\frac{1}{2}\right)}{2\mu\left(i,j+\frac{1}{2}\right)}\Delta t}\left[\dfrac{E_z^n(i,j+1)-E_z^n(i,j)}{\Delta y}\right] \quad (11.77)$$

$$H_x^{n+\frac{1}{2}}\left(i,j+\frac{1}{2}\right) = \exp\left(-\sigma_{my}\left(j+\frac{1}{2}\right)\frac{\Delta t}{\mu_0}\right)H_x^{n-\frac{1}{2}}\left(i,j+\frac{1}{2}\right) -$$

$$\frac{1-\exp\left(-\sigma_{my}\left(j+\frac{1}{2}\right)\frac{\Delta t}{\mu_0}\right)}{\sigma_{my}\left(j+\frac{1}{2}\right)}\left[\frac{E_z^n(i,j+1)-E_z^n(i,j)}{\Delta y}\right] \cdot$$

$$\exp\left(-\sigma_{my}\left(j+\frac{1}{2}\right)\frac{\Delta t}{\mu_0}\right)$$

$$\approx 1-\sigma_{my}\left(j+\frac{1}{2}\right)\frac{\Delta t}{\mu_0} \tag{11.78}$$

又因为对于密集线条或者孔,使用了完全匹配层而不是周期性边界条件,单个图形无法代表周期性图形,所以需要对较多的周期,如 7 个周期的图形进行仿真并且取中间周期的结果,这大大增加了仿真计算的负担。另外,使用时域有限差分方法时,对于水平的分割和垂直的分割最好相同。多层膜系的厚度为硅 4.2nm、钼 2.8nm,其最大公约数为 1.4nm。也就是说,1.4nm 是最大的格点;相比之下,193nm 浸没式光刻工艺的空间像仿真可以取相当自由的分割值,如 10nm、5nm、2.5nm、1.25nm 等。这样的比较如图 11-23 所示。图 11-23 中显示的 193nm 浸没式光刻的最小周期 90nm(1 倍率),Z 方向高度为 1000nm,沟槽的宽度为 45nm,仿真采用 5nm 格点,故总共网格数量为 72×200=14400。时间步长为 600 步。而 13.5nm 的极紫外光刻的最小周期 32.2nm(1 倍率),共 7 个周期,Z 方向高度为 784nm(包括 84nm 完全匹配层边界的厚度),沟槽的宽度为 12nm,仿真采用 1.4nm 格点,故总共网格数量为(包括完全匹配层 20 个每边)(92×7+40)×560=383040。由于要看到反射,时间步长共 1300 步(约为透射的 2 倍)。另外,由于要获取反射光,还要仿真自由空间传播的情况,所以,极紫外仿真的运算量约为 383040×1300×2/(14400×600)=115 倍。如果再加上垂直入射和 6°两侧的斜入射(6°±4.7°)的情况(对于 0.33NA,光瞳约±4.7°),运算量还要增加 2 倍,为 193nm 浸没式的 345 倍。

所以掩模版三维散射效应,包括斜入射照明导致的阴影效应的计算量是比较大的。对此,德国夫朗禾费研究院(Fraunhofer Institut)的安德烈亚斯·埃德曼(Andreas Erdmann)等认为[21],仿真的时候可以不必将时域有限差分应用到多层反射膜上,仅仅将多层反射膜当成一个传输矩阵。当然,随着计算机性能的不断提升,时域有限差分方法将会变得越来越快。

11.11.7 金属介电常数避免发散的方法

实际仿真证明,以上的理论体系适用于绝大多数电介质。但是,当某介质的折射率虚部 k 的绝对值大于折射率实部 n 的绝对值时,以上的算法会发散。例如,用在光刻工艺中的 OMOG 掩模。在 193nm,OMOG 掩模的典型 n、k 值分别为 1.239、2.249。在这种情况下,需要使用带有色散介质的时域有限差分方法,也就是,将带有吸收的虚部折射率转换成极化率和极化电流。具体做法是按照得鲁得(Drude)模型将等离子体共振频率计算出来,再计算出相应的物质相对介电常数,根据现有的电场计算出极化电流,再将此极化电流和磁场一起反馈回下一个时间步长的电场。周而复始,这样就可以避免发散。具体的计算方法参见文献[17],这里不再详述。

掩模三维散射究竟会产生怎样的效果呢?以下分别针对一维和二维情况进行分析。

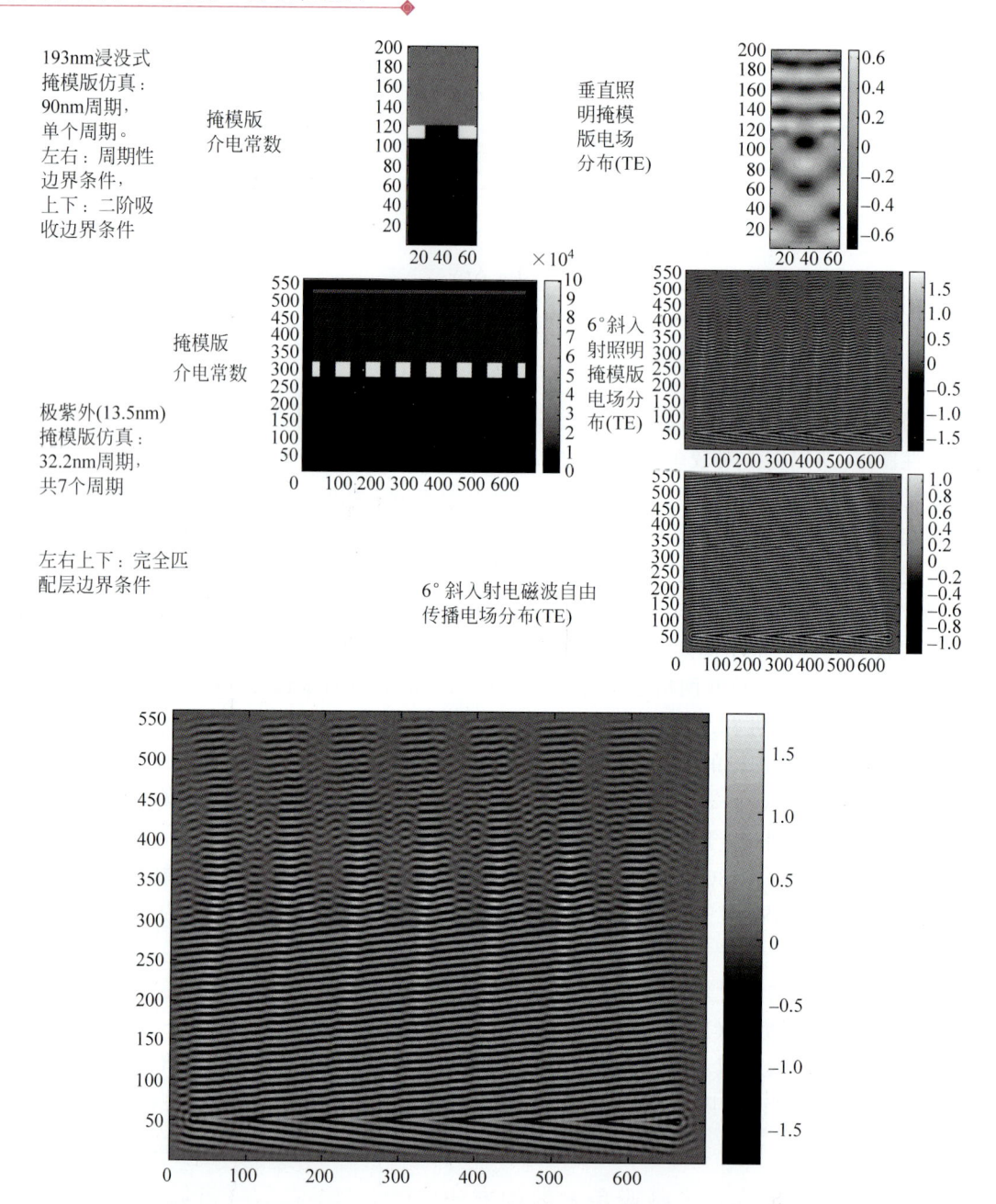

图 11-23 193nm 浸没式光刻用掩模版三维散射仿真与 13.5nm 浸没式光刻用掩模版三维散射仿真的比较（193nm：周期为 90nm，槽宽为 45nm，照明角为 0°，透射式照明；13.5nm：周期为 32.2nm，槽宽为 12nm，照明角为 6°，反射式照明；为了看清楚，最底下的大图是 13.5nm 6°斜入射照明掩模版反射电磁场的分布的放大图；偏振态采用横电波，即电场矢量垂直于纸面；坐标单位：1.4nm 格点）

11.11.8 掩模版三维散射的效应：一维线条/沟槽

下面讨论线宽随着空间周期变化（CD through pitch variation 或 CD through pitch）的情况。线宽随着空间周期变化是光刻制定工艺条件时最重要的参考数据，这种变化基本决定了光学邻近效应的大小。图 11-24 显示了硅片上线宽 45nm 的沟槽随着空间周期在对焦深度上的变化。横轴上面的数据点代表在正方向上的对焦深度边界，横轴下方的数据点代表在负方向上的对焦深度边界。注意,在薄掩模近似情况下,上下两条由数据点连接而成的边界线是围绕横轴,即焦距为 0 位置是对称的。也就是说,无论密集的 45nm 线条,还是半密集的 45nm 的线条,或孤立的线条,都拥有同样的最佳焦距,即上下两条连线的中点。但是,存在掩模三维散射的情况下,如图 11-24 所示,情况就不同了。可以发现,随着空间周期的逐渐增加,对于光刻中工艺窗口比较小的沟槽,当使用亚分辨辅助图形提升对焦深度时,最佳焦距会向正方向移动,最严重的达到 35nm 左右。如图 11-25 所示,衍射光相对入射光,由于掩模版存在一定的厚度,经过额外的散射或绕射,多走了一段光程,而多走的光程对不同的衍射极不相同。

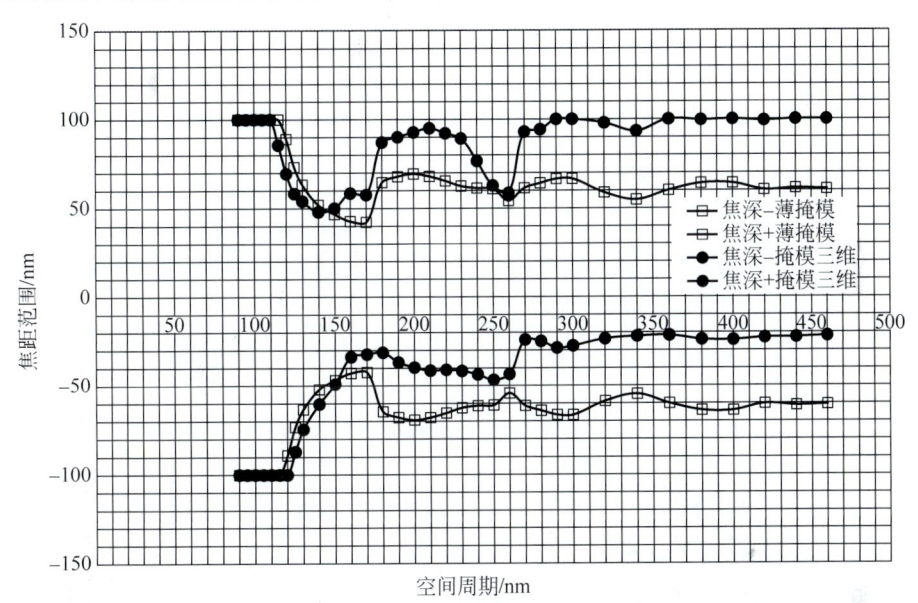

图 11-24 薄掩模近似(TMA)和掩模三维算法下,沟槽(Trench)线宽随着空间周期的变化(仿真条件:波长为 193nm,数值孔径为 1.35,60°交叉四极 0.90~0.70 照明条件,XY 偏振,光酸等效扩散长度为 5nm,光刻胶厚度为 90nm,光刻胶折射率为 1.69,掩模:6%相移掩模,硅化钼厚度为 65nm,时域有限差分方法:垂直入射,X 方向周期性边界条件,Z 方向二阶 Mur 吸收边界条件;FDTD 步长为 1.25nm(等效硅片上尺寸);锚点周期为 90nm,锚点掩模线宽为 50nm,锚点硅片显影后线宽(After Developing Inspection,ADI)为 45nm;亚分辨辅助图形线宽为 25nm,亚分辨辅助图形周期为 90nm)

对于密集图形,这种相位差会导致图像的平移。不过,一般由于照明光源沿着 XY 轴的镜像对称性,这种平移在空间像里被抵消,在硅片的光刻胶图形中不会出现平移。

对于半密集的图形,由于 1 级衍射光偏向于垂直方向,这种相位差会导致图像往硅片台的垂直方向移动。这种问题会缩小可用的对焦深度(UDoF)。对于存在亚分辨辅助图形的情况,由于这种辅助图形非常小,比如对于正常图形为 40~50nm,亚分辨辅助图形一般为 15~30nm,这会导致显著的掩模版三维散射现象,如图 11-25 所示。这是由于,如果主图形的周期为 200nm,亚分辨辅助图形之间的周期也为 200nm,那么整个图形的成像可以近似看成主图形和辅助图形分别成像的叠加。由于主图形的成像与辅助图形的成像密切相关,如果辅助图形由于掩模三维散射强烈而存在较强的焦距正向偏移,那么主图形也会存在较为明显的正向焦距偏移。在图 11-24 中,在 180nm 周期或者更小的时候,由于没有添加亚衍射辅助图形,焦距偏移不明显;在 180nm 周期或者更大的周期开始添加亚衍射辅助图形,主图形的最佳焦距明显地沿正方向偏移。掩模版三维散射对整体对焦深度的影响是很大的,比如图 11-24 中的仿真,在没有考虑掩模三维散射的情况下对焦深度为 91.6nm,在考虑了掩模三维散射的情况下对焦深度为79.8nm,损失了11.8nm。所以,到了28nm逻辑技术节点或者28nm以下,所有仿真或者光学邻近效应修正必须考虑掩模三维散射。

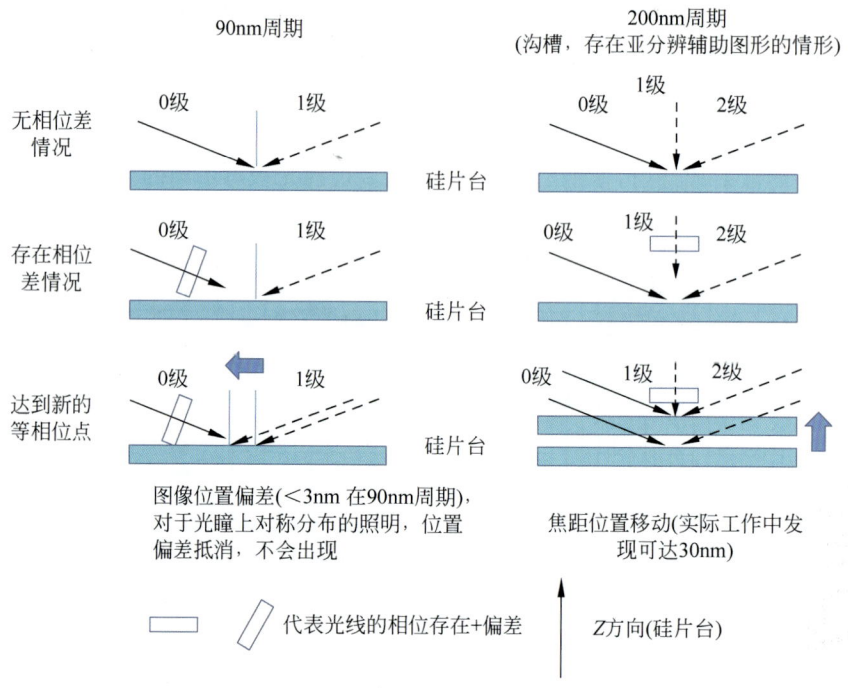

图 11-25 焦点附近的干涉成像在有相对相位差和没有相位差的情况下的对比

对于线条,也存在掩模三维散射效应,只是表现程度和现象不同。如图 11-26 所示,焦距随着空间周期的变化相比不考虑三维散射的情况变化不大。这是由于,光线通过较窄的缝隙

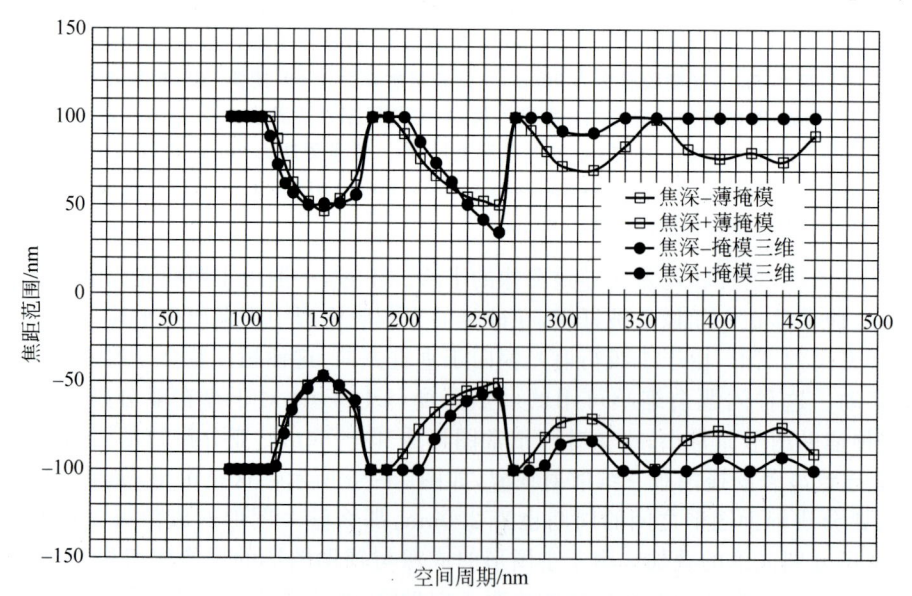

图 11-26 薄掩模近似(TMA)和掩模三维算法下,线条线宽随着空间周期的变化(仿真条件:波长为193nm,数值孔径为 1.35,60°交叉四极 0.90~0.70 照明条件,XY 偏振,光酸等效扩散长度为5nm,光刻胶厚度为90nm,光刻胶折射率为1.69,掩模:6%相移掩模,硅化钼厚度为65nm,时域有限差分(FDTD)方法:垂直入射,X 方向周期性边界条件,Z 方向二阶 Mur 吸收边界条件;FDTD 步长为 1.25nm(等效硅片上尺寸);锚点周期为 90nm,锚点掩模线宽为 40nm,锚点硅片显影后线宽(ADI)为 45nm;亚分辨辅助图形线宽为 20nm,亚分辨辅助图形周期为 90nm)

会产生绕射,而对于线条的情况,随着空间周期的变大,线条与线条之间的空间逐渐变大,光线越来越容易通过,散射的问题局限于边界,掩模版三维散射现象也就越来越不明显。

下面看看一维线条的情况。图 11-27 显示的是在薄掩模和标量场近似下,二元掩模版上等间距的线条的透射振幅和相位随着空间周期的变化。可以看到,透射振幅和相位在空间周期变得越来越小的时候,几乎不变化。0 级衍射光振幅微小的变化可能是数值解的误差。

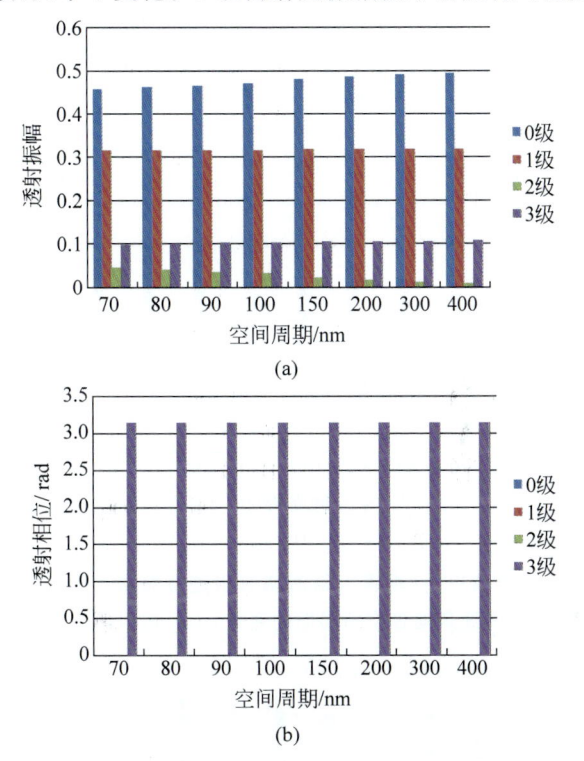

图 11-27　在薄掩模和标量近似下,二元掩模版上等间距的线条随着空间周期的变化:(a)透射振幅;(b)相位

图 11-28(a)和(b)显示的是使用垂直入射的时域有限差分方法计算的平行于线条走向的横电波照射下采用 6% 透射的相移掩模版(Attenuated Phase Shifting Masks,Att-PSM),等间距线条的透射振幅和相位随着空间周期的变化。可以明显地看出,0 级透射光随着空间周期逐渐变小,振幅衰减很快。2 级和 3 级变化也很明显。实际上,这种振幅的变化也伴随着相位的变化,尤其高阶衍射波明显。对于垂直于线条走向的横磁波,计算结果如图 11-29 所示。由于横磁波透射率较高,故随着空间周期的变小,透射振幅和相位的变化不如横电波明显。不过,在 400nm 周期,无论横电波还是横磁波,忽略 2 级衍射波(二级衍射波的振幅很小),掩模三维散射效应减弱,接近图 11-27 的薄掩模近似。薄掩模的 0 级强一些,是因为掩模三维散射的横电波和横磁波计算中使用了 6% 透射率的相移掩模,0 级需要扣除 0.25 振幅的一半以及归一化的偏差。

11.11.9　掩模版三维散射的效应:二维线端/通孔

下面分析二维的情况。图 11-30 展示了包含上下两组周期为 90nm、掩模宽度为 40nm 的密集线条。这两组线条之间隙为 40nm。图 11-30 中包含了两条切线:一条(水平方向)测量密集线条的线宽,另一条(垂直方向)测量间隙的线宽。曝光能量以水平方向上的密集线条宽度达到 45nm 为准。仿真采用厚 90nm,在 193nm 折射率为 1.7 的光刻胶。

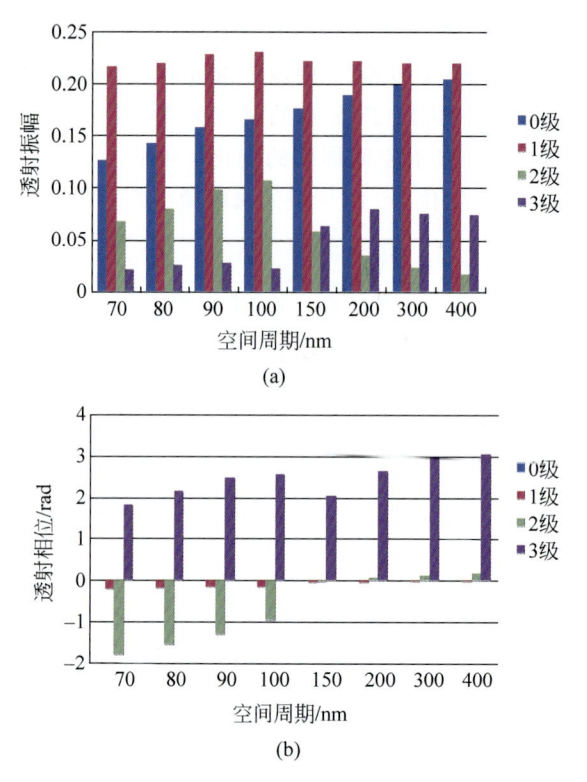

图 11-28　在掩模三维情况下（垂直入射时域有限差分算法），平行于线条的偏振态下，等间距的线条随着空间周期的变化：（a）透射振幅；（b）相位

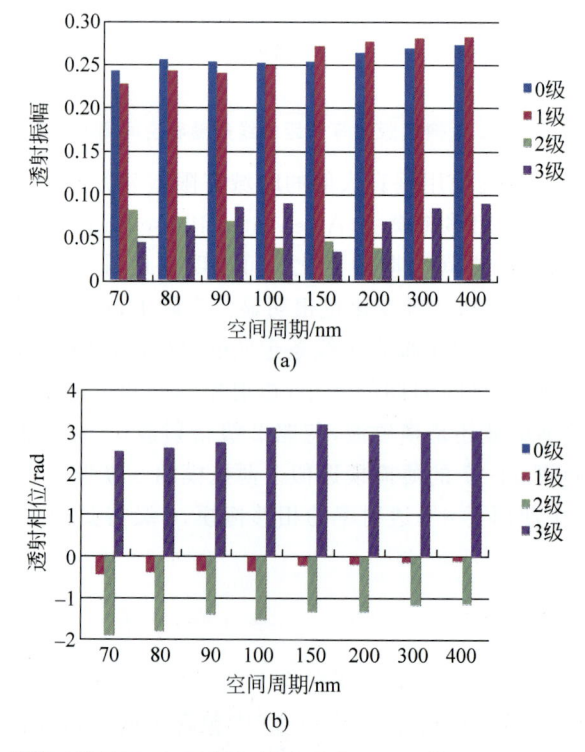

图 11-29　在掩模三维情况下（垂直入射时域有限差分算法），垂直于线条的偏振态下，等间距的线条随着空间周期的变化：（a）透射振幅；（b）相位

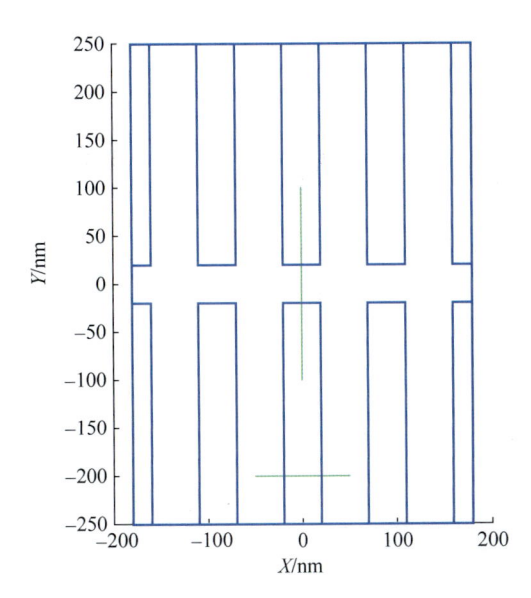

图 11-30 二维图形,上下两组空间周期为 **90nm**、掩模宽度为 **40nm** 的密集线条,之间有一个 **40nm** 的空隙(其中包含了两条切线:一条测量密集线条的线宽,另外一条测量间隙的线宽,掩模为 **6%** 透射的相移掩模)

使用薄掩模先进行仿真,结果如图 11-31 显示。照明条件是 1.35NA,0.9~0.7 交叉四极(Cross Quadrupole,CQuad)70°,通过仿真计算可以发现,密集线条的 EL 可以达到 13.66%,同时间隙的 EL 可以达到 8.19%。仿真使用 10nm 光酸等效扩散长度。注意,间隙的掩模线宽只有 40nm。

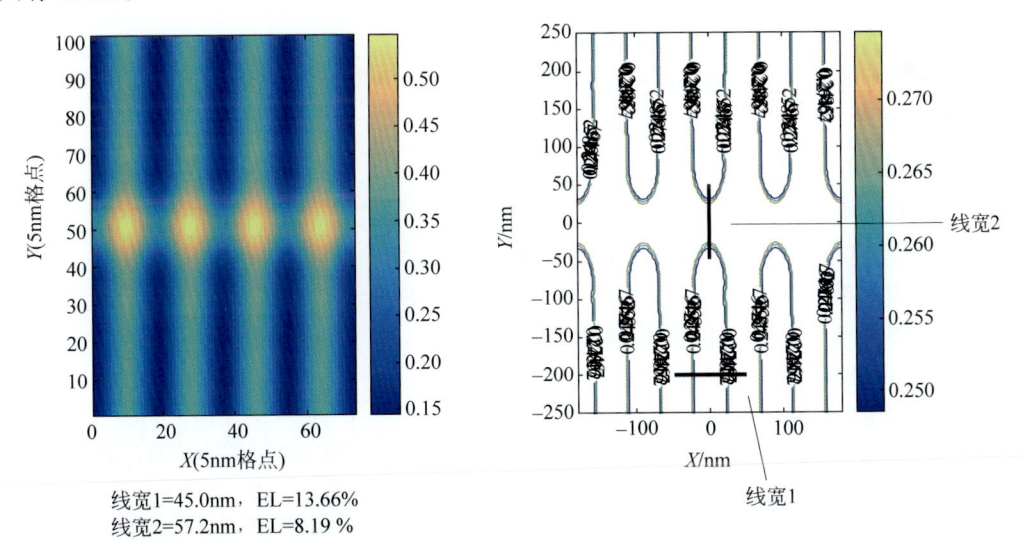

线宽1=45.0nm,EL=13.66%
线宽2=57.2nm,EL=8.19%

图 11-31 使用薄掩模仿真得到的空间像结果(左边的图形是空间像经过 **10nm** 光酸扩散后的等效光强分布,右边的是使用曝光能量和±5%的曝光能量描绘出的空间像轮廓;左边的光强分布图采用实际使用的格点为坐标,为 **72×100**,对应右边的 **360nm×500nm**,也就是每个格点尺寸为 **5nm**)

进行基于上述时域有限差分的掩模三维散射仿真,结果如图 11-32 所示。此时可以看到,密集线条和间隙的对比度及 EL 有显著下降。密集线条的 EL 由原先的 13.66% 下降到现在的 10.46%,间隙的 EL 由原先的 8.19% 下降到了 5.61%,这两种的对比度分别下降了约

23.4% 和 31.5%。这对集成电路光刻工艺来讲是非常显著的,虽然从空间像轮廓和线宽上看不出什么。这是因为,在这个图形中线条之间的沟槽为 50nm,而间隙本身只有 40nm。而对于一般 4:1 的成像系统,在掩模版上,这个尺寸要乘以 4,为 200nm 和 160nm。注意这个尺寸接近或者小于曝光波长的 193nm。

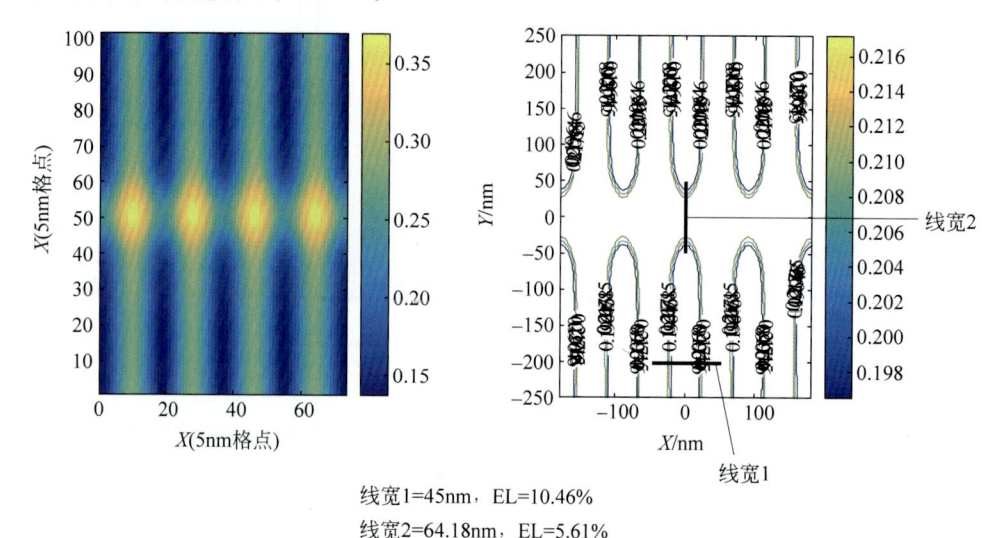

线宽1=45nm,EL=10.46%
线宽2=64.18nm,EL=5.61%

图 11-32 使用基于时域有限差分的空间像掩模三维散射仿真得到的空间像结果(左边的图形是空间像经过 10nm 光酸扩散后的等效光强分布,右边的是使用曝光能量和±5% 的曝光能量描绘出的空间像轮廓;左边的光强分布图采用实际使用的格点为坐标,为 72×100,对应右边的 360nm×500nm,也就是每个格点尺寸为 5nm)

图 11-33 为二维周期性的长方形孔阵列,X 方向的周期为 90nm、Y 方向上的周期为 200nm,掩模宽度 X 方向为 50nm、Y 方向为 90nm。这里,按照 1.35NA、0.85~0.65 CQ50° 照明条件做了上述的薄掩模和掩模三维仿真,其中使用了 6% 透射衰减相移掩模版、XY 偏振以及 5nm 作为光酸等效扩散长度,结果分别如图 11-34 和图 11-35 所示。仿真也采用了厚 90nm,在 193nm 折射率为 1.7 的光刻胶。注意到,在掩模三维的情况下,对比度或者 EL 有显著下降。在 X 方向和 Y 方向上分别从原先的 17.48% 和 18.87% 下降为现在的 13.55% 和 15.30%,下降了约 22.5% 和 18.9%。而且,长方形的孔在薄掩模和存在掩模三维散射的情况下,图像 X 方向和 Y 方向的比例出现了变化。存在掩模三维散射的情况下,Y 方向上的线宽小一点,约为 20%。这是光线在角落处受到更加多的散射而导致透过率下降。

此外,我们还进行了离焦测试。薄掩模和

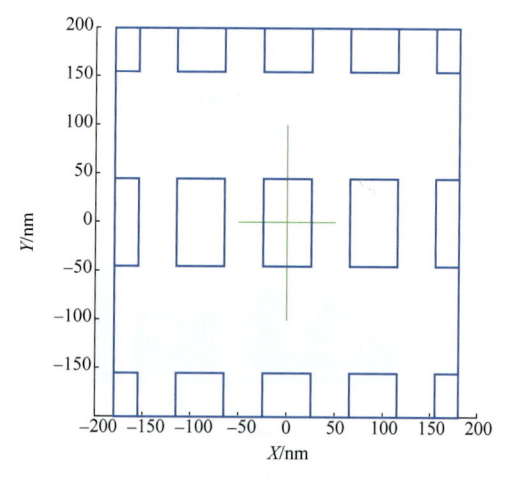

图 11-33 二维图形,周期性的长方形孔,X 方向的周期为 90nm,Y 方向上的周期为 200nm,掩模宽度 X 方向为 50nm,Y 方向为 90nm 的孔阵列(其中包含两条切线:一条测量长方形孔的 X 方向线宽,另外一条测量间隙的长方形孔的 Y 方向线宽,掩模为 6% 透射的相移掩模)

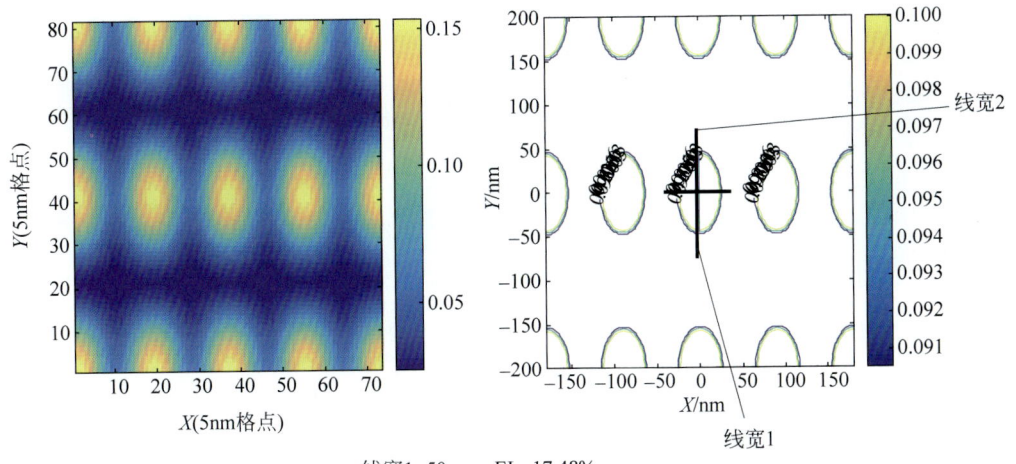

线宽1=50nm，EL=17.48%
线宽2=90.1nm，EL=18.87%

图 11-34　使用薄掩模仿真得到的空间像结果（左边的图形是空间像经过 5nm 光酸扩散后的等效光强分布，右边的是使用曝光能量和±5%的曝光能量描绘出的空间像轮廓；左边的光强分布图采用实际使用的格点为坐标，为 **72×80**，对应右边的 **360nm×400nm**，也就是每个格点尺寸为 5nm）

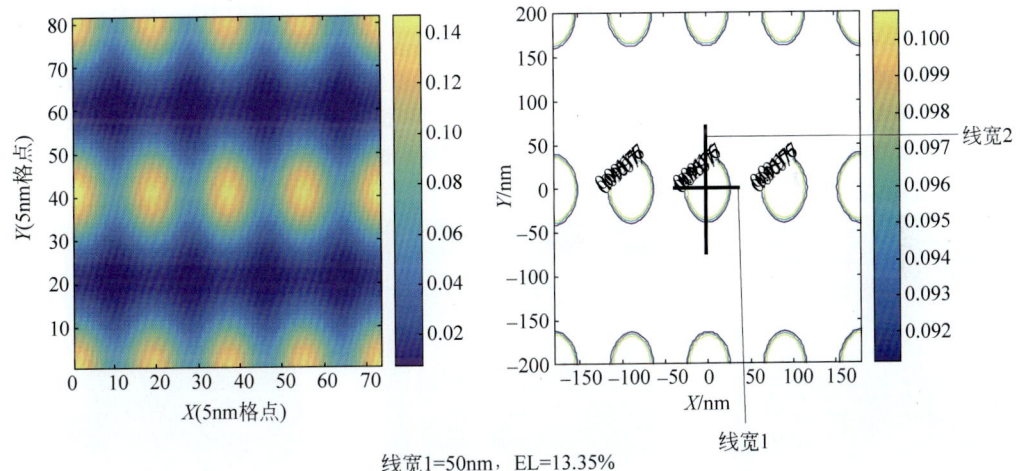

线宽1=50nm，EL=13.35%
线宽2=72.29nm，EL=15.30%

图 11-35　使用基于时域有限差分的空间像掩模三维散射仿真得到的空间像结果（左边的图形是空间像经过 5nm 光酸扩散后的等效光强分布，右边的是使用曝光能量和±5%的曝光能量描绘出的空间像轮廓；左边的光强分布图采用实际使用的格点为坐标，为 **72×80**，对应右边的 **360nm×400nm**，也就是每个格点尺寸为 5nm）

掩模三维的结果分别如图 11-36 和图 11-37 所示。可以看到，在薄掩模的情况下，在＋50nm 或者－50nm 离焦的情况下，线宽都有所变小，对比度或者 EL 都有所下降，但是正离焦和负离焦的情况基本对称。如果有些小的不对称，一般可能是数值计算误差。

但是，对于存在掩模三维散射的情况这种对称被打破。在两种情况下，一般线宽有所变小，对比度或 EL 有所下降，正负离焦情况不对称是掩模版三维散射导致的结果之一。

下面再看掩模版误差因子。图 11-38 和图 11-39 分别显示了在使用薄掩模和考虑掩模三维散射时空间像随着掩模误差在±2.5nm 变化的情况。

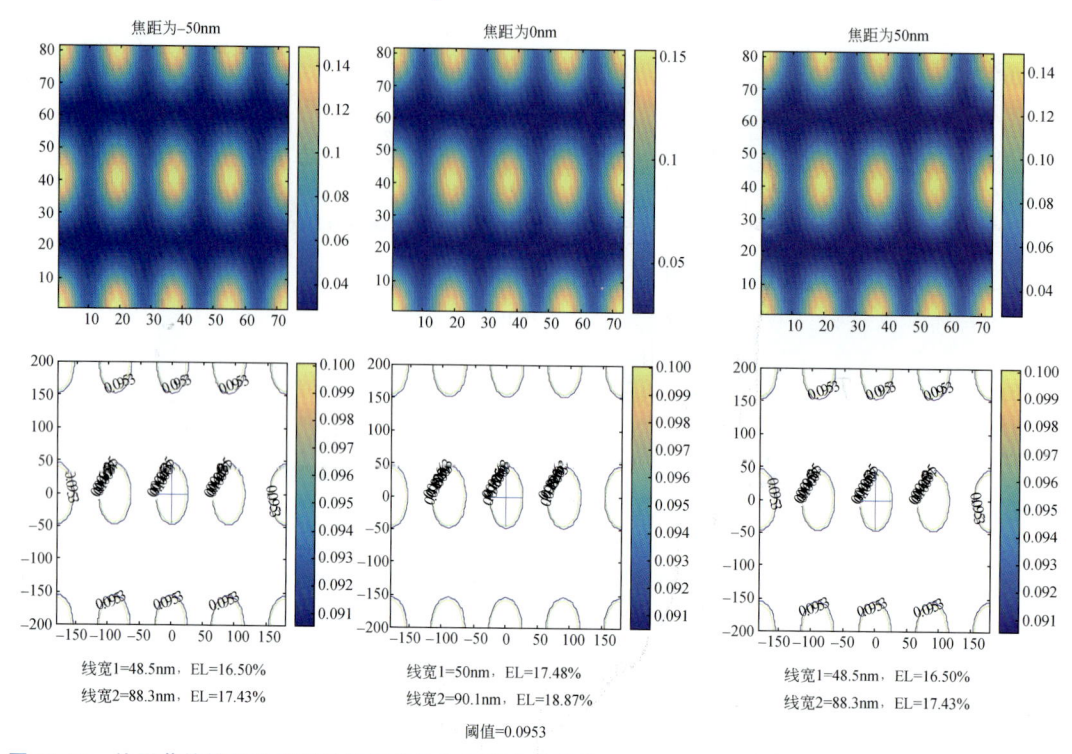

图 11-36　使用薄掩模仿真得到的空间像随着焦距变化的结果（左边是在焦距为 −50nm 的空间像图形，右边是在焦距为 50nm 的空间像图形。可以看到，在两种情况下，线宽都有所变小，对比度或者 EL 也都有所下降，但是正离焦和负离焦基本对称；坐标单位：上行 5nm/格点，下行 nm）

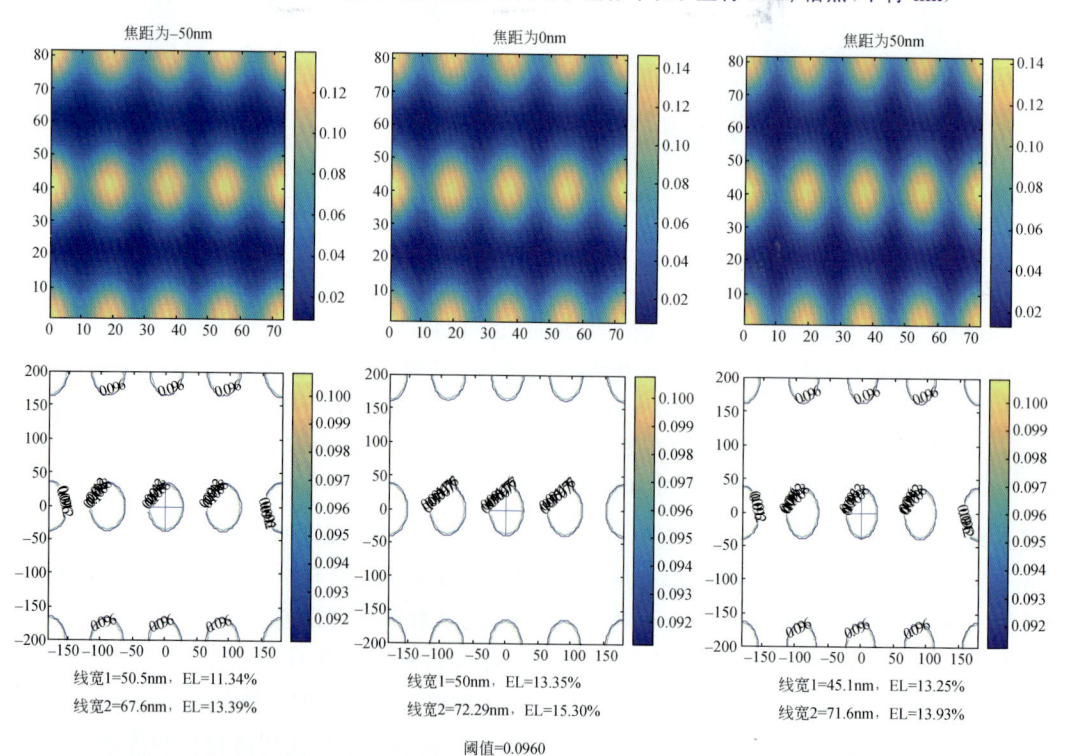

图 11-37　使用基于时域有限差分的空间像掩模三维散射仿真得到的空间像结果（左边是在焦距为 −50nm 的空间像图形，右边是在焦距为 50nm 的空间像图形；可以看到，在两种情况下，线宽都有所变小，对比度或者 EL 也都有所下降，但是正负离焦的情况是不对称的；坐标单位：上行 5nm 格点，下行 nm）

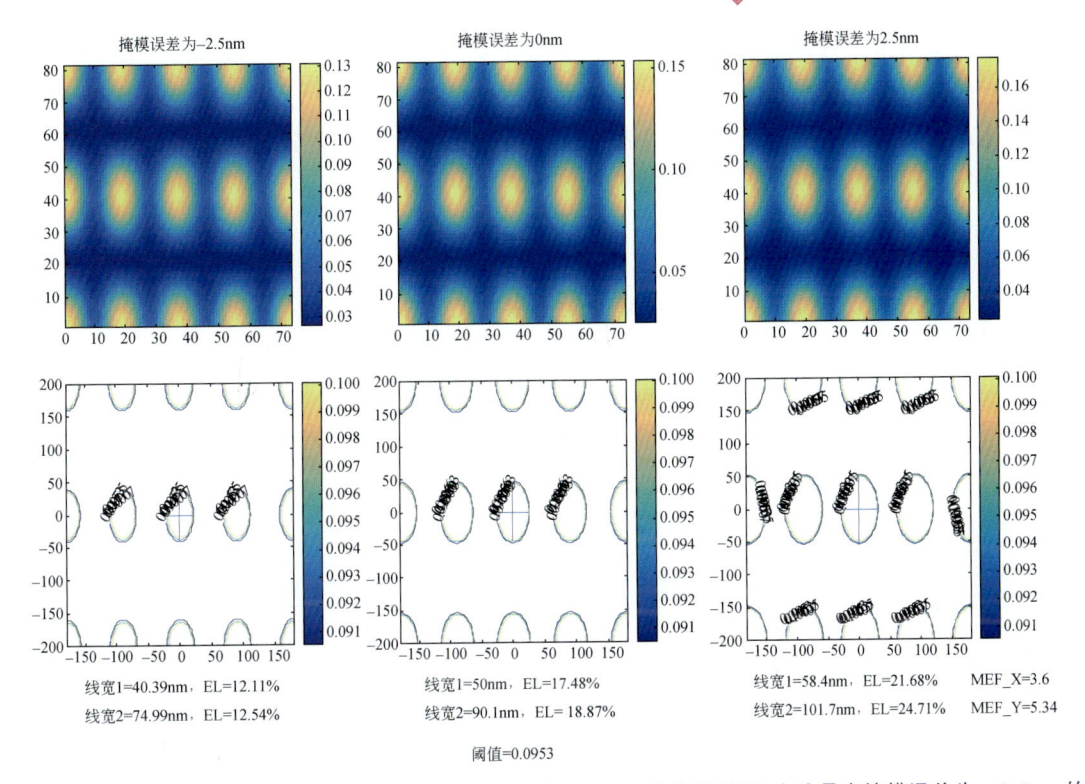

图 11-38 使用薄掩模仿真得到的空间像随着掩模误差为±2.5nm 变化的结果（左边是在掩模误差为-2.5nm 的空间像图形，右边是在掩模误差为 2.5nm 的空间像图形；坐标单位：上行 5nm/格点，下行 nm）

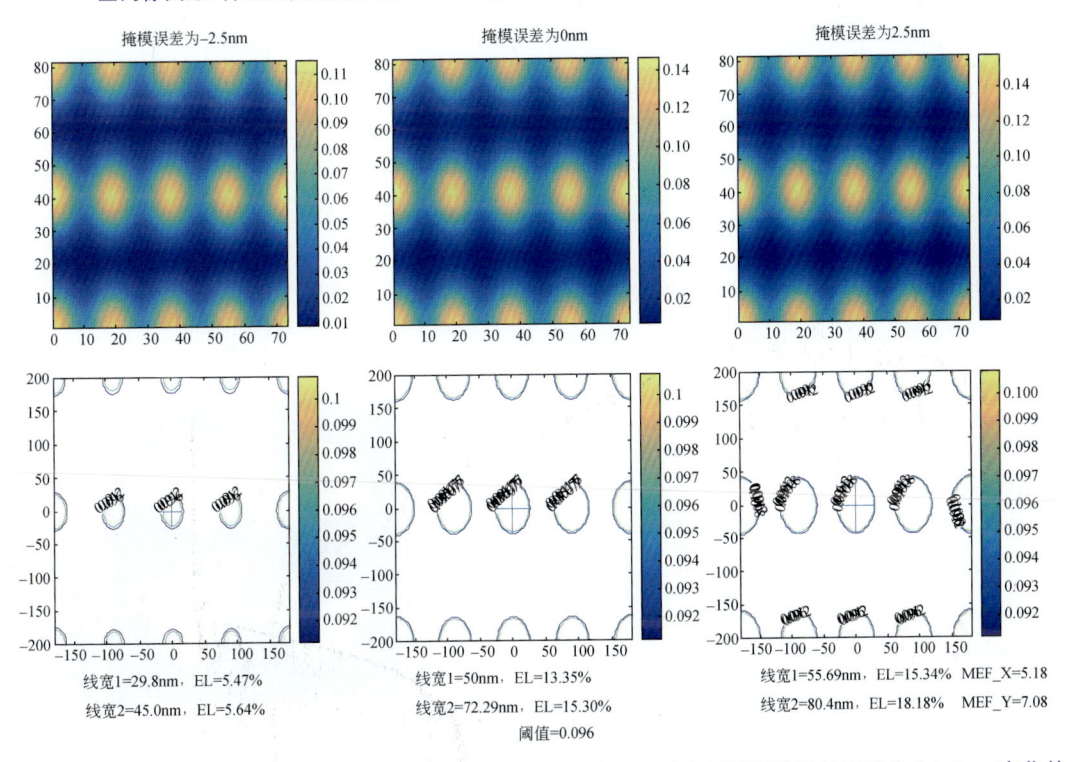

图 11-39 使用基于时域有限差分的空间像掩模三维散射仿真得到的空间像随着掩模误差为±2.5nm 变化的结果（左边是在掩模误差为-2.5nm 的空间像图形，右边的是在掩模误差为 2.5nm 的空间像图形，坐标单位：上行 5nm/格点，下行 nm）

在薄掩模情况下掩模版误差因子在 X 方向和 Y 方向上分别为 3.6 和 5.34,而存在掩模三维散射的情况下掩模版误差因子在 X 方向和 Y 方向上分别为 5.18 和 7.08,显著地增加了。这是因为,光在透过与波长接近或者比波长小的缝或者孔时会显著衰减。如果在这敏感的尺寸下变化掩模版线宽,将会对光线的透射有较大影响。

11.11.10　时域有限差分在极紫外光刻仿真里的应用

虽然 11.11.6 节中说明,极紫外仿真的运算量会比 193nm 浸没式光刻增加 2 个以上数量级,但是,随着计算机技术的进步,相对于一维的情况,这样的情况还可以勉强接受。

图 11-40 展示了一个 X 方向线宽为 22.5nm 的沟槽随着周期变化的仿真结果。其中图 11-40(c)展示的图形放置误差(Image Placement Error,IPE)约为 −2nm,与 11.12.2 节内采

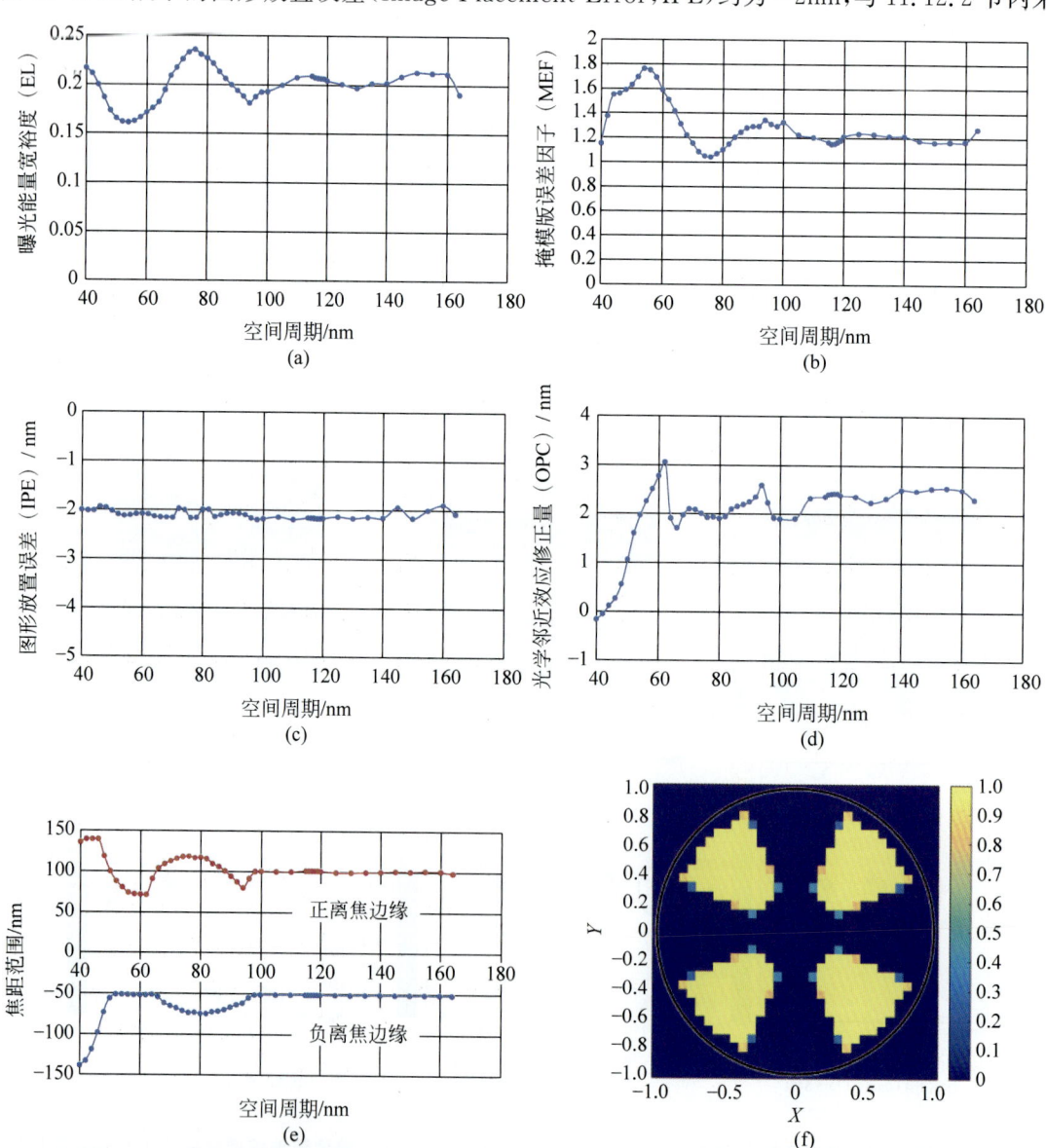

图 11-40　X 方向 22.5nm 沟槽随着周期变化仿真:(a) EL,(b) MEF,(c) IPE,(d) OPC,(e) 焦深,(f) 照明光瞳;曝光缝位置:中央;照明条件:0.33NA,0.9~0.3 四极 45°,30nm 厚化学放大型光刻胶[22-23]

用工业界标准的严格的耦合波分析算法计算的结果差不多(-1.75nm)。图 11-40(a)、(b)和(d)分别展示了 EL、MEF 和 OPC 随周期的变化。

图 11-41 展示了一个线宽为 26nm 的通孔随着周期变化的仿真结果。其中,图 11-41(a)、(b)、(c)和(d)分别展示了 EL、MEF、IPE 和 OPC 随周期的变化。

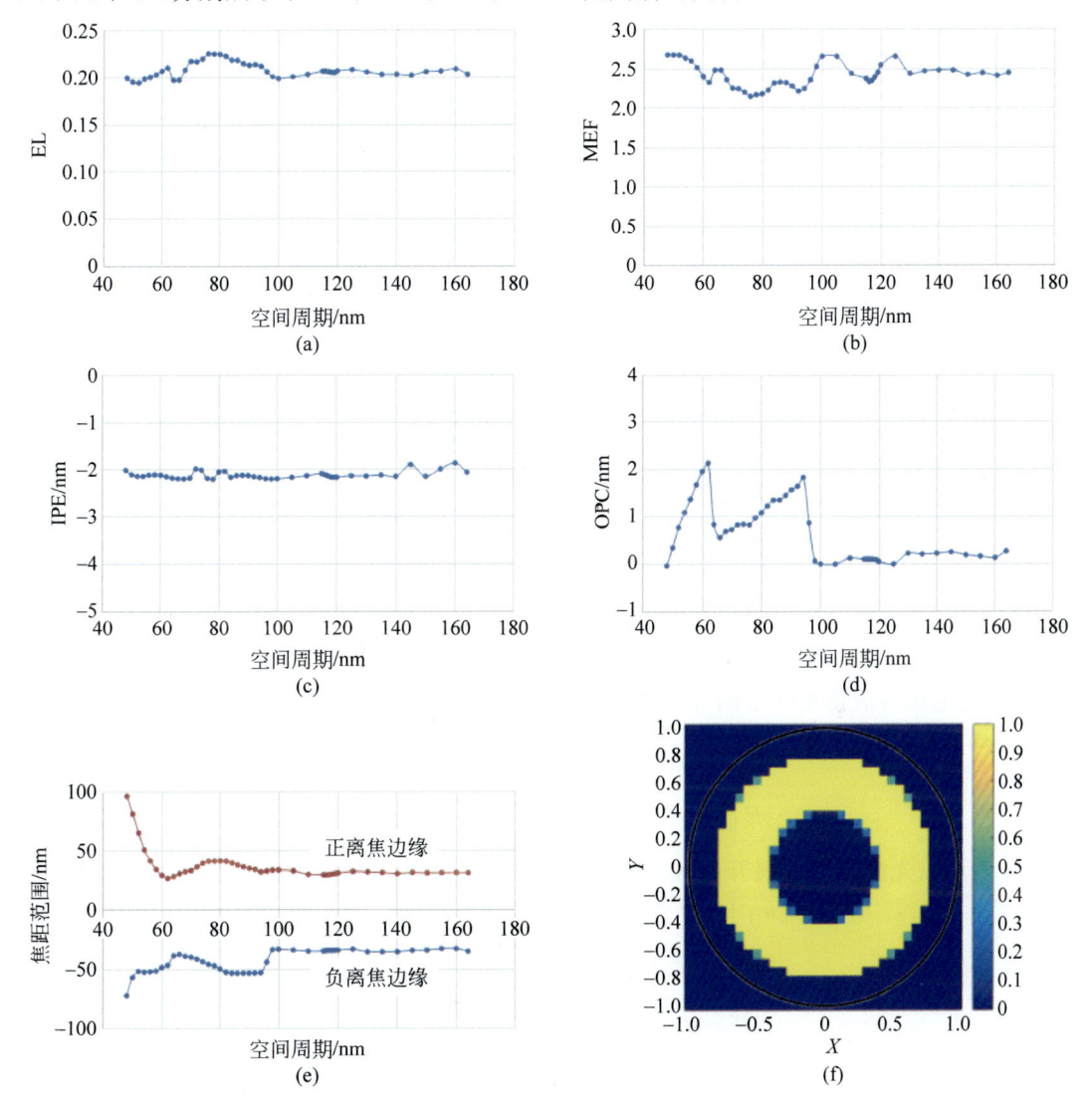

图 11-41　25nm 通孔随着周期变化仿真:(a) EL,(b) MEF,(c) IPE,(d) OPC,(e) 焦深,(f) 照明光瞳;曝光缝位置:中央,照明条件:0.33NA,0.8～0.4 环形,30nm 厚化学放大型光刻胶[22-23]

11.12　严格的耦合波分析方法

11.12.1　严格的耦合波分析方法推导过程

除了时域有限差分方法,计算掩模版散射还可以使用严格的耦合波分析方法(Rigorous Coupled Wave Analysis,RCWA)。与时域有限差分方法相同的是,严格的耦合波分析方法也是在一定边界条件下利用电场和磁场连续的边界条件要求求解麦克斯韦方程组。不同的是,时域有限差分方法采用数值方法,而严格的耦合波分析方法采用解析函数傅里叶展开方法。1981 年,M. G. Moharam 和 T. K. Gaylord 在计算平面光栅衍射时提出了严格的耦合波分析方法[24]。1995 年,严格的耦合波分析方法在计算效率上得到了大幅提高,而且从根本上避免了出现发散和较大数值误差[25]。

以下借用一维平面光栅简要介绍严格的耦合波分析方法的推导。

如图 11-42 所示,先考虑横电波,横电波可以写成

$$E_{入射,y} = E_0 e^{j\omega t - jk_0 n_1(\sin\theta x + \cos\theta z)} \tag{11.79}$$

式中:$k_0 = 2\pi/\lambda_0$,λ_0 为自由空间中的波长;n_1 为区域 I 中的折射率;θ 为入射角。

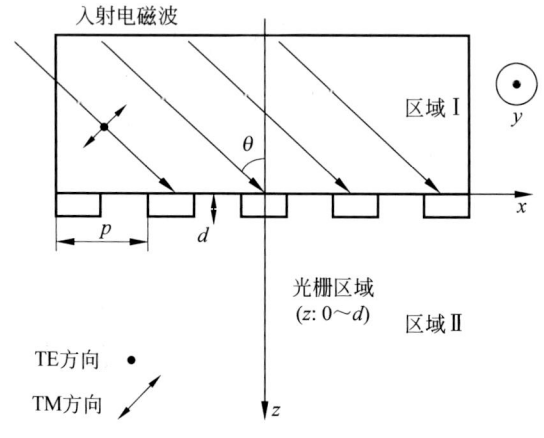

图 11-42 平面波入射周期为 p 的一维平面光栅示意图

如果把电场写成傅里叶空间分量的形式,那么在空间 I 和 II 中的电场可以写成

$$\begin{cases} E_{I,y} = E_{入射,y} + \sum_i R_i e^{-j(k_{xi}x + k_{I,zi}z)} \\ E_{II,y} = \sum_i T_i e^{-j[k_{xi}x + k_{II,zi}(z-d)]} \end{cases} \tag{11.80}$$

式中:i 表示以光栅周期 p 展开的各阶傅里叶谐波;k_{xi} 由以下条件决定,即

$$\begin{cases} k_{xi} = k_0 n_I (\sin\theta + i\lambda_0/n_I p) \\ k_{l,zi} = \begin{cases} k_0 \sqrt{n_l^2 - k_{xi}^2/k_0^2}, & k_0 n_l > k_{xi} \\ -jk_0 \sqrt{k_{xi}^2/k_0^2 - n_l^2}, & k_0 n_l < k_{xi} \end{cases} \end{cases} ; \quad l = I, II \tag{11.81}$$

式(11.81)为光栅方程。当由于某种原因 $k_{xi} > k_0$ 时,行波终止,空间中仅存在衰逝波(Evanescent wave)。

在光栅区域,也就是当 z 在 $0 \sim d$ 时,电场和磁场可以表示为

$$\begin{cases} E_{G,y} = \sum_i S_{yi}(z) e^{-jk_{xi}x} \\ H_{G,x} = -j\left(\frac{\varepsilon_0}{\mu_0}\right)^{1/2} \sum_i U_{xi}(z) e^{-jk_{xi}x} \end{cases} \tag{11.82}$$

由麦克斯韦方程组可得如下表达式:

$$\begin{cases} \dfrac{\partial E_{G,y}}{\partial z} = j\omega\mu_0 H_{G,x} \\ \dfrac{\partial H_{G,x}}{\partial z} = j\omega\varepsilon_0 \varepsilon(x) E_{G,y} + \dfrac{\partial H_{G,z}}{\partial x} \end{cases} \tag{11.83}$$

把介电常数 $\varepsilon(x)$ 展开成傅里叶级数：

$$\varepsilon(x) = \sum_m \varepsilon_m \mathrm{e}^{-\mathrm{j}\frac{2m\pi}{p}x} \tag{11.84}$$

把式(11.82)和式(11.84)代入式(11.83)，并且注意到在仅存在 Y 方向的电场的情况下，有

$$\frac{\partial H_{G,z}}{\partial x} = -\mathrm{j}k_{xi}H_{G,z}, \quad -\mu_0 \frac{\partial H_{G,z}}{\partial t} = \frac{\partial E_{G,y}}{\partial x}$$

那么式(11.83)可以表示为

$$\begin{cases} \dfrac{\partial S_{yi}}{\partial z} = k_0 U_{xi} \\ \dfrac{\partial U_{xi}}{\partial z} = \left(\dfrac{k_{xi}^2}{k_0}\right) S_{yi} - k_0 \sum_\xi \varepsilon_{i-\xi} S_{y\xi} \end{cases} \tag{11.85}$$

或者写成矩阵形式，即

$$\begin{bmatrix} \partial \boldsymbol{S}_y/\partial z' \\ \partial \boldsymbol{U}_x/\partial z' \end{bmatrix} = \begin{bmatrix} \boldsymbol{0} & \boldsymbol{I} \\ \boldsymbol{A} & \boldsymbol{0} \end{bmatrix} \begin{bmatrix} \boldsymbol{S}_y \\ \boldsymbol{U}_x \end{bmatrix} \tag{11.86}$$

式中：$z' = k_0 z$。

对式(11.85)二次微分可以得到更加简洁的表达式，即

$$\lfloor \partial^2 \boldsymbol{S}_y/\partial (z')^2 \rfloor = [\boldsymbol{A}][\boldsymbol{S}_y] \tag{11.87}$$

式中：$\boldsymbol{A} = \boldsymbol{K}_x^2 - \boldsymbol{E}$，而 $\boldsymbol{E}$ 的矩阵单元 $[\boldsymbol{E}]_{ij} = \varepsilon_{i-j}$，其中 $\varepsilon(x) = \sum_m \varepsilon_m \mathrm{e}^{-\mathrm{j}\frac{2m\pi}{p}x}$ [见式(11.84)]，i、p 单元就等于 ε_{i-p}，$\boldsymbol{K}_x$ 是一个对角矩阵，其对角元 $K(i,i) = k_{xi}/k_0$，求解本偏微分方程组相当于求解 $\boldsymbol{A}$ 的本征值的问题。假设 $\boldsymbol{A}$ 是 $n \times n$ 矩阵，存在由 $\boldsymbol{A}$ 本征矢量组成的矩阵 $\boldsymbol{W}$，且 $\boldsymbol{AW} = \boldsymbol{W}\mathrm{diag}(q_1^2, q_2^2, \cdots, q_n^2)$，而 $q_1, q_2, \cdots, q_n$ 是矩阵 $\boldsymbol{A}$ 的 n 个本征值的根。这是由式(11.87)的二次微分形式决定的。

由此可以得到 S_{yi} 的一般表达式(由本征矢量的线性组合组成)：

$$S_{yi} = \sum_{m=1}^n w_{i,m} \left[c_m^+ \mathrm{e}^{-k_0 q_m z} + c_m^- \mathrm{e}^{k_0 q_m (z-d)} \right] \tag{11.88}$$

式中：$w_{i,m}$ 为特征矢量矩阵的单元，下标 m 表示本征值的编号；c_m^+、c_m^- 为拟合系数，需要根据边界条件确定，在这里分别为透射成分和反射成分的系数。

由于已经设定了透射和反射波，$q_1, q_2, \cdots, q_n$ 就是矩阵 $\boldsymbol{A}$ 的 n 个本征值的正根。利用式(11.88)和式(11.85)可以得到 U_{xi} 的一般表达式：

$$U_{xi} = \sum_{m=1}^n q_m w_{i,m} \left[-c_m^+ \mathrm{e}^{-k_0 q_m z} + c_m^- \mathrm{e}^{k_0 q_m (z-d)} \right] \tag{11.89}$$

下一步通过横向电场 E_y 和磁场 H_x 的连续边界条件确定系数 c_m^+、c_m^- 和 R_i、T_i。

根据式(11.79)、式(11.80)及式(11.88)、式(11.89)，在 $z=0$ 和 $z=d$ 可以得到

$$\begin{cases} z = 0 \\ \delta_{i0} + R_i = \sum_{m=1}^n w_{i,m} \left[c_m^+ + c_m^- \mathrm{e}^{-k_0 q_m d} \right] \\ \mathrm{j}\left[n_1 \cos\theta \delta_{i0} - \left(\dfrac{k_{1,zi}}{k_0}\right) R_i \right] = \sum_{m=1}^n q_m w_{i,m} \left[c_m^+ - c_m^- \mathrm{e}^{-k_0 q_m d} \right] \end{cases} \tag{11.90}$$

其中：当 $i=0$ 时，$\delta_{i0}=1$；当 $i \neq 0$ 时，$\delta_{i0}=0$。

$$\begin{cases} z = d \\ \sum_{m=1}^{n} w_{i,m} \left[c_m^+ e^{-k_0 q_m d} + c_m^- \right] = T_i \\ \sum_{m=1}^{n} q_m w_{i,m} \left[c_m^+ e^{-k_0 q_m d} - c_m^- \right] = \mathrm{j} \left(\frac{k_{\mathrm{II},zi}}{k_0} \right) T_i \end{cases} \tag{11.91}$$

对于每一个级数 i,这里共有 $4n$ 个方程,$2n+2n$ 个未知数 c_m^+、c_m^-、R_i 和 T_i。所以,通过消元法可以求出所有的 R_i 和 T_i。

类似于横电波,横磁波有如下解。首先看到横磁波跟横电波的对称性,有

$$H_{\text{入射},y} = H_0 \mathrm{e}^{\mathrm{j}\omega t - \mathrm{j}k_0 n_1(\sin\theta x + \cos\theta z)} \tag{11.92}$$

$$\begin{cases} H_{\mathrm{I},y} = H_{\text{入射},y} + \sum_i R_i \mathrm{e}^{-\mathrm{j}(k_{xi}x + k_{\mathrm{I},zi}z)} \\ H_{\mathrm{II},y} = \sum_i T_i \mathrm{e}^{-\mathrm{j}[k_{xi}x + k_{\mathrm{II},zi}(z-d)]} \end{cases} \tag{11.93}$$

对于光栅区域($0<z<d$)的电磁场,由傅里叶展开可得

$$\begin{cases} H_{G,y} = -\mathrm{j} \left(\frac{\varepsilon_0}{\mu_0} \right)^{1/2} \sum_i U_{yi}(z) \mathrm{e}^{-\mathrm{j}k_{xi}x} \\ E_{G,x} = \sum_i S_{xi}(z) \mathrm{e}^{-\mathrm{j}k_{xi}x} \end{cases} \tag{11.94}$$

利用式(11.49)中的麦克斯韦方程组可得

$$\begin{cases} \dfrac{\partial H_{G,y}}{\partial z} = -\mathrm{j}\omega\varepsilon_0 \varepsilon(x) E_{G,x} \\ \dfrac{\partial E_{G,x}}{\partial z} = -\mathrm{j}\omega\mu_0 H_{G,y} + \dfrac{\partial E_{G,z}}{\partial x} \end{cases} \tag{11.95}$$

同样,对于式(11.95)中的第二个方程,利用

$$\frac{\partial E_{G,z}}{\partial x} = -\mathrm{j}k_{xi} E_{G,z}, \quad \varepsilon_0 \frac{\partial E_{G,z}}{\partial t} = \frac{1}{\varepsilon(x)} \frac{\partial H_{G,y}}{\partial x}$$

考虑到将来需要写成矩阵形式,将后者写成

$$\varepsilon_0 \frac{\partial E_{G,z}}{\partial t} = \varepsilon^{-1}(x) \frac{\partial H_{G,y}}{\partial x}$$

再代入式(11.95)中的第二个方程,可以得到

$$\begin{cases} \dfrac{\partial H_{G,y}}{\partial z} = -\mathrm{j}\omega\varepsilon_0 \varepsilon(x) E_{G,x} \\ \dfrac{\partial E_{G,x}}{\partial z} = -\mathrm{j}\omega\mu_0 H_{G,y} + (-\mathrm{j}k_{xi})\left(\dfrac{1}{\mathrm{j}\omega}\right)\left(\dfrac{\varepsilon^{-1}(x)}{\varepsilon_0}\right)(-\mathrm{j}k_{xi}) H_{G,y} \end{cases} \tag{11.96}$$

写成傅里叶频率域的形式:

$$\begin{cases} \dfrac{\partial U_{yi}}{\partial z} = k_0 \sum_\xi \varepsilon_{i-\xi} S_{x\xi} \\ \dfrac{\partial S_{xi}}{\partial z} = -k_0 U_{yi} + \dfrac{k_{xi}}{k_0} \sum_\xi \varepsilon_{i-\xi}^{-1} k_{x\xi} U_{y\xi} \end{cases} \tag{11.97}$$

写成矩阵形式:

$$\begin{bmatrix} \partial \boldsymbol{U}_y/\partial z' \\ \partial \boldsymbol{S}_x/\partial z' \end{bmatrix} = \begin{bmatrix} \boldsymbol{0} & \boldsymbol{E} \\ \boldsymbol{B} & \boldsymbol{0} \end{bmatrix} \begin{bmatrix} \boldsymbol{U}_y \\ \boldsymbol{S}_x \end{bmatrix} \tag{11.98}$$

或者更加简洁的形式：

$$\left[\partial^2 \boldsymbol{U}_y / \partial (z')^2 \right] = [\boldsymbol{EB}][\boldsymbol{U}_y] \tag{11.99}$$

式中：$\boldsymbol{B} = \boldsymbol{K}_x \boldsymbol{E}' \boldsymbol{K}_x - \boldsymbol{I}$，其中 $\boldsymbol{E}'$ 定义为 $[\boldsymbol{E}']_{ij} = \varepsilon'_{i-j}$，$\dfrac{1}{\varepsilon(x)} = \sum\limits_m \varepsilon'_m \mathrm{e}^{-\mathrm{j}\frac{2m\pi}{p}x}$。

与横电波的情况一样，在光栅区域的通解可以写成

$$\begin{cases} U_{yi} = \sum\limits_{m=1}^{n} w_{i,m} \left[c_m^+ \mathrm{e}^{-k_0 q_m z} + c_m^- \mathrm{e}^{k_0 q_m (z-d)} \right] \\ S_{xi} = \sum\limits_{m=1}^{n} q_m w_{i,m} \left[-c_m^+ \mathrm{e}^{-k_0 q_m z} + c_m^- \mathrm{e}^{k_0 q_m (z-d)} \right] \end{cases} \tag{11.100}$$

只不过 U 和 S 交换了位置。同样，在 $z=0$ 和 $z=d$ 处，有以下连续边界条件：

$$\begin{cases} z = 0 \\ \delta_{i0} + R_i = \sum\limits_{m=1}^{n} w_{i,m} \left[c_m^+ + c_m^- \mathrm{e}^{-k_0 q_m d} \right] \\ \mathrm{j} \left[\dfrac{\cos\theta}{n_\mathrm{I}} \delta_{i0} - \left(\dfrac{k_{\mathrm{I},zi}}{k_0 n_\mathrm{I}^2} \right) R_i \right] = \sum\limits_{m=1}^{n} q_m w_{i,m} \left[c_m^+ - c_m^- \mathrm{e}^{-k_0 q_m d} \right] \end{cases} \tag{11.101}$$

$$\begin{cases} z = d \\ \sum\limits_{m=1}^{n} w_{i,m} \left[c_m^+ \mathrm{e}^{-k_0 q_m d} + c_m^- \right] = T_i \\ \sum\limits_{m=1}^{n} q_m w_{i,m} \left[c_m^+ \mathrm{e}^{-k_0 q_m d} + c_m^- \right] = \mathrm{j} \left(\dfrac{k_{\mathrm{II},zi}}{k_0 n_\mathrm{II}^2} \right) T_i \end{cases} \tag{11.102}$$

类似于横电波，对于每一个级数 i，这里共有 $4n$ 个方程，$2n+2n$ 个未知数 c_m^+、c_m^-、R_i 和 T_i。所以，通过消元法可以求出所有的 R_i 和 T_i。

先消去 R_i 和 T_i，再解出 c_m^+ 和 c_m^-，然后通过式(11.88)、式(11.89)(横电波)以及式(11.100)(横磁波)，解出电场和磁场的傅里叶系数以及随 Z 方向的变化，加上本身的 X 周期性，就可以完全解出电磁场在全空域的分布。

对于二维的情况，需要将二维变量矩阵，如 (x,y) 做堆栈，变成一维矢量，类似 12.5.2 节中的 Y 算子。

11.12.2 严格的耦合波分析方法在极紫外光刻的仿真应用

11.11.6 节介绍过，采用时域有限差分算法计算极紫外掩模版将面临 300 多倍的运算量，这在工业界是难以接受的。所以，工业界采用的是严格的耦合波分析方法，即横向采用周期性边界条件，对掩模版函数进行傅里叶级数展开，在界面上匹配各级衍射波的系数，实现对电磁波的仿真。这种方法的优点是可以更有效地同时计算透射与反射波，而不像时域有限差分方法，计算反射波比计算透射波复杂很多。

图 11-43 展示了一个典型的采用严格的耦合波分析方法计算极紫外阴影效应的仿真结果。这里对环形曝光缝上中央一点与边缘两点进行了仿真，展示了由于在 Y 轴为 6° 的主光线入射角(Chief Ray Angle at Object,CRAO)导致的阴影效应随着环形曝光缝变化的特征。极

紫外还有两个显著的与掩模版三维散射相关的效应：①横向线宽（Y 方向线条/沟槽的线宽）与纵向线宽（X 方向线条/沟槽的线宽）之间的差异，又称为横-纵偏置（H-V Bias），如图 11-44 所示，这个偏置随着周期的变化不大，为 3～4.5nm；②最佳焦距随周期而变化，即类似于 193nm 浸没式光刻中的情况，如图 11-45 所示。H-V 线宽偏置是由于主光线沿着 Y 轴呈现 6°

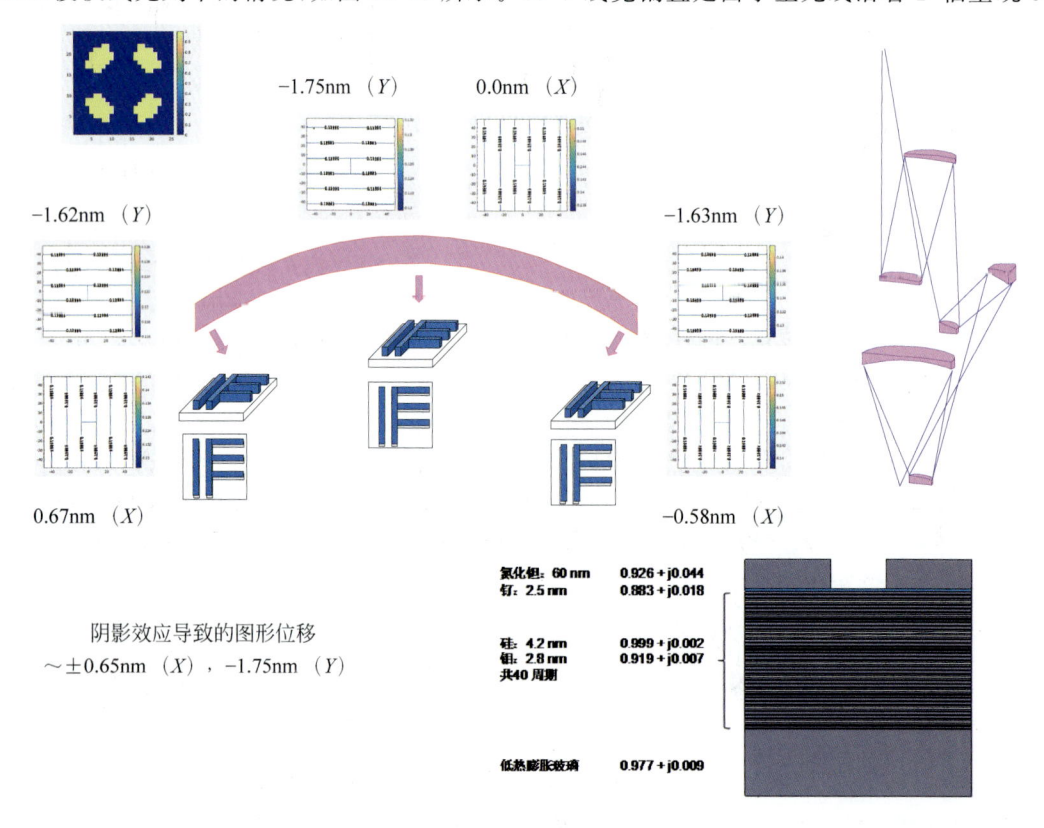

图 11-43　典型的 32nm 周期的极紫外阴影效应仿真结果：16nm 线条/16nm 沟槽。照明条件：0.33NA，四极 45° 0.9～0.5 环形，30nm 厚化学放大型光刻胶[22-23]

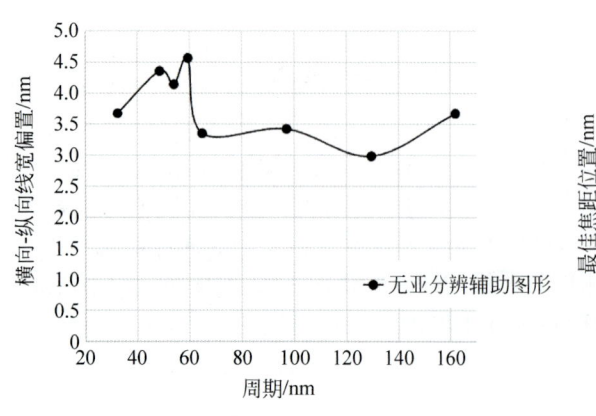

图 11-44　典型的横向-纵向线宽偏置随周期变化的仿真结果[22-23]

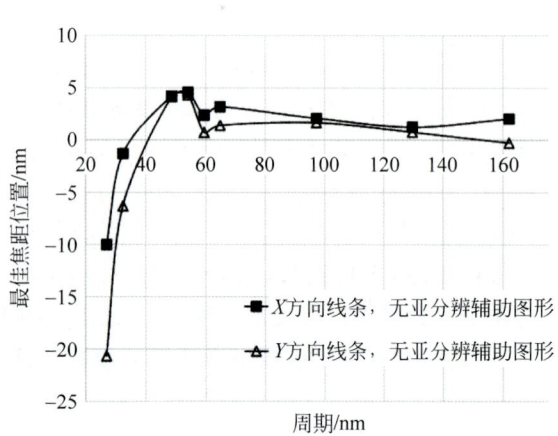

图 11-45　典型的最佳焦距位置随周期变化的仿真结果[22-23]

导致,而焦距随周期变化是厚掩模版导致:极紫外的 40 对钼-硅高反射膜的厚度为 40×7=280nm,其中掩模版表面的吸收层(主要是氮化钽)也有 60nm。而掩模版的线宽虽然是硅片线宽的 4 倍,但是,由于硅片上的线宽还是很小,如 16~18nm,在掩模版上就是 64~72nm,相比掩模版的厚度 60nm 和 280nm 来说还是很小的。将来使用和高数值孔径的极紫外光刻,如 0.55NA,其分辨率可达 8nm 线宽/16nm 周期,其掩模版线宽可以变得更小。

11.13　光源掩模协同优化

11.13.1　不同光瞳照明条件对掩模版图形的影响

在光刻工艺的照明条件制定中,通常兼顾不同图形的需要。对于密集图形需要选择离轴照明,如环形(Annular)、偶极(Dipole)、交叉四极(Cross Quadruple,CQuad)等(图 11-46),以最大限度地利用数值孔径。其好处是提高空间像对比度,表现在较高的曝光能量宽裕度、较小的掩模版误差因子和较大的对焦深度。但是,对于孤立图形,这样的离轴照明条件会使得将近一半的衍射光射出光瞳而无法被用来成像。也就是说,对于孤立图形,离轴照明会导致空间像对比度的损失,这种损失会导致曝光能量宽裕度下降,使得对焦深度变小。所以,对于孤立图形需要傍轴照明,对于半密集图形需要介于离轴和傍轴照明中间的某种照明形式。真正的傍轴照明不被采用,原因是需要兼顾密集图形和二维图形的形状保真度(傍轴照明相干性很强,会在图形边缘产生波动)。

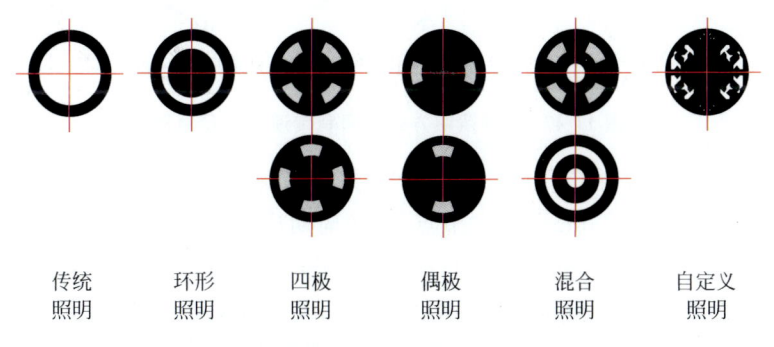

传统照明　环形照明　四极照明　偶极照明　混合照明　自定义照明

图 11-46　常用的照明方式在光瞳上的光强分布示意图

在 0.18μm 技术节点以前,用到最多的照明条件是图 11-46 中所示的传统照明,照明光在光瞳上是一个圆,圆的半径由密集图形的最小空间周期和孤立图形的线宽决定。由上所述,在光瞳上的半径代表离轴角,所以希望密集图形有较大的半径,孤立图形有较小的半径。到了 0.18μm 技术节点,由于密集图形的空间周期开始变得很小,如 430nm,而线宽在 180nm,传统照明已经不能很好地支持密集图形,开始应用环形照明。实际上,这个情况是因为需要制作的图形线宽开始比曝光波长小。在 0.25μm 技术节点,曝光波长为 248nm,而线宽为 250nm;但是在 0.18μm 节点,曝光波长还为 248nm。这个情况导致传统照明无法继续支持更加小的线宽。在光刻工艺中衡量分辨率使用 k_1 因子,如下式所示:

$$CD = k_1 \frac{\lambda}{NA} \tag{11.103}$$

一般来说,k_1 因子很少小于 0.4。如图 11-47 所示,对于 0.6NA、248nm 的光学系统,相干照明和非相干照明有不同的调制传递函数[27],如图 11-47 所示。相干照明,也就是 $\sigma=0$ 的情况,即傍轴照明;完全非相干照明的情况,也就是对应 $\sigma=1$ 的情况。由于相干照明一般在光刻机上很难实现,而且相干照明会造成图形边缘波动的效果,如图形边缘的衍射会造成线宽的误差[8],所以不会采用相干照明,而采用扩大了的傍轴照明(又称为传统照明)。在 $0.25\mu m$ 技术节点,最小周期 600nm 可处在传统照明的可分辨区域中。到了 $0.18\mu m$ 技术节点时,最小周期 430nm 已经处在传统照明的分辨率边缘。一般开始会采用环形照明,如外圈半径为 0.85、内圈半径为 0.42 的环形照明,以加强在周期 430nm 的分辨率。到了 $0.13\mu m$ 技术节点,最小空间周期为 310nm,传统照明已经完全无法支持。即便采用 $\sigma=1$ 的非相干照明,对比度也会变得不到 30%,而为了支持栅极很好地成像,通常需要 60% 的对比度。这时,不仅需要采用较大角度的离轴照明和提升数值孔径,相对 $0.18\mu m$ 节点,还要采用光酸扩散长度更短的光刻胶(有关光酸的扩散长度参见表 11-13)。典型的 $0.13\mu m$ 技术节点的照明条件是数值孔径 0.70,0.75~0.375 环形。

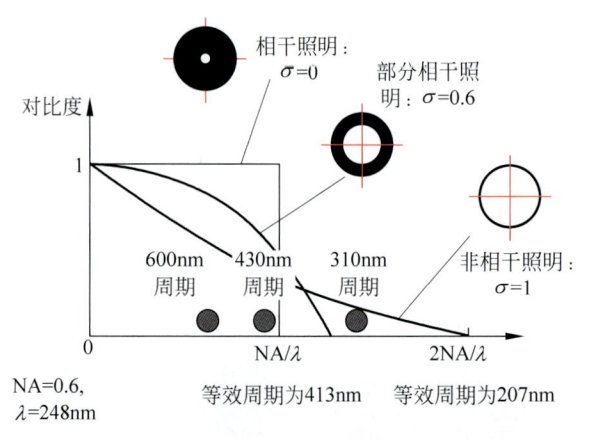

图 11-47 3 种照明方式的调制传递函数示意图

到了 90nm 技术节点,由于采用了 193nm 光刻技术,离轴照明的要求比之前宽松。同样的 193nm 光刻技术沿用到 65nm/55nm 节点,空间周期达到 160nm,而数值孔径达到 0.93 后就无法再往下发展。在 45nm/40nm 节点,浸没式 193nm 光刻技术引入等效地将波长缩短到 134nm。即便如此,线宽仍然比波长小得多。在 45nm/40nm 节点,线宽为 60~80nm。于是环形照明也无法继续支持,便开始采用四极照明和偶极照明。这样的照明条件一直持续到 32nm/28nm 节点。到了 20nm/14nm 节点后,虽然最小周期不再有大幅度缩小,但线宽和线宽均匀性还是被要求继续缩小。于是开始了对照明条件的整体优化,而不是以一定的几何形状作为限制。在硬件上,阿斯麦公司也制作出了任意形状时的照明条件[27]——自定义照明(Flexray),采用 $64\times64=4096$ 个微机电驱动的转镜,用于模拟任意情况下的照明条件。如图 11-46 所示的"自定义照明",这种系统不仅可以模拟出不同形状的照明光瞳形状,而且可以赋予每一个光瞳位置不同的光强。这样可以给需要的图形增强照明,以提升其工艺窗口,如对比度或者对焦深度。

采用的照明形式取决于图形的类型,以及各图形所要达到要求。例如,动态随机存储器,关键层次大多是密集线条,采用偶极照明就可以;对于随机排布的通孔,采用环形照明就可以。但是,对于存在一定规律的线条,例如在 X 方向和 Y 方向上存在不同的最小周期,或者存在不同的最小线宽,或者存在不同的图形类型,则需要采用 X 方向和 Y 方向不完全相同的照明条件。这种情况下才能最大限度地提升不同图形的工艺窗口。例如,在 28nm、20nm 和 14nm 的栅极层次,线条都是沿着 Y 方向的,所以首先在 X 方向上安排一对偶极支持 Y 方向上的线条。但是,在 Y 方向上存在线端对线端的图形。而对于线端对线端,它在 Y 方向上属于孤立图形,所以需要傍轴照明。似乎图 11-53(b)的照明条件就很适合。其实,对于线端来讲还有两个工艺窗口参数需要考查,即线端缩短和掩模误差因子。线端缩短主要是分辨率不足导致的。如果采用离轴照明,很大一部分衍射光会被镜头丢弃,线端的图像会因为缺乏光线而失真。不过,这样的失真有时还可以被利用。例如,不仅可以通过提高空间像对比度降低掩模版误差因子,而且可以通过降低掩模变化对空间像的影响降低掩模版误差因子。采用离轴照明针对线端对线端的情况就是属于后者。因为掩模的信息被离轴照明"漏掉"一部分。其对线端成像的影响也就小一些。而且,离轴照明这种光线的损失导致线端的照度下降,线端缩短的问题也就小一些。不过,这都是以降低空间像的对比度做交换的。为了尽量使重要的图形都能够被照明条件照顾到,需要一种能够进行权衡计算的软件——光源掩模协同优化软件。2001 年,IBM 公司的艾伦·罗森布卢特(Alan Rosenbluth)就开始了这项工作[28]。

后续的工作如艾伦·罗森布卢特在 2009 年做的 22nm 金属层的优化工作[29],涉及很多小图案的共同优化。其中还讨论到掩模版三维散射在确定最佳光源上的作用。掩模版三维效应在 11.11.8 节和 11.11.9 节中讨论过,除了对密集图形造成一定的对比度损失外,还会造成半密集图形在最佳焦距上相对其他图形的偏移,也就是导致公共对焦深度变小。罗森布卢特认为,可以通过调整光源补偿这部分对焦深度。

阿斯麦公司的罗伯特·索恰(Robert Socha)在 2011 年撰文详细说明了光源掩模协同优化对于空间像对数斜率(Image Log Slope,ILS),掩模版误差因子和对焦深度之间的物理联系[30]。

经过在 14nm 光源优化过程的实践和近 20 年来的工作,总结出了不同图形在满足对比度、掩模版误差因子和对焦深度工艺窗口时对光源的要求[31],得出了不同图形对照明光源的要求。表 11-4 列举了不同的一维和二维的图形分别针对对比度、掩模版误差因子和对焦深度这三项最重要的工艺窗口参数对光源形状的要求。例如 Sigma(也就是部分相干性)的大小、是否是傍轴(如小 Sigma 照明)/离轴照明(如环形照明)等。表 11-4 中有阴影的区域代表相同或者相似的要求,即统一到离轴照明上(表 11-4 中展示的 16 项中有 12 项可以统一或者近似统一到离轴照明)。所以,一般光源掩模协同优化的光源都是离轴的照明形状,具体有一定程度的差异。

表 11-4 典型的光刻图形在满足对比度、掩模版误差因子和对焦深度工艺窗口时对光源形状的要求

光刻工艺窗口参数	一维图形			二维图形
	大周期(大于波长/数值孔径)	中等周期(波长/数值孔径附近)	小周期(小于波长/数值孔径)	
	大线宽,或者孤立小线宽	在禁止周期附近	关键尺寸,密集	线端对线端,线端对线条/沟槽
实现线宽目标值	小 Sigma(傍轴,相干)	中等 Sigma	离轴	离轴(以减少线/槽端缩短)
对比度/能量宽裕度/像对数斜率	小 Sigma(傍轴,相干)	中等 Sigma	离轴	小 Sigma(傍轴,相干)
对焦深度	小离轴	中等离轴	离轴	离轴(以实现线宽目标值)
掩模版误差因子	大 Sigma(非相干)	中等 Sigma	离轴	大 Sigma(非相干)

那么，其余 4 项和不完全认同离轴照明的半密集图形等在离轴照明下需要做怎样的调整，以维持其足够的工艺窗口呢？表 11-5 列举了这些图形的应对策略，主要是通过增加线宽、添加亚分辨辅助图形或者装饰线来解决。而这些方法也是光刻工艺在多年来的发展过程中常用的方法。

表 11-5　如果采用离轴照明,少数图形（主要是孤立图形）应采取的维持工艺窗口的方法

光刻工艺窗口参数	一维图形			二维图形
	大周期（大于波长/数值孔径）	中等周期（波长/数值孔径附近）	小周期（小于波长/数值孔径）	
	大线宽，或者孤立小线宽	在禁止周期附近	关键尺寸，密集	线端对线端，线端对线条/沟槽
实现线宽目标值	增加线宽，添加亚分辨辅助图形	增加线宽，添加亚分辨辅助图形	不需要	不需要
对比度/能量宽裕度/像对数斜率	增加线宽	增加线宽	不需要	添加装饰线、榔头以及增加图形之间的间隙
对焦深度	增加线宽，添加亚分辨辅助图形	增加线宽，添加亚分辨辅助图形	不需要	不需要
掩模版误差因子	增加线宽	增加线宽	不需要	不需要

这项总结工作与阿斯麦公司的索恰的工作是类似的，都系统和全面地总结了几乎所有设计规则中的要点。

下面看几个例子[32]。

图 11-48 介绍了一维周期为 90nm 的密集沟槽。我们对其进行了照明条件的优化：从最开始的 1.35NA，0.9~0.7 CQ60°经过照明优化（SO）最终形成类似于偶极的照明条件：沿着光瞳上 X 轴分布的偶极照明，且张角较小，为 70°~80°。结果如表 11-4 所总结的，对一维密集图形最适合的照明条件是离轴。

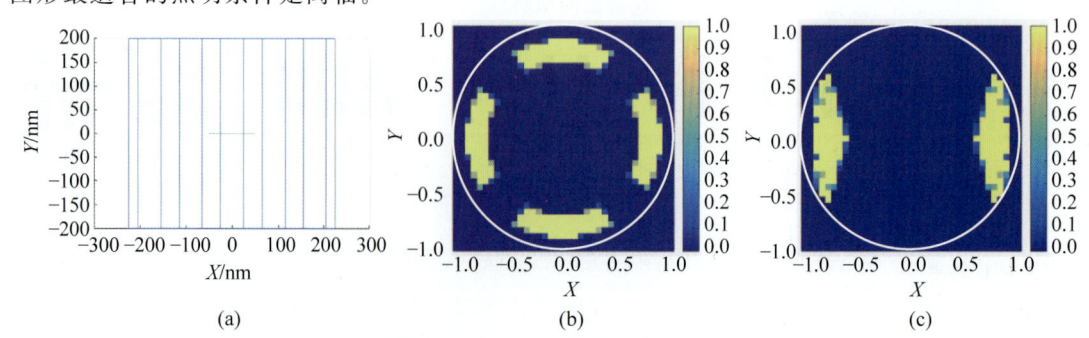

图 11-48　一维 90nm 周期沟槽的光源优化结果：（a）掩模版图样；（b）初始光瞳；（c）优化后光瞳；（d）优化后光强（显影后）分布图；（e）优化后光刻轮廓图[32]

(d)

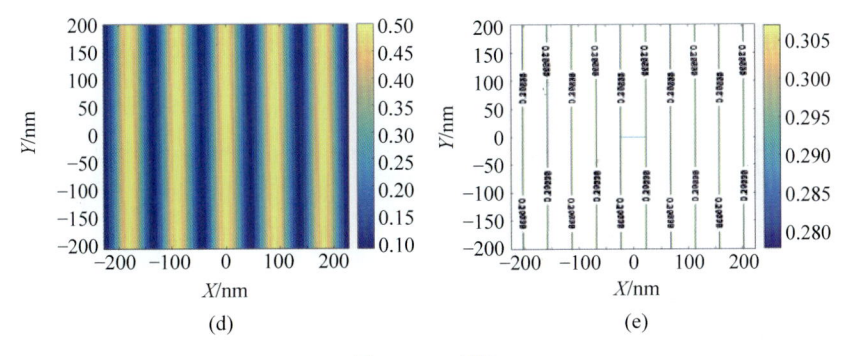

(e)

图 11-48 （续）

我们再看看一维半密集的情况，周期为 150nm 的沟槽如图 11-49 所示。可以看出，照明光瞳的主要部分仍然是偶极，但是发现，相比两个沿着光瞳上 X 轴的偶极距离变近，且在 Y 方向上拉长。这样的结果如表 11-4 所示：中等离轴，中等 Sigma。

(a)

(b)

(c)

(d)

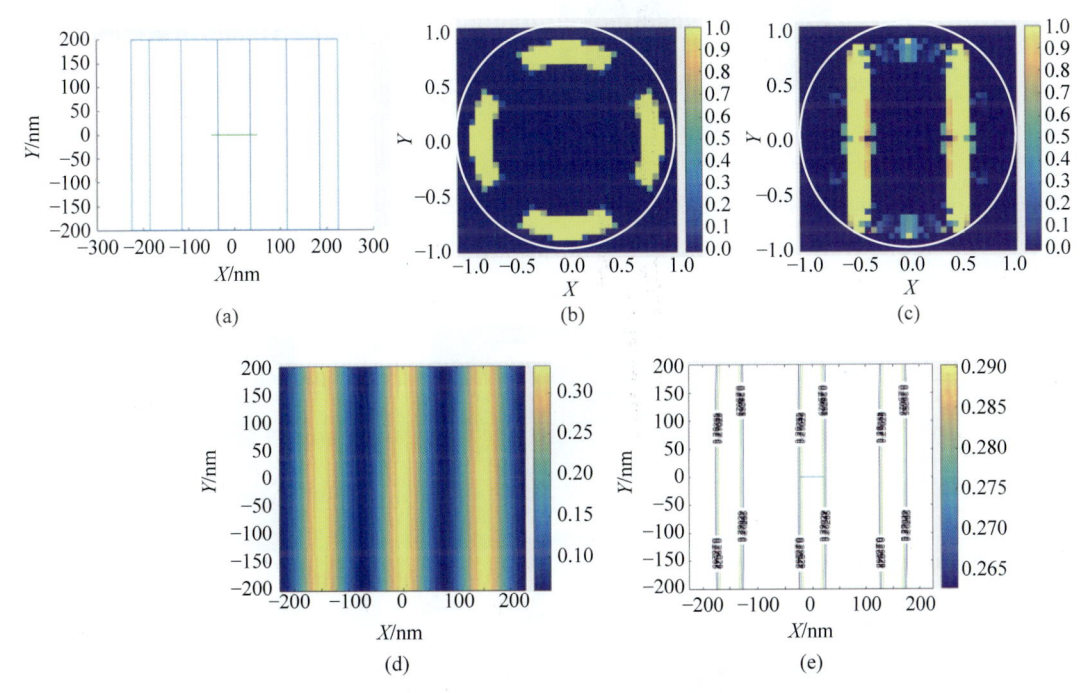

(e)

图 11-49 一维 150nm 周期沟槽的光源优化结果：(a) 掩模版图样；(b) 初始光瞳；(c) 优化后光瞳；(d) 优化后光强（显影后）分布图；(e) 优化后光刻轮廓图[32]

对于孤立的图形，如图 11-50 所示，周期为 450nm。经过光瞳优化，可以看到在 X 方向照明的分布比较均匀，如表 11-4 所示，傍轴的成分比较多一些，大、小 Sigma 都有。

除了以上的情况，还有一类图形经常遇到，就是二维成规律阵列分布的图形。图 11-51 和图 11-52 分别展示了呈直方分布与沿 X 轴交错分布的长方形通孔（或者接触孔）的阵列图形。由于通孔在 X 与 Y 方向上的周期不同，导致了照明条件在光瞳上分布的权重也趋于不同：通孔图形沿 X 方向的周期较小，所以，为了保证此方向上的对比度或者 EL，照明光瞳在 X 方向的权重较大。

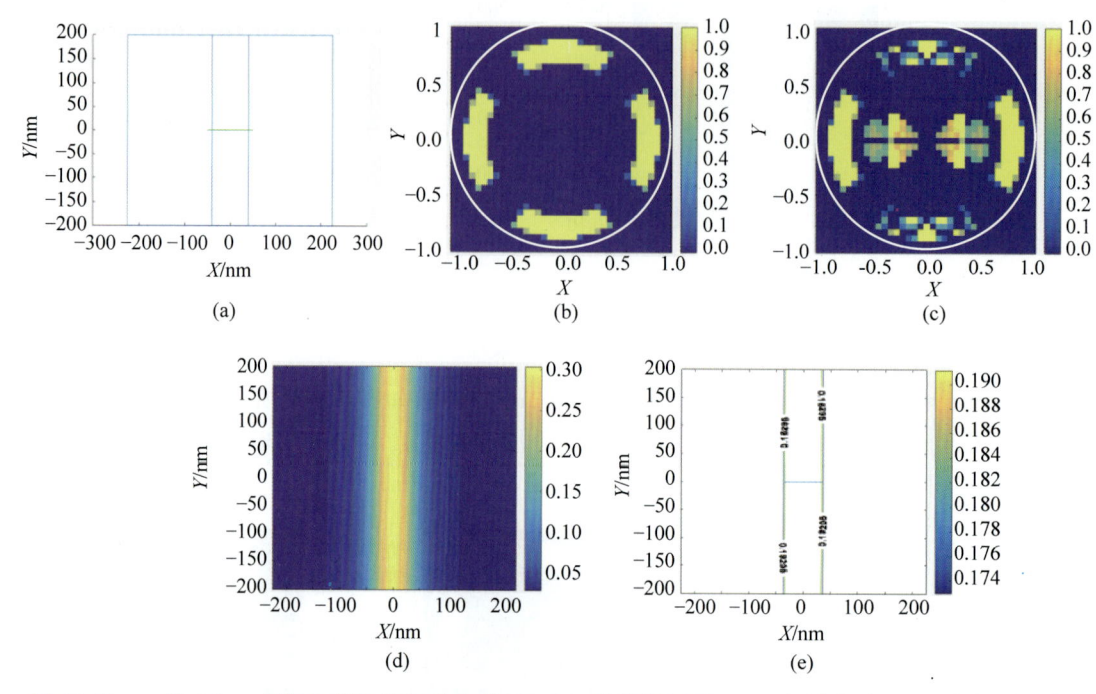

图 11-50 一维 450nm 周期沟槽的光源优化结果：(a) 掩模版图样；(b) 初始光瞳；(c) 优化后光瞳；(d) 优化后光强（显影后）分布图；(e) 优化后光刻轮廓图[32]

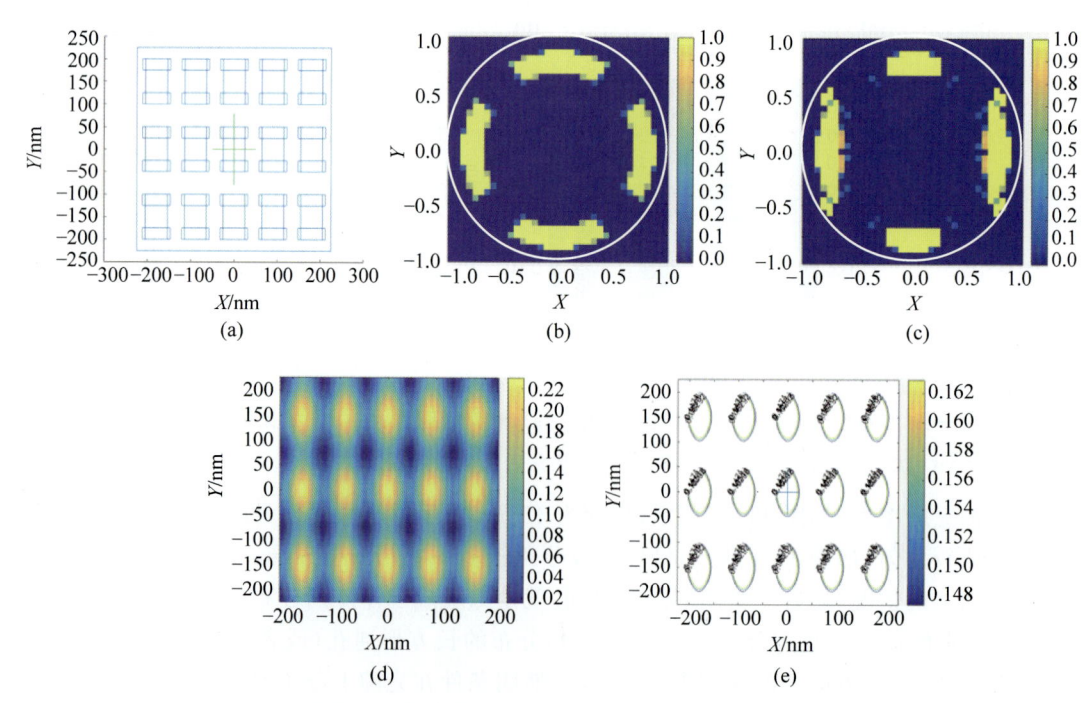

图 11-51 二维 90×150nm 周期沟槽的光源优化结果：(a) 掩模版图样；(b) 初始光瞳；(c) 优化后光瞳；(d) 优化后光强（显影后）分布图；(e) 优化后光刻轮廓图[32]

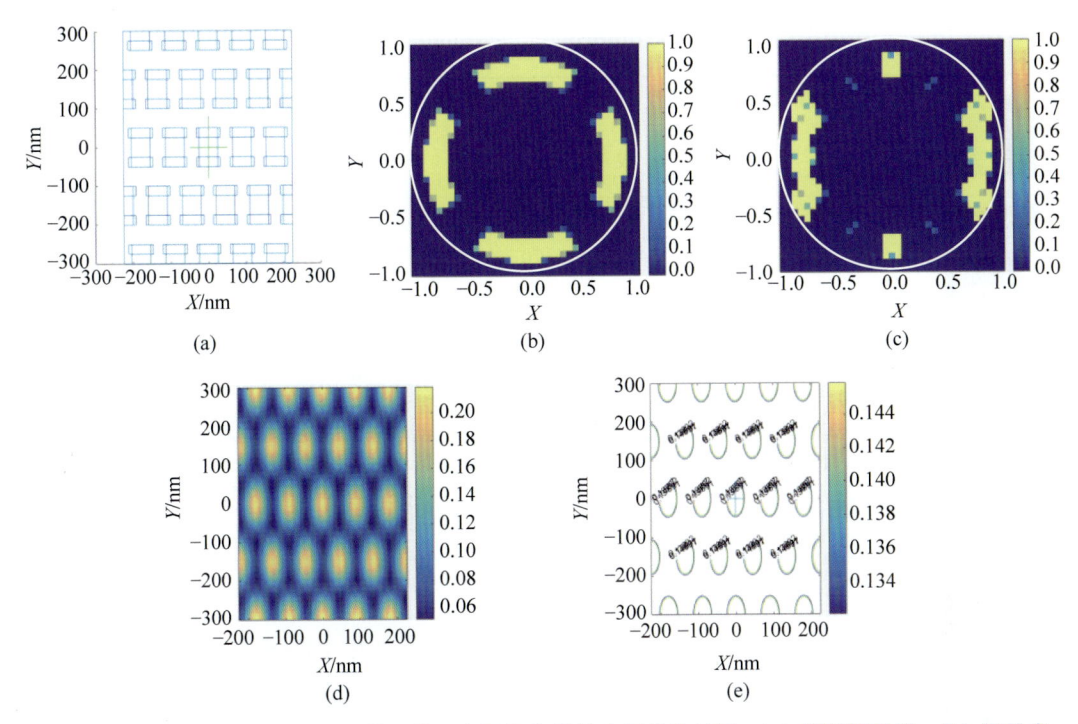

图 11-52 二维 90×150nm 周期横向错开半周期沟槽的光源优化结果：(a) 掩模版图样；(b) 初始光瞳；(c) 优化后光瞳；(d) 优化后光强（显影后）分布图；(e) 优化后光刻轮廓图[32]

根据表 11-6 可以看出，对于每种有规律的图形，工艺窗口的参数，如 EL、MEF、DoF 经过照明优化可以有显著甚至大幅的改进，具体如下。

表 11-6　5 种典型图形经过光源优化后工艺窗口的改变

		代价函数目标值和权重			焦距为 0nm			焦距为 −50nm		焦距为 50nm	
		线宽/nm	EL/%	MEF	权重	线宽/nm	EL/%	MEF	线宽/nm	EL	线宽/nm	EL
		45	30	1.3	1	45	13.15	2.92	44.98	11.63	44.97	12.98
		45	30	1.3	1	45	22.25	1.34	45	19.84	45	21.36
		代价函数目标值和权重			焦距为 0nm			焦距为 −50nm		焦距为 50nm	
		线宽/nm	EL/%	MEF	权重	线宽/nm	EL/%	MEF	线宽/nm	EL	线宽/nm	EL
		45	30	1.3	1	45	6.01	3.96	37.75	3.61	27.03	1.34
		45	30	1.3	1	45	7.42	2.95	44.38	7.07	44.51	7.15

续表

	代价函数目标值和权重				焦距为0nm			焦距为−50nm		焦距为50nm	
	线宽/nm	EL/%	MEF	权重	线宽/nm	EL/%	MEF	线宽/nm	EL	线宽/nm	EL
	70	30	1.3	1	70	12.95	2.64	65.56	11.02	65.9	10.52
	70	30	1.3	1	70	19.8	1.9	67.07	15.75	66.86	15.57
	代价函数目标值和权重				焦距为0nm			焦距为−50nm		焦距为50nm	
	线宽/nm	EL/%	MEF	权重	线宽/nm	EL/%	MEF	线宽/nm	EL	线宽/nm	EL
	45	20	1.3	1	45	10.55	6.85	38.34	6.85	35.31	7.85
	90	30	1.3	1	68.29	11.05	9.9	59.6	7.12	65.77	7.58
	45	20	1.3	1	45	15.02	4.31	41.65	11.72	39.8	12.82
	90	30	1.3	1	89.9	13.09	9.33	85.55	10.34	94.67	10.07
	代价函数目标值和权重				焦距为0nm			焦距为−50nm		焦距为50nm	
	线宽/nm	EL/%	MEF	权重	线宽/nm	EL/%	MEF	线宽/nm	EL	线宽/nm	EL
	45	20	1.3	1	45	8.93	8.77	36.51	4.75	33.24	6.05
	90	30	1.3	1	58.04	10.12	10.7	44.12	5.18	52.31	6.32
	45	20	1.3	1	45	16.54	3.92	42.74	14.03	42.49	14.14
	90	30	1.3	1	90.36	16.5	7.67	87.77	13.91	88.53	13.98

(1) 对于图11-48展示的密集沟槽,经过光源优化后,其EL从13.15%大幅提升至22.25%,提升了69%,其MEF由2.92下降到1.34,下降了54%。由于离焦后线宽几乎不变,焦深没有明显变化。

(2) 对于图11-49展示的半密集沟槽,经过光源优化后,其EL从6.01%提升至7.42%,提升了23.5%,其MEF由3.96下降到2.95,下降了25.5%。离焦±50nm后,线宽从变化最大至−18nm到仅变化−0.62nm,焦深大幅改进。

(3) 对于图11-50展示的孤立沟槽,经过光源优化后,其EL从12.95%提升至19.8%,提升了52.9%,其MEF由2.64下降到1.9,下降了28%。离焦±50nm后,线宽从变化最大至−4.44nm到变化−3.14nm,焦深有所改进。

(4) 对于图11-51展示的短沟槽阵列,经过光源优化后,短边方向,其EL从10.55%提升至15.02%,提升了42.3%,其MEF由6.85下降到4.31,下降了37.1%。离焦±50nm后,线宽从变化最大至−9.7nm到变化−5.2nm,焦深有所改进;长边方向,其EL从11.05%提升至13.09%，提升了18.5%，其MEF由9.9下降到9.33，下降了5.8%。离焦±50nm后，线宽从变化最大至－8.69nm到变化＋4.77nm，焦深有所改进。

(5) 对于图11-52展示的横向交错短沟槽阵列，经过光源优化后，短边方向，其EL从8.93%提升至16.54%，提升了85.2%，其MEF由8.77下降到3.92，下降了55.3%。离焦±50nm后，线宽从变化最大至－11.76nm到变化－2.51nm，焦深有很大改进；长边方向，其EL从10.12%提升至16.5%，提升了63%，其MEF由10.7下降到7.67，下降了28.3%。离焦±50nm后，线宽从变化最大至－13.92nm到变化－2.59nm，焦深大幅改进。

有了以上的分析，对于图11-53(a)所示的图形，最佳照明条件应该是图11-53(c)中展示的，甚至是图11-53(d)中展示的，因为图11-53(d)中加入了Y方向上的离轴成分，以加强线端对线端的离轴照明成分。

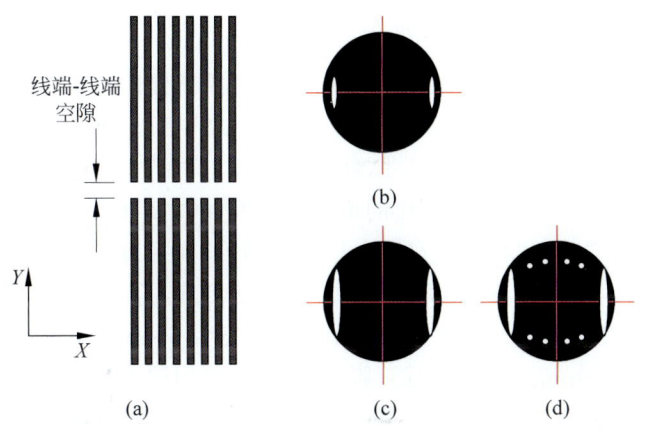

图11-53 **(a) 28nm及以下节点的关键栅极图形示意图；(b) 照明条件1；(c) 照明条件2；(d) 照明条件3**

对于若干图形，可以通过理论分析获得比较准确的光源图样。对于大量的图形，则需要一种高效的软件完成对图形(如20～30个)的照明条件优化。当然，仅做照明条件优化是不够的。因为，对应任何一个不同的照明条件，即便是同样的掩模图样，也会有不同的硅片空间像输出。而为了达到需要的尺寸，需要对掩模进行修正，又称为光学邻近效应修正(Optical Proximity Correction，OPC)。所以，实际优化照明条件的流程应该包括OPC。即先根据现有掩模图样优化照明条件，再根据优化的照明条件，进行一次掩模修正，以使设计尺寸得以实现。再对修正的掩模图样进行照明条件优化，然后进行一次掩模修正。以此循环往复，直到各图形尺寸的工艺窗口达到要求。这样的过程称为光源-掩模协同优化。光学邻近效应修正可以采取边缘放置误差(Edge Placement Error，EPE)检测和修正的方法，也可以采用基于逆光刻(Inverse Lithography，IL)的运算方法。EPE方法依赖对较长线段的分割和对每段分割的位置修正；逆光刻的计算并不预设线段分割，而是将整块掩模的图形区域分为小块或者格点逐个进行优化。逆光刻的好处在于：无论掩模图形多么复杂，计算量只与图形面积有关，而与图形的线条密度无关。不过其算法复杂，如果掩模版图形比较简单，那么运算时间比EPE方法长。

对于采用亚分辨辅助图形(又称为辅助图形)的情况，一般来说先添加辅助图形，再对线宽进行优化。其原因如下。

(1) 无论什么产品设计，密集图形总是占主导地位，这使得离轴照明条件总是被使用，甚至离轴角还相当大，如平均为0.8～0.85，这对孤立和半密集图形的危害是很大的。前面分析过，对于这些孤立和半密集的图形，通过放大线宽目标值解决工艺窗口不足的问题，不过这会使得芯片面积增大；或者通过添加亚分辨辅助图形，使得它们的成像接近密集图形。

（2）添加亚分辨辅助图形后，孤立和半密集图形的对焦深度会大大增强，但是图形对比度或者能量宽裕度会有所下降。所以，在光源掩模协同优化函数中包括对比度的情况下，如果不预先设置好优先级（先添加亚分辨辅助图形），则有可能优化会先增加线宽或者缩小离轴角度，而不是先添加辅助图形，导致优化没有找到最优解。

另外，针对二维图形中的线端缩短问题同样存在一定的矛盾：要想提高线端的对比度或者能量宽裕度，离轴角度需要减小；但是如果需要增加对焦深度，降低掩模版误差因子以及减小缩短量，那么需要增加离轴角。为了优化不被对比度"绑架"，可以预先设定最小的离轴角，划定红线。以及预先设定线端-线端，以及线端-线条之间的最小目标值，使其不会因为对比度干扰获得较大的离轴角。较大的离轴角很重要，16种情况中有12种支持，如表11-4所示。

11.13.2　一个交叉互联图形的光源掩模协同优化举例

图11-54展示了360nm×600nm的带有周期性边界条件的掩模图形。X方向的空间周期为90nm。Y方向存在一个"之"字形互连。需要选取一个优化的照明条件和掩模尺寸，使得在切线"1""2""3""4"处的工艺窗口都能够平衡。考虑到芯片的面积，需要尺寸"2"和"3"（或者"4"，由于对称性，"3"和"4"的线宽和窗口应该相等）在拥有工艺窗口的情况下尽量小。也就是，还要使得"2"和"3"都达到最小存在工艺窗口的尺寸。根据经验，先设定"2"处的初始掩模线宽为50nm，"3"和"4"处的掩模线宽为50nm。随后进行一版光源优化，将照明光瞳划分为4个相对于X轴和Y轴对称的象限，并且将每个象限划分为$19×19=361$（个）格点。阿斯麦光刻机的自定义照明光瞳采用$64×64$像素，即每个象限为$32×32$像素。实践证明，即便采用$17×17$像素，对光刻工艺窗口的确定已经足够精确了。当然，如果做精密的光学邻近效应模型，或者匹配光刻机，就会需要采用更多的像素。这里先采用一个初始的条件，如交叉四极照明，针对4个象限中的每个格点对应的(σ_x, σ_y)在初始照明光源上增加（原来的光源没有被点亮）或者减去（原来的光源已经被点亮），看总的代价函数（Cost function）[如式（11.104）]是增加还是减小。如果减小，则根据减小的多少决定此像素的变化是否保留，或者保留多少权重（0-1）。在式（11.104）中，CD代表线宽，EL代表在线宽变化±10%范围内的能量宽裕度，MEF代表掩模误差因子。其中对离焦的线宽变化须格外重视，采用了2倍的代价因子。然后根据式（11.105）定义的简单代价函数判断按照什么权重采用此格点的变化：

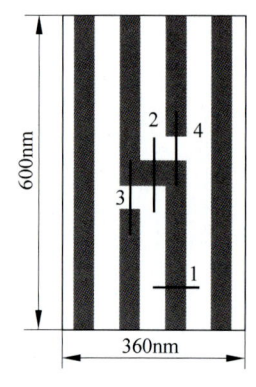

图11-54　一个360nm×600nm的带有周期性边界条件的掩模图形

$$\begin{cases} \Delta \text{CD} = \sum_{n=1}^{4} (|\text{CD}_n - \text{CD}\,\text{目标}_n| + |\text{CD}_n^{\text{正离焦}} - \text{CD}_n| + |\text{CD}_n^{\text{负离焦}} - \text{CD}_n|) \times 权重_n \\ \Delta \text{EL} = \sum_{n=1}^{4} ((\text{EL}_n - \text{EL}\,\text{目标}_n) + (\text{EL}_n^{\text{正离焦}} - \text{EL}_n) + (\text{EL}_n^{\text{负离焦}} - \text{EL}_n)) \times 权重_n \\ \Delta \text{MEF} = \sum_{n=1}^{4} (\text{MEF}_n - \text{MEF}\,\text{目标}_n) \times 权重_n \end{cases} \quad (11.104)$$

$$代价 = \Delta \text{CD} \times 权重(\text{CD}) + \Delta \text{EL} \times 权重(\text{EL}) + \Delta \text{MEF} \times 权重(\text{MEF})$$

$$\begin{cases} 当总体代价变化 < -1\%(变好),照明变化权重为1 \\ 当总体代价变化在 -1\% \sim 0\%(变好),照明变化权重为1 \sim 0 \\ 当总体代价变化 \geq 0\%(变差),照明变化权重为0 \end{cases} \quad (11.105)$$

需要说明的是,以上仅给出了一种简单的代价函数和判断方式,以及光源优化方法。工业界有其他更好的方法。这里仅仅为了说明原理。各线宽、能量宽裕度和掩模版误差因子的初始目标值列于表 11-7 中。其中采用了猜测的光源(1.35NA,0.9～0.7 交叉四极 80°)获得参考的工艺窗口值,其光源形状和空间像轮廓在图 11-55 中展示。

表 11-7 图 11-54 图形的猜测光源成像数据,2 处的初始掩模版线宽为 50nm,3 和 4 处的掩模版线宽为 50nm(采用负显影或者明场空间像,以及 10nm 等效光酸扩散长度,阈值为 0.1812,代价为 95.47)

1.35NA, 0.9～0.7 CQ80°	代价函数目标值和权重				焦距为 0nm			焦距为 -50nm		焦距为 50nm	
	线宽/nm	EL/%	MEF	权重	线宽/nm	EL/%	MEF	线宽/nm	EL	线宽/nm	EL
测量位置 1	40	10	4	2	40	8.6	5	39.7	7.4	39.6	8.4
测量位置 2	60	12	5	0.8	58.7	10	7	60.8	10.2	34.4	3.4
测量位置 3	65	10	7	1	63.4	7.7	9.8	73.6	9.5	44	3.4
测量位置 4	65	10	7	1	63.4	7.7	9.8	73.6	9.5	44	3.4

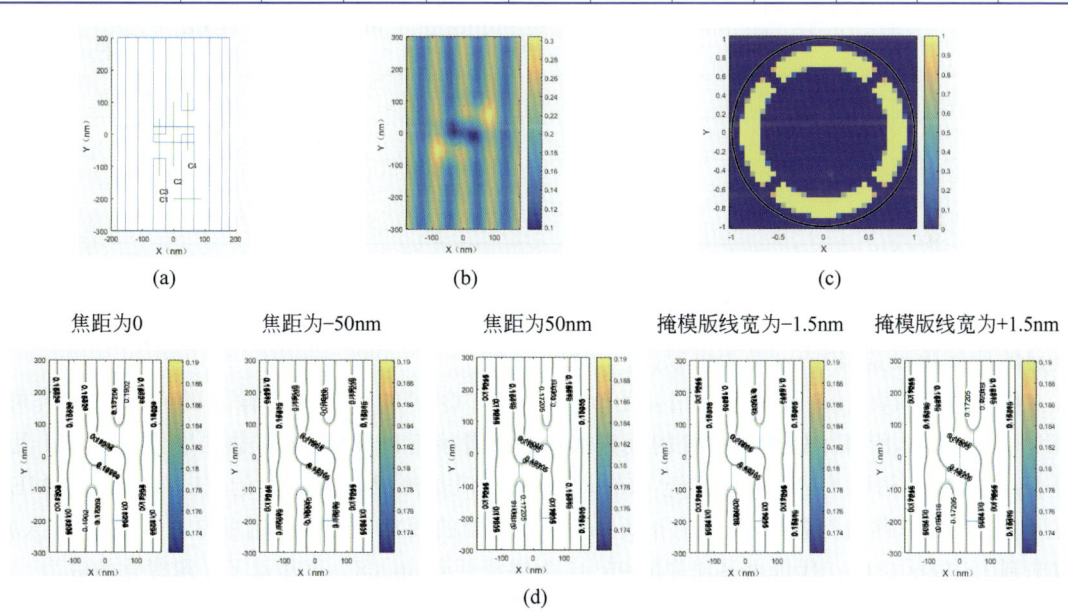

图 11-55 图 11-54 掩模的初始光源成像结果:(a) 仿真图形;(b) 仿真图形的空间像;(c) 照明光在光瞳上的强度分布:1.35NA,0.9～0.7 CQ80°;(d) 在不同条件下的空间像轮廓(3 和 4 处的掩模版线宽为 50nm)

初始线宽、能量宽裕度和掩模版误差因子目标的制定原因:测量位置 1 属于密集线条,对于负显影,在 90nm 空间周期,很容易做到显影后检查(After Developing Inspection, ADI)线宽 40nm,所以定为 40nm。测量位置 2 属于比较孤立线条,对于负显影,ADI 线宽做到 55～65nm 是合理的,测量位置 3/4 属于线端对线端-线条混合图形,不妨先设定 65nm(对于负显影,一般设定为 60～65nm 或者以上)。对于 193nm 浸没式光刻工艺,根据经验,绝大多数光刻胶能够表现良好的能量宽裕度在 8% 以上，所以在以上测量位置将能量宽裕度初始值定在 10%～12%（0.10～0.12）也是合理的。对于掩模版误差因子，在 90nm 周期，一般要求对于金属互连层次不要超过 4，一般为 3～4。但是，对于负显影，密集线条（如 90nm 周期）的掩模版误差因子应放宽到 5。这里，对于密集线条处（测量位置 1），掩模版误差因子先设为 4。还有，对于线端-线端，掩模版误差因子为 4 很难做到，通常为 6～8，定在 7 是合理的。

第一次采用猜测光源的仿真结果展示在图 11-55 中，工艺窗口结果列举在表 11-7 中。图 11-55(a) 是图 11-54 中的图形，(b) 是空间像光强分布，(c) 是光源在照明光瞳上的光强分布，(d) 中从左到右前 3 个轮廓图分别是焦距处于 0nm、-50nm、50nm 的空间像轮廓，后两个分别代表焦距处于 0nm，掩模版整体线宽偏置分别为 -1.5nm 和 1.5nm 时的空间像轮廓。

由表 11-8 可以看到，4 个测量位置的线宽还是比较接近目标值的。但是测量位置 2~4 处在 +50nm 和 -50nm 离焦的线宽相差 8.6～25.6nm（焦深不大）。4 个测量位置的 EL 和 MEF 基本靠近要求，但是偏差一点。

表 11-8　图 11-54 图形经过光源优化后的成像数据，2 处的初始掩模线宽为 50nm，3 和 4 处的掩模线宽为 50nm（采用负显影或者明场空间像，以及 10nm 等效光酸扩散长度，阈值为 0.1793，代价为 40.68）

SO1	代价函数目标值和权重				焦距为 0nm			焦距为 -50nm		焦距为 50nm	
	线宽/nm	EL/%	MEF	权重	线宽/nm	EL/%	MEF	线宽/nm	EL	线宽/nm	EL
测量位置 1	40	10	4	2.0	40.0	7.7	5.8	39.5	7.5	39.6	6.5
测量位置 2	60	12	5	0.8	62.9	11.3	6.5	62.0	10.0	48.5	6.8
测量位置 3	65	10	7	1.0	65.0	8.2	9.1	64.2	7.8	58.3	5.5
测量位置 4	65	10	7	1.0	65.0	8.2	9.1	64.2	7.8	58.3	5.5

可见，如图 11-55(c) 所示的照明条件，4 个测量位置的工艺窗口基本平衡，可以说是比较成功的，就是测量位置 2-4（较为孤立的图形）的焦深很小。所以，先通过光源的优化的方式看当前的掩模版线宽（50nm）是否可以。

图 11-56 和表 11-8 展示了采用初始 0.9~0.7 CQ80° 的照明作为输入的光源优化结果。表 11-8 中显示，所有 4 处测量位置的线宽都达到或者接近目标值，尤其是测量位置 3 和 4 处。且 EL 也在 7.7% 以上，MEF 也接近 6（线端为 9）。但是测量位置 1 处的 EL 有所下降，MEF 有所上升。还有测量位置 2~4 处的正负 50nm 离焦处的线宽差距由之前的 8.6～25.6nm 大幅收窄到 11.5nm 以内。代价也从原先的 95.47 大幅降低到 40.68。这显示了光源优化的威力。

不过，尽管测量位置 1 的 EL（放置了权重 2）是所有测量位置里最高的，其数值还是变小了。这说明为了提高孤立图形，如测量位置 2~4 的焦深，测量位置 1 处的 EL 成为了代价。尽管一般的负显影光刻胶采用光可分解碱（参考 13.6.3 节），可以将 EL 提升 2%～3%，7.7% 的值还是偏小的。工业中的 EL 一般不小于 10%。

这里最具挑战性的目标值是测量位置 3 和 4：线端-横线（实际上是线端-拐弯，比横线还要复杂）。除了做光源优化，还可以做掩模版线宽偏置的优化。这种同时做掩模版-光源的优化称为光源-掩模协同优化。这里为了清楚地说明光源优化和掩模优化各自的机理，采用了自动化的光源优化和一步步手动的掩模优化。掩模版的自动优化可以根据给定的光源来完成。通常采用对图形边缘分割，并且根据需要通过修正分割后边的每段线段位置的方式来实现。

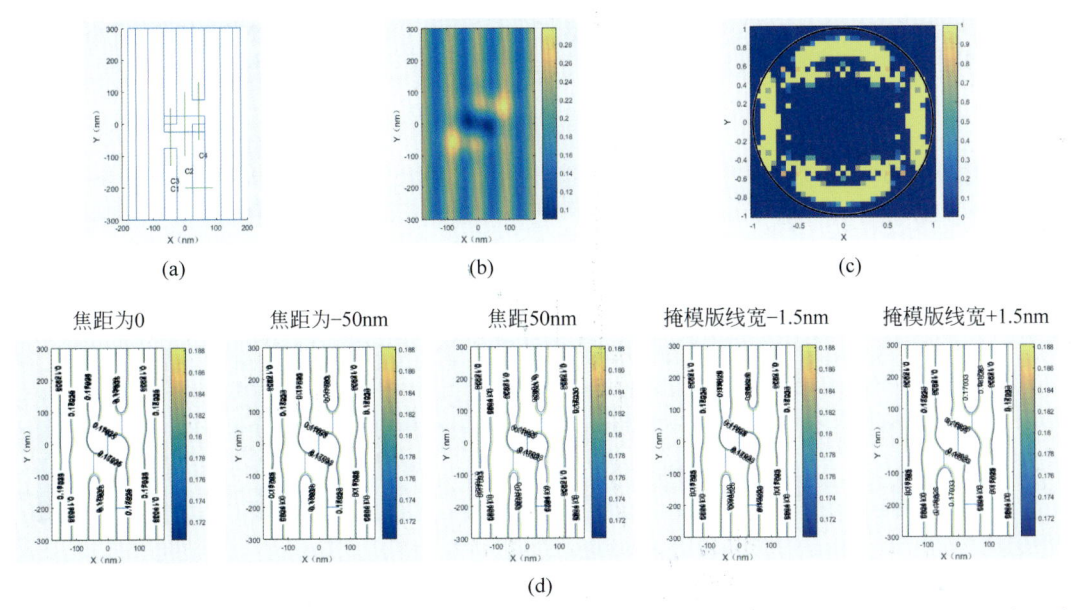

图 11-56　图 11-54 掩模的光源优化后成像结果：(a) 仿真图形；(b) 仿真图形的空间像；(c) 照明光在光瞳上的强度分布；(d) 在不同条件下的空间像轮廓(3 和 4 处的掩模版线宽为 50nm)

这种称为对边缘放置误差(Edge Placement Error,EPE)进行修正的方式是现行光学邻近效应修正的主流方式。此外，还可以对掩模版函数整体轮廓做优化，这称为逆光刻方法。这两种方法将分别在第 12 章和 11.15 节具体讨论。

对测量位置 3 和 4 处的掩模版线宽做了变化，增加了对 53nm、55nm 和 60nm 的光源优化计算。其结果分别由图 11-57～图 11-59 和表 11-9～表 11-11 展示。

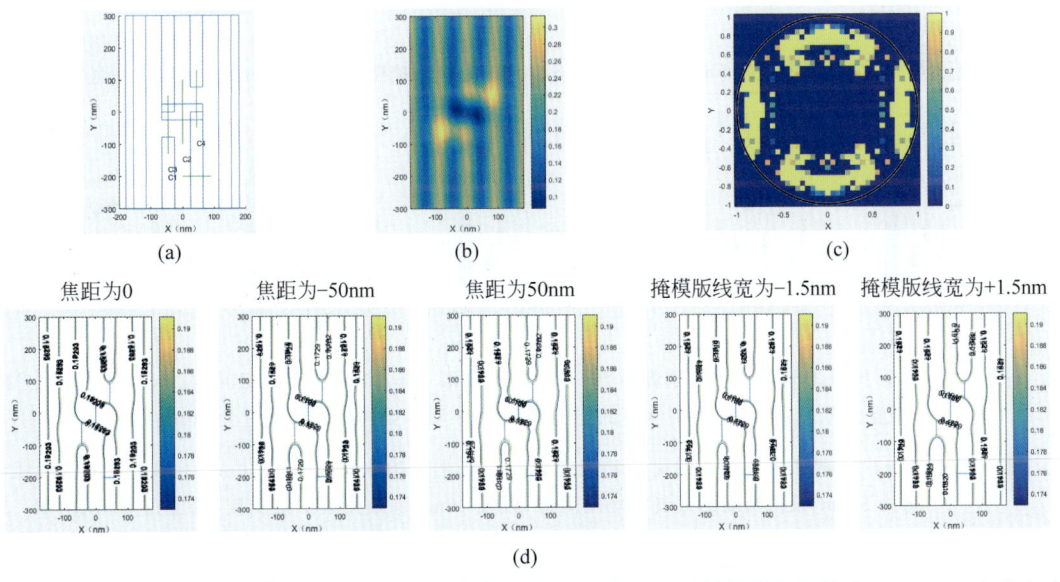

图 11-57　图 11-54 掩模的光源优化后成像结果：(a) 仿真图形；(b) 仿真图形的空间像；(c) 照明光在光瞳上的强度分布；(d) 在不同条件下的空间像轮廓(3 和 4 处的掩模版线宽为 53nm)

在图 11-60 和表 11-12 中列举了它们之间的主要数据和仿真工艺窗口结果。测量位置 3 和 4 处的掩模版线宽等于 57nm 也做了光源优化计算，其结果一并放在图 11-60 和表 11-12 中展示和比较。

(a)   (b)   (c)

焦距为0   焦距为-50nm   焦距为50nm   掩模版线宽为-1.5nm   掩模版线宽为+1.5nm

(d)

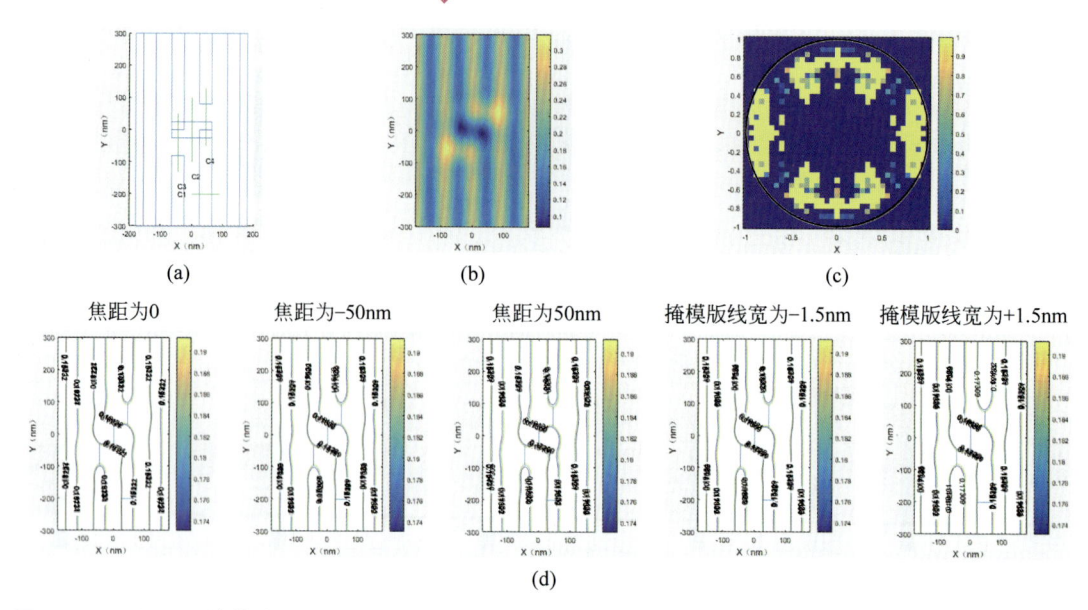

图 11-58   图 11-54 掩模的光源优化后成像结果：(a) 仿真图形；(b) 仿真图形的空间像；(c) 照明光在光瞳上的强度分布；(d) 在不同条件下的空间像轮廓（3 和 4 处的掩模版线宽为 55nm）

(a)   (b)   (c)

焦距为0   焦距为-50nm   焦距为50nm   掩模版线宽为-1.5nm   掩模版线宽为+1.5nm

(d)

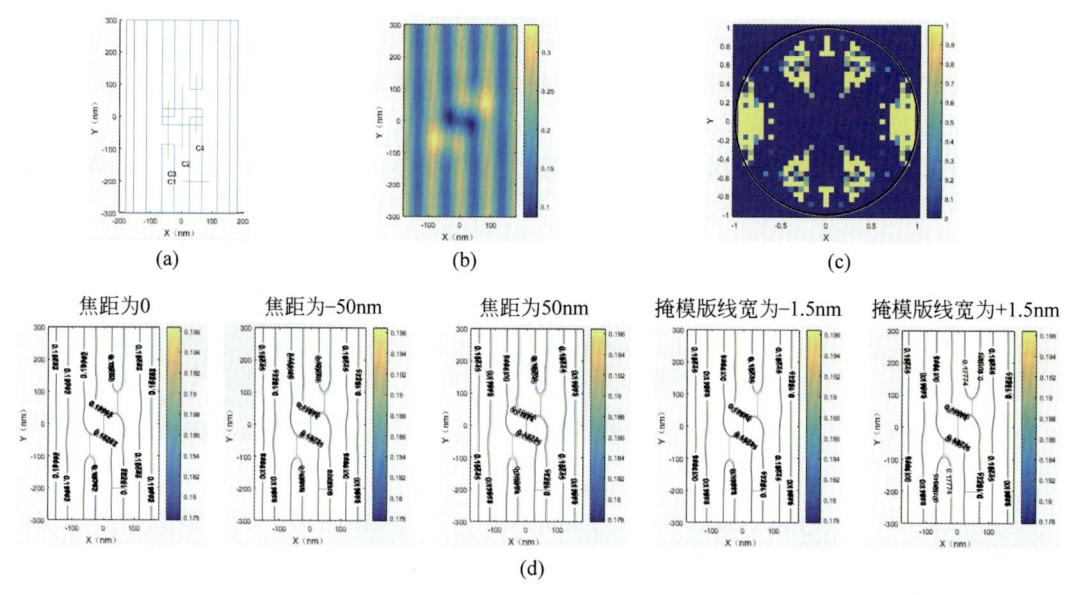

图 11-59   图 11-54 掩模的光源优化后成像结果：(a) 仿真图形；(b) 仿真图形的空间像；(c) 照明光在光瞳上的强度分布；(d) 在不同条件下的空间像轮廓（3 和 4 处的掩模版线宽为 60nm）

表 11-9   图 11-54 图形经过光源优化后的成像数据，2 处的初始掩模线宽为 50nm，3 和 4 处的掩模版线宽为 53nm（采用负显影或者明场空间像，以及 10nm 等效光酸扩散长度，阈值为 0.1820，代价为 33.97）

SO1	代价函数目标值和权重					焦距为 0nm			焦距为-50nm		焦距为 50nm	
	线宽 /nm	EL /%	MEF	权重		线宽 /nm	EL /%	MEF	线宽 /nm	EL	线宽 /nm	EL
测量位置 1	40	10	4	2.0		40.0	8.3	5.2	39.2	7.9	39.6	6.9
测量位置 2	60	12	5	0.8		60.4	11.5	5.8	59.7	9.9	46.0	6.8

续表

SO1	代价函数目标值和权重				焦距为 0nm			焦距为 −50nm		焦距为 50nm	
	线宽/nm	EL/%	MEF	权重	线宽/nm	EL/%	MEF	线宽/nm	EL	线宽/nm	EL
测量位置 3	65	10	7	1.0	65.0	8.8	8.0	64.8	8.2	58.5	6.0
测量位置 4	65	10	7	1.0	65.0	8.8	8.0	64.8	8.2	58.5	6.0

表 11-10 图 11-54 图形经过光源优化后的成像数据,2 处的初始掩模版线宽为 50nm,3 和 4 处的掩模版线宽为 55nm(采用负显影或者明场空间像,以及 10nm 等效光酸扩散长度,阈值为 0.1822,代价为 27.04)

SO1	代价函数目标值和权重				焦距为 0nm			焦距为 −50nm		焦距为 50nm	
	线宽/nm	EL/%	MEF	权重	线宽/nm	EL/%	MEF	线宽/nm	EL	线宽/nm	EL
测量位置 1	40	10	4	2.0	40.0	9.0	4.7	39.5	8.5	39.7	7.2
测量位置 2	60	12	5	0.8	59.7	10.6	5.9	59.2	8.9	46.5	6.7
测量位置 3	65	10	7	1.0	65.0	8.6	8.0	64.0	7.4	61.1	6.4
测量位置 4	65	10	7	1.0	65.0	8.6	8.0	64.0	7.4	61.1	6.4

表 11-11 图 11-54 图形经过光源优化后的成像数据,2 处的初始掩模版线宽为 50nm,3 和 4 处的掩模版线宽为 60nm(采用负显影或者明场空间像,以及 10nm 等效光酸扩散长度,阈值为 0.1870,代价为 22.51)

SO1	代价函数目标值和权重				焦距为 0nm			焦距为 −50nm		焦距为 50nm	
	线宽/nm	EL/%	MEF	权重	线宽/nm	EL/%	MEF	线宽/nm	EL	线宽/nm	EL
测量位置 1	40	10	4	2.0	40.0	10.0	4.1	39.9	9.5	39.3	7.7
测量位置 2	60	12	5	0.8	59.0	9.9	5.8	59.2	8.1	46.5	6.4
测量位置 3	65	10	7	1.0	65.2	8.4	8.4	61.8	6.5	64.9	6.9
测量位置 4	65	10	7	1.0	65.2	8.4	8.4	61.8	6.5	64.9	6.9

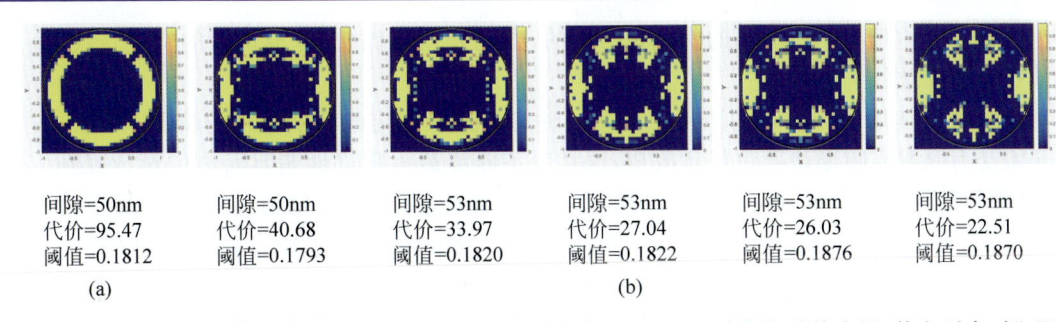

间隙=50nm
代价=95.47
阈值=0.1812

间隙=50nm
代价=40.68
阈值=0.1793

间隙=53nm
代价=33.97
阈值=0.1820

间隙=53nm
代价=27.04
阈值=0.1822

间隙=53nm
代价=26.03
阈值=0.1876

间隙=53nm
代价=22.51
阈值=0.1870

(a)　　　　　　　　　　　　　　　　(b)

图 11-60　图 11-54 掩模成像用的光源:(a) 初始猜测的光源;(b) 经过优化后的光源,从左到右对"3"和"4"处的掩模版线宽("间隙")为 50nm、53nm、55nm、57nm 和 60nm

图 11-60 表明,随着测量位置 3 和测量位置 4 的掩模版线宽从较小的 50nm 增加到 53nm、55nm、57nm 和 60nm 时,经过光源优化的空间像代价函数逐渐减小,从 40.68 减小到 22.51。这说明,太小的掩模版偏置会拖累光源优化,导致整体工艺窗口偏小。所以,对给定的线宽目标,仅使用光源优化是不够的,还需要对掩模版线宽偏置进行优化。这里将猜测的光源

也放在一起比较。事实说明,采用光源优化,甚至采用光源-掩模版偏置联合优化能够获得更加平衡和整体较好的工艺窗口。

表 11-12 中列举了对 5 种不同的测量位置 3 和测量位置 4 处掩模版偏置的光源优化后的工艺窗口结果。可以看出,掩模版偏置等于 60nm 能够获得最大的整体工艺窗口。而当测量位置 3 和测量位置 4 处的掩模版线宽等于 53nm 时,曝光能量宽裕度 EL 接近可以接受的下限:8%,而掩模版误差因子 MEF 处于较高位置:8!,而为了照顾到测量位置 3 和测量位置 4 的较小工艺窗口,测量位置 1 和 2 处的工艺窗口也需要付出显著的代价。最后,我们看到权重设置最大的测量位置 1 处的 EL 与 MEF 最接近目标值。这是因为对于集成电路来说,密集图形在芯片金属层上做占的面积理论上应该是最大的。所以赋予最大的权重体现了芯片整体的工艺性能要求。

表 11-12 比较了 5 种测量位置 3/4 处的掩模版线宽偏置的光源优化后在焦距为 0 时的仿真结果:EL 和 MEF

间隙掩模版线宽值/nm	光源	代价	空间像阈值	EL/(%) 位置1	位置2	位置3	位置4	MEF 位置1	位置2	位置3	位置4
50	CQ80°	95.47	0.181	8.6	10.0	7.7	7.7	5.0	7.0	9.8	9.8
50	SO	40.68	0.179	7.7	11.3	8.2	8.2	5.8	6.5	9.1	9.1
53	SO	33.97	0.182	8.3	11.5	8.8	8.8	5.2	5.8	8.0	8.0
55	SO	27.04	0.182	9.0	10.6	8.6	8.6	4.7	5.9	8.0	8.0
57	SO	26.03	0.188	9.2	10.5	8.9	8.9	4.6	5.8	7.8	7.8
60	SO	22.51	0.187	10.0	9.9	8.4	8.4	4.1	5.8	8.4	8.4
目标值				10.0	12.0	10.0	10.0	4.0	5.0	7.0	7.0
目标权值				2.0	0.8	1.0	1.0	2.0	0.8	1.0	1.0

这里仅举例说明了单一的图形的光源掩模协同优化。在实际工作中会遇到对 20～30 个具有代表性设计规则的图形进行共同优化。其代价函数是每个单一图形代价函数加权的累加,如下式所示:

$$总代价 = \sum_{图形 m} \text{cost}_m \times 图形权重_m \tag{11.106}$$

这样做的原理与单一图形的优化是一样的,也就是光源优化、掩模优化的反复迭代,直到获得稳定和收敛的解。

针对所有满足设计规则的图形都使用一种几何形状固定的照明条件的情况,在 14nm 节点开始变为照明光瞳形状可以任意改变,这是为了能够最大限度地满足所有的设计规则。不过,照明条件优化本身也有局限性——衍射极限。所以,真正的优化需要将掩模版尺寸优化一起考虑,称为光源掩模协同优化,自 2016 年开始,最先被工业界验证过的 SMO 软件是由阿斯麦公司下属的睿初科技有限公司制作的。比较常用的光源掩模协同优化方法类似于反复迭代法。首先根据掩模的设计图样,使用较粗的格点对光源进行优化;然后根据初步优化的光源对掩模进行优化,如线端间隙放大;接着使用较细的格点对光源进一步深度优化,根据进一步优化的光源对掩模进行再次优化;如此循环往复,直到代价函数的值满足要求。这里可以预先输入一个大致准确的照明条件,如上面例子中采用的 1.35NA、0.9～0.7(CQ80°),以提高收敛速度。

在光源掩模协同优化过程中还可能涉及目标值的改变。例如,刚才定的测量位置 3 和 4 处的目标线宽值为 65nm,对于负显影光刻工艺是标准的,因为负显影一般采用 60nm 或者以上。如今,负显影光刻胶有了更好的版本(有关负显影工艺的讨论参见 11.14.4 节和 11.14.5 节),比如光酸扩散长度也从早期应用于 14nm 逻辑技术节点的 10nm 缩小为今天的 7nm,目标线宽值也可以相应地缩小,从 65nm 到逼近 60nm,以提升集成电路金属线的布线密度,这不仅是掩模线宽偏置的改变,而是掩模目标值的改变,也称为设计规则的改变。睿初科技有限公司将其称为自动设计规则更改建议(Automatic Design Rule Optimization Recommendation)。也就是说,经过优化,当前的设计规则无法获得足够的工艺窗口。这在衍射极限附近研发光刻工艺中经常会遇到。在这样的情况下,不仅仿真算法要精确,而且结果要经过硅片涂上光刻胶曝光试验确认。这是因为,无论仿真模型怎样精确,实际情况可能比计算复杂得多,包括刻蚀工艺能否按照设计的刻蚀尺寸偏置在各种图形下完成完美的刻蚀。以上计算采用作者研发的光源优化软件算法完成,并且采用作者自主研发的基于全物理模型、已经商业化的《光刻空间像仿真器 CFLitho》软件对所优化的光源进行仿真确认。

市场上还有其他光源掩模协同优化软件供应商。但是如果没有办法进行光源掩模协同优化,那么这种软件的作用是很有限的。国产化光源掩模协同优化软件正在研发中。作者自主研发的基于全物理模型的 SMO 软件 CF-SMO、CF-SMO-EUV 也已经开始商业化。

11.14　光刻胶曝光显影模型

11.14.1　一般光刻胶光化学反应的阈值模型

光刻胶的曝光与显影是一个将光能量和图形信息转化成化学能量和分子位置信息的过程。现在使用的光刻胶绝大多数是带有化学放大的[33],最早由 IBM 公司的伊藤·浩和格兰特·威尔逊(Grant Wilson)在 1982 年发明,这种光刻胶由聚合物骨架(Polymer backbone)、光酸产生剂、碱或者光可分解碱、显影保护基团、抗刻蚀基团等其他辅助成分组成。其主要的过程如下。

(1) 曝光:光被光酸产生剂按照一定量子效率吸收。
(2) 曝光后烘焙:完成扩散-去保护催化反应。
(3) 溶解、显影和冲洗。

光刻胶对光照的响应通过在一定的显影液中的溶解率变化实现。一般通过做大面积曝光确定最小能够将光刻胶全部显影完全的能量(E_0),如图 11-61 所示。可以看出,光刻胶能够在一个很小的能量范围厚度发生很大的变化。

为了表征这样的变化,通常还可以将图 11-61 中的厚度随曝光能量的变化改为显影溶解速率随曝光能量的变化,如图 11-62 所示。对于 E_0,如光刻胶厚度为 100nm,显影时间为 60s,那么,当显影速率为 1.7nm/s 时,光刻胶可以完全被显影洗掉。如图 11-62 所示,显影速率 R 和曝光能量 E 都是对数坐标,而光刻胶的显影变化是直线。于是,将此斜率定义成一个光刻胶的参数,即显影对比度:

$$\gamma = \frac{\mathrm{d}\ln R}{\mathrm{d}\ln E} \tag{11.107}$$

因为 γ 一般在 6 以上(很高),所以光刻仿真可以近似地使用阈值模型。严格的显影速率为[34]

$$R(x,y,z) = R_0 E^\gamma I_D(x,y,z)^\gamma + R_{\min} \tag{11.108}$$

式中:$I_D(x,y,z)$ 为经过光酸的高斯扩散后的空间像分布;E、R_0 和 $R_{\min}$ 分别为曝光能量、对应于 E_0 和一定显影时间 t_{dev} 的显影速率和没有任何曝光的显影速率。

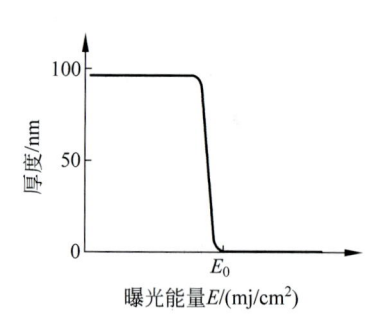

图 11-61 正性光刻胶厚度随着曝光能量变化

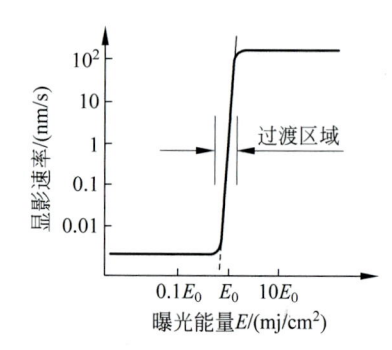

图 11-62 正性光刻胶显影速率随着曝光能量变化（其中虚线是近似的拟合线）

因为光的照明是从上到下的，而光刻胶对照明光线会有所吸收，所以光刻胶底部和光刻胶顶部接受的光强是不一样的。这样光刻胶的形貌总是上面比较窄，下面比较宽。

下面的计算假设光刻胶的底部没有反射光。对于存在衬底反射的情况比较复杂，工业界一般仅采用经验模型表征，当然也可以采用时域有限差分等电磁场三维散射模型，不过由于其计算时间很长，在生产上并没有得到广泛应用。

11.14.2 改进型整合参数模型

为了计算光刻胶形貌，引入光刻胶的吸收系数 α 和 Z 方向的光强因吸收变化因子 $e^{-\alpha z}$，于是空间像在不同的 z 高度由下式给出：

$$I_D(x,y,z) = I_D(x,y,z=0)e^{-\alpha z} \tag{11.109}$$

不过，考虑离焦情况，式(11.109)不能完全描述 Z 方向上的空间像变化。克里斯·麦克(Chris Mack)认为，能够反映离焦情况的空间像应该为

$$I_D(x,y,z) = (I_{D0}(x,y) + I_{D1}(x,y)z + I_{D2}(x,y)z^2)e^{-\alpha z} \tag{11.110}$$

式中

$$\begin{cases} I_{D0}(x,y) = I_{D,\text{Top}}(x,y) \\ I_{D1}(x,y) = \dfrac{4e^{\frac{\alpha d}{2}} I_{D,\text{Mid}}(x,y) - e^{\alpha d} I_{D,\text{Bot}}(x,y) - 3 I_{D,\text{Top}}(x,y)}{d} \\ I_{D2}(x,y) = 2 \dfrac{I_{D,\text{Top}}(x,y) + e^{\alpha d} I_{D,\text{Bot}}(x,y) - 2e^{\frac{\alpha d}{2}} I_{D,\text{Mid}}(x,y)}{d} \end{cases} \tag{11.111}$$

式中：d 为光刻胶的厚度。

注意：式(11.110)和式(11.111)中将光刻胶的厚度分为 3 层，分别为顶部、厚度一半的位置和底部。

R_0 为

$$R_0 = \frac{R_{\min}}{(e^{\alpha \gamma R_{\min} t_{\text{dev}}} - 1)} (e^{\alpha \gamma d} - e^{\alpha \gamma R_{\min} t_{\text{dev}}}) \tag{11.112}$$

在这个模型中，$R_{\min}$ 和 α 都是可以测量的，厚度 d 已知或者可以测量，所以也就唯一确定了光刻胶 Z 方向的光强分布。这个模型称为**改进型整合参数模型**(Improved Lumped Parameter Model，Improved LPM)[34]。一组采用改进型整合参数模型的仿真如图 11-63 所示。

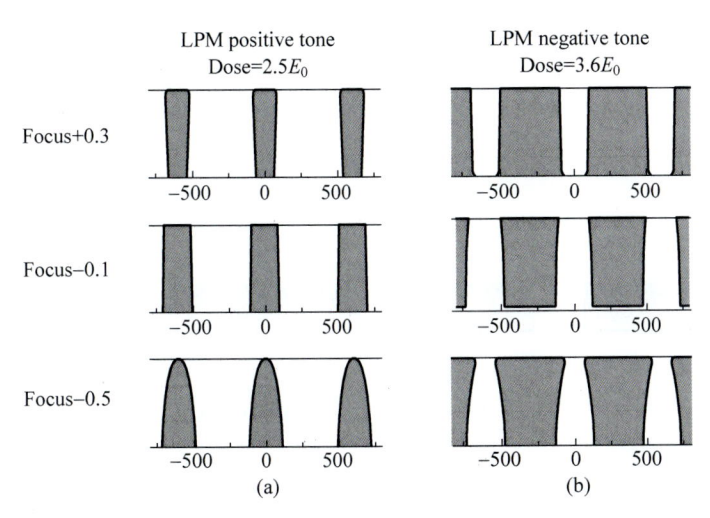

图 11-63　改进型整合参数模型对正性光刻胶(a)和负性光刻胶(b)的仿真图[34]

11.14.3　光刻胶光酸等效扩散长度在不同技术节点上的列表

由前所述,对光刻胶形貌的仿真涉及光的吸收、扩散和显影,光在焦点附近的强度分布,甚至光刻胶显影过程的动力学模型等。仿真的主要位置是扩散过程和显影过程。扩散过程涉及等效扩散长度。在深紫外光刻胶面世之前,i-线光刻胶的形貌很复杂,不同的光刻胶侧墙的斜率很不相同,这里还包括衬底的反射,以及反射光和入射光发生干涉后在垂直方向上产生驻波的情况。自从此类新型的带化学放大的深紫外光刻胶(i-线后来也开发了化学放大的品种)发明以来,在20世纪90年代,几乎垂直的形貌和大大提高的光刻胶透明度使得光刻胶模型变得几乎完全可以由光酸的扩散来解释,见式(11.18)~式(11.20)。并且,到了深紫外时代,为了提高空间分辨率而引入了底部抗反射层,使得空间像仿真变得更加简单。工业界一直以来没有精确的测量扩散长度方法,直到2004年3月,伍强等报告了一种能够精确测量光酸扩散长度的方法[35]。表11-13列举了从180nm技术节点到14nm、10nm、7nm、5nm技术节点所使用的化学放大型光刻胶的等效光酸的扩散长度。图11-64描绘了化学放大光刻胶的光化学反应过程。

表 11-13　不同技术节点使用的深紫外和极紫外光刻胶的等效光酸扩散长度

逻辑技术节点/nm	光刻胶类型	光酸扩散长度/nm
180	248nm	40~70
130	248nm	20~40
90	193nm	25~30
65	193nm	17~25
45/40	193nm(浸没式)	10~15
32/28	193nm(浸没式)	5~10
20/14	193nm(浸没式)	5
20/14	193nm(浸没式,负显影)	10
10/7	193nm(浸没式)	5
10/7	193nm(浸没式,负显影)	5~10
7/5	13.5nm(极紫外)	<5

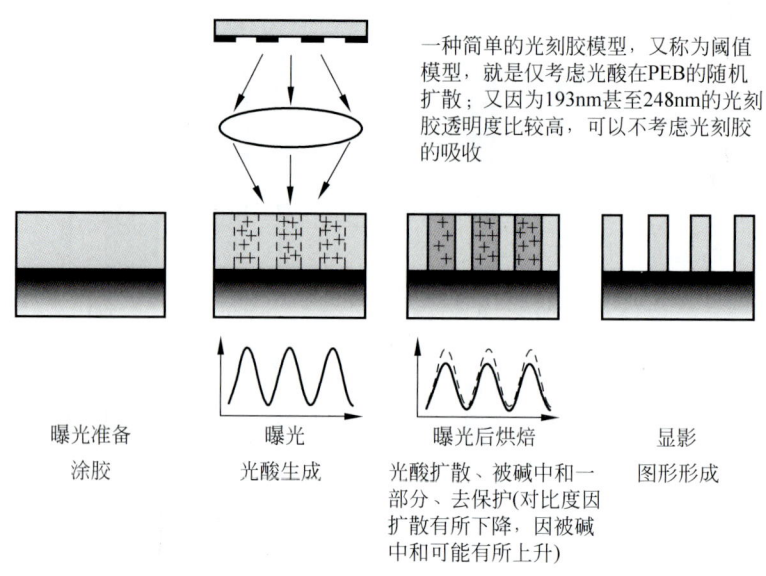

图 11-64　化学放大型光刻胶的光化学反应过程

11.14.4　负显影光刻胶的模型特点

因为负显影在半密集和孤立图形中能够更加有效地利用照明光,所以在14nm节点开始被用在传统的暗场(后段接触孔,沟槽)的光刻工艺中代替原先正显影工艺(负显影和正显影的工艺流程对比如图 11-65 所示)。这是因为,一方面,当正显影工艺需要制作的接触孔和沟槽变得越来越小时,显影液变得越来越难以进入光刻胶底部,以完成无缺陷显影;另一方面,对于需要光刻产生越来越小的线宽,光学的对比度将变得越来越小,工艺窗口也随之变得越来越小。这对光刻胶的灵敏度提出了越来越高的要求。如图 11-66

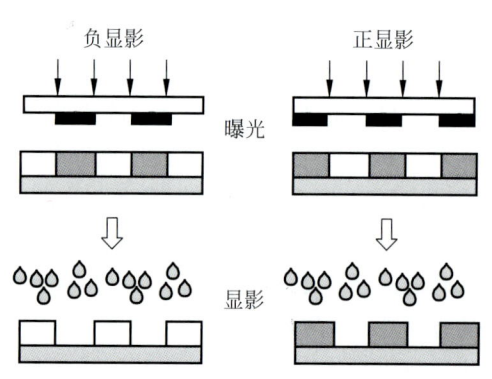

图 11-65　负显影和正显影流程对比示意图

所示,负显影在半密集和孤立图形中单位面积获得的照明光比正显影有很大的优势。这与正显影用于制作线条的情况类似。

一般来说,负显影比正显影难度要高。这是由于负显影需要将曝过光的光刻胶变得不溶于显影液,而正显影需要将曝过光的光刻胶变得溶解于显影液。假设在某一体积内曝光量不足以将所有的光刻胶改变,即在显影液中的溶解率改变,如果采用的是负显影,那么部分没有被改变的光刻胶仍然溶解于溶剂型显影液,显影后的光刻胶就会明显缩小,甚至坍缩、剥离。对于正显影,虽然存在部分光刻胶没有被改变,也会随着被曝光改变了的光刻胶被显影液溶解而被带走。就像拆除一座大楼,无须将砖一块一块地拆走,而只要拆走部分砖,整幢大楼就会倾倒了。对于负显影,如果需要显影后的光刻胶形貌尽量接近完整,则需要尽量将所有的光刻胶都改变。就像建造一幢大楼,需要一块一块砖地垒起来。

如图 11-66 所示,对于空间周期为 90nm 的图形,无论正显影还是负显影,单位面积光刻胶受到的曝光量都是一样的。如果相同的曝光密度以及后续的光化学反应对于正显影是足够

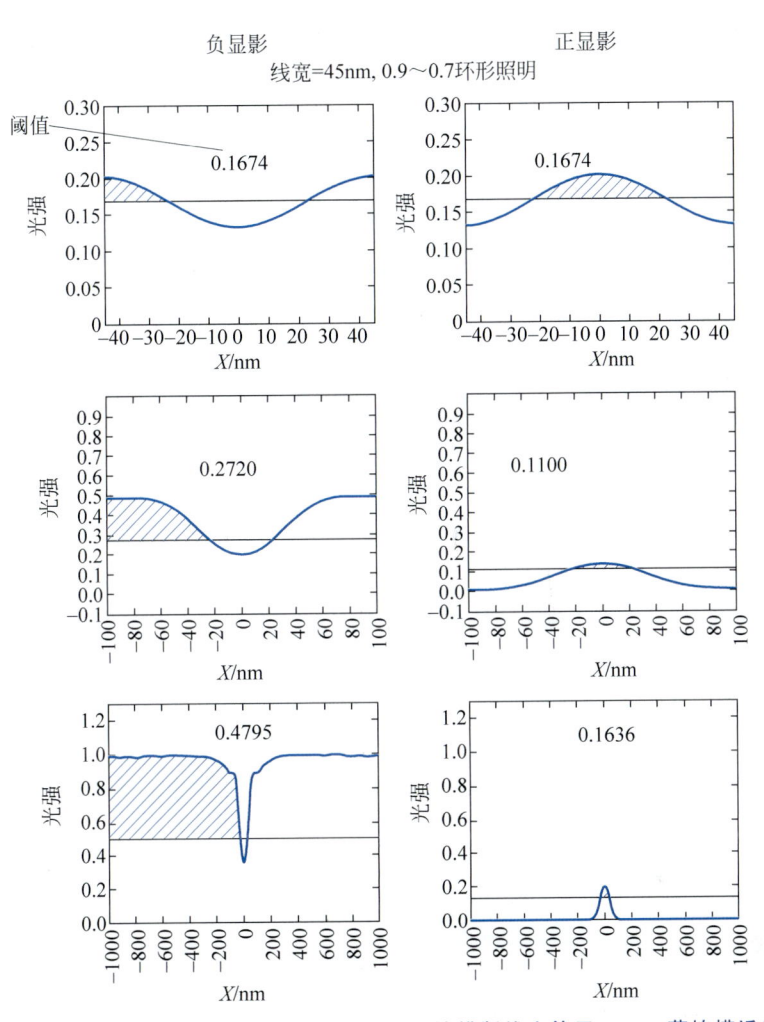

图 11-66 由上而下,空间周期为 **90nm、200nm、2000nm**(掩模版线宽等于 **45nm**,薄掩模近似(**Thin Mask Approximation**),二元掩模版,照明条件:**1.35NA,0.9～0.7 环形照明**)的空间像仿真

的,对于负显影则可能不够,怎么办?实践表明,通过对曝光能量宽裕度的测量,我们评估的几支正显影光刻胶的等效光酸扩散长度在 5nm 左右,而几支负显影光刻胶的等效光酸扩散长度经过测量在 10nm 左右。如果认为化学放大光刻胶中光酸的扩散长度与光酸完成的光化学催化反应量成正比,那么多出 1 倍的扩散长度意味着负显影光刻胶的化学放大反应量是正显影的 $2^3=8$ 倍。也就是说,负显影会通过损失在密集周期上的空间像对比度换得比较完全的光化学反应。

如图 11-66 所示,对于较为大的空间周期,如 200nm 甚至 2000nm,单位面积光刻胶超过阈值的曝光量将远大于在 90nm 周期的情况,如 10 倍、20 倍。这样,负显影光刻胶将会遇到曝过光的地方的化学放大反应严重饱和。图 11-67 展示了随着曝光量的逐渐增加而出现的饱和现象。当衡量曝光量的多余值(Exposure Value,EV)由 0 变化到 5 时,原本位于海天之间的地平线逐渐向曝光量相对较低的海面偏移。曝光量的 EV 定义为

$$EV = \log_2\left[\left(\frac{光圈}{1}\right)^2\left(\frac{1}{快门速度}\right)\right] \tag{11.113}$$

也就是说,当光圈为 1、快门速度为 1s 时,EV=0。EV 增加 4,意味着曝光量增加到 $2^4=16$ 倍。可以看出,在半密集(如 200nm)、孤立(如 2000nm)的周期,单位表面积的负显影光刻胶

受到超量的曝光量。图 11-67 中对于照相胶卷的饱和现象对于光刻胶也存在。图 11-68 展示了负显影的化学放大光刻胶的沟槽线宽随着周期变化的结果。结果显示,在 90～200nm 周期,测得的线宽开始偏离空间像＋光酸扩散模型的预言值。到了 200nm 周期基本达到饱和。对于负显影,沟槽处的曝光量要低于沟槽外的曝光量。所以,当沟槽变得孤立时,沟槽外的曝光量逐渐增加,导致类似于图 11-67 的现象出现。

图 11-67　随着过度曝光而呈现出的饱和现象,地平线发生偏移,由虚线标出

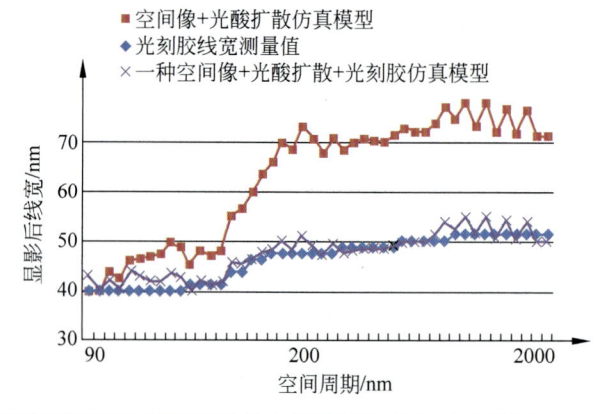

图 11-68　负显影光刻胶沟槽线宽随着空间周期的变化,在周期为 200～2000nm 范围内偏离空间像＋光酸扩散仿真模型约 20nm

这种现象的出现对光刻和后续的等离子体刻蚀是有利的。因为,随着集成电路制造线宽的不断缩小,光刻线宽也被要求相应的缩小。但是,由于衍射极限的影响,光刻线宽一般很难无限缩小。这个任务就交给了等离子体刻蚀,由刻蚀工艺过程将光刻沟槽的线宽缩小到器件需要的值。沟槽的缩小需要刻蚀过程中的聚合物不断沉积在侧壁上,用于减小侧壁的刻蚀速率,以达到线宽缩小的目的。但是,这样做会导致聚合物在沟槽底部过多的沉积,形成刻蚀后的残留。所以,如果能够在光刻后形成较小的沟槽,刻蚀就无须过多地缩小线宽。

这种光刻线宽的缩小不会影响沟槽的工艺窗口。因为工艺窗口是在成像过程中和未饱和光化学反应中(沟槽处的光强低于阈值,并没有饱和)形成的。这也就是负显影的一种优势。这与图 11-67 中的摄影过度曝光不一样。摄影中的过度曝光对画面中所有图形都一样的。

同理,对于正显影的明场,如前段的栅极是不是也存在同样的问题呢?答案是否定的。因为对于正显影,在最密集的周期,扩散长度为 5nm 左右,其单位表面积的曝光量只有负显影的 1/8;在半密集或者孤立的情况下,其饱和度相对于负显影光刻胶至少下降到 1/8。在光刻仿真上偏离模型的程度不大。工业界并没有额外提出栅极光刻工艺的特殊性。

11.14.5　负显影光刻胶的物理模型

如前所述,对于负显影光刻工艺,其需要在显影后留下的光刻胶部分有着很高的光化学反应饱和度。可以想象,光酸阳离子需要将几乎所有超过光刻胶反应阈值中的光刻胶催化反应成不溶于显影液的材料。对于较为孤立的图形,因为照明光大大超过密集图形的照明光,所以有很大一部分光酸找不到需要催化的聚合物分子。假设光刻胶的分子量为5000,而且每个碳原子携带两个氢原子,光刻胶聚合物是团聚成为一个小球,则可以估算分子的半径为

$$R = \sqrt[3]{\frac{3 \times 357}{4\pi}} = 4.4 \text{ 个碳-碳键长} \quad (11.114)$$

而碳-碳键长约为0.154nm,则分子的直径为1.36nm。光酸的5nm扩散长度相当于3~4个键长。负显影的10nm扩散长度相当于7~8个碳-碳键长。负显影相对于正显影需要经历多出3~4个聚合物分子[36]。

如图11-69所示,如果负显影光酸的等效扩散长度比正显影长出5nm,对于一个一维的系统,即一维线条的情况,每次去保护反应是催化反应,光酸氢离子H^+被吸收后又被放出,但是放出后氢离子的速度方向是随机的,不一定在原来方向。这是因为如果将光酸和聚合物分子的化学反应看成散射过程,由于聚合物分子的分子量为5000,远大于光酸氢离子的质量,氢离子的动量是微不足道的,几乎100%被聚合物分子吸收。当反应完成氢离子被重新释放的时候,氢离子的动量方向应该是随机的。当光酸扩散到达+5nm处,概率为1/8~1/16。也就是说,如果要实现光酸扩散从正显影的5nm增加到10nm,需要至少8~16倍的时间(3~4个聚合物分子)。过了这8~16倍的时间,从统计上讲光酸就会被碱中和。

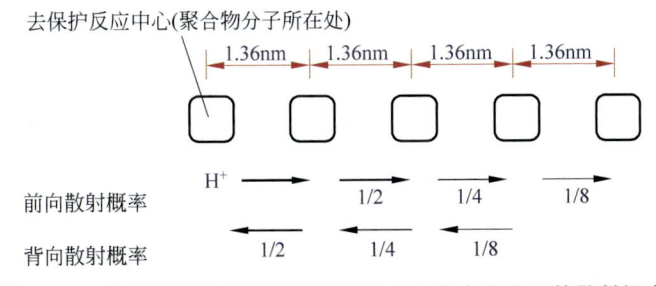

图 11-69　负显影相比正显影多扩散出 4 个聚合物分子的散射概率

但是,半密集、孤立的情况下,在被照明的地方,平均来说,光酸数量远大于需要,处于饱和状态。如果认为在半密集、孤立的情况下最先的5nm扩散与正显影一样,并不能够导致去保护反应达到饱和,或者最多在饱和附近。那么,多出8~16倍的扩散时间(不妨取11倍,对应约3.4个聚合物分子),如果处在已经饱和的区域,将会沿着近似直线扩散,扩散长度将是5nm的11倍,即55nm。

假设扩散长度 a 不再是常数。a 定义为

$$a = a_{\text{non-saturating}} + I_{\text{Trunc}}(x)^n / \text{level}_{\text{sat}}^n (a_{\text{sat}} - a_{\text{non-saturating}}) \quad (11.115)$$

式中:$a_{\text{non-scattering}}$为非饱和扩散,一般设为10nm;$a_{\text{sat}}$为饱和后的扩散长度,对于半密集和孤立图形,可以是55nm;$I_{\text{Trunc}}(x)$为某处经历10nm扩散后的光强;$\text{level}_{\text{sat}}$为饱和的光强阈值;$n$为线性度,通常设为1.0。

图11-70展示了原先10nm线性扩散的空间像光强分布超过饱和部分,再次经历如式(11.115)的扩散后形成的新空间像光强分布仿真计算结果。由结果发现,在同一个空间像

阈值上新的空间像变得"瘦削",阈值附近的光强梯度有明显提高,对应实际硅片结果上能量宽裕度工艺窗口的提升,且线宽有较大程度的变小。不过在线宽变小的情况下,空间像对比度(能量宽裕度或者空间像梯度)增加。这就是负显影比正显影在半密集和孤立图形上的优势。

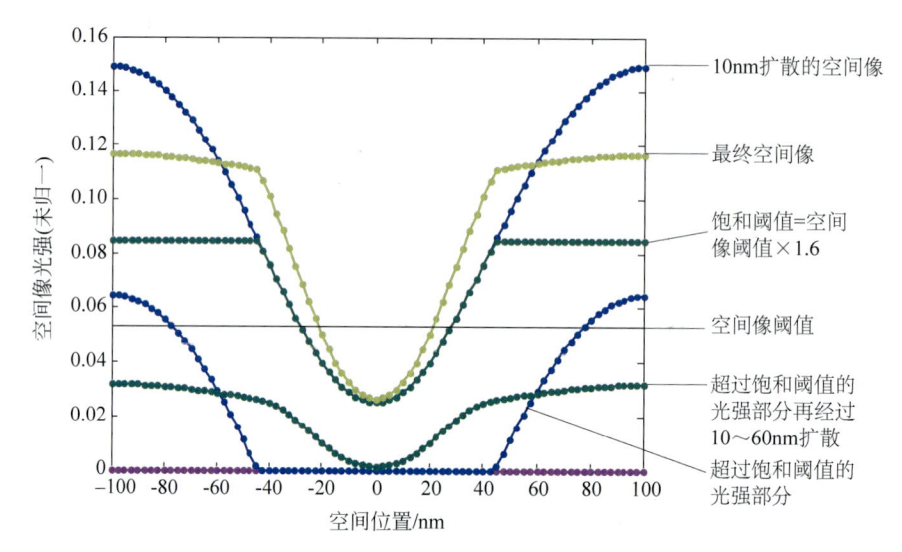

图 11-70 在空间周期为 200nm 时,原本 10nm 均匀扩散的空间像的超过饱和阈值部分再次经历如式(11.115)的扩散后叠加在原先饱和阈值下的空间像仿真图

需要说明的是,在图 11-70 的仿真中采用了饱和阈值 $level_{sat}$ 为光刻阈值的 1.6 倍,这是由每个光酸分子催化的球形区域互相连接到完全充满整个空间的比例决定的。由光酸或者光子的大致均匀分布,每个光酸分子产生后都会以起始地点为球心,按照比如 10nm 的扩散长度扩散-催化去保护反应。对应负显影,这些球形去保护区域需要互相连接,才能够不被显影液冲去。但是,这时候整块光刻胶并没有饱和,还有缝隙。让其充分饱和,需要完全将整块光刻胶去保护,这就要充满整块体积。对于六角和立方密堆积来说,整块体积与仅仅相接触的球体体积之间的比例为 1.35 和 1.91[36],如图 11-71 所示。所以,在与实际情况相比较得出饱和阈值(整块体积完全充满)相当于空间像阈值(球形去保护区域刚刚互相连接)的 1.6 倍是合理的。以上的仿真结果使用的饱和扩散长度 $a_{sat}=60nm$。

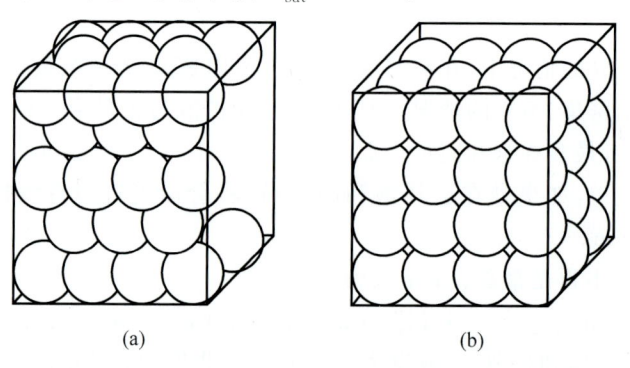

图 11-71 (a) 六角形;(b) 立方密堆积的空间占位情况

这种饱和仅对半密集和孤立图形起作用(或者称为明场)。对于密集图形,如 90nm 周期,如图 11-72 所示,由于空间像低于饱和阈值,以上饱和后长距离的扩散不存在。在这种情况下过多的扩散不仅会损伤空间像,而且会使掩模版误差因子加大。

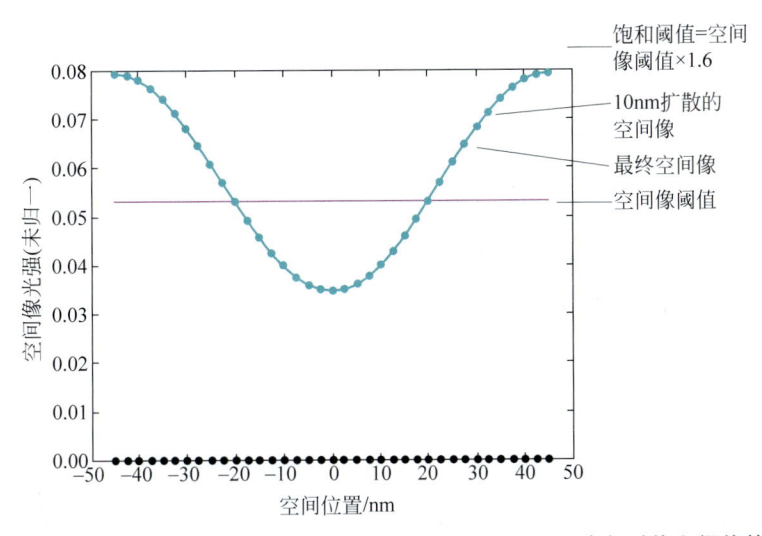

图 11-72 在空间周期为 90nm 时，原本 10nm 均匀扩散的空间像光强均未超过饱和阈值的空间像仿真图

采用以上模型做的光学邻近效应最重要的线宽随空间周期变化的仿真与商业化软件做的仿真对比如图 11-73 所示。可见两者之间的误差是非常小的。这说明物理模型能够非常准确地描述负显影的物理现象。

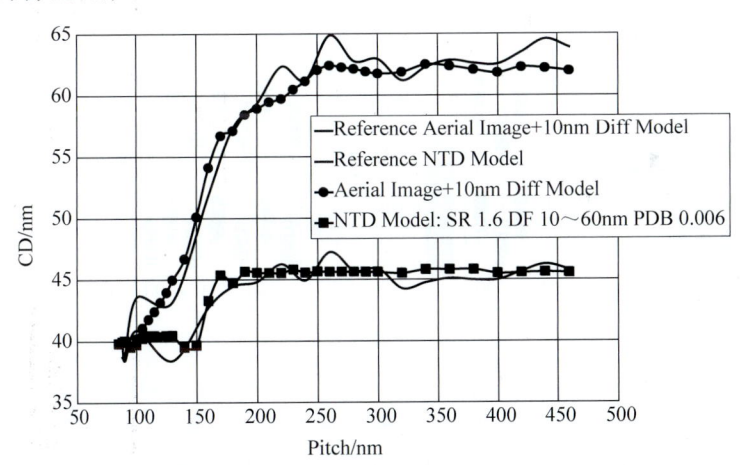

图 11-73 采用以上非均匀扩散物理模型的线宽随空间周期变化仿真和经过校准的商业化仿真软件所得结果的比较，其中还用到 0.6% 的光可分解碱（线宽比较大的一组曲线是正显影的结果，线宽比较小的一组曲线是负显影的结果，带有实心圆形和方形标志的曲线是采用本物理模型做的，光滑曲线是校准的商业模型的结果）[33]

再来看二维图形的情况。图 11-74 展示了比较常用的二维图形，其中有一组 90nm 周期的密集线条（5 根）和一段处于密集线条边缘的长 200nm 的线段。这个线段离开另外一边有约 200nm。本图形采用周期性边界条件，还做了些简单的光学邻近效应修正。图 11-75 展示了此图形的正显影和负显影空间像的比较。可见，负显影对图 11-74 所示的锚点（左数第 3 根线条）线宽并没有多少影响。而对最边缘的线条和线段影响较大，对于边缘（半密集）线段，长度方向还存在明显缩短。这一切都是线端右边较为空旷的掩模版区域透光较多（超过 0.7）导致的。而锚点处空间像阈值才 0.2 左右。过多的饱和导致 60nm 的扩散，影响了边缘图形的线宽。

负显影光刻胶除了在线宽上与正显影不同外，由于 193nm 化学放大型光刻胶的光化学反

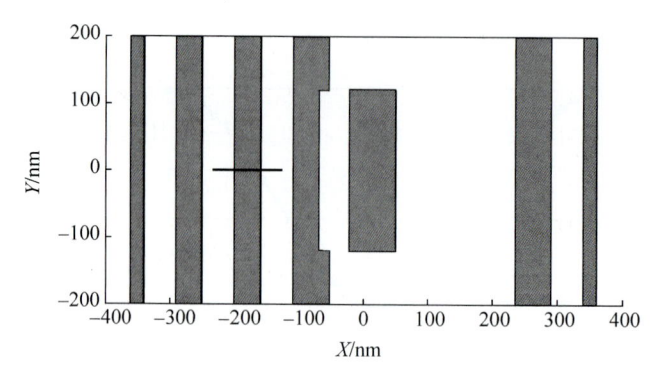

图 11-74 用于比较正显影和负显影的二维图形（横线处为锚点位置）

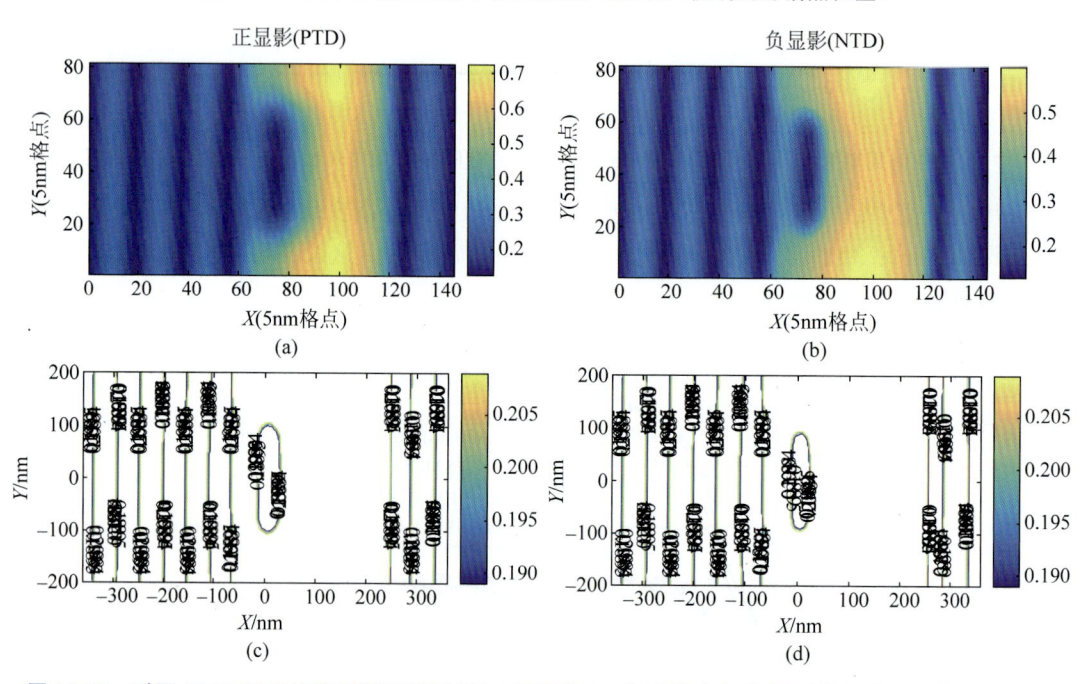

图 11-75 对图 11-74 所示的掩模版图形采用（a）正显影（b）负显影空间像模型的仿真结果［照明条件：1.35NA，0.9～0.7 交叉四极 60°，XY 偏振，照明分割（第一象限）：17×17，掩模版：6%透射衰减相移掩模（Att-PSM），正入射时域有限差分（FDTD）掩模版格点 2.5nm，光刻胶：厚度 90mn，无光刻分解碱，未饱和扩散长度 10nm，饱和阈值/空间像阈值比例 1.6，饱和扩散长度 60nm，锚点：周期 90nm，光刻后线宽 45nm］

应原理，即其在显影液中的溶解极性转换（由非极性转为极性）是由曝光后离去基团被羟基取代而形成，曝光后光刻胶体积会缩小，造成侧墙角明显偏离 90°。对于单个沟槽，左右透光区宽度不同导致左右侧墙角不等，形成图形的偏移。这些问题给刻蚀工艺带来挑战。随着负显影光刻胶的逐步改进，这些问题会得到改善。

11.15 逆光刻仿真算法

11.15.1 逆光刻的思想

前面讨论的空间像仿真算法都是基于正向的模型，即从一个已知的掩模版函数 $M(x,y)$，经过已知的成像和光刻胶系统,一般来说,是一个空间频率域的低通滤波器(Low pass filter),获得接近掩模版函数的图像 $I(x,y)$。当然,由于光学系统和光刻胶的低通性质,这样的图像可能与原先的掩模版函数相差很远。光学邻近效应修正就是用来补偿成像系统的低通性质导致的图像失真。光学邻近效应是通过将每个多边形的边分成小段,并且将这些小段的位置进行移动达到(尽量)使得图像能够在尺寸上与掩模版函数一致。

逆光刻其实也是本着消除成像系统低通性质对图像的影响的出发点的一种光学邻近效应补偿方法,它是更加系统的掩模版优化。光学邻近效应一般是在主图形上进行修补,加上根据一些规则添加亚分辨辅助图形,而逆光刻是通过一个代价函数 ε,即空间像得到的轮廓函数 $U(x,y)$ 和理想或者目标空间像轮廓函数 $U_{目标}(x,y)$[一般是掩模版函数 $M(x,y)$]之间的二维距离差(L2 norm)的平方

$$\varepsilon = \sum_{x,y} \| U(x,y) - U_{目标}(x,y) \|_2^2 \tag{11.116}$$

确定最佳的掩模版函数。

11.15.2　逆光刻的主要算法

由于光学邻近效应,掩模版函数上的每个点不仅会影响其自身位置处的空间像强度,也会影响其周边的空间像强度。在相干照明下,每个点都是以成像系统的点扩散函数(Point Spread Function,PSF)及其与掩模版函数的卷积影响其周边位置的。在部分相干照明的情况下,这种点扩散函数变为一系列从低阶到高阶的本征函数 $\phi(x,y)$(又称为核函数)的展开,其对空间像函数 $I(x,y)$ 的影响是由一系列核函数与掩模版函数卷积的线性叠加确定的:

$$I(x,y) = \sum_{n=1}^{n_{\max}} \rho_n \iint \mathrm{d}x' \mathrm{d}y' \mid \phi_n(x',y') M(x-x',y-y') \mid^2 \tag{11.117}$$

式中:ρ_n 为各核函数的本征值;$I(x,y)$ 为光强,定义为 0~1 的实数。

光刻胶的模型如图 11-61 和图 11-62 所示,将连续的掩模版函数按照一定的 $I_{阈值}$ 转换成轮廓函数 $U(x,y)$。一般可以采用简单的 S 型函数(Sigmoid function)近似表征:

$$U(x,y) = \mathrm{sig}(I(x,y)) = \frac{1}{1+\mathrm{e}^{-\alpha(I(x,y)-I_{阈值})}} \tag{11.118}$$

对于掩模版函数,为了方便计算,需要引入水平集方法(Level-set method),即将轮廓型的掩模版函数转换为连续函数 $m(x,y)$ 参与优化计算,计算完成后再通过一个阈值还原为轮廓型的掩模版函数:

$$M(x,y) = \begin{cases} 0(二元), & \\ 或者 -0.25(6\% \text{ 相移}), & m(x,y) = 0 \sim t \\ 或者 -1(交替相移,无铬相移) & \\ 1, & m(x,y) = t \sim 1 \end{cases} \tag{11.119}$$

式中:t 为掩模版边界的阈值。

有了式(11.116)的代价函数 ε,需要求解的问题:

$$M(x,y) = \arg\min_{M(x,y)} \sum_{x,y} \| U(x,y) - U_{目标}(x,y) \|_2^2 \tag{11.120}$$

式中:$U(x,y)$ 为像函数;$M(x,y)$ 为掩模版函数。

式(11.120)右边是两者在像空间的轮廓相差距离总和,由于包括斜距,可以认为它是广义的边缘放置误差(Edge Placement Error,EPE)的总和。所以,优化的过程就是需要对这个边

缘放置误差通过迭代使其逐步缩小。假设已知每处(x,y)的掩模版函数的迭代$M_n(x,y)$和$M_{n+1}(x,y)$，以及对应的$\varepsilon\{M_n(x,y)\}$和$\varepsilon\{M_{n+1}(x,y)\}$，即求得$\nabla\varepsilon\{M_n(x,y)\}$，又知道总体的代价函数在空间里的每一点对掩模版函数的梯度，即敏感度。按照一定的比例系数c，即收敛速度获得从$M_n(x,y)$到$M_{n+1}(x,y)$的掩模版函数：

$$m_{n+1}(x,y) = m_n(x,y) - \nabla\varepsilon[M_n(x,y)]c \tag{11.121}$$

这里使用了掩模版函数的水平集样本。当$\nabla\varepsilon[M_n(x,y)]$小于某个预设值后，此处的掩模版函数就停止更新迭代。以上的做法称为最速下降法（Steepest descent method）[5]。如果在迭代速度上做调整，还可以采用共轭梯度（Conjugate gradient）方法进行，即对补偿的梯度项$\nabla\varepsilon[M_n(x,y)]$进行调整，包含上一次补偿的$\nabla\varepsilon[M_{n-1}(x,y)]$部分信息，以避免出现振荡，更加快地收敛[6]。图 11-76 展示了逆光刻的结果，其中比较了没有优化的掩模版的成像和在光刻胶中的模拟轮廓，以及分别采用最速下降和共轭梯度法得到的结果。

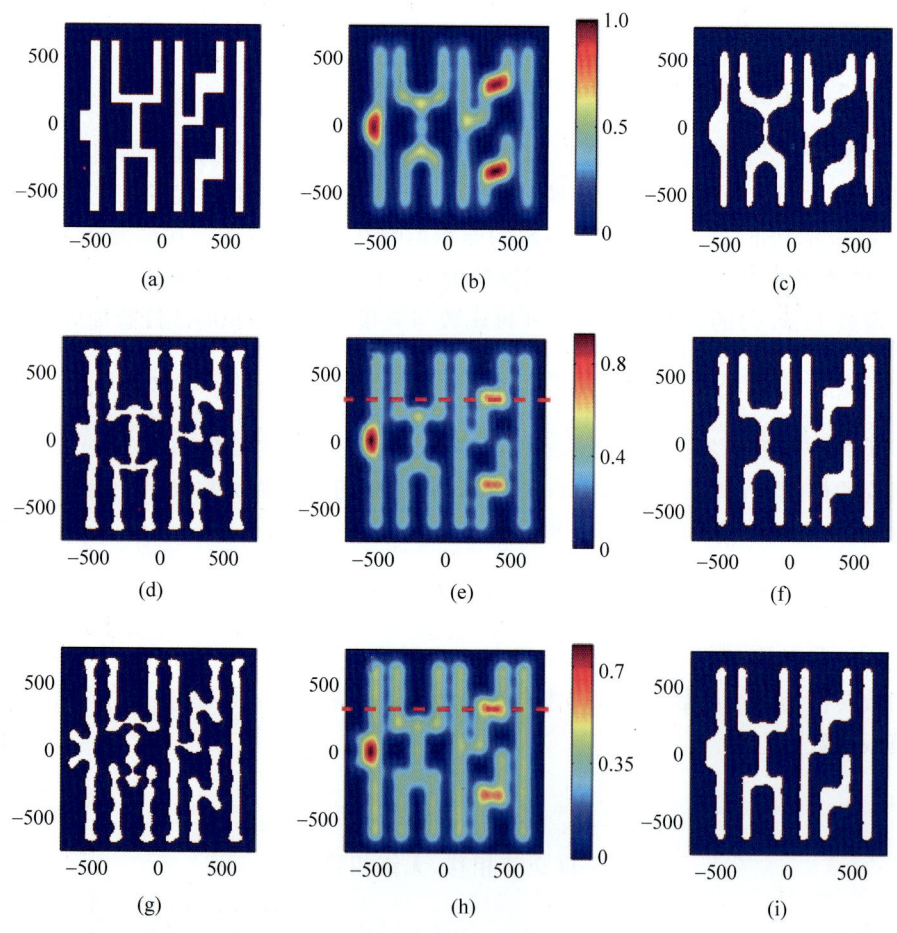

图 11-76 逆光刻示例[6]：(a)～(c)分别为未经过逆光刻优化的掩模版函数、仿真的空间像光强分布和仿真的硅片上轮廓；(d)～(f)分别为采用最速下降方法优化的掩模版函数、仿真的空间像光强分布和仿真的硅片上轮廓；(g)～(i)分别为采用共轭梯度方法优化的掩模版函数、仿真的空间像光强分布和仿真的硅片上轮廓

以上讨论的逆光刻方法中有几点需要说明如下：

(1) 以上的方法是针对空间像轮廓的优化方法，通过对掩模版函数的优化，使其最大限度地逼近需要的空间像图样。其仅仅对线宽负责,并不一定保证需要的工艺窗口。如果需要对一定的工艺窗口进行优化,如曝光能量宽裕度、对焦深度和掩模版误差因子,则需要采用多个代价函数按照一定的权重组合。以 193nm 浸没式光刻为例,其中设定了一定的能量偏移量(如±5%)、对焦深度偏移量(如±40nm)和掩模版误差因子上限(如 6)。

(2) 梯度函数 $\nabla \varepsilon[M_n(x,y)]$ 的计算涉及部分相干照明,是本方法计算量最大的部分,具体推导参见文献[6]。

(3) 到了现在,逆光刻一般需要与光源优化合起来使用,也就是光源掩模协同优化最大限度地实现对一套给定的设计规则进行光刻工艺优化。逆光刻是一种光学邻近效应的修正方法,它源于对边缘放置误差的减小,但是又不局限于改变现有掩模版图形中的图形(多边形)边缘。它可以自动添加最终空间像轮廓中不会显现的亚分辨辅助图形,而不是像现有的光学邻近方法那样需要通过一定的模型和规则添加。所以,逆光刻方法可以为光刻工艺的工程师指引工艺改进的方向。

11.15.3　逆光刻面临的主要挑战

以上论述了逆光刻方法的优越性,但其仍然存在一定的局限性。比如,图 11-76(d)和(g)中的经过优化的掩模版(见图 11-77)存在非 0°或者 90°的轮廓(位置 1)以及非常细小的"尖锐"图形(位置 2),这对掩模版制作和掩模版制作后检测都是非常困难的。

首先,掩模版制作通常采用可变截面技术(见 9.2 节),一般仅支持长方形,或者 45°角的三角形组成的多边形的制作。对于任意角度的形状,则需要分解成上述标准图形来实现,这会大大增加制作时间,造成产能损失。到了多电子束时代,这种由于图形复杂对电子束曝光速度的影响就可以缓解(见 9.5 节)。

但检测仍然是问题。太多细小的低于检测分辨率的图形会造成许多"虚警",以至于真正的缺陷被"淹没"而无法有效地检出。现代使用深紫外缺陷检测手段的分辨率极限在 100～150nm(4 倍率周期),在硅片上为 25～35nm(参见 9.2.3 节),对应半周期,即线宽为 12.5～17.5nm。而在 193nm 浸没式光刻工艺中,即 28nm 技术节点至 7nm 技术节点中的单次曝光,如果采用明场曝光叠加偶极照明,那么一维亚分辨辅助图形的线宽一般大到 15nm 就会在曝光中显现。只有到了 12nm 或者更小才可以避免在曝光中显现。这与采用深紫外光源的光学掩模版缺陷检测极限相似。所以,逆光刻的结果需要经过处理才能在生产中使用。

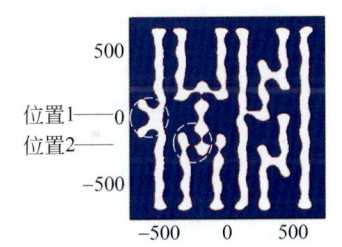

图 11-77　图 11-76(g)中的经过逆光刻优化过的掩模版函数

对逆光刻优化过的掩模版图形进行处理,使其适合掩模版的制作和检测需要做的工作很多,如浙江大学的研究组提出的"规范化的水平集逆光刻方法"[7]。其主要思想是将孤立的、细小的图形去除,将尖锐的、突出图形去除,以使得优化过的掩模版函数对制作工艺友好。

11.16　其他仿真算法

其他仿真算法包括对于基于衍射探测的套刻测量方式(DBO)、光学散射探测(Optical scatterometry)信号强度的仿真、电子束成像的仿真算法、导向自组装(Directed Self-Assembly, DSA)形成图案的仿真算法以及有关光学邻近效应修正(OPC)的一整套简化算法等。

对于基于衍射探测套刻测量方式的仿真,可以采用一维图形的时域有限差分的计算方法,并且采用横向周期性边界条件,加上纵向的二阶吸收边界条件。这点与一维图形的193nm浸没式光刻仿真是类似的。不过,可能需要计算多个波长,而不仅是一个193.368nm波长,比如对于可见光的400~700nm。我们做了尝试,并且发现了此方法的优缺点,比如,对于下层记号表面的形状畸变,通常混淆于套刻偏差信号,几乎无法通过衍射探测来区分[37]。如图11-78所示,如果下层套刻记号存在化学机械平坦化导致的倾斜角,约1/200,大致对应图中的"2 steps",其导致的套刻偏差信号可以与实际上下层记号的套刻偏差导致的信号强度相比拟甚至超越。

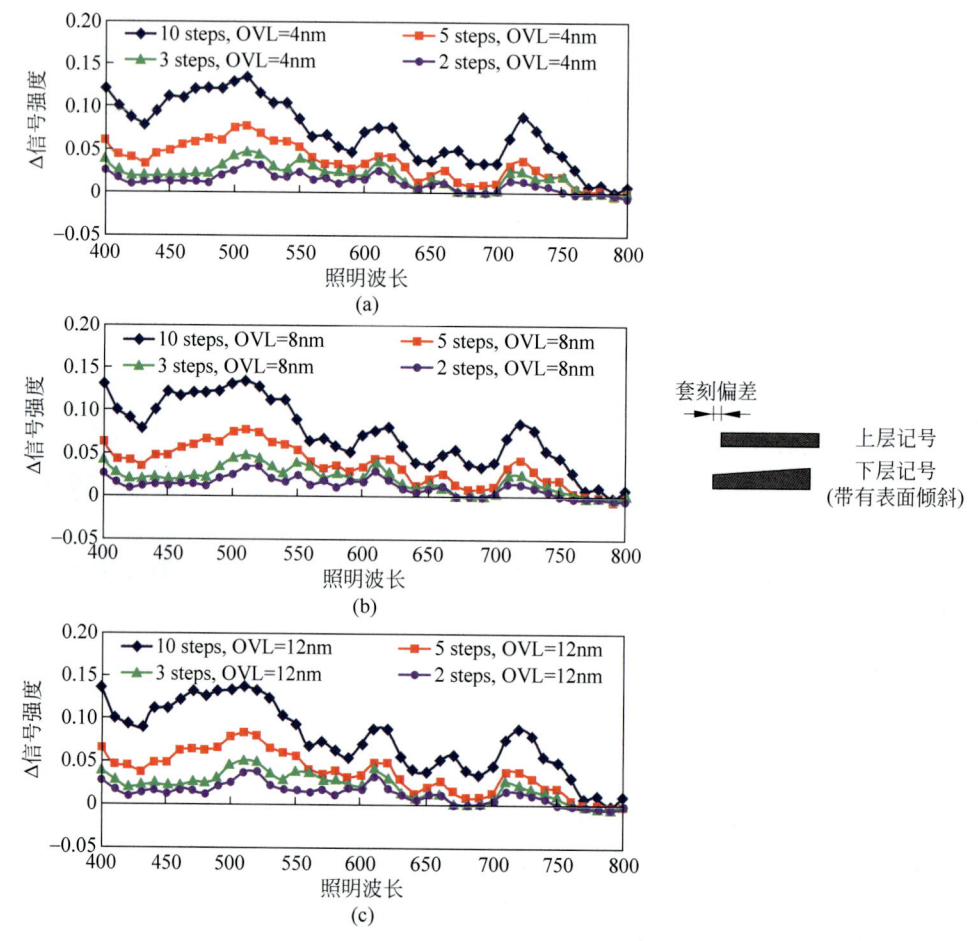

图11-78 带有不同倾斜角下层套刻记号的真实套刻记号的仿真DBO信号强度随照明波长的变化:上下层套刻记号的套刻偏差等于(a)4nm;(b)8nm;(c)12nm

对于光学散射探测,如果采用正入射方式照明,则可以采用同于衍射探测套刻的方法来计算;如果采用斜入射照明,则需要采用完全匹配层边界条件来计算。在28nm技术节点以下,尤其是到了14nm鳍形晶体管工艺,栅极是十分复杂的三维结构,如果仅仅采用正入射照明,可能埋藏于侧壁的细微结构(如内切)或者埋藏于不透明的金属材料下的结构等(如功函数的各种金属层),无法被光照射到,也就无从探测。

对于电子束成像的仿真算法,通常是对扫描电镜成像进行仿真。而这种仿真一般强调图像的涨落和边缘的变化。也就是说,主要是电子和物质,如光刻胶的相互作用模型,包括背散射,如第9章中讨论到的电子束曝光的邻近效应。对于电子束扫描成像过程并没有特别计算。

此外,我们还研究了193nm浸没式显影缺陷去除的模型。即如何通过硅片旋转和硅片上氮气的吹喷实现硅片上显影后光刻胶的残留被去离子水有效地带走而不引入太高的硅片转速,以至造成光刻胶图形的倒塌[38]。从极坐标下的牛顿力学模型出发,模拟出在一定显影冲洗(Rinse)条件下与实际观测相符的光刻胶残留缺陷的分布,如图11-79所示。

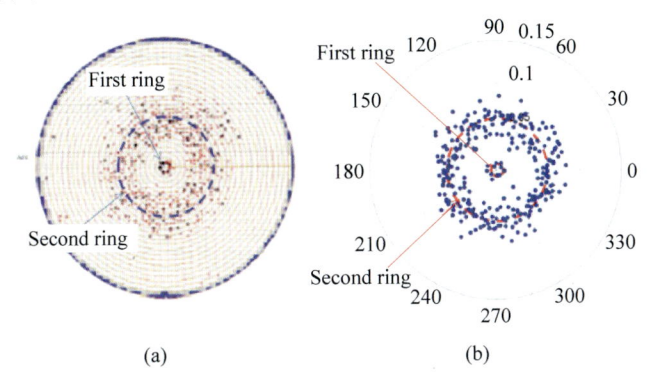

图11-79 (a)硅片上实际出现的显影后光刻胶残留缺陷分布;(b)通过仿真形成的光刻胶残留缺陷分布(两者都显示了里外两圈环形分布的缺陷)

对于导向自组装的仿真,则完全不同于前面光学的理论架构。一般有两种方式:一种是计算嵌段共聚物(Block Co-Polymer,BCP)所出现不同相的平均场,又称为自洽平均场理论(Self Consistent Mean Field Theory,SCMFT)[39];另一种是通过计算每个分子的运动组合形成整个图案,称为分子动力学(Molecular Dynamics,MD)方法。一般来说,平均场理论用得比较多。

有关光学邻近效应的快速计算方法的详细介绍参见第12章。光学邻近效应的计算方法源于光刻工艺的仿真计算,找出衍射导致的图形畸变,并且通过改变掩模版图案对硅片上的图形进行修正,以达到目标尺寸和形状的要求。我们前面讨论过的阿贝计算方法可以很好地将矢量、掩模版三维散射、光瞳面的像差结合在一起。但是由于需要已知掩模版图案,并且对照明光瞳进行积分,这样的计算是很缓慢的。如果对整个芯片区域进行计算并且补偿,时间会变得很长。所以,需要对模型进行一定程度的简化,甚至近似。第12章将重点介绍怎样将严格的、需要花费大量计算资源的空间像仿真变成一种查表式的快速计算过程,包括对矢量和掩模版三维散射进行的近似处理。

参考文献

[1] Pang L,Dai G,Cecil T,et al. Validation of inverse lithography technology (ILT) and its adaptive SRAF at advanced technology nodes. Proc. SPIE 6924,69240T,2008.(以及其中的引文)

[2] Hung C Y,Zhang B,Tang D,et al. First 65nm tape-out using inverse lithography technology (ILT). Proc. SPIE 5992,59921U,2005.

[3] Wu Q,Shi X L,Liu Q W,et al. Update on advanced photolithography patterning process development in SMIC mainland China. CSTIC 光刻分会主题报告,2012.

[4] Wu Q,Pei J H,Zheng Z,et al. The mask 3D effect on 2D pattern shape fidelity:A simulation study. ECS Trans.,2014,60(1):243-250.

[5] Chan S H,Wong A K,Lam E Y. Inverse synthesis of phase-shifting mask for optical lithography. OSA

Signal recovery and synthesis Conference,2007.

[6] Lv W,Liu S Y,Xia Q,et al. Level-set-based inverse lithography for mask synthesis using the conjugate gradient and an optimal time step. J. Vac. Sci. Technol. B 31,2013,041605.

[7] Geng Z,Shi Z,Yan X L,et al. Regularized level-set-based inverse lithography algorithm for IC mask synthesis. J. Zhejiang Univ. -Sci. C 14,2013:799.

[8] 马科斯·玻恩,埃米尔·沃耳夫. 光学原理. 7 版,北京:电子工业出版社,2009.

[9] Bornebroek F,Burghoorn J,Greeneich J S,et al. Overlay performance in advanced processes. Proc. SPLE 4000,2000:520.

[10] Wu Q,et al. Optimization of segmented alignment marks for advanced semiconductor fabrication processes. Proc. SPIE 4344,2001:234.

[11] Wu Q,et al. Ultra-fast wafer alignment simulation based on thin film theory. Proc. SPIE 4689,2002:364.

[12] Hopkins H H. On the diffraction theory of optical images. Proc. Royal Soc. Series A 217,1953,1131:408-432.

[13] Totzeck M,et al. How to describe polarization influence on imaging. Proc. SPIE 5754,2005:23.

[14] Progler C,Wheeler D. Optical lens specifications from the user's perspective. Proc. SPIE 3334,1998:256.

[15] Lai K F,et al. Modeling polarization for Hyper-NA lithography tools and masks. Proc. SPIE 6520,65200D,2007.

[16] Yee K S. Numerical solution of initial boundary value problem involving Maxwell equations in isotropic media. IEEE Trans. Antenna Propagat,1966,14(3):302.

[17] 葛德彪,闫玉波. 电磁波时域有限差分方法. 3 版. 西安:西安电子科技大学出版社,2011.

[18] Berenger J P. A perfectly matched layer for the absorption of electromagnetic waves. J. Comput. Phys.,1994,114(2):185.

[19] Berenger J P. Three-dimensional perfectly matched layer for the absorption of electromagnetic waves. J. Comput. Phys.,1996,127(2):363.

[20] Berenger J P. Perfectly matched layer for the FDTD solution of wave structure interaction problems. IEEE Trans. Antenna Propagat,1996,44(1):110.

[21] Vial A,Erdmann A,Schmoeller T,et al. Modification of boundaries conditions in the FDTD algorithm for EUV masks modeling. Proc. SPIE 4754,2002:890.

[22] Wu Q,Li Y L,Yang Y S,et al. A Photolithography Process Design for 5nm Logic Process Flow. Proc. IWAPS 2019,J. Microelectron. Manuf. 2,19020408(2019).

[23] Wu Q,Li Y L,Yang Y S,et al. A Study of Image Contrast,Stochastic Defectivity,and Optical Proximity Effect in EUV Photolithographic Process under Typical 5nm Logic Design Rules. Proc. CSTIC 2020,IEEE Xplore.

[24] Moharam M G,Gaylord T K. Rigorous coupled wave analysis of planar-grating diffraction. J. Opt. Soc. Am.,1981,71:811-818.

[25] Moharam M G,et al. Formulation or stable and efficient implementation of the rigorous coupled-wave analysis of binary gratings. J. Opt. Soc. Am.,1995,12(5):1068-1076.

[26] Levenson H J. Principles of lithography. SPIE Press,2001.

[27] Mulder M,et al. Performance of FlexRay,a fully programmable Illumination system for generation of freeform sources on high NA immersion systems. Proc. SPIE 7640,76401P,2010.

[28] Rosenbluth A E,Bukofsky S J,Hibbs M S,et al. Optimum mask and source patterns to print a given shape. Proc. SPIE 4346,2001:486.

[29] Rosenbluth A E,et al. Intensive optimization of masks and sources for 22nm lithography. Proc. SPIE 7274,727409,2009.

[30] Socha R. Freeform and SMO. Proc. SPIE 7973,797305,2011.

[31] Wu Q. Key points in 14nm photolithographic process development, challenges and process window capability. CSTIC,Symposium Ⅱ,2017.

[32] Wu Q,Li Y,Liu X,et al. Considerations in the Setting Up of Industry Standards for Photolithography Process,Historical Perspectives,Methodologies,and Outlook. Proc. CSTIC 2022,IEEE Xplore.

[33] Hiroshi Ito, Grant Wilson. Chemical amplification in the design of dry developing resist materials. Technical Papers of SPE Regional Technical Conference on Photopolymers,1982:331-35.

[34] Byers J,Smith M,Mack C. 3D Lumped parameter model for lithography simulation. Proc. SPIE 4691,2002:125.

[35] Wu Q,Smith B W,Halle S D,et al. The effect of the effective resist diffusion length to the photolithography at 65 and 45nm nodes: A study with simple and accurate analytical equations. Proc. SPIE 5377,2004:1510.

[36] Wu Q. An optical proximity model for negative toned developing photoresists. Proc. CSTIC 2018,Symposium Ⅱ,2018:2-36.

[37] Xu B Q,Wu Q,Chen R,et al. A study on diffraction-based overlay measurement based on FDTD method. Proc. SPIE 11611,11611313,2021.

[38] Ma L,Wu Q,Dong L S,et al. Development defect model for immersion photolithography. Journal of Micro/Nanolithography,MEMS,and MOEMS (JM3) 17,2018.

[39] Fredrickson G H. The equilibrium theory of inhomogeneous polymers. Claredon Press, Oxford University Press,2006.

思考题

1. 反射率仿真算法采用的复数折射率的实部和虚部各代表什么？

2. 什么是抗反射层的衬底反射率第一极小和第二极小？

3. 对于正显影正性光刻胶，一般来说，在第一极小的位置上再减小抗反射层的厚度会对光刻胶形貌造成怎样的影响？

4. 说明对准记号信号强度的仿真算法的原理。

5. 明场对准记号和暗场对准记号指的是什么？

6. 衡量光刻工艺好坏有哪3个重要参数？

7. 写出光刻工艺的最小分辨率的表达式。

8. 写出光刻工艺中硅片平面的相干长度表达式。

9. 光刻工艺仿真一般采用怎样的边界条件？

10. 矢量在光刻工艺仿真中出现在哪部分？

11. 由于光刻工艺需要聚焦，对于在光瞳处的偏振态有怎样的转动矩阵？

12. 在光刻空间像仿真中，像差是怎样进行计算的？

13. 泽尼克系数代表光瞳处的相位差，即便是出现在硅片平面的像差，也可以等效成为光瞳处的像差。不过，它包含畸变吗？

14. 在掩模版三维散射仿真计算中，如果采用时域有限差分计算方法，对于采用垂直入射的计算方法，上和下边界(Z轴)一般采用什么边界条件？左右(X-Y平面)呢？

15. 什么是柯朗条件？

16. 什么是完全匹配层边界条件？

17. 为什么说带有 6°的主光线入射角的极紫外光刻工艺仿真需要采用完全匹配层边界

条件？

18. 掩模版三维散射效应在光刻工艺中主要表现在哪几方面？

19. 什么是严格的耦合波分析方法？

20. 什么是光源掩模协同优化（SMO）？

21. 简述具有代表性的图形各自采用什么样的照明条件工艺窗口可以达到最大。

22. 在光源掩模协同优化（光源优化＋手动掩模和线宽目标优化）的例子中，指出哪几步是对掩模版和目标值做了调整优化，哪几步是对光源进行优化。

23. 改进型整合参数模型的有哪些主要参数？

24. 光刻胶的等效光酸扩散长度几乎 90% 决定了光刻工艺的工艺窗口，从 $0.18\mu m$ 技术节点开始，一直到 10nm/7nm 技术节点，试列举每个技术节点的典型扩散长度值。

25. 负显影相比正显影具有哪些优势？

第12章

光学邻近效应修正

12.1 光学邻近效应

光刻在线宽很小时,由于衍射,硅片上的图像会逐渐偏离掩模版上的图形,发生变形,直到周期小于最小可分辨的尺寸,图像会完全消失。在前面介绍过这个最小分辨的空间周期与所选择的照明条件有关。虽然存在以下公式[1]:

$$p_{\text{MIN}} = \frac{\lambda}{\text{NA}(1+\sigma_{\text{MAX}})} = \frac{\lambda}{\text{NA}(1+1)} = 0.5 \times \frac{\lambda}{\text{NA}} \tag{12.1}$$

例如,当 NA=1.35,λ=193nm,p_{MIN}=71.5nm 时。但是,由于 σ_{MAX}=1 在实际设备中很难实现,σ_{MAX} 一般为 0.9 左右,在这样的情况下,p_{MIN}=75.2nm。但这还不够,即便系统具有 75.2nm 的分辨率,对于一个可以量产的光刻工艺,还需要使得在这个周期上存在一定的图像对比度,如 30%。对于我们熟悉的半导体工艺,如 250nm、180nm、130nm、90nm、65nm、45nm、40nm、28nm、20nm、14nm、7nm 等逻辑工艺,一般地,金属连线层次在最小周期上的对比度为 40%,在栅极,又称为门电路,光刻层在最小周期上的对比度为 60%。根据第 11 章的论述,最小周期对应两束光干涉成像,而两束光成像时在一维密集线条的情况下光强的空间分布是正弦波。不失一般性,假设光强的分布由如下公式表示:

$$I(x) = I_0 \left[1 + b\cos\left(\frac{2\pi x}{p}\right)\right] \tag{12.2}$$

式中:I 为光强;I_0、b 为参数;p 为空间周期。

对比度定义为

$$C = \frac{I_{\text{MAX}} - I_{\text{MIN}}}{I_{\text{MAX}} + I_{\text{MIN}}} = \frac{2b}{2} = b \tag{12.3}$$

所以,对于式(12.2),对比度就是 b。在光刻中,与对比度相关的参数是曝光能量宽裕度。曝光能量宽裕度定义为

$$\text{EL} = \frac{\Delta E \mid \text{线宽在} \pm 10\% \text{范围内变化}}{E} \tag{12.4}$$

当线宽等于周期的一半时，也就是线宽为 $0.5p$，如图 12-1 所示。

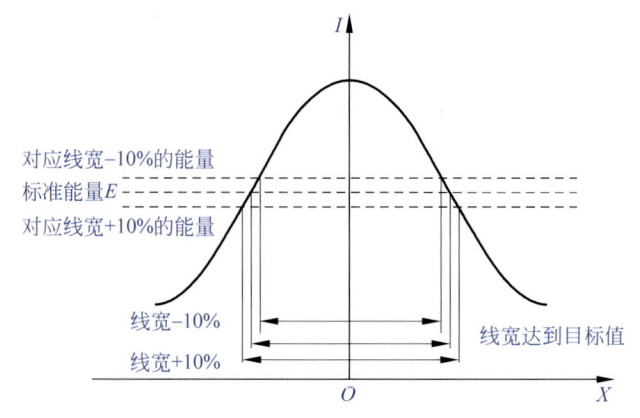

图 12-1　当线宽等于周期的一半时，对应的曝光能量随着线宽在 $\pm 10\%$ 范围内变化而变化

可以发现，曝光能量宽裕度为

$$\mathrm{EL} = \frac{\Delta E \mid \text{线宽在} \pm 10\% \text{范围内变化}}{E}$$

$$= \frac{-\frac{1}{2} \frac{\partial I(x)}{\partial x}\bigg|_{x=\frac{1}{4}p} \times 20\% \text{线宽}}{I_0} = 10\% \frac{p}{2} \times \frac{2\pi b}{p}$$

$$= \frac{\pi}{10} b \tag{12.5}$$

这个结论很重要，它将表征图像最直观的对比度与光刻的首要工艺窗口参数曝光能量宽裕度联系起来。在最小周期且线宽等于周期的一半时，曝光能量宽裕度大约是对比度的 $1/3$。对于金属层，如果要求对比度在 40%，那么曝光能量宽裕度约为 13%。对于栅极层的 60% 对比度，曝光能量宽裕度约为 20%。但是，一般栅极层的线宽在最小周期要小于周期的一半，由于正弦波或者余弦波在零点附近的光强随空间位置的变化斜率是最大的。任何远离零点的情况，光强随空间位置的变化斜率将相应减小。一般地，观测到的曝光能量宽裕度为 $16\% \sim 18\%$。

有限的对比度（$60\% \sim 40\%$）是最小周期已经接近分辨率极限，只有两束光参与干涉，这两束光的振幅不相等，并且衍射光还可能无法全部被有限的光学数值孔径收集造成的。

随着空间周期逐渐由最小周期增大，衍射级会在光瞳上移动，被收进镜头孔径内的衍射光也会随之发生变化，掩模版透射率也会随之变化，这样，线宽就会随周期的不同而发生变化。光学邻近效应修正就是要通过在掩模版上进行补偿，纠正这种偏差使得无论在怎样的空间周期，设计版图上的线宽都能按照设计尺寸在硅片上曝出来。

12.1.1　调制传递函数

原则上光学邻近效应在任何情况下都存在。人们最早开始做光学邻近效应修正是离轴照明变得需要时，也就是空间频率需要大于 NA/λ 时，如图 12-2 所示。

如图 12-3 所示，当掩模版线宽不变，而周期逐渐变大时，线宽会先快速变小，接着达到一个极小值后又慢慢变大，当周期变得很大时，线宽会稳定在一个比原先小的值上。图 12-3 展示了一个 $130\mu m$ 逻辑工艺的栅极的线宽随空间周期的变化。这是光学邻近效应的重要表现，

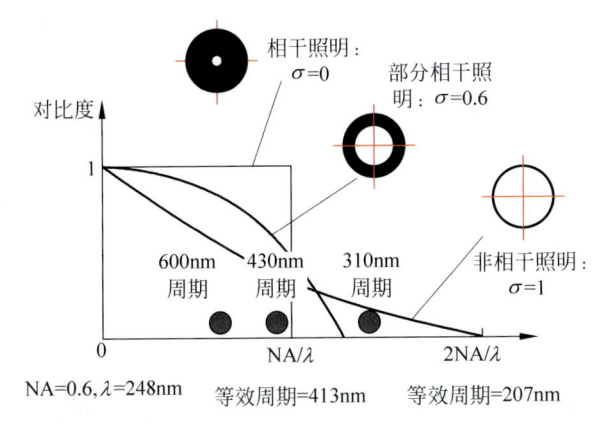

图 12-2　不同照明方式的调制传递函数(11.13 节中的图 11-47)示意图

实际上是由光瞳的物理结构和照明方式相互作用产生的。如图 12-2 所示的调制传递函数就是光瞳的结构(圆形)和照明方式(傍轴、离轴)相互作用的结果。可见,在频率大于 NA/λ 后,调制度或者对比度开始直线下降,直至到 2NA/λ,甚至不到 2NA/λ 就等于零。

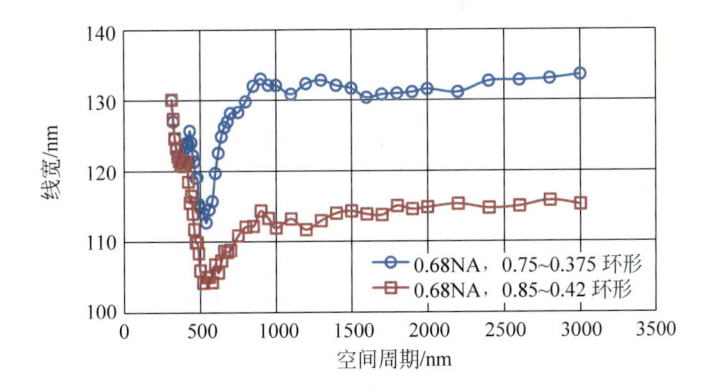

图 12-3　0.13μm 栅极线宽随空间周期变化仿真结果(两个照明条件分别为 0.68NA,0.75~0.375 和 0.85~0.42 环形,其中使用了不透明区透射率为 6% 的透射衰减掩模,折射率为 1.8,厚度为 360nm 的光刻胶,照明波长＝248nm,未使用亚分辨辅助图形)

12.1.2　禁止周期

图 12-3 可以看到,由于以上调制传递函数的作用,对于一个同样的线宽,在基准周期 310nm,光刻的线宽为 130nm,随着周期的增加,线宽几乎直线下降,到了大约 520nm,线宽达到极小值,然后线宽又慢慢变大。需要说明的是,这个线宽随空间周期的变化结果虽然是 0.13μm 的,对于 90nm、65nm/55nm、45nm/40nm、32nm/28nm、22nm/20nm、16nm/14nm 等都是类似的。只不过在比 0.13μm 更加先进的技术节点,在线宽下降段,线宽可能下降到 0。为了更加鲜明地展示这个光学邻近效应,采用 0.13μm 作为例子。这也是人们第一次显著地观察到光学邻近效应。注意,在图 12-3 中显示的数据,无论对于哪种环形照明(离轴照明的一种),这个趋势都存在。只是,当环形半径较小,空间周期比较大时,线宽值比较大。两种离轴照明的结果是有区别的,这在下面会有解释。下面先解释为什么会有先快速变小,后慢慢变大的现象。2.5 节提到了禁止周期的概念。在 400~600nm 的空间周期范围,线宽相比 130nm 跌落得比较多。不仅如此,相应的成像对比度/曝光能量宽裕度和对焦深度都会偏小很多。还

有掩模版误差因子也会偏大不少。这样的范围称为禁止周期(Forbidden pitch)。所以,一个光刻工艺的好坏,需要看其在禁止周期附近的表现如何。当然,不是所有的工艺提供单位都禁止设计公司在禁止周期中设计图形。对于逻辑工艺,在 32nm/28nm 及更加成熟的工艺中,一般对禁止周期还是具有足够的工艺窗口,不强调禁止在其中设计。但是到了 14nm、10nm,甚至 7nm,对禁止周期有明确的规定。这是因为,如果照顾到了禁止周期附近图形的工艺窗口,由于光源波长不再缩小,就需要放弃一些密集图形的工艺窗口。

12.1.3 光学邻近效应的图示分析(一维线条/沟槽)

一维光栅如图 12-4 所示,可以根据式(11.15)计算出 c_0 和 c_n,如下:

$$A(x) = \frac{a_0}{2} + \sum_{n=1}^{+\infty} a_n \cos\left(\frac{2\pi nx}{p}\right) + \sum_{n=1}^{+\infty} b_n \sin\left(\frac{2\pi nx}{p}\right)$$

$$= c_0 + \sum_{\substack{n=-\infty \\ n \neq 0}}^{+\infty} c_n e^{j\frac{2\pi nx}{p}} \tag{12.6}$$

$$\begin{cases} c_0 = 1 - \dfrac{\delta}{p}(1+\alpha) \\ c_{\pm n} = -\dfrac{1}{n\pi}(1+\alpha)\sin\left(\dfrac{n\pi\delta}{p}\right) \end{cases} \tag{12.7}$$

式中:p 为空间周期;δ 为掩模线宽(1 倍率);α 为掩模不透明区域的光振幅透射率,对于 6% 光强透射率的透射衰减相移掩模,α 为 6% 的根,约为 0.25。

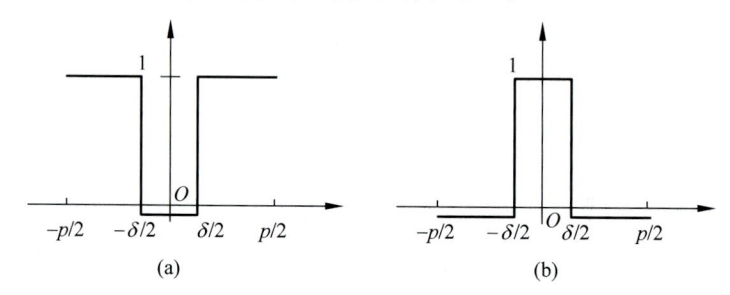

图 12-4 (a) 周期为 p,掩模版线宽(1 倍率)为 δ 的线条掩模函数示意图;(b) 周期为 p,掩模版线宽(1 倍率)为 δ 的沟槽掩模函数示意图(其中掩模版为不透明区域透射率为 6% 的透射衰减的相移掩模)

如果仅考虑 0 级和 ±1 级衍射级,由式(12.7)可得

$$\begin{cases} c_0 = 1 - \dfrac{\delta}{p}(1+\alpha) \\ c_{\pm 1} = -\dfrac{1}{\pi}(1+\alpha)\sin\left(\dfrac{\pi\delta}{p}\right) \end{cases} \tag{12.8}$$

当掩模线宽接近周期的一半,也就是 $\delta = p/2$ 时,对于正弦函数,$c_{\pm 1}$ 中的正弦函数 $\sin(\pi\delta/p)$ 约等于 $\sin(\pi/2)$,正好等于 1,而且是二阶极大。因此,对于任何小的自变量变化,如 p 的变化,函数的值变化将很小。而 c_0 则不同,随着 p 的变化,c_0 将有明显的变化。实际上,c_0 代表 0 级衍射振幅。也就是说,随着空间周期从最小周期开始逐渐增加,0 级透射光将有大的变化,但是 ±1 级衍射光将几乎不变。这就是光学邻近效应的主要成因,具体下面会说明。

图 12-5 显示了一维线条的空间像光强分布随着空间周期从最小周期 310nm 逐渐增大到

无穷大(线条完全孤立)的示意图,其中还大致描绘了衍射光的光强和角度随着空间周期的变化。注意,随着空间周期的逐渐增大,由于线宽不变,掩模版透射率逐渐增高,也就是0级衍射光(或者c_0)逐渐增强,空间像光强整体变大。光刻胶的阈值是不变的,所以在光刻胶阈值以下的区域逐渐减小,也就是线条线宽逐渐减小。这种情况要持续到高阶的衍射级快进来的时候,线宽会达到一个极小值。当空间周期继续增大,高阶衍射级开始进入光瞳,参与成像,空间像的对比度将有一个较大的提升。例如,图12-5中的700nm周期,在这种情况下线宽会有所增加。但是,衍射级对成像的贡献将随着级数的增加而减小,也就是说低阶的衍射级将起到主导作用。所以,当周期继续增加,尽管后续有更多的衍射级陆续进入光瞳参与成像,空间像、空间像的对比度将不会有大的增加,线宽也就会维持在一个稳定的状态。

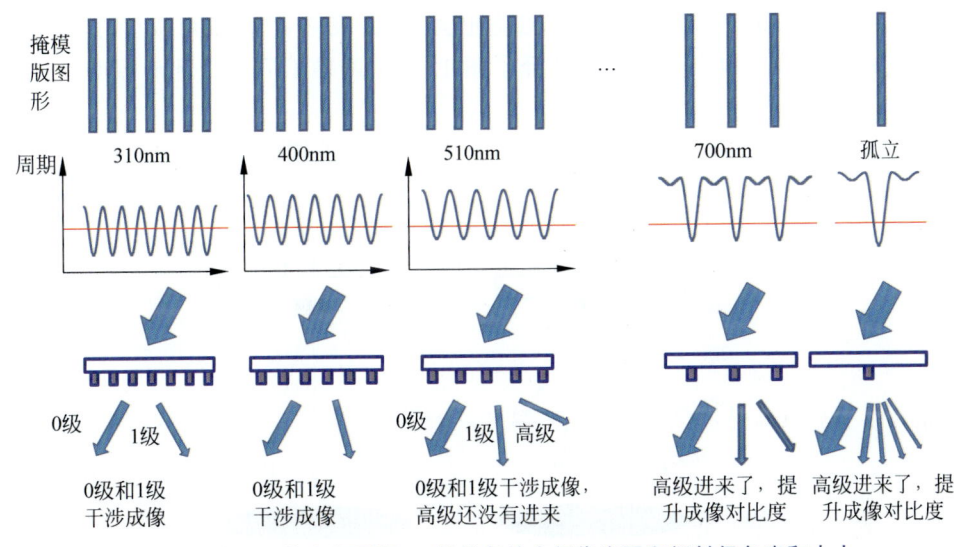

图12-5 在不同的空间周期,一维线条的空间像光强和衍射级角度和大小

图12-6 显示了与图12-5类似的内容,只不过将线条换成了沟槽。巧妙的是,沟槽居然与线条拥有完全相同的线宽随周期增大的变化规律:都是线宽先变小,达到极小后再慢慢变大。

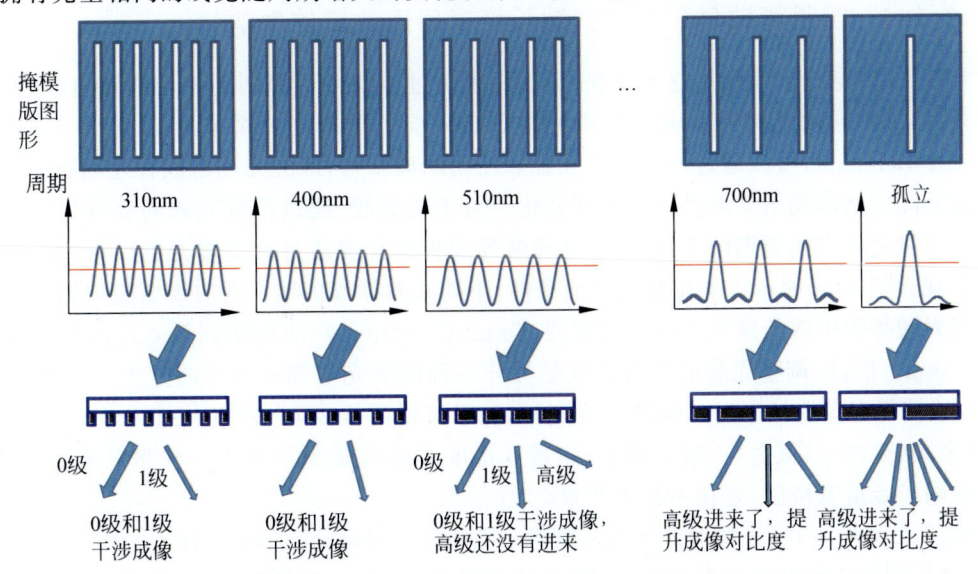

图12-6 在不同的空间周期,一维沟槽的空间像光强和衍射级角度和大小

以上是光学邻近效应的其中之一的表现形式，也是最重要的表现形式。下面解释为什么离轴角度变大，孤立的图形线宽会减小，或者两种不同离轴角的照明条件对应的结果为什么有这样的区别。

由前所述，衍射级对成像的贡献将随着级数的增加而减小。也就是说，光通过光栅几乎所有的能量都集中在较低的衍射级内。由于衍射是对称的（如图12-7所示），当入射光与光轴呈一定夹角入射时，即斜入射照明（又称为离轴照明），被镜头收入的衍射级可以从垂直照明的 -1、0 和 $+1$，变成 0、1 和 2 级，将 -1 级换成 2 级，其衍射总光强存在损失。所以，为了最大限度地将孤立图形的信息（由衍射光携带）收入光学成像系统，需要采取垂直照明。但是，离轴照明是提高密集图形分辨率和对比度的必要条件，所以这样做需要孤立图形做一些牺牲。当离轴角增大时，孤立图形的工艺窗口会变小，线宽也会变小；反之，当离轴角减小时，孤立图形的工艺窗口会变大，其线宽也会变大。这解释了图12-3中两种不同半径环形照明条件结果的区别。

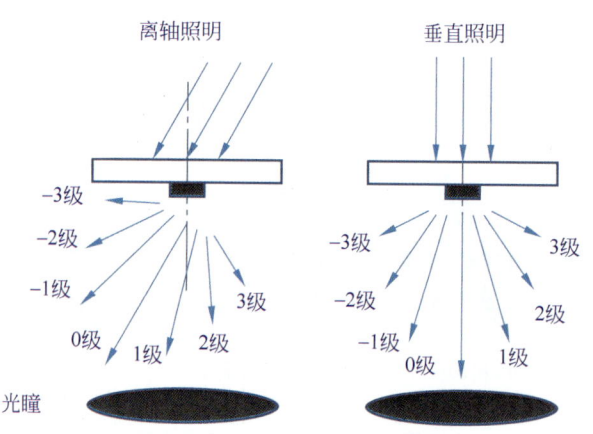

图 12-7 对于孤立图形，正入射照明和离轴照明的衍射光分布（箭头的方向表示衍射光的传播方向，箭头的长度示意衍射级的强弱）

12.1.4 照明离轴角和光酸扩散长度对邻近效应的影响

早在21世纪初就发现了这个现象，后被用来通过调整环形照明的平均离轴角（环形的平均半径）匹配不同的光刻胶和光刻机的光学邻近效应。阿斯麦公司推出了"图形匹配服务"（Pattern Matcher），可以通过调整数值孔径和照明的离轴角，匹配光刻机或者光刻胶的不同引起的线宽随空间周期增大而产生的不同变化。对于光刻胶，通过调整光酸的等效扩散长度也可以改变线宽随空间周期的变化，而改变光酸等效扩散长度通过改变曝光后烘焙的温度或者时间实现。图12-8展示了采用相同照明条件，不同光酸等效扩散长度的线宽随周期变化的曲线。当光酸等效扩散长度从 20nm 增加到 30nm，在 500nm 空间周期到孤立之间的线宽会减小 3～4nm。所以，调整光酸的扩散长度是另外一种匹配光学邻近效应的方法。当然，增加扩散长度会降低图像的对比度。如图12-9所示，能量宽裕度从 20%（密集）～24%（孤立）降低到 18%（密集）～22%（孤立）。对于栅极，能量宽裕度一般需要 20% 左右。扩散长度的增加，轻微地影响了能量宽裕度，好在不是很严重。

如图12-8所示，当光酸等效扩散长度等于 30nm 的时候，除了周期 310～800nm 之间的一段，其他周期的线宽基本上在 130nm 附近，也就是说，基本上不需要在掩模上补偿什么。这极大地降低了光学邻近效应修正的工作量，缩短了掩模出版的周期，加快了研发和产品的导入量

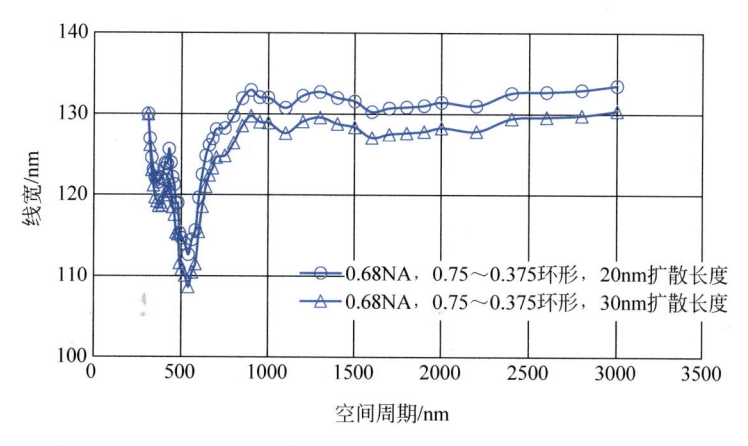

图 12-8 0.13μm 栅极线宽随空间周期变化仿真结果（照明条件分别为 0.68NA，0.75～0.375，光酸等效扩散长度分别等于 20nm 和 30nm，其中使用了不透明区透射率为 6% 的透射衰减掩模，折射率为 1.8，厚度为 360nm 的光刻胶，照明波长＝248nm；未使用亚分辨辅助图形）

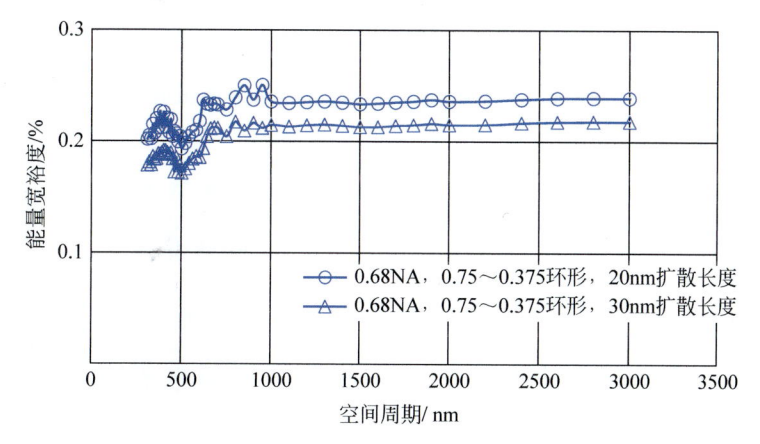

图 12-9 0.13μm 栅极线宽的能量宽裕度随空间周期变化仿真结果（照明条件分别为 0.68NA，0.75～0.375；光酸等效扩散长度分别等于 20nm 和 30nm，其中使用了不透明区透射率为 6% 的透射衰减掩模，折射率为 1.8，厚度为 360nm 的光刻胶，照明波长＝248nm，未使用亚分辨辅助图形）

产进度，同时也减少了光学邻近效应修正出错的可能性。但是，密集图形的对比度有所下降，如图 12-9 所示。这会影响线宽均匀性，好在下降得不多。所以，光学的照明条件是一个综合考虑多方因素优化的结果。

在 2000 年左右，深紫外光刻机的制造者有尼康公司、硅谷集团（Silicon Valley Group，SVG）、阿斯麦公司以及佳能公司等。其中日本的公司在照明系统上采用固定光圈形式，离轴角度是固定的，无法变化。而阿斯麦公司采用锥形互补镜片和变焦镜头实现无损可连续变化离轴角度的照明系统。在 0.18μm 技术节点，由于光学邻近效应还不是很明显，此工艺可以接受±5nm 左右的光刻机线宽误差，而整个线宽随空间周期变化幅度为 5～10nm，认为是可以接受的。尼康公司光刻机可以胜任，但是从 0.13μm，大约 2000 年，光学邻近效应的线宽随空间周期变化达到了约 20nm，而对于光刻机线宽的误差规格也达到了±3nm 以内，对于一个工厂内存在多台光刻机的情况，如果使用固定照明光圈，就较难实现不同的光刻机的匹配。或者，客户对线宽的不同要求通过工艺上调整实现就比较难。2005—2006 年，上海华虹 NEC 公司就曾经针对客户的要求，根据仿真和硅片实际测试数据，为尼康公司的光刻机制作过非标准的光圈,用于匹配客户在 0.18μm 产品上的要求,赢得了订单,取得了很好的效果。但是,这种做法周期长,也会受到产品种类的限制。因为能够同时在一台光刻机上存在的不同光圈数量是受硬件限制的,比如尼康公司的 S203/204 型号的光刻机只允许放置 6 个,戏称"左轮手枪"。阿斯麦公司的连续可变的照明角度就开始独占鳌头。后来,大约在 2006 年,尼康公司也采用了连续变化的系统。

至此,已经了解了光学邻近效应的原理,也知道了对于孤立的图形离轴照明会丢失部分结构信息。下面讨论光学邻近效应在二维图形上的表现。二维图形一般为横平竖直的多边形。二维图形中有空间周期大的图形(如平直的边),也有空间周期狭小的(如密集线条、线端、方角顶端等)。图 12-10 列举了一些小周期图形,包括密集线条、线端、方角、"之"字形和密集方孔。

由于这些图形是包含在狭小空间中的结构,衍射光会以较大角度从掩模版出射,部分衍射光会射到光瞳外面而不被光瞳收集,这样,细小的结构就可能无法被成像。可能的空间像示意图在图 12-11 中展示。具体来说,对图形 A,由于可以通过改变能量或者掩模偏置,其实,没有什么影响。对于图形 B,会导致线端的缩短。这很好理解,由于线端的衍射光无法进入镜头的光瞳,故线端的信息无法在图像中展示,所以缩短了。对于图形 C,与线端一样,方角的信息无法进入镜头的光瞳,于是方角变成"圆角"。对于图形 D,同样,方形转折变得圆滑了很多。对于图形 E,其实与图形 C 差不多,就是图形 E 的尺寸小了点,圆角连接起来变成类似于圆。

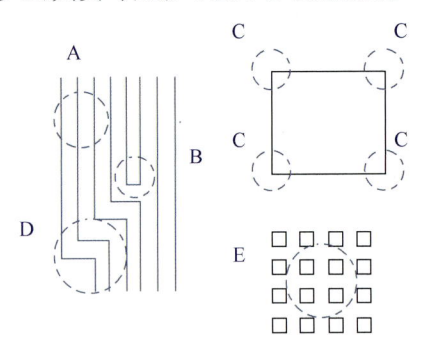

图 12-10 一些典型的小周期图形:A 为密集线条,B 为线端,C 为方角,D 为"之"字形,E 为密集方孔

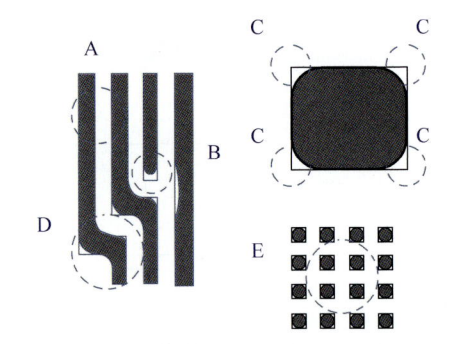

图 12-11 一些典型的小周期图形的模拟空间像示意图:A 为密集线条,B 为线端,C 为方角,D 为"之"字形,E 为密集方孔

以上是光学邻近效应的一些典型的表现。光学邻近效应修正的目的是通过改变掩模的形状,尽量复原因为衍射而变形的图像。

12.1.5 光学邻近效应在线端-线端和线端-横线结构的表现

二维图形中有两种图形对器件,尤其是后段金属连线层影响很大,就是线端-线端和线端-横线,如图 12-12 所示。当然,可以通过仿真计算它们的规则。这里使用简单的几乎解析的微分理论解释其中的物理规律。这里的"线条"是指掩模版上透光接近于 0 的区域。对于二元掩模版,又称为铬-玻璃(Chrome-on-Glass,CoG)掩模版,线条就是不透光区域,由金属铬薄膜形成。对于 6% 透光率的相移掩模(6% Attenuated Phase Shifting Mask,Att-PSM),线条的透光率为 6%,接近于 0,但是这 6% 的透射光会相对掩模版透光区域透射的光在相位上转 180°。对于反图形,也就是线条-沟槽区域互换,也存在相似规律,此处不再赘述。

图 12-12(a)为线端-线端情况。假设相干照明条件,如果有点扩散函数(Point Spread

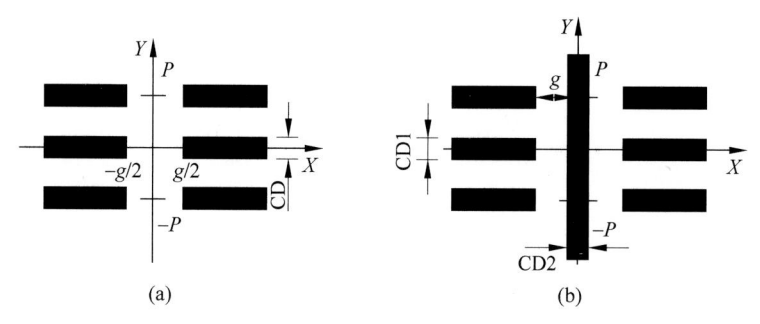

图 12-12 两种重要的二维图形：(a) 线端-线端；(b) 线端-横线

Function, PSF)，则可以通过对空间的积分求得整个空间像：

$$A(x,y) = \int \mathrm{PSF}_\mathrm{D}(x-x')\mathrm{d}x' \int \mathrm{PSF}_\mathrm{D}(y-y')\mathrm{d}y' \tag{12.9}$$

式(12.9)代表了光振幅 $A(x,y)$ 与点扩散函数 $\mathrm{PSF}_\mathrm{D}(x)$ 和 $\mathrm{PSF}_\mathrm{D}(y)$ 之间的积分关系，其中下标"D"代表考虑了使用化学放大光刻胶后光酸的扩散。光强由振幅的平方表示：

$$I(x,y) = |A(x,y)|^2 = \left|\int \mathrm{PSF}_\mathrm{D}(x-x')\mathrm{d}x' \int \mathrm{PSF}_\mathrm{D}(y-y')\mathrm{d}y'\right|^2 \tag{12.10}$$

假设在 Y 方向上使用周期为 P 的周期性边界条件，而且只考虑在 $Y=0$ 的线端-线端之间的空隙的线宽，那么可以将式(12.10)中的振幅函数 $A(x,0)$ 写成

$$\begin{aligned}A(x,0) = \sum_{n=-\infty}^{+\infty} & \left[\int_{-\infty}^{-\frac{g}{2}}\mathrm{PSF}_\mathrm{D}(x-x')\mathrm{d}x' + \int_{\frac{g}{2}}^{+\infty}\mathrm{PSF}_\mathrm{D}(x-x')\mathrm{d}x'\right] \times \\ & \left[2\int_{\frac{\mathrm{CD}}{2}+nP}^{P/2+nP}\mathrm{PSF}_\mathrm{D}(y')\mathrm{d}y' - \alpha\int_{-\frac{\mathrm{CD}}{2}+nP}^{\frac{\mathrm{CD}}{2}+nP}\mathrm{PSF}_\mathrm{D}(y')\mathrm{d}y'\right] + \\ & \int_{-g/2}^{g/2}\mathrm{PSF}_\mathrm{D}(x-x')\mathrm{d}x' \int_{-\frac{P}{2}+nP}^{\frac{P}{2}+nP}\mathrm{PSF}_\mathrm{D}(y')\mathrm{d}y'\end{aligned} \tag{12.11}$$

在相干照明条件下，点扩散函数（假设只考虑一维的情况）为

$$\mathrm{PSF}(x) = \mathrm{sinc}\left[\frac{2\pi\mathrm{NA}}{\lambda}(x)\right]$$

$$\mathrm{PSF}(y) = \mathrm{sinc}\left[\frac{2\pi\mathrm{NA}}{\lambda}(y)\right] \tag{12.12}$$

式中：NA 为光学系统的数值孔径；λ 为波长。

类似于文献[2]中的推导，对式(12.10)求对 x 的偏微分，可得

$$\delta I(x,y) = 2A(x,y)\delta A(x,y) \tag{12.13}$$

先将 $A(x,y)$ 对 x 求偏导数，得到

$$\begin{aligned}\frac{\delta A(x,0)}{\delta x} = \sum_{n=-\infty}^{+\infty} & \left[\int_{-\infty}^{-\frac{g}{2}}\mathrm{PSF}'(x-x')\mathrm{d}x' + \int_{\frac{g}{2}}^{+\infty}\mathrm{PSF}'(x-x')\mathrm{d}x'\right] \times \\ & \left[2\int_{\frac{\mathrm{CD}}{2}+nP}^{P/2+nP}\mathrm{PSF}(y')\mathrm{d}y' - \alpha\int_{-\frac{\mathrm{CD}}{2}+nP}^{\frac{\mathrm{CD}}{2}+nP}\mathrm{PSF}(y')\mathrm{d}y'\right] + \\ & \int_{-g/2}^{g/2}\mathrm{PSF}'(x-x')\mathrm{d}x' \int_{-\frac{P}{2}+nP}^{\frac{P}{2}+nP}\mathrm{PSF}(y')\mathrm{d}y'\end{aligned} \tag{12.14}$$

注意到 $\delta \mathrm{PSF}(x-x')/\delta x = -\delta\,\mathrm{PSF}(x-x')/\delta x'$，则有

$$\frac{\delta A(x,0)}{\delta x} = \sum_{n=-\infty}^{+\infty} \left[-\text{PSF}(x-x') \Big|_{-\infty}^{-\frac{g}{2}} - \text{PSF}(x-x') \Big|_{\frac{g}{2}}^{+\infty} \right] \times$$

$$\left[2\int_{\frac{\text{CD}}{2}+nP}^{P/2+nP} \text{PSF}(y')\text{d}y' - \alpha\int_{-\frac{\text{CD}}{2}+nP}^{\frac{\text{CD}}{2}+nP} \text{PSF}(y')\text{d}y' \right] -$$

$$\text{PSF}(x-x') \Big|_{-\frac{g}{2}}^{+\frac{g}{2}} \int_{-\frac{P}{2}+nP}^{\frac{P}{2}+nP} \text{PSF}(y')\text{d}y' \tag{12.15}$$

式(12.15)可以简化成

$$\frac{\delta A(x,0)}{\delta x} = \sum_{n=-\infty}^{+\infty} \left[-\text{PSF}\left(x+\frac{g}{2}\right) + \text{PSF}\left(x-\frac{g}{2}\right) \right] \left[2\int_{\frac{\text{CD}}{2}+nP}^{P/2+nP} \text{PSF}(y')\text{d}y' - \alpha\int_{-\frac{\text{CD}}{2}+nP}^{\frac{\text{CD}}{2}+nP} \text{PSF}(y')\text{d}y' \right] \times$$

$$\left[-\text{PSF}\left(x-\frac{g}{2}\right) + \text{PSF}\left(x+\frac{g}{2}\right) \right] \int_{-\frac{P}{2}+nP}^{\frac{P}{2}+nP} \text{PSF}(y')\text{d}y' \tag{12.16}$$

然后,再将 $A(x,y)$ 对间隙 g 求偏导数,得到

$$\frac{\delta A(x,0)}{\delta g} = \sum_{n=-\infty}^{+\infty} \frac{\left[-\text{PSF}\left(x+\frac{g}{2}\right) - \text{PSF}\left(x-\frac{g}{2}\right) \right]}{2} \left[2\int_{\frac{\text{CD}}{2}+nP}^{P/2+nP} \text{PSF}(y')\text{d}y' - \alpha\int_{-\frac{\text{CD}}{2}+nP}^{\frac{\text{CD}}{2}+nP} \text{PSF}(y')\text{d}y' \right] +$$

$$\frac{1}{2}\left[\text{PSF}\left(x-\frac{g}{2}\right) + \text{PSF}\left(x+\frac{g}{2}\right) \right] \int_{-\frac{P}{2}+nP}^{\frac{P}{2}+nP} \text{PSF}(y')\text{d}y' \tag{12.17}$$

令 $\delta A(x,0)=0$,则有

$$0 \equiv \delta A(x,0) = \frac{\delta A(x,0)}{\delta x}\delta x + \frac{\delta A(x,0)}{\delta g}\delta g \tag{12.18}$$

利用式(12.16)和式(12.17)的微分结果,并将其代入式(12.18),可得

$$0 \equiv \delta A(x,0) = \left[\text{PSF}\left(x+\frac{g}{2}\right) - \text{PSF}\left(x-\frac{g}{2}\right) \right]\psi\delta x +$$

$$\frac{1}{2}\left[\text{PSF}\left(x+\frac{g}{2}\right) + \text{PSF}\left(x-\frac{g}{2}\right) \right]\psi\delta g \tag{12.19}$$

式中

$$\psi = \sum_{n=-\infty}^{+\infty} \left[\int_{-\frac{P}{2}+nP}^{\frac{P}{2}+nP} \text{PSF}(y')\text{d}y' - 2\int_{\frac{\text{CD}}{2}+nP}^{P/2+nP} \text{PSF}(y')\text{d}y' + \alpha\int_{-\frac{\text{CD}}{2}+nP}^{\frac{\text{CD}}{2}+nP} \text{PSF}(y')\text{d}y' \right] \tag{12.20}$$

是一个常数。式(12.19)又可以写成

$$\frac{2\delta x}{\delta g} = \frac{\left[\text{PSF}\left(x-\frac{g}{2}\right) + \text{PSF}\left(x+\frac{g}{2}\right) \right]}{\left[\text{PSF}\left(x-\frac{g}{2}\right) - \text{PSF}\left(x+\frac{g}{2}\right) \right]} \tag{12.21}$$

注意,$2\delta x$ 实际上就是间隙的空间像变化或者硅片上的线宽,而 g 是掩模上的线宽。令 $2x$ 为 WCD,g 为 MCD,而 WCD 和 MCD 的微分的商是掩模版误差因子,则有

$$\text{MEF}_{相干} = \frac{\delta\text{WCD}}{\delta\text{MCD}} = \frac{2\delta x}{\delta g} = \frac{\left[\text{PSF}\left(\frac{\text{WCD}-\text{MCD}}{2}\right) + \text{PSF}\left(\frac{\text{WCD}+\text{MCD}}{2}\right) \right]}{\left[\text{PSF}\left(\frac{\text{WCD}-\text{MCD}}{2}\right) - \text{PSF}\left(\frac{\text{WCD}+\text{MCD}}{2}\right) \right]} \tag{12.22}$$

它与 Y 方向上的空间周期 p 没有关系,与 Y 方向上的线宽 CD 也没有关系。推导时假设了相干照明的情况,对于非相干照明,点扩散函数是采用光强的形式,也就是振幅点扩散函数的平

方,即

$$\text{MEF}_{\text{非相干}} = \frac{\delta \text{WCD}}{\delta \text{MCD}} = \frac{2\delta x}{\delta g} = \frac{\left[\text{PSF}\left(\frac{\text{WCD}-\text{MCD}}{2}\right)^2 + \text{PSF}\left(\frac{\text{WCD}+\text{MCD}}{2}\right)^2\right]}{\left[\text{PSF}\left(\frac{\text{WCD}-\text{MCD}}{2}\right)^2 - \text{PSF}\left(\frac{\text{WCD}+\text{MCD}}{2}\right)^2\right]}$$

(12.23)

现在来看点扩散函数。式(12.12)仅代表了空间像,化学放大的光刻胶的光敏剂称为光致产酸剂(Photo-Acid Generator,PAG),它在曝光后会释放光酸,而光酸在完成化学去保护(Deprotection)催化反应时存在空间上的扩散。所以,为了保持理论公式的解析形式,对式(12.12)做如下近似:

$$a_\text{I} = \frac{1.182\lambda}{2\pi\text{NA}}$$

(12.24)

式(12.12)可以写成

$$\text{PSF}(x) = \text{sinc}\left[\frac{1.182}{a_\text{I}}x\right]$$

(12.25)

而

$$\text{PSF}(x)^2 = \text{sinc}\left[\frac{1.182}{a_\text{I}}x\right]^2 \approx \exp\left[-\frac{1}{2a_\text{I}^2}x^2\right]$$

(12.26)

如果考虑增加均匀(高斯)扩散,扩散长度为 a,则有

$$\text{PSF}_\text{D}(x)^2 = \int_{-\infty}^{+\infty} \text{PSF}(x')^2 \frac{1}{a\sqrt{2\pi}} \exp\left[-\frac{(x-x')^2}{2a^2}\right] dx'$$

(12.27)

将式(12.26)代入式(12.27),可以得到

$$\text{PSF}_\text{D}(x)^2 \approx c\exp\left[-\frac{1}{2a_\text{e}^2}x^2\right]$$

(12.28)

式中: a_e 为总扩散长度, $a_\text{e} = \sqrt{a_\text{I}^2 + a^2}$。

含有光酸高斯扩散的掩模误差因子表达式为(将相干和非相干两种情况写在了上下角标位置)

$$\text{MEF}_{\substack{\text{相干}\\\text{非相干}}} = \frac{\delta \text{WCD}}{\delta \text{MCD}} = \frac{2\delta x}{\delta g} = \frac{\left[\text{PSF}_\text{D}\left(\frac{\text{WCD}-\text{MCD}}{2}\right)^{\frac{1}{2}} + \text{PSF}_\text{D}\left(\frac{\text{WCD}+\text{MCD}}{2}\right)^{\frac{1}{2}}\right]}{\left[\text{PSF}_\text{D}\left(\frac{\text{WCD}-\text{MCD}}{2}\right)^{\frac{1}{2}} - \text{PSF}_\text{D}\left(\frac{\text{WCD}+\text{MCD}}{2}\right)^{\frac{1}{2}}\right]}$$

(12.29)

这个公式很重要,它揭示了线端-线端间隙的物理规律。它与照明条件的关系藏在"相干"和"不相干"中。也就是只要相干长度相同,对具体的照明条件就不敏感。它与光刻胶的关系含在扩散长度里面,对其敏感不敏感,要看它与 a_I 的相对大小。不过,这是一个微分关系,如果需要计算出具体的间隙线宽,则需要一个起始点的间隙数值。只要知道数值孔径 NA、波长 λ、光酸扩散长度 a,就可以确定 a_e,也就能够确定扩散后的点扩散函数 PSF_D。只要知道在某个间隙的掩模线宽 MCD_0 和硅片上的线宽 WCD_0,通过积分式

$$\text{WCD} = \int_{\text{MCD}_0}^{\text{MCD}} \text{MEF}(\text{WCD}, \text{MCD}) d\text{MCD} + \text{WCD}_0$$

(12.30)

就可以通过对式(12.29)的数值积分获得所有其他间隙掩模线宽 MCD 的硅片上线宽 WCD 和掩模误差因子。而且仅需测量一个硅片数据 WCD,根据上述公式就可以计算出在怎样小的掩

模尺寸,线端-线端可能就会连起来(短路),也就是 MEF 发散,硅片上线宽急剧缩小甚至等于 0。图 12-13 展示了这样一种计算,其中计算了线宽为 110nm、130nm、150nm 和 180nm 的线端-线端硅片间隙线宽随掩模间隙线宽变化的情况,在这 4 个线宽的计算中,WCD_0 采用当掩模线宽 $MCD_0 = 130nm$ 处的硅片线宽 WCD_0,对应 110nm、130nm、150nm 和 180nm 线条宽度,分别为 327.1nm、243.4nm、190.6nm 和 135.6nm。由于采用 0.5Sigma 的照明条件,MEF 采用相干和非相干的平均值。可见,这个理论与实验结果符合度较高。

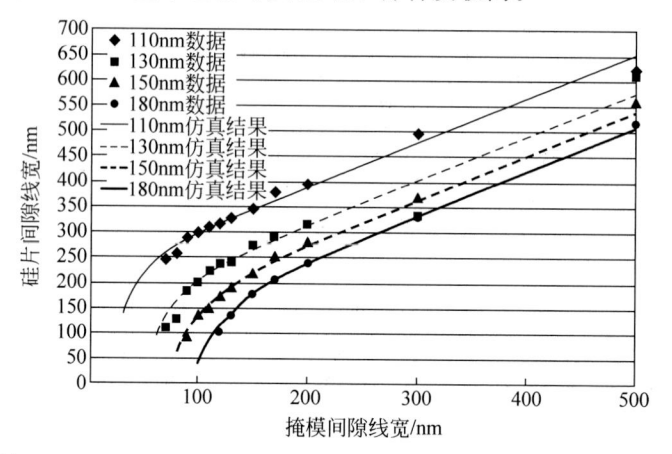

图 12-13 针对某 0.13μm 线宽光刻工艺的线端硅片线宽由式(12.29)和式(12.30)的计算结果和硅片测量结果的比较[照明条件:0.68NA/0.50Sigma(传统照明),光酸扩散长度等于 45nm,间隙掩模线宽:130nm,孤立线条宽度:110nm、130nm、150nm 和 180nm][3]

另外,根据式(12.29)和式(12.30)还可以计算出掩模误差因子随掩模间隙线宽的变化,上述例子的计算结果在图 12-14 中展示。可见,当掩模间隙线宽变得很小时,掩模误差因子就会发散。对于线宽为 110nm、130nm、150nm 和 180nm 的情况,掩模误差因子分别在掩模间隙线宽为 30nm、60nm、80nm 和 100nm 处发散(≫4)。也就是说,仿真计算表明最小没有短路的线端-线端间隙线宽为 40nm、70nm、90nm 和 110nm。实际硅片上对于线宽为 110nm 和 130nm 的情况没有观察到短路。不过,对于线宽为 150nm 和 180nm 的情况,观察到最小的没有短路的线端-线端间隙线宽为 90nm 和 120nm。可见,与仿真预计的基本相符。

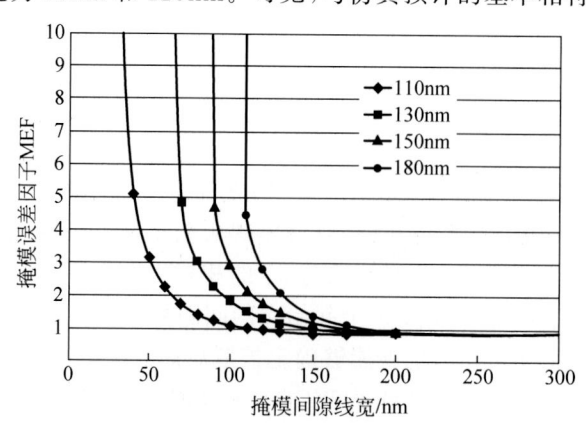

图 12-14 针对某 0.13μm 线宽光刻工艺的线端掩模误差因子由式(12.29)和式(12.30)的计算结果[照明条件:0.68NA/0.50Sigma(传统照明),光酸扩散长度等于 45nm,间隙掩模线宽:130nm,孤立线条宽度:110nm、130nm、150nm 和 180nm][3]

基于这个理论可以很好地找出光刻工艺在线端-线端附近的极限，便于制定设计规则。对于图 12-12(b) 的情况，同样可以得到一个解析公式，类似于式(12.11)，振幅函数 $A(x,0)$ 可以写成

$$A(x,0) = \sum_{n=-\infty}^{+\infty} \left[\int_{-\infty}^{-g-\frac{\text{CD2}}{2}} \text{PSF}_\text{D}(x-x')\text{d}x' + \int_{g+\frac{\text{CD2}}{2}}^{+\infty} \text{PSF}_\text{D}(x-x')\text{d}x' \right] \times$$

$$\left[2\int_{\frac{\text{CD1}}{2}+nP}^{\frac{P}{2}+nP} \text{PSF}_\text{D}(y')\text{d}y' - \alpha\int_{-\frac{\text{CD1}}{2}+nP}^{\frac{\text{CD1}}{2}+nP} \text{PSF}_\text{D}(y')\text{d}y' \right] +$$

$$\left[\int_{-g-\frac{\text{CD2}}{2}}^{-\frac{\text{CD2}}{2}} \text{PSF}_\text{D}(x-x')\text{d}x' + \int_{\frac{\text{CD2}}{2}}^{g+\frac{\text{CD2}}{2}} \text{PSF}_\text{D}(x-x')\text{d}x' \right] \int_{-\frac{P}{2}+nP}^{\frac{P}{2}+nP} \text{PSF}_\text{D}(y')\text{d}y' -$$

$$\alpha \int_{-\frac{\text{CD2}}{2}}^{\frac{\text{CD2}}{2}} \text{PSF}_\text{D}(x-x')\text{d}x' \int_{-\frac{P}{2}+nP}^{\frac{P}{2}+nP} \text{PSF}_\text{D}(y')\text{d}y' \tag{12.31}$$

通过同样的微分，只考虑对 x 和对 g 的微分，有

$$\frac{\delta A(x,0)}{\delta x} = \sum_{n=-\infty}^{+\infty} \left[-\text{PSF}_\text{D}\left(x+g+\frac{\text{CD2}}{2}\right) + \text{PSF}_\text{D}\left(x-g-\frac{\text{CD2}}{2}\right) \right] \times$$

$$\left[2\int_{\frac{\text{CD1}}{2}+nP}^{\frac{P}{2}+nP} \text{PSF}_\text{D}(y')\text{d}y' - \alpha\int_{-\frac{\text{CD1}}{2}+nP}^{\frac{\text{CD1}}{2}+nP} \text{PSF}_\text{D}(y')\text{d}y' \right] +$$

$$\left[-\text{PSF}_\text{D}\left(x+\frac{\text{CD2}}{2}\right) + \text{PSF}_\text{D}\left(x+g+\frac{\text{CD2}}{2}\right) - \text{PSF}_\text{D}\left(x-g-\frac{\text{CD2}}{2}\right) + \text{PSF}_\text{D}\left(x-\frac{\text{CD2}}{2}\right) \right] \times$$

$$\int_{-\frac{P}{2}+nP}^{\frac{P}{2}+nP} \text{PSF}_\text{D}(y')\text{d}y' + \alpha\left[\text{PSF}_\text{D}\left(x-\frac{\text{CD2}}{2}\right) - \text{PSF}_\text{D}\left(x+\frac{\text{CD2}}{2}\right) \right] \int_{-\frac{P}{2}+nP}^{\frac{P}{2}+nP} \text{PSF}_\text{D}(y')\text{d}y'$$

$$\tag{12.32}$$

$$\frac{\delta A(x,0)}{\delta g} = \sum_{n=-\infty}^{+\infty} \left[-\text{PSF}_\text{D}\left(x+g+\frac{\text{CD2}}{2}\right) - \text{PSF}_\text{D}\left(x-g-\frac{\text{CD2}}{2}\right) \right] \times$$

$$\left[2\int_{\frac{\text{CD1}}{2}+nP}^{\frac{P}{2}+nP} \text{PSF}_\text{D}(y')\text{d}y' - \alpha\int_{-\frac{\text{CD1}}{2}+nP}^{\frac{\text{CD1}}{2}+nP} \text{PSF}_\text{D}(y')\text{d}y' \right] +$$

$$\left[\text{PSF}_\text{D}\left(x+g+\frac{\text{CD2}}{2}\right) + \text{PSF}_\text{D}\left(x-g-\frac{\text{CD2}}{2}\right) \right] \int_{-\frac{P}{2}+nP}^{\frac{P}{2}+nP} \text{PSF}_\text{D}(y')\text{d}y'$$

$$\tag{12.33}$$

将式(12.32)和式(12.33)代入式(12.18)，并且令

$$c_0 = \sum_{n=-\infty}^{+\infty} 2\int_{\frac{\text{CD1}}{2}+nP}^{\frac{P}{2}+nP} \text{PSF}_\text{D}(y')\text{d}y' - \alpha\int_{-\frac{\text{CD1}}{2}+nP}^{\frac{\text{CD1}}{2}+nP} \text{PSF}_\text{D}(y')\text{d}y' - \int_{-\frac{P}{2}+nP}^{\frac{P}{2}+nP} \text{PSF}_\text{D}(y')\text{d}y'$$

$$c_1 = \sum_{n=-\infty}^{+\infty} \int_{-\frac{P}{2}+nP}^{\frac{P}{2}+nP} \text{PSF}_\text{D}(y')\text{d}y'(1+\alpha) \tag{12.34}$$

得到

$$\left[-\text{PSF}_\text{D}\left(x+g+\frac{\text{CD2}}{2}\right) + \text{PSF}_\text{D}\left(x-g-\frac{\text{CD2}}{2}\right) \right] c_0 \delta x +$$

$$\left[-\text{PSF}_\text{D}\left(x+\frac{\text{CD2}}{2}\right) + \text{PSF}_\text{D}\left(x-\frac{\text{CD2}}{2}\right) \right] c_1 \delta x$$

$$= \left[+\text{PSF}_\text{D}\left(x+g+\frac{\text{CD2}}{2}\right) + \text{PSF}_\text{D}\left(x-g-\frac{\text{CD2}}{2}\right) \right] c_0 \delta g \tag{12.35}$$

类似于式(12.29),可得

$$\text{MEF}_{\substack{\text{相干}\\\text{非相干}}} = \frac{\delta \text{WCD}}{\delta \text{MCD}} \approx \frac{\delta x}{\delta g}$$

$$= \frac{\left[+\text{PSF}_D \left(\text{WCD} + \text{MCD} + \frac{\text{CD2}}{2} \right)^{\frac{1}{2}} + \text{PSF}_D \left(\text{WCD} - \text{MCD} - \frac{\text{CD2}}{2} \right)^{\frac{1}{2}} c_0 \right]}{\left[\text{PSF}_D \left(\text{WCD} - \text{MCD} - \frac{\text{CD2}}{2} \right)^{\frac{1}{2}} - \text{PSF}_D \left(\text{WCD} + \text{MCD} + \frac{\text{CD2}}{2} \right)^{\frac{1}{2}} \right] c_0 + \left[\text{PSF}_D \left(\text{WCD} - \frac{\text{CD2}}{2} \right)^{\frac{1}{2}} - \text{PSF}_D \left(\text{WCD} + \frac{\text{CD2}}{2} \right)^{\frac{1}{2}} \right] c_1}$$

(12.36)

这里 MEF 采用"≈"的原因是:在图 12-12(b)中 x 已经不能代表实际的间隙线宽,因为还取决于 CD2 在硅片上的数值。当然,当 CD2 趋于 0,式(12.36)可写为

$$\text{MEF}_{\substack{\text{相干}\\\text{不相干}}} = \frac{\delta \text{WCD}}{\delta \text{MCD}} = \frac{\delta x}{\delta g} = \frac{\left[\text{PSF}_D (\text{WCD} - \text{MCD})^{\frac{1}{2}} + \text{PSF}_D (\text{WCD} + \text{MCD})^{\frac{1}{2}} \right]}{\left[\text{PSF}_D (\text{WCD} - \text{MCD})^{\frac{1}{2}} - \text{PSF}_D (\text{WCD} + \text{MCD})^{\frac{1}{2}} \right]}$$

(12.37)

而这里[见图 12-12(b)]的 WCD 和 MCD 的定义只有半边的,相当于图 12-12(a)中的 WCD/2 和 MCD/2。所以,式(12.37)与式(12.29)是一样的。

式(12.29)和式(12.36)的形式在 WCD 和 MCD 相对总扩散长度 a_e 都较大时,由于点扩散函数的高斯形式[见式(12.26)],$\text{PSF}_D(\text{WCD}+\text{MCD})^{\frac{1}{2}} \ll \text{PSF}_D(\text{WCD}-\text{MCD})^{\frac{1}{2}}$,所以在 WCD 和 MCD 相对总扩散长度 a_e 都较大时,掩模版误差因子一般很接近 1 或者稍稍大于 1。这符合常理,因为当间隙的距离很大时,它们彼此是不发生关联的,掩模误差因子当然也就是 1 了。而当硅片上的间隙线宽 WCD 和掩模上的间隙线宽 MCD 都非常接近总扩散长度 a_e 时,掩模版误差因子表达式的中的分母就变得很小,其数值也就开始变得很大,直至发散。

这个理论也揭示了一个特征长度,也就是 a_e,它由 a_1 和 a 共同组成。a_1 由波长和数值孔径决定[见式(12.24)],波长一旦确定,光刻机也就确定,这在工艺上没有改进的办法。由于 a 与光刻胶有关,所以可以通过选择光酸扩散长度较小的光刻胶来改善。例如,对于 248nm 光刻,早些年的光刻胶的光酸扩散长度为 40~70nm,而后来的扩散长度为 20~40nm。对于 193nm 光刻胶,早些年的干法光刻胶有高达 30nm 的光酸扩散长度,而当今的 193nm 浸没式光刻胶的光酸扩散长度仅为 5~10nm。另外,线端-线端对照明条件不敏感说的是**微分关系**,也就是式(12.29)和式(12.36)的掩模误差因子表达式。具体的线端-线端距离数值,也就是通过对两式的积分获取[见式(12.30)],需要知道 WCD_0,还是与照明条件有关。一般来说,较大的离轴角照明,对于同样的掩模间隙宽度,会减小线端-线端之间间隙的硅片上的宽度。不过,这是以减小图像的对比度为代价的,具体见第 11 章。

以上讨论中的例子虽然是 0.13μm 技术节点的,它对于 28nm、20nm、14nm、10nm、7nm 等更加先进的技术节点也是适用的。只是到了 28nm,掩模的厚度不能忽略,由于掩模线宽接近波长,光在穿透掩模的时候发生的散射又称为掩模三维散射效应。它会造成最佳焦距的移动、图像对比度的损失等,但其基本原理不会发生变化。

12.2 光学邻近效应的进一步探讨:密集图形和孤立图形

光学邻近效应是指掩模上的图形在硅片上不能如实地被复制或者再现,其中最重要的就

是12.1节中详述的**一维线条/沟槽随周期的变化**。

对于光学成像系统,如果给定数值孔径和波长λ,那么单根无限小沟槽或者称为一维点扩散函数可以由傅里叶变换直接得出。这里使用傅里叶变换而不是如式(12.6)的傅里叶级数展开的原因是,单个图形并不是周期性图形,如果需要采用傅里叶级数展开形式,也可看成周期无限大,对于各级数的求和变成十分密集,以至于变成连续。对于单根线条或者沟槽,掩模函数可以写成

$$\begin{cases} M(x)_{\text{线条}} = \begin{cases} -\alpha, & x \in \left[-\dfrac{\beta}{2}, \dfrac{\beta}{2}\right] \\ 1, & x \in \left[-\infty, -\dfrac{\beta}{2}\right] \text{或} x \in \left[\dfrac{\beta}{2}, +\infty\right] \end{cases} \\ M(x)_{\text{沟槽}} = \begin{cases} 1, & x \in \left[-\dfrac{\beta}{2}, \dfrac{\beta}{2}\right] \\ -\alpha, & x \in \left[-\infty, -\dfrac{\beta}{2}\right] \text{或} x \in \left[\dfrac{\beta}{2}, +\infty\right] \end{cases} \end{cases} \tag{12.38}$$

式中:β为该单根图形的线宽,而且β趋于0。

在频率域,掩模函数的傅里叶变换为

$$\begin{cases} \widetilde{M}(f_x)_{\text{线条}} = \int_{-\infty}^{+\infty} M(x)_{\text{线条}} \, e^{-j2\pi f_x x} \, dx \\ \widetilde{M}(f_x)_{\text{沟槽}} = \int_{-\infty}^{+\infty} M(x)_{\text{沟槽}} \, e^{-j2\pi f_x x} \, dx \end{cases} \tag{12.39}$$

再进行一次变换,得到此掩模图形在像平面,也就是硅片上的光振幅分布$A(x)$(假设**照明光线是垂直入射的**):

$$\begin{cases} A(x)_{\text{线条}} = \int_{-f_{x\max}}^{+f_{x\max}} \left(\int_{-\infty}^{+\infty} e^{-j2\pi f_x (x'-x)} \, dx' - (1+\alpha) \int_{-\frac{\beta}{2}}^{\frac{\beta}{2}} e^{-j2\pi f_x (x'-x)} \, dx' \right) df_x \\ A(x)_{\text{沟槽}} = \int_{-f_{x\max}}^{+f_{x\max}} \left(-\alpha \int_{-\infty}^{+\infty} e^{-j2\pi f_x (x'-x)} \, dx' + (1+\alpha) \int_{-\frac{\beta}{2}}^{\frac{\beta}{2}} e^{-j2\pi f_x (x'-x)} \, dx' \right) df_x \end{cases} \tag{12.40}$$

将式(12.40)中对x'的积分完成,有

$$\begin{cases} A(x)_{\text{线条}} = \int_{-f_{x\max}}^{+f_{x\max}} \left(\int_{-\infty}^{+\infty} e^{-j2\pi f_x (x'-x)} \, dx' - (1+\alpha) \dfrac{e^{+j\pi f_x \beta} - e^{-j\pi f_x \beta}}{2j\pi f_x} \right) df_x \\ A(x)_{\text{沟槽}} = \int_{-f_{x\max}}^{+f_{x\max}} \left(-\alpha \int_{-\infty}^{+\infty} e^{-j2\pi f_x (x'-x)} \, dx' + (1+\alpha) \dfrac{e^{+j\pi f_x \beta} - e^{-j\pi f_x \beta}}{2j\pi f_x} \right) df_x \end{cases} \tag{12.41}$$

式中:$\pm f_{x\max}$为最大空间频率,等于$\pm(\text{NA}/\lambda)$。

利用

$$\frac{1}{2\pi} \int_{-\infty}^{+\infty} e^{-jx(k-k')} \, dx = \delta(k-k')$$

式(12.41)可以进一步写成

$$\begin{cases} A(x)_{\text{线条}} = \int_{-f_{x\max}}^{+f_{x\max}} \left[\left[\delta(f_x) - (1+\alpha) \dfrac{\sin(\pi f_x \beta)}{\pi f_x} \right] e^{-j2\pi f_x x} \right] df_x \\ A(x)_{\text{沟槽}} = \int_{-f_{x\max}}^{+f_{x\max}} \left[\left[-\alpha \delta(f_x) + (1+\alpha) \dfrac{\sin(\pi f_x \beta)}{\pi f_x} \right] e^{-j2\pi f_x x} \right] df_x \end{cases} \tag{12.42}$$

将δ函数部分的积分完成,且注意到$\beta \to 0$,也就是相对于$f_{x\max} = \text{NA}/\lambda$,$\beta < \lambda/(2\text{NA})$,对于

193nm 波长，1.35 数值孔径，$\beta<71.5\text{nm}$，式(12.42)可以近似写成

$$\begin{cases} A(x)_{\text{线条}} \approx 1-(1+\alpha)\beta\int_{-f_{x\max}}^{+f_{x\max}} e^{-j2\pi f_x x}\mathrm{d}f_x \\ A(x)_{\text{沟槽}} \approx -\alpha+(1+\alpha)\beta\int_{-f_{x\max}}^{+f_{x\max}} e^{-j2\pi f_x x}\mathrm{d}f_x \end{cases} \tag{12.43}$$

由于剩余部分是对对称的上下限 $\pm f_{x\max}$ 做积分，$e^{-jx}=\cos(x)+j\sin(x)$ 中的奇数部分的积分等于 0，只需要保留偶数部分，于是有

$$\begin{cases} A(x)_{\text{线条}} \approx 1-(1+\alpha)\beta\int_{-f_{x\max}}^{+f_{x\max}}\cos(2\pi f_x x)\mathrm{d}f_x \\ A(x)_{\text{沟槽}} \approx -\alpha+(1+\alpha)\beta\int_{-f_{x\max}}^{+f_{x\max}}\cos(2\pi f_x x)\mathrm{d}f_x \end{cases} \tag{12.44}$$

将最后一步积分完成后，得到

$$\begin{cases} A(x)_{\text{线条}} \approx 1-(1+\alpha)\dfrac{\sin\left(2\pi\dfrac{\text{NA}}{\lambda}x\right)}{\left(2\pi\dfrac{\text{NA}}{\lambda}x\right)}\left(\dfrac{2\text{NA}\beta}{\lambda}\right) \\[2mm] A(x)_{\text{沟槽}} \approx -\alpha+(1+\alpha)\dfrac{\sin\left(2\pi\dfrac{\text{NA}}{\lambda}x\right)}{\left(2\pi\dfrac{\text{NA}}{\lambda}x\right)}\left(\dfrac{2\text{NA}\beta}{\lambda}\right) \end{cases} \tag{12.45}$$

利用光强 $I(x)=A^*(x)A(x)$，得到

$$\begin{cases} I(x)_{\text{线条}}=A^*(x)_{\text{线条}}A(x)_{\text{线条}} \approx 1-2(1+\alpha)\dfrac{\sin\left(2\pi\dfrac{\text{NA}}{\lambda}x\right)}{\left(2\pi\dfrac{\text{NA}}{\lambda}x\right)}\left(\dfrac{2\text{NA}\beta}{\lambda}\right)+ \\[2mm] \qquad (1+\alpha)^2\dfrac{\sin\left(2\pi\dfrac{\text{NA}}{\lambda}x\right)^2}{\left(2\pi\dfrac{\text{NA}}{\lambda}x\right)^2}\left(\dfrac{4\text{NA}^2\beta^2}{\lambda^2}\right) \\[2mm] I(x)_{\text{沟槽}}=A^*(x)_{\text{沟槽}}A(x)_{\text{沟槽}} \approx \alpha^2-2\alpha(1+\alpha)\dfrac{\sin\left(2\pi\dfrac{\text{NA}}{\lambda}x\right)}{\left(2\pi\dfrac{\text{NA}}{\lambda}x\right)}\left(\dfrac{2\text{NA}}{\lambda}\right)+ \\[2mm] \qquad (1+\alpha)^2\dfrac{\sin\left(2\pi\dfrac{\text{NA}}{\lambda}x\right)^2}{\left(2\pi\dfrac{\text{NA}}{\lambda}x\right)^2}\left(\dfrac{4\text{NA}^2\beta^2}{\lambda^2}\right) \end{cases} \tag{12.46}$$

对于沟槽，假设使用二元掩模，也就是 $\alpha=0$，式(12.46)中的沟槽部分为

$$I(x)_{\text{沟槽}} \approx I_0\dfrac{\sin^2\left(2\pi\dfrac{\text{NA}}{\lambda}x\right)}{\left(2\pi\dfrac{\text{NA}}{\lambda}x\right)^2} \tag{12.47}$$

这就是 sinc 函数。它的最大值在 $x=0$ 时，第一极小值在 $x=\lambda/(2\text{NA})$ 处，全宽半高约在 $0.886\lambda/(2\text{NA})$ 处。所以，对于孤立的沟槽，线宽约为 $0.886\lambda/(2\text{NA})$。对于 193nm 波长、1.35 数值孔径，线宽约为 63.3nm。

但是,对于密集线条可以获得远小于 63.3nm 的线宽,这又是为什么呢?对于密集图形,它主要是不同角度的光干涉形成。从式(12.8)出发,考查由 0 级和 1 级两束光叠加形成的干涉情况。由式(12.6),保留 0 级和 1 级,对于光振幅 $A(x)$,有

$$A(x) = c_0 + c_1 e^{j\frac{2\pi x}{p}} \tag{12.48}$$

再由式(12.8),对于线条,有

$$A(x) = 1 - \frac{\delta}{p}(1+\alpha) - \frac{1}{\pi}(1+\alpha)\sin\left(\frac{\pi\delta}{p}\right) e^{j\frac{2\pi x}{p}} \tag{12.49}$$

考虑等间距的密集图形,也就是令 $\delta = p/2$。再利用光强 $I(x) = A^*(x)A(x)$,得到

$$I(x) = A^*(x)A(x) = \left(\frac{1-\alpha}{2}\right)^2 + \left(\frac{1}{\pi}(1+\alpha)\right)^2$$
$$- (1-\alpha^2)\frac{1}{\pi}\cos\left(\frac{2\pi x}{p}\right) = 0.2989\left[1 - 0.9983\cos\left(\frac{2\pi x}{p}\right)\right] \tag{12.50}$$

可以看出,这是一个对比度相当高的余弦曲线。对比度定义为

$$C = \frac{I_{MAX} - I_{MIN}}{I_{MAX} + I_{MIN}} \tag{12.51}$$

式(12.50)中的对比度等于 99.83%。那么周期 p 可以到多小呢?由光栅公式,$pn\sin\theta = \lambda$,而 $n\sin\theta$ 又是 2 倍的数值孔径,那么 $p = \lambda/2NA = 71.48$(nm)。也就是说,线宽可以达到 35.74nm。这样充分利用镜头数值孔径的做法如图 12-15 所示。

对比孤立沟槽大约 63nm 的线宽,同样的镜头,密集的线条可以达到线宽 36nm,而且对比度还很高,接近 100%。当然,这只是一种简单的计算,实际上达到 36nm 线宽是很难的。照明条件不可能在光瞳集中在两个点上,因为要求入射光完全是平行光。周期一般可达到 76nm 就很不错了,也就是线宽 38nm。

图 12-16 中显示了一种采用 6% 透射衰减的相移掩模实际仿真的结果。它采用了照明条件:1.35NA,偶极 10°,$\sigma_{外} = 1.0$,$\sigma_{内} = 0.9$,Y 偏振,掩模线宽为 36nm。这样的条件在实际应用中是很难实现的。

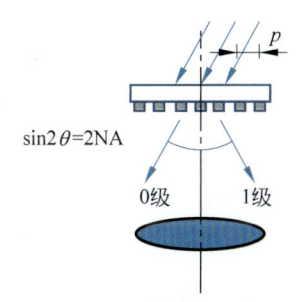

图 12-15 选择斜入射照明,使得 0 级和 1 级衍射光正好张满整个镜头的数值孔径

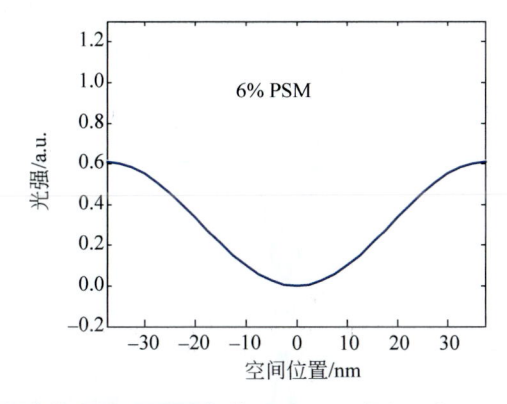

图 12-16 75nm 周期的空间像仿真结果(照明条件:1.35NA,偶极 10°,$\sigma_{外} = 1.0$,$\sigma_{内} = 0.9$,Y 偏振,掩模线宽 = 36nm,采用 6% 透射衰减的相移掩模;FWHM = 37.5nm,对比度 99.4%,此仿真没有考虑掩模三维散射情况)

对式(12.46)也可以做仿真,看看孤立线条和沟槽是什么样子。

图 12-17 展示了一根孤立的线条和一个孤立的沟槽的采用二元掩模(铬-玻璃,黑白掩模)仿真结果。照明采用接近垂直入射($\sigma_{外}=0.1,\sigma_{内}=0.01$),无偏振。这个结果可以看成式(12.46)的数值结果。这里掩模线宽为 50nm。可以看到以下情况:第一,对于线条,线条的边缘存在较大波动;而对于沟槽,这样的波动几乎没有。第二,同样的线宽,线条的光振幅存在较大光强的变化范围,1.0~0.169,而沟槽的光振幅的波动范围较小,0.0~0.3745。也就是说,如果需要在硅片中成像,那么线条使用的曝光量要比沟槽少,是沟槽的 0.18725/0.5845=32%。第三,对于同样的掩模线宽、同样的成像系统、同样的照明系统,线条的全宽半高为 102.9nm,而沟槽的线宽为 73.14nm,也就是说沟槽的成像较锐利。

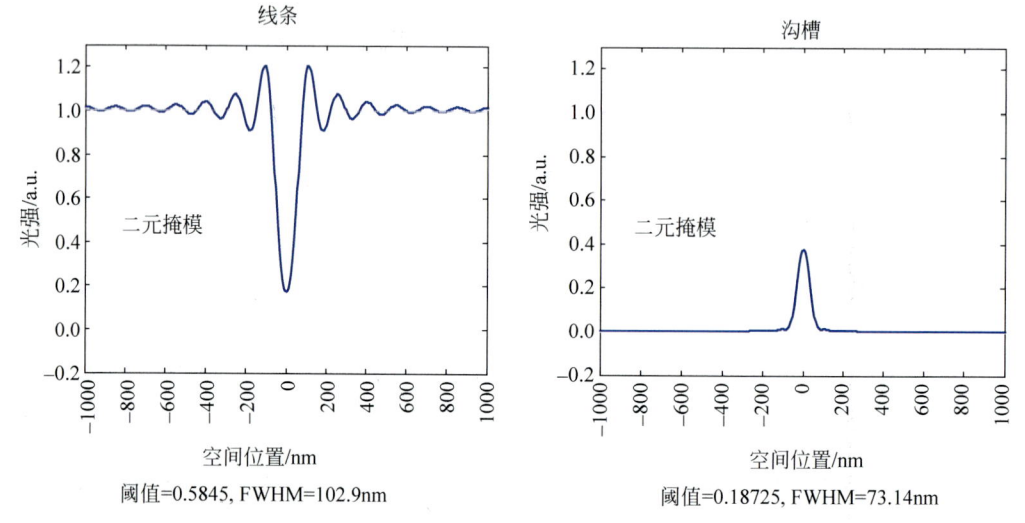

图 12-17 2000nm 周期的空间像仿真结果(照明条件:1.35NA,环形,$\sigma_{外}=0.1,\sigma_{内}=0.01$,光瞳采点:第一象限 3×3,无偏振,掩模版线宽=50nm,采用二元掩模;线条 FWHM=102.9nm,对比度 71.1%,沟槽 FWHM=73.14nm,对比度 100%,此仿真没有考虑掩模三维散射情况)

对于第三个现象,这是为什么呢? 可以看到,在式(12.45)中,从振幅函数看,线条和沟槽都拥有同样的 sinc 函数,只不过线条是从明亮的背景照明(振幅为 1.0)中减去一个 sinc 函数,而沟槽是从一个暗的背景(振幅为 $-\alpha$)中加上一个 sinc 函数。但是,探测的是光强函数,也就是振幅函数的模的平方。平方后 sinc 函数的线型发生了变化,函数值的变化是非线性的,如 0.9 的平方等于 0.81,少了 0.09,0.1 的平方等于 0.01,也少了 0.09,0.5 的平方等于 0.25,少了 0.25。可见,在 0.5 附近的平方数值减少最多。所以线条的全宽半高变大。而沟槽正好反过来,经过平方,沟槽的线宽反而会减小,如图 12-18 所示。

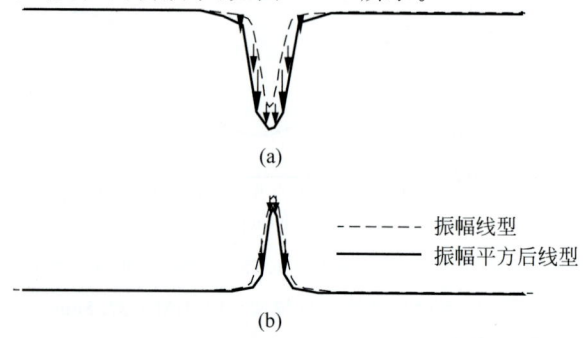

图 12-18 (a)线条的振幅与光强线型比较;(b)沟槽的振幅和光强线型比较

第一个现象是垂直照明引起的,如果引入斜入射角度,而且角度范围较大,这样的波动就会减少,直至消失。图12-19展示了与图12-17同样的掩模结构,仅仅是照明条件从基本垂直的照明变为非相干照明,也就是$\sigma_{外}=1.0,\sigma_{内}=0.01$。可以看出,线条边缘的没有波动。不过,线条的对比度也有所下降,从图12-17中的71.1%下降为54.9%,可喜的是,线条的全宽半高变小,从图12-17中的102.9nm下降为88.8nm,这可以看作分辨率提高。对于沟槽,对比度没有变化,而全宽半高线宽有所增加,从图12-17中的73.1nm增加到近80nm。线条和沟槽的全宽半高线宽变得接近。

那么对于图12-19中的情况,如果采用6%透射衰减的相移掩模会怎样?图12-20展示了这样的计算。对于线条,对比度从二元掩模的54.9%增加到67%,而全宽半高线宽则仅从88.84nm增加到89.88nm。对于沟槽,对比度从二元掩模的100%大幅下降到49.5%,下降了近

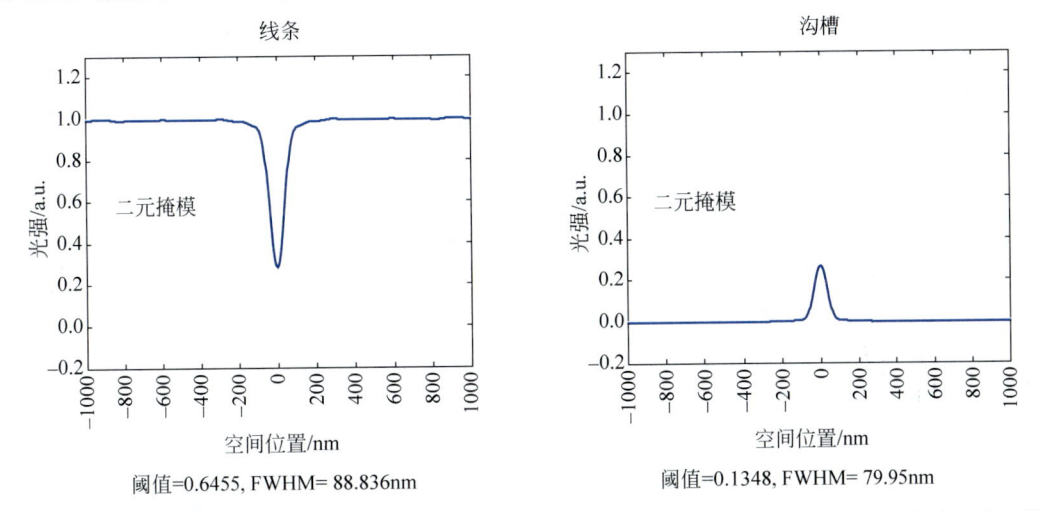

图12-19 2000nm周期的空间像仿真结果(照明条件:1.35NA,环形,$\sigma_{外}=1.0,\sigma_{内}=0.01$,光瞳采点:第一象限9×9,无偏振,掩模版线宽=50nm,采用二元掩模;线条FWHM=88.84nm,对比度54.9%,沟槽FWHM=79.95nm,对比度100%,此仿真没有考虑掩模三维散射情况)

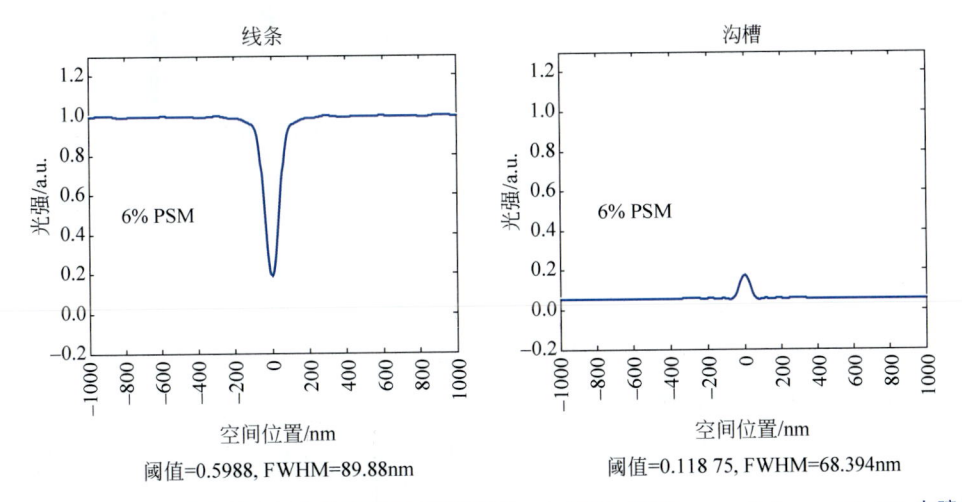

图12-20 2000nm周期的空间像仿真结果(照明条件:1.35NA,环形,$\sigma_{外}=1.0,\sigma_{内}=0.01$,光瞳采点:第一象限9×9,无偏振,掩模版线宽=50nm,采用6%透射衰减的相移掩模;线条FWHM=89.88nm,对比度67.0%,沟槽FWHM=68.39nm,对比度49.5%,此仿真没有考虑掩模三维散射情况)

一半。而全宽半高线宽也明显下降,从 79.95nm 下降到 68.39nm。阈值对于沟槽来说下降了 12%,对于线条来说下降了 7.2%。所以,对于孤立的沟槽来说,采用 6% 透射衰减的相移掩模,其工艺窗口是下降的;但是对于孤立的线条来说,采用这种掩模版是有利的。

以上讨论表明,密集图形和孤立图形遵从不同的规律。密集图形可以做得很小,大约是孤立图形的一半,而且采用离轴照明时,图像的对比度还很高。对于孤立图形,同样的掩模线宽、沟槽需要更加多的曝光量或者更加灵敏的光刻胶。若采用非相干照明,对于同样灵敏的光刻胶,沟槽相对于线条,需要 3~5 倍的曝光量。6% 透射衰减的相移掩模会增加孤立线条的对比度,但是会大大损害孤立沟槽的对比度。所以,光学邻近效应来源于复杂的物理原理。不过,其任务就是不论线条或者沟槽所处的密集程度,通过修正掩模线宽,在硅片上出现相同的线宽。

12.3 相干长度的理论和仿真计算结果

在讨论光学邻近效应修正应该如何进行之前,还要引入相干长度的概念。也就是说,在硅片或者掩模上在多长的距离内两点是有相位联系的。由于光的波动特性,从点光源发出的光是具有相位联系的,点光源发出的光成像可以看成相干光的成像。当点光源处于无穷远处时,光源发出的光可以看成平行光。相干光成像可以通过计算透过掩模版的光振幅经过傅里叶级数展开和以一定的数值孔径将孔径内的衍射级数合成得到硅片上的或者像空间的光振幅分布,再通过光振幅模的平方获取空间像的光强分布。但是,对于非点光源,比如面光源,发光的面上不是任何两点都具有相位联系,只有当两点非常靠近时才有相位联系。图 12-21 给出了具有科勒照明的硅片成像曝光系统示意图。

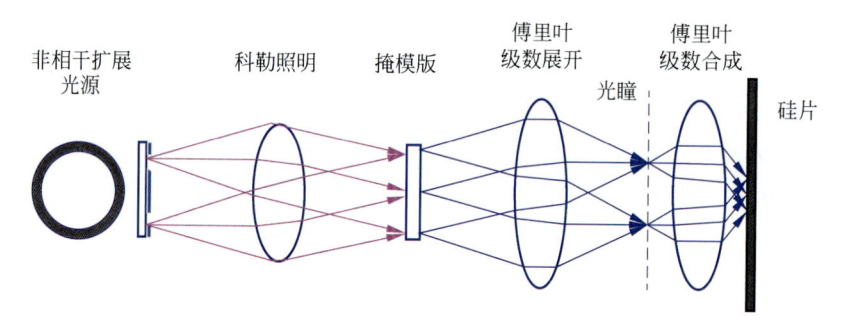

图 12-21 具有科勒照明的光刻机光路示意图(其中的镜头仅用几个单片镜片表示,为的是说明概念的原理)

如果采用平行光照明,那么掩模版上的任何两点都具有相位关联。如果照明是由一组入射角度各不相同的平行光实现,那么掩模版上存在相位联系的最远两点,两点之间距离见下式:

$$d' \approx \frac{0.61 \langle \lambda_0 \rangle}{n' \sin\alpha'} \tag{12.52}$$

这对应圆形扩展光源互强度的表达式[4]:

$$j(P_1 P_1' - P_2 P_2') = \left[\frac{2J_1(\upsilon')}{\upsilon'}\right] e^{j(\Phi_{11}-\Phi_{22})} \tag{12.53}$$

式中

$$\upsilon' = \frac{2\pi n'}{\langle \lambda_0 \rangle} d' \sin\alpha' \tag{12.54}$$

J_1 为一阶第一类贝塞尔函数；$\langle\lambda_0\rangle$ 为准相干光的平均波长；n' 为像平面的折射率；α' 为光源在像平面或者出射光瞳看到的角半径。

图 12-22 展示了 $\frac{2J_1(v')}{v'}$ 的函数情况，从中间的几个极小点可以看出，当 $v'=1.22\pi$，$d'\approx\frac{0.61\langle\lambda_0\rangle}{n'\sin\alpha'}$，也就是 $\frac{2J_1(v')}{v'}$ 存在第一个极小值。在这个长度以内，两点是存在相位联系的，而它们成像的光强（互强度）是相互强烈叠加的。当两个点之间的距离大于 d' 时，可以看出它们之间的互强度很小，也就是它们之间可以看成近似没有相位联系。

下面通过仿真计算说明这个现象，同时，会得出进行光学邻近效应修正时需要注意的问题。

考查以下图形[5]，如图 12-23 所示，密集线条中的一段比较粗的图形，中间有一段较细的线条。通过测量中间较细线条线宽（线宽1）随着细线段在 Y 方向上的长度变化（间隙）的变化研究相干长度。

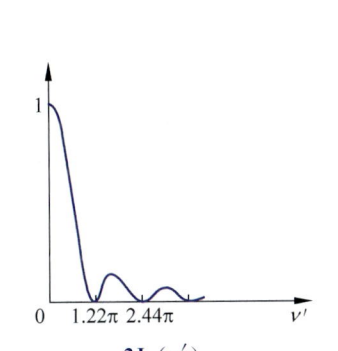

图 12-22 函数 $\frac{2J_1(v')}{v'}$ 作图，可见在宗量接近 0 时，函数值趋于 1，在宗量等于 1.22π 的整数倍时，函数值等于 0

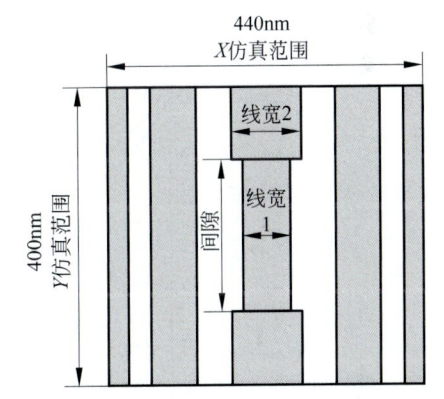

图 12-23 用作相干长度测试的掩模图形。图形区域 [440nm(X)×400nm(Y)，仿真采用周期性边界条件和时域有限差分方法，图中阴影的区域代表透光区域]

图 12-23 中的仿真区域为 440nm(X) 和 400nm(Y)，仿真采用时域有限差分方法。格点 XYZ 都为 10nm（掩模版尺寸，在 XY 方向上 4 倍于硅片尺寸），掩模版为 6% 透射衰减相移掩模版。图 12-23 中带阴影的区域为透光区域，其余为 6% 透光区域，并且相对阴影区域存在 180° 相移。模型光刻胶的等效光酸扩散长度为浸没式光刻胶所典型的 5nm，厚度为 100nm。仿真中假设衬底无反射或者光刻胶底部存在完美的抗反射层。

第一组照明条件为 1.35NA，$\sigma_{MAX}/\sigma_{MIN}=0.9/0.7$，CQ60°。对于 3 个不同的阈值，也就是对应硅片的 3 个不同的曝光能量，可以发现，当间隙宽度为 0~100nm 时，线宽 1 随着间隙的变宽而较为迅速地变小；而当间隙宽度增加到 100nm 以上时，线宽 1 的变小开始变慢。

对照明条件 1 采用式(12.52)计算得出
$$d'=0.61\times 193/(1.35\times 0.9)=96.9(\text{nm})$$

这个距离与在图 12-24 中发现的转折点（大约在 100nm）一致。同时又使用了照明条件 2（1.35NA，$\sigma_{MAX}/\sigma_{MIN}=0.9/0.55$，环形）做了仿真，结果在图 12-25 中展示，发现转折点位置大约在 100nm。与照明条件 1 相似。这说明，对于相同的 σ_{MAX}（条件 1 是 0.9，条件 2 中也是

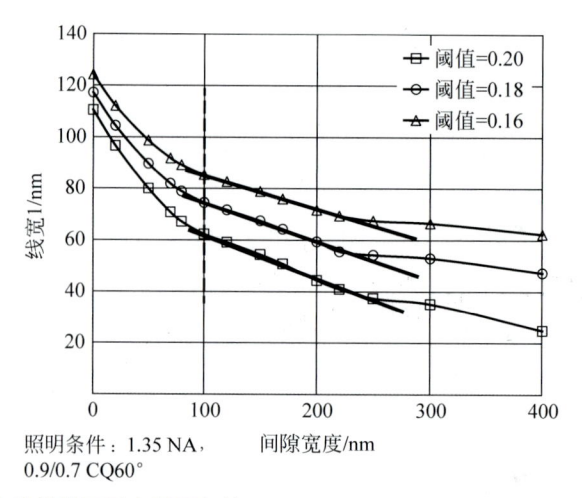

图 12-24　图 12-23 中的掩模图形在照明条件 1($1.35\ \text{NA},\sigma_{\text{MAX}}/\sigma_{\text{MIN}}=0.9/0.7,\text{CQ}60°$)下仿真计算得出的线宽 1 随着间隙宽度的变化[其中对 3 个空间像阈值(0.16、0.18、0.20)做了计算]

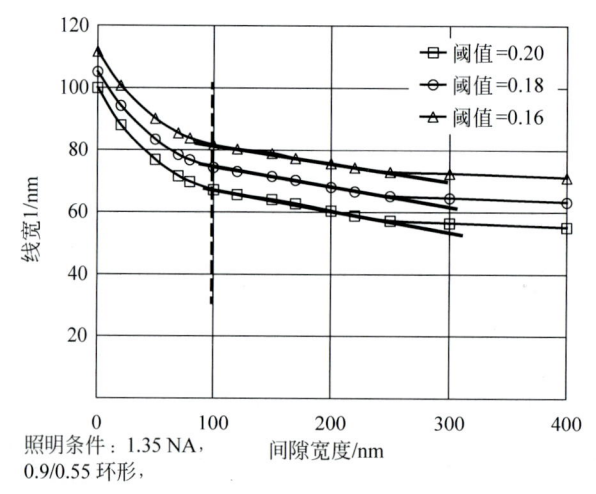

图 12-25　图 12-23 中的掩模图形在照明条件 2($1.35\text{NA},\sigma_{\text{MAX}}/\sigma_{\text{MIN}}=0.9/0.55,$环形)下仿真计算得出的线宽 1 随着间隙宽度的变化[其中对 3 个空间像阈值(0.16、0.18、0.20)做了计算]

0.9),存在相同或者相近的间隙宽度转折点。下面再对不同的 σ_{MAX} 做一次仿真。

这次采用照明条件 3($1.35\text{NA},\sigma_{\text{MAX}}/\sigma_{\text{MIN}}=0.7/0.5,\text{CQ}30°$),也就是采用 $\sigma_{\text{MAX}}=0.7$。根据式(12.52),计算得出

$$d' = 0.61 \times 193 / (1.35 \times 0.7) = 124.6 (\text{nm})$$

与图 12-26 中显示的转折点差不多。

下面从另外一个角度来看这个问题。图 12-27 展示了与图 12-23 相似的掩模图形。其中间隙中间的线段与图 12-23 不同,它由 2 段相同 Y 长度的边缘段和 1 个中间段组成。

对图 12-27 掩模图形中的间隙分别做 70nm、100nm 和 200nm 的 Y 长度的分组实验。首先看间隙等于 70nm 的情况,如图 12-28 所示。中间段的 Y 方向高度为 30nm,2 个边缘段各为 20nm。在 X 方向上,中间段的线宽在图 12-28(a)~(d)中分别为 70nm、80nm、90nm 和 100nm。由于希望研究间隙之间的掩模版面积相同的情况,即图 12-27 中两条虚线之间的面积对于图 12-28(a)~(d)的 4 种情况都相同。为了满足这样的要求,由于图 12-28(a)~(d)中间段的宽度不同,所以边缘段的 X 方向宽度分别为 70nm、62.5nm、55nm 和 47.5nm。

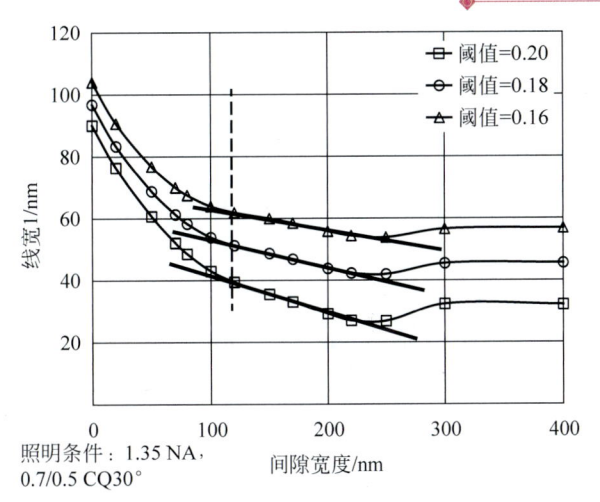

图 12-26 图 12-23 中的掩模图形在照明条件 3（1.35NA，$\sigma_{MAX}/\sigma_{MIN}=0.7/0.5$，CQ30°）下仿真计算得出的线宽 1 随着间隙宽度的变化[其中对个空间像阈值（0.16、0.18、0.20）做了计算]

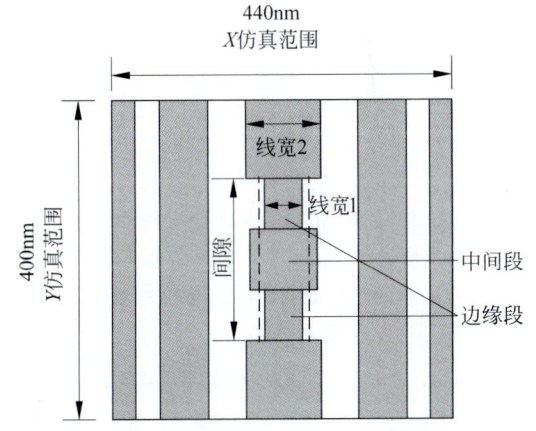

图 12-27 用于光学邻近效应修正变化实验的掩模图形（图形区域：440nm（X）×400nm（Y）；与图 12-23 不同的是，间隙中间的一段被分成 3 段：中间段和 2 段相同 Y 长度的边缘段。虚线代表边缘段和中间段的平均宽度）

也就是说，尽管将本来整段[见图 12-28(a)]的中间段分为 3 段，但是仍然保持间隙之间掩模版图形面积为常数。图 12-29 显示了图 12-28 中 4 种不同的掩模版的仿真线宽，线宽值对于图 12-28(a)~(d)分别为 76.4nm、85.7nm、85.2nm 和 82.5nm。仿真照明条件采用 1.35NA，0.9~0.7 CQ60°，相干长度计算值 96.9nm。可以看出，它们的线宽值差别不大。在图 12-29 的轮廓图中每条边作 3 条轮廓，分别对应阈值 0.19、0.19(1-5%)和 0.19(1+5%)。根据不同轮廓获得线宽的数值，获得能量宽裕度分别为 14.4%、18.7%、17.9%和 15.4%。可以看出，4 种不同掩模的能量宽裕度也差得不多。图 12-30 和图 12-31 分别展示了空间像在−50nm 和+50nm 离焦的情况。可以看出，在离焦达到±50nm 的情况下，线宽变化差不多，都是 3~7nm。

再来看看间隙线宽为 100nm 和 200nm 的情况。图 12-32 和图 12-33 分别是间隙线宽为 100nm 和 200nm 的空间像仿真结果。与图 12-29 不一样，图(a)~(d)已经有了明显区别。尤其是间隙线宽等于 200nm 的情况，空间像的轮廓已经开始反映掩模的变化。而间隙等于 100nm 的情况还不太明显。表 12-1 中对仿真数据进行了总结。可以看到，对于间隙等于 70nm 的情况，掩模(a)~(d)的区别不大，线宽差别是 4.9nm。当间隙为 100nm 时，这个差异为 15.5nm；当间隙为 200nm 时，这个差异为 38.9nm。

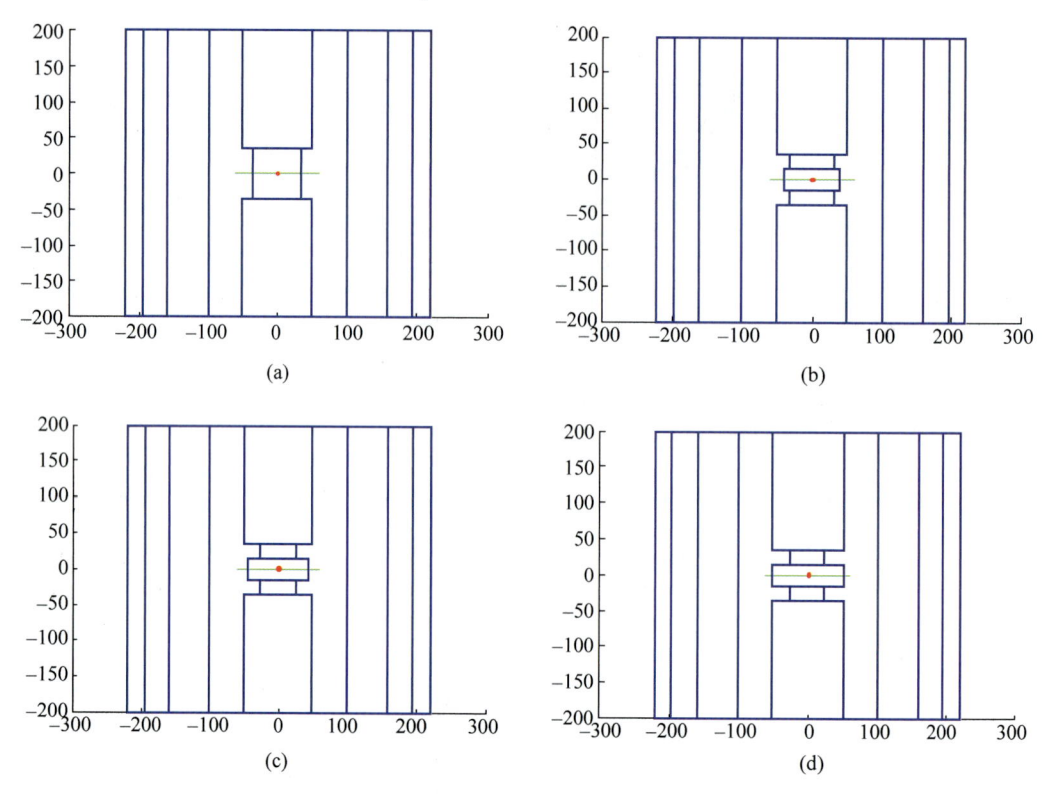

图 12-28　图(a)间隙长度等于 70nm，图(a)~(d)的中间段的 X 方向宽度分别等于 70nm、80nm、90nm 和 100nm，中间段的 Y 方向高度等于 30nm，2 个边缘段各为 20nm；边缘段的 X 方向的宽度作相应的调整，使得图(b)~(d)在间隙之间的掩模总面积与图(a)相同，图(b)~(d)的边缘段的 X 方向宽度分别等于 62.5nm、55nm 和 47.5nm

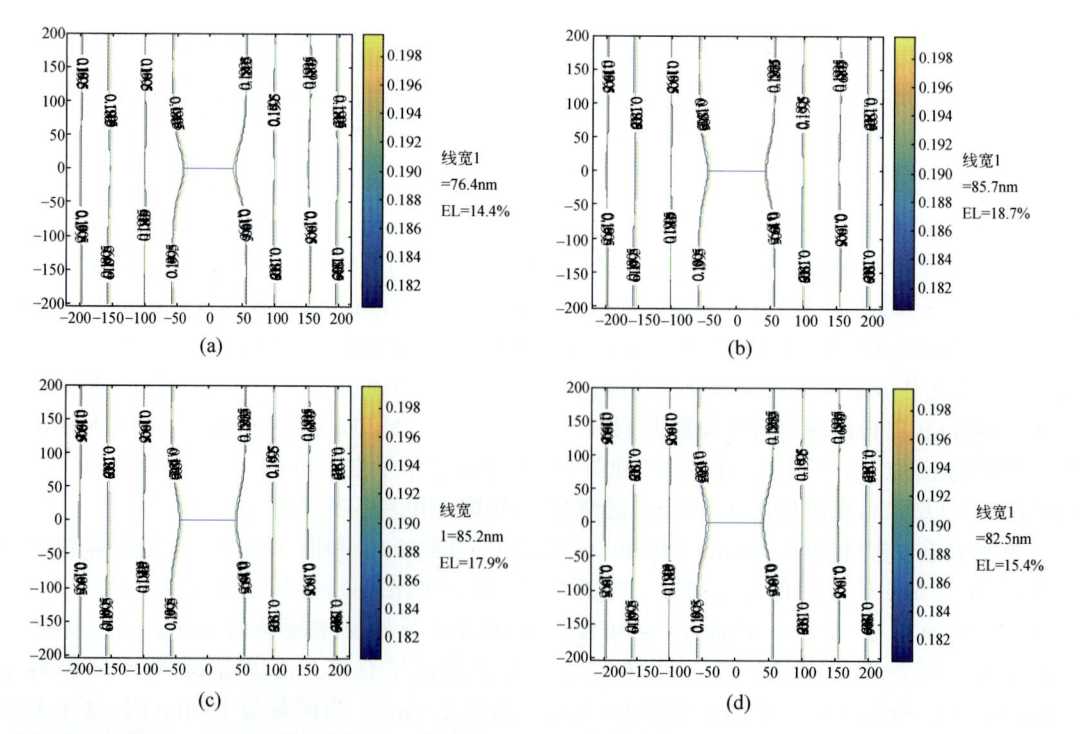

图 12-29　图(a)~(d)分别代表图 12-28 中掩模(a)~(d)的空间像(焦距为 0nm，对于同样的能量/阈值，线宽 1 分别等于 76.4nm、85.7nm、85.2nm 和 82.5nm)

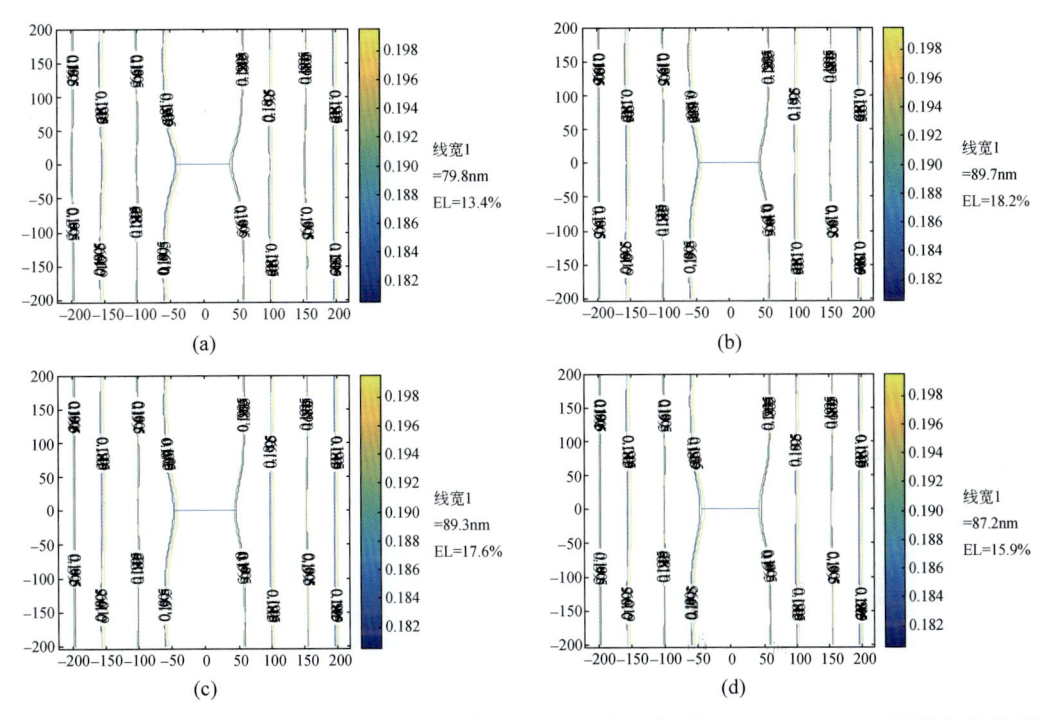

图 12-30　图(a)~(d)分别代表图 12-28 中掩模(a)~(d)的空间像(焦距为 −50nm,对于同样的能量/阈值,线宽 1 分别等于 79.8nm、89.7nm、89.3nm 和 87.2nm)

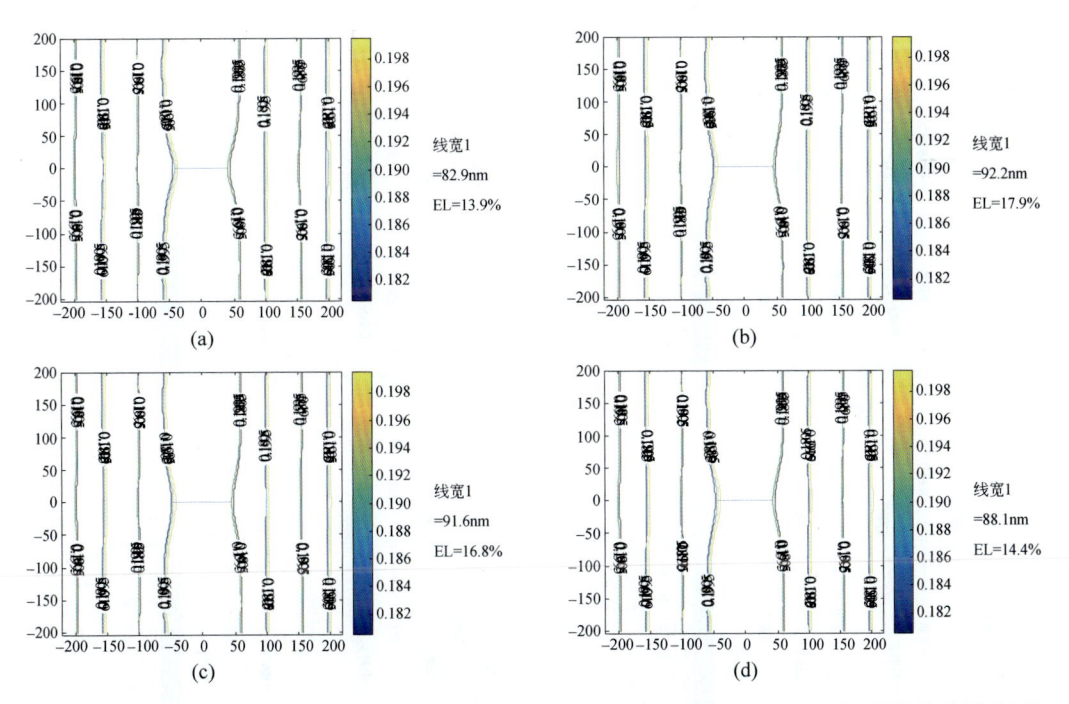

图 12-31　图(a)~(d)分别代表图 12-28 中掩模(a)~(d)的空间像(焦距为 50nm,对于同样的能量/阈值,线宽 1 分别等于 82.9nm、92.2nm、91.6nm 和 88.1nm)

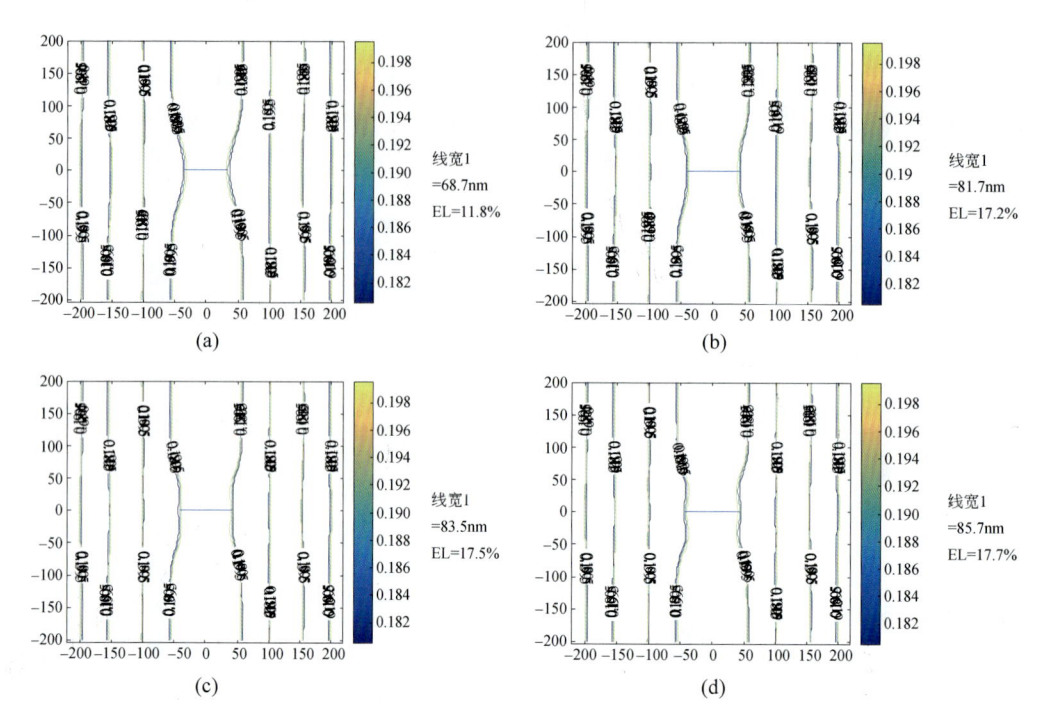

图 12-32　图(a)～(d)分别代表类似图 12-28 中掩模(a)～(d)的空间像(间隙 Y 方向上长度＝100nm)(焦距为 0nm,图(a)～(d)的中间段 X 方向宽度等于 70nm、80nm、90nm 和 100nm,为 Y 方向高度等于 40nm,2 个边缘段各为 30nm;对于同样的能量/阈值,线宽 1 分别等于 68.7nm、81.7nm、83.5nm 和 85.7nm)

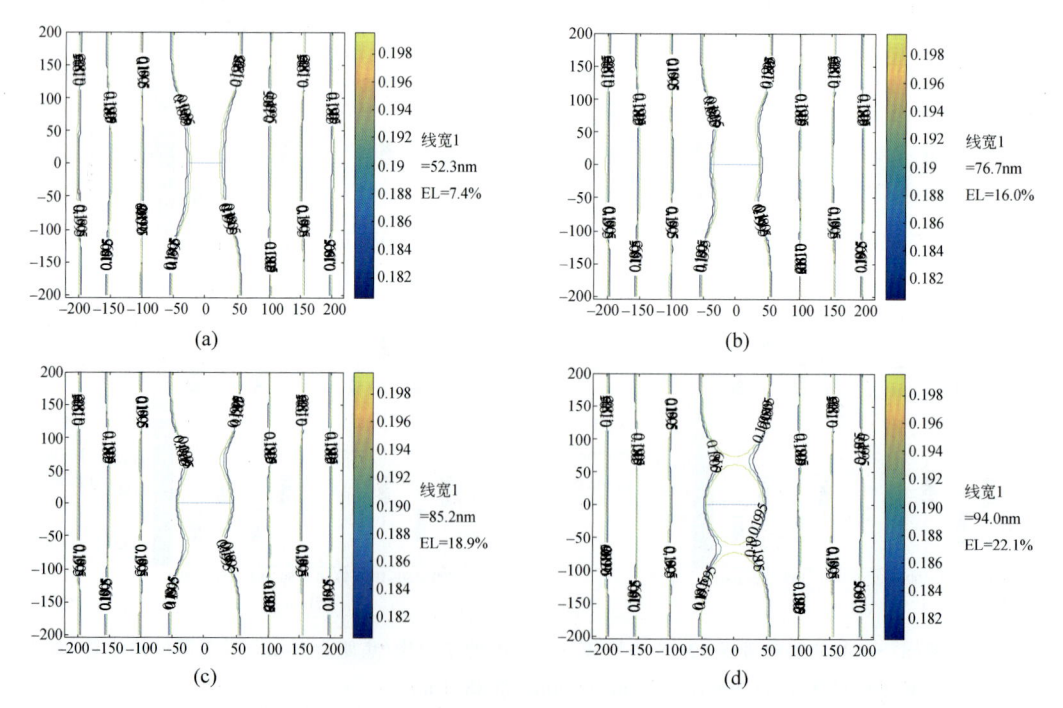

图 12-33　图(a)～(d)分别代表类似图 12-28 中掩模(a)～(d)的空间像(间隙 Y 方向上长度＝200nm)(焦距为 0nm,图(a)～(d)的中间段 X 方向宽度等于 70nm、80nm、90nm 和 100nm,Y 方向高度等于 80nm,2 个边缘段各为 60nm;对于同样的能量/阈值,线宽 1 分别等于 52.3nm、76.7nm、85.2nm 和 94.0nm)

表 12-1　间隙等于 70nm、100nm 和 200nm 空间像仿真的小结

参　　数	线宽 l/nm			能量宽裕度/%		
间隙/nm	70	100	200	70	100	200
图(a)	76.4	68.7	52.3	14.4	11.8	7.4
图(b)	85.7	81.7	76.7	18.7	17.2	16.0
图(c)	85.2	83.5	85.2	17.9	17.5	18.9
图(d)	82.5	85.7	94.0	15.4	17.7	22.1

同时，代表对比度的能量宽裕度也表现出同样的现象。仿佛间隙等于 100nm 是一个转折点。这就是相干长度。若两点之间的距离小于这个长度，则可以被看成它们之间存在相位联系，在光学成像中它们倾向于互相靠近，连成一片。当两点之间的距离大于这个长度时，它们之间可以看成没有相位联系。也就是说，在一个相干长度距离以外，如果改变一个点所处位置的掩模，另外一个点的位置几乎不会受到影响。所以，对于光学邻近效应修正来说，一般使用边缘位置移动（Edge placement）的方式，就是将一根较长的边缘（Edge）切成小段（Fragment），并且根据已有的空间像模型计算各小段的实际位置，对照设计位置得出需要移动的边缘放置误差（Edge Placement Error，EPE），再对掩模上小段的位置进行调整。图 12-34 展示了一种光学邻近效应修正的情况。图中阴影区域是目标图形，空心的轮廓有两条：图 12-34(a)所示的虚线轮廓和图 12-34(b)所示的实线轮廓都是可能经过邻近效应修正的掩模图形。实线轮廓在直边上比较平直，而虚线轮廓在直边上存在凸起和凹陷。假设相对于实线轮廓，虚线轮廓所包围的面积与实线轮廓一样，仅仅是粗糙一点，那么这两个轮廓经过光学成像都有可能使得最后曝光的线宽达到目标图形的线宽。前面讲过，假设凸起和凹陷之间的横向距离很小，以至于远小于相干长度，那么这样的凸起和凹陷之间存在相位联系，也就是说，它们不会被反映到最后的空间像中。在这种情况下，应该选择凸起和凹陷较为稀少的光学邻近效应修正解。这样，一可以加快修正的过程，二可以减少修正后掩模文件的尺寸，便于计算机读取、加工、存储和传输。图 12-34(a)展示了一种凸起和凹陷过于密集的光学邻近效应修正情况。凸起和凹陷之间的横向距离比相干长度小得多。在这种情况下，建议在一个相干长度中设定一至两段凸起或者凹陷就可以了。当然，角落除外。

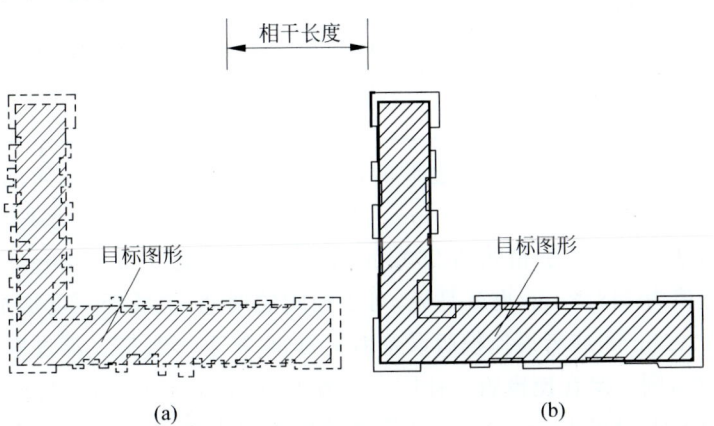

图 12-34　光学邻近效应修正示意图，采用边缘移动的方式补偿光学成像中受到的邻近效应影响：
（a）采用相对相干长度比较小的小段；（b）采用相对相干长度比较适中的小段（实线）

12.4 基于规则的简单光学邻近效应修正方法

光学邻近效应修正主要是根据由于衍射而丢失的掩模版小周期信息而人为地在掩模版小周期结构附近增加一些掩模版的面积,使得小周期变成较大一点的周期,或者使得较小的面积变成较大的面积,而使得衍射光能够多一点进入光瞳。例如,对于半密集的线条或者沟槽,光学邻近效应会造成线宽变小,光学邻近效应修正就增加掩模上的线宽,使得变小的线宽能够尽量恢复到目标值。

在 2002 年以前,工业界的光学邻近效应修正的做法是预先测量好在硅片上随空间周期变化的线宽数据,建立表格,再用查表的方式对线条和沟槽的情况进行修补。表 12-2 展示了一维 100nm 线宽的线条与沟槽的校准图形硅片线宽测量数据矩阵。修正方式是对 OPC 程序正在扫描的多边形(Polygon)确定此多边形的线宽(如线条),再确认相邻多边形最近的边缘与本多边形的一条边的距离(如沟槽),然后根据类似表 12-2 的线条和沟槽的组合查得实际硅片上曝光出来的线宽值,再与目标值,即版图上的设计值比较得出需要补偿的部分。

表 12-2 一维 100nm 线宽的线条与沟槽的校准图形硅片线宽测量数据矩阵(横坐标为槽宽,纵坐标为线宽,"桥接"表示相邻的线条已经互相连接起来了)

线条/沟槽	100	110	130	150	180	…	300	350	400	500	1000	1200	1500	2000
100	100.2	95.2	91.1	82.4	72.5		83.7	88.2	87.9	90.1	89.6	92.1	92.8	91.8
110	111.2	102.7	97.6	90.4	82.3		90.2	94.3	93.2	95.6	94.4	97.1	96.8	97.2
130	134.5	124.3	117.4	111.3	101.1		96.6	100.1	112.5	113.8	112.9	117.5	118.2	117.6
150	160.0	148.3	140.5	130.8	132.3		133.1	135.7	141.2	142.0	143.8	142.1	139.8	140.1
180	200.2	185.9	175.2	169.2	168.1		169.1	170.3	174.8	172.6	175.2	176.2	175	174.9
…														
300	桥接	桥接	340.2	321.1	305.0		300.7	299.3	295.4	303.5	302.7	303.5	304.9	301.2
400	桥接	桥接	449.1	423.6	406.3		405.5	404.2	404.7	404.6	405.0	402.6	403.7	401.5
500	桥接	桥接	桥接	525.1	507.2		508.2	507.2	504.8	500.4	499.8	501.3	502.7	500.6
1000	桥接	桥接	桥接	1026	1008		1003	1005	1010	1005	1003	1006	1009	1011
1200	桥接	桥接	桥接	1224	1203		1205	1200	1201	1202	1203	1201	1207	1210
1500	桥接	桥接	桥接	1525	1512		1507	1506	1509	1510	1512	1511	1510	1509
2000	桥接	桥接	桥接	2020	2015		2011	2007	2005	2008	2007	2006	2003	2004

假设线条宽度为 130nm,相邻多边形的距离也为 130nm,也就是周期为 260nm,根据表 12-2 查得硅片曝光后的线宽为 117.4nm。由于目标值等于设计值,为 130nm,得出误差为 −12.6nm。再查表 12-2,对于相同的 260nm 周期,当线条宽度为 150nm 时,沟槽的宽度为 110nm,这时线宽值为 148.3nm,也就是说,对于相同的周期,当线条宽度增加 20nm 时,硅片上的线宽增加了 30.9nm,或者说掩模版误差因子为 30.9/20≈1.55。反过来,根据内差法,如果需要正好补到位,则需要在掩模版上补偿线条为 12.6/1.55≈8.1nm,也就是对于 260nm 周期,如果需要在硅片上得出 130nm 线宽,则需掩模版的线宽为 138.1nm(1 倍率尺寸),对于单边,补 +4.05nm。这就是基于规则(Rule based)的光学邻近效应修正的典型做法。另外,这种基于规则的修正还可以针对二维图形进行。不过需要识别二维图形,而且只可能针对有限的二维图形进行识别并按照预先准备的一定规则进行补偿。对于众多较为随机的图形,

这种基于规则的修正方式是有很大的局限性的。图 12-35 展示了一部分常见的一维和二维光学邻近效应的校准图形。虽然可以通过硅片曝光来对这些图形测得真实的硅片上数据,并且建立类似表 12-2 的表格,但是对所有的图形进行准确无误的修正还取决于图形的辨认、归类以及待修正图形与校准图形的相似程度。当然,对于一维图形没有复杂的相似问题,所以一维图形的光学邻近效应修正的准确性很高。当然,也会遇到一个图形与相邻图形的左右距离(也就是沟槽宽度)不相等的问题。

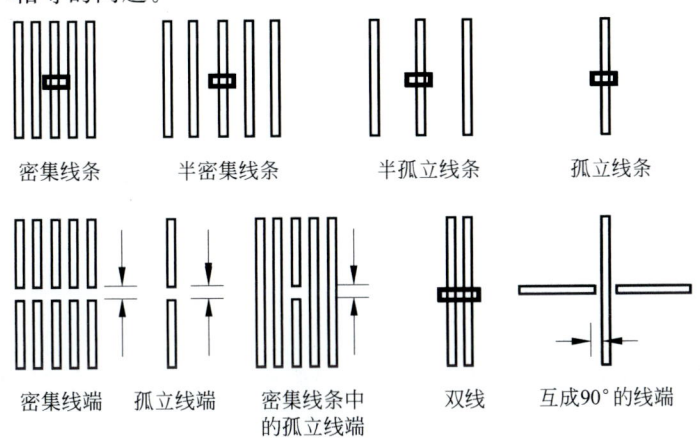

图 12-35 光学邻近效应修正的典型校准图形示意图(第一行为一维图形,类似表 12-2 显示的,第二行为二维图形,箭头或长方形框标出的位置为测量位置)

所以,仅仅靠规则进行光学邻近效应修正是十分复杂的,也无法达到高的精确度。在这种情形下,基于模型(Model based)的光学邻近效应修正应运而生。试想,如果能够对每个图形进行精确的空间像仿真,那么根本不需要对图形进行复杂的判别,可以直接通过其设计线宽与仿真进行对比,获得线宽偏差。

12.5 基于模型的光学邻近效应修正中空间像计算的化简

空间像的仿真计算是十分耗时费力的,如果要对整个版图进行仿真,需要将普通仿真运算的速度提升多个数量级。努力的方向是将所有可能出现的几何图形情况预先计算好,在实际邻近效应修正中仅仅通过查表获得复杂空间像的结果。经过近 20 年的发展,基于模型的光学邻近效应修正发展出了以下三大技术。

(1) 将多边形的空间像计算分割成"边"的路径积分计算,通过预先计算好所有可能遇到的边的情况,如长度、与仿真边界的距离,以及与相邻边的距离并建立表格。

(2) 将空间像这一部分相干照明成像的过程转变成先计算传输交叉系数矩阵,再通过求解本征矩阵将传输交叉系数矩阵展开,将空间像计算转换成本征矩阵与掩模版图形在频率域进行卷积的计算。然后采用技术(1)对可能遇到的所有"边"进行预想的计算。

(3) 将矢量、掩模版三维散射等修正合并到交叉传输矩阵,使得形式上维持技术(2)中的情况。

先看技术(1)中的情况。空间像光强分布的一般表达式为[5-6]

$$I(\xi,\eta) = \int_{-\infty}^{+\infty}\!\!\!\iiint \widetilde{J}(\mu,\nu)\widetilde{P}(\mu+\mu',\nu+\nu')\widetilde{P}^*(\mu+\mu'',\nu+\nu'') \times$$

$$\tilde{O}(\mu',\nu')\tilde{O}^*(\mu'',\nu'')\mathrm{e}^{-\mathrm{j}2\pi[(\mu'-\mu'')\xi+(\nu'-\nu'')\eta]}\mathrm{d}\mu\mathrm{d}\nu\mathrm{d}\mu'\mathrm{d}\nu'\mathrm{d}\mu''\mathrm{d}\nu'' \quad (12.55)$$

式中：$\tilde{J}$、$\tilde{P}$、$\tilde{O}$ 分别代表光源、光瞳、掩模版函数在频率域的傅里叶变换；"$*$"代表复共轭（Complex conjugation）；积分在频率域进行，或者在光瞳位置进行；ξ、η 为对 λ/NA 进行归一化的空间位置坐标，即

$$\xi = \frac{x}{\lambda/\mathrm{NA}}, \quad \eta = \frac{y}{\lambda/\mathrm{NA}} \quad (12.56)$$

μ、ν 为对 NA/λ 进行归一化的空间频率坐标，即

$$\mu = \frac{f}{\mathrm{NA}/\lambda}, \quad \nu = \frac{g}{\mathrm{NA}/\lambda} \quad (12.57)$$

令

$$\mathrm{TCC}(\mu',\nu';\mu'',\nu'') = \int_{-\infty}^{+\infty}\!\!\int \tilde{J}(\mu,\nu)\tilde{P}(\mu+\mu',\nu+\nu')\tilde{P}^*(\mu+\mu'',\nu+\nu'')\mathrm{d}\mu\mathrm{d}\nu \quad (12.58)$$

那么空间像光强分布可以写成

$$I(\xi,\eta) = \iiiint \mathrm{TCC}(\mu',\nu';\mu'',\nu'')\tilde{O}(\mu',\nu')\tilde{O}^*(\mu'',\nu'')\mathrm{e}^{-\mathrm{j}2\pi[(\mu'-\mu'')\xi+(\nu'-\nu'')\eta]}\mathrm{d}\mu'\mathrm{d}\nu'\mathrm{d}\mu''\mathrm{d}\nu'' \quad (12.59)$$

值得注意的是，传输交叉系数（Transmission Cross Coefficient，TCC）拥有厄米特对称性（Hermite symmetry），即

$$\mathrm{TCC}(\mu',\nu';\mu'',\nu'') = \mathrm{TCC}^*(\mu'',\nu'';\mu',\nu') \quad (12.60)$$

因为 $\tilde{J}(\mu,\nu)$（光瞳上照明条件）是实数。先考虑一维情况，也就是将 (μ,ν) 用 r 代替，传输交叉系数 TCC 可以写成 $\mathrm{TCC}(r',r'')$。

根据经验，在频率域，对于最小周期为 80～100nm 的情况，一般仿真取点在光瞳的第一象限 16×16 就够了，图 12-36 展示了在光瞳的第一象限为 5×5 的情况。阿斯麦光刻机的灵活光线（Flexray）照明系统在 4 个光瞳的象限采用了 64×64 的微机电反射镜，也就是每个象限有 32×32 个单元，虽然每个反射镜不一定只贡献本身所处位置的光线，不过由于照明条件在 X 方向和 Y 方向上的对称性，可以认为每个象限的像素为 32×32。所以 $\mathrm{TCC}(r',r'')$ 可以离散成矩阵。

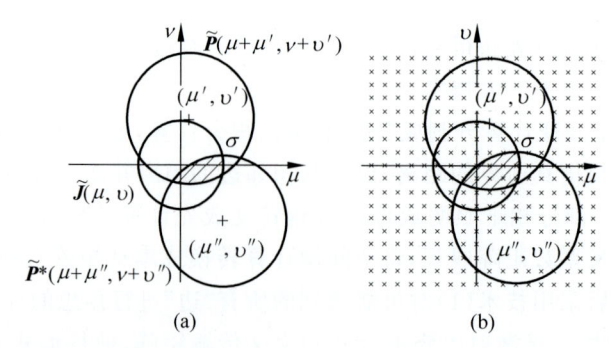

图 12-36 传输交叉系数在频率域的图示：(a) 连续坐标的表示；(b) 离散坐标的表示，本图中采用第一象限 5×5 格点示意

也就是

$$\mathbf{TCC}(\mu',\nu';\mu'',\nu'') = \mathbf{TCC}_{i',j';i'',j''} \quad (12.61)$$

厄米特矩阵具有以下定义：

$$A^{*\mathrm{T}} = A \tag{12.62}$$

且可以被一个酉阵（Unitary matrix）对角化，如

$$U^{*\mathrm{T}}U = I \tag{12.63}$$

和

$$A = UA'U^{*\mathrm{T}} \tag{12.64}$$

式中：" * "代表取复共轭；T 代表转置；I 为单元矩阵；A' 为除了对角单元之外所有单元都为零的对角矩阵。

对角单元的值为矩阵的本征值（Eigenvalues）。而 U 阵中的列矢可以看成厄米矩阵 A 的本征矢量，如

$$U = [u_1, u_2, \cdots, u_N] \tag{12.65}$$

则

$$U^{*\mathrm{T}} = \begin{bmatrix} u_1^* \\ u_2^* \\ \vdots \\ u_N^* \end{bmatrix} \tag{12.66}$$

而 A' 也可以写成

$$A' = \begin{bmatrix} a_1 & & & \\ & a_2 & & \\ & & \ddots & \\ & & & a_N \end{bmatrix} \tag{12.67}$$

将式(12.64)写成求和形式：

$$A = \sum_{m=1}^{N} a_m u_m u_m^* \tag{12.67a}$$

由于厄米特矩阵的特性，对于值不同的本征值 α_m，其对应的本征矢量 u_m 是正交的。式(12.67a)也可以看成对矩阵 A 按照其本征值的展开。

交叉传输矩阵 **TCC** 是四维的张量，如果直接使用，那么式(12.59)的四重积分需要占用很多计算机内存，而且耗时很长。不过，**TCC** 存在厄米特对称性，其厄米特对称性由式(12.60)给出。模仿一个二维厄米特矩阵按照其本征值分解成一维矢量的乘积的方式[如式(12.67a)]将其分解为二维矩阵的乘积，就可以大大简化计算和节省计算机的内存。也就是说，需要将其转变成二维的情况才能够利用。

12.5.1　传输交叉系数的考布本征值分解

由图 12-36 可以看到，传输交叉系数只有在光源函数、光瞳函数以及光瞳函数的复共轭交叠处才不为零，在其他地方都为零，也就是说，μ,ν 绝对值的最大值是 $1+\sigma$，这里 σ 是指最大的 σ，即 $\sigma_{\max}$。所以，如果将其划分为 N 等份，那么式(12.61)中 **TCC** 矩阵自变量的空间格点数就是四维的 $2N+1$。尼古拉斯·考布（Nicolas Cobb）[7]引入了以下堆栈映射方式，将四维的传输交叉系数变为

$$\mathbf{TCC}' = \begin{bmatrix} T(1,1,1,1) & T(1,1,2,1) & \cdots & T(1,1,N',1) & T(1,1,1,2) & T(1,1,2,2) & \cdots & T(1,1,N',2) & \cdots & T(1,1,N',N') \\ T(2,1,1,1) & T(2,1,2,1) & \cdots & T(2,1,N',1) & T(2,1,1,2) & T(2,1,2,2) & \cdots & T(2,1,N',2) & \cdots & T(2,1,N',N') \\ \vdots & \vdots & & & & & & & & \vdots \\ T(N',1,1,1) & T(N',1,2,1) & & & & & & & & T(N',1,N',N') \\ T(1,2,1,1) & T(1,2,2,1) & & & & & & & & T(1,2,N',N') \\ T(2,2,1,1) & T(2,2,2,1) & & & & & & & & T(2,2,N',N') \\ \vdots & \vdots & & & & & & & & \vdots \\ T(N',2,1,1) & T(N',2,2,1) & & & & & & & & T(N',2,N',N') \\ \vdots & \vdots & & & & & & & & \vdots \\ T(N',N',1,1) & T(N',N',2,1) & \cdots & T(N',N',N',1) & T(N',N',1,2) & T(N',N',2,2) & \cdots & T(N',N',N',2) & \cdots & T(N',N',N',N') \end{bmatrix}$$

(12.68)

显而易见，$\mathbf{TCC}'$ 仍然保持了原先 $\mathbf{TCC}$ 的厄米特对称性，其中 $N' = 2N+1$。接下来对 $\mathbf{TCC}'$ 求本征值并将其按照本征矢量(Eigenvector)展开

$$\mathbf{TCC}' = \sum_{m=1}^{N'} \sigma_m \mathbf{V}_m \mathbf{V}_m^*$$

(12.69)

注意，到这里 $\mathbf{TCC}'$ 虽然是 $N'^2 \times N'^2$ 矩阵，但是非零本征值的个数与矩阵中存在多少线性独立的行与列有关。一般来讲，与有多少个独立光源有关[8-9]。这里先假设存在 N' 个本征值，同时式(12.69)中的本征值按照从大到小排序。在实际运用中可以发现，在最小周期为 80~100nm 的工艺中，一般运用 20~30 个本征矢量就能够达到小于 1nm 的精度。这与之前说的在光瞳的第一象限运用 16×16 个分割点(对于一般较薄的环形照明，或者交叉四极照明有 20~30 个照明点)已经看不出大于 1nm 的偏差是类似的。按照 $\mathbf{TCC}'$ 的建立方式，可以将 $\widetilde{\boldsymbol{\Phi}}_{(m)}$ 和 $\widetilde{\boldsymbol{\Phi}}_{(m)}^*$ 折叠回来，得到

$$\mathbf{TCC} = \sum_{m=1}^{N'} \sigma_m \widetilde{\boldsymbol{\Phi}}_{(m)} \widetilde{\boldsymbol{\Phi}}_{(m)}^*$$

(12.70)

式中：""~""表示在傅里叶频率域。

为了加快运算速度，可以在 N 为 20 或 30 处截断，相应的线宽运算精度会落在可接受的范围内，如小于 0.5nm。这种做法属于精简模型(Compact Model)的一种。将式(12.70)代入式(12.59)，得到

$$I(\xi,\eta) = \sum_{m=1}^{N_{\max}} \iiint \sigma_m \widetilde{\boldsymbol{\Phi}}_{(m)}(\mu',\nu') \widetilde{\boldsymbol{\Phi}}_{(m)}^*(\mu'',\nu'') \widetilde{O}(\mu',\nu') \widetilde{O}^*(\mu'',\nu'') \cdot$$
$$\mathrm{e}^{-\mathrm{j}2\pi[(\mu'-\mu'')\xi+(\nu'-\nu'')\eta]} \mathrm{d}\mu' \mathrm{d}\nu' \mathrm{d}\mu'' \mathrm{d}\nu''$$

(12.71)

或者

$$I(\xi,\eta) = \sum_{m=1}^{N_{\max}} \sigma_m \left| \iint \widetilde{\boldsymbol{\Phi}}_{(m)}(\mu',\nu') \widetilde{O}(\mu',\nu') \mathrm{e}^{-\mathrm{j}2\pi[\mu'\xi+\nu'\eta]} \mathrm{d}\mu' \mathrm{d}\nu' \right|^2$$

(12.72)

式中：$N_{\max}$ 为所选的最高阶本征值编号，如 20、30 等。

式(12.72)代表了传输交叉系数 $\mathbf{TCC}$ 按照本征值展开后，分解为一系列(有限的，如 20、30 个)相互独立的光源的结果。也就是，对于每个本征值，光强是本征函数，类似于相干点扩散函数(Point Spread Function，PSF)与掩模版函数在频率域的乘积，再经过傅里叶逆变换和平方后得到。傅里叶空间的乘积相当于在物空间中的卷积

$$I(\xi,\eta) = \sum_{m=1}^{N_{\max}} \sigma_m \left| \iint \Phi_{(m)}(\xi'-\xi,\eta'-\eta) O(\xi',\eta') \mathrm{d}\xi' \mathrm{d}\eta' \right|^2$$

(12.73)

以上公式通过计算传输交叉系数和其本征值,大大简化了基于模型的光学邻近效应修正(Model Based OPC)中的空间像的计算,而且可以兼容多核并行计算。

12.5.2 传输交叉系数的 Yamazoe 奇异值分解

为了更加清楚地表述传输交叉系数,2008 年 Kenji Yamazoe 按照另外一种形式表述[8]:

$$I(x,y) = \sum_{\alpha,\beta} S(f'_\alpha, \beta'_\beta) \left| \iint \boldsymbol{P}(f,g) \widetilde{\boldsymbol{O}}(\boldsymbol{f}-f'_\alpha, g-g'_\beta) e^{-j2\pi[fx+gy]} df dg \right|^2 \quad (12.74)$$

式(12.74)其实是阿贝方式的表述,其中(α,β)代表点光源的位置。然后,Kenji 将掩模版的衍射谱 $\widetilde{\boldsymbol{O}}(f,g)$ 光源位置造成的光瞳位置的移动归结为光瞳上光瞳函数 $\widetilde{\boldsymbol{P}}$ 的移动。也就是将式(12.74)中的 $\widetilde{\boldsymbol{O}}(f,g)$ 离散化成

$$\hat{\boldsymbol{a}}'(f,g) = \begin{bmatrix} \hat{a}_{1,1} e^{-j2\pi(f_1 x + g_1 y)} & \hat{a}_{1,2} e^{-j2\pi(f_1 x + g_2 y)} & \cdots & \hat{a}_{1,n} e^{-j2\pi(f_1 x + g_n y)} \\ \hat{a}_{2,1} e^{-j2\pi(f_2 x + g_1 y)} & \hat{a}_{2,2} e^{-j2\pi(f_2 x + g_2 y)} & \cdots & \hat{a}_{2,n} e^{-j2\pi(f_2 x + g_n y)} \\ \vdots & \vdots & \ddots & \vdots \\ \hat{a}_{n,1} e^{-j2\pi(f_n x + g_1 y)} & \hat{a}_{n,2} e^{-j2\pi(f_n x + g_2 y)} & \cdots & \hat{a}_{n,n} e^{-j2\pi(f_n x + g_n y)} \end{bmatrix} \quad (12.75)$$

将光瞳函数 $\widetilde{\boldsymbol{P}}(f,g)$ 离散化成

$$\widetilde{\boldsymbol{P}}(f,g) = \begin{bmatrix} 0 & 0 & \cdots & 0 & \cdots & 0 & \cdots & 0 & 0 \\ 0 & 0 & \cdots & 0 & \cdots & 0 & \cdots & 0 & 0 \\ \vdots & \vdots & \ddots & \vdots & \ddots & \vdots & \ddots & \vdots & \vdots \\ 0 & 0 & \cdots & 1 & \cdots & 1 & \cdots & 1 & 0 & 0 \\ \vdots & \vdots & \ddots & \vdots & \ddots & \vdots & \ddots & \vdots & \vdots \\ 0 & 0 & \cdots & 1 & \cdots & 1 & \cdots & 1 & 0 & 0 \\ \vdots & \vdots & \ddots & \vdots & \ddots & \vdots & \ddots & \vdots & \vdots \\ 0 & 0 & \cdots & 1 & \cdots & 1 & \cdots & 1 & 0 & 0 \\ \vdots & \vdots & \ddots & \vdots & \ddots & \vdots & \ddots & \vdots & \vdots \\ 0 & 0 & \cdots & 0 & \cdots & 0 & \cdots & 0 & 0 \\ 0 & 0 & \cdots & 0 & \cdots & 0 & \cdots & 0 & 0 \end{bmatrix} \quad (12.76)$$

这里假设 $\hat{\boldsymbol{a}}'(f,g)$ 和 $\widetilde{\boldsymbol{P}}(f,g)$ 均为 $n \times n$ 矩阵。接下来,引入堆栈算子 $\boldsymbol{Y}$,使得对于 $\boldsymbol{A}$ 有

$$\boldsymbol{A} = \begin{bmatrix} a & b & c \\ d & e & f \\ g & h & i \end{bmatrix} \quad (12.77)$$

$$\boldsymbol{Y}[\boldsymbol{A}] = \begin{bmatrix} a \\ b \\ c \\ d \\ e \\ f \\ g \\ h \\ i \end{bmatrix}, \quad \boldsymbol{Y}[\boldsymbol{A}]^{\mathrm{T}} = [a \ b \ c \ d \ e \ f \ g \ h \ i] \quad (12.78)$$

然后通过将 $\boldsymbol{Y}$ 作用在 $\hat{\boldsymbol{a}}'(f,g)$ 和 $\widetilde{\boldsymbol{P}}(f,g)$,定义

$$|\hat{\boldsymbol{a}}'\rangle = \boldsymbol{Y}[\hat{\boldsymbol{a}}'(f,g)],$$
$$\boldsymbol{\mathcal{P}}_1 = \boldsymbol{Y}[\boldsymbol{P}(f,g)]^{\mathrm{T}} \tag{12.79}$$

然后经过光瞳的衍射谱可以写成

$$|\boldsymbol{D}\rangle = \boldsymbol{\mathcal{P}}_1|\hat{\boldsymbol{a}}'\rangle \tag{12.80}$$

这里需要说明的是,式(12.80)等号右边是两个矢量的点乘,即对应单元相乘(Element by element multiplication),结果还是一个同样维度的矢量。因为 $\widetilde{P}(f,g)$ 为中心对称的,所以当 $\sigma=0$ 时的空间像光强 $I_1(x,y)$ 可以写成

$$I_1(x,y) = \langle \boldsymbol{D} \mid \boldsymbol{D}\rangle = \langle \hat{\boldsymbol{a}}' \mid \boldsymbol{\mathcal{P}}_1^{\mathrm{H}} \boldsymbol{\mathcal{P}}_1 \mid \hat{\boldsymbol{a}}'\rangle \tag{12.81}$$

式中:H 为厄米特算符,相当于复共轭加上转置。

如果在光瞳上存在 N 个点光源,那么有

$$\boldsymbol{\mathcal{P}} = \begin{pmatrix} \boldsymbol{\mathcal{P}}_1 \\ \boldsymbol{\mathcal{P}}_2 \\ \vdots \\ \boldsymbol{\mathcal{P}}_N \end{pmatrix} = \begin{pmatrix} \boldsymbol{Y}[\boldsymbol{\mathcal{P}}_1(f-f'_1, g-g'_1)]^{\mathrm{T}} \\ \boldsymbol{Y}[\boldsymbol{\mathcal{P}}_2(f-f'_2, g-g'_2)]^{\mathrm{T}} \\ \vdots \\ \boldsymbol{Y}[\boldsymbol{\mathcal{P}}_N(f-f'_N, g-g'_N)]^{\mathrm{T}} \end{pmatrix} \tag{12.82}$$

则总光强为

$$I(x,y) = \langle \boldsymbol{D} \mid \boldsymbol{D}\rangle = \langle \hat{\boldsymbol{a}}' \mid \boldsymbol{\mathcal{P}}^{\mathrm{H}} \boldsymbol{\mathcal{P}} \mid \hat{\boldsymbol{a}}'\rangle \tag{12.83}$$

这里将对 $\boldsymbol{\mathcal{P}}$ 做奇异值分解(Singular Value Decomposition,SVD)。注意,矩阵 $\boldsymbol{\mathcal{P}}$ 是一个 $N \times n^2$ 的奇异矩阵,如果令

$$\boldsymbol{\mathcal{P}} = \boldsymbol{U}\boldsymbol{\Lambda}\boldsymbol{V}^{\mathrm{H}} \tag{12.84}$$

式中:U 为 $N \times N$ 酉阵;$\boldsymbol{\Lambda}$ 为 $N \times N$ 对角矩阵;而 V 为 $n^2 \times N$ 矩阵。

式(12.83)可以写成

$$I(x,y) = \langle \hat{\boldsymbol{a}}' \mid \boldsymbol{V}\boldsymbol{\Lambda}\boldsymbol{U}^{\mathrm{H}}\boldsymbol{U}\boldsymbol{\Lambda}\boldsymbol{V}^{\mathrm{H}} \mid \hat{\boldsymbol{a}}'\rangle = \langle \hat{\boldsymbol{a}}' \mid \boldsymbol{V}\boldsymbol{\Lambda}^2\boldsymbol{V}^{\mathrm{H}} \mid \hat{\boldsymbol{a}}'\rangle \tag{12.85}$$

如果对 $\boldsymbol{V}^{\mathrm{H}}$ 进行反堆栈,即 $\boldsymbol{Y}^{-1}$,则可以获得一系列对应奇异值的 $n \times n$ 奇异矩阵,即

$$\widetilde{\boldsymbol{\Phi}}_i = \boldsymbol{Y}^{-1}[(\boldsymbol{V}_i^{\mathrm{H}})^{\mathrm{T}}] \tag{12.86}$$

于是,化成像空间的形式,式(12.85)也就可以写成

$$I(x,y) = \sum_{i=1}^{N} \lambda_i \left| \iint \boldsymbol{\Phi}_i(x-x', y-y') O(x',y') \mathrm{d}x' \mathrm{d}y' \right|^2 \tag{12.87}$$

形式上与式(12.73)一致。由式(12.83),对比式(12.58)和式(12.59)可以得出,传输交叉系数 **TCC** 就是 $\boldsymbol{\mathcal{P}}^{\mathrm{H}}\boldsymbol{\mathcal{P}}$。**TCC** 的非零值的个数是由 $\boldsymbol{\mathcal{P}}$ 和 $\boldsymbol{\mathcal{P}}^{\mathrm{H}}$ 的秩(Rank)决定的。$\boldsymbol{\mathcal{P}}$ 是 $N \times n^2$ 的奇异矩阵,通常 N 小于 n^2,所以它的秩是 N,同样 $\boldsymbol{\mathcal{P}}^{\mathrm{H}}$ 的秩也是 N。所以,传输交叉系数 **TCC** 最多含有 N 个非零值。

12.5.3 包含矢量信息的传输交叉系数

以上介绍了两种传输交叉系数的推导。采用传输交叉系数计算空间像可以通过奇异分解提取奇异值,或者本征值提高计算速度,但是,以上公式中没有包括矢量的信息。当设计规则和线宽进入 32nm/28nm 逻辑技术节点,伴随着 193nm 浸没式光刻技术的应用,矢量的运用变得至关重要。在 45nm/40nm 技术节点,也就是最小周期为 125nm,偏振照明的运用还是可以选择的,但是到了 32nm/28nm 技术节点,偏振变得必须。而使用偏振照明,矢量计算是必须的。所以,现有的交叉传输矩阵方法必须能够兼容矢量的计算。

1. 光瞳频率域的计算

最早证明矢量计算与霍普金斯的传输交叉系数框架一致的是康斯坦丁诺·亚当和斯科特·海夫曼等[10-11]。其核心是将原先标量的传输交叉系数变成标量的系数点乘一个矢量电场。由于在掩模版平面对应硅片上最大 1.35 数值孔径的数值孔径为 0.3375，或者 19.7°，采用 X 和 Y 偏振而不考虑偏振在 Z 的分量是足够好的近似。不过，到了硅片平面或者光刻胶中（193nm 光刻胶的折射率通常为 1.7 左右），由于涉及 1.35 左右的数值孔径，或者水中的角度（水在 193nm 波长的折射率约为 1.44）约为 69.9°，所以必须考虑光线由于聚焦折射后在 Z 方向的分量。于是，可以有以下的矩阵表达：

$$\begin{bmatrix} E_{wx} \\ E_{wy} \\ E_{wz} \end{bmatrix} = \begin{bmatrix} K_{xx} & K_{xy} \\ K_{yx} & K_{yy} \\ K_{zx} & K_{zy} \end{bmatrix} \cdot \begin{bmatrix} E_{mx} \\ E_{my} \end{bmatrix} = \boldsymbol{K} \cdot \boldsymbol{E}_m \tag{12.88}$$

式中：E_{mx}、E_{my} 分别为掩模版平面紧挨着掩模版下表面的电场的 X 和 Y 分量；E_{wx}、E_{wy}、E_{wz} 分别为硅片平面（像平面）上电场的 X、Y 和 Z 分量。

硅片平面的光强 I 与电场的点积成正比，或者

$$I \propto \boldsymbol{E}^* \cdot \boldsymbol{E}' = [E_x^* \quad E_y^* \quad E_z^*] \begin{bmatrix} E_x' \\ E_y' \\ E_z' \end{bmatrix} \tag{12.89}$$

将式（12.88）代入式（12.89），得到

$$I \propto \boldsymbol{E} * \boldsymbol{E}' = \boldsymbol{E}_m^H \boldsymbol{K}^T \boldsymbol{K}' \boldsymbol{E}_m' \tag{12.90}$$

式中：$\boldsymbol{E}$ 和 $\boldsymbol{E}'$ 分别为光瞳上两个不同位置的电场强度，而原先的标量的传输交叉系数也由矢量的 TCC_V 代替，所以 TCC 表达式由式（12.58）变为

$$\mathrm{TCC}_V(\mu', \nu'; \mu'', \nu'') = \int\!\!\int_{-\infty}^{+\infty} \widetilde{J}(\mu, \nu)(\boldsymbol{E}(\mu', \nu') \cdot \boldsymbol{E} * (\mu'', \nu'')) \cdot$$
$$\widetilde{P}(\mu + \mu', \nu + \nu') \widetilde{P}^*(\mu + \mu'', \nu + \nu'') \mathrm{d}\mu \mathrm{d}\nu \tag{12.91}$$

由于对应入射的 X 和 Y 向偏振存在如式（12.88）所示的 6 个分量，式（12.91）的点乘也就有 6 种可能性，也就有了 6 个 TCC 矩阵。

2. 像空间域的计算

2004 年，IBM 公司的阿兰·罗森布卢特采用了从像空间出发基于阿贝成像方法的推导方式[12]。在其方法中定义空间像光强为

$$I(x, y) = \iint \mathrm{d}x' \mathrm{d}y' \iint \mathrm{d}x'' \mathrm{d}y'' V(x', y'; x'', y'') m(x - x', y - y') m^*(x - x'', y - y'') \tag{12.92}$$

式中：$m(x, y)$ 为掩模函数；$V(x', y'; x'', y'')$ 为核函数，且有

$$V(x', y'; x'', y'') = \frac{1}{W} \iint_\sigma \mathrm{d}k_x \mathrm{d}k_y S(k_x, k_y) e^{-\mathrm{j}[k_x(x'-x'')+k_y(y'-y'')]} \otimes$$
$$\sum_{w=1}^{W} \sum_{m=1}^{m_{\mathrm{MAX}}} \boldsymbol{h}_{m,w}(x', y'; k_x, k_y) \cdot \boldsymbol{h}_{m,w}^*(x'', y''; k_x, k_y) \tag{12.93}$$

式中：w 为硅片上光刻胶不同的 Z 高度，对 w 的求和就是考虑到光刻胶在一定厚度上的平均效应；m 为不同的偏振态，最多等于 2；$S(k_x, k_y)$ 为照明光源在光瞳上的分布函数；σ 为光源

的非相干叠加的求和范围，σ 最大等于 1，最小等于 0；h 函数为

$$h_{m,w}(x',y';k_x,k_y) \cdot h_{m,w}^*(x'',y'';k_x,k_y) = \iint_{光瞳} \mathrm{d}k_x' \mathrm{d}k_y' P(k_x',k_y') O(k_x',k_y') \mathrm{e}^{-\mathrm{j}(k_x'x'+k_y'y')} \otimes$$

$$\iint_{光瞳} \mathrm{d}k_x'' \mathrm{d}k_y'' P^*(k_x'',k_y'') O^*(k_x'',k_y'') \mathrm{e}^{\mathrm{j}(k_x''x''+k_y''y'')} \sum_{w=1}^{w} c_w \boldsymbol{\varepsilon}_{m,w}(k_x',k_y';k_x,k_y) \cdot \boldsymbol{\varepsilon}_{m,w}^*(k_x'',k_y'';k_x,k_y)$$

(12.94)

式中：$P(k_x,k_y)$ 为光瞳函数；c_w 为不同高度上的权重；$O(k_x,k_y)$ 为倾斜率因子（Obliquity factor），且有

$$O(k_{像 x}, k_{像 y}) = \sqrt{\frac{k_{掩模版 z} / | k_{掩模版} |}{k_{像 z} / | k_{像} |}}$$

(12.95)

意思是仿真区域（Region of Interest，ROI）是一定的，对于斜入射的光线来说，看到的面积由于斜入射角而变小，光强变强；$\boldsymbol{\varepsilon}_{m,w}(k_x',k_y';k_x,k_y)$ 是对处于入射光线在 (k_x,k_y)，而衍射光线在 (k_x',k_y') 的电场平均值。

罗森布卢特的表述方式，使得新定义的核函数 $V(x',y';x'',y'')$ 具有类似 $\mathbf{TCC}_V$ 的功能，只不过是在像空间域的。

12.5.4 掩模版多边形图形的基于边的分解

光学邻近效应修正的另一项重要技术是将各种版图上的多边形分解。尼古拉斯·考布认为[7]，一旦传输交叉系数 $\mathrm{TCC}(\mu',\upsilon';\mu'',\upsilon'')$ 或者其他核函数，如罗森布卢特的 $V(x',y';x'',y'')$，一旦分解成为本征矩阵的组合，空间像就变成本征函数和掩模函数的卷积，如

$$I(x,y) = \sum_{n=1}^{n_{\max}} \rho_n \iint \mathrm{d}x' \mathrm{d}y' | \phi_n(x',y') m(x-x',y-y') |^2$$

(12.96)

而这个对面积的积分是对所有掩模版图形累加的。考布认为，在仿真的区域中只存在有限个多边形，而每个多边形由有限条边组成。由于对面积的积分可以化为小块，而每个小块可以由待计算的多边形的一条边和区域边围成，如图 12-37 所示。图中箭头方向顺时针为正图形（Correct Positive，CP），逆时针为反图形（Correct Negative，CN）。

对多边形 $ABCDEF$ 使用式（12.96）的空间像计算可以分解为与下边形成的组合，也就是 $ABCDEF = ABHG + BCIH + CDJI + FEJIHG$，注意 $FEJIHG$ 的方向是反的，也就是面积计算好后要乘以"—"号，这样，原本十分复杂的多边形，还有 45°方向的边，就可以化简为边的组合。也就是说，对于固定的仿真区域

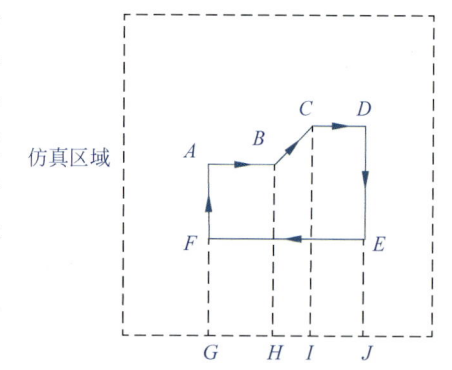

图 12-37 仿真区域中的多边形示意图（箭头方向表示是正图形，还是反图形，一般顺时针为正图形，而逆时针为反图形）

大小和形状，可以预先将所有长短、高低、包括 45°角的积分计算好，等到出现需要计算的图形时，只要将计算好的空间像函数通过查表调出相加就可以，这极大地加快了空间像仿真的计算。

只要确定了照明条件，就可以计算出式（12.96）中的本征值和本征函数（矩阵），之后的计

算,即查表叠加,都是线性相加,可以分布在平行的计算核心上完成,使得全芯片的仿真计算成为可能。

12.5.5 掩模三维效应计算的区域分解法

当进入 32nm/28nm 技术节点,也就是空间周期小到 100nm 以下时掩模版的尺寸就开始接近波长,有限厚度的掩模版会对光线造成散射,而这个散射会显著影响能量宽裕度、对焦深度和掩模版误差因子。传统上针对这个现象的计算是使用求解电磁场麦克斯韦(Maxwell)方程组的方法,比如采用 Yee 元胞的时域有限差分方法[13-14]、严格的耦合波等[15-16]。前者的精确度很高,但是速度很慢;后者的精确度不太高,不过速度较快。其实,无论哪种计算方法,对于全芯片都太慢了。

1. 图形区域分解法

2001 年,康斯坦丁诺·亚当(Konstantinos Adam)[17]介绍了一种快速的掩模三维的基于时域有限差分的算法——区域分解方法(Domain Decomposition Method,DDM)。这种方法首先将本来需要对仿真区域中一组二维的长方形进行耗时费力的掩模三维散射仿真计算分解为对每个单独的长方形计算结果的和;其次将每个单独的长方形的计算分解为 X 方向和 Y 方向上两个一维线条的仿真结果的累加;最后在一定条件下,仿真区域中的一维线条又可以分解为两个单独的边的散射计算之和。

在含有多个长方形图形的掩模版(如图 12-38 所示)而且图形之间的距离大于波长或者相互关联度很小的情况下,多个图形的仿真可以分解成为单个图形仿真的叠加,再减去重复计算的背景,这种方法又称为 0 阶区域分解法(0th order DDM)。

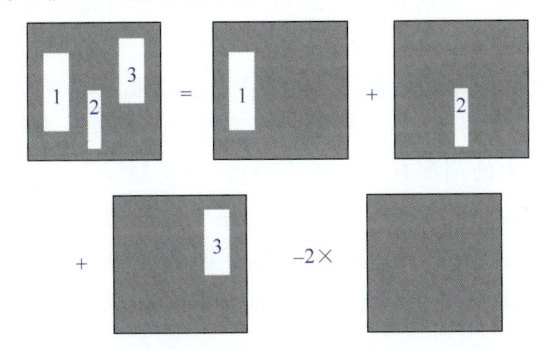

图 12-38 0 阶区域分解法:对于背景区域是不透明的掩模版,而且沟槽之间大于波长或者相互关联度很小的情况下,多沟槽图形的仿真可以分解成为单个沟槽仿真的叠加,并扣除重复计算的背景

比如,对于一个像空间周期为 200nm 的交替相移掩模版(Alternating Phase Shifting Mask,PSM),如图 12-39 所示,可以看出,只要两个开口之间关联度不大,这样近似的准确性还不错[17]。

对于每个长方形孔还可以分解成为两个互相垂直的一维长条组合(如图 12-40 所示),并且扣除重复部分,而重复部分采用薄掩模近似(无须散射仿真计算)。这样方法的合理性很难证明,不过只要长方形的尺寸大于波长,结果的精度还是不错的。这种方法称为**准严格区域分解法**(Quasi-rigorous DDM,qr-DDM)。

当然,精确计算需要包括长方形孔与孔之间的交叠部分(Cross talk),此处不再赘述,可以参见文献[17]。下面介绍边缘区域分解法(Edge DDM)。

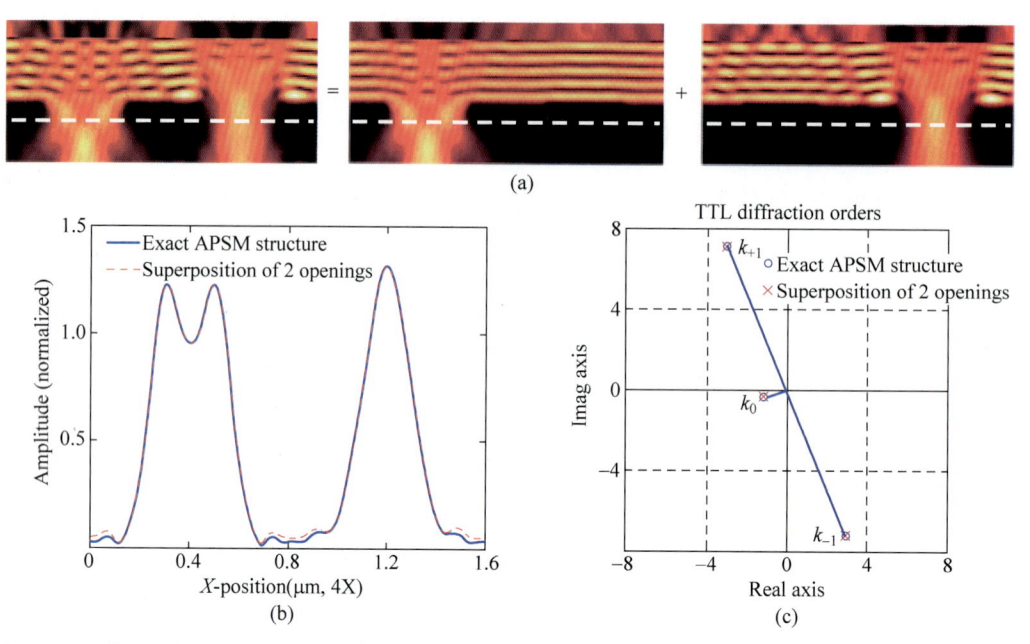

图 12-39 对于一个 200nm 像空间周期的一维交替相移掩模版,采用普通的时域有限差分方法和采用 0 阶区域分解方法的比较[17]

2. 基于边的终极区域分解法

由前所述,要想使得空间像的计算像查表一样简便,应将对多边形的面积卷积计算分解成**以边为单位**的卷积计算。准严格的计算方式可以将多个长方形最终分解为一维的长条的计算,计算时间小于原有的 1/400。

进一步将长条分解为两个**单边**。图 12-41～图 12-43 展示了亚当的计算结果:当线宽等于 100nm 时(像平面),边区域分解法和严格的计算符合度较高。其实,结果与严格的计算之间的误差还与在石英基板中的刻深有关。亚当指出,只要刻深不太深,如 90°刻深,即约 50nm (铬厚度为 80nm),线宽可以到达 25nm(像平面),基于边的组合的区域分解法仍然是准确的(<1%)。在实际工作中,对于 6% 相移掩模版,不透明区[硅化钼(MoS_2)]的厚度为 65～70nm;而对于不透明的二元掩模版(Opaque Molybdenum Silicide On Glass,OMOG),硅化钼的厚度约为 47nm。

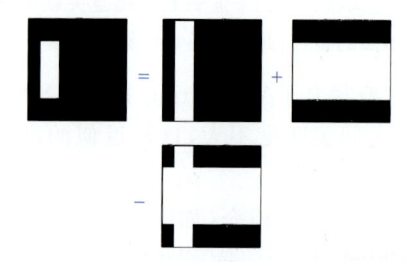

图 12-40 准严格区域分解法:一个单个长方形孔被分解成两个互相垂直长条的组合的方法,并且扣去交叠部分,而交叠部分采用薄掩模近似(无须散射仿真)[17]

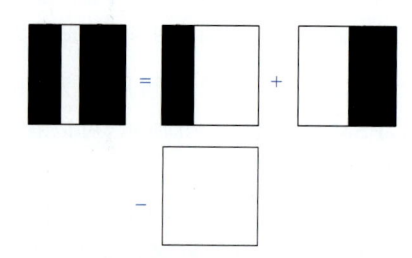

图 12-41 边区域分解法:一个一维沟槽被分解成两条边的组合的方法,并且扣去交叠部分,而交叠部分采用薄掩模近似(无须散射仿真)

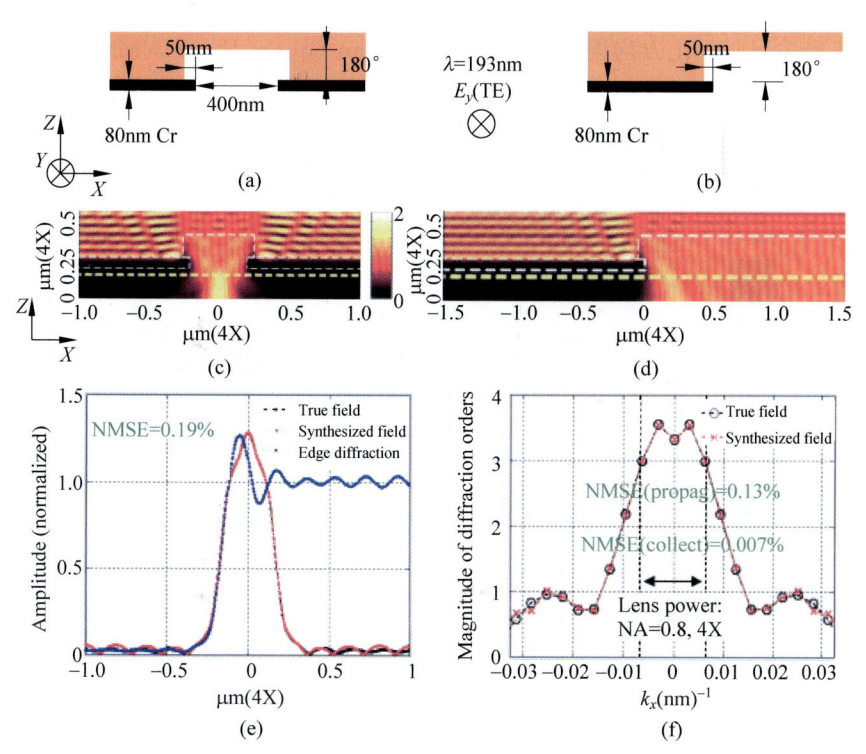

图 12-42　边区域分解法与严格算法的比较，在沟槽线宽（像平面）等于 100nm 时，两者结果符合度较高[17]

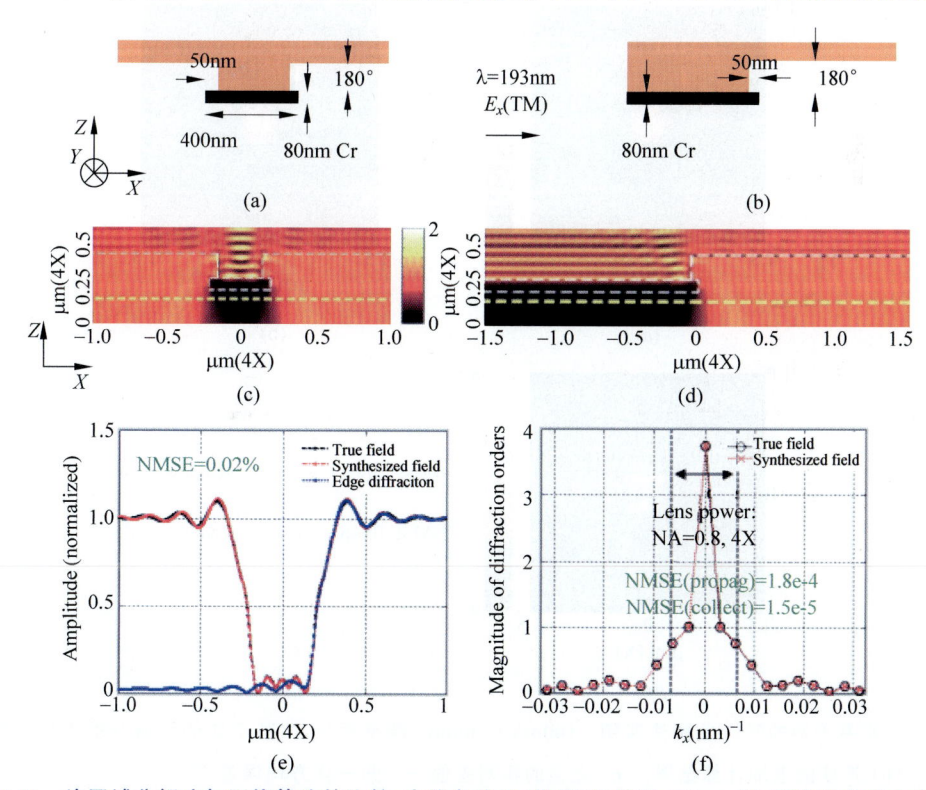

图 12-43　边区域分解法与严格算法的比较，在线条线宽（像平面）等于 100nm 时，两者结果符合度较高

亚当还对二维图形进行了基于边的区域分解，如图 12-44 所示，并且探讨了其精度。原则上，二维的基于边的分解法比一维的精确度差得多。图 12-45 展示了 100nm×100nm 的方孔

（像平面），亚当采用归一化方均误差（Normalized Mean Square Error，NMSE）表示如下：

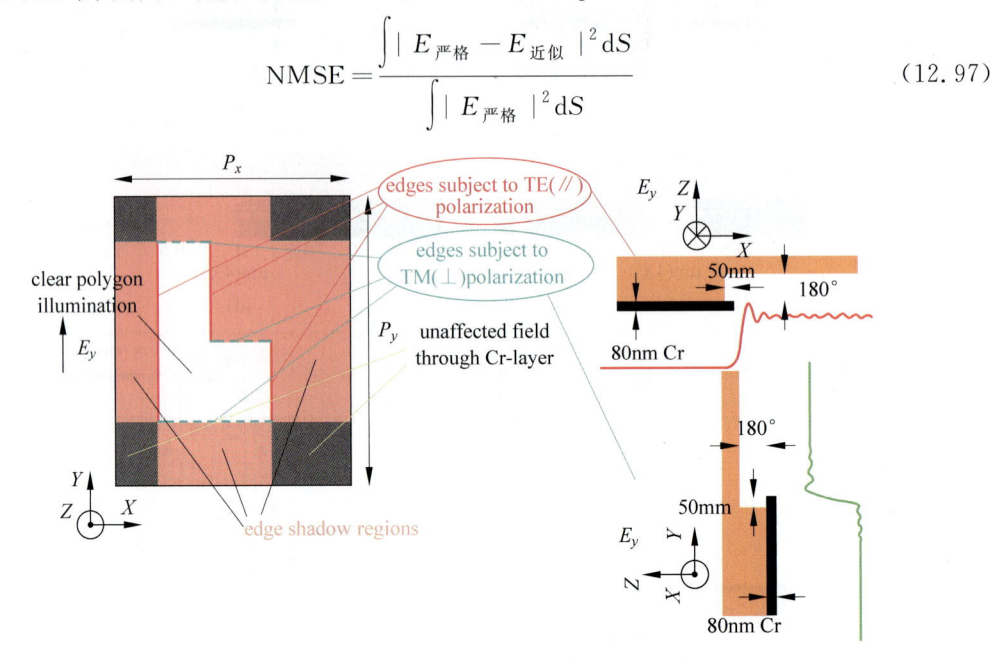

$$\mathrm{NMSE} = \frac{\int |E_{严格} - E_{近似}|^2 \mathrm{d}S}{\int |E_{严格}|^2 \mathrm{d}S} \tag{12.97}$$

图 12-44　二维边区域分解法示意图[17]

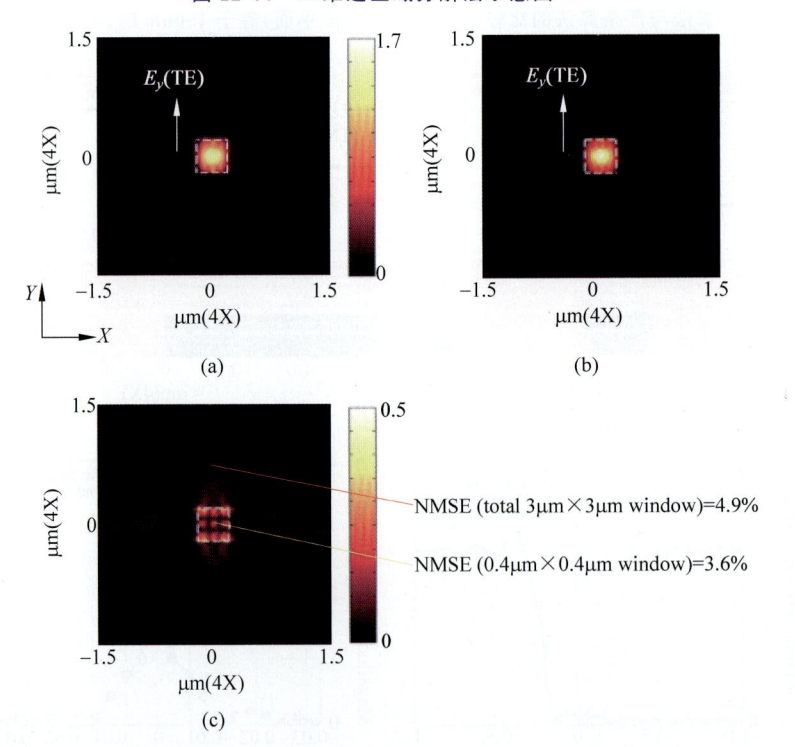

图 12-45　二维基于边的区域分解法实例：100nm×100nm（像平面）（a）基于边的区域分解电场计算结果；（b）严格的电场计算结果；（c）光强的相对差值——归一化方均误差[17]

他发现，对像平面仿真区域平均下来偏差并不大。他又将偏差按照波矢分布作图，发现主要偏差都是在大角度散射的部分，而能够被镜头收入的小角度部分（远场）相差很小，约为 0.004，如图 12-46 所示。

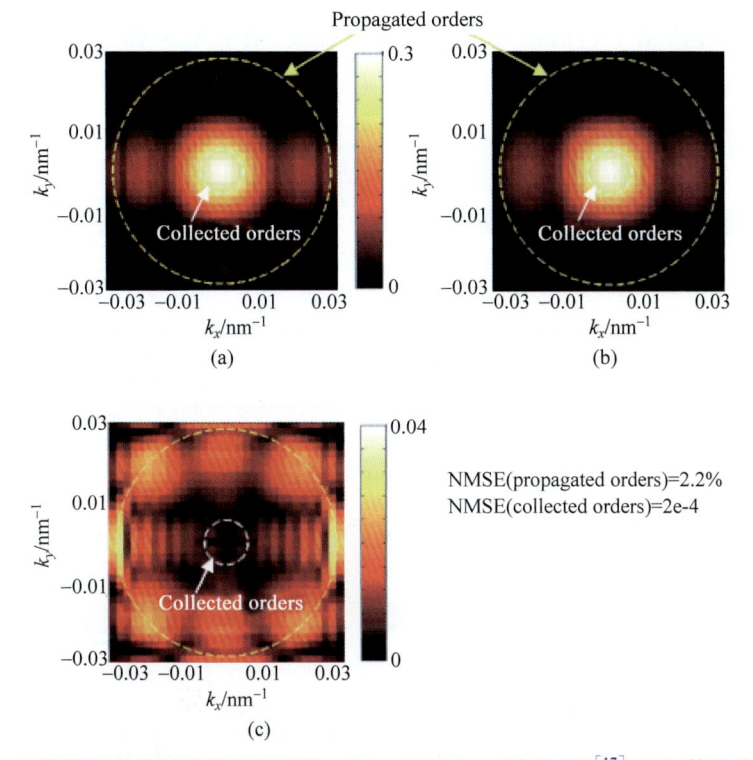

图 12-46　二维基于边的区域分解法实例：100nm×100nm（像平面）[17]，(a) 基于边的区域分解电场计算结果，波矢分布图；(b) 严格的电场计算结果；(c) 光强的相对差值——归一化方均误差

需要说明的是，以上介绍的基于边的区域分解法可以完全匹配之前的以边为单位的空间像卷积计算，而速度比严格的时域有限差分计算方法提高 172800 倍。

以上掩模版三维仿真的计算假设都是垂直入射的情况。实际上，当像空间的数值孔径为 1.35 时，由于物镜的缩小倍率等于 4，在掩模版空间的数值孔径为 0.3375，或者约 20°，斜入射对掩模版三维散射的影响并不显著[18]。作者的实践表明，即便是对整个光瞳采用正入射，如果仅看工艺窗口，设定照明条件，仿真和实际硅片结果误差不大。不过，如果需要对线宽做光学邻近效应级别的仿真，也就是需要做到±1nm 级别的精确度，则需要加入斜入射的情况。2008 年，明导公司康斯坦丁诺·亚当和迈克尔·林提出对光瞳进行分割，又称为**混合霍普金斯-阿贝方法**（Hybrid Hopkins-Abbe Method, HHA）[19]。如图 12-47 所示，光瞳被划分为 5 个区域，区域 2～5 采用斜入射的掩模版三维散射计算方法，而区域 1 采用正入射的掩模版三维计算方法。每个区域的光强 $I_S(x,y)$ 分布采用前述传输交叉系数（含有矢量的 TCC）方法（包括区域分解法掩模三维计算）计算，最后的总光强 $I(x,y)$ 是这 5 个区域相加：

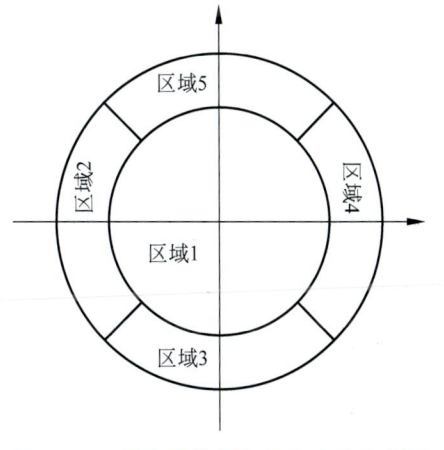

图 12-47　混合霍普金斯-阿贝方法示意图

$$I(x,y) = \sum_{S=1}^{S(\max)} I_S(x,y) \tag{12.98}$$

为了进一步提高基于边的区域分解法的精确度,迈克尔·林等引入了交叉项(Cross talk),弥补因为采用区域分解法产生的误差[20]。图 12-48 是对交叉项的来源说明。

(a)

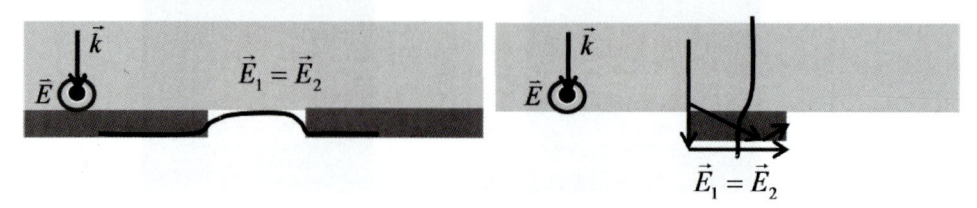

Figure 4. Shows the impact of boundary conditions on the electric fields for an incident TE polarized plane wave onto a (a) bright gap and a (b) dark gap. The E field for the TE plane wave is pointing into or out of the page. (a) demonstrates that the continuity of the tangential E field contributes to a strong TE scattering dependency for bright gap edge to edge interactions, as the phase fronts contort near the vertical mask/air interface. (b) demonstrates a weak TE scattering dependency for dark gap edge to edge interactions due to both the absorber and the tangential boundary condition.

(b)

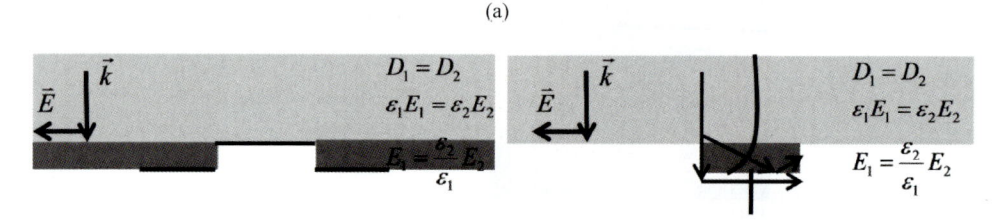

Figure 5. Shows the impact of boundary conditions on the electric fields for an incident TM polarized plane wave onto a (a) bright gap and a (b) dark gap. The E field for the TM plane wave is pointing in the plane of the page. (a) demonstrates that the continuity of the perpendicular D field leads to a discontinuous E field, which in turn contributes to a weak TM scattering dependency for bright gap edge to edge interactions. (b) demonstrates a small TM scattering dependency for dark gap edge to edge interactions due to the absorber. The discontinuity in the E field underneath the mask does support a surface wave interaction with the opposing edge, which will lead to small interactions, but larger than the TE polarization.

图 12-48　在掩模版三维散射下,边与边之间的相互作用原理示意图:(a) 横电波(TE)情况;(b) 横磁波(TM)情况

比如两个靠近的暗(金属)边缘,也就是暗场。对于横电波(TE),由于横向电场在边界的连续性,这两个靠近的暗(金属)边缘会强烈地相互影响(数值趋同,约等于 0),如图 12-48 中的左上图;对于横磁波(TM),由于电场可以不连续,两个靠近的暗(金属)边不会发生显著的互相干扰,如图 12-48 中的左下图。对于明场,交叉项的影响都比较小。图 12-49 展示了有无交叉项之间的比较。可见,二者之间的差异还是很明显的。

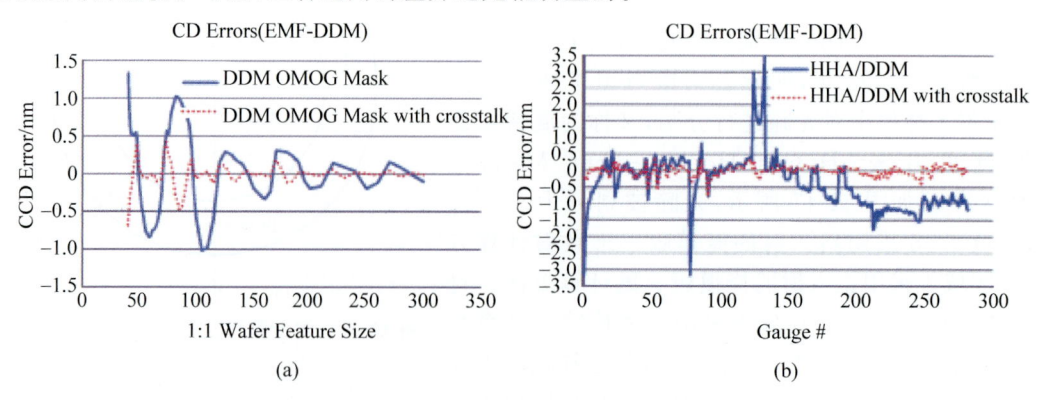

图 12-49　(a) 对于一个 OMOG 掩模版,采用区域分解法与有无交叉项之间的差异;(b) 采用混合霍普金斯-阿贝方法和区域分解法与有无交叉项之间的差异

12.6 基于模型的光学邻近效应修正：建模

12.6.1 模型的数学表达式和重要参数

光学邻近效应中的光刻工艺仿真建模是光学邻近效应修正技术的基础和核心。建模是对整个"光刻机—掩模版—光刻胶"所构成的物理、化学系统的计算仿真过程，模型的建立需要对具体的版图设计图样进行分析，并且找出最困难的图形，也就是光刻工艺窗口最小的图形，抽象化成标准的校准图形，形成一个光学邻近效应模型，也就是一个能够很好地代表光刻工艺过程的模型。

光学邻近效应中的建模通过使用硅片曝光获得的线宽测量数据对模型未定参数的校准确定"光刻机—掩模版—光刻胶"这一物理过程对各种不同尺寸和不同周期的线宽的影响。模型测量数据主要分为侧重于物理光学效应的光栅结构（一维线宽随空间周期变化图形）和侧重于化学光刻胶效应的线端结构（二维图形）两类测试图形。现有商用 OPC 建模软件都无法实现在较短时间内对光刻胶化学成像过程的精确仿真建模，而对光刻胶的光化学工程描述比较准确的模型是第 11 章中的整合参数模型(Lump Parameter Model,LPM)。不过，这个模型需要占用较多的时间。普遍采用的方案是基于高斯扩散（也就是均匀扩散）函数及其高阶组合，或与光学空间像之间的运算、组合。一般来说，光学邻近效应模型含有以下参数：

$$I(x,y) = c_{B0} + \sum_n \{c_{An} I_0(x,y) \otimes D_{An}(x,y) + c_{Bn} I_0(x,y) \otimes D_{Bn}(x,y)\} + 高阶项 + 其他项$$

$$c_{An} \leqslant c_{An\_max}, \quad c_{Bn} \leqslant c_{Bn\_max} \tag{12.99}$$

式中：c_{An} 为光酸转换系数，即由光通过光化学反应生成了多少光酸分子；c_{Bn} 为光可分解碱转换系数，即由光通过光化学反应生分解了多少光碱分子；n 为存在光酸、光碱的个数，一般来说，一只 193nm 浸没式光刻胶会采用 1 或 2 种光酸和光碱，即 $n=2$；c_{B0} 为均匀分布的不会被光分解的碱分子浓度，c_{An}、c_{Bn} 存在极大值 c_{An_max}、c_{Bn_max}，这对应明场曝光情况下，光线过强导致的所有光酸或者光碱被全部转换出来的情况；$D_{An}(x,y)$、$D_{Bn}(x,y)$ 分别为光酸和光碱的高斯扩散核函数（Kernel）。

所以，最后的结果是带有高斯扩散的光化学分子的空间分布及其酸碱中和后的光酸分子数分布。其中，"高阶项"代表光酸或者光碱的非线性项，而"其他项"包括刻蚀线宽随着周期的变化等。此外，还有图形密度导致的线宽变化，包括杂散光(Flare)的影响等。

在拟合模型时，尽量采用实际物理数值拟合。如果采用掩模版三维效应的模型，就在空间像 $I_0(x,y)$ 中加入掩模版三维散射信息，如区域分解法近似的三维散射模型；还有，必须加入矢量模型，如矢量化的 TCC_V 和混合霍普金斯-阿贝方法。最后，在拟合时，限制扩散长度偏离实际太远。例如，对于用在 32nm/28nm 技术节点及以下的大多数 193nm 浸没式光刻胶，光酸扣除光碱和普通碱后的扩散长度在 5nm 或者 10nm 左右，分别对应采用正显影和负显影的光刻胶。碱自身的扩散长度要长一些，一般在 30nm 或者以上。所以，在拟合模型时拟合出来的参数不能偏离实际参数值太远。例如，光酸的扩散长度对于负显影光刻胶拟合出来为 15nm，光碱为 45nm，这是合理的。因为光酸自身的 15nm 被碱中和后就会接近 10nm。但是，如果光酸的扩散长度拟合出来为 40nm，而光碱为 150nm，就严重偏离实际情况。这种效果表示模型的延伸性很差，会导致 OPC 之后薄弱点非常多，需要在 OPC 修正程序中打上一大堆补丁。这样，基于模型的 OPC 就失去意义，变得与基于规则的 OPC 相似。

12.6.2 建模采用的图形类型

根据光学邻近效应模型提取对计算冗余度的要求，通常有效测量数据在 2000～4000 点。光学邻近效应模型的校准图形在图 12-35 中已经展示。进入 28nm 为代表的到达衍射极限的光刻工艺后，由于对工艺窗口的进一步要求，可以在原有校准的图形上增加一些图形，如三线、四线、五线等，如图 12-50 所示。

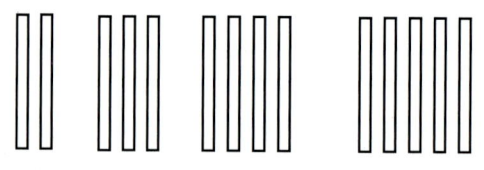

图 12-50　光学邻近效应建模所用的附加重要图形：从左到右依次为双线、三线、四线、五线

下面以一种类似逻辑的先进光刻工艺的 3 个关键层次［分别为前段有源层（Active Area，AA）、中后段通孔层（Contact hole，Via）和后段金属 1 层（Metal 1）］为例，对光学邻近效应建模做详细介绍。类似逻辑包含逻辑电路和闪存电路，不包括动态随机存储器。

12.6.3 类似 20nm 逻辑电路的前段线条层 OPC 建模举例

1. 前段线条层 OPC 建模技术要求

前段线条层，如有源层或者栅层（Gate 或者 Poly Conductor，PC），由于主要是由单向布置的（如沿 Y 方向）一维的线条组成，到了鳍形晶体管技术节点，如 14nm、10nm、7nm 甚至 5nm，对 OPC 模型的技术要求集中于一维线条线宽的准确性和精度。工业界通行的技术要求如表 12-3 所示，对于线宽小于设计规则的一维光栅结构图形一般不做技术要求，仅仅作为参考，确保模型具备一定的设计规则延伸性。

表 12-3　一种 20nm 工艺线条层对光学邻近效应模型的技术要求

测 量 图 形	建模校准精度（CD）	模型仿真精度（CD）
一维线条结构 CD＜45nm	无要求	无要求
一维线条结构 45nm≤CD≤70nm	＜±0.5nm	＜±1.0nm
一维线条结构 CD＞70nm	＜±1.0nm	＜±1.5nm
二维图形，如线端-线端	＜±4nm	＜±5nm

2. 线条层 OPC 建模技术方案和模拟结果

线条层产品工艺对最终硅晶圆上的光刻胶成像精度有极高的要求，线宽误差要控制在 0.5nm 内。曝光光源一般采用浸没式氟化氩（ArF）光源，曝光波长为 193nm，数值孔径为 1.35，如果存在禁止周期内图形，照明条件可以采用折中的偶极照明条件（如 sigma_out/sigma_in＝0.85/0.65，扇形角为 110°）及采用透过率 6% 的 PSM 相移掩模。此外，还采用了 X/Y 偏振，对设计线宽小于 80nm 的线条添加了线宽/周期为 15nm/90nm 的亚分辨辅助图形。OPC 建模采用矢量模型（数值孔径大于 0.68 时必须采用矢量模型，而这里还使用了偏振照明）。对于光学核函数数量的选取，必须平衡模型校准精度（核函数个数太少，无法保证校准精度）、模型稳定性、仿真准确性（核函数个数太多，会对随机误差进行拟合，影响稳定性和延伸性）及最终光学修正应用中的仿真计算速度（核函数多了后会增加计算负担）等。针对所用电子自动设计（Electronics Design Automation，EDA）软件的基础算法对光学和光刻胶仿真的优、缺点，在大量测试及验证基础上，一般选定采用 20～30 个光学核函数就能够较好地满足

OPC 模型的上述应用需求。实践表明,对于逻辑工艺,只要最小周期在 90nm 左右,或者数值孔径达 1.35,20 个核函数已足够表示光学邻近效应。

图 12-51 和图 12-52 是线条层采用没有修补 OPC 的数据建模结果示意图。需要说明的是,这组数据并不代表任何实际用于研发或者生产的真实数据,而是采用空间像仿真工具结合作者的工作经验生成的模拟数据,用于描述 OPC 的方法和流程。图 12-51 是所有一维光栅结构图形测量数据(点)与仿真结果(实线)的比较。图 12-52 从模型仿真精度的角度显示了线条层的 OPC 建模误差,X 轴为一维光栅周期,Y 轴为模型校准误差:

$$拟合误差 = 显影后线宽值(Meas\_CD) - 仿真线宽值(Simu\_CD) \quad (12.100)$$

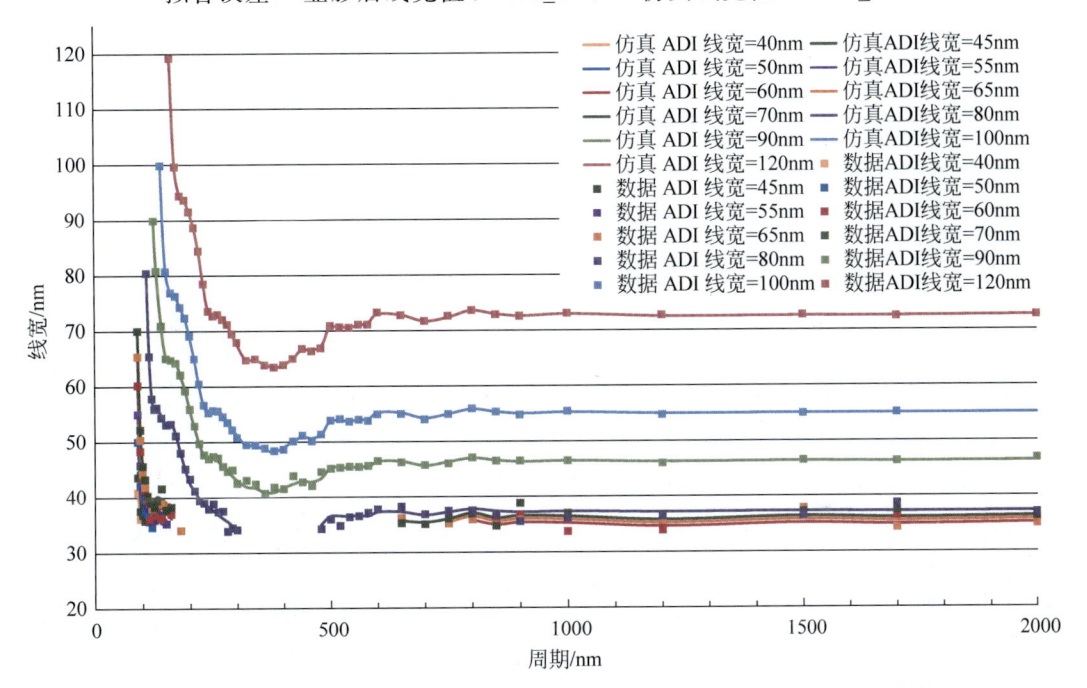

图 12-51 线条层 OPC 建模:模拟测量数据(点)与仿真结果(实线)叠加示意图

图 12-51 中尽量保留了全部测量点(线宽大于或等于 35nm),以显示测量质量的全貌。使用所有数据对模型进行拟合的结果误差在 ±2.5nm 左右。对照表 12-3(±(0.5~1.0)nm),显示误差偏大。但是,模型精度在设计规则范围内,如线宽大于或等于 45nm 的一维光栅结构图形上误差均在 ±0.5nm 之内,如图 12-52(b)所示;同时对远小于设计线宽尺寸的图形,如 35~45nm 线宽,也达到±(1.5~2.5)nm 的校准精度。其实,由于线宽偏小,其中的校准偏差主要来源于工艺的不稳定性和测量的不确定性。如果对模型进行拟合,那么需要将这些设计规则外图形的权重降低,或者置为 0。

OPC 建模使用的数据这里仅仅列举了一维线条随空间周期的变化一种,其实还包括图 12-35 中展示的线端-线端等图形。

12.6.4 类似 20nm 逻辑电路的中后段通孔层 OPC 建模的特点

1. 通孔层 OPC 模型技术要求

通孔层 OPC 建模是 32nm/28nm 及以下高端工艺节点的技术难点,其原因有以下 3 方面。

(1) 通孔层是由小孔组成的,光比较不容易穿过这些小孔到达光刻胶,所以能够做通孔的

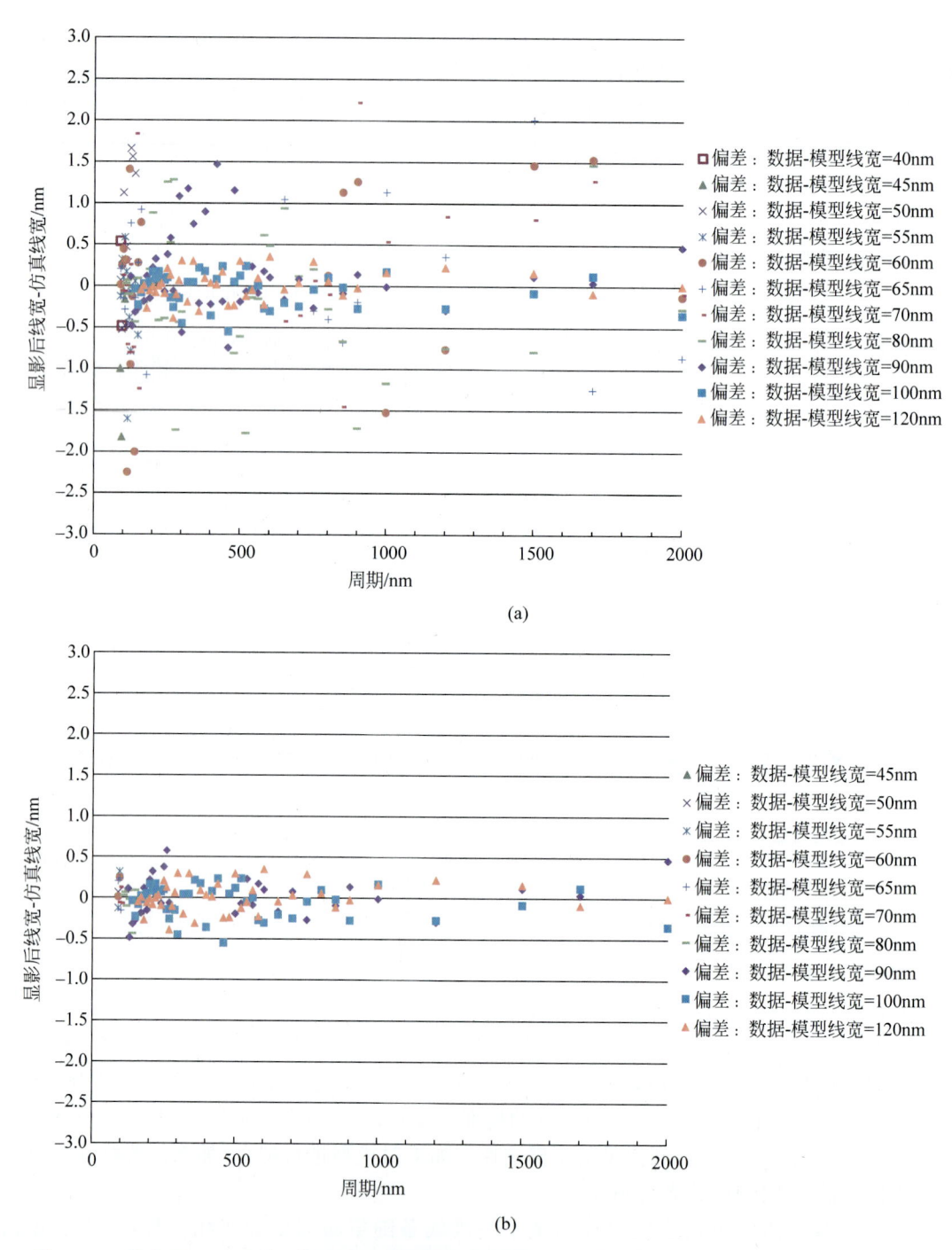

图 12-52 线条层 OPC 建模：线宽（CD）校准误差示意图，模拟线宽硅片测量值-线宽仿真值。（a）所有能够测量线宽的点；（b）显影后线宽在 45nm 以下的点去除后

光刻胶具有很高的灵敏度。而很高的灵敏度也会对各种涨落反应灵敏，比如掩模版上的线宽变化，其对线宽的影响又称为掩模版误差因子，通常是线条/沟槽的 2 倍或者更多。此外，衬底的散射也会对通孔的成像造成影响。还有就是光刻胶中聚合物分子的大小和位置分布。所以，对通孔的线宽测量需要对硅片上不同曝光场进行多次（比如 5 次）测量平均，才能获得较为稳定的值。

（2）由于线宽扫描电子显微镜（Critical Dimension measuring Scanning Electron Microscope，CD-SEM）对通孔的测量的图像对比度较差，其测量的稳定性要比线条/沟槽差，与上述问题一样，需要进行多次测量平均去除测量误差。

（3）通孔层光刻工艺开发及优化本身的复杂性。

通孔层 OPC 模型测量数据不同于前面的有源层，主要由正方形通孔一维、二维阵列及矩形通孔一维、二维阵列 4 类测试图形构成，如图 12-53 所示，还包括使用的亚分辨辅助图形将在围绕通孔图形的二维方向展开，如图 12-54 所示。

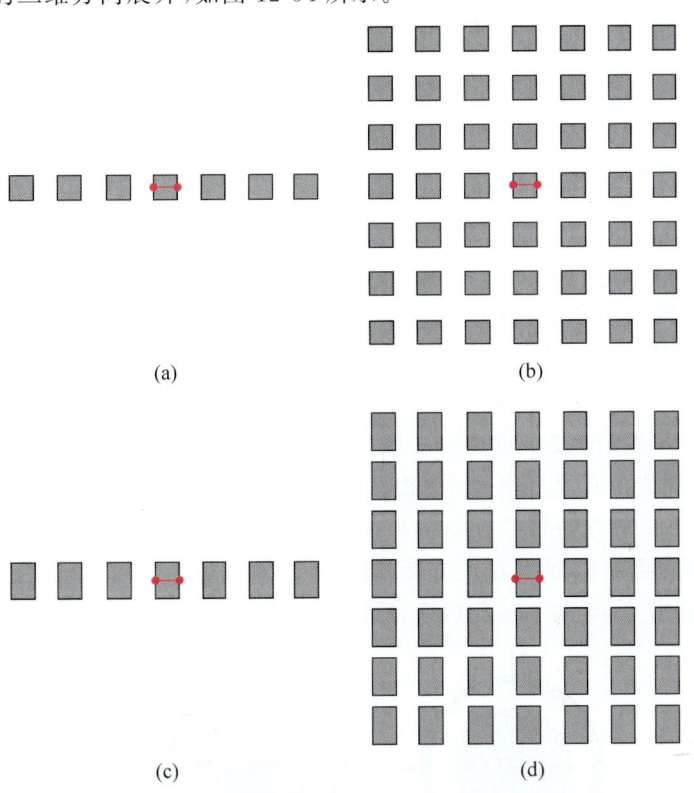

图 12-53 通孔层 OPC 建模测量数据图形：(a) 正方形通孔一维阵列；(b) 正方形通孔二维阵列；(c) 矩形通孔一维阵列；(d) 矩形通孔二维阵列

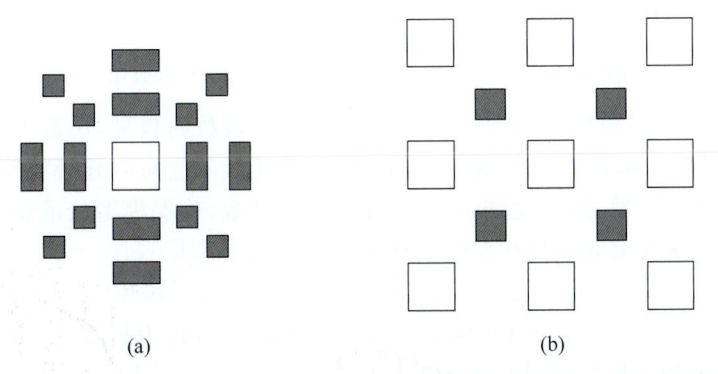

图 12-54 通孔层次中使用的亚分辨辅助图形的放置方法举例：(a) 对于存在足够空间的水平和 45°斜角放置；(b) 对于水平方向小于 2 倍最小周期的沿 45°斜角放置（图中空心方块为通孔图形，带有阴影填充的图形是亚分辨辅助图形）

如图 12-54(a)和(b)所示，沿着 45°角添加散射条(scattering bar，S-BAR，亚分辨辅助图形的一种叫法)是为了加强沿着 45°角方向边缘的光刻空间像对比度。主要原因是一般在 32nm/28nm 及更先进的光刻工艺中都使用偏振照明，而用得最多的偏振是 X/Y 偏振，如 6.7.3 节和图 6-87 所示。这种偏振在 45°角方向不会给图形带来任何好处，与非偏振差不多。

对于 20nm 通孔层 OPC 建模，业界通行的技术标准如表 12-4 所示，OPC 建模重点集中于正方形通孔一维和二维阵列。矩形通孔一维阵列和二维阵列的短轴方向(X 方向)是 OPC 实际工艺应用中的必需项，其长轴方向(图 12-53 中的 Y 方向)的建模精度一般受到光刻胶灵敏度偏高导致的边缘粗糙影响变得具有挑战性。

表 12-4　一种 20nm 工艺对通孔层 OPC 模型的技术要求

测 量 图 形	建模校准精度(CD)	模型仿真精度(CD)
一维阵列正方形通孔	<±1.5nm	<±2.0nm
二维阵列正方形通孔	<±1.5nm	<±2.0nm
一维阵列 2×矩形通孔(X 方向)	<±1.5nm	<±2.0nm
二维阵列 2×矩形通孔(X 方向)	<±1.5nm	<±2.0nm
一维阵列 2×矩形通孔(Y 方向)	<±2.5nm	<±3.0nm
一维阵列 2×矩形通孔(Y 方向)	<±2.5nm	<±3.0nm

2. 通孔层 OPC 建模技术方案

通孔层是 OPC 建模的技术难点。一般采用 193nm 氟化氩光源曝光，数值孔径为 1.35(浸没式)、环形照明光源及透过率 6%的相移掩模。环形照明条件的使用如图 12-55(a)所示，由于通孔不仅属于在 X 方向和 Y 方向上对称的图形，一般放置通孔的设计规则还希望是环形对称的(尽管在掩模函数上，通孔是正方形或长方形，并不是掩模版工艺上极难做的圆形)，照明条件需要照顾到沿着 45°角上的分辨率，所以最方便的照明条件是环形。

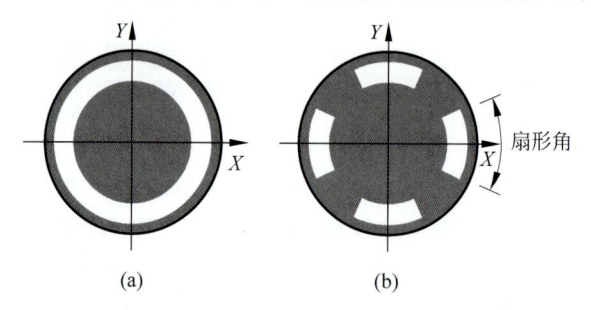

图 12-55　两种常用的照明条件在光瞳处的形状示意图：(a) 环形照明；(b) 交叉四极照明

OPC 建模采用矢量模型，但光学模型减少了光学核函数的数量，这是因为通孔结构存在一定的 X 方向和 Y 方向的对称性，相应地减少光学核函数不会影响建模精度和模型稳定性，但可以有效提高仿真计算速度，比如选取 20 个光学核函数，确保模型校准精度、模型稳定性、仿真准确性及最终光学修正应用中的仿真计算速度等应用需求。

由于通孔层属于暗场，照明光强偏离光刻胶饱和阈值(如明场和负显影场合)很远，所以选取简单的光酸高斯扩散光刻胶模型就可以。实践证明，在 28nm 及以下的光刻工艺中，光刻胶模型并未偏离光酸均匀扩散模型太远。

引入负显影后，明场中的光化学反应发生饱和的程度应显著大于(5~10 倍于正显影)正显影过程中的情况。加上负显影中光刻胶在显影后会有较大的厚度损失，导致光刻胶形貌发生变化。负显影光刻胶的模型要比正显影光刻胶模型复杂得多，其偏离光酸均匀扩散模型在线宽差异上可以达到 20nm。

12.6.5 类似 20nm 逻辑电路的后段沟槽层 OPC 建模的特点

1. 金属 1 层 OPC 模型技术要求

金属 1 层对光刻胶成像线宽的精度要求与前段线条层基本相同，有所放松，主要是由于金属层掩模在铜大马士革（Damascene）工艺引入后是暗场成像，在硅片上是沟槽结构（之前铝工艺是明场的线条），使得金属 1 层的 OPC 建模难度高于有源层。对类似 20nm 带有双向布线的金属 1 层，工业界通行的技术标准如表 12-5 所示。

表 12-5 一种 20nm 工艺对金属 1 层 OPC 模型的技术要求

测 量 图 形	建模校准精度（CD）	模型仿真精度（CD）
一维沟槽结构 CD<45nm	无要求	无要求
一维沟槽结构 45nm≤CD≤70nm	<±1.0nm	<±1.5nm
一维沟槽结构 CD>70nm	<±1.5nm	<±2.0nm
二维图形，如线端-线端，线端-横向沟槽等	<±2.5nm	<±3.5nm

2. 金属 1 层 OPC 建模技术方案

金属 1 层产品工艺与有源层一样，对产品设计线宽（$L/S=45nm/45nm$）成像精度有极高要求，线宽误差要控制在±1.0nm 内，采用了 193nm 氟化氩光源曝光，数值孔径为 1.35（浸没式）、交叉四极照明光源及透过率 6% 的相移掩模。交叉四极相当于互相成 90°的两个偶极照明条件的组合。这是对于具有在 X 方向和 Y 方向双向布线设计规则的金属层拥有最强分辨率的照明条件，如图 12-55(b)所示。扇形角一般为 35°～60°。

如图 12-56 所示，金属层在拥有最小的空间周期的同时，如 28nm 的空间周期为 90nm，还需要满足双向布线的设计规则要求，于是采用交叉四极。图 12-56(a)和(b)中的 90°拐弯，以及图 12-56(c)中的不规则线端和线段长度都需要来自斜角（如 45°角）方向的照明加强对比度，这就要求图 12-55(b)中的扇形角越大越好。但是，图 12-55(b)中的扇形角越大（当扇形角等于 90°时，就等同于环形照明），在最小周期 90nm 上的对比度就越差，与提升分辨率矛盾。

OPC 建模采用矢量模型。对于光学核函数数量的选取，作为与有源层同样的关键层，光学模型采用了与有源层相同的 20～30 个光学核函数，确保模型校准精度、模型稳定性、仿真准确性以及最终光学修正应用中的仿真计算速度等应用需求。

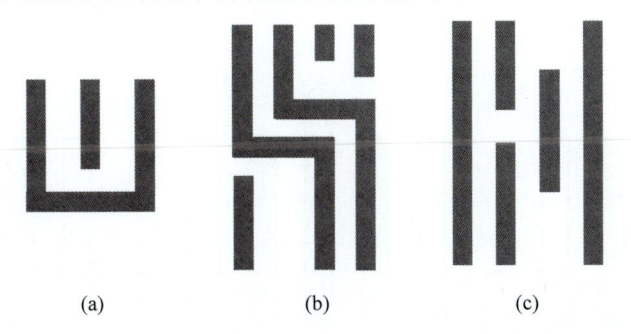

(a)　　　　　　(b)　　　　　　(c)

图 12-56　具有 X 和 Y 双向布线金属层设计规则对于 OPC 比较难的图形类型：(a) 具有完全包裹的线端；(b) 具有 90°的拐弯；(c) 不规则的线端组合

在光刻胶模型的选取上，金属 1 层对模型的稳定性要求更高，复杂光刻胶模型对模型稳定性影响在建模过程中很难控制，没有选取在有源层所用的最复杂光刻胶模型，而是选取了较简单的光刻胶模型。实际上,由于金属 1 层的掩模版与通孔一样,也是暗场,沟槽与沟槽之间近似独立,光酸的扩散可以看成近似独立,也就是可以很好地看成均匀扩散,也就是高斯扩散,故选择较为简单的光刻胶模型是可行的。

12.7 基于模型的光学邻近效应修正:修正程序

在有了模型以后,光学邻近效应就可以对模型的输出与目标图形尺寸存有差异的地方进行修正、调整。修正和调整的方法一般通过对边缘放置误差量(Edge Placement Error,EPE)进行修正。对于较长的线段,还需要进行分段,美国明导公司(现在属于德国西门子公司)的光学邻近效应软件称为 Fragmentation,或称 Segmentation。怎样进行分段是 OPC 修正的重要内容。分段太粗会导致修正不准确;分段太细会导致掩模版图形节点太多,数据文件太大,消耗 OPC 许可证和服务器核心太多,导致时间和成本太高。在 12.3 节中,确定了分段一般不远小于相干长度。一般来说,一个相干长度内,比如 100nm 之内,最多切成 3~4 段,每段 20~30nm。

对于模型输出值和目标值的差异,一般要根据图形的密集程度来决定补偿多少。比如,密集的两个图形线宽都偏小,对于每个图形一般只能补偿一部分,如 40%~70%。这是因为,如果对某一条边补偿了 100%,则相邻的其他图形的边也会因此而变化。为了避免补偿不收敛,反复振荡,补偿值一般小于 100%。对于孤立的图形,这样的补值可以接近 100%。这种补偿很难在一轮中完成,一般要经历 8~20 轮。而且,每轮的补偿比例也可以不一样。比如,如果设定 10 轮补偿,则每轮补偿的补偿系数可以设定为 30%、40%、50%、60%、60%、50%、40%、40%、30%、30%。图 12-57 中展示了一组线端,且中央的线端突出的图形经过 2 轮光学邻近效应修正的情况。对于相互作用比较弱的图形,一般经过 2~3 轮修正即可完成。图 12-58 展示了在一组密集线条/沟槽边缘存在一根较短线段的图形。由于此短线段和密集线条靠得很近,实际工作中遇到的很多情况可能是最小周期,对此线段的光学邻近效应修正会影响到密集线条组的最边缘一根的外缘(其实内缘也会受到影响,为了比较明确地说明相邻边缘的相互作用,这里仅假设只有外缘受到影响),于是需要更多轮的循环。这里仅仅示意增加一轮的循环。需要说明的是,对称的图形,最终修正完成的掩模版不一定是对称的,这取决于分段是否对称,最后空间像是对称的就可以了。

----- 第1轮掩模版修正形状
----- 第2轮掩模版修正形状

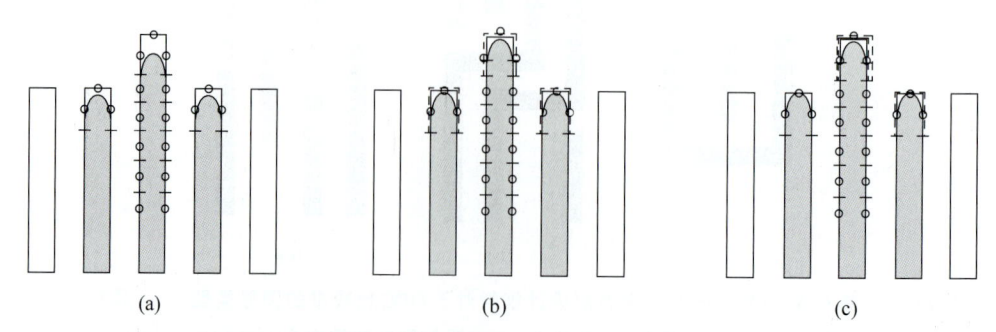

(a)　　　　　　　　　　(b)　　　　　　　　　　(c)

图 12-57　一种简单的图形经过两版修正完成示意图:(a)修正前,确定分段和各分段中央的边缘位置误差(EPE)测量点;(b)经过第 1 轮修正,补偿比例为 60%;(c)经过第 2 轮修正,补偿比例为剩余边缘位置误差的 80%(其中多边形为掩模版图形,阴影的图形为仿真的轮廓)

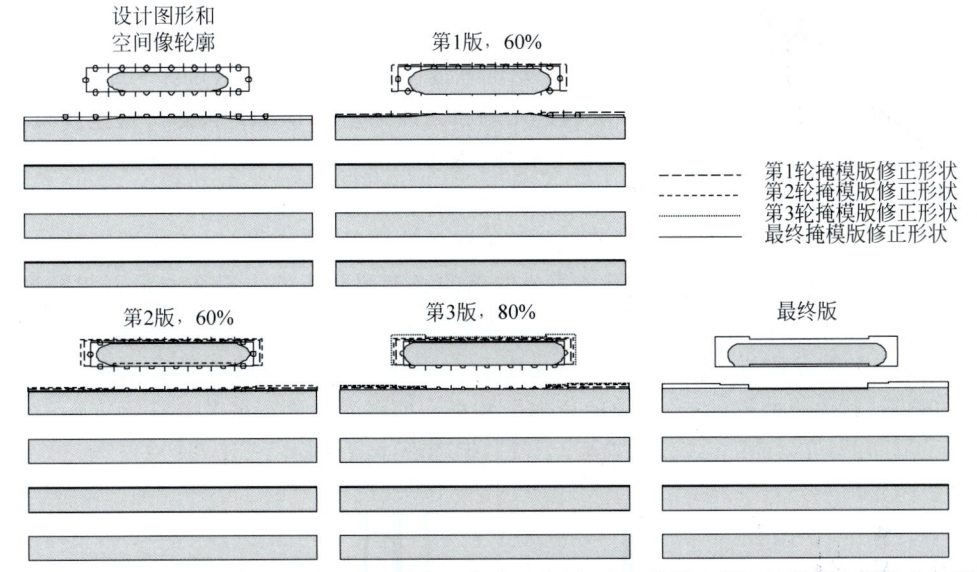

图 12-58 一种阵列边缘线段经过至少 3 轮修正完成示意图(其中线段和邻近的长线之间存在相互作用关系,比起单独的图形,需要多一些的循环(这里比起图 12-57 中的图形多了 1 轮循环);其中多边形为掩模版图形,阴影部分的图形为仿真的轮廓最终版,即第 3 版)

此外,诸如选择性的线宽偏置(Selective Sizing Adjustment,SSA)、亚分辨辅助图形(SRAP)、装饰线(Serif)、线端处理,包括榔头(Hammer head)的添加等工艺窗口增强的方法也会在修正过程之前使用。这需要告诉 OPC 软件特定的图形。比如,线端的识别,需要告诉它线端的伸出量和宽度,如图 12-59(a)所示。比如,伸出量为 100nm,宽度最大为 70nm 进行线端处理。识别之后,可以通过预设的程序按照预设的宽度和长度对其添加榔头,如图 12-59(b)所示,以减少在硅片曝光后线端的缩短,从而增加工艺窗口。

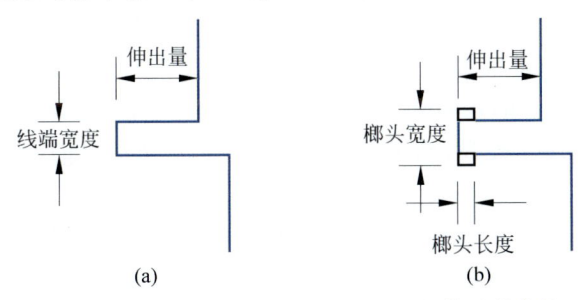

图 12-59 OPC 软件对线端的识别参数(a)以及添加榔头的参数(b)示意图

另外,在光学邻近效应程序中,还可以对模型预测不准确的位置进行额外的补偿。比如,针对阵列边缘的图形按照规则进行额外补偿。这种规则的确定一般也是通过一轮 OPC 的反馈获得的。也就是说,需要经过一轮掩模版出版且在硅片上验证。这样做一般来说很难完全避免,但是,这会导致研发时间的拖延和研发成本的增加。所以,在模型拟合的过程中尽量使用含有物理含义的参数和参数取值,在物理参数完全使用后还剩下的不符合部分,采用数学参数完成拟合。这样做,即使使用了部分数学参数,模型的物理性也能达到最强,预测能力也就最强。

12.8 光学邻近效应中的亚分辨辅助图形的添加

光学邻近效应中显著的特征图形是各种添加的辅助图形,如亚分辨辅助图形、装饰线等。

使用最多的是亚分辨辅助图形。需要说明的是,在允许有第二道剪切光刻层(Cut layer)的情况下,如栅极层(Gate layer),可添加可被印出的辅助图形(PRintable Assist Feature,PRAF)。在第一道光刻后,用第二道剪切光刻层通过光刻和刻蚀工艺将 PRAF 去除。这里介绍不会被印出的亚分辨辅助图形。20 世纪 90 年代末,Fung Chen 等提出了使用亚分辨辅助图形的方法来提高孤立图形的对焦深度[22-23],如图 12-60 所示。亚分辨辅助图形的作用是在较为孤立的图形两侧添加一根很细的线条(对于主图形是线条的情况)或沟槽(对于主图形是沟槽的情况),使得此图形接近密集图形。半导体集成电路的光刻照明条件一般会向最密集图形倾斜,如采用较大的离轴照明角度。不过,由于衍射光更加集中到密集的 0 级、1 级或 −1 级,原先孤立线条的密集衍射级数被淡化,空间像对比度会有所减小(衍射级数由于受到密集散射条对 0、±1 的倾斜,其他级数被削弱,等效的衍射级变小),即曝光能量宽裕度会有所减小。

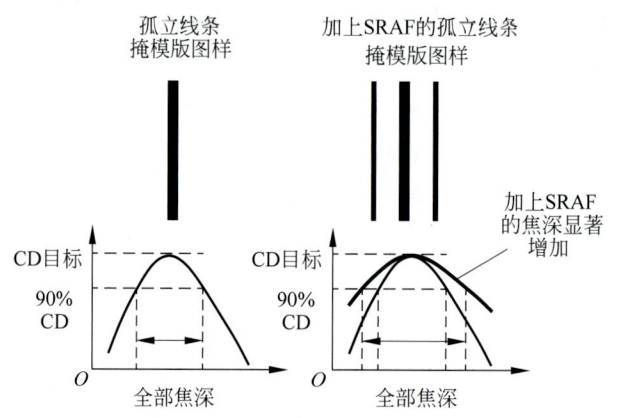

图 12-60　亚分辨辅助图形在离轴照明条件下会增加对焦深度的示意图

对于逻辑器件工艺,对焦深度的重要性一般大于图形的对比度,除非对比度太低。所以对焦深度一定要满足光刻机的最低要求。例如可制造 28nm 逻辑工艺的 193nm 浸没式光刻机的对焦深度一般为 80nm,也就是掩模版上所有图形的公共对焦深度必须达到 80nm,才能够在制造 28nm 逻辑光刻工艺的光刻机上制作。对于 14nm 工艺,这种要求可以放宽到 60nm 左右。随着光刻机性能的逐渐提高,到了 7nm 工艺节点,对焦深度的要求放宽到 55nm;到了 5nm 工艺,放宽到 45~50nm。

添加亚分辨辅助图形有手动的和自动的两种方法。手动添加只在设计测试掩模版时可以用一下,因为速度太慢,而且容易出错。工业界一般采用自动的方法,而自动的方法又分为基于规则的和基于模型的。

12.8.1　基于规则的添加

对于一维图形,基于规则的添加方法(如图 12-61 所示),具体步骤如下。

(1) 确定亚分辨辅助图形的空间周期 p_{SRAF},一般等于本层的最小空间周期 p_{MIN}。

(2) 在 $2p_{MIN}$ 的空间周期开始增加第一根散射条。

(3) 在 $3p_{MIN}$ 的空间周期开始增加第二根散射条。

(4) 在大于 $3p_{MIN}$ 的空间周期保持每一根主线条在距离 p_{MIN} 的地方有一根散射条。

如果每一根主线条边上只定义一根散射条,对再宽的空间周期,也不再变化。如果每一根主线条边上只定义两根散射条,则继续

(5) 在 $4p_{MIN}$ 的空间周期开始增加第三根散射条。

(6) 在大于 $5p_{MIN}$ 的空间周期保持每一根主线条在距离 p_{MIN} 的地方有一根散射条，在距离 $2p_{MIN}$ 的地方还有一根散射条（每一边共有两根散射条）。

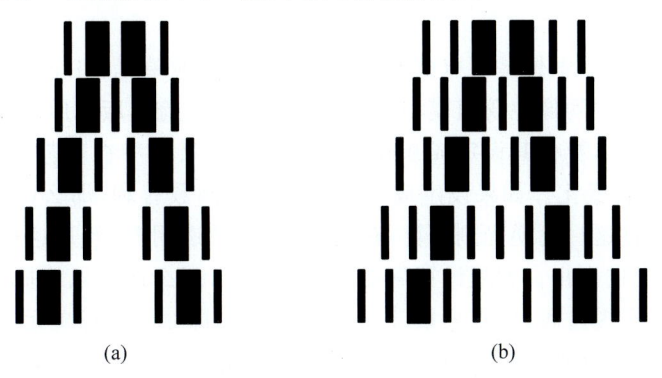

图 12-61　添加亚分辨辅助图形的规则图示：线条/沟槽。（a）主图形每边最多添加一根散射条；（b）主图形每边最多添加两根散射条

这种按照两条线条/沟槽之间的周期，即以中心—中心的距离为准的添加方法在原理上很清楚，但是在版图文件上操作较难。一般在设计版图文件上，又称为 GDSII 格式文件，比较容易的做法是标定边缘到边缘的距离，比如散射条到主图形边缘的距离。所以，对于图 12-61 中的添加两条散射条的情况，一般需要标明第一根散射条到主图形的距离以及第二根散射条到第一根散射条之间的距离。对于二维通孔或者岛，如图 12-62 所示，也可以采用类似的添加方法。而且，在通孔周期不到 2 倍的最小周期时，还可以添加在 45°角的方向上。不过，这样的添加方法一般不能够搭配四极照明，因为这会加强 45°角的对比度，可能会导致散射条被曝光曝出，形成缺陷。

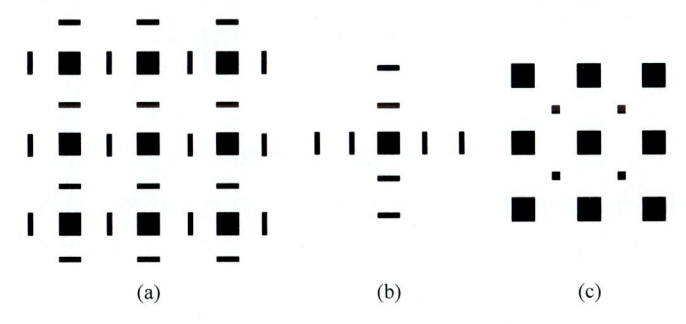

图 12-62　添加亚分辨辅助图形的规则图示：通孔/岛。（a）半密集（$\geqslant 2p_{MIN}$）；（b）孤立；（c）半密集（$\leqslant 2p_{MIN}$）

12.8.2　基于模型的添加

除了基于规则的添加，还可以通过模型来自动添加，这对于对工艺窗口要求较高的 32nm/28nm 及以下光刻工艺来说是大有好处的。

基于模型的方式会根据仿真得到的空间像中某些参数产生的需要自动在某些孤立的图形边上增加亚分辨辅助图形。当然，这种计算的方法不是前面讲到的方法。前面讲到的方法是根据给定的照明条件，对掩模版图形通过以傅里叶变换加上一定的光刻胶模型（如简单的阈值模型加上空间像的高斯扩散）为主的演算来得到光刻胶内部的潜像。这里讲到的方法是根已知的掩模版图形、光刻参数[如光刻机的参数(数值孔径、照明条件、像差等)]和光刻胶的参数(如光酸扩散长度、显影对比度曲线),根据给定的正向模型(Forward model),即从掩模版到硅片图形的模型,来确定最佳的掩模版图形分布函数。这种方法又称为逆光刻(Inverse Lithography,IL)方法[24-25]。

通过这种方法的主要思想是将掩模版均匀分成方块图像单元(Pixel),如图12-63所示,一个给定的仿真模型(如空间像+阈值模型)从一个初始函数(掩模版的原始设计图样)来对每一个掩模版单元进行考查,看将其设定成0或1,一些预先定义的考查工艺好坏的参数或代价函数(Cost function)是否变化。如果设定成0对降低代价函数有利,那么即使原先在这个单元上是1或不透明,经过这一轮逆光刻运算,它也会被改成"透明"。经过这样的反复运算,直到最后结果不再明显变化为止。如果计算需要高的精确度,那么还可以将掩模版考虑成为连续函数,即0到1可以平缓过渡,即水平集(Level set)方法,即每个图像单元可以取0~1的连续小数。这对减少掩模版分割,提高运算速度和精确度有很大的好处,具体参见11.15节。

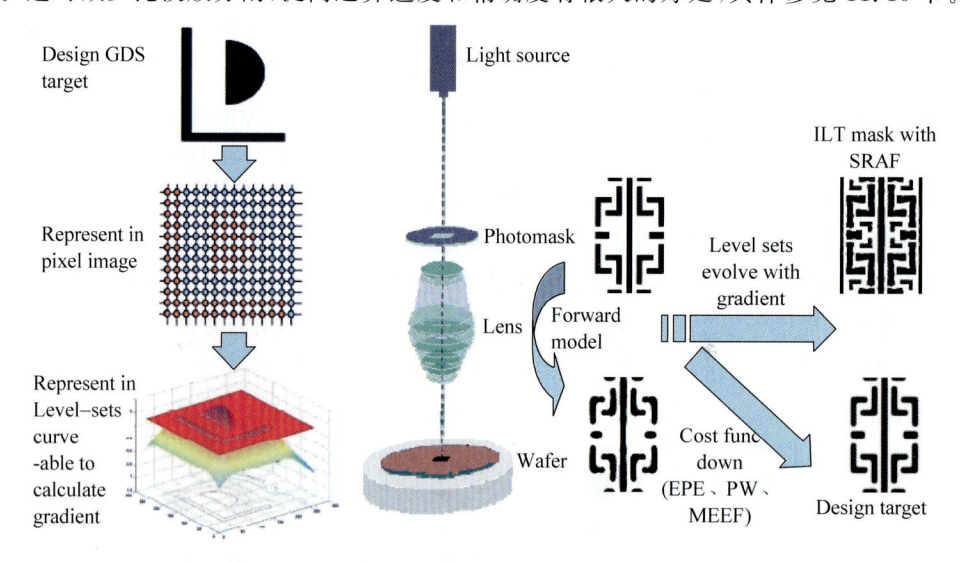

图12-63 逆光刻流程图[24]

那么,这样的掩模版函数被认定为优化了的函数。常见的代价函数有以下几种。

(1) 与设计图形的差异。
(2) 与设计图形在给定的离焦后的差异。
(3) 与设计图形在曝光能量偏移给定量后的差异。
(4) 与设计图形在掩模版存在给定误差后的差异。

逆光刻与第11章介绍的光刻仿真中的光源掩模协同优化类似。只不过SMO不仅包括逆光刻或光学邻近效应修正(Optical Proximity Correction,OPC)计算,还包括光源的优化(Source Optimization,SO)。一般来说,掩模版优化的计算要比光源优化的计算所用的时间长一些。这是因为,在照明光瞳上每处的光都是相互不相干的,而掩模版上每处的像素之间是相互关联的。

所以,有了逆光刻,亚分辨辅助图形就会自动被加到掩模版上。图12-64展示了逆光刻可以根据需要产生规则度不同的散射条,从左到右规则度逐渐提高,由几乎连续变化的掩模版(很难制造)到十分规则的掩模版(容易制造)。

由于基于模型的亚分辨辅助图形的添加严重依赖模型的精确度,而且会产生一些掩模版较难制作的很小图形。小图形倒是问题不大,可以设定一种算法将之清除掉。模型不准确会使得散射条印出,从而产生缺陷。所以,基于模型的添加方法可能在某种程度上不如基于规则(从实验中得到的规律)的添加方法可靠,虽然前者的工艺窗口比后者大。

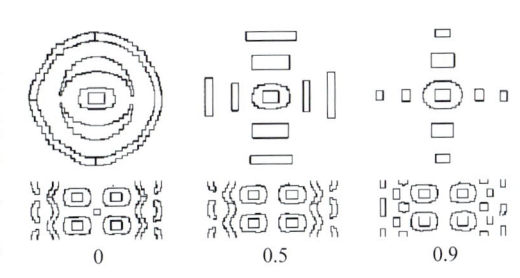

图 12-64 逆光刻产生的亚分辨辅助图形可以调节成为不同规则度示意图(图中主图形为一个长方形孔,被一个椭圆的圈包围)[24]

折中的办法是通过对基于模型产生的散射条的观察制定出较为保守的规则,然后根据此规则来添加亚分辨辅助图形。

12.9 基于模型的光学邻近效应修正:薄弱点分析和去除

原则上,如果模型是精确的,那么薄弱点的产生可以完全归结于光刻工艺或掩模版工艺。如果模型本身具有很大的误差,那么薄弱点的出现可能完全是模型的不精确造成。薄弱点通常表现在经过 OPC 的掩模版在硅片上曝光成像的图形尺寸无法达到设计要求。这种偏离设计尺寸的误差,一般采用严格的仿真(Rigorous simulation)进行分析,如采用时域有限差分的阿贝方法,与光学邻近效应仿真(OPC 模型的仿真)进行比较,看看哪个更加接近硅片曝光结果。不仅如此,还要对掩模版进行拍照,掩模版与实际设计图形到底相差多少。如果光刻工艺没有考虑周到,导致出现薄弱点,一般通过能量-焦距矩阵曝光才能知道。在最佳能量和焦距,线宽达到目标值(Target)一般是能够满足的,但是不一定有足够的光刻工艺窗口。如果是这样,那么需要调整光刻工艺条件。

如图 12-65 所示,有一段需要变细的粗线条。OPC 采用分为 3 段线段的修补方法。结果是用掩模版在硅片的曝光在线段最细处只有 32.5nm,而目标值为 45nm。看到 OPC 软件输出的值为 45nm(这不奇怪,本来就是基于此模型修正的)。将 OPC 后版图输入严格的带有时域有限差分和阿贝空间像的模型中进行计算,发现输出的线宽值为 44nm,与 OPC 的值接近。这对于 32nm/28nm 逻辑电路光刻工艺来说还是可以接受的。说明光学邻近效应的精确性还是可以的。然后将掩模版送去用扫描电镜测量,发现中间 3 分段的等效线宽只有 50nm(1 倍率),考虑到掩模版误差因子对于单个图形约为 2.0(假设相邻的图形宽度不变),这一5nm 的误差将导致-10nm 的硅片线宽偏差。严格模型算出的线宽值为 44nm,扣除 10nm,得到 34nm,与硅片上的数值 32.5nm 相符。之后又将实际掩模版轮廓输入严格的仿真程序中去计算(图 12-65 中没有展示),得到线宽结果约为 33nm,与实际情况接近。

这说明,导致这个薄弱点的最主要因素是掩模版制作线宽偏差。另外,OPC 也有可以改进的地方,就是线条/沟槽变细,是不是有必要将掩模版修整得如此凹进凸出(参见 12.3 节)? 如果能够减少一些边缘起伏,也可以使得掩模版制作精确度高一些,且难度降低不少。

图 12-66 所示的情况与图 12-65 中不一样,这是一层沟槽光刻的后段金属连线层。在硅片上实测发现一个横向凸起的槽端快与其前方的横槽桥接(Bridge)。虽然 OPC 后版图用 OPC 模型仿真并没有出现问题,但是,当用严格的模型仿真计算此版图时发现严格的模型可以预见槽端的凸起即将与其前方的横向桥接。这说明光学邻近效应模型不够准确。

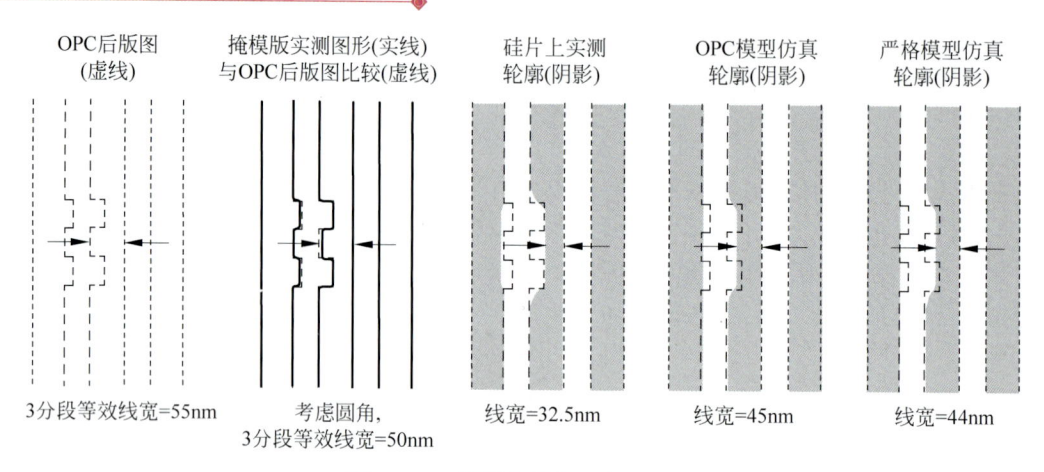

图 12-65 薄弱点轮廓示意图（一）

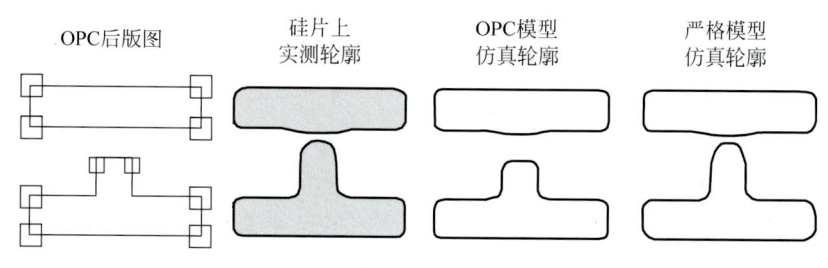

图 12-66 薄弱点轮廓示意图（二）

图 12-67 是线端的实际测量示意图。由于槽端的对比度很差，曝光能量宽裕度一般仅在 5%～8%，远低于沟槽的 10%～13%。所以，以一定的阈值要求，槽端测量值往往会显现出更多缩短，即槽端-槽端之间的距离偏大。所以，以这样的数据对光学邻近效应模型进行校准，模型就会认为槽端缩短较严重，就会在模型补偿过程中将槽端延伸出来。而槽端本来对比度就差，掩模版误差因子也大，这么一延伸，很有可能直接导致了桥接。严格仿真模型的计算值与实际硅片曝光的测量值一致就可以说明问题。

对于槽端、线端在建模的时候都需要进行仔细分析。同时，在光刻确定照明条件，以及不影响主要图形的工艺窗口要求时，可以适当地提高线端/槽端的对比度。

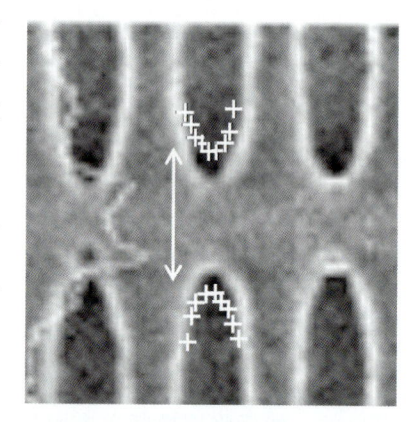

图 12-67 线端的实际测量情况示意图

参考文献

[1] 马斯科·玻恩,埃米尔·沃尔夫.光学原理.7 版.北京：电子工业出版社,2009：387.
[2] Wu Q, Zhu J, Wu P, et al. A systematic study of process windows and MEF for line end shortening under various photo conditions for more effective and robust OPC correction. Proc. SPIE 6154,2007：1317.
[3] Wu Q, Wu P, Zhu J, et al. A study of process window capabilities for two-dimensional structures under double exposure condition. Proc. SPIE 6520,65202O,2007.
[4] 马斯科·玻恩,埃米尔·沃尔夫.光学原理.7 版.北京：电子工业出版社,2009：477.
[5] 马斯科·玻恩,埃米尔·沃尔夫.光学原理.7 版.北京：电子工业出版社,2009：498.
[6] Wong A K K. Resolution enhancement techniques in optical lithography. SPIE Press 2001：49.

[7] Nikolas Cobb. Fast optical and process proximity correction algorithms for integrated circuit manufacturing. UC Berkeley 博士学位论文,1998.

[8] Kenji Yamazoe. Computation theory of partially coherent imaging by stacked pupil shift matrix. J. Opt. Soc. Am. A 25,2008:3111.

[9] Kenji Yamazoe,Neureuther A R. Aerial image calculation by eigenvalues and eigenfunctions of a matrix that includes source,pupil,and mask. Proc. SPIE 7640,76400N,2010.

[10] Konstatinos Adam,Yuri Granik,Andres Torres,et al. Improved modeling performance with an adapted vectorial formulation of the hopkins imaging equation. Proc. SPIE 5040,2003:78.

[11] Hafeman S,Neureuthe A. Simulation of imaging and stray light effects in immersion lithography. Proc. SPIE 5040,2003:700.

[12] Rosenbluth A E,et Al. Fast calculation of images for high numerical ape true lithography. Proc. SPIE 5377,2004:615.

[13] Yee K S. Numerical solution of initial boundary value problems involving Maxwell equations in isotropic media. IEEE transactions AP-14,1966:302.

[14] 葛德彪,闫玉波. 电磁波时域有限差分方法. 3 版. 西安:西安电子科技出版社,2011.

[15] Moharam M G,Gaylord T K. Rigorous coupled-wave analysis of planar-grating diffraction. J. Opt. Soc. Am. 71,1981:811.

[16] Moharam M G,Grann E B,Pommet D A. Formulation for stable and efficient implementation of the rigorous coupled-wave analysis of binary gratings. J. Opt. Soc. Am. A 12,1995:1068.

[17] Konstantinos Adam. Domain decomposition method for the electromagnetic simulation of scattering from three-dimensional structures with application in lithography. UC Berkeley 博士学位论文,2001.

[18] Jo Finders,Thijs Hollink. Mask 3D effects:Impact on Imaging and Placement. Proc. SPIE 7985-17 EMLC,2012.

[19] Konstantinos Adam,Michael C. Lam. Hybrid Hopkins-Abbe method for modeling oblique angle mask effects in OPC. Proc. SPIE 6924,69241E,2008.

[20] Michael C. Lam,Konstantinos Adam,David Fryer,et al. Accurate 3D EMF mask model for full-chip simulation. Proc. of SPIE 8683,86831D,2013.

[21] Gabor A,Bruce J,Chu W,et al. Sub-resolution assist feature implementation for high performance logic gate-level lithography. Proc. SPIE 4691,418,2002.

[22] Chen J F,Laidig T,Wampler K E,et al. Full-chip optical proximity correction with depth of focus Enhancement. Microlithography World 6,1997,(3).

[23] Chen J F,Wampler K,Laidig T L. Optical proximity correction method for intermediate-pitch features using subresolution scattering bars on a mask. US5821014,1998.

[24] Pang L,Dai G,Cecil T,et al. Validation of inverse lithography technology (ILT) and its adaptive SRAF at advanced technology nodes. Proc. SPIE 6924,69240T,2008.

[25] Hung C Y,Zhang B,Tang D,et al. First 65nm tape-out using inverse lithography technology (ILT). Proc. SPIE 5992,59921U,2005.

思考题

1. 什么是光刻工艺中的空间像对比度？什么是能量宽裕度？

2. 什么是调制传递函数？对于相干照明、部分相干照明和非相干照明,其调制传递函数各是怎样的？

3. 光学邻近效应在一维线条/沟槽线宽随着周期变化的表现是什么？

4. 对于孤立的图形,为了提高成像的对比度,是采用正入射照明好,还是采用斜入射照明好？

5. 阿斯麦公司推出"图形匹配服务"(Pattern matcher)的主要理论根据是什么？

6. 光酸等效扩散长度对一维线条/沟槽线宽随着周期变化的影响表现在哪些方面？

7. 对于小周期图形（见图 12-10 和图 12-11），由于衍射，空间像有哪些特点？

8. 对于线端-线端、线端-横线这类重要的二维图形，可以采用哪种方法预测当线端-线端、线端-横线间隙变得很小时会桥接？

9. 光刻胶的等效扩散长度对线端-线端、线端-横线的可能桥接有什么影响？

10. 为什么对于密集线条/沟槽线宽可以做得很小，如密集周期的一半，但是对于孤立线条/沟槽，线宽必须稍稍放大？这与采用什么照明条件不太相关？

11. 采用6%透射衰减的相移掩模版对线条和沟槽各有什么影响？

12. 什么是相干长度？在科勒照明条件下写出相干长度的表达式。

13. 非无限小的相干长度对光学邻近效应修正有什么启示？

14. 什么是基于规则的光学邻近效应修正？什么是基于模型的光学邻近效应修正？

15. 校准光学邻近效应模型有哪些基准图形？

16. 光学邻近效应模型一般含有哪些物理参数？

17. 什么是传输交叉系数？

18. 传输交叉系数为什么具有厄米特对称性？

19. 将部分相干光的卷积计算线性化是通往光学邻近效应快速计算空间像的通道，也为大规模并行计算创造了条件。还有一项技术为光学邻近效应快速计算空间像计算是什么？

20. 说明将矢量融入传输交叉系数的原理。

21. 采用区域分解法将掩模版三维散射计算融入光学邻近效应快速计算是不是一种近似计算？如果是，主要问题是什么？

22. 基于模型的光学邻近效应建模经过传输交叉系数的奇异值分解得到的核函数一般需要用到几个？对于通孔层可以少用几个吗？为什么？

23. 如果核函数多用几个会有怎样的问题？

24. 光刻胶具有自身的物理量，比如光酸的等效扩散长度。但是，对于光学邻近效应建模，是否需要将式(12.99)中的参数基本限制在物理参数附近？有人说，光学邻近效应就是一个数学模型为主的模型，当参数足够多的时候，总是能够做得准确。这样的做法存在，但主要问题是什么？

25. 进入193nm浸没式光刻工艺，光学邻近效应有哪些重要的附加图形？

26. 光学邻近效应模型的准确度要求是怎样确定的？

27. 光学邻近效应模型建立完成后，需要建立修正程序，修正程序分为哪几步？

28. 光学邻近效应的修正一般需要将较长线段分为小段，小段的最小长度怎样确定？与像平面内的光学相干长度有什么关系？

29. 通过光学邻近效应模型对每个小段进行仿真计算，得出仿真的空间像轮廓跟目标小段位置的差后，可以100%全补吗？一般仅补偿30%~60%，为什么？

30. 如果采用已知的图形改变，如线宽偏置的添加、亚分辨辅助图形的添加、装饰线的添加、榔头的添加，是放在光学邻近效应补偿之前完成，还是在之后完成？

31. 光学邻近效应修正中的亚分辨辅助图形的添加有几种方法？

32. 通过逆光刻进行亚分辨辅助图形的自动添加需要注意哪几个问题？

33. 对基于模型的光学邻近效应修正中出现的工艺窗口薄弱点，可能是光刻工艺窗口不足，也可能是掩模版制作产生的线宽误差，还可能是光学邻近效应模型本身的偏差。一般通过怎样的步骤分析清楚？

第13章

浸没式光刻

13.1 浸没式光刻工艺产生的背景

随着大规模集成电路制造技术的发展,为了继续延伸摩尔定律(Moore's Law,当价格不变时,集成电路上可容纳的元器件的数目每隔18~24个月便会增加1倍,性能也将提升1倍),集成在硅片上的电路尺寸越来越小,随之而来的是光刻工艺的光源波长跟着缩短。从几微米的技术节点到现在的10nm技术节点,光刻工艺的光源波长从365nm[光源为高压水银(汞)弧灯i-线谱线]到248nm[深紫外线248nm氟化氪(KrF)准分子激光]再到193nm[深紫外线193nm氟化氩(ArF)准分子激光]。当图形尺寸缩小到55nm以下时,由于157nm光刻工艺一直无法准备好,一种新的光刻工艺——浸没式光刻应运而生。由于以水为曝光空间介质,光刻工艺的数值孔径可以做到大于1.0,直至1.35。更高的数值孔径提供了更高的分辨率,加上一些辅助的光刻技术,比如分辨率增强技术(Resolution Enhancement Technologies,RET)、偏振照明、自定义照明、双/多重曝光、自对准空间频率倍增、单方向布线设计等技术,使得浸没式光刻一直延续到了10nm、7nm的半导体工艺节点。

浸没式成像技术最早是在19世纪提出来的,其目的是提高光学显微镜的分辨率。到了2002年,这项技术被建议应用到现代光刻工艺中[1]。但是,这项技术得以真正大规模应用是在2007—2009年,随着阿斯麦公司推出数值孔径为1.35的XT 1900i系列光刻机,193nm浸没式光刻真正地接替193nm干法光刻,满足提高分辨率的需求。在传统的干法光刻工艺中,由于在光刻镜头与光刻胶之间的光传播介质是空气,因此最大的数值孔径为1.0,也就是光线和光轴的最大张角为90°,分辨率在数值孔径为1.0时就到了极限。浸没式镜头与光刻胶之间的光传播介质是水(折射率大于空气,在波长193.368nm折射率为1.436),使得光能够以更大角度在光刻胶中成像,也就是等效于更加大的数值孔径,如图13-1所示[2]。

非浸没式光刻中,在光刻胶中光线最大的数值孔径为1.0,目前最高为0.93(248nm 和 193nm 都有)

浸没式光刻中,在光刻胶中光线最大的数值孔径可以大于1.0,目前最高为1.35

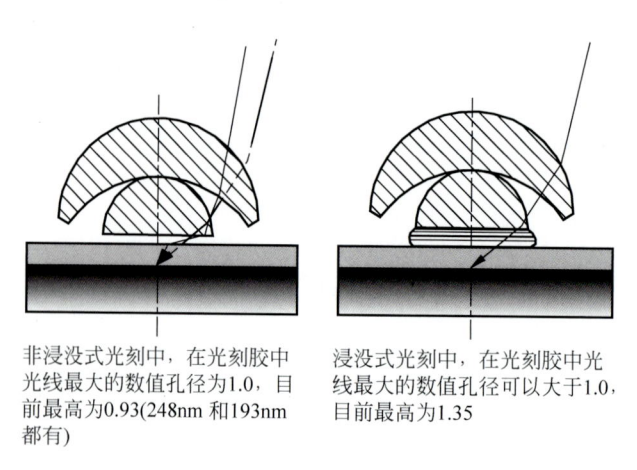

图 13-1　浸没式光刻能够以更大的角度在光刻胶中成像示意图

13.2　浸没式光刻机使用的投影物镜的特点

随着数值孔径增大到1.2以上,传统的折射物镜设计模式将不堪重负。图 13-2 是光学成像镜头组的复杂程度与 NA 的关系。从柱状图可以看出,蓝色柱状条表示传统的折射镜设计模式,随着 NA 的增加,其复杂程度成倍增加。NA 达到 1.3 时透镜的复杂程度已经是 NA 达到 0.93 的约 6 倍[3]。过度复杂的透镜组设计给镜头的加工生产带来了困难,也增加了对光源单色性的极高要求,同时还带来了折射镜本身对成像光线的过多吸收等问题。

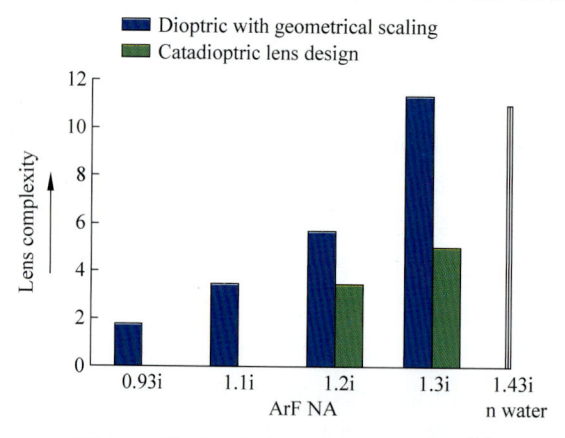

图 13-2　镜头组复杂程度与 NA 的关系[3]

为了降低成像镜头组复杂程度,德国卡尔·蔡司公司(Carl Zeiss SMT, AG)的伯恩哈德·涅尔(Bernhard Kneer)等提出了使用反射镜-折射镜混合的光学镜头设计方法,这一方法大大降低了成像镜头组复杂程度,如图 13-2 的绿色柱状条[3]。

由 6.2 节~6.5 节可知,随着系统数值孔径的增大,为了消除像差,势必增加镜片的数目。一般来说,为了消除球差等几何像差,每相当于孔径为 F_{10}~F_{16} 的折射量约需要增加一片镜片,例如,对于 F_4 的光圈大小,需要 3 片或 4 片镜片(3 片的柯克和 4 片的天塞镜头),对于 F_2~$F_{2.8}$ 的光圈大小,需要 5 片或 6 片镜片(如 6 片的双高斯镜头),对于 0.93NA 的干法光刻机镜头,约相当于 $F_{0.53}$,于是根据上面的粗算,需要 25 片镜片。在图 6-19 中可以看到 29 片镜片。所以,对于数值孔径为 1.35 的光刻机镜头,如果全部采用折射的镜片设计,可以估算出需要 36~42 片镜片,甚至更多。由于可以使用的镜头材料只有熔融石英,因此,镜片数的增多会增加色差,而且总体上需要更多的凹透镜来平衡场曲。采用凹面反射镜不仅没有增加色差,还可以抵消一部分场曲。这是因为凹面镜的场曲与凸透镜正好相反。凸透镜产生正场曲,需要凹透镜的负场曲来抵消,采用凹面镜本身由于几何关系产生的场曲是负的,不仅可以减轻凹透镜的负担,还可以抵消镜组内部其他凸透镜产生的部分场曲(表 6-4)。图 6-25 显示,数值孔径 1.35 的镜头在采用了 2 片反射镜后总片数只有 25,还小于图 6-19 中数值孔径 0.93 镜头的镜片数。

伯恩哈德·涅尔等利用这种设计方法设计出了分光镜式、折叠反射镜式、非同光轴多组反射镜式和同光轴多组反射镜式,如图 13-3 所示。

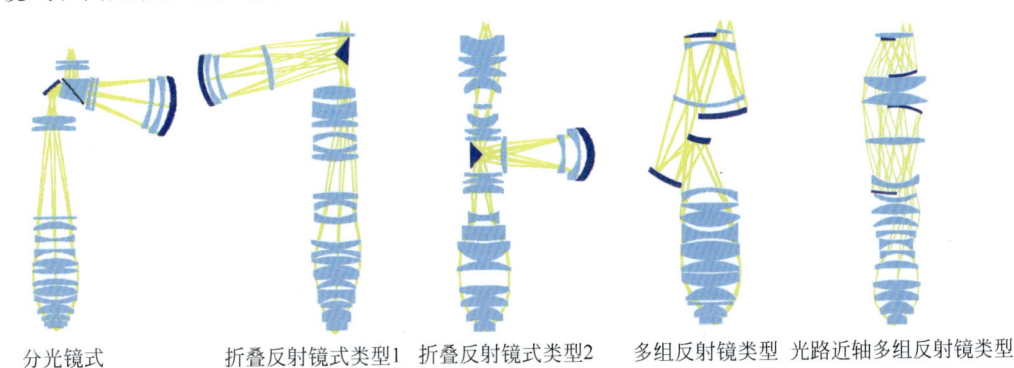

分光镜式　　　折叠反射镜式类型1　折叠反射镜式类型2　　多组反射镜类型　光路近轴多组反射镜类型

图 13-3　反射镜-折射镜混合设计方式的 4 种镜头结构示意图[3]

左数第一种镜头设计的优点是第三面反射镜下面可以保持对称光路,这对缩小离轴距离(相比离轴像场)、缩小像差是很有好处的。第一面反射镜其实是一面偏振分光棱镜,让 s 偏振(TE 偏振)接近 100% 反射,并且在此棱镜和后面的凹面镜中间装有 1/4 波片,当光从此凹面镜反射回来后再次经过 1/4 波片后变成 p 偏振(TM 偏振),又可以接近 100% 透过棱镜。如果照明系统采用 p 偏振就不行。这种设计对需要采用偏振照明的 40nm、32nm/28nm 及以下光刻工艺是不适合的。左数第二种镜头设计可利用数值孔径不容易做大,不过左数第三种镜头设计可以解决这个问题。在这两种设计中,由于采用横向光轴,因此镜头的机械稳定性不如垂直的光路稳定。还有,对于前三种设计采用的接近 45°入射角,s 偏振和 p 偏振的反射振幅和相位会很不一致,对线宽均匀性有较大影响。

另外,左数前三种设计采用奇数个反射面,成像相对所有其他光刻机左右翻转,造成掩模版不兼容。

左数第四、五种镜头设计,也就是同光轴多组反射镜式,可以起到很好的成像效果,NA 可以达到 1.35 甚至以上,对于偏振也有很好的保持能力,即每个光学表面的入射角和出射角都不是很大。实际上,采用两面同光轴反射镜的设计已经可以基本满足要求(参见 6.5.2 节)。

13.3　浸没式光刻工艺的分辨率提高

在浸没式光刻出现以前,干法光刻一直对半导体最小线宽起着决定性的作用。干法光刻的分辨率在数值孔径达到理论最大值,即 NA=1.0 时达到最高。

根据瑞利(Rayleigh)判据,如式(13.1),分辨率的提高,即光刻工艺分辨的最小可制作线宽

Δx（一般等于最小可分辨周期的一半，即等于半周期，单位为 nm）的减小与 3 个因素有直接的关系，即，NA（数值孔径）、λ（光线波长）和 k_1（与实际工艺复杂度相关的常数）：

$$\Delta x = k_1 \frac{\lambda}{n\sin\theta} = k_1 \frac{\lambda}{\text{NA}} \tag{13.1}$$

式中：k_1 的最小值是 0.25（分辨率极限处的半周期）；θ 为镜头所限制的在像空间的最大入射角；n 为硅片空间介质折射率，对于干法光刻，$n=1$；NA 等于 n 乘以 $\sin\theta$，数值孔径的定义如图 13-4 所示。

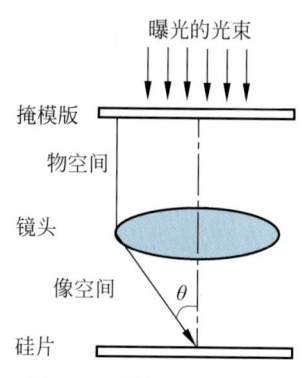

图 13-4　数值孔径的定义

基于瑞利公式，取 k_1 值为 0.25（一维图形最小可分辨周期的一半），$\sin\theta=0.85$，再取不同的 n 值并画出最小分辨长度 Δx 的趋势线，可以发现，随着 n 值的增加（最大取 1.5），最小分辨尺寸明显减小，如图 13-5 所示。例如，对于 193nm 的波长，n 从 1.0（空气）变化到 1.436（水中），其光刻工艺的最小可制作线宽可以从 57nm 减小到约 40nm。

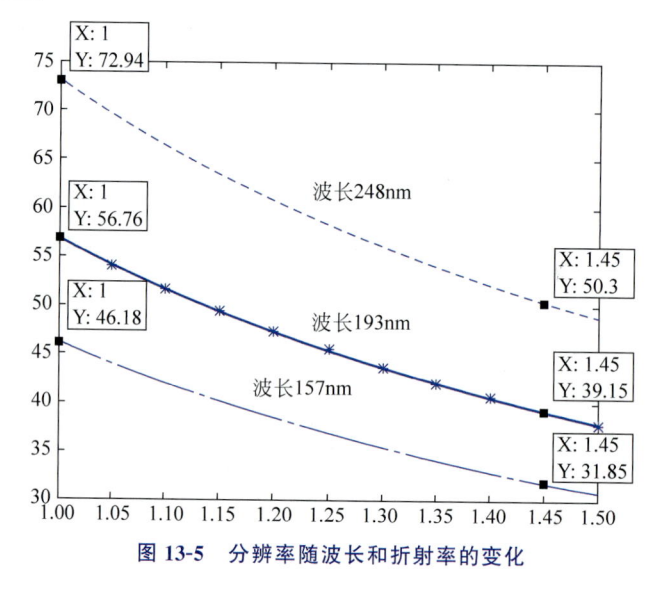

图 13-5　分辨率随波长和折射率的变化

13.4　浸没式光刻工艺的工艺窗口提升

对于光刻工艺，另外一个重要的参数就是工艺窗口，其中包括光刻工艺的对焦深度。对于高数值孔径光刻工艺的工艺窗口判断一般可以由下式给出，其中 NA$=n\sin\theta$，n 为像空间折射率（实部）：

$$\text{DoF} = \frac{\lambda}{2n(1-\cos\theta)} = \frac{\lambda}{4n\sin^2\left(\frac{\theta}{2}\right)} \tag{13.2}$$

如图 13-6 所示，在离焦的平面上（含焦点 F'），经过镜头中央的光线和经过镜头边缘的光线相比在最佳焦距平面上（含焦点 F）将各自额外多传播一段距离。经过光轴的光线将走过 FF' 的距离，经过镜头边缘的光线将多走过 OF' 的距离。只要 OF' 和 FF' 之间的夹角不为零，它们之间的光程差就会随着离焦的增大而增大,呈正比关系。如果对这段额外的光程差的容忍程度是 1/4 波长(λ),则有

$$\Delta z n (1-\cos\theta) = \frac{\lambda}{4} \tag{13.3}$$

如果算上"±"两个方向上的离焦,则对焦深度 DoF = $2\Delta z$,式(13.3)与式(13.2)一致。

当 NA 比较小(如小于 0.65)时,可以将式(13.2)通过近似简化成

$$\mathrm{DoF} = \frac{\lambda}{2n(1-\cos\theta)} = \frac{\lambda}{4n\sin^2\left(\frac{\theta}{2}\right)} \approx \frac{n\lambda}{\mathrm{NA}^2} \tag{13.4}$$

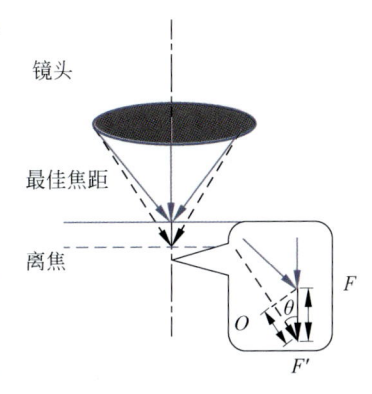

图 13-6 光刻对焦深度同镜头数值孔径的联系示意图

我们来计算一下,在 193nm 浸没式光刻中,NA 取 1.35,由式(13.2)可得对焦深度 102nm,考虑到光刻胶的厚度一般为 70~100nm,实际的对焦深度(孤立图形)需要通过仿真成像来决定,也就是光刻胶的厚度在垂直方向上会对空间像进行平均,即以厚度在 Z 方向上对空间像的对焦深度进行窗口平均(Window average),这样的平均会导致对比度下降,因此一般对焦深度比 102nm 小,为 60~80nm。当波长采用 248nm,NA 取 0.7(0.13μm 光刻技术)时,由式(13.2)算得对焦深度为 434nm,如果算上光刻胶的厚度约 300nm,实际对焦深度为 250~300nm。

需要说明的是,由于采用了浸没式光刻,193nm 光刻技术得以延伸。由式(13.4)可知,如果像空间的折射率大于 1,对侧于同样的数值孔径,可以获得增加的对焦深度,增加倍数约等于水的折射率。所以,如果使用 193nm 浸没式光刻机来做 193nm 干法光刻机的工作,那么对于同样的数值孔径,可以获得额外 43.6% 的对焦深度(水在 193.368nm 波长处的折射率为 1.436)。

13.5 浸没式光刻工艺的新型光刻机的架构改进

2017 年最新型的浸没式光刻机型号是阿斯麦公司的 NXT 19XX 系列浸没式光刻机,如 NXT1980i 型光刻机[4]。这是目前半导体业界用于 14nm、10nm 甚至更高的集成电路技术节点(如 7nm 光刻工艺)的主流机型。该型号的光刻机主要的特点体现在如下几方面。

13.5.1 双工件台

采用成熟的双同步扫描(Twinscan)式工件台结构,使得硅片的对准定位(Wafer alignment)和调焦调平(Focus and leveling)等曝光前准备工作与曝光工作可以同时进行,提高了生产效率。双工件台的工作流程如图 13-7 所示(详细的讨论参见 6.6.5 节)。

双平台结构的出现也带来了光刻工艺维护的复杂程度,这个复杂程度主要是指自动化工艺控制(Auto Process Control,APC)方面。光刻自动化工艺控制主要包括两方面:一是套刻精度的自动化控制;二是曝光能量的自动化控制。即便是在早一个型号的光刻机 NXT1970i 的这种双平台结构上,机器本身两个平台之间的差异也非常小,根据实际使用中的经验,其套刻精度差异在 1nm 以内,能量差异在 0.1mj/cm² 或以下,焦距控制差异在 5~10nm。因此对于自动化大生产控制来说,首先,由于曝光能量和对焦深度的差异相对于产品的工艺窗口来

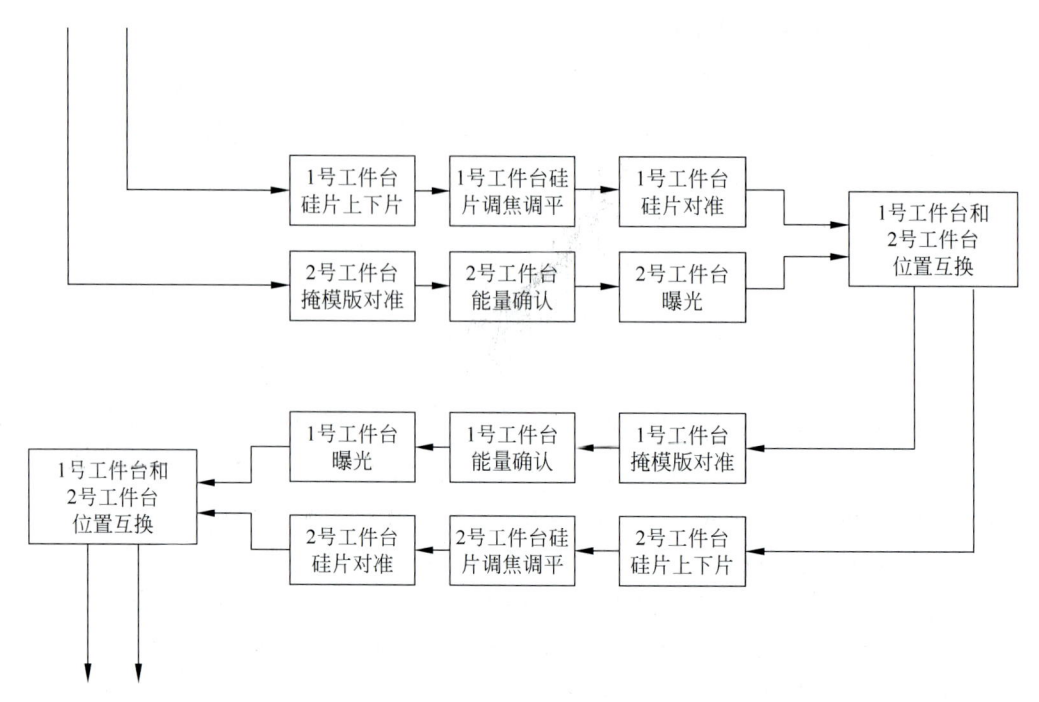

图 13-7　双工件台光刻机的简要工作流程

讲几乎可以忽略，所以在实际产品的流片过程中，一般的方法是对于同一道光刻层，不同平台上的硅片采用相同的曝光能量和曝光焦距设定；其次，由于套刻精度的管控涉及不同光刻层之间的对准，而前层的工艺有时候也会对当层的套刻精度产生影响，因此一般业界的标准做法是针对双工作台，采用两套相对独立的套刻精度控制系统分别控制硅片的套刻补值。

对于 40nm 以后的技术节点，为控制套刻精度，不仅要用两套独立的套刻补值来补正两个工件台的套刻精度，还需要指定硅片跑相对固定的工件台（Dedicated Chuck），比如奇数刻号的硅片跑一号工件台，偶数刻号的硅片跑二号工件台，这样使得两套独立的套刻补值都保持一定的稳定性。对于光刻工程人员来说，一项常见的操作是通过试跑硅片来计算一个批次的硅片的套刻补值。该套刻补值由原来的 10 参数变成了 20 参数计算。即便很多工厂中都有工艺参数自动反馈系统，但是目前这些参数在很多情况下还是需要人工计算的，所以对于光刻工程人员来说，工作的复杂程度提高了 1 倍。

13.5.2　平面光栅板测控的硅片台

采用 NXT 系列的平面光栅尺作为硅片工件台的定位方法。硅片工件台（Wafer stage）由以前的光学干涉仪距离测量定位方式改成了平面光栅尺的定位方式，如图 13-8 所示。这就缩短了工件台与固定的参考位置之间的距离，大大减少了工件台运动造成空气扰动对定位的影响。工件台定位精度的改进提高了套刻的精度，单工件台的套刻精度由采用干涉仪平台的 4nm 提高到了 2.5nm 以内（3 倍标准偏差）。

13.5.3　紫外光源调平系统

采用紫外光源的传感器来代替可见光传感器作为硅片平面的平整度探测可以提高调平的

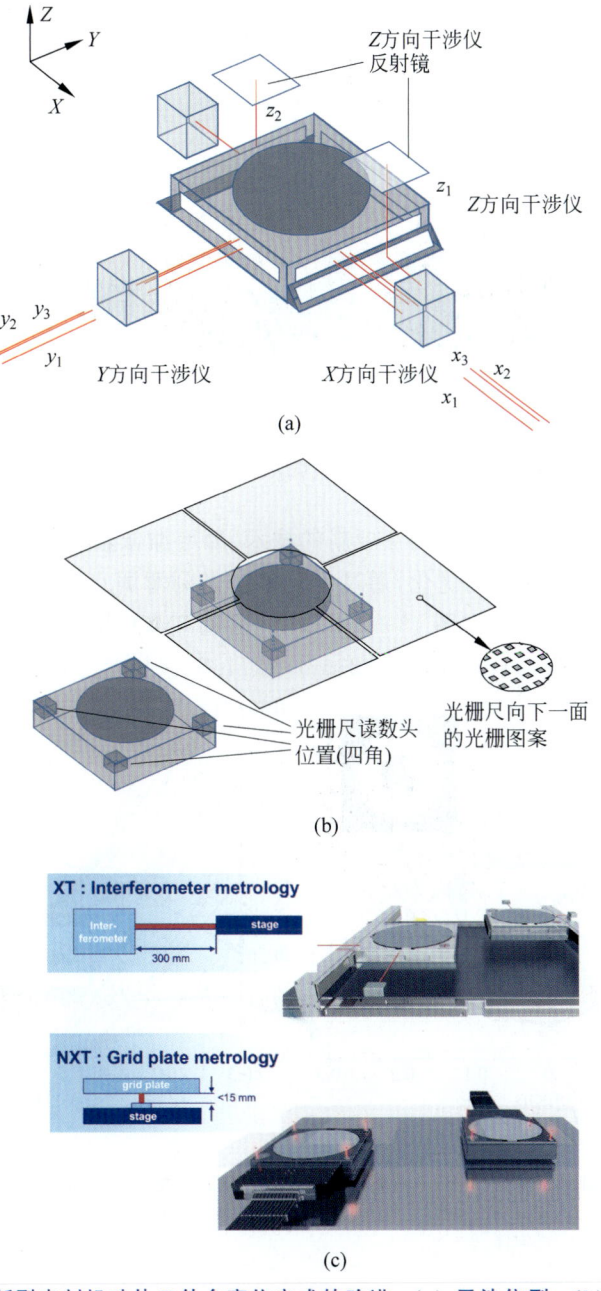

图 13-8　新型光刻机硅片工件台定位方式的改进：（a）干涉仪型；（b）平面光栅型；（c）文献[5]中的干涉仪和平面光栅的对比图

准确性。这是由于紫外光在光刻胶上表面的反射率高于可见光，可以更好地反映光刻胶表面的位置，从而避免了光刻胶下表面也就是硅片衬底表面器件图形结构的高低起伏导致的平整度噪声，如图 13-9 所示。

虽然阿斯麦公司提供了 Agile 方法（参见 6.9.3 节），即通过喷气探头探测光刻胶表面的气压变化来探测光刻胶上表面的高度，但是这种方法使用效率很低，速度很慢，仅仅对一个产品的一层做一次性的校准使用，无法对每片硅片进行实时调焦调平。紫外传感器探测光刻胶表面手段的引入，可有效地探测到表面高度而且不损失探测速度。另外，由于紫外传感器探测光斑的尺寸比可见光探测光斑要小，因此使用紫外传感器可以提高表面探测的空间分辨率。

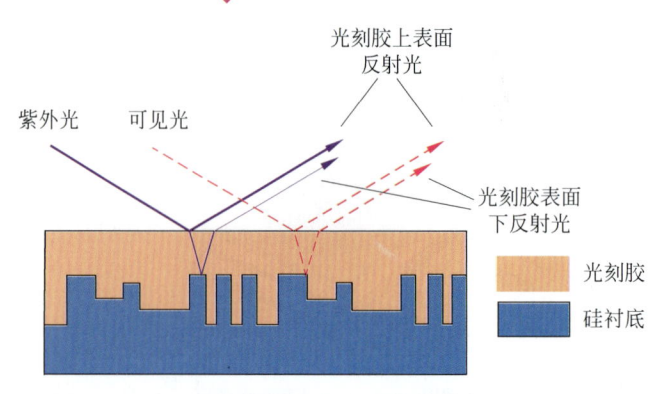

图 13-9 硅平面平整度探测（光线的粗细表示光的强弱）

13.5.4　像素式自定义照明系统（灵活照明系统）

像素式照明是阿斯麦公司引入的一项新的技术，即增加像素式光源照明模块[6-8]，通过像素式光源可以进行光源掩模协同优化，通过优化某些光刻薄弱点（weak point）可以进一步提高光刻工艺的公共工艺窗口。如图 13-10 所示[7]，通过 SMO 技术，公共对焦深度工艺窗口由原来的 0.198μm 增加到 0.221μm，增加了 23nm，约 11.6%。

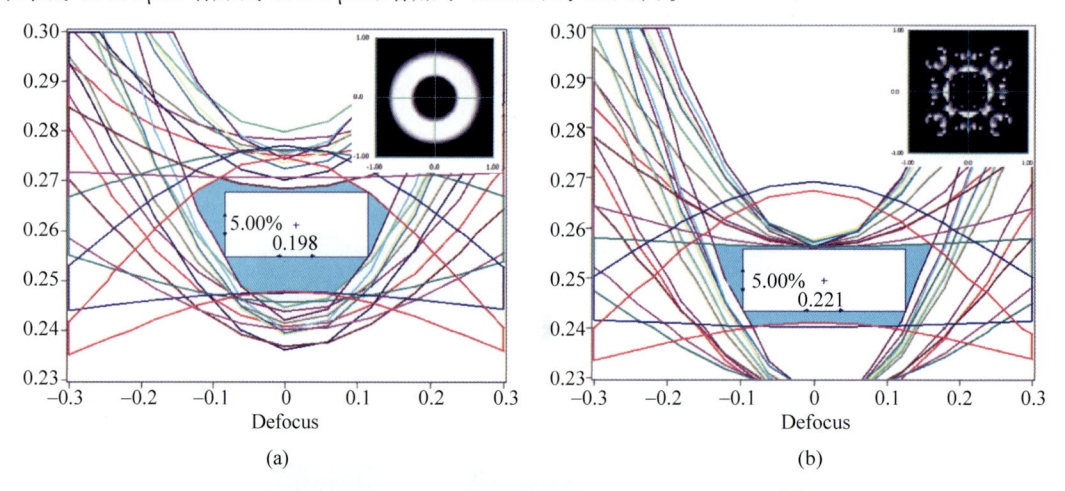

图 13-10 传统分辨率提高技术与 SMO＋分辨率提高技术的工艺窗口的比较[7]：(a) 传统分辨率提高技术；(b) SMO 分辨率提高技术

13.6　浸没式光刻工艺的光刻胶

不同光源光刻成像对应的光刻胶主要成分如表 13-1[9] 所示。

表 13-1　不同光源光刻工艺成像对应的光刻胶主要成分

光源波长	光刻胶主要成分	化学放大/非化学放大
i-线（365nm 波长）和 g-线（436nm 波长）	聚合物树脂、光敏化合物和溶剂	非化学放大
248nm 波长	聚合物树脂、光致产酸剂中和光酸的碱性中和剂、功能添加剂和溶剂	化学放大

续表

光源波长	光刻胶主要成分	化学放大/非化学放大
193nm 波长	聚合物树脂、光致产酸剂中和光酸的碱性中和剂、功能添加剂和溶剂	化学放大
193nm 波长,水浸没式	具有自分凝效应的不亲水的添加剂,聚合物树脂、光致产酸剂、(有些有)光可分解的中和光酸的碱性中和剂、功能添加剂和溶剂	化学放大

从表 13-1 中可以了解到,从 248nm 波长光源开始,由于光源能量有限,之前 365nm 的光化学反应效率已不能满足光刻工艺的曝光要求。因此,化学放大式光刻胶应运而生,其原理是利用光致产酸剂这种光敏化合物先在光照的条件下形成光酸(H^+)。在曝光后烘焙过程中,这些光酸会作为催化剂使得聚合物上悬挂的酸不稳定基团(Acid Labile Unit,ALU)脱落,完成显影速率剧烈变化的光化学反应并产生新的酸。悬挂基团的脱落改变了聚合物的极性,有了足够多的悬挂基团脱落后,光刻胶就能溶于显影液了。化学放大光刻胶原理示意图如图 13-11 所示。

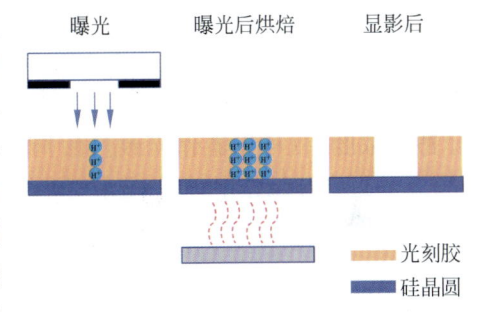

图 13-11 化学放大光刻胶原理示意图

13.6.1 最初的顶部隔水涂层

在 193nm 浸没式光刻工艺中,光刻胶是浸没在水中完成曝光的,因此对于浸没式光刻胶又提出了一项新的要求,即光刻胶在曝光时,光刻胶内部的亲水组分(如光致产酸剂)不能由于浸没式的水的存在而被浸析(Leaching)出来,导致光刻胶失效。另外,光刻胶也不能够吸收水分,导致体积膨胀,影响曝光成像(参见 14.4 节)。提出这项要求的另一个原因:水是与光刻机镜头接触的,光刻胶的某些成分(如光致产酸剂,或光酸)扩散到水中必然会污染和腐蚀光刻机镜头。

在早期的浸没式光刻涂胶工艺中,光刻胶旋涂完以后会再加一层旋涂工艺,称为顶部隔水涂层,简称顶部涂层(Top Coat,TC)。顶部涂层主要是在光刻胶顶层再旋涂一层比较薄的隔水层(主要是含氟的聚合物,如含有六氟异丙醇(HFA)的聚合物,参见 4.4.5 节),使得在光刻曝光时水与光刻胶完全隔离开。这种防水层同时又具有一定极性,可以在显影过程很快地溶解在显影液里。

13.6.2 自分凝隔水层的光刻胶

丹尼尔·桑德斯(Daniel P. Sanders)等[10]提出了一种使用聚合物自分凝(Self-segregating)原理来设计 193nm 浸没式光刻胶的方法。具体方法是将疏水性添加剂添加到光刻胶中,这些疏水性添加剂在烘焙前均匀分散在光刻胶中,但是当光刻胶经过涂覆后烘焙(Post Apply Bake,PAB)后,这些疏水性添加剂会聚集至光刻胶表面,形成一层具有一定厚度的疏水性隔水层,可以达到与顶部旋涂抗水层同样的效果。这种光刻胶称为无(需)顶部涂层光刻胶(Topcoatless photoresist),如图 13-12 所示。这种光刻胶技术的引入,大大降低了光刻胶旋涂工艺的复杂程度和成本,同时也降低了干法光刻胶转换成浸没式光刻胶的工艺难度。

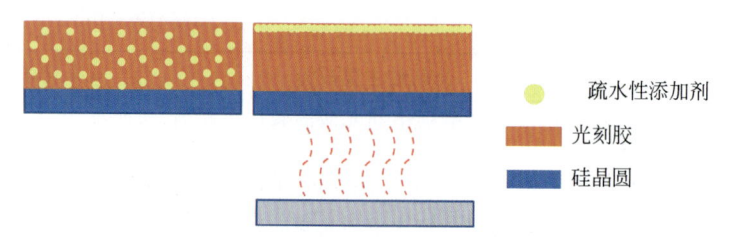

图 13-12　无顶部涂层光刻胶原理示意图

13.6.3　含有光可分解碱的光刻胶

另外,为了提高浸没式光刻的对比度,193nm 浸没式光刻胶会添加一种光可分解碱性淬灭剂。这种碱性淬灭剂被紫外光照射过以后会分解并失去碱性。这样在曝光区和未曝光区增加了酸碱浓度差(可以看作光致产酸剂的反过程),从而提高了图像对比度,如图 13-13 所示[11]。不过实际工作中,即便是采用光可分解碱,也会损失光酸。在大多数情况下,即便是掩模版的透明部分,由于线宽很小,光的照度也不会很大,导致碱不能够完全分解。

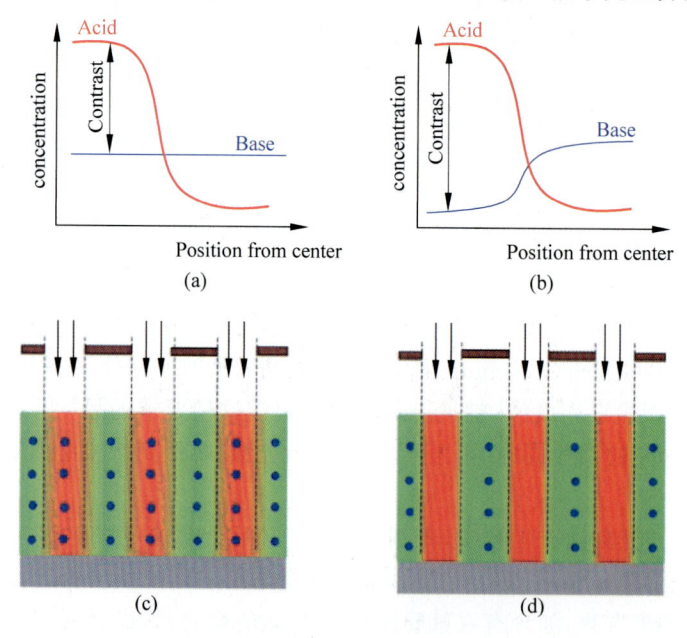

图 13-13　常规淬灭剂与 PDB 淬灭剂的对比[11]

13.7　浸没式光刻工艺的光刻材料膜层结构

在浸没式光刻工艺出现以前,由于制造集成电路的图形尺寸较大,还没有达到光学分辨率的极限,因此传统的光刻工艺一般的膜层结构为光刻胶层+底部抗反射层,业界称为双层膜结构(Bi-layer structure)。到了浸没式,尤其是到了 28nm 甚至 14nm 光刻工艺,随着半导体器件的缩小,一方面需要更小的刻蚀线宽,另一方面前层图形尺寸的减小对光刻材料的填充能力提出了更高的要求。下面以目前国际上逻辑电路使用的鳍形场效应晶体管(FinFET)为例介绍,如图 13-14 所示。

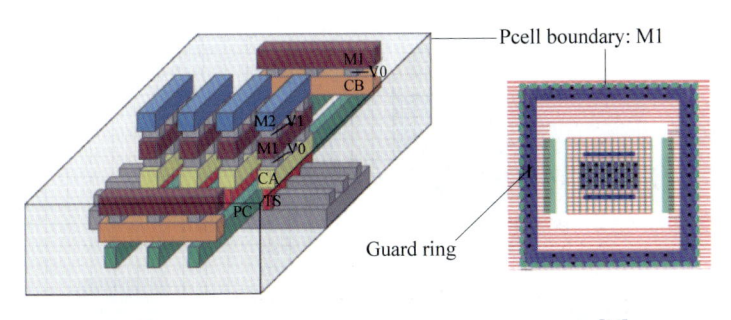

图 13-14 三星电子公布的 14nm FinFET 示意图[12]

鳍形结构的特点是具有很大的高宽比,同时具有很小的尺寸和很高的图形密度,如图 13-15 所示。浸没式的光刻胶一般是大分子聚合物,而且涂胶比较薄(一般不超过 100nm),一方面无法完全填满鳍形结构的沟槽,在鳍形结构沟槽底部会形成孔隙,另一方面由于衬底反射光复杂,会严重影响线宽的均匀性,甚至造成光刻胶底部无法打开。为了克服这些新的问题,业界普遍引入了三层膜结构(Tri-layer structure)。三层膜结构一般是由底部可旋涂有机碳层(Spin On Carbon,SOC,简称碳涂层,厚度为 200~300nm)、中部含硅抗反射层(厚度为 30~50nm)和上部浸没式光刻胶(约 100nm)的三层结构组成。在这三层膜中,光刻仅仅打开光刻胶部分,剩下的部分由等离子体干法刻蚀来处理。图 13-16 描述了双层膜结构与三层膜结构的区别。

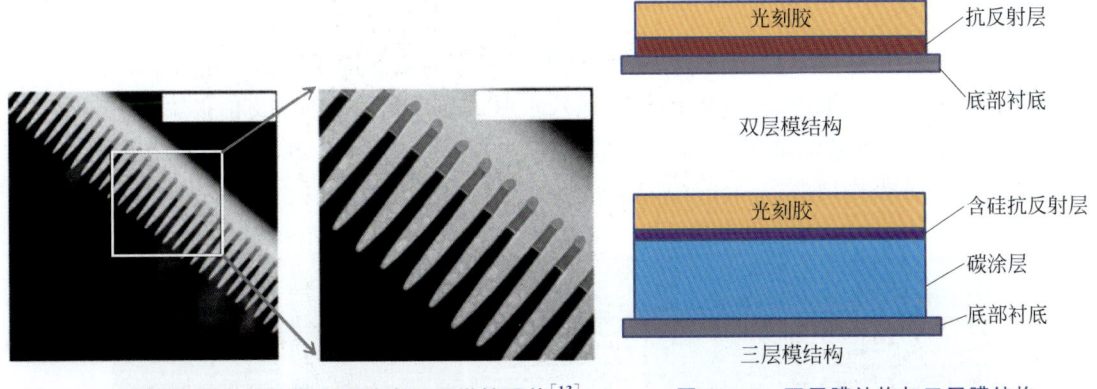

图 13-15 密集型鳍形结构横断面的电子显微镜照片[13]

图 13-16 双层膜结构与三层膜结构

三层膜结构一方面很好地解决了小尺寸、大高宽比图形的填充问题,另一方面可以使得经刻蚀工艺后的图形尺寸进一步缩小。首先,底部碳涂层的主要成分一般为高碳含量的化合物,如萘(Naphthalene),而不是像光刻胶那样的大分子。小分子有利于填充到像鳍形场效应晶体管这种尺寸很小的沟槽中,不会产生孔隙或者气泡。中部的硅基抗反射层的材料一般为有机硅烷,它的刻蚀速率一般为碳涂层材料的 1/30~1/20。相对于底部的碳涂层,含硅抗反射层具有很高的刻蚀选择比,使得刻蚀工艺能够具有很好的可调节性。通过对刻蚀工艺的调节可以使得较大的光刻图形尺寸刻蚀完以后得到较小的刻蚀图形尺寸,如图 13-17 所示。

总之,三层膜结构光刻工艺一方面解决了小尺寸、大高宽比图形的填充问题,又能在较大的光刻图形尺寸基础上得到较小的刻蚀尺寸,为后面的双重曝光技术提供了方便,使得浸没式光刻工艺的分辨率可以延展的 14nm 技术节点。

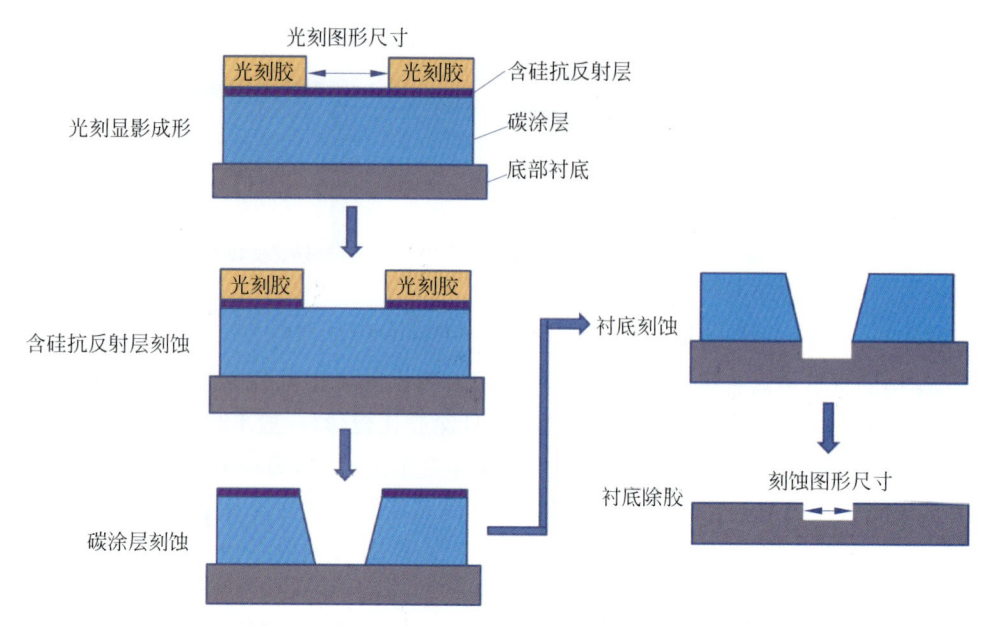

图 13-17　配套三层膜结构的光刻-刻蚀工艺可以得到较小的刻蚀图形尺寸

13.8　浸没式光刻工艺特有的缺陷

浸没式光刻工艺引入了水作为曝光的中间介质,会导致新的缺陷。图 13-18 给出了气泡缺陷(Micro bubble)、水迹缺陷(Water mark)、水胀缺陷(Swelling)以及桥接缺陷(Bridging)四种典型的水介质导致的缺陷,可参见文献[14],也可参见 14.4.2 节。常见的浸没式缺陷分类及其形成机理见表 13-2。

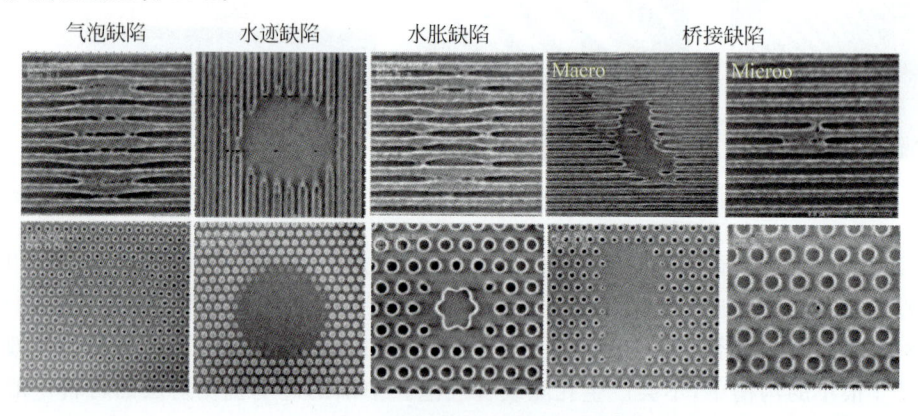

图 13-18　常见的浸没式光刻缺陷[14]

表 13-2　常见的浸没式光刻缺陷分类及形成机理

缺 陷 类 型	形成机理的描述
气泡缺陷(图像衰减缺陷)	物镜与硅片之间的水介质产生的气泡使成像光线传播路径发生改变导致

续表

缺 陷 类 型	形成机理的描述
水胀缺陷(反向图像衰减缺陷)	水滴扩散至顶部隔水涂层下表面与光刻胶上表面之间导致成像光线发生折射,如图 13-19 所示[15] 图 13-19 水分子扩散导致的缺陷[15]
水迹缺陷(可能是浸析导致的缺陷)	曝光过程中水滴残留在硅片表面,使得曝光产生的光酸被水滴吸收无法产生图形
微观桥接缺陷(可能是颗粒印出缺陷)	一般很难确定是否由浸没式光刻产生,很难去除
宏观桥接缺陷(可能是颗粒印出缺陷)	主要是光刻过程中光刻胶或者顶部隔水涂层产生的尘粒导致

气泡、水迹及水胀引起的缺陷一般具有圆形或椭圆形的边界,但是在缺陷内部形成的图形各有不同。气泡缺陷(在 14.4.2 节中称作图像衰减),对于线条-沟槽图形呈现出中间的线条和间距相对于无气泡处较宽,对于圆孔图形则呈现出中间孔径和间距相对于无气泡处偏大,这是成像光线在气泡内发生如同凹透镜的折射,使图像被放大所致。但是水胀缺陷(在 14.4.2 节中称作反向图像衰减)的成像特点刚好相反,胀起来的光刻胶如同一个凸透镜,导致其下的图形缩小。水迹缺陷的情况比较简单,缺陷边界内的图形全部桥接了,主要是光酸的浸析,导致圆形区域内缺少光化学反应的催化剂。

桥接缺陷的形状比较不规则,同时文献[14]将桥接缺陷分为宏观和微观两类。其表现与水迹形缺陷类似,只是形状并非规则的圆形或椭圆形。当然,干法曝光也可能产生桥接形缺陷,因此判断一个桥接缺陷是不是浸没式引起有一定的难度。我们认为,桥接缺陷可能是外来的颗粒物在曝光时吸附在硅片表面被印出而导致。

针对每种缺陷的形成机理,一般采用如下方法来避免,也可以参见 14.4.3 节。

气泡缺陷一般采用降低扫描速度的方式,也可以在水罩(浸没头)上采用能够溶解于水中不易形成气泡的二氧化碳气帘(如用于阿斯麦 NXT1970i 上)。这是因为二氧化碳与空气不同,二氧化碳在水中的溶解度比空气大得多,即便是扩散到水中,在不断晃动中相对不容易产生气泡。

水迹缺陷目前主要的预防措施是采用顶部隔水涂层,或者自分凝隔水层的光刻胶(Topcoatless photoresist)来隔绝光刻胶和水的接触。顶部涂层具有疏水性和一定的厚度。文献[9]指出,对于顶部的隔水涂层,一方面能有效阻止光刻胶扩散到水中,另一方面涂层材料本身不溶于水但溶于标准四甲基氢氧化铵(Tetra-Methyl Ammonium Hydroxide,TMAH)显影液,并且涂层表面有很强的疏水性,其与水的后退接触角(Receding Contact Angle,RCA)一般为 65°～73°,如此才能保证水在硅片表面自由移动时不留下水滴。

水胀缺陷与水迹缺陷相似,主要的预防措施还是对顶部隔水涂层材料的选取。除了材料的选取,提高隔水涂层的烘焙温度,优化隔水涂层的厚度及旋涂用的工艺配方都可以大大减少水胀缺陷[14]。

微观桥接缺陷产生的原因有很多,其中主要是光刻胶中的杂质引起。对于亚 40nm 的工艺,很多纳米级的杂质对光刻工艺缺陷的影响越来越被人们重视。关于光刻胶中的杂质有很多来源，比较有效的解决方法是使用二合一 DUO 过滤器，这种过滤器采用复合纤维，如文献[16]所述。这种复合纤维主要是由超高分子量聚乙烯（Ultra-High Molecular Weight PolyEthylene，UHMW-PE，UPE）和尼龙（Nylon）复合而成的，具有一定的极性。同时纤维表面有一定尺寸的孔隙（Pore）可以很好地吸附光刻胶及其溶剂中的杂质，具体可参见 7.4 节。

宏观的桥接缺陷除来源于曝光材料中的杂质，还可能来自旋涂洗边时溶剂的反溅。因此，除了使用更有效的过滤装置，优化旋涂洗边工艺也是一个重要的技术[14]。

13.9 浸没式轨道机的架构

轨道机的作用是涂胶和显影。为了配合浸没式光刻机的曝光方式，浸没式轨道机的架构也不同于干法光刻轨道机。浸没式光刻轨道机包含了干法轨道机必要的各种组件，如涂胶单元、烘焙用热板、降温用冷板、精密控温热板（Precision Hot Plate，PHP）、显影单元等。另外，由于浸没式光刻是在纯净水下对光刻胶进行步进式扫描曝光，曝光后会经常有水滴残留在硅片表面，在显影和烘焙之前必须去除这些残留水滴，因此浸没式轨道机增加了曝光后用去离子水冲洗（Post exposure rinse，Post rinse）单元。这个冲洗单元可以将硅片表面残留的水滴清除掉，从而降低光刻图形的缺陷数量，提高产品成品率。

另外，光刻胶发生光化学反应和显影后会产生各种几十纳米到几微米线度的光刻胶残留，这时需要用去离子水进行冲洗。日本东京电子公司（TEL）的最新型的轨道机，采用"先进缺陷清除"（Advanced Defect Reduction，ADR）冲洗技术，即在去离子水喷嘴旁边放置一个氮气喷嘴，在去离子水喷出的时候紧接着硅片表面吹喷氮气，从而加快硅片表面靠近中央的去离子水流速。这样做可以更有效地去除显影残留，如图 13-19 所示。其原因如下。

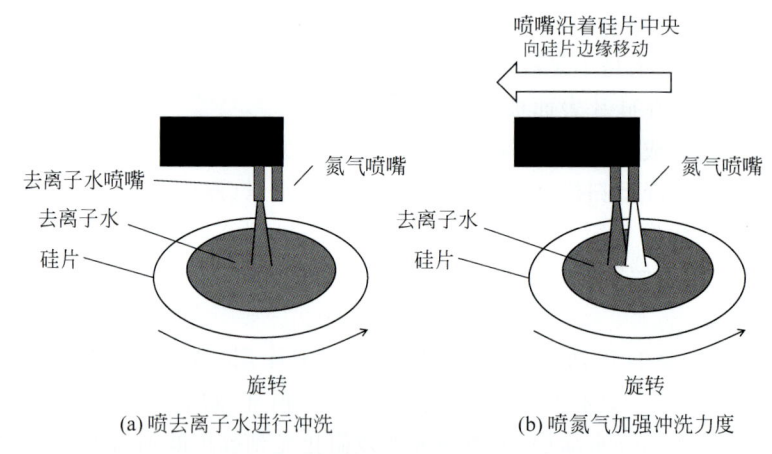

(a) 喷去离子水进行冲洗　　(b) 喷氮气加强冲洗力度

图 13-19　先进缺陷清除冲洗结构示意图

（1）无需顶部隔水涂层的浸没式光刻胶比较疏水，比较容易吸附于未被曝光显影的光刻胶表面。

（2）光刻线宽的持续缩小，光刻胶残留的尺寸也越来越小，导致其表面积相对体积越来越大，越来越容易被光刻胶表面吸附。

（3）靠近硅片中央的部分由于离心力较小，显影后的残留物不太容易被冲走。

具体可参见 14.2.3 节。

13.10 浸没式光刻的辅助工艺技术

在极紫外等技术能够真正应用到大规模生产阶段之前，浸没式光刻加上一些辅助技术可以使摩尔定律能够继续延续到14nm技术节点。这些技术包括双重或者多重图形（Double Patterning or Multiple Patterning,DP or MP）技术、多层膜（Multi-layer approach）技术、光源掩模协同优化（Source Mask co-Optimization,SMO）技术、负显影（Negative Tone Development,NTD）技术等。同时在测量阶段为了能够更精确地测量更小的套刻误差，产生了基于衍射的套刻测量等。下面讨论双重曝光技术和负显影技术。

13.10.1 多重成像技术的使用

浸没式光刻曝光一维图形的理论最小周期为76nm左右。在实际应用中对于双向，即平面X方向和Y方向都有相同的最小周期的层次，一般所能达到的图形的最小周期为90nm（对于具有单向图形的层次，最小周期可以达到76nm），在这样的照明条件下，对于90nm周期的一维图形的最小线宽一般为37～45nm。为达到14nm技术节点的图形要求，即最小周期要做到64nm，工业界引入了双重图形技术。

工业界在14nm技术节点主要用到的双重图形技术按照工艺流程的不同分为自对准多重图形技术（Self-Aligned Multiple Patterning,SAMP）及双重光刻-刻蚀技术［如光刻-刻蚀、光刻-刻蚀（Litho Etch Litho Etch,LELE）或光刻-刻蚀＋剪切（Litho Etch＋cut,LE＋Cut）］。

自对准图形技术主要过程：首先通过一次光刻生成第一次的图形；然后通过反复的薄膜工艺、刻蚀工艺及化学机械平坦化工艺等形成自对准并且周期尺寸成倍减小的图形；最后通过一次光刻-刻蚀去掉多余的图形，如图13-20所示。

由于自对准多重成像技术自身的特点，比较适用于一维的简单图形。尤其是在14nm技术节点的鳍形晶体管场效应工艺中，鳍形结构的制造普遍采用了SAMP技术。在允许的情况下，这项技术可以延展至四重成像乃至多重成像。但是，对于复杂二维图形，如中后段的接触孔/通孔和金属连线层，应用SAMP有一定的难度，在14nm技术节点主要还是使用双重光刻技术。

对于双重光刻技术，主要过程为利用第一块掩模版进行第一次光刻形成第一部分的图形，然后利用第二块掩模版进行第二次光刻形成第二部分的图形，如图13-21所示。

由于其技术特点，双重光刻工艺对套刻精度的要求非常严格，因为套刻精度本身会影响关键尺寸。目前（10nm技术节点）业界主流的光刻机套刻精度的极限值为小于或等于2nm。所以对于双重光刻工艺可以延展至三重光刻工艺（Litho-Etch-Litho-Etch-Litho-Etch,LELELE）用于10nm技术节点，但是由于套刻精度的问题，这项技术很难延展至更小的线宽节点工艺，其中需要四重乃至五重光刻工艺。

13.10.2 负显影技术

负显影技术与传统的正显影技术的对比如图13-22所示。正显影是利用极性溶剂将曝光区产生的含有极性基团的反应物洗掉形成图像，负显影工艺恰恰相反，光刻胶在曝光以后，用非极性溶剂将未曝光的光刻胶（非极性）溶解掉，保留经过光化学放大反应产生的还有极性基团的反应物。

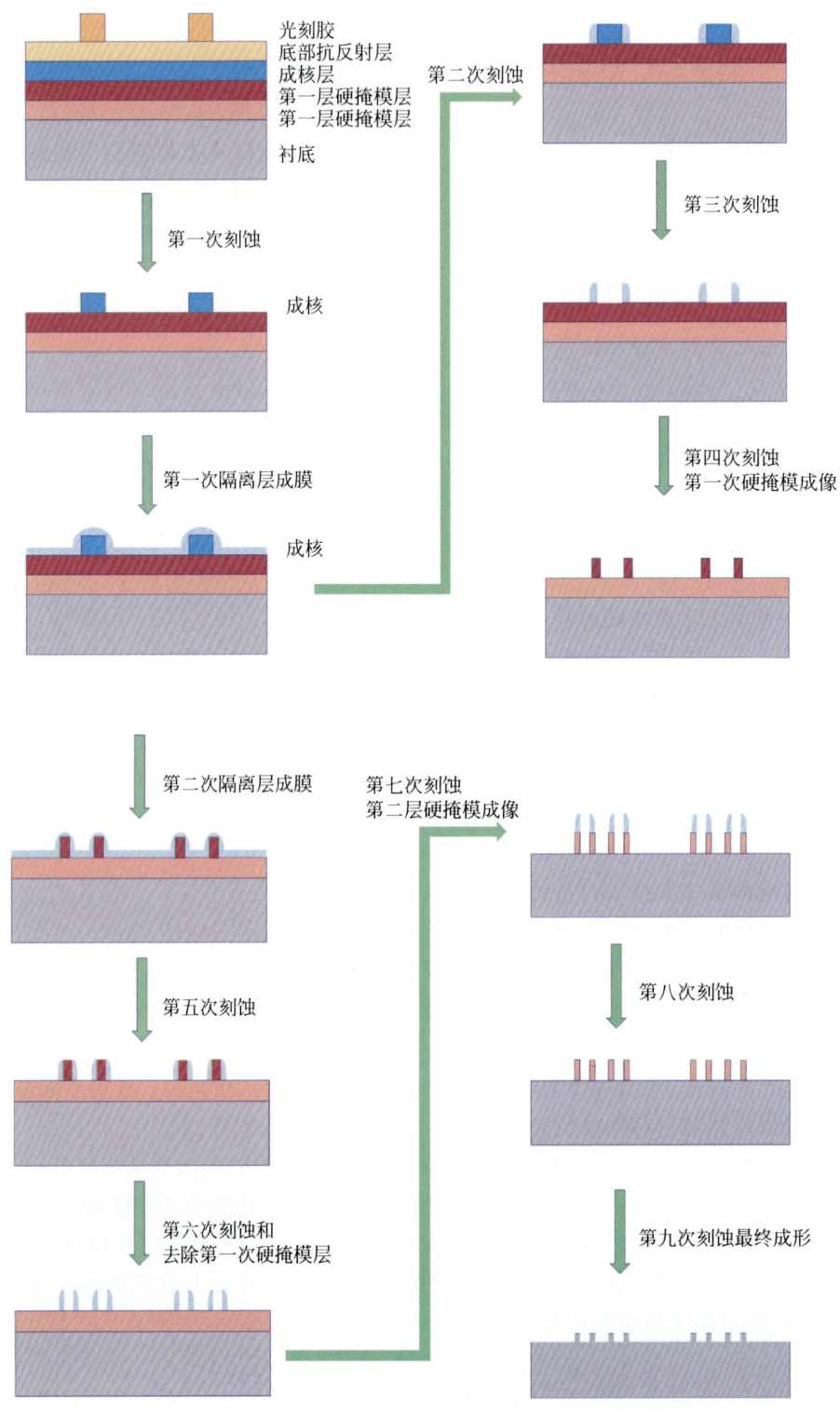

图 13-20　自对准多重成像技术流程示意图（四重图形技术）

纪尧姆·兰迪（Guillaume Landie）等的研究指出[17]，采用负显影工艺对于较小的沟槽图形来说，曝光场由原来的暗场改为明场，光刻图像的对比度（实际上为光强梯度）得到了很大提升，如图 13-23 所示。

第一次光刻 光刻胶图形
硅基底部抗反射层
碳涂层
第二次光刻
硬掩模层
衬底

第一次刻蚀与关键尺寸缩小

第二次刻蚀与关键尺寸缩小

光刻胶剥离

光刻胶剥离和硬掩模层成形

后续工艺

图 13-21 双重光刻技术流程示意图

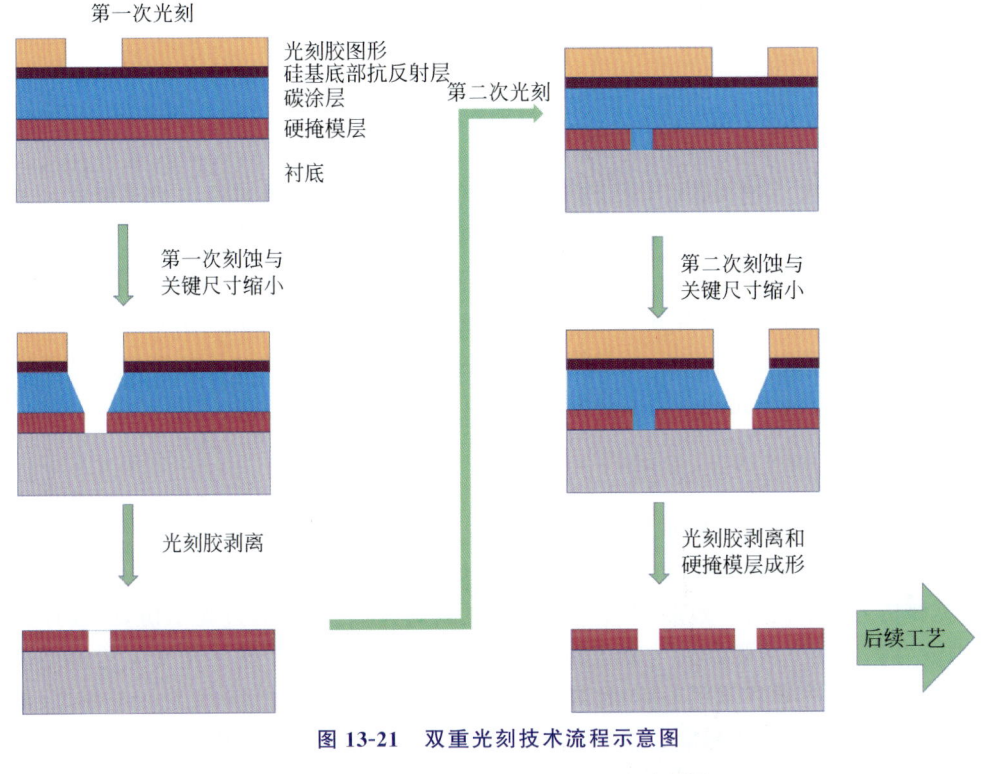

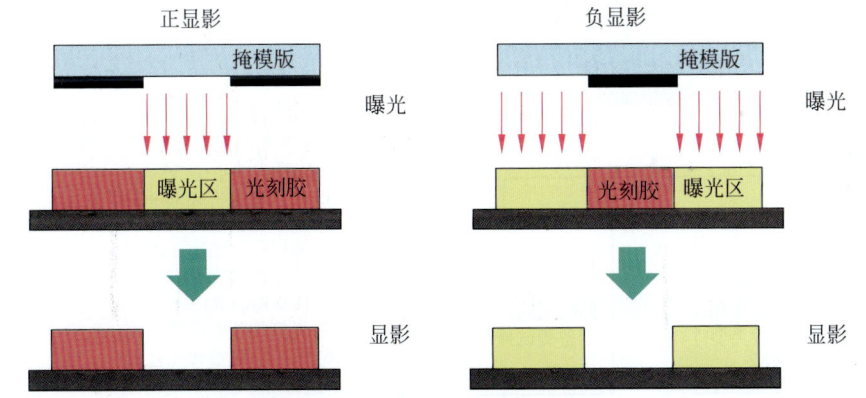

正显影　　　　　　　　　负显影

掩模版　　　　　　　　　掩模版

曝光　　　　　　　　　　曝光

曝光区　光刻胶　　　　　光刻胶　曝光区

显影　　　　　　　　　　显影

图 13-22 正显影和负显影示意图

换句话说，利用 NTD 工艺可以将沟槽线宽在保持周期不变的情况进一步做小，同时还有足够的对比度。对于 32nm/28nm 以后的工艺节点，尤其需要用到双重图形技术的光刻工艺，NTD 工艺为较大周期的小沟槽线宽这类图形提供了可行的解决方案。

综上所述，193nm 浸没式光刻提高了光刻工艺的分辨率，增加了工艺窗口，使得传统的光刻工艺能够继续延伸至亚 28nm 技术节点。再加上各种新的图形技术，如 SAMP、LELE、NTD 等技术，浸没式光刻可以继续向下延伸至小于 10nm 的工艺技术节

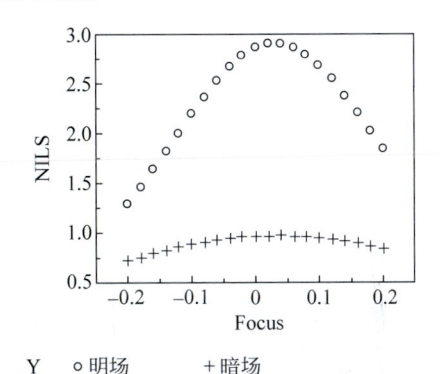

Y　○明场　　+暗场

图 13-23 明场曝光与暗场在周期 128nm、沟槽线宽 36nm 曝光的归一化的图像光强对数斜率比较[17]

13.11 浸没式光刻工艺的建立

随着电路设计尺寸越来越小,对于光刻工艺的研发要求也越来越高。为了建立一套成熟的光刻工艺,除了在工艺建立时收集大量的硅片曝光数据,更重要的是,在工艺建立之初需要设计一套测试图形用来评估光刻工艺中的光学分辨率、掩模版误差因子、曝光能量宽裕度、图形边缘粗糙度、二维图形形貌及其工艺窗口等工艺参数,同时还要结合 OPC、刻蚀、薄膜等工艺调整及工艺特点调试光刻工艺,使最终芯片的制造工艺达到足够的工艺窗口。基于以上讨论,下面介绍一套浸没式光刻工艺的研发流程。

13.11.1 光刻工艺研发的一般流程

光刻工艺研发的一般流程如图 13-24 和图 13-25 所示。一套较为成熟的光刻工艺的首先要求是结合目标技术节点的设计规则,通过对设计规则的研究提取出具有代表性的图形,同时还要加上评估光刻工艺的一般测试图形构成一块测试光掩模版,通过光学仿真、硅片数据确认、刻蚀能力测试 3 个步骤找到一套满足工业界各项标准的光刻工艺。这套工艺需要确认的工艺参数大体包括光源和照明条件、光刻锚点定义、掩模版线宽偏置值、光刻工艺窗口、刻蚀线宽偏置值、涂胶显影程序及测量工艺。所有项目应确认既满足设计规则要求又有足够的工艺窗口,从而完成工艺建立。

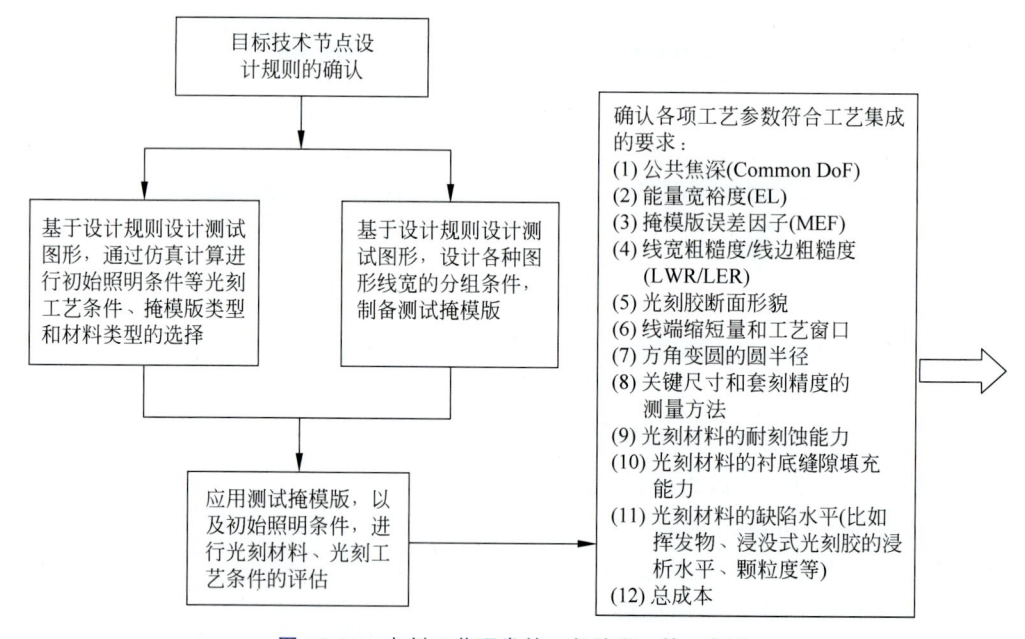

图 13-24 光刻工艺研发的一般流程：第一部分

13.11.2 目标设计规则的研究和确认

设计规则的研究和确认是光刻工艺研发的第一步,每个技术节点都有相应的设计规则。设计规则一方面满足技术节点所需要的电路的各项性能,主要是面积、速度和功耗；另一方面对生产制造误差有足够的宽容度,以尽快实现大规模量产。

{
照明条件最终确定

光刻工艺锚点周期、线宽以及掩模版线宽偏置确定

光刻胶和抗反射层的厚度确定

涂胶和显影程序确定
} ⇒ 光刻工艺条件建立

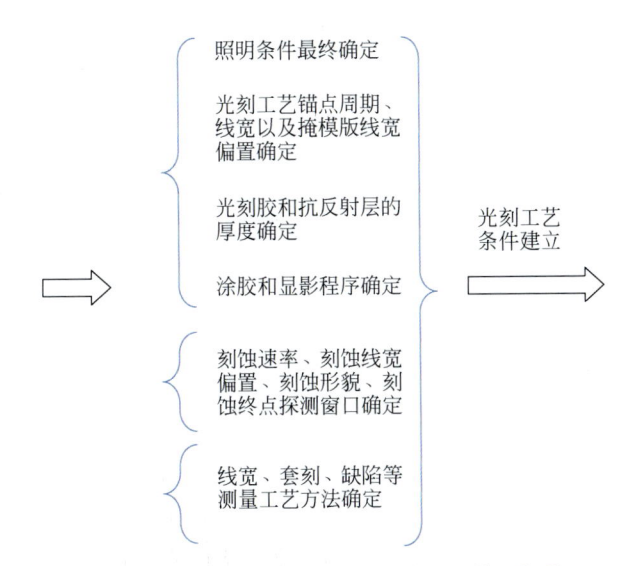

{
刻蚀速率、刻蚀线宽偏置、刻蚀形貌、刻蚀终点探测窗口确定

线宽、套刻、缺陷等测量工艺方法确定
}

图 13-25　光刻工艺研发的一般流程：第二部分

通过对设计规则的研究，确定光刻工艺的最小尺寸图形、各种特征图形、可能的薄弱点(Weak point)[又称为热点(Hot spot)图形]等。第 11 章和第 12 章已经提到一些测试图形，这里再进行系统的讨论。

这些图形包括以下几大类（除非特别注明，如果出现对"线条"的描述，也包括"沟槽"，即"线条/沟槽"）。

(1) 一维图形：

① 最小周期图形（对于双重、多重图形工艺，还要确定拆分规则）。

② 从最小密集线条周期到完全孤立线条的线条随周期变化图形。

③ 禁止周期及设计规则中明确禁止出现的线条周期(Forbidden pitch)。

④ 带有亚分辨辅助图形的一维图形(1-D line & space through pitch with SRAF)。

⑤ 一维线性度图形(1-D line & space linearity)。

⑥ 双线、三线、四线、五线图形(bi-line、tri-line、4 line、5 line)。

⑦ 带 45°或其他角度的沟槽或线条。

⑧ 一维图形的长度规则。

(2) 二维图形：

① 线端-线端结构的最小尺寸(Line end to line end，tip to tip)。

② 线端-线结构的最小尺寸(Line end to line，tip to line)。

③ 最小面积(Minimum area)。

④ 短线条图形(Short line，short bar)。

⑤ 平行交叠长度(Parallel run length)。

⑥ 方角圆滑度、圆半径(Corner rounding)。

⑦ 沟槽对通孔层的包裹程度(Via enclosure)。

(3) 通孔层图形：

① 方阵型密集到稀疏的孔(Matrix via thru-pitch)。

② 交错型密集到稀疏的孔(Stagger via thru-pitch)。

③ 单排密集孔、双排密集孔。

④ 长方形孔(Rectangular hole)。

以上总结的各种图形可在附录 A 中查到相关的图片,附录 B 提供了一种绘制测试图形的方法。设计规则的制定是芯片制造工艺的起点,其重要性不言而喻。好的设计规则不但易于生产制造,而且为芯片设计商提供了便利,从而使得芯片能够尽快大规模量产。

13.11.3 基于设计规则,通过仿真进行初始光源、掩模版类型的选取

基于以上对设计规则的研究,可以得到一些对光刻工艺能力要求比较苛刻的特征图形,通过光学成像仿真确认光刻工艺评估的初始光源。虽然目前商业软件对于光刻工艺仿真来说有非常高效的支持,如美国睿初(Brion)公司的 Tachyon flex 软件,但是基于各个光刻层特征图形的特点,可总结一般的光源、掩模版类型等条件选取原则。具体选取原则如下。

1. 初始光源选取的一般原则

(1) 单一方向、单一周期选用偶极照明(主要考虑单方向一维图形)。

(2) 通孔图形选用环形照明(主要考虑通孔图形)。

(3) 兼顾双向一维、二维图形的工艺能力时选用环形照明或者四极照明(主要考虑 X-Y 双向一维图形,以及二维结构)。

2. 光掩模版种类选择

(1) 对于整层设计规则存在小于 88nm/90nm 周期,采用二元掩模版中的不透明硅化钼光掩模版(Opaque MoSi on Glass,OMOG)。由于其三维散射效应比较弱,因此同样的图形曝光时的能量比较小,掩模版误差因子比较小。但因为减弱了对比度,所以光刻胶线条的边缘粗糙度要差一些。88nm 周期是 90nm 周期在光刻工艺条件总体较好的情况下的一种继续图形缩小。如果总体工艺窗口(如线宽均匀性)不足,那么对于 88nm 周期也需要采用 OMOG 掩模版。

(2) 对于整层设计规则只有 90nm,或者更宽的周期,采用带有透射衰减的相移掩模版(Attenuated Phase Shifting Mask,Att-PSM)。虽然相移掩模版的掩模版三维散射效应比较强,但是其带有相位突变层,对比度好,因此边缘粗糙度比较低。但是,由于相位突变层增加了背景照明,如 6%,对于暗场中较为孤立的沟槽和通孔,其对比度反而较二元掩模版低。

3. 仿真确定的光刻工艺条件的几个要素

(1) 能量宽裕度:所有图形尺寸在满足设计规则的情况下,光刻工艺的能量宽裕度对于一维图形应在整个可允许周期范围内满足足够的宽裕度要求,具体要求取决于光刻的曝光能力。一般的要求是前段有源区和栅极在 18%~20%,后段的金属层和通孔在 13% 以上。

(2) 公共对焦深度:所有图形尺寸在满足设计规则的情况下,光刻工艺要有足够的公共对焦深度,主要取决于光刻机焦平面控制能力和硅片表面的起伏控制。一般而言,对于浸没式光刻工艺,32nm/28nm 节点要求在 80nm 以上,20nm/14nm 工艺要求在 60nm 以上。

(3) 公共对焦深度要同时兼顾在对焦深度变化范围内,图形尺寸不能超过设计规则所允许的变化范围。

(4) 对于二维图形的尺寸变化还要考虑沟槽图形对通孔的包裹程度等复杂问题,比如沟槽端缩短不能太大,因为槽端可能需要连接相邻层的通孔。

(5) 光刻工艺条件的确认同时还要结合刻蚀工艺能力做出相应的调整。

13.11.4 光刻材料的选取

光刻材料的选取主要包括光刻胶、抗反射层、碳填充层等材料的选取。光刻材料的选取一

旦发生错误,可能会导致后续依托于该套光刻材料建立的光学邻近效应修正工艺、刻蚀工艺等等全部重新建立,非常耗时。因此,选取光刻材料一定慎重。光刻材料的选择标准如下。

(1) 对于能够采用比较成熟的材料,参考工业界标准,选用达到供应商量产标准的光刻材料(如果已经达到量产标准,则说明该材料在缺陷水平、工艺稳定性方面可以得到保证)。

(2) 比较光刻材料的各项性能指标,选取候选材料及相应的、适合的工艺条件(曝光后烘焙温度、膜厚、软烘焙温度、显影程序)。

(3) 硅片数据验证。

① 选用初始照明条件等工艺条件+测试掩模版,通过硅片曝光来检验各备选材料形成图形的能力,参考的工艺参数包括曝光能量宽裕度、公共对焦深度(Common DoF)、图形倒塌工艺窗口、光刻胶立体形貌等,必要时可基于硅片的验证数据,优化光源和掩模版的测试图形重新验证光刻材料。

② 对于正显影光刻胶,要验证光刻胶成像与光学仿真的接近程度,以确定光刻工艺条件的选取能充分发挥光刻胶的性能,必要时通过微调涂胶的工艺参数、光刻材料膜厚及显影工艺配方,以充分发挥材料本身的性能,从而建立最佳工艺。

③ 对于负显影光刻胶,在工艺窗口允许的情况下,要尽量选用与光刻仿真最接近的材料,这样可以降低光学邻近效应修正的难度。

④ 通过曝光后的硅片数据确认各光刻材料的最佳工艺条件以后,还要对材料进行刻蚀工艺检验。

⑤ 对于负显影光刻胶,还要确认泊松曲线是否对称(负显影的形貌导致),光刻胶由于溶剂挥发导致的塌缩效应有多大等问题。

⑥ 对于含硅抗反射层材料主要看表面极性是否与光刻胶搭配,刻蚀选择比是否合适。

⑦ 对于碳涂层材料主要看填孔能力、含碳量是否足够,是否具备足够的抗刻蚀能力。

⑧ 确认各材料的数据,选择整体表现最好的材料作为光刻工艺研发的基准材料(Baseline material)。

需要说明的是,在以上的步骤中还需要根据实际硅片线宽测量数据对仿真算法中的参数进行优化和调整,包括微调参数(如膜厚、计算用格点大小、光酸的等效扩散长度、光可分解碱的浓度、光化学反应的饱和程度参数等)及根据需要添加新的计算模块,如掩模三维散射计算模块(32nm/28nm 技术节点开始)、负显影计算模块(14nm 技术节点开始)、极紫外计算模块(7nm/5nm 技术节点开始)等。

基于以上原则选择适合自己产品的光刻工艺。正如上述讨论,光刻基准工艺(Baseline process)一旦确立,如果在后期过程发现问题再做修改,则周期很长,代价很高。例如,一旦光刻胶、抗反射层修改,可能需要重新修改刻蚀程序和光学邻近效应修正及其周期很长的确认过程(如 6 个月以上)。如果仅是修改光刻参数,如锚点的掩模版线宽偏置或照明条件,也可能需要修订光学邻近效应模型,周期 3~6 个月。

因此,在光刻工艺研发前期,充分吃透和确认设计规则,充分地进行仿真、硅片验证,与仿真结果尽量保持一致是有必要的。

参考文献

[1] Lin B J. Drivers, Prospects, and Challenges for Immersion Lithography. Proc. 3rd International 157nm

Symposium, Antwerp Belgium, 2002.

[2] 张汝京, 等. 纳米集成电路制造工艺. 北京: 清华大学出版社, 2014.

[3] Kneer B, Gräupner P, Garreis R, et al. Catadioptric lens design: the breakthrough to hyper-NA optics. Proc. SPIE 6154, 2006: 692.

[4] de Graaf R, Weichselbaum S, Droste R, et al. NXT: 1980Di immersion scanner for 7nm production nodes. Proc. SPIE 9780, 978011, 2016.

[5] de Jong F, van der Pasch, Castenmiller T, et al. Enabling the lithography roadmap: an immersion tool based on a Novel Stage Positioning System. Proc. SPIE 7274, 72741S, 2009.

[6] Mulder M, et al. Performance of Flexray, a fully programmable illumination system for generation of freeform sources on high NA immersion systems. Proc. SPIE 7640, 76401P, 2010.

[7] Lim C T, et al. Source and Mask Optimization Applications in Manufacturing. Proc. SPIE 7973, 797322, 2011.

[8] Socha R. Freeform and SMO. Proc. SPIE 7973, 797305, 2011.

[9] 韦亚一. 超大规模集成电路先进光刻理论与应用. 北京: 科学出版社, 2016.

[10] Sanders D P, Sundberg L K, Brock P J, et al. Self-segregating materials for immersion lithography. Proc. SPIE 6923, 692309, 2008.

[11] Wang C W, Chang C Y, Ku Y. Photobase generator and photo decomposable quencher for high-resolution photoresist applications. Proc. SPIE 7639, 76390W, 2010.

[12] Jeong E Y, Song M, et al. High Performance 14nm FinFET Technology for Low Power Mobile RF Application. T11-2 2017 Symposium on VLSI Technology, Digest of Technical Papers, 2017.

[13] Choi D H, Yang D G, et al. Tall FIN formation for FINFET devices of 20nm and beyond using multi-cycles of passivation and etch processes. Proc. SPIE 8685, 86850D, 2013.

[14] Ban K, Park S, et al. Study on the Reduction of Defects in Immersion Lithography. Proc. SPIE 6519, 65191V, 2007.

[15] Shiu L H, Liang F J, et al. Immersion Defect Reduction (2)—The Formation Mechanism and Reduction of Patterned Defects. Proc. SPIE 6520, 652012, 2007.

[16] Braggin J, Schollaert W, Hoshiko K, et al. Point-of-use filtration methods to reduce defectivity. Proc. SPIE 7639, 763918, 2010.

[17] Landie G, et al. Fundamental Investigation of Negative Tone Development (NTD) for the 22nm node (and beyond). Proc. SPIE 7972, 797206, 2011.

思考题

1. 浸没式光刻如何提高光刻工艺的分辨率以及工艺窗口？
2. 数值孔径 1.35 的光刻机镜头与传统的光刻机镜头在设计上有哪些不同？
3. 浸没式光刻独有的缺陷是什么？如何预防？
4. 浸没式光刻的轨道机程序设定与传统的干法光刻有哪些不同？
5. 浸没式光刻所用的光刻胶与干法光刻工艺所用的光刻胶相比有哪些不同？
6. 为了进一步缩小集成电路的线宽，浸没式工艺有哪些辅助技术可供配套使用？
7. 光刻工艺的建立需要哪些步骤？需要确认哪些工艺参数？
8. 为什么光刻工艺建立一旦出现错误就会影响到后续的 OPC、刻蚀等工艺的建立？

第14章

光刻工艺的缺陷

光刻工艺的性能可以从三方面进行表征：一是关键尺寸和关键尺寸均匀性；二是套刻精度；三是光刻工艺缺陷。在光刻工艺界，通常把这三个工艺指标称为光刻工艺的"三驾马车"。其中，光刻工艺缺陷是最难驾驭的"一驾马车"。原因在于缺陷的形态多样、来源迥异、形成机理复杂，且没有一种固定的表征手段，很多时候需要依靠工程人员对设备、材料和工艺流程的全面综合掌握，以及长期的经验积累。工业界对光刻工艺缺陷的研究更多集中在光刻材料供应商在特定工艺基础上对材料相关缺陷的研究，或者是设备厂商根据设备特点进行的与缺陷相关的研究，而对缺陷进行系统描述和介绍的论文或专著不多见。我们在大量查阅国际国内最新文献的基础上，综合了一些8英寸硅片厂和12英寸硅片厂的一线技术研究成果，根据实际光刻工艺生产流程，对光刻工艺各个环节的缺陷进行描述和分类，并对其产生原因和机理进行分析。

以8英寸硅片厂和12英寸硅片厂为例，主流的光刻工艺流程分为三种：一是中紫外(Mid-UV)波长的光刻工艺，例如，波长为365nm的汞灯i-线光刻；二是深紫外(DUV)波长的光刻工艺，例如波长为248nm的氟化氪(KrF)光刻及波长为193nm的氟化氩(ArF)干法光刻工艺；三是氟化氩水浸没(Water immersion)式光刻工艺。这三种光刻工艺的具体工艺流程如图14-1所示。

如图14-1所示，依据其应用功能，光刻工艺基本上可以分为三部分：一是旋涂工艺，其主要功能是硅片上旋涂抗反射层和光刻胶，其中包括表面增黏处理、软烘焙和曝光去边处理(Wafer Edge Exposure，WEE)；二是曝光工艺，其功能是光刻机将掩模版通过紫外光照射并且将其图像投影到涂覆有光刻胶的硅片上，使光刻胶感光，以及曝光后对光刻胶进行处理，如曝光后烘焙等；三是显影工艺，其功能是通过显影液(通常是含有2.38%四甲基氢氧化铵的水溶液)把光刻胶中感光的部分溶解并通过去离子水冲洗干净(正性光刻胶)，或者是把未感光的部分光刻胶溶解去除(负性光刻胶)，最终形成所需要的图形。在上述三部分工艺流程中，每部分因工艺特点的不同都会产生各自独特的缺陷，同时也存在共同作用导致的缺陷。这些缺陷的形貌和表征以及最终的解决办法都可能不一样。另外，除了上述光刻工艺本身会导致缺陷之外，硅片进入光刻工艺前的表面物理化学特性和环境中的气氛，也会对光刻工艺的缺陷产生

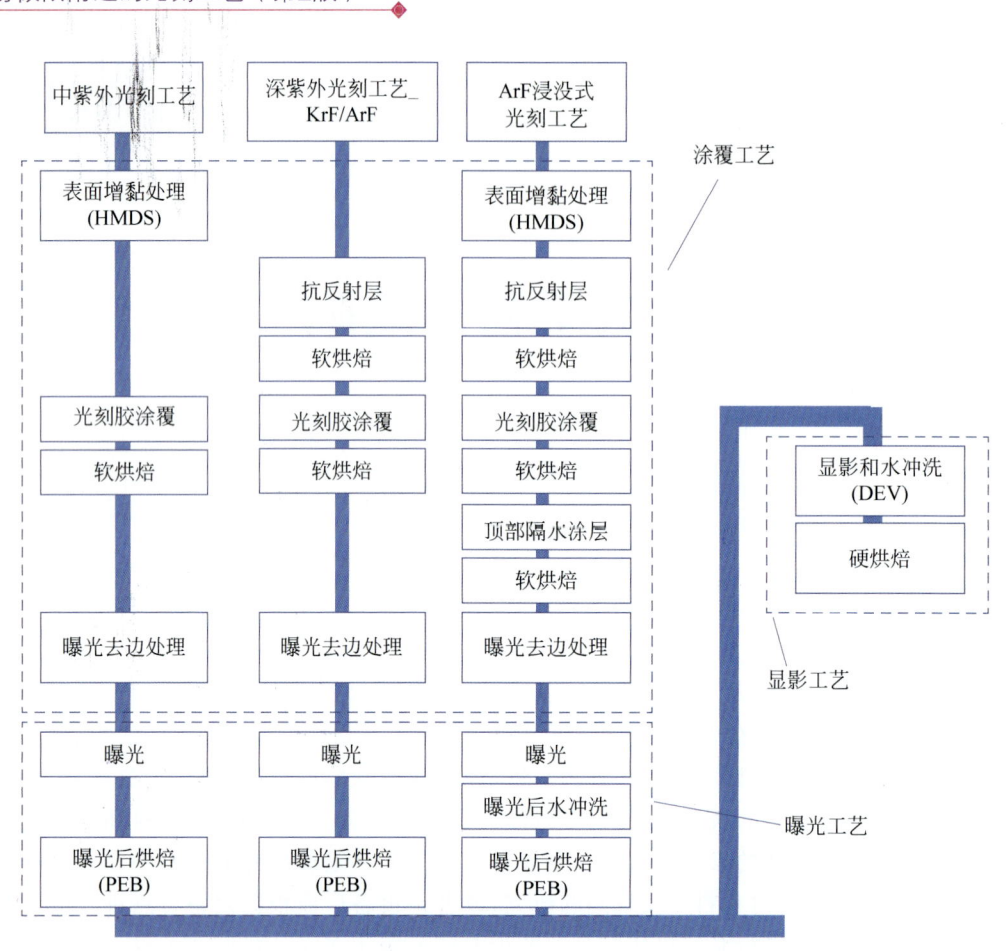

```
┌─────────────┐  ┌──────────────┐  ┌──────────────┐
│ 中紫外光刻工艺 │  │深紫外光刻工艺 │  │  ArF浸没式   │
│             │  │   KrF/ArF    │  │   光刻工艺    │
└─────────────┘  └──────────────┘  └──────────────┘
```

图 14-1 目前工业界应用的主流光刻工艺流程

影响，比如特定的图形分布会导致硅片局部产生异常的拓扑结构，这些异常点有可能会成为缺陷源。本章将结合上述三种工艺流程和四种可能的缺陷源头，对光刻工艺的缺陷进行分类介绍。

14.1 旋涂工艺缺陷

光刻胶（或者抗反射层）通过旋涂的方式在硅片上形成高品质（一定厚度、密度均匀）的薄膜，是光刻工艺众多步骤中关键的一个环节，通常称为旋涂工艺。通常把旋涂工艺定义为以下四个步骤。

（1）硅片表面疏水处理，又称为增黏处理，以增强后续光刻胶与硅片之间的黏附性（若光刻胶底部有有机抗反射层材料，则不需要该步骤）。

（2）控温冷板处理，温度通常为洁净室内室温（一般为22℃），目的是恒定硅片温度，减少硅片之间和硅片面内光刻胶厚度的波动。

（3）喷涂光刻胶，通过特定配方调整光刻胶薄膜均匀性并达到目标厚度，其中包含溶剂洗边步骤。

（4）热板烘烘焙去除光刻胶薄膜中所含的溶剂，使薄膜具备特定要求的物理特性（硬度和致密度等）。

图 14-2 给出了旋涂工艺流程的示意图。

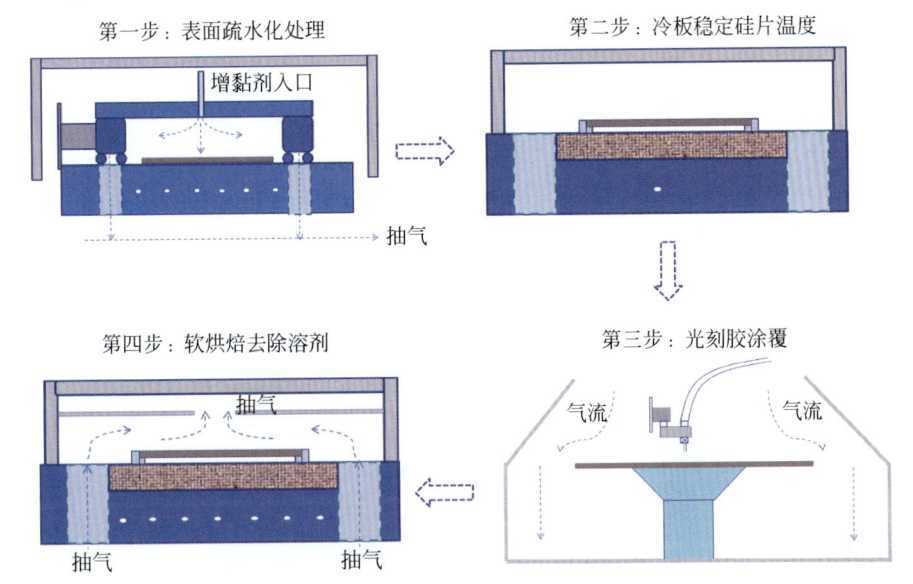

图 14-2　光刻胶薄膜形成工艺流程示意图

根据上述每个工艺步骤的特点,下面对可能产生的缺陷进行分类介绍。

14.1.1　表面疏水化处理工艺相关缺陷

为了增强光刻胶与衬底的黏附强度,通常会在旋涂光刻胶之前用六甲基二硅胺烷进行处理,使硅片表面由于自然形成的氧化硅层带有亲水性的低接触角表面转化为疏水性的高接触角表面(当然,有底部抗反射层的工艺可以在光刻胶旋涂的时候不使用这道工序)。图 14-3(a)是六甲基二硅胺烷在硅片表面的反应式,将硅片表面自然形成的亲水的羟基置换为疏水的甲基,同时放出氨气。具体工艺流程如图 14-3(b)所示,通过氮气提供压力,把液态的 HMDS 从深色玻璃瓶中挤压出来,经过一定长度的管道进入 HMDS 汽化槽中,通过氮气持续地吹扫,液态的 HMDS 汽化形成气态 HMDS,而后气态 HMDS 经过一定的管道进入 HMDS 热板进行热处理,通过置换硅片表面的水分子吸附在硅片表面上,反应物和多余的 HMDS 气体被抽离热处理腔,硅片处理完毕后离开进入下一道工艺。

在上述工艺过程中,为确保 HMDS 表面处理工艺的顺利完成,且减少缺陷的生成,需要注意三个关键环节。

(1) HMDS 汽化槽到 HMDS 处理热板之间的管道要保持洁净通畅,若管道被堵塞,则会影响 HMDS 气流的稳定供应,且堵塞物可能会被冲刷带到硅片上形成缺陷。

(2) HMDS 热处理工艺需要在合理的温度下持续足够的时间,否则硅片表面的疏水性不够会降低光刻胶与光刻胶的黏附性,从而造成光刻胶"倒胶"(光刻胶底部与衬底的黏附性不够导致)。

(3) HMDS 热处理反应完成后,反应物及其多余的 HMDS 气体需要及时地抽离干净,否则这些混合气体滞留在反应腔中,部分吸附或掉落在硅片表面,形成颗粒缺陷,并影响后续旋涂工艺,造成局部区域的旋涂薄膜异常。

图 14-4 是 HMDS 热处理腔的抽气压力不够导致硅片边缘附着一些异常物质,这些物质会影响后续旋涂工艺的品质,从而产生缺陷。

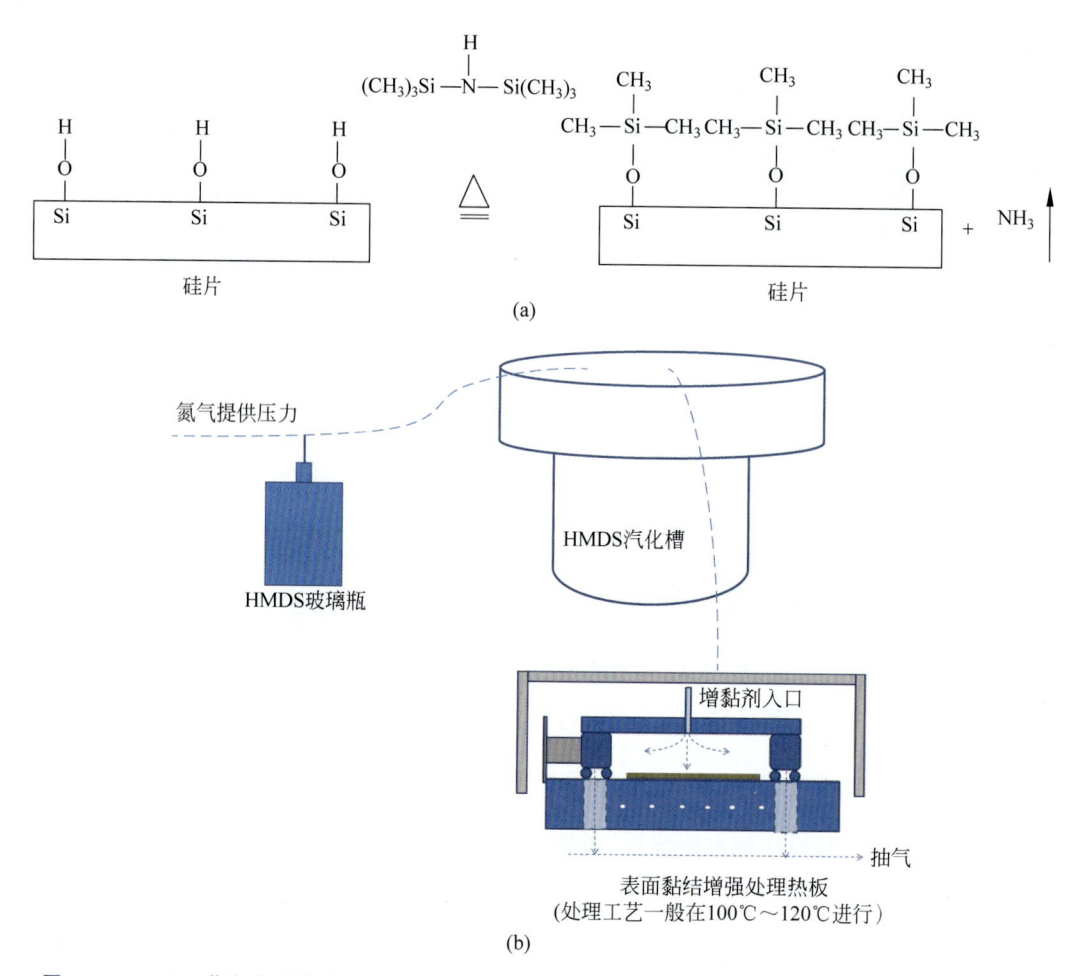

图 14-3 HMDS 蒸汽在硅片表面加热使得硅片表面变得疏水的反应式及硅片表面增黏剂处理工艺流程示意图

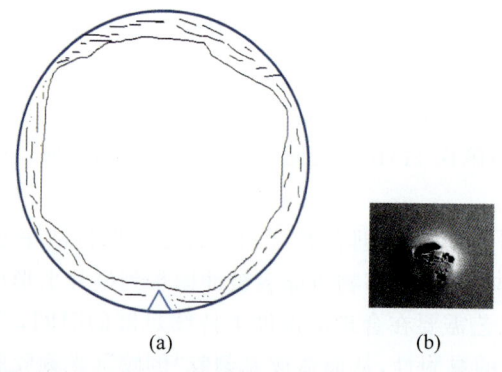

图 14-4 HMDS 热处理腔抽气压力异常导致硅片边缘缺陷：(a) 缺陷分布图；(b) 典型缺陷

产生缺陷可能的原因如下。

（1）这些物质在后续旋涂和烘焙过程中与光刻胶发生反应，并产生挥发性物质，使局部区域光刻胶薄膜发生"鼓包"缺陷。

（2）这些异常物质会影响光刻胶与硅片之间的黏附性，图形在显影之后容易发生"倒胶"现象。

14.1.2 光刻胶旋涂缺陷

光刻材料(包含光刻胶、底部抗反射层和中间传递层等,后续以光刻胶作为代表进行表述)旋涂成膜的过程,主要包括以下四个步骤。

(1) 喷涂溶剂。对硅片表面进行浸润,确保后续光刻胶液体在硅片表面更容易流动,均匀地覆盖在硅片表面,且不会留有气泡。这一步骤同时有助于减少光刻胶材料的单次喷量,从而达到降低成本的目的。对于300mm直径的硅片,这种方法可以使得涂覆喷涂量从4mL左右下降到0.8~1mL,经济效益提升显著。

(2) 通过光刻胶供应系统把光刻胶喷涂到硅片表面,合理改变转速使其均匀地覆盖到硅片表面。这个过程又称为匀胶。

(3) 成膜。通过调节主转速,使其达到目标厚度。这一步溶剂挥发逐渐形成一定密度的薄膜。

(4) 洗边和洗晶背。通过溶剂把硅片边缘和晶背附着的光刻胶材料清洗干净,确保这些材料不会污染机械手臂。这个过程又称为边缘去胶,这在第2章讨论过。

图14-5是光刻胶旋涂过程的示意图。在上述四个工艺步骤中,旋涂工艺相关缺陷主要发生在步骤(1)、(2)和(4),以及对应的传输过程。

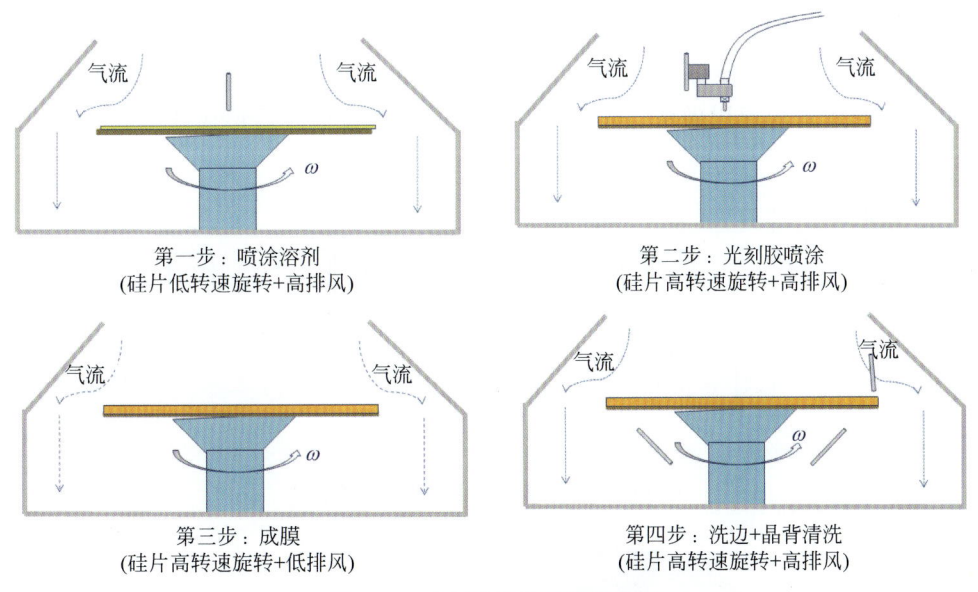

图 14-5 光刻胶旋涂过程示意图

在喷涂溶剂工艺中需要关注的是两方面:一是严格控制溶剂材料中的金属元素。在存储和使用过程中,有些金属元素会使溶剂分子发生络合反应,或者与光刻胶混合后络合反应形成某些成分,这些成分吸附在硅片表面,在后续刻蚀过程中成为阻挡源,使沟槽或者通孔图形无法完全形成。二是溶剂材料的纯净度。集成电路所要求的溶剂是远高于发光二极管和太阳能等生产工艺的要求,曾经发生过供应商在同一个生产线上混合切换生产不同纯净度级别的溶剂(如集成电路用溶剂和LED使用溶剂)致使交叉污染的重大生产事故,该类缺陷因为尺寸较小(<50nm),在旋涂成膜阶段比较难以检测到,在显影后更多地表现为光刻胶"桥接"(Bridging)缺陷或者U形缺陷。另外,溶剂在工厂中通常通过中央系统集中供应,需要通过集中供应管道到达设备端,大多数现有工厂的集中供应管道都是用不锈钢材料制成的,长时间使

用后会引入微量的金属污染源,这些污染源在45nm及以下技术节点会成为致命缺陷。目前,世界上一些先进的制造工厂已经使用复合材料的管道(如特氟龙等)铺设集中供应管道。

在光刻胶喷涂工艺中,光刻胶供应系统的运行状态和洁净度对光刻胶薄膜厚度均匀性和缺陷率有重要的影响。图14-6是光刻胶供应回路系统示意图。由图14-6可知,光刻胶液体在氮气的压力下进入到缓冲槽(约200mL)中,每次喷涂光刻胶时,在泵的抽力带动下,含光刻胶的液体经过过滤器和液体泵,此时自动控制阀打开,光刻胶液体经过喷头喷到硅片上,同时泵回复到原位,这样完成一次完整的喷涂过程。在光刻胶瓶子安装和更换过程中,或者管道某个环节气密性出现故障时,空气容易进入管道中形成微气泡,如果这些气泡没有排除干净,就会随着光刻胶液体进入到硅片上,使光刻胶薄膜内形成一些微型空洞,这就是常见的气泡缺陷,如图14-7所示。防止管道中产生气泡,除了设备工程师定期检查并手动排泡外,还需要通过管道中的压力监控和气泡检测系统来确保及时发现管道中的异常状况,以降低对在线产品的影响。另外,在生产空档期,光刻胶液体静置在回路中,光刻胶的聚合物成分容易集聚形成大的团聚物,从而降低光刻胶液体成分的均匀性,这些大的团聚物在显影液中的溶解速度较低,容易形成桥接缺陷或"盲洞"缺陷。解决这种问题的方法有三种:一是在生产空档期进行"虚喷"(Dummy dispense),保持光刻胶液体在供应回路中的经常性流动,防止团聚物的产生,这种方法的缺点是光刻胶的浪费增加;二是减小过滤器的尺寸,把这些团聚物过滤干净,减少对产品的影响;三是在光刻胶供应回路系统中增加一个内循环系统,在生产空档期,管道中光刻胶液体通过内循环系统保持流动,既保持流动,又能减少静置而产生团聚物,这是目前业界最新型旋涂显影设备的通用做法。光刻胶聚合物团聚物在显影后形成缺陷具体在14.3节介绍。

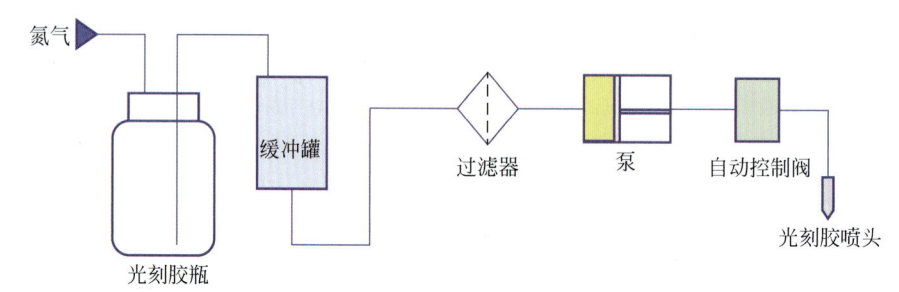

图14-6 光刻胶供应回路系统示意图

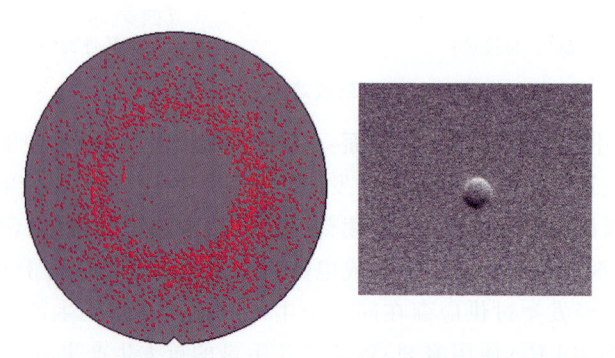

图14-7 光刻胶"气泡"缺陷典型案例

另外,在上述旋涂过程中经常会发生两种典型的缺陷:一种是光刻胶结晶缺陷。即光刻胶喷头外面或者喷头回吸后的光刻胶液面因为溶剂接触空气挥发,光刻胶浓缩后发生结晶现象吸附在喷头上,在下一次喷涂时被带到硅片表面并随着光刻胶液体散开到整个硅片上。通常这种缺陷是随机分布在整个硅片上,在微观下是结晶体含嵌在光刻胶薄膜中。图 14-8 是该种缺陷的典型分布和照片。另一种是硅片表面颗粒缺陷导致的光刻胶旋涂异常。这些颗粒一般是在开始旋涂工艺之前硅片自带的,或者在旋涂显影机内传输过程中掉落在硅片表面上,那么在开始旋涂过程中会阻碍光刻胶液体的流动,旋涂完毕后形成以这些颗粒为起点并沿着半径方向由内向外辐射的缺陷。图 14-9 是该种缺陷的典型案例。上述两种缺陷在微观尺寸和形态上比较接近,在实际工作中比较难以区分,可能误导工程人员。实际上,两种缺陷在硅片上的分布有明显的差异:结晶缺陷通常是随机散点分布在整个硅片上,缺陷分布的密度随着结晶颗粒尺寸的大小而有所差异;而表面颗粒缺陷典型的分布就是如图 14-9 所示的由硅片中心向边缘辐射状分布。所以,解决上述两种缺陷的关键点是采集足够的缺陷分布信息并区分产生缺陷的源头。

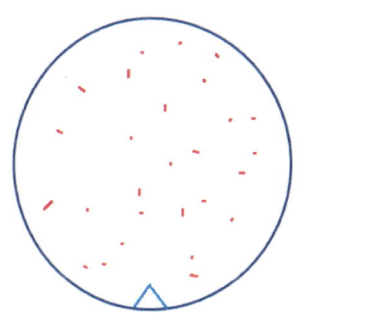

光刻胶结晶缺陷典型分布图　　光刻胶结晶缺陷典型照片

图 14-8　光刻胶喷头导致的结晶缺陷

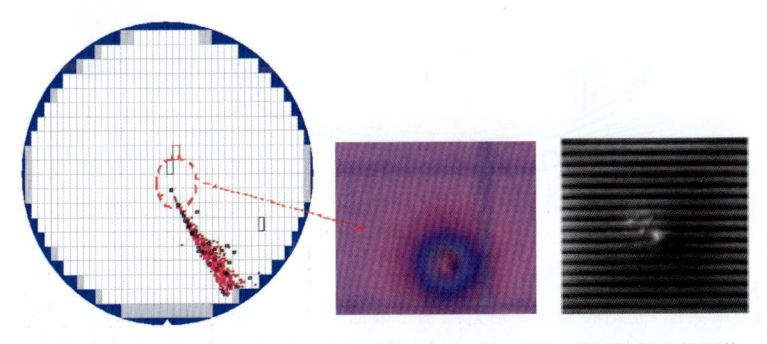

表面颗粒导致的典型缺陷分布图　涂覆缺陷光学显微镜照片　涂覆缺陷电镜照片

图 14-9　硅片表面颗粒导致光刻胶旋涂异常缺陷典型案例

14.1.3　洗边工艺相关缺陷

光刻胶在旋涂后,如果不加其他处理,因为硅片边缘拥有较大比表面积,所以会增加对光刻胶的吸附,在硅片边缘会形成一圈鼓包,又称为边缘胶滴(Edge bead),如图 14-10 所示。这会影响后续的工艺,在底部的凸起还会在后续的工艺中污染工件台。解决方法:光刻胶旋涂成膜之后,通过专门的溶剂喷头在硅片边缘喷淋有机溶剂,并按照一定的菜单程序旋转硅片,将距离硅片边缘一定宽度范围内的光刻胶溶解去除干净。去边溶剂喷头与硅片平面成一定的角度并平行于硅片边缘切线,通常该倾斜角度是固定的,并根据实际洗边性能进行微调。这是为了避免溶剂喷淋在不需要喷淋的硅片一定半径内的区域。

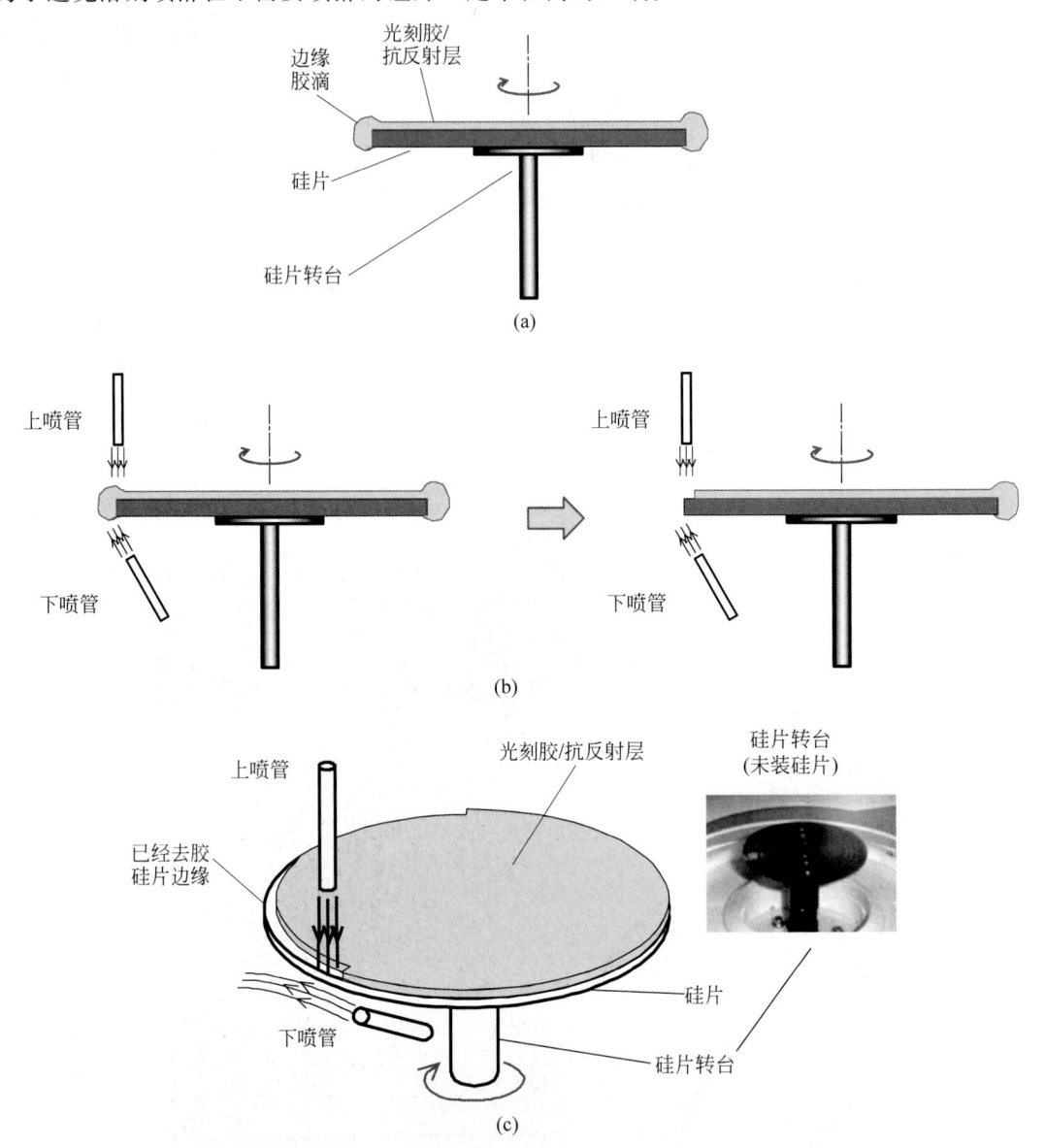

图 14-10 (a)(横断面图)光刻胶旋涂之后边缘由于表面分子力的吸引,形成边缘胶滴示意图;(b)(横断面图)通过边缘冲洗来去除边缘胶滴的示意图;(c)(立体图)通过边缘冲洗来去除边缘胶滴的示意图

另外,需要对去边溶剂的流量和喷吐状况进行定期监控并校正。正常情况下,溶剂冲洗到硅片边缘后在离心力带动下被甩出硅片,并顺着外围的杯形保护侧壁流进排水管道。如果喷头角度发生偏离,或者溶剂流量过大,溶剂冲洗到硅片边缘后反向飞溅到杯形侧壁,部分溶剂被反溅回硅片边缘表面,导致边缘部分光刻胶被溶剂溶解,形成硅片表面较大尺寸的类似"弹坑"的凹陷。该类缺陷主要散乱地分布在硅片边缘。图 14-11 和图 14-12 给出了上述"反溅"现象的示意图和对应缺陷的典型案例。

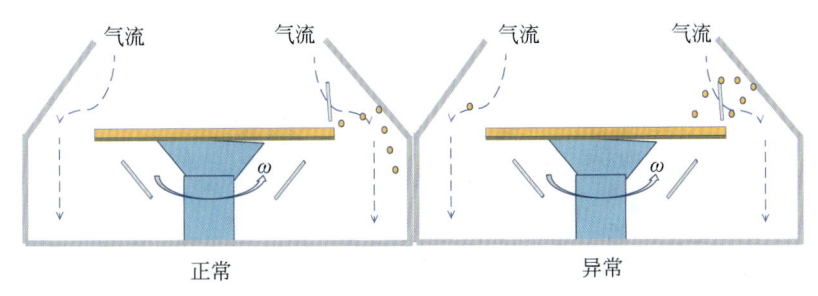

图 14-11　光刻胶去边过程中溶剂喷淋异常引起反溅示意图

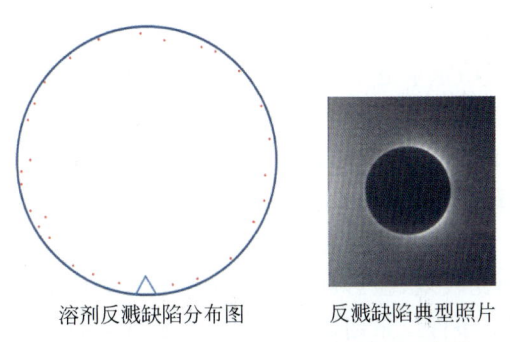

图 14-12　溶剂反溅致硅片边缘缺陷示意图

14.2　显影工艺缺陷

在显影工艺中,质量比为 2.38%(或者 0.26mol/L)的四甲基氢氧化铵水溶液被均匀喷淋到光刻胶表面,再静置(Puddle)或者被硅片转动带动,以完成显影化学反应。当完成显影后,一边转动硅片一边喷淋去离子水以去掉剩余的显影液和光刻胶被显影起出的显影产物。去离子水和显影产物的混合溶液在水流的冲刷作用力和离心力的带动下被甩出硅片。一道合格的显影工艺应该可以最终得到良好的光刻胶图形关键尺寸均匀性(Critical Dimension Uniformity,CDU)和零致命(Fatal,killing)缺陷率。因此,如何使显影液快速并均匀地覆盖在光刻胶表面以达到改善显影均匀性和降低缺陷率的目的成为光刻工程师不断努力的方向,这同时也驱动着光刻相关行业的材料供应商和设备厂商不断改善材料特性和设备硬件以适应工艺要求。

14.2.1　材料特性对显影缺陷的影响

根据光刻胶厂商的报道,残渣(Residue)缺陷与光刻胶材料中的聚合物特性相关,聚合物在光刻胶存储运输和管道中静置过程中会团聚形成更大分子的团簇(Cluster)结构,而且随着时间变长会逐渐增大。这些团簇结构在显影过程中溶解度比较小,在去离子水(De-Ionized Water,DIW)的冲洗下 pH 下降后显影产物溶解部分析出,这些团簇结构成为缺陷核心。当越来越多的显影产物被吸附,并增大到一定程度后便会沉淀下来,在冲洗过程滞留在硅片表面成为残渣缺陷,如图 14-13 所示。

从光刻材料的发展历史来看,材料表面的亲水性高低对显影液在光刻胶表面覆盖均匀性产生显著影响,进而对关键尺寸均匀性和缺陷率产生影响。据报道[1],在浸没式光刻工艺中,当光刻胶接触角(Contact Angle,CA)超过 70°以后,光刻胶残余缺陷(PR residue)数量显著上升。在我们的研究中也同样发现光刻胶和抗反射层的亲水性对缺陷形态和分布产生显著的影

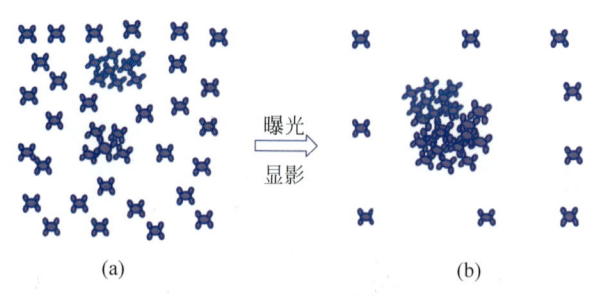

图 14-13　光刻胶中团簇聚合结构的产生：(a) 团簇在曝光前的分布状态；(b) 无法溶解的团簇会在去离子水冲洗下发生聚集

响[2]。在该工作中，我们使用东京电子型号为 LITHIUS-PRO-V 旋涂显影一体机和阿斯麦公司的 193nm 浸没式光刻机，并选择具有不同接触角的光刻材料对浸没式光刻工艺缺陷的形成机理和形貌表征进行了系统研究。研究结果显示，在相同照明条件和显影配方（Recipe）条件下，将不同表面接触角的抗反射层和光刻胶材料进行组合，显影缺陷的数量和形貌会发生显著的变化，如图 14-14 所示。条件一为传统的干法 ArF 光刻胶加上顶层隔水层，抗反射层材料 A 和光刻胶 A 的表面接触角比较低，显影缺陷以光刻胶残余缺陷为主，分布于大块光刻胶侧墙附近，缺陷数量小于 10 颗；条件二采用高接触角的抗反射层材料 B 和浸没式光刻胶 B（无需顶部隔水层），缺陷以"卫星状"光刻胶显影残留为主，大部分位于光刻胶显影打开的大面积区域，少量在图形区域，缺陷数量在 30～100 颗；条件三是采用高接触角的含硅抗反射材料 C 和低接触角光刻胶 A，其缺陷形貌则完全区别于条件一和条件二，类似于未完全溶解于显影液且紧贴抗反射材料表面的光刻胶薄层。我们根据缺陷形貌和显影程序参数筛选实验结果发现，显影后的冲洗工艺参数会对上述残渣缺陷的分布产生显著影响。由此推断，水冲洗过程中水溶液在光刻材料表面的状态是产生上述不同缺陷形貌特征的根本原因。在相对亲水的光刻材料表面，因为接触角较低，在去离子水喷淋时刻和后续从硅片中心向外甩的过程中不容易形成水珠，且材料表面对光刻胶残渣的吸附能力也相对较弱，残渣水混合液比较容易被甩出硅片，所以不容易形成光刻胶残渣缺。只有混合液经过大块光刻胶侧墙时，侧墙的阻挡而滞留在硅片上形成残渣缺陷。这就是在亲水性表面发现的残渣缺陷主要是在大块光刻胶侧墙边缘且缺陷数量较少的深层次原因。高接触角的光刻胶材料，尤其是浸没式专用光刻胶材料及对应的有机抗反射材料，即使在显影过程结束后，曝光未过阈值的地方仍然会保持较高的表面接触角（大于 70°），所以在后续的去离子水冲洗过程中容易形成水珠。这些混合了显影残渣沉淀的水珠干燥后会形成卫星状的缺陷，如图 14-14 条件二所示。图 14-15 描述了亲水性和疏水性表面水流的横断面状态。

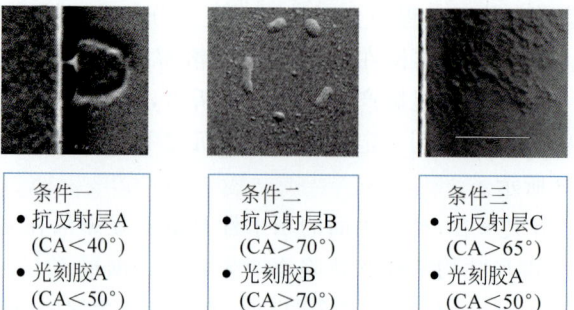

条件一
- 抗反射层A (CA<40°)
- 光刻胶A (CA<50°)

条件二
- 抗反射层B (CA>70°)
- 光刻胶B (CA>70°)

条件三
- 抗反射层C (CA>65°)
- 光刻胶A (CA<50°)

图 14-14　不同光刻材料亲水性对浸没式光刻显影缺陷形貌的影响

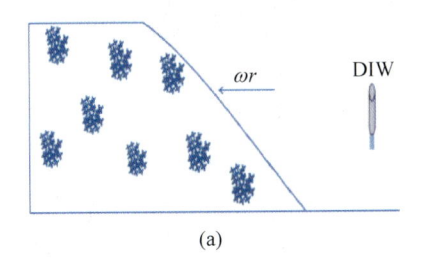

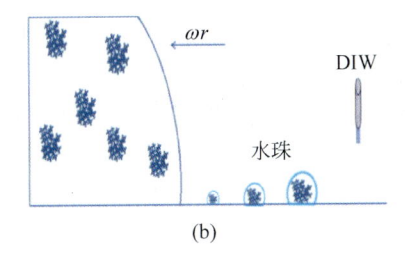

图 14-15 光刻材料表面亲水性对显影后水冲洗工艺的影响：(a) 低接触角表面水溶液状态；(b) 高接触角表面水溶液状态

如前所述，光刻胶在存储过程或者在光刻胶管道中静置，光刻胶中的聚合物会发生团聚现象而形成团簇结构，这些团簇结构在显影液中的溶解度低，易成为缺陷核，沉淀下来成为残渣缺陷。但是，当这些团簇结构位于密集图形区域，且尺寸与图形关键尺寸相当时，容易形成光刻胶桥接缺陷，缺陷形貌如图 14-16 所示。从相关文献和我们的工作经验来看，桥接缺陷的出现有两个明显的特点：一是桥接缺陷更多发生在氟化氩浸没式光刻工艺，而在 i-线、氟化氪、干法氟化氩等光刻工艺比较少出现；二是桥接缺陷主要发生出现在图形密集区域，尤其是接近设计规则极限(Minimum design rule)的 1：1 图形。其根本原因是，随着设计规则规定的线宽不断缩小，图形关键尺寸与光刻胶团簇团聚物大小越来越接近。这些团聚物溶解速率低，在显影过程中不能完全溶解于显影液而成为缺陷。在氟化氩浸没式光刻工艺中，光刻胶和抗反射材料的表面接触角远高于传统光刻材料，这是在高速扫描过程中避免在硅片表面留下水的缘故。有的工艺在显影前表面接触角在 80°左右，甚至显影后的光刻胶的表面接触角仍然保持在 70°以上，在如此高疏水的表面上，显影液和去离子水更难以浸润并渗透到光刻胶内，所以这也增加了光刻胶桥接缺陷产生的概率。

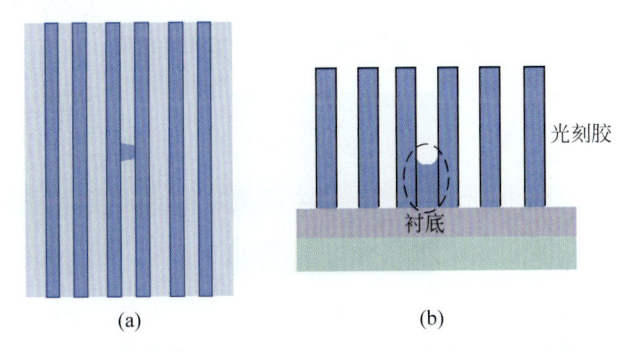

图 14-16 光刻胶桥接缺陷示意图：(a) 缺陷形貌；(b) 缺陷剖面示意

14.2.2 显影模块硬件特点对显影缺陷的影响

显影模块是涂胶显影一体机的核心部件。从涂胶显影一体机的发展历史来看，该模块硬件和工艺技术的每一次革新都是为了适应半导体技术遵循摩尔定律快速前进的步伐。在 65nm(包含)之前的工艺节点，光刻工艺主要以干法氟化氩、氟化氪和 i-线三种光刻工艺为主，其特点是对关键尺寸均匀性和缺陷尺寸有较大的容忍度。在这个阶段，显影模块主要采用线性扫描喷头(Linear Drive nozzle，LD nozzle)和单管去离子水清洗喷头。图 14-17 展示的是一种高端线性显影喷头。图 14-18 为该线性显影喷头在 300mm 硅片上应用示意图例。喷头的作用范围一般比硅片尺寸略大，在显影过程中，喷头从硅片的一端以恒定的速度 v 沿着直径扫描移动到硅片的另一端，显影液均匀地喷淋到硅片上形成均匀的显影水膜，再静置等待化学反应完毕。单管去离子水喷头移动到硅片中心喷淋去离子水并伴随着硅片的高速旋转，在水流的高速冲刷和旋转离心力的带动下，显影反应物被冲洗到硅片外，于是硅片上得到最终所需要的光刻图形。在上述传统的显影模块工艺中，为确保显影液覆盖的均匀性，从而提高关键尺寸均匀性，并降低显影缺陷的产生，需要调整优化线性显影喷头距离硅片表面的高度以及显影喷头在硅片上的扫描速度 v。线性显影喷头的显影液流量大，且水流稳定性较差，在大流量的冲刷下，光刻胶表面的反应物被大量裹挟翻滚而出。如果显影喷头离光刻胶表面太近，那么这些光刻胶的显影反应物会黏附在喷头底部，并且越积越多，在喷头向前扫描的过程中从光刻胶表面拖曳而过形成线性的光刻胶显影缺陷，如图 14-19 所示。另外，黏附在显影喷头底部的显影残渣可能会堵塞喷头的部分出口，导致局部显影液的流量不稳定，从而影响对应硅片上局部关键尺寸的均匀性。显影喷头扫描速度将会对显影的均匀性产生影响，从而影响关键尺寸的均匀性，对此不作详细论述。

图 14-17　一种高端线性显影喷头：（a）线性显影喷头；（b）线性显影喷头剖面

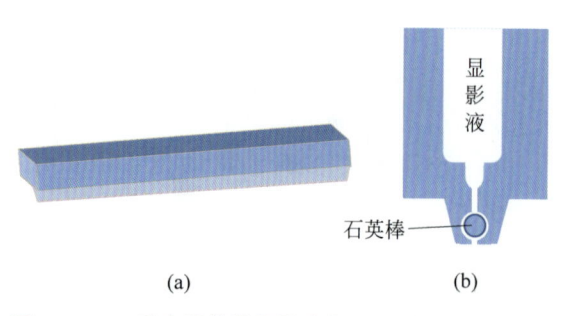

图 14-18　线性显影喷头工作流程示意图

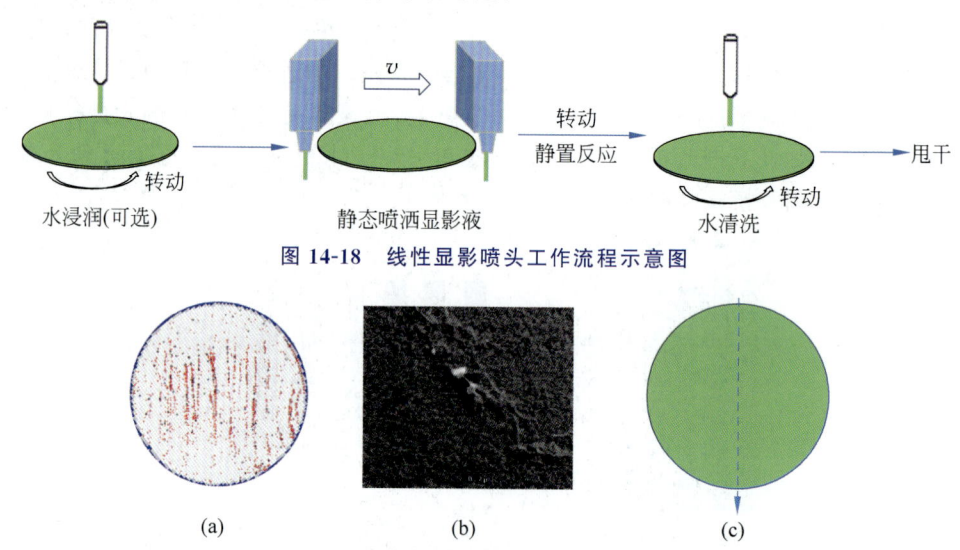

图 14-19　线性显影喷头高度异常导致的缺陷表征：（a）线性显影缺陷分布；（b）线性显影缺陷典型形貌；（c）线性显影喷头扫描方向

　　随着关键尺寸的不断缩小，显影工艺面临两方面的挑战：一是关键尺寸均匀性的容许量减少，必须确保显影液能在较短的时间均匀地覆盖在光刻胶表面，减少显影反应的时间差对关键尺寸均匀性的影响；二是随着氟化氩浸没式光刻工艺的引入，光刻材料的表面接触角不断提高，光刻胶表面变得更加难以浸润，显影液和去离子水容易聚集成水珠而无法均匀地覆盖在光刻胶表面，这对显影均匀性和缺陷的去除提出了更大的挑战。在浸没式光刻工艺中，单纯的去离子水浸润已经无法有效浸润光刻胶表面，在正式显影前通过喷淋少量显影液可以先去除部分光刻胶表面的隔水层从而降低表面接触角，这样可以有效增强后续显影液覆盖的均匀性。从浸没式光刻工艺开始，为了增强显影前光刻胶表面的浸润效果并降低浸润工艺对生产效率的负面影响，同时在后续清洗过程中有效去除显影残渣，设备厂商开发了多喷管显影喷头和多管清洗喷头,如图 14-20 所示。

在显影过程中,显影喷头移动到硅片中心,首先通过去离子水副喷头喷淋去离子水并旋转硅片,使去离子水尽可能地覆盖整个硅片完成第一步的浸润;然后,移动显影喷头使稀释显影副喷头在硅片正中心喷淋稀释显影液,旋转硅片完成第二次表面浸润;最后,显影主喷头移动到硅片正中心喷淋显影液,在硅片高速旋转的同时沿着半径从中心向硅片边缘移动,或者显影喷头从硅片边缘开始喷淋并移动到硅片中心。待显影完毕后,去离子水清洗喷头移动硅片中心,首先喷淋去离子水并高速旋转硅片;然后移动清洗喷头使惰性气体(一般为氮气)处于硅片中心动态喷淋惰性气体,持续一段时间后,清洗喷头同时喷淋去离子水和惰性气体并沿着半径向边缘移动,气体推动液面甩出硅片之外。多管新型显影喷头显影工艺流程如图 14-21 所示。

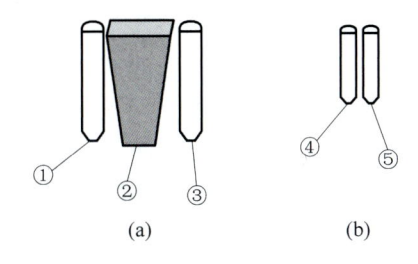

① 去离子水副喷头　④ 去离子水清洗喷头
② 显影液主喷头　　⑤ 惰性气体喷头
③ 释释显影液副喷头

图 14-20　针对浸没式光刻工艺的新型显影喷头:
(a) 多喷管显影喷头;(b) 多管清洗喷头

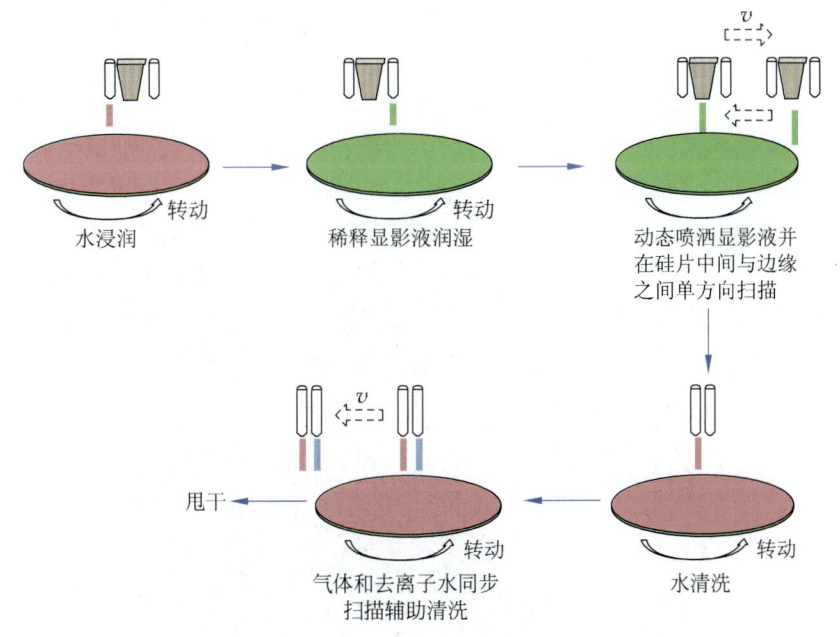

图 14-21　多管新型显影喷头显影工艺流程

在上述过程中,第一步用去离子水浸润之后,去离子水被旋转开覆盖在整个硅片上,由于高表面接触角,光刻胶表面的水膜是破碎不连续的,这通常称为浸润不足。此时,如果直接喷淋显影液,在被水充分浸润的区域,显影液通过水膜快速渗透到光刻胶表面去除隔水层并进入光刻胶深层发生后续化学反应溶解曝光场的光刻胶(正性光刻胶);而在水膜断层区域,光刻胶表面未被充分浸润,显影液在高疏水表面无法快速去除隔水层并渗透到光刻胶深层,导致该局部区域显影不完全,产生盲洞(Blinding holes),或者沟槽底部光刻胶残留导致后续刻蚀工艺难以实施。图 14-22 为浸润不充分导致的局部空洞消失(或称为盲洞)。类似的问题同样会出现金属沟槽图形中,导致图形消失或者变形。目前,针对类似缺陷的解决办法是通过喷淋少量显影液进行第二次浸润来达到充分浸润的目的。原因是少量显影液可以部分或者完全去除表面的隔水层降低光刻胶表面的疏水性,从而可以在光刻胶表面形成连续的水膜。图 14-20

所示的新型显影喷头和图14-21的工艺流程就是为上述目的而设计的。

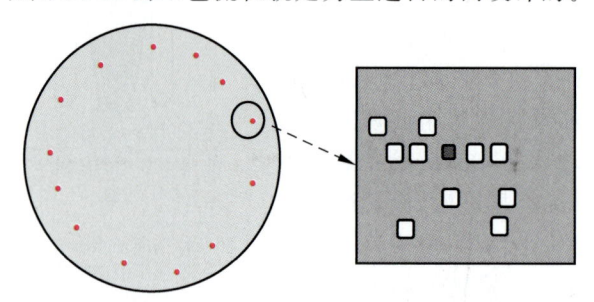

图14-22　浸润不充分导致的图形消失或者变形的示意图

显影完毕后,设备喷淋去离子水并高速旋转,通过水流把显影产物带到硅片外,从而达到清洗的目的。在浸没式光刻工艺出现之前,清洗工艺通常是使用单管去离子水喷头,单纯通过去离子水可以有效地去除显影产物,保证很低的光刻工艺缺陷率。但进入浸没式光刻时代之后,工业界普遍开始采用双管清洗喷头,也就是在去离子水清洗之后再额外通过吹喷惰性气体(氮气)来加强清洗效果。究其原因,如14.2.1节所述,浸没式光刻工艺的光刻材料表面接触角远高于传统干法光刻工艺。众所周知,高速水流冲刷在高疏水的表面容易形成水珠,如图14-15(b)所示,部分水珠在碰撞飞溅过程中失去动能,且在硅片中心附近离心力较小,这些水珠停留在硅片上,干燥后成为光刻胶残渣缺陷。所以,现在的工艺改进是在去离子水清洗工艺后,或者与去离子水工艺同步,加上吹喷氮气,水珠在气流的吹动下向外滚动,最后重新汇入水流一起带到硅片外。我们在实验中针对无须顶部隔水层(TC-less)的光刻胶浸没式光刻胶工艺进行了清洗对比实验,第一组是去离子水清洗加上气体清洗,第二组是只有去离子水清洗,实验结果如图14-23所示。从缺陷检测结果可以看出:带气体的第一组硅片缺陷结果良好,无明显的光刻残渣缺陷;第二组实验的硅片中间集中分布着大量的光刻胶残渣缺陷,且靠近硅片中心的区域,以硅片中心为圆心呈圆形散布着部分少量的光刻胶残余缺陷。

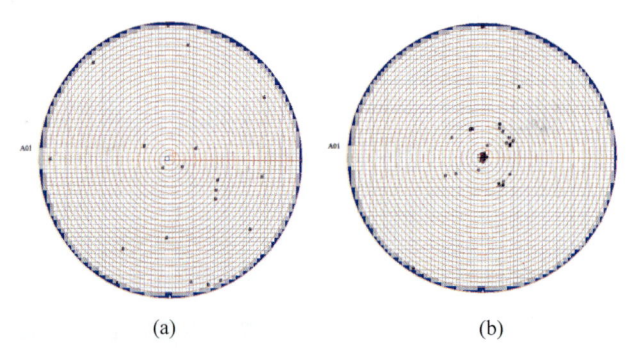

(a)　　　　　　　　　(b)

图14-23　高接触角浸没式光刻不同清洗工艺缺陷对比:(a)清洗工艺,去离子水+惰性气体;(b)清洗工艺,去离子水

14.2.3　显影清洗工艺特性与缺陷的关系

值得注意的是,在正性显影工艺中去离子水喷头在喷淋过程中需要垂直或者接近垂直放置硅片中心位置上面,喷头底部与硅片表面保持合适的距离(一般约为6mm),确保高速水流稳定地冲刷在硅片中心,并在离心力的带动下快速覆盖整个硅片面内确保清洗的均匀性。这里需要提醒的是,去离子水喷头起始喷淋的位置必须位于硅片中心,且保持足够长的时间。原因是硅片中心没有离心力，主要依靠较高初始速度的水流冲刷完成清洗，硅片中心附近的范围内是清洗过程中最薄弱的区域。

下面依据基本物理原理，对显影过程的去离子水冲洗过程进行简要分析，以此阐明清洗工艺的基本特性和需要注意的环节。假定硅片旋转角速度为 ω 并且保持恒定，水流在硅片上的初始速度为 v_0（相当于水流喷淋出一刹那的速度），这里如果要考虑应用惰性气体增强清洗效果，v_0 主要由惰性气体的流速决定。水流喷淋之后在离心力和衬底摩擦力的作用下从中心向外曲线前进，瞬时速度设定为 v，v 可以分解为径向速度 v_r 和切向速度 v_t，如图 14-24 所示。在硅片任何局部位置，通常认为缺陷的去除效率与径向速度 v_r 和切向速度 v_t 成正比，上述这两个速度越大，缺陷越容易被去除。切向速度 v_t 在角速度 ω 恒定的条件下与半径成正比，随着远离硅片中心线性增加，具体关系式如式（14.1）和图 14-25（a）所示。由图 14-25 可见，v_t 在硅片中心为 0。而径向速度 v_r 由离心力 F_e 和硅片表面阻力 F_f 共同决定。F_e 在硅片中心点为 0，并沿着半径向外增加而线性增加。硅片表面对水流的表面阻力与水流的黏度以及衬底表面特性强相关。这里假定为固定值，与水流速度无关，在水冲洗的开始阶段，水流从中心点向外流动，这时候的离心力 F_e 极小，远小于表面阻力 F_f，这个阶段水流径向方向是处于减速阶段，当 $r=x_0$ 时，v_r 达到其最小值 v_m，这时对应的离心力 F_e 和硅片表面阻力 F_f 相等。随后，随着半径的增加，离心力 F_e 迅速增加，径向水流处于加速阶段，且加速度也不断增加，具体见式（14.2）～式（14.5），以及图 14-25（b）和图 14-25（c）。

$$v_t = r \times \omega \tag{14.1}$$

$$F_r = F_e - F_f \tag{14.2}$$

$$F_r = a_r \times \Delta m \tag{14.3}$$

$$F_e \propto r \tag{14.4}$$

$$v_r \propto a_r \tag{14.5}$$

上述公式中的 F_r 为处在半径 r 处水滴的径向合力，而对应的质量和加速度分别为 Δm 和 a_r。

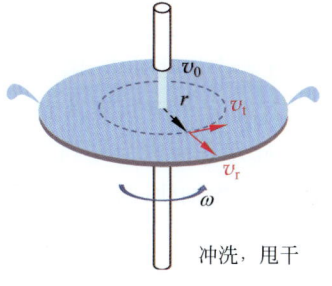

图 14-24 清洗工艺水流示意图

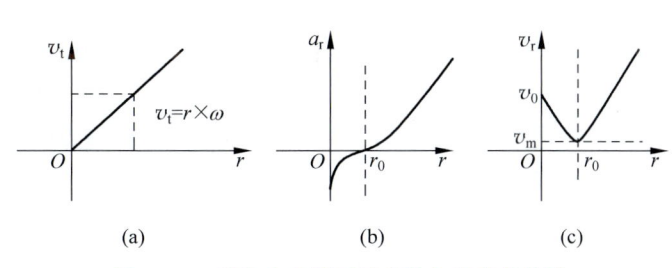

图 14-25 清洗水流瞬时速度和加速度趋势图：(a) v_t 趋势；(b) a_r 趋势；(c) v_r 趋势

根据上述分析可以得出结论，硅片中心到半径 $r=r_0$ 附近的区域内是整个水清洗工艺的薄弱点，即水流的流速最低，对光刻胶显影残留的冲击力也最弱，容易残留残渣缺陷。当然，上述区域出现缺陷的概率与水流的初始速度和光刻材料表面的接触角有关。如图 14-23（b）所示，在高接触角的光刻材料表面，如果在清洗工艺中不使用惰性气体辅助，那么在硅片中心点及其附近区域会形成大量的显影残渣缺陷。原因是高速水流冲刷到硅片表面，部分水流溅起形成水珠，这些水珠部分失去动能停留在硅片正中心区域，其他的在向外滚动过程中受到表面阻力的影响下开始减速，并最终停留在 $r=r_0$ 附近的区域内，干燥之后成为卫星状的光刻胶残渣缺陷。借助于气体吹喷,相当于提高了上述的 v_0,加快了水流冲刷的速度,尤其是推动硅片中心的水珠离开中心区域,重新汇入水流在离心力的带动下甩出硅片。

在这里需要特别指出,在清洗工艺中使用气体吹喷增强清洗效果的方法主要适用于浸没式光刻工艺,而对于传统的光刻工艺(如 i-线、氟化氪、干法氟化氩等)和第一代浸没式光刻工艺(使用传统氟化氩光刻胶加上顶部隔水层)并不完全适用。我们在实验中发现,第一代浸没式光刻工艺单纯用去离子水清洗就可以清洗干净,而在硅片中心喷淋气体处理后,则在硅片中心附近形成环状的光刻胶残渣缺陷,且随着气体喷淋时间的增加,对应缺陷环半径也随之增加,且对应环中缺陷数量急剧增加,如图 14-26 所示。

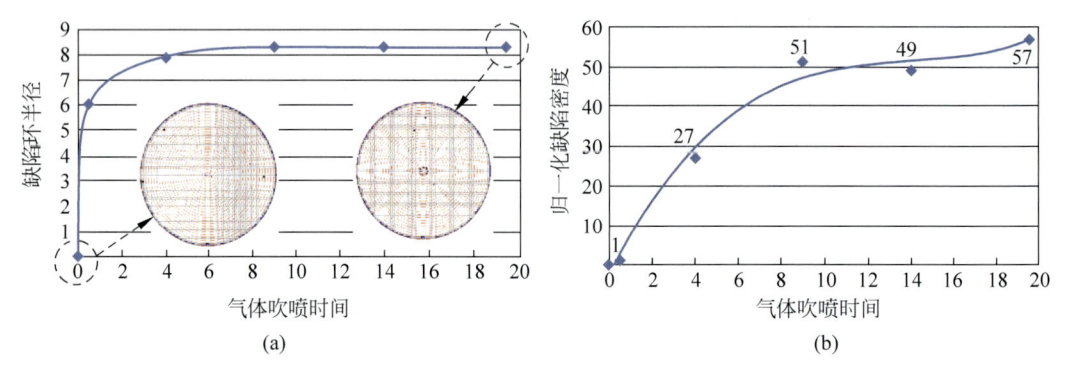

图 14-26 第一代浸没式光刻工艺气体清洗对光刻胶残渣缺陷的影响:(a)气体吹喷时间与环状缺陷半径之间的关系;(b)气体吹喷时间与环状缺陷密度之间的关系

由图 14-26 可以看出,在第一代浸没式光刻工艺中,气体辅助清洗不仅没有达到增强清洗的目的,而且会成为缺陷源,随着气体吹喷时间加长,在硅片中心附近逐渐堆积形成环状光刻胶残渣缺陷。产生上述现象的根本原因是第一代浸没式光刻使用的材料本质上与传统的干法氟化氩光刻材料一样,使用的底部抗反射层和光刻胶的表面接触角较低,显影过程把顶部隔水层完全去除之后,硅片表面处于相对亲水的状态。如前所述,在相对亲水的表面上去离子水在喷淋过程中不容易形成水珠,且表面对显影残渣的附着力较小,所以单纯的去离子也可以达到良好的清洗效果。但如果在硅片中喷淋气体,气体刚开始紧贴着表面推动水流往外走,随之沿着水墙侧面向上爬坡并逐步向各个方向消散,在此过程中与水墙撞击,部分水滴回溅落到表面,这些水滴在离心力的作用下往外移动,在表面阻力的作用下停滞在硅片表面成为光刻胶残渣缺陷,如图 14-27 所示。也可以是气体促使停留在相对亲水表面的水滴蒸发加快(疏水表面的水滴会被推滚动,在没有蒸发前被吹走),导致水滴中含有的显影残渣析出,留在硅片表面。

事实上,上述环状缺陷现象也会发生在 TC-less 浸没式光刻工艺中。如图 14-23 所示,如果不用气体辅助增强清洗,则在硅片中心及其附近会形成明显的光刻胶残渣缺陷,这是去离子水喷淋过程中产生的水珠所致,需要通过气体推动水滴滚动并汇入水流。但如果只是在硅片中心喷吹气体,也会产生上述类似环状缺陷,只是因为表面阻力不同,产生的环不是单一的,而是类似环状区域,如图 14-28 所示。这是因为气体吹喷随着半径的增加,对水的推力与半径平方呈现反比关系。到达一定的半径后,气体吹喷就没有什么效果。消除上述环状缺陷的办法是,在硅片中心气体喷淋足够时间后,同步移动气体和去离子水清洗喷头,由中心沿着半径扫描到某一合适的位置,以确保水流速度在离心力的作用下达到足够大,且回溅的水珠离开清洗薄弱区域,并重新汇入水流。

显影的清洗工艺核心要点归纳如下。

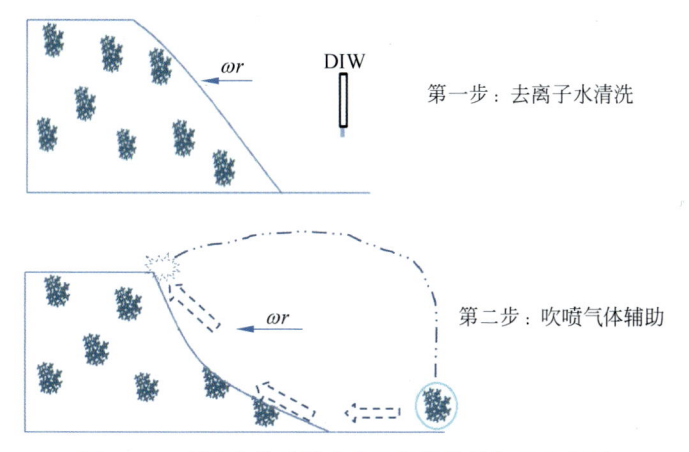

图 14-27　辅助气体清洗产生环状缺陷的机理示意图

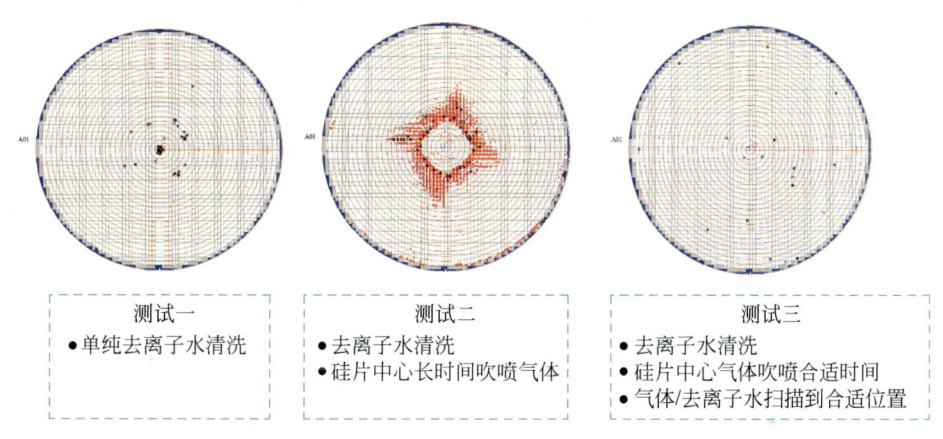

图 14-28　气体辅助清洗在 TC-less 浸没式光刻工艺缺陷的影响

测试一
- 单纯去离子水清洗

测试二
- 去离子水清洗
- 硅片中心长时间吹喷气体

测试三
- 去离子水清洗
- 硅片中心气体吹喷合适时间
- 气体/去离子水扫描到合适位置

(1) 硅片中心到半径 $r=r_0$ 附近的区域内是整个水清洗工艺的薄弱点。

(2) 随着光刻材料的表面接触角的增加，单纯的去离子水清洗变得困难，需要气体辅助喷淋，以增强清洗效果。

(3) 无须顶部隔水层的光刻胶浸没式光刻工艺是气体辅助增强清洗应用的起始点，对于传统干法光刻和第一代浸没式光刻工艺，需谨慎应用气体增强清洗工艺。

(4) 在应用气体增强清洗时，需要优化三个关键参数，分别为气体在硅片中心的喷吹时间、气体扫描速度和气体扫描终点位置。

14.3　其他类型缺陷（前层和环境等影响）

除了上述光刻工艺（包含材料、工艺流程、设备等）强相关的缺陷产生因素之外，在实际生产中发现，光刻区域发现的部分缺陷产生的根源主要可以分为两大类：一是硅片表面的洁净程度，如前道工艺带来的颗粒缺陷导致光刻材料旋涂异常，或者导致在曝光时候的局部焦距偏离从而产生图形异常。二是源自外部环境或者硅片衬底材料特性等特殊原因导致的光化学反应无法完全进行，从而产生图形异常。

14.3.1　化学放大光刻胶的"中毒"现象

对于化学放大型光刻胶体系（氟化氪、氟化氩、浸没式氟化氩等），光酸（Photoacid）作为光化学反应的催化剂对于图形的正常形成起着至关重要的作用,在生产过程中经常会遇到光酸丢失而导致图形异常的现象。其主要分为以下三大类。

一是曝光完成后,设备故障等原因导致硅片不能及时传送到曝光后烘热板,在等待过程中光酸扩散丢失产生图形异常。

二是源自衬底材料本身,比如氮化硅材料衬底本身含有氮原子,在某些条件下这些氮的成分可能析出成为碱性成分,这些碱性成分在后续曝光时候会消耗光酸,从而影响光化学反应的正常完成,光刻胶底部会因为显影不充分而产生"站脚"缺陷(Footing)或底部光刻胶残渣(Scum)。

三是周围环境中碱性成分超标,这些碱性成分的分子吸附在光刻胶表面,在曝光之后与光酸反应,导致光刻胶顶部光酸不足,产生 T-top 现象。

第二类和第三类现象就是光刻胶"中毒"(Poison)现象,具体如图 14-29 所示。

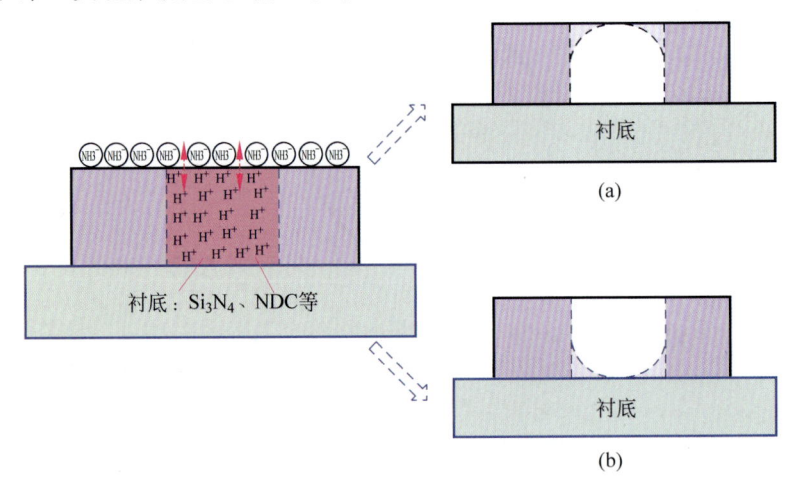

图 14-29 光刻胶"中毒"现象导致图形剖面异常:(a)气氛碱性导致中毒;(b)衬底碱性导致中毒

上述第三类缺陷,毒源常见于光刻胶旋涂工艺和曝光显影工艺分开进行的情况。例如,有些工厂为了提高生产效率[每小时加工硅片数(Wafer Per Hour,WPH)],部分涂胶机专门用于光刻胶旋涂,硅片经过旋涂工艺,再运送到曝光显影机台上进行工艺处理,如果在这个搬运工程中搁置过久,或者正好空气中碱性气氛超标,光刻胶会产生如图 14-29(a)所示的"中毒"现象。对于采用光刻胶涂胶和显影一体机的工厂,环境引起的光刻胶"中毒"现象可能性较低。但在实践中发现,某些光刻胶材料的光酸产生剂中含有某些碱性成分,在曝光后烘焙过程中这些碱性成分挥发出来滞留在热板中,而热板的抽气系统无法及时把这些成分抽离,那么在多种工艺产品混合生产的条件下,后续的产品光刻胶烘焙时会产生"中毒"现象。这种现象通常只会出现在后续不同工艺条件的前面一两批产品中,当这些碱性挥发物被带走后,后续产品恢复到正常状态。针对上述气氛中碱性成分引起的光刻胶"中毒"现象,除及时消除污染源之外,还需要采用化学过滤器(Chemical filter)。此外,还可以在光刻胶上覆盖一层顶层保护层,比如注入层光刻工艺中常用的顶部抗反射层,或者浸没式光刻工艺中的顶部隔水层。

14.3.2 非化学放大光刻胶的"中毒"现象

对于 g-线、i-线等以酚醛树脂和重氮萘醌(Novolac/DNQ)为主要成分的系列光刻胶材料,酚醛树脂和重氮萘醌的混合物曝光前在显影液中溶解度较低,而曝光后 DNQ 转变成茚羧酸(Indene Carboxylic Acid,ICA),而酚醛树脂/茚羧酸混合物在显影液中的溶解度大大增加,其成分和光化学反应过程如图 14-30 所示。从图中可以看到,在整个过程中需要吸收空气中的水分子参与完成其光化学反应,从而得到最终图形,所以光刻胶曝光结束后通常需要等待一定的时间以充分吸收空气中的水分子,且该反应时间随着光刻胶厚度的增加而增加,如图 14-31 所示。在实际工作中发现,对于 3μm 以上的 g-线、i-线光刻胶,需要在曝光与曝光后烘焙之间增加足够的等待时间,以确保足够的水分参与光化学反应。如果没有上述等待时间,将有可能发生光刻胶显影不尽的缺陷,且该缺陷在硅片面内沿着曝光路线逐步变得严重,硅片顶部的曝光单元将是最严重的区域,原因是顶部的曝光单元曝光后反应时间更少,具体如图 14-32 所示。

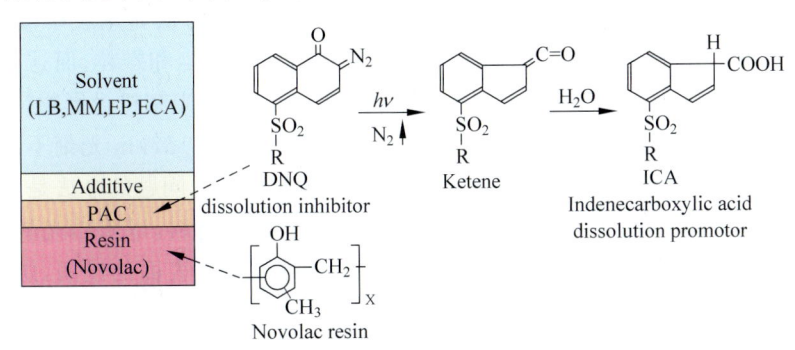

图 14-30　酚醛树脂和重氮萘醌系列光刻胶材料光化学反应机理示意图

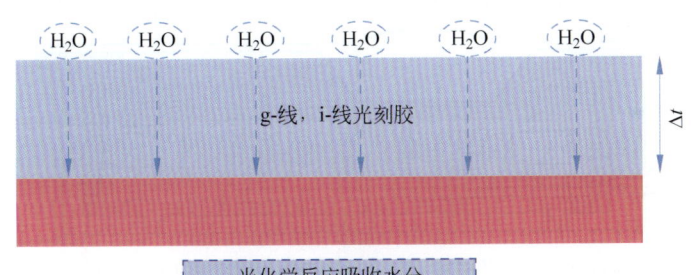

图 14-31　水分子穿透光刻胶膜层参与光化学反应示意图

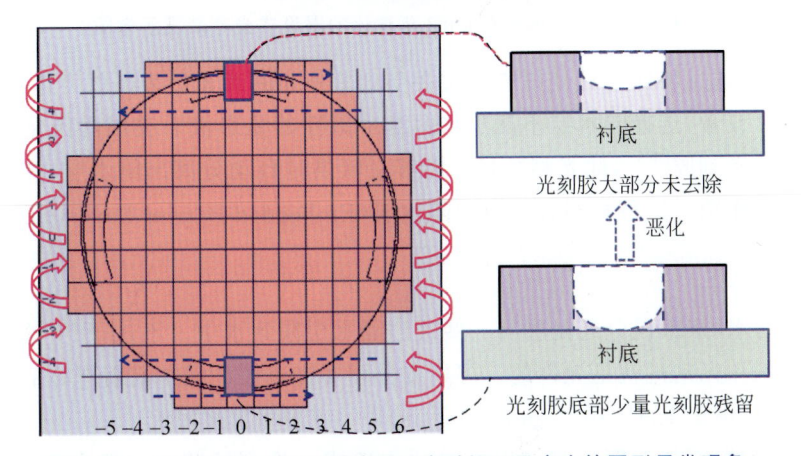

图 14-32　超厚 g-线、i-线光刻胶因反应时间不足产生的图形异常现象

14.4 浸没式光刻工艺缺陷

14.4.1 浸没式光刻机最早的专利结构图

在整个工业界进入 193nm 浸没式光刻时代后，原先为了避免接触、接近式曝光可能带来缺陷而发展的投影式曝光方式，现在为了进一步增加分辨率也不得不转入半接触式曝光。浸没式曝光的概念在 2002 年由林本坚(Burn J. Lin)博士在美国 Sematech 有关 157nm 光刻的国际会议上提出[3]，如图 14-33 所示。此建议刚一提出就遭到工业界的质疑，主要是因为光刻胶中存在亲水的光酸产生剂和碱性淬灭剂(Base quencher)，如果光刻胶表面在曝光时覆盖一层水，那么这些光酸产生剂、碱性淬灭剂，或光酸会被水的亲和力从光刻胶中吸出[又称浸析(Leaching)]，而导致光刻胶失效。另外，水能够吸附空气中的灰尘和颗粒，而这些灰尘和颗粒也会被水带到光刻胶表面，造成缺陷。由于水充满光刻胶表面和光刻机投影物镜的最下表面，光酸溶解于水后会被带到物镜表面，对物镜表面造成腐蚀。随着 157nm 光刻不断遇到应用上的重重困难，工业界不得不聚焦于 193nm 浸没式光刻。解决以上问题的办法是在光刻胶表面涂覆一层隔水层[顶部隔水层(Top Coat, TC)]，比如疏水性的材料，以阻挡光酸产生剂，或者光酸被浸析。不过，这种疏水性的材料也会阻挡显影液对光刻胶表面的浸润，妨碍显影过程，导致沟槽或者接触孔的显影不完全和缺陷。

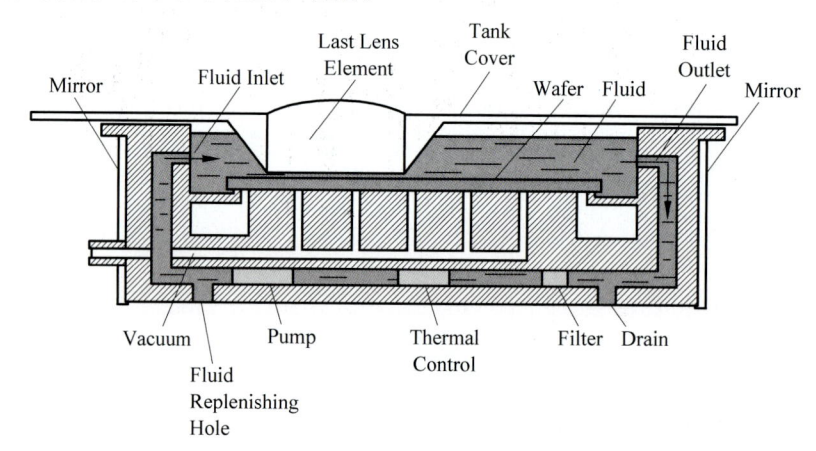

图 14-33　林本坚博士在 2002 年建议的浸没式光刻装置示意图[3]

不过，工业界通过特殊设计使得隔水层在受到紫外光的曝光后表面张力迅速下降，以减轻对显影的影响。或者，选择隔水层不溶于水但溶于碱性的显影液。美国陶氏化学公司提出无需顶部隔水层的光刻胶[4-5]，此光刻胶自带能够在软烘时自动分离出隔水层，并且浮到光刻胶表面起到防水的作用。这种材料称为内含隔水层(Embedded Barrier Layer, EBL)。

14.4.2 浸没式光刻遇到的常见缺陷分类分析

不管怎样防水，亲水成分还是会有一些透过隔水层漏到水中。不过，只要这一点点漏出的光酸不影响光刻和光刻机就是允许的。阿斯麦公司对光刻胶的浸析有着严格的规定。对于光酸产生剂，规格是小于 1.6×10^{-12} mol/(cm^2/s)[6]。

此外，水滴和气泡甚至颗粒都可以在硅片上造成一系列缺陷。一般来说，193nm 浸没式光刻工艺的缺陷类型有反向图像衰减(Inverse Pattern Attenuation, IPA)、浸析(Leaching)、颗粒印出(Particle printing)、图像衰减(Pattern Attenuation，PA)等，如图 14-34 所示。

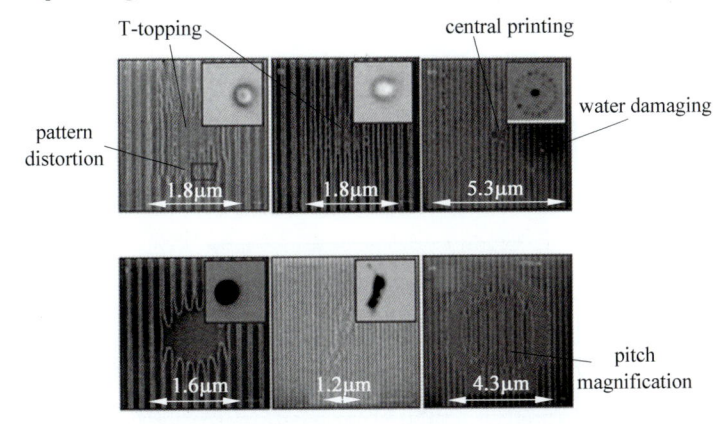

图 14-34 193nm 浸没式光刻可能遇到的缺陷扫描电镜图；上排（从左到右）为反向图像衰减、浸析、颗粒印出；下排（从左到右）为反向图像衰减、颗粒印出、图像衰减[7]

反向图像衰减，主要是曝光前光刻胶表面存在水滴导致。可能是光刻机在其他曝光场（每个曝光场尺寸最大为 26mm×33mm）扫描曝光时溅出的水滴。光刻胶表面会吸收水滴中的水分而膨胀(Swell)，如图 14-35 所示。膨胀后的光刻胶会形成微透镜效应，使得成像光线被二次聚焦，图形缩小。如果图形已经是最小可分辨周期，那么被再次聚焦的图形会变得不可分辨。解决的方法是尽量避免水滴被溅出。阿斯麦公司通过在浸没头[Immersion Hood(IH)，又称水罩]外围设计一圈强力抽吸装置，或者在浸没头外围存在抽吸装置的基础上再增加一圈高压气帘，将可能溅出的水滴阻挡在浸没头中间，如 6.10.2 节所述和图 6-116 所示。当然，这要求光刻胶表面或者顶部涂层的张力系数足够大，与水的接触角(Contact Angle，CA)，尤其是硅片台相对镜头进行扫描运动的时候水在远离硅片台一侧的接触角（又称后退接触角）要保持足够大。接触角、前进接触角(Advancing Contact Angle，ACA)和后退接触角(Receding Contact Angle，RCA)如图 14-36 所示。后退接触角与扫描速度有关，扫描速度越高，同一种材料的后退接触角就越小，也就是越来越接近浸润情况。浸润情况很容易留下水滴，所以对于高扫描速度的光刻机，后退接触角要做得更大。硅片台的扫描速度为 600mm/s 时，后退接触角要大于 65°。不过，后退接触角只要够用就可以了，过大的后退接触角会造成对显影液的排斥，导致显影不良。

反向图像衰减(Inverse Patten Attenuation，IPA)
IPA：水由于较长时间接触光刻胶或者顶部涂层，渗透到薄膜内部，造成隆起，形成微透镜，将图像缩小

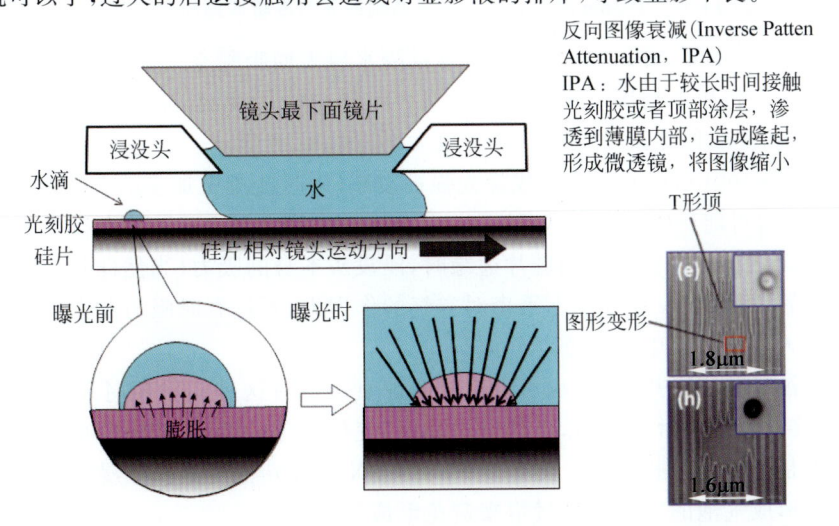

图 14-35 193nm 浸没式光刻可能遇到的反向图像衰减及其形成原理示意图

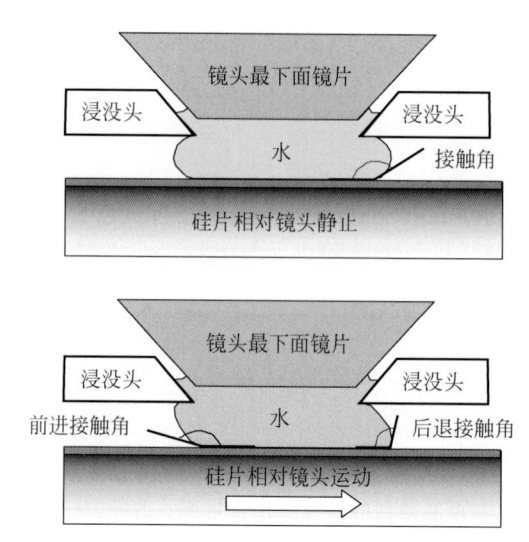

图 14-36 浸没式水和光刻胶或者顶部涂层之间的接触角、前进接触角和后退接触角示意图

对于光酸浸析,主要是因为曝光后,光酸被残留在光刻胶表面的水滴浸析出而导致光刻胶内部没有足够的光酸来形成有足够对比度的图形,如图 14-37 所示。采取的措施还是设法阻止水从浸没头中间漏出或者溅出,与反向图像衰减相同。

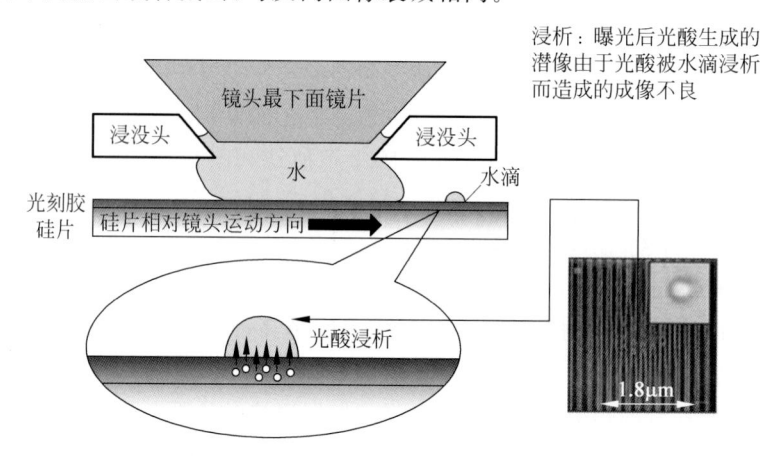

图 14-37 193nm 浸没式光刻可能遇到的光酸浸析问题原理示意图

对于图像衰减,主要是因为光刻胶或者顶部隔水层表面吸附空气,或者浸没式水溶解了部分空气而出现空气析出的情况。如果这个气泡被固定在硅片表面,那么它会和浸没式水联合形成一个负透镜,使成像光束发散而图像被放大,如图 14-38 所示。若这种气泡是漂浮在浸没式水中(水层 60~100μm),则会造成成像光强被衰减,同时造成更加多的杂散光(Flare)。硅片和硅片台之间还有可能产生漂浮气泡(Floating bubble),如图 14-39 所示。当浸没头需要对硅片边缘进行曝光而相对硅片台运动到硅片边缘时,浸没头本身的吸力(当然硅片台下面的工件台中也有抽吸装置,可以在一定程度上平衡对空气的作用力,不过有时吸力此消彼长),可能将缝隙中的空气吸入浸没式水中造成漂浮气泡。

这种气泡被吸附到硅片表面,也可以造成图像衰减。对这种问题暂时还没有好的解决方案,当浸没头移动到硅片台边缘时,降低移动速度,使得缝隙中的空气能够被吸入工件台中的抽吸装置而不是进入浸没式水中。阿斯麦公司的 NXT1970i 型光刻机在浸没头上采用能够溶解于水且不易形成气泡的二氧化碳气帘来避免形成气泡。

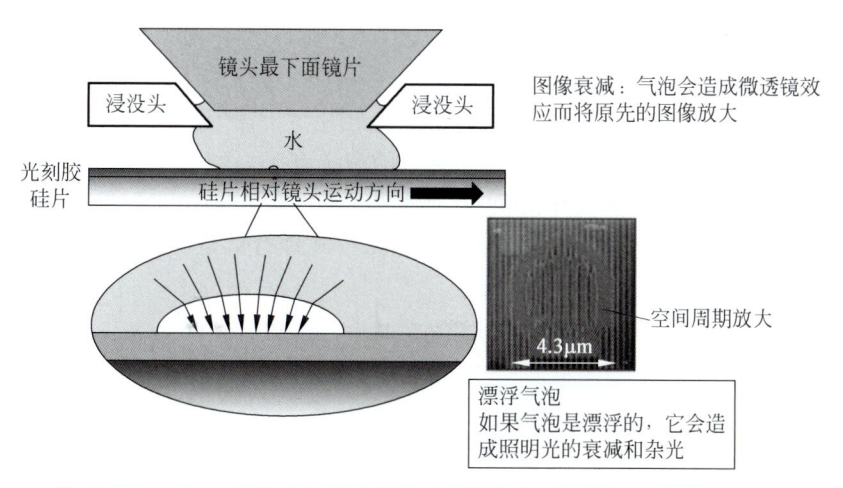

图 14-38 193nm 浸没式光刻可能遇到的图像衰减问题和形成原理示意图

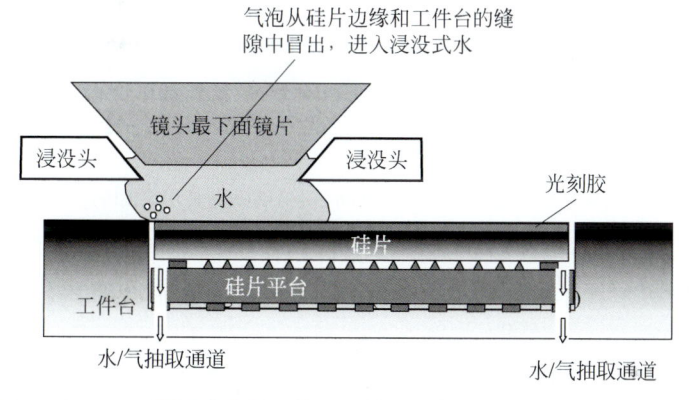

图 14-39 193nm 浸没式光刻可能遇到的漂浮气泡问题和形成原理示意图

对于颗粒印出，主要是因为硅片表面的颗粒，可以是硅片在进入光刻机之前带上的，也可以是硅片进入光刻机后带上的，硅片表面（光刻胶表面或者顶部隔水层表面）存在颗粒，使得在局部位置成像光线被完全挡住，形成颗粒的形状（颗粒印出）。光线被部分挡住造成曝光不足，也可以形成反向图像衰减的情况，如图 14-40 所示。

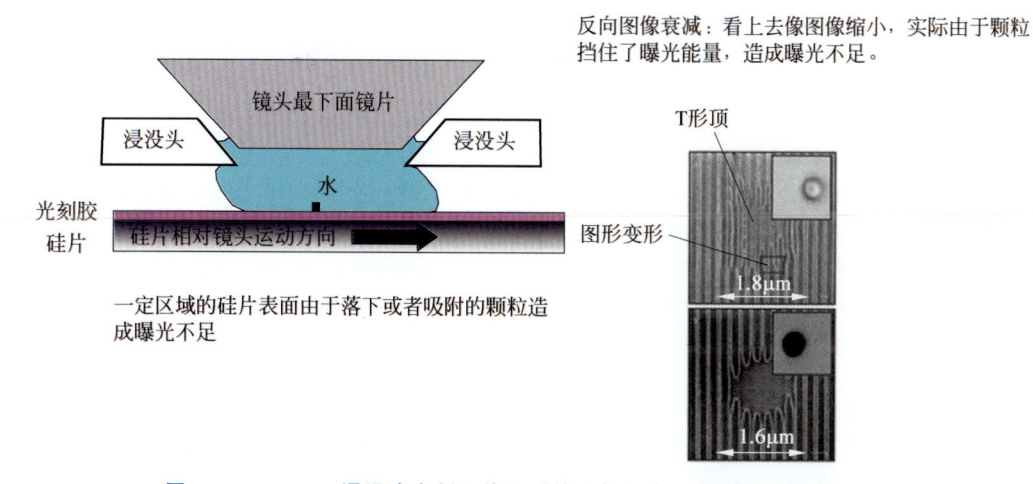

图 14-40 193nm 浸没式光刻可能遇到的颗粒印出问题和形成原理示意图

14.4.3　去除浸没式光刻缺陷的方法

去除颗粒物的主要方法是保持硅片表面干净和硅片台干净,还可以对浸没头和硅片台进行清洗。下面列举了阿斯麦公司的浸没式光刻机的清洗方法。

(1) 硅片台清洗:使用浸没头中的负压(吸水和吸气)清洗硅片台区域[图像传感器、光瞳传感器、浸没头挂机碟片,又称为闷盘(Closing disk)、硅片台区域密封圈等],好比真空吸尘器,如图 14-41 所示。

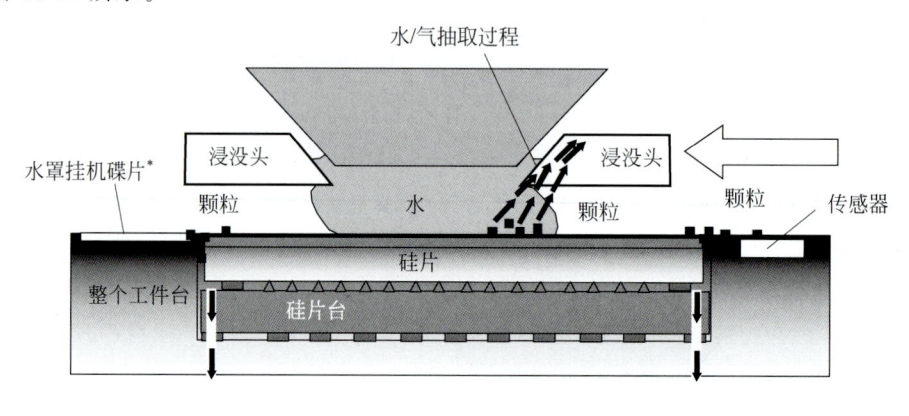

* 在硅片台交换时用来封住浸没头,在NXT1950i上不存在(通过使用交换桥)

图 14-41　阿斯麦公司的浸没式光刻机采用浸没头对硅片台进行颗粒物清洗示意图

(2) 浸没头清洗(不打开机器):使用带有 HMDS 涂层的硅片空跑(无曝光)带走可能存在于浸没头的污染物。

(3) 浸没头清洗(需要打开机器):使用一台长工作距离的显微镜来检查堵塞的真空水/气抽取孔、气刀缝隙、其他缝隙,再用溶剂(如丙酮)和超声波手动清除堵塞物。

参考文献

[1] Michael K, et al. Immersion Specific Defect Mechanisms: Findings and Recommendations for their Control. Proc. SPIE 6154,615409,2006.

[2] He W M, Hu H Y, Wu Q. Characterization and Improvement of Immersion Process Defectivity in Memory Device Manufacturing. Proc. CSTIC,2015.

[3] Lin B J. Drivers, Prospects, and Challenges for Immersion Lithography. Proc. 3rd International 157nm Symposium,Antwerp Belgium,2002.

[4] Wang D Y. Compositions and Processes for Immersion Lithography. US7968268B2,2011.

[5] Wang D,Liu J,Kang D, et al. Blob Defect Prevention in 193nm Topcoat-free Immersion Lithography. Proc. SPIE 8325,83252G,2012.

[6] Dammel R R, Pawlowski G, Romano A, et al. Resist Component Leaching in 193nm Immersion Lithography. Proc. SPIE 5753,2005:95.

[7] Shiu L H,Liang F J,Chang H,et al. Immersion Defect Reduction (2)—The Formation Mechanism and Reduction of Patterned Defects. Proc. SPIE 6520,652012,2007.

[8] 张汝京,等.纳米集成电路制造工艺.北京:清华大学出版社,2014.

思考题

1. 旋涂工艺会遇到哪些缺陷？
2. 写出六甲基二硅胺烷的反应式，可以在二氧化硅表面反应吗？
3. 光刻胶涂胶有哪些步骤？
4. 光刻胶边缘去胶的目的是什么？
5. 什么是旋涂过程中的反溅？
6. 在浸没式光刻中采用无须顶部隔水层的光刻胶需要光刻胶表面与谁的接触角尽量的大？不能太大，原因是什么？
7. 说明线性扫描的显影喷头产生的缺陷在硅片上的分布和原理。
8. 193nm 浸没式光刻普遍采用较高接触角的光刻胶，为了使得显影液能够充分接触光刻胶，采用了哪些手段？
9. 在显影后采用去离子水冲洗的过程中增加氮气吹喷是为了消除哪一种缺陷？
10. 什么是化学放大型光刻胶的"中毒"现象？
11. 193nm 浸没式光刻工艺中常见的缺陷有哪几种？
12. 阿斯麦公司对 193nm 浸没式光刻胶的浸析速率要求是多少？
13. 消除浸没式光刻特有的缺陷可以采用哪几种方法？

第15章

光刻工艺的线宽控制及改进

15.1 光刻线宽均匀性的定义

集成电路与分立元件的区别在于能够大量地制造完全相同的晶体管和它们之间的连线。这种并行制造能力成就了数字电路的高速发展，这种制造能力的主要技术提供者是图形技术，如光刻技术和刻蚀技术，最为重要的是光刻技术。就像我国唐代发明的雕版印刷术促进了信息的传播和文化的发展，光刻技术通过光和光敏感的光刻胶来传递雕刻在透明基板上的图形。集成电路的大规模发展得益于光刻技术的高速发展。

在光刻技术中，线宽均匀性[即关键尺寸均匀性（Critical Dimension Uniformity，CD Uniformity，CDU）]是光刻技术的核心。随着集成电路的不断发展，对线宽均匀性的要求也随之提高。一般来说，对线宽均匀性的要求是线宽的7%~10%。对于晶体管的性能来说，线宽均匀性不好会导致晶体管个体之间的差异，对于需要匹配的晶体管（如静态随机存储器中的左右两对晶体管），线宽均匀性不好会导致存储器性能下降。由于互补型金属-氧化物-半导体晶体管的漏电流与沟道（栅极）的长度有关，因此沟道变短会导致漏电流急剧增加，线宽均匀性不好会导致芯片整体漏电流增加，设备待机时间缩短。

线宽均匀性根据制造流程的特点分为批次-批次之间的线宽均匀性（Lot to lot CD uniformity）、批次内(硅片-硅片之间)的线宽均匀性（Wafer to wafer CD uniformity）、硅片范围的线宽均匀性（Across wafer CD uniformity 或者 Interfield CD uniformity）、单个曝光场内部的线宽均匀性（Within shot CD uniformity 或者 Intra-field CD uniformity）以及局域（比如几微米范围内）的线宽均匀性（Local CD uniformity），下面逐一进行分析。

（1）影响批次-批次之间的线宽均匀性的因素主要有光刻机曝光能量稳定性，以及硅片批次-批次之间的差异，如衬底膜厚的偏差。此外，还有自动反馈补偿系统（Automatic Process Correction，APC）的性能。

（2）影响批次内(硅片-硅片之间)的线宽均匀性的因素与前者类似，有光刻机曝光能量稳定性、轨道机（Wafer track，又称涂胶-显影一体机）的稳定性，以及硅片-硅片之间的差异,如衬底膜厚的偏差。不过没有自动反馈补偿系统的性能。

(3) 影响硅片内部的线宽均匀性的主要因素有光刻机曝光能量稳定性,轨道机上曝光后烘焙温度均匀性,显影在硅片上的均匀性、每片硅片衬底反射率在整个硅片上的均匀性,如膜厚在硅片上的均匀性、对焦深度和光刻机调平稳定性等。

(4) 影响单个曝光场内部的线宽均匀性的因素主要有光刻机在曝光缝上的照明均匀性,对于扫描式光刻机(Scanner)的扫描同步速度稳定性,掩模版的线宽均匀性,光刻工艺的掩模版误差因子(MEF)或(另一种叫法)掩模版误差增强因子,对焦深度(DoF)和光刻机调平均匀性等。

单个曝光场最主要的线宽均匀性是掩模版线宽均匀性导致的,它们之间通过掩模版误差因子或掩模版误差增强因子联系起来:

$$\Delta CD_{硅片曝光区域内} = MEF \cdot \Delta CD_{掩模版} \tag{15.1}$$

式(15.1)表示了减小硅片曝光场内的线宽均匀性可以通过降低 MEF 和减小掩模版线宽均匀性来实现。那么怎样分配比较合理呢?工业界已经存在合理的分配,这种分配称为"国际半导体技术路线图"(International Technology Roadmap for Semiconductors,ITRs),其中对每个技术节点的线宽和线宽均匀性都给出了参考值。这是综合考虑了工艺的难度和成本之后的结果。一般来说,给予掩模版的线宽均匀性为线宽的 3.5%~5%除以掩模版误差因子,例如对于栅极为 30nm 的线条,给予掩模版的均匀性要求就是±(3.5~5)%×30/MEF,而 MEF 对栅极层(Gate layer)在 1.5 或者更小,对于连线层(Interconnect layers)在 3.5 或者更小,所以,对于栅极尺寸为 30nm 的掩模版线宽均匀性要求是

$$\Delta CD_{掩模版-栅极} = \pm(1.05 \sim 1.5)/1.5 = \pm(0.7 \sim 1.0)\text{nm} \tag{15.2}$$

因为掩模版的线宽通常为硅片的 4 倍(光刻机一般采用 4:1 的缩小投影),所以掩模版的线宽要求为(4倍),即

$$\Delta CD_{掩模版-栅极}(4倍率) = \pm(1.05 \sim 1.5)/1.5 \times 4 = \pm(2.8 \sim 4.0)\text{nm} \tag{15.3}$$

而对于 45nm 的金属连线层,考虑到 4 倍缩小和等于 3.5 的掩模版误差因子,得到

$$\Delta CD_{掩模版-金属}(4倍率) = \pm(1.6 \sim 2.3)/3.5 \times 4 = \pm(1.8 \sim 2.6)\text{nm} \tag{15.4}$$

当然,在一个曝光场内,若对焦深度不够而且硅片不够平整,则会出现硅片高低起伏而局部离焦的问题,这也会导致单个曝光场内线宽不够均匀。

(5) 影响局域(比如几微米范围内)的线宽均匀性的因素主要有光学投影系统中的杂光(Flare)[1,2]、激光输出的散斑(Speckle)[3]、光刻胶中的化学杂光(Chemical flare)[4]、局域不平坦导致离焦,局域设计密度不均匀导致刻蚀速率变化或者化学机械平坦化抛光速率的变化等[5]。

光学系统中的杂光是由于光线在经过反射面和散射结构时多次反射和散射,而不沿着设计光路传播到达硅片表面。改进的方式一般是通过将投影物镜的每片镜片进行增镀抗反射膜来减小镜片表面的反射,选用内部折射率均匀且气泡率极低的材料,提高物镜镜片表面的光洁度,镜筒内部做机械消光处理,如添加消光螺纹,边缘涂消光黑漆,结构零部件表面做黑色无光处理。对于化学杂光,需要选择光刻胶,其中曝光后形成的光酸不易离开光刻胶而扩散至较远地方。对于激光散斑,需要采用高重复频率的激光器和较宽的曝光缝,以增加多次平均,降低散斑的影响。对于局域不平坦问题,需要芯片电路的设计者优化填充图形(Dummy patterns)的尺寸和放置密度,以减小刻蚀速率局部变化以及化学机械平坦化抛光速率局部变化。

将影响以上光刻工艺线宽均匀性的主要因素已列于表 10-3 中。

15.2 光刻线宽均匀性的计算方法

最受关注的线宽均匀性计算方法有两种:一是硅片内部的线宽均匀性(Across wafer CD uniformity 或 Inter-field CD uniformity);二是单个曝光场内部的线宽均匀性(Intrafield CD uniformity)。

图 15-1 展示了在一片直径为 300mm 的硅片上布置的线宽均匀性测量点位置示意图。其中每个曝光场按照一定的曝光场坐标分布在硅片上,而在每个曝光场内测量点按照一定的坐标位置均匀分布。每个测量点都由这两种坐标确定。不妨令线宽 $CD=CD(X,Y;x,y)$。

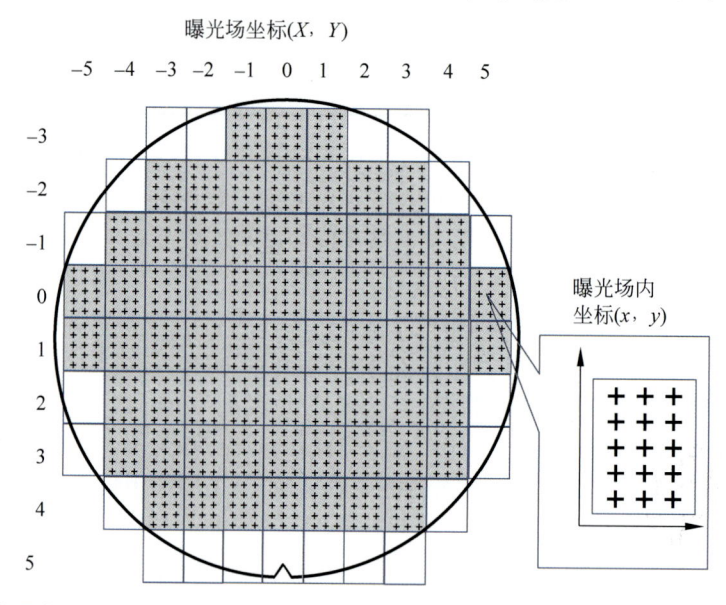

图 15-1 硅片上曝光场坐标(X,Y)和曝光场内坐标(x,y)示意图(图中带有灰色的曝光场是完整的曝光场,硅片直径等于 300mm,缺口向下,曝光场尺寸为 26mm×33mm,"+"表示线宽均匀性测量点位置)

15.2.1 硅片范围的线宽均匀性

如果计算硅片内部的线宽均匀性,那么可以求所有测量点的平均值和 3 倍标准偏差:

$$\begin{cases} CD(\text{平均值}) = \dfrac{\sum\limits_{X,Y;x,y} CD(X,Y;x,y)}{n_{\text{曝光场}} \, n_{\text{曝光场内}}} \\ CDU(3\sigma) = 3\sqrt{\dfrac{\sum\limits_{X,Y;x,y}[CD(X,Y;x,y)-CD(\text{平均值})]^2}{n_{\text{曝光场}} \, n_{\text{曝光场内}} - 1}} \end{cases} \quad (15.5)$$

式中:CD 为线宽测量值;$n_{\text{曝光场}}$为用于测量线宽曝光场的数量;$n_{\text{曝光场内}}$为每个曝光场内线宽测量的点数。

但是,这里面可能包括单个曝光场内部的线宽变化,比如掩模版的线宽变化。所以以上的统计平均计算实际上不仅包括硅片范围内的线宽变化,而且包括每个曝光场内部的线宽变化。若去除单个曝光场内的线宽变化,则可以对每个曝光场内所有的测量点先做平均,得出

$CD_{曝光场内平均}(X,Y)$，再基于这组数据对所有曝光场做平均值和 3 倍标准方差：

$$\begin{cases} CD_{曝光场内平均}(X,Y) = \dfrac{\sum\limits_{x,y} CD(X,Y;x,y)}{n_{曝光场内}} \\[2mm] CD_{硅片范围}(平均值) = \dfrac{\sum\limits_{X,Y} CD_{曝光场内平均}(X,Y)}{n_{曝光场}} \\[2mm] CDU_{硅片范围}(3\sigma) = 3\sqrt{\dfrac{\sum\limits_{X,Y}[CD_{曝光场内平均}(X,Y) - CD_{硅片范围}(平均值)]^2}{n_{曝光场} - 1}} \\[2mm] CD_{曝光场内平均}(X,Y) = \dfrac{\sum\limits_{x,y} CD(X,Y;x,y)}{n_{曝光场内}} \end{cases} \quad (15.6)$$

可以看出，式(15.6)中的 $CD_{硅片范围}$(平均值)实际上与式(15.5)中的 CD(平均值)是一样的，但是式(15.6)中的 $CDU_{硅片范围}(3\sigma)$ 与式(15.5)中的 $CDU(3\sigma)$ 是不一样的。式(15.6)中的 $CDU_{硅片范围}(3\sigma)$ 不包含单个曝光场内的线宽偏差。实际上，一部分硅片内线宽变化(因为每个曝光场也是有大小的)也被剔除。所以式(15.6)代表的计算仅能代表曝光场之间的线宽变化，式(15.6)也可写为

$$\begin{cases} CD_{曝光场之间}(平均值) = \dfrac{\sum\limits_{X,Y} CD_{曝光场内平均}(X,Y)}{n_{曝光场}} \\[2mm] CDU_{曝光场之间}(3\sigma) = 3\sqrt{\dfrac{\sum\limits_{X,Y}[CD_{曝光场内平均}(X,Y) - CD_{曝光场之间}(平均值)]^2}{n_{曝光场} - 1}} \end{cases} \quad (15.7)$$

15.2.2 曝光场内的线宽均匀性

如果计算每个曝光场内部的线宽均匀性，由于任何一个曝光场可能包含曝光场之间的线宽变化，所以可以先将每个测量点按照曝光场位置坐标 (X,Y) 做平均，再对曝光场内的坐标 (x,y) 做平均，求 3 倍的标准偏差：

$$\begin{cases} CD_{曝光场之间平均}(x,y) = \dfrac{\sum\limits_{X,Y} CD(X,Y;x,y)}{n_{曝光场}} \\[2mm] CD_{曝光场内}(平均值) = \dfrac{\sum\limits_{x,y} CD_{曝光场之间平均}(x,y)}{n_{曝光场内}} \\[2mm] CDU_{曝光场内}(3\sigma) = 3\sqrt{\dfrac{\sum\limits_{x,y}[CD_{曝光场之间平均}(x,y) - CD_{曝光场内}(平均值)]^2}{n_{曝光场内} - 1}} \end{cases} \quad (15.8)$$

式中：$CD_{曝光场内}$(平均值)与式(15.7)中的 $CD_{曝光场之间}$(平均值)及式(15.5)中的 CD(平均值)都是相等的。

一般来讲，曝光场内部的线宽均匀性测量点为几十个，而且会根据掩模版线宽偏差的规律做调整。总之，点数的多少和曝光场内位置的选取需要反映掩模版线宽偏差的变化规律和分布情况。掩模版线宽偏差的成因主要是图形密度不同而造成的电子束的曝光量变化和刻蚀速

率的变化。如果偏差经过优化,在硅片上测量四五十个点一般就能够表征掩模版带来的线宽变化。

作为每个曝光场内部的线宽均匀性的一部分,阿斯麦公司在 2000 年还提出了用于测量单个芯片内线宽均匀性(Across Chip Linewidth Variation,ACLV 或称 CD Uniformity)的测试图形设计[6],其中包含:

(1) 光学邻近效应的测试图形。

(2) 光刻机像差,如彗差的测试结构、像散测试结构[即水平(Horizontal,其实是沿着 X 方向)-垂直(Vertical,其实是沿着 Y 方向)线宽差异测量结构]、杂散光(Flare)测试结构。

(3) 光刻工艺的测试结构,如掩模版误差因子测试结构。

(4) 亚分辨辅助图形测试结构。

(5) 电学线宽测试结构(Electrical Linewidth Measurement,ELM),如开尔文四探针测试结构(Kelvin Structure)以及放在一定的图形密度或者辅助图形中以考察刻蚀速率的变化和光学邻近效应的变化。

(6) 给断面电镜切割的图形。

(7) 掩模版制作线宽线性度的测试结构。

测试图形设计如图 15-2 所示。

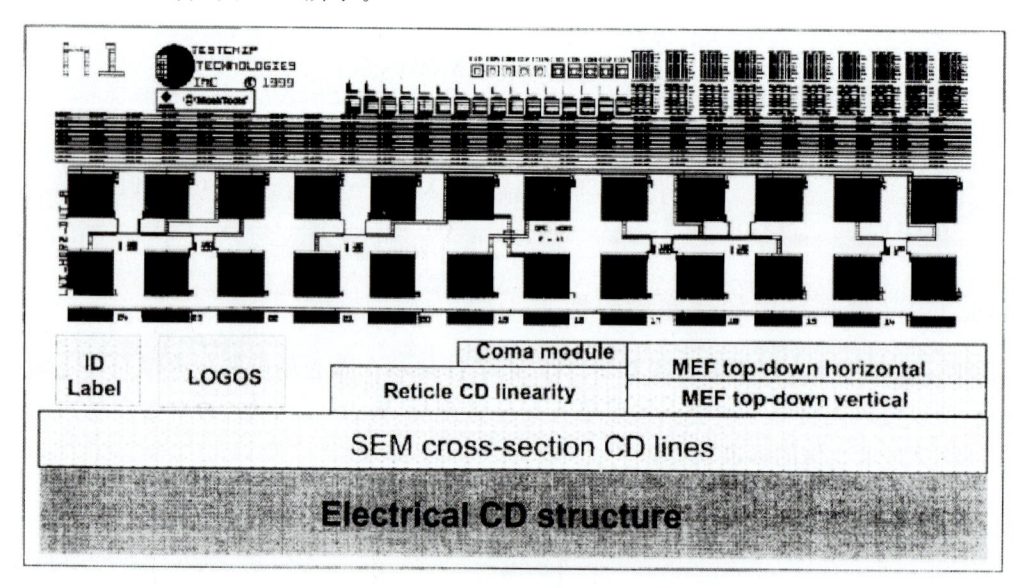

图 15-2 阿斯麦光刻掩模版工具公司(ASML Masktools)设计的用于测量芯片内线宽均匀性的图形示意[6]

15.3 光刻线宽均匀性的改进方法

15.3.1 批次-批次之间均匀性的改进

一般通过改进光刻机的曝光能量控制和采用自动反馈来改进批次-批次之间均匀性,通过每个批次的采样监控,根据测量值和目标值之间的差异,形成对曝光能量的反馈,补偿到同一产品和层次的下一批次中。

光刻机的曝光能量重复性一般在±0.5%或者以下(如阿斯麦公司 NXT1950i 型 193nm 浸没式光刻机的 3 天能量重复性在±0.25%以下),而光刻工艺对应±10%线宽范围的曝光能量宽裕度一般为 10%~30%,也就是说,±0.5%的能量重复性对应±(0.3~1)%线宽的变化。也就是说,线宽为 50nm,批次-批次之间的线宽差异可能在±(0.15~0.5)nm 变化。

现代光刻工艺一般采用抗反射层,衬底的反射一般控制在 0.3%~2%。在没有抗反射层的时候,衬底的反射率可以达到 50%。如果衬底的膜厚变化导致反射率变化±10%,那么在使用抗反射层的工艺中,假设反射率为 2%,而光刻工艺对应±10%线宽范围的曝光能量宽裕度为 15%,那么衬底的反射率变化导致的线宽偏差约为±0.3%。如果线宽为 50nm,那么这种影响在±0.15nm。不过,一般来说反射的光仍然带有空间像信息,可以看作经过一定程度离焦了的空间像,所以对线宽的真正影响还要通过仿真来精确计算。这里仅仅是假设反射光是均匀照明粗略估计了一下。

提高批次-批次之间的线宽均匀性的方法有提高光刻机的能量测量和控制水平,提高光刻工艺的曝光能量宽裕度,提高光刻胶的成像对比度,比如增加光可分解碱。

自动反馈补偿系统基于对每个批次的抽样测量,比如对每个批次抽取两片硅片进行线宽的测量,获得平均的线宽数值,然后与线宽目标值进行比较,根据线宽与能量之间的关系,对同类产品和同层次的下一批次进行补偿,使得线宽能够尽量做得靠近线宽目标值。例如,当前批次曝光完成后测得线条的平均线宽为 49nm,而目标为 50nm,曝光能量宽裕度为 15%,也就是说,这个 15%对应±10%的线宽,即 10nm,现在偏差为-1nm,需要对能量进行调整,调整量为-1.5%的能量。理想状态下,如果对曝光能量进行-1.5%的补偿,下个批次的线宽就会达到 50nm。但是,由于测量的误差,以及下个批次可能存在其他问题,如衬底反射率的变化,如果进行-1.5%的补偿,可能会补过头,导致线宽大于 50nm。例如,下个批次在没有补偿的情况下线宽就已经达到 49.2nm,如果补偿-1.5%能量,就会使得线宽为 50.2nm。由于 50.2nm 超过了目标值 50nm,所以又会造成系统对下下个批次进行补偿。为了避免"补过头",工厂一般采取补偿不足的方法,如补偿量等于差值(Offset)的 70%,在前述例子中能量补偿-1%,这样第二个批次的线宽为 49.9nm,更加接近真实值,这种逐渐收敛的自动反馈比较稳定,不会"补过头"。

15.3.2 批次内部线宽均匀性的改进

主要通过提高设备的能量控制和调平-调焦控制的稳定性,提高光刻工艺的成像对比度,选用溶解速率对比度比较高的光刻胶,提高轨道机的烘焙、显影在每片硅片上的一致性,以及提高衬底薄膜厚度在不同硅片上的一致性。

光刻机的曝光能量重复性如前所述。光刻机的调平-调焦稳定性对批次内部线宽均匀性也是很重要的,尤其在光刻工艺的对焦深度不太大的情况下。以直径为 300mm 的硅片为例,一片硅片整体的平整度峰谷值为 1μm 左右。除去硅片边缘,每个曝光场内的高低起伏为 20~50nm。对于±10%线宽的对焦深度为 80nm,如果调平-调焦的误差为±20nm,那么对于 50nm 的平整度峰谷值(Peak-to-Valley value,PV value),加上调平-调焦的误差,实际曝光场中的位置可能受到的最大离焦量为 20+25=45(nm),略微超出了 80nm 的对焦深度(80nm 对焦深度对应离焦值在±40nm)。所以线宽偏差也就会超出±10%。一般来说,硅片表面的高低起伏主要是由化学机械平坦化工艺来保证的。在 32nm/28nm 技术节点,平坦化的要求是 15nm 峰谷值,到了 20nm 以及 14nm 技术节点(设计规则与 20nm 近似),这种要求变为 10nm

峰谷值或以下。如果是这样，对于 14nm 技术节点和给定的光刻机调平-调焦误差为 ±20nm，实际最差离焦值为 20+5=25(nm)，这完全满足了 60nm 光刻工艺对焦深度的目标值。此外，硅片表面起伏的不可补偿部分也会增加离焦量，具体可参见 10.2 节。

提高光刻工艺成像的对比度，或者提高光刻胶在显影液中的溶解速率对于同样的光刻机曝光能量控制能力来说，能够改进能量漂移导致的线宽变化。但是，曝光能量宽裕度不是随便就能够提高的，对于给定的设计规则，比如最小的周期和线宽，一般来说，最密集的图形的曝光能量宽裕度是最小的。由于要照顾到孤立的图形，一般给予密集图形的曝光能量宽裕度是固定的，如栅极为 18%～20%（对应线宽变化 ±10%），金属连线层为 13% 以上（对应线宽变化 ±10%）。给多了就会造成半孤立或孤立图形的对焦深度无法达到要求，比如对于 32nm/28nm 为 80nm，对于 14nm 为 60nm。如前所述，对焦深度少了同样会带来线宽的变化。光刻胶的溶解速率对比度与光刻胶的成分有关系，一般采用羧酸循环及改变光刻胶的极性来改变光刻胶在显影液中的溶解率。现代 193nm 浸没式光刻胶由于要拥有极高的分辨率，比如 76nm 的周期，溶解速率对比度已经做得很高，形成很光滑的、接近 90°的侧墙。继续改善溶解速率对比度对线宽已经没有太多的影响。所以，与能量相关的均匀性的改进还有赖于提高光刻机曝光能量控制精度和薄膜厚度在不同硅片上的一致性。

轨道机与光刻机不同，一般存在多个涂胶、热板、显影槽。例如，一台光刻机的产能在每小时 150～250 片曝光，而轨道机中的显影槽、热板或涂胶槽一般每片的处理时间需要 60～90s，也就是说，每个单元的处理能力在 40～60 片/小时，为了匹配光刻机，一台轨道机需要装有 4～6 个涂胶和显影槽以及众多热板。单个硅片批次一般含有最多 25 片硅片，也就是说，一台光刻机可以处理这 25 片硅片，对于与其匹配的轨道机，需要 4～6 个独立的处理单元。一个批次的所有硅片会被分配在不同的轨道机单元上。硅片-硅片之间的线宽偏差也就引入了新的影响因素，即轨道机中涂胶、热板或者显影单元之间的差异。所以，对于硅片-硅片之间的线宽差异，需要精确地调整确认温度、转速、喷淋流量、排风压力等参数，以确保单元和单元之间的一致性。对于线宽，一般曝光后烘焙热板单元和显影槽的影响比较大。对于光刻胶的曝光后烘焙温度敏感度（如 1～3nm/℃），需要将热板温度控制在 0.3～0.5℃。

下面分析如何提高硅片内部的线宽均匀性。

15.3.3 硅片内部线宽均匀性的改进

改进硅片内部的线宽均匀性可以通过改进曝光能量稳定性、轨道机上曝光后烘焙温度均匀、显影在硅片上的均匀性、每片硅片衬底反射率在整个硅片上的均匀性（如膜厚在硅片上的均匀性）等来保证。

涂覆好光刻胶的硅片经过光刻机曝光后，送到曝光后烘焙的热板，化学放大（催化）的光刻胶在曝光后烘焙步骤中充分完成化学反应。曝光过程中产生的光敏感物质（主要是光酸）由于加热而发生扩散，并且同光刻胶发生化学反应，将原先几乎不溶解于显影液的光刻胶材料改变成溶解于显影液的材料，在光刻胶薄膜中形成溶解于和不溶解于显影液的图形。对于化学放大的光刻胶，曝光后烘焙温度影响光敏感材料的扩散，温度过高或过低都会影响它的扩散均匀性。这些潜像（Latent image）经过显影后，就会形成最终的可供光刻显影后检测（After Development Inspection，ADI）的图形。曝光后烘焙温度控制是所有热板中要求最高的，需要高度精确的温度控制，烘焙板加热的温度分布也是需要严格控制的。正是由于曝光后烘焙的温度可以改变 ADI 线宽，东京电子公司开发了"线宽优化器"（CD Optimizer）[7]，通过改变曝光后烘焙温度的分布来改善光刻胶图形的线宽均匀性。进行线宽补偿前要获得线宽对温度的敏感度的值，文献[7]中的温度敏感度为−9.5nm/℃。把这个值输入补偿软件 CD Optimizer，然后对曝光后烘焙热板的温度分布进行调整。热板上通常会有几个能独立控温的区域。经过补偿优化得到的 ADI 线宽均匀性（3倍标准偏差值）为 4.38nm、补偿前线宽均匀性（3倍标准偏差值，3s）为 6.59nm。

整片硅片上烘焙温度的均匀性可以采用分区加热的热板来调整。一般来说，曝光后烘焙采用接近式的加热热板（Proximity Hot Plate，PHP），用于更好地保持加热的均匀性。这是因为硅工艺中各种加热过程，如退火过程，尤其是快速退火过程（Rapid Thermal Annealing，RTA），可以在几秒内将毫米大小的区域加热到 900~1100℃，这样的瞬间热形变可能产生永久性的范性形变，从而导致整片硅片不平整，硅片背面接触到的地方会比未接触到的地方受到显著多的热量。采用接近式的加热热板，是通过红外辐射进行加热的，红外辐射起到均匀化的作用。当然，如果硅片在热板上放置倾斜，还是会导致加热不均匀。

硅片经过曝光烘焙后，最终要传输到显影槽显影，通过显影液将光刻胶的潜像转化为光刻胶图形。显影均匀性与显影液的喷淋均匀性有关。喷淋喷头已经由早期的 H 喷头，发展到 E2/E3、线性扫描。到了 193nm 浸没式光刻，涂胶-显影一体机的显影一般采用单个显影喷头的动态喷淋方式，又称为 GP 和 MGP 喷头。这是因为在 193nm 浸没式光刻中使用的光刻胶有较强的疏水性，动态喷淋可以避免表面张力引起的显影液喷涂不均匀的问题。显影液在硅片中的均匀分布可以使显影均匀地进行，从而保证了线宽的均匀性。显影结束后，需要用去离子水冲洗硅片。也会加入表面活性剂，以减少光刻胶线条的倾倒问题的发生。这些措施使得显影的均匀性有了很大提高，具体在第 7 章已有论述。

至于每片硅片衬底反射率的均匀性（如膜厚的均匀性），在采用了抗反射层之后，影响不是很大。

一般来说，硅片内部的线宽均匀性还可以通过调整等离子体刻蚀（Reactive Ion Etch，RIE）工艺来弥补。刻蚀工艺调整均匀性可以通过调整硅片静电吸盘（E-Chuck）的温度分布来影响刻蚀副产品的挥发难易性，进而调整硅片上刻蚀后的线宽均匀性。2002 年美国泛林半导体设备技术有限公司（Lam research corporation）制造的硅片台上还只有一两个分区的加热装置，到了 2017 年分区数已经超过了 100 个，这已经满足调整径向和非径向的线宽变化需要[8]。

不过，在热板上的分区个数还不算多。在光刻机上可以通过调整每个曝光场上的曝光能量来补偿各种因素导致的线宽偏差，而且，对于扫描式光刻机还可以通过调整曝光缝上的能量分布和扫描过程中调整曝光能量来补偿单个曝光场中的能量变化。这种方法称为能量分布测绘（Dose Mapping，DoMa），是由阿斯麦公司开发的。能量分布测绘既可以补偿曝光场之间的线宽均匀性（Inter-field CDU），也可以在一定程度上补偿曝光场内线宽均匀性（Intra-field CDU）。我们的最终目的是改善刻蚀后的整片硅片的线宽均匀性，所以对所有曝光场和每个曝光场内的多个量测点刻蚀后的线宽进行测量。如图 15-1 所示，一片硅片上要测量的点有 1500 个左右。对于 CDU 的生产控制需要更加快速的测量仪器。光学散射探测（Optical scatterometry）光学线宽测量仪应运而生。散射探测以基于测量大量的在空间上重复的周期性单元为基础。这种周期可以被光学分辨，尤其是可见光。而在每个周期中的细小的线宽变化，虽然本身尺寸无法被光学手段分辨（几纳米，只能被电子显微镜分辨），但是大量这样的结构就能够组成"大合唱"，对较大空间周期的元胞起到影响探测图像对比度或者影响反射光谱的作用。这种探测方法又称为光学线宽测量法(OCD)(详细原理可参见 8.9 节)。由于相比电子显微镜成像需要长时间的扫描,这种探测方法可以以光学散射探测的快速方法来完成散射谱的探测,从而根据预先制作的模型快速解算出线宽的实际偏差值。其具有测量速度快、测量值稳定(大量单个结构线宽的平均值)、对样品无损伤的优点。但是,由于不是直接测量,需要建立线宽变化对散射光谱影响的微观模型来对测得光谱进行解算才能够获得线宽偏差的值,所以建立精确的散射探测模型就成了能够精确测量的关键。当然,这种测量能够对足够多的在空间上呈周期性分布的图形进行测量,但无法对单一图形进行测量。对于能量分布测绘,本来就是在毫米级尺寸的空间区块上补偿线宽的不均匀性,因此光学方法是最合适的。对 DoMa 的补偿通常采用 OCD 进行量测。

能量分布测绘的补偿流程如下。

(1) 对刻蚀后的硅片进行全点的 OCD 测量。

(2) 将 OCD 测量的数据输入阿斯麦的"线宽分析"(CD analyzer)软件。

(3) 根据线宽和曝光能量的线性关系与最终期望得到的刻蚀后的线宽,对每个曝光场进行曝光能量的修正,得到一个带 DoMa 信息的光刻机曝光子程序(Sub recipe)。

(4) 用带 DoMa 信息的光刻机曝光子程序对新的硅片进行曝光。

(5) 用相同的 OCD 程序测量刻蚀后的硅片的线宽值,最终得到线宽补偿后改善的线宽均匀性。

(6) 经过测试验证后,将新的带 DoMa 信息的光刻机曝光子程序上线。用 OCD 实时监控线宽均匀性。

图 15-3 给出了一个实例。图 15-3(a)是补偿前的线宽分布图。图 15-3(b)是根据荷兰阿斯麦光刻机的能量分布测绘所有的软、硬件能力对补偿后的线宽残余值的模拟,可见 3 倍标准偏差(3σ)可以从原来的 2.6nm 改善到大约 1.0nm。图 15-4(a)是实际能量补偿量在硅片上的分布,而图 15-4(b)是补偿后用 OCD 测得的实际线宽分布图。其中补偿后的 $3\sigma=1.1$nm,与模拟值 1.0nm 很接近。这个例子显示了能量分布测绘可以大大降低不随时间变化的、稳定的线宽分布不均匀性。从补偿之前的 $3\sigma=2.6$nm 改善到补偿之后的大约 $3\sigma=1.1$nm,提高了约 57%。这对于 32nm/28nm 及以下的技术节点可以大大提高成品率。此外,实际测量值和模拟预测的线宽均匀性非常接近。

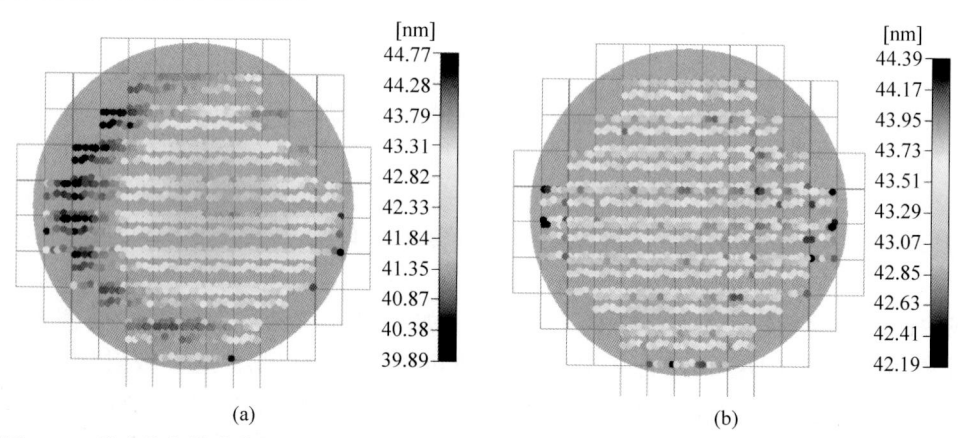

图 15-3 线宽均匀性分布图:(a) 没有 DoMa 补偿的 CDU 分布图 $3\sigma=2.6$nm;(b) 预测经 DoMa 补偿后的 CDU 分布图 $3\sigma=1.0$nm

(a)   (b)

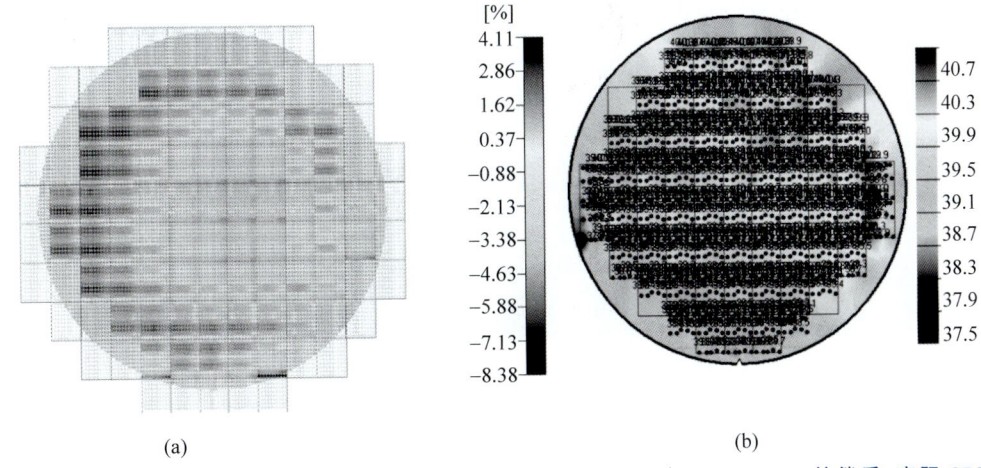

图 15-4　线宽均匀性补偿示意图：(a) 曝光能量修正量分布图 (%)；(b) DoMa 补偿后，实际 CDU 分布图 $3\sigma=1.1\text{nm}$

由于无论是通过调整硅片工件台的分区温度，还是通过调整曝光量的分布，都需要经过大量测量建模拟合，所以此类改善线宽均匀性的做法适合工艺已经定型 (Process frozen)、线宽在硅片上的分布已经稳定的情况。如果线宽分布还不稳定，或者光刻、刻蚀工艺窗口不大，那么这种方法是起不到作用的。

15.3.4　曝光场内部线宽均匀性的改进

提高曝光场内部线宽均匀性主要通过改进掩模版制作的线宽均匀性实现，其中有电子束曝光的邻近效应补偿 (Proximity Effect Correction, PEC)、雾化补偿和对掩模版刻蚀工艺负载效应的掩模版工艺补偿 (Mask Process Correction, MPC) 等，具体可以参见 9.2 节和 9.3 节。从光刻工艺上讲，可以注意改进掩模版误差因子，以减少光刻线宽均匀性对掩模版线宽均匀性的依赖。

15.3.5　局域线宽均匀性的改进

提高局域线宽均匀性一般通过改进光刻设备的控制、抑制杂散光和散斑、改善图形密度的分布均匀性、改善衬底的平整度及增加光刻工艺的对焦深度来实现。

由于硅片衬底上的工艺结构造成的高低差对栅极线宽均匀性的影响，2006 年，美国德州仪器 (Texas Instruments, TI) 公司的顾一鸣博士和他的团队发现对于栅极层次，刻蚀后的栅极局部线宽均匀性 (Local CD Variation, LCDV) 会受到衬底中有源层 (Active Area, AA) 和浅沟道隔离层 (Shallow Trench Isolation, STI) 之间的高低差变化的影响[5]。这种高低差变化如图 15-5 所示。

这里主要是发现刻蚀工艺对衬底高低起伏的敏感性。因为光刻有底部抗反射层，衬底的起伏只要不是太大（如远小于抗反射层的厚度），就不足以引起光刻胶层底部产生很大的反射率变化，一般线宽不会受到太大的影响。光刻的底部反射率可以用仿真计算。刻蚀工艺与光刻不一样，需要通过试验确认结果。研究结果显示，无论是孤立的线条（图 15-6），还是密集的线条（图 15-7），都随着有源层和浅沟道隔离层之间的高低差通过调整化学机械平坦化工艺中的选择比而逐渐变小，刻蚀后线宽也逐渐下降到稳定值。

密集图形相比孤立图形不太容易受到衬底的影响，这里有可能是密集的图形的对比度较高，在光刻后的线宽均匀性较好。还有，较宽的线条不易受到衬底有源层和浅沟道隔离层之间

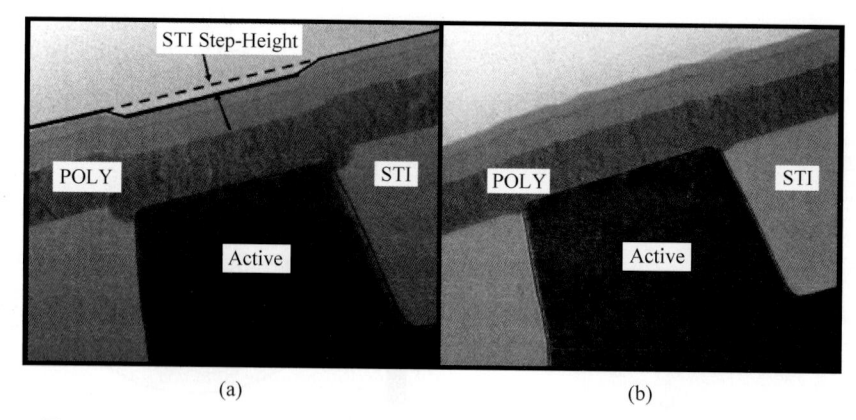

图 15-5 （a）光刻前的浅沟道隔离层与注入层之间的高低差断面图；（b）经过均匀刻蚀后的高低差断面图[5]

的高低差的影响。这是因为较宽的线条的光刻工艺窗口，或者空间像对比度较高。此外，光学邻近效应修正与有源层和浅沟道隔离层之间的高低差也有关系。

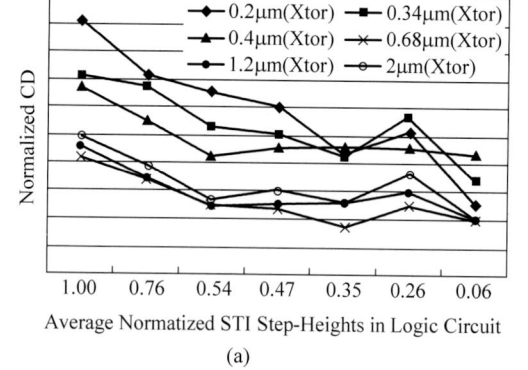

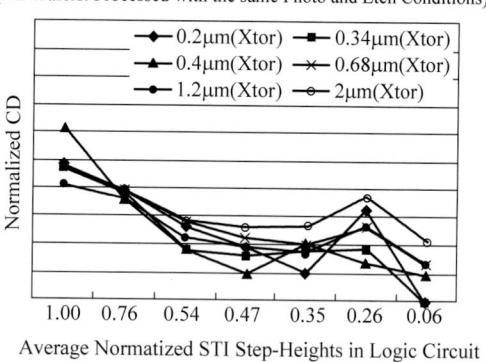

图 15-6 孤立栅极线宽随着浅沟道隔离层与注入层之间的高低差的变化实测值：（a）交替相移掩模版的结果；（b）透射衰减相移掩模版的结果

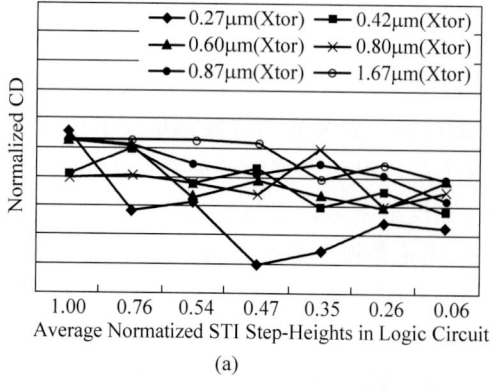

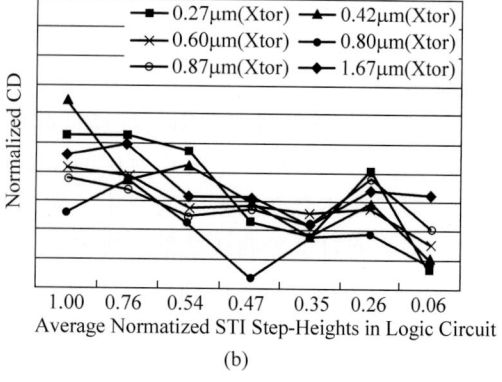

图 15-7 密集栅极线宽随着浅沟道隔离层与注入层之间的高低差的变化实测值：（a）交替相移掩模版的结果；（b）透射衰减相移掩模版的结果[5]

15.4 线宽粗糙度以及改进方法介绍

线宽粗糙度与线宽均匀性一样，对互补型金属-氧化物-半导体场效应管器件也有重要的影响。有关线宽粗糙度将在第17章详细讨论，由于其与线宽均匀性的联系，这里仅做一些概念性的介绍。

如果线宽均匀性会影响器件与器件之间的相似性〔又称为器件之间的匹配（Matching）或不匹配（Miss match）〕，那么线宽粗糙度会影响单个器件，如单个场效应晶体管的性能[9]。

15.4.1 提高空间像对比度

线宽粗糙度一部分原因是像的对比度不够高，使得部分曝光显影区域比较宽。通过提高空间像的对比度可以收窄部分曝光显影的区域，使线宽粗糙度降低。不过，提高空间像的对比度不是一件简单的事。调整照明条件可以提高某一空间周期的对比度，但是会以损失其他图形的工艺窗口为代价，具体可以参见11.13节。

15.4.2 提高光刻胶的光化学反应充分度

光刻工艺的好坏需要通过使用的光刻胶来体现。光刻胶的光化学反应通过吸收足够的光来实现。如果光刻胶吸收不到足够的光，则导致部分曝光显影出现，严重的会导致缺陷产生。但是，也不需要过度曝光。制造集成电路主要关心最密集的图形，往往也可能在最密集的图形处光刻胶曝光不足。这是因为光在通过密集的周期时会由于衍射而损失部分。当掩模版尺寸小于波长时，还会出现掩模版三维散射效应（有关掩模版三维散射可以参见11.11节）。掩模版三维效应会导致光线被掩模版反射，甚至吸收。这时，需要把掩模版开得大一些。例如90nm周期，对于沟槽层，如果线宽为45nm，那么在4∶1的掩模版上，沟槽的宽度为180nm，小于曝光的193nm波长。一般工艺会在掩模版上增加5nm（1倍率），将掩模版上的沟槽宽度增加为200nm（大于193nm），即对应硅片上的50nm线宽。掩模版中的透光率增加了，曝光的能量可以下调不少，光刻的工艺窗口也增加不少，线宽粗糙度也会显著改善。

除了以上优化掩模版线宽，还可以通过改变照明条件，如从环形（Annular）改成交叉四极（CQuad），如图15-8中第二行左一图，可以提高密集图形的对比度。但是，这会导致较宽周期的对焦深度下降。

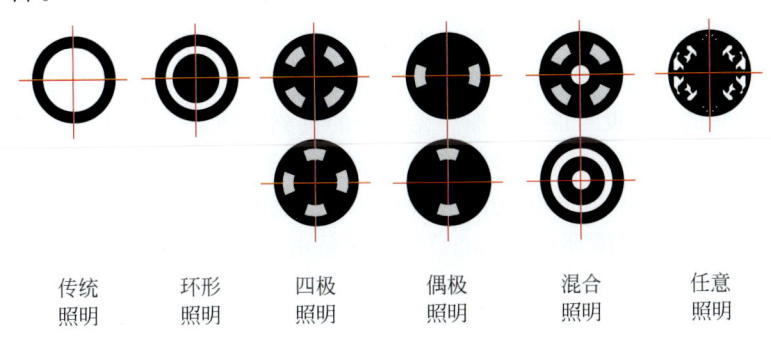

| 传统照明 | 环形照明 | 四极照明 | 偶极照明 | 混合照明 | 任意照明 |

图 15-8 不同的照明方式示意图

此外，还可以通过增加曝光后烘焙来改善光化学反应的充分度，从而改善线宽粗糙度。但是，这会增加光酸的扩散长度，损失空间像对比度。有时不一定能够改善粗糙度。

最后，可以选择分子量（Molecular weight）分布较为均匀的光刻胶，以减少分子量的涨落；或者选择显影对比度较高的光刻胶，以缩小部分显影的区域（参考图10-25）；还可以选择树脂活化能（Activation energy）较低的光刻胶，以配合较低的曝光后烘焙，实现在较短扩散长度下完成光化学反应。

15.4.3　锚点的掩模版偏置选取

通常来说，最密集的图形最有可能出现光化学反应不充分。大多数光刻工艺的基准周期（又称为锚点）采用最密集的图形，如线条或沟槽，或者最密集的通孔方阵。如果锚点的开孔小于曝光波长，那么要放大到超过波长。其实还需要考虑其他因素，例如，对于空间像的对比度，或者曝光能量宽裕度（EL），比较喜欢等分一个周期。又如，对于90nm周期，线宽为45nm时，成像的对比度最大。对于6％透射衰减掩模版（Attenuated Phase Shifting Mask, Att-PSM），线条的宽度可以适当减小，因为此掩模版对线条的成像通过相移加强。对于掩模版误差因子或掩模版误差增强因子来说，等分周期且略微偏小的线条线宽会减小其数值。再就是考虑光刻胶的反应充分度。还有，较宽的掩模版线宽（相对于等分一个周期来说）对于半密集周期会产生积极的作用。这是因为，对于半密集的图形，线宽本来就小于周期的一半，如果在密集图形处适当增加掩模版线宽偏置，那么也会在半密集处带来掩模版线宽偏置的增加，提高半密集图形的对比度。所以，选择位于锚点周期的掩模版线宽偏置需要考虑以上诸多因素的平衡，是整个光刻工艺建立中十分重要的环节。

15.4.4　曝光后烘焙的充分度

我们使用的是带有化学放大的光刻胶（Chemically Amplified Resist, CAR），曝光后烘焙是完成光化学反应的重要步骤。但是，曝光后烘焙会增加光酸的扩散，这种随机的扩散会导致空间像对比度的损失。所以，曝光后烘焙以正好完成光化学反应为限，也就是通过逐渐由小到大增加烘焙温度或者时间，当线宽粗糙度、形貌的光滑度逐渐变好且不再变化时，就认为达到了最小的烘焙程度或时长。在此基础上继续增加烘焙，会导致对比度显著损失或显影后光刻胶厚度的显著损失。一般来说，供应商会建议一个优化过的温度，用户可以此为起点进行一定范围内的优化。

15.4.5　选择抗刻蚀能力强的（坚硬的）光刻胶

对于线宽粗糙度来说，不仅要看光刻后光刻胶的形貌，还要看刻蚀后的形貌。一般来说，对于抗刻蚀能力强的光刻胶，通过调整刻蚀工艺配方，刻蚀后的粗糙度可以显著减小。对于较软的光刻胶，刻蚀后的粗糙度可能会增加。光刻胶的抗刻蚀能力一般用含碳量和含"环"量来表征。含碳量比较容易理解。含"环"量指的是光刻胶中含有的各种环形分子，如248nm中的苯环（Benzene rings）、酚环（Phenolic rings），193nm光刻胶中含有的脂肪环（Alicyclic rings），如金刚烷（Adamantane）、内酯环（Lactones）等。这是由于环形分子具有抗刻蚀能力。所以，一种好的光刻胶必定是比较能够抗刻蚀的。

参考文献

[1] Kirk J P. Scattered light in photolithographic lenses. Proc. SPIE 2197, 1994: 566.

［2］ La Fontaine B,Dusa M,Acheta A,et al. Analysis of Flare and its Impact on Low-k1 KrF and ArF Lithography. Proc. SPIE 4691,2002：44.

［3］ Noordman O,Tychkov A,Baselmans J,et al. Speckle in optical lithography and the influence on line width roughness. Proc. SPIE 7274,72741R,2009.

［4］ Sundberg L K,Wallraff G M,Friz A M,et al. A Method to Characterize Pattern Density Effects：Chemical Flare and Develop Loading. Proc. SPIE 7639,76392S,2010.

［5］ Gu Y,Chang S,Zhang G,et al. Local CD Variation in 65nm Node with PSM Processes STI Topography Characterization（I）. Proc. SPIE 6152,615229,2006.

［6］ Chen J F,Socha R J,Puntambekar K,et al. Design and Analysis of Across Chip Linewidth Variation for Printed Features at 130nm and Below. Proc. SPIE 3998,2000：168.

［7］ Ruck K,Weichert H,Hornig S,et al. PEB plate optimization for CD uniformity. Microlithography World 17,2008：8.

［8］ Hwang S,Kanarik K. Advances in Plasma Etch Uniformity Control across the Wafer. SEMI Global Update,2017.（http://www. semi. org/en/advances-plasma-etch-uniformity-control-across-wafer）

［9］ Lorusso G F,Leunissen L H A,Gustin C,et al. Impact of Line Width Roughness on Device Performance. Proc. SPIE 6152,2006：32.

思考题

1. 线宽均匀性分为哪几部分？
2. 什么因素影响批次-批次之间的线宽均匀性？
3. 什么因素影响硅片-硅片之间的线宽均匀性？
4. 什么因素影响硅片内部的线宽均匀性？
5. 什么因素影响曝光场内部的线宽均匀性？
6. 什么因素影响局域的线宽均匀性？
7. 光刻线宽均匀性有哪些改进方法？
8. 如果衬底的反射率为1％（均匀照明），而光刻工艺对应±10％线宽的变化范围内的曝光能量宽裕度为15％，衬底反射率对光刻线宽的影响是多少？
9. 为什么线宽自动反馈补偿一般不将差值全补，即补偿100％？
10. 对于硅片范围内的线宽均匀性，采用硅片台分区加热调整的方式来改进的设备有哪些？
11. 阿斯麦公司的能量分布测绘方法使用的前提条件是什么？
12. 引起局域线宽均匀性不良的主要因素有哪些？
13. 线宽粗糙度改进方法有哪些？

第16章

光刻工艺的套刻控制及改进

16.1 套刻控制的原理和参数

对准(Alignment)是指层与层之间的套准。一般来讲,层与层之间的套刻(Overlay)精度需要控制在硅片关键尺寸(最小尺寸)的 25%~30%。这里将讨论套刻流程、套刻的参数,以及方程、套刻记号、与套刻相关的设备和技术问题、影响套刻精度的工艺。

套刻流程分为第一层(或者前层)对准记号(Alignment mark)制作(通过第一层光刻)、对准、对准解算、光刻机补值、曝光、曝光后套刻精度测量以及计算下一轮对准补值,如图 16-1 所示。套刻的目的是将硅片上的坐标与硅片台,也就是光刻机的坐标最大限度地重合在一起。对于线性的部分,有平移(T_X,T_Y)、围绕垂直轴(Z)旋转(R)和放大率(M)四个参数。可以将硅片坐标系(X_W,Y_W)与光刻机坐标系(X_M,Y_M)建立以下联系(如图 16-2 所示):

$$\begin{cases} X_M = T_X + M[X_W \cos(R) - Y_W \sin(R)] \\ Y_M = T_Y + M[Y_W \cos(R) + X_W \sin(R)] \end{cases} \tag{16.1}$$

当 R、T_X、T_Y 都比较小,而 M 非常接近1(先不考虑整体的放大率0.25)时,设 $M=1+\Delta M$,补正值 $\Delta X = X_M - X_W$,$\Delta Y = Y_M - Y_W$,还可以将补正值写成如下的简化公式(仅保留到线性项):

$$\begin{cases} \Delta X = T_X + \Delta M X_W - R Y_W + 高阶项 \\ \Delta Y = T_Y + \Delta M Y_W + R X_W + 高阶项 \end{cases} \tag{16.2}$$

式(16.2)称为4参数模型。这个公式对步进光刻机(Step-and-Repeat)就够了,对于扫描式光刻机,由于一个自由度(Y 方向上)是扫描得来的,它的运动放大率不一定等于静止(X)方向上的放大率。而且,由于扫描,沿着 Y 方向上的运动不一定垂直于 X 方向。于是,便引入了非对称放大率(Asymmetric magnification)和正交(Orthogonality)。这是由于,扫描式光刻机的 Y 方向上的放大率是由掩模版和硅片的相对扫描速度和相应的镜头放大率共同决定的。正常状态下,掩模版的扫描速度是硅片的 4 倍。若掩模版的扫描速度快一点,则在硅片台未完成扫描时掩模版的扫描已经结束,那么图形的 Y 方向上的放大率会变小。

第16章 光刻工艺的套刻控制及改进 547

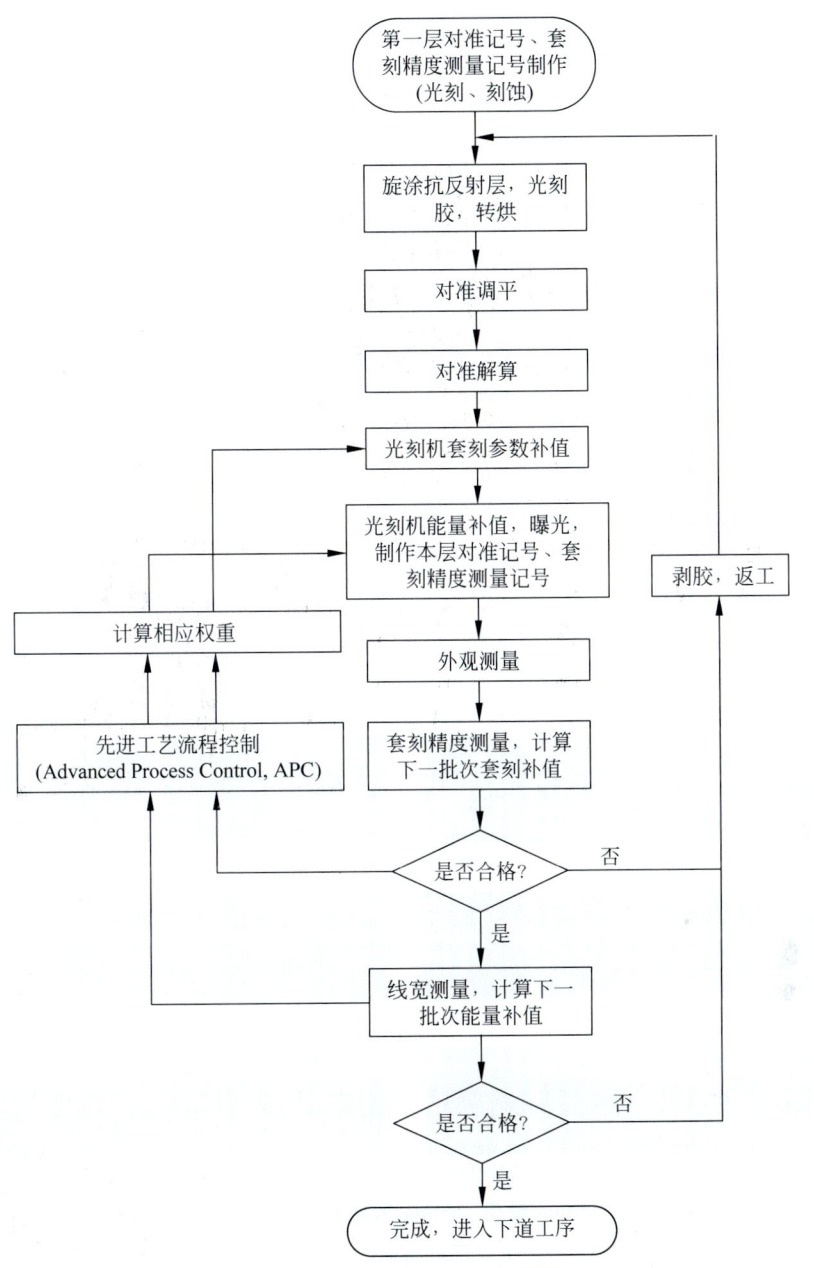

图 16-1 硅片曝光流程示意图

若此时镜头的放大率与扫描的比例不一致,则会导致图像在 Y 方向变得模糊。这是因为光刻机是用一个有限宽度的曝光缝(Exposure Slit)来扫描的。假设镜头的放大率为 0.25,如果硅片台和掩模台的相对运动速度比例不为 0.25,那么通过曝光缝静态的成像位置 $\left(\frac{1}{4}\right)$ 与通过扫描动态的成像位置 $\left(不是\frac{1}{4}倍\right)$ 就会存在偏差,而这偏差会叠加在一起,形成线条的位置偏移(也可以看成放大

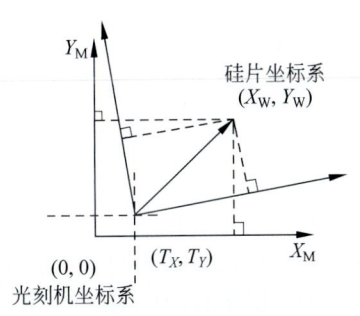

图 16-2 硅片坐标系同光刻机硅片台坐标系的关系示意图

率变化),使图像对比度变差。这又称为"淡出"(Fading),是广义淡出的一种形式[1]。其他淡出的形式包括掩模台和硅片台沿着扫描方向的运动存在同步精度和偏差,又称为移动标准偏差(Moving Standard Deviation,MSD)。对于193nm浸没式光刻机,一般3倍标准偏差也就几纳米。

一般来说,若需要补偿放大率,则需要同时调整镜头的放大率和掩模台和硅片台的相对扫描速度比例,使其永远保持一致。但是,这仅仅针对相同的 X 和 Y 放大率。由于实际镜头的放大率在 X 方向和 Y 方向是一样的,如果需要实现不同的 X 和 Y 放大率,那么只能通过调整掩模台和硅片台的扫描运动速度比例。至于怎样在第一层就形成了不同的 X 和 Y 放大率,要归结于设备的漂移。那么到底容许多大的范围呢?

对于非对称放大率,根据实际工作经验,一般为 0.2ppm(百万分之零点二)左右,相当于 33mm 的曝光场存在 6.6nm 的偏差。如果计算淡出,或者称为淡出参数 d,则可以应用下式:

$$d = \Delta M_Y W_{曝光缝} \tag{16.3}$$

对于宽 5.5mm 的 193nm 浸没式光刻机的曝光缝来说,也就 1.1nm 左右。而文献[1]中的数据显示,如图 16-3 所示,如果对应一台阿斯麦 AT1100 型光刻机,8.75mm 曝光缝,存在淡出参数 $d=35$nm 的情况,并没有对图像造成显著的影响,而此时 $\Delta M_Y = 4.0 \times 10^{-6}$,超过通常值的 20 倍,已经在一个数量级以上。所以,在正常范围内可以通过调整 Y 方向上的扫描速度来补偿 0.2ppm 左右的非对称放大率。

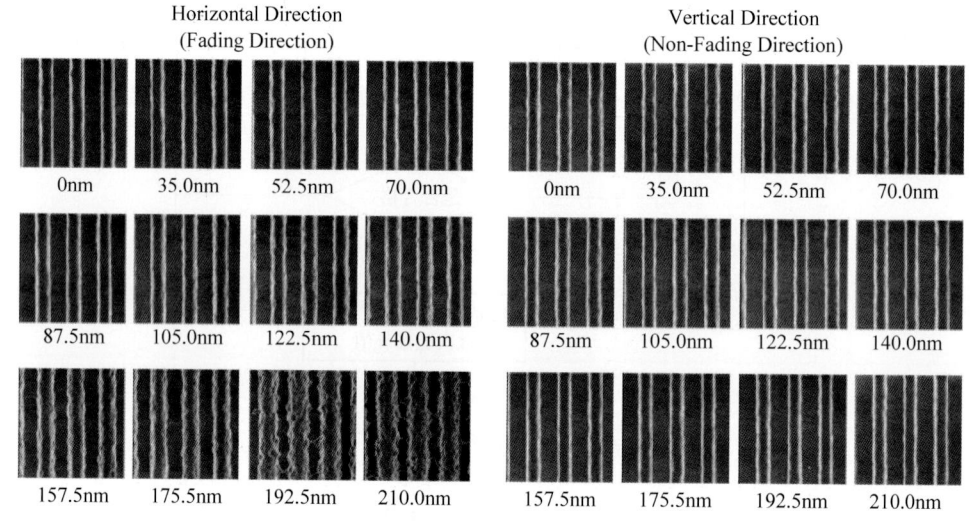

图 16-3　不同淡出参数 d 对 130nm 线条,260nm 周期的影响(设备:阿斯麦 AT1100 型光刻机,NA=0.68,Quasar30°,0.75~0.6 部分相干性,二元掩模版)[1]

如果在扫描时硅片台存在横向(X)的匀速漂移,那么扫描出来的图形将不再是正方形,Y 轴与 X 轴的夹角将不是 90°,也就是说,正交性不再存在。那么放大率将被分为 X,Y: M_X, M_Y,旋转量也可被分为 X,Y: R_X, R_Y。于是,式(16.2)可以写成

$$\begin{cases} \Delta X = T_X + \Delta M_X X_W - R_X Y_W + 高阶项 \\ \Delta Y = T_Y + \Delta M_Y Y_W + R_Y X_W + 高阶项 \end{cases} \tag{16.4}$$

式(16.4)含有 6 个参数,又称为 6 参数模型。

前面讨论了套刻的 6 个线性参数。其实,在生产控制中将套刻分为网格(Grid)和曝光场(Shot)。网格套刻(Grid overlay)是由光刻机硅片台的精确步进(Stepping)决定的,曝光场套刻是由掩模版本身的控制精度、掩模台和硅片台的移动同步精度、镜头放大率以及像差控制来决定的。网格套刻的 4 个参数及其在硅片套刻上的表现如图 16-4 所示。

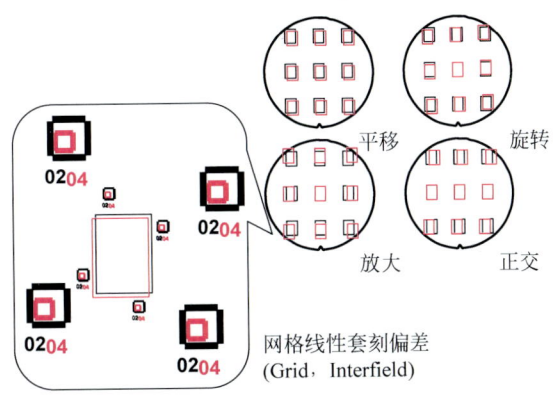

图 16-4　网格套刻中的 4 个线性参数及其表现示意图[其中显示了常用的测量套刻的记号：外框套内框（分别由不同层次通过光刻形成）；在网格套刻误差中，在曝光场四周对称放置的套刻测量记号都显示相同的偏差；"02"代表外框，"04"代表内框]

曝光场套刻的 4 个参数及其在硅片套刻上的表现如图 16-5 所示。其实，对于曝光场，也有 6 个套刻参数，由于平移同网格的平移是重复的，所以一般不再专门将平移列在曝光场套刻中。加上放大率和旋转的非对称性，于是有了如下 10 个光刻套刻线性参数：网格参数（6 个），即平移（Translation）T_X、T_Y，硅片旋转（Wafer rotation）R_X、R_Y，网格放大率（Grid magnification）M_X、M_Y；曝光场参数（4 个），即掩模版旋转（Reticle rotation，Shot rotation）r_X、r_Y，掩模版放大率（Reticle magnification，Shot magnification）m_X、m_Y。

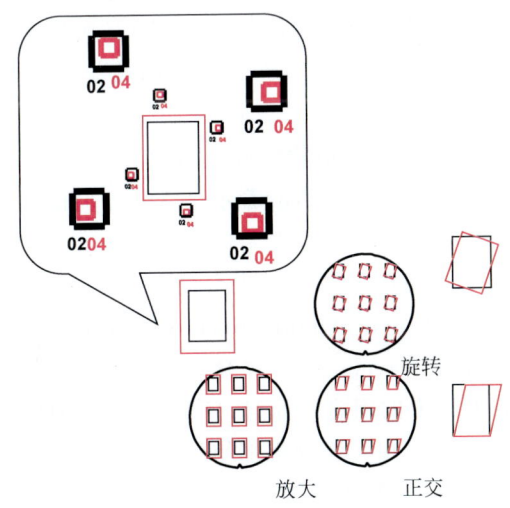

图 16-5　曝光场套刻中的 3 个线性参数及其表现示意图[其中显示了常用的测量套刻的记号：外框套内框（分别由不同层次通过光刻形成）；在曝光场套刻误差中，在曝光场四周放置的套刻测量记号显示不同的偏差；"02"代表外框，"04"代表内框]

这样的套刻模型又称为 10 参数模型（10 Parameter model）。对于非对称旋转量和放大率，也可以写成如下线性组合形式：

$$\begin{cases} M_S = \dfrac{M_X + M_Y}{2} \\ M_A = \dfrac{M_X - M_Y}{2} \end{cases} \tag{16.5}$$

$$\begin{cases} R_S = \dfrac{R_X + R_Y}{2} \\ R_A = \dfrac{R_X - R_Y}{2} \end{cases} \tag{16.6}$$

式中：下标 S(Symmetric) 表示对称的分量；下标 A(Asymmetric) 表示非对称的分量。

现在半导体工业稳步踏入小于 45nm 的技术节点，对套刻精度的要求越来越高，并进入个位数领域，即平均值＋3倍标准偏差(Mean＋3Sigma)小于 10nm。已经不能满足线性补偿的能力。高阶的套刻误差通常由如下因素导致：

（1）网格套刻。硅片受热不均匀，如在浸没式光刻中水在硅片表面的制冷作用，或者硅片受到非均匀应力，如电磁或者真空吸附，硅片表面快速受热产生永久性范性形变，如快速退火工艺(Rapid Thermal Annealing, RTA)。

（2）曝光场套刻。镜头畸变[二阶(D_2)、三阶(D_3)畸变]、镜头由于温度控制产生的畸变（二阶、三阶畸变）、掩模版由于受热产生的畸变（三阶畸变 $k18$）以及掩模版扫描时的有规律摆动，如沿着 X 方向的摆动，具体畸变的描述和定义参见 6.9.2 节。

消除高阶套刻误差依赖对问题的认识和寻找补偿的方法。对于网格高阶偏差，可使用阿斯麦公司推出的"网格测绘"(Grid mapper)软件。此软件可以使用附加的子程序，通过光刻机的步进补偿，在一定程度上弥补高阶网格套刻偏差。这种子程序需要预先建立，而且可以跟随掩模版使用。

消除曝光场高阶套刻偏差需要调整镜头的像差和畸变。阿斯麦公司也推出"网格测绘-曝光场内版"(Grid Mapper intrafield)。它通过调整镜头的畸变来去除二阶、三阶畸变。而且，当镜头受热(Lens Heating, LH)时，会伴随着二阶、三阶畸变。解决方法是对像差进行实时测量，再使用镜头模型进行计算，得出最佳镜片空间位置组合。目前光刻机镜头 60% 以上的镜片的空间位置，包括沿着纵向 Z 对称轴的和沿着水平 XY 方向的，还有可以实现马鞍型变形的（机械式，电、红外加热型等）都是可以自动调节的。

一般通过光学位置对准和测量的方法来实现套刻。对准分为通过透镜的对准(Through The Lens, TTL)和离轴对准(Off-axis Alignment, OA)。通过镜头的对准要求在镜头设计时，不仅对曝光用波长(Actinic wavelength)优化，而且能够照顾到对准波长(Alignment wavelength)，因此镜头设计有很大的困难。而且，还需要在镜头中央引入 45°角平面反射镜，阻挡了镜头中央部分的成像。所以现代光刻机都使用离轴对准。离轴对准一般使用与镜头中央位置固定的离轴空间像探测器，如数码显微镜。一般有明场和暗场探测两种类型，还有直接成像型和扫描成像型。明场探测型的探测器是一架显微镜，通过对对准记号反射光的成像[如图 16-6(a) 所示]照相来确定其在视场中的位置，从而确定对准记号所在位置与设计位置间存在的偏差。暗场探测可以通过探测除去零级反射的衍射光的成像[如图 16-6(b) 所示]，并且照相来确定其所在位置。由于暗场探测除去了大量背景反射光(Background reflection)，它对背景上的光学噪声表现得不敏感。如图 16-7 所示，明场探测有时会遇到背景光学噪声造成的对准记号对比度很低的情况，而这种对比度变差到一定程度会对对准的精度产生严重影响，如图 16-8 所示[2-3]；暗场探测则要好很多。

由于对准记号的信号强度的重要性，而且其受衬底反射率的影响又比较大，所以工业界出现了对对准记号信号强度进行模拟的仿真运算方法。其中有的精确度还是很高的，如文献[4]及图 16-9[4] 所示。

明场探测(白底黑字)
(a)

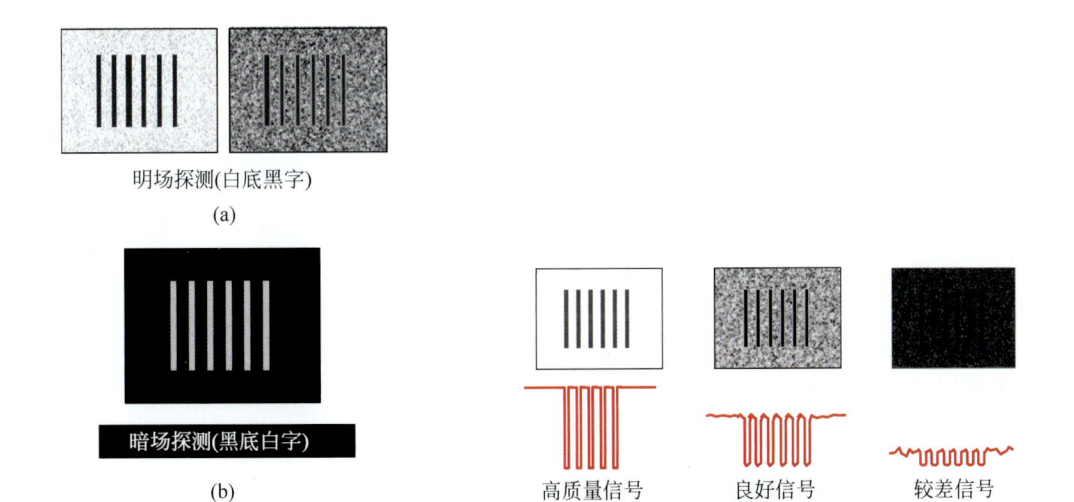

暗场探测(黑底白字)
(b)

高质量信号　　良好信号　　较差信号

图 16-6 （a）明场探测对准记号示意图；
（b）暗场探测对准记号示意图

图 16-7 明场探测中对准记号信号
对比度由强变弱示意图

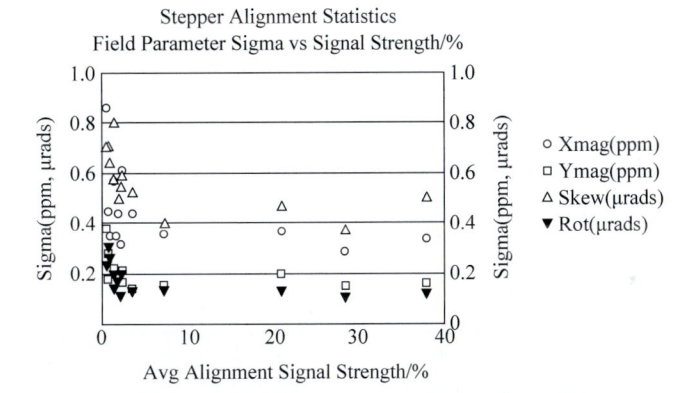

图 16-8 某 248nm 光刻机中，明场探测中套刻精度随对准记号信号对比度强弱变化示意图。在信号强度变得比 3% 小时，套刻精度会迅速变差[2]

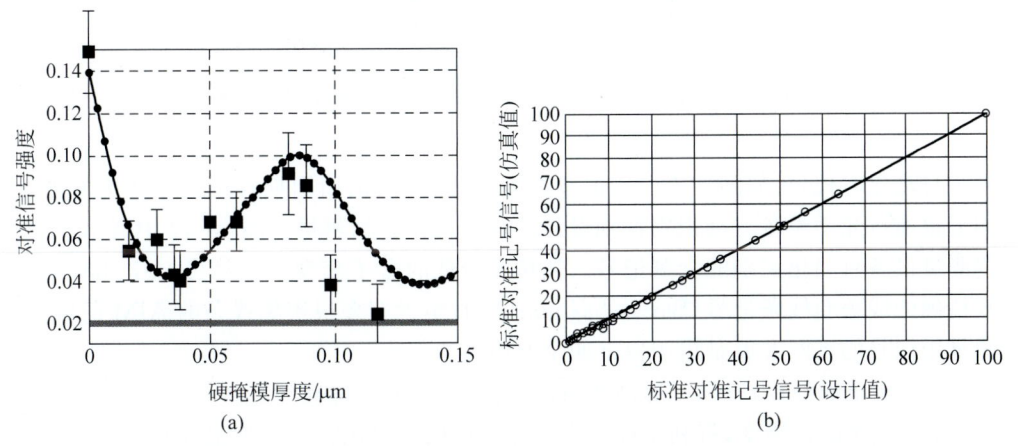

图 16-9 （a）在直接明场成像探测系统（尼康的 FIA 系统）中，对准信号强度和硬掩模厚度的关系（其中实心的方块为实验数据点，此系统的探测极限为 2% 的信号强度）；（b）扫描式暗场探测系统（阿斯麦的 Athena 系统）标准记号信号设计值与仿真值的关联[4]

16.2 套刻记号的设计和放置

16.2.1 套刻记号的种类（历史、现在）

套刻记号是用于在曝光完成后对实际曝光结果进行测量的标志符号。早期的套刻记号是供人眼通过显微镜来看的。例如,1979 年在 GCA 光刻机上采用游标记号来测量 X 方向和 Y 方向上的套刻偏差[5]。这里举例说明,如图 16-10 所示。其中图 16-10(a)显示了阴性记号。横线上方是粗游标,周期为 15μm;下方为细游标,周期为 6μm。图 16-10(b)为阳性记号。上半为粗游标,周期为 14μm;下半为细游标,周期为 5.75μm。

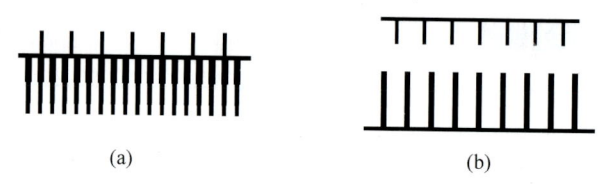

图 16-10 一种用于测量层间套刻的游标记号：(a) 游标阴性记号(Female)；(b) 游标阳性记号(Male)

如图 16-11(a)所示,阴性游标处于阳性游标的左方,假设阴性游标为后层,粗游标读数为 0～－1μm,而细游标为右边第 1 根线重合(从中间开始数,中央的记号位置定义为 0),所以读数为－0.25μm。类似的情况如图 16-11(b)所示,这时,阴性游标处于阳性游标右侧,读数为 0～+1μm,而细游标为左边第 3 根线重合,所以读数为+0.75μm。这样的系统可以精确到游标的最小读数。在这个例子中为 0.25μm。

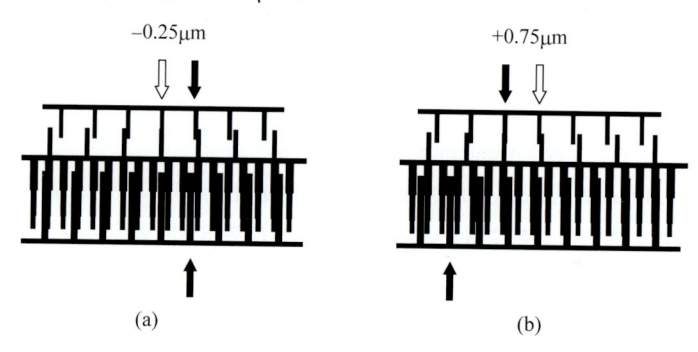

图 16-11 (a) －0.25μm 的套刻记号位置；(b) +0.75μm 的套刻记号位置[空心箭头对应阳性游标(前层)的中央位置]

到了自动化时代,比如阿斯麦公司的步进光刻机,开始采用周期性的线条作为对准记号,套刻测量也通过光学设备自动识别特别设计的记号来完套刻测量。图 16-12 中展示了 3 种通过套刻测量设备自动化识别的套刻记号。从精度较低的盒子套盒子记号(Box-in-box mark),到比较精确的线条套线条记号(Bar-in-bar mark),直至含有多根密集线条的 AIM 记号。这种套刻测量用记号的不断发展是出于以下四个原因。

(1) 增加线条的根数,有利于提高测量信噪比,提高测量精确度。

(2) 增加线条的密集度,有利于提高应对化学机械平坦化容易产生记号形变的能力。

(3) 通过缩小线宽,使得套刻记号的尺寸更加接近实际器件,各种工艺对器件产生的形变能够被具有相似尺寸的套刻记号记录下来,增强由套刻记号测得的套刻的代表性。

(4) 通过整体缩小套刻记号来增加套刻记号放置的灵活性。图 16-12(c)中的 AIM 记号最小边长可以达到 10μm。图 16-12(a)和(b)中的记号边长一般为 20μm 左右。

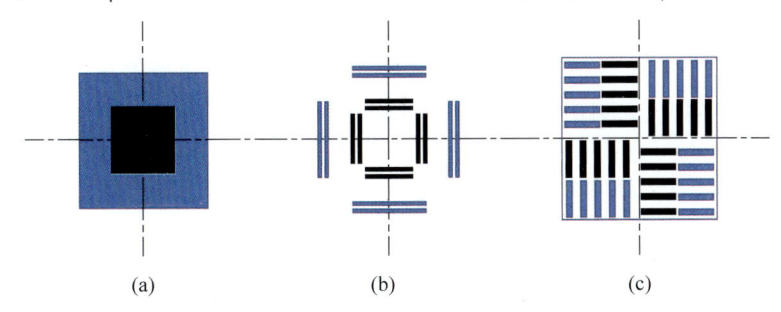

图 16-12 （a）盒子套盒子套刻记号；（b）线条套线条记号；（c）AIM 套刻记号

16.2.2 套刻记号的放置方式（切割道、芯片内）

套刻记号一般跟随每个层次图形一起通过曝光和显影,甚至刻蚀,成膜固定在硅片上。一般来说,前层的记号经历过刻蚀、成膜、化学机械平坦化工艺,而当层记号一般由光刻胶形成。图 16-13 展示了套刻记号可以放置的位置。一般来说,套刻记号放置在曝光场之间的切割道中,这样可以最大限度地节省芯片可放置面积。当然,套刻记号也可以放置在芯片区域内,或者芯片与芯片之间的切割道中(图 16-13 中未画出,在一个曝光场中还可以划分为 $n \times m$ 个芯片区域,n、m 为正整数),用于采集曝光场内部可能的套刻偏差。这种偏差可能由掩模版带来,也可能由光刻机的故障带来。比如早期的阿斯麦光刻机在掩模台第一次使用编码器(Encoder)来测控运动时,黏接编码器的树脂风化,导致掩模版运动到掩模台扫描大约半程的位置发生了沿着 X 方向跳变。造成的套刻偏差最大可以达到 30～40nm(4 倍)。后来该问题解决了,但是一般还会通过在曝光场中间增加一个套刻记号来持续监控。

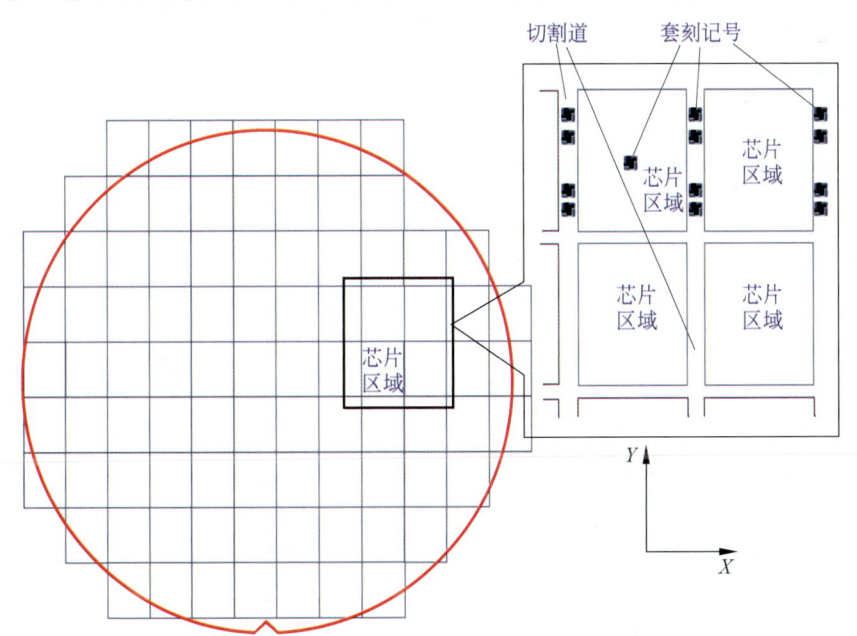

图 16-13 套刻记号可放置位置示意图：切割道和芯片区域内

如果套刻记号足够小,如 AIM 记号,线条足够细,类似芯片区域图形的尺寸,就可以考虑放在芯片区域内。这样做的好处是,可以测量芯片区域内部的套刻情况,而不仅仅是测量切割道中的套刻情况。但是,这样做有风险,如果线条的尺寸与芯片区域差异很大,会导致缺陷的产生。比如,化学机械平坦化在图形密度不同的区域可能产生抛光缺陷,如下陷(Dishing)、图形顶部倾斜、形变等。密度不均一也会导致一些外延工艺产生快慢差异,导致器件工作点漂移,甚至失效。一般来说,套刻记号还是放在切割道中。

16.3 影响套刻精度的因素

影响套刻精度的主要因素有设备的漂移、套刻记号的设计和放置、衬底的影响,其他工艺(如化学机械平坦化、刻蚀)的影响,还有掩模版受热导致的变形等。

16.3.1 设备的漂移

设备的漂移对于离轴对准系统来讲,一般是指由于硅片台、掩模台的激光干涉仪系统(包括激光系统、移动平台上的平面镜、空气压力传感系统等)或平面光栅测控系统(如阿斯麦公司的 NXT19XX 系列、尼康公司的串列平台系列)发生漂移,镜头的内部镜片发生漂移,对准显微镜系统相对曝光镜头位置发生漂移,以及硅片温度控制系统(包括平台冷却系统)发生漂移。镜头漂移主要是针对像差的漂移,如低二阶畸变 $D_{2X}(k_7)$、$D_{2Y}(k_{12})$ 和三阶畸变 $D_{3X}(k_{13})$ 等(参见 6.9.2 节)。像差漂移分为长期漂移和短期漂移(又称为跳变)。长期漂移一般是系统在长期使用中不断被磨损、老化,如镜头经过长期紫外光的冲击而导致的像差变大(镜片在长期紫外光的照射下会变得致密,英文为 Compaction,以至于生成多余的很难补偿的像差和畸变)。一般来说,镜头使用 3 个月到半年需要对像差、焦距、套刻进行调整。短期漂移,一般某种突发的情况,如光学探测器的沾污(包括测量光强的、测量空间像的元件),硅片台位置测量系统内的应力释放(如连接、紧固部分)、干涉仪激光器光束输出不稳定、硅片和掩模台的沾污造成硅片和掩模版吸附不良等。

硅片以及对准记号的变形主要是由其他工艺带来的,如热过程(Thermal process)、化学-机械平坦化工艺、等离子体刻蚀(Plasma etch)过程可能导致的硅片中央和边缘的垂直度不一样、记号表面不水平等。

16.3.2 套刻记号的设计和放置

套刻记号的放置可以影响最终实现的套刻结果。套刻记号放置位置附近的图形,往往套刻偏差较小。一般来说,套刻记号的设计遵循以下几个原则。

(1) 能够比较容易地由光刻制作出,即线宽不能太小,线宽一般为 $1\sim 3\mu m$,能够被 $0.5\mu m$ 及以下光刻工艺轻易地曝光显影出来。

(2) 能够比较容易地被套刻测量系统测量出来,也就是具有一定的对比度。

(3) 能够与工艺相匹配,不会造成缺陷。即没有过细的线条,或者图形密度与芯片区域不会相差较大。

(4) 能够很好地代表芯片中的器件结构图形,如晶体管上的布线、通孔等。也就是套刻记号的线宽应该基本接近芯片区域的图形结构线宽。

(5) 放置的位置尽量分布均匀,在需要较高精度套刻的芯片附近可以增加 1 个到几个套刻记号。

16.3.3 衬底的影响

衬底对套刻的主要影响为不透明的薄膜层对探测套刻的影响和高低起伏的衬底对套刻探测的影响。例如，多晶硅栅极层，由于多晶硅刻蚀层先要在衬底表面覆盖一层多晶硅，而多晶硅对于套刻和对准的光波长并不太透明。所以，当多晶硅层变得很厚时，多晶硅薄膜底下的套刻和对准记号就看不清楚。图16-9(a)是对准信号随着多晶硅(硬掩模)的厚度的变化。可以看出，当多晶硅的厚度达到100nm或者更厚时，对准信号衰减到原先的1/3以下。当对准信号衰减到一定程度时，对准精确度很快变差。对于尼康S203/S204系列248nm的扫描式光刻机，这个阈值在2%[2]。对于阿斯麦公司的光刻机，这个阈值先是在1%，后来增强到0.1%。套刻测量也一样，误差会急剧变大，比如达到100nm，或者更大。在这种情况下，需要先用较粗的掩模版(如248nm的掩模版)将对准记号、套刻记号所在的切割道通过光刻方法打开，将里面的多晶硅通过刻蚀去掉或者减薄，来提高对准记号、套刻记号的成像对比度，如图16-14(a)所示。因为切割道的宽度一般为40~60μm，100nm的套刻误差对于这层来说不是问题。还可以将前层的有源层切割道打开，将里面的氧化硅刻掉一点，以增加有源层记号在多晶硅覆盖后的高低起伏，形成成像对比度，如图16-14(b)所示。

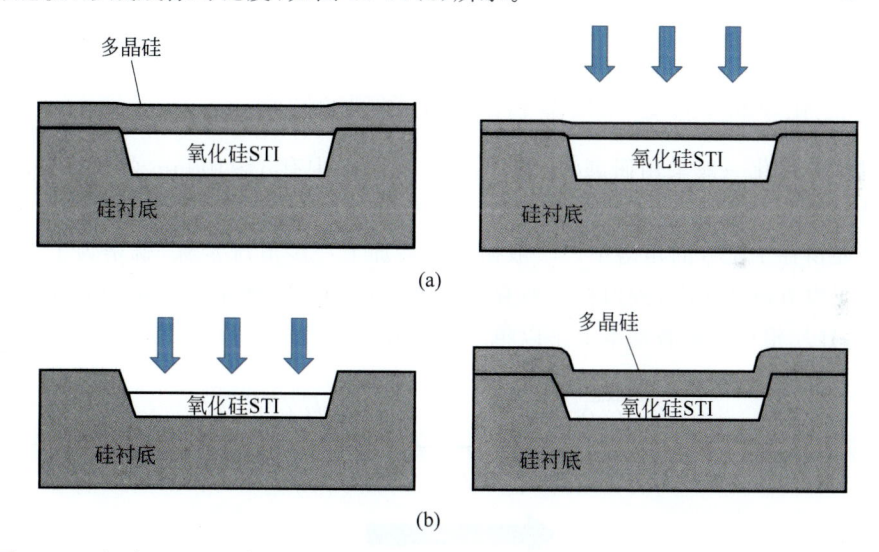

图16-14 解决不透明层多晶硅过厚导致套刻记号、对准记号对比度太低的方法示意图[在切割道处的套刻记号(单根线)的断面图：(a) 在多晶硅生长后回刻；(b) 在浅沟道隔离层切割道处回刻]

衬底不平整主要是薄膜、化学机械平坦化工艺导致的。要确保套刻的精确测量，如果衬底存在高低起伏，则需要想办法改善衬底的平坦度。这种情况一般发生在处于二氧化硅层上的金属记号。而此金属是通过大马士革技术(在我国称为景泰蓝技术)制作的，即先刻槽，再填金属，最后磨平，如图16-15所示。由于化学机械平坦化(抛光)存在局部抛光速率的涨落，所以对相对大面积的材料均匀区域，这种涨落比较明显。这种不平整会导致反射光杂乱，甚至左右不对称。如6.6.7节所述，一旦套刻记号不在套刻显微镜的焦平面上，反光的左右不对称就会导致套刻测量的偏差。图16-15(b)展示了局部抛光速率涨落导致的套刻记号表面存在随机的不平整现象。对于这种情况，通常的方法是将记号(如长20μm)切断成1μm左右的小段，使得原本较大区域均匀质地的记号变成由两种材料互相交错的结构。因为两种材料在抛光中的速率不尽相同,所以不会出现一种材料被过多研磨的情况,而且任何涨落被局限在小段内,其变形会大大减弱,使得对套刻测量的影响也大大减弱,如图 16-15(c)所示。

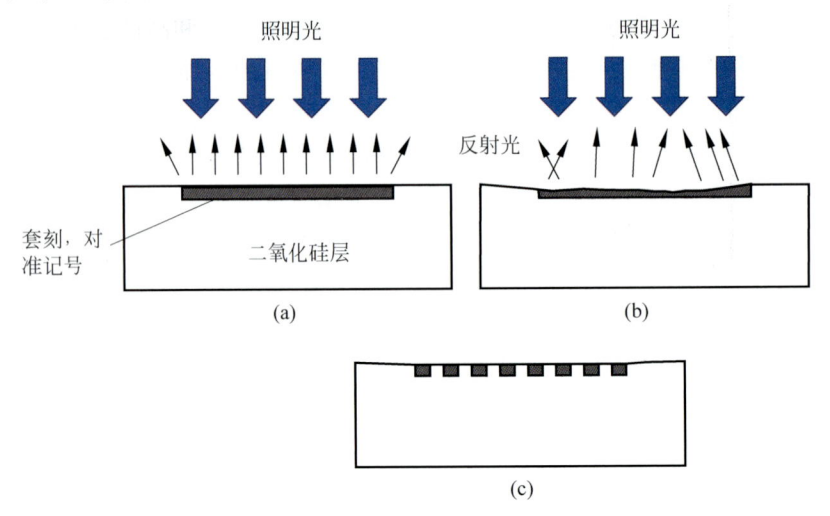

图 16-15 由于化学机械平坦化导致的记号表面不平整断面示意图:(a)理想状态下;(b)表面高低涨落不平整;(c)将记号切断后,表面虽有变形,但得到了控制

16.3.4 化学机械平坦化研磨料残留对套刻的影响

化学机械平坦化一般采用研磨液和研磨垫。研磨液中有 1～100nm 的研磨颗粒,研磨成分有氧化硅(SiO_2)、氧化铝(Al_2O_3)、氧化铈(CeO_2)等。对于较深的套刻记号或者对准记号,这些颗粒可能留存于记号的角落中。一般抛光后会加上一步清洗步骤,就是为了清除这些残留物。但如果没有清洗干净,残留物会留存于一侧,如图 16-16 所示。这是因为在化学机械平坦化过程中,硅片相对于研磨基本上是以单一方向旋转。

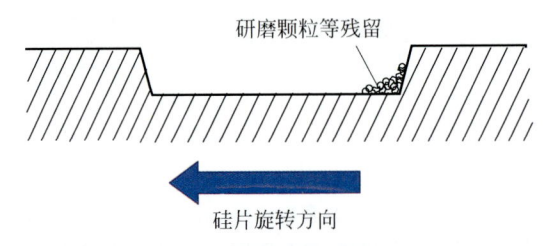

图 16-16 化学机械平坦化可能出现的研磨颗粒留存于较深的对准或者套刻记号角落内的示意图

这种残留会导致套刻测量向一边偏移。另外,化学机械平坦化的旋转方向为单一方向,还会导致被抛光的套刻记号表面产生一定的倾斜,造成套刻探测结果可能也有旋转的表象。总之,如果遇到带有旋转特征的套刻测量分布结果,如图 16-17(a)所示,一般是化学机械平坦化工艺导致的。

16.3.5 刻蚀、热过程工艺可能对套刻记号产生的变形

一般来讲,等离子体刻蚀对套刻的影响是不大的。一般以硅片中心为圆心,呈放射状分布,如图 16-17(b)所示。其对套刻的影响在硅片边缘最明显,偏差为 0.5～1nm。补偿的方法很简单,调节曝光场之间的线性放大率即可。

对于热过程,如 6.6.7 节所述,硅片在受到快速退火(Rapid Thermal Annealing,RTA)工

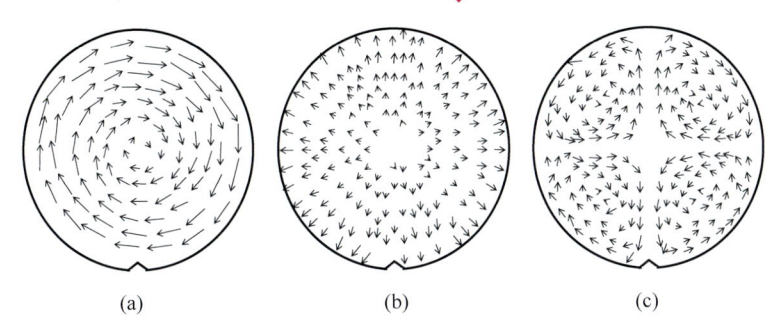

图 16-17 硅片在经历过一系列工艺后呈现出的非线性套刻偏差示意图：(a) 化学机械平坦化；(b) 等离子体刻蚀；(c) 受热变形

艺的冲击(如在几秒内达到900℃以上)后可能导致永久性的范性形变,这种永久性的形变一般为非线性形变,其分布如图16-17(c)所示。最大套刻偏离可达5~10nm,严重时还会伴随着硅片翘曲(Wafer warpage),无法完好地吸附在硅片台上。这样的情况要通过减少退火或添加填充图形(Dummy patterns)来使得表面应力分布更加均匀,以减少形变的幅度。

16.3.6 掩模版图形放置误差对套刻的影响

掩模版是由扫描电子束或者激光束来制作的。对于主流的电子束曝光方法,其图形位置的精度取决于干涉仪掩模版工件台出现的误差是否能够完好地被电子束控制电路补偿。因为掩模版的制作在真空中进行,掩模版的工件台不能采用气悬浮。当然,它也不能采用电磁悬浮,因为电磁场会干扰曝光用电子束。所以,掩模版的工件台只能采用机械导轨和丝杆。这样不可避免地就会引入较大的位置误差,如微米级误差。而且,对于电子束直写的掩模版制作工艺,其还存在电子束背散射与已经曝光场静电之间的干扰,其所曝光图形的位置会偏移。掩模版与掩模版之间还会存在位置偏移的差异,导致互相套刻的偏差。一般来说,对于32nm/28nm关键层工艺,掩模版的位置误差为6~8nm(4倍率);对于14nm关键层工艺,掩模版的位置误差在4nm(4倍率)左右。

为了减小这种偏差,也可以通过将掩模版图形密度做得尽量均匀,没有图形的空白地方也添加填充图形,这样可以改善图形的位置偏差。

16.3.7 上、下层掩模版线宽误差对套刻的挤压

这种情况在所有套刻规格很小的层次都会出现。但是在后段(Back-End-Of-The-Line,BEOL)比较常见。这是因为后段的掩模版误差因子一般为3.5~6。金属层的掩模版误差因子为3.5~4,通孔的掩模版误差因子为4~6。而前段的掩模版误差因子一般为1.5~3.0,大致相当于后段的一半。同样的掩模版线宽误差会在后段层次上表现得大一些。这里以后段为例。图16-18中展示的后段金属连线层金属1、通孔1和金属2之间的连线断面图。如果金属1和通孔1的掩模版误差都偏大,它们之间的距离就会缩小,甚至导致击穿(Breakdown),烧毁芯片。所以,在后段改进套刻不仅要考虑套刻记号如何减小诸如化学机械抛光、刻蚀带来的工艺影响,而且要控制好线宽均匀性。

这里仅讨论了掩模版线宽误差导致的套刻偏差。其实,硅片上曝光场之间的线宽均匀性(一般由显影导致)也要控制好,因为它对套刻的影响与掩模版线宽偏差是一样的。

16.3.8 掩模版受热可能导致的套刻偏差

当掩模版的透光率比较低时,大量紫外光被掩模版吸收,掩模版的温度也会随之上升,导

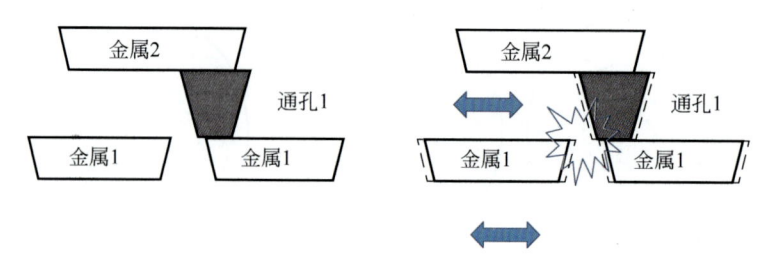

图 16-18　后段金属、通孔之间相邻两层线宽增加导致套刻距离缩小示意图

致如图 16-19 所示的情况。这项偏差需要通过光刻机在扫描曝光的时候同步调整镜头的位置或者其中镜片的位置来消除,具体可以参见 6.6.9 节和 6.9.2 节。

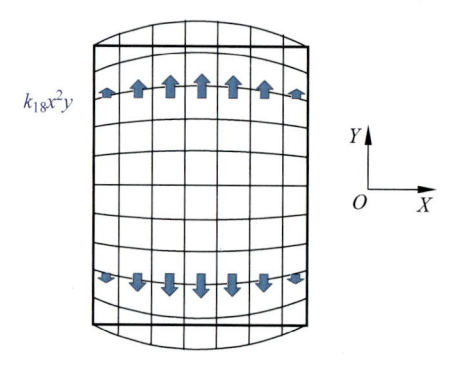

图 16-19　掩模版受热沿着 Y 方向膨胀示意图

16.3.9　高阶套刻偏差的补偿——套刻测绘

套刻的参数一般有线性,也有二阶的、三阶的。曝光场之间的线性以及二阶、三阶套刻参数:

$$\begin{cases}\Delta X = T_X + \Delta M_X X - R_X Y + C_{X20}X^2 + C_{X11}XY + C_{X02}Y^2 + C_{X30}X^3 + \\ \quad C_{X21}X^2Y + C_{X12}XY^2 + C_{X03}Y^3 \\ \Delta Y = T_Y + \Delta M_Y Y + R_Y X + C_{Y20}X^2 + C_{Y11}XY + C_{Y02}Y^2 + C_{Y30}X^3 + \\ \quad C_{Y21}X^2Y + C_{Y12}XY^2 + C_{Y03}Y^3 \end{cases} \quad (16.7)$$

对于曝光场内的坐标,也有

$$\begin{cases}\Delta x = k_1 + k_3 x + k_5 y + k_7 x^2 + k_9 xy + k_{11} y^2 + k_{13} x^3 + k_{15} x^2 y + k_{17} xy^2 + k_{19} y^3 \\ \Delta y = k_2 + k_4 y + k_6 x + k_8 y^2 + k_{10} yx + k_{12} x^2 + k_{14} y^3 + k_{16} y^2 x + k_{18} yx^2 + k_{20} x^3 \end{cases}$$
(16.8)

虽然,式(16.7)和式(16.8)中列出的参数不一定都能够被光刻机补偿,也不一定会出现在硅片工艺流程中,但是为了完整性仍然将其列出。

现在分析对准和套刻过程。

(1) 对准:每个曝光场有一对 X 和 Y 对准记号,每片硅片存在 16 对或更多的对准记号。一般通过解算,定出式(16.7)中的前 6 个线性参数:平移(Translation)T_X、T_Y,硅片旋转(Wafer rotation)R_X、R_Y,网格放大率(Grid magnification)M_X、M_Y。那么可以通过多测量些对准记号将高阶的参数也在对准过程中去掉。这样的做法称为高阶硅片对准(High Order Wafer Alignment,HOWA)[6]。这样做的好处是可以将硅片-硅片之间不同的曝光场之间的高阶套刻成分在对准的时候就去除,使得出来的硅片-硅片之间的套刻更加均匀,以提高反馈的作用。

此外,还有一种对每个曝光场单独补偿(Correction Per Exposure,CPE)的做法,就是对每个曝光场进行6参数单独补偿。这6个参数是2个平移加上4个曝光场内的参数:网格参数(2个),即平移(Translation)T_X、T_Y,曝光场参数(4个),即掩模版旋转(Reticle rotation,Shot rotation)r_X、r_Y,掩模版放大率(Reticle magnification,Shot magnification)m_X、m_Y。

不过,这种做法会严重影响光刻机的产能,故不常用。

(2) 套刻:每个曝光场可以存在很多套刻记号,一般来说,在曝光场的四周至少存在4对记号,每对记号如图16-12所示。套刻中测量的参数一般为10个,即除了一般对准用的6个参数,还有曝光场内的4个参数,即式(16.8)中的$k_3 \sim k_6$,或者掩模版旋转(Reticle rotation,Shot rotation)$r_X(-k_5)$、$r_Y(k_6)$,掩模版放大率(Reticle magnification,Shot magnification)$m_X(k_3)$、$m_Y(k_4)$。

套刻测量可以获得所有式(16.7)和式(16.8)中的参数。如果不仅仅是将线性参数补偿到光刻机中,那么还包括高阶的参数,这样的做法称为高阶工艺补偿(High Order Process Correction,HOPC)。这种补偿还包括曝光场内的高阶工艺补偿(intrafield High Order Process Correction,iHOPC)。原则上可获得式(16.7)和式(16.8)中的所有参数。不过,具体能否补偿取决于光刻机,具体参见6.9.2节。这种高阶补偿又称为套刻测绘。阿斯麦公司称高阶工艺补偿为Grid mapping,而称曝光场内的高阶工艺补偿为Grid mapping intrafield。

16.3.10 套刻误差来源分解举例

套刻是光刻工艺中与线宽控制同样重要的工艺参数。套刻主要是由光刻机的精度主导的。一般套刻的控制需要在线宽的1/4～1/3。影响套刻精度的因素不少,其中以工艺因素最为常见。下面看一下具体的数值。

例如,32nm/28nm 的光刻机(标准光刻机是阿斯麦公司的NXT1950i)的单硅片台的套刻精度为2.5nm(3倍标准偏差),而套刻一般能够实现的平均值+3倍标准偏差为6～8nm。其中掩模版的图形放置误差为6nm(4倍率)。层与层之间的偏差一般为6nm左右(层与层的掩模版制作时间可以很接近,这样图形放置误差的漂移可以忽略),也就是套刻误差中掩模版误差占了1.5nm(1倍率,3倍标准偏差)。因为掩模版误差有一定的系统性,不是随机误差,所以对于32nm/28nm 光刻机套刻精度为4nm。如果再加上刻蚀与光刻的偏差(0.5～1nm)、化学机械平坦化(0.5～1nm)、高温过程(1～2nm),最后能够实现的套刻中误差在4+0.75+0.75+1.5=7(nm)。这里采用各项直接相加的原因:一是这些偏差都有方向性,属于系统误差,无法相互抵消;二是考虑到最差情况。阿斯麦公司曾经做过一个共7nm套刻的分解[7]。表16-1展示了一些重要的套刻偏差来源。这是根据阿斯麦公司的建议[7],再综合实际工作得出的。文献[7]中所有的项目都是以随机误差出现的,总和(平方传递)为6.33nm。但我们认为有些是系统误差,需要直接相加,如单硅片台误差,只要硅片台固定,一般误差不会有太大的变化。还有镜头加热,由于镜头模型固定,镜头每次加热对于固定的掩模版图案来说就是固定的;此外,照明相关的部分是照明条件的函数,也是固定的;还有硅片变形,这部分是由于硅片经历了范性形变,或者等离子体刻蚀,或者化学机械平坦化等具备特征痕迹的形变。这些也是系统误差。所以,在表16-1中,冠有"实际"的栏目中是根据实际工作经验得出的数值而不是规格。一般与光刻机补偿或者测量相关的,我们都估计为0.6nm,这也是基于所有测量不确定(Total Measurement Uncertainty，TMU)必须为规格的1/10的要求。在32nm/28nm，最紧的套刻误差的规格一般在6nm左右，所以与测控相关的误差的上限为0.6nm。这包括系统稳定性、镜头加热、对准贡献、掩模版受热补偿后残留量以及套刻测量不确定性。照明相关的偏差采用阿斯麦公司的数值0.5nm。此外，还有掩模版夹持重复性，我们采用阿斯麦公司的数值0.4nm。掩模版误差还是用1.5nm(1倍率)，工艺误差采用2.0nm，包括所有的工艺误差。这样可以看到勉强获得约7.06nm的套刻精度，与之前估算的差不多。

表 16-1 套刻误差的来源和分配，阿斯麦公司认为所有的误差均为随机误差，满足平方叠加律

误差来源	阿斯麦公司规格/nm	实际/nm	误差类型
单硅片台	2.5	2	系统
系统稳定性	1.8	0.6	随机
镜头加热	2	0.6	系统
直接对准贡献	1	0.6	随机
照明相关部分	0.5	0.5	系统
扫描速度相关	0	0	随机
掩模版受热补偿后残留量	3	0.6	随机
掩模版图形偏差	2	1.5	随机
掩模版夹持	0.4	0.4	随机
硅片变形	2.8	2	系统
套刻测量所有不确定性	0.6	0.6	随机
批次到批次稳定性	2	0	随机
总误差/nm	6.33	7.06	—

16.4 套刻/对准树状关系

以上讨论的是单层套刻的精度误差分析，也就是说，在对准过程中对的是某层，在套刻测量以及系统反馈中仍然是对那层，这称为直接对准(Direct alignment)。有时需要测量和控制某层对某层之间的套刻，但是它们又没有直接对准的关系，这称为间接对准(Indirect alignment)。例如，层3在对准时对的是层1，但是要求在套刻测量时测层3到层2之间的套刻。

假设层3对准层1的套刻误差是4nm(3倍标准偏差)，而层2对准层1的套刻误差也是4nm(3倍标准偏差)，那么层3和层2之间的关系可以是两者误差之间的平方传递，也就是$4×1.4142≈5.7(nm)$。如果两者之间的误差来自同一个来源，如层1的误差，而且层1的本身畸变是系统的，是层3或层2无法有效补偿的，那么层3到层2之间的套刻偏差相当于层3直接对准层2的误差再平方叠加上一个层3或层2的套刻——对准重复性误差。表16-1列举了套刻的误差来源的详细分析。

图16-20展示了一个实例，即一个静态随机存储器(SRAM)的前段4层之间的套刻关系。其中包含有源区(Active Area，AA)、栅极(Gate，又称为P1)、栅极剪切(Gate cut，又称为P2)和接触孔(Contact)。

由于几何关系可以看出，栅极与有源区之间在X方向上需要对准，因为栅极需要搭在有源区细线的线端上。栅极的制作是通过密集线条掩模版和剪切掩模版互相套准经过两次独立的曝光和刻蚀完成的，这样可以缩短栅极线端-线端之间的距离。栅极剪切层需要在Y方向对

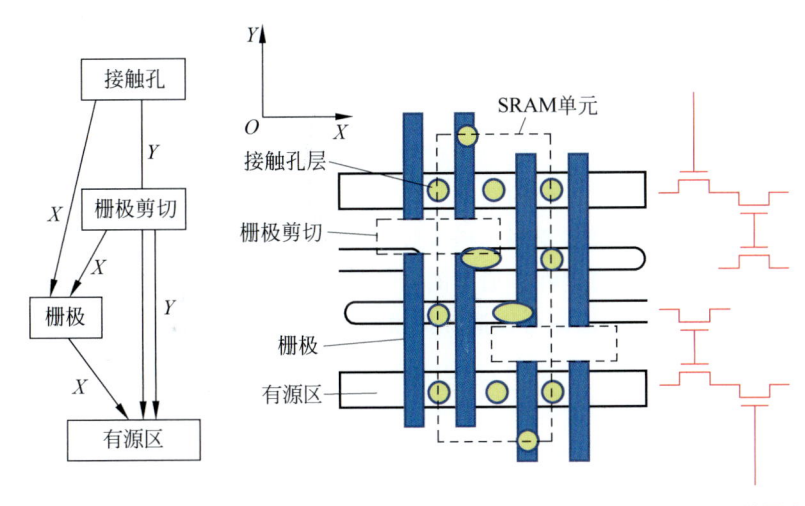

图 16-20 一种静态随机存储器前段 4 层平面示意图和对准树状结构图（图的最右边是某 SRAM 单元中的 6 个晶体管位置图）

准有源区是因为栅极需要搭在有源区的线端上；在 X 方向又要对准栅极，否则可能碰到不需要剪切的相邻栅线条。接触孔的套刻要求也类似于栅极剪切层。理想状态下，对准和套刻测量应该是对同一层进行，但是，由于操作上的不便，比如栅极剪切层的前层有 AA 和 P1 这两层，往往，AA 层的信号比较强，而 P1 层的信号比较弱，可能经常性地出现对准失败的问题，所以，一般对准采用 XY 都对 AA 层，而套刻测量则可以在 X 方向对 P1 层。

当然，这种对准将 XY 都对一层，而套刻测量和对准的补偿反馈将 X 和 Y 分开的做法会引入间接对准的传递误差。这个误差的来源就是前面两层之间的套刻误差。

16.4.1 间接对准的误差来源和改进方式

间接对准的误差来源如下。
（1）两次对准-对准误差。
（2）两次曝光-曝光误差。
（3）两次套刻测量-测量误差。
（4）还涉及 3 块掩模版。

改进方式就要减小以上 4 项误差。

第(1)项涉及两次对准之间的重复性。要提高重复性的精度，需要改进对准记号的对比度（或者称为信号强度）和选用变形最小的对准记号。例如，图 16-20 中的有源区的对准记号可以做在硅衬底上，也可以做在氧化硅（浅沟道隔离槽）衬底上。浅沟道隔离槽（Shallow Trench Isolation，STI）的氧化硅厚度变化比较大，通常意味着对准记号在硅片上存在一定的对比度变化，所以会选用在硅衬底上的对准记号。

第(2)项涉及光刻机的稳定性和在不同的照明条件下畸变变化要小。比如，栅极层一般使用 Y 方向的偶极照明（Dipole illumination），而栅极剪切层一般使用环形照明，或者交叉四极照明等相对 X 方向和 Y 方向对称照明，两个方向的光线通过的镜头区域差异较大。如果镜头存在不均匀性，那么两种照明条件之间会出现不同的畸变，导致套刻偏差。此外，还涉及承担掩模版-硅片之间对准的传感器（如阿斯麦公司的 TIS 传感器）、硅片对准显微镜。对于拥有串列台的日本尼康光刻机，涉及串列台上的基准记号（Fiducial marks）的稳定性和清洁的保持能力。当然,还有投影物镜自身的稳定性,包括热稳定性、机械稳定性等。此外,还有硅片台和掩模台的夹持稳定性。如果上述工件台上掉落了有机物,如光刻胶、抗反射层残留,则会导致真空或者静电吸附不良。在曝光过程中会抖动,最终增加无法补偿的随机误差。

第(3)项涉及套刻测量误差。一般也与对准类似,就是要确保套刻记号清晰(对比度够用)且不变形,还有套刻测量设备工件台的清洁。

第(4)项涉及掩模版。如果需要减小掩模版之间的套刻偏差,需要保持掩模版曝光机(电子束直写或者激光束直写)的稳定性。通常的办法是让需要对准的两层掩模版的制作时间尽量靠近,时间上最好一前一后,这样可以避开掩模版曝光机的漂移。

16.4.2 光刻机指定硅片工件台(对双工件台光刻机)和掩模版曝光机连续出片

对于拥有双工件台(硅片台)的光刻机,如阿斯麦公司的 XT 系列、NXT 系列以及极紫外的 NXE 系列光刻机,需要通过识别前层使用的工件台来确保当层使用同样的工件台(1 或 2)。这样可以避免双工件台之间存在的匹配误差变成套刻误差。这种做法需要工厂生产管理系统中的反馈也能够识别工件台编号。当然,由于工艺,掩模版导致的套刻补值理论上与工件台无关,这种反馈虽然区分工件台,其实补值还是很接近的。

此外,对需要减小套刻误差的两层掩模版,尽量在较短的时间间隔内做出,以减小掩模版曝光机漂移对套刻的影响。

16.4.3 套刻前馈和反馈

套刻的反馈是通过测量,并且拟合 10 参数模型得出 10 参数补值,再反馈到同一产品的同一层次的曝光文件中。如前所述,这 10 个参数:网格参数(6 个),即平移(Translation)T_X、T_Y,硅片旋转(Wafer rotation)R_X、R_Y,网格放大率(Grid magnification)M_X、M_Y;曝光区参数(4 个),即掩模版旋转(Reticle rotation,Shot rotation)r_X、r_Y,掩模版放大率(Reticle magnification,Shot magnification)m_X、m_Y。

那么是不是全补呢?比如原先系统中的硅片旋转 R_X 是 $0.01\mu rad$,实测得到的偏差解算出来的补值为 $-0.005\mu rad$,那么理论上新的补值应该是 $0.01+(-0.005)=0.005(\mu rad)$。这称为 100% 反馈。但是,在实际工作中一般采用反馈 60%~70% 的做法。这样做是为了避免测量误差而导致过补,造成反复修正,不收敛,可能造成多余的去胶返工。在量产环境下,补偿主要是设备不稳定导致的。补值只在一定时间内(设备稳定的时间内)有效,过了一定的时间(对于要求高的层次,通常为 2 周),补值就会失效。所以,补值的反馈有一定的权重,这个权重与时间也有关系。

前馈指的是根据同类产品、同层次光刻所获得的补值,对后到站的批次进行预估、预补。其原理与反馈相同。这是为了减少不必要的返工。当然,这也要在补值有效期(如 2 周)内实施。

16.4.4 混合套刻测量和反馈

对于 X 方向和 Y 方向套刻对不同前层的层次,可以假设它们对的是同一层,将采集的 X 方向和 Y 方向套刻测量数据合并,并对数据进行解算,获得 10 个参数的补值,补到光刻机曝光文件中。也可以分别对两个层次测量完整的套刻值(各自包含 X 方向和 Y 方向的数据),然后进行平均后再解算 10 个参数的补值,补到光刻机曝光文件中。由于对准的或者套刻测量的是两个独立光刻的前层，由 16.4.1 节可知，经过至少一次反馈和硅片去胶返工，得到的套刻测量值一定是分别对前两层套刻的平均值。

参考文献

[1] Pawloski A R，Acheta A，Lalovic I，et al. Characterization of line-edge roughness in photoresist using an image fading technique. Proc. SPIE 5376，2004：414.

[2] Yin X，Wong A，Wheeler D，et al. Sub-wavelength Alignment Mark Signal Analysis of Advanced Memory Products. Proc. SPIE 3998，2000：449.

[3] Kirk J P，Yoon H，Wiltshire T. Alignment Performance vs. Mark Quality. Proc. SPIE 3334，1998：496.

[4] Wu Q，Williams G，Kim B，et al. Ultra-fast Wafer Alignment Simulation Based on Thin Film Theory. Proc. SPIE 4689，2002：364.

[5] Schneider W C. Testing the Mann Type 4800DSW^{TM} Wafer Stepper^{TM}. Proc. SPIE 174，1979：6.

[6] Huang C Y，Chue C F，Liu A H，et al. Using intrafield High Order Correction to Achieve Overlay Requirement beyond Sub-40nm Node. Proc. SPIE 7272，72720I，2009.

[7] Maxime Gatefait，et al. Toward 7nm target on product overlay for C028 FDSOI technology. Proc. SPIE 8681，868105，2013.

思考题

1. 对于扫描式光刻机中套刻需要控制哪 10 个线性参数？
2. 扫描式光刻机中 X 方向和 Y 方向不同的放大率是怎样补偿的？什么是"淡出"？
3. 套刻测量记号有哪几种？
4. 套刻测量一般放置在硅片上的什么位置？
5. 影响套刻精度的因素有哪些？
6. 举例说明若在套刻记号表面存在一层不透明的薄膜，则通过怎样的回刻方法去除或减薄这层薄膜？
7. 对于化学机械平坦化导致的套刻记号表面不平整可以采用哪种工艺方法来解决？
8. 对于套刻有主要影响的工艺是哪三种？
9. 掩模版图形放置误差在 28nm、14nm 逻辑技术节点的规格分别是多少？
10. 掩模版受热导致的套刻偏差是怎样补偿的？
11. 高阶硅片对准、高阶工艺补偿、曝光场内的高阶工艺补偿各有什么区别？
12. 当层的套刻可以按照 X 方向和 Y 方向分别对准两个独立的前层吗？
13. 试对间接对准和套刻的误差来源进行分析。
14. 套刻的反馈为什么不做到 100％，而仅仅做到 60％～70％？
15. 套刻的补值一般在多久之内有效？

第17章

线边粗糙度和线宽粗糙度

20世纪60年代以来,集成电路产业一直遵循着由英特尔公司(Intel Corporation)创始人之一戈登·摩尔(Gordon E. Moore)预言的"摩尔定律"高速发展。作为计算机行业最重要的规律,摩尔定律一直指引着半导体制造技术的发展方向,即芯片上集成的晶体管数量每18个月翻一番。简单来说,若想在相同面积的硅片上生产出同样规格的芯片,随着制造技术的进步,每隔一年半,芯片产出量就可增加一倍,换算为成本,即每隔一年半成本可以降低5%。

芯片集成度的不断提高离不开图形线宽的缩小,当前世界主流芯片制造公司的生产工艺已经进入14nm/7nm,正在迈入单纳米尺寸,对极限尺寸的控制达到亚纳米的精度,这给现代集成电路制造中的光刻技术和测量带来了巨大的挑战。当线宽变得越来越小时,图形边缘的粗糙度(Line Width Roughness,LWR)开始对图形尺寸产生不可忽略的影响。光刻工艺中常见的线边粗糙度(Line Edge Roughness,LER)和线宽粗糙度变得越来越重要。一般来讲,线边粗糙度是衡量单个光刻胶形成图形的边缘光滑程度,而线宽粗糙度是衡量线条或者沟槽具有两个相互平行的边缘之间的距离变化的参数。如果两个平行的边缘之间没有任何关联,则线宽粗糙度是两个边缘(下标记为1和2)各自线边粗糙度的均方根(Root Mean Square,RMS),即

$$\text{LWR} = \sqrt{\text{LER}_1^2 + \text{LER}_2^2} \tag{17.1}$$

线边粗糙度和线宽粗糙度对半导体器件的影响主要体现在以下三方面。

(1) 线边粗糙度和线宽粗糙度会增大金属氧化物半导体场效应晶体管(Metal-Oxide-Semiconductor Field Effect Transistor,MOSFET)的阈值电压(Threshold voltage)的变化(Variability)。

(2) 线边粗糙度和线宽粗糙度会显著地增加漏电流[1]。

(3) 线边粗糙度和线宽粗糙度的低频部分会引起器件与器件之间性能的差异。

随着工艺尺寸的不断缩小,对线边粗糙度和线宽粗糙度的测量和控制迎来了新的挑战。线边粗糙度的精确测量可以结合晶体管性能仿真模型(如TCAD模型)和统计的方法对器件性能做出预测[2]。

光刻工艺中线边粗糙度和线宽粗糙度的影响因素可以归结为两类:一是与光刻胶自身的材料和成分相关的因素。不同的光刻胶的线边粗糙度和线宽粗糙度表现往往是不一样的,这主要

由光刻胶的成分种类、分子量大小、分布、光酸产生剂的种类和浓度、添加剂等决定。二是光刻工艺条件对线边粗糙度和线宽粗糙度的影响,如照明条件、烘焙温度、显影方式等。本章就光刻工艺中线边粗糙度和线宽粗糙度的表征方法、测量手段以及线边粗糙度和线宽粗糙度的影响因素做出介绍和讨论。

17.1 线边粗糙度和线宽粗糙度概论

在光刻工艺线条边缘粗糙度的研究中,一个最不可回避的关键问题是如何定义线条边缘粗糙度。线边粗糙度表征的是实际线边和理想线边的偏离程度,如图 17-1 所示。理想线边是没有任何粗糙度的平滑直线,但实际上由于光刻胶特性以及工艺条件的影响,实际线边总是有一定的粗糙度。这一粗糙度称为线边粗糙度。线边粗糙度分为低频(Low Frequency,LF)和高频(High Frequency,HF)部分,也有人再分出中频(Mid Frequency,MF)部分。高频部分可以由等离子体刻蚀工艺基本消除;而低频部分代表空间上较长距离的线边变化,等离子体刻蚀工艺无法消除。国际半导体技术路线图(ITRS)中定义低频部分的线边粗糙度的频率范围为 $0.5\mu m^{-1} \sim$ 1/处理器空间周期。对于 28nm 逻辑工艺,比如处理器的空间周期为 117nm,则低频部分的线边粗糙度的频率范围为 $0.5 \sim 8.55\mu m^{-1}$。在 $0 \sim 117nm$ 范围内的粗糙度为高频粗糙度,在 $117 \sim 2000nm$ 范围内的粗糙度为低频粗糙度。同样的定义也适合线宽粗糙度。在数学表达上可以用标准偏差表示:

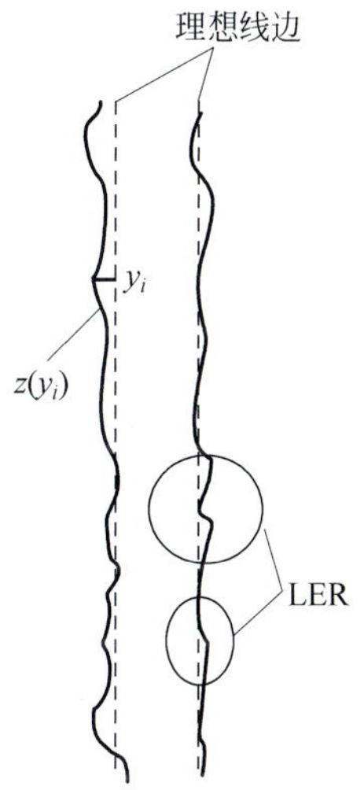

$$\sigma = \sqrt{\frac{1}{N-1}\sum_{i=1}^{N}[Z(y_i) - \mu]^2} \qquad (17.2)$$

图 17-1 线边粗糙度的表征参数示意图

式中:N 为取样点的数目;$Z(y_i)$ 为取样点在线条上 y_i 位置处实际横向位置与理想横向位置的偏离值;μ 为 N 个取样点平均偏离值。

从式(17.2)可以看到,取样点的个数对 LER 的数值有明显的影响。

集成电路产业刚出现时,图案尺寸在微米量级,依靠光学手段就可以完成检测。但随着集成电路尺寸的缩小和集成度的提高,光学方法已经不再适用于物理尺寸的测量,取而代之是扫描电子显微镜(Scanning Electron Microscope,SEM)。因为电子波长远小于工艺尺寸(对于加速电压在 $300 \sim 600V$ 的情况,电子的波长为零点零几纳米,参见第 8 章),所以可以很方便地得到清晰的测量图像。图 17-2 是不同测量参数下同一图形的 LER 在日本日立高新技术(Hitachi High Technologies)公司线宽测量扫描电子显微镜(CD measuring Scanning Electron Microscope,CD-SEM)上的测量数值。在此例中,两种取样方式中 LER 都随着测量取样点数目的增大而变大。从图 17-2 还可以看出,不同的取样方式对线边粗糙度的结果影响不同。阈值(Threshold)50%方法和线性近似(Linear approximation)100%的取样方法(参见 8.2 节)在取样点数目相同的情况下差异值可以接近 50%,所以很有必要对线边粗糙度的测量工具、测量方法及数据分析方法进行详细说明。

扫描电子显微镜是目前集成电路制造业中主要使用的一种测量工具,测量精度高,广泛应用于集成电路制造业中硅片和掩模图形质量的检测与工艺控制。图 17-3 是日立高新技术公司生产的工业用线宽测量扫描电子显微镜外观图以及结构示意图。其测量原理:将场发射电

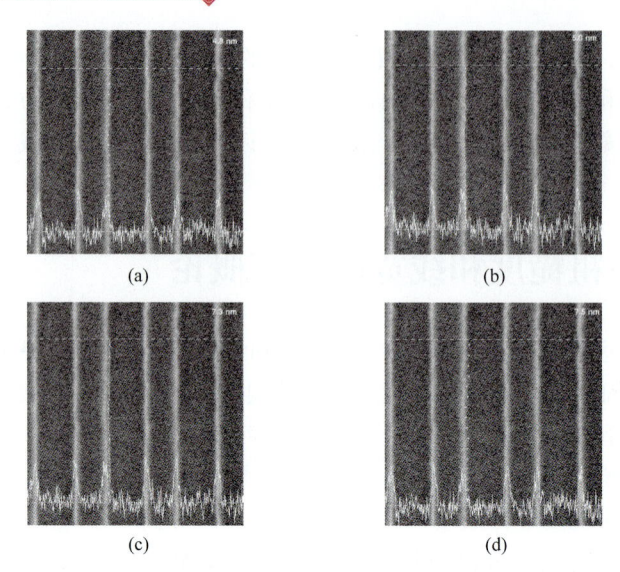

图 17-2 不同测量参数下的 LER 结果:(a) 阈值(Threshold)50% 方法:16 个取样点的结果 4.8nm;(b) 阈值 50% 方法:200 个取样点的结果 5.0nm;(c) 线性近似 100%:方法 16 个取样点的结果 7.3nm;(d) 线性近似 100% 方法:200 个取样点的结果 7.5nm

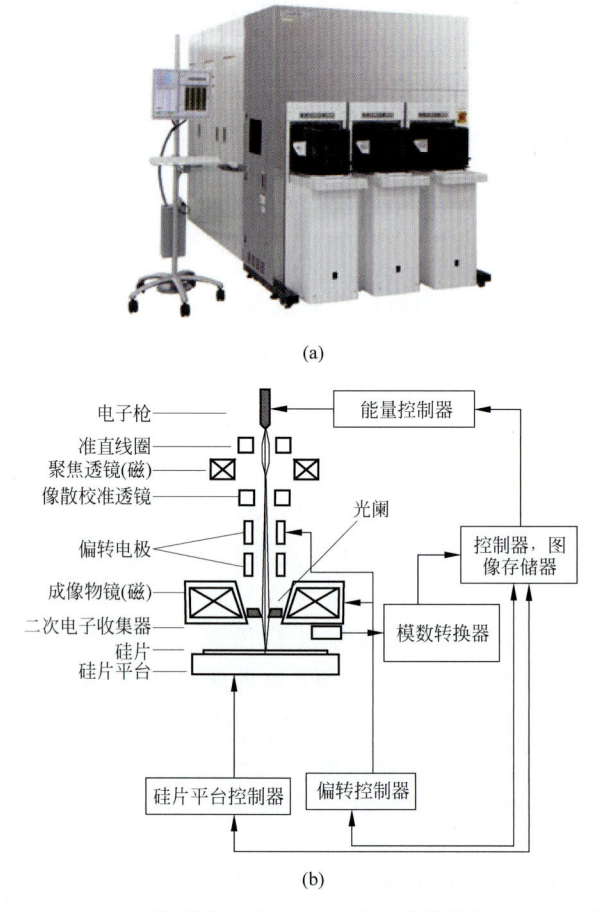

图 17-3 (a) 日立高新技术公司生产的工业检测用 CDSEM 外观图[3];(b) 一种线宽扫描电子显微镜横断面结构示意图

子经加速并通过一系列电磁透镜作用将电子束聚焦，形成聚焦电子束；再将这束聚焦的电子束垂直于被测物体进行横向扫描；然后通过检测其背散射电子和二次发射电子的信号变化获得样本表面信息。

但 SEM 测量存在一个突出的问题，就是很难获得检测图像的侧墙形貌信息。采用倾斜电子束线宽测量扫描电子显微镜（Tilt beam CD-SEM）测量样本，可以获得包含线条高度及侧墙形貌的观察图像。但这种成像方式只能对线条形貌信息作定性判断，不能得到线条侧墙/边缘的精确测量结果。如图 17-4 所示，二次电子被侧壁阻挡，无法探测。此外，SEM 对样品的种类也有所要求，被检测样品必须是导体或者半导体。SEM 还会对检测样品有一定的破坏。光刻工艺中的光刻胶成分主要是高分子聚合物，高压电子束轰击这些高分子聚合物会导致高分子聚合物电离解离，在真空腔中这些解离的小分子很容易挥发，导致光刻胶线条形貌发生改变。

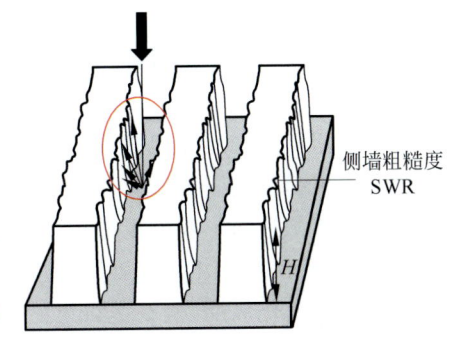

图 17-4　SEM 无法探测侧壁信息[5]

针对 SEM 不能检测图案侧壁的缺点，人们尝试用原子力显微镜（Atomic Force Microscope，AFM）来研究 LER[4]。原子力显微镜是由 IBM 公司的格尔德·宾宁（Gerd Binnig）博士和斯坦福大学的加尔文·奎特（Calvin F. Quate）等在 1985 年研制出来的，如图 17-5 所示。通过检测待测样品表面和一个微型力敏感元件之间的极微弱的原子间相互作用力来研究物质的表面结构及性质。将一个对微弱力极端敏感的微悬臂一端固定，另一端的微小尖针接近样品表面，这时它将与其相互作用，作用力将使得微悬臂发生形变或者运动状态发生变化。扫描样品时，利用传感器检测这些变化就可以获得作用力的分布信息，从而以纳米级分辨率获得表面形貌结构信息以及表面粗糙度信息。

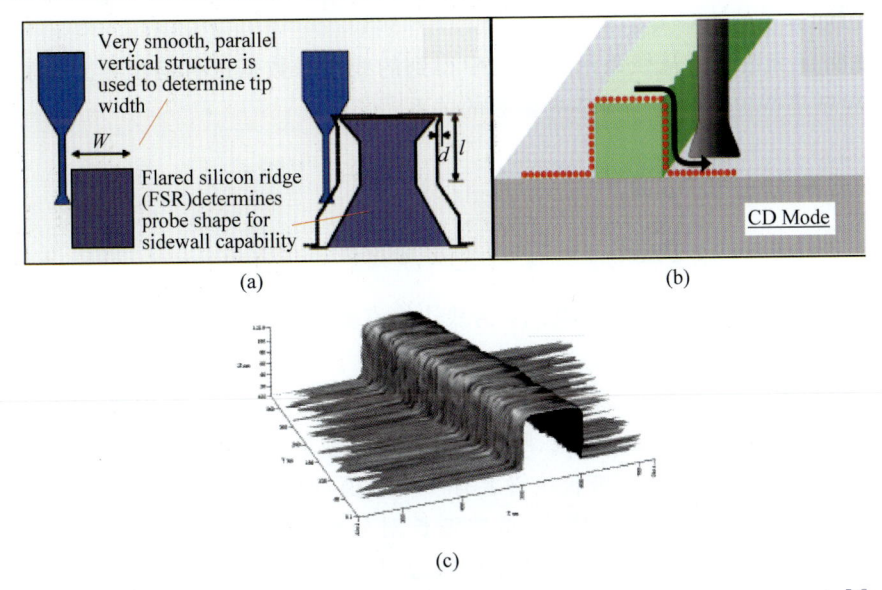

图 17-5　CD-AFM 原理图：(a) 探针检测；(b) 检测模式；(c) CD_AFM 图像示例[6]

相对于扫描电子显微镜，它提供真正的三维表面图，同时不受测量环境限制，在常压甚至液体环境下都可以良好工作。而且测量中对样本没有破坏性，能观测非导电样品。因此，其具有更广泛的使用性。尽管AFM具有这些优点,但是它的成像范围受探针和分辨率限制,成像范围太小,速度慢。这些缺点使得它不能应用到大规模的工业检测中,主要在半导体制造业的预研机构和实验室中使用。

17.2 线边粗糙度和线宽粗糙度数据分析方法

线边粗糙度和线宽粗糙度的数据分析方法主要有幅值测量与频谱分析两大类。幅值测量指均方根粗糙度的表征方式,均方根是几乎所有研究者均采用的LER表征参数。均方根的大小能反映线条边缘形貌的粗糙程度,但是不能反映线条轮廓边缘更详细的空间信息,即使同样的均方根所对应的LER也可以是多种多样的。因此,需要研究粗糙度沿着线条和沟槽的长度方向的空间变化周期,也就是将粗糙度视为噪声,研究其功率谱密度(Power Spectral Density, PSD)。此外,人们用其他分析方法来表征线边的空间信息,如幅值密度函数、自协方差函数和自相关函数等。其中应用最广泛的是功率谱密度,PSD函数从频域的角度描述线边缘轮廓波形的随机过程,将表面轮廓分解为不同的傅里叶成分,能够反映出线条边缘空间频率特征的大部分信息,诸如在线条边缘表面中何种频率成分占主导地位,边缘表面的空间频率分布如何,能够间接得出边缘表面空间波长的分布情况,并通过各个空间频率成分的分布推测出线条边缘粗糙度的产生来源,如来源于光刻工艺、材料的分子结构或其统计性变化量,为分析LER来源提供测量依据。一般来说,对于线边均匀性有以下公式[7]:

$$\sigma_{\text{LER}} = \frac{\sigma_m}{\mathrm{d}m/\mathrm{d}x} + \sigma_0 \tag{17.3}$$

式中:σ_m为已经去保护的聚合物分子的数量变化,也就是与统计中的散粒噪声(Shot noise)相关,或者直接代表在给定的空间体积内所有吸收光子数的随机涨落;$\mathrm{d}m/\mathrm{d}x$为聚合物分子去保护浓度的空间梯度,也就是镜头投影和光酸扩散共同形成的空间像对比度;σ_0为固有的线边粗糙度,如分子的绝对大小和大小分布。

功率谱密度函数是将从线条形貌图像中得到的线边缘数据进行傅里叶变换后取模的平方,描述了粗糙度幅值作为空间频率的函数的关系[5]:

$$\text{PSD}(f) = \lim_{L \to \infty} \frac{1}{L} \left| \int_{-\frac{L}{2}}^{\frac{L}{2}} Z(x) e^{-2\mathrm{i}\pi fx} \mathrm{d}x \right|^2 \tag{17.4}$$

$$\text{PSD}(f) = \frac{\Delta x^2}{L} \left| \sum_{j=1}^{N} Z_j e^{-2\mathrm{i}\pi f(j-1)\Delta x} \right|^2 \tag{17.5}$$

式中:f为空间频率;Δx为采样间隔;N为线边缘点数目;L为取样总长度,且$L = N\Delta x$;j为整数,$j = 1, 2, \cdots, N$。

式(17.4)和式(17.5)分别定义了功率谱密度的连续与离散形式,其中Z为单线边缘点位置偏差。图17-6给出了一个正弦曲线、随机表面及其相应的功率谱密度曲线示例。正弦曲线的功率谱密度仅在其具有的空间波长位置上有一个峰值,而随机线边的功率谱密度则包含很多空间波长对应的局部空间频率峰值,这些波长对分析线边粗糙的产生原因有重要意义。图17-7采用对数-对数坐标展示了一个光刻胶线边粗糙度功率谱密度的示意图。对于193nm的光刻胶来说,它的线边粗糙度和线宽粗糙度频谱具有相似的结构:在低频区功率谱密度随着频率分布较为平坦,对线边粗糙度和线宽粗糙度的贡献最大;中频区有明显的频谱变化,主要反映光刻胶之间的差异,对光刻胶的成分非常敏感;而高频区则是噪声比较大的底部,主要来自扫描电镜测量的噪声,与电镜的测量参数选择相关。美国光刻理论家克里斯·马克(Chris Mack)认为,在中频部分转折点代表某种关联长度[8]。在化学放大光刻胶中,这种关联长度应该就是等效光酸扩散长度(Effective photoacid diffusion length),也就是在经历碱中和后的实际扩散长度。从图 17-7 可以看出,光酸的扩散长度约为 10nm。其实,我们的理论研究和实践经验表明绝大多数 193nm 浸没式光刻胶的等效扩散长度为 5～10nm。原本较为随机的粗糙度功率谱密度被 5～10nm 的光酸扩散平均后,在大于 0.1nm^{-1} 的频率被光酸扩散衰减掉。所以,光酸的扩散在某种意义上讲有利于减小线边/线宽粗糙度。当然,若这种光酸的扩散导致了空间像对比度的下降,则会得不偿失。

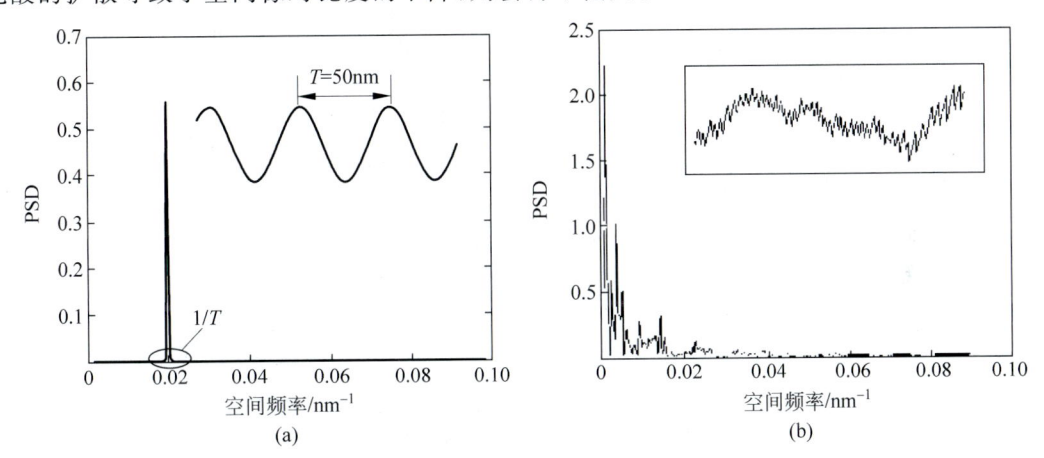

图 17-6 (a) 正弦曲线及其相应的 PSD 曲线;(b) 随机表面轮廓及其相应的 PSD 曲线[5]

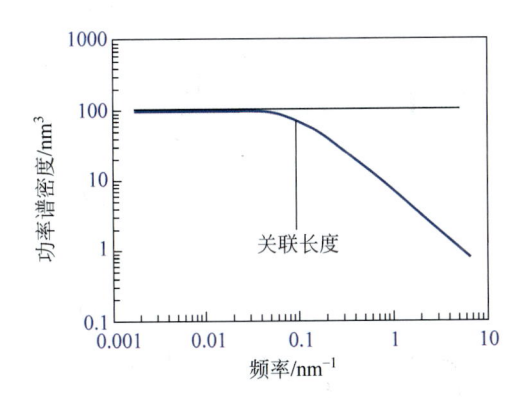

图 17-7 用对数-对数坐标展示的某一功率谱密度函数

国际半导体制造技术协会(International Semateh)推荐测量线边粗糙度的参数设置:对于 20nm 以上的节点,测量长度不小于 2000nm 并且测量间隔为 4nm;对于 20nm 以下的节点,测量长度不小于 2000nm 并且测量间隔为 2nm[9]。

17.3　影响线边粗糙度和线宽粗糙度的因素

光刻工艺中的图形线边粗糙度和线宽粗糙度主要来自光刻胶的自身属性以及光刻工艺与条件。其中光刻胶组分中光酸产生剂尤为重要。本节就从光酸产生剂的特性、光酸扩散长度、光刻胶烘焙的温度、抗反射层的厚度、显影的时间以及照明条件等方面进行介绍。

光刻胶主要由成膜树脂、溶剂、感光剂或光引发剂(Photo initiator)或光酸产生剂、添加剂组成。其中，添加剂是增强光刻胶性能的一类物质，如表面活性剂、抗氧化剂、稳定剂等相关化合物。光刻胶涂于基板上成膜后，其主要成分在一定的光源下曝光，发生化学变化，使其在显影液中的溶解率发生变化。若是负性光刻胶，则曝光区变得难溶；若是正性光刻胶，则曝光区从不溶变为可溶。

早期的光刻胶树脂有些本身是具有感光性的，光刻胶中无须添加其他感光剂。随着电路集成度的提高以及工艺尺寸的缩小，传统的光刻胶已经不能满足高分辨的需求，化学放大型光刻胶就是在这种情况下发明出来的。化学放大型光刻胶，就是在光引发下产生一种催化剂，促使反应迅速进行或者引发链反应，改变基质性质从而产生图像的光刻胶。非化学放大型光刻胶，每一个官能团的转化需要至少吸收一个光子，而化学放大光刻胶官能团的转化则取决于光产生的催化剂在淬灭（Quenching）或失活（Deactivation）前所引发的化学反应的数量。化学放大型光刻胶的灵敏度要比普通光刻胶高十几倍到几十倍。如图17-8所示，曝光时，光刻胶中的PAG吸收紫外光电离产生酸离子（H^+），烘焙后，光刻胶亲油基团在酸催化作用下侧链裂解产生酚或羧酸，裂解后的酚或羧酸易溶于碱性显影液。酸在曝光区的扩散导致曝光区的聚合物变得可溶。但是，部分扩散到非曝光区的H^+离子导致边界区域聚合物反应的不均匀性，造成显影后形成粗糙的界面。所以光刻胶中PAG的特性以及光酸的扩散长度都会对LER有重要影响。

图17-9是Bakri等得到的不同吸光率的光酸产生剂在各种尺寸下的LER结果[10]。P0、P1、P4光刻胶不同之处在于PAG对紫外光的吸收率是不一样的，其他成分如高分子成分、溶剂以及添加剂则完全一样。P1的PAG对紫外的吸收率最大，P0最小。可以看到，在相同线条尺寸下，不同吸光率的PAG会造成LER之间的差异。高的紫外吸光率会导致光刻胶中的化学反应速度加快，造成差的边缘和线边粗糙度和线宽粗糙度。对低吸光率的PAG光刻胶来说，曝光时光刻胶吸收的化学反应能得到更好的控制，从而得到低的线边粗糙度和线宽粗糙度。但是，低紫外吸收率的PAG会降低图形的对比度和分辨率。图17-10是两种PAG成分的光刻胶在周期为160nm、线宽尺寸80nm下的LER，对于低敏感度的PAG-B，LER会有明显的改善，但是图形的对比度和分辨率都会比敏感度高的PAG-A要差。

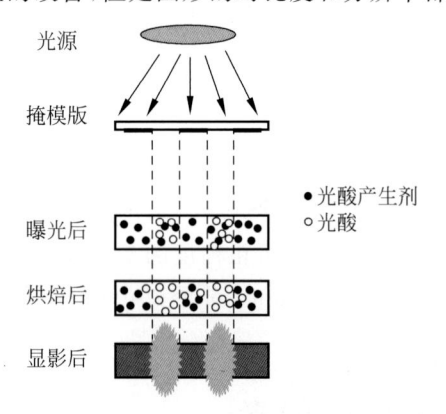

图17-8 化学放大型光刻胶在光刻工艺中图形形成示意图

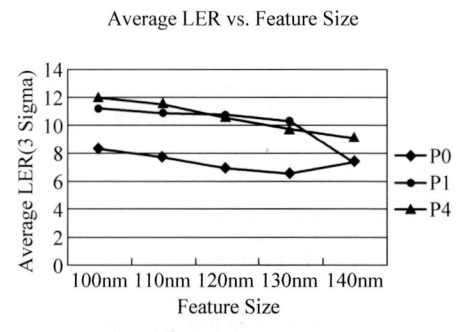

图17-9 不同吸光率的光酸产生剂在各种尺寸下的LER[10]

图17-11和图17-12是Bakri等做的PAG中不同发色团体积大小对LER影响的实验结果[12]。图中P6的PAG中的发色团最大，P1次之，P5最小。可以看到，最大的发色团对应的LER最大，中间大小发色团的P1对应的LER最小。LER与发色团的大小不是线性关系，而

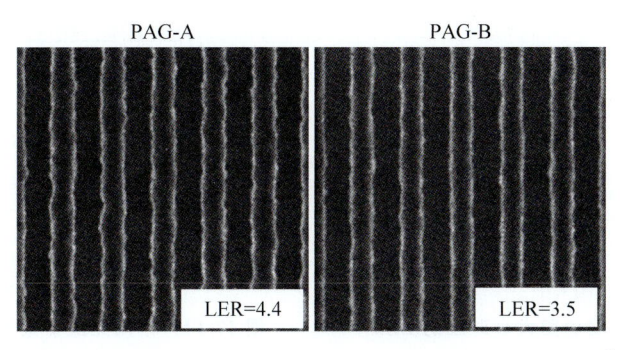

图 17-10　不同 PAG 在线宽尺寸 80nm、周期 160nm 下的 LER[11]

是有一个最优值。同体积和大小的发色团对同一波长的紫外光吸收效率是不一样的,这将影响 PAG 的光吸收率,造成 LER 的差异。由于紫外光的吸收效率不仅与发色团的体积相关,还与发色团的结构相关,故紫外光吸收效率与发色团体积不是呈现简单的线性关系。

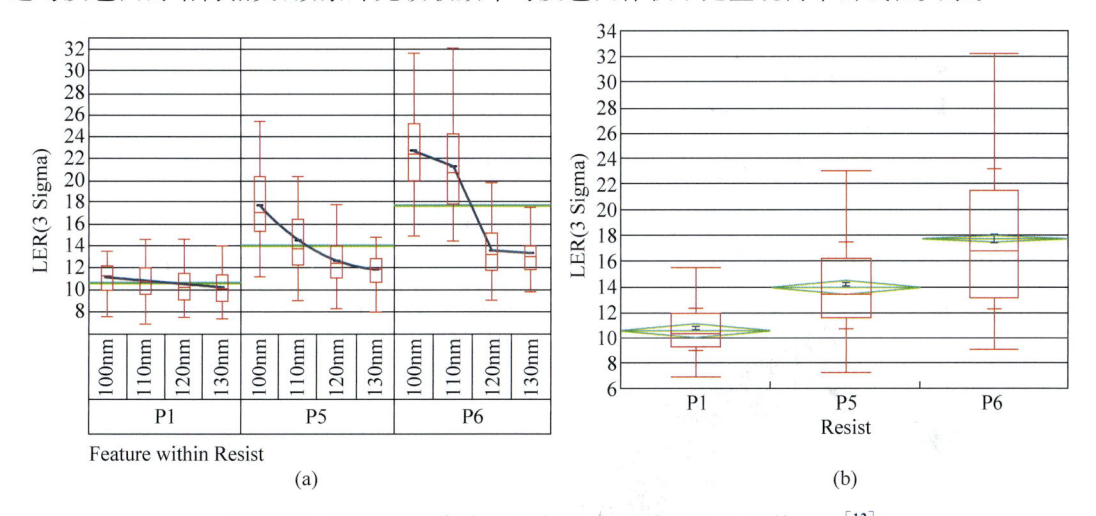

图 17-11　不同 PAG 在线宽尺寸 80nm、周期 160nm 下的 LER[12]

对于化学放大型光刻胶而言,还有一个重要参数也会对 LER 产生影响——光酸扩散长度[13]。与分子的自由程相似,每一个光化学反应生成的光酸分子会做无规则运动,大量的光酸分子的无规则运动在宏观上的表现就是有一定的扩散长度,在其所到之处进行去保护催化反应。一般来讲,扩散长度为 5~70nm,扩散长度越长,在图像对比度不变的情况下,图形粗糙度会越好。这是因为光酸扩散长度越长,在曝光后的烘焙过程中越有利于去除光酸在曝光和非曝光界面处的非均匀性。如图 17-13 所示,在光酸长度小于 60nm 时,LER 随光酸扩散长度的增大而减小。但是,在光酸扩散长度继续增大时,LER 反而呈现相反的趋势,变得越来越差。在光酸扩散长度较大时,图像对比度对 LER 的影响变得越来越重要,对比度的变差导致 LER 的变差已经成为主要因素。所以,光酸扩散长度的选择需要根据光刻工艺的条件做优化。这里需要说明的是,最优的光酸扩散长度随着需要分辨率的周期而变化,并不是固定在 60nm。一般来说,到了 32nm/28nm 技术节点,对于最小周期为 80~90nm,最优的光酸扩散长度一般为 5~10nm。

除了光刻胶自身材料特性的影响,光刻工艺的过程和条件对 LER 也有很大的影响,比如显影、显影后的烘焙、底部抗反射层的厚度、照明条件等。

图 17-12　不同 PAG 中发色团大小对应的 LER[12]

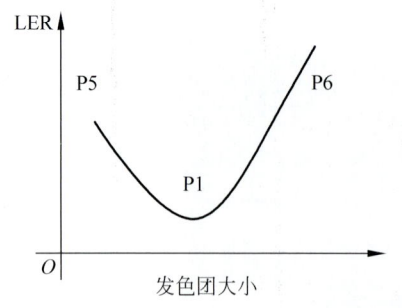

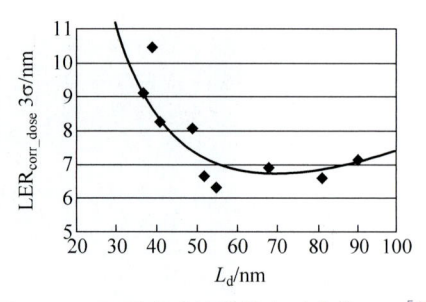

图 17-13　不同光酸扩散长度对应的 LER[13]

显影对 LER 的影响主要表现在显影溶解率和显影的时间上[14]。光刻胶的显影溶解率随光强的变化一般有着从很低水平到很高水平的阶跃式变化。如果这个阶跃式变化比较陡峭，那么会缩小"部分显影"区域，也就是阶跃变化中间的过渡区域，从而降低图形粗糙度，如图 17-14 所示。此外，显影时间的长短也会对 LER 产生影响。显影时间越长，显影越充分，部分显影区域也会缩小，同样表现出好的 LER。

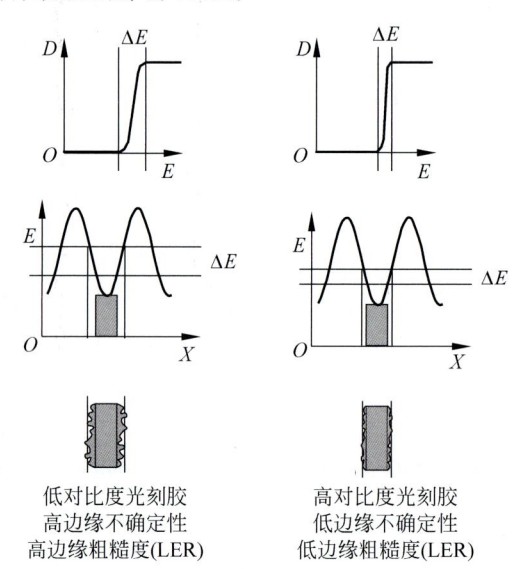

低对比度光刻胶
高边缘不确定性
高边缘粗糙度(LER)

高对比度光刻胶
低边缘不确定性
低边缘粗糙度(LER)

图 17-14　显影溶解率对比度高低对线条边缘粗糙度的影响示意图

显影后烘焙对 LER 也有着重要影响。对不同的光刻胶来说，最优的烘焙温度是有差别的，这主要是由光刻胶中聚合物的玻璃转变温度(T_g)决定的。非晶聚合物有 3 种力学形态，分别是玻璃态、高弹态和黏流态。在温度较低时，材料为刚性固体，与玻璃相似，在外力的作用下只会发生很小的形变，此状态即为玻璃态；当温度继续升高到一定范围后，材料的形变明显增加，在随后的一定温度区间形变相对稳定，此状态即为高弹态，温度继续升高，形变逐渐增大，材料逐渐变成黏性的流体，这时形变不可能恢复，此状态即为黏流态。图 17-15 是显影后烘焙(Post bake,hard bake)温度对不同光刻胶的 LER 的影响[15]。可以看到，随着烘焙温度的增加，从扫描电子显微镜成像的俯视图和线条的电子显微镜断面图上都能看到两支光刻胶的 LER 有明显改善。

显影后烘焙温度对光刻胶 LER 的改善可以用自由体积理论理解，该理论认为液体或者固体的体积由两部分组成：一部分是被分子占据的体积，称为已占体积；另一部分是未被占据的体积，称为自由体积。后者以"空穴"的形式分散于整个物质之中，自由体积的存在为分子链

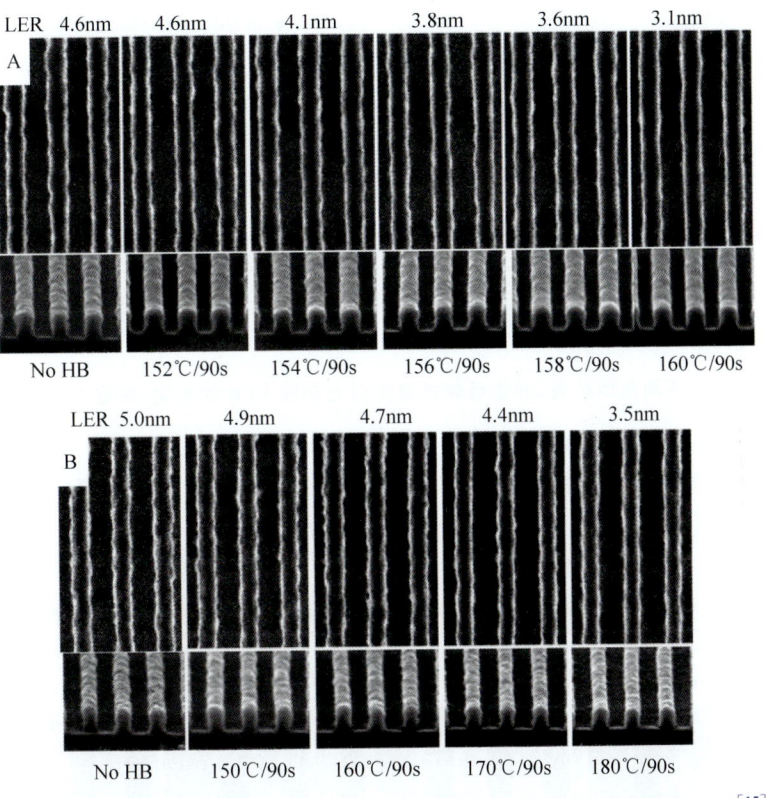

图 17-15　显影后烘焙温度对光刻胶 A 和 B 的 LER 的影响（线宽为 85nm）[15]

通过转动和位移调整构象提供可能性。当温度达到某一数值时，自由体积处于最大值，维持不变，高聚物进入玻璃态。如图 17-16 所示，随着烘焙温度升高，光刻胶中的自由体积不断减少，聚合物分子通过转动或者位移变得更加致密，使光刻胶表面的粗糙度得到改善。

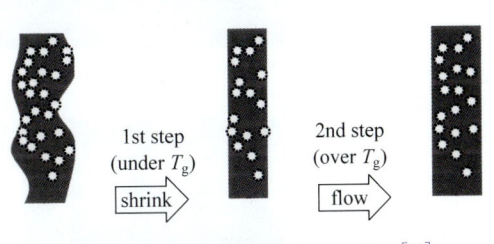

图 17-16　显影后烘焙效果示意图[14]

图 17-17 显示了在一定温度范围内不同的显影后烘焙温度对线宽的影响。从图可以看到，烘焙温度对线宽的影响不大，但是相对没有烘焙的 LER，烘焙后的改善程度高达 32%。图 17-18 是不同焦距位置烘焙温度对 LER 的影响，烘焙对 LER 的改善在整个焦距区间都是有效的。

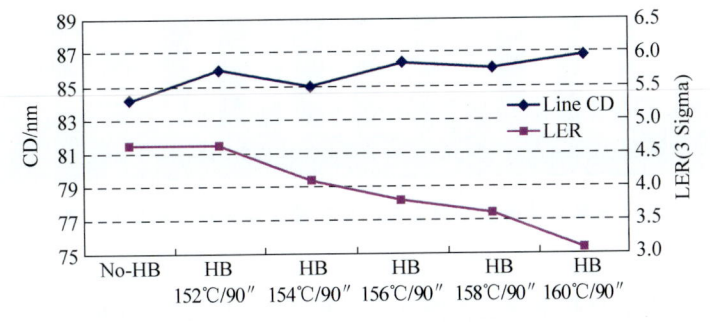

图 17-17　显影后烘焙温度对光刻胶 A 纬宽（Line CD）和线边粗糙度（LER）的影响（线宽为 85nm）[15]

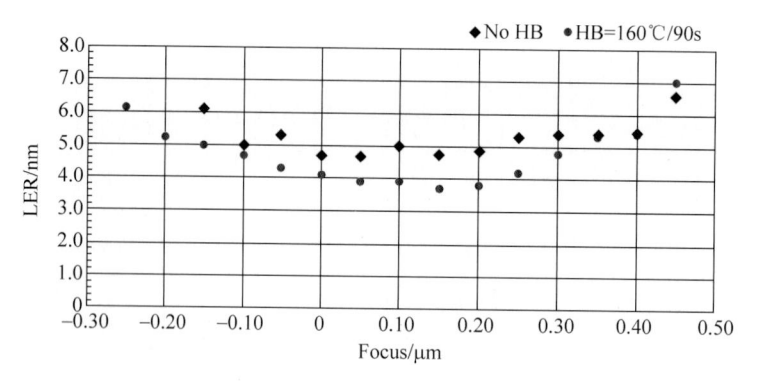

图 17-18 不同焦距位置,显影后烘焙温度对光刻胶 LER 的影响(线宽为 85nm)[15]

尽管显影后烘焙可以明显改善 LER,但是它带来了密集线条区边缘大块光刻胶侧墙角度的问题。如图 17-19 所示,两种光刻胶 A、B 都显示,在中间密集线条 LER 改善最多的温度条件下,线条边缘的侧墙角度发生很大的变化,甚至变成远远小于 80°,是光刻工艺所不能接受的。针对这个问题,人们尝试利用显影后快速烘焙的方法来解决,可结果还是不尽如人意。如图 17-20 所示,在高温快速烘焙后,线宽和侧墙形貌都发生了很大的变化,根本不能满足光刻工艺的需要,应进一步分析和研究。

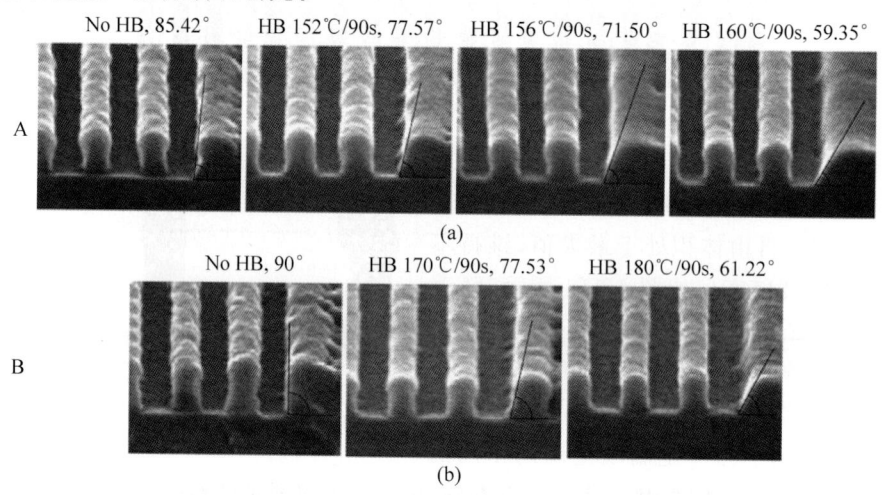

图 17-19 显影后烘焙温度对密集线条边缘侧墙角的影响[15]

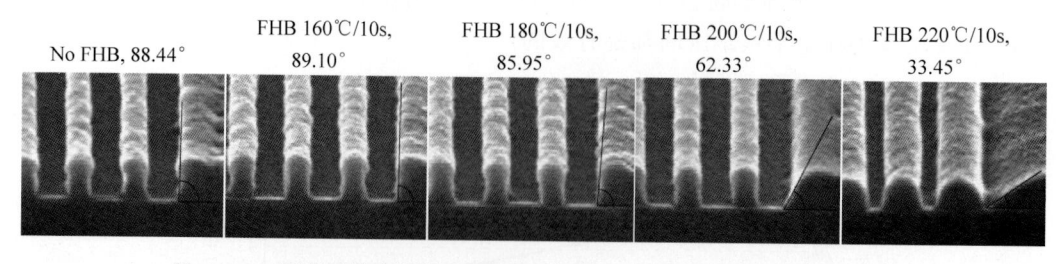

图 17-20 显影后快速烘焙对密集线条边缘大块光刻胶侧墙角的影响[15]

底部抗反射层对 LER 的影响主要表现在两方面:一是底部抗反射层的厚度会对反射率产生影响;二是抗反射层材料本身会影响光刻胶的形貌,从而对 LER 产生影响。如图 17-21 所示,在反射率极小处光刻胶的形貌是平直的;在反射率极大处由于明显的驻波效应,光刻胶的形貌变得很粗糙,测出的 LER 也会偏大。抗反射层材料的影响主要表现在抗反射层中 H^+

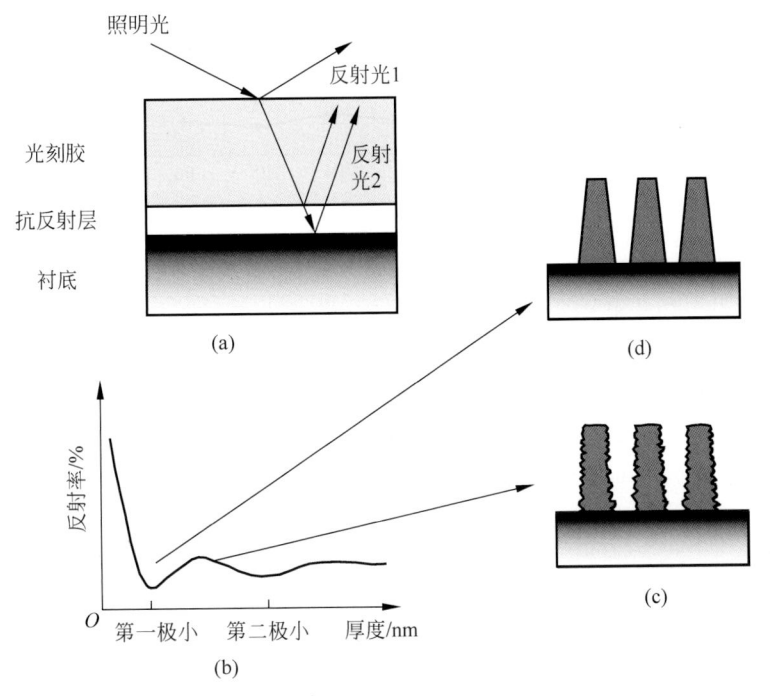

离子的浓度上,如图 17-22 所示,由于 A40-抗反射层中有较多的 H^+,产生较好的 LER。

图 17-21　反射率对 LER 的影响,衬底的反射导致的驻波会加剧线边粗糙度

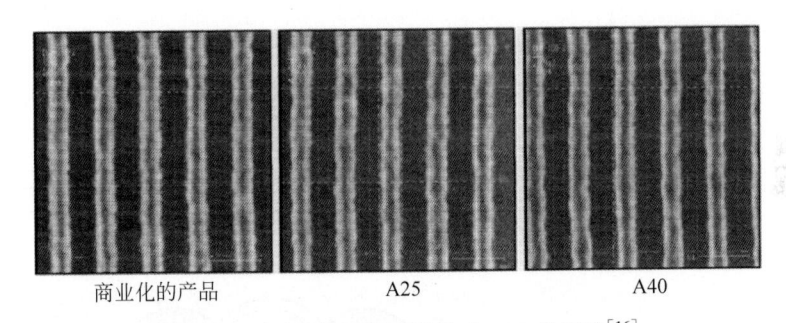

图 17-22　不同抗反射层材料对 LER 的影响[16]

上面介绍了显影后烘焙温度对 LER 的影响,此外,照明条件中数值孔径、部分相干性也会对 LER 产生影响[16]。

图 17-23 显示的是不同 NA 和 Sigma 对线边粗糙度和线宽粗糙度的影响[16]。可以看到,NA 对所有周期(Pitch)的影响趋势都是一样的,大的 NA 有利于线边粗糙度和线宽粗糙度的减小;而 Sigma 对 LER 的影响则随着周期的大小而变化。大 NA 可以增加图形的分辨率,如图 17-24 所示,大 NA 可以收集更多高次衍射光进行成像,提高图形分辨率和对比度,减少线边粗糙度和线宽粗糙度。同一周期在不同 Sigma 时,其在照明光瞳面上的光强分布是不一样的,这样在硅片平面上成像的强度以及对比度都会存在差异,导致最终的线边粗糙度和线宽粗糙度出现差异。即便是在同一照明条件下,对于不同周期,衍射光的衍射角不同,在光瞳面上的可用于干涉成像的照明光部分也会不一样,因此对比度也会不一样,最后表现出来的是不同周期之间线边粗糙度和线宽粗糙度的差异,如图 17-25 所示。

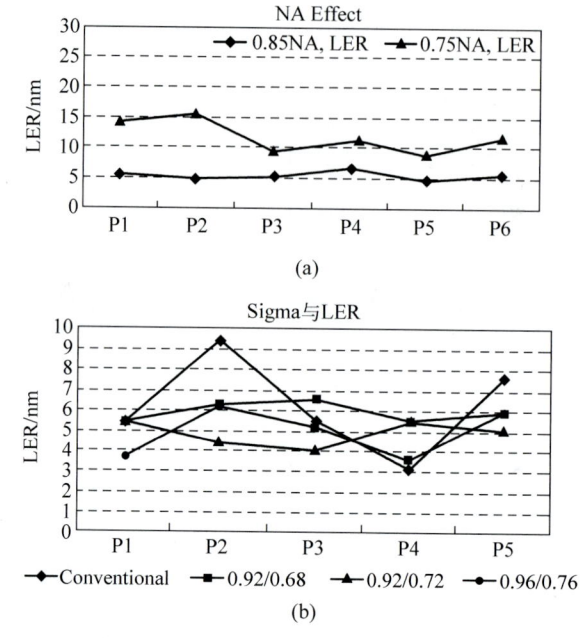

图 17-23 （a）不同 NA 对 LER 的影响；（b）不同 Sigma 对 LER 的影响[16]
（其中 P1～P5 代表不同的空间周期）

图 17-24 不同数值孔径的成像示意图

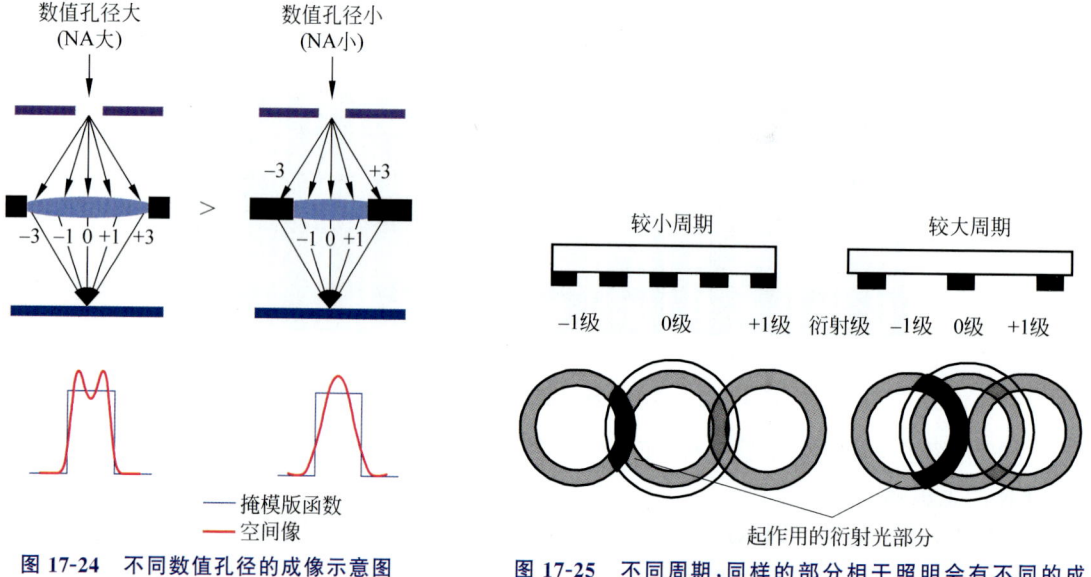

图 17-25 不同周期，同样的部分相干照明会有不同的成像对比度原理示意图（为了示意，这里仅仅标出了 −1 级衍射的部分，由于照明条件的对称性，所以对于 +1 级衍射级也是一样的）

17.4 线边粗糙度和线宽粗糙度的改善方法

光刻胶的线边粗糙度和线宽粗糙度会随着刻蚀工艺传递到最终的图形上，不管是在前段（Front End of the Line，FEOL）还是后段（Back End of the Line，BEOL）工艺中，线边粗糙度和线宽粗糙度都会损害器件的功能。例如，栅极边缘的粗糙度是引起短沟道效应的沟道长度变化的重要组成部分,进而对阈值电压、泄漏电流产生不可忽略的影响。在后段工艺中,光刻胶的线边粗糙度和线宽粗糙度会造成金属连线短路的缺陷,而经刻蚀传递到最终图案上的线边粗糙度和线宽粗糙度会造成铜填不进去的缺陷,降低后段连线的电阻、电容等参数的性能。为了改善刻蚀后最终图案的线边粗糙度和线宽粗糙度,人们常常在刻蚀前对光刻图形做一些处理来保证刻蚀后的线边粗糙度和线宽粗糙度。常用的处理方法有离子硬化和显影后冲洗溶液处理。下面以 Mahorowala 等的研究来说明离子硬化的原理及结果[17]。

工艺流程如图 17-26 所示,在显影后检测(After Development Inspection,ADI)之后用溴化氢(HBr)离子硬化(Cure)处理光刻图形,再进行后续正常的刻蚀工艺,最终可以得到改善的LER,如图 17-27 所示。从图 17-27 和图 17-28 的原子力显微镜(AFM)图像上可以看出,经过溴化氢处理过的光刻胶侧壁的粗糙度有明显改善,特别是光刻胶上半部分有接近 2nm 的改善。但溴化氢离子处理方法也存在一个问题,就是会造成光刻胶整体厚度的降低(约 15nm),即损失厚度。

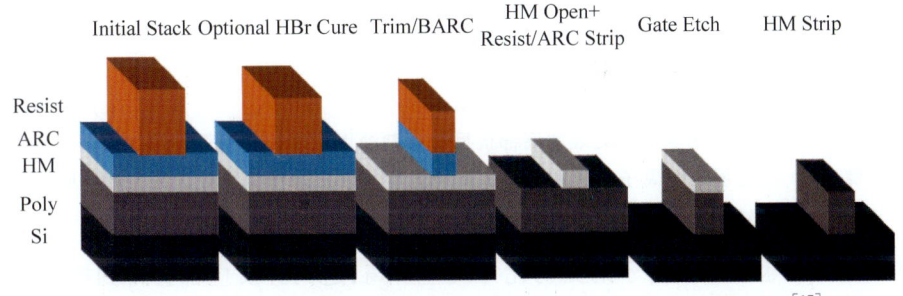

图 17-26 用溴化氢离子硬化的方法来改善 AEI 的 LER 的工艺流程图[17]

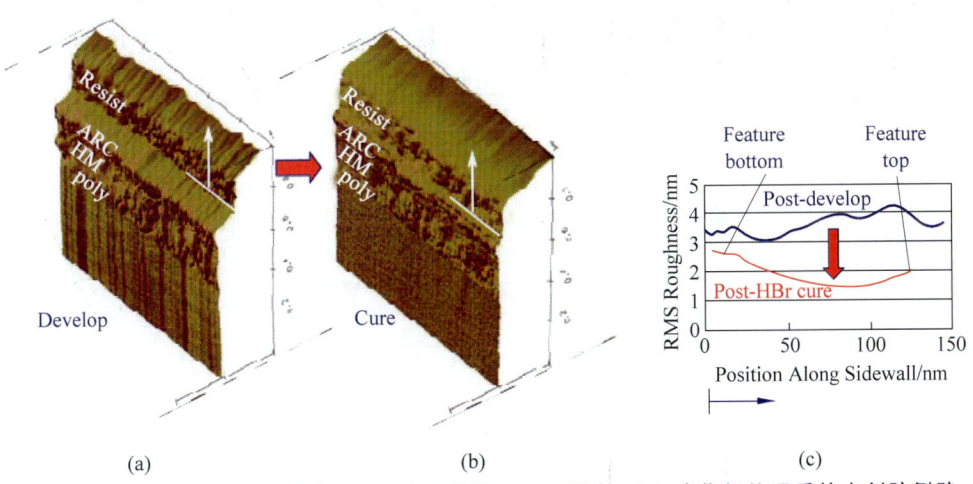

图 17-27 (a) 显影后光刻胶侧壁的原子力显微镜(AFM)图像;(b) 溴化氢处理后的光刻胶侧壁图像;(c) 光刻胶侧壁的粗糙度随光刻胶厚度的变化[17]

在底部抗反射层刻蚀之后,光刻胶侧壁底部粗糙度在溴化氢离子硬化处理后有所改善,溴化氢离子处理过和没有处理过的 1σ 分别是 1.8nm 和 2.1nm;在硬掩模刻蚀之后,改善更加明显,分别是 1.5nm 和 2.2nm。

研究结果表明,在溴化氢离子处理过程中离子的能量和各向异性的效果都比刻蚀工艺中的要小。所以尽管光刻胶打开区的底部抗反射层也被硬化离子照射,但并不会被过多地刻蚀。对光刻胶来说,光刻胶在溴化氢离子体中的氢离子(H^+)催化下会发生去保护,同时离子的轰

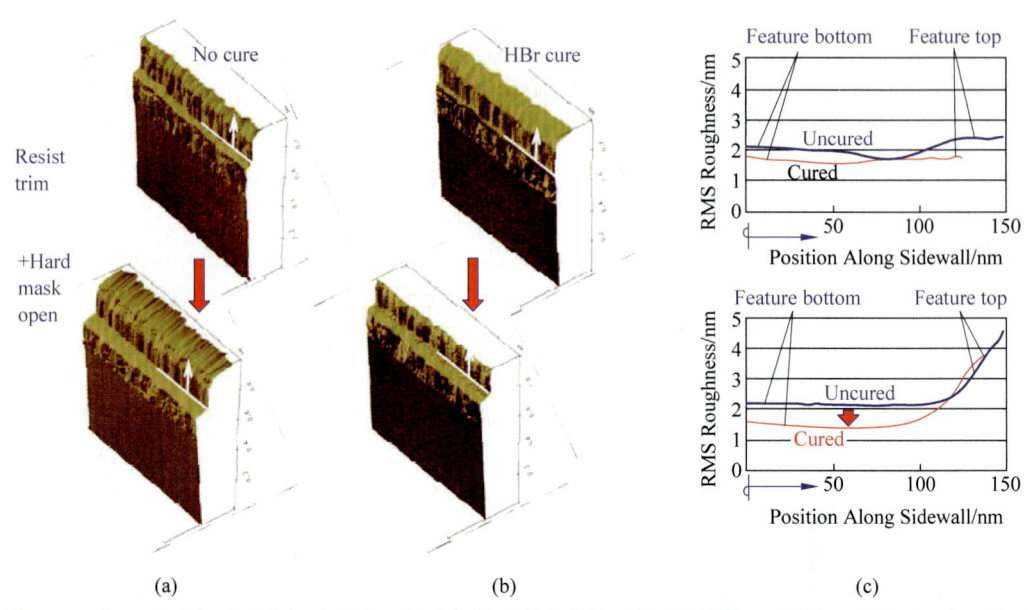

图 17-28 （a）没有经过溴化氢离子处理的底部抗反射层刻蚀以及硬掩模打开刻蚀之后的原子力显微图像；（b）经过溴化氢离子处理的底部抗反射层刻蚀以及硬掩模打开刻蚀之后的原子力显微图像；（c）光刻胶侧壁的粗糙度随光刻胶厚度的变化[17]

击造成的能量转移也会导致分子的异构化并发生解离，这两种反应都会得到挥发性的产物。基于聚甲基丙烯酸酯类的光刻胶上经过或未经溴化氢硬化处理的傅里叶变换红外光谱（FTIR）的结果（见图 17-29）可以看到，经过溴化氢处理后，光刻胶中羰基（Carbonyl group）和 C-O 都明显减少，反而烃基（Hydrocarbon）明显增多，据此推断出如图 17-30 所示的两种可能

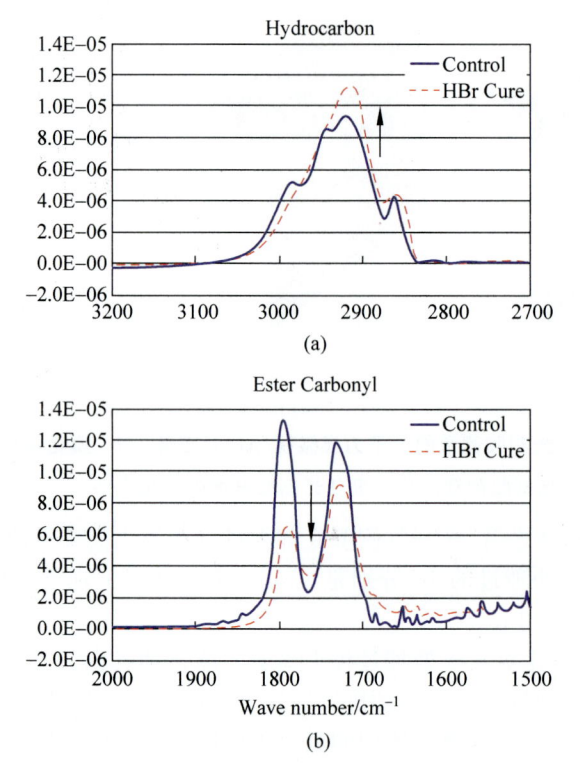

图 17-29 溴化氢处理过的和没有处理过的傅里叶变换红外光谱（FTIR）：（a）烃基；（b）羰基；（c）C-O[17]

图 17-29 （续）

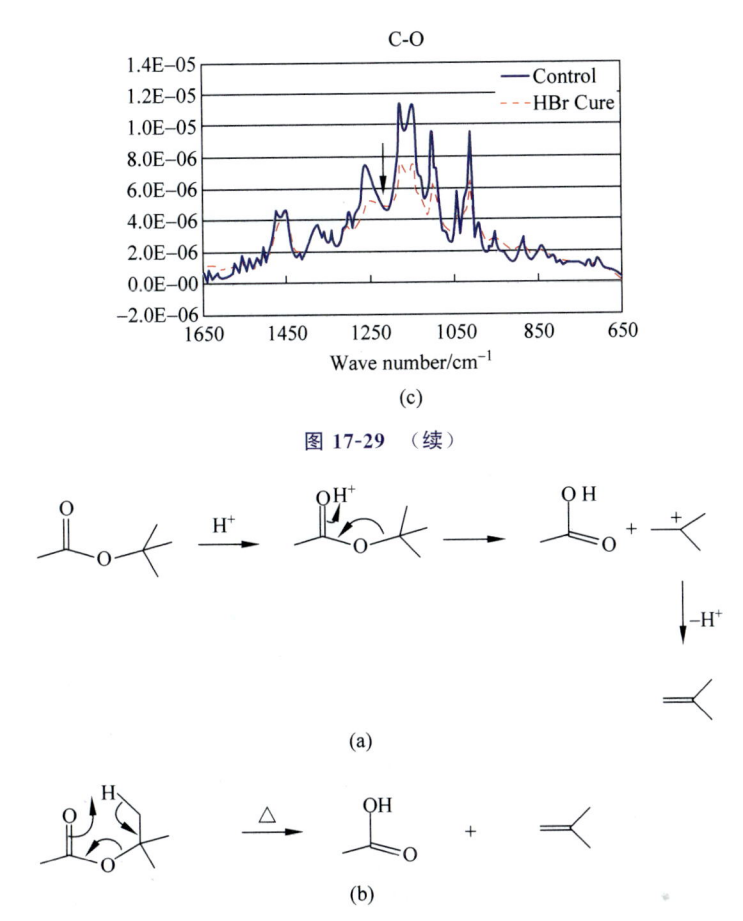

图 17-30 聚甲基丙烯酸酯类的光刻胶两种去保护机理：(a) H^+ 催化反应；(b) 热效应的分子异构化和解离[17]

的反应路径。如图 17-31 所示，在溴化氢处理的过程中，由氢离子催化反应以及轰击电离解离产生的挥发性有机物脱离光刻胶，使得线边的粗糙度得以改善，但同时，光刻胶正面也会发生这种反应，导致光刻胶厚度降低。

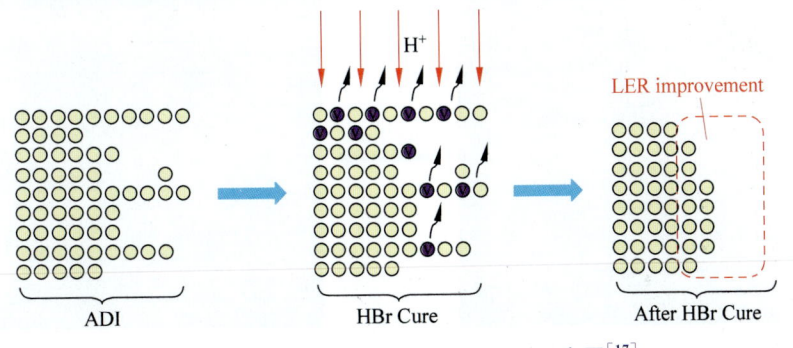

图 17-31 溴化氢硬化改善 LER 机理示意图[17]

还有一种方法也能明显改善线边粗糙度和线宽粗糙度（见图 17-32～图 17-34）：在显影之后，利用碱性有机溶剂去冲洗，可以去掉显影过渡区的毛刺，从而改善线边粗糙度和线宽粗糙度[18]。通过溶剂中的碱性基团与显影过渡区中 H^+ 离子结合，把多余的去保护光刻胶修剪掉，因此改善线边粗糙度和线宽粗糙度。不过，这种处理的效果也是有限的，因为不少部分显影的光刻胶粗糙表面在等离子体刻蚀的前几秒内也会被等离子体优先反应掉或者轰击掉。这是因为，粗糙部分的比表面积比较大，而化学反应速率正比于表面面积。所以，刻蚀中有一步称为去残留（Descum），可以将显影完毕的较为粗糙的光刻胶修得较为光滑。但是，这种做法会使得光刻胶线条或者岛缩小一些，主要是消耗了一部分光刻胶。

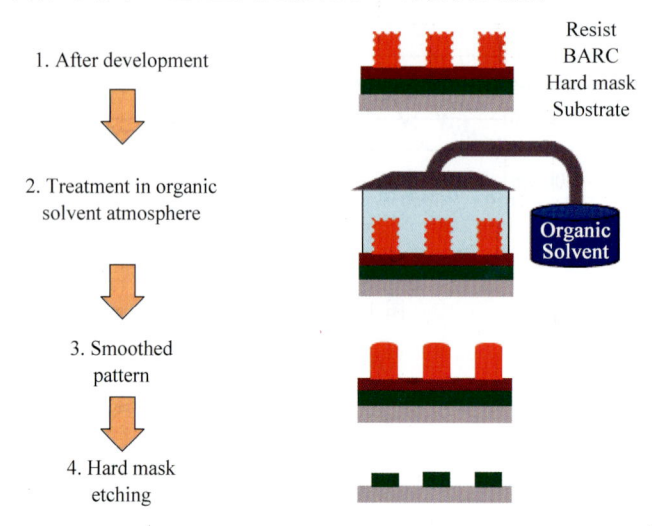

图 17-32　利用有机溶剂冲洗改善线边粗糙度和线宽粗糙度流程图[18]

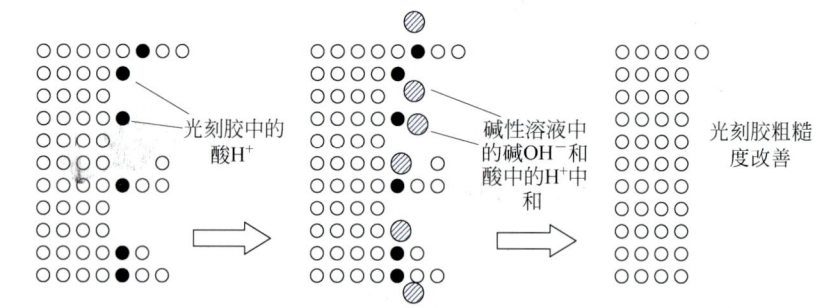

图 17-33　碱性溶液冲洗改善线边粗糙度和线宽粗糙度机理示意图

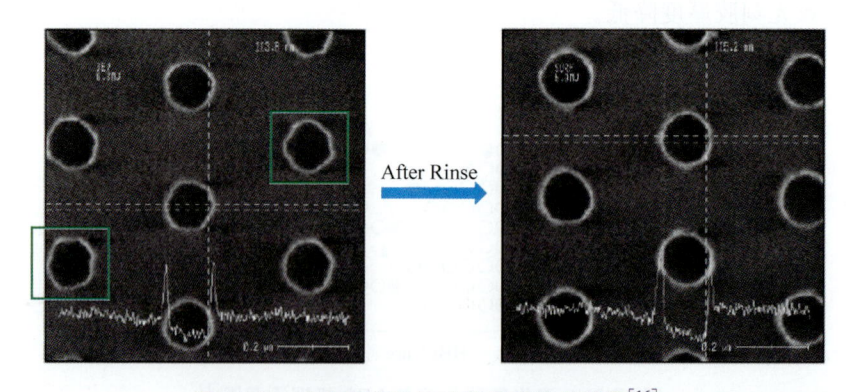

图 17-34　有机溶剂冲洗改善圆度的结果图[16]

所以，各种改善线边粗糙度和线宽粗糙度的方法一般只能去除高频、中频的粗糙度，对于低频的粗糙度，或者可以看成线宽变化是起不到太大的作用的。当然，当刻蚀后线宽相比光刻后的线宽做了减薄"瘦身"刻蚀（Trim etch）后，线宽粗糙度和线边粗糙度也会按照一定的比例缩减下来。

17.5 小结

随着集成电路集成度的提高和器件尺寸的缩小,线边粗糙度/线宽粗糙度对器件功能的影响越来越显著,线边粗糙度/线宽粗糙度的改善变得越来越重要,越来越迫切。本章就光刻胶本身和光刻工艺对线边粗糙度的影响做了详细描述,并就两种改善线边粗糙度/线宽粗糙度的方法做了说明。

参考文献

[1] Villarrubia J S. Issues in LER & LWR Metrology. ULSI Metrology Conference,2005.

[2] Kim S D,Wada H,Woo J C S. TCAD-Based Statistical Analysis and Modeling of Gate Line-Edge Roughness Effect on Nanoscale MOS Transistor Performance and Scaling. IEEE Trans. on Semicon. Manufact 17,2004:192.

[3] https://www.hitachi-hightech.com/global/product_detail/? pn=semi-cg6300.

[4] Hua Y,Coggins C B. High Throughput and Non-Destructive Sidewall Roughness Measurement Using 3-Dimensional Atomic Force Microscopy. Proc. SPIE 8324,83240I,2012.

[5] 李宁. 纳米尺度半导体线条边缘粗糙度测量与表征方法的研究. 哈尔滨:哈尔滨工业大学工学博士学位论文,2010.

[6] Foucher J,Fabre A L,Gautier P. CD-AFM vs CD-SEM for resist LER and LWR measurements. Proc. SPIE 6152,61520V,2006.

[7] Mack C A. Line-Edge Roughness and the Ultimate Limits of Lithography. Proc. SPIE 7639,763931,2010.

[8] Mack C A. Line-Edge Roughness and the Ultimate Limits of Lithography. SPIE Advanced Lithography,2012. www.lifhoguru.com.

[9] 韦亚一. 超大规模集成电路先进光刻理论与应用. 北京:科学出版社,2016:181.

[10] Bakri A Y M,Manaf M J,Wahab K I A,et al. The Characterization of KrF Photoresists and the Effect of Different Ultraviolet (UV) Absorption Rates on Line Edge Roughness (LER) for Submicron Technology. IEMT,2006:416-424.

[11] Dammel R R. 193nm Lithography: Fundamentals and Issues. AZ 193nm Photoresist seminar,2005:19.

[12] Bakri A Y M,Manaf M J,Wahab K I A,et al. The Characterization of KrF Photoresists and the Effect of Different Chromophore Bulkiness on Line Edge Roughness (LER) for Submicron Technology. IEEE International Conference on Semiconductor Electronics,2006:955-964.

[13] Steenwinckel D V,Lammers J H,Leunissen L H A,et al. Lithographic Importance of Acid Diffusion in Chemically Amplified Resists. Proc. SPIE 5753,2005:269.

[14] Sho K,Shibata T,Shiobara E,et al. Effect of post development process for resist roughness. Proc. SPIE 5753,2005:400.

[15] Padmanaban M,Rentkiewicz D,Lee S,et al. Effect of Hard Bake Process on LER. Proc. SPIE 5753,2005:862.

[16] Lee G,Eom T,Bok C,et al. Origin of LER and Its Solution. Proc. SPIE 5753,2005:390.

[17] Mahorowala A P,Chen K J,Sooriyakumaran R,et al. Line edge roughness reduction by plasma curing photoresists. Proc. SPIE 5753,2005:380.

[18] Matsunaga K,Oori T,Kato H,et al. LWR Reduction in low k1 ArF immersion lithography. Proc. SPIE 6923,69231E,2008.

思考题

1. 线边粗糙度和线宽粗糙度的定义是什么？
2. 在光刻工艺上怎样减少线边粗糙度和线宽粗糙度？
3. 描述在刻蚀工艺上减小线边粗糙度和线宽粗糙度的原理。
4. 线边粗糙度和线宽粗糙度的功率谱密度中随空间频率的转折点与什么有关？
5. 最终减小线边粗糙度和线宽粗糙度的方法是什么？

第18章

多重图形技术

18.1 背景

集成电路技术在线宽上按照"摩尔定律"(Moore's Law)在持续缩小,如图 18-1 所示。但是曝光的波长缩小得很慢。到了 0.25μm 技术节点,也就是 1997 年,关键尺寸(Critical Dimension,CD)与曝光波长几乎相等。在 0.25μm 技术节点之后,虽然曝光波长进一步缩小为 193nm,但是远远跟不上技术节点的缩小。到了 2010 年,也就是 32nm 技术节点,或者国际上主流的半导体公司使用 28nm 技术节点,所有光刻层除了栅极层之外都还是单次曝光。栅极层分成了两层,分别为线条层(又称为 Poly 层、Gate 层、P1 层)和剪切层(又称为 P2 层)。在 28nm 技术节点,最小周期达到 90nm。在光学成像中,对于给定的波长和数值孔径,一维线

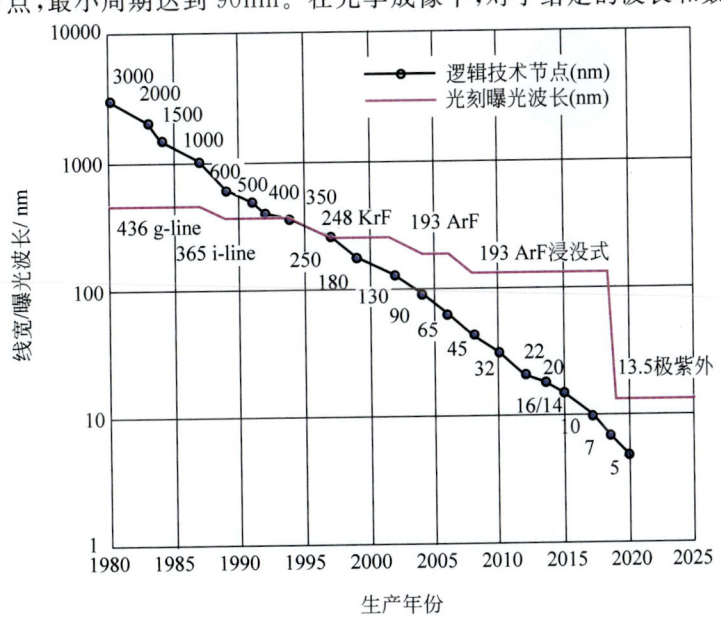

图 18-1　曝光波长与技术节点的关键尺寸随着年份的变化图(修改自 2007 年 SPIE 年会资料)

条/沟槽的周期分辨率极限由下式给出：

$$P_{最小} = 0.5 \frac{\lambda}{\text{NA}} \tag{18.1}$$

对于浸没式193nm工艺，数值孔径最大可以达到1.35，$P_{最小}=71.5\text{nm}$，实际工艺上可以达到75～76nm。对于逻辑电路，因为要考虑半密集周期的工艺窗口，所以最小可以使用的周期为90nm（X和Y双向都有线条图形）或者80nm（只有X或者Y单向图形）。到了28nm技术节点以下，如果不能在波长上获得缩小，由于数值孔径上已经没有空间再增加，那么只能够采取多次曝光-刻蚀的图形技术。

采取两次曝光，之间错位半个周期可以吗？回答是否定的。分析如下。

由于小于λ/NA的周期p，任何图像的形成都是两束光成像的结果。为不失一般性，假设光强在像平面的分布函数为

$$I_1(x) = I_0 \left[1 + C\cos\left(\frac{2\pi x}{p}\right) \right] \tag{18.2}$$

式中：I_0为归一化因子；C为对比度，可以证明

$$C = \frac{I_{1最大} - I_{1最小}}{I_{1最大} + I_{1最小}} \tag{18.3}$$

假设做第二次曝光，在空间上错开半个周期，令

$$I_2(x) = I_0 \left[1 + C\cos\left(\frac{2\pi x}{p} + \pi\right) \right] \tag{18.4}$$

令总光强为两次曝光光强的和，即

$$I(x) = I_1(x) + I_2(x) = I_0 \left[2 + C \left[\cos\left(\frac{2\pi x}{p}\right) + \cos\left(\frac{2\pi x}{p} + \pi\right) \right] \right]$$

$$= I_0 \left[2 + C \left[\cos\left(\frac{2\pi x}{p}\right) - \cos\left(\frac{2\pi x}{p}\right) \right] \right] = 2I_0 \tag{18.5}$$

等于一片均匀照明。所以，仅仅通过两次错开半个周期的曝光是无法得到超过衍射极限的分辨率的。

图 18-2 (a) X方向偶极照明条件；
(b) Y方向偶极照明条件

由前所述，如果图形线条和沟槽都是沿着一个方向的，那么可分辨的空间周期可以从90nm缩小到80nm。对于两个方向都可以设计的设计规则，如果采用两次曝光，每次分别使用X方向和Y方向的偶极照明条件，如图18-2所示。而掩模版图样也分割成为X方向和Y方向的两块，当使用X方向照明条件的时候，采用X方向掩模版；当使用Y方向照明条件的时候，采用Y方向掩模版。

这种方法最早由阿斯麦公司下属的掩模工具（ASML Masktools）分公司提出[1]，称为双偶极光刻（Double Dipole Lithography, DDL）。事实证明，与采用合并的照明条件，如交叉四极照明（Cross Quadrupole, C-Quad）相比，这种方法的工艺窗口（主要是能量宽裕度或者像对比度）要提高40%～60%，最小周期也可以缩小。对于浸没式光刻来说，最小周期可以从90nm缩小到80nm。

不过，如何将一块具有双向电路线条的掩模版精确地拆分成为两块掩模版是一个新的问题，包括两个方向上图形的连接交叠，同方向的线端-线端在线条和沟槽周期做小时反而会变大。而且集成电路技术节点之间的周期差异在30%，仅仅缩小11%就要动用两次曝光成本有

些高。另外,由于两次曝光之间的掩模版不仅需要拆分,而且需要设计较大面积不透明的区域,类似"挡光板",以避免不需要曝光的地方获得两次曝光。而过多挡板的设计还可能导致杂散光(Flare)分布变得复杂。

实用的两次曝光方法是两次曝光和两次刻蚀,也就是光刻1→刻蚀1→光刻2→刻蚀2的步骤。掩模版的图形仅仅是按照图形-图形之间的距离拆分,并不需要按照图形的 X 方向或者 Y 方向拆分。

18.2 光刻-刻蚀、光刻-刻蚀方法

光刻-刻蚀、光刻-刻蚀(Litho-Etch,Litho-Etch,LELE)方法用途广泛,使用方便,只需要具备拆分的软件就可以,而且不需要剪切掩模版。在14nm、10nm及7nm后段金属层占有主导地位。图18-3展示了分别采用沟槽和线条的两次光刻和刻蚀工艺流程图。图中显示了光刻胶和硬掩模以及待刻蚀薄膜和衬底的断面图。但是,两次曝光带来的线宽均匀性有可能被分为两组。

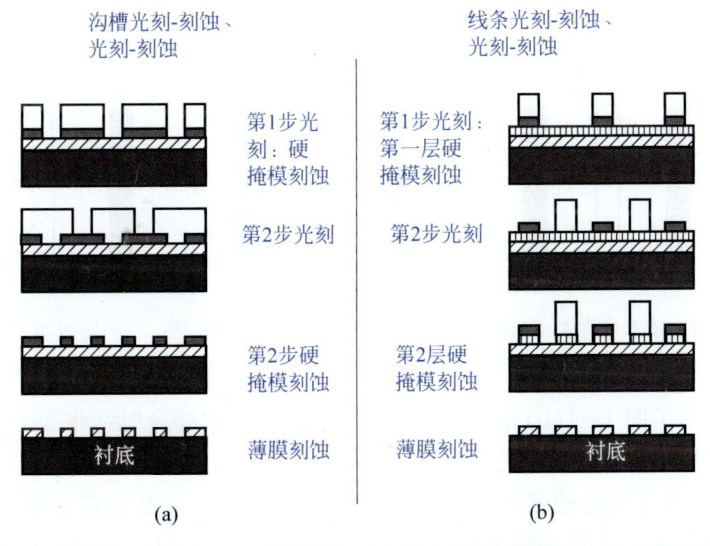

图 18-3 光刻-刻蚀、光刻-刻蚀(LELE)流程图:(a) 两次沟槽光刻刻蚀;(b) 两次线条光刻刻蚀

第一种情况:沟槽型。在这种情况下,由于第一次形成的沟槽与第二次形成的沟槽都经历过一次光刻和一次刻蚀,而且硬掩模都是同样的,所以第一次和第二次形成的线宽的差异不大。但是,两次光刻-刻蚀之间会存在一定的套刻偏差,导致沟槽和沟槽之间的间距会有变化。两次形成的沟槽之间的线宽差异将由工艺的稳定性决定。

第二种情况:线条型。在这种情况下,第一次形成的线条经历过一次光刻、一次第一层硬掩模刻蚀,采用第一层硬掩模对第二层硬掩模的刻蚀;第二次形成的线条只经历过一次光刻和第二层硬掩模的刻蚀。所以,刻蚀线宽偏置上的区别将导致两次形成的线条之间的线宽差异。不过,如果对不同刻蚀工艺中线宽的偏置进行补偿,那么两次形成的线条之间的相对线宽差异将由工艺的稳定性决定。相比前一种情况多了一道刻蚀工艺,同时它也有类似沟槽型的两次形成线条之前的间距变化。

对于这两种两次图形形成工艺,阿斯麦公司的米尔恰·杜沙(Mircea Dusa)在2007年对线宽均匀性进行了具体分析[2]。如果提高线宽均匀性,需要对每一道光刻和刻蚀进行改善。

这期间也可以采用阿斯麦公司开发的能量分布测绘(Dose Mapper,DoMa)来进一步补偿系统误差。有关能量分布测绘方法参见15.3.3节。

18.3 图形的拆分方法——涂色法

18.3.1 三角矛盾

光刻-刻蚀、光刻-刻蚀的主要技术是图形拆分技术。在版图操作上是相对于当前图形将相邻图形找出来，并且找出相邻图形之间的距离。如果距离小于某一设定的阈值，比如56nm，就将这对图形标上不同的"颜色"。一般来说，尽量将一块掩模版拆分成为个数少的掩模版(节省成本和降低工艺复杂度)。图18-4(a)展示了最简单的一维密集线条和沟槽情况，可以一根隔一根地拆分为两块掩模版。图18-4(b)和(c)展示了两种图形均无法拆分为两张掩模版。这是由于有3个图形形成三角形构造，相邻两个图形之间的间距都小于必须拆分的阈值，如前面说到的56nm。在这种情况下，如果不对图形进行剪切和"缝合"(Stitching)，那么只能够拆分成为3块掩模版。

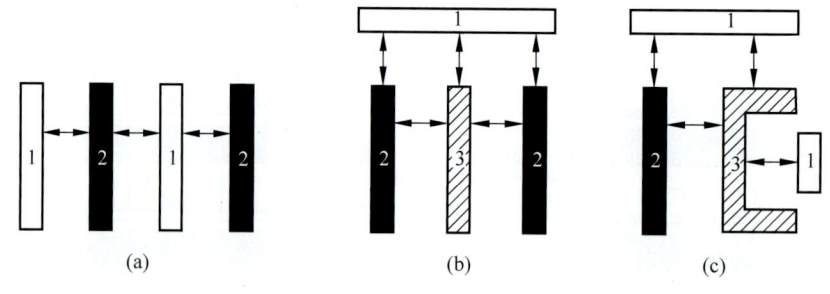

图 18-4　双重图形技术中光刻-刻蚀、光刻-刻蚀图形拆分着色示意图：（a）可以拆分成为两种块掩模版的图形举例；（b）和（c）无法拆成两块掩模版的图形，可以拆分成为3种颜色

图 18-5 中展示了图 18-4(b)和(c)中对图形进行剪切和"缝合"后，将 3 个互为小于最小间距的图形拆分为两块掩模版。这是因为对于线段，无论如何修补(光学邻近效应修正)，线端都会是类似圆弧形。为了良好地连接，必须将线端做得长一些，于是就有了重叠部分。不过，对于重叠的位置，如果采用的是沟槽光刻-刻蚀、光刻-刻蚀方法，则出现第 2 步硬掩模刻蚀及最终的衬底被过度刻蚀的问题，如图 18-6 所示。避免出现这种情况，需要采用选择比比较高的刻蚀工艺，并且采用精确的终点测量和控制技术(End point detection and control)。

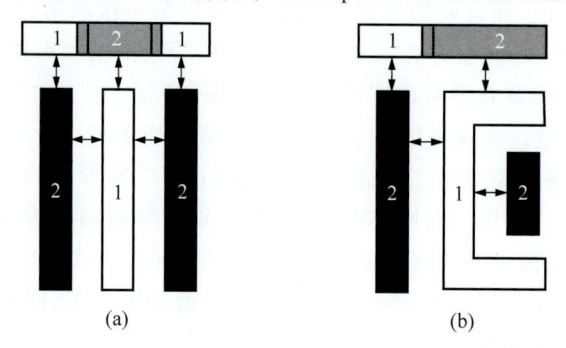

图 18-5　(a)和(b)分别对应图 18-4(b)和(c)中的图形经过剪切和缝合后拆分为两块掩模版示意图(可见 1 和 2 之间的重叠部分)

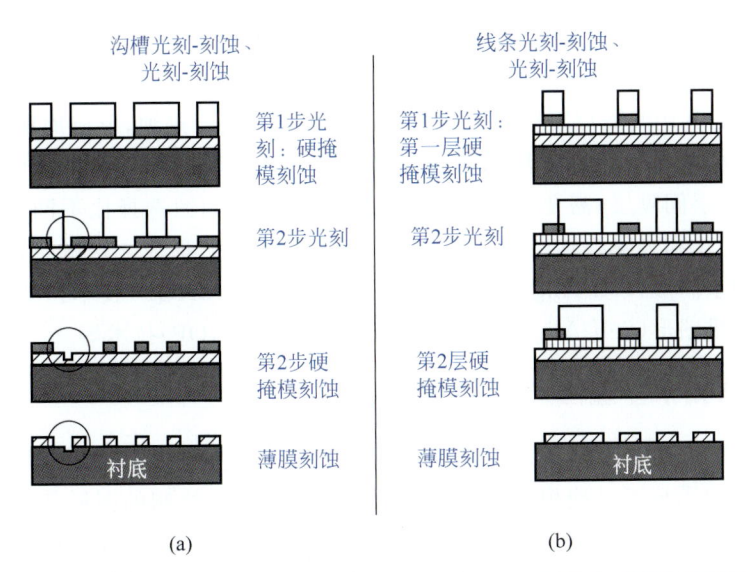

图 18-6 采用剪切和缝合的方法：(a) 沟槽光刻-刻蚀、光刻-刻蚀方法可能出现衬底过度刻蚀损伤的情况；(b) 线条光刻-刻蚀、光刻-刻蚀方法没有这样的问题

18.3.2 应用范围

这种多次曝光-刻蚀的方法主要应用于后段金属连线层。连线层图形较为复杂，使用光刻-刻蚀、光刻-刻蚀的应用最为简单，只要套刻精度能够接受。

对于光刻-刻蚀、光刻-刻蚀（LELE）方法中的线宽控制在优化了刻蚀工艺后，日常在线控制可以通过调整其中一道或者每道光刻的曝光能量来控制线宽。对于图 18-4(b) 和 (c) 中展示的 3 块掩模版的情况，又称为光刻-刻蚀、光刻-刻蚀、光刻-刻蚀（LELELE，或者 LE3）。如果重复 4 次，就称为 LE4，以此类推。

虽然这种方法简单，但是存在套刻偏差。例如，工业界做 14nm 光刻工艺的 NXT1970i 型浸没式光刻机的产品套刻精度（On Product Overlay，OPO）为 4.5nm，而做 7nm 光刻工艺的 NXT1980i 型浸没式光刻机的产品套刻精度为 3.5nm。14nm 的后段金属层最小周期为 64nm，而 7nm 的金属层最小周期为 40nm[3]。如果 64nm 采用 LELE（从 128nm 周期分为两个周期），而 40nm 也采用 LELE（从 80nm 周期分为两个周期），如果 64nm 周期采用 4.5nm 套刻精度，那么按照比例，40nm 周期应该应用 2.8nm 套刻精度。由于设备能力限制，只能够实现 3.5nm 的套刻精度。所以，到了一定的线宽或者对套刻要求极高的层次就无法使用这种简单的方法。

这里将线宽和套刻区分开来。若考虑间距的线宽，则多次光刻之间的套刻会影响间距。

18.4 自对准多重图形技术

自对准多重图形技术是一种利用薄膜的厚度沉积精度来实现线宽精度的多重图形技术。一种简单的自对准双重图形（Self Aligned Double Patterning，SADP）技术流程如图 18-7 所示。首先使用光刻方法形成图形，再经过光刻胶瘦身刻蚀（Trim etch）和硬掩模刻蚀，如无定型碳（Amorphous Carbon，AC）、多晶硅（Poly-silicon）等，形成心轴层（Mandrel）（也可以直接采用光刻胶并对其硬化后作为心轴层）[4]，完成后在硬掩模上通过原子层沉积（Atomic Layer

Deposition，ALD)方法覆盖一层二氧化硅间隔层(Spacer)；然后经过硬掩模回刻(Etch back)，甚至化学机械平坦化，露出心轴层，通过刻蚀去除心轴层材料形成由间隔层组成的空间周期翻倍的硬掩模；最后利用间隔层对衬底所需材料(如单晶硅)进行刻蚀，形成周期翻倍的图形，如鳍形晶体管技术中的鳍。这种方法称为自对准双重图形方法。如果把当前的间隔层当作心轴，继续沉积第二层间隔层(需要采用与第一种间隔层干法刻蚀选择比不同的材料)，然后回刻、化学机械平坦化和去除心轴层，可以将空间周期再次翻倍，形成4倍的空间周期。这种方法称为自对准四重图形(Self-Aligned Quadruple Patterning,SAQP)技术。如果继续下去，还可以有自对准八重图形(Self-Aligned Octuple Patterning,SAOP)技术等。

18.4.1　自对准多重图形技术的优点和缺点

自对准多重图形技术比起多重光刻-刻蚀来说要复杂一些，主要是版图比较难以制作，这是因为最终形成的图形不是掩模版上绘制的图形。掩模版上绘制的图形其实为图18-7中的硬掩模，又称为心轴。对于简单的密集线条和沟槽，很容易产生心轴的图形，但是对于后段金属层，心轴的图形就变得复杂。在版图上心轴的图形会产生不必要的边角连线，需要增加至少一块掩模版去切除这些不必要的图形，如图18-8所示。当然，如果心轴的线宽正确，且间隔层的厚度正确，由此产生的多重图形的套刻可以接近0(这就是"自对准"的来历)。而且，多重图形的线宽是由间隔层的厚度决定的。

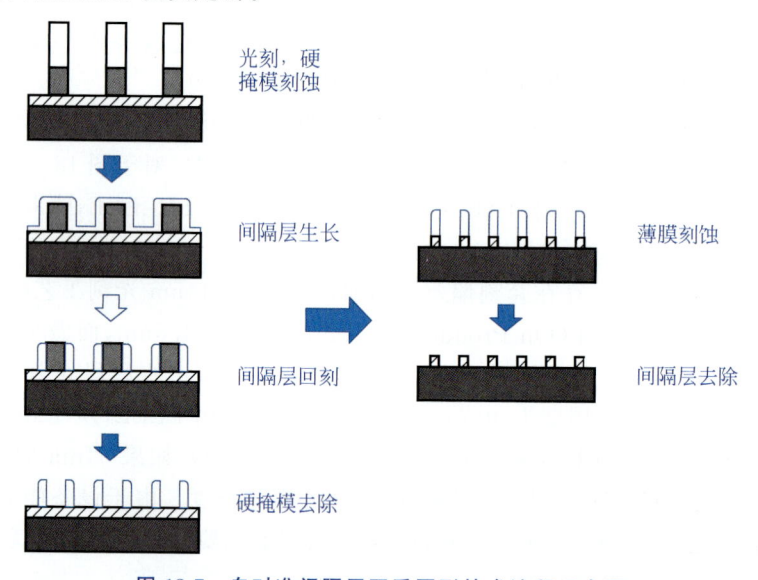

图 18-7　自对准间隔层双重图形技术流程示意图

18.4.2　自对准多重图形技术的应用范围

间隔层技术相比多重光刻-刻蚀复杂，主要体现在掩模版上心轴部分的设计、剪切掩模版的设计以及剪切掩模版中光学邻近效应修正，一般用在规则的密集线条和沟槽上，比如逻辑光刻工艺的前段栅极(Gate layer)、鳍形晶体管的有源层(Active area)等为数不多的层次。此外，还可以用于存储器中密集的线条和沟槽。采用自对准多重图形的好处是线宽由薄膜沉积的均匀性和光滑性决定，可以获得比光刻光滑得多的线宽。例如，如果有源层的周期为30nm，而对于数值孔径为0.33的极紫外光刻工艺，一次曝光的极限周期为26nm(单向)，可以

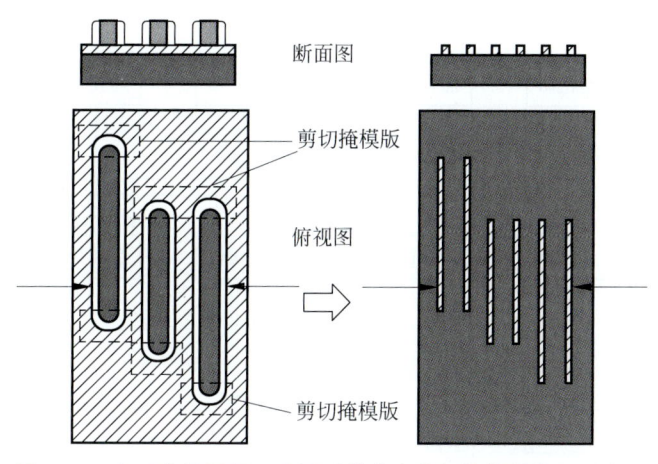

图 18-8 自对准间隔层双重图形技术中剪切掩模版作用示意图

用极紫外光刻一次曝光完成,但是极紫外的最好线宽粗糙度为 4nm 左右[5]。采用间隔层技术时,线宽的均匀性和粗糙度都由理论上为零的薄膜厚度变化决定,实际上也要小得多,与心轴图形的线宽的均匀性和粗糙度关系不大[6]。所以,对于前段的有源层和栅极来说,采用自对准间隔层双重图形技术比采用极紫外一次曝光技术获得的线宽均匀性和粗糙度要好得多,一般可以改善 30%~50%[4,7]。也就是说,对于 193nm 浸没式光刻,做得最好的光刻胶的线宽粗糙度一般为 4~5nm,经过心轴层的瘦身刻蚀和硬掩模的刻蚀,或者光刻胶自身硬化变成心轴的过程,以及原子层沉积二氧化硅的过程,可以提升至 2~2.5nm。对于现在最新的极紫外光刻(Extreme Ultraviolet Lithography,EUVL)技术,最好的光刻胶和工艺一般的线宽粗糙度也高达 3.8~4.4nm[8]。所以对于 7nm 逻辑工艺,虽然有公司采用极紫外光刻技术,但也仅仅限制在中后段的连线层和剪切层,对于前段的层次(如有源层)这样的粗糙度还是大了。7nm 逻辑工艺的有源层的周期为 27~30nm,需要采用自对准间隔层四次图形技术,而栅极周期为 48~54nm[3],由于是单向的密集线条,因此就可以采用自对准双重图形技术。

18.5 套刻的策略和原理

这里讨论光刻-刻蚀、光刻-刻蚀(LELE)工艺,不讨论自对准多重图形技术,因为无论是双重还是四重,其光刻只有一次,剩下的套刻均与心轴的线宽值、线宽均匀性、薄膜的厚度、厚度均匀性以及刻蚀工艺后的线宽均匀性有关。由于刻蚀的前后线宽均匀性一般不会相差太大,刻蚀后的线宽均匀性还会好一些,所以套刻与刻蚀的关系不大,只要选好刻蚀线宽偏置就可以。

对于光刻-刻蚀、光刻-刻蚀工艺,一般将对准(Alignment)和套刻(Overlay)分开。对于当层的金属层或通孔层来说,即使存在两个前层的光刻层,如金属 1a 和金属 1b,也会将对准集中放在其中某一层。而套刻测量可以分别对两个前层光刻层的套刻进行测量,并对结果进行平均,如图 18-9 所示。这样做虽然在对准过程中完全没有金属 1b 的位置信息(也就是说,如果金属 1b 存在硅片到硅片之间的差异,将无法被对准吸收),但是在最后的套刻测量中还是可以将金属 1b 的套刻平均值信息放进去,然后反馈到补偿系统中。这样有两个好处:其一,由于两层都是对同一个前层,其之间的不确定性就是光刻机的对准重复性。而对准重复性一般远小于套刻偏差。也就是说,这两层在没有补偿套刻之前的套刻偏差值已经可以达到最小。其二,这也意味着在第一层(金属 1a)对准套刻完成,其补偿值基本可以用在第二层(金属 1b)

的前馈上,从而降低第二层的返工率[9]。

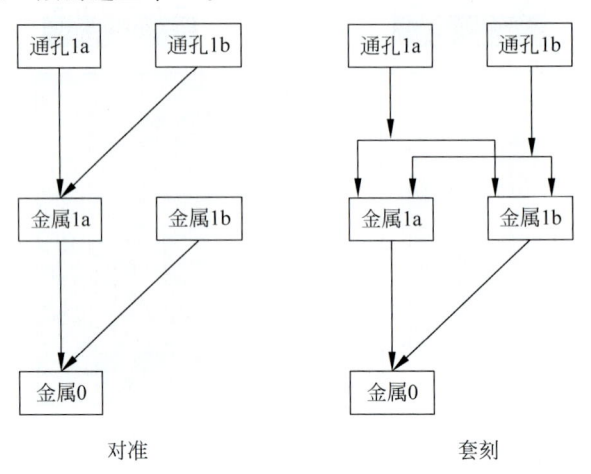

图 18-9 一种光刻-刻蚀、光刻-刻蚀工艺中的对准和套刻策略示意图

需要说明,对准和套刻的最大区别是对准可以将硅片与硅片之间的差异[如线性的 10 参数差异或者曝光场之间的高阶套刻偏差,如式(18.6)所示]在曝光前逐个去掉,而套刻只能对所有硅片的平均值通过生产管理系统的反馈做平均值补偿,尽管这不仅能够补偿曝光场之间的套刻偏差,还能够补偿曝光场内部的套刻偏差,如式(18.7)所示。

$$\begin{cases} \Delta X = T_X + \Delta M_X X - R_X Y + C_{X20} X^2 + C_{X11} XY + C_{X02} Y^2 + C_{X30} X^3 + \\ \qquad C_{X21} X^2 Y + C_{X12} XY^2 + C_{X03} Y^3 \\ \Delta Y = T_Y + \Delta M_Y Y + R_Y X + C_{Y20} X^2 + C_{Y11} XY + C_{Y02} Y^2 + C_{Y30} X^3 + \\ \qquad C_{Y21} X^2 Y + C_{Y12} XY^2 + C_{Y03} Y^3 \end{cases}$$

(18.6)

$$\begin{cases} \Delta x = k_1 + k_3 x + k_5 y + k_7 x^2 + k_9 xy + k_{11} y^2 + k_{13} x^3 + k_{15} x^2 y + k_{17} xy^2 + k_{19} y^3 \\ \Delta y = k_2 + k_4 y + k_6 x + k_8 y^2 + k_{10} yx + k_{12} x^2 + k_{14} y^3 + k_{16} y^2 x + k_{18} yx^2 + k_{20} x^3 \end{cases}$$

(18.7)

由于金属 1a 和金属 1b 层的对准与套刻都是对单一的前层——金属 0 层的,其硅片之间的套刻偏差应该不会很大,除非硅片之间的差异很大,或者光刻机的稳定性很差,所以以上的对准和套刻策略是可行的。

当然,无论怎样做,多次光刻之间的套刻会比单次光刻的套刻要差。套刻策略的选择主要是考虑到工艺的稳定性以及如何实现最小的套刻偏差。

18.6 线宽均匀性的计算和分配

前面介绍的两种多重图形的方法中至少有一种图形(如线条或者沟槽)的线宽与两次图形方法无关,例如,沟槽光刻-刻蚀、光刻-刻蚀(Trench LELE)多重图形技术中的沟槽(正图形)线宽,线条光刻-刻蚀、光刻-刻蚀(Line LELE)多重图形技术中的线条(正图形)线宽,还有自对准双重图形(SADP)方法中的线条(正图形)线宽。但是,如果需要考查沟槽光刻-刻蚀、光刻-刻蚀方法中的线条(反图形),或者线条光刻-刻蚀、光刻-刻蚀中的沟槽(反图形),或者自对准双重图形方法中的沟槽(反图形)线宽均匀性,则与多重图形有关。

在光刻-刻蚀、光刻-刻蚀类型中,反图形的线宽不仅与正图形的线宽有关,而且与两层光刻之间的套刻偏差有关,即

$$\mathrm{CD}_{\text{反}} = p - \frac{(\mathrm{CD}_{\text{正}1} + \mathrm{CD}_{\text{正}2})}{2} \pm \mathrm{OL} \tag{18.8}$$

对于自对准双重图形方法中的沟槽,其线宽为

$$\begin{cases} \mathrm{CD}_{\text{反}1} = \mathrm{CD}_{\text{心轴}} \\ \mathrm{CD}_{\text{反}2} = p - \mathrm{CD}_{\text{心轴}} - 2\mathrm{CD}_{\text{正}} \end{cases} \tag{18.9}$$

这两种双重图形方法中各种线宽的关系如图 18-10 所示。图中,p 为周期,OL 为套刻偏差,$\mathrm{CD}_{\text{心轴}}$ 为心轴的线宽,$\mathrm{CD}_{\text{正}}$ 为正图形的线宽,$\mathrm{CD}_{\text{反}}$ 为反图形的线宽。对于光刻-刻蚀、光刻-刻蚀方法,存在两次形成的线宽,分别用 $\mathrm{CD}_{\text{正}1}$ 和 $\mathrm{CD}_{\text{正}2}$ 表示。在自对准双重图形方法中存在两种不同的反图形(沟槽),用 $\mathrm{CD}_{\text{反}1}$ 和 $\mathrm{CD}_{\text{反}2}$ 表示。在光刻-刻蚀、光刻-刻蚀工艺中,若需要反图形的线宽均匀,则需要控制好两种正图形的线宽,同时还需要控制好套刻偏差;在自对准双重图形方法中,只需要控制好心轴的线宽和间隔层的膜厚就可以。

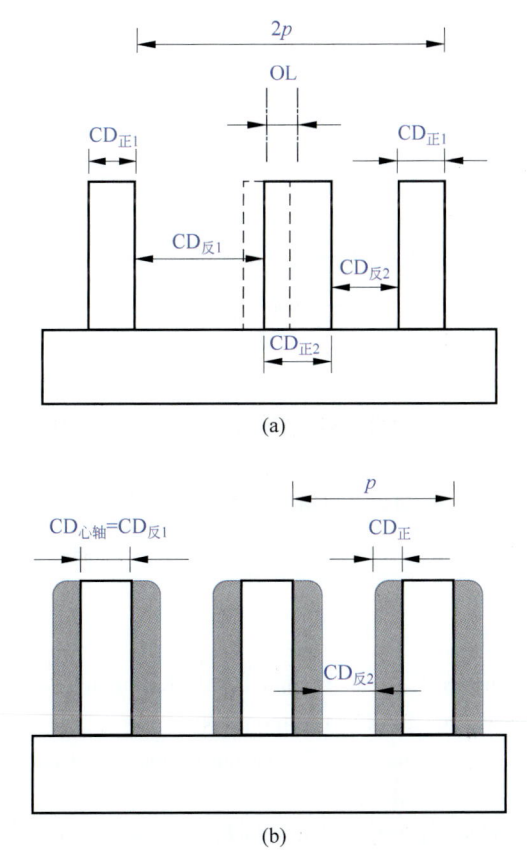

图 18-10 (a) 线条的光刻-刻蚀、光刻-刻蚀工艺中各种线宽之间的关系示意图;
(b) 自对准双重图形方法中各种线宽之间的关系示意图

2015 年,胡华勇等研究了后一种情况下(自对准双重图形方法)沟槽的线宽均匀性问题[10]。其研究结果表明,自对准双重图形方法中两种反图形-沟槽的线宽不仅与心轴的线宽和间隔层的膜厚有关,而且与心轴层的光刻胶形貌有关;尝试了使用原本用于单次曝光和刻

蚀的能量分布测绘和补偿的方式来提高心轴层的线宽均匀性,收到了良好的效果。图 18-11 展示了使用能量分布测绘前后,心轴(Core)位置形成的沟槽线宽(S_C)和间隔层(Spacer)之间形成的沟槽线宽(S_S)之间的差异。一般来说,间隔层的薄膜厚度比较稳定,若能够采用能量分布测绘来提高心轴的线宽均匀性,则可以有效地提高沟槽的线宽均匀性和缩小两种沟槽之间的线宽差异。

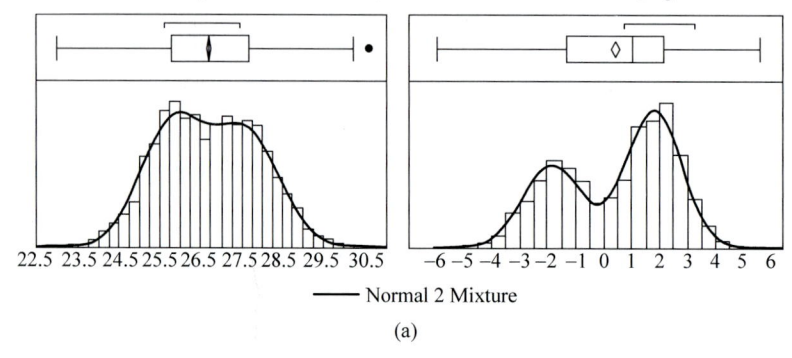

Test-1: Statistic analysis w/o core DOMA, left is Sc+Ss data combination, right is Sc*-Ss*

── Normal 2 Mixture

(a)

Test-2: Statistic analysis w/ core DOMA, left is Sc+Ss data combination, right is Sc*-Ss*

── Normal 2 Mixture

(b)

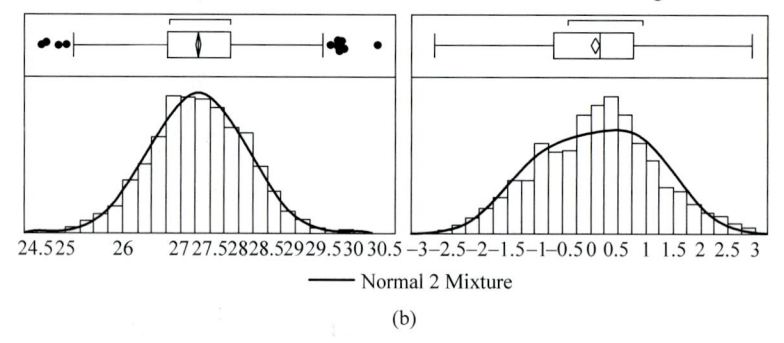

图 18-11 (a) 能量分布测绘使用前自对准双重图形方法的两种沟槽的线宽和与线宽差的分布,可以清晰地看到两个峰值(实际测量中只测量相邻两个沟槽,并不清楚哪个是心轴位置形成的,哪个是间隔层之间形成的);(b) 使用能量分布测绘的结果,可以看出两个峰值合并为一个[10]

参考文献

[1] Hsu S, Eurlings M, Hendrickx E, et al. Double Dipole Lithography for 65nm node and beyond: a technology readiness review. Proc. SPIE 5446, 2004: 481.

[2] Dusa M, et al. Pitch Doubling Through Dual Patterning Lithography Challenges in Integration and Litho Budgets. Proc. SPIE 6520, 65200G, 2007.

[3] 7nm lithography process. Wikichip. https://en.wikichip.org/wiki/7_nm_lithography_process.

[4] Dupuy E, Pargon E, Fouchier M, et al. Spectral analysis of the linewidth and line edge roughness transfer during a self-aligned double patterning process. Proc. of SPIE 9428, 94280B, 2015.

[5] Yildirim O, et al. Improvements in resist performance towards EUV HVM. Proc. SPIE 10143, 101430Q, 2017.

[6] Mukai H, Shiobara E, Takahashi S, et al. A Study of CD Budget in Spacer Patterning Technology. Proc. SPIE 6924, 692406, 2008.

[7] Sun L,Zhang X,Levi S,et al. Line Edge Roughness Frequency Analysis for SAQP Process. Proc. of SPIE 9780,97801S,2016.
[8] Yildirim O,et al. Improvements in resist performance towards EUV HVM. Proc. SPIE 10143,101430Q,2017.
[9] Laidler D,Leray P,D'havé K,et al. Sources of Overlay Error in Double Patterning Integration Schemes. Proc. SPIE 6922,69221E,2008.
[10] Hu H Y,Wang P,Liu J Y,et al. Self-aligned Double Patterning (SADP) Process Even-odd Uniformity Improvement. IEEE Xplore,Proc. CSTIC,2015.

思考题

1. 光刻-刻蚀、光刻-刻蚀(LELE)方法有哪些优点？
2. 怎样改善光刻-刻蚀、光刻-刻蚀方法的套刻精度？
3. 列举常见的图形拆分矛盾情况和解决方案。
4. 自对准四重图形技术至少需要多少层硬掩模？
5. 自对准多重图形中线宽和套刻有什么关系？
6. 自对准多重图形中线宽粗糙度在哪一步改善最多？

第19章

下一代光刻技术

19.1 极紫外光刻技术的发展简史

极紫外光刻最早源于软 X 射线光刻,其发展分为早期(1981—1992 年)、中期(1993—1996 年)和后期,即美国成立极紫外有限公司(EUV Limited Liability Company, EUV LLC,1996 年至今)[1]。

在极紫外技术研发的早期主要是对多层反射膜进行初探。1981 年,亨利(J. Henry)、斯皮勒(E. Spiller)和魏斯科普夫(M. Weisskopf)采用一块球面镜对硼(B)的 X 射线 Kα 谱线(波长为 6.76nm)进行了反射研究[2],结果发现与之前人们以为 X 射线只可能采用布拉格(Bragg)掠入射反射不同,即便是对正入射的照明方式,在离轴 1.5°角处发现探测器像场范围(512″)内聚焦的能量中 50% 分布在 5″中。他们测得反射镜的分辨率实际上可以达到全宽半高 1″。反射镜衬底采用德国肖特玻璃公司生产的具有极低热膨胀系数的微晶玻璃 Zerodur(其 0 号级别可以达到 2×10^{-8}/℃,甚至更低)[3]。这种玻璃现在也用来做光刻机的移动平台,包括一体式的干涉仪反射镜。当时,反射镜基板被抛光到了氦氖激光 632.8nm 波长的 1%,再镀上 124 个周期的交替钌(Ru)-钨(W)高反射膜和碳保护膜,实际反射率约为 2.8%。

1981 年,美国加州理工大学的安德伍德(J. H. Underwood)和斯坦福大学的芭比(T. W. Barbee, Jr.)在科学杂志《自然》(Nature)上发布了他们的新结果。他们在硅<111>衬底上通过溅射(Sputtering)生长了 76 个周期的交替钨(0.765nm)和碳(1.51nm)的高反射膜[4]。通过同心环加压的方式弯曲衬底,他们制作了一个近似于球面、曲率半径为 1.1m 的反射镜,焦距约为 0.55m(球面反射镜的焦距约为其曲率半径的一半),分辨率为 5 线对/毫米。测试采用柯达 SO-212 乳胶,整体反射率对碳 Kα 谱线(波长为 4.48nm)为 4%~8%。

1985 年,芭比等使用硅衬底溅射生长钼(4.06nm)-硅(6.03nm)交替多层高反射膜,在接近垂直照射的条件下,17.04nm、16.01nm 和 22.8nm 波段取得了 26.2%~78% 的高反射率,甚至超过反射率的理论计算值约 1 倍[5]。

在成像方面,20 世纪 80 年代初,美国 IBM 公司就开始考虑使用 X 射线接近式曝光方法开发线宽为 0.5μm 的光刻工艺。但是，X 射线掩模版仍然存在很多问题无法解决，而且接近式曝光本身也存在诸多问题，如缺陷、光刻胶放气等。

在反射式成像领域最成熟的光学系统是中央掏孔的施瓦西（Schwarzschild）构型，如图 19-1 所示。需要指出的是，施瓦西构型在望远镜中用得较多，如卡塞格林（Cassegrain）式。但是，通常口径不会很大，最大光圈 F 数在 F_2 左右，相当于数值孔径等于 0.25。而且还需要透射的矫正片，以消除球面像差、离轴彗差，甚至场曲等。到了现代，非球面的应用可以增加修正自由度。不过，在极紫外波长范围，因为不能采用透镜，透射的矫正片是无法使用的，所以只能靠增加反射面来矫正各种像差和畸变。不过，多层高反膜的反射镜对极紫外的反射率很低，多一面反射镜，就会造成光能量的大量损失。

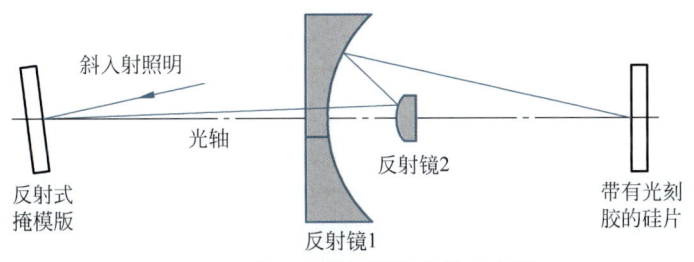

图 19-1 施瓦西构型成像系统示意图

1990 年，美国 AT&T 贝尔实验室（Bell Laboratorles）的比约克霍尔姆（J. Bjorkholm）等采用 14nm 波长和钼-硅多层镀膜的施瓦西照相机制作出了周期/线宽约为 0.082/0.05μm 的线条[6]。虽然这样的图像在光轴上获得的成像还是衍射极限的，但是，对于集成电路工业来说大像场的成像是必需的。

1991 年，软 X 射线光刻的参与者日本电报和电话公司（Nippon Telegraph and Telephone corp，NTT）的栗原（Kenji Kurihara）报告了两片同心非球面的具备数值孔径为 0.07、波长为 13nm 的软 X 射线（当时还是称为软 X 射线，实际上目前已经称为极紫外）扫描成像系统[7]。其中使用了同步辐射光源，一片碳滤光片用来过滤波长大于 40nm 的辐射。其中缩小倍率为 1/5，设计的分辨率为 0.1μm，或者 10000 线对/毫米。系统采用宽度为 15mm 的环形像场。其结构如图 19-2 所示。

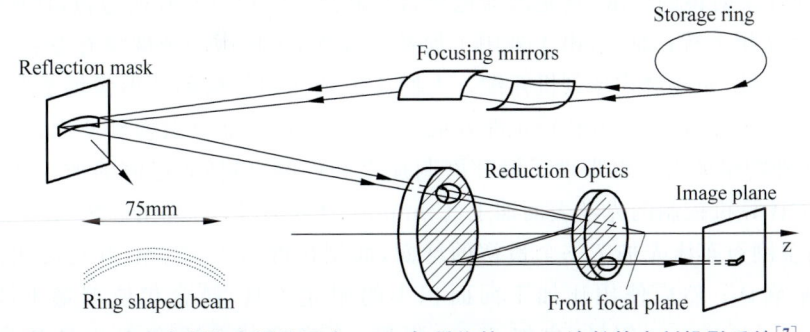

图 19-2 日本电报和电话公司在 1991 年制作的 13nm 波长的光刻投影系统[7]

系统中共有两片反射镜，它们的曲率半径几乎相同，目的是产生一个较为平直的像场。光源由同步辐射源引出，经过两片柱面（Toroidal）布拉格（Bragg）聚焦镜，以平行光照射到反射式的掩模版上，类似于科勒照明。像场采用环形设计。这一方面是离轴成像系统的要求，另一方面可以避开中心像场需要严格平场的要求，使得获得较大像场变得容易。此外，采用环形像场还可以降低畸变、像散和场曲的影响,因为畸变与像的高度(半径)有关,对于一个相同半径的环形像场,畸变是一样的,可以通过补偿放大率来完成。图 19-3 展示了环形像场宽度与畸变的关系。这个系统的畸变小于 0.01μm。也就是说,根据图 19-3,像场的宽度不会超过 0.45mm。成像的光刻胶采用电子束的光刻胶聚甲基丙烯酸甲酯(Poly-Methyl Meth Acrylate,PMMA)。不过试验发现,此系统 0.25μm 的成像仅仅可以在 10mm×0.6mm 的像场上实现,而 0.15μm 的线条只能够在 2mm×0.6mm 的像场上实现。主要原因是镜面加工的表面平整度限制,实际水平在 8.8nm(凹面镜)和 2.0nm(凸面镜)。所以,为了能够实现 0.1μm 的分辨率,还需要提高镜面加工平整度。

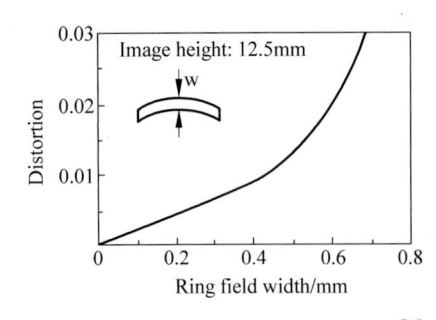

图 19-3 环形像场宽度与畸变的关系[7]

进入极紫外技术研发中期(1993—1996 年),主要是针对投影物镜的进一步优化,如 1995 年美国桑迪亚国家实验室(Sandia National Laboratories,SNL)的蒂奇纳(D. A. Tichenor)等建造了包含精确的硅片台和套刻,10 倍缩小投影的 0.08NA 能够分辨 0.1μm 的施瓦西物镜,还有通过镜头的对准系统。同时,还包括激光激发的等离子体极紫外光源和碎片防治(Debris mitigation)系统[8]。1996 年,美国的 AT&T 贝尔实验室的麦克道尔在采用柏金-埃尔默(Perkin-Elmer)公司的 1∶1 反射式投影物镜时(见图 6-4)发现虽然能够印出 0.075μm 的密集线条,但是对比度不如预期,结果是中频的平整度(或称光洁度)不够好,导致很多杂散光[1]。所以,镜面需要的加工粗糙度-平整度要进一步确定,包括低频平整度(1~100mm)、中频平整度(1μm~1mm)和高频平整度(10nm~1μm)。

在这个时期最重要的是 1994 年美国能源部参与并成立了美国国家极紫外光刻项目,成员包括劳伦斯利弗莫尔国家实验室(Lawrence Livermore National Laboratory,LLNL)、劳伦斯伯克利国家实验室(Lawrence Berkeley National Laboratory,LBNL)、桑迪亚国家实验室和 AT&T 贝尔实验室。这时,两片的反射镜逐渐发展到 4~6 片,如 1990 年 AT&T 设计了一个 4 片非球面镜的系统[9],真正可以满足数值孔径 0.1 的要求。在这段时间内,基于经验逐步确立了需要偶数片反射镜的要求,这是因为掩模台和硅片台可以分开在两边,这样掩模台和硅片台的扫描不会互相干扰;而且,由于采用了偶数次反射,掩模版的图像没有左右镜像的问题,可以与其他光刻机,如透射式光刻机匹配。人们认识到使用扫描的环形像场是获得大像场的最简易的手段。并且,较大数值孔径也在发展。例如,通过增加反射面到 6 面,以实现数值孔径 0.5。极紫外物镜的发展也带动了镜片磨制加工和检测,包括非球面的加工和检测。非球面加工用到了计算机控制的光学表面加工(Computer Controlled Optical Surfacing,CCOS)技术,首先采用金刚石车床先加工一个最初的球面,面型精度为 1~2μm,并且使用接触式的面型检测工具来确认;然后使用比加工面面积小的抛光工具,结合相位测量干涉仪(Phase-Measuring Interferometer,PMI)边加工、边测量,直到完成。这个方法是廷斯利实验室(Tinsley laboratories)发展的,他们加工的非球面面型精度从 20 世纪 90 年代初的 3~5nm 提高到 2000 年前后的 0.3nm。

到了极紫外技术研发的后期,1997 年,在英特尔(Intel)公司的倡导下,建立极紫外有限责任公司(EUV Limited Liability Company,EUV LLC)。公司的宗旨是加速极紫外光刻技术的研发。这个公司与美国能源部名义上的虚拟国家实验室(Virtual National Laboratories,

VNL)签订合同,为的是加速极紫外光刻技术的研发以及降低在设备研发和成果转入商业化生产时的风险。美国能源部的虚拟国家实验室实际上包括劳伦斯利弗莫尔国家实验室(ILNL)、劳伦斯伯克利国家实验室(LBNL)和桑迪亚国家实验室(SNL)。极紫外技术研发经历了20多年的风雨,如果没有极紫外有限责任公司,单一主体的研发机构很有可能在技术困难的重压下慢慢退出。

极紫外有限责任公司的经费通过出售自身的股份给成员公司来筹集。按照每股5百万美元[1],成员公司依照购买股份的多少获得Beta或者生产型光刻机的优先购买权。当然,成员公司可以放弃,一旦放弃,优先权就轮给下一个优先级的成员公司。当所有成员公司的优先购买权都满足时(包括放弃的),公司开始向非成员公司销售极紫外设备。非成员公司需要交付额外的版税(Royalty),版税将作为极紫外有限责任公司收入。

1997年,第一家半导体设备供应商硅谷集团光刻机公司(Silicon Valley Group Lithography,SVGL)与极紫外有限责任公司签订合作协议,将制造Beta和生产型极紫外光刻机给成员公司。2002年,硅谷集团光刻机公司被阿斯麦公司收购。于是,阿斯麦公司就接过了为成员公司制造Beta验证机和极紫外生产型光刻机的责任。

2012年7月9日,英特尔公司宣布与阿斯麦公司签署一系列价值总计约41亿美元的协议,以加速极紫外光刻技术的开发,早日实现产业化。同年8月6日,台湾积体电路制造有限公司(台积电)也宣布向阿斯麦公司投资14亿美元,用于加速极紫外光刻机的研发和量产转化。同年8月27日,韩国的三星(Samsung)公司也宣布向阿斯麦公司投资9.7亿美元,用于加速极紫外光刻机的研发和量产转化[10]。

至此,极紫外光刻机获得了工业界3个最大的集成电路芯片制造商的大力支持,极紫外光刻机也逐步克服了光源、光刻胶、光掩模版等复杂技术上的障碍,逐步走向量产。图19-4是2015年和2023年阿斯麦公司极紫外光刻机关键光刻技术参数发展路线图[11]。可见,对于数值孔径0.33的设备,最小能够做到的半周期(Half pitch)为13nm,曾经的125片曝光/小时(对于光刻胶使用20mj/cm^{2}的能量密度来说)的产能已经提升到今天NXE3600D型号的160片曝光/小时(对于光刻胶使用30mj/cm^{2}的能量密度来说)且适合的技术节点也延伸到了5nm和3nm逻辑技术。像场(扫描)为标准的26mm×33mm,像场(曝光缝)为环形,等效宽度

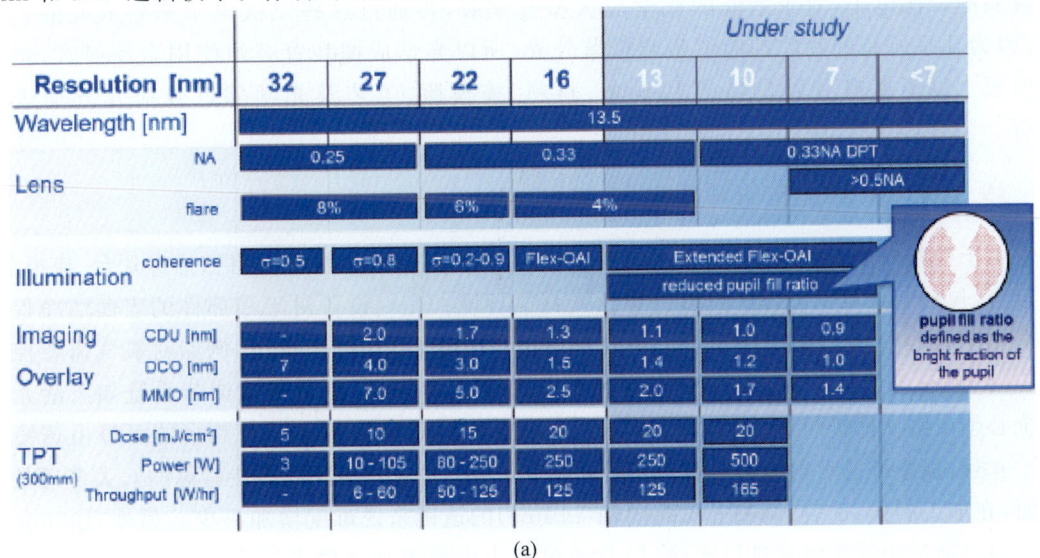

图19-4 阿斯麦公司极紫外光刻机关键光刻技术参数发展路线图:(a) 2015年;(b) 2023年[11]

(b)

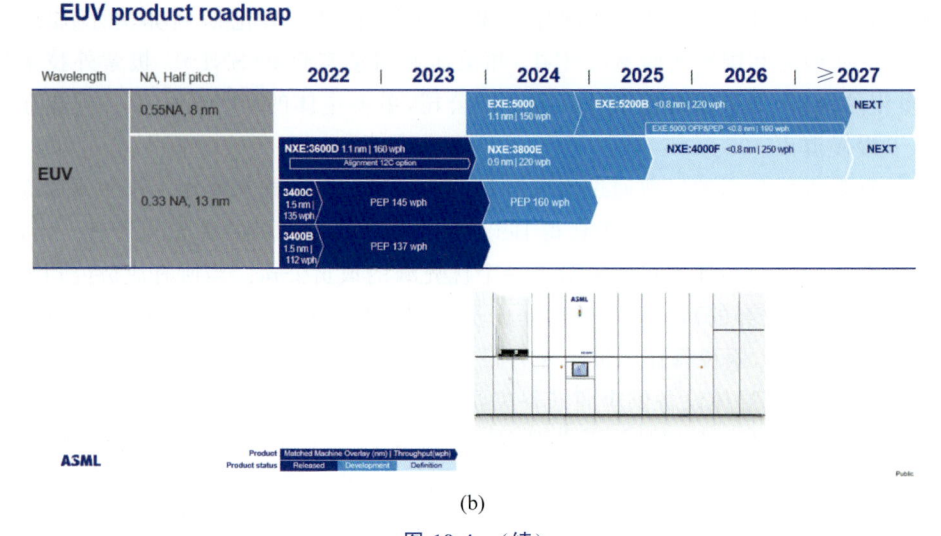

图 19-4 （续）

约为 1.6mm。比起早期的设备（长 15mm、宽 0.4mm 的环形曝光缝）可以说是先进了多代。不过，现在极紫外的问题还是光源能量的进一步提升，光刻胶的灵敏度提高、线宽粗糙度降低，以及掩模版保护膜（Pellicle）技术的成熟。据悉（阿斯麦公司官网），第二台高数值孔径 EUV 光刻机 EX500 已于 2023 年 12 月发往 Intel 公司，并于 2024 年 1 月接收。

19.2 极紫外光刻与 193nm 浸没式光刻的异同点

极紫外指的是波长为 13.5nm 或者更加短的电磁波。极紫外波长很短，跟 157nm 一样，只能在真空中传播。采用极紫外的光刻机需要将所有硅片的操作放在高真空环境中。其中对氧气的真空度需要达到 10^{-9} Torr（1Torr = 1.33×10^2 Pa）。由于极紫外光的光子能量约为 92eV，它不能直接被光刻胶中的光酸产生剂分子吸收，需要先通过电离光刻胶的分子，产生能量较弱的二次电子，对于主流的化学放大型光刻胶，再通过这些二次电子来生成光酸。而且，因为几乎所有的物质都能够吸收极紫外光，所以光学成像装置必须使用全反射式，包括掩模版。以下就极紫外的特点从设备、材料、掩模版、工艺及光学邻近效应几方面进行分析。

19.2.1 光刻设备的异同点

由于极紫外波长很短，需要在高真空环境中传输，因此光刻机需要将扫描硅片台、掩模台、测量台（包括调焦调平、对准等模块）等放入真空环境。光刻设备对于零部件的表面洁净程度要求比 193nm 光刻机高。系统由一系列真空泵（如 16 台）保持高真空，例如对氧气需要控制在 10^{-9} Torr 内。其次，投影物镜（包括光束整形聚光物镜）和照明光瞳调节系统如灵活光束系统必须全由反射镜组成；而对于 193nm 光刻机，除了灵活光束系统，其余的可以由透镜组成。并且，极紫外的反射镜都是离轴的（虽然其几何尺寸是围绕光轴旋转对称的），大多还是非球面，在加工制作、工装、调整上比起同轴（in-line）的透镜来说难度增加不少。另外，193nm 的透镜可以通过边缘接触式进行水冷，以及通过镜头内部流动气体来气冷；而极紫外物镜处在真空中,只能够在反射镜背面放置冷却装置,镜片受热变形模型与 193nm 的镜头不一样。此外,由于极紫外物镜是全反射式,其掩模版的照明入射角不可能是 0°,即垂直照明需要采用一定的离轴角度,如阿斯麦公司采用 6°的离轴角。这使得在掩模版离焦时会产生一定的图像横移。也就是说,物方不是远心结构。当然,像方可以做成远心结构。

此外,193nm 浸没式光刻机硅片台在空气中以较快的速度(600~1000mm/s)移动会导致空气扰动,而对干涉仪的位置测量精度产生 2~3nm 的影响,故在 32nm/28nm 技术节点及以下阿斯麦公司采用平面光栅作为位置测量装置。而极紫外系统处于真空,就没有了这样的担心,可以恢复采用 6 个自由度的干涉仪作为位置测量的装置,从而减少校准时间。

19.2.2　光刻胶材料的异同点

极紫外的光子(波长为 13.5nm)能量很高,约为 92eV,不容易直接产生光酸,最可能的方式是先通过电离光刻胶材料生成一个光电子,再通过这个光电子散射引发一些二次电子来产生光酸[12-13]。193nm 光可以直接产生光酸。另外,极紫外的光刻胶材料与 193nm 的不一样,不仅不需要担心光刻胶对光子的吸收,可能还需要增加对光子的吸收,如可以使用类似 248nm 光刻胶采用的芳香族材料,如聚 4-羟基苯乙烯[poly(4-hydroxystyrene),PHS]来增加对极紫外的吸收,同时还可以增加对等离子体刻蚀的阻挡能力。

抗反射层在 193nm 光刻工艺中是用来消除光刻胶底部的反射对空间像的影响,以及衬底的图形结构对入射 193nm 光的散射对空间像的干扰。到了极紫外工艺,很多材料对极紫外的反射率很低,如对于硅只有 0.00013%,所以无须担心衬底的反射对空间像的影响。增加吸收是主要目标,所以不需要抗反射层。不过,可以添加一层底层(Underlayer)。这个底层除了能够平坦化衬底的起伏,在热烘焙下交联之外,还可以在其中添加极紫外敏感成分,如苯酚(Phenol)类型[14]。实践证明,这个底层可以降低光刻胶线宽粗糙度和曝光所需能量。

19.2.3　掩模版的异同点

与反射镜一样,掩模版也必须做成反射式的。上面有吸收层和多层膜高反射层,反射率为 68%~70%。因为需要吸收 30%~32%的极紫外光,所以需要采用热膨胀系数极低的微晶玻璃,如德国肖特(Schott)公司生产的含金属锂和铝的微晶玻璃 Zerodur,它在 0℃和 50℃的热膨胀系数为$(1\sim10)\times10^{-8}/℃$[15],具体可以参见第 9 章。193nm 光刻工艺中掩模版是采用与物镜一样的熔融石英(Fused Silica,FS)制成,采用透射式成像。

在极紫外之前,如 248nm、193nm 光刻,在掩模版上还装有一层保护膜(Pellicle)。但是到了极紫外,因为大多数材料对极紫外都有吸收,所以保护膜需要做得很薄,如 50nm;但是要具备足够的强度,以抵御高能量的极紫外辐射和阻挡颗粒物[16-17]。

19.2.4　光刻工艺的异同点

光刻工艺的异同点得益于波长从 193nm 浸没式(等效波长 134.7nm)到 13.5nm 的急剧缩短,工艺窗口是很大的。由于采用的最大数值孔径为 0.33,其对焦深度可以达到 60nm 以上,如果采用离轴照明,一般可期待 80~100nm。而 193nm 浸没式在 14nm 设计规则的对焦深度一般为 60~80nm。对于极紫外光刻,理论上可以在 32nm 周期(7nm 工艺的设计规则)采用 1 次曝光,而不是像 193nm 浸没式,对于 14nm 工艺的 64nm 周期还需要采用 2 次曝光-刻蚀的方式。其光刻工艺流程大大简化。由于波长的缩短,曝光能量宽裕度、掩模版误差因子等均有改善。

需要指出,在极紫外光刻中由于光子能量很高(约92eV),是193nm光子能量(约6.4eV)的14.4倍,对于同样的曝光能量,光子数目只有193nm光刻的1/14.4。光刻工艺会有大得多的线宽粗糙度和线边粗糙度。所以,相对于193nm光刻,表征工艺对比度的参数——曝光能量宽裕度需要提高。例如,对于193nm光刻,金属沟槽的最低曝光能量宽裕度要求为13%,对于极紫外光刻,这个要求需要提高到18%。当然,这意味着适当放松设计规则。不过,单靠提高光刻对比度还不够,还需要依靠刻蚀和硬掩模工艺技术,将较窄的沟槽或者通孔先适当放宽,将边缘通过刻蚀加工得较光滑后,再缩小线宽。截至2019年底,从量产角度考虑,单次曝光的最小周期对于线条和沟槽为36~40nm,对于通孔为48~50nm。进一步缩小最小周期需要提高曝光能量或者光刻胶对极紫外光的利用率。

19.2.5 光学邻近效应的异同点

对于极紫外光刻工艺,显著的变化是光学邻近效应的变化。首先是 k_1 因子的变化。比如,对于193nm浸没式光刻,极限分辨周期为

$$P_{\min} = 0.5 \times \frac{\lambda}{\mathrm{NA}} = 0.5 \times \frac{193}{1.35} \approx 71.5 (\mathrm{nm}) \tag{19.1}$$

最常用的周期为90nm。k_1 因子为

$$k_1 = \frac{P_{\min} \times \mathrm{NA}}{2\lambda} = \frac{45 \times 1.35}{193} \approx 0.31 \tag{19.2}$$

对于极紫外,波长为13.5nm、数值孔径为0.33,常用的周期为32~36nm,其 k_1 因子为

$$k_1 = \frac{P_{\min} \times \mathrm{NA}}{2\lambda} = \frac{(16 \sim 18) \times 0.33}{13.5} \approx 0.39 \sim 0.44 \tag{19.3}$$

比193nm浸没式光刻要大很多。一般来说,k_1 因子为0.4或者以上,光学邻近效应并不明显。如130nm逻辑技术的周期为310nm,波长为248nm,数值孔径为0.70,那么 k_1 因子为

$$k_1 = \frac{P_{\min} \times \mathrm{NA}}{2\lambda} = \frac{310 \times 0.70}{2 \times 248} \approx 0.44 \tag{19.4}$$

其光学邻近效应并不复杂。主要的问题是极紫外成像是全反射成像,其掩模版上的照明在 Z-Y 平面内与 Z 轴有 $6°$ 的入射角,加上相对厚的多层高反膜和吸收层(图9-10),这个入射角的存在会造成在 Z-Y 平面内存在围绕 Z 轴不对称的阴影效应。光学邻近效应主要补偿这个阴影效应。这个阴影效应会造成 $0.5 \sim 2\mathrm{nm}$ 的图形移动,且在曝光缝上不同的位置是不同的。此外,像差也会对极紫外光刻工艺造成明显影响。一般来说,对于0.05波长的像差,可以造成约 $2\mathrm{nm}$ 的图形相对位移。阴影效应和像差需要通过成像仿真来确定。

极紫外的仿真可以使用时域有限差分方法,由于入射光为带有 $6°$ 倾斜角的斜入射光,且周期性不是对于所有的周期都成立,所以原先用于193nm光刻的周期性边界条件就无法使用了。又因为 $6°$ 的垂直入射角对于侧壁来说入射角为 $84°$,无法采用二阶吸收边界条件,所以只能够采用完全匹配层吸收条件。对于密集线条或者孔,因为使用了完全匹配层,而不是周期性边界条件,单个图形无法代表周期性的图形,所以需要对较多的周期图形进行仿真并且取中间图形的结果,这增加了仿真的计算负担。另外,使用时域有限差分方法时,对于水平的分割和垂直的分割最好相同。由于多层膜系的厚度为硅 $4.2\mathrm{nm}$,钼 $2.8\mathrm{nm}$,其最大公约数是 $1.4\mathrm{nm}$。

也就是说，1.4nm 是最大的格点，相比之下，193nm 浸没式光刻工艺的空间像仿真可以取相当自由的分割值，如 10nm、5nm、2.5nm、1.25nm 等。所以掩模版三维散射效应，包括阴影效应的计算量是比较大的。

所以，对于极紫外光刻技术，光学邻近效应主要补偿随着曝光缝位置变化的阴影效应、像差的影响和水平-垂直线宽之间的差异。为了减少计算量，工业界的极紫仿真计算采用严格的耦合波分析方法。

19.3 极紫外技术的进展

19.3.1 光源的进展

极紫外光刻技术的难点之一就是光源。由于 13.5nm 的光子能量在 92eV 左右，任何物质的表层电子都不具备这样大的电离能。只有深层电子可以通过能级的跃迁产生这样高的能量。这需要非常高的温度激励深层次电子，形成等离子体，再通过等离子体退激发出极紫外光。如果 26meV 电子热能对应 300K 的室温，那么 92eV 电子热能就需要约 100 万摄氏度。在这样的温度下没有任何一种物质能够保持固态，所以光源的构造就十分讲究。曾经出现和现在主流的光源主要有激光激发的等离子体(Laser Produced Plasma，LPP)和放电激发的等离子体(Discharge Produced Plasma，DPP)[18]，两者的简要结构如图 19-5 所示。

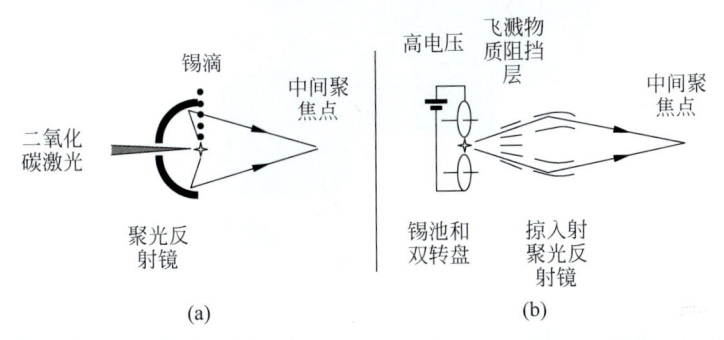

图 19-5　(a) 激光激发的等离子体光源简要结构示意图；(b) 高压放电激发的等离子体光源简要结构示意图

相比之下，放电激发的等离子体的问题是散热，而激光激发的等离子体就没有这个问题。所以，大约在 2009 年激光激发的等离子体光源开始占主导地位。

激光激励采用大功率二氧化碳气体激光器，输出波长为 10.6μm，这也得益于军工方面的发展。二氧化碳激光器的输出功率比较容易做到几千瓦到几万瓦。早期的极紫外激励激光采用单谐振腔的方式，也就是一端采用一片衍射光栅，用于反射和波长选择；另一端是锡滴，没有主激光振荡器(NO Master Oscillator，NOMO)。由于巨大的增益，锡滴的到来就是谐振腔的形成。这种方法的优点是同步可以做得很准；缺点是谐振腔几何形状与锡滴有关，杂乱的反射会导致增益能量的浪费，且激光的输出与锡滴的几何形状也有关，导致转换效率较低，约为 0.8%，可用(带能量闭环控制)输出功率为 10W。后期采用主振荡器和功率放大器(Master Oscillator Power Amplifier，MOPA)，使得可用输出功率达到 30W[19]，不过转换效率仍然只有 1%。

其实，光源的进展在相当长一段时间都在 5～30W[中间聚焦点(Intermediate Focus，IF)]徘徊，直到预脉冲(Pre-Pulse，PP)的应用，光源的功率开始显著增加[19-20]。预脉冲激光主要的作用是将直径 20～30μm 的锡滴用激光脉冲轰击，"拍扁"成为直径为 100～200μm 的锡圆盘，如图 19-6 所示。这样，当主脉冲轰击时，能够将锡盘的温度瞬间加热到几十甚至更高电子

(a)

(b)

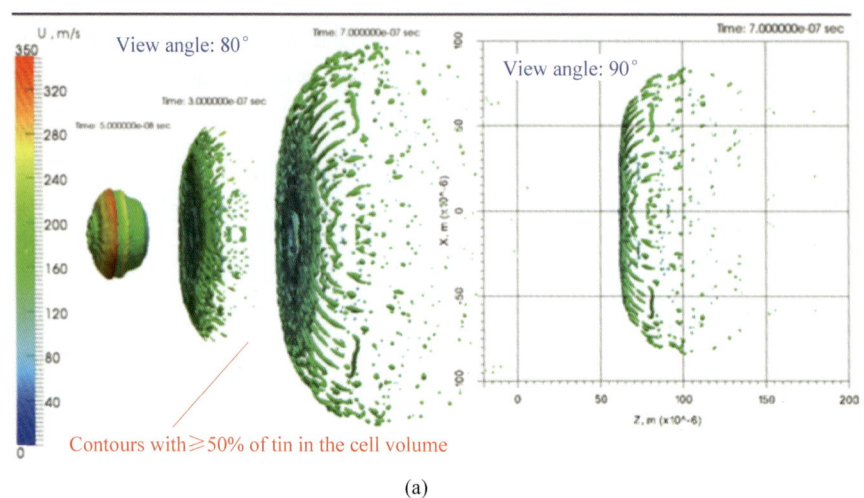

图 19-6 （图 6-120）预脉冲使得锡滴被轰击成圆饼形状，提高了主脉冲轰击的热效率：（a）采用仿真计算的锡滴质量分布随时间的变化；（b）实际锡滴在受到预脉冲轰击后的分布图[20]

伏，使得更加有效地辐射极紫外光。此外，美国西盟（Cymer）公司在二氧化碳激光的脉冲上还采用在时间脉宽上增强的技术，即高功率种子激光系统（High Power Seed System，HPSS），使得脉冲更短，脉冲峰值功率提高近 80%，而极紫外的产出可以提高 3 倍多[19]，如图 19-7 所示。2016 年的实验中，在中间聚焦点极紫外的辐射功率已经达到 200W 左右。单脉冲功率在 5mJ 左右，转换效率达到 4%，重复频率为 50kHz，总功率超过 200W，如图 19-8 所示。2018 年，阿斯麦公司的 NXE3400B 的光源能量达到了 250W，每小时可以完成 125 片曝光，具体参见 6.11.4 节。

19.3.2 光刻胶的现状

极紫外光刻胶不同于深紫外光刻胶，极紫外光的波长在 13.5nm 左右，或者 92eV，它在光刻胶中的作用是产生正负离子对，即电离（Ionization）作用或者光电效应（Photoelectric effect）。每个被吸收的极紫外光子不仅与光酸产生剂反应，而且与所有的光刻胶材料中的原子反应。在反应过程中大约能够生成 2.1 个光酸[12]，对于 248nm 光和 193nm 光，光酸的数

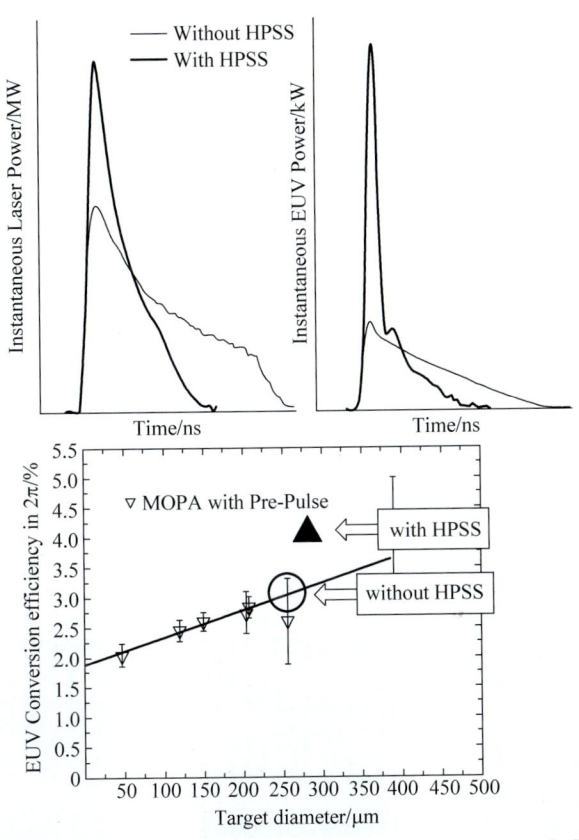

图 19-7 采用高功率种子系统前后极紫外光源的输出[19]

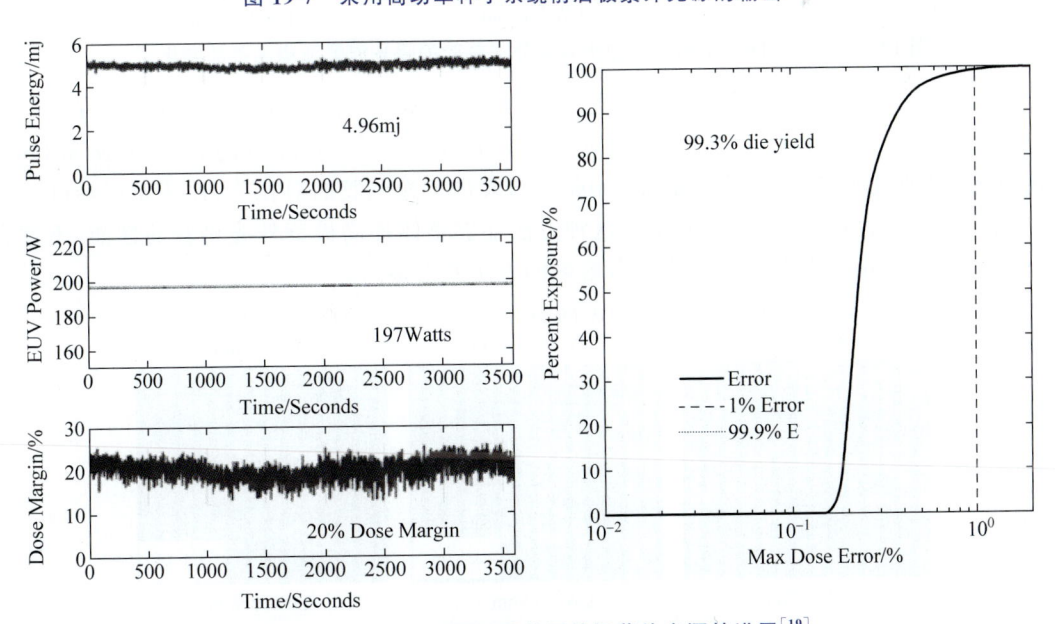

图 19-8 2016 年美国西盟公司的极紫外光源的进展[19]

量分别为 0.33 和 0.14。从表面上看,极紫外光的量子效率较高,但是能量转换效率不高。极紫外光的能量分别为 248nm 和 193nm 的 18.4 倍和 14.3 倍,极紫外光的能量转换效率大约分别为 248nm 光和 193nm 光的 34.6% 和 105%。

极紫外光刻胶的主要问题在于光刻胶的灵敏度需要提高。这体现在对光子的吸收和利用方面。在光刻工艺中体现在曝光能量和线宽均匀性。前面说过现在的量子转换效率与193nm 光刻差不多。但是,因为极紫外光的数量少,所以由此产生的统计噪声比较高。2013年,日本大阪大学的田川·诚(Tagawa Seiichi)提出通过极紫外曝光加上一步深紫外均匀曝光,搭配使用光增感剂(Photo Sensitizer,PS)材料的方法来提高光刻胶在极紫外的灵敏度[21]。不过,这相当于提高了化学放大性能,但是对于线宽粗糙度和线边粗糙度没有帮助。对于线宽粗糙度和线边粗糙度,有以下公式[22]:

$$\sigma_{\text{LER}} = \frac{\sigma_m}{\mathrm{d}m/\mathrm{d}x} + \sigma_0 \tag{19.5}$$

式中:σ_m 为已经去保护的聚合物分子的数量变化,与统计噪声相关;$\mathrm{d}m/\mathrm{d}x$ 为聚合物分子去保护浓度的空间梯度;σ_0 为固有的线边粗糙度,如分子的绝对大小和大小分布。

田川·诚的方法是仅仅提高对极紫外的利用率,从而导致曝光能量下降。但是,对极紫外的吸收能力没有变化。所以,σ_m 因为曝光能量的下降反而变大,在曝光空间梯度没有改变的情况下,线宽粗糙度反而增加,如图 19-9 所示。

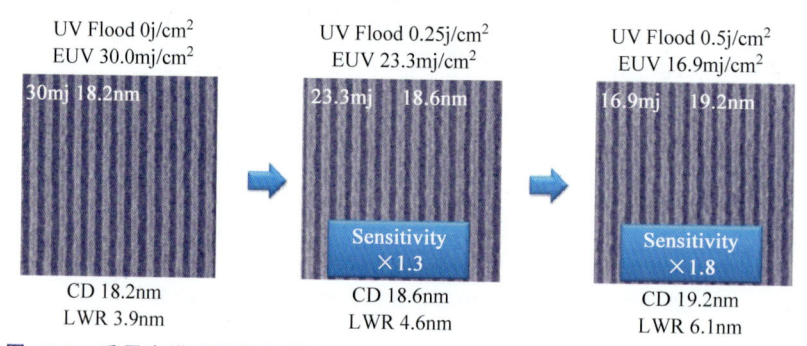

图 19-9 采用光增感剂的化学放大极紫外光刻胶的曝光能量随增感剂的变化[23]

如果需要至少保持线边粗糙度和线宽粗糙度不变,那么只能提高聚合物分子去保护的空间梯度 $\mathrm{d}m/\mathrm{d}x$,相当于提高空间像的对比度。日本东京电子公司的长原·征尔(Seiji Nagahara)等通过增加碱的含量,提高了 $\mathrm{d}m/\mathrm{d}x$,改进了光刻胶的对比度,而线宽粗糙度没有太大的变化[23],结果如图 19-10 所示。这种方法能够整体提高极紫外光刻胶的性能,不过有限。这与在 193nm 光刻胶中采用光可分解碱的方法差不多。

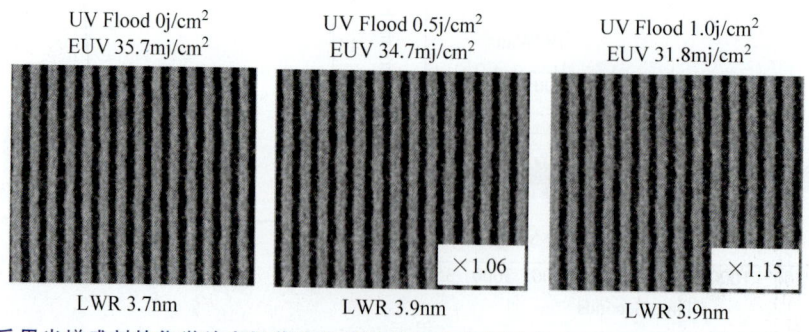

图 19-10 采用光增感剂的化学放大极紫外光刻胶的曝光能量随增感剂的变化,其中增加了碱的比例[23]

另一种光刻胶的平台是含有金属的非化学放大型光刻胶,含有金属后增加了对极紫外光的吸收[24]。美国 Impria 公司[25]生产的金属氧化物光刻胶一般为含有氧化锡(SnO_x)的负性光刻胶。其对 13.5nm 极紫外光子的吸收是极紫外化学放大型光刻胶的 3~4 倍。其对统计噪声[又称为散粒噪声(Shot noise)]有着无可比拟的优势。

图 19-11 展示了 2017 年采用金属氧化物的成像结果[26]，空间周期为 26nm，线条线宽为 13nm 等间距。照明条件为 0.33，光瞳填充率为 20% 的偶极照明。光刻胶的工艺窗口性能：曝光能量为 34mj/cm², 曝光能量宽裕度为 21%，对焦深度为 160nm，线宽粗糙度为 3.8nm。

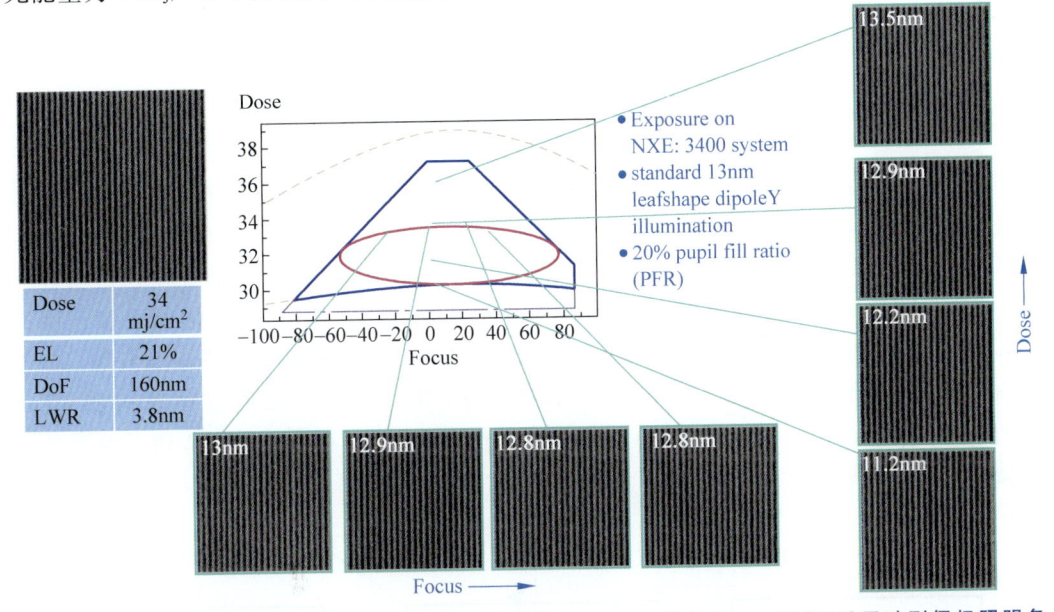

图 19-11 采用 Inpria 含有金属氧化物光刻胶的成像结果：13nm 线条/26nm 周期（采用叶型偶极照明条件，光瞳填充率 20%，曝光能量为 34mj/cm²，能量宽裕度为 21%，对焦深度为 160nm，线宽粗糙度为 3.8nm）[26]

作为对比，图 19-12 展示了化学放大正性光刻胶的结果。其性能：曝光能量为 58mj/cm²，曝光能量宽裕度为 12%，对焦深度为 99nm，线宽粗糙度为 4.4nm。所有的指标都比含有金属氧化

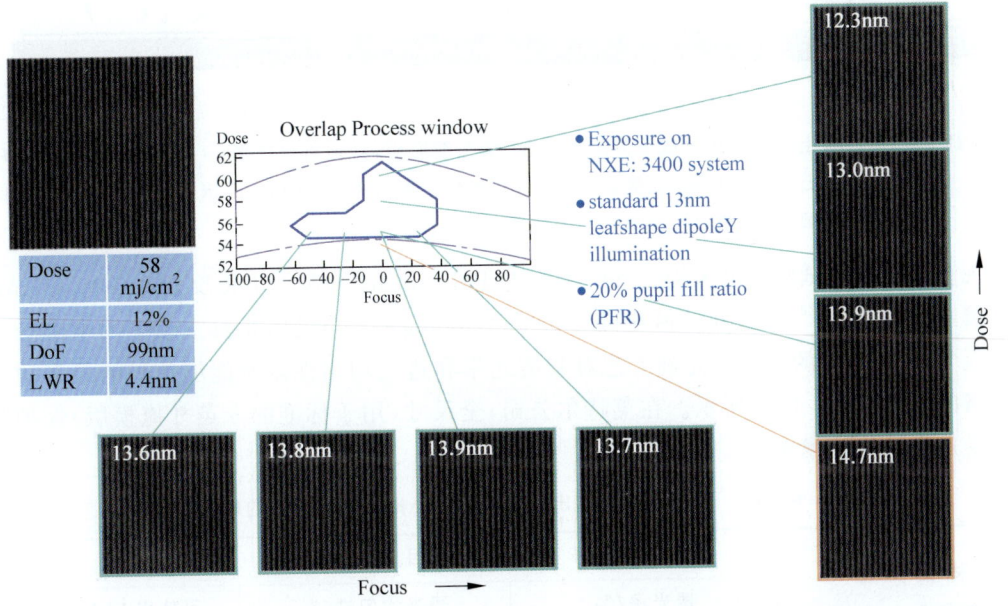

图 19-12 采用化学放大光刻胶的成像结果：13nm 线条/26nm 周期（采用叶型偶极照明条件，光瞳填充率 20%，曝光能量为 58mj/cm²，能量宽裕度为 12%，对焦深度为 99nm，线宽粗糙度为 4.4nm）[26]

物的光刻胶差。所以,通过提高对极紫外照明光的吸收,取得的工艺窗口性能是全方位的。不过,鉴于低频线宽粗糙度一般占比为 $\frac{2}{3}$,4nm 左右的线宽粗糙度大约含有 2.7nm 的低频成分,这与 7nm/5nm 技术节点的要求,低频线宽粗糙度小于 1.5nm/1.3nm(12% 线宽 13nm/11nm)还有不小差距。

19.3.3 掩模版保护膜的进展

掩模版保护膜是防止在掩模版成像一面落上的颗粒或者灰尘被投影物镜成像到硅片上形成缺陷,如图 19-13 所示。掩模版基板的厚度约为 6.35mm。颗粒物落在掩模版基板背面,只要不太大,一般不会对成像造成影响。但是,掩模版正面存在着图形,如果有颗粒物或者灰尘落下,就会与图形层处于同一平面内,直接成像在硅片平面上。所以,在图形面安装一层保护膜可以起到将可能附着的颗粒或者灰尘挡在成像面以外约 6mm 处,使其不影响成像。193nm 光刻采用的保护膜是对 193.4nm 透明的含氟的有机材料,如无定型含氟树脂(Teflon Amorphous Fluoropolymer,Teflon-AF)。厚度一般在 1μm 左右[27]。但是,到了极紫外不仅要考虑透光率,还要考虑其他因素,如热稳定性、机械强度等。

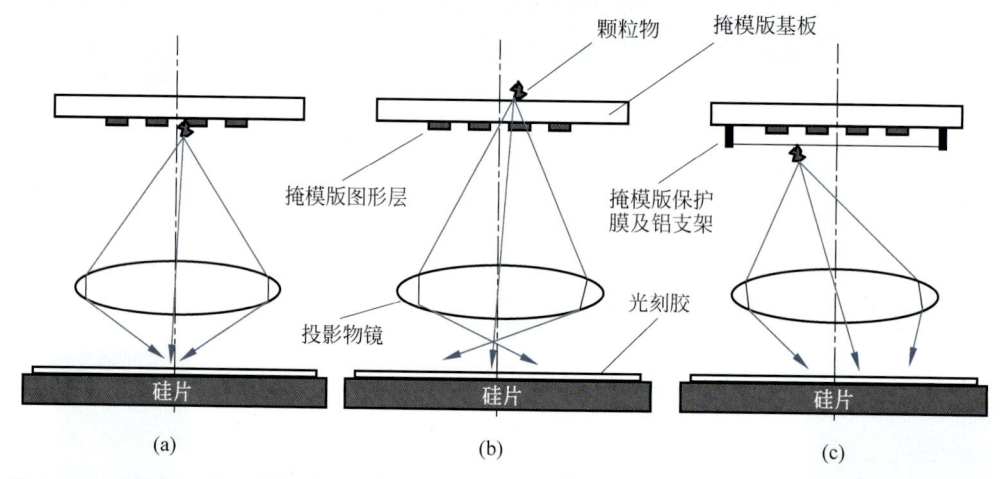

图 19-13 掩模版上落上颗粒对成像的影响:(a) 落在图形面,会被直接成像;(b) 落在 6.35mm 厚的熔融石英基板背面,成像会离焦;(c) 落在距离图形面大约 6mm 远的保护膜上,其本身成像会离焦,对成像的影响会大大减弱

现在的进展是试验原型采用 45nm 多晶硅(Polysilicon)薄膜加上正反两面各有 4.5nm 氮化硅覆盖层的结构[28]。表面的氮化硅覆盖层(Capping layer)是防止真空腔中用来清洗聚光镜的氢气(H_2)对其的损伤。光刻工艺对其透光率和透光均匀性以及能够承受的最大功率都有严格的要求,如表 19-1 所示。在英特尔公司,全尺寸(用于标准的 6 英寸掩模版)保护膜已经承受过 200 片的曝光[29]。

表 19-1 阿斯麦公司提出的有关极紫外掩模版保护膜的规格

样品类型	目标规格		
	透光率/%	透光均匀性/%	可使用 EUV 功率/W
试验原型	>80	1	40
试生产(Pilot)	>80	1	125

续表

样品类型	目标规格		
	透光率/%	透光均匀性/%	可使用 EUV 功率/W
产品	88	0.40	250
在研改进版	≥90	0.40	>250

由于真空中这样薄的结构很难通过传导和对流进行散热,因此只能通过辐射进行散热。在曝光过程中也会被加热到较高的温度[28]。正反两面的覆盖层的主要是提高辐射效率,降低保护膜的温度,以提高其使用寿命,如图 19-14 所示。

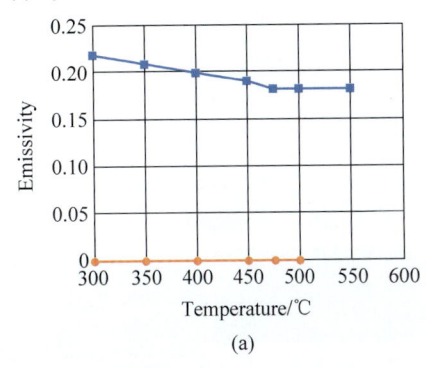

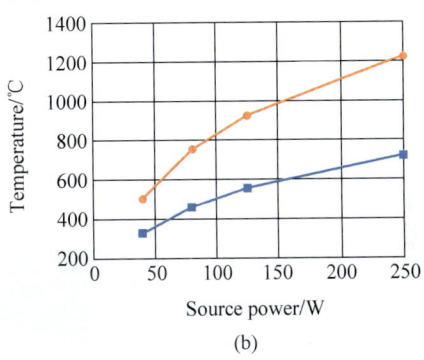

图 19-14 采用覆盖层和没有采用覆盖层的比较:(a) 辐射效率的比较,采用覆盖层的辐射效率在 0.2 左右;(b) 温度的比较,采用覆盖层的温度显著地降低了[28]

此外,保护膜的安装还需要考虑对掩模版施加的应力,以保护套刻没有额外的偏差。阿斯麦公司展示过装有保护膜的掩模版对套刻的贡献小于 0.2nm。

19.3.4　锡滴的供应和循环系统的进展

锡滴的使用量是比较大的,在 2016 年 3 月时可以支撑大约 700h 不间断使用[29],到了 2016 年底大约可以支撑 2 个月的不间断使用。当锡槽使用完后,需要人工将其更换。阿斯麦公司致力于研制自动化的锡滴回收装置,一旦成功,极紫外光刻机的利用率将大大增加。

19.4　导向自组装技术介绍

19.4.1　原理介绍

导向自组装(Directed Self-Assembly,DSA)主要是利用不同分子之间的相互作用力来自动形成交替变化的图形。由 A、B 两种单体(Monomer)组成的嵌段共聚物(Block copolymer)聚合度为 N,若嵌段共聚物中占比 fN 的分子为 A 的,则 $(1-f)N$ 的分子就是 B 的,如图 19-15 所示。如果将含有此类嵌段共聚物的混合物在一定的衬底上加温,那么由于 A 和 B 之间的亲和能不一样,它们会形成 A 和 A 靠拢、B 和 B 靠拢的现象,如图 19-16(a)所示。

近年来,在光刻工艺中使用最多的是两种单体各自形成的聚合物,分别是聚苯乙烯(Polystyrene,PS)和聚甲基丙烯酸甲酯(Poly

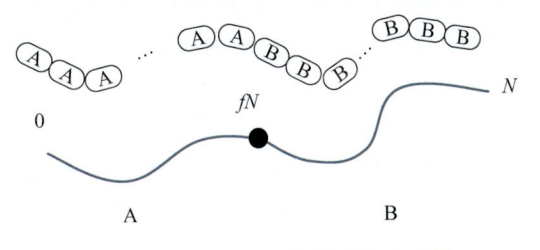

图 19-15　AB 嵌段共聚物结构示意图

Methyl Meth Acrylate,PMMA)。若这两种聚合物材料形成嵌段共聚物(Block copolymer),则可以表示成 PS-b-PMMA。这样的共聚物一端是 PS,另一端是 PMMA。在一定的退火工艺后,原本随机混合的 PS-b-PMMA 嵌段共聚物形成了周期性的排列。图 19-16(b)中展示了这样的结果。这种周期性的排列有时是没有缺陷的,有时是存在缺陷的,比如衬底的颗粒、高低起伏等导致的混乱,如图 19-16(b)中类似指纹的图样。这两种材料的刻蚀速率在氧气、氟碳(CF)气体,甚至碳氧(CO)气体中一般是聚甲基丙烯酸甲酯显著快于聚苯乙烯[30-32],主要是因为聚苯乙烯中存在的苯环。所以,一般在导向自组装中最后都是刻蚀去除聚甲基丙烯酸甲酯,形成聚苯乙烯硬掩模。

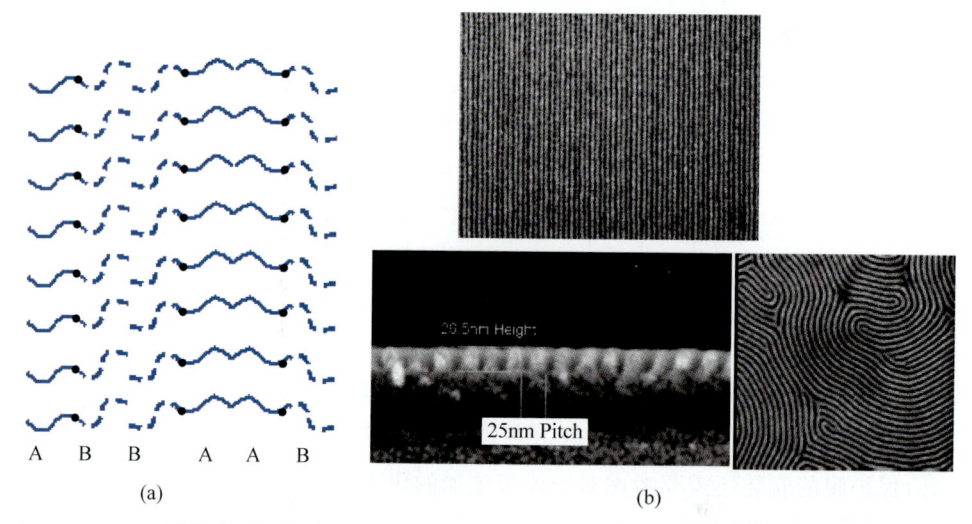

图 19-16　AB 嵌段共聚物经过退火,形成周期性结构示意图:(a)同种聚合物相互连接; (b)PS-b-PMMA 举例[33]

周期性的形成难易程度一般受到三个参数影响:一是 A 和 B 单体的交换能系数 χ_{AB},又称为弗洛里·希金斯(Flory-Higgins)参数;二是嵌段共聚物中一种分子的占比 f;三是中聚合度 N。可以想象,如果单体 A 和 B 互相排斥,当聚合度 N 高的时候,它们之间的排斥力就大,当单体 A 和 B 个数相等的时候(f = 0.5),排斥力达到最大;当交换能系数 χ_{AB} 大的时候,排斥力也会变大。图 19-17 就展示了规则图形和随机图形之间的分界线(又称为相图)与以上三个参数之间的关系。能够形成图形的周期通常由聚合度决定。对于 AB 嵌段共聚物,一般使用 L_0 来表征其周期。对于 PS-b-PMMA,其 L_0 一般为 25nm。

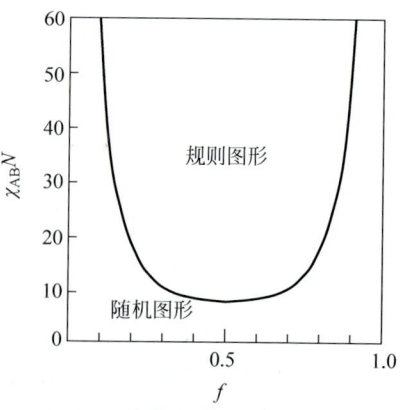

图 19-17　AB 嵌段共聚物相图:规则图形的出现与 χ_{AB}、f 的关系示意图

19.4.2　类型:物理限制型外延和化学表面编码型外延

现在导向自组装主要有物理限制型外延(Grapho-epitaxy)和化学表面编码型外延(Chemo-epitaxy)两种方式。物理限制型外延流程如图 19-18 所示,化学表面编码型的两种流程如图 19-19 和图 19-20 所示。

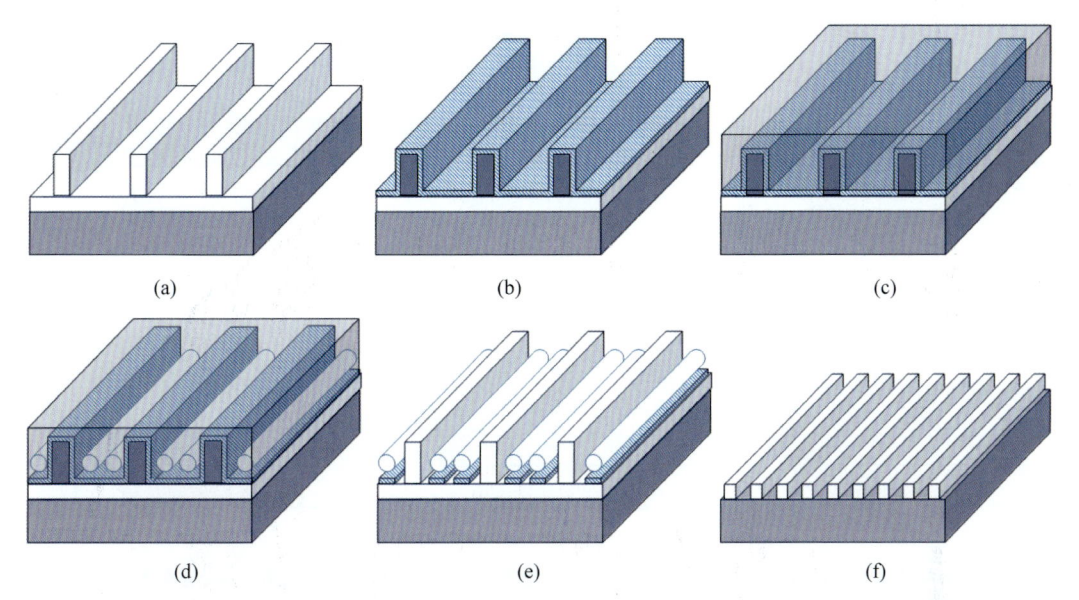

图 19-18　一种物理限制型外延示意图：(a) 光刻形成硬掩模图形，或者光刻胶直接硬化形成图形；(b) 涂覆亲和 B 聚合物层，如 PMMA；(c) 涂覆 AB 嵌段共聚物；(d) 退火，形成图形；(e) 对 B 聚合物进行刻蚀；(f) 对最终硬掩模进行刻蚀

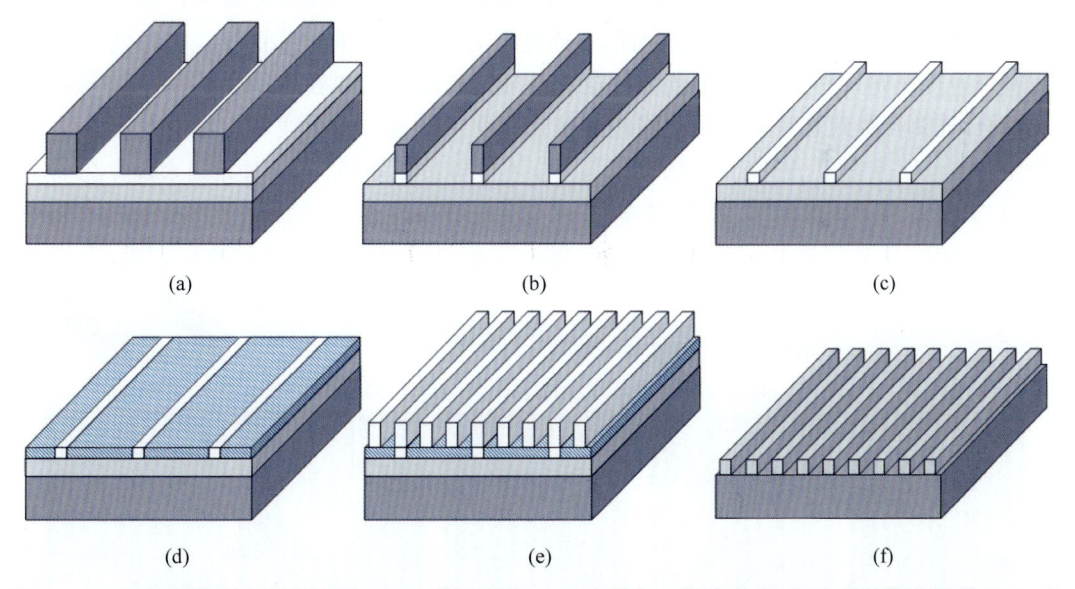

图 19-19　化学表面编码外延刘-尼(LiNe)型示意图：(a) 涂覆亲 A 聚合物层，如交联的聚苯乙烯(PS)，光刻形成光刻胶图形；(b) 光刻胶瘦形刻蚀(Trim etch)，亲 A 聚合物层刻蚀；(c) 光刻胶去除；(d) 涂覆中性聚合物层，如聚 2-乙烯基吡啶(poly(2-vinylpyridine))或者随机比例的苯乙烯-甲基丙烯酸甲酯随机共聚物(PS-PMMA)；(e) 涂覆 AB 嵌段共聚物并退火，形成图形，并对 B 进行刻蚀，对中性层进行刻蚀；(f) 对最终硬掩模进行刻蚀

先讨论物理限制型外延。此类自组装先由 193nm 浸没式光刻制作出空间周期较大的图形，如 80nm 周期，再刻蚀硬掩模，形成芯层阻挡墙。再嫁接一层亲和 A 或 B 的薄膜。不失一般性，假设这层薄膜是 B，然后涂覆 AB 嵌段共聚物，其中嵌段共聚物中的 B 端便会连接到表面亲和层，而剩下的 A 端就会自己连接起来，形成柱状图形。然后使用干法显影冲洗工艺

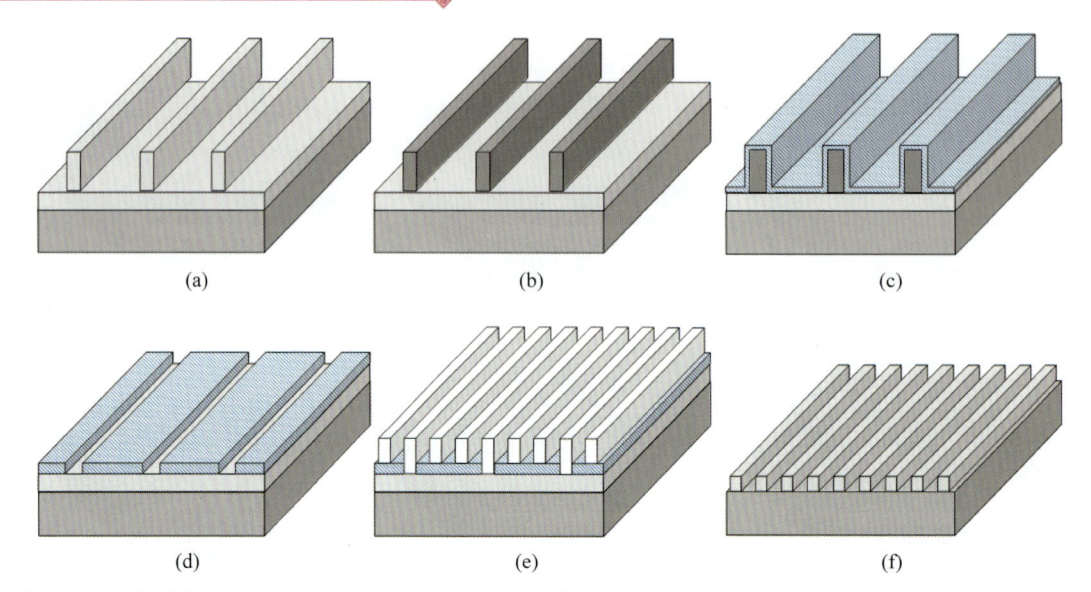

图 19-20 化学表面编码外延光刻胶剥离(Lift-off)工艺型(Chemo-epitaxy)示意图：(a) 光刻形成光刻胶图形；(b) 光刻胶硬化(Hardening)；(c) 中性层涂覆；(d) 光刻胶剥离；(e) 涂覆 AB 嵌段共聚物并退火，形成图形，并对 B 进行刻蚀；(f) 对最终硬掩模进行刻蚀

(Dry development rinse process)，利用干法刻蚀的选择比将 B 去除，A 留下。最后使用芯层挡墙和 A 型的柱状图形进行干法刻蚀，在硬掩模上留下外延的密集图形。嵌段共聚物的周期由其聚合度决定，而光刻的图形周期理论上必须是其周期的整数倍，图 19-18 中显示的是 3 倍。而且，光刻后的线宽也直接影响嵌段共聚物周期的形成。光刻线宽太宽会挤压嵌段共聚物的生长空间。实际上，嵌段共聚物也不是完全不能够被压缩的，所以对光刻来说存在一定的工艺窗口。图 19-21 展示了欧洲微电子中心(Interuniversity Micro Electronics Centre, IMEC)在 2011 年光刻技术的延伸会议上的报告数据[34]。图 19-21 中的数据表明，为了实现

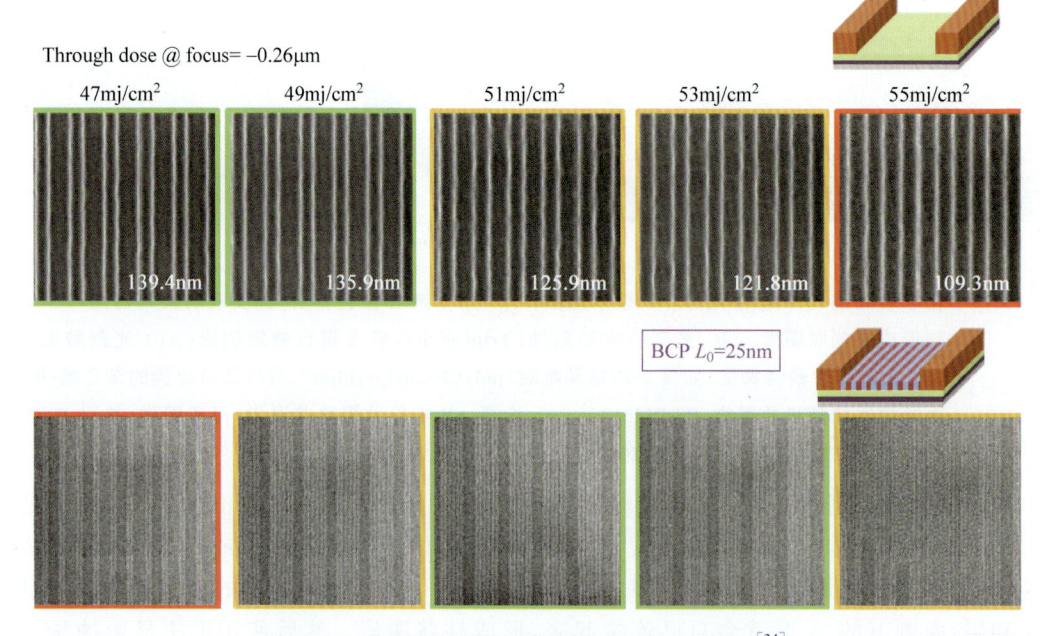

图 19-21 物理限制型外延随光刻线宽变化示意图[34]

光刻胶之间的 5 个 25nm 的导向自组装周期,光刻的线宽需要保持在±5nm 之内。其实这个要求与光刻工艺本身的线宽均匀性差不多。图 19-22 展示了导向自组装随着光刻焦距的变化,可见,实际能够支持无缺陷的对焦深度仅为 30nm 左右,否则就会产生组装图形缺陷。这样的工艺窗口对光刻来说是很小的。当然,这与光刻工艺的实际对焦深度有关。对焦深度越大,能够支持无缺陷导向组装的对焦深度也就越大。193nm 浸没式光刻机的对焦深度通常需要在 60nm 或者 80nm(分别对应 14nm 或者 28nm 逻辑工艺)才能够实现稳定的量产。

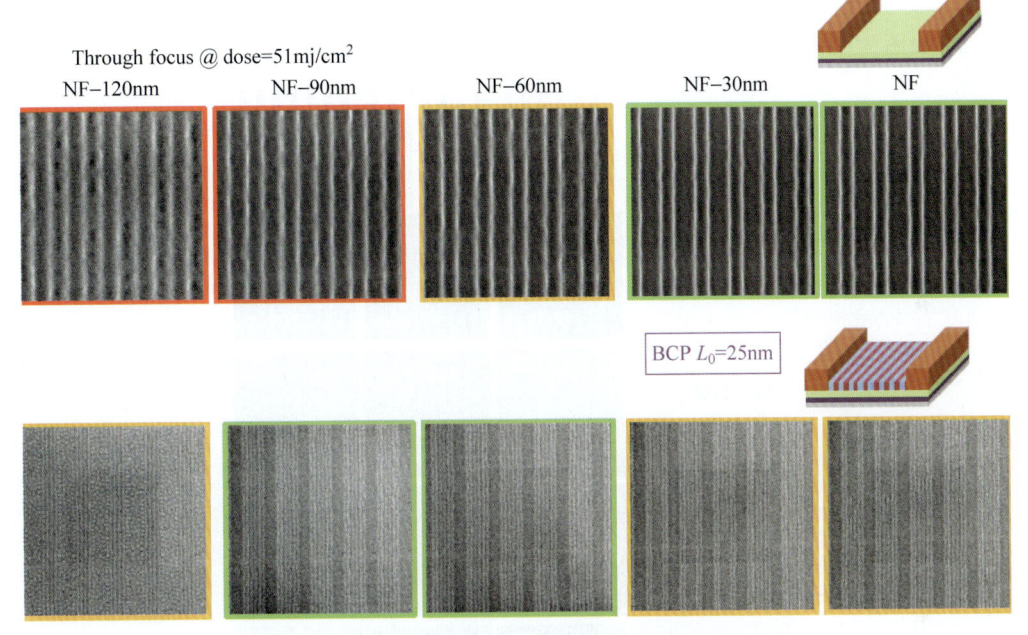

图 19-22 物理限制型外延随光刻焦距变化示意图[34]

再来看化学表面编码型外延方法。其图形的形成方式与物理限制型依靠光刻胶或者硬掩模的"墙"来决定自组装的位置不同。化学编码型在衬底上形成亲和 A 或 B 的区域,使得 AB 嵌段共聚物自动在带有各自亲和的衬底上生长和组装。若某些局部衬底是对 A 或 B 中性的,则图形会按照确定亲 A 或 B 的区域依次交替排列开来。其中一种采用光刻胶剥离(Lift-off)方式来定义确定亲 A 或 B 的区域,这有赖于底部露出的硬掩模是否确定亲 A 或 B,至少不能是中性的。另一种是通过光刻和刻蚀在亲 A 或者 B 的涂层上制作确定的亲 A 或者 B 的区域。这种方法称为刘-尼(LiNe)方法,由美国威斯康星大学(University of Wisconsin)的刘奇俊(Chi-chun Liu)和保罗·尼莱(Paul F. Nealey)提出[35],如图 19-19 所示。

两种外延生长方法的优、缺点比较由表 19-2 列出。

表 19-2 两种导向自组装方法的优、缺点比较

特　性	方　法	
	物理限制型	化学表面编码型
导向图形占用芯片面积	是	无
工艺流程复杂性	较简单	较复杂
线宽粗糙度	由"墙"决定,一般较差	比较均匀
对 193nm 光刻的工艺窗口要求	很高	不高
最适合图形	通孔	线条和沟槽

19.4.3 缺陷的来源和改进

对于导向自组装工艺，缺陷有两种来源：一是光刻工艺的缺陷，包括掩模版缺陷、光刻工艺导致的缺陷，或者光刻工艺窗口中的线宽偏差、焦距偏差（光刻胶的形貌偏差）等；二是导向自组装自身产生的缺陷。

光刻工艺窗口有限引起的缺陷如图 19-21 和图 19-22 所示，表现为自组装周期性的缺失或者混乱。因为导向自组装存在一定的柔软性和可压缩性，所以对于掩模版的缺陷存在一定的容忍度，如图 19-23 所示。

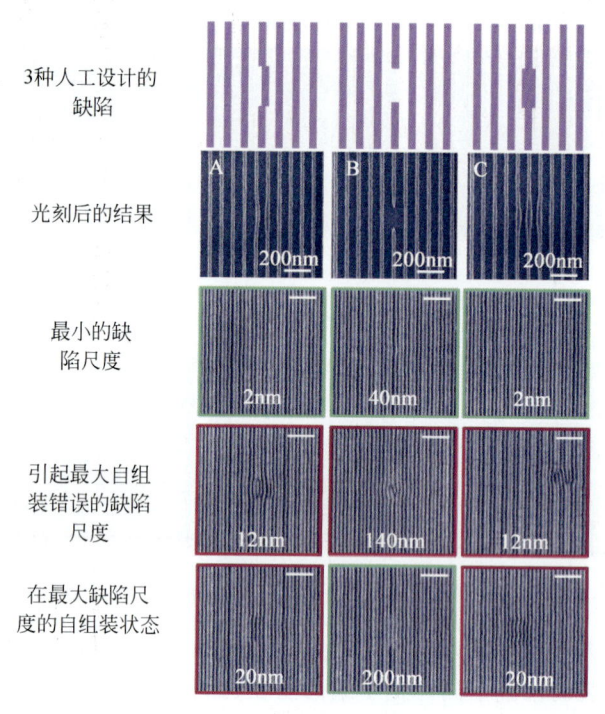

图 19-23　化学表面编码外延刘-尼工艺型对掩模版缺陷的容忍度示意图[36]

图 19-24 展示了导向自组装引起的缺陷，如上排的位错（Dislocation）以及下排的颗粒（外源性）。2019 年，导向自组装的缺陷率为 $1\sim10/cm^2$ [36]，仍然高于逻辑电路大规模量产对缺陷的要求，如 $0.01/cm^2$。如果采用导向自组装，那么首先应用到的层次应该是图形密度很低的接触孔和通孔层，或者剪切层。

19.4.4 图形设计流程介绍

导向自组装能够形成比光刻细得多的图形。但是，它又需要光刻工艺帮助其形成一些导向图形（Guide Patterns, GP），如"墙"和带有不同亲和力的表面。光刻工艺是由设计规则和光学邻近效应修正共同确定的。所以，在应用了导向自组装后，需要对设计进行调整，以适应导向自组装工艺的引入。

2013 年，美国 IBM 公司的黎家辉（Kafai Lai）博士发表了将导向自组装融入集成电路光刻、光学邻近效应修正、掩模版出版的流程中去的建议[37]。图 19-25 展示了一种这样的流程。其中导向自组装图形分解（DSA decomposition）中包含了导向图形和剪切图形。而且这种导向和剪切图形可能还要用到仿真，如导向自组装的仿真。如果导向和剪切图形的周期小于一

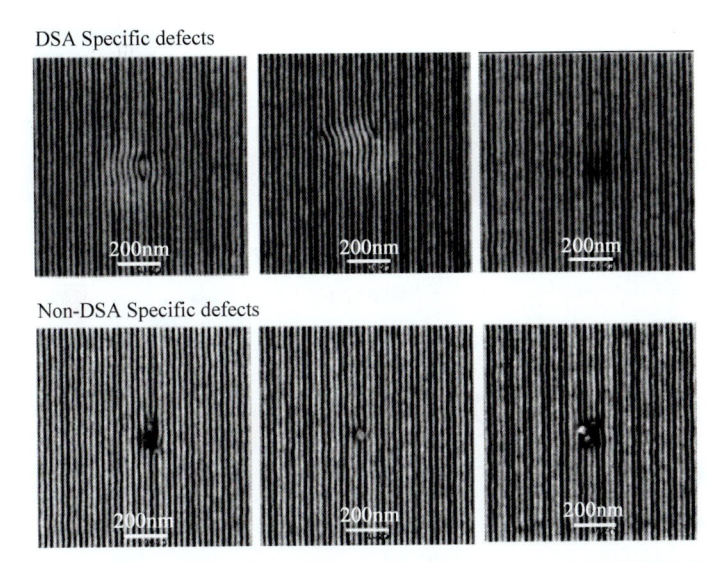

图 19-24 化学表面编码外延刻-尼工艺中出现的导向自组装相关的缺陷,如位错(上排)和非导向自组装相关的缺陷,如颗粒(下排)[36]

次光刻是可以接受的,那么还需要进行图形涂色(Coloring)的拆分。与通常的光学邻近效应修正流程一样,由于导向和剪切图形是193nm浸没式光刻工艺产生的,还需要进行光学邻近效应修正,其中包括修正后的复核(Post-OPC check)。图 19-26 所示的例子中采用了物理限制型导向自组装工艺来制作一组随机分布的通孔图形。

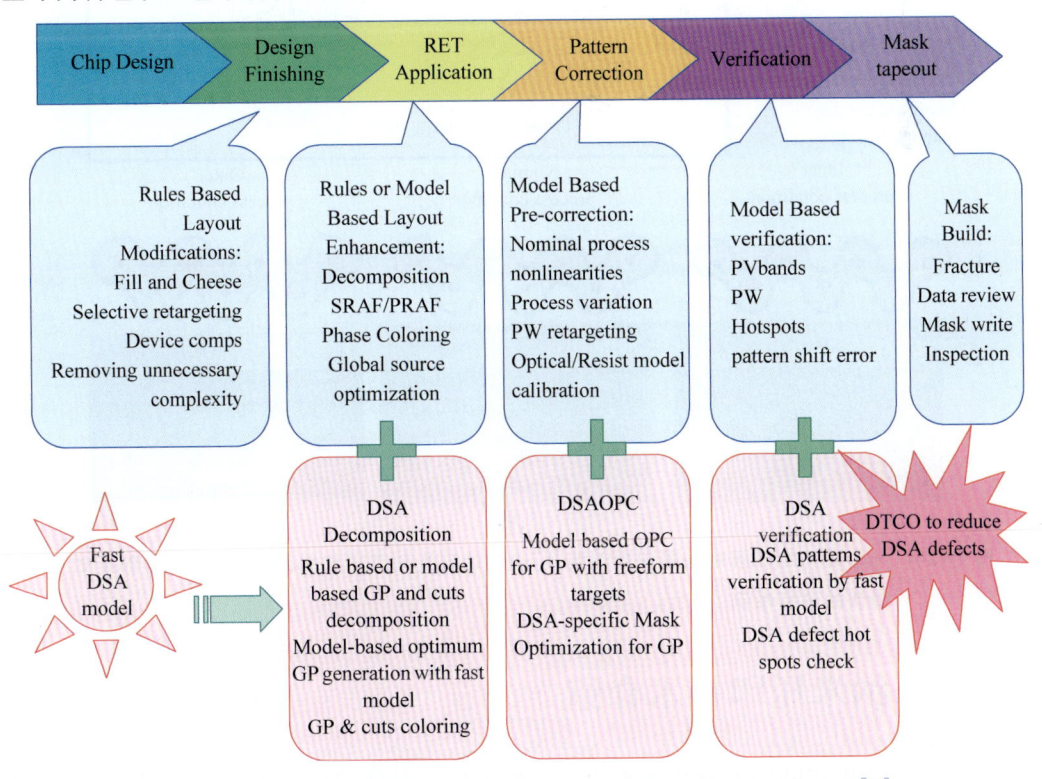

图 19-25 融入导向自组装的芯片设计-光刻工艺制定-掩模版出版流程[37]

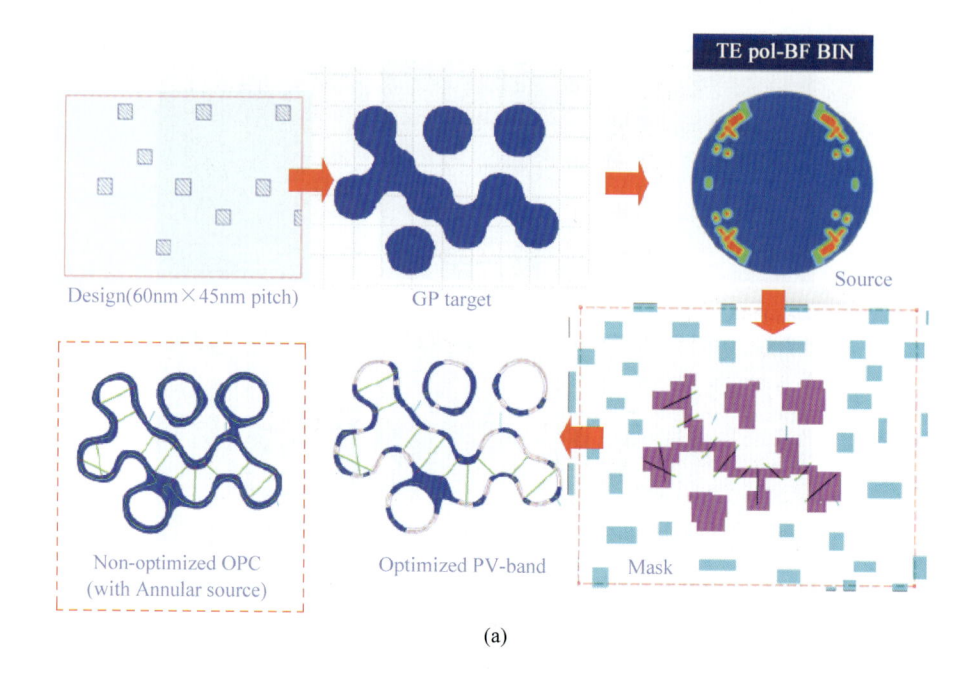

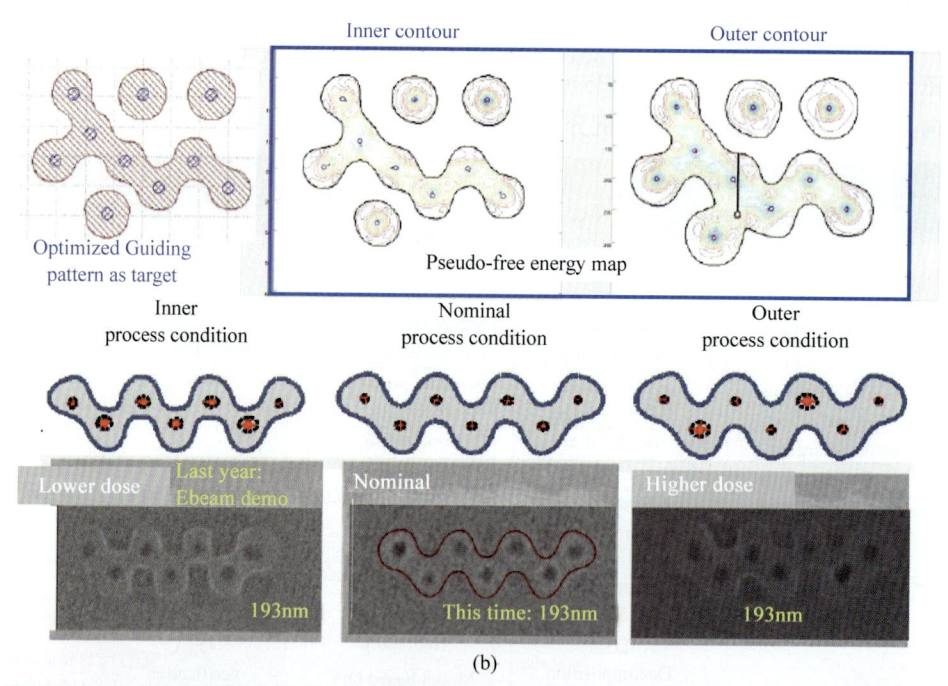

图 19-26 一个通孔物理限制型导向自组装从(a)设计到光刻工艺优化到(b)最后光学邻近效应确认的过程举例[37]

19.5 纳米压印技术介绍

纳米压印(Nano-imprint)技术是采用预先制作好的图章(Stamp)似的模版通过在涂覆有紫外光固性胶的硅片表面压制形成图形,再通过紫外闪光照射固化和脱模形成图像。最早的纳米压印技术出现在 1995 年,美国明尼苏达大学的史蒂芬·周(Stephen Chou)在硅片上旋涂一层厚 55nm 的聚甲基丙烯酸甲酯,然后采用二氧化硅做的模版,上面有直径 25nm 的凸点,然后将模版加热到 200℃,高于 PMMA 的玻璃化温度(105℃),再压入硅片表面的 PMMA 层,当温度下降到低于聚合物的玻璃化温度后,再取出模版,如图 19-27 所示。压印的结果如图 19-28 所示,其中采用了钛/金剥胶工艺(Lift-off process)。由于 PMMA 的亲水性,不易粘在模版的二氧化硅表面。同时,其在压印过程中温度(温度系数为 $5\times10^{-5}/℃$)和压力(压力系数为 3.8×10^{-7}psi,1psi$=6.89\times10^3$Pa)变化导致的线度变化不大,约为 0.5%[38-39]。压印中使用的压强为 600~1900psi。

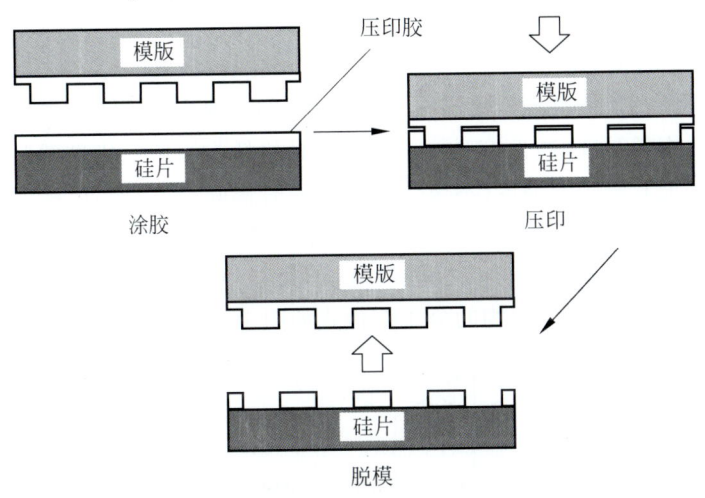

图 19-27 纳米压印流程示意图

图 19-28 美国明尼苏达大学的早期压印结果:(a) PMMA 胶中的压印通孔;(b) 通过在 PMMA 压印后镀金属膜后剥胶(Lift-off)形成的钛/金金属小点[38]

常见的纳米压印技术为步进-喷涂-闪光压印光刻技术(Jet and Flash Imprint Lithography,J-FIL),步进光刻采用喷滴(Ink-jetting)方式涂胶,压印前向衬底喷涂直径很小的光刻胶液滴,光刻胶在模版和衬底的挤压下通过毛细现象填充模版的微小结构,然后通过紫外光固化,最后经过脱模后,光刻胶图形留在衬底上。

图 19-29 展示了日本佳能公司 2017 年生产的纳米压印机的压印头构造。在中央部分是模版,模版周围有吹气口,气流可以将可能存在于模版和硅

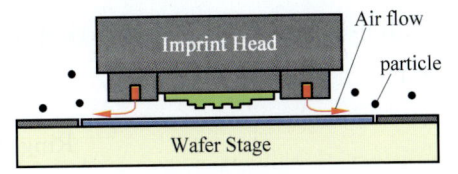

图 19-29 纳米压印头的构造[40]

片之间的颗粒物带走，以减少压印的缺陷[40]。

步进-闪光压印技术光刻胶材料主要为小分子单体，通常黏度很小。有机单体对衬底有较好的附着力，如聚甲基丙烯酸甲酯（PMMA）、聚苯乙烯（PS）的有机硅单体材料，但是往往脱模能力不强，还不耐刻蚀。一般来说，能够作为纳米压印光刻胶的材料需要满足以下条件[41]。

（1）喷滴的性能。

（2）图形形成性能。

（3）脱模性能。

（4）干法刻蚀阻挡性能。

（5）保持洁净工艺能力。

喷滴的性能要求每次能够稳定喷滴在 1～10pL。这需要较低的蒸发率。优良的图形形成性能要求光刻胶具有低黏度，约为 10Pa・s 和固化时的低收缩率。优良的脱模性能要求光刻胶具有较低的表面能和较强的强度（不至于在脱模的时候断裂）。而且，脱模的性能提高不能以与衬底附着能力的下降为代价。2007 年，菲利普・蔡（Philip Choi）等认为硅氧烷共聚物（Siloxane copolymers）可以具有这样良好的性能，如聚二甲基硅氧烷[Poly（dimethylsiloxane），PDMS][42]。其中一些硅氧烷共聚物的分子结构式如图 19-30 所示。

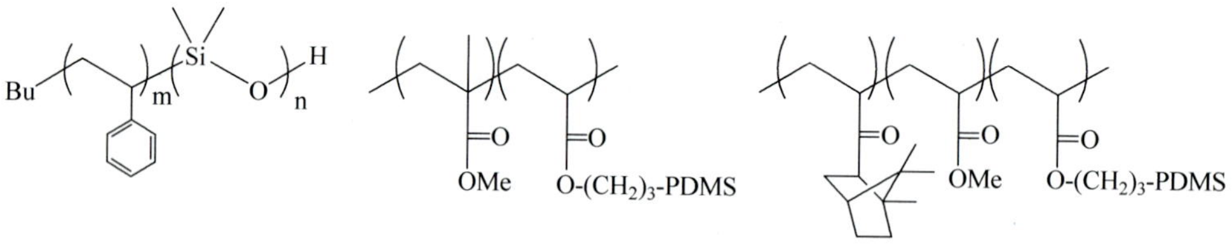

PDMS-*b*-PS　　PDMS-*g*-PMMA　　PDMS-*g*-PMA-*co*-PIA

图 19-30　一些含有聚二甲基硅氧烷的聚合物结构式[42]

聚二甲基硅氧烷的表面能较低，而有机端（如聚苯乙烯）具有较高的表面能。含有 PDMS 和有机分子的聚合物在高温压印时会发生相分离，有机端可以与衬底接住，而 PDMS 端由于较低的表面能，可以与模版较为容易地分离。含硅的材料还有一个好处是比较耐刻蚀，尤其是耐氧等离子体的刻蚀，因为硅原子遇到氧原子会形成二氧化硅固体。相比聚甲基丙烯酸甲酯来说，抗刻蚀能力可以提升 4～100 倍。

不仅如此，人们还在压印模版表面涂覆一层含氟的全氟烷基硅烷（Perfluoroalkyl silane），甚至全氟烷基聚醚（Per Fluoroalkyl Poly Ether，PFPE）、含氟的表面活性剂、含氟的单体等。为了改进干法刻蚀的阻挡能力，需要增加碳的含量和碳环的含量。衡量刻蚀速率的参数之一是大西参数（Ohnishi parameter），定义如下：

$$\text{O. P.} = \frac{N_{\text{原子}}}{N_{\text{碳原子}} - N_{\text{氧原子}}} \tag{19.6}$$

可见，其中碳原子越多，刻蚀速率就越慢。还有一个参数称为含环参数（Ring parameter），定义如下：

$$\text{Ring. P.} = \frac{N_{\text{在环中的碳原子}}}{N_{\text{所有碳原子}}} \tag{19.7}$$

其中环代表苯环、各种脂肪环等。

洁净工艺的能力要求光刻胶具有低的缺陷大小（如小于 10nm）和含量，包括拥有较低的脱模缺陷、气泡缺陷、携带的颗粒缺陷等。

截至 2017 年,纳米压印技术取得了很大进展。不过还有些参数性能有待进一步改进[40]。
(1) 线宽均匀性、线边粗糙度:目标 2nm(达成)。
(2) 套刻精度:目标 8nm(达到 10nm)。
(3) 缺陷率:一般要求≤0.01/cm^2(逻辑电路,193nm 光刻的水平在 0.01/cm^2)。

图 19-31 展示了三种常见的缺陷。目前,阻碍纳米压印技术发展的主要问题还是缺陷。图 19-29 中的吹气设计也是为了减少颗粒物。

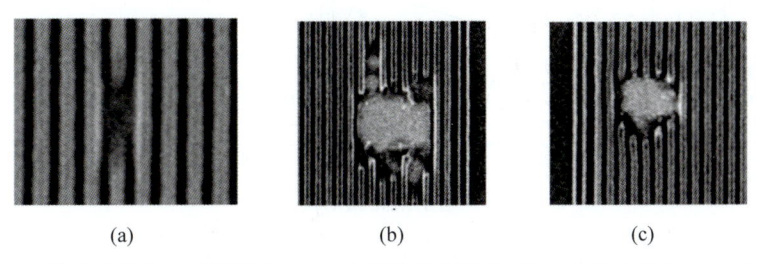

图 19-31　三种常见的纳米压印缺陷:(a) 光刻胶模版填隙问题,在液态发生;(b) 脱模的故障,在固态(已经交联)发生;(c) 颗粒导致,在压印过程中发生[40]

此外,由于频繁地脱模,模版会带静电。佳能公司在模版周围安装了一块带有更高电压的静电板——静电清除板(Electro Static Cleaning Plate,ESCP),以便将可能的颗粒物吸附,从而避免颗粒物被带电的模版吸附,形成缺陷[40],如图 19-32 所示。

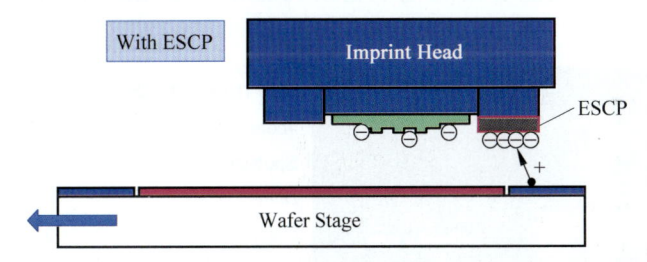

图 19-32　防止由于脱模过程中带上静电的模版吸附颗粒物而安装的高压静电板示意图[40]

19.6　电子束直写技术介绍

电子束曝光设备很早就存在了,伴随着扫描电子显微镜的诞生,大约从 20 世纪 60 年代开始,最早使用单个聚焦的电子束通过逐行扫描(Raster scan)来完成光刻。20 世纪 80 年代中期开始,引入了带有较大电流和面积的可变截面形状电子束来进行光刻,平均一次可以有 100 像素以上,是单电子束效率的 100 倍以上,如图 19-33 所示[43]。不过,其速度还是很慢。要知道光学成像式光刻的一次曝光约为 10^{11}(如 193nm 浸没式光刻的 26mm×5.5mm 曝光缝/$45nm^2 = 7×10^{10}$)的像素完成复制。考虑到这个问题,多电子束平行曝光应运而生。例如,荷兰的 Mapper 公司的第 3 代多电子束直写设备采用了 65000 个独立的电子束,其效率是早期单电子束的 65000 倍,相比光学光刻的 10^{11} 还是存在巨大差距。例如,阿斯麦公司生产的 NXT1980i 光刻机的 300mm 硅片的产能为 275 片/小时;而单个 Mapper 公司的 65000 电子束的产能为 1~10 片/小时,如 4 片/小时,这是根据 Mapper 公司网站上的信息估算的[44]。

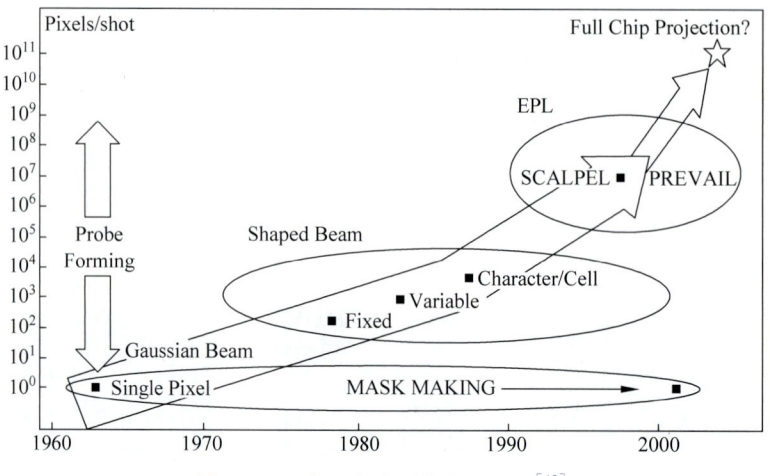

图 19-33　电子束光刻的发展历程[43]

当然，多电子束需要解决的是能量均一性、套刻准确性，以及衬底相比单电子束受到几千甚至几万倍加热变形等问题。在 Mapper 公司的设备中，每根电子束的加速电压为 5kV，没有使用 50kV 的电压主要是基于减少对硅片加热的考虑。

图 19-34 展示了 Mapper 公司早期的多电子束直写曝光机结构示意图。由于单个模块的产能有限（1～10 片/小时），不过鉴于单个曝光模块的占地不大，为了提高产能，可以将多个模块组合起来，形成一个产能能够接近光学光刻机的较大单元。这样的组合外观示意图如图 19-35 所示。

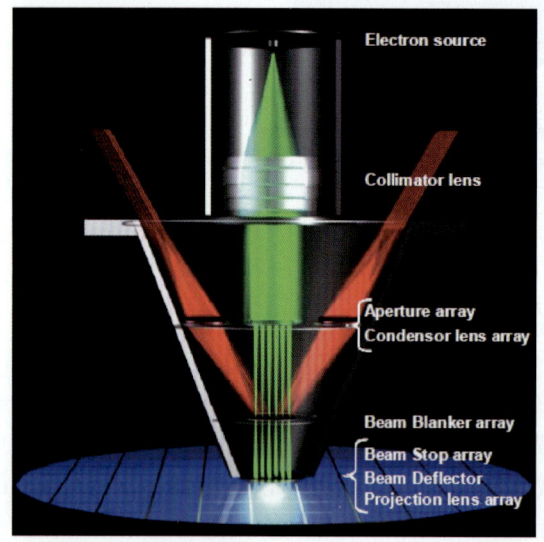

图 19-34　早期 Mapper 公司的多电子束（110 根电子束）结构示意图[45]

图 19-36 较为详细地展示了 Mapper 公司的多电子束曝光机的结构。首先，存在一个电流较大的阴极，能够发射较大的电子束流，约为 200μA，束流直径约为 2cm。经过一个静电准直镜头将电子束变成平行于光轴，再经过聚焦镜阵列分为多个电子束。此设备设计了 13000 个静电透镜阵列，其中每个静电透镜中可以放置 7×7＝49（根）电子束，静电透镜之间的空间周期是 150μm，也就是说 13000 个静电透镜大约占有 17.1mm×17.1mm。每个静电透镜中电子束之间的周期为 8μm。每个电子束再经过一个开关阵列（Blanker array），有些电子束会根据图

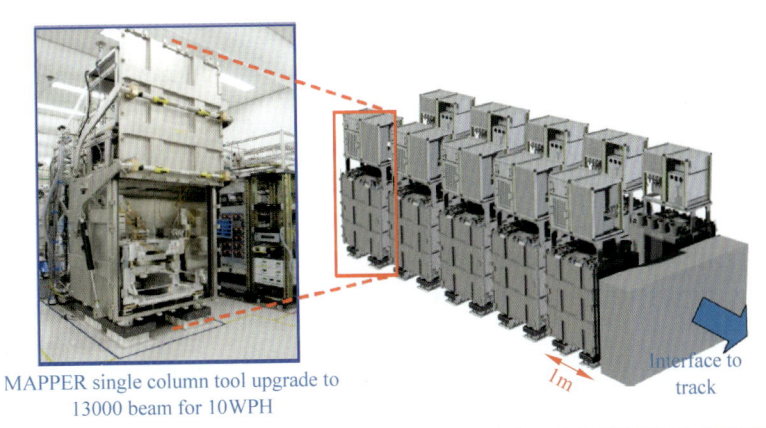

MAPPER single column tool upgrade to 13000 beam for 10WPH

Interface to track

图 19-35　Mapper 公司的多个（图中展示了 5 个）独立模块组合外观示意图，以及单个多电子束曝光模块的照片[45]

形需要被开关阵列偏转而打到下面的电子束终止挡板上，不经过投影镜头在硅片上的光刻胶上成像。没有被开关阵列偏转的电子束将顺利通过挡板，被投影镜头阵列（静电透镜阵列）成像于硅片表面的光刻胶上。电子束在开关阵列的通孔直径为 2.5μm，经过投影镜头阵列缩小到 1/100 后，在硅片上聚焦点直径约为 25nm[45]。

电子枪

准直聚焦镜

聚焦镜阵列，开关阵列和2.5μm直径通孔

某电子束被开关阵列偏转，终止于挡板阵列

电子束终止挡板阵列
投影镜头
光刻胶
硅片

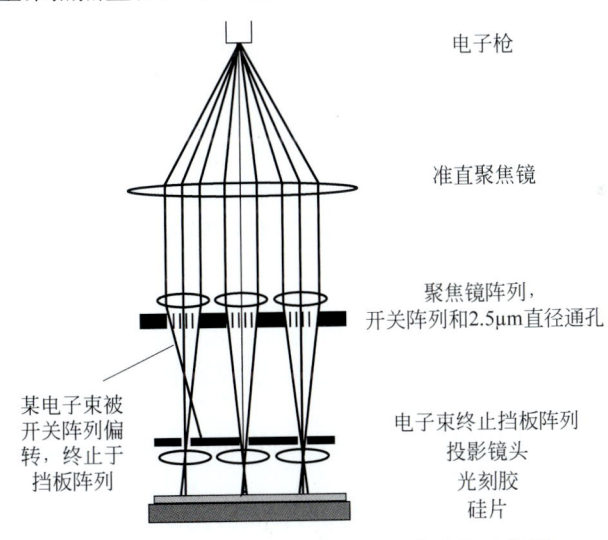

图 19-36　Mapper 公司的多电子束结构示意图

当前遇到的问题主要还是套刻问题[46]。由于电子束在硅片上会累积较大的热量，需要采用很强的冷却措施和温度稳定时间，加上电子束宽度被开关阵列处的 2.5μm 通孔限制，再加上巨大阵列的静电透镜偏转的误差，造成套刻精度很难保证，一般为 9~11nm，文献[46]中展示了两次曝光之间的图形在 X 方向和 Y 方向分别存在 3 倍标准偏差为 7nm 和 5nm 的偏差。这与可以写至少 25nm 线宽的图形精度不匹配。还有，一个模块即使将来能够做到产能 10 片/小时，由于每个模块可能会有 1~3 个硅片工件台（温度稳定需要），一套 100 片/小时的组合装备就会有 10~30 个工件台，大规模生产必定需要混合使用，这对原本已经偏离要求很多的套刻无疑又是一个挑战。

参考文献

[1] Vivek Bakshi. EUV Lithography. SPIE Press, Bellingham, Washington, USA, 2009.

[2] Henry J, Spiller E, Weisskopf M. Imaging performance of a normal incidence X-ray telescope measured at 0.18 keV. Proc. SPIE 316, 1981: 166.

[3] 数据采自肖特官网. www.us.schott.com/advanced_optics/zerodur.

[4] Underwood J H, Barbee T W. Soft X-ray imaging with a normal incidence mirror. Nature, 294(5840), 1981: 429-431.

[5] Barbee Jr. T W, Mrowka S, Hettrick M. Molybdenum-silicon multilayer mirrors for the extreme ultraviolet. Appl. Opt. 24, 1985: 883.

[6] Bjorkholm J, et al. Reduction imaging at 14nm using multilayer-coated optics: Printing of features smaller than 0.1μm. J. Vac. Sci. Technol. B 8, 1990: 1509.

[7] Kurihara K, Kinoshita H, Mizota T, et al. Two-mirror telecentric optics for soft X-ray reducion lithography. J. Vac. Sci. Technol. B, 9, 1991: 3189.

[8] Tichenor D A, et al. Recent results in the development of an integrated EUVL laboratory tool. Proc. SPIE 2437, 1995: 292.

[9] Jewell T E, Rodgers J M, Thompson K P. Reflective systems design study for soft X-ray projection lithography. J. Vac. Sci. Technol. B 8, 1990: 1519.

[10] 荷兰阿斯麦光刻设备有限公司官网. https://www.asml.com/annual-report-2012/management-board-report/customer-coinvestment-program/en/s48039?dfp_fragment=ifrs_cip.

[11] Smeets C, Benders N, Bornebroek F, et al. 0.33NA EUV Systems for High Volume Manufacturing. Proc. SPIE 12494, 1249406, 2023. J. van Schoot, K. van Ingen Schenau, Valentin C, et al. EUV lithography scanner for sub 8nm resolution. Proc. SPIE 9422, 94221F, 2015.

[12] Brainard R, et al. Photons, Electrons, and Acid Yields in EUV Photoresists, A progress report. Proc. SPIE 6923, 692325, 2008.

[13] Torok J, et al. Secondary electrons in EUV lithography. JPST 26, 2013: 625.

[14] Xu H, Blackwell J M, Younkin T R, et al. Underlayer designs to enhance the performance of EUV resists. Proc. SPIE 7273, 72731J, 2009.

[15] schott-zerodur-cte-classes-may-2013-us_website.

[16] Pollentier I, Vanpaemel J, Lee J U, et al. EUV lithography imaging using novel pellicle membranes. Proc. SPIE 9776, 77620, 2016.

[17] Brouns D, et al. NXE Pellicle: offering a EUV pellicle solution to the industry. Proc. SPIE 9776, 97761Y, 2016.

[18] Hans Meiling, et al. EUVL System-Moving Towards Production. Proc. SPIE 7271, 727102, 2009.

[19] Schafgans A A. Performance optimization of MOPA pre-pulse LPP light source. Proc. SPIE 9422, 94220B, 2015. Purvis M A, et al. Advancements in Predictive Plasma Formation Modeling. Proc. SPIE 9776, 97760K, 2016.

[20] Banine V EUV lithography status, future requirements and challenges. EUVL, Dublin, 2013.

[21] Tagawa S, Enomoto S, Oshima A. Super High Sensitivity Enhancement by Photo-Sensitized Chemically Amplified Resist (PS-CAR) Process. J. Photopolymer Science and Technology, 2013, 26(6): 825.

[22] Mack C A. Line-Edge Roughness and the Ultimate Limits of Lithography. Proc. SPIE 7639, 763931, 2010.

[23] Nagahara S, et al. Challenge toward breakage of RLS trade-off for EUV lithography by Photosensitized Chemically Amplified Resist^{TM} (PSCAR^{TM}) with flood exposure. Proc. SPIE 9776, 977607, 2016.

[24] Stowers J, et al. Metal Oxide EUV Photoresist Performance for N7 Relevant Patterns and Processes.

Proc. SPIE 9779,977904,2016.

[25] Inpria 公司前身是美国俄勒冈州立大学的化学系和美国科学基金资助的可持续材料化学研究中心的分拆公司.

[26] Yildirim O, et al. Improvements in resist performance towards EUV HVM. Proc. SPIE 10143,101430Q,2017.

[27] French R H, Tran H V. Immersion lithography: photomask and wafer-level materials. Annu. Rev. Mater. Res. 2009,39: 93-126.

[28] Brouns D, et al. NXE Pellicle: offering a EUV pellicle solution to the industry. Proc. SPIE 9776,97761Y,2015.

[29] Pirati A, et al. EUV lithography performance for manufacturing: status and outlook. Proc. SPIE 9776,97760A,2016.

[30] Imamura T, Yamamoto H, Omura M, et al. Highly selective removal of poly(methyl methacrylate) from polystyrene-block-poly(methyl methacrylate) by CO/H2 plasma etching. Journal of Vacuum Science & Technology B, Nanotechnology and Microelectronics: Materials, Processing, Measurement, and Phenomena 33,061601,2015.

[31] Satake M, Iwase T, Kurihara M, et al. Characteristics of selective PMMA etching for forming a PS mask. Proc. SPIE 8685,86850T,2013.

[32] Vesel A, Semenic T. Etching rates of different polymers in oxygen plasma. MTAEC9 46,2012: 227.

[33] Bencher C, et al. Self-assembly patterning for sub-15nm half-pitch: a transition from lab to fab. Proc. SPIE 7970,79700F,2011.

[34] Gronheid R, et al. Addressing the challenges of directed self assembly implementation. Litho extensions symposium 20 OCT, MIAMI,2011.

[35] Liu C C, Han E, Onses M S, et al. Fabrication of Lithographically Defined Chemically Patterned Polymer Brushes and Mats. Macromolecules 44,2011: 1876-1885.

[36] Delgadillo P A R, et al. All track directed self-assembly of block copolymers_process flow and origin of defects. Proc. SPIE 8323, 83230D, 2012; M. Muramatsu et al., "Patten defect reduction for chemo-epitaxy DSA process", Proc. SPIE 10960,109600W,2019.

[37] Lai K, et al. Computational Aspects of Optical Lithography Extension by Directed Self-Assembly. Proc. SPIE 8683,868304,2013.

[38] Chou S Y, Krauss P R, Renstrom P J. Imprint of sub-25nm vias and trenches in polymers. Appl. Phys. Lett. 67,1995: 3114.

[39] Chou S Y, Kraus P R, Renstrom P J. Nanoimprint Lithography. J. Vac. Sci. Tech. B 14,1996: 4129-4133.

[40] Nakayama T, et al. Improved Defectivity and Particle Control for Nanoimprint Lithography High-Volume Semiconductor Manufacturing. Proc. of SPIE 10144,1014407,2017.

[41] Usuki K, et al. Design Considerations for UV-NIL Resists. Proc. of SPIE 8323,832305,2012.

[42] Choi P, Fu P F, Guo L J. Siloxane Copolymers for Nanoimprint Lithography. Adv. Funct. Mater. 17, 2007: 65-70.

[43] Pfeiffer H C. Background & Approaches to Charged Particle Maskless Lithography (CP-ML2). Sematech Litho Forum, Los Angeles,2004.

[44] 荷兰 Mapper 公司官网. https://mapper.nl/technology/.

[45] Wieland M J, de Boer G, ten Berge G F, et al. MAPPER: High throughput maskless lithography. Proc. SPIE 7637,76370F,2010.

[46] Ludovic Lattard, et al. Overlay performance assessment of MAPPER's FLX-1200 (Conference Presentation). Proc. SPIE 10144,101440N,2017.

思考题

1. 极紫外在光刻设备上与193nm浸没式光刻有哪些异同点？
2. 极紫外光源中激光激发的等离子体光源上做了哪些使得光输出有较大改进的技术？
3. 极紫外光刻工艺与193nm光刻工艺有哪些异同点？
4. 2017年，极紫外光刻胶材料的最好线宽粗糙度是多少？
5. 极紫外光刻工艺中光学邻近效应修正主要是做什么？
6. 说明导向自组装的原理。
7. 通孔层适合使用物理限制型，还是用化学编码型导向自组装？
8. 弗洛里·希金斯(Flory-Higgins)参数代表什么物理量？
9. 导向自组装的缺陷来源于什么地方？
10. 导向自组装中光学邻近效应修正主要是做什么？
11. 纳米压印技术的光刻胶需要满足哪几个要求？
12. 哪些是纳米压印常见的缺陷？目前的缺陷率是多少？目标是多少？
13. Mapper公司多电子束直写曝光设备中使用的投影透镜阵列是静电透镜还是磁透镜？
14. 多电子束直写曝光设备中面临的主要问题是什么？

第20章

光刻工艺的工艺窗口标准的发展与未来趋势

20.1 光刻新技术的发展

光刻技术从较缓慢的接近或接触式曝光图形复制发展到目前基于光学投影成像的大规模高速图形复制[1],从几微米线宽到当前的几十纳米线宽,或者极紫外技术的十几纳米线宽,其技术的不断推陈出新和性能的持续改进有力地推动着半导体集成电路制造技术快速发展。图20-1展示了主要光刻工艺采用的新技术及其被引入量产的年份(含未来技术节点的量产预计年份)。

20.2 极紫外技术的局限性

极紫外光刻通过缩短曝光波长,极大提升了分辨率。但是也存在局限性。主要体现在以下几方面。

(1) 波长的缩短,从深紫外的200nm左右到EUV的13.5nm,光子能量大大提高,导致折射材料的缺失,所有EUV的光学都依赖反射式系统,不仅如此,由于所有材料的折射率实部接近1.0,材料对EUV的反射也很小,需要多层交替镀膜实现较大的反射率,如40对硅(4.2nm)钼(2.8nm)高反膜能够形成70%左右的反射率。有限的反射率、反射式光学架构、多层高反膜限制了光学系统的数值孔径。所以,目前认为13.5nm EUV 光学成像系统的最大数值孔径约为0.55。而且还是采用了Y方向与X方向不同的放大率。

(2) 对于光刻胶来说,随着光学分辨率越来越接近光刻胶分子的尺寸,1~2nm,光刻胶内部分子的有限大小、光致产酸剂(PAG)与光刻胶树脂材料的混合均匀性开始显露难以改善的图形边缘粗糙度。市面上商用的EUV光刻胶的线宽粗糙度一般为2~3nm,已经逼近分子的尺寸。对于0.33NA的光刻来说,极限周期为36nm,半周期,或者线宽为18nm,LWR与线宽的占比为11%~17%;对于0.55NA的光刻来说,极限周期为28nm,半周期,或者线宽为14nm,LWR与线宽的占比为14%~21%。而对于193nm浸没式光刻来说,对于典型的周期

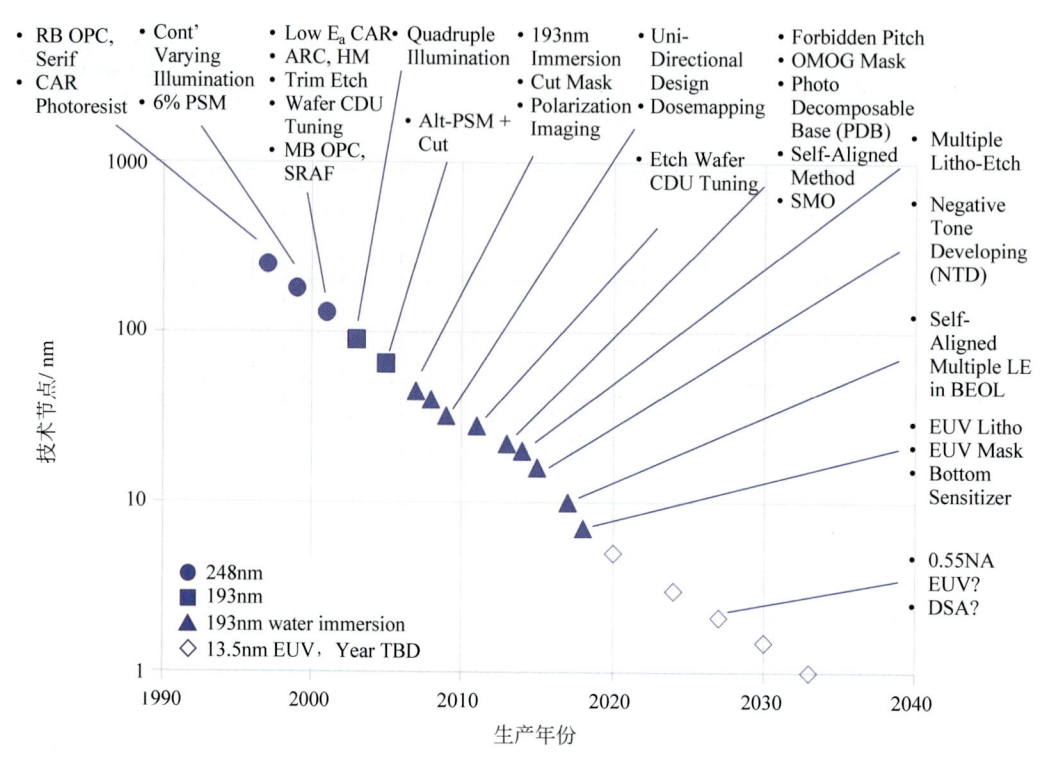

图 20-1 各种光刻的新技术及其被采用的年份（含未来技术节点的量产预计年份）

注：RB OPC（Rule-Based Optical Proximity Correction，基于规则的光学邻近效应修正），Serif（装饰线），CAR Photoresist（Chemically Amplified Resist Photoresist，化学放大型光刻胶），Con't Varying Illumination（连续可变照明条件），6% PSM（Attenuated Phase Shifting Mask，带有6%透射率的透射衰减相移掩模版），Low E_a CAR（低活化能化学放大型光刻胶），ARC（Anti-Reflection Coating，抗反射层），HM（Hard Mask，硬掩模），Trim Etch（瘦身刻蚀），Wafer CDU Tuning（硅片线宽均匀性调节），MB OPC（Model-Based Optical Proximity Correction，基于模型的光学邻近效应修正），SRAF（Sub-Resolution Assist Feature，亚分辨辅助图形），Quadrupole Illumination（四极照明），Alt-PSM + cut（Alternating Phase Shifting Mask + cut 交替相移掩模版+剪切），193nm Immersion（193nm 浸没式光刻），Cut Mask（剪切掩模版），Polarization Imaging（偏振成像），Uni-directional Design（单向设计），Dosemapping（能量分布测绘），Etch Wafer CDU Tuning（硅片上刻蚀线宽均匀性调节），Forbidden Pitch（禁止周期），OMOG Mask（Opaque MoSi On Glass，不透明的硅化钼-玻璃掩模版），Photo Decomposable Base（PDB，光可分解碱），Self-Aligned Method（自对准方法），SMO（Source-Mask co-Optimization，光源-掩模联合优化），Multiple Litho-Etch（多重光刻-刻蚀工艺），Negative Tone Developing（NTD）（负显影），Self-Aligned Multiple LE in BEOL（Self-Aligned Multiple Litho-Etch in Back-End-Of-the-Line，后段自对准多重光刻-刻蚀工艺），EUV Litho（极紫外光刻），EUV Mask（极紫外掩模版），Bottom Sensitizer（底部增感），NA（Numerical Aperture，数值孔径），DSA（Directed Self-Assembly，导向自组装）

80～90nm，半周期，或者线宽为 40～45nm，采用二极照明，LWR 可以达到 4nm 左右，LWR 与线宽的占比为 10% 以下。这限制了线宽及周期的继续缩小。

（3）此外，很短的 EUV 波长还对光学加工、光学镜片的材料形成了很大挑战，镜片的表面粗糙度一般分为高空间频率粗糙度（High Spatial Frequency Roughness，HSFR）（1μm～10nm）、中空间频率粗糙度（Mid Spatial Frequency Roughness，MSFR）（1μm～1mm）与低空间频率粗糙度（Low Spatial Frequency Roughness，LSFR）（1mm 以上）。一般来说[2]，高频粗糙度会体现为整体反射率的损失，对成像对比度没有影响，低频粗糙度主要体现在像差（可以用泽尼克多项式表征），而中频粗糙度被认为是杂散光的主要来源，一般会导致成像对比度的损失。目前商业化 EUV 光刻机的杂散光水平约为 5%，光刻仿真一般把 5% 的杂散光当作

"直流"部分估算。

(4) 除了成像系统之外,工件台的精度也有极限。实践表明,工件台套刻精度在 1.3nm 左右很难再有明显改进。

(5) 对于光刻工艺来说,波长的缩短还导致相对于同样的曝光能量,光子数大大减少,光子数在空间上的随机效应便显露出来。13.5nm 相对于 193.368nm,对于同样的曝光能量密度,光子数只有 7% 或者 1/14.3。其光子数的涨落从 193.368nm 到 13.5nm,增加到 3.78 倍。随机效应不仅体现在光子的密度上,对于图形边缘,还存在空间分布均匀性变差的问题。随机效应与上述光刻胶配方在分子尺寸的均匀性一起形成了难以突破的图形边缘粗糙度极限。而且,由于波长的缩短,焦深也相应地变浅,这需要工件台具有更高的垂直定位精度与稳定性,同时,伴随着光刻胶的变薄,刻蚀阻挡能力变弱,需要精度更高的刻蚀工艺。此外,多层反射膜的应用与线宽缩短导致掩模版三维散射效应变得更加显著,如阴影效应、焦距随着周期变化、对比度(EL,NILS)的变小、横向(Horizontal)与纵向(Vertical)线宽偏置的变化都会影响线宽均匀性或线宽的放置精度。

20.3 光刻工艺窗口主要参数的发展和趋势

经过 20 多年的发展,集成电路工艺从 20 世纪 90 年代的 250nm 发展到今天(2023 年)的 5nm/3nm,光刻工艺也从最初的 248nm 波长光刻发展到今天的 193nm 波长浸没式光刻与 13.5nm 波长 EUV 光刻。单次曝光分辨率相应地从 250nm 发展到今天的 38nm(1.35NA 193nm 水浸没式光刻)与 18nm(0.33NA EUV 光刻)。如图 20-1 所示,虽然分辨率仅从 250nm 进步到 18nm,缩小为约 1/14,但是支持了名义上技术节点从 250nm 进步到 5/3nm,缩小为 50/83。那么,到底是什么决定了光刻工艺的性能标准?也就是说,评判一个光刻工艺好坏的标准是什么?

前面多次提到,曝光能量宽裕度需要维持在一定的水准。如前段工艺需要 18%,后段金属工艺需要维持在 13% 以上。其实,我们认为这是从工艺整体的线宽均匀性要求得来的。表 20-1 列举了我们从文献[3]分析出的从逻辑 130nm 到 1nm 的线宽均匀性随技术节点的变化[4],可以看出 20 多年来,栅的线宽均匀性(CDU)基本是物理栅长的 10%。下面使用 CF Litho、CF Litho-EUV 全物理模型,结合作者 20 多年的经验,再现从 250nm 到现在 5nm 的工艺窗口,以及对未来 3nm 及以下技术节点工艺窗口的展望[4-5]。

表 20-1 逻辑 130nm 到 1nm 等各技术节点线宽均匀性一览表

技术节点/nm	栅周期/nm	CDU/nm	比率:栅 CDU/栅半周期	物理栅长/nm	比率:栅 CDU/物理栅长
130	310	5.3	3.4%	65	8.2%
90	240	3.7	3.1%	45	8.2%
65	210	3.3	3.1%	32	10.3%
45	180	2.6	2.9%	25	10.4%
40	162	2.3	2.8%	23	10.0%
32	130	2.1	3.2%	20	10.5%
28	118	1.7	2.9%	16	10.6%
22	90	2	4.4%	20	10.0%

续表

技术节点/nm	栅周期/nm	CDU/nm	比率：栅CDU/栅半周期	物理栅长/nm	比率：栅CDU/物理栅长
20	90	1.8	4.0%	18	10.0%
16/14	90/84	2	4.4%/4.8%	17	11.8%
10	66	2	6.1%	20	10.0%
7	54	1.8	6.7%	18	10.0%
5	50	1.6	6.4%	16	10.0%
3	42	1.4	6.7%	14	10.0%
2.1	32	1.2	7.5%	12	10.0%
1.5	32	1.2	7.5%	12	10.0%
1	32	1.2	7.5%	12	10.0%

20.3.1 曝光能量宽裕度

曝光能量宽裕度是反映光刻成像对比度的参数，对于两束光成像，即对于绝大多数密集图形的成像，当线宽等于半周期时，EL与成像对比度有着固定的正比关系。当线宽允许变化范围dCD为通常10%CD值时，EL约等于31.4%的对比度。EL如下所示：

$$EL = 对比度 \frac{dCD}{CD} \pi$$

或

$$对比度 = \frac{CD}{dCD} \frac{EL}{\pi}$$

也就是说，在两束光成像下，对于100%的对比度，EL也只有31.4%。这应该是理想的成像结果。从我们经历过的0.25mm到现在的7nm逻辑技术节点，这样的情况只可能在较大尺寸的图形上存在，在密集或者较小尺寸的图形上是不存在的。EL在工艺上又与光刻的线宽对曝光能量变化的敏感度有关，如第10章所述，EL越大，光刻线宽对曝光能量变化的敏感度越低。曾经有人认为，如果工艺上对曝光能量控制得好一些，EL小一些也可以接受。是这样吗？不是的，因为影响线宽均匀性的因素，不仅只有EL，还有掩模版误差因子。EL变小，MEF就会变大，那么光刻线宽均匀性在掩模版线宽均匀性不变的情况下就会因MEF增大而成正比地增大。

那么，EL的标准是什么呢？我们先看看集成电路自250nm节点以来每个节点的具体情况。图20-2展示了三种典型的层次：栅极、金属、通孔的EL在250nm、180nm、130nm、90nm、65nm、45nm、32nm、28nm、22nm、20nm、16nm、14nm、10nm、7nm、5nm、3nm、2.1nm、1.5nm与1nm节点的仿真值。除了3nm及以下节点的仿真值，其余数据采用作者研发/预研或者优化过的光刻实际工况建立光刻工艺与光刻胶的物理模型，通过CF Litho与CF Litho-EUV软件获得。3nm及以下节点的仿真值通过作者在评估现有EUV光刻胶曝光数据与设计规则发展路线图后[3]，根据获得的物理极限与规律总结出了目标值。从图20-2可以看到，栅极层的EL基本在18%以上。在14nm节点的数据偏小，这是因为这个EL(约13.7%)是针对局域互联的栅极，其最小周期小于80nm，如78nm。对于制作器件的栅极图形，如16nm的情况(84~90nm最小周期)，EL可以做到大于18%。对于金属层，EL都在13%或以上。对于通孔层，其最小EL一般与金属一样，也在13%或以上。一般来说，通孔层的EL略大于金属层。

原因是通孔的面积较小,EL 适当做大有利于减少底部残留的缺陷。而且通孔一般面积比长条形的沟槽小,其光刻对比度会偏小,因此,其最小周期一般比同层的金属做大一些,光刻与刻蚀后线宽也比同层的金属线宽大一些。所以 EL 的标准经过以上的建模、工艺窗口再现与比较分析得出。就是栅极层一般需要在 18% 以上(局域互联除外),后段金属线或者通孔层要在 13% 以上。

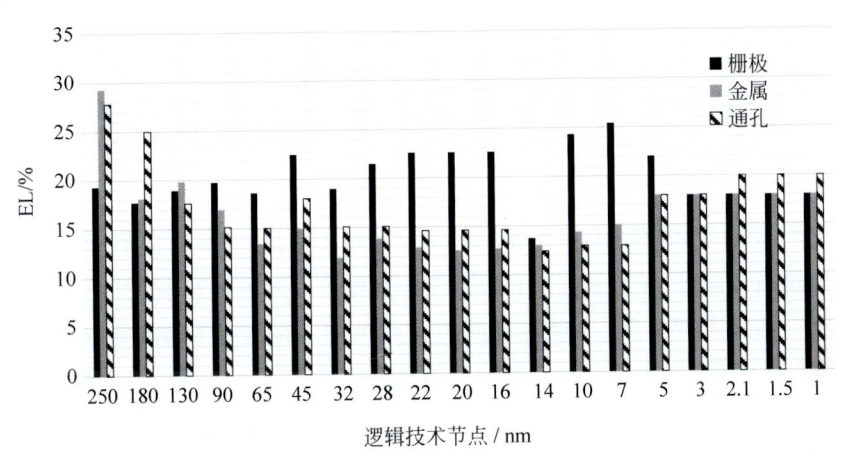

图 20-2　三种典型层次的曝光能量宽裕度随技术节点的变化(根据实际工况通过建模仿真获取)

对于未来 3nm 及以下采用 EUV 光刻的工艺,本质上可以沿用以上标准。但是由于:①EUV 光刻是高 k_1 因子光刻,无论前段的栅极层,还是中后段的金属与通孔层,都可以做到较高的 EL 数值,如 18%;②EUV 由于有光子吸收随机效应,而较高的 EL 可以降低随机效应的影响。所以,无论前段,还是中后段,EL 一般要求做到 18% 以上。但是,EL 如果再高,一般难以既包括尽可能小的最小周期,又兼顾较大的周期范围,尤其是兼顾禁止周期,所以,几十年的实践表明,18% 是比较常见的 EL 最低标准。

20.3.2　掩模版误差因子

掩模版误差因子是联系曝光后线宽均匀性与掩模版上图形线宽均匀性的因子。MEF 与空间像的对比度或者 EL 强关联。一般来说,光刻的 EL 越大,MEF 越小,对于同样的掩模版线宽误差,硅片上的线宽误差就越小。经验表明,如果 EL 在 18% 或以上,则 MEF 一般会在 1.5 或以下。图 20-3 展示了三种典型的层次:栅极、金属、通孔的 MEF 在 250nm、180nm、130nm、90nm、65nm、45nm、32nm、28nm、22nm、20nm、16nm、14nm、10nm、7nm、5nm、3nm、2.1nm、1.5nm 与 1nm 节点的仿真值。可以看出,对于前段的栅极层,MEF 一般在 1.5 或以下。在 14nm 节点的数据偏大,这是因为这个 MEF(约 2.8)是针对局域互联的栅极,其最小周期小于 80nm,如 78nm。对于制作器件的栅极图形,如 16nm 的情况(84~90nm 最小周期),MEF 可以做到小于 1.5。对于金属层,MEF 都在 3.5 或以下。对于通孔层,由于其图形在两个互相垂直的方向(X 与 Y)上都可以变化,其 MEF 一般为金属的 2 倍,应该在 7 或 7 以下。在 14nm 处,沟槽层的 MEF>3.5(约 3.6),通孔层的 MEF>7(约 7.7),这是因为工艺上首次引入负显影后,光酸的扩散长度比同节点的正显影长一些导致。

与 EL 一样,对于未来 3nm 及以下采用 EUV 光刻的工艺,本质上可以沿用以上的标准。但是由于:①EUV 光刻是高 k_1 因子光刻,无论前段的栅极层,还是中后段的金属与通孔层,都可以做到较高的 EL 数值,如 18%;②EUV 由于有光子吸收随机效应,而较高的 EL 可以减

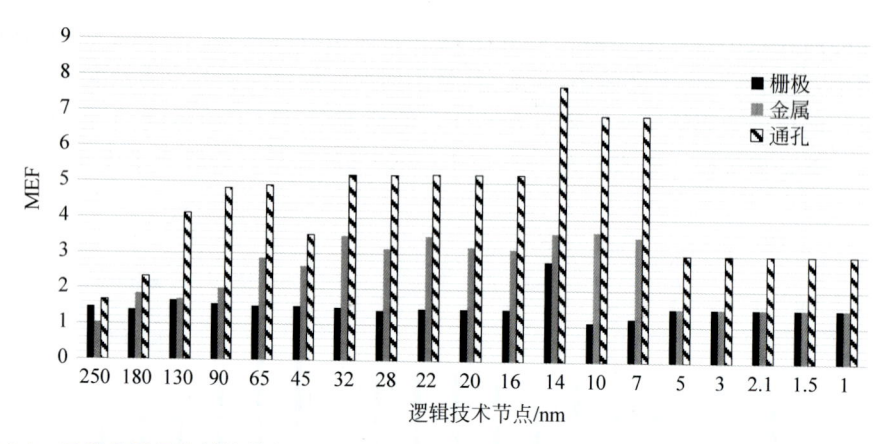

图 20-3 三种典型层次的掩模版误差因子随技术节点的变化（根据实际工况通过建模仿真获取）

少随机效应的影响。所以，无论前段，还是中后段，MEF 一般要求做到 1.5 以下（通孔层要求 3 以下）。但是，MEF 如果再低，一般难以既包括尽可能小的最小周期，又兼顾较大的周期范围，尤其是兼顾禁止周期，所以，几十年的实践表明，不大于 1.5 是比较常见的 MEF 最低标准。

20.3.3 焦深

焦深也是光刻工艺窗口的重要参数。随着数值孔径的逐渐变大，焦深会越来越浅。图 20-4 展示了三种典型的层次：栅极、金属、通孔的 DoF 在 250nm、180nm、130nm、90nm、65nm、45nm、40nm、32nm、28nm、22nm、20nm、16/14nm、10nm、7nm、5nm、3nm、2.1nm、1.5nm 与 1nm 节点的仿真值。基本趋势是随技术节点的发展逐渐变小。逐渐变小的焦深需要光刻机在调焦调平上同步改进，确保在光刻曝光中不会出现影响成品率的离焦问题。一般来说，后段工艺的焦深需要包括一定的硅片表面的起伏。比如 28nm 节点，后段一般要比前段增加 10~15nm 的焦深空间（给化学机械平坦化工艺）。到了 5nm 及以下的技术节点，由于栅极可以使用 193nm 浸没式光刻与自对准双重或者四重图形技术，其焦深可以维持在 80nm 左右。但是，中后段的金属与通孔层一般使用 EUV 光刻工艺，其焦深会随着线宽的逐步缩小而

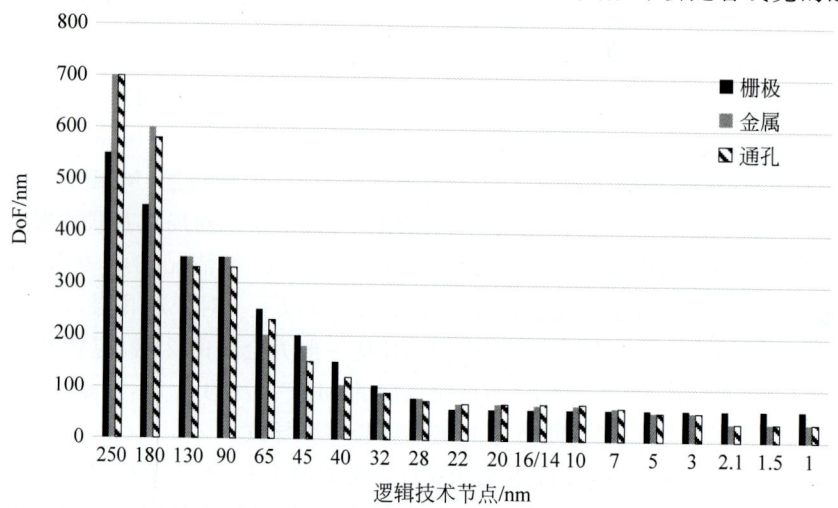

图 20-4 三种典型层次的焦深随技术节点的变化（根据实际工况通过建模仿真获取）

变小——从 2.1nm 节点开始,被认为会使用高数值孔径的 EUV 光刻(NA>0.5),这时,焦深相对于 0.33NA 的 EUV 光刻会有显著下降,降至约 35nm。所以,焦深的标准由光刻机的能力决定,同时光刻工艺在保证 EL 的前提下尽量留出较大的焦深。

20.3.4 套刻精度

套刻精度要求是随着制造线宽一起缩小,最初套刻规格是线宽的 1/4~1/3,随着技术节点进一步缩小,对套刻偏差的要求越来越高。例如,在 28nm 技术节点,后段线宽达到 45nm,但是套刻规格为 8nm,为线宽的 1/6~1/5。到了 5nm 技术节点,后段金属线宽为 15~16nm,套刻规格为 2.5nm,约为线宽的 1/6。但是,由于金属光刻采用自对准光刻-刻蚀,光刻-刻蚀(Self-Aligned Litho-Etch Litho-Etch,SALELE)双重曝光,即对于单次曝光(0.33NA EUV),线宽为 30~32nm,而套刻规格为 2.5nm,这时套刻规格小于或等于线宽的 1/12。图 20-5 展示了产品上套刻精度(On-Product Overlay,OPO)需求、DUV 光刻机 OPO 能力、13.5nm EUV 光刻机 OPO 能力在 250nm、180nm、130nm、90nm、65nm、45nm、32nm、28nm、22nm、20nm、16nm、14nm、10nm、7nm、5nm、3nm、2.1nm、1.5nm 与 1nm 节点的数值[3]。这些数值是根据 IRDS(International Roadmap for Devices and System,国际器件与系统线路图)的建议与作者多年的研发经验修订获得的。

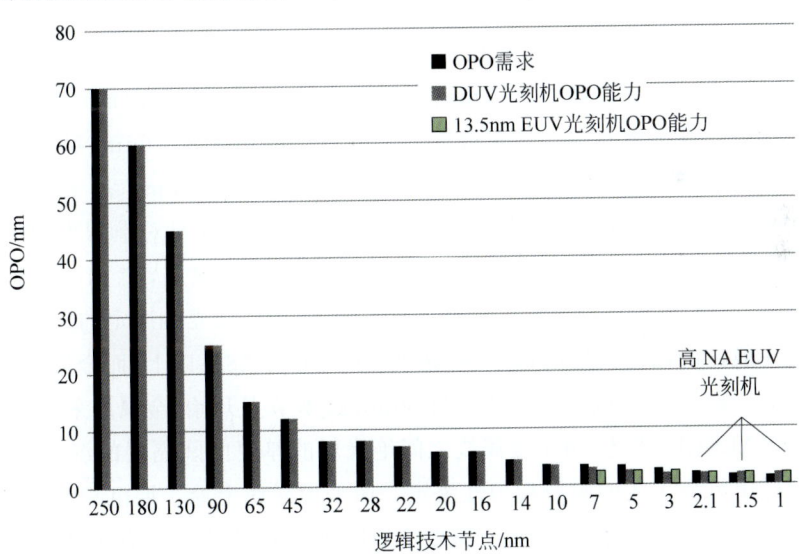

图 20-5 产品上套刻精度需求、DUV 光刻机 OPO 能力、13.5nm EUV 光刻机 OPO 能力随技术节点的变化(根据 IRDS 路线图结合作者多年研发经验分析得到)

这里用产品上套刻精度的原因是原来光刻机供应商只标注光刻机自身的套刻精度性能。然而,对于用户来说,在产品上的套刻性能一般比光刻机自身的套刻性能差。这是因为,除了光刻工艺外,刻蚀、化学机械平坦化、热处理过程都会影响套刻精度。采用 OPO 的定义,更能清晰地把握套刻的全局,也可以根据整体的套刻规格要求对影响套刻的因素进行误差预算分解,并且最大程度地缩小各误差贡献。

20.3.5 线边粗糙度/线宽粗糙度

除了表 20-1 所示的线宽均匀性要求,由于光刻后光刻胶侧墙及经过刻蚀传递到衬底材料的侧墙不是完全平滑的,高低不平的侧墙也会影响器件的性能,缩小后段金属连线层的短路电学击穿窗口或者电学可靠性窗口。对线边粗糙度与线宽粗糙度也有类似以上参数的规格要求。图 20-6 展示了栅极层的 LER 与金属层的 LWR 在 14nm、10nm、7nm、5nm、3nm、2.1nm、1.5nm 与 1nm 节点的规格值[3]。这些数值是根据 IRDS 技术路线图的建议与作者多年的研发经验修订获得的。

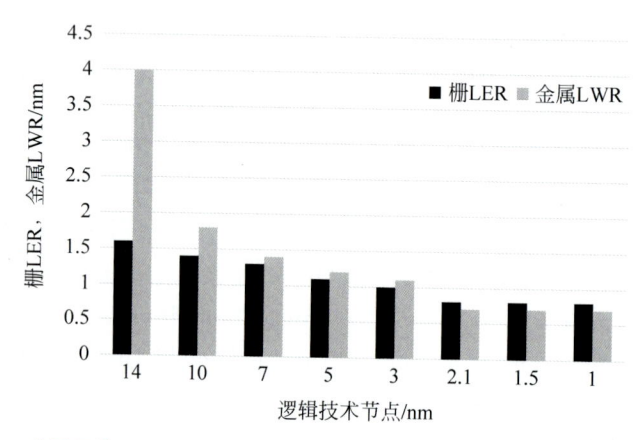

图 20-6　栅极层的 LER,金属层的 LWR 随技术节点的变化(根据多年 IRDS 路线图结合作者研发经验分析得到)

图 20-6 显示,对于栅极层,LER 随技术节点的发展而逐步缩小。一般来说,对于 193nm 浸没式光刻工艺,LER 的极限为 1.5~2nm,这与化学放大型光刻胶内部光致产酸剂的分布、聚合物分子量的分布等因素有关。且聚合物分子的直径为 1.4~1.6nm(对应分子量 5000~8000g/mol)(11.14.5 节)。栅极工艺在 14nm 的 LER 规格为 1.6nm。从 10nm 开始,栅极工艺不再是单次曝光,而采用自对准二重图形技术(10~3nm)或者自对准四重图形技术(2.1~1nm),LER 在经过多次刻蚀与薄膜沉积后,会有改善。对于金属层,在 14nm 技术节点,光刻工艺采用二重光刻-刻蚀,所以其 LWR 是由单次 193nm 浸没式光刻决定的。由于金属层的光刻工艺对比度一般比前段栅极层的低一些(栅极层的 EL 在 18%以上,而金属层的 EL 一般在 13%),其 LWR 一般在 4nm 或者更大些。自 10nm 技术节点开始,金属层采用自对准光刻-刻蚀、光刻-刻蚀(SALELE)工艺,由于金属线之间绝缘层的厚度由间隔层的沉积厚度决定,其厚度的粗糙度同样由沉积工艺的膜厚均匀性决定。而平坦衬底上原子层沉积的膜厚均匀性可以做到 0.5nm 或更好,所以 10nm 以下金属的 LWR 规格相比 14nm 有了大幅提高——达到 2nm 或者以下。所以,纵观 10nm 以下的逻辑技术节点,无论前段的栅极层(还包括有源区层),还是后段的金属连线层,均采用自对准工艺,这不仅可以改善线宽均匀性,还可以大幅改进 LER 和 LWR[6]。

20.4　化学放大型光刻胶的等效光酸扩散长度

前面已经阐述过等效光酸扩散长度这一参数对表征光刻胶的性能的关键作用,如表 4-5 所示,随着技术节点的不断发展,等效光酸扩散长度从 250nm 技术节点的 70nm 到 7nm/5nm 技术节点的 5nm 以下。图 20-7 对表 4-5 的数值进行了细化,并且针对三种典型的光刻工艺(栅极层、金属层与通孔层)使用实际工况与曝光结果,通过建模与分析得出。要知道,化学放大型光刻胶依赖光酸的扩散实现化学放大。如果扩散长度因为不断提高光刻胶的分辨率而不断缩小,化学放大作用也会相应地变小,这意味着曝光能量会增加。从实际工作来看,曝光能量并没有显著增加。这得益于使用了效率更高的光致产酸剂与更加优化的光刻胶配方,包括逐渐增大的光致产酸剂的含量等。总之,到了今天,等效光酸扩散长度已经小于 5nm,或者 5~7nm(193nm 浸没式负显影光刻)。而对于非化学放大型光刻胶,如金属氧化物 EUV 光刻胶,其基本原理是光致交联,而交联其实也是一种放大,只是这样的放大不如化学放大型光刻胶容易控制而已,根据我们的模型与获取的曝光数据,其等效的扩散长度约为 3nm 或者略小一点,如 2.5~3nm。

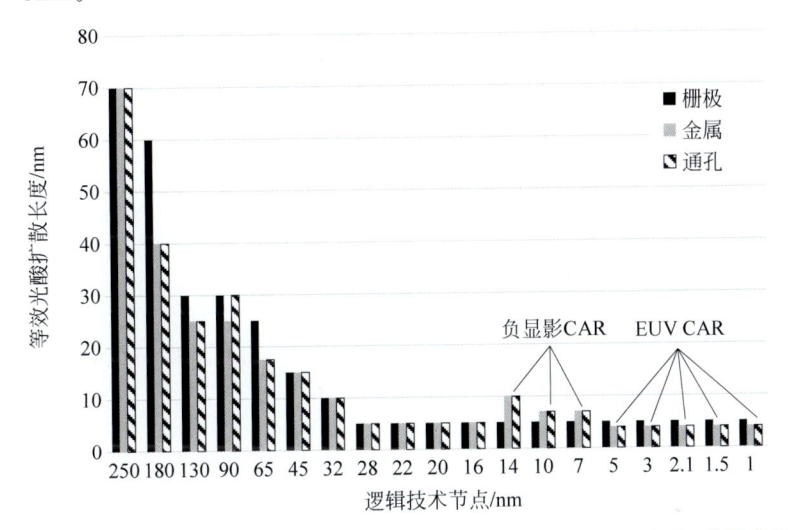

图 20-7 三种典型层次光刻工艺的等效光酸扩散长度随技术节点的变化(数据来源:根据实际工况通过建模仿真获取)

参考文献

[1] Wu Q, Li Y L, Yang Y S, et al. The Law that Guides the Development of Photolithography Technology and the Methodology in the Design of Photolithographic Process. Proc. CSTIC 2020,IEEE Xplore 2020,2020.

[2] Bakshi V. EUV Lithography. 2nd Ed. SPIE Press,2018.

[3] 2001 ITRS Roadmap,2005 ITRS Roadmap,2013 ITRS Roadmap,2017 IRDS Roadmap.

[4] Wu Q, Li Y L, Liu X H, et al. Considerations in the Setting up of Industry Standards for Photolithography Process, Historical Perspectives, Methodologies, and Outlook. Proc. CSTIC2022,IEEE Xplore 2022,2022.

[5] 李艳丽,刘显和,伍强. 先进光刻技术的发展历程与最新进展. 激光与光电子学进展,2022,0922006-1,59(9).

[6] Wu Q, Li Y L, Liu X H, et al. A CDU Budget and Process Window Study with EUV Lithography for 3nm CFET Logic Processes and an Outlook for Future Generations. Proc. ICSICT 2022,IEEE Xplore 2022,2022.

思考题

1. 纵观光刻工艺的发展，对于表征光刻工艺的重要参数，如 EL、MEF、DoF 等，可以得出怎样的结论？

2. 如果需要建立一种新的光刻工艺，在已知最小周期和线宽后，应该通过怎样的步骤与顺序逐步建立光刻工艺条件（如选择光刻机、照明条件、光刻胶、光刻胶的工艺条件、线宽偏置、OPC 补偿量、线宽均匀性规格与分配，套刻精度规格等），并且使 EL、MEF、DoF 达到最好的结果？

第21章

光刻技术发展展望

21.1 光刻技术继续发展的几点展望

从光刻技术的历史发展来看,其工艺由简单到复杂,设备由小型到大型、由手动到自动、由小尺寸硅片到12in硅片,凝聚了几代光刻人的心血和技术积累。要想在一本书内涵盖所有知识和技术要点是不可能的。在反复思考中得出了以下几点展望。

(1) 光刻投影成像技术还会伴随着极紫外的走向成功继续发展。投影技术可以将巨量的信息在极短的时间内大量复制,比如在一次曝光内复制 $10^{11} \sim 10^{12}$ 像素。这是任何探针式或者电子束,哪怕多电子束扫描式曝光设备所无法企及的。虽然极紫外在光刻胶线边/线宽粗糙度、曝光能量的散粒噪声、掩模版保护膜和光源维护上还有困难,但极大的产能优势和最大限度地避免采用多次曝光-刻蚀的复杂图形技术还是在推动解决这些困难。导向自组装和纳米压印技术也将进一步发展,导向自组装需要进一步解决缺陷问题和线边粗糙度问题或者寻找一个适合的应用场景,如缩孔。这是因为孔洞的面积占总版图的面积很小,约1%的量级,这可以大大减小导向自组装的总缺陷密度;而且单个孔洞理论上只允许一圈缩孔,可以避免周期、位置偏移类型的缺陷。而纳米压印技术需要解决的是缺陷问题,而且其1倍率的电子束制版技术也比掩模版制版技术要困难。

(2) 化学放大型光刻胶取得了空前的成功,193nm浸没式负显影光刻胶以其在明场中能够充分利用光能量的特点,从14nm技术节点开始逐渐在前中后段的剪切、通孔和沟槽层次中替换正显影技术。在极紫外光刻中,化学放大型光刻胶仍然有着生命力。同时,理论上吸收极紫外光效率相比化学放大型光刻胶高3~4倍,在线边粗糙度和线宽粗糙度上展露出优势(改进了15%左右)的含有金属的非化学放大型光刻胶也在快速发展。而线边粗糙度和线宽粗糙度将是所有193nm浸没式光刻胶和13.5nm极紫外光刻胶的重点改进领域。

(3) 光掩模版的电子束曝光技术开始出现多电子束直写的技术。这是为了适应光源掩模版协同优化形成的过度细密的掩模版修正。多电子束直写技术的出现,可以应对过度复杂的掩模版的制版。它在5nm技术节点及以下可能逐渐被大量使用。但是,可变截面形状单电子束曝光技术由于其极高的边缘形状定义性能还会在规范化的掩模版应用上继续存在,如规则的线条/沟槽和通孔。

(4) 在14nm及以下工艺,光源掩模协同优化开始被使用,配合设计规则的优化和工艺的联合进步,如刻蚀的线宽均匀性和精细度,原子层刻蚀的进步等,综合起来,可以提升工艺窗口8%~10%。光学邻近效应产生的误差大约为±2nm,这还是可以被接受的。不过到了7nm,这个误差可能需要被控制在±(1~1.5)nm,这样的精度要求所有相关的光刻胶、仿真软件、光刻机等达到空前的精确度和稳定性。

(5) 显影方式经历了喷头的逐渐改进,现行的显影靠单喷头喷洒和硅片快速旋转来完成充分显影。在浸没式光刻中,冲洗的时候需要依靠氮气的吹喷来辅助将硅片中央疏水表面滞留的水滴离心力不足导致吹走。而负显影天生的图形底部内切会导致倒胶更加容易发生。随着负显影的大量使用,倒胶和充分显影这一对矛盾还将继续。要想将线宽持续做小,需要对光刻胶进行优化,使得能够制作更小尺寸的线宽。而对光刻胶的优化,意味着提升光刻胶对紫外光的吸收效率,这就意味着光刻胶的光敏部分含量的增加,或者单个分子对光子的量子吸收效率提高,以及对后续光化学反应效率的提升。

(6) 测量技术中线宽扫描显微镜还将进一步提高精度。套刻测量也将不断改进,随着套刻要求逐步逼近在单台光刻机单工件台实现1nm以及在匹配工件台和光刻机上实现2nm(如193nm浸没式匹配13.5nm极紫外光刻机),套刻的取样点也将快速增多,套刻测量也将全方位地使用多波长和多角度探测的方式。这与光学散射探测的情况开始变得类似,也就是需要收集有关目标的所有光学信息。光学散射探测将进一步扩大其应用范围,有关光刻散射的建模和取样将更加精密化。为了实现如此高的套刻要求,中后段层次更多地考虑使用自对准技术,如自对准多重图形技术(Self-Aligned Multiple Patterning,SAMP)、自对准光刻-刻蚀、光刻-刻蚀(Self-Aligned Litho-Etch,Litho-Etch,SALELE)等。

(7) 随着光刻技术逐渐走向极限,版图的设计规则将更加受到限制。将来可能越来越多的层次上的图形变为纯粹的密集线条,或者起到线条剪切作用的短沟槽。光学邻近效应将主要针对剪切图形或者极紫外中的阴影效应和像差的影响来改善。对线宽粗糙度要求高的前段层次的密集线条还将继续依赖193nm浸没式光刻工艺和自对准间隔层(Spacer)技术来产生2倍、4倍密集的线条。若周期小于20nm,则极紫外光刻会被用来做2倍甚至4倍密集的线条。从7nm开始,剪切层和后段金属、通孔层将逐步开始依赖光刻层数少的极紫外光刻来实现。

21.2　光刻技术的发展将促进我国相关技术的发展

光刻技术涵盖了很广的学科范围,包括精密机械、精密电子、精密光学成像、高性能材料、精密加工、精细化工、高效仿真计算、高可靠性和灵敏度传感器和计算机自动控制领域等。这些技术互相交织、相辅相成,为集成电路的高速发展奠定基础。光刻技术在整体上是商业化的,是成功的。也就是说,光刻技术的各个方面都要做到恰到好处,性能的追求以够用、可靠和价格合理为原则。光刻机、光刻胶、光刻和设计自动化仿真软件等重要的设备材料软件的研制成功,将推动我国的相关技术走向成熟:够用、可靠、价格合理。光刻技术的工程人员需要具备相当广的知识面,掌握很多不同学科和技术领域的知识和技术;还要对所使用的设备、材料和计算方法有深入的理解。对于工程人员来说,很多知识、技术和经验几乎都是在工作中不断学习获得的,在课堂中只能学习到基本概念和原理。光刻技术的成功应用已经经历了几十年,虽然光刻技术本身很复杂，但是在半导体集成电路工厂中已经形成了成熟的操作流程。在工作中，如果不注意留心学习，其实并没有多少机会了解除了每天按照一定的规定流程做的事情之外的技术知识。所以，要做好光刻，除了具有职业精神以外，更要有使命感、责任感，做个有心人。

光刻技术水平的提高可以看作一个国家、一个经济体高科技整体水平提高的标志之一。我国是一个快速发展中的大国和世界上第二大经济体。国家在半导体集成电路这一关乎信息安全和国计民生的重要技术领域有着长期的规划和投资。最近，我国在精密光学镜头方面取得了可喜的成果。尤其是中国科学院长春光学精密机械与物理研究所的 0.75NA、193nm 光刻机投影物镜取得初步成功，清华大学华卓精科科技股份有限公司的磁浮双工件台的研制成功，几种 193nm 光刻胶的制样成功以及一系列电子束扫描成像测量设备的研制成功，标志着我国逐渐开始掌握了光刻技术领域的几大关键技术。我们衷心祝愿国产高端光刻相关设备、材料和自动化设计仿真软件的研制能够早日成功，为我国集成电路产业乃至国民经济的腾飞提供强大的推动力。

附录A

典型光刻工艺测试图形

1. 一维图形

从最小密集线条周期到完全孤立线条的线条和线距宽度的一维图形(1-D Thru-pitch width&space CD),如图附 A-1 所示。

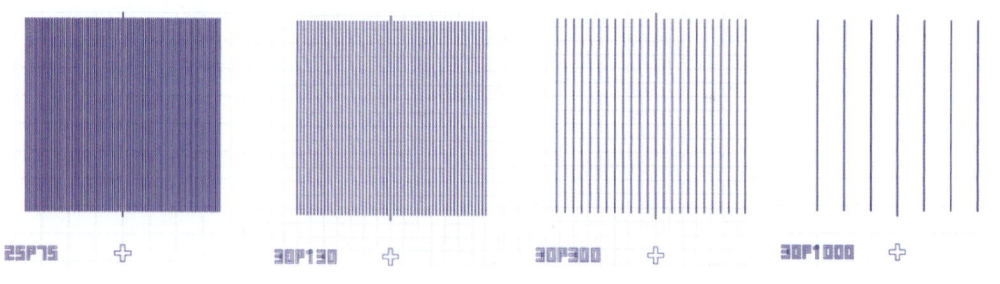

图附 A-1 一维测试图形示意图:从密集到孤立

带有亚分辨辅助图形的一维图形(1-D Thru-pitch width&space CD with assist bar),如图附 A-2 所示。

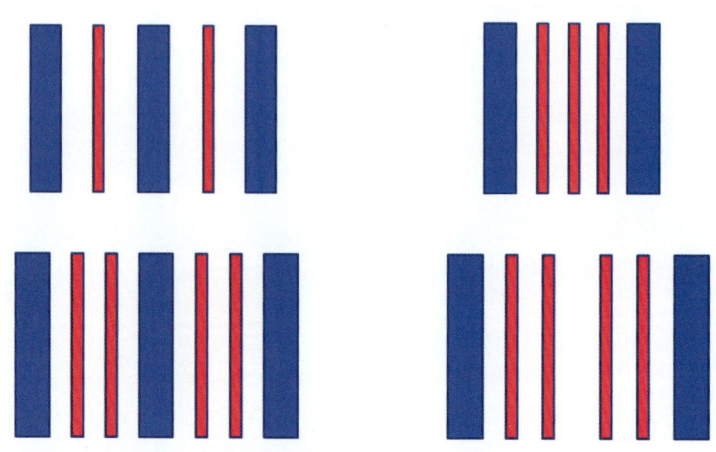

图附 A-2 带有亚分辨辅助图形的一维测试图形示意图

密集双线、三线、四线、五线图形(Dense bi-line, tri-line, 4 line, 5 line)如图附 A-3 所示。

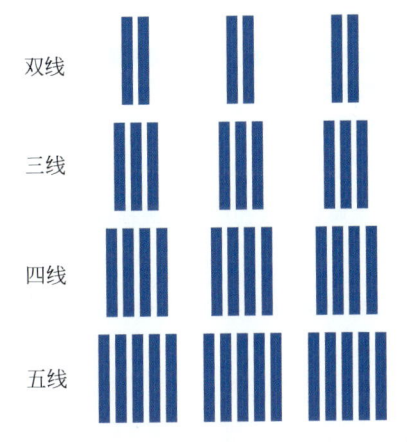

图附 A-3　其他一维测试图形示意图：密集双线、三线、四线、五线

2. 二维图形

线端-线端结构(Line end to line end)如图附 A-4 所示。

图附 A-4　线端-线端测试图形示意图

线端-横线结构(Line end to line)如图附 A-5 所示。

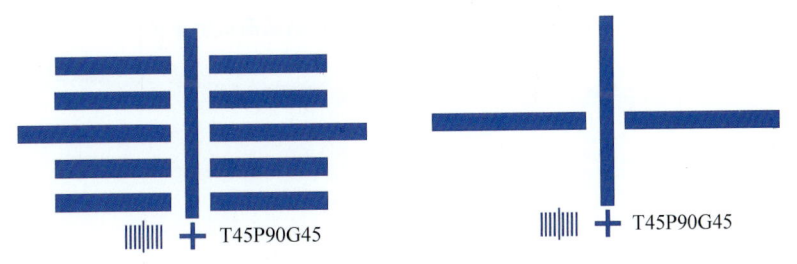

图附 A-5　线端-横线测试图形示意图

边角圆滑度(Corner rounding)如图附 A-6 所示。

图附 A-6　边角圆滑度测试图形示意图

通孔层包裹程度(Via enclosure)如图附 A-7 所示。

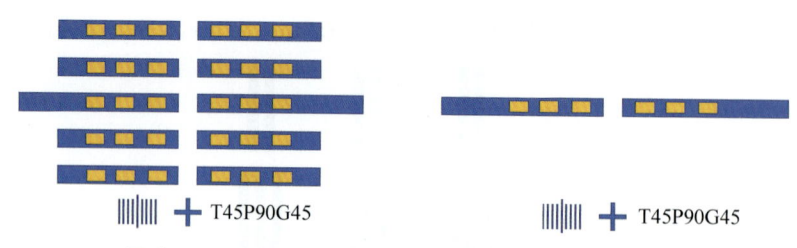

图附 A-7　金属线对通孔层的包裹程度测试图形示意图

3. 通孔层图形

矩阵型密集到孤立的通孔（Matrix via thru-pitch）如图附 A-8 所示。

图附 A-8　矩阵型密集到孤立通孔测试图形示意图

交错型密集到孤立的通孔（Staggered via thru-pitch）如图附 A-9 所示。

图附 A-9　交错型密集到孤立通孔测试图形示意图

附录B

光刻工艺建立过程中测试掩模版的绘制

对于某一技术节点,比如32nm/28nm或者14nm,建立足够适合于量产的光刻工艺是决定该技术节点能否顺利从研发阶段进入量产阶段的关键因素。光刻工艺研发一般由测试掩模版的设计和出版开始。本附录介绍一种经济高效、简单易行的掩模版绘制方法。该方法可以帮助光刻工程人员快速绘制各种测试图形,以便将来用于光刻工艺能力的测试和开发。

目前,光掩模版版图的绘制主要有GDSⅡ和OASIS两种文件格式。依照我们的经验,GDSⅡ格式作为掩模版版图设计的标准格式出现比较早,而且较为普及,很多成熟的软件、编程语言都支持该格式;但是用GDSⅡ格式制作的版图文件往往比较大,一张完整的光刻掩模版版图设计用GDSⅡ绘制往往会达到几十吉字节甚至几百吉字节。OASIS格式出现比较晚,有很高的压缩比,1GB多的GDSⅡ文件转换成OASIS也就几兆字节,非常适合于数据传输;但是由于OASIS格式比较新,因此支持这种格式的版图绘制的软件比较少,而编程语言就少之又少了。

本部分采用Perl语言进行计算机自动化版图绘制,主要原因是Perl语言语法简单、容易上手,而且是开源免费的,比较经济实用。Perl语言的编译器下载网址是http://www.perl.org/get.html。除了免费开源的编译器,Perl语言还有强大模块库CPAN,该模块库提供丰富的应用组件,使得Perl语言可以扩展到各个应用层面。目前该语言支持Windows、Linux、macOS等各种主流操作系统。读者可根据自己的实际情况下载相应的编译器版本。

目前,Perl语言只能绘制GDSⅡ格式的版图,尽管如此,对于光刻工艺测试掩模版版图的绘制已经足够。本部分不对Perl语言的语法做过多介绍,感兴趣的读者可以查阅相关书籍。这里重点介绍如何使用Perl语言加载GDS2模块包做各种测试图形的绘制。

1. Perl语言编译环境的搭建

下载并安装好Perl编译器以后,还需要下载并安装GDS2模块。由于Perl编译器的安装与一般的软件安装大同小异,因此这里不做详细叙述。这里只介绍GDS2模块在Windows操作系统下的安装方法,具体如下。

(1) 从www.cpan.org搜索所需要的GDS2模块并下载,一般是GZ或TGZ格式的文件。

(2) 用WinRAR等解压缩软件解压缩。

(3)进入 COMMAND 模式,进入刚才解压缩的文件夹下,找到含有 Makefile.pl 文件的目录。

(4)依次运行以下命令即可完成安装:

perl Makefile.pl
gmake
gmake test
gmake install

具体过程参考图附 B-1。

图附 B-1　安装 GDS2 模块

2. Perl 语言 GDS2 模块包介绍

GDS2 模块包是由 Ken Schumack 编写的,用于 GDS 文件读取、编辑及制作等。这里只介绍一种最常用的多边形(boundary)图形画法。

关于 GDS2 模块的语法使用这里不做过多详细的叙述。下面以一种最基本的光刻工艺测试图形——一维密集线条为例,讲解如何将该测试图形利用 Perl 语言编程使得计算机可以自动将之绘制出来并保存成 GDS Ⅱ 格式。一维密集线条的绘制如图附 B-2 所示。

一维线条是建立光刻工艺时最重要、最基本的测试图形之一,图附 B-2 是这种图形的一种常用画法。该画法画出的测试图形包括 4 部分。

(1)主图形(Main feature):用于评估光刻工艺的图形,这

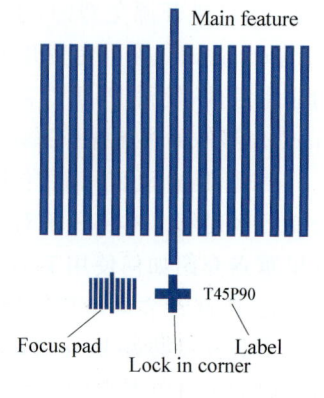

图附 B-2　光刻工艺中的测试图形——一维线条

部分图形是要最终曝光成像在硅片上,利用扫描线宽测量电子显微镜(CD-SEM)进行测量或者图案拍照。其测量结果往往用于评估光刻工艺、OPC建模等。为了测量方便,主图形中间一根线条一般会画得长一些,这样容易区分。一维图形一般有两个变量:一个是线条宽度的尺寸;另一个是线条与线条之间的周期。

(2) 用于测量寻址时的十字对准标记(Lock in corner):目前在制造集成电路时,使用的扫描测量电子显微镜大多是图形寻址模式的。电子显微镜根据对准标记与测量图形的相对位置找到需要测量的特征图形。寻址用的十字对准标记的线宽尺寸一般要足够大,从而保证有足够的光刻工艺窗口和对比度,以及在电镜在搜索标记时容易找到。

(3) 标识字符(Label):用于描述主图形的特征参数,如图形尺寸、图形周期等。清楚明了的标识字符可以让光刻工程人员在建立测量程序时方便快捷地找到需要测量的图形。

(4) 电镜用对焦图形(Focus pad):扫描电镜在测量主图形前一般会先做电子束成像的对焦,由于光刻胶形成的图形一般是在测量时才能被电子束打到,因此需要在主图形附近放置专门的对焦图形。

由于一块光掩模版面积有限(尺寸一般为26mm×33mm),而掩模版上的测试图形又要尽可能考虑光刻工艺建立的各个方面,因此要科学设计测试图形的种类、测试图形尺寸的范围、变化步长的大小等各种因素,一个测试图形所占的面积一般不小于 10μm×10μm。对于光刻工艺测试图形一般按照如图附 B-3 所示的流程来绘制。

由以上对一维线条图形的分析我们确认了图形种类为一维线条,两个变量(线条宽度和周期)的变化步长以 5nm 和 100nm 为宜。另外,还要确认测试图形整体的面积大小,按照经验一个测试图形的尺寸一般为 10μm×10μm。本例中,两个变量的变化范围如表附 B-1 所示。

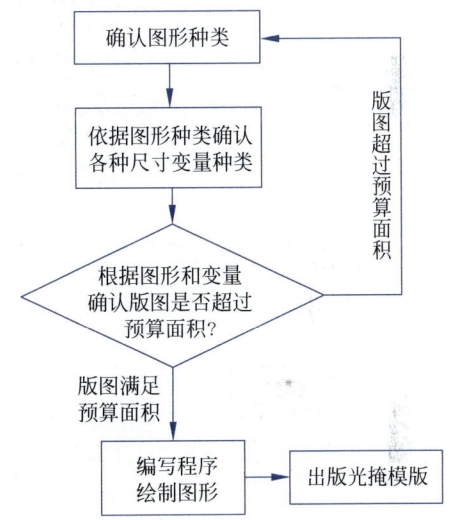

图附 B-3 光刻工艺测试图形的绘制流程

表附 B-1 测试图形线宽和周期变化范围

参 数	周期	最小线宽/nm	最大线宽/nm	线宽步长/nm
周期变化范围	100	50	70	5
	200	50	70	5
	300	50	70	5
	400	50	70	5
	500	50	70	5

由表附 B-1 可以计算出这组测试图形的尺寸为 50μm×50μm,远小于版图规定的尺寸(26mm×33mm),因此可以进行编程绘制。

绘制测试图形的源代码如图附 B-4 所示。

由以上代码绘制出来的测试图形如图附 B-5 所示,纵向变化的是周期,横向变化的是主图形线宽。

下面简要解释程序代码。

(1) 第 1 行是 Perl 程序的编译器地址,主要针对 Linux 操作系统。

```perl
#!/usr/bin/perl
use GDS2;

$GDS_path = 'D:\test_pattern.gds';
my $gds2File = new GDS2(-fileName=>">$GDS_path");
$gds2File -> printInitLib(-name=>'TEST',-uUnit => 1/10000,-dbUnit => 1e-10,);
$gds2File -> printBgnstr(-name => 'Layer01');
$layer=01;

@pitch = (0.100,0.200,0.300,0.400,0.500);
$MaxCD = 0.070;
$MinCD = 0.050;
$CDstep = 0.005;
$padsize = 10;
$logo_y=0;

foreach $pitch (@pitch) {

    $num= int((7)/$pitch/2);
    $bar_length=6.5;
    $ce_bar_length=7;

    $ce_bar_y=$padsize/2+ $logo_y* $padsize;
    $logo_y++;
    $logo_x=0;


    for($cd=$MinCD;$cd<=$MaxCD;$cd=$cd+$CDstep){

    $ce_bar_x=$padsize/2+ $logo_x* $padsize;
    $logo_x++;

#-------------------------中间一根主图形绘制-----------------------------------#

    @array=(($ce_bar_x-$cd/2),($ce_bar_y-$ce_bar_length/2),($ce_bar_x-$cd/2),($ce_bar_y+$ce_bar_length/2),
            ($ce_bar_x+$cd/2),($ce_bar_y+$ce_bar_length/2),($ce_bar_x+$cd/2),($ce_bar_y-$ce_bar_length/2),
            ($ce_bar_x-$cd/2),($ce_bar_y-$ce_bar_length/2));

    $gds2File -> printBoundary(
                        -layer=>$layer,
                        -dataType=>0,
                        -xy=>\@array,
                        );

#-------------------------中间一根主图形绘制结束-------------------------------#


foreach $item(1..$num){
    @lf_bar_xy=(($ce_bar_x-$item*$pitch),$ce_bar_y);    #左半边的线条
    @rt_bar_xy=(($ce_bar_x+$item*$pitch),$ce_bar_y);    #右半边的线条


#-------------------------左半边的线条图形绘制---------------------------------#

    @array_lf=(($lf_bar_xy[0]-$cd/2),($lf_bar_xy[1]-$bar_length/2),($lf_bar_xy[0]-$cd/2),($lf_bar_xy[1]+$bar_length/2),
               ($lf_bar_xy[0]+$cd/2),($lf_bar_xy[1]-$bar_length/2),($lf_bar_xy[0]+$cd/2),($lf_bar_xy[1]+$bar_length/2),
               ($lf_bar_xy[0]-$cd/2),($lf_bar_xy[1]-$bar_length/2));

    $gds2File -> printBoundary(
                        -layer=>$layer,
                        -dataType=>0,
                        -xy=>\@array_lf,
                        );

#-------------------------左半边一根主图形绘制结束-----------------------------#

#-------------------------右半边的线条图形绘制---------------------------------#
    @array_rt=(($rt_bar_xy[0]-$cd/2),($rt_bar_xy[1]-$bar_length/2),($rt_bar_xy[0]-$cd/2),($rt_bar_xy[1]+$bar_length/2),
               ($rt_bar_xy[0]+$cd/2),($rt_bar_xy[1]-$bar_length/2),($rt_bar_xy[0]+$cd/2),($rt_bar_xy[1]+$bar_length/2),
               ($rt_bar_xy[0]-$cd/2),($rt_bar_xy[1]-$bar_length/2));
    $gds2File -> printBoundary(
                        -layer=>$layer,
                        -dataType=>0,
                        -xy=>\@array_rt,
                        );
#-------------------------右半边一根主图形绘制结束-----------------------------#
};
#-------------------------SEM图形寻址标记---十字架的绘制-----------------------#
    $x=$ce_bar_x;
    $y=$ce_bar_y-4;
    $width=0.2;
    $length=0.6;
    @array_lock=( ($x-$width/2),($y-$length/2),  ($x-$width/2),($y-$width/2),
                  ($x-$length/2),($y-$width/2),  ($x-$length/2),($y+$width/2),
                  ($x-$width/2),($y+$width/2),   ($x-$width/2),($y+$length/2),
                  ($x+$width/2),($y+$length/2),  ($x+$width/2),($y+$width/2),
                  ($x+$length/2),($y+$width/2),  ($x+$length/2),($y-$width/2),
                  ($x+$width/2),($y-$width/2),   ($x+$width/2),($y-$length/2),
                  ($x-$width/2),($y-$length/2));
    $gds2File -> printBoundary(
                        -layer=>$layer,
                        -dataType=>0,
                        -xy=>\@array_lock,      ## array of reals
                        #-xyInt=>\@array_xy,    ## array of internal ints (optional -wks better if you are modifying an existing GDS2 file)
                        );
#-------------------------SEM图形寻址标记---十字架的绘制结束-------------------#
#-------------------------        对集标记以及字符标记省略         -----------#
};
};
$gds2File -> printEndstr;
$gds2File -> printEndlib();
```

图附 B-4　绘制一维线条测试图形的程序代码

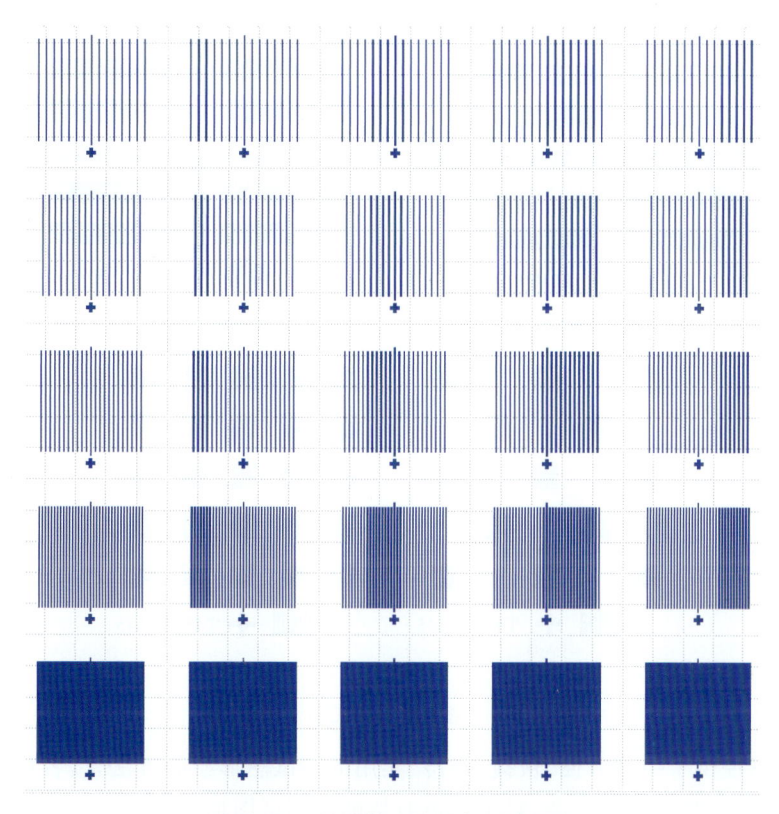

图附 B-5　绘制的一维线条测试图形

(2) 第 2 行表示该程序调用 GDS 模块。

(3) 第 4 行指定一个变量代表 GDS 文件的输出路径。

(4) 第 5~8 行用于输入该 GDS 文件的基本信息。

(5) 第 10~14 行用于输入测试图形的基本特征变量。

(6) 第 19 行是计算一组线条图形在规定的区域内可以画多少根,规定区域为 7μm,小于指定的边界尺寸 10μm。

(7) 第 20、21 行指定线条长度,中间一根长度为 7μm,两边线条为 6.5μm。

(8) 第 35~37 行设定主图形中间一根线条的各个节点的坐标,因为主图形是长方形,所以只要指定该长方形的 4 个顶点的坐标即可,顺序是左下、左上、右上、右下、左下。一般是顺时针或逆时针方向,最后必须回到起点。

(9) 第 57~59 行设定主图形其他线条的各个节点的坐标,与中间一根的设定方法相同。左半边和右半边一起开始绘制。

(10) 第 86~92 行设定十字架标记的各个节点的坐标,该图形相对于长方形来说更为复杂,有 12 个节点,因此坐标个数要多一些。

(11) 对焦标记和字符标记,由于受篇幅限制,此处省略。

(12) 通过三重迭代循环最终绘制出测试图形阵列。

除了一维图形,光刻工艺一般还有如图附 B-6 所示的几种测试图形,读者可尝试自己编写代码进行绘制。

总而言之,好的测试图形是能够充分全面地评估光刻工艺的保证。除了上面列出的测试图形,集成电路制造商一般还会根据自己集成电路设计的特点绘制更多切合实际、更为复杂的

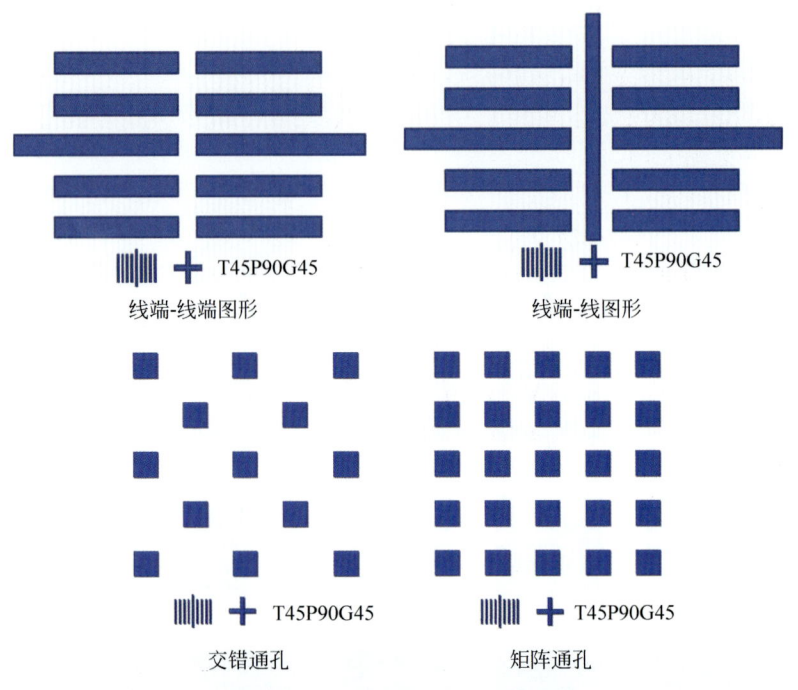

图附 B-6　常用的光刻工艺测试图形

设计图形。本书提供了一种方便、快捷、经济、实用的测试图形绘制方法,读者可以根据该方法进行必要的拓展,绘制出更为复杂、对工艺更有帮助的测试图形。

思考题参考答案

第 2 章

1. 图 2-3 中的 8 步流程。

2. 设备、材料、工艺和规格。

3. 一般来说,掩模版透明区域面积大于 50% 的为明场,小于或等于 50% 的为暗场。明场一般使用高活化能光刻胶,暗场一般使用低活化能光刻胶。到了接近衍射极限时,明场的要求又要高一些,指掩模版透明区域面积大于 50%,且透光部分的线宽乘以 4(掩模版上的线宽)不小于,甚至略大于(如+10%)光波长(如 193.368nm)的情况。

4. 光刻机分为硅片输运分系统(Wafer Handler Sub-system)、硅片台分系统(Wafer Stage Sub-system)、掩模版输运和掩模台分系统(Reticle Handler and Reticle Stage Sub-system)、系统测量与校正分系统(Calibration and Metrology Sub-system)、成像分系统(Imaging Sub-system)、光源分系统(Light Source Sub-system)以及电气(Electric)、厂区通信(Fab Communication)、纯水(Purified Water)、污染和温度控制(Contamination and Temperature Control)分系统等。

5. 硅片与掩模版直接通过投影镜头对准。离轴对准就是在硅片记号和掩模版记号之间建立一个中间过渡,硅片与掩模版分别和硅片台上的基准记号对准,硅片对准不通过投影镜头。

6. 涂胶-显影一体机(以下称"一体机")分为涂胶(Coaters)分系统、显影(Developers)分系统、冷热板(Chill/Hot Plates)烘焙分系统、硅片传输-暂存(Wafer Transport/Buffering)分系统、供/排液(Chemical Supply/Drain)分系统、通信(Communication)分系统。

光刻胶分为正性光刻胶(简称正胶)和负性光刻胶(简称负胶)。正胶在工作时曝过光的区域溶解于显影液,而负胶在工作时没有曝过光的区域溶解于显影液。

正胶具有分辨率高的优点,这对于分辨率要求高和明场成像,如栅极的线条的曝光情况有着明显的优势。对于采用正胶时掩模版是暗场的层次,如沟槽和接触孔等层次,如果采用负胶,掩模版就变成明场,这时采用负胶就能够充分利用明场光刻胶接受光线充足的优势。但是负胶的分辨率有限,对于分辨率要求高的场合并不适合。

8. 到了 14nm,工业界出现了正胶负显影的工艺[15]。尽管日本富士胶片(Fujifilm)公司认为这种负显影工艺是采用溶剂来显影去除未曝过光的区域,仍然属于正胶,应该具备正胶所拥有的分辨率高的优点,但是在实际应用中发现,实际上这种光刻胶更类似于负胶,在第 4 章会详细讨论。打个比方,正胶由于是用显影将曝过光的区域去除,像是在"拆大楼";光刻曝光仅需要削弱光刻胶结构,像爆炸拆除,用炸药在关键位置爆破即可。一块光刻胶,只要形成了几个"大洞",显影过程加上冲洗就可以将其去除。而负胶,或者负显影正胶像是"盖大楼",仅生成几块砖、几片瓦是不够的,也就是说,仅仅通过光化学反应形成孤立的若干块不溶于显影液的区域是不够的,需要这些区域能够连接起来,形成一个牢固的框架。这就是负显影需要更多的光化学反应的原因。如果不能通过照明光获取,就得通过化学催化-扩散获得。不过,后者要损失分辨率。有关负显影光刻胶的原理参见 11.14.4 和 11.14.5 节。

9. 化学放大型光刻胶的产生源于对提高分辨率和灵敏度(减低照明光强、提高生产速度和延长光刻机镜头的使用寿命)的要求。为了提高分辨率,必须将原本像梯形的光刻胶断面形貌由梯形变成矩形,如图 2-13 所示。梯形的形貌是由于光刻胶大量吸收照明光,当光到达光刻胶底部时光强已经变得十分弱,因此造成底部线条线宽偏大的情况。这样就限制了分辨率的提高。要使得光刻胶吸收光线减少且不提高照射光强,采用化学放大就是一种有效的解决方法。化学放大的倍数一般为 10～30,所以曝光能量可以下降一个数量级。对于典型的 i-线光刻胶,曝光能量密度一般为 200～300mj/cm^2 而对于典型的 248nm 和 193nm 化学放大型光刻胶,曝光能量密度只有 20～40mj/cm^2。

10. (1) 光刻工艺需要具备一定的对焦深度(如前述):光刻胶不能太厚。

(2) 光刻胶不倒胶所允许的最大厚度:如果太厚,光刻胶因为较高的高宽比可能在带碱性的显影液以及冲洗液(一般为去离子水)中被较大的表面张力加上硅片的较高速旋转所拉倒。当然,降低显影液和冲洗液中的表面张力,如添加表面活性剂(Surfactant)可以使光刻胶变得更厚,这需要增加一些成本。

(3) 刻蚀需要的最小厚度。

(4) 光刻胶上表面反射随光刻胶厚度变化的极大值或者极小值所处的厚度。

(5) 光刻胶有时也需要厚一些。这是由于光刻胶存在对光的吸收,即便是带化学放大的光刻胶也对光存在一定的吸收。对于不使用抗反射层的工艺(如较多的离子注入层)、线宽较大的层次[如湿法刻蚀的双栅(Dual Gate,DG)、三栅(Tri-Gate,TG)层次],较薄的光刻胶可能导致驻波效应变得显著,较厚的光刻胶可以降低衬底的反射,以减少驻波效应。

11. 离轴照明、传统照明和自定义照明。

12. 对一个方向的图形尺寸具有很高的分辨率和对比度,但是对与其正交方向的图形尺寸分辨率很低。

13. 内径、外径和张角。

第 3 章

1. 物镜在像空间所张的最大半角的正弦值乘以像空间的折射率实部。

2. 其高度的相干性。

3. $j_{12} = \left(\dfrac{2J_1(\nu)}{\nu}\right)e^{j\phi}$。

4. 科勒照明是将光源通过透镜成像到照明光瞳位置,再通过聚光镜将照明光瞳的光变成平行光投射到物平面上。临界照明是直接将光源通过透镜成像到物平面上。

5. 对照明光瞳上每一点发出的光以相干成像的方式计算光强,再对照明光瞳上每一点成像产生的光强进行相加。

第 4 章

1. 成膜树脂、溶剂、光敏剂和其他添加剂。

2. 参考图 4-14。

3. 对光线吸收比较大,光刻胶断面形貌顶部窄,底部宽。底部宽容易桥接,分辨率难以提高。

4. 通过曝光—光化学反应产生催化剂,如光酸,用催化剂完成成倍的脱保护反应。这样可以减少对光的吸收,保持比较垂直的形貌,易于提升分辨率,也能通过减少对光能的要求,提高光刻机的生产速率。

5. 光刻胶曝光后接触空气,会受空气中碱性气体的影响,而光刻胶中的去保护反应是靠酸催化的去保护反应来完成的,在曝光后、显影前,如果这样的光酸被空气中的碱性成分中和掉(哪怕一点点),就会造成化学放大的问题,最终造成光刻胶灵敏度的大幅度变化。化学放大型光刻胶一般采用光酸作为脱保护催化剂,如果空气中或者衬底里有较多的碱性物质,则会导致光刻胶里的光酸被不断中和,光刻胶失效。

6. 高活化能:环境稳定(ESCAP)型、t-BOC 型;低活化能:乙缩醛(Acetal)型。

7. 优点:光酸扩散长度短,分辨率高,光灵敏度高。缺点:曝光放气多,容易污染镜头,催化反应在室温下进行,难以通过曝光后烘焙做调节,线边粗糙度比较大。适合小周期图形,沟槽/通孔/接触孔图形。

8. 优点:曝光放气少,不容易污染镜头,催化反应要在较高温度下进行,可以通过曝光后烘焙(PEB)做调节,线边粗糙度比较小。缺点:光酸扩散长度较长,分辨率中等,光灵敏度低。适合明场图形,如前段的有源区(AA)、栅(Gate)。

9. 聚合物、光致产酸剂、碱性淬灭剂,浸没式光刻胶还可以有自分凝隔水层,光可分解碱等。

10. 甲基丙烯酸酯类、环烯烃类(聚冰片烯)、环烯烃马来酸酐和马来酸酐。

11. 抗刻蚀用,离去基团——溶解率转换功能。

12. 曝光后锁住离去基团,防止抗刻蚀能力下降。

13. 自分凝隔水层的主要成分。

14. 光致产酸剂的作用是在曝光后产生光酸。酸度的要求是为了能够产生足够的氢离子,以完成光刻胶的脱保护催化反应。热稳定性的要求是为了在烘焙时不至于分解产生酸,损伤图形对比度。

15. 六氟异丙醇(HFA),其物理性质需要对曝光波长有良好的透光性和在显影液中的溶解性。

16. 指光刻胶中的小分子,如 PAG 被浸没的水吸出溶解。要求见表 4-3。

17. 光刻机工件台在扫描时,浸没头带动浸没水层相对工件台移动,浸没头的后缘处浸没水层相对工件台硅片光刻胶表面的接触角。

18. 顶部涂层混合于光刻胶里,在曝光前烘焙(软烘)时由于密度小而浮于光刻胶表面,形成隔水层。

19. 提高在疏水的光刻胶里的分散均匀性,以提高图形的均匀性。

20. 通过去除或者削弱背景曝光,同时尽量不影响曝光区域的曝光量,以提高潜像的对比度。

21. 一般采用弱酸盐,如羧酸盐。

22. 对半密集和孤立沟槽、剪切用沟槽或者孔洞图形具有缩小线宽同时提高对比度/EL 的好处。

23. 一般来说,提高显影对比度的值有利于提高焦深。

24. 曝光后光刻胶变得亲水。衬底薄膜需要随着变得亲水,否则光刻胶图形会剥离。

25. 基于断链作用的非化学放大型、化学放大型、有机小分子型、基于无机物的光刻胶(金属氧化物类型)。

26. 8nm(半周期)或者更小。

27. 金属氧化物通过曝光形成交联,有些金属对极紫外光的吸收是普通化学放大型光刻胶的3~4倍,有利于减小图形吸收光子的散粒噪声导致的随机缺陷。

28. 式(4.5),1.22×10^{-8} mj·nm^3。

29. 极紫外光子的能量比193nm光子的能量高,约为14倍,同样的曝光能量仅仅含有1/14的光子数。

30. 参考4.7.4节。

31. 参考4.7.6节。极紫外的量子产率为2~6。

32. 深紫外,光子→光酸→催化脱保护;极紫外,光子→二次电子→光酸→催化脱保护。

33. 参考4.8.1节。

34. 参考表4-5。

第5章

1. 顶部抗反射层、底部抗反射层,有机抗反射层、无机抗反射层,含硅的抗反射层,极紫外的底部增感层。

2. 减小摆线效应;通过溶解于显影液带走硅片表面的颗粒和残留物。

3. 热交联材料、吸收光的材料、有些带有光敏感性材料,曝光部分可以被显影液去除。

4. 上下层界面反射光相位相反的原理。

5. 氮氧化硅、无定形碳、氮化钛等。

6. 通过仿真,在曝光的照明条件下使得光刻胶底部的反射率达到最小的反射层厚度。

7. 一般介于上下层薄膜的折射率n之间,如式(5.5)和式(5.7)。

8. 干法刻蚀。

9. 增加对极紫外光的吸收,并且将以此产生的二次电子反馈到光刻胶中。

第6章

1. 离轴的球差和一些彗差。

2. 离轴的球差和一些彗差。

3. 式(6.4);彗差、像散、畸变靠对称结构,彗差、像散还靠增加镜片曲率分摊,横向色差靠不同色散玻璃的正负透镜组合。

4. 球差、彗差、像散与曲率的3次方成正比,场曲、轴向色差和横向色差与曲率的1次方成正比。

5. 可以。

6. 第3、4片之间。

7. 场曲、像散、彗差、球差和色差。

8. 场曲、畸变和像散。

9. 熔融石英(Fused Silica)。

10. 减少离轴球差、彗差,与天塞镜头(第三片负透镜)类似。

11. 消除掩模版或者硅片离焦后导致的放大率变化。

12. 缝长 26mm、缝宽 5.5mm,不在光轴上。

13. 仅用 6 片镜片很难将场曲、像散和畸变在较大半径范围像场上消除。

14. 大约 10%。约为 21nm。

15. 0.3~0.4nm。

16. 机械压力、镶嵌的金属电阻丝和红外光照射。

17. 水平干涉仪和平面光栅尺。

18. 干涉仪光程较长,容易受到工件台运动造成的空气扰动影响精度。平面光栅尺面积很大,安装不易,校准时间长,大面积安装容易受局部应力释放影响,导致套刻偏差。

19. 宏动一般精度在 ±1μm 以上,微动的精度一般在 1~10nm。

20. 工件台可以做得比气浮的轻约 2/3,运动的速度、加速度和加加速度可以大幅提高。

21. 动圈式。

22. 图 6-40,通过南北磁铁在平面上交替排布,将磁场强度集中在磁体阵列的一侧。

23. 图 6-42,由通电的导线在垂直于电流方向磁场中受力(洛伦兹力)运动原理制成的电机。

24. 微晶玻璃,$(1 \sim 10) \times 10^{-8}/℃$。

25. x, y, z, r_x, r_y, r_z。6 路。

26. 参考 6.6.2 节。

27. 因为工件台在扫描时,有时一个角落里的读数头可能移动到顶部没有光栅尺的地方,如测量工位的对准显微镜下,或者曝光工位的曝光物镜下。

28. 双工件台在测量工位和曝光工位之间交换时,用中继光栅尺保证位置测控连续过渡,参考图 6-51。

29. 套刻局部跳变,由于光栅尺固定胶水的风化,或者其他源于光栅尺悬挂部分的应力释放。

30. 读数头固定胶水的风化,或者其他源于读数头固定部分的应力释放。

31. 投影物镜的横向(X-Y)放大率为 1/4,纵向(Z)放大率为 1/16,掩模版的 300nm 起伏到了硅片台上就是 300/16,约为 20nm,在总焦深 80nm 范围内。

32. 参考图 6-52,光栅尺安装在工件台上,读数头由 X、Y 的阵列组成,长程测量依靠干涉仪,短程测量依靠光栅尺。优点:光栅尺面积小,容易安装且稳定,读数头安装在静止的测量支架上,没有运动的机械冲击,不易发生应力释放,稳定。缺点:读数头众多,需要交叉校准和无缝对接。

33. 参考 6.6.5 节。

34. 在工件台交换时,工件台要移出投影物镜下方。为了避免浸没头漏水,将浸没头暂时封住。

35. 斜入射照明能够增加调平用反射光因硅片表面高低而垂向移动的灵敏度,且衬底上表面反射率较高,探测灵敏度和稳定性较好。

36. 将两个不同方向上的偏振光在空间上分开。

37. 经过。

38. 参考式(6.32)，使得对准受到记号表面倾斜的影响降到1/7。

39. 不能。如果高阶非线性套刻分布固定，建议使用格点测绘，以不降低光刻机速度。

40. ASCAL、cASCAL。

41. 参考6.6.11节。

42. 20%。

43. $1.6 \times 10^{-12} \text{mol}/(\text{cm}^2 \cdot \text{s})$。

44. 可以。

45. 图6-82，使得照明光束由实心的圆形变成空心的环形。

46. 图6-95。

47. 可兼顾X、Y方向上的图形。能够增强除45°角以外所有设计规则图形的空间像对比度。

48. 图6-101和图6-102。

49. 6.8.1节。

50. 套刻、照明、焦距匹配等。

51. 参考6.8.4节。

52. 套刻、焦距、场曲、像散等。

53. 曝光均匀性、套刻分布的补偿，基于气压传感器的精确调平测量，硅片边缘对焦调平的特殊处理，硅片边缘曝光的特殊处理。

54. 参考6.9.2节。

55. 参考6.9.2节，(1)~(18)。

56. 参考6.9.3节。

57. 采用CD-FEC方法较好。

58. 在缝隙抖动最严重的区域降低扫描曝光速度。

59. 参考6.10.2节。

60. 在主脉冲轰击锡滴之前先用较小能量轰击锡滴，使其能够被预加热和扁平化，再通过主脉冲轰击已经扁平化的锡滴，使其里外均被充分加热，高效形成等离子体，发射极紫外光。

61. >30 m/s。

62. 极紫外的照明需要围绕光轴旋转对称；为了应对环形的曝光缝，需要增加"场镜"阵列。

63. 需要沿着扫描方向包括整个曝光缝。

第7章

1. 因为硅片是通过机械手抓取，沿着一个固定的U形路径从一个操作站点（如涂胶、烘焙、显影等）到另外一个操作站点的，像是沿着一个轨道行进，所以又称为轨道机。

2. 参考图7-4。

3. 不能让光刻胶与水接触；使得光刻胶上面的表面隔水层和底部的抗反射层能够将光刻胶包裹起来。

4. 硅片边缘对光刻胶的吸附。

5. 气泡缺陷（降低匀胶转速）、光刻胶剥离（改进表面增黏）、硅片带入缺陷（减少前部工艺缺陷)、胶滴回溅(改进排风)、混溶物析出(改进涂胶程序)。

6. 加热均匀,不受背面高低影响,避免硅片背面污染物传递。

7. 密集和孤立线条的对比度不一样,受到热板加热上升快慢和热板到冷板的转移快慢影响不同。密集图形一般的对比度小于孤立图形,导致密集图形对上述加热快慢比孤立图形敏感。

8. H、E2/E3、LD、GP/MGP,优缺点见 7.1.3 节。

9. 0.01mL。

10. 光刻胶瓶、缓冲容器、过滤器、精密泵和压力传感器、杂质俘获器、流量控制器、喷嘴。

11. 5nm 和 2~3nm。

12. 硅片中央的离心力不足导致去离子水喷淋在比较疏水的表面上形成的水珠滞留,需要通过氮气吹喷来将其驱赶出硅片。

13. 参考图 7-12。

第 8 章

1. $\lambda_V = \dfrac{h}{p} = \dfrac{h}{m_e V} = \dfrac{h}{\sqrt{2m_e eV}} = 1.226 \text{nm}/\sqrt{V}$

2. 1958 年。

3. 热电离发射型、场致电子发射型、场-热电子混合型和肖特基隧穿发射型。优缺点:参考 8.1 节。

4. 参考图 8-4(b)。

5. 电子的速度。

6. 式(8.14)或式(8.15)。

7. 式(8.20)。

8. 电子在磁场中回转一周的时间与垂直方向速度无关,只要 Z 方向速度分量一样,从一点发出的电子束会在某个地方重新汇聚在一点。

9. 磁透镜的焦距较容易做得很短,获得很大的放大倍数且拥有很小的像差。电透镜需要较高的电压,还存在较大的像差。

10. 参考图 8-9。

11. 参考 8.2 节。

12. 阈值方法。

13. 对标准图形的周期校准、线宽测量校准、像散校准、扫描线性度-投影线性度校准。

14. 无论图形出现在视场的中央还是靠近边缘,测得的线宽应该是一样的。

15. 参考 8.3 节。

16. 采样的最大频率,$N/2L$。

17. 当被采样的最大频率大于或等于 $N/2L$,即奈奎斯特频率,通过采样无法判断被采样系统的频率。

18. 物距的变化不会使像点之间引入横向放大率偏差。

19. 系统存在部分非远心,以及光轴不完全垂直于待测硅片表面。消除方法:测量 0°和 180°硅片的状态,对两个位置的结果叠加求平均。

20. 式(8.33),0.1。

21. 对光学系统对焦不敏感、测量重复性极好。

22. 参考8.8节。

23. 光学散射探测方法需要建立一个模型,根据模型中该结构尺寸的变化,通过仿真计算计算出散射频谱的变化,再与实际结构中的散射频谱作比较,反推出结构的尺寸。

24. 与直接成像探测不同,基于模型的测量方法首先需要建立一个模型,如式(8.41)和图8-34所示,根据模型的仿真或者计算获得散射光与模型中某尺寸的关联,然后根据测得的散射光光谱来反推模型中尺寸的数值。

25. 直接测量和比较性测量。

26. 参考图8-38。

27. 如果存在某些反射率异常于掩模版上不透明图形材料的外来颗粒,其反射光和透射光的总和会明显大于或者小于1,通过将反射图像和透射图像相加,就可以发现缺陷。局限性:对于尺寸与正常图形一样或者更大的缺陷图形,由于其反射光和透射光的总和与正常图形一样,这种方法就无法检测出缺陷。

第9章

1. Binary Mask对比度低;Att-PSM对比度较高;Alt-PSM对比度接近或者等于100%,但是线宽修正难,需要剪切掩模版去掉多余线条,可能还会遇到相位冲突的区域;CPL只能做明场成像。

2. 6%透射衰减相依掩模版和不透明的硅化钼-玻璃掩模版。

3. 参考图9-10。

4. 电子束。空间周期小于200nm。

5. 逐行扫描、矢量扫描、矢量扫描+可变截面形状的电子束扫描和多电子束扫描。

6. 通过调节每个像素点上电子束的曝光时间将电子束曝光总剂量进行调整。

7. 由于使用较大的电子束斑,并且通过灰度表示比束斑更小的图形细节,不可避免的就是图形边缘的对比度变差,方角处会变圆滑。

8. 参考9.5.1节。

9. 图形边缘较圆滑。

10. 由电子的衬底反射导致的邻近效应。

11. ①自洽的计算方法。②卷积法。③GHOST方法。

12. 参考9.3.2节。

13. 线宽和线宽均匀性,图形放置误差,层与层之间的套刻偏差和缺陷检测。

14. 线宽偏离正常值很多,图形缺失。

15. 芯片与芯片之间的比较,芯片与设计版图比较。

16. 透射反射光探测法:通过将反射光强分布和透射光强分布叠加,可以显现出光强总和偏小或者偏大的点或者区域,即缺陷所在。

17. 参考9.2.3节。

18. 4种:激光溅射、聚焦离子束修补、聚焦电子束修补、原子力显微镜纳米级切削。

19. 液态金属,气态源。

20. AIMS或者硅片曝光。

21. 35%~50%。

22. ①一维密集、半密集、孤立图形;②二维图形;③辅助图形。

第 10 章

1. 参考图 10-1，上大下小。

2. 能量宽裕度：式(10.1)。对比度：式(10.2)。关系：式(10.5)。

3. 式(10.7)。

4. 光刻胶的形貌。

5. 参考图 10-10，对于精度最高的 193nm 浸没式光刻机，动态调平空间分辨率约为 5.5mm（Y 方向）和 26mm（X 方向）。

6. 焦深公式，及与数值孔径的关系：式(10.9b)，对焦深度与数值孔径的平方成反比。

7. 获得 2 倍的分辨率，大大增加对焦深度。

8. 在硅片上曝出的线宽对掩模版线宽的偏导数。

9. 表 10-3，掩模版误差因子影响曝光场内线宽均匀性。

10. 参考图 10-13，掩模版误差因子随等效光酸扩散长度的变长而变大。

11. 表 10-3。

12. ①提高工艺窗口，优化工艺窗口；②改善光学邻近效应修正的精确度和可靠性；③优化抗反射层的厚度；④优化光刻胶的厚度、摆线。

13. ①光刻胶的固有粗糙度；②光刻胶的显影溶解率随光强增加的对比度；③光刻胶的灵敏度；④空间像的对比度或者能量宽裕度。

14. 参考图 10-27。

15. 控制高宽比：①对 248nm 光刻工艺，高宽比在 3∶1 之内；②对 193nm 浸没式光刻工艺，高宽比在 2∶1 之内。

第 11 章

1. 实部代表在光的作用下物质中原子分子的极化能力，虚部代表物质对光的吸收能力。

2. 光刻胶底部的总反射率会出现两个极小值，称为第一极小和第二极小。

3. 形成内切或者较少站脚。

4. 对准记号远场衍射的信号强度。

5. 在对准测量中，明场一般是指背景比较明亮的成像，暗场一般是指背景比较暗或者没有背景的成像。

6. EL、DoF、MEF。

7. 式(11.12)。

8. 式(11.14)。

9. 周期性边界条件。

10. 式(11.20)，参考 11.7 节。

11. 式(11.24a)或式(11.24b)。

12. 表 11-1，这些像差等效为光瞳处的波前相位差，使用泽尼克多项式表达，并可以将其添加在光瞳函数中。

13. 不包含，因为畸变还与像平面坐标有关。

14. Z 轴：吸收边界条件；X-Y 平面：周期性边界条件。

15. 式(11.61)。

16. 参考 11.11.6 节。

17. 参考 11.11.6 节。

18. 总的来说,对所有图形一般都是:EL 变小、DoF 变小和 MEF 变大。

对 1D 图形:①随空间周期变化,最佳焦距会偏离焦距=0 的位置。②DoF 变小(图 11-24)。

对 2D 图形:①图 11-31 和图 11-32,线端-线端尺寸变大,EL 变小。

② 正负离焦后,仿真结果不对称。③MEF 变大。

19. 对三维结构按垂直位置根据结构变化进行分层,对每层水平方向的图形进行傅里叶级数展开,对垂直方向采用自由传播,在每个垂直界面上匹配电磁场边界条件的电磁场数值计算方法。

20. 将光源照明条件和掩模版图形按照成像的质量规格要求进行联合优化的方法。

21. 表 11-4。

22. 对掩模版和目标值优化:图 11-57(切线 3、4 处掩模线宽=53nm)、图 11-58(切线 3、4 处掩模线宽=55nm)、图 11-59(切线 3、4 处掩模线宽=60nm)。对光源优化:图 11-56(切线 3、4 处掩模线宽=50nm,没有变化,此处为纯光源优化),图 11-57~图 11-59 既有光源优化,也有掩模优化。

23. 式(11.112)。

24. 参考表 11-12。

25. 对半密集和孤立沟槽、剪切用沟槽或者孔洞图形具有缩小线宽同时提高对比度/EL 的好处。

第 12 章

1. 式(12.3)。式(12.4)。

2. 定义:不同的空间频率(换算成极限分辨周期)下,调制度(对比度)的变化函数,参考图 12-2。

3. 线宽随着周期增加先变小,达到极小后再慢慢变大回来并趋于稳定。

4. 正入射照明。

5. 可以通过调整数值孔径和照明的离轴角匹配由于光刻机或者光刻胶的不同引起的线宽随空间周期增大而产生的不同变化。

6. 参考图 12-8 和图 12-9 对应的文字,影响 OPC 和 EL。

7. 参考 12.1.4 节。

8. 掩模版误差因子是否发散(超出正常范围较多)。

9. 当硅片上的间隙宽度和掩模上的间隙宽度都非常接近总等效扩散长度 a_e 时,MEEF 会变大,直至发散,发生桥接缺陷。

10. 物理规律,与采用什么照明条件不太相关。

11. 参考图 12-20。

12. 硅片或者掩模版上有相位联系的两点之间的最近距离。式(12.52)。

13. 相对于相干长度,应该选择凸起和凹陷较为稀少的光学邻近效应修正解。

14. 参考 12.4 节。参考 12.5 节。

15. 参考图 12-35。

16. 式(12.99)。

17. 式(12.58)。

18. 因为光瞳上照明条件是实数。

19. 掩模版多边形图形的基于边的分解。

20. 需要引入 6 个 TCC_V 函数。

21. 是。关键是交叉项的计算。

22. 20~30个。通孔层可以少用几个,如 20 个。

23. 影响模型稳定性、仿真准确性和仿真计算速度。

24. 需要限制在物理参数附近。模型延伸性差,OPC 薄弱点多,程序中补丁多,变得与基于规则的 OPC 相似。

25. 参考图 12-50。

26. 一般来说,需要根据总线宽均匀性的要求和均匀性预算的分配。对于 90nm 或者更加先进的工艺,栅的要求是±0.5~1nm,接触孔、后段金属和通孔可以适当放宽。

27. 参考图 12-57,确定分段;设定补偿轮数和补偿系数,多次循环进行补偿。

28. 一般来说,最小长度为 20~30nm。是相干长度的 1/5~1/3。

29. 参考 12.7 节。

30. 之前。

31. 手动;自动,自动里又分为基于规则和基于模型。

32. 模型不准确会使散射条印出,产生缺陷;产生掩模版较难制作的很小图形。

33. 参考 12.9 节。

第 13 章

1. 参考 13.3 节。参考 13.4 节。

2. 使用反射镜-折射镜混合的光学镜头设计方法。

3. 参考 13.8 节。

4. 去离子水冲洗单元和去离子水喷嘴旁边放置的氮气喷嘴。

5. 参考 13.6 节。

6. 双重或多重图形技术、多层膜技术、光源掩模版协同优化技术、负显影技术等。

7. 参考图 13-25 和图 13-26 流程图。光源和照明条件、光刻锚点定义、掩模版线宽偏置值、光刻工艺窗口、刻蚀线宽偏置值、涂胶显影程序及测量工艺。

8. 需要修改刻蚀程序和光学邻近效应修正以及周期很长的确认过程。

第 14 章

1. ①HMDS 相关缺陷;②光刻胶旋涂缺陷;③洗边工艺相关缺陷。

2. 参考图 14-3(a);可以反应。

3. 参考图 14-5 所示流程。

4. 防止边缘鼓包影响后续工艺以及防止底部凸起在后续工作中污染工作台。

5. 参考图 14-11。

6. 与水(处于镜头和光刻胶之间)的接触角;如果接触角太大,会阻碍显影液与光刻胶的充分接触,形成显影缺陷。

7. 参考图 14-19。

8. 开发多喷管喷头和多管清洗喷头,并且采用边喷淋、边快速旋转硅片,以及氮气吹喷硅片中央区域的方法。

9. 环状缺陷现象——由于硅片中央的离心力不足,导致去离子水喷淋形成的水珠滞留形成缺陷,需要通过氮气吹喷来将其驱赶出硅片。

10. 参考 14.3.1 节。

11. 参考图 14-34。
12. 小于 1.6×10^{-12} mol/(cm^2 · s)。
13. 参考 14.4.3 节。

第 15 章

1. 表 15-1。批次-批次之间、批次内、硅片范围、曝光场内、局域。
2. 光刻机曝光能量稳定性、硅片批次、批次之间的差异，APC 的性能。
3. 光刻机曝光能量稳定性、轨道机的稳定性、硅片-硅片之间的差异。
4. 光刻机曝光能量稳定性、轨道机上曝光后烘焙温度均匀性、显影均匀性、硅片衬底反射均匀性、对焦深度、光刻机调平调焦稳定性等。
5. 光刻机在曝光缝上的照明均匀性、对于扫描式光刻机的扫描同步速度稳定性、掩模版级宽均匀性、MEF、对焦深度、光刻机调平调焦稳定性等。
6. 光学投影系统中的杂光、激光输出的散斑，光刻胶中的化学杂光，局域不平坦，局域图形密度不均导致刻蚀、化学机械平坦化速率变化等。
7. 参考 15.3 节。
8. 1.3% 左右。
9. 避免补过头。
10. 曝光后烘焙热板、刻蚀机。
11. 工艺已经定型(Process Frozen)、线宽在硅片上的分布已经稳定的情况。
12. 杂散光、散斑、图形密度分布均匀性、衬底平整度等。
13. 提高空间像对比度；提高光刻胶的光化学反应充分度；锚点的掩模版偏置选取；曝光后烘焙的充分度；选择抗刻蚀能力强的光刻胶。

第 16 章

1. 6 个网格参数和 4 个曝光场参数。
2. X 方向，调整镜头放大率；Y 方向，调整镜头放大率与掩膜台和硅片台的扫描运动速度比例。如果镜头的放大率与扫描的比例不一致，那么通过曝光缝静态的成像位置与通过扫描动态的成像位置就会存在偏差，而这些偏差会叠加在一起，形成线条的位置偏移，使图像对比度变差，称为淡出。
3. 参考图 16-10，图 16-12。
4. 切割道、芯片内。
5. 参考 16.3 节。
6. 参考 16.3.3 节。
7. 参考图 16-15，将记号切断成小段。
8. 化学机械平坦化、刻蚀、快速退火。
9. 6~8nm(4 倍率)，4nm(4 倍率)。
10. 参考 16.3.8 节
11. 参考 16.3.9 节。
12. 可以。
13. 参考 16.4.1 节。
14. 避免由于测量误差导致过补，造成反复修正，不收敛，造成多余的去胶返工。
15. 对于要求高的层次，一般为 2 周。

第 17 章

1. 线边粗糙度是衡量单个光刻胶形成图形的边缘光滑程度,线宽粗糙度是衡量线条或者沟槽具有两个相互平行的边缘之间的距离变化的参数。

2. 参考 17.4 节。

3. 基本消除高频部分。

4. 等效光酸扩散长度。

5. 一般通过刻蚀和刻蚀里的溴化氢的硬化工艺。

第 18 章

1. 只需具备拆分软件,不需要剪切掩模版。

2. 参考 18.5 节。

3. 参考图 18-4、图 18-5。

4. 1 层。

5. 式(18.8)和式(18.9)。

6. 心轴层的瘦身刻蚀和硬掩模的刻蚀。

第 19 章

1. 参考 19.2.1 节。

2. 参考 19.3.1 节。

3. 参考 19.2.4 节。

4. 参考图 19-11 中数据。

5. 修正线宽、阴影效应和像差。

6. 参考 19.4.1 节。

7. 表 19-2,物理限制型。

8. A 和 B 单体的交换能系数。

9. 参考 19.4.3 节。

10. 参考 19.4.4 节。

11. 喷滴的性能、图形形成性能、脱模性能、干法刻蚀阻挡性能、保持洁净工艺能力。

12. 参考图 19-31;$1\sim5/cm^2$;$\leqslant 0.01/cm^2$。

13. 静电透镜;静电透镜尺寸可以做小。

14. 套刻问题。

专业词汇索引

A

爱里斑 Airy Disk 146,147
暗场 Dark Field 22,37,176

B

摆线效应 Swing Curve Effect 57,84,118,122
半高全宽 Full Width at Half Maximum,FWHM 45,146,266,443
曝光 Exposure
    曝光后冲洗 Post Rinse 30,237
    曝光后烘焙 Post Exposure Bake,PEB 22,27,83,94,239
    曝光缝均匀性（Exposure）Slit Uniformity 215
    曝光能量宽裕度,能量宽裕度 Exposure Latitude,EL 56,75,94,285,319-323,626
    曝光场 Shot,Exposure Field 143,157,159,171,215,283
    曝光场之间 Interfield 187,216,532,534
    曝光场之内 Intrafield 532-534,550,559
    曝光场单独补偿的做法 Correction Per Exposure,CPE 559
    曝光去边处理 Wafer Edge Exposure,WEE 507
    曝光用波长 Actinic Wavelength 117,550
半密集图形 Semi-Dense Pattern 159,195,285,393-396
半周期 Half Pitch,HP 93,597
傍轴边缘光线（镜头设计）Paraxial Marginal Ray 139,140
傍轴主光线（镜头设计）Paraxial Chief Ray 139
苯乙酮 Acetophenone 105
泵 Pump 242,243,512,598
编码器 Encoder 30,553
编码-解码器（光刻机部件）Encoder-Decoder 167
边缘不做调平的区域 Focus Edge Clearance,FEC 220
    （与）电路相关的硅片边缘不做调平区域 Circuit Dependent Focus Edge Clearance,CDFEC 220

边缘(图形)放置误差量 Edge Placement Error,EPE　401,419,453,476
边缘胶滴 Edge Bead　25,236,513
　　　边缘胶滴去除,边缘去胶 Edge Bead Removal,EBR　25,236-238,511
变形镜头(极紫外) Anamorphic Lens　156
标定点,锚点 Anchoring Point　206,377,544
标准偏差 Standard Deviation,STD　8,261,298,534
表面活性剂 Surfactant　39,54,55,539,616
丙二醇甲醚 Proprylene Glycol Monomethyl Ether,PGME　24,26,56
丙二醇甲醚乙酸酯 Proprylene Glycol Monomethyl Ether Acetate,PGMEA　56
薄膜 Thin Film　27,119,125,344,345,587,588,609
薄弱点,热点 Weak Point,Hot Spot　343,372,469,481,482,492,503
剥离 Lift-Off　610,611
玻璃转化温度,玻璃化温度 Glass Transition Temperature,T_g　68,74,92,95
部分相干性 Partial Coherence　47,195,395
步进-喷涂-闪光压印光刻技术 Jet and Flash Imprint Lithography,J-FIL　615
步进式光刻机 Stepper　215,325
　　　步进-扫描 Step and Scan　215,362

C

产品套刻精度 On Product Overlay,OPO　587
测量支架(光刻机部件) Metrology Frame,MF　32,164,169,182
侧墙倾斜角,侧墙角 Sidewall Angle　340,418,574
层 Layer,Level
场发射电子枪,场致发射电子枪 Field Emission Electron Gun　249,250,255,302,310,311,565
超高分子量聚乙稀 Ultra-High Molecular Weight Polyethylene,UHMW-PE,UPE　244,498
衬底 Substrate
　　　衬底反射率 Substrate Reflectivity　38,116,117,120
成品率 Yield　129,169,187,214,301,498
冲洗 Rinse　28,35,237,243,423,498,610
　　　(曝光)后冲洗 Post Rinse　30,237,243
重氮萘醌 DiazoNaphthoQuinone,DNQ　54,62-70,98,524-525
重氮萘醌-酚醛树脂 DNQ-Novolac　63-66,68-70
重氮盐印相法 Ozalid Process　63
重铬型光刻胶 Dichromated Resist　60
传输交叉系数 Transmission Cross Coefficient,TCC　16,361,455-462,467
传统照明 Conventional Illumination　195,393,394,438
串列式工件台(日本尼康公司) Tandem Stage　174-176,178
磁透镜 Magnetic Lens　253,254,302,306
淬灭 Quenching　67,70,81,101,494,526,570

D

大马士革工艺 Damascene Process　348,475,555
大西参数 Ohnishi Parameter　616
代价函数 Cost Function　402-408,419,480
单机套刻 Single Machine Overlay,SMO　214
单硅片台套刻,单台套刻 Single Chuck Overlay,SCO　214

淡出 Fading 548
倒线 Line Collapse,LC 76,293,340
导向图形 Guide Patterns,GP 612
导向自组装 Directed Self-Assembly,DSA 17,18,421,607
导向自组装图形分解 DSA Decomposition 612
等离子体 Plasma 28,224-226,267,601
  等离子体刻蚀 Plasma Etch 28,38,267,539,554
等效光酸扩散长度,光酸扩散长度 Effective Photoacid Diffusion Length 108-109,328,411,630
低介电常数材料 Low Dielectric Material,Low-k material 57,121,324
低能电子 Low-Energy Electrons,LEE 107
底部残留 Scumming 339-341
底部抗反射层 Bottom Anti-Reflection Coating,BARC 115-127,345
底部内切,内切 Undercut 123,213,297,322,339,634
  （极紫外）底部增感层 Bottom Sensitizer Layer 126
第二极小 Second (Reflectivity) Minimum 117,337,347
第一极小 First (Reflectivity) Minimum 44,117,193,337,347,442
顶部抗反射层 Top Anti-Reflection Coating,TARC 56,57,117,122,123,337
定期维护,周期维护 Periodical Maintenance,PM 214
迪尔参数 Dill Parameters 107
点扩散函数 Point Spread Function,PSF 304,330,419,434-440,458
电磁透镜 Electro-Magnetic Lens 253,254,260,567
（与）电路相关的硅片边缘调平非测量区域 Circuit Dependent Focus Edge Clearance,CDFEC 220,325
电透镜,静电透镜 Electrostatic Lens 253,254,618,619
电子枪 Electron Gun 12,249,250,255,294,310,312
电子束 Electron Beam,E-Beam 53,62,70,93,95-99,107,247,249-256
电子自动设计 Electronics Design Automation,EDA 470
掉落颗粒（缺陷检测）Fallen Particle 299
顶部变圆 Top Rounding 322,339,340
顶部涂层,顶部隔水层 Top Coat 82,84,493,516,519,520,522-524,526,528,529
  无需顶部涂层光刻胶 Topcoat-less Photoresist 237,493,497,523
动态随机存储器 Dynamic Random Access Memory,DRAM 15,40,242,394,470
对焦深度,焦深 Depth of Focus,DoF 27,39,40,90,91,191,207,322,323,326,334,344,352,366,377,378,
 393,418,478,488-489,543,599,628
对准 Alignment 2,4,14,26,27,30,32,33,130,166,171-178,181-188,190-193,210,268,270,285,348-351,
 546,550-552,554-556,558-563,587-593,630
  对准记号 Alignment Mark 177,181-193,270,343,348,348-351,551-556,558,561
  预对准 Pre-Alignment 30,31,171-175,285
  粗对准 Coarse Alignment 171-173
  精对准 Fine Alignment 172,173,175,190,191
  （全）硅片对准 Global Alignment
    增强的全硅片对准（日本尼康公司）Enhanced Global Alignment,EGA
多重扫描印制(掩模版制作方法) Multi-Phase Printing,MPP 309,310
多重图形技术 Multiple Patterning,MP 499,587-590,634
多电子束 Multi-Beam 292,296,311-315,421,617-619,655
多晶硅 Polycrystalline Silicon,Poly-Silicon 57,121,176,324,345,351,555,609

E

二次电子收集器 Secondary Electron Collector　255
二甘醇醚 Diethylene Glycol Ether　58
二级色谱(镜头设计) Secondary Spectrum　150
二极,偶极照明 Dipole Illumination　34,35,40,41,102,307,394,418,470,504,561,584,605
二维 Two Dimensional　20,21,45-47,51,160,161,167,168,190

F

发光二极管 Light Emitting Diode,LED　511
方角钝化半径 Corner Rounding Radius　298,308
(图形)放置偏差,放置误差 (Pattern) Registration Errors　298-300,314,557,559
分割型对准记号 Segmented Alignment Marks　349,350
氟化氪 Krypton Fluoride,KrF　7,53,54,63,69,321,485,507,517,522,523
氟化氩 Argon Fluoride,ArF　7,53,54,63,69,321,470,474,475,485,507,517,518,522,523
氟氯化碳类化合物 ChloroFluoroCarbons,CFCs　57,122
傅里叶级数 Fourier Series　51,185,271,353,354,367,389,391,441,446
　　傅里叶级数展开 Fourier Series Expansion　51,185,271,353,354,367,391,441,446
　　傅里叶变换 Fourier Transform　51,203,305,361,441,456,479,568,578
负载效应 Loading Effect　267,288,293,297,541
返工 Rework　36,211,562,590
反射率 Reflectivity　33,38,39,56,115-123,125,153,218,227,272,274,278,289-291,324,325,337,344-347,
　　349-351,372,491,533,537-539,541,550,574,575,594,595,599,623,624
反射切口效应 Reflective Notching　119
方位角偏振 Azimuthal Polarization　205-209
(高压)放电激发的等离子体 Discharge Produced Plasma,DPP　224,601
非对称放大率 Asymmetric Magnification　546,548
非相干照明 Non-Coherent Illumination　150,195,196,330,393,394,436,445,446
分辨率 Resolution　2,4-8,10,14,15,17,23,27,29,34,37,38,40,43,47,54,64,65,69,70,80,86,92-101,
　　107,116,129-131,133,137,147,150,247,250,266,273,294,296,299-303,309,322,324-327,353,393,394,
　　411,427,475,485,487,488,584,594-596,625
　　分辨率极限 Resolution Limit　43,147,421,428,488,584
酚醛树脂 Novolac　10,54,58,62-70,96,524,525
分子动力学方法 Molecular Dynamics,MD　423
缝合 Stitching　586
覆盖层 Capping Layer　606,607
负性显影,负显影 Negative Tone Developing,NTD　17,22,35-37,58,59,72,73,88-92,108,125,288,300,
　　306,335,403-408,412-418,470,474,499-501,624,627
　　正性显影,正显影 Positive Tone Developing,PTD　17,33,39,47,56,73,88,112,113,125,296,306,335,
　　347,409,410,412-418,469,474,499,501,520,627

G

改进型整合参数模型 Improved Lumped Parameter Model,Improved LPM　410
干法显影冲洗工艺 Dry Development Rinse Process　609
感光化合物,光敏感化合物 Photo-Active Compound,PAC　24,64,104,108
高功率种子激光系统 High Power Seed System,HPSS　602

（带有）高斯扩散的阈值模型 Threshold Model with Gaussian Diffusion 335
曝光场内的高阶工艺补偿 Grid Mapping Intrafield 559
格点测绘（荷兰阿斯麦公司）Grid Mapping,GM 188,216
格点测绘-曝光场内版（荷兰阿斯麦公司）Grid Mapper Intrafield 550
工件台指定技术（荷兰阿斯麦公司）Chuck Dedication,CD 173
功率谱密度 Power Spectral Density,PSD 568,569
供体 Donor 104
工艺补偿 Process Correction 187,297,541,559
工艺窗口 Process Window 38,56-58,100,115,319-341,377,396-399,402-408,414,416,428,430,469,477,
　　479,488,501,502,541-543,584,599,605,606,610-612
共享接触孔 Shared Contact
沟槽 Trench,Space 17,18,22,37,58,75,88,212,222,224,257-259,298,303,306
孤立图形 Isolated Pattern 59,195,211,222,240,298,299,306,308,334,335,352,393
关键尺寸 Critical Dimension,CD 27,71,197,273,321,396,397,507,515-518,532,546,583
　　　关键尺寸均匀性 Critical Dimension Uniformity,CDU 314,515,532-545,624-626
光电效应 Photoelectric Effect 107,602
光可分解碱 Photo Decomposable Base,PDB 54,80,86-88,208,404,409,469,494,505,537,624
光刻 Photolithography 1-18,20
光刻机上集成镜头干涉仪（荷兰阿斯麦公司）Integrated Lens Interferometer At Scanner,ILIAS 32,192-194
光刻胶 Photoresist 53-110
　　　光刻胶中毒 Photoresist Poisoning 73,524
光阑 Aperture Stop 131,135,137,146,152,195,255,294,295,311-314,352
光敏感化合物,感光化合物 Photo-Active Compound,PAC 24,64,104,108
　　　（带有）光敏感性底部抗反射层 PhotoSensitive BARC,PS BARC 123
光谱增感 Spectral Sensitizing 105
光强 Light Intensity 15,16,20,32-34,37,38,40,43-48,50-52,57,70,90,101
光酸,光致酸 Photo-Acid 17,27,70-73,79
光酸产生剂,光致产酸剂 PhotoAcid Generator,PAG 24,53-55,62,70,79-82,86,93-98,107,108,126,192,
　　223,241,321,338,339,409,434,437,492-494,524,526,569,570,598,602,623,630
　　　聚合物键合型光酸产生剂 Polymer Bound PAG,PBP 94
光学散射关键尺寸测量 Optical Critical Dimension scatterometry,OCD 15,213,273,540
光学邻近效应 Optical Proximity Effect,OPE 14,15,198,211,214,215,232,281,332,338,339,534
　　　光学邻近效应修正 Optical Proximity (effect) Correction,OPC 15-17,195,207,208,211,279,293-295,
　　　335,343,378,417,419,427-482,536,588,600,612-614,624,634
光学散射探测 Optical Scatterometry 15,213,273-276,421,539,540,634
光掩模版 Photomask 283-315,502,504,597,633
光引发剂或感光剂 Photo Initiator 53,54,569
光源优化 Source Optimization,SO 395-409,480
光源-掩模版联合优化 Source-Mask co-Optimization,SMO 335,343,408,480,499,624
光增感剂 PhotoSensitizer,PS 10,94,105,126,604
光致产酸剂,光酸产生剂 PhotoAcid Generator,PAG 24,53-55,62,70,79-82,86,93-98,107,108,126,192,
　　223,241,321,338,339,409,434,437,492-494,524,526,569,570,598,602,623,630
　　　聚合物键合型光致产酸剂 Polymer Bound PAG,PBP 94
光致酸,光酸 Photo-Acid 17,27,70-73,79
硅 Silicon
硅片 Silicon Wafer

硅片台（Silicon）Wafer Stage 4,14,25,30-32,81,160,162,164-178,180-185
硅片边缘调平非测量区域 Focus Edge Clearance,FEC 220
　　与电路相关的硅片边缘调平非测量区域 Circuit Dependent Focus Edge Clearance,CD-FEC 220
硅片平移 Wafer Translation 187,549,558,559,562
硅片翘曲 Wafer Warpage 184,325,557
硅片旋转 Wafer Rotation 549,558,562
硅片（对准记号）质量（荷兰阿斯麦公司）Wafer Quality,WQ 350
规格 Specification 8,82,150,155,183,184,201,210,214,266,267,298,299
　　规格上限 Upper Specified Limit 266
　　规格下限 Lower Specified Limit 267
归一化的方均误差 Normalized Mean Square Error,NMSE 466
归一化的图像光强对数斜率 Normalized Image Log Slope,NILS 320,322,501
轨道机 Track 234-245
国际半导体技术发展路线图 International Technology Roadmap for Semiconductor,ITRS 306,307,565
国际器件与系统路线图 International Roadmap for Devices and Systems,IRDS 629,630
国际半导体设备材料产业协会 Semiconductor Equipment and Materials International,SEMI 291
过滤器 Filter 24,74,210,218,242,244,245,340,498,512,524

H

含硅的抗反射层 Silicon containing ARC,Si-ARC 117,120,121,242
核函数 Kernel Function 304,305,419,461,462,469-471,474,475
横磁波 Transverse Magnetic,TM 204,218,324,357,379,390
横电波 Transverse Electric,TE 204,218,324,357,379,390
横向色差 Lateral Chromatic Aberration 136-139,141,145-146,151,152
烘焙 Bake 3,12,21,22,24,26-30,35,36,59,60,66,68,70,74-76,78
后段 Back-End-Of-the-Line,BEOL 10,18,36,76,218,323-324,348,412,434,470,471,475,504,557,558,
　　576,587,624
后退接触角 Receding Contact Angle,RCA 81,497,527,528
厚度损失 Thickness Loss 39,75,90,339,340,474
互补性金属氧化物半导体 Complementary Metal Oxide Semiconductor,CMOS 6,7,28,172,179,265
划片槽,切割道 Scribeline,Scribelane 175,176,191,553-555
化学表面编码型外延 Chemo-Epitaxy 611
化学放大型光刻胶 Chemically Amplified Resist,CAR 22,26,27,37,38,69-76,93,94,100,107-109,296,
　　338,411,412,523,570,571,598,604,624,630,634
化学-机械平坦化 Chemical Mechanical Planarization,CMP 183,184,216,269-272,323,348,422,499,533,
　　537,552-557,559,588
化学气相沉淀 Chemical Vapor Deposition,CVD 125
环参数 Ring Parameter 616
环境稳定型化学放大正性光刻胶 Environmentally Stable Chemical Amplification Positive(ESCAP)Resist
　　29,74,75,93,192
环形照明 Annular Illumination 40,117,196,197,328,346,355,393-395,413,429,432,458,474,475,504
回稳时间 Settling Time 310
彗形像差,彗差 Coma 34,131-135,137-147,150-152,211,216,265,332,364,536,595
混叠效应 Aliasing Effect 261

J

畸变 Distortion 21,30-34,42,43,130,133,135-139,141,145,146,148-153,155,169,173,174,182,185-189,
　　216,217,260,261,265,269,271,422,550,554,560,595,596

激光激发的等离子体 Laser Produced Plasma, LPP   224, 596, 601
激光溅射 Laser Ablasion   302
（光刻机性能）基线维持功能（荷兰阿斯麦公司） Baseliner   214
机器常数 Machine Constants   188, 210, 211, 214, 333
基于成像的套刻测量 Image Based Overlay, IBO   14, 271, 272
基于衍射的套刻测量 Diffraction Based Overlay, DBO   14, 269, 270, 272, 273, 421, 422
基准记号 Fiducial Mark   172, 178, 192, 561
极紫外 Extremely Ultra-Violet, EUV   8, 9, 11, 14, 17, 18, 30, 31, 33, 34, 53, 54, 58
  极紫外光刻 Extremely Ultra-Violet Lithography, EUVL   8, 17, 30, 92, 93, 95-97, 99-103, 106, 108, 126, 225-229, 289, 375, 386, 391, 411, 588, 594-607, 623, 624, 633, 634
极靴 Pole Piece   255
碱淬灭剂 Base Quencher   81, 97, 101, 494, 526
（减薄）"瘦身"刻蚀 Trim Etch   587, 589, 624
间接对准 Indirect Alignment   14, 172, 560, 561
焦距-能量矩阵 Focus Exposure Matrix, FEM   212, 320
焦深，对焦深度 Depth of Focus, DoF   27, 39, 40, 90, 91, 191, 207, 322, 323, 326, 334, 344, 352, 366, 377, 378, 393, 418, 478, 488, 489, 543, 599, 628
接触角 Contact Angle, CA   81-83, 497, 509, 515-523, 527, 528
  后退接触角 Receding Contact Angle, RCA   81, 497, 527, 528
接触孔 Contact Hole   17, 37, 47, 59, 206, 207, 319, 327, 339, 397, 412, 526, 560, 561, 612
接近式热板 Proximity Hot Plate, PHP   239
解析的线型扫描模型 Analytical Linescan Model, ALM   260
金刚烷 Adamantane   54, 76-79, 86, 87, 243, 544
浸没式光刻 Immersion Lithography   80-87, 100, 101, 123-139, 149-179, 187-193, 200, 201, 211, 212, 214, 222, 223, 242, 346, 372, 403, 460, 469, 485-505, 516-530, 584, 587, 598-601, 623-625, 628-630, 633, 634
  浸没头，水罩 Immersion Hood   176, 223, 224, 497, 527-530
  浸没液 Immersion Fluid
浸润 Wetting   24, 239, 511, 517, 518-520, 526, 527
浸析 Leach, Leaching   54, 81-84, 192, 237, 493, 497, 526-528
禁止周期 Forbidden Pitch   40, 334, 335, 395, 396, 429, 430, 470, 503
精度 Precision   2, 3, 8, 9, 17, 20, 21, 27-33, 36, 42, 99, 159, 164, 165, 169
静电清除板（日本佳能公司） Electrostatic Cleaning Plate, ESCP   617
静电透镜 Electrostatic Lens   254, 618, 619
静态随机存储器 Static Random Access Memory, SRAM   308, 560, 561
局部线宽变化 Local CD Variation, LCDV   333, 541
局部线宽均匀性 Local CD Uniformity, LCDU   47, 532, 541
聚合物 Polymer   20, 21, 39, 54, 56, 64, 67-71, 73-76
  聚二甲基硅氧烷 Poly(DiMethylSiloxane), PDMS   616
  聚苯乙烯 PolyStyrene, PS   54, 72, 607-609, 616
  聚合物骨架 Polymer Backbone   409
  嵌段聚合物 Block CoPolymer, BCP   423, 608-614
  聚氟化烷基醚 Poly Fluoroalkyl Ether   57, 122
  聚甲基丙烯酸甲酯 Poly-Methyl MethAcrylate, PMMA   69, 92, 296, 596, 607, 608, 615, 616
  聚羟基苯乙烯 Poly HydroxyStyrene, PHS   54, 62, 63, 69, 71-73, 126
  聚四氟乙烯 PolyTetraFluoroEthylene, PTFE   57, 122, 244
  聚乙烯基肉桂酸光刻胶 Poly (Vinyl Cinnamate) Photoresist   10, 105

全氟烷基聚醚 PerFluoroalkyl PolyEther,PFPE 616
聚焦离子束 Focused Ion Beam,FIB 302
卷积 Convolution 16,109,304,305,325,419,455,458,462,464,467

K

抗反射层 Anti-Reflection Coating,ARC 23,26,35-39,53,56,57,115-126,221,237-239,242-244,297,324,335-338,340,341,345-348,352,447,485-494,504,505,507-509,511,515,516,522,537,539,541,562,574-578,599,624
  底部抗反射层 Bottom Anti-Reflection Coating,BARC 56,57,117,121-126,237,336,337,340,345-348,411,494,509,511,522,541,571,574,577,578
  顶部抗反射层 Top Anti-Reflection Coating,TARC 56,57,117,121-123,337,524
柯克镜头 Cooke Lens,Triplet Lens 132-134,137,144
科勒照明 Köhler Illumination 34,50,51,195,198,202,215,227,228,352-353,446,595
颗粒 Particle 4,24,25,27,58,59,100,122,129,223,236,239,242
可变截面形状电子束 Variable Shaped electron Beam,VSB 292,294-296,312,617
可变阈值模型(美国明导公司) Variable Threshold Resist models,VTR models 335
可旋涂碳层 Spin On Carbon,SOC 38,119,125,126,495
可用的焦深 Usable Depth of Focus,UDoF 344,377
刻蚀 Etch
  刻蚀速率 Etch Rate 39,69,119,120,123,267,288,297,414,495,533,536,608,616
空间像 Aerial Image 16,17,45,47,48,102,181,187,191-193,203,223,286,300,301,304,305,321,322,327,338,339,343,344,351-421,430-445,455-482,537,543,569,599,604
  空间像强度 Aerial Image Intensity 419
空间像测量系统 Aerial Image Measurement System,AIMS 300,301
孔 Hole 1,3,4,5,7,8,16
  接触孔 Contact Hole 17,39,47,59,206,207,319,327,339,412,526,560,561,612
  通孔 Via 47,59,75,88,90,91,222,257,259,294,306,319,339,340,348,379,387,470-474,479,503,504,511,544,554,557,558,589,600,611-615,626,628,633,637,638
快速热工艺 Rapid Thermal Process,RTP
  快速热退火 Rapid Thermal Annealing,RTA 183,184,216,267,539,550,556,557
扩散 Diffusion 17,26,27,37,59,74-76,78
  扩散长度 Diffusion Length 26,78,80,86,92,101,108,109,208,304,328-331,338,339,354,377,378,381,382,403-408,411,415,418,432,433,437-440,469,569-572,630,631

L

榔头 Hammerhead 396,477
冷场发射(电子光学) Cold Field Emission,CFE 249,250
离轴照明 Off-Axis Illuminaion,OAI 39,40,195-197,326,327,334,335,352,393-396,428,429,432,434,446,478,599
(电子束)邻近效应 Proximity Effect 294,300,307,308,316,543
(电子束)邻近效应补偿 Proximity Effect Correction,PEC 292,297,303-306,308-314,541
六甲基二硅胺肼 HexaMethylDiSilazane,HMDS 23,239,509,510
漏极 Drain 59,274

M

锚点,标定点 Anchoring Point 206,330,377,378,417,418,502,505,544

闷盘,水罩/浸没头挂机碟片(荷兰阿斯麦光刻机部件) Closing Disk,CD 176,530
密集 Dense 3,17,40,59,88,91,102,206,208,211,222,246,
 密集图形 Dense Pattern 159,195,240,307,322,326,334,340,377,393,395,396,408,415,432,433,440,443,446,478,517,538,543,544,610,626
 半密集图形 Semi-Dense Pattern 159,195,285,334,393,395,396,401,402,544
 孤立图形 Isolated Pattern 59,195,211,212,222,240,298,299,306,308,335,352,393,395,396,404,412-410,415,416,432,440,446,478,489,538,541
明场 Bright Field 14,22,37,75,88,90,91,95,269,288,297,300,335,344,349-351,403-407,414,416,421,468,469,474,500,501,550,551,633
膜层结构 Film Stack 494

N

纳米压印 Nano-Imprint 614-617,633
内含隔水层 Embedded Barrier Layer,EBL 54,84,526
内切,底部内切 Undercut 119,213,297,322,339,340,347,422,634
能量分布测绘 Dosemapper 333,539,540,586,592
奈奎斯特频率 Nyquist Frequency 260
逆光刻 Inverse Lithography,IL 311,343,401,405,418-421,480,481

O

偶极,二极照明 Dipole Illumination 34-35,40,41,102,155,214,300,307,393,394,396,397,443,470,475,504,561,584,605,624

P

旁瓣 Side Lobe
喷淋 Spray,Dispense 28,35,241-247,514-523,538,539
 预润湿 Pre-Wet 28
 预喷淋 Pre-Dispense
喷口,喷嘴 Nozzle 240,517
批次 Lot 36,37,68,173,187,210,211,331,332,532,536-538
偏振 Polarization 16,33,34,51,120,121,178-181,198,199,203-208,275,276,301,324,343,345-347,349,355,357-360,362-378,380,382,418,443-445,460,461,470,474,485,487,624
 方位角偏振 Azimuthal Polarization 205
偏转电极(电子光学) Deflector 255
漂浮气泡 Floating Bubble 528,529
平衡质量(光刻机部件) Balance Mass,BM 30,160
平移 Translation 32,138,162,164,165,181-188,213,216,217,256,361,377,546,549,558,559,562

Q

齐明点 Aplanatic Points 142,143
鳍形场效应晶体管 Fin Field Effect Transistor,FinFET 345,494,495
奇异值分解 Singular Value Decomposition,SVD 459,460
气体场发射离子源(电子光学) Gas Field Ion Source,GFIS 302
前段 Front-End-Of-the-Line,FEOL 18,22,59,76,117,125,241,323,324,414,470,475,504,557,560,561,576,588,589,625,627-630,634
前驱物 Precursor 302,303

潜像 Latent Image 27,102,321,322,479,538,539
浅沟道隔离层 Shallow Trench Isolation,STI 59,333,334,345,348,541,542,561
嵌段共聚物 Block CoPolymer,BCP 18,423,607-611
羟基 Hydroxyl Group 23,54,58,61-63,69,71-73,76,78,92-94,125,126,418,509,599
桥接 Bridge 97,454,481,482,496-498,511,512,517
切割道,划片槽 Scribeline,Scribelane 175,176,191,553-555
琼斯矩阵 Jones Matrix 364,365
球面像差,球差 Spherical Aberration 21,29,131,133,135,137-146,150-152,159,192,247,255,332,364,486,595
曲率 Curvature 131,132,135,140,141,143,146,594,595
  曲率半径 Radius of Curvature 4,131,135,140,154,159,594,595
区域分解方法 Domain Decomposition Method,DDM 463,464
  边缘区域分解法 Edge DDM 463
去保护反应,去保护催化反应,脱保护反应,脱保护催化反应 Deprotection Reaction 27,54,72-76,78,88,94,101,240,243,340,415,416
去胶残留 Descum 119
去离子水 De-Ionized Wafer,DI Water 23,28,36,58,59,243,340,423,498,508,515-523,539
全部测量造成的误差,全部测量造成的不确定性 Total Metrology Uncertainty,TMU 266,560
(全)硅片对准 Global Alignment
全氟辛磺酸 PerFluoroOctane Sulphonate,PFOS 79,122
全氟辛酸 PerFluoroOctanoic Acid,PFOA 122
全氟烷基硅烷 Perfluoroalkyl Silane 616
全氟烷基聚醚 PerFluoroalkyl PolyEther,PFPE 616
全宽半高 Full Width at Half Maximum,FWHM 43,45-48,148,150,265,266,442,444-446,595
缺陷 Defect 2,3,12-14,18,20-28,31,35,57,58,76,81,83,84

R

热场发射(电子光学) Thermal Field Emission,TFE 249,250,255,310,311
热电离发射(电子光学) Thermoionic Emission 249
热过程 Thermal Process 539,554,556
热平衡化距离 Thermalization Distance 107
溶解率对比度 Dissolution Contrast 89,107,109,338,339,572
溶胀作用 Swelling 57,58,63,64,68,237,496
软烘,涂覆后烘焙 Soft Bake,SB,Post Application Bake,Post Apply Bake,PAB 24,26,84,123,493,505,507,526

S

塞得像差 Seidel Aberration 136,137,139,141,145,150,151
三层光刻薄膜 Tri-Layer Lithographic Film Stack 119,120,126
三阶像差 Third Order Aberration 132
散粒噪声 Shot Noise 92,95,99,101,102,126,568,604,633
扫描式光刻机 Scanner 6,31,34,130,169,203,215,227,325,331,332,362,533,539,546,555
扫描电子显微镜 Scanning Electron Microscope,SEM 11-13,23,28-30,36,108,247,249,250,252,255-257,260,268,298,303,473,565,567,572
色差 Chromatic Aberration 42,43,48,130-132,138,139,141
  轴向色差 Axial Chromatic Aberration 137-141,145,146,149,151,152

横向色差 Lateral Chromatic Aberration 136-139,141,145,146,151,152
栅极,栅 Gate,Poly Conductor（PC） 22,37,38,59,125,190,197,240,297,307,308,319,321,322,327,333-335,394,414,422,427-429,432,433,478,504,532,533,541,542,555,560,561,576,583,588,589,626-628,630
设备引入的漂移 Tool Induced Shift,TIS 265,269
设计规则 Design Rule 40,63,190,211,278,293,299,335,352,372,396,408,409,421,439,460,470,471,474,475,502-505,517,537,538,584,599,600,612,626,634
射频 Radio Frequency,RF 59
失活 Deactivation 570
10参数模型 10 Parameter Model 549,562
时域有限差分方法 Finite Difference Time Domain Method,FDTD Method 17,279,365-387,447,463,464,600
矢量扫描 Vector Scan 294,310
视场成像对准（日本尼康公司）Field Image Alignment,FIA 176,343,348,350,551
受体 Acceptor 104
叔丁氧羰基 t-Butyloxy Carbonyl,t-BOC 71-73,75,98
数模转换电路 Digital-to-Analog Converter,DAC 310
数值孔径 Numerical Aperture,NA 7,49,51,143,145-158,203,228,326
双重或者多重图形技术 Double Patterning or Multiple Patterning,DP or MP 499
双高斯镜头 Double Gauss Lens 135-137,141,142,486
双工件台,双扫描工件台（荷兰阿斯麦公司）Twin Stage,Twinscan 33,166,168,171-176,182,190,489,490,562
双偶极光刻 Double Dipole Lithography,DDL 584
水迹 Water Mark 83,84,496,497
水浸没式 Water Immersion 3,8,10,80,92,101,118,120,149,150,152,159,160,206,242,346,493,625
四甲基氢氧化铵 TetraMethyl-Ammonium Hydroxide,TMAH 28,35,58,70,79,81,85,86,122,243,497,507,515
酸致脱保护基团,酸不稳定基团,酸致脱基团 Acid Labile Unit,ALU 71,72,74,75,86,493

T

羰基 Carbonyl Group 71,72,75,578
坍缩 Compaction 17,40,215,412
套刻 Overlay 8,14,20,27-30,129,130,148,153,169,173,176,183,184,187,188,210-212,214-216,262-273,298,308,319,421,422,489,490,499,546-563,585,588-591,607,617-619,625,629,634
    套刻测量 Overlay Measurement 14,20,29,30,187,211,262-273
    套刻记号 Overlay Mark 187,262-273,552-563
    套刻误差 Overlay Error 187,270,499,550,555,559-562
天塞镜头 Tessar Lens 133-135,486
填充图形 Dummy Patterns 184,190,292,293,533,557
调焦 Focusing 2,191,220,332,489,491,537,538,628
调平 Leveling 32,33,160,165-167,169,171-173,175,178-181,190-192,212,218,220-222,323-325,332,338,489-491,533,537,538,598,628
    调平确认测试（荷兰阿斯麦公司）Leveling Verification Test,LVT 212
调制传递函数 Modulation Transfer Function,MTF 147,150-151,155,156,393,394,428,429
通过镜头方式 Through The lens,TTL 32,176,550
通孔 Via 47,59,75,88,90,91,222,257,259,294,306,319,339,340,348,379,387,394,397,470-474,476,

479,499,503,504,511,544,557,558,589,600,611-615,619,626-628,630,633,634,637,638

通孔先工艺(Via First Process) 348

同时的透射反射光探测(美国科天公司) Simultaneous Transmission And Reflection Light,STARlight 278

投影物镜 Projection Lens 4,10,33,48,143,149,150,152,153,156-159,164,172,175,176,181,190,223,228,295,313,332,352,486,526,562,596,598,606

透射电子显微镜 Transmission Electron Microscope,TEM 23,274,276,277

透射图像传感器 Transmission Image Sensor,TIS 30-32,165,172-174,178,181-183

涂覆后烘焙,软烘 Post Application Bake,PostApplyBake,PAB,Soft Bake,SB 24,26,75,84,123,332,493,505,507,526

图形多出(缺陷检测) Extrusion,Pin-dot 299

图形放置误差(Image Placement Error,IPE) 298,386,557,559

图形倾倒 Pattern Collapse 339,340

图形缺失(缺陷检测) Pattern Missing 299

脱保护反应,脱保护催化反应,去保护反应,去保护催化反应 Deprotection Reaction 27,54,73-76,78,88,94,101,240,243,340,415,416

W

完全匹配层 Perfect Matched Layer,PML 372-375,422,600

位错 Dislocation 612,613

网格放大率 Grid Magnification 549,558,562

网格套刻 Grid Overlay 548-550

无定形碳 Armophous Carbon 57,122,125

无铬相位光刻 Chromeless Phase Lithography,CPL 288

无机 Inorganic 56,57,59,99,100,116,121-127,337,645

无需顶部涂层光刻胶 Topcoat-less Photoresist 237,493,497

物方远心(镜头设计) Telecentric at Object Side 176,262

雾化 Haze 299,306,541

物理气相沉积 Physical Vapor Deposition,PVD 344

物理限制型外延 Grapho-Exptaxy 608-611

X

析出 Precipitation 22,224,239,515,522,524,528

先进成像测量(美国科天公司) Advanced Imaging Metrology,AIM 267-268,552,553

先进的缺陷减少冲洗方法(日本东京电子) Advanced Defect Reduction Rinse,ADR Rinse 28,243,498

先进的图形薄膜 Advanced Patterning Film,APF 125

显影 Developing Process 10-12,14,17,20,22,26-28,35-39,47,53,54,57-65,81,84,85,88-92,107-109,117,119-123,234-244,332,336,338-340,409-418,423,493,497-502,505,515-523,527,537-539,543,544,553,572-575,579,580,627

  显影后检查 After Developing Inspection,ADI 403

线端 Line End 47,211,259,260,298,308,328-331,379,395,396-402,434-435,437-440,469-471,475-477,482,503,560,561,584,586,637

  线端缩短 Line End Shortening,LES 330,395,402

线宽 Linewidth 3,5,7,8,10-18,20-23,26-30,34-36,38,39

  线边粗糙度 Line Edge Roughness,LER 27,90,92,95,96,100,126,265,266,567-584,602,605-607,620,626

  线宽粗糙度 Line Width Roughness,LWR 87,101-103,265,266,343,344,544-547,567-584,592,601,

605-608,614,626,627
线宽均匀性 LineWidth Uniformity 306-308,331-338,532-541,590-592
单个曝光场内部的线宽均匀性 Within Shot CD Uniformity,或者 Intra-field CD Uniformity 532-534
硅片范围的线宽均匀性 Across Wafer CD Uniformity,或者 Interfield CD Uniformity 118,532-534
局部线宽变化 Local CD Variation,LCDV 333,541
局部线宽均匀性 Local CD Uniformity,LCDU 47
批次-批次之间的线宽均匀性 Lot to Lot CD Uniformity 532,537
批次内(硅片-硅片之间)的线宽均匀性 Wafer to Wafer CD Uniformity 532,537,538
线宽随周期变化 CD Through Pitch Variation,CD Through Pitch 197,206,207,298,365,376,386,387,392,393,414,417,429,432,433,454,469,503,625
线宽扫描电子显微镜 Critical Dimension measuring Scanning Electron Microscope,CD-SEM 12,13,30,108,249,250,255-257,260,473,565,566,641
线条 Line 14,22,29,37,38,40,64,71,75,76,102,109,125
线性扫描喷嘴 Linear Drive Nozzle,LD nozzle 28,36,241,242,518
线性近似 Linear Approximation 257,258,565,566
(解析的)线型扫描模型 Analytical Linescan Model,ALM 260
相干长度 Coherence Length 48,51,198,353,437,446,447,449,453,476
相干光 Coherent Light 47,199,446,447
相干系统的线型叠加 Sum Of Coherent Systems,SOCS 16
相干性 Coherence,Degree of Coherence 34,40,47,48,51,198-200,344,353,393
　部分相干性 Partial Coherence 34,47,195,344,346,352,395,548,575
相干照明 Coherent Illumination 186,293,359,393,419,434-436
　非相干照明 Non-Coherent Illumination 150,195,196,330,393,394,436,445,446
像差 Aberration 7,10,29-34,132-159,182,192-195,210,211,214,252-254,310,320,332,363,486,487,536,550,554,595,600,624
像场弯曲,场曲 Field Curvature,FC 131-155,173,190,323,325,332,487,534,595,596
像散 Astigmatism 21,34,35,132,136-155,190,210,215,255,260,295,323,332,363,364,536,596
相位测量干涉仪 Phase-Measuring Interferometer,PMI 596
相移掩模版 Phase-Shifting Mmask,PSM 212,213,283-289,302,327,328,333,334,366,379,382,463,464,504,542
芯片 Chip 8,16,27,63,108,178,184,187,208,214,215,220-222,238
芯片和设计版图比较(缺陷检测) Die to Database Comparison 299
芯片与芯片之间的比较(缺陷检测) Die to Die Comparison 277,299
形状产生光阑(电子光学) Shaping Aperture 312
　形状产生光阑阵列(电子光学) Shaping Aperture Array,SAA 313
旋转 Rotation 549,558-559,562
选择性的线宽偏置 Selective Sizing Adjustment,SSA 477

Y

雅典娜对准系统(荷兰阿斯麦公司) Advanced Technology using High-order ENhancement of Alignment,Athena 176,186,344,348,349,551
亚分辨辅助图形 Sub-Resolution Assist Features,SRAF 190,206,208,298,300,308,311,331,334,377,378,396,401-402,419,429,433,470,473,474,477-481,503,536,624,636
严格的耦合波分析方法 Rigorous Coupled Wave Analysis,RCWA 17,102,273-276,344,367,387,388,391,601
掩模版,掩模 Mask,Reticle 283-315

（光）掩模版 Photomask　291,302,307,502,504,597

　　不透明的硅化钼-玻璃掩模版 Opaque MoSi On Glass Mask，OMOG Mask　285,302,307,366,375,464,468,504,624

　　二元掩模版 Binary Mask　285-287,379,413,504,548

　　铬-玻璃掩模版 Chrome-On-Glass Mask，COG Mask　283,434

　　交替相移掩模版，莱文森相移掩模版 Alternating Phase Shifting Mask，Alt-PSM，Levenson PSM　212,213,286-288,327,328

　　透射衰减的相移掩模 Attenuated Phase Shifting Mask，Att-PSM　285-289,302,333,334,366,377-379,381,382,418,430,434,443-447,470,474,475,504,542,624

　　无铬掩模版 Chromeless Phase Shifting Mask　288

掩模版保护膜 Pellicle　299,598,606-609,633

掩模版曝光机 Mark Writer　14,292,295,311,314,315,562

掩模版的数据处理 Mask Data Preparation，MDP　291-293

掩模版工艺补偿 Mask Process Correction，MPC　297,541

掩模版误差因子 Mask Error Factor，MEF　207,208,285,293,307,319,327-331,335,383,386,393,395,396,402-408,416,421,430,436,440,454,463,472,481,482,502,533,536,541,544,557,600,626-628

掩模版误差增强因子 Mask Error Enhancement Factor，MEEF ＜同"掩模版误差因子"＞　319,327,533,544

掩模版线宽偏置 Mask Bias　404,407,408,502,505,544

掩模版放大率 Reticle Magnification，Shot Magnification　549,559,562

掩模版旋转 Reticle Rotation，Shot Rotation　549,559,562

掩模台 Reticle Stage　30-32,169,173,174,181,182,187,188,210,338,547,548,553,554,596,598

掩模厂 Mask House

一维 One Dimensional　44-47,51,119,120,162,167-169,175,194,211

移动标准偏差 Moving Standard Deviation，MSD　332,548

乙酸正丁酯 n-Butyl Acetate，nBA　36,58,89,97

乙酸叔丁酯 Tert-Butyl Acetate，TBA　28,57-59

乙缩醛类型化学放大型光刻胶 AcetalType Chemically Amplified Photoresist　29,71,74,75

（刻蚀）硬掩模（Etch）Hard Mask　99,119,120,125,176,178,242,283,297,345-347,351,551,555,577,578,585-589,600,608-611,624

有机 Organic　24,54,56-60,63,68,70,71,79,85,89,95,97,99,116

有源区 Active Area，AA　18,75,115,125,276,348,504,560,561,630

与电路相关的硅片边缘调平非测量区域 Circuit Dependent Focus Edge Clearance，CD-FEC　220

预对准 Pre-Alignment　30-31,171-175,285

预脉冲（极紫外）Pre-Pulse，PP　226,601,602

阈值 Threshold Value

　　阈值电压 Threshold Voltage　564,577

　　阈值模型 Threshold Model　109,328,335,407-409,479,480

源极 Source　59,274

原子力显微镜 Atomic Force Microscope，AFM　128,301-303,567,577

Z

杂光，杂散光 Flare　51,210,332,469,528,536,541,585,596,624

泽尼克多项式 Zernike Polynomials　138,159,363,624

站脚，底部站脚 Footing　123,125,339,340,347,524

增感材料 Sensitizer　94,95

照明条件 Illumination Condition　38-40,47,102,117,156,190,195,197,202,203,205-211,214,240,293,326-

328,330-334,347,352-359,377,378,386,387,392-408,413,418,427,432-440,443-445,447,456,467,470,
474,475,478-482,499,502,505,506,516,543,559,561,565,575,576,584,605,624

 环形照明 Annular Illumination 40,117,196,197,206,214,328,346,355,393-395,413,429,432,458,
474,475,504,561

 偶极,二极照明 Dipole Illumination 34,35,40,102,155,214,300,307,394-396,421,470,475,504,561,
584,605,624

 四极照明 Quadruple 40,197,214,394,479,504,624

 交叉四极照明 Cross Quadrupole,CQ 40,202,402,458,474,475,561,584

遮挡光阑阵列(电子光学) Blanking Aperture Array,BAA 313

针孔 Pin Hole 3,5,278,279

整合参数模型 Lumped Parameter Model,LPM 17,410,469

正交 Orthogonality 181,183,187,260,457,546,548

正向模型 Forward Model 480

正性显影,正显影 Positive Tone Developing,PTD 17,39,47,56,73,88-92,125,296,306,335,347,412-418,
469,474,499,501

直接对准 Direct Alignment 178,560

直线电机 Linear Electric Motor 30,161

终点测量和控制技术 End Point Detection and Control 586

中间聚焦点(极紫外) Intermediate Focus,IF 224,227,601,602

周期 Period,Pitch 8,15,17,18,20,34,39,40,43,47,48,51,63,80,86

 周期维护,定期维护 Periodical Maintenance,PM 214

轴向色差 Axial Chromatic Aberration 137-141,145,146,149,151,152

逐行扫描 Raster Scan 292,294,309-311,617

 逐行扫描带有形状的电子束 Raster Shaped Beam,RSB 309,310

 逐行扫描的多电子束 Raster Multi-Beam,RMB 311

主振荡器和功率放大器 Master Oscillator Power Amplifier,MOPA 601

驻波 Standing Wave 27,38,39,74,75,87,116,117,119,339,340,343,408,578,579

 驻波效应 Standing Wave Effect 36,38,75,76,86,116,119,336,337,339,340,574,575

转换效率(极紫外) Convertion Efficiency,CE 224,601-603

装饰线 Serif 298,308,327,396,477

准分子激光 Excimer Laser 4,7,8,10,34,48,54,69,148,198,200,344,485

子程序(荷兰阿斯麦公司) Sub-recipe 34,333,540,550

子午面(镜头设计) Meridian Plane 156

自定义照明系统 Fleray Illumination 208-210,227,492

自动工艺补偿 Automatic Process Correction,APC 173,187,489,532

自动设计规则更改建议(荷兰阿斯麦公司) Automatic Design Rule Optimization Recommendation 409

自对准多重图形技术 Self-Aligned Multiple Patterning,SAMP 499,501,587-592,634

 自对准双重图形 Self Aligned Double Patterning,SADP 308,587-592

 自对准四重图形技术 Self-Aligned Quadruple Patterning,SAQP 18,308,588,630

 自对准八重图形技术 Self-Aligned Octuple Patterning,SAOP 588

自分凝表面隔水层,自生成表面隔水层 Self-Segregating Top Coating 84,493,497

自洽平均场理论 Self Consistent Mean Field Theory,SCMFT 17,423